冲压件废次品的产生与防止200例

第2版

主　编　郭　成
副主编　周溦六　罗征志
参　编　肖艳红　於孝谦　胡楚江　李华峰
　　　　谈正光　牛　超　刘政伟　杨泽亚
　　　　田永生　郑英俊　杜贵江　曾　武
主　审　胡亚民

机械工业出版社

本书通过200个典型实例分析了冲压生产中出现的冲裁、弯曲、拉深、胀形、翻边和复合成形件废次品的原因，介绍了解决问题的方法，根据实践经验和理论分析概括了控制和提高产品质量的措施。为适应行业和经济发展的需求，本书第2版增加了近年来冲压新技术的实例；对各类实例所占比例做了调整；增加了“冲压新技术及发展方向”一章；书中涉及的各类标准均采用现行标准；对各章节做了修改，增加了反映时代进步的新内容。书中列举的实例涉及多个行业，既有实际经验总结，也有理论分析，内容丰富，通俗易懂。

本书可供从事冲压工作的设计人员、管理人员、生产工人和进行产品创新设计的人员阅读，也可作为大中专院校、职业技术学院（校）相关专业师生的参考书和选修课教材。

图书在版编目（CIP）数据

冲压件废次品的产生与防止200例/西安交通大学郭成主编. —2版. —北京：机械工业出版社，2022.3

ISBN 978-7-111-70182-8

Ⅰ.①冲… Ⅱ.①西… Ⅲ.①冲压缺陷-质量控制-案例 Ⅳ.①TG386

中国版本图书馆CIP数据核字（2022）第027102号

机械工业出版社（北京市百万庄大街22号 邮政编码100037）

策划编辑：孔 劲　　责任编辑：孔 劲 章承林

责任校对：樊钟英 李 婷　　封面设计：马精明

责任印制：常天培

北京机工印刷厂印刷

2022年6月第2版第1次印刷

184mm×260mm · 31印张 · 766千字

标准书号：ISBN 978-7-111-70182-8

定价：129.00元

电话服务　　网络服务

客服电话：010-88361066　　机 工 官 网：www.cmpbook.com

010-88379833　　机 工 官 博：weibo.com/cmp1952

010-68326294　　金 书 网：www.golden-book.com

封底无防伪标均为盗版　　机工教育服务网：www.cmpedu.com

第2版前言

本书自1994年第1版面市以来，受到了读者的好评，被众多出版物和期刊引用。在20多年的生产、教学和科研实践中，许多从事冲压相关工作的同仁、学校教师和科研单位的工程技术人员对本书第1版相关内容的组织、章节编排、内容取舍等提出了许多宝贵的意见。近年来，我国军工、汽车、电子、家电、通信产品发展迅猛，加速了冲压技术现代化的步伐。数字化冲压技术、快速响应、柔性化、精密化和复杂化等冲压新技术有了长足的发展。考虑到冲压技术的不断进步和发展，许多成熟的新技术应该在本书中有所反映；同时，也为了适应行业和经济发展的需求，故对本书的相关内容进行了重新编排和修订。

本书第2版延续了第1版的特点，即注重实例的典型性和实用性，将冲压生产作为一个系统来研究，强调冲压工序之间的区别和相互联系，在此基础上尽量反映当代科技在冲压成形领域的新成就，增加了近年来能够体现冲压新技术的实例。第2版修订的主要内容包括：①在有代表性的先进企业收集了61个新实例替换较陈旧的实例；②对冲裁、弯曲、拉深、胀形、翻边和复合成形实例所占比例做了调整，压缩了冲裁、弯曲、拉深实例的数量，增加了胀形、翻边和复合成形实例的数量；③增加了第7章，即冲压新技术及发展方向；④用2011年实施的国家标准GB/T 16743—2010《冲裁间隙》替代了行业标准JB/Z 271—1986《冲裁间隙》。同时，对第1版中所涉及的其他国家和行业标准用现行标准做了相应的替换；⑤对各章节，特别是各章的第1、3节做了修改，删除了一些过时的内容，增加了反映时代进步的新内容。

本书由编写团队共同编写，由西安交通大学郭成教授担任主编。周漱六、罗征志担任副主编。肖艳红、於孝谦、胡楚江、李华峰、谈正光、牛超、刘政伟、杨泽亚、田永生、郑英俊、杜贵江、曾武编写了部分实例，并撰写了第7章。全书由重庆理工大学胡亚民教授主审。

本书第2版得到了中国第一汽车集团公司、上海发电机厂、环鼎精密模具科技（昆山）有限公司、昆山安科诺精密机械有限公司、太仓久进汽车零部件有限公司、广东思豪内高压科技有限公司、无锡鹏德汽车配件有限公司等企业，西安交通大学、西南交通大学、重庆理工大学、西北工业大学、上海第二工业大学、天津职业技术师范大学、陕西工业职业技术学院、北京机电研究所有限公司、宝山钢铁股份有限公司中央研究院、广州汽车集团股份有限公司汽车工程研究院等院校和研究部门的大力支持和帮助。金红、章立预、刘郁丽、史东才、吴华英、杨连发、于强、袁新、柳耀文、杨立波、阮宗龙、陈如云、孙慧、戚丽丽、罗爱辉、江伟辉等同志为本书第2版的出版做了部分工作，提供了很多有价值的素材和资料。赵新怀、王新华作为第1版的作者所做的工作为第2版奠定了基础。在此一并表示衷心感谢。

中国制造业存在体制、地域、行业发展不平衡的特点，各企业冲压技术水平不同，生产习惯和理念也存在很大的差异，故本书一定会存在许多不足之处，恳请读者批评指正。

郭　成
于西安交通大学

第1版前言

本书分析了冲压生产中的200个典型实例，集我国多年来冲压件质量控制的经验、方法和科研成果于一体，其目的在于提高产品质量，改进工艺，降低成本，获得高的经济效益。认真阅读此书，可对冲压缺陷进行预测和诊断。

本书不是局部地、孤立地、静止地看待和处理问题，而是将冲压生产作为一个系统来研究。在实例的选材方面，本书特别注重其典型性和实用性；书中强调了冲压工序之间的区别和相互联系，以及在特定条件下的工序转换；将复合成形件废次品产生与防止作为独立的一章讨论是本书的重要特征。

书中还讨论了人员素质、管理水平、压机精度和模具结构、冲压用原材料、操作和测量方法以及环境、生产批量等因素对冲压件质量的影响。

冲压件废次品产生的原因很复杂，涉及面也很广。克服冲压件缺陷要用到许多学科知识和一些新的科学技术；冲压工艺的实践性很强，许多问题的产生与解决往往要凭借专家们的直觉、经验和判断。为了进一步完善本书，加快我国冲压和模具工业的发展，提高冲压工艺水平，我们恳切希望广大冲压界同仁能指出本书的缺点和不足，能为我们提供更多、更好的实例。

本书由西安交通大学郭成副教授主编。赵新怀、周漱六、王新华高级工程师参与编写了部分实例。全书由机电部第五九研究所胡亚民高级工程师主审。

本书在编写过程中得到了西安仪表厂、常州拖拉机厂、长春第一汽车制造厂、洛阳拖拉机厂等工厂，西安交通大学、武汉工学院等院校和研究部门等许多单位的大力支持和帮助。陈如云、张世荣、陈性仪、赵培植、徐鹤详、王学涛、樊天峰、胡庚德、屠国平、孙林、郑祥发、饶彦民、黄乐精、易应清、王海洲、杨巨荣、米靖华、孙建新、李胜春、蒲显超、张玉英、李富生等同志为本书提供了很多有价值的素材和资料。朱卫华、胡峻参与了收集资料、绘图等工作。谨此一并表示衷心感谢！

郭 成

于西安交通大学

目　录

第1章

冲　　裁

1.1　冲裁加工特点

冲裁是利用冲裁模具使坯料产生分离的冲压工序，是落料、冲孔、切边、切口、剖切、修边等分离工序的总称。冲裁加工时，影响冲裁件质量好坏的因素有冲裁间隙、模具刃口状态、模具结构与制造精度、冲件材料性质等。其中，凸、凹模间隙的大小与均匀程度是决定加工成败及制件质量的最主要因素。

图 1-1 所示为普通冲裁变形过程。板料置于凹模之上，经历弹性变形、塑性变形和断裂分离三个阶段完成冲裁加工。当凸模下降与坯料接触时，坯料受到凸、凹模端面的作用开始产生弹性变形并在力矩的作用下产生弯曲。增大加在凸模上的力，刃口附近的材料首先屈服，产生滑移变形。随着刃口的切入，塑性变形区扩展至整个料厚。加工继续进行，由于加工硬化与应力状态的改变，当刃口附近材料的变形达到极限时，便产生裂纹。裂纹产生后，沿最大剪应变方向扩展，直至上、下裂纹会合，坯料最后分离。

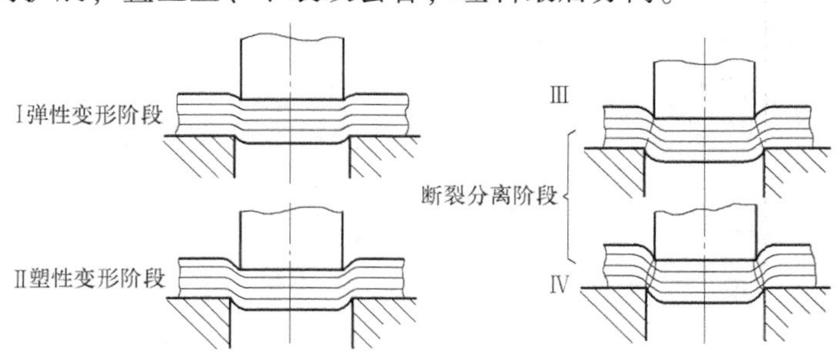

图 1-1　普通冲裁变形过程

图 1-2 所示为普通冲裁时的力-行程曲线。由曲线可以看出，塑性材料在最大剪切力之后才产生裂纹，低塑性材料则在剪切力上升区域内就产生了裂纹。在合理间隙的条件下，从裂纹的产生至断裂，冲裁力急剧下降。在小间隙时，由于上、下裂纹不重合会产生二次剪切，从而使冲裁力下降缓慢，严重时会在力的下降阶段产生局部回升。

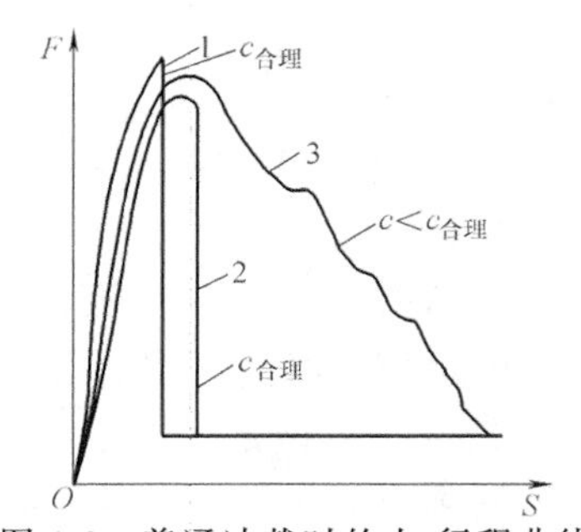

图 1-2　普通冲裁时的力-行程曲线

1—低塑性材料　2、3—塑性材料

c—间隙　$c_{合理}$—合理间隙

如图 1-3 所示，一般认为，普通冲裁时剪切变形区是以凸、凹模刃口连线为中心的纺锤形区域。随着凸模切入板料，变形区被加工硬化区域所包围，但主要变形区仍为纺锤形区域。事实上，由图 1-4 所示剪切变形区的云纹图可见，沿凸模运动的垂直方向（u 场），主要变形区集中在凸、凹模刃口附近的 8 字形区域；沿凸模运动方向（v 场），变形区集中在凸、凹模刃口连线为中心的纺锤形区域。因此，除了凸、凹模刃口连线附近的剪切变形之外，在凸、凹模刃口附近，材料还存在镦粗、挤压、弯曲和拉伸变形。

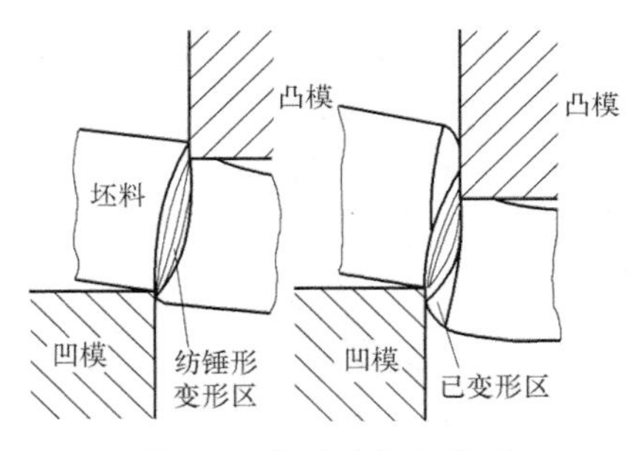

图 1-3　普通冲裁变形区

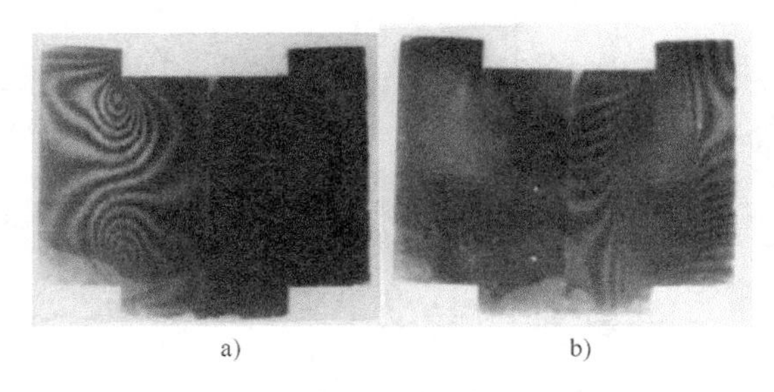

图 1-4　剪切变形区的云纹图

a）u 场　b）v 场

图 1-5 所示为变形区周围应力状态及弯曲对应力状态的影响。凸模下方和凹模上方坯料受模具正压力作用，为压应力区。在制件塌角处，坯料既要支承变形区变形，又受到模具侧面摩擦力作用而受到拉伸，为拉应力区。由于力矩作用而形成制件弯曲对变形区的应力状态有较大影响。其影响如双支点梁，坯料靠凹模一侧受拉伸，靠凸模一侧受压缩。在这种情况下，与凸模侧面接触坯料塌角处拉应力减弱，与凹模侧面接触塌角处拉应力增加，故裂纹一般由凹模一侧开始产生。若弯曲过大，坯料会产生残留的弯曲变形，制件表面平整度会降低。在模具上装有卸料板或压料装置，可防止凹模面上的坯料向上翘，弯曲方向会发生改变，应力状态也与前有所区别。在这种情况下，裂纹容易从凸模刃口一侧开始产生。

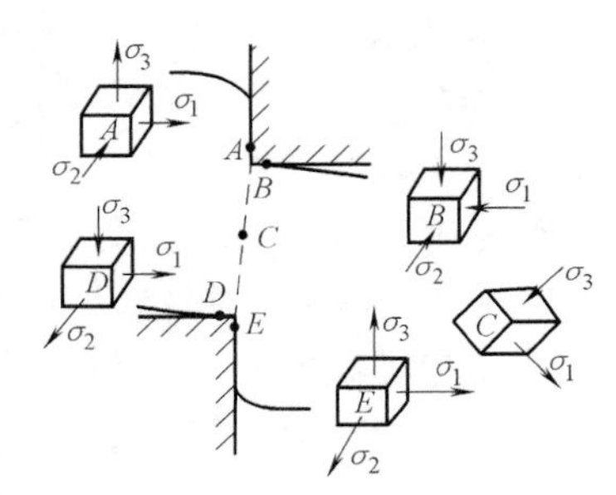

图 1-5　变形区周围应力状态

图 1-6 所示为落料件外缘和冲孔件内缘的断面特征。由图中可见，冲裁件的断面由圆角带（也称塌角）、光亮带、断裂带（也称粗糙带）和毛刺四部分组成。圆角带是模具刃口压入坯料时，刃口附近坯料产生弯曲和伸长变形的结果，是纺锤形变形区对这部分坯料作用而生成的。在冲裁初期裂纹产生以前，圆角带是在逐渐增大的。生成圆角带而减少的那部分材料，在落料时被挤入间隙，在冲孔时被废料带走。软材料和加工硬化大的材料，其变形区对周围的影响大，圆角带也大。光亮带是坯料塑性变形时，坯料一部分相对另一部分移动过程中，模具侧压力将坯料压平或挤平所形成的光亮垂直的断面。通常，光亮带占断面的 1/3～1/2。塑性好的材料，光亮带大。断裂带是由刃口处的微裂纹在拉应力作

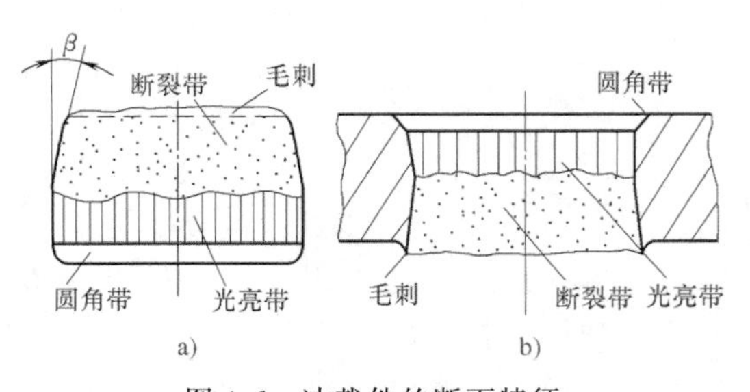

图 1-6　冲裁件的断面特征

a）落料件　b）冲孔件

用下不断扩展而形成的撕裂面，断面粗糙且有斜度。塑性差的材料，断裂带大。由于裂纹的产生一般在刃口侧面，故在普通冲裁加工中总会有毛刺产生。影响冲裁件塌角大小、光亮带、断裂带和毛刺大小的因素，除材料性质外，还有冲裁间隙、工件轮廓形状、模具刃口的锋利程度等。小间隙冲裁时，断面还会产生二次光亮带。

1.2 典型实例分析

1.2.1 照相机透镜隔圈尺寸超差

1. 零件特点

某照相机透镜隔圈如图 1-7 所示。零件材料为黄铜 H62，料厚为 0.35mm。该件形状简单、对称，但尺寸精度要求高。此外，使用要求零件平整、毛刺小。

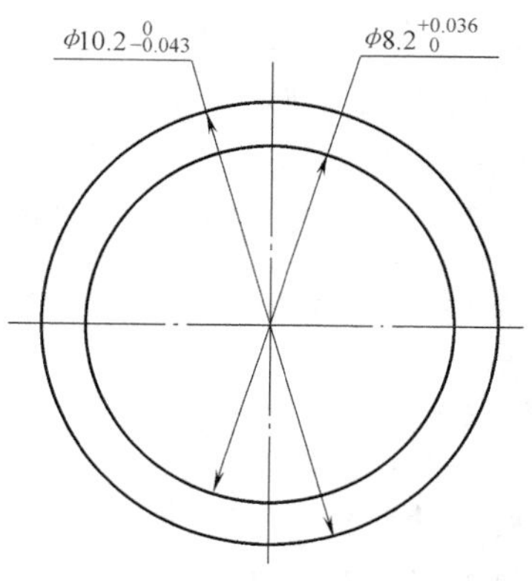

图 1-7 某照相机透镜隔圈

2. 废次品形式

尺寸超差。用典型的落料、冲孔复合模冲出的零件孔径超差。批量生产时，实测孔径为 $\phi8.15$mm，比图样要求的最小尺寸小了 0.05mm。

3. 原因分析

模具设计时，冲孔以凸模为基准，根据公式：$d_p=(d+x\Delta)_{-\delta_p}^{0}$，算得凸模刃口尺寸为 $\phi8.227$mm，取整为 $\phi8.23_{-0.001}^{0}$mm。冲孔凸、凹模单边间隙取 4%t（t 为料厚），即单面间隙 $c=0.35\text{mm}\times0.04=0.014\text{mm}$。模具装配后，一次试冲合格入库，待批量生产时却出现了孔径超差现象。分析产生这种现象的原因时发现，模具结构合理，模具加工、装配无误。问题在于：

1）材料管理不当。试模时用的材料为软黄铜，批量生产时采用的却为硬黄铜。材料硬态下塑性变形小，弹性回复量相对较大，故引起了内孔尺寸超差。

2）制件孔边距较小，侧压力不平衡。进一步分析发现，材料发生变形后落料外径尺寸合格，而孔径缩小且内径尺寸超差达 0.05mm 以上。其原因如图 1-8 所示，冲孔凸模与落料凹模间隔不足 1mm，冲孔内圈坯料将受到落料外圈坯料侧压力的影响。建立力的平衡方程式，沿水平方向为

$$F_d+\mu_2P_d+F_{cd}+\mu_4P_c=F_p+\mu_1P_p+F_{cp}+\mu_3P_c$$

由于内圈剪切面积比外圈小，内圈所受侧压应力比外圈大，故回弹也就大。

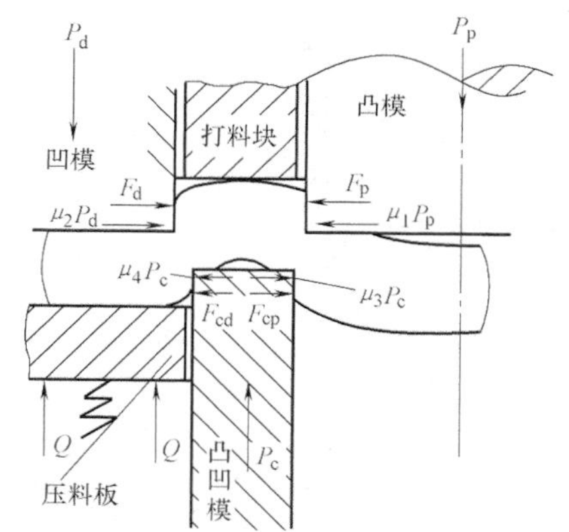

图 1-8 隔圈冲裁受力分析

3）间隙选取不合理。就硬黄铜而言，单边间隙取料厚的 4%偏小，冲裁时坯料受挤压力大，因此，卸载后孔径回弹缩小量较大。

4）制件产生拱弯。凸、凹模无压料装置，料薄产生拱弯，回弹孔径变小。

4. 解决与防止措施

生产中采取的解决措施是：

1）考虑到该件属精密零件，为保证制件的断面质量，仍采用 4%t 的单边间隙不变，利用回弹补偿法增大了冲孔凸模刃口尺寸。将由公式计算得到的凸模刃口直径改为 $\phi 8.26_{-0.02}^{\ 0}$ mm。

2）在打料块上方增加橡皮，防止冲裁加工时制件的拱弯，减小了孔向内收缩的回弹量。

此外，防止这类问题产生更积极的方法是：

3）严格原材料管理制度，试模用的材料必须与批量生产所用的材料一致。

4）落料间隙比冲孔间隙取得大些，放大落料凸、凹模间隙以调节冲孔和落料侧压应力差，使冲裁力均匀、平衡。按 GB/T 16743—2010《冲裁间隙》推荐的间隙值，该件的落料单边间隙取（5~8）%t 为佳。

5）进一步提高模具加工精度。对于这类精密零件，必须确保模具的精度。

1.2.2　电动机定子冲片超差、转子冲片回升

1. 零件特点

某型电动机定子、转子冲片如图 1-9 所示。零件材料为 DR510-50 硅钢板，料厚为 0.5mm。这类电动机定子、转子冲片是非常典型的冲裁件，批量大且规格多，已成为定型的系列产品。该类零件特点是：材料薄且强度高，其抗剪强度为 08 钢的 2 倍；坯料表面氧化膜加速了模具的磨损；除转子冲片外径 ϕ116mm 因需机加工无精度要求外，其余尺寸精度均较高；定子冲片外径对其孔径具有同轴度要求；在技术要求中，对下线槽的尺寸公差、槽间距分度精度都提出了较高的要求；该类零件的使用对冲片的轧制方向有严格的要求，定子冲片外圆有 ϕ8mm 的缺口标记，转子内孔上有宽为 $5_{0}^{+0.03}$mm 的凹槽；沿圆周方向，定子冲片有 30 个下线槽，转子冲片有 26 个下线槽，槽口与外圆连接处宽度较小，仅有 0.8~1mm。

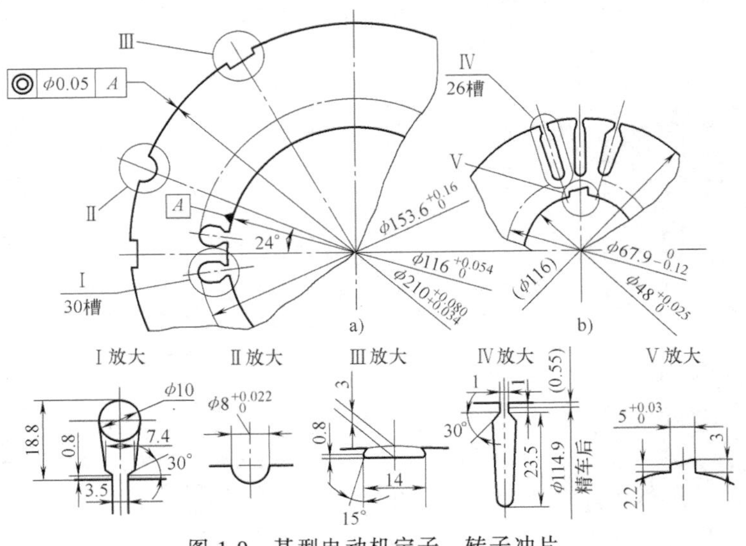

图 1-9　某型电动机定子、转子冲片

a）定子冲片　b）转子冲片

2. 废次品形式

生产中采用的工艺流程是：复冲转子槽孔（图 1-9b 中Ⅳ）及 $\phi48^{+0.025}_{0}$mm 轴孔——以轴孔定位，复冲定子槽孔（图 1-9a 中Ⅰ），鸠尾槽（图 1-9a 中Ⅲ）和记号槽（图 1-9a 中Ⅱ）——以轴孔定位，定子、转子冲片分离。

1）尺寸超差。定子、转子冲片分离后，实测定子冲片外径为 ϕ210.02mm，比图样要求小 0.014mm；内径为 ϕ116.18mm，比图样要求大 0.126mm，尺寸超差严重。

2）冲缺。在冲裁加工中，转子冲片、槽孔废料常随凸模回升，给操作带来不便。生产中也常因这种废料回升的发生，产生冲缺或同轴度超差的废次品。

3. 原因分析

表 1-1 列出了定子冲片模具尺寸、公差、间隙的设计值、实测值和误差。分析这些数值后发现，造成定子冲片内、外径超差的原因是：

表 1-1 定子冲片模具尺寸设计值与实测值比较 （单位：mm）

项目	模具类					
	落料模			冲孔模		
	凸模	凹模	间隙	凸模	凹模	间隙
设计尺寸	$209.92^{0}_{-0.029}$	$209.94^{+0.029}_{0}$	0.03~0.04	$116.054^{0}_{-0.016}$	$116.084^{+0.024}_{0}$	0.05~0.07
实际尺寸	209.912	209.955	0.043	116.030	116.105	0.075
误差分析	合格	合格	+0.003	−0.008	合格	+0.005

注：表中所列间隙值为双边间隙值。

1）模具刃口尺寸计算错误，凸、凹模分开加工时，间隙无法保证。模具设计时，落料件应以凹模为基准，查落料凹模标注尺寸为 $\phi209.94^{+0.029}_{0}$mm。即使加工到图样要求的最大值，也不能冲出合格的零件。进一步分析发现，设计人员未真正理解公式 $D_d=(D-x\Delta)^{+\delta_d}_{0}$ 的含义和使用条件，错误地取 $D=210$mm，$\Delta=0.80$mm。这是初学者很容易犯的错误。此外，落料模凸、凹模制造公差 $|\delta_d|+|\delta_p|=0.58\text{mm}>2(c_{max}-c_{min})=0.01\text{mm}$，冲孔模凸、凹模制造公差 $|\delta_d|+|\delta_p|=0.04\text{mm}>2(c_{max}-c_{min})=0.02\text{mm}$，故凸、凹模分开加工时，无论落料模还是冲孔模，模具间隙均无法保证。这里 c 表示单边间隙。

2）模具加工精度低。如表 1-1 所示，实测冲孔凸模直径为 ϕ116.03mm，比图样要求的最小尺寸小 0.008mm，凸、凹模间隙 0.075mm（双边）也超差。对于电动机定子、转子冲片这样的高精度冲裁件而言，这是绝对不允许的。

3）冲孔模实际间隙值偏大。由表 1-1 可知，冲孔凸模尺寸计算正确。但由于采用凸、凹模分开加工的方法，模具制造公差选择错误，再加上加工误差使间隙值偏大，单边间隙为料厚的 7.5%。如图 1-10a 所示，模具材料选用 Cr12 冲制硅钢片时，若模具单边间隙大于料厚的 6%，就会产生较大的尺寸误差。这是因为大间隙冲裁时的拉应力较大，坯料纤维伸长，回弹后孔径增大。图 1-10 中，c 表示单边间隙，δ 为制件实际尺寸与模具尺寸之差，t 为

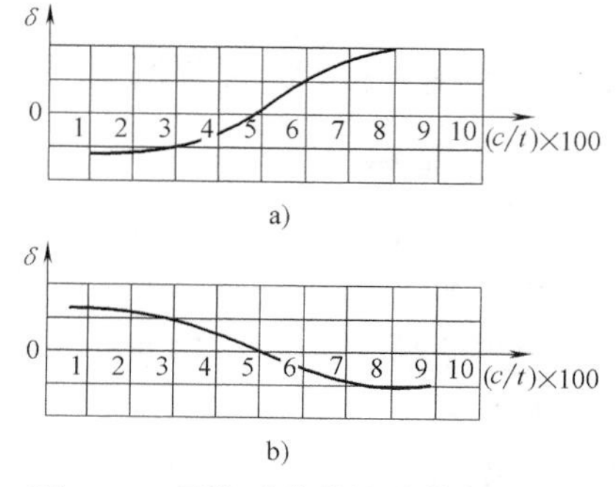

图 1-10 间隙对冲裁尺寸精度的影响
a）冲孔 b）落料

料厚。

4）本例中，造成转子冲片和冲槽废料回升的原因除坯料较薄外，主要原因是凹模刃口尺寸太长和凸模刃口粘油所致。

4. 解决与防止措施

生产中采取了如下几项措施，问题得到了解决。

1）正确计算和选择凸、凹模工作部分尺寸和公差。落料件以凹模为基准，正确的计算公式为

$$D_d=(D_{max}-x\Delta)^{+\delta_d}_{0}$$

式中　D_{max}——零件的最大外径，此例中 $D_{max}=210.08\text{mm}$；

Δ——公差，此例中 $\Delta=0.08\text{mm}-0.034\text{mm}=0.046\text{mm}$。

取 $x=1$，$\delta_d=0.020\text{mm}$，算得 $D_d=210.034^{+0.02}_{0}\text{mm}$。取小数点后两位有效数字得 $D_d=210.03^{+0.024}_{+0.004}\text{mm}$。若仍采用原公式，则在计算时，必须先将 $\phi210^{+0.080}_{+0.034}\text{mm}$ 转换为 $\phi210.08^{0}_{-0.046}\text{mm}$ 的形式。将冲孔凸模尺寸减小到 $\phi116.03^{0}_{-0.02}\text{mm}$。

2）凸、凹模间隙由配加工来保证，取单边间隙为料厚的（5~6）%。

3）保证模具的加工精度，减小凹模刃口深度。

4）改变原凸模结构。如图 1-11 所示，增加弹顶销，防止冲片回升。选用图 1-12 所示冲槽孔凸模可防止废料回升。其中，图 1-12b 所示凹槽深度应小于或等于料厚且应保持刃口边缘锋利。

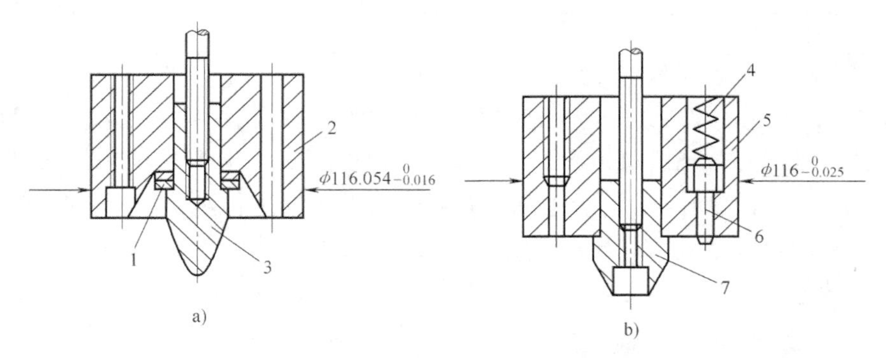

图 1-11　防止转子冲片回升的措施

a）原模具结构　b）改进后的模具结构

1—垫片　2、5—凸模　3、7—导向销　4—弹簧　6—弹顶销

1.2.3　拖拉机传动箱防漏垫圈孔径超差

1. 零件特点

手扶拖拉机传动箱防漏垫圈如图 1-13a、b 所示。零件材料为铝锰合金 3A21-O，料厚为 2mm。这两个零件形状简单，结构对称，尺寸精度要求不高。按冲压件未注公差尺寸的极限偏差查得，内孔尺寸为 $\phi12.2^{+0.43}_{0}\text{mm}$ 和 $\phi20^{+0.52}_{0}\text{mm}$，外径尺寸为 $\phi18^{0}_{-0.43}\text{mm}$ 和 $\phi26^{0}_{-0.52}\text{mm}$，使用要求零件平

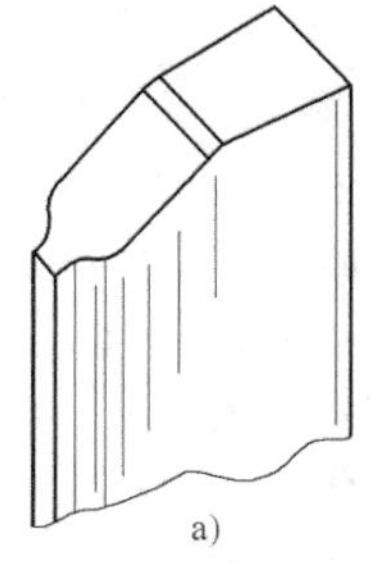

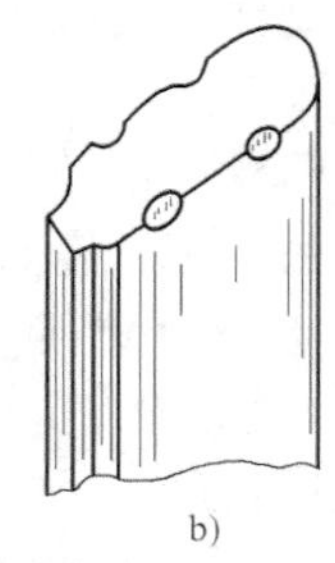

图 1-12　改进的冲槽凸模形式

a）带斜面的冲槽凸模

b）带开槽或间隙的冲槽凸模

整、同轴度好。

2. 废次品形式

采用冲孔、落料连续模加工这两个零件。生产中产生如图 1-13c、d 所示形式的废次品。

1）孔径超差。如图 1-13c、d 所示，制件内孔孔径超差，比极限偏差小了 0.02~0.04mm。

2）同轴度超差。标准规定同轴度为 0.30mm，但制件实测同轴度为 0.2~0.8mm，部分制件同轴度超差严重。

3）弓弯。如图 1-13c、d 所示，零件产生弯曲变形后呈弓形，弓弯程度为 0.3~0.4mm。

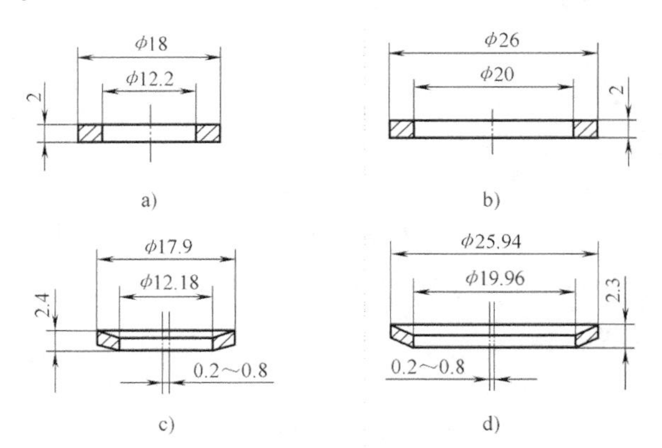

图 1-13　防漏垫圈及废次品形式

a)、b) 传动箱防漏垫圈　c)、d) 废次品形式

3. 原因分析

1）模具结构不合理。采用连续模，靠定位销定位不可靠，送料不到位，很难保证同轴度要求。

2）模具间隙不合理。模具设计单边间隙为 0.05~0.08mm，仅为料厚的（2.5~4)%，偏小。在较小间隙条件下冲孔（实测凸模直径分别为 φ12.50mm 和 φ20.35mm），坯料受挤压，回弹后孔径缩小。落料时，在较大挤压力作用下，制件弓弯，内孔继续缩小。

3）材料软，塑性好。因 3A21-O 铝锰合金较软，屈服强度仅为 49MPa，再加上孔边距不足 3mm，落料时很容易发生变形。在较大挤压力作用下弓弯变形，内孔尺寸缩小。

4. 解决与防止措施

生产中采取的解决措施是：

1）改变制件尺寸。将小垫圈外径由 φ18mm 增大到 φ20mm，两件同时加工。

2）改变模具间隙。将凸、凹模间隙增大一倍，取单边间隙为料厚的 5%~8%，即取单边间隙为 0.10~0.16mm。

3）改变模具结构。采用复合模来代替连续模，并增加了压料（卸料）装置。

采取上述三项措施后，不仅生产出了合格的零件，提高了工效，还大大地提高了材料的利用率。

1.2.4　轿车座椅搭钩尺寸超差、断面质量差

1. 零件特点

某轿车座椅搭钩如图 1-14 所示。零件材料为 Q275 或 15 钢冷轧钢板，料厚为 4mm。该件形状复杂，尺寸精度要求较高，冲裁断面质量要求严格，特别是钩子尖部 $R1.5^{+0.5}_{0}$mm 到 $R8$mm 过渡处表面粗糙度值要求较小，为 $Ra1.6\mu m$。采用普通冲裁方法很难达到图样要求。

2. 废次品形式

1）尺寸超差。采用落料、冲孔→成形→冲 φ（5±0.15）mm 孔的工艺方案。用普通冲裁方法落料后，尺寸公差不能完全保证，断面不垂直，尺寸也测量不准确。

2）断面质量差。落料外形断面光亮带只占料厚的 1/3~1/2，与要求光亮带占 80%以上

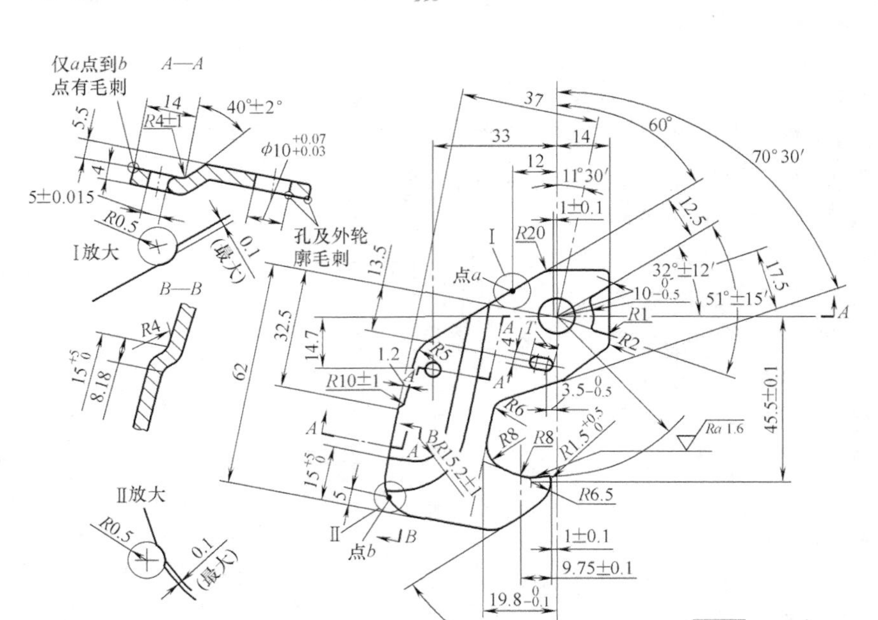

未注尺寸公差：±0.25；未注角度公差：±30°；未注圆角半径：R0.5

图 1-14　某轿车座椅搭钩

相差甚远。钩头尖部 $R1.5^{+0.5}_{0}$mm 到 $R8$mm 过渡处表面粗糙度也达不到要求。

3. 原因分析

1）工艺不合理。因普通冲裁是塑性剪切和裂纹产生、扩展，最后分离的过程，一般冲裁断面光亮带只占料厚的1/3～1/2，故采用普通冲裁方法不能冲出合格的零件。

2）模具加工方法不当，模具精度差。生产中采用一般机加工方法来制造模具，由于零件形状复杂、尺寸精度要求高，机加工达不到要求，故生产出的制件形状、尺寸和位置精度很难保证。

4. 解决与防止措施

生产中采取的解决措施是：

1）改变原加工工艺方案，落料后增加一道整修工序。查表1-2，落料外形双边整修余量取0.30mm，落料模具单边间隙取0.1mm。按公式：

$$S=2c+\Delta D$$

式中　S——总的双边金属切除量（mm）；

c——落料模单边间隙（mm）；

ΔD——双边整修余量（mm），见表1-2。

则总的双边被切除的金属量 $S=0.5$mm。

2）改变模具的加工方法，提高模具的制造精度。整修模的凸、凹模和落料凹模均采用线切割加工来保证其尺寸、形状和位置精度。采用同一加工程序，用“偏移量”来控制模具间隙的大小。

此外，采用小间隙圆角凹模光洁冲裁、齿圈压板精密冲裁等加工方法也能防止上述断面质量差、表面粗糙度达不到要求等废次品的产生。

表 1-2 双边整修余量 (单位：mm)

材料厚度 t	黄铜、软钢		中等硬度的钢		硬钢	
	最小	最大	最小	最大	最小	最大
0.5~1.6	0.10	0.15	0.15	0.20	0.15	0.25
1.6~3.0	0.15	0.20	0.20	0.25	0.20	0.30
3.0~4.0	0.20	0.25	0.25	0.30	0.25	0.35
4.0~5.2	0.25	0.30	0.30	0.35	0.30	0.40
5.2~7.0	0.30	0.40	0.40	0.45	0.45	0.50
7.0~10.0	0.35	0.45	0.45	0.50	0.55	0.60

注：1. 最小的整修余量用于整修形状简单的工件，最大的整修余量用于整修形状复杂或有尖角的工件。
2. 在多级整修中，第二次以后的整修余量采用表中最小的数值。
3. 钛合金的整修余量为（0.2~0.3）t。

1.2.5 收割机钉齿杆尺寸超差、孔形偏斜

1. 零件特点

联合收割机钉齿杆如图 1-15 所示。零件材料为扁钢 Q235A，料厚为 16mm。该件在联合收割机中有 6 种规格共 24 件。各种规格零件的长度、孔数各不相同，但孔距均为 64mm。孔形为正六边形锥孔，锥孔的上端有一小段直线光亮带。根据冲孔件断面的特征，锥孔由冲压加工自然形成。孔壁斜度通过调整凸、凹模间隙来确定。该件使用时，每个锥孔内装配一件马刀式脱粒钉齿。在脱粒工作中，钉齿对稻秆的打击力和梳刷力有使钉齿松动和转动的可能，故要求零件锥孔对称，锥孔的孔形与钉齿配合良好。此外，使用中还要求钉齿杆长度不得超差，钉齿的间距均匀一致，否则钉齿杆与滚筒凹板不相配，无法使用。

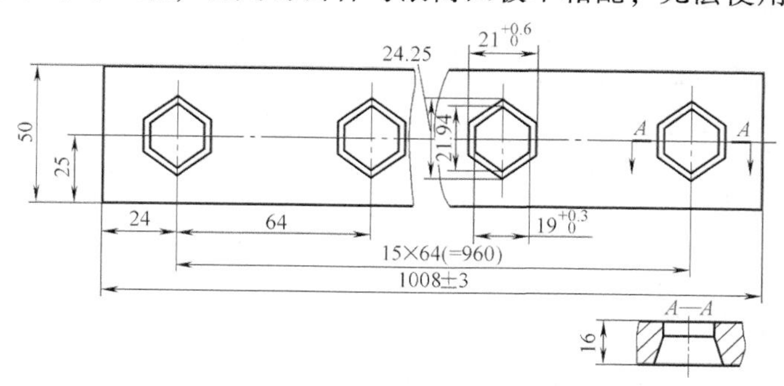

图 1-15 联合收割机钉齿杆

2. 废次品形式

1）尺寸超差。生产中，（1008±3）mm 长度方向增长 5mm 左右，50mm 宽度方向增宽 0.25~0.40mm 不等。

2）孔偏斜。正六边形锥孔六边斜度不对称，孔形偏斜，小端与大端不同心。由于孔的偏斜，使其装配后与钉齿接触不好，严重时装配不上。联合收割机在脱粒时，钉齿长时间受力，装配不牢受振动后很快松动，容易发生事故。

3. 原因分析

该件属厚板冲孔，其冲裁变形机理与普通冲裁略有不同。变形初期属挤压变形，冲孔废

料厚度减小，多余材料受挤压向四周转移。这是其冲孔后长度增加、宽度加宽的主要原因。此外，造成尺寸超差和孔形偏斜的具体原因还有：

1）生产中，为保证正六边形锥孔斜度的要求，经试冲后取冲孔凸、凹模单边间隙为1.8mm，16mm厚的低碳钢板间隙取料厚的11%偏小，使挤压变形成分增大，促使尺寸超差。

2）板料厚，冲孔振动剧烈，加工时动态间隙发生变化，造成了孔形偏斜。

3）采用的端定位和侧定位装置均为固定的刚性结构，这种结构限制了材料的流动。

4）采用16个凸模同时冲孔的方法，凸模冲入坯料后限制了制件的整体变形。这种方式的冲孔力很大，振动也会加剧。

5）制件较长，材料本身硬度和塑性不均匀；凸模的刚度差，不可能有很大的平衡力来阻止不均匀变形，在不均匀水平侧向挤压力作用下向某一方向偏移。这种偏移的结果使冲裁间隙不均匀，导致了孔形偏斜。

6）低碳钢Q235A属软钢材料，材料塑性好，伸长率高，故冲孔时光亮带较宽，挤压变形成分大，剪切和断裂出现较迟。

4. 解决与防止措施

（1）解决尺寸超差采取的措施

1）减小零件下料长度。取下料长度为1003mm，冲孔后由于挤压变形使制件伸长，尺寸正好达到要求。

2）用Q275钢或45钢代替Q235A，提高了材料的硬度，减小了塑性变形量。

（2）解决孔形偏斜采取的措施

1）采用阶梯凸模冲孔，减小了冲孔时的振动和由于材料挤压伸长对凸模的侧向压力作用，减小了动态间隙的变化。阶梯凸模长度分布见表1-3。

表1-3　阶梯凸模长度分布

<table>
<tr><th>凸模序号</th><th>凸模长度/mm</th><th>凸模序号</th><th>凸模长度/mm</th></tr>
<tr><td>1</td><td rowspan="3">139</td><td>9</td><td rowspan="2">125</td></tr>
<tr><td>2</td><td>10</td></tr>
<tr><td>3</td><td>11</td><td rowspan="3">132</td></tr>
<tr><td>4</td><td rowspan="3">132</td><td>12</td></tr>
<tr><td>5</td><td>13</td></tr>
<tr><td>6</td><td>14</td><td rowspan="3">139</td></tr>
<tr><td>7</td><td rowspan="2">125</td><td>15</td></tr>
<tr><td>8</td><td>16</td></tr>
</table>

2）采用图1-16所示锥顶凸模。这种凸模冲孔时，拉应力成分增加，挤压变形量小，冲裁力降低，凸模所受水平侧向力减小。其缺点是凸模刃磨和维修困难。

此外，为减小不均匀侧向力的作用，使坯料受挤压作用时能均匀地向四周流动，防止孔形偏斜可采取的措施还有：

3）该零件宽度方向尺寸50mm公差要求不高，采用图1-17所示局部定位方式。改全长定位为局部定位，使制件在冲孔时，坯料沿宽度方向能自由伸缩。

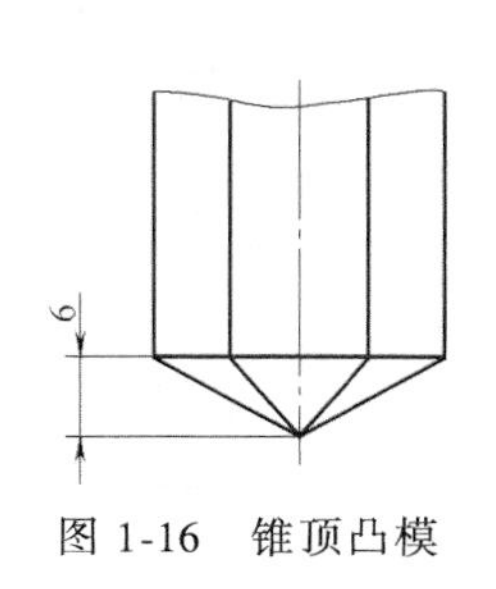

图 1-16　锥顶凸模

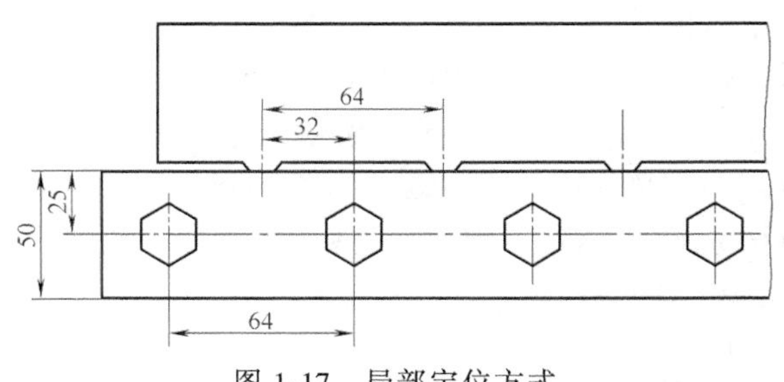

图 1-17　局部定位方式

4）改刚性端定位和侧定位装置为弹性定位装置，以便坯料能自由流动。

1.2.6　旋耕机上盖板下料毛坯尺寸超差、形状不良

1. 零件特点

旋耕机上盖板如图 1-18a 所示。零件材料为 Q235A 冷轧钢板，料厚为 1.5mm。该件面积较大，属一外露覆盖件，对外观质量要求较高。该件侧边需冲 4 个长圆孔，供装配时用，4 个孔之间有位置度要求。

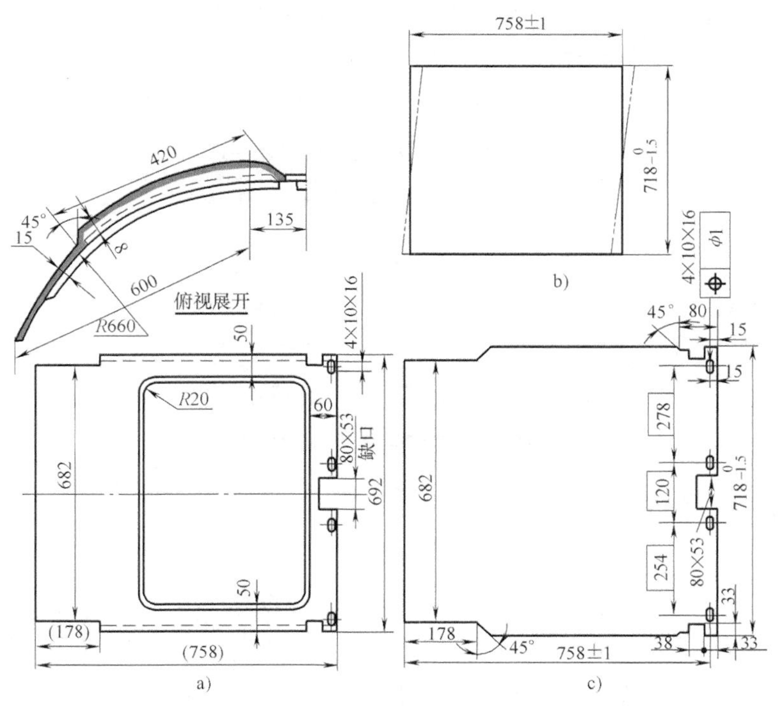

图 1-18　旋耕机上盖板、下料毛坯及零件展开图

a）旋耕机上盖板零件图　b）下料毛坯　c）零件展开图

2. 废次品形式

生产中原采用的加工工艺方案为：剪板机下料→以两直角边定位切角 178mm×18mm，切缺口 38mm×33mm，冲 4 个 10mm×6mm 长圆孔→以坯料外形定位弯曲、成形→以中间两长圆孔定位冲 80mm×53mm 缺口。

1）尺寸超差。在下料工序，如图1-18b所示，尺寸（758±1）mm和$718_{-1.5}^{0}$mm超差；四个直角不能保证，形状不良。

2）孔位超差、高度尺寸不一致。在冲孔工序，如图1-18c所示，4个长圆孔的位置度超差，孔到制件边缘太近。如图1-18a所示，弯曲成形后，两边高度尺寸15mm不一致。由于孔位不对，弯边高度不一致，使零件无法装配，严重时造成批量报废。

3. 原因分析

1）造成下料毛坯尺寸超差、形状不良的原因在于条料或卷料宽度误差、剪板机定位误差和剪板机本身的下料精度误差。

2）由于外形尺寸超差和形状不良，使后续工序不能正常进行。切角、切缺、冲长圆孔和弯曲、成形等工序靠外形定位，精度无法保证，造成了上述的孔位超差和弯边高度不齐等多种形式的废次品，致使零件批量报废。

4. 解决与防止措施

生产中将切角、切边、冲孔模改为落料、冲孔复合模，用整体落料代替剪板机下料，问题得到了圆满解决。

采用剪板机下料或单面剪切工序可实现无废料、少废料冲裁，具有节省材料、模具结构简单、成本低等优点。然而，由上述实例可见，由于条料或卷料的宽度误差、原坯料的形状及平面度误差、设备和模具尺寸误差等原因，使单面剪切下料制件的精度受到了影响。其可达到的外形尺寸公差等级见表1-4。因此，一般而言，大型覆盖件应采用落料制坯。

表1-4　单面剪切时的尺寸公差等级

材料厚度/mm	尺寸公差等级(GB/T 1800.1~2—2020)	
	带压料	无压料
0.5~2.0	IT13~IT14	IT14~IT15
2.0~4.0	IT14~IT15	IT15~IT16
4.0~6.0	IT15~IT16	IT16

注：1. 模具按GB/T 1800.1~2—2020中的IT8制造。

2. 前面数字为新模具的制造尺寸公差等级，后面数字为模具磨损极限时的尺寸公差等级。

1.2.7　CPU连接器零件冲裁压伤

1. 零件特点

某计算机CPU（中央处理器）连接器零件如图1-19所示。材料为碳钢S50C，厚度为1.2mm。该件为典型的冲裁和弯曲件，它是用来连接CPU和主板实现数据和信息传输任务的。由于是精密的电子元器件，故其尺寸精度和外观形状要求较高。该零件批量较大，采用连续模生产，模具采用机械手和搭边混合送料方式传送，具有自动化程度高的特点。

2. 废次品形式

如图1-20所示，该零件冲裁生产的主要缺陷之一是压伤。压伤是由于料带在冲压过程中掉落的废屑落在产品上或粘在模具上所产生。掉落的废屑一般分为两种：一种是废料回跳，简称跳屑；另外一种是细小微粒，称为粉屑。因此，压伤可分为两种：跳屑压伤（图1-20a）和粉屑压伤（图1-20b）。

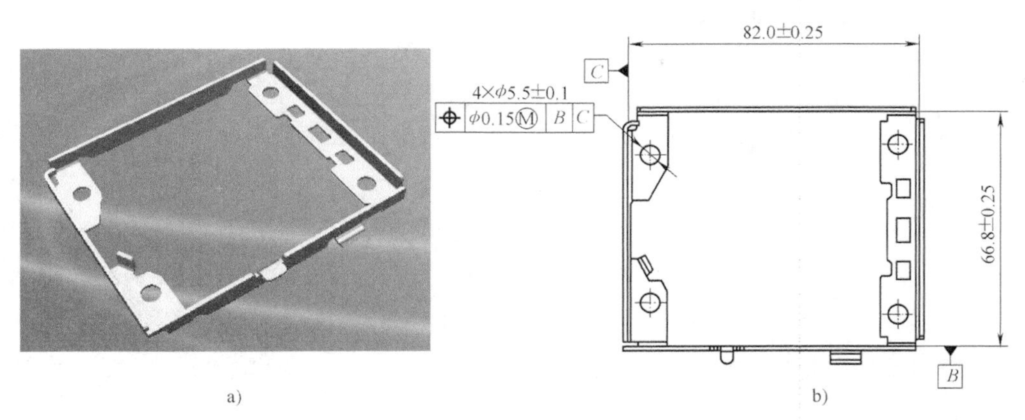

图 1-19　CPU 连接器零件图

a）3D 模型　b）产品工程俯视图

废料回跳（也称回升）是指从料带上冲下来本应沿凹模刃口排出的废料没有留在凹模里而是跳到模面上的现象。当废料回跳到模面上，模具再次闭合时，跳上来的废料与料带倾轧，就会在料带表面留下外观上呈片状不规则形状的凹陷缺陷，当这种缺陷刚好发生在产品上时，即所谓的跳屑压伤。废料跳出凹模到模面上，会产生跳屑压伤，还容易造成人身事故，损坏模具和设备。

粉屑压伤是高速连续模冲压生产经常会遇到的问题。粉屑是指冲压生产过程中，从料带或废料断面上掉下来的细小微粒，一般比料厚尺寸小一个数量级，对于本例而言，粉屑大小为 0.1~0.3mm。粉屑很少时，一般不会影响产品品质，即少量粉屑压伤是可以接受的（当然不同的产品要求不同，品质合格的判定标准也不同）。但当粉屑多到一定程度，在产品上形成较大面积的点状细小凹坑，这是不容许的，必须想办法改进。

图 1-20　压伤不良

a）跳屑压伤　b）粉屑压伤

3. 原因分析

（1）跳屑压伤产生的原因　跳屑的原因多种多样，不同产品可能导致其跳屑的原因也不尽相同，但究其本质是力的平衡问题。当凸模完成冲切动作后，废料随凸模继续下行到下死点，随后凸模上行。废料的受力状况如图 1-21 所示，向上的力有四个：切削油对废料的黏着力、磁力、废料对凸模的附着力（毛刺和废料包住凸模产生附着力，如图 1-22 所示）

和大气压力（滑块由下死点上行时，废料与凸模之间形成真空或低压空间，大气压将废料向上推的力）。向下的力主要是废料与凹模间的摩擦力。跳屑的原因就是废料与凹模间的摩擦力小于另外四个向上的力的合力。一般而言，情况不同，各个力的大小和显著性不同，起主要作用的力也不同，具体跳屑的原因是：

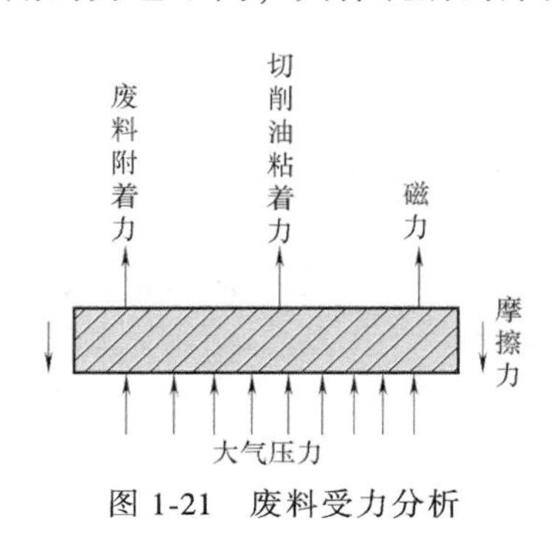

图 1-21 废料受力分析

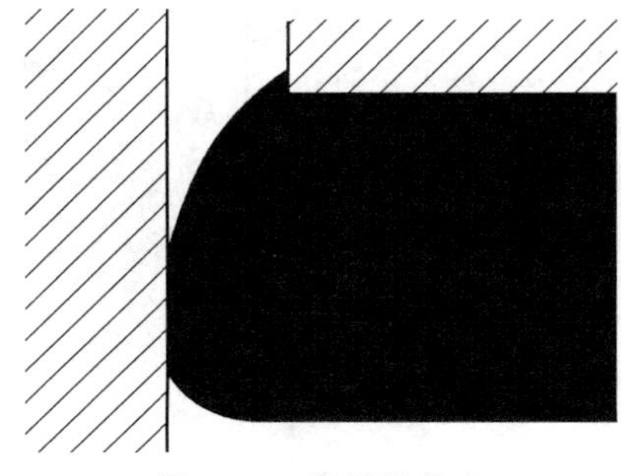
图 1-22 废料附着力

1）废料形状简单，废料剪断面与凹模之间的摩擦力较小。这种情况一般发生在圆孔或方孔下料工序，也有部分发生在形状简单的小块废料下料工序。新零件一般不会发生，当模具生产一段时间开始跳屑，并随后加剧。

2）凸、凹模刃口磨损，间隙变大。冲压生产中，随冲次的增加，凸、凹模刃口会渐渐磨损，间隙慢慢变大，间隙大到一定程度就会跳屑。这种情况所有模具都会遇到。

3）材料厚度较大且较硬，凹模刃口受到的冲击力较大，刃口磨损严重，形成倒锥，废料容易回跳。这种情况与产品材料关系较大，不锈钢（如 SUS301、SUS304）等材料比较容易发生这类跳屑，而碳钢（如 S50C）则要好一些。

4）方形孔的四个角在冲孔过程中模具磨损比圆孔快，因此方孔回跳的概率更大。这种情况发生在有方形孔下料的产品上，一般孔越小越容易回跳，方孔圆角半径越小越容易回跳。

5）凹模热处理硬度偏低，加速了模具零件的磨损。凹模热处理硬度较低，比较容易磨损，间隙变大，从而引发跳屑。该企业凸、凹模的硬度要求不低于 60HRC，常用的冲切凸、凹模材料为 SKH51（日本牌号，一种高速钢），硬度为 62HRC。

6）凹模内壁过于光滑，刃口段过长。凹模内壁光滑，废料与凹模间的摩擦力较小，较容易跳屑。刃口段过长，废料容易卡在刃口段，不易落下，为回跳提供了条件。

7）大批量生产后刃口产生磁性。对于批量较大且材质为钢铁的产品，在大量生产一段时间后，凸、凹模刃口容易产生磁性。这时凸、凹模都会对废料有一定吸引力，而由于凸模与废料的接触面积大，因此吸引力较凹模对废料的吸引力大，从而引发跳屑。

8）凸模太短，冲切时进入凹模的量太小。凸模设计过短或研磨后变短，冲切时进入凹模的量较小，废料回跳较短距离即可跳到模面上，增加跳屑的概率。

9）切削油加得太多或切削油黏度太大。切削油加得太多或切削油黏度太大，都会使凸模对废料的黏着力增大，进而引发跳屑。

（2）粉屑压伤产生的原因　粉屑压伤是料带断面经过拍打或模具零件与料带冲裁面摩擦所产生。当间隙适当时，断面上下两条裂纹基本重合，同时毛刺较小，此时粉屑最少。随着凸、凹模磨损，间隙加大，粉屑渐渐增加，粉屑压伤也会随之增加。因此，模具冲裁间隙对是否会产生粉屑具有决定性作用。当冲裁间隙取某一理想值时，粉屑最少；间隙大于或小于该值，粉屑会增多。模具在生产过程中，随冲次的增加，刃口会慢慢磨损，其冲裁间隙随之增大，粉屑也会增多。粉屑压伤只能尽量减少，无法根除。

4. 解决与防止措施

（1）解决跳屑压伤的方法　生产中，解决跳屑的方法可总结为以下几种：

1）如图1-23a所示，在凸模上增加气孔。这种方法比较适合形状简单小废料下料的情况。当凸模上行时，气流从凸模的气孔流出，维持废料两边的气压平衡，同时吹气也会破坏切削油与废料和凸模的黏着，由此有效地防止废料回跳，一般用于圆孔下料和小废料下料工序。气孔直径大小一般由凸模大小来定，以不影响凸模强度为前提。

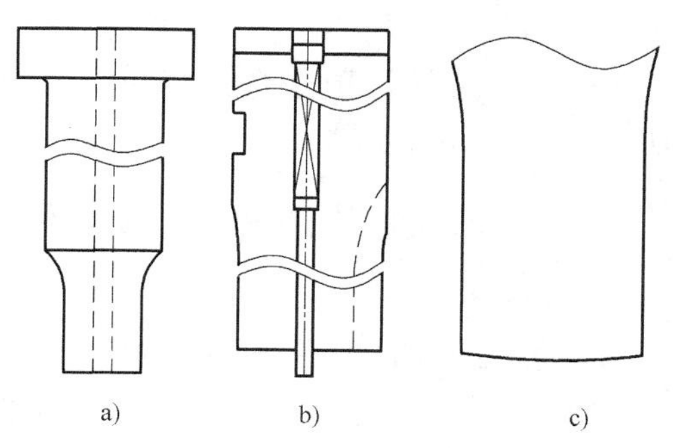

图1-23　防跳屑设计
a）气孔防跳屑　b）顶料销防跳屑
c）刃口加斜角

2）如图1-23b所示，在凸模上增加顶料销。此种设计在强度较大的凸模上较为常用。该设计结构较为复杂、成本高，会影响小凸模强度，因而不适用于小凸模。该设计的工作原理是：当凸模完成冲切后，凸模中的顶料销开始作用，增加一个向下的力，使废料沿凹模向下脱出刃口段，而不能回跳到模面。

3）图1-23c所示为凸模刃口加斜角。该设计在冲切时把废料挤成拱形，当废料进入凹模，凸模上行后趋向于伸直，紧紧地卡在凹模内，如图1-24所示，使废料与凹模的摩擦力增大，从而达到防跳屑的目的。一般采用5°斜角设计，适用于刃口为矩形或类似矩形的凸模。

4）选用合理的冲裁间隙。合理的间隙可以有效地降低跳屑的概率。材料厚度为1.2mm的碳钢S50C，合理的单边间隙取材料厚度的8%。材料厚度为1.5mm的不锈钢SUS301，合理的单边间隙取材料厚度的10%。

5）其他防跳屑的方法。以上四种防跳屑的方法，防跳屑效果好，在该企业较为常用。除此之外，再介绍其他几种在高速冲压加工中防跳屑的方法：凹模刃口段不宜设计太长，在满足使用要求的情况下尽可能短，凹模内所塞进的废料控制在三片以内，本文所研究产品凹模刃口段取3.5mm；冲切时凸模进入凹模不能过短，本文所研究产品凸模进入凹模3.0mm；凹模刃口倒小圆角；对方形孔在条件允许的情况下，圆角半径尽可能大；定期对凸、凹模去磁；凹模采用分体式，刃口做小量错位（见图1-25）；凹模采用镶块式结构，便于研磨和更换。

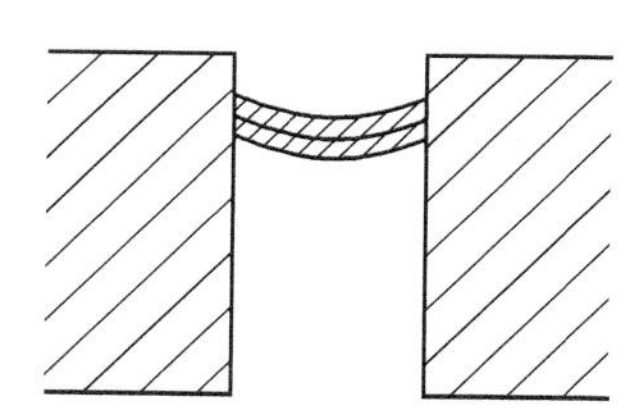
图1-24　斜刃口冲裁防跳屑

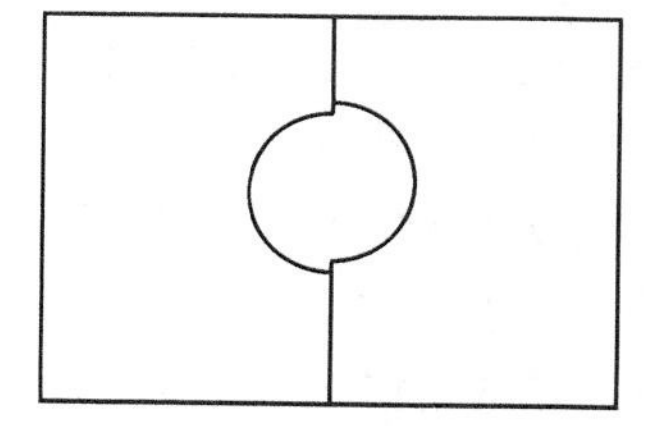
图1-25　分体式错位防跳屑设计

（2）解决粉屑压伤的方法　对于粉屑压伤，该企业提出了计划寿命保养的粉屑压伤管制方法，即通过控制凸、凹模寿命来达到控制粉屑压伤的目的。在研究过程中，取得的主要成果是：利用回归模型计算粉屑压伤不良率为1.5%时凸模、凹模冲次，由此确定凸模、凹模研磨寿命为75000件，并将其应用于PFMEA和模具计划保养表进行生产管制。

PFMEA是过程失效模式及后果分析（Process Failure Mode and Effects Analysis）的英文简称，是由负责制造或装配的工程师主要采用的一种分析技术，用以最大限度地保证各种潜在的失效模式及其相关的起因和机理已得到充分的考虑和论述。计划保养表是冲压生产的一种管理方法，用于记录模具零件的冲次，当达到规定冲次时，要求操作人员进行模具零件保养或更换，并将冲次归零。

1.2.8　汽车横梁孔位偏移、废料回跳

1. 零件特点

某型汽车中横梁和前横梁分别如图1-26a、b所示。零件材料分别为Q345（图1-26a）和08钢（图1-26b），料厚为6mm。该类件形状较复杂、长度尺寸大，就冲孔工序而言，孔数较多、大小不一。

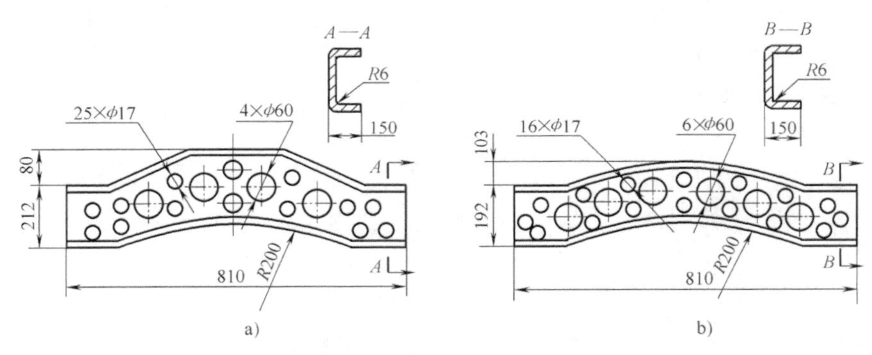

图1-26　某型汽车横梁

a）中横梁　b）前横梁

2. 废次品形式

孔位偏移。生产中采用的冲压工艺方案为：落料、冲孔（冲 ϕ60mm 大孔）→弯曲成形→冲25个小孔（中横梁）或冲16个小孔（前横梁）。在第1和第3工序中，由于废料回跳，定位困难，常造成后续冲孔时孔位偏移的现象。由于孔的数量多，故无论废料回跳到凹模面上还是露出一部分都会使生产停止，生产效率大大降低。这也是生产中发生事故的主要原因之一。

3. 原因分析

除了与上例相同的一些原因之外，产生废料回跳的原因还有：

1）各冲孔凸、凹模间隙不一致，间隙大的孔处产生废料回跳。

2）废料堵塞和油的黏附作用。

3）冲孔废料间空气压力的作用。

4. 解决与防止措施

生产中为防止废料回跳采取的措施还有：

1）采用图 1-11b 所示带弹顶销的凸模。

2）采用图 1-12 所示带斜面或开槽的凸模。

3）采用图 1-27a、b 所示带顶尖或拱顶的凸模。其缺点是刃磨、维修较困难。

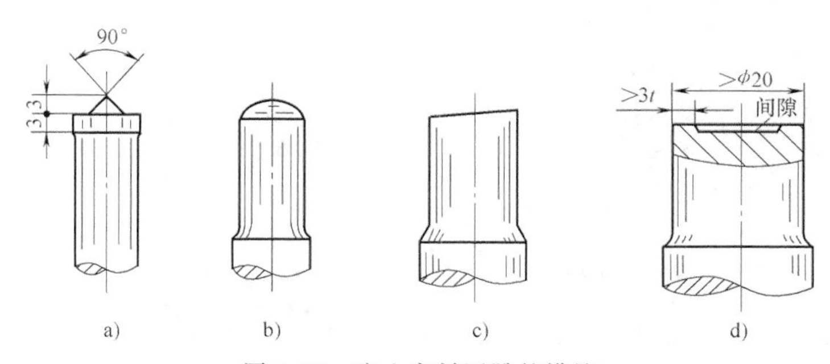

图 1-27 防止废料回跳的措施

a）带顶尖凸模 b）拱顶凸模 c）斜刃凸模 d）带凹槽或间隙的凸模

4）采用图 1-27c 所示斜刃凸模。这种凸模对防止废料回跳是有效的，但因冲裁时产生侧向力，故用于冲制硬、脆材料或凸模韧性差时，凸模易折断。

5）采用图 1-27d 所示带有凹槽或间隙的凸模。这种结构的凸模适用于薄料和大尺寸废料的制件。

6）采用图 1-28 所示带台阶或带锥度的凹模。此外，对冲孔凸模定期消磁，去除凸模底面的油层等也是防止废料回跳非常有效的措施。

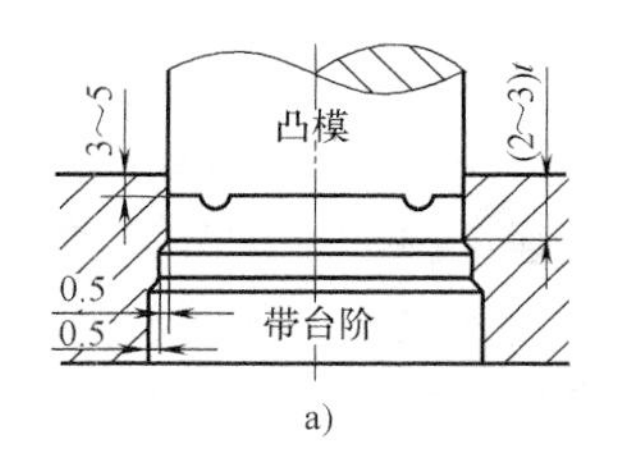

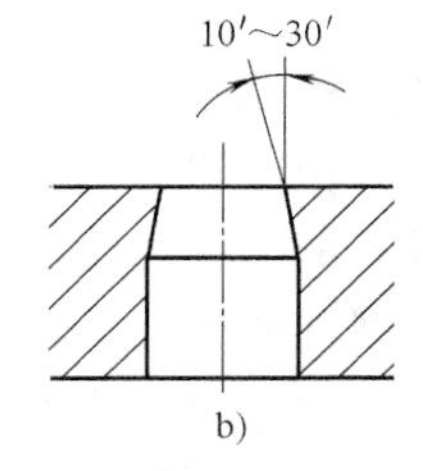

图 1-28 防止废料回跳的措施

a）台阶式凹模 b）带锥度凹模

1.2.9 某 SUV 行李舱下板表面压痕

1. 零件特点

某 SUV 行李舱下板如图 1-29 所示。零件材料为铝合金 TL094B，料厚为 1.0mm，外形尺寸为 1650mm×240mm。TL094B 的力学性能见表 1-5，屈强比较高约为 0.66，硬化指数和塑性应变比较低，材料成形性能较差，修边料屑较钢件难控制。

2. 废次品形式

表面压痕。生产中采用成形→修边、冲孔→修边→整形→整形的 5 工序冲压工艺方案。如图 1-30 所示，在修边、冲孔和修边工序产生料屑。料屑分片状和针状，黏附在工件上，在后一工序模具上产生压印。如图 1-31 所示，整形时零件上产生压痕，影响零件表面质量。

图 1-29 行李舱下板

图 1-30 修边毛刺与料屑

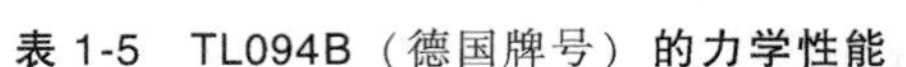

表 1-5 TL094B（德国牌号）的力学性能

条件屈服强度 $R_{p0.2}$/MPa	抗拉强度 R_m/MPa	硬化指数 n	塑性应变比 γ	伸长率(%)
≤130	≥196	≥0.26	≥0.60	≥24

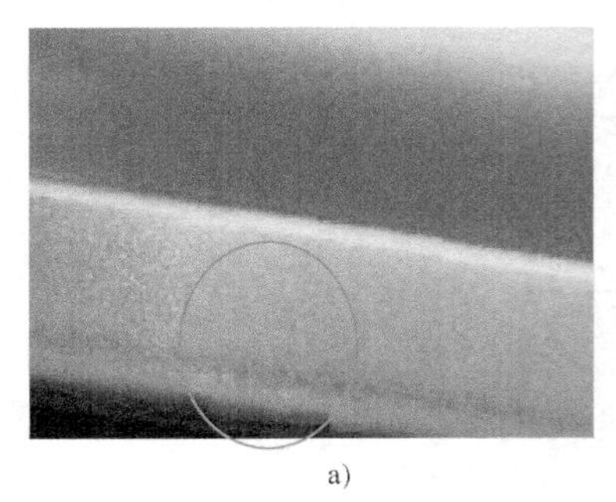

a)

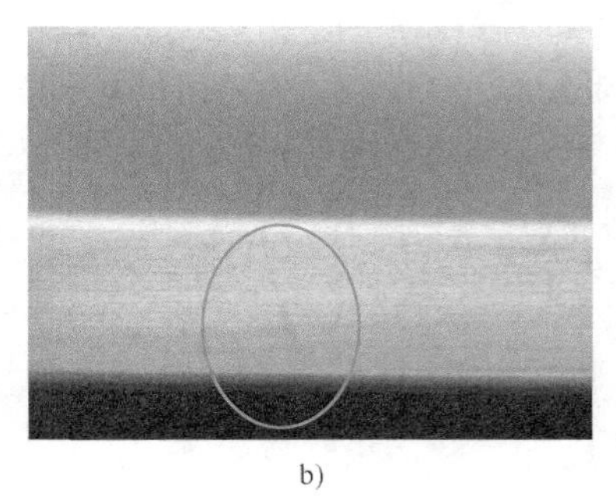

b)

图 1-31 表面压痕

a）片状料屑引起的压痕 b）针状料屑引起的压痕

3. 原因分析

修边料屑是汽车覆盖件中常见的问题。冲压出的产品往往会产生表面质量问题。产生料屑对低屈服强度、低抗拉强度材质的内外覆盖件产品和模具影响最为明显。修边时，当废料与制件分离后，上模刃口进入废料刀区域进行剪切，废料刀与下模交接区域的废料会产生重复剪切情况，废料刀与凸模刃口贴合存在间隙，若间隙不合理，便会形成料屑。具体而言，产生料屑的原因是：

1）修边凸、凹模刃口间隙过大，板材被撕裂产生片状料屑。

2）修边凸、凹模刃口间隙过小，板材被二次剪切产生针状料屑。

3）覆盖件修边时，对刃口垂直度要求较高，刃口垂直度不良，刃口会与凸模二次剪切，将毛刺重复剪切挤出黏附在上模刃口及凸模上形成料屑。

4）修边凸、凹模刃口间隙不均匀，或模具磨损后也会产生料屑。

5）当大批量生产时，一般在 800～1000 件以后，由于振动、油液发黏或磁化会造成料屑的聚集；铝板材剪切时小区域局部发热，料屑迅速氧化为高硬度的氧化铝，形成“积屑瘤”，进一步影响切边间隙。

4. 解决与防止措施

生产中采取的解决措施是：

1）调整优化上、下模刀块间隙，保证间隙均匀。该企业对低碳钢采用的合理单边间隙为料厚的 7%～10%；铝和铝合金采用的单边间隙为料厚的 5%～8%，软态取小值，硬态取大值。

2）如图 1-32 所示，上模采用负角刀块可减少积屑瘤的形成。

3）将刀块进行表面处理，例如 DLC（Diamond-like Carbon，类金刚石涂层），可完全解决积屑瘤的形成。

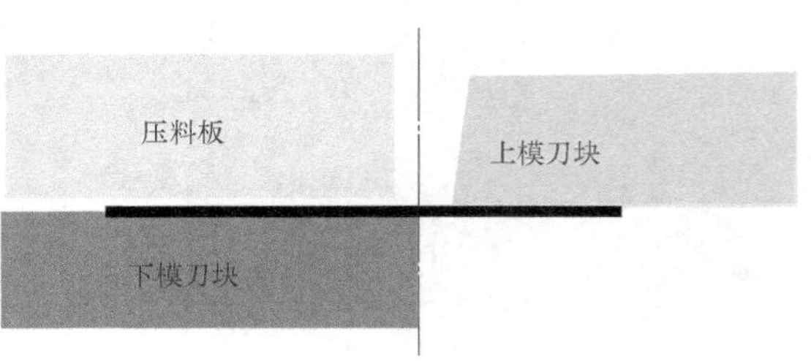

图 1-32 负角修边刀

4）如图 1-33 所示，生产中临时措施可采用下模刀块涂抹高黏度润滑油，避免料屑被带出产生压印。

5）还有一些企业采用压缩空气吹出料屑，或采用真空吸料屑的方法来去除料屑。

6）定期清擦模具刃口和模面。

如图1-34所示，采用上述措施后减少或带走了毛刺和料屑，表面压痕消失，获得了合格的产品，保证了稳定的生产。

图1-33　下模刀块涂高黏度润滑油

图1-34　优化后：毛刺、料屑消除

1.2.10　拖拉机调整垫片同轴度超差

1. 零件特点

某型拖拉机调整垫片如图1-35所示。零件材料为Q235A冷轧钢板，料厚为2mm。该件形状简单，结构对称，尺寸公差要求不严，但使用中对其同轴度有一定要求。

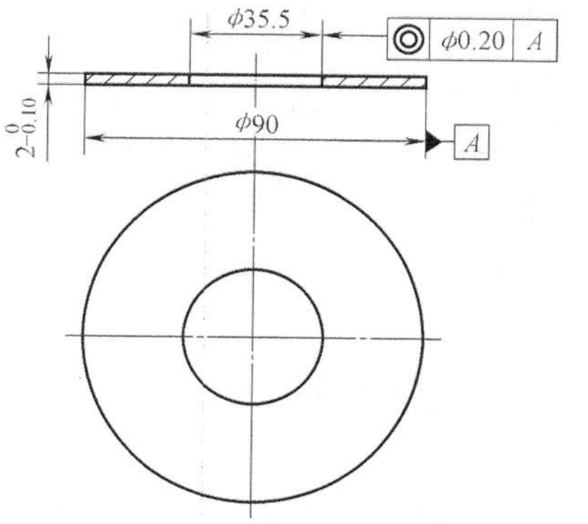

图1-35　拖拉机调整垫片

2. 废次品形式

同轴度超差。为保证零件的同轴度要求，生产中采用一套落料、冲孔复合模来加工该零件。使用新模具加工时，制件精度能达到要求，有一些小毛刺，在滚筒里甩30min就能满足装配要求。但是，模具经几次维修和几次拆装后，零件的同轴度便会超差，局部毛刺加大。

3. 原因分析

模具结构不合理。采用图1-36所示典型落料、冲孔复合模具结构（下模部分），结构简单，加工方便。凸模与凹模装配时由销钉定位，同轴度也由装配保证。新模具能满足加工要求，这说明模具的设计精度、制造与装配无误。销钉与销钉孔采用n6级过渡配合。然而，模具在刃磨和维修时，经多次拆装，销钉与销钉孔之间的间隙逐渐增大。重新装配时，凹模与固定板会产生一定的偏移。这就是造成冲出制件同轴度超差及局部出现大毛刺的原因。在拆装过程中，更换新的销钉，同轴度超差现象有所改善，但由于销钉孔已磨损，故未能从根本上解决问题。

4. 解决与防止措施

生产中通过改进模具结构，使问题得到了圆满地解决。采用图1-37所示的模具结构，凸模与凹模的相对位置由凸、凹模与固定板的机加工精度来保证，从根本上解决了冲制垫片的同轴度超差问题。对于由凹模与固定板偏移造成的不均匀毛刺的出现也有了很大程度的改善。

除此之外，适当增大凸、凹模间隙，更换模具材料，减小模具切入量、增加模具刚度，尽可能延长模具的刃磨寿命，从而减少了模具的维修次数和销钉的拆装次数。这也是防止同轴度超差、局部出现大毛刺的有效措施。

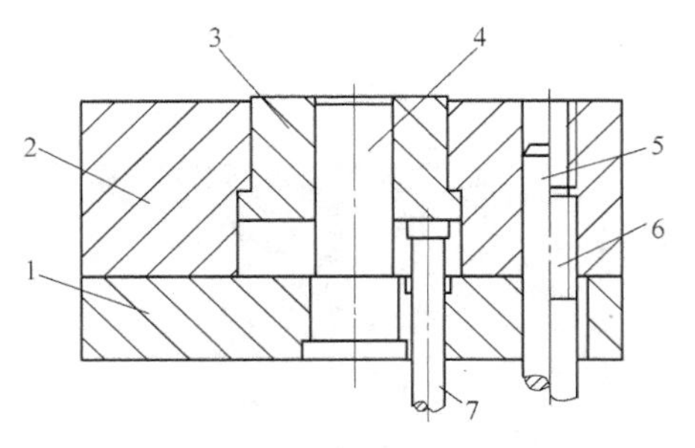

图 1-36 原设计的模具结构

1—固定板 2—凹模 3—顶料块 4—凸模 5—销钉 6—螺钉 7—顶杆

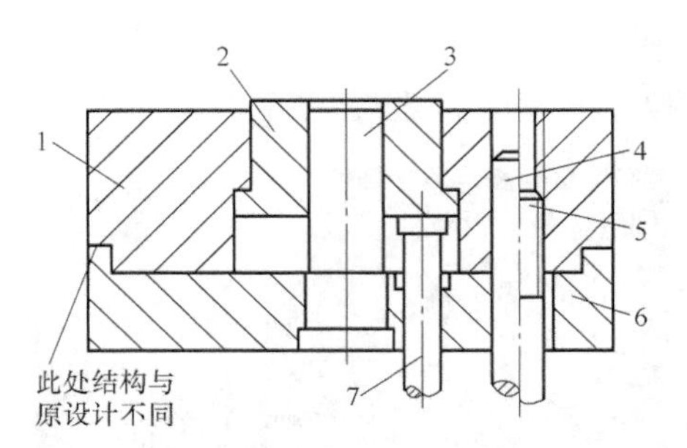

图 1-37 改进的模具结构

1—凹模 2—顶料块 3—凸模 4—销钉 5—螺钉 6—固定板 7—顶杆

1.2.11 钟形件对称度超差

1. 零件特点

钟形件如图 1-38 所示。零件材料为 08 钢板，料厚为 1.5mm，该件内径 $\phi54^{+0.4}_{0}$mm，外形尺寸为（62.5±0.15）mm，公差等级要求一般。此外，装配要求零件外形对轴线的对称度较高。

2. 废次品形式

对称度超差。零件拉深后，内径 $\phi54^{+0.4}_{0}$mm 尺寸超差。增加车削加工工序，保证了内径的尺寸公差要求。然而，在切边工序，靠图 1-39 所示圆柱销定位，切边后对称度严重超差，最大误差达 0.12mm，直接影响到零件的装配。

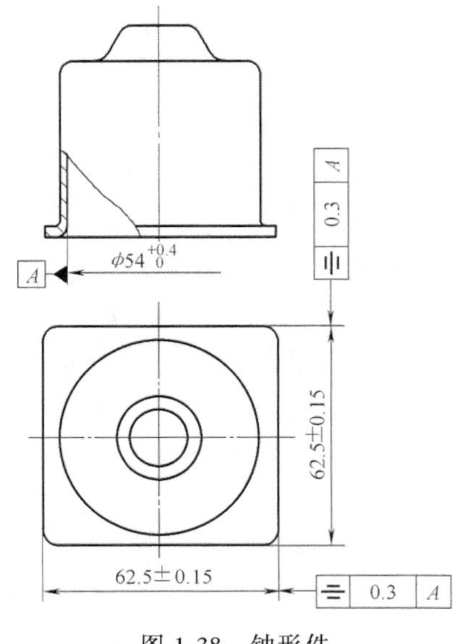

图 1-38 钟形件

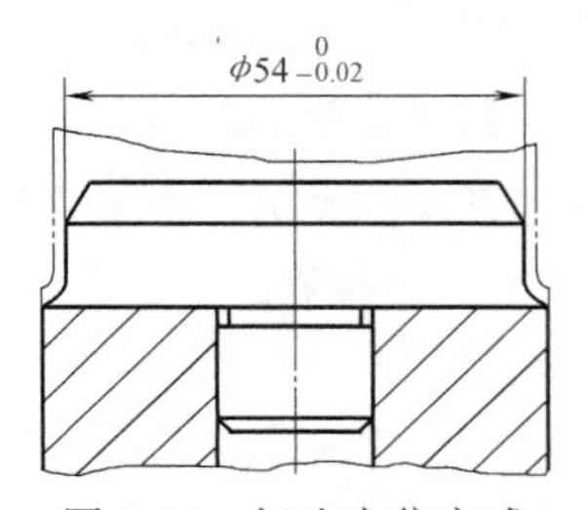

图 1-39 切边定位方式

3. 原因分析

为使制件在尺寸下限时还能放入定位销内，故定位销尺寸取 $\phi54_{-0.02}^{\ 0}$mm。这样一来，当内径车削加工到上限尺寸时，即使不考虑定位销的同轴度误差和加工误差，也会产生0.42mm的对称度误差，最大超差为0.12mm。车削加工制件内径尺寸不稳定、对称度误差值也时大时小。

4. 解决与防止措施

生产中改进了模具设计。采用图1-40所示的自动定心定位器结构解决了问题。切边时，手压杠杆9带动塞柱3向下运动。塞柱上的3个斜槽推动3个顶销11等量外伸，顶住制件为止，起到了自动定心的作用。切边完成后，手松开，弹簧6和12将塞柱顶销弹回，便于取放制件。采用这种模具切出的零件具有很高的对称精度，超过了零件图样的要求。该模具结构的关键零件塞柱3和顶销11如图1-41所示。3个顶销端头所形成的圆与凸模7靠装配时锉修保持同心。这样顶销的长度方向尺寸精度要求降低，容易制造。

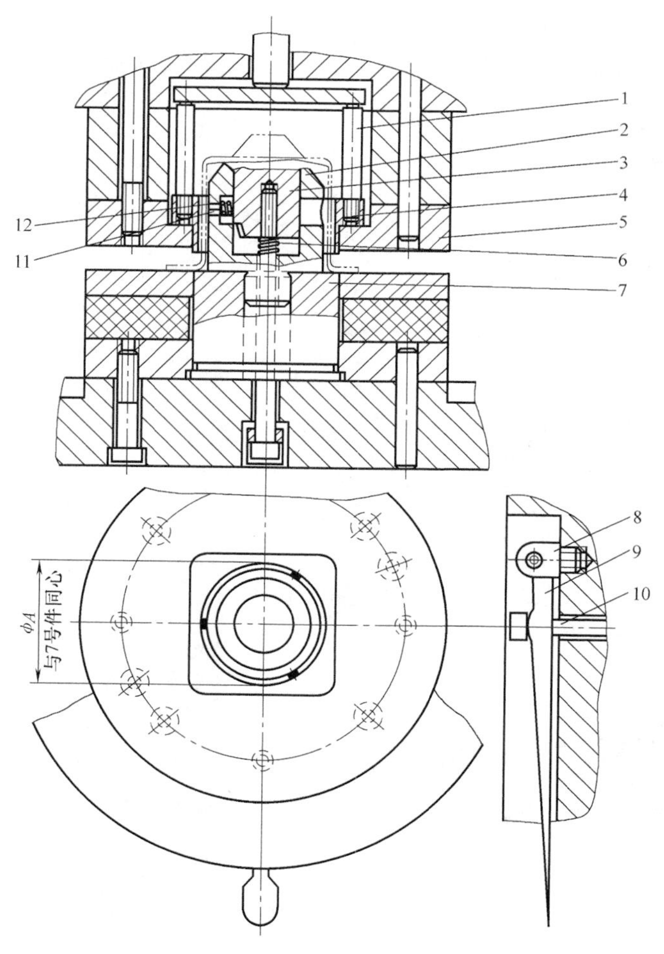

图1-40　改进后的模具结构

1—顶杆　2—座子　3—塞柱　4—退件器　5—凹模　6、12—弹簧　7—凸模　8—耳子　9—手压杠杆　10—杠杆　11—顶销

此外，提高钟形拉深件内径的车削加工精度，将 $\phi50^{+0.4}_{0}$mm 改为 $\phi50^{+0.25}_{0}$mm 也是解决和防止对称度超差的有效方法。

1.2.12　某型号空调风机转动盘漏孔、尺寸超差

1. 零件特点

某型号空调风机转动盘如图 1-42 所示。零件材料为 SPCC，料厚为 1.0mm。该件在环形平面上冲出多个小孔，是一典型的落料、冲孔件。使用时对其平面度有高的要求。该产品电镀后经过橡塑硫化工艺制成，是空调风机的主要零件。此零件的质量好坏关系到空调工作时的静音等功能，所以对零件整体平面度和封胶尺寸都有较高要求。如图 1-43 所示，从此产品结

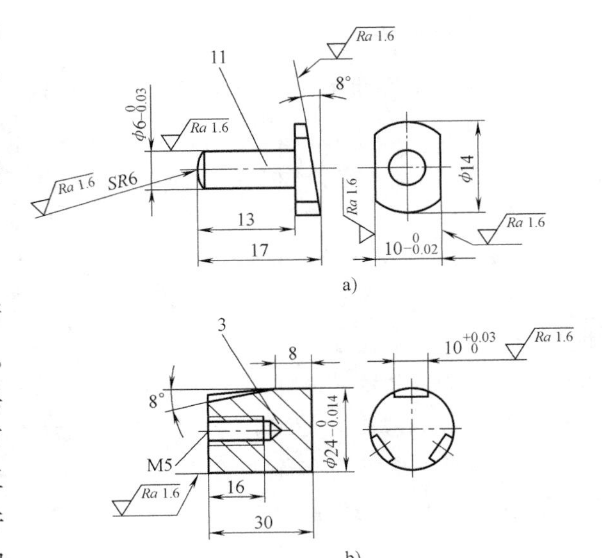

图 1-41　关键零件的结构与尺寸

a）顶销　b）塞柱

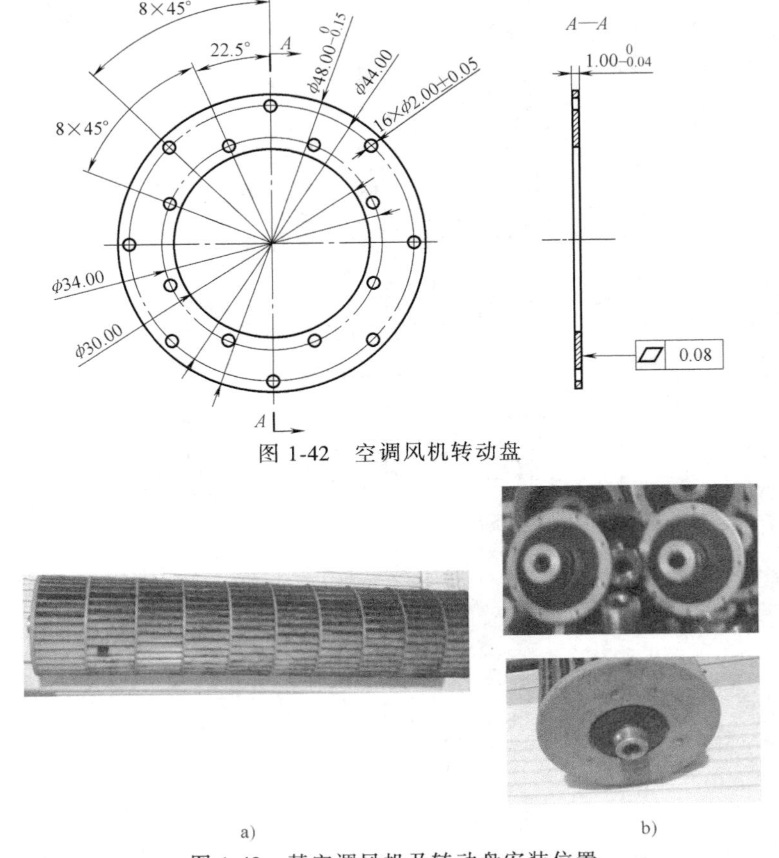

图 1-42　空调风机转动盘

a)　b)

图 1-43　某空调风机及转动盘安装位置

a）某空调风机　b）转动盘安装位置

构与装配工艺分析，产品上 16 个 $\phi 2.00$mm 的小孔起到包胶加强零件间黏结力的作用。

2. 废次品形式

根据经验，该零件的料带形式采用“对插”一出二的形式，料宽为 94mm，步距为 51.5mm，每分钟 200 次。这样既能确保材料的利用率，也可提高模具效率。图 1-44 所示为产品的料带。该件采用多工位连续模生产，一共为 10 个工序。试模中，制件产生了两种废产品形式。

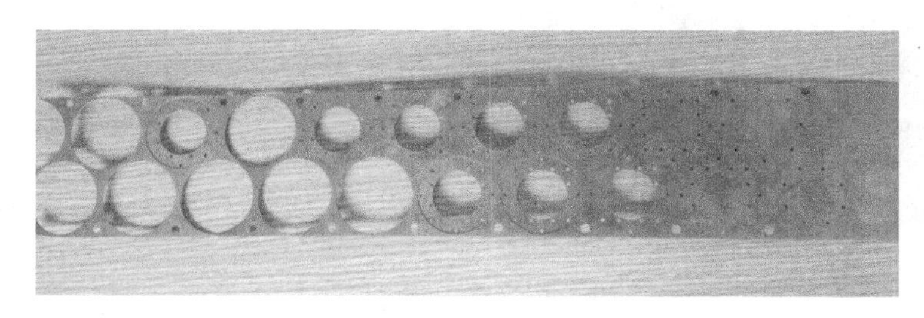

图 1-44 产品的料带

1）漏孔。制件缺孔，达不到产品要求。

2）尺寸超差。外缘尺寸 $\phi 48$mm、内孔尺寸 $\phi 30$mm、平面度等尺寸超差。

3. 原因分析

对生产现场进行分析，产生上述废次品的原因主要是：

1）冲 16 个 $\phi 2.00$mm 小孔的凸模崩刃，刃口的直线段过长，强度不足。

2）凸模和凹模刃口未抛光，表面粗糙度值过大。

3）在冲大孔和落料工序，凸、凹模单边间隙取料厚的 6%过大。

4）润滑不良。润滑不良，摩擦阻力增大也会造成零件尺寸超差。

4. 解决与防止措施

生产中采取的解决措施是：

1）如图 1-45 所示，冲小孔凸模刃口的直线段由 16mm 缩短到 11mm。

2）更换模具材料，采用 SKH-9 高速钢代替原模具材料 Cr12MoV。

3）在冲大孔和落料工序，凸、凹模单边间隙调整为料厚的 5%，即 0.05mm。

4）对模具刃口进行抛光处理，采用优质冲压油保证对模具的良好润滑。

采取上述几项措施后生产出的合格产品如图 1-46 所示。产品的平面度良好，批量生产的稳定性也好。

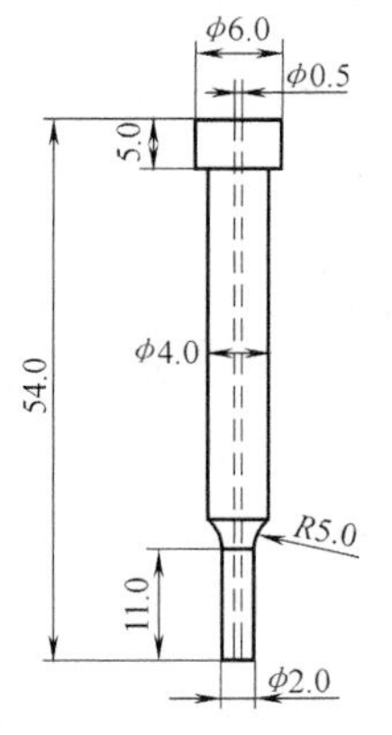

图 1-45 凸模增强、直线段缩短

1.2.13 拖拉机变速器盖板毛刺过大

1. 零件特点

某型手扶拖拉机变速器盖板如图 1-47 所示。零件材料为 Q235A 热轧钢板，料厚为 4mm。该零件形状简单，结构对称，属低碳中厚钢板典型冲裁件。零件中 4 个 $\phi 7$mm 孔相对于基准 A 有复合位置度要求。另外，装配和使用要求钢板两面都不允许有较大的毛刺。

图 1-46 合格的空调风机转动盘

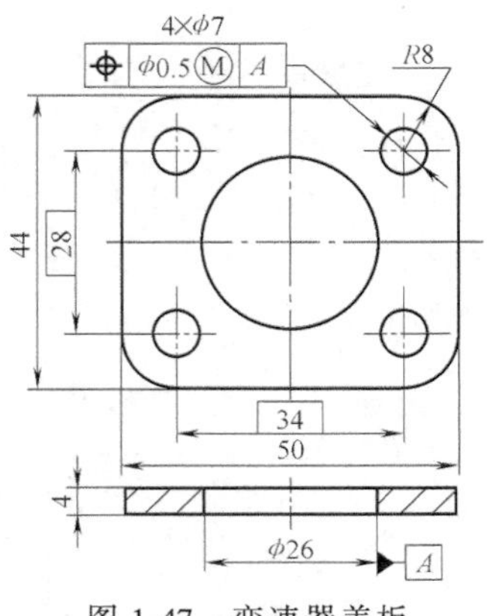

图 1-47 变速器盖板

2. 废次品形式

大毛刺。生产中，制件毛刺过大，最大毛刺高度达 4mm。大毛刺难以消除，影响了装配和变速器的使用。

3. 原因分析

造成毛刺过大的原因很多，其中主要有：

1）间隙不合理。在影响冲裁件断面质量的各种因素中，最重要的是凸、凹模的间隙。本书用符号 c 表示凸、凹模的单边间隙。一般而言，间隙的大小用材料厚度 t 的百分比来表示。间隙过小或过大都会产生大的毛刺。

如图 1-48a 所示，凸、凹模间隙小时，由凸模和凹模两侧产生的裂纹不重合，凸模一侧的裂纹大于凹模尺寸，凹模一侧的裂纹小于凸模尺寸，形成了所谓的舌片。断面两端产生两次断裂，形成两次或多次光亮带并产生细而长的毛刺。这种挤长的毛刺虽然很长，但比较薄，易去除。一般来说，具有这类细长毛刺的制件还是可以使用的。对于 4mm 厚的 Q235A 钢板，当 $c<5\%t$ 时，会产生这种细长的大毛刺。

如图 1-48c 所示，凸、凹模间隙过大时，裂纹也不重合。在这种情况下，材料的弯曲与拉伸变形增大，拉应力增强，材料易被撕裂。由于加工条件的不同，凸、凹模侧面的拉应力大于两刃口处，故裂纹在离刃口稍远的侧面上产生后被撕裂，所以毛刺大而厚，难以去除。此外，大间隙时板料拱弯严重，断面斜度大。具有这类厚大毛刺的制件只能作为废次品处理。本例中，当 $c>15\%t$ 时，就会产生这类大而厚的毛刺。

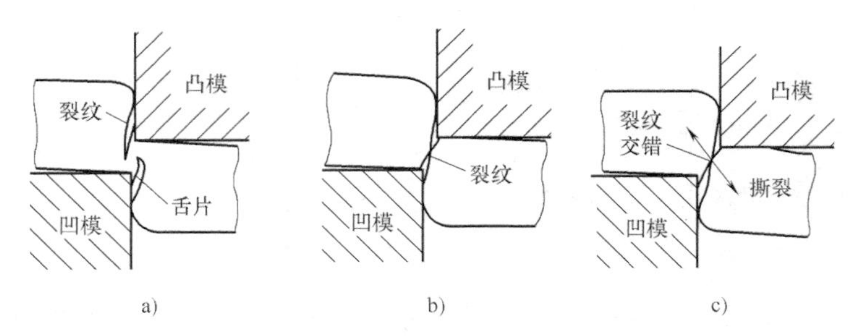

图 1-48 间隙和毛刺的关系

a）小间隙 b）合理间隙 c）大间隙

2）模具刃口磨钝。一般来说，凸模磨钝后，毛刺产生在落料件上；凹模刃口磨钝后，毛刺产生在所冲的孔一边。这是因为刃口磨钝后出现圆角，材料在拉伸力的作用下包在圆角上而形成了大毛刺。

3）压力机精度差。压力机精度差、台面不平行、导轨间隙过大或压力机刚度差时，在冲裁加工中会产生动态间隙的变化，凸、凹模单面磨损严重，甚至产生崩刃现象，从而产生了局部的大毛刺或单面不对称的大毛刺。

4）模具加工、装配精度差。模具加工精度差、装配不好、导向精度达不到要求或导柱松动等都会使凸模与凹模不同心，间隙不均匀，从而产生了不对称的大毛刺。这种制件一侧毛刺大而厚，圆角带大、断裂带宽、斜度大；另一侧出现二次光亮带，毛刺细长。

4. 解决与防止措施

生产中解决这类问题采用的一般措施是：

1）选取合理的冲裁间隙。常用的抗剪强度 $\tau=350\sim500$MPa 的普通碳素钢板和碳素结构钢板，合理的单边间隙值为材料厚度的 3%～12.5%。薄料取小值，厚料取大值。本例中为 4mm 中厚钢板，最佳单边间隙为料厚的 7%～8%。

2）提高模具的制造加工精度和装配精度，尤其是导柱导套的精度要保证，装配要牢靠。凸、凹模间隙应均匀。

3）料厚在 3mm 以上的中厚钢板的冲裁模，上、下模板的厚度应加厚，以保证模具的刚性，防止动态间隙的变化。

4）模具使用一段时间后，一定要及时检查，根据零件上毛刺的大小情况及时修磨刃口或更换凸、凹模，使刃口始终保持锋利。

5）冲裁所使用的设备，其精度相对一般成形模使用的设备应好一些，刚性应大一些。一旦发现导轨间隙过大、台面不平行时，应及时维修、调整。

6）严格控制凸、凹模的热处理温度规范，保证其质量。淬火硬度要均匀，回火时间要充分，避免因局部磨损产生的局部大毛刺。

7）当采用落料冲孔复合模进行冲裁加工，且冲孔凸模的间距或孔边距较小时，为防止由于侧向不均匀拉、压应力作用产生的冲孔凸、凹模不同心的现象，采用阶梯形模具结构，先冲大孔或先落料，后冲小孔。

8）设置强力压板，对模具进行润滑等措施对防止大毛刺产生也有一定的效果。

1.2.14 不锈钢卡带毛刺过大

1. 零件特点

不锈钢卡带如图 1-49 所示。零件材料为 1Cr18Ni9Ti（新标准未列，但目前仍在用），料厚为 0.35mm。该件为一典型的细长形落料件，距离右侧 18mm 处有一宽度仅为 0.73mm 的细颈。虽然卡带尺寸精度要求不高，形状简单，结构对称，满足冲裁件工艺性要求，但坯料较薄，制件细长且有一宽度约为 $2t$ 的细颈，故对冲裁模具的制造、装配精度有较高的要求。

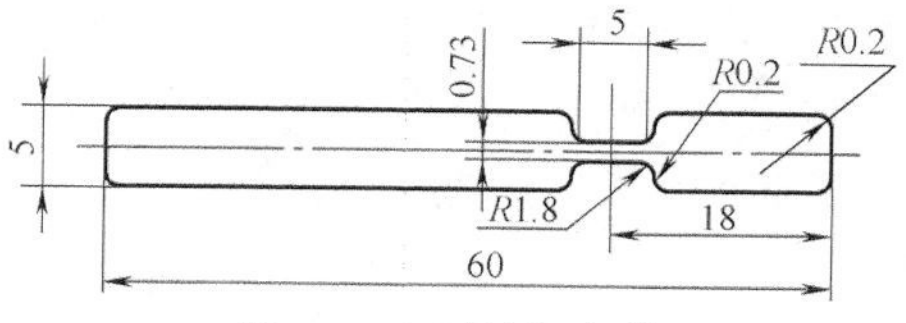

图 1-49 不锈钢卡带

2. 废次品形式

大毛刺。在落料后，制件单侧或局部毛刺过大，超过了使用要求。

3. 原因分析

1）凸模的垂直度差。制件单侧或局部出现大毛刺的主要原因是凸模与凸模固定板不垂直。生产中原采用浇注法固定凸模。因凸模端面太窄，稳定性不好，固定好凸模后，以凸模为基准来磨固定板端面，效果也不太好。由于凸模不垂直，冲裁加工时凸、凹模间隙会发生变化，间隙大的一侧便产生了大毛刺。

2）模具导向精度差。制件较薄，采用 5%t 的单边间隙，$c \approx 0.018$mm。普通精度的导柱、导套间隙偏大，致使冲裁时凸、凹模间隙不均匀便产生了大毛刺。

3）模具制造和装配精度差，致使凸、凹模间隙不均匀。

4. 解决与防止措施

生产中通过改变模具导向部分结构，改变凸模固定方式等措施圆满地解决了问题。这些措施是：

1）用滚珠式导柱、导套来代替滑动导柱、导套，提高了导向精度。

2）改变凸模固定方式。如图 1-50 所示，凸模固定板采用线切割加工，与凸模过渡配合。凸模固定板型孔与凸模取 0～0.01mm 的过盈量。为防止凸模回程时拔出，在凸模中部开一个 ϕ5mm 的孔，相应地在固定板上铣一空位，在模具上装一个 ϕ5mm 的限位销来限制凸模向下运动。

3）进一步提高模具的制造和装配精度，保证凸、凹模间隙均匀。

此外，防止这类问题产生的积极措施还有：

4）凸模与固定板采用 H7/m6 过渡配合，经线切割加工后采用铆接固定。

5）采用高精度的导柱式冲模；采用浮动凸模，凸模与凸模固定板间留出 0.01mm 左右的间隙，凸模与凹模自动找正、对中。

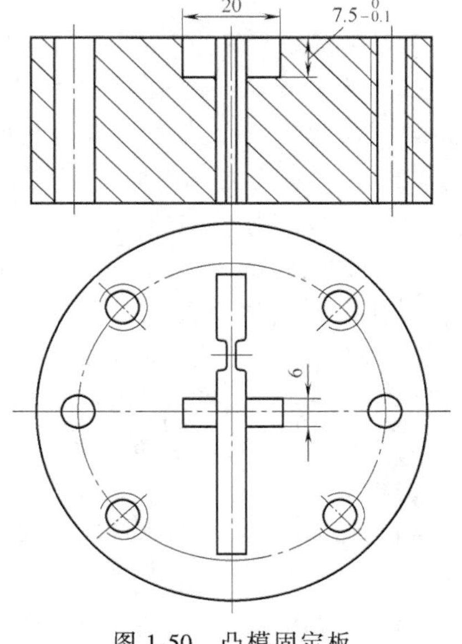

图 1-50 凸模固定板

1.2.15 拖拉机机罩毛刺过大、形状不良

1. 零件特点

某型拖拉机机罩如图 1-51 所示。零件材料为 Q235A 钢板，料厚为 1mm。该件为拖拉机外覆盖件，使用要求零件表面光洁、外形对称、周边无毛刺。

2. 废次品形式

原采用的加工工艺方案为：剪切下料→预冲孔→以预冲孔定位分三次切边→压形翻边→压筋冲孔→弯曲成形。在切边和翻边工序，制件产生了下述的废次品。

1）大毛刺、连料。图 1-52 所示为切边毛坯及在切边工序出现的废次品形式。如图 1-52b 所示，切边时，经常出现毛刺过大，甚至连料不能完全切断的现象。

2）形状不良，翻（弯）边高度不对称。如图 1-53b 所示，在翻边工序，制件形状不良，翻边高度 6mm 常有一侧翻不足，而另一侧翻得过高。

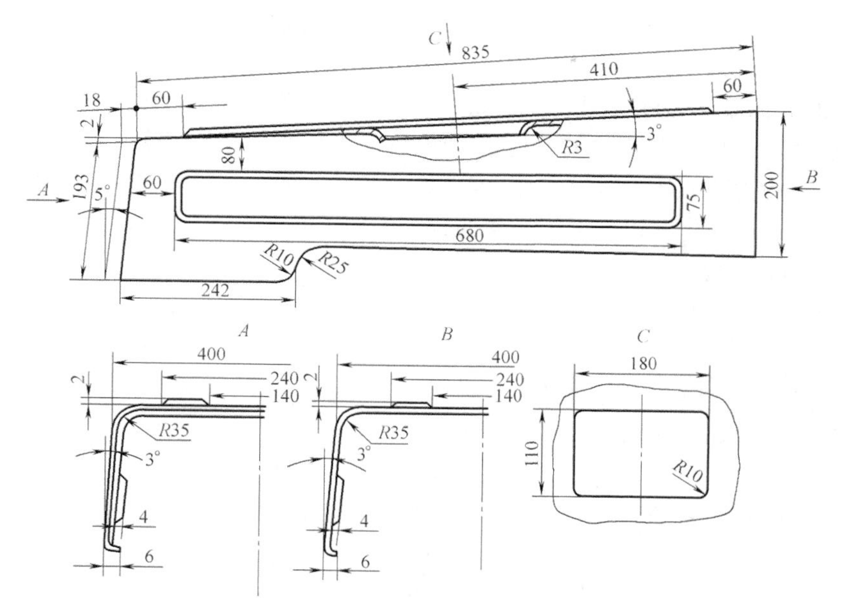

图 1-51 某型拖拉机机罩

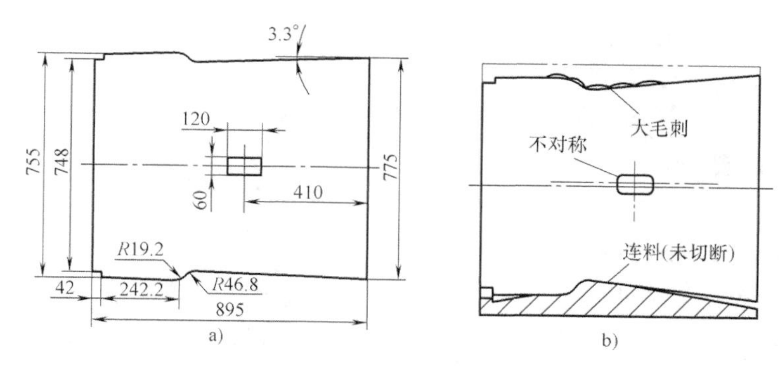

图 1-52 机罩毛坯及废次品形式

a）切边毛坯 b）单面切边的废次品形式

3. 原因分析

产生上述废次品的主要原因在于加工工艺不合理。具体而言，问题在于：

1）采用图 1-54 所示单面切边模。凸模又窄又长，且凹模设计时，对模具的强度和刚度考虑不够。在切边时，模具变形使冲裁间隙变大而造成了制件毛刺过大，甚至废料被拉入模腔，不能完全被切断而出现连料现象。

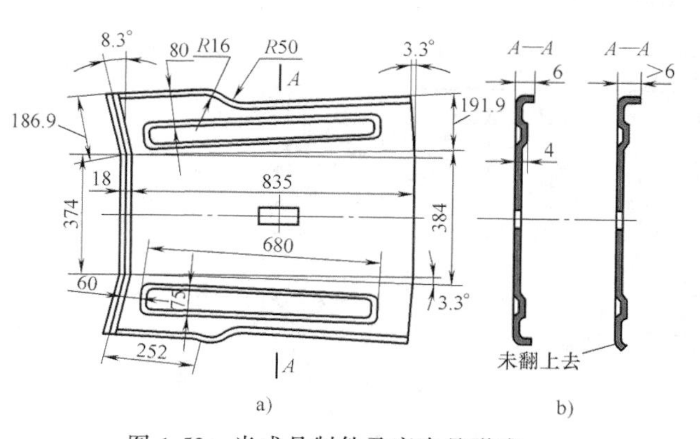

图 1-53 半成品制件及废次品形式

a）压形翻边工序制件图 b）翻边高度不对称

2）该件料厚为 1mm，原模具设计取单边间隙为 0.07～0.09mm，因模具加工和装配误差，实测间隙值大于设计值，这也是产生大毛刺的原因。

3）切边时，以中间方孔定位。由于制件尺寸较大，而定位孔相对较小。定位块与定位孔的微小间隙，定位块的安装位置和尺寸的微小误差都会使两次切边后制件外形与中心线不对称。这是产生翻边高度不一致的最主要原因。

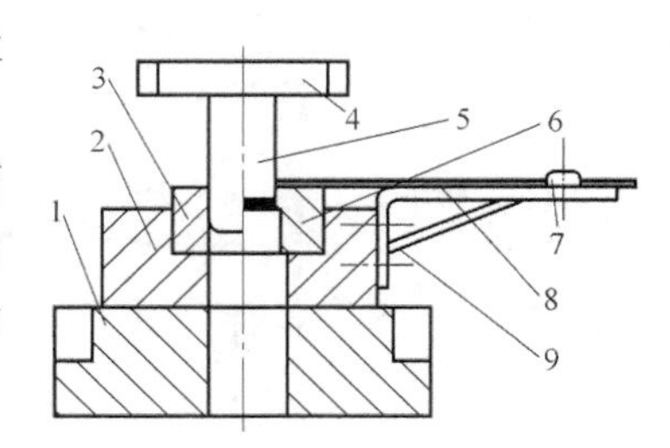

图 1-54　单面切边模结构简图

1—下模板　2—凹模座　3—侧压板　4—上模座　5—凸模　6—凹模　7—定位块　8—工件　9—托板

4. 解决与防止措施

生产中采取的解决措施是：

1）减小切断凸模与凹模的间隙，单边间隙取 0.04～0.06mm。提高模具的制造和装配精度，保证间隙均匀。

2）增加切断凸模，加大侧压板宽度和下模板厚度，提高模具的刚性。

采取这两项措施后，解决了毛刺过大和连料现象，但制件不对称、翻边高度不一致的问题未能彻底解决。

3）改变原工艺方案，改预冲孔及三次切边为一次落料、冲孔工序，从根本上解决了制件不对称和毛刺过大的问题。采用落料工序时，凸、凹模单面间隙取料厚的（6～8）%。

原工艺方案采用预冲孔和三次切边四道工序制坯，模具结构简单，制造方便，但经试生产考证问题较多。一方面，四套模具并不一定比一套落料、冲孔模节省经费；另一方面，多套模具生产效率低，劳动强度大。此例说明，在决定冲压加工工艺方案时，应在保证冲压件质量的前提条件下，全面衡量工艺的优缺点。

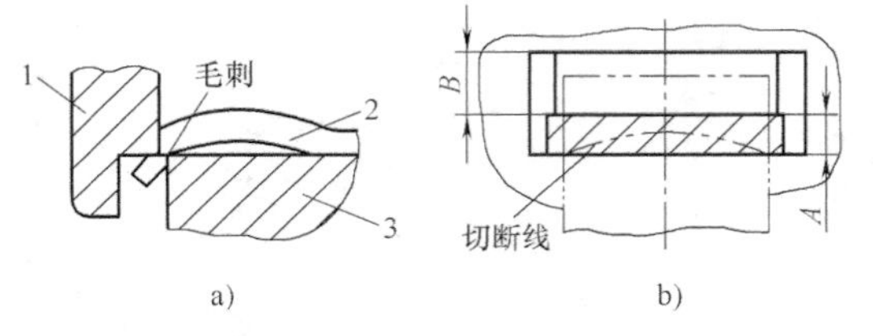

图 1-55　切断面不平直

a）制件拱弯　b）切断线成曲线

1—凸模　2—工件　3—凹模

采用图 1-54 所示的单面切边模进行切断加工时，除了会产生毛刺过大、卷边、连料和制件不对称的废次品之外，还会产生如图 1-55 所示的制件切断面不平直现象。图 1-55a 所示为制件拱弯，图 1-55b 所示为制件切断线为不规则曲线的情况。造成制件切断面不平直的原因及防止措施见表 1-6。

表 1-6　切断面不平直的原因及防止措施一览表

项目	切断面不平直的原因	防止措施
冲压坯料	1. 毛坯不平、扭曲 2. 极硬、极软、极薄的材料 3. 冲裁能力达不到的硬材料、厚材料 4. 剪断线与板料轧制方向垂直	更换材料，增加校平工序；注意板料轧制方向应与剪切线平行或成一角度
模具	5. 间隙不合适、不均匀 6. 刃口不锋利（崩刃、圆角、粘结） 7. 模具固定不牢、刚性不足 8. 刃口的平面度不好 9. 无压料装置或压料力不够 10. 刃口形状、角度不好，背面支承不足	取合理间隙值，一般为（5～10）%t，精度要求严格时可减半（单边）；增加图 1-55b 中 A、B 宽度和模板厚度；刃磨、修补刃口，使其锋利；改变刃口形状、角度，增加支承面刚度，紧固模具；增设压料装置，增大压料力
操作	11. 操作不当，定位不准，测量不准	严格执行操作规则，正确定位、测量
管理	12. 模具、材料、设备管理不当	严格模具、材料、设备的管理制度

1.2.16 链条链板冲孔断面斜度过大

1. 零件特点

拉链输送机链条链板如图1-56所示。零件材料为45钢，料厚为12mm。该件坯料较厚、两异形孔中心距公差要求较高，装配要求同节链板中心距一致，并要有很好的互换性。从尺寸精度和制件外形来看，该件满足冲裁加工工艺性要求，但从孔形和中心距的位置公差及互换性要求来看，工艺上有一定的难度。

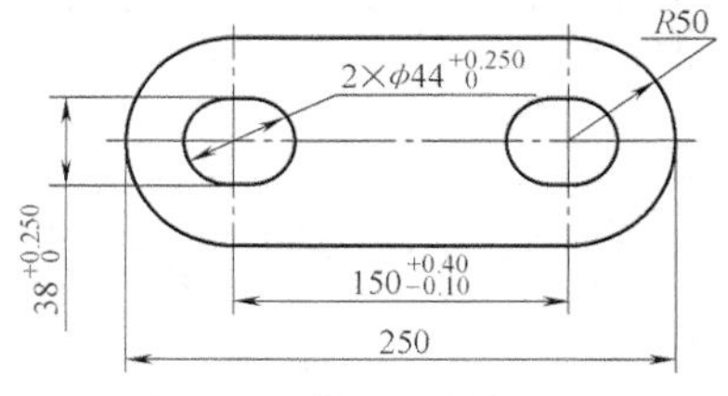

图1-56 输送机链条链板

2. 废次品形式

异形孔断面质量差。为保证两孔对中心距的公差要求，在冲孔工序采用双孔一次冲出的加工方案。实践证明，用这种方案冲出的制件孔的断面质量较差，冲件底部呈喇叭口，上部有较大圆角，中部有2~3mm的光亮带，断面质量达不到设计和使用要求。

3. 原因分析

造成制件孔断面质量差的原因与厚板冲裁机理有关。该件料厚为12mm，冲孔初期制件要产生很大的挤压变形。材料硬度较高，为220~250HBW，比一般低碳钢和有色金属的挤压变形量小。因此，断面上部有较大圆角，而中部光亮带仅为2~3mm。挤压变形结束后进入普通冲裁，由于料厚，且孔的形状工艺性不佳，加上材料硬度高，故断裂带相对较大、斜度大且成喇叭口，制件断面质量差。

4. 解决与防止措施

改变原冲孔工艺方案，采用图1-57所示普通冲孔模进行粗冲，粗冲工序留0.325mm（单面）的余量。增加整修工序，整修模如图1-58所示。整修模采用了图1-59所示的浮动整修凸模，浮动整修凸模属于过冲。采用这种结构的凸模解决了脱料困难的问题，避免了凸模卡死现象的发生，从而提高了模具的使用寿命。浮动整修凸模材料选用高速钢W18Cr4V，热处理硬度为55~58HRC。

一般来说，为获得较高质量的冲孔断面，除整修加工外，还可采用小间隙圆角刃口冲裁、精密冲裁等方法来加工该件。然而由于该件材料硬度大，且存在几处尖角，使其他精冲工序受到了限制。

1.2.17 缝纫机压脚扳手冲裁断面斜度过大

1. 零件特点

某型缝纫机压脚扳手如图1-60所示。零件材料为Q235A冷轧带钢，料厚为3.5mm。该件为一典型的落料件，形状简单，结构不对称。制件各处圆弧过渡，无尖角，满足普通冲裁工艺的要求。但使用要求周边平直光洁、无毛刺，故采用普通冲裁方法又有一定的困难。

2. 废次品形式

断面斜度过大。生产中原采用普通冲裁模冲制该零件，制件冲裁断面出现圆角带、光亮带、断裂带和毛刺四个特征区。断裂带斜面使零件不能满足平直光洁的使用要求。采用较薄的细砂轮，将制件四周抛光，工时多，劳动强度大。即使如此，抛光面平直度仍很差，质量难以保证。

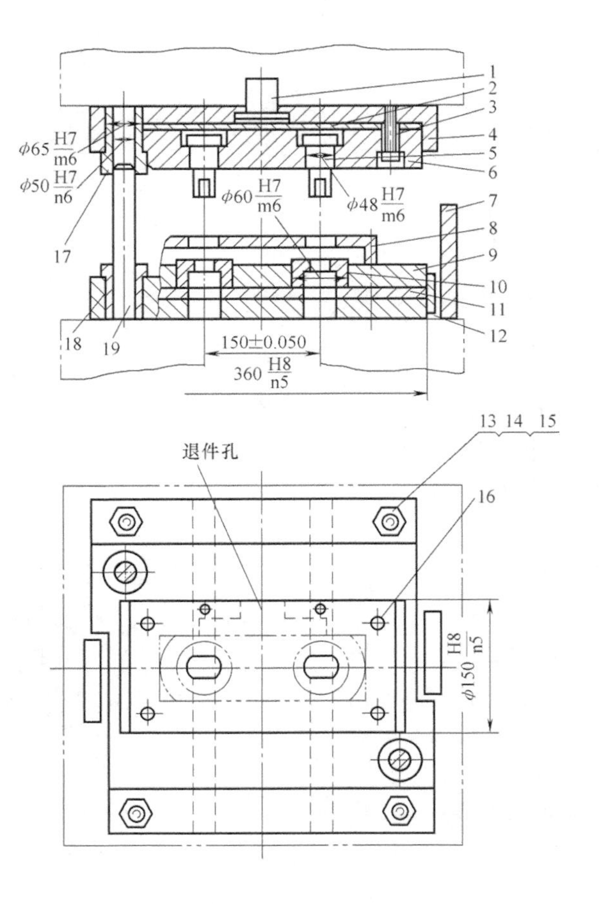

图 1-57　链板粗冲模

1—模柄　2、11—垫板　3、16—螺钉　4—上模板　5—冲孔凸模　6—凸模固定板　7—行程挡板　8—卸料板　9—凹模固定板　10—凹模　12—下模座　13、14、15—螺栓、垫圈、螺母　17、18—导套　19—导柱

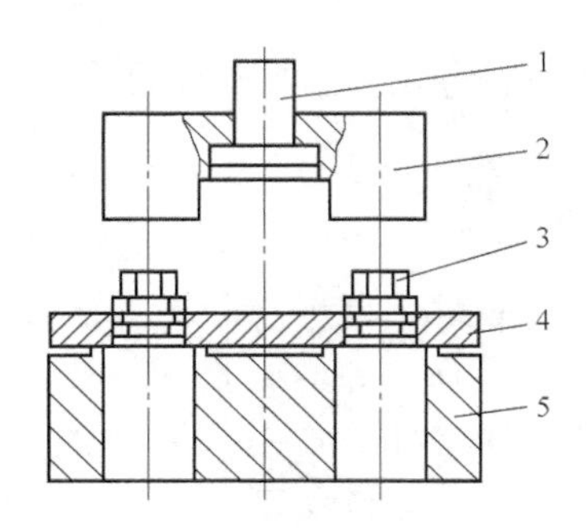

图 1-58　整修模

1—模柄　2—锤铁　3—浮动整修凸模　4—工件　5—下模座

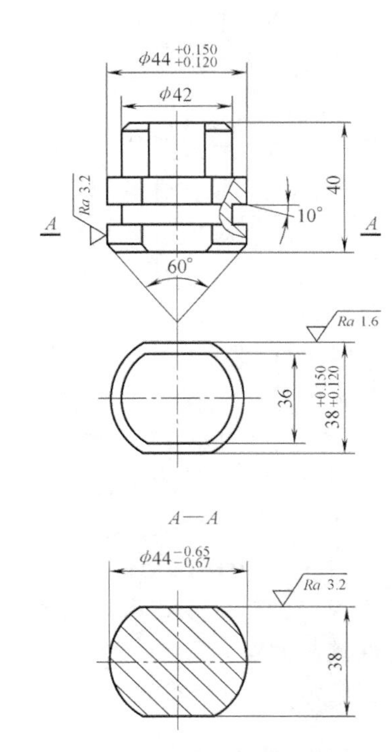

图 1-59　浮动整修凸模

3. 原因分析

冲裁断面的断裂带斜面是由普通冲裁加工机理决定的。只要凸、凹模有间隙存在，在刃口附近材料的变形达到极限时，便会产生裂纹，裂纹扩展，坯料分离就产生了带有一定斜度的粗糙断裂带。减小凸、凹模间隙，断裂带会变小，斜度也可有所改善。但过小的间隙又会产生二次或多次光亮带与断裂带交错的情况。

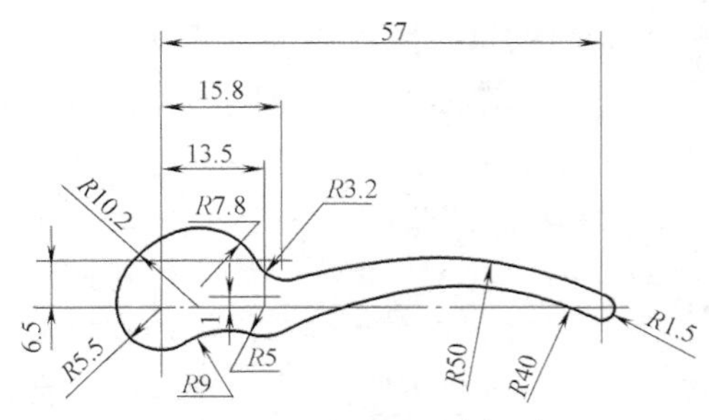

图 1-60　缝纫机压脚扳手

4. 解决与防止措施

改用一套小间隙圆角刃口光洁冲裁模加工出了合格的零件，解决了断面斜度过大的问题。由于是落料件，故使落料凹模刃口带圆角，凸模仍保持为平刃口。

小间隙圆角刃口光洁冲裁的机理与普通冲裁不同。如图 1-61 所示，采用小间隙圆角刃口能获得平直光洁冲裁断面的原因是：

1）采用小间隙冲裁增加了变形区内的静水压力，提高了材料的塑性，从而推迟了裂纹的产生，抑制了裂纹的扩展。

2）刃口带有圆角，把裂纹容易发生的刃口侧面变成了压应力区，使模具端面的材料（图 1-61 中凹模上部阴影部分）向模具侧面流动，与模具侧面接触的材料（图 1-61 中打点部分）受到的拉应力得到缓和，从而防止了裂纹的产生。

由于凹模对冲件施加了挤压力，因此存在制件将凹模向外胀的作用力。为防止凹模胀裂，生产中采取了一些措施。这些措施是：在凹模外圈加一个预应力圈，预应力圈与凹模外径过盈配合；如图 1-62 所示，将凹模刃口部分做成斜面，斜面高度为 2~3mm；适当减小刃口直边高度，取为 5mm。此外，刃口圆角半径为 $R0.4 \sim R0.5$mm，模具单边间隙 $c = 0.04$mm，刃口部分表面粗糙度为 $Ra0.8\mu m$。模具材料选用 CrWMn，热处理硬度为 58~60HRC。

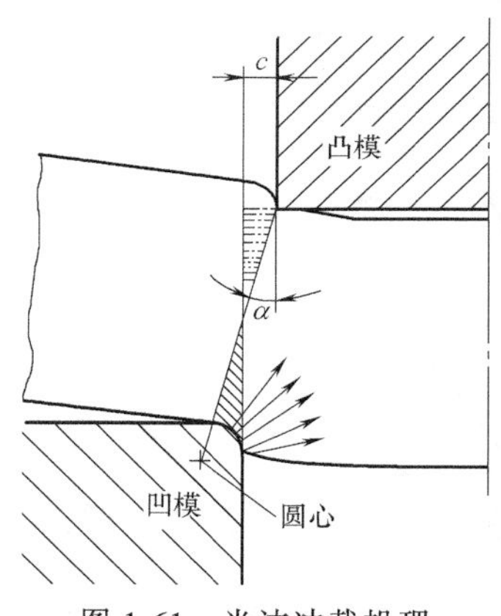

图 1-61 光洁冲裁机理

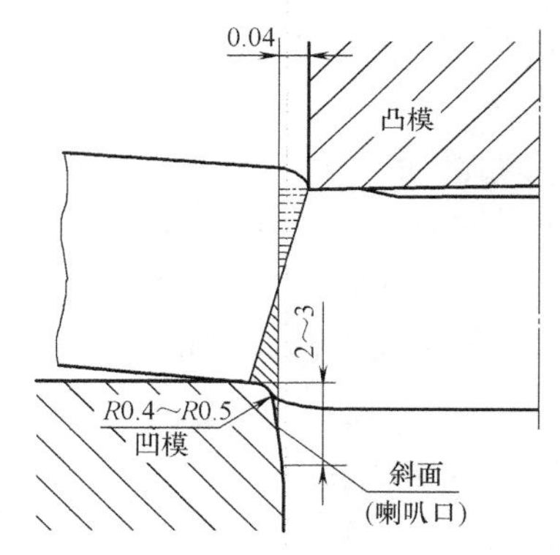

图 1-62 斜面凹模及主要工艺参数

为进一步提高冲裁件断面质量，减小冲裁力，采用猪油作为润滑剂涂于凹模型腔及凸模上，也取得了较为明显的效果。采取小间隙圆角冲裁，制件平直光洁，但仍带有薄而高的毛刺，增加一道滚磨工序，即可去除毛刺。

模具（凹模）带有小圆角时，对提高制件断面平直度、延长光亮带的效果是非常明显的。但因为这种方法是通过塑性剪切使断口成为光亮带的，所以其适用范围有一定限制。这种方法只适用于纯铝、纯铜、低碳钢和退火后的低合金钢等塑性材料。其次，这种方法只适用于冲裁轮廓形状简单的零件，当零件有尖端凸出形状时，消除尖端处的断裂带就比较困难。另外，在落料时，因为需要周围搭边对坯料进行约束，搭边较普通冲裁要取得大些。

1.2.18 轿车车门限位器臂-臂焊接总成侧面裂纹

1. 零件特点

某轿车车门限位器臂-臂焊接总成如图 1-63 所示。零件材料为 15Cr，料厚为 5mm。该件

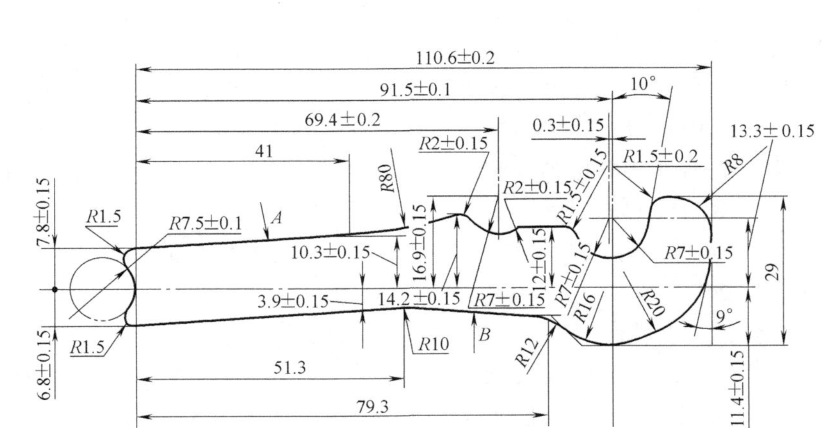

图 1-63 限位器臂-臂焊接总成

为一典型落料件，但尺寸精度要求较高。使用要求冲裁断面平整光洁，表面粗糙度为 *Ra*1. 6μm。

2. 废次品形式

侧面裂纹。生产中采用齿圈压板精冲模来加工该零件。如图 1-64 所示，零件 *A* 侧一边冲裁断面产生裂纹，不符合零件的使用要求。

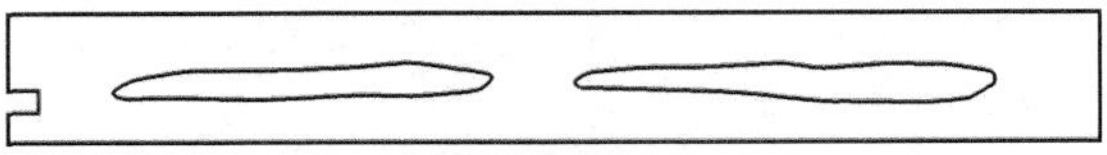

图 1-64 侧面裂纹

3. 原因分析

齿圈压板精冲过程的变形机理与普通冲裁不同。如图 1-65 所示，除凸、凹模间隙极小，凹模刃口带圆角外，在模具结构上比普通冲裁多一个齿圈压板与顶出器。由于齿圈压板和顶出器的存在，使材料在强烈的三向压应力作用下变形，消除了变形区内的拉应力，阻止了宏观断裂（撕裂）的产生。因此，精冲过程实质上是一个纯剪切过程。

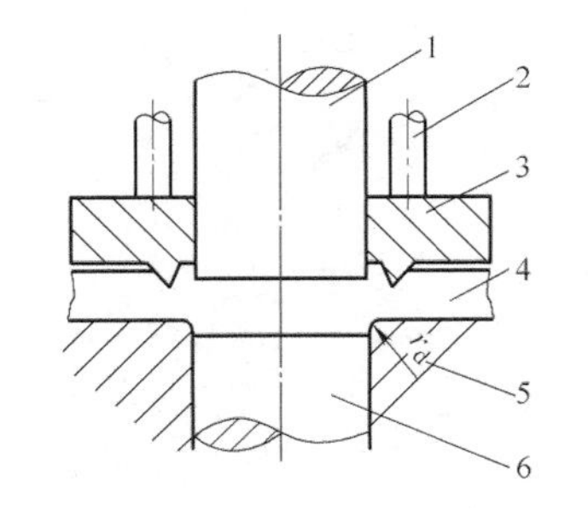

图 1-65 精冲过程

1—凸模 2—托杆 3—齿圈压板 4—工件 5—凹模 6—顶出器

一般而言，产生侧面裂纹的原因是压应力不足，不能造成纯剪切的变形条件所致。具体而言，其原因是：

1）齿圈压力太小或不均匀。

2）凹模圆角半径太小或不均匀。

3）材料不合适。精冲要求材料有较好的塑性，脆性材料不宜进行精冲。

4）搭边太小。为建立起强烈的压应力，精冲条料必须有足够大的搭边值。

5）制件本身工艺性不好，角部圆角半径太小。

根据零件 *B* 侧质量好、*A* 侧有裂纹的情况分析，造成侧面裂纹的原因在于齿圈压力不均匀。检查模具的具体情况，发现模具中传递齿圈力的 6 根托杆长度不一。*B* 侧 3 根托杆稍长一些，齿圈压力较大，精冲断面质量好；*A* 侧 3 根托杆短了 0. 02～0. 06mm，坯料压得不够紧，精冲断面质量就差，致使产生了裂纹。

4. 解决与防止措施

生产中采取了两项措施来解决问题，取得了预期的效果。

1）严格保证6根托杆长度一致，修磨后误差<0.01mm。

2）适当加大了压料力。

1.2.19　复印机压纸凸轮断面撕裂

1. 零件特点

复印机压纸凸轮如图1-66所示。零件材料为20钢，料厚为3mm。该件为一典型落料、冲孔件，零件外形复杂，尺寸精度要求较高。冲裁断面要求垂直、光洁，表面粗糙度为$Ra1.6\mu m$，断面光亮带必须大于料厚的90%。采用普通冲裁方法很难达到图样要求。

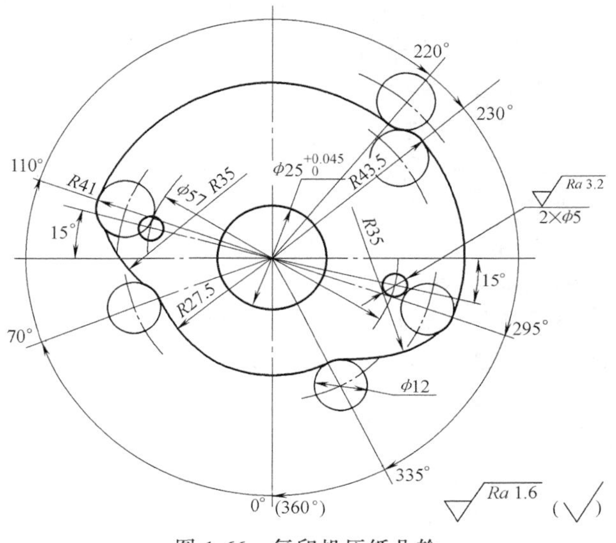

图1-66　复印机压纸凸轮

2. 废次品形式

断面撕裂和光亮带宽度不足。生产中采用一套带齿圈压板的落料、冲孔精冲复合模加工该零件。试冲时，制件断面撕裂，断裂带（粗糙带）超过料厚的10%，部分制件产生与上例相同的局部侧面裂纹。

3. 原因分析

采用齿圈压板精密冲裁的关键是，选择小而均匀的凸、凹模间隙，以及适当的凸、凹模圆角半径，在齿圈压板压力作用下使制件在纯塑性剪切的条件下实现分离。本例中制件产生断面撕裂、断裂带超过料厚的10%、部分制件产生局部侧面裂纹的具体原因是：

1）凸模与凹模之间的单边间隙取料厚的1%偏大。

2）凹模圆角半径取0.02mm偏小。

3）搭边值取4mm，仅为料厚的1.3倍，偏小。搭边小，剪切变形区受到的约束力小，不足以保持自身的压应力，相对增大了拉应力以致造成撕裂。

4）齿圈压板压力太小。条料在冲裁时，被V形齿圈压板压紧在凹模面上。齿圈压入材料后，使冲裁区域的材料受到挤压力的作用，提高了冲裁区域的静水压力，为在三向受压状态下进行纯塑性剪切创造了条件。齿圈压板压力太小或与冲裁间隙、凹模圆角搭配不当就形成不了纯塑性剪切的条件。

5）凸、凹模装配间隙不均匀，模板厚度不足，冲裁时产生了动态间隙偏移，致使冲裁断面局部产生撕裂。

4. 解决与防止措施

生产中采取的解决措施是：

1）更换凸、凹模，保证其单边间隙在料厚的0.5%以内（双边间隙为1%）。装配时要保证间隙均匀，适当增加模板厚度，提高精冲模的整体刚性。

2）将凹模圆角半径由 0.02mm 增大到 0.05mm。

3）增加条料宽度，搭边值取 6mm，为料厚的 2 倍。

4）调整齿圈压板压力，使其由小到大，达到光洁断面要求为止。实践证明，精冲时，间隙和圆角半径适当，就可用不大的压料力获得光洁的剪切断面。

1.2.20　拖拉机调整垫片毛刺长、不平整

1. 零件特点

某型拖拉机调整垫片如图 1-67 所示。零件材料为 20 钢，料厚有 0.1mm、0.2mm、0.3mm、0.5mm 多种规格。零件尺寸精度要求不高，但要求其毛刺小、表面平整。

图 1-67　拖拉机调整垫片

2. 废次品形式

毛刺长、不平整。生产中采用落料→冲孔→手工校平的冲压加工工艺方案。在落料和冲孔加工时，制件出现较长毛刺，表面翘曲不平。

3. 原因分析

材料薄，冲裁时坯料弯曲后被拉入凹模，撕裂分离产生了长毛刺。具体而言，该件产生上述废次品的原因是：

1）模具结构不合理。原凸、凹模均为钢模，料薄间隙小，凸、凹模刃口间隙不易保证。冲制厚度为 0.1mm、0.2mm、0.3mm 薄零件时毛刺很大，模具经常啃伤。

2）模具制造、装配精度差，间隙过大。冲孔时，模具间隙不均匀，常产生局部拉长型毛刺。模具磨损后，间隙增大且产生一定锥度，冲裁时垫片弯曲后被切断，材料塑性好，弯曲不能回复，表面翘曲不平。

4. 解决与防止措施

生产中采取的解决措施是：

1）改变模具结构，采用锌基合金落料凹模。浇注锌基合金凹模，加工好外形后安装在原模架上，用原来的凸模做样模来冲制凹模型腔，实现了无间隙冲裁。模具使用时，先冲 0.1mm 的薄垫片，发现毛刺大时再冲 0.2mm 的垫片，以此类推，最后冲 0.5mm 厚的制件。采取这种方法，一次刃磨可冲上万个零件。凹模磨损后，挤压凹模，再用凸模冲出凹模刃口，又可继续冲裁。

2）用聚氨酯橡胶模冲孔，保证了冲孔质量，制件不再出现翘曲不平现象。

1.2.21　汽车后桥调整垫片局部变形

1. 零件特点

某汽车后桥调整片如图 1-68 所示。零件材料为 08 钢，料厚有 0.05mm、0.10mm、0.20mm、0.50mm、1.0mm 五种规格。制件中 0.05mm、0.10mm、0.20mm 三种规格的坯料厚度薄，加工时容易产生较长毛刺和表面不平整现

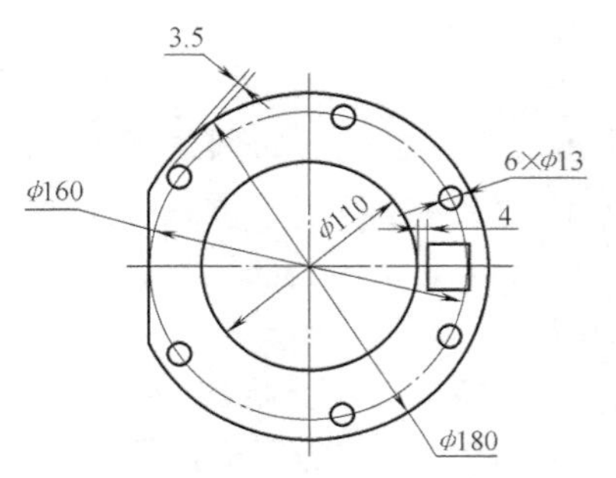
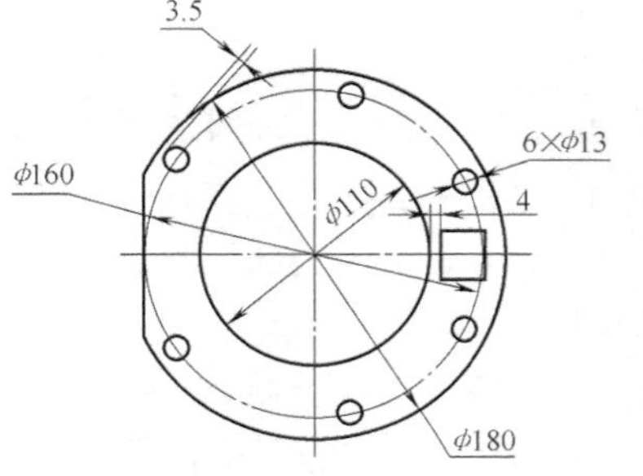

图 1-68　汽车后桥调整片

象。该件 φ13mm 小孔距外边缘仅 3.5mm，方孔距 φ110mm 大孔距离为 4mm，孔边距和孔间距较小，增加了复合冲裁的难度。

2. 废次品形式

局部变形。为解决薄板冲裁出现毛刺长、不平整的缺陷，采用如图 1-69 所示带凹形压料筋的聚氨酯橡胶冲裁模，在一套模具上冲制五种不同料厚的制件。试冲 0.5mm、1.0mm 两种规格厚料时发现，在 φ180mm 外圆与 φ13mm 小孔间最小边宽处产生向小孔方向的收缩变形，在 φ110mm 内孔与方孔间产生向方孔方向的变形。

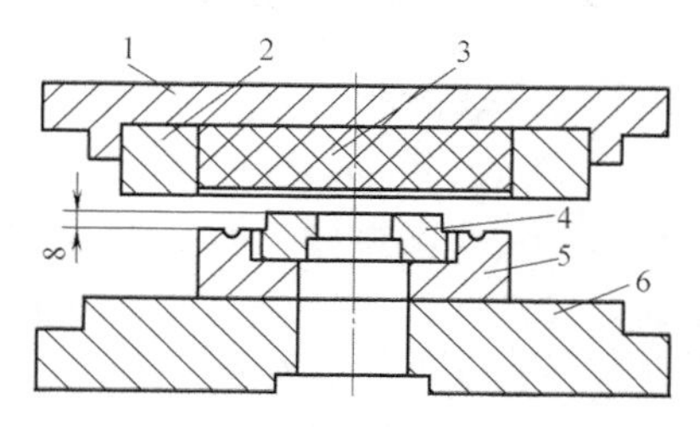

图 1-69 模具结构

1—上模板 2—容框 3—橡胶板 4—凸凹模 5—压料板 6—下模板

3. 原因分析

如图 1-70 所示，聚氨酯橡胶冲裁的机理与普通钢模冲裁机理不同。当装在容框中的橡胶板随压力机滑块下行，压住置于凸凹模（钢模）上的坯料后，橡胶逐渐被压缩，其应力作用在坯料上，首先将坯料沿模具刃口（凸凹模）周围压出印痕；同时橡胶的蠕动使坯料的搭边部分受到摩擦产生的拉力及弯矩作用而弯曲并被逐渐压紧在压料板上；橡胶继续压缩，使搭边受到越来越大的拉应力及切应力，在搭边的印痕处产生应力集中，最后沿印痕被拉断得到合乎要求的制件。

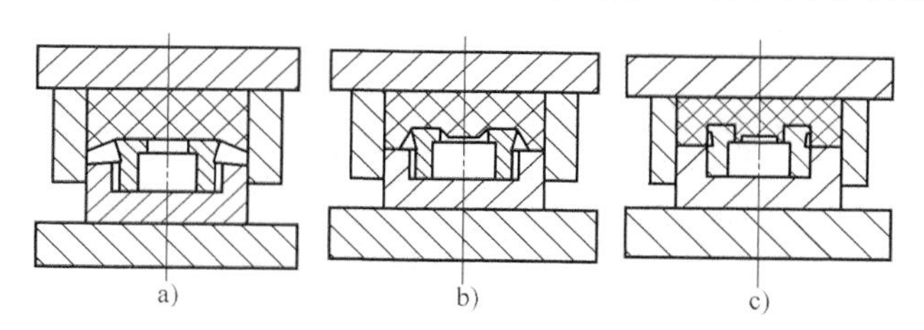

图 1-70 聚氨酯橡胶冲裁的变形过程

a）弯曲变形 b）拉伸、剪切变形 c）断裂分离

由于橡胶板受压缩时内外两侧应力不均匀，落料外形和大孔先被切断，φ13mm 小孔和方孔继续受到拉力作用而使局部坯料产生了变形和偏移。

4. 解决与防止措施

生产中采取的解决措施是：

1）在凸凹模靠近变形处垫一点软金属（40%铅、60%锡的合金），控制该处坯料的受力大小和切断时间，解决了变形问题。本例中软金属垫的位置在靠近 φ13mm 的落料凸模外侧和靠近方孔的 φ110mm 冲孔凹模的内侧。

此外，防止这类局部变形的措施还有：

2）用细油石将靠近 φ13mm 的落料凸模和靠近方孔的 φ110mm 冲孔凹模刃口倒钝。因凸凹模刃口锐利程度不一致，落料、冲大小孔同时切断，防止了边框变形。

3）在 φ13mm 和方孔处坯料上加垫一小块橡胶板，使局部拉力增大，达到两侧力的平衡。

采用聚氨酯橡胶模进行冲裁时，橡胶的变形量及其产生的应力的大小是决定冲裁件质量好坏的关键因素。本例中因料厚为 0.05～1.0mm，变化范围较大，故其应力应大于 25MPa。

模具的主要工艺参数为：凸凹模刃口高度取 8mm，外刃口倾斜角为 8°，小孔及方孔内刃口倾斜角为 6°，大圆孔为柱形通孔，聚氨酯橡胶的硬度为 90A（邵尔 A 硬度），橡胶板厚度取 33mm。

1.2.22 仪表垫片连料

1. 零件特点

G9410CG、G9410CF、G9410CE、G9410CJ 系列仪表垫片及其尺寸如图 1-71 所示。零件材料为聚碳酸酯薄膜，料厚为 0.127mm。该件为典型非金属材料冲裁件，其冲裁机理与用小间隙模具冲制金属材料类似，板料分离过程由裂纹扩展和二次剪切完成。采用钢模冲裁，一般取单边间隙为料厚的 5%。由于零件厚度薄，采用钢模间隙非常小，模具加工精度要求高，模具成本费也高。此外，零件的尺寸精度要求较低，生产批量也不大。

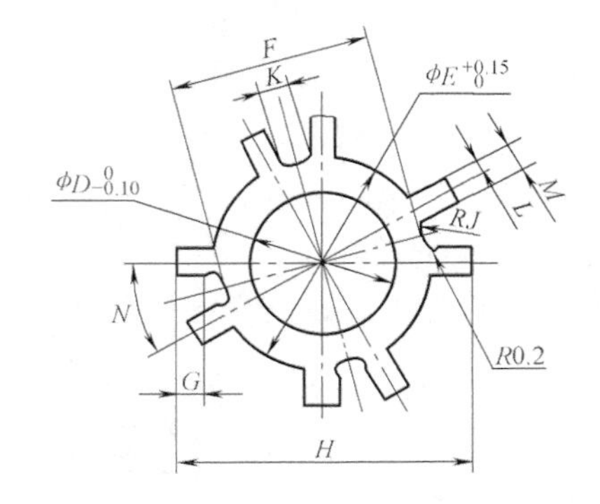

(单位:mm)

尺寸	D	E	F	G	H	J	K	L	M	N
G9410CG	13.6	25.0	23.3	6.0	36.9	3.5	3.5	1.5	4.75	32.0
G9410CF	11.6	21.2	19.5	5.0	81.1	3.5	3.5	1.5	4.75	38.0
G9410CE	6.9	13.7	12.2	4.0	21.6	2.0	2.5	1.25	3.75	45.0
G9410CJ	9.5	17.9	16.2	4.1	26.0	2.0	2.5	1.25	3.75	40.0

图 1-71 仪表垫片及其尺寸

2. 废次品形式

连料。采用聚氨酯橡胶凹模，钢制凸模来加工该系列零件。坯料在 $R0.2$mm 圆角处冲不脱，制件与废料相连。

3. 原因分析

1）零件工艺性不好，$R0.2$mm 圆角半径太小。采用聚氨酯橡胶模能够冲裁的最小孔径为

$$d_{\min}=4\tau t/p$$

式中 $d_{\min}$——最小冲孔直径（mm）；

τ——材料抗剪强度（MPa），聚碳酸酯薄膜 $\tau\approx100$MPa；

t——材料厚度（mm）；

p——聚氨酯面上产生的单位压力（MPa）。

可见，冲件的孔直径越小，所需的单位压力就越大，冲裁也就越困难。若取 $d_{\min}$ = 0.4mm，则聚氨酯单位压力 p>127MPa。这里 $d<d_{\min}$（0.2mm<$R_{\min}$）。

2）聚氨酯橡胶板硬度偏低。原选用的聚氨酯橡胶板邵尔 A 硬度<85A，偏低。

4. 解决与防止措施

生产中采取了如下两项措施，加工出了符合要求的零件。

1）与产品设计人员商量后增大了零件最小圆角半径，将 R0.2mm 增大到 R0.7mm。

2）更换聚氨酯橡胶，选用邵尔 A 硬度≥90A 的聚氨酯橡胶。

1.2.23 拖拉机前机罩侧孔卷边、毛刺过大

1. 零件特点

某型拖拉机前机罩如图 1-72 所示。零件材料为 Q215AF，料厚为 1.5mm。该件为拖拉机外覆盖件，要求其表面平整、光洁。为保证其装配后的整机质量，零件上的 6 个 9mm×11mm 长圆孔对底面有位置度要求，长圆孔不得有大毛刺。

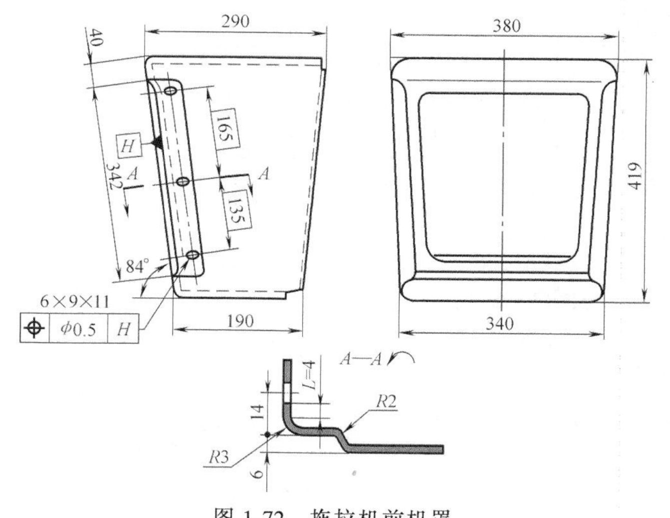

图 1-72 拖拉机前机罩

2. 废次品形式

侧孔卷边和毛刺过大。为保证孔对底面的位置度要求，保证孔在加工时不参与变形，原加工工艺方案为：落料→弯边→弯曲成形→冲中间大梯形孔→冲侧孔。如图 1-73b 所示，采取这种方案在冲侧孔时出现卷边（生产中也称凹陷）和毛刺过大的现象，这不仅严重影响了产品的质量，还缩短了冲孔凸模的寿命。出现这种废次品的同时，常伴随着凸模崩刃甚至折断。

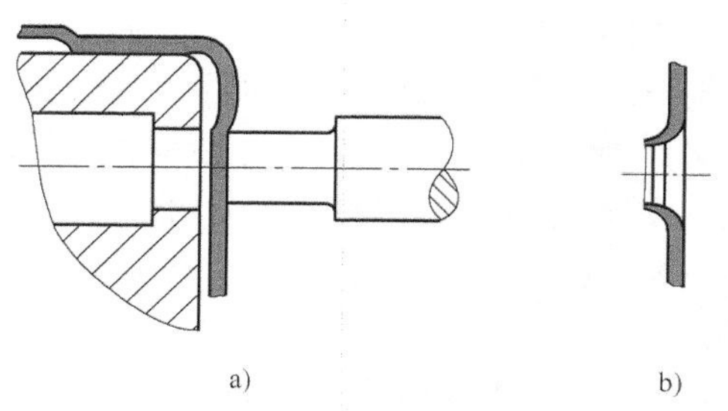

图 1-73 废次品形式及原因分析
a）冲侧孔时的情况 b）侧孔卷边、毛刺过大

3. 原因分析

工件冲侧孔靠内形定位，因前几道工序造成了零件形状和尺寸误差，再加上模具使用后的磨损，使机罩在冲孔时侧壁不能很好贴模，如图 1-73a 所示。坯料不能贴模，冲孔的初始

阶段工件将产生拱弯和胀形变形，这使冲孔件孔周产生了凹陷。坯料与凹模接触后，在较大的拉应力和拉应变条件下冲孔，势必会产生较普通冲裁大得多的毛刺。由于在这种条件下冲孔会产生很大的冲击和振动，凸、凹模的动态间隙会发生很大的变化，故常产生凸模崩刃和折断。

4. 解决与防止措施

生产中改变了工序的顺序，采取先落料、冲孔后弯曲成形的工艺方案，问题得到了解决。孔边距 $l=4\text{mm}>2t$，保证了弯曲时孔不变形，这给采用先落料、冲孔后弯曲成形的工艺创造了条件。采取这种方案的关键是如何保证孔的准确位置，即如何保证达到图样上的位置度要求。生产中采取的办法是：在落料件上划出很多小的方格，采用原方案先成形压弯最后冲孔，观察、测量后确定出孔在原始坯料上的位置。为保证批量生产的稳定性，必须经过多次试验来证明这种方法的可行性。经生产实践检验，采用先在平板上冲孔再弯曲成形的工艺方案既减少了一道冲侧孔的工序，提高了生产效率，保证了冲压件的质量，又提高了冲模的使用寿命，取得了一举多得的效果。

一般而言，所有的孔，只要其形状和尺寸不受后续工序变形的影响，都应在平板毛坯上冲出。在立体零件上冲孔时操作不便，定位困难，模具结构复杂且会产生实例中出现的质量问题，故应尽量避免。然而，当孔位或孔的形状受到后续工序的影响时，则只能在有关工序完成后再冲孔。此时，为防止上述废次品产生，应改变模具的结构，提高模具的定位精度。

1.2.24 拖拉机甲、乙钢圈冲孔卷边、毛刺过大

1. 零件特点

某型拖拉机甲、乙钢圈如图 1-74 所示。零件材料为 10 钢热轧钢板，料厚为 3mm。图 1-74a 所示甲钢圈为阶梯形拉深件，在两个不同阶梯面上分别冲 10 个 $\phi13\text{mm}$ 和 4 个 $\phi17\text{mm}$ 的孔。为提高工效，要求在两个阶梯面上同时冲孔。图 1-74b 所示乙钢圈为一般的圆筒形拉深件，在底部冲 6 个 $\phi13\text{mm}$ 的孔。此外，甲、乙钢圈底部的中心还要冲一个 $\phi135\text{mm}$ 和 $\phi225\text{mm}$ 的大孔。如图 1-75 所示，甲、乙钢圈组合在一起使用，安装轮胎后，两套组合件将支承整台拖拉机。为保证拖拉机运行安全，装配要求钢圈底面和阶梯面平整，不允许有凸起、凹陷、卷边和大毛刺。

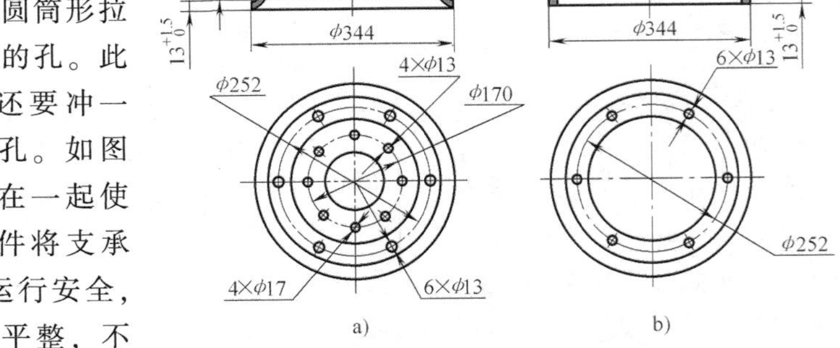

图 1-74 拖拉机甲、乙钢圈

a）甲钢圈 b）乙钢圈

2. 废次品形式

卷边，毛刺过大。如图 1-76d 所示，采取先拉深后冲孔的工艺方案，底孔和阶梯面上的孔卷边（凹陷），毛刺过大。此外，卷边的区域范围和程度在每批次各有不同。这种缺陷的产生给装配工作带来了极大的不利，卷边程度越大，区域范围越宽，不利影响也越大。冲件上的这种缺陷也直接影响拖拉机的使

用，螺钉旋紧后，稍使用一段时间，由于拖拉机的颠簸、振动等原因便会松动。严重时螺钉会被剪断，造成严重事故。该缺陷很难修复，若进行整形，则孔径会发生变化，螺钉难以穿过，满足不了装配要求，故一旦零件冲孔处卷边即刻报废。

3. 原因分析

产生这种冲孔卷边和大毛刺的根本原因在于工件不能与凹模很好贴合。具体而言，其原因在于：

1）甲钢圈拉深成形时，每次模具调试总存在一定的高度差。由于模具磨损等原因造成了制件形状、尺寸的误差，特别是两阶梯面高度的误差。

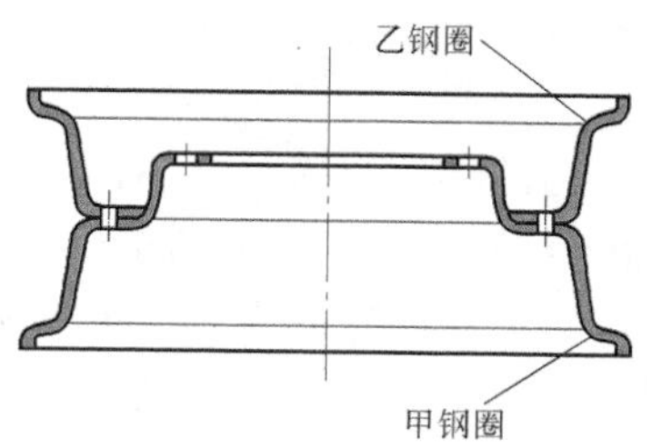

图 1-75　甲、乙钢圈组合

2）冲孔模模具制造误差，多次刃磨造成的凹模两台阶的高度差。

由于上述两方面的原因使拉深半成品不能与冲孔凹模完全贴模。如图 1-76a、b 所示，在冲孔工序，制件底部与凹模脱离，或台阶面与凹模脱离都会导致卷边和大毛刺的产生。

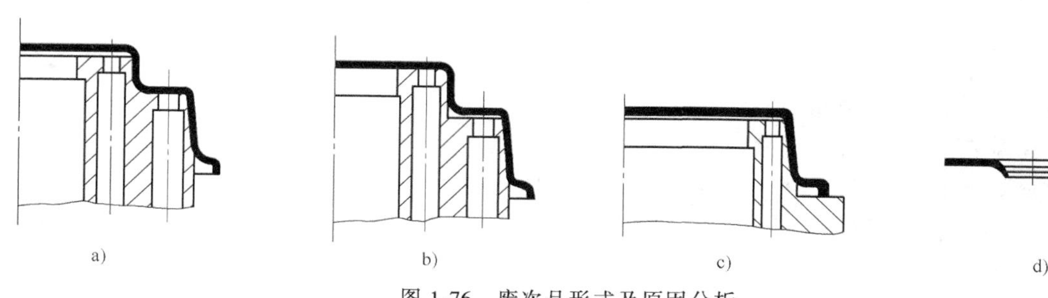

图 1-76　废次品形式及原因分析

a）、c）底部脱模　b）阶梯面脱模　d）卷边与大毛刺

3）乙钢圈只有一个冲孔底面，故不会产生如甲钢圈那样的相互干涉现象。但是，由于凹模设计的高度不够，模具锥度和圆角与拉深件不配及模具的磨损，多次刃磨等原因也造成了如图 1-76c 所示的坯料底面与凹模脱离的现象。

4. 解决与防止措施

若改变工序顺序，先落料、冲孔后拉深，则经多次拉深后孔形会发生很大的变化。为此，生产中采取了严格管理制度、改变模具结构等项措施，使问题得到了圆满的解决。具体措施为：

1）完善管理制度。制订合乎实际的工艺规范，根据工艺要求严格控制每次拉深的高度尺寸。增加工序间的检验环节，尤其是对模具调试后每批制件的拉深首件认真检验，严格把关。

2）改变甲钢圈冲孔凹模设计。整体式凹模改为组合式凹模。如图 1-77 所示，把两个台阶分开加工、组合装配。每次调试时，可通过加、减垫片高度或控制内、外圈刃磨量来调节两阶梯面的高度，使模具高度差始终与拉深件的高度差一致。

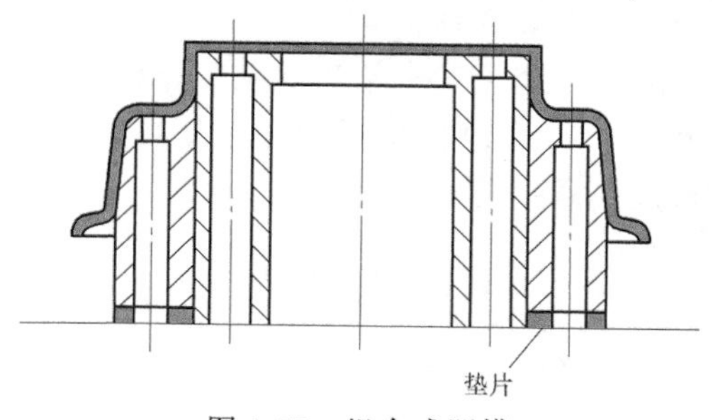

图 1-77　组合式凹模

3）增加乙钢圈冲孔凹模的高度。这样不但

能使零件与凹模贴合，而且方便了操作者放、取工件，对安全生产也十分有利。

4）改变冲孔凹模设计。考虑到冲孔时都以拉深件内径定位，故将与之相应的冲孔凹模圆角半径取得比前道拉深凸模相应圆角半径稍大些，以保证冲孔面与凹模面很好贴合。

本例通过改变模具结构和严格管理制度解决了问题。与前例对照可见，同类冲压件废次品产生的具体原因可能不同，解决问题的措施也因零件特点、工厂的生产条件、生产的习惯等因素的不同而有很大的差别。冲压生产是一个系统工程，某道工序出了问题往往与原材料供应、工序顺序的安排、前道工序的生产状况等多种因素有关。因此，不能仅就产生废次品的这一道工序来研究问题，而应将其作为一个系统工程来研究。

1.2.25 拖拉机轴盖冲缺、卷边

1. 零件特点

某型拖拉机第四轴盖如图1-78所示。零件材料为Q235A，料厚为6mm。该件形状近似等边三角形，尖角处圆弧过渡，尺寸精度要求不高，中部有一凸起，但深度较浅。该零件形状简单，工艺性较好。

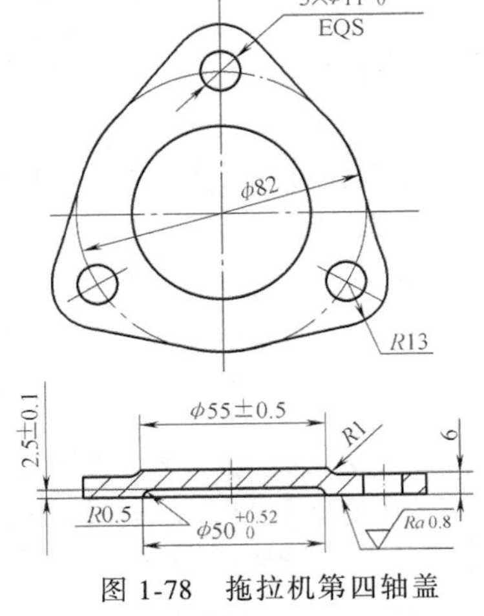

图1-78 拖拉机第四轴盖

2. 废次品形式

冲缺、卷边。该零件的加工工艺路线为：落料、冲3个ϕ11mm孔→磨底面→压凸成形。在落料、冲孔工序，部分零件冲缺，落料外形出现卷边现象。冲缺和卷边的程度每批料各不相同，轻者尚可修复使用，程度严重的只好报废。

3. 原因分析

1）部分毛坯采用边角废料，条料宽窄不一，有的条料过窄，搭边值太小。

2）如图1-79a所示，采用对排掉头冲的排样方式。由于生产中习惯将下料宽度适当增大，其结果如图1-79b所示，掉头后，因搭边不够，造成冲缺或卷边。

4. 解决与防止措施

生产中解决问题的具体措施是：

1）采用边角废料时，一定要保证有足够大的搭边值。本例中的搭边值 a 和 b 均应大于5mm。

2）改变排样和模具布置的方向，如图1-80所示。改进后的排样和模具布置方式，使在条料加宽时也能保证有足够的搭边值。

防止这类冲缺和卷边发生的积极做法应该是：严格生产管理制度，条料的下料宽度必须控制在（105±1）mm的尺寸范围内。采用图1-80所示改进后的排样及模具布置方式虽然能够解决问题，但若条料的下料宽度窄了，则其效果正好相反。

1.2.26 压缩机限位板卷边

1. 零件特点

压缩机限位板如图1-81所示。零件材料为45钢，料厚为2mm。该件为一典型冲裁件，

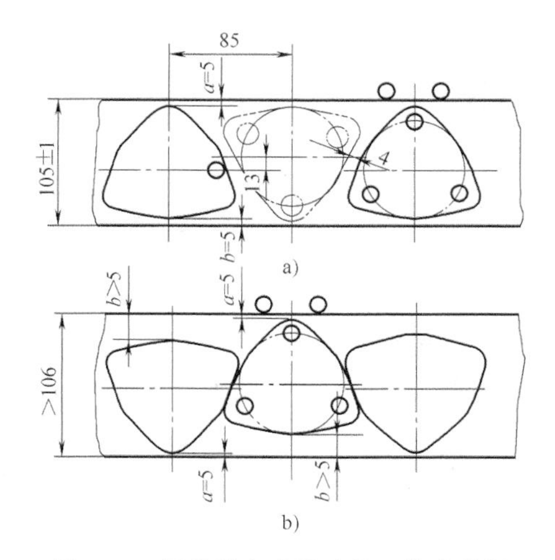

图 1-79　原排样方式及冲缺、卷边分析

a）原排样方式　b）掉头后的情况分析

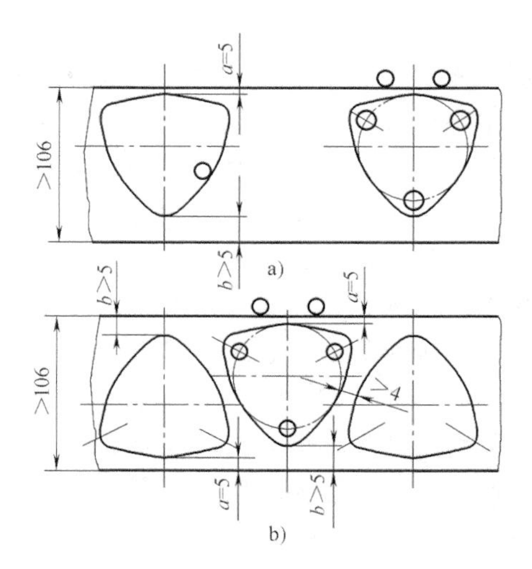

图 1-80　改进后的排样方式

a）改进的排样方式　b）掉头后的情况分析

但 $R1.3$mm 和两凸耳尺寸 1.2mm 小于料厚，冲裁工艺性较差。

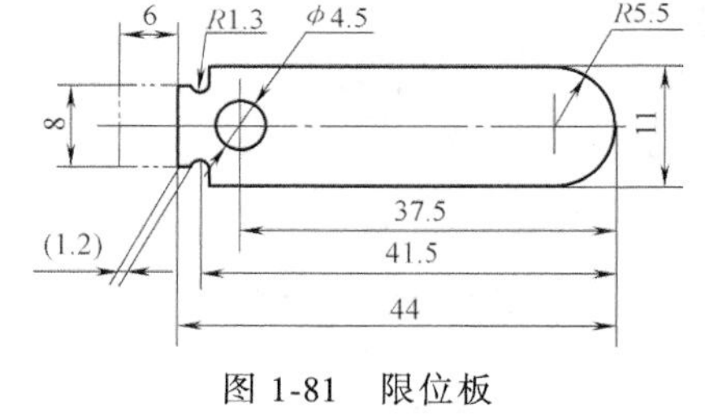

图 1-81　限位板

2. 废次品形式

卷边。采用普通冲裁模来冲制该零件，制件左端两凸耳产生卷边，生产中也称之为塌陷。

3. 原因分析

造成制件卷边的主要原因在于制件工艺性不好。计算两凸耳的有效宽度仅为 1.2mm，考虑间隙、制件和模具的制造公差，实际凸模此处仅 0.9mm，远小于料厚。由于凸耳太窄，在不均匀冲裁力作用下，凸耳产生弯曲变形，便出现了卷边现象。

4. 解决与防止措施

如图 1-81 中双点画线所示，采用“虚工艺余料”法，将凸、凹模左端加长 6mm 生产出了合格的零件。如图 1-82 所示，“虚工艺余料”法就是假想将制件左端加长 6mm，按这种假想的制件来设计落料、冲孔复合模。实际冲裁加工时，左侧定位边的位置与制件尺寸一致，右侧靠侧压装置压紧。左侧多出 6mm 并无工艺余料，左端未进行冲裁加工，而制件两凸耳对称，冲裁力均匀，便不会产生卷边现象。

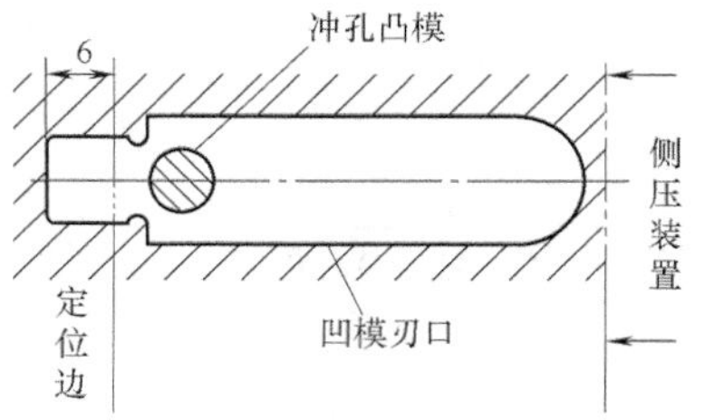

图 1-82　“虚工艺余料”原理

1.2.27　导线接头无搭边冲裁连料

1. 零件特点

某导线接头如图 1-83a 所示。零件材料为纯铜 T2，料厚为 2mm。该件为一典型的冲裁件，尺寸精度除 $\phi8.5^{+0.1}_{0}$mm 要求较高外，其他尺寸均为未注公差尺寸。该零件形状简单，结构对称，孔边距满足一般冲裁工艺要求。

2. 废次品形式

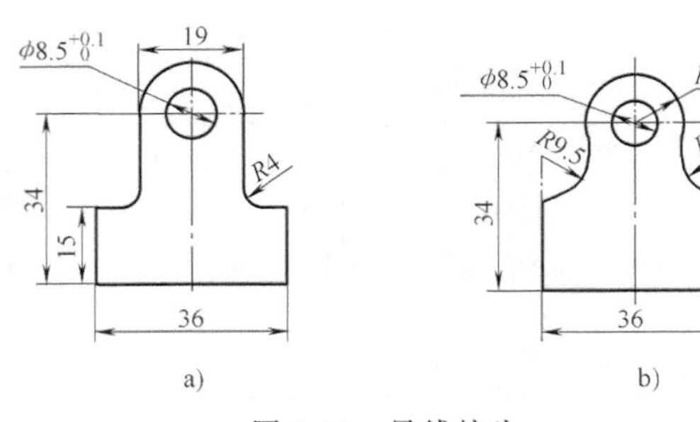

图 1-83 导线接头

a）原零件图 b）改进后的零件图

连料。生产中原采用带搭边的排样方式，利用一套落料冲孔复合模来生产该零件，材料利用率低，成本较高。考虑到纯铜的价格昂贵，为降低成本、提高材料利用率，经与设计部门协商，在不影响零件使用要求的前提下，将零件改为图 1-83b 所示形状。采用无搭边排样的连续模来加工该零件，生产中出现了如图 1-84 所示的连料现象。零件圆头尖部产生一尖锥形毛刺，长度达 10mm 之多。与此相对应的另一方向零件直边不齐，形成一锥度，尺寸超差。

3. 原因分析

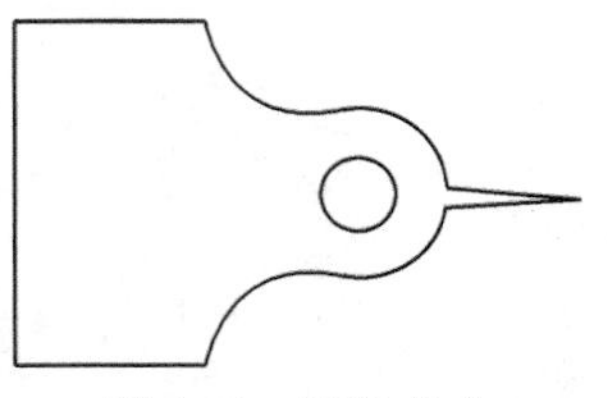
图 1-84 连料方式

1）模具设计不合理。原无搭边连续模的工作原理如图 1-85 所示。宽 62mm 的条料端部先由临时挡料销 A 做首次定位，冲 2 个 ϕ8. 5mm 孔的同时从左边切掉料头。随后，定位块 B 做以后各次的定位。从第 2 次行程开始，由凸凹模 C 从条料的左半部分冲得一个制件，从压力机台面下边漏出，并由切刀 D 切掉右边料头。自第 3 次行程之后，每一行程便在凸凹模 C、切刀 D 处各冲出一个制件。从图 1-85 中可见，定位块 B 的定位面与凸凹模 C 的前侧刃口在一条直线上。若送料不到位或条料稍有偏斜，坯料前端面不能与定位块 B 完全吻合时，便会产生连料现象。

2）定位不可靠。靠临时挡料销、固定挡料块和导尺定位，条料左右会产生偏斜。少量偏斜便会产生图 1-84 所示的连料现象。

4. 解决与防止措施

生产中采取了以下两项措施，问题得到了圆满的解决。

1）改进了落料凸模的结构形状。如图 1-86 所示，为了使从条料右半部切下的制件顶部圆弧曲线光滑，在刃口前方一侧增设了一个 R3. 5mm 的凸耳。凸模下部左侧有一凸出部分，

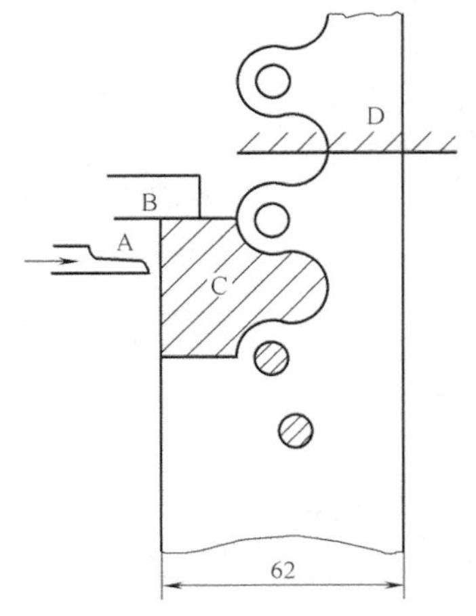

图 1-85 连续模的工作原理

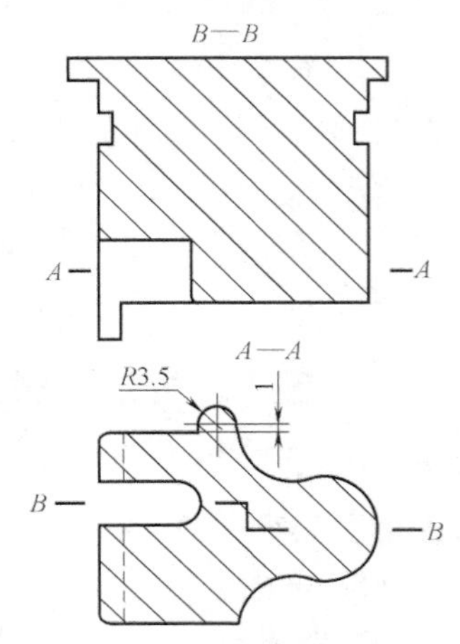

图 1-86 改进后的落料凸模形状

用以平衡其余三边的冲裁反作用力，保证冲裁间隙均匀。

2）模具结构如图 1-87 所示，增设导正销 2，确保定位可靠。

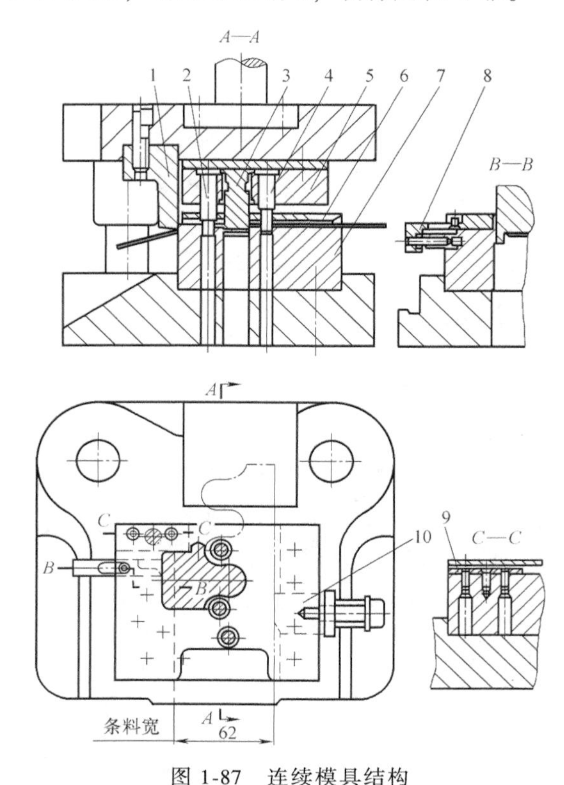

图 1-87　连续模具结构

1—切刀　2—导正销　3—落料凸模　4—冲孔凸模　5—凸模固定板

6—固定卸料板　7—凹模　8—临时挡料销　9—定位块　10—侧压板

1.2.28　机动车踏板圆角过渡形状不良

1. 零件特点

农用机动车踏板如图 1-88 所示。零件材料为 Q235A，料厚为 2.5mm。该件为一典型的冲裁件，直边采用 R60mm 圆角过渡，三个缺口及六个小孔满足冲裁工艺要求。

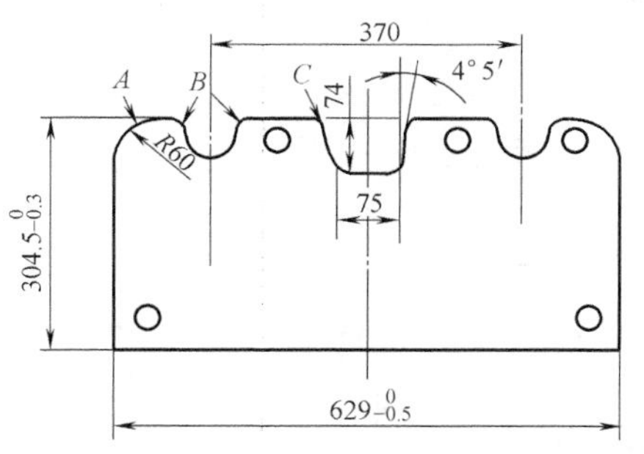

图 1-88　机动车踏板

2. 废次品形式

形状不良。采用普通整体落料、冲孔的工艺方案很容易生产出合格零件。生产中为了节省材料，用小型压力机来加工大型零件，采用剪切下料后切角和切缺口的加工方法。如图 1-89a、b 所示，试生产时，A、B 圆弧与矩形直边过渡形状不良，生产极不稳定。

3. 原因分析

1）采用剪切下料制坯，坯料尺寸为 629mm×304.5mm。下料毛坯尺寸误差是造成切角处形状不良的原因之一。

2）定位不可靠，操作送料不到位。

3）模具制造误差，凸、凹模不匹配也会产生上述缺陷。

4. 解决与防止措施

生产中采取的解决措施是：

1）严格控制剪切下料毛坯的尺寸。

2）调整定位板、定位销位置，对操作工进行技术培训，保证可靠的定位。

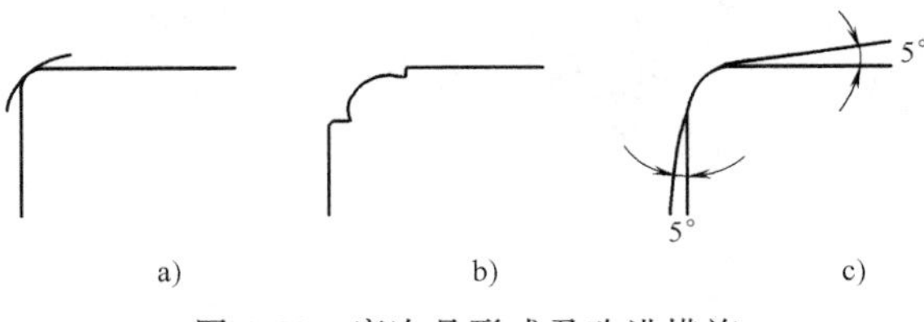

图 1-89 废次品形式及改进措施

a）切角过大 b）切角过小 c）改进措施

3）改变切角模具的形状与尺寸。如图 1-89c 所示，把切角凸模与凹模的圆角与直边部分以 5°相连便可消除下料和定位误差，保证大批量生产的稳定。

1.2.29 变压器硅钢片冲裁件翘曲

1. 零件特点

变压器铁心一般为“山”字形和“一”字形硅钢片，其冲裁件如图 1-90 所示。零件材料为 D310 冷轧硅钢板，料厚为 0.35mm。该系列产品中使用的材料还有 D41、D42 冷轧或热轧薄钢板，料厚一般为 0.35mm 和 0.5mm 两种。材料来源于日本、英国和国产，其中使用较多的是日本进口的一种灰色钢板。制件对坯料厚度偏差要求较严，要求断面无毛刺、表面平整。

2. 废次品形式

翘曲（弯曲）。如图 1-90 所示，生产中冲出的制件常出现弯曲变形。其中尤以日本进口的一种灰色硅钢板最为显著。翘曲发生后，很难校平，严重影响了制件及装配后铁心的质量。

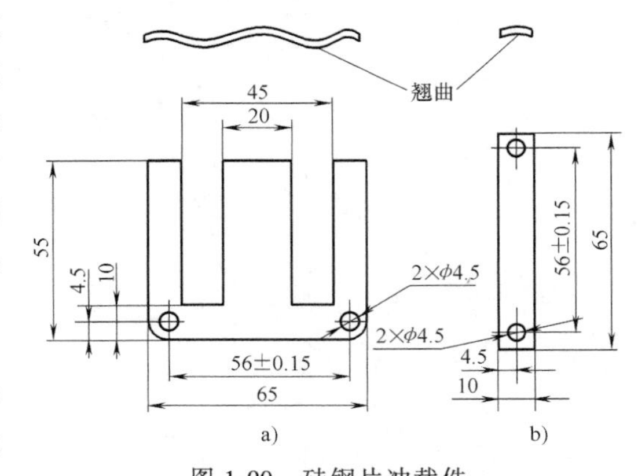

图 1-90 硅钢片冲裁件

a）“山”字形硅钢片 b）“一”字形硅钢片

3. 原因分析

1）板料轧制方向的影响。如图 1-91b 所示，当主要冲裁面与板料轧制方向垂直时，沿此方向材料塑性好，伸长率大，变形后回弹大，容易引起制件翘曲。

2）冲裁间隙的影响。合理的冲裁间隙是保证冲件质量和模具寿命的关键。间隙过大时，不仅冲件毛刺大，冲裁时制件受拉伸作用产生伸长变形，卸载后回弹大，翘曲量增大。间隙过小时，由于制件受挤压力作用大，卸载后回弹量也大，翘曲也很严重。试验表明，合理的冲裁间隙与板料的轧制方向有关。如图 1-91a 所示，当主

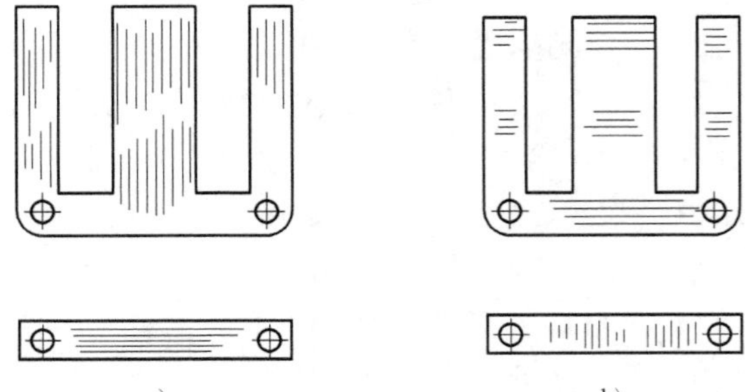

图 1-91 轧制方向的影响

a）合理的排样方向 b）不合理的排样方向

要冲裁面与板料的轧制方向平行时，单边间隙在料厚的3.5%～17.5%范围内，都可得到理想的断面和平整的制件；然而，如图1-91b所示，当主要冲裁面与板料轧制方向垂直时，单边间隙小于料厚的3%，或者是单面间隙超过料厚的6%，都会产生翘曲。在此范围之外，间隙减小或增大，翘曲量增加。

3）模具状况的影响。若凹模淬火硬度低，磨损后出现倒锥，凸模刃口不锋利或凹模表面不平整等原因也会导致冲压变形，翘曲不平。模具工作平面重新刃磨后，与其相关的卸件块、卸料板与凸、凹模平面不配，这也会造成冲件翘曲。

采用下漏料形式的连续模结构，当冲件在冲裁过程中未被压住而是处于自由状态时，更易使制件翘曲。

4）工作环境的影响。在冲裁模和制件之间有油、空气、杂物时，制件也会产生翘曲。

4. 解决与防止措施

生产中解决问题采取的措施是：

1）注意板料的轧制方向。使主要冲裁面与条料轧制方向平行。为防止另一方向产生翘曲，生产中对“山”字形和“一”字形硅钢片采用冲裁面与条料轧制方向成45°角的排料方式，取得了较好的效果。

2）合理选择冲裁模具间隙。经验表明，对0.35mm厚的硅钢片，单边间隙取料厚的4%～7%最佳。

3）采用图1-92所示复合模具结构，条料被冲区域全部处于压紧状态。这种结构的模具冲出的零件平整，尺寸精度也高。

4）提高模具制造精度，模具、卸件块、卸料板磨损后及时刃磨，确保凸、凹模工作表面平整，刃口锋利；卸件块、卸料板与凸、凹模工作平面贴合。适当提高凸、凹模的淬火硬度。

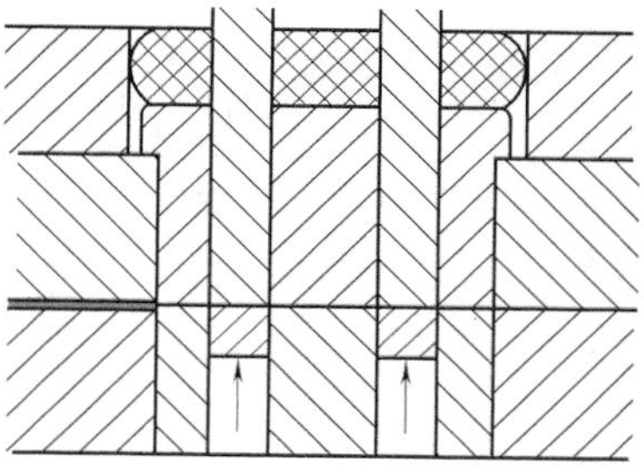

图1-92 复合模具结构

此外，造成冲裁件翘曲不平的原因和防止措施还有：

5）原材料不平也可引起翘曲，故应严格控制原材料的供货状态。

6）为防止制件翘曲，搭边值不能太小。

1.2.30 汽车肋板扭曲

1. 零件特点

某汽车弧形加强肋板如图1-93所示。零件材料为08钢板，料厚为2mm。该件形状简单，尺寸公差要求不高。弧面半径R65mm相对较大，弯曲变形程度小。

2. 废次品形式

扭曲。如图1-94所示，生产中制件扭曲，即呈扭歪形状。这直接影响了零件的加强效果，且给后续焊接、装配工序带来了困难。由于零件扭曲后很难校正，这种扭曲件只能报废。

3. 原因分析

采用图1-95a所示切断弯曲模来加工此零件。由于切断凸模兼作弯曲凸模，模具刃口呈圆弧形状，切断时，刃口不能同时接触毛坯。在不均匀的切断力和侧向力作用下，制件便产

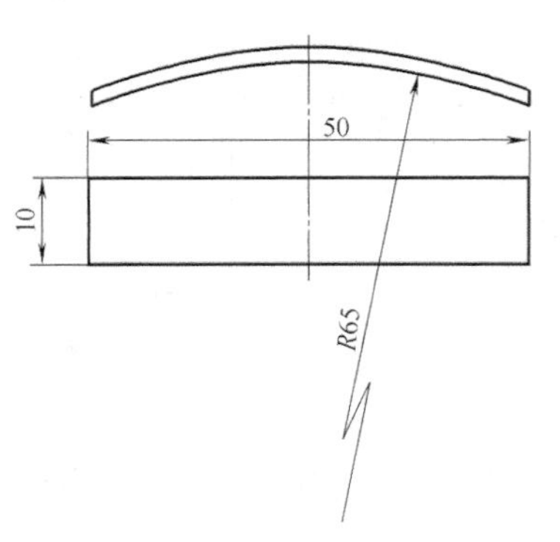

图 1-93 加强肋板

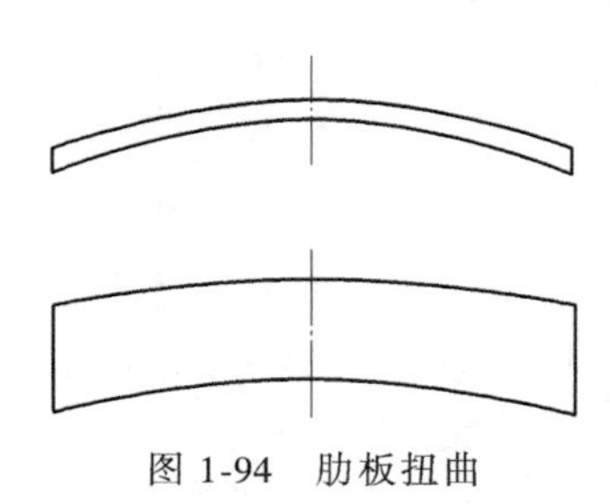
图 1-94 肋板扭曲

生了水平方向的弯曲。单面切断时，制件左侧无依托，凸模在侧向力作用下会产生动态间隙的变化，这也是使制件产生扭曲的原因。

4. 解决与防止措施

生产中改进了原模具结构。如图 1-95b 所示，将冲模的导板加高使其不仅能为压料板导向，而且也能导正毛坯和凸模。这样一来，模具的导板阻止了毛坯向外的弯曲变形，控制了切断模的动态间隙变化，冲制出了合格的零件。

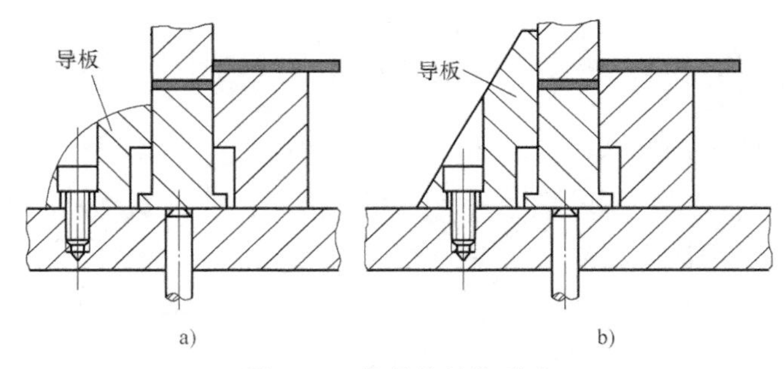

图 1-95 模具的结构形式
a）原模具结构 b）改进后的模具结构

此外，用落料模代替切断模，将落料与弯曲工序分开也能防止扭曲的发生。

1.2.31 收割机张紧轮支架冲孔变形

1. 零件特点

收割机张紧轮支架如图 1-96 所示。零件材料为 Q235A，料厚为 3～8mm。某型拖拉机上也有此类零件，视产品规格不同，有些差异。该件孔的长宽比为 14～15，属典型的细长孔冲裁件，孔边距为 8mm，对于厚板来说较窄。

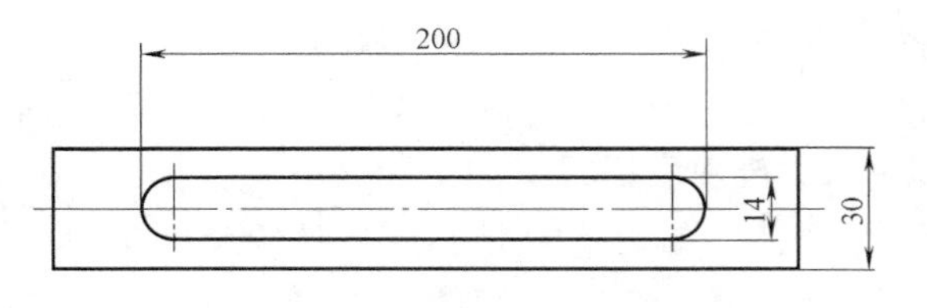

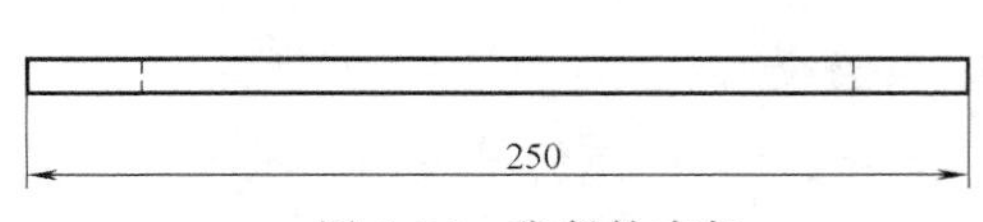

图 1-96 张紧轮支架

2. 废次品形式

鼓凸和平面度超差。生产中采用剪切下料然后冲孔的冲压加工工艺方案。在冲孔工序，制件产生如图 1-97 所示的侧面鼓凸、底平面不平和平面度超差现象，影响了后续的装配工序和使用要求。制件规格不同，故视其厚度的不同，鼓凸和平面度超差的程度也不同。板料越厚，其鼓凸和不平的程度越严重。3mm 厚的板料，鼓凸和底面不平的现象较轻，8mm 厚的板料最严重。

图 1-97 废次品形式

3. 原因分析

1）冲孔过程中，孔周边受到水平分力的作用。由于孔的长宽比较大，孔边距又较小，在水平力作用下，孔边产生塑性变形导致侧边鼓凸和底面平面度超差。坯料厚度较大时，孔边距相对较小而水平分力较大，故鼓凸现象更为严重。

2）冲裁间隙不合理也是造成鼓凸和平面度超差的原因之一。当间隙较大时，孔周边将受较大的拉应力，致使底部不平加剧；当间隙较小时，水平方向挤压力较大，侧边的鼓凸现象严重。间隙大小的影响也与材料回弹有关。间隙大时，回弹方向向外；间隙小时，回弹方向向内。故制件的鼓凸或凹陷，与弹塑性变形量的大小与比例有关。

4. 解决与防止措施

1）选择合理的冲裁间隙。经验表明，对于 3～8mm 厚的低碳钢板，合理的单边间隙为料厚的 7%～10%，薄料取小值，厚料取大值。

2）采用槽形定位装置，两侧边鼓凸变形被限制在槽形定位板之内。生产实践表明，这种槽形定位装置可有效地防止两侧边产生的鼓凸现象。

3）采用强力压料装置，可在一定程度上解决底面平面度超差问题。但是经验表明，一旦底面向外翻起，仅靠强力压料装置不能完全解决问题。

4）增加一道校平工序。拖拉机和联合收割机上的零件要与其他零件焊接后使用，两零件必须贴紧，底面平面度要求较高，因此增加了一道校平工序。

1.2.32 钢窗合页冲孔变形

1. 零件特点

钢窗合页如图 1-98 所示。零件材料为 Q235A，冲孔处料厚为 4mm。与普通板料冲孔不同，该件的冲孔位置特殊，孔一边与中间筋相切，孔下部空间高度仅有 20mm。此外，孔的长宽比 $l/b=18$，宽厚比 $b/t=1$，属于窄长孔或细长孔冲裁件。

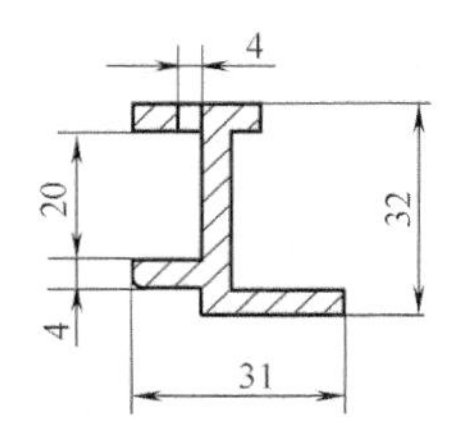

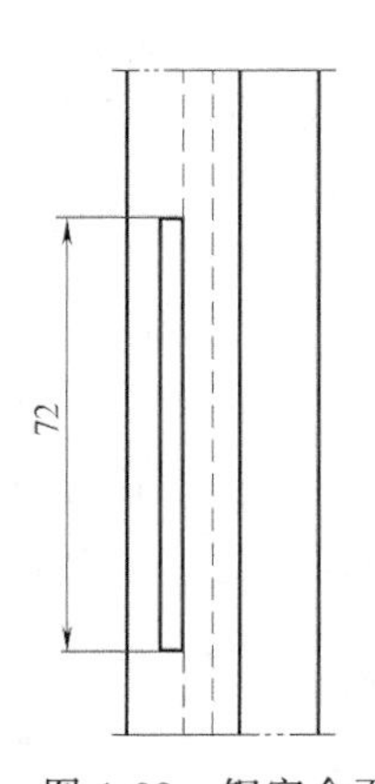

图 1-98 钢窗合页

2. 废次品形式

弯曲、变形。生产中采用图 1-99 所示凹模，凹模只有三面刃口，与第四面刃口对应的是钢窗本身的中间筋。凸模则为普通平刃口凸模。试冲时，中间筋产生弯曲，孔周变形严重，没有刃口的一面未能完全被冲断，试冲未能成功。

3. 原因分析

采用平冲头四周同时冲裁时，冲裁力大。中间筋在冲裁力和偏心力矩作用下塑性失稳，产生弯曲变形。制件处于悬挂状态，底部无支承，则无刃口一侧冲裁力完全靠两侧悬挂部分承担，中间部位剪切力难以建立故而使废料冲不断，而两侧因受力较大产生拱弯变形。

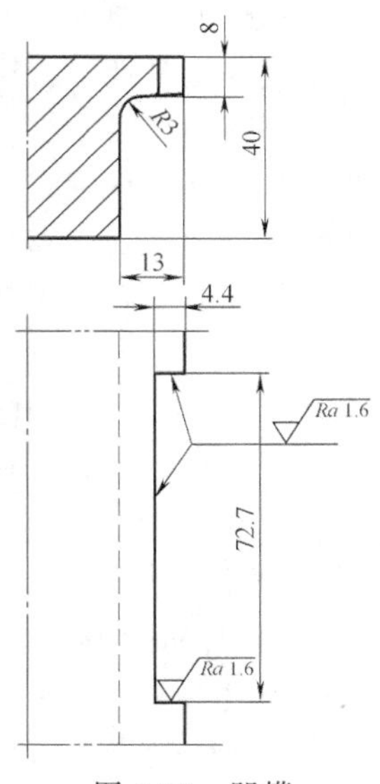

图 1-99　凹模

4. 解决与防止措施

如图 1-100 所示，生产中将凸模刃口改为带圆角的 V 形凸模。冲孔时，冲孔凸模向下移动，V 形尖锋首先将制件压凹，然后冲成两侧各有一个剪断面的 V 形裂口，凸模持续下移，切口逐渐向横向扩展，直至剪切冲孔结束。因冲裁力减小较多，故两侧悬挂部分能保证中间筋起到冲孔凹模的作用。落下废料在冲孔过程中受弯曲和胀形作用，故 V 形废料底部变薄，有压痕，无裂纹。

因长孔下部空间只有 20mm，为易于清除废料，防止将底部冲缺，凸模有效部分不能太大，取圆角半径为 R55mm，凸模有效部分深为 13.4mm。凸模刃部表面粗糙度为 Ra1.6μm，硬度为 55～58HRC，保持刃口锋利。

减小 V 形凸模圆弧的曲率半径，可减小冲裁力。当圆弧的曲率半径为无穷大时，凸模即为一般的斜刃 V 形凸模，冲裁力会变大，易使中间筋弯曲变形。

除冲制钢窗合页孔外，生产中用同样方法设计了大小不同的其他细长孔冲孔模具，结果都很满意。

1.2.33　越野车进气管凸缘小孔变形

1. 零件特点

某型越野车进气管凸缘如图 1-101 所示。零件材料为 20 钢，料厚为 12mm。该件尺寸公差要求不严，但 3 个 ϕ11mm 小孔直径小于料厚，孔径为料厚的 92%，属小孔冲裁件。此外，中间 ϕ84mm 大孔与小孔直径差较大，最小孔边距为 12.5mm，大小孔同时冲裁时会相互干涉。

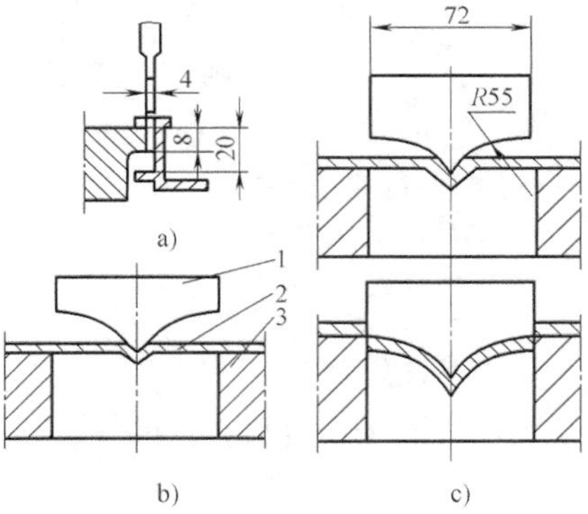

图 1-100　V 形凸模冲孔过程

a）冲孔位置　b）V 形尖锋压凹制件

c）切口扩展至冲孔结束

1—凸模　2—工件　3—凹模

2. 废次品形式

小孔变形和孔周鼓起。生产中采用先落料后冲四孔两道工序来加工该零件。在冲孔工序中，小孔严重变形，孔周鼓起，经常出现小凸模折断现象。

3. 原因分析

生产中发现，小孔冲裁废料厚度小于坯料原始厚度，可见，冲小孔与一般冲裁不同。冲裁开始阶段属压缩和挤压变形阶段。如图 1-102 所示，在冲裁开始阶段，凸模底部材料受压缩减薄，靠制件外廓一侧的材料受挤压变形的同时略有鼓起。靠大孔一侧，由于受大孔冲裁的影响，侧压力增大，材料向侧面又无法流动，故鼓起严重。由于冲孔处材料两侧受力不均，因此，冲孔断面呈椭圆锥状。毛刺一侧（凹模面一侧）孔径增大，且椭圆度增大；凸模一侧（圆角一侧）孔径较小，椭圆度也小。孔径沿厚度方向的变化原因在于，变形初期挤压和压缩成分较大，故孔径较小；变形后期剪切成分增加，裂纹产生后沿凸、凹模刃口连线扩展、分离，故孔径扩大。变形过程中材料内部应力、应变状态的变化，变形性质的转换及其变形后弹性回复的差异是产生上述缺陷的主要原因。

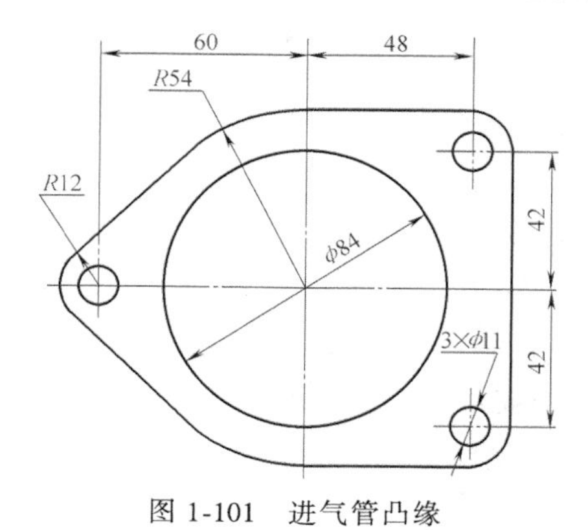

图 1-101 进气管凸缘

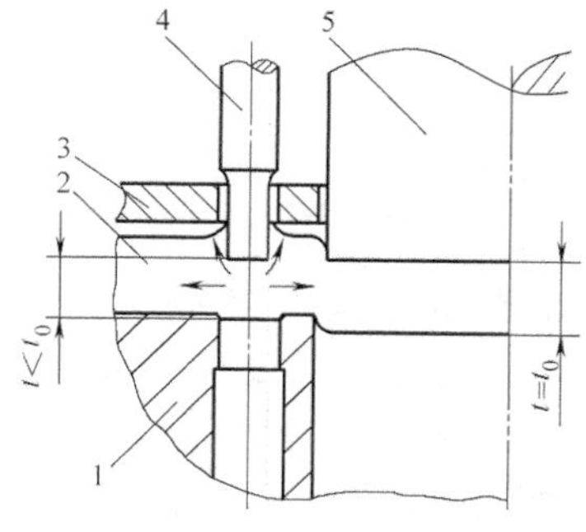

图 1-102 小孔冲裁时的变形情况

1—凹模 2—工件 3—卸料板

4—小凸模 5—大凸模

4. 解决与防止措施

如图 1-103 所示，对模具结构做了改进，采取如下措施，问题得到了解决。

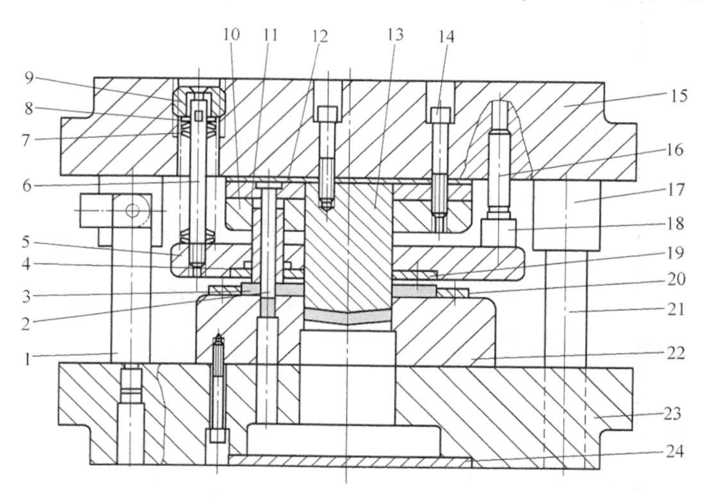

图 1-103 改进后的小孔冲裁模

1—活动支架 2—小凸模 3—工件 4—保护套 5—退料板 6—芯杆 7—碟形弹簧 8—垫片 9—压簧螺母 10—导向板 11—固定板 12—垫板 13—大凸模 14—螺钉 15—上模座 16—小导柱 17—大导套 18—小导套 19—盖板 20—定位板 21—大导柱 22—凹模 23—下模座 24—漏料盖板

1）小凸模采用直通式全长导向结构，改善了小凸模的受力状态，加强了凸模的稳定性。采用凸模保护套的全长导向能消除产生纵弯的条件，减小了冲裁时的动态间隙变化。凸模保护套与凸模间采用 H9/h8 间隙配合，凸模采用直杆式、表面粗糙度取 $Ra0.4\mu m$。

2）采用碟形弹簧的强力压料板结构。由于在小孔周围施加了很大的压力，使材料处于三向压应力状态，有利于塑性变形的进行。这样既限制了由于挤压作用引起的外廓变形，又阻止了因两孔中心距离太近造成的金属流动。

3）将大凸模设计成斜刃，并比小凸模长半个料厚左右的阶梯形式，进一步防止凸模直径差造成的受力不均，减小了厚板冲裁时产生振动的不良影响。

4）为防止退料板强力压料和退料时造成的严重磨损，防止退料板间隙引起的导向误差，退料板增设了小导柱。

此外，为提高冲小孔时的冲孔质量，防止凸模因受侧压力过大产生弯曲折断，通常采取的预防措施还有：

5）间隙尽可能取得大些，一般单边间隙应大于料厚的5%。

6）提高模具的制造与装配精度，凸模和凹模一定要保证同心。

7）提高退料板的刚性和精度。

8）为防止废料堵塞，在凹模一侧开排气孔，凹模镶块带一定斜度。

9）配置涂油系统使其在良好润滑状态下进行冲裁。

除本例采用的形式，常用的冲小孔的凸模保护套形式如图1-104所示。

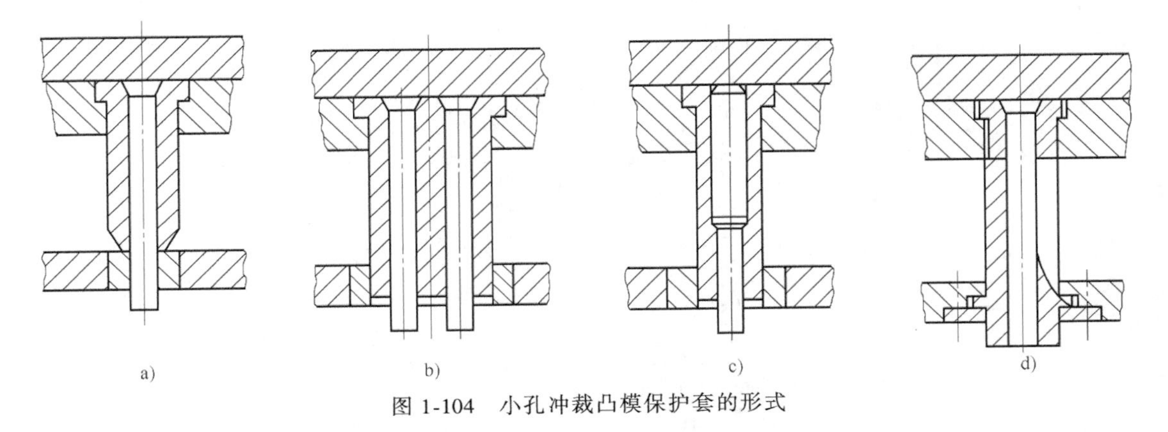

图1-104 小孔冲裁凸模保护套的形式

值得注意的是，即使采取上述一些措施可以使冲孔质量提高，目前用冲裁的方法能加工的小孔因受到凸模强度的限制仍有一限度。其最小孔径与孔的形状、材料的力学性能、坯料厚度等因素有关。一般冲孔的最小尺寸（直径 d 或方孔的边长 a）应大于或等于坯料的厚度 t。采用凸模保护套冲孔的最小尺寸见表1-7。

表1-7 采用凸模保护套冲孔的最小尺寸

材　　料	圆孔直径 d	方孔边长 a
硬钢	$0.50t$	$0.40t$
软钢、黄铜	$0.35t$	$0.30t$
铝、锌	$0.30t$	$0.28t$

1.2.34 汽车车厢固定角铁冲裁变形、孔位偏移

1. 零件特点

某汽车车厢固定角铁如图1-105所示。零件材料为Q345，料厚为5mm。该件为典型的冲裁和L形弯曲件。零件形状对称，尺寸精度要求不高。相对弯曲半径 $r/t=1.2$，大于这种

零件材料的最小相对弯曲半径。该件满足冲裁工艺性和弯曲工艺性的要求。

2. 废次品形式

孔槽变形和孔位偏移。采用图 1-106 所示冲孔、切断、切角、弯曲连续模生产该零件。试冲时，ϕ60mm 大圆孔和尺寸 30mm 凹槽变形，如图 1-105 中双点画线所示。ϕ60mm 大圆孔出现擦伤痕迹，且各孔的孔位与零件外形位置尺寸与图样不符，孔位的最大偏移量达 5mm。

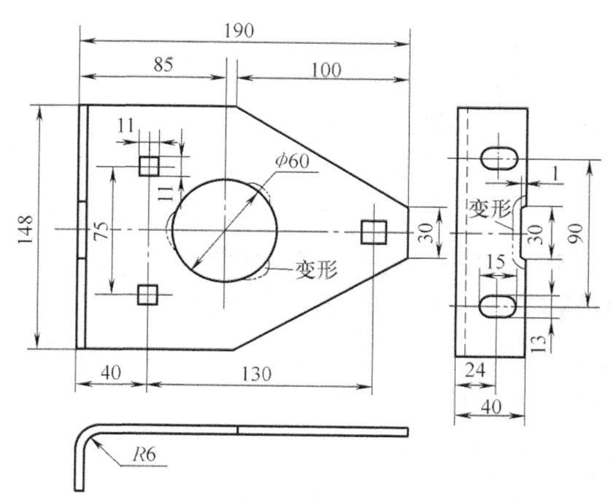

图 1-105　车厢固定角铁

3. 原因分析

1）切断和冲孔不同步。如图 1-106 所示，原模具切断凸模比冲孔凸模长，切断加工时由于侧向分力作用使毛坯向右移动，这是造成孔位偏移的主要原因。

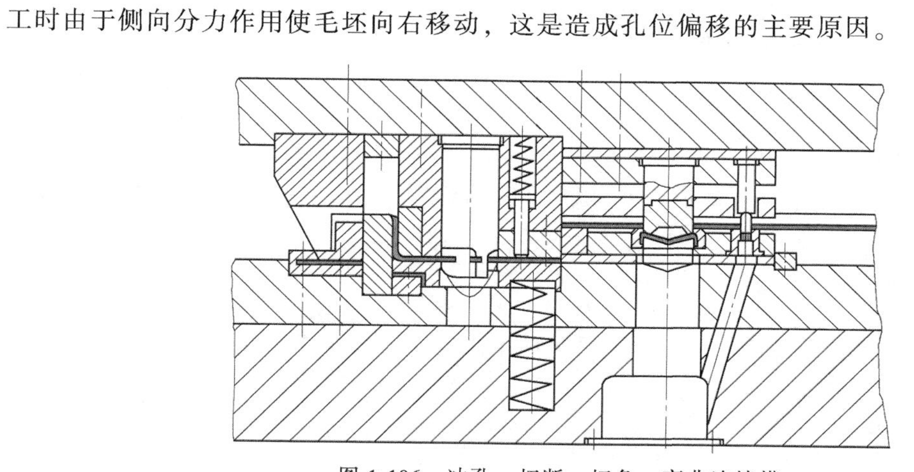

图 1-106　冲孔、切断、切角、弯曲连续模

2）零件设计不合理或工艺方案错误。零件图中，位置尺寸 85mm、40mm 和 24mm 均以弯曲面作为基准面标注尺寸。基准面在冲压加工中要发生变形，位置尺寸无法保证。按照零件图的尺寸标注方法，冲压工艺方案只能是先弯曲，以弯曲面作为定位基准来冲孔，本例中采取先冲孔后弯曲的工艺方案，模具的定位基准与零件设计基准不重合是造成孔位偏移的另一原因。

3）采用了不合理的导正方式。用 ϕ60mm 孔导向进行弯曲加工时，产生使制件向左移动的拉力，此力作用在三角形导正销上使孔和尺寸 30mm 凹槽变形，ϕ60mm 内孔被压出明显的擦伤印痕。

4. 解决与防止措施

生产中解决问题的具体措施是：

1）将冲 ϕ60mm 大孔的凸模刃口加长，使坯料在被切断以前先冲出大孔。凸模插入凹模孔中，以便承受切断作用在坯料上的侧向分力，强行限制孔的位移量。这种方法的缺点是，模具受侧向力的作用磨损严重，模具寿命低。一般而言，凸模直径小时不宜采用此法，以免造成凸模的严重磨损甚至折断。

2）把导正销形状由三角形改为圆形，接触面积增大，作用在制件上的应力减小，孔变形和擦伤、压痕以及凹槽的变形减弱。采用这种方法后效果较好，但问题并未彻底解决。一般而言，当制件坯料厚度小时，孔受拉伸会变成椭圆形。

防止这类孔位偏移、孔槽变形、擦伤和压痕的更积极的方法是：

3）调整冲孔、切断、切角和弯曲的凸、凹模间隙，尽量减小侧向分力。与此同时，调整凸模高度，使冲裁和弯曲同步进行。

4）模具的定位基准应与零件设计基准重合。为此可采取的措施是，与设计部门协商，改变零件的尺寸标注方法，以 ϕ60mm 大孔中心线为所有位置尺寸的基准；改变冲压工艺方案，将弯曲工序与冲孔工序分开。弯曲后，以弯曲面定位来冲孔，采用这种方法也可解决孔槽变形、擦伤和压痕等冲压缺陷。

5）采用弹性卸料板，增大卸料板压力。或采用设置防滑麻点销的模具结构以防止制件在弯曲和冲孔时的侧向移动。

6）用侧刃或后挡板定位，防止受拉力作用而产生内孔变形、擦伤和压痕。

1.2.35 塑封引线框架偏移

1. 零件特点

某塑封引线框架如图 1-107 所示。零件材料为 194 合金，局部镀银，料厚为 0.38mm。

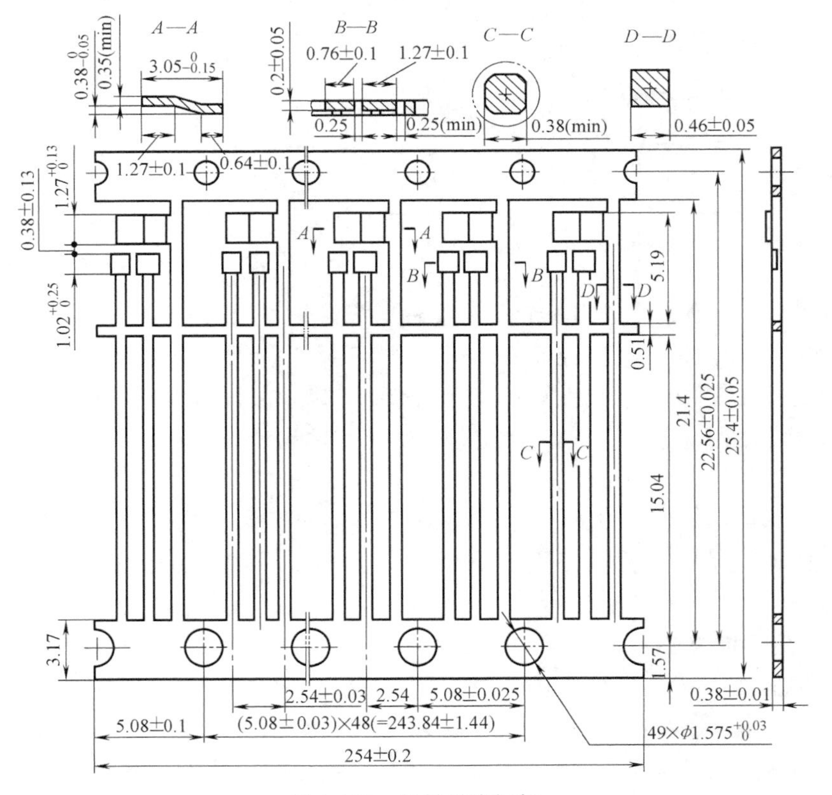

图 1-107 塑封引线框架

该件与集成电路、发光二极管、功率晶体管、引线框架等组成系列电子产品。这类电子零件与一般冲压件有所不同，其特点是：形状尺寸小，尺寸精度高；料薄，取送料操作困难；要求制件毛刺小，在精加工面上不能有擦伤；零件材料价格高，生产批量大。

2. 废次品形式

引线偏移。如图 1-108 所示，采用连续模来冲制该零件，引线 E 和 F 均向右偏移，偏移量 Δx 一般在 0.04mm 左右，有时甚至更大。该件为晶体管引线框架，引线 E 和 F 的偏移影响了零件的使用，降低了产品质量。

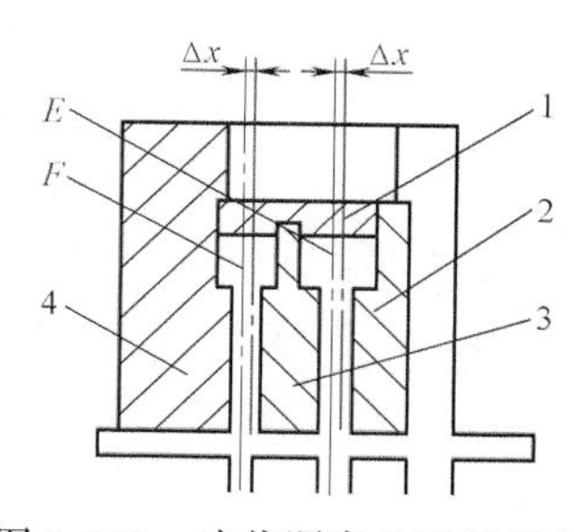

图 1-108 冲裁顺序及引线偏移
1、2、3、4—冲裁废料 E、F—引线

3. 原因分析

造成上述引线 E 和 F 偏移的根本原因在于冲裁力不均匀或侧向力不平衡。具体而言，其原因是：

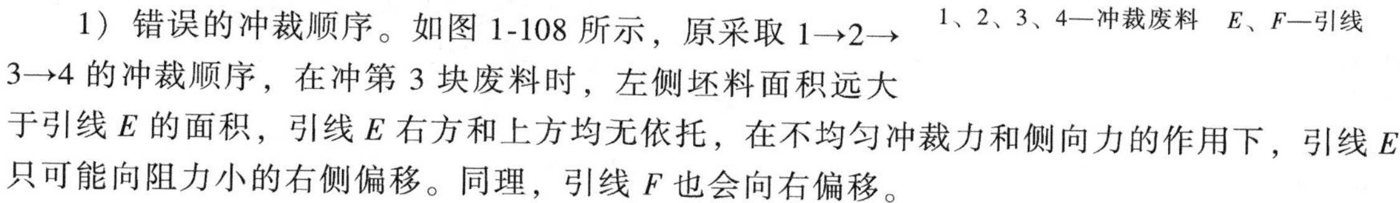

1）错误的冲裁顺序。如图 1-108 所示，原采取 1→2→3→4 的冲裁顺序，在冲第 3 块废料时，左侧坯料面积远大于引线 E 的面积，引线 E 右方和上方均无依托，在不均匀冲裁力和侧向力的作用下，引线 E 只可能向阻力小的右侧偏移。同理，引线 F 也会向右偏移。

2）压料板的刚性不足，压料力较小。当冲裁产生的侧压力大于压料板对坯料压紧所产生的摩擦力时，引线在冲裁时便会产生偏移。

3）凸模固定方式不合理。原采用普通一端固定的凸模结构形式，由于凸模细长，加导向装置后（兼作保护套），模具加工、装配很难保证凸模固定板、导向板和凹模中心三点一线。凸、凹模稍有偏心，引线偏移量增大。

4. 解决与防止措施

生产中采取了以下两项措施，将偏移量控制在允许的范围内。

1）增大压料力，增厚压料板。采取这项措施后，压料板与坯料间的摩擦力加大，阻止了制件的偏移。

2）改变凸模的固定方式，采用图 1-109 所示浮动凸模结构，保证冲裁时凸、凹模同心。

为使冲裁力平衡、侧向力均匀，防止这类偏移更积极的做法是：

3）采用图 1-108 所示 2→4→3→1 的冲裁顺序，尽量避免对引线 E 和 F 的单面剪切，使冲裁力平衡。

4）选取合理的冲裁间隙。对这类零件，单边间隙取料厚的 4%~5%时，制件质量稳定，效果较好。由于坯料薄、尺寸小、精度高，故合理冲裁间隙的范围窄，间隙小于料厚的 3%时，凸模容易损坏，加工困难；间隙大于料厚的 6%时，制件尺寸出现误差。间隙过小或者过大，冲裁时产生挤压或拉伸，这都会造成侧向力加大，制件会产生向弱区的偏移。

5）凸、凹模工作部位细小，刚性不易保证，故应采用高精度导柱式冲模。

6）采用拼块凹模便于刃口研磨。为降低冲裁力和侧向

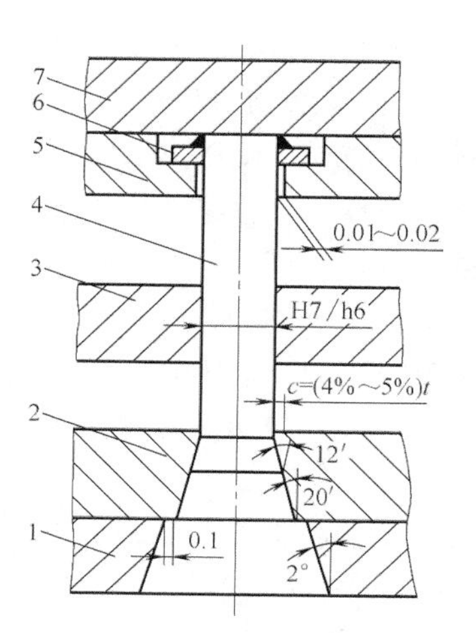

图 1-109 浮动凸模
1—下模座 2—凹模 3—导向板 4—凸模 5—凸模固定板 6—嵌镶块 7—上模板

力，凸模带点斜刃。

1.2.36　汽车空调法兰剪切面撕裂

1. 零件特点

某汽车空调法兰如图 1-110 所示。零件材料为 1Cr18Ni9Ti，外形尺寸为 52mm×22mm，厚度为 7.0mm±0.1mm，零件具有两个孔结构。该零件为典型的中厚板零件，要求零件剪切面撕裂带宽度小于零件厚度的 20%。显而易见，采用普通冲裁达不到这么窄的撕裂面。此外，材料抗拉强度高，采用精密冲裁加工难度较大。

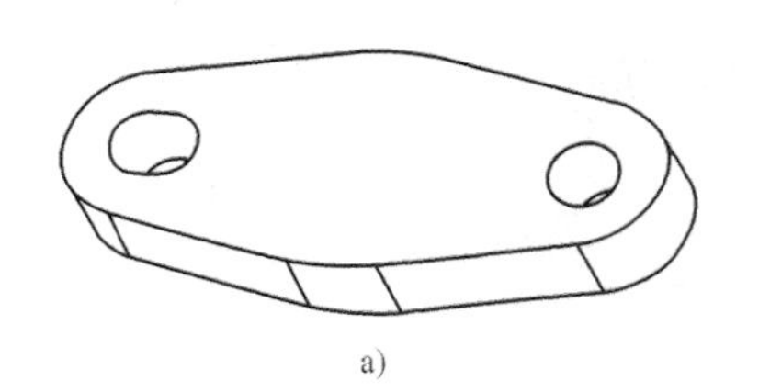

a)

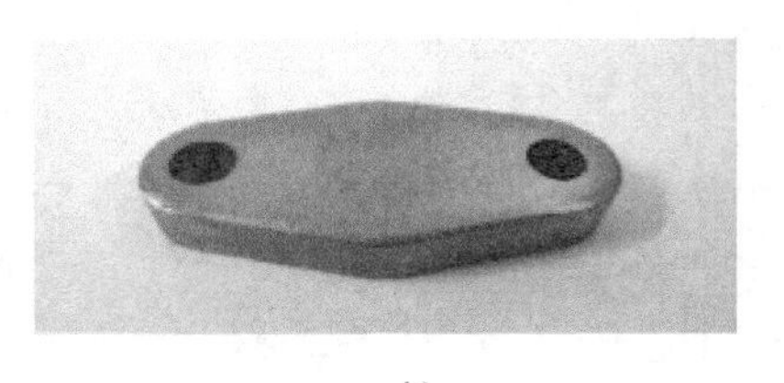

b)

图 1-110　汽车空调法兰
a）三维图　b）实物图

2. 废次品形式

图 1-111　汽车空调法兰剪切面撕裂

剪切面撕裂。采用下料→精密冲裁的工艺方案，下料尺寸为 1200mm×70mm，零件在 3150kN 的精冲机上成形。如图 1-111 所示，零件剪切面存在撕裂，撕裂带长度约 15mm，零件两侧圆弧处撕裂带较宽，中部撕裂带相对较窄。撕裂带最宽处的宽度约占厚度的 80%。

3. 原因分析

根据经验分析产生剪切面撕裂的主要原因可能有：

1）压边力或反压力不足。压边力或反压力不足会导致变形区三向静水压应力不足，造成局部剪切环境不良。在三向静水压应力不足的情况下，材料塑性得不到充分发挥，在精冲中途变形区会过早地出现拉应力，产生微观裂纹，并随着精冲过程的进行演变为宏观裂纹，造成剪切面撕裂。

2）零件材料 1Cr18Ni9Ti 的抗拉强度高，精冲时加工硬化强烈。因此，加工过程中模具负载高，刃口磨损较快，模具刃口出现磨损后会出现刃口不均匀的现象，使得零件局部区域应力过大，剪切面出现撕裂。

3）凹模圆角半径太小。断裂产生的主要原因是材料变形过程中，应力应变不断累积，达到材料的临界断裂值后发生断裂。精冲时模具圆角处应力应变最大，断裂一般在圆角处产生，圆角半径太小会导致断裂出现的时间过早，从而造成剪切面撕裂。

4）搭边太小。搭边过小时，即使采用 V 形齿圈也很难避免材料流动，材料流动会降低静水压应力，影响剪切面质量。

4. 解决与防止措施

1）增加下料宽度，增大压边力。原有压边力为 280kN，增加压边力可以减少材料横向流动，一是受到精冲机本身的限制，压边力不能无限制提升；二是要考虑模具的承受能力，压边力过大，会使得凹模受到较大的作用力，造成模具早期失效；三是零件压边力受到搭边尺寸影响，搭边过小时增加压边力也很难避免材料横向流动。将原有下料宽度增加到72mm，同时提高压边力到330kN，经过试模发现，撕裂有较为明显的改善，撕裂带长度减小。

2）调整凹模圆角半径。拆模后发现凹模刃口部位磨损情况较为严重，凹模圆角均匀性受到破坏，对凹模刃口进行刃磨，并适当增加圆角半径，修正圆角半径至0.3mm。如图1-112所示，试模过程中发现零件剪切面中间部分撕裂基本消失，但零件毛刺和塌角较大，个别零件出现了剪切面终端表层剥落现象。分析认为，凹模重新刃磨后模具圆角太大。取出凹模后，平磨凹模并重新倒凹模圆角至0.1mm，试模后零件质量较好，连续生产500件并进行抽检，抽检零件均符合要求。

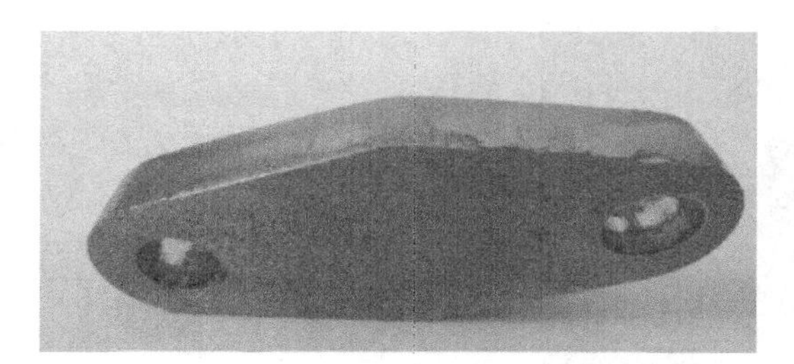

图1-112 法兰剪切面终端表层剥落

1.2.37 汽车排气系统法兰精密冲裁撕裂带过大

1. 零件特点

某汽车排气系统法兰如图1-113所示。零件材料为SUH409不锈钢（类似零件还用到SUH409Ni、SUH304、SUH430、SUH441等），毛坯料厚为10.5mm。该件属于厚板冲裁件，使用时对其平面度、4个小孔的位置度有较高的要求，对密封面有表面粗糙度要求。另外，

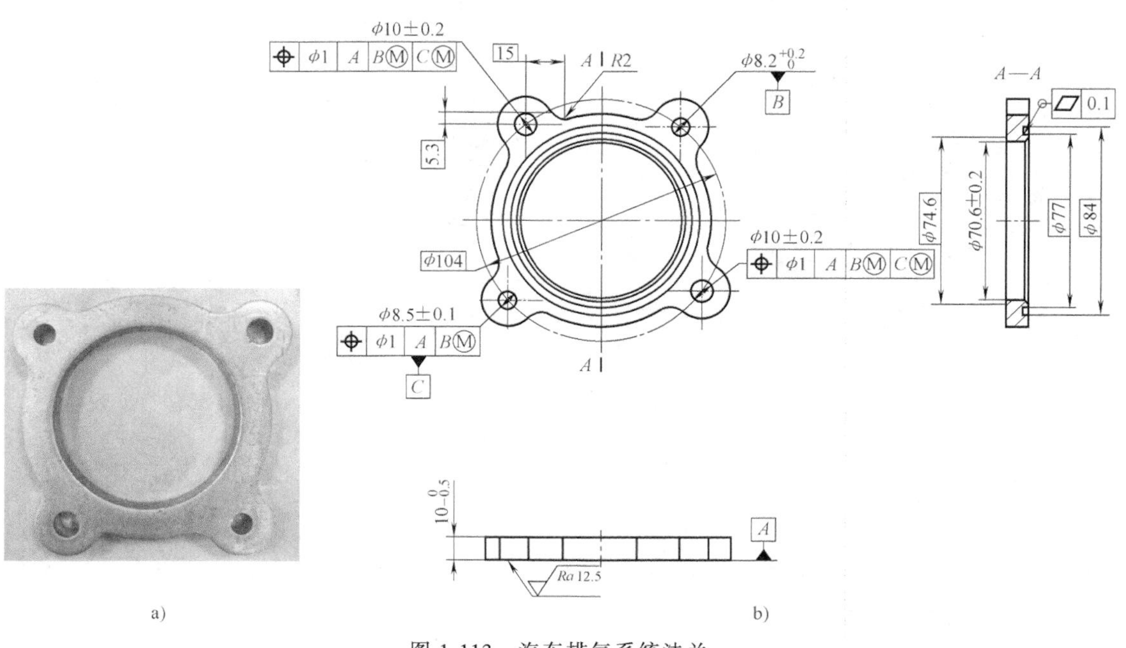

图1-113 汽车排气系统法兰

a）产品实物图 b）产品工程俯视图及侧视图

使用要求零件剪切面撕裂带宽度小于料厚的30%。

2. 废次品形式

撕裂带过大。采用精冲工艺来生产该零件，为保证使用时的密封要求，对精冲件的密封面要上磨床磨平。精冲生产中出现了如图1-114所示的冲裁撕裂带过大现象。在法兰断裂带根部产生了明显的材料撕裂现象，不良部位主要位于零件的撕裂带根部，宽度为4~5mm，达不到使用要求。断层撕裂带的严重程度，根据材料批次的不同而有所不同，即使在同一批次的坯料和模具，随冲裁次数的增多，冲裁断层撕裂带过大的不良现象会趋于严重。

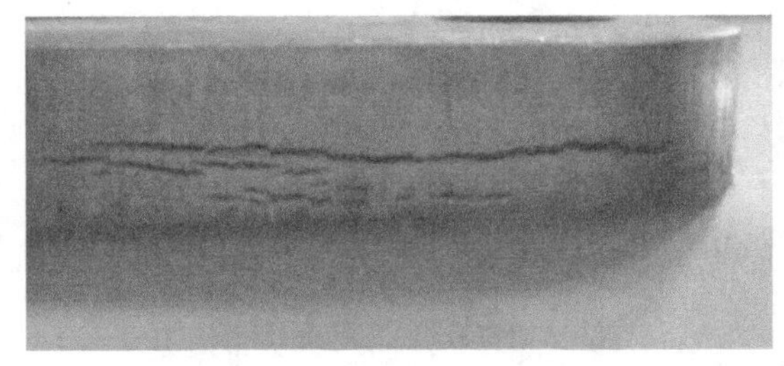

图1-114　法兰制件缺陷

3. 原因分析

1）凸凹模与凸模、凹模循环往复冲裁带来的磨损，如图1-115所示。法兰坯料放入模具型腔后，凸模与凹模进行合模，施加一定的冲裁载荷，此时凸模压迫坯料与凹模形成断裂。模具使用过程中会磨损，凸凹模与凸模、凹模之间的配合间隙因磨损会增大，造成了局部压料力不足，导致材料流动性受影响，继而形成较大的冲裁撕裂带。

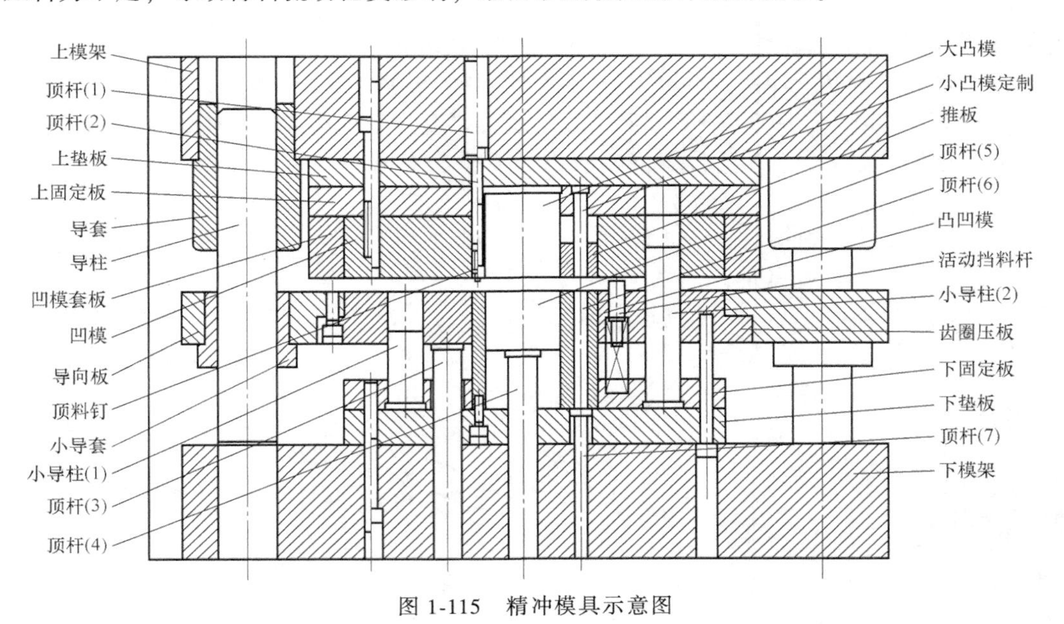

图1-115　精冲模具示意图

2）下模精冲齿圈压板磨损，如图1-115所示。作为精冲工艺显著特点之一，精冲模具的关键部件齿圈压板能够限制坯料在冲裁过程中向剪切区流动，为坯料剪切变形区提供静水压应力，对提高精冲件成形质量具有明显作用。若下模精冲齿圈压板磨损，会失去其管控材料的作用，导致精密冲裁过程形成较大的冲裁撕裂带。

4. 解决与防止措施

生产中采取的解决措施是：

1）凸凹模与凸模、凹模进行表面TD（Thermal Diffusion，热扩散）涂层处理。目的在于增加其表面硬度及耐磨性。此前尝试过PVD（Physical Vapor Deposition，物理气相沉积）处理，但从耐磨性而言，经实践TD比PVD工艺更能覆盖内表面。TD处理后制品表面硬度可达2600~3800HV，凸凹模与凸模、凹模能够拥有更长的使用寿命。如图1-116所示，制作这三大核心部件的备品备件，以便在做涂层维护的时间不影响正常生产。

图1-116 模具备件

2）降低下模精冲齿圈压板磨损影响。如图1-117所示，改进后的齿圈压板沿零件轮廓线切线方向设置呈一定角度的斜齿，变原来的封闭线形齿圈压板为带状斜齿齿圈压板。这样做的结果可为精冲剪切变形区提供更大的静水压应力，其原因是：

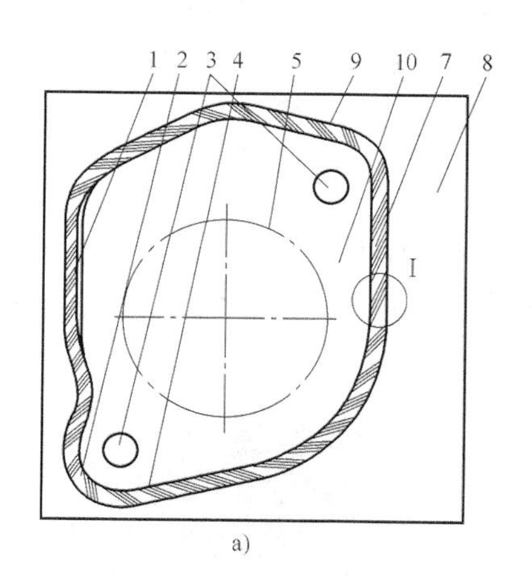

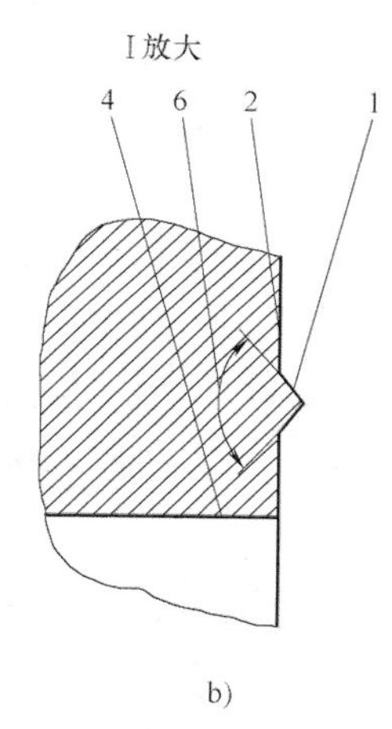

图1-117 改进的精冲齿圈压板结构示意图

a）俯视图 b）齿廓剖面图

1—斜齿 2—斜齿间平面 3—小孔 4—精冲法兰外轮廓 5—大孔 6—齿顶角 7—斜齿内端轮廓 8—齿圈压板 9—斜齿外端轮廓 10—排气法兰

① 用具有一定宽度的带状斜齿齿圈取代原来的封闭线形齿圈，增大了压边量，可提供更大和更可靠的压边力，对限制坯料在冲裁过程中向剪切区流动有利。

② 带状斜齿齿圈提高了齿圈强度，延长了齿圈压板寿命。

采用以上措施后，精冲的合格产品如图1-118所示。该企业内控精冲产品撕裂带宽度小于料厚的10%。

图1-118 法兰零件成品

1.2.38 汽车后钩塌角过大

1. 零件特点

某汽车后钩如图1-119所示。零件材料为S45C，外形尺寸为48.2mm×42mm，厚度为（4.0±0.06）mm。零件具有用于挂锁的弯钩结构、一个圆孔结构和一个四边形孔结构。零

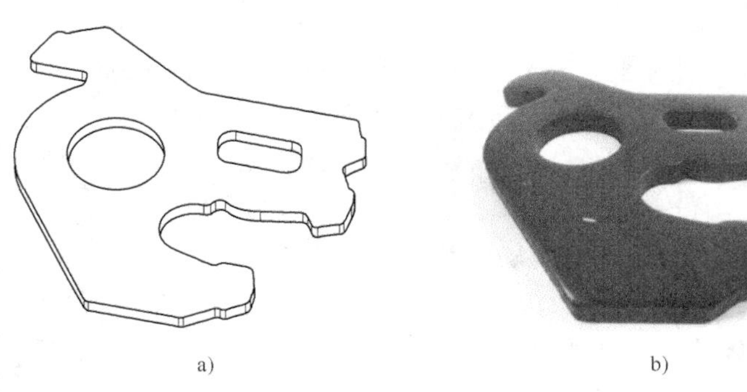

a)　　b)

图 1-119　汽车后钩

a）三维图　b）实物图

件采用精冲加工的方式一次成形，精冲件边缘存在塌角。弯钩结构在使用中具有承受作用力的功能性要求，为了保证结构强度和有效啮合尺寸，对精冲件塌角尺寸需要进行控制，图样要求塌角高度不能大于 0.5mm。

2. 废次品形式

塌角过大。生产中采用复合精冲模工艺方案，下料毛坯尺寸为 1200mm×64.5mm 的条形板料，坯料厚度为 4.0mm。如图 1-120 所示，对零件进行试模时发现所加工的零件局部塌角高度过大，实测零件不同位置塌角高度分布在 0.3～0.7mm 之间。零件直线边缘部位塌角高度符合尺寸要求，但零件尖角部位塌角高度超差。

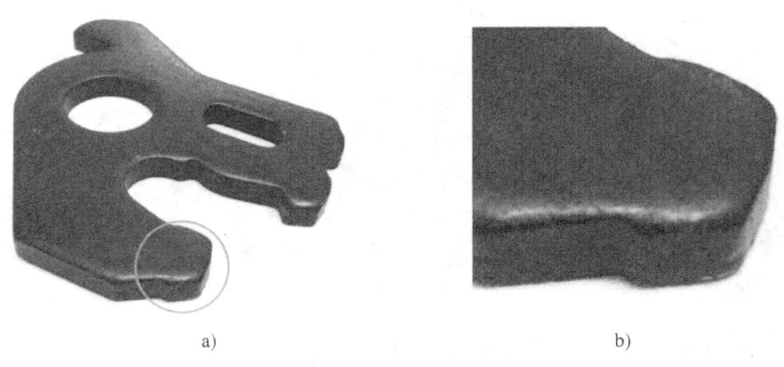

a)　　b)

图 1-120　汽车后钩塌角

a）整体零件图　b）局部放大图

3. 原因分析

精冲件塌角产生的原因主要是精冲过程中材料与模具发生摩擦，精冲件边缘不同位置材料的流动方向不同，并且不同区域材料流动的速度不一致。越靠近凹模圆角的材料流动速度越快，而远离凹模的材料流动速度相对较慢，因此形成塌角。根据经验分析，精冲件塌角过大的原因有：

1）凹模圆角过大。如图 1-121 所示，凹模圆角能够缓解模具刃口的应力集中，有助于提高剪切面质量。但凹模圆角在分散变形区应力的同时会导致材料变形速度梯度增大，较大的凹模圆角使得材料接触凹模圆角附近的部分变形速度远小于零件中心部分。精冲结束后零件边缘和零件中心产生较大的高度差，宏观上表现为塌角过大。

2）反压力太小。反压力不足会导致精冲时零件边缘出现弯曲，零件边缘部分受中心部分影响更大，影响塌角成形的区域增大，零件边缘的变形速度显著降低，使得塌角高度过大。

3）尖角太小。零件外形中尖角部分的边缘距离很近，材料转移时涉及区域重合的问题，向内凹的部分由于受到两侧边缘的作用，精冲时转移的材料会增多，塌角较小。反之，根据体积不变条件，向零件尖角转移的部分会减小，因此零件尖角处塌角较大。

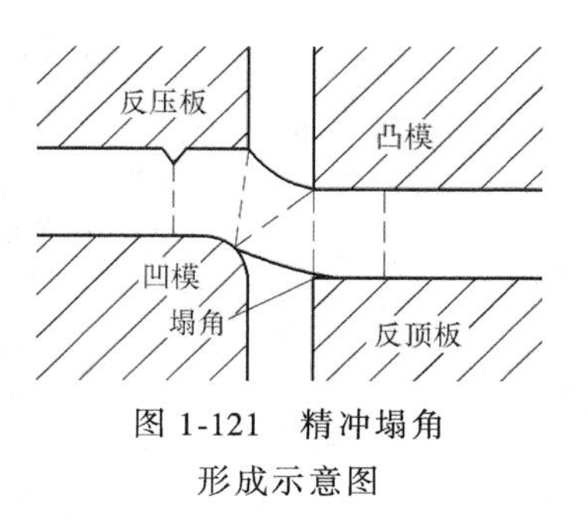

图 1-121 精冲塌角形成示意图

4. 解决与防止措施

零件外形受到设计需求制约难以变更，不能通过增大尖角处圆角半径方式解决塌角问题。因此，只有采用增大反压力和减小凹模圆角半径的方法减小塌角高度。

1）增大冲裁过程中的反压力。增大反压力可以缩小精冲过程中的影响区范围，减小塌角部分和零件部分的材料在变形时的速度差，最终使精冲过程中材料变形的高度差减小，控制塌角高度。将反压力从 120kN 增加到 140kN，试加工零件，塌角高度没有明显变化。将反压力进一步增加到 160kN，试加工零件，检测发现塌角高度有所降低，但仍旧不能满足要求。反压力不能无限制增大，反压力过大会使模具模芯部位受力过载，降低模具寿命。

2）减小凹模刃口圆角半径。减小凹模刃口处圆角半径可有效减小塌角高度，但是凹模半径过小可能会导致剪切面撕裂，影响剪切面质量。将凹模从模具中拆开，平磨凹模并重新倒凹模刃口圆角半径至 0.1mm。将模具组装后重新试加工零件，所加工零件剪切面质量相对较差。重新拆模后，将圆角扩大，经反复试加工零件，最终取凹模圆角在 0.2mm 时零件质量相对较好，塌角高度满足要求。

1.2.39 汽车电动机散热板负极板表面凹痕和压伤

1. 零件特点

某汽车电动机散热板负极板如图 1-122 所示。零件材料为 A6061 铝合金，外形尺寸为 92.3mm×47.2mm，厚度为（3.0±0.14）mm。图样要求零件表面无明显磕碰伤及压痕，剪切面无有害毛刺、撕裂，上下表面粗糙度值≤Ra25μm。

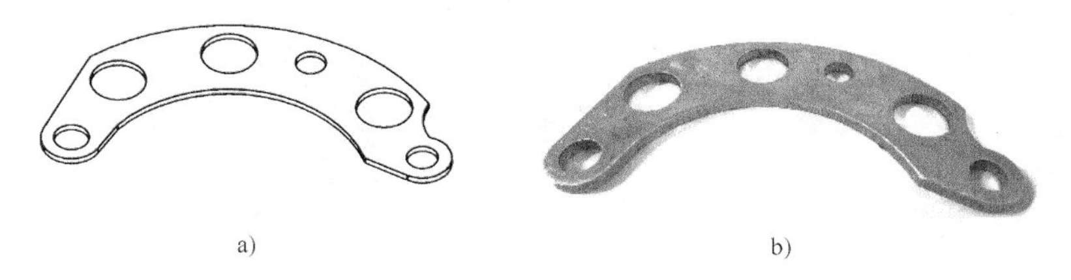

a) b)

图 1-122 汽车电动机散热板负极板
a）三维图 b）实物图

2. 废次品形式

表面凹痕和压伤。零件采用单腔复合精冲模具，在 3150kN 精冲机上成形。下料毛坯尺寸为 1200mm×103mm 的条形板料，坯料厚度为 3.0mm。在实际生产中发现，加工后的部分零件上表面质量较差，下表面质量符合要求。如图 1-123 所示，零件上表面具有较为明显的凹痕和压伤。

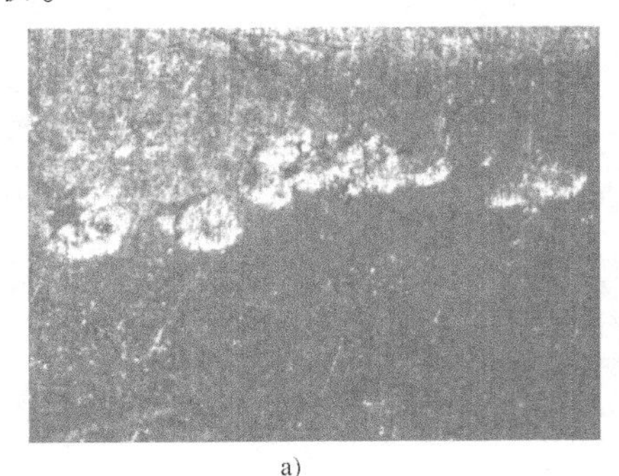

a)

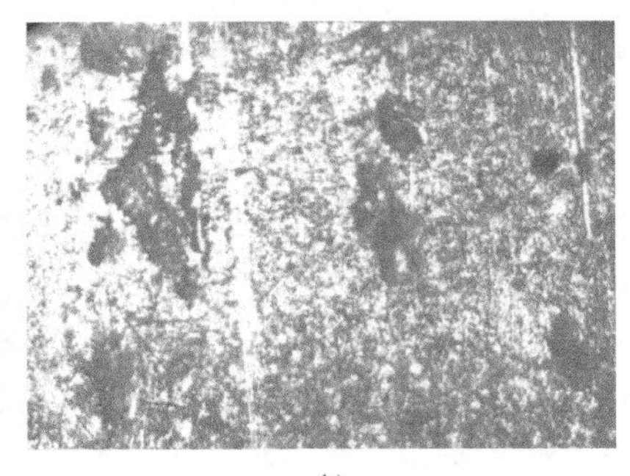

b)

图 1-123　零件上表面缺陷

a）表面凹痕　b）表面压伤

3. 原因分析

采用图 1-124 所示精冲模具进行精冲，分析精冲过程、板料与模具之间的相互运动，产生上述表面缺陷的具体原因是：

图 1-124　精冲模具

1）料渣残留物所致。为了防止废料残留在模具上，在一次冲程后，一般使用压缩空气清理，一旦未清理干净，立即进行下一冲程时，料渣会随着模具压在零件表面，导致零件表面被压伤。

2）润滑不充分。在精冲过程中，如果润滑不充分，板材与模具间会产生较大摩擦而使零件的温度升高。同时精冲过程中，在冲裁力和反压力的作用下，板材与模具之间具有很大的压力，接触点在高温高压的条件下易产生粘结，此粘结也易造成零件表面产生凹痕，影响表面质量。

3）模具表面的加工未达到设计的要求，或模具使

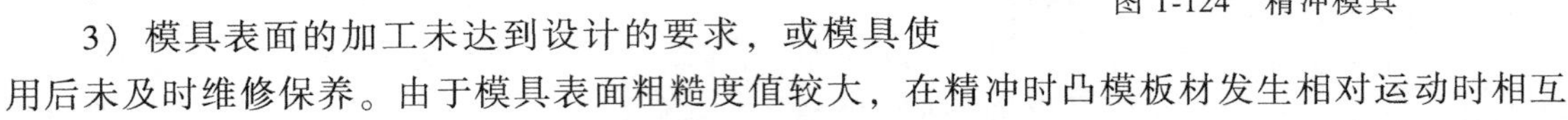
用后未及时维修保养。由于模具表面粗糙度值较大，在精冲时凸模板材发生相对运动时相互

碰撞、挤压、摩擦，导致接触面温度升高，造成零件表面的“下陷”缺陷。模具使用后，模具维修人员未对模具刃口进行刃磨，也是影响零件表面质量、导致零件产生上述缺陷的原因之一。

4. 解决与防止措施

生产中采取了如下几项措施，很好地解决了零件表面产生的缺陷。

1）增加冲裁过程中的吹气时间，保证料渣去除干净，尤其是增添了如图 1-125 所示的上模高压气管，用于清除上模粘结的料渣。

图 1-125　上模高压气管

2）通过改进润滑机构，在板料与模具间添加更充

足的润滑剂，使润滑更加充分。在精冲过程中，由于润滑剂的作用，减小了板料与模具之间的摩擦，粘结现象也随之减小。另外，润滑剂还能够起到冷却作用，提高了零件的表面质量，也延长了模具的使用寿命。

3）对模具进行重新研磨，达到设计的预期要求。凡经使用过的模具对其生产批量及使用后的状况进行记录，经检验员检验后进行维修保养入库，待下次使用时从库中领取。特别需要注意的是，要关注模具的刃口是否达到应有的标准。

采取了上述措施，加工10000件后进行检验，零件表面质量符合要求。此外，为解决这种铝合金因粘结问题产生的表面压痕问题，有效的防止措施还有：

4）模具材料与被加工板材要匹配，加工软材料要用硬模具。采用化学气相沉积（CVD）、物理气相沉积（PVD）和直流等离子化学气相沉积（DC-PACVD）等方法在模具表面制备一层超硬涂层，可大幅度提高模具的表面硬度。

1.2.40 汽车抓钩轮廓度超差

1. 零件特点

某汽车抓钩如图1-126所示。零件材料为S45C，外形尺寸为53mm×55mm，厚度为6.0mm，零件采用精冲加工一次成形。抓钩在使用中需要与其他零件（偶件）进行配合，为了保证有效啮合尺寸，对零件轮廓度需要进行控制，图样要求零件弯钩处面轮廓度误差不能大于0.1mm。

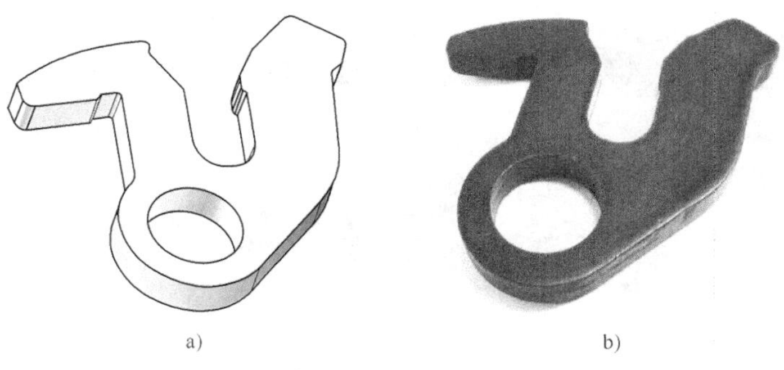

a) b)

图1-126 汽车抓钩
a）三维图 b）实物图

2. 废次品形式

轮廓度超差。生产中采用复合精冲模工艺方案，下料毛坯尺寸为1200mm×65mm的条形板料，坯料厚度为6.0mm。对零件进行检测时发现所加工的零件轮廓度超差，要求轮廓度误差不能大于0.1mm，实测零件不同位置的轮廓尺寸偏差分布在0.05~0.14mm之间。分析发现，轮廓度超差表现为剪切面边缘呈现不正常锥形，塌角附近轮廓较小，毛刺附近轮廓较大。

3. 原因分析

在冲裁过程中凹模将金属纤维拉长形成零件的剪切面，由于零件塌角到毛刺的变形程度是逐渐增加的，金属的转移量也逐渐增多，精冲件剪切面会具有一定锥度。精冲件剪切面锥度会导致塌角侧轮廓较小，毛刺侧轮廓较大，一般不会影响零件精度。但剪切面边缘锥度过大，对零件轮廓度产生影响。一般而言，精冲件边缘呈现不正常锥形的原因可能有：

1）模具尺寸超差。落料零件尺寸主要由凹模决定，由于模具磨损或者制作精度不够，造成模具尺寸超差会导致所加工的零件不能满足图样要求。

2）压边力不足。压边力不足会导致材料横向流动，材料变形程度增加，导致精冲件剪切面出现较大坡度。

3）凹模圆角过大。圆角可以缓解凹模刃口的应力集中问题，能够提高模具寿命，保证剪切面质量。凹模圆角过大会使得材料变形程度梯度增大，零件塌角侧的变形程度小于零件毛刺侧的变形程度，剪切面出现较大锥度。在检测零件轮廓度时，不同高度的轮廓尺寸差别较大，造成了轮廓度超差。

4）凹模弹性变形。模具刚度不足可能导致模具在精冲过程中发生弹性变形。精冲过程中，开始冲压时模具受到的作用力较小，随着精冲过程的进行模具受到的作用力逐渐增大。因此模具在精冲过程的一开始只发生小变形，随着精冲过程的进行，变形量逐渐增大。落料零件的尺寸主要由凹模决定，由于凹模发生变形，使得零件首先成形的部分相对之后成形的部分较小，从而形成锥形。

4. 解决与防止措施

1）拆开模具并测量模具尺寸，经检验，模具不存在严重磨损情况，尺寸符合要求。

2）增加压边力可以减少材料横向流动，但考虑到模具承受能力，压边力不能无限加大。通过试验逐步增大压边力，将压边力增加 100kN 后，零件轮廓度没有明显改善。

3）减小凹模刃口圆角半径。减小凹模刃口处圆角半径可以改善剪切面边缘锥度，但圆角过小可能导致剪切面撕裂。将凹模从模具中拆开，平磨凹模并重新倒凹模刃口圆角半径至 0.1mm。将模具组装后重新试加工零件，如图 1-127 所示，零件剪切面存在撕裂，零件轮廓度仍然超差。

图 1-127 汽车抓钩剪切面撕裂

4）改变模芯材料。原有模芯材料为 Cr12MoV，是一种冷作模具钢。为进一步改善模具刚度，选择壹胜百 ASSAB-88 材料重新制作凹模。经过试模发现，零件剪切面锥度缩小，上下最大偏移为 0.012mm，零件轮廓度满足要求。

1.3 冲裁件常见废次品及质量控制要点

1.3.1 冲裁件常见废次品及预防措施

冲裁是使坯料产生分离的冲压工序，根据冲裁时坯料主要变形区受到的应力作用及其变形特点，以及冲裁件断面存在的四个不同特征带，冲裁件出现的废次品形式主要表现在尺寸超差、断面质量差、形状不良和表面质量差等几个方面。冲裁件常见废次品形式、产生原因及预防措施见表 1-8。

表 1-8　冲裁件常见废次品形式、产生原因及预防措施

冲裁件类型	废次品形式及简图	原因分析	预防措施
普通冲裁件	尺寸超差	混料,材料状态不对,不平整;模具设计与制造精度差;模具磨损	严格原材料管理制度;提高模具设计和制造精度;及时刃磨或更换模具工作零件
	断面平直,存在两次剪切断面,有细长毛刺 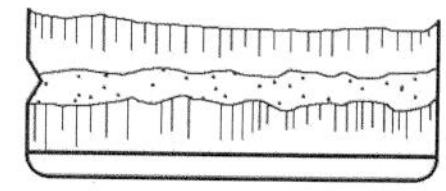	间隙小于合理间隙,裂纹不重合 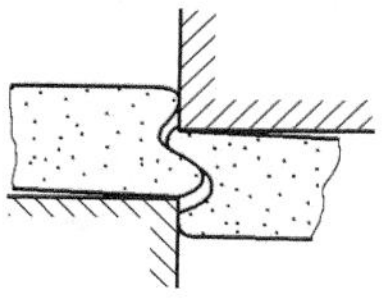	修磨凸、凹模;增大模具间隙
	断面斜度大,毛刺大而厚,圆角大 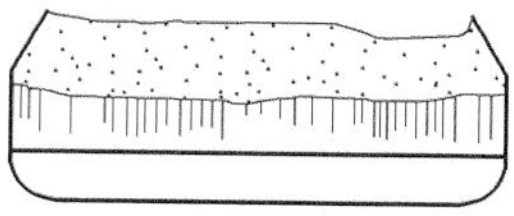	间隙过大,凸、凹模刃口处裂纹不重合 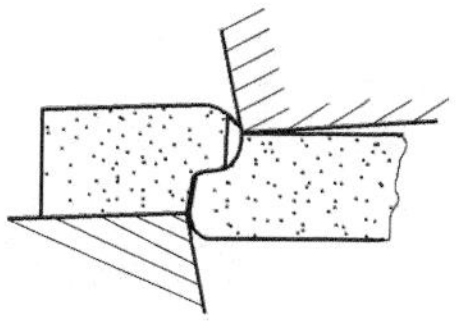	更换新的模具工作零件
	冲孔件毛刺大,落料件圆角大 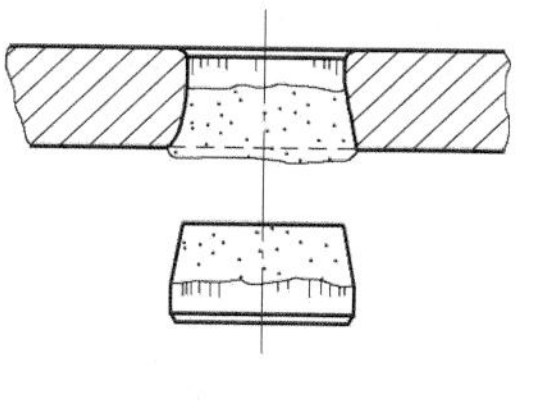	凹模刃口磨钝 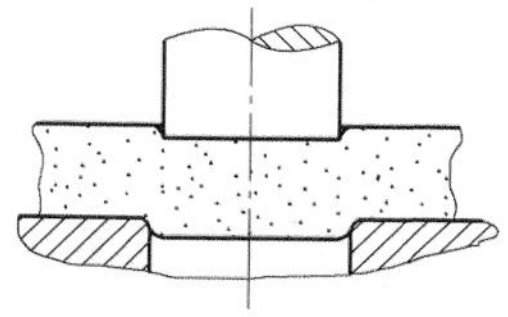	修磨凹模刃口
	落料件毛刺大,冲孔件圆角大 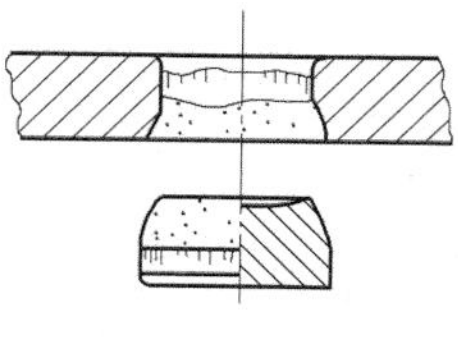	凸模刃口磨钝 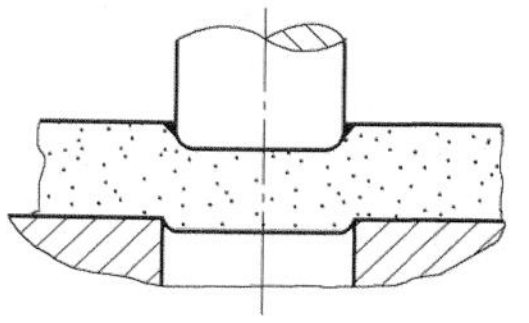	修磨凸模刃口
	落料、冲孔件毛刺大,冲孔、落料件圆角大 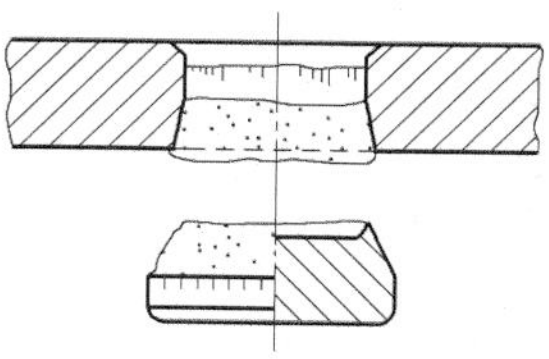	凸、凹模刃口均磨钝 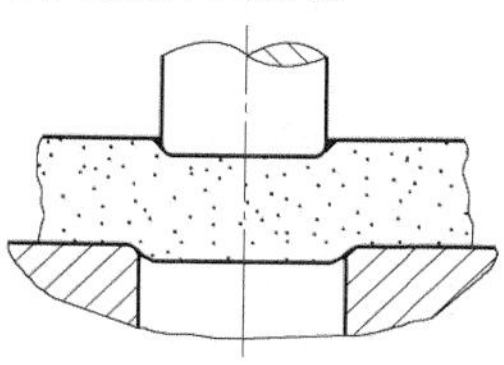	修磨凸、凹模刃口

（续）

冲裁件类型	废次品形式及简图	原因分析	预防措施
普通冲裁件	制件产生凹形弯曲或翘曲、扭曲 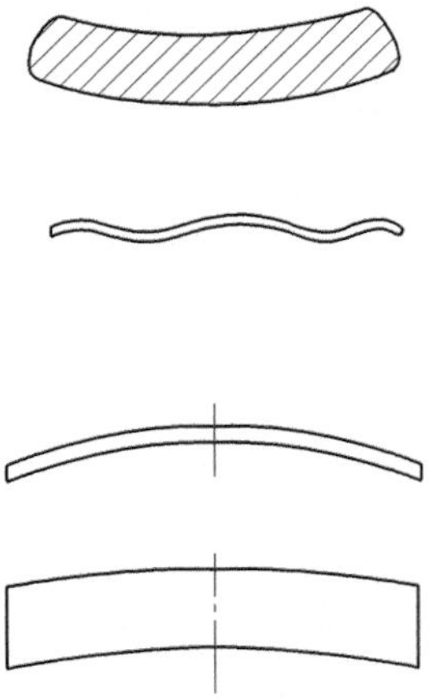	凹模口部带反锥 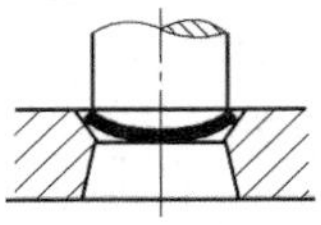	修磨凹模刃口
		顶料杆（板）与制件接触面过小 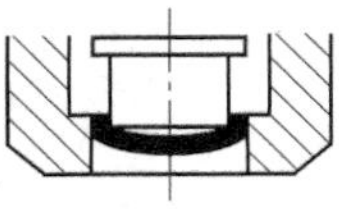	更换顶料杆（板）
		高弹性材料、薄材料	更换材料；采用特殊冲裁方法（例如聚氨酯橡胶冲裁、附加拉应力冲裁、无隙软模冲裁等）
		固定卸料板 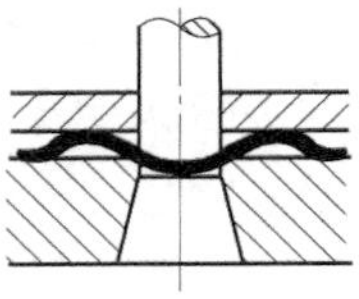	改用弹性卸料板 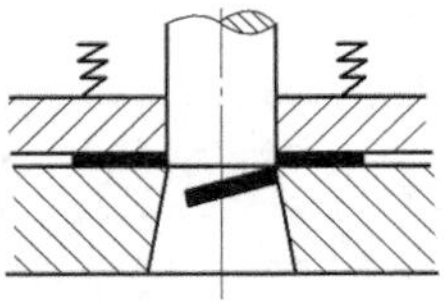
		采用凹模孔漏料 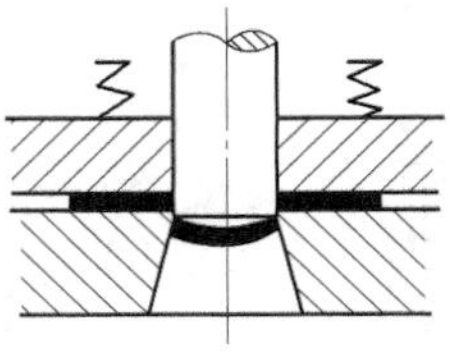	改用下顶料装置 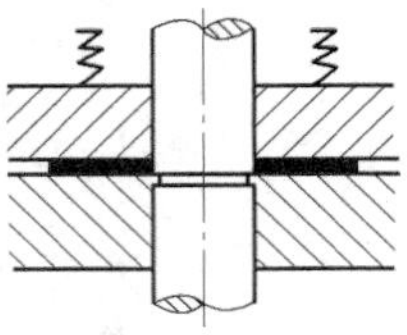
		板材轧制方向的影响	主剪切方向与轧制方向平行
		切断凸模兼作弯曲凸模，切断时刃口不同时接触毛坯；切刀侧面无依托	将切断与弯曲工序分开；切刀侧面增加依托；改切断为落料
	冲缺 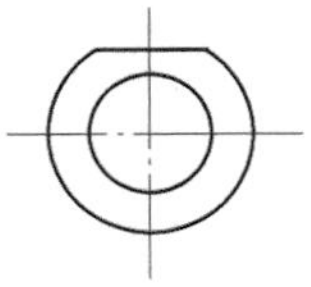	板料定位不准确；条料宽度不够或排样不正确；制件或废料回升	调整定位装置；采用合理的排样方式；增加条料宽度；采取措施防止制件和废料回升
	有一个孔未冲出或局部未分离 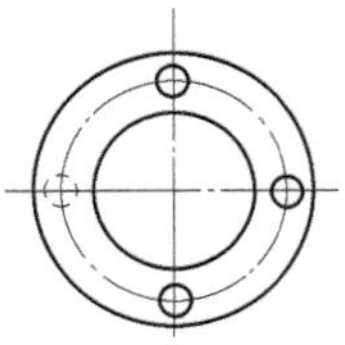	冲孔凸模折断；凸模固定板压塌；凸模高度不一致；设备或模具平行度不好；凹模局部磨损或崩刃；凸、凹模偏置	刃磨凸、凹模；更换凸、凹模；调整模具和设备

（续）

冲裁件类型	废次品形式及简图	原因分析	预防措施
普通冲裁件	制件内孔偏移 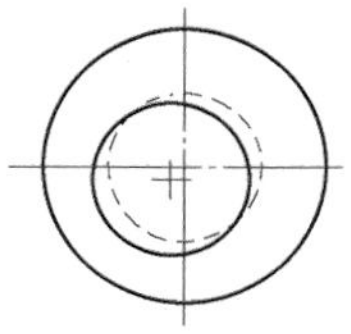	定位圈与凹模不同心 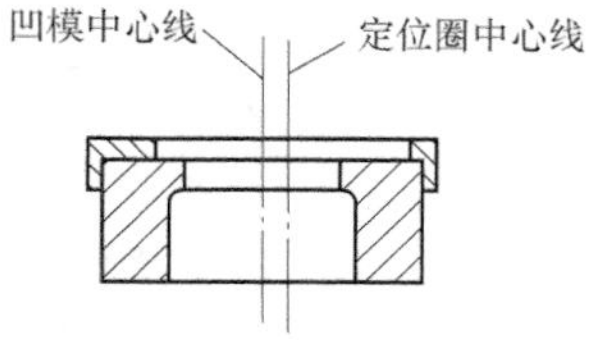 凹模中心线 定位圈中心线	改做定位圈
	毛刺分布不均 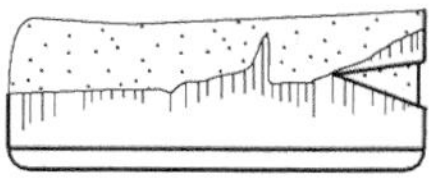	凸、凹模不同心；滑块与底座不平行 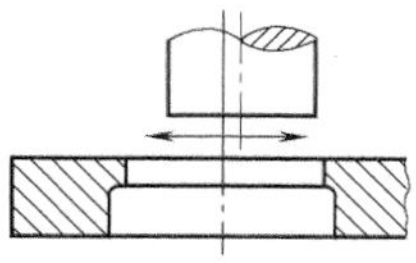	调整模具间隙；维修设备
		凸、凹模不垂直；模具装配精度差 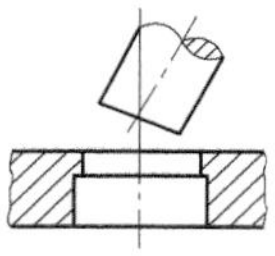	重新调整安装模具
	无搭边冲裁连料 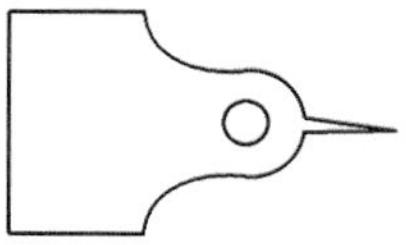	模具设计不合理；定位不可靠	改进落料凸、凹模结构，刃口前增设一凸出部分；增设导正销
	孔变形，鼓凸，不平整 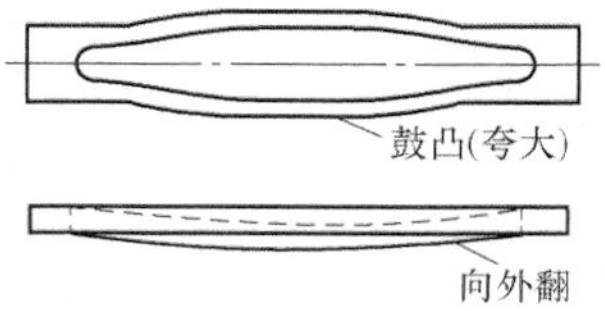 鼓凸(夸大) 向外翻	制件工艺性差，长条孔，孔边距较小，材料较厚；定位和压料装置设计不合理；凸、凹模间隙较小	增大凸、凹模间隙；采用槽形定位装置；采用强力压料装置；增加校平工序
	单面剪切时弓弯，大毛刺，不平直 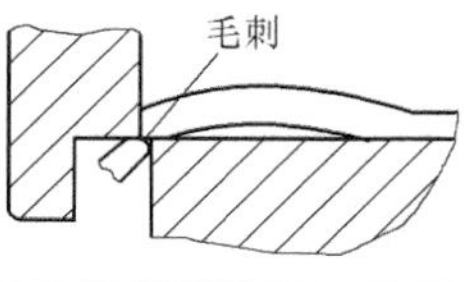 毛刺	毛坯不平，扭曲；模具无压料装置；刃口形状不良；定位不可靠 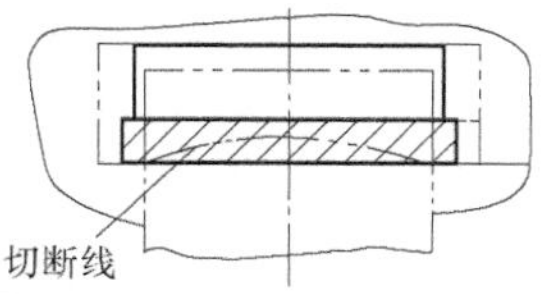 切断线	更换材料，增加校平工序；增设压料装置；改变刃口形状，保持刃口锋利；设计可靠的定位装置
	冲孔卷边，毛刺过大 	内形定位不到位，制件与凹模不贴合；冲台阶孔时，制件两台阶不同时触模 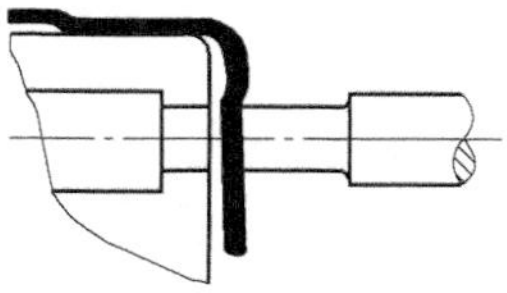	改变定位方式；先落料冲孔，后弯曲成形；冲台阶孔时将凹模做成组合式凹模，通过垫片或刃磨调整台阶高度，使制件与两台阶同时触模 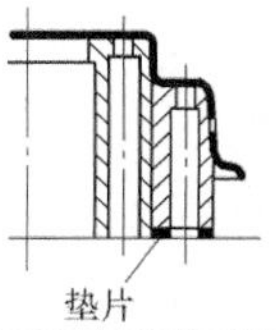 垫片

（续）

冲裁件类型	废次品形式及简图	原因分析	预防措施
精密冲裁件	侧面裂纹	凹模圆角太小；齿圈压力小或不均匀；搭边太小；材料塑性差	增大凹模圆角半径；保证托杆长度一致，增大压料力；增大搭边尺寸；更换材料
	剪切面上撕裂带过大	冲裁间隙太大或不均匀；凹模圆角偏小；齿圈压力偏小；模具磨损	更换凸模，减小凸、凹模间隙并调整均匀；增大压料力；适当增大凹模圆角半径；改变齿圈压边圈的结构
	制件凸模一侧有毛刺，断面倾斜	冲裁间隙太大或不均匀	更换凸模
	剪切面和靠凸模一侧有凸瘤	凹模圆角半径太大，冲裁间隙太小	修磨凹模，减小凹模圆角半径；适当增大模具间隙
	剪切面上有撕裂和波浪形接痕	凹模圆角半径太大，冲裁间隙太大	修磨凹模，减小凹模圆角半径；更换凸模
	制件毛刺太大	冲裁间隙太小，凸模刃口磨钝	刃磨凸模，适当增大凸、凹模间隙
	制件一侧撕裂，一侧呈波浪形且有凸瘤	撕裂一侧的模具间隙过大；有凸瘤一侧的模具间隙过小；凸、凹模间隙不均匀；齿圈压力不均匀	重新调整模具，修磨压边圈，使凸、凹模间隙均匀，压料力均匀
	制件断面好，但不平整	反向压力太小，带料上涂油太多	加大反向压力，在压边圈内磨一条缺口，使多余的油挤入缺口

1.3.2 冲裁件质量控制要点

1. 确定合理的冲裁间隙

冲裁时，变形区集中在模具刃口间一个狭小的区域内，所以，即使刃口附近有很小的变动，也会使加工条件发生很大的变化。冲裁加工的这一特点，决定了在影响冲裁件质量众多因素中，最重要的因素是冲裁间隙。对金属板料的普通冲裁而言，生产中常用单边间隙的取值范围为坯料厚度的3%～12.5%。然而，冲裁间隙与冲压材料牌号、供应状态、坯料厚度和生产条件等许多因素有关。制件尺寸精度、断面质量、形状误差、表面质量和模具寿命对冲裁间隙的需求各不相同。“合理”二字的概念没有一个明确的外延，故合理冲裁间隙只是一个相对的概念。应该按产品的尺寸精度、断面质量、形状误差、表面质量和模具寿命等各自的权重，根据生产实际对合理冲裁间隙做出综合的评价或判断。

2011年我国发布了GB/T 16743—2010《冲裁间隙》。该标准按尺寸精度、断面质量、模具寿命等因素，将金属板料冲裁间隙分成五类，见表1-9。其中，冲裁间隙的定义与符号见表1-10。按金属板料的种类、供应状态、抗剪强度，表1-11给出了对应的5类冲裁间隙值。

表1-9　金属板料冲裁间隙分类

类别		i类	ii类	iii类	iv类	v类
剪切面特征		毛刺细长 α很小 光亮带很大 塌角很小	毛刺中等 α小 光亮带大 塌角小	毛刺一般 α中等 光亮带中等 塌角中等	毛刺较大 α大 光亮带小 塌角大	大毛刺 α大 光亮带最小 塌角大
塌角高度 R		(2～5)%t	(4～7)%t	(6～8)%t	(8～10)%t	(10～20)%t
光亮带高度 B		(50～70)%t	(35～55)%t	(25～40)%t	(15～25)%t	(10～20)%t
断裂带高度 F		(25～45)%t	(35～50)%t	(50～60)%t	(60～75)%t	(70～80)%t
毛刺高度 h		细长	中等	一般	较高	高
断裂角 α		—	4°～7°	7°～8°	8°～11°	14°～16°
平面度 f		好	较好	一般	较差	差
尺寸精度	落料件	非常接近凹模尺寸	接近凹模尺寸	稍小于凹模尺寸	小于凹模尺寸	小于凹模尺寸
	冲孔件	非常接近凸模尺寸	接近凸模尺寸	稍大于凸模尺寸	大于凸模尺寸	大于凸模尺寸
冲裁力		大	较大	一般	较小	小
卸、推料力		大	较大	最小	较小	小
冲裁功		大	较大	一般	较小	小
模具寿命		低	较低	较高	高	最高

表1-10　冲裁间隙的定义与符号

	冲裁间隙	图　例
定义	指冲裁模具中凹模与凸模刃口侧壁之间距离	1　2　c　c　t　3 1—板料　2—凸模　3—凹模

（续）

	符号	名称	单位	图例	图例
符号	c	冲裁间隙(单边间隙)	以料厚百分比表示/%t		
	t	板料厚度	mm		
	τ	材料抗剪强度	MPa		
	R	塌角高度	以料厚百分比表示/%t		
	B	光亮带高度	以料厚百分比表示/%t		
	F	断裂带高度	以料厚百分比表示/%t		
	α	断裂角	(°)		
	h	毛刺高度	mm		
	f	平面度	mm		

表1-11中各类冲裁间隙适用的场合为：ⅰ类适用于冲裁件剪切面、尺寸精度要求高的场合；ⅱ类适用于剪切面、尺寸精度要求较高的场合；ⅲ类适用于剪切面、尺寸精度要求一般的场合，因残余应力小，能减少破裂现象，适用于继续塑性变形的工件；ⅳ类适用于剪切面、尺寸精度要求不高的场合，应优先采用较大间隙，以利于提高冲模寿命；ⅴ类适用于剪切面、尺寸精度要求较低的场合。选取合理的冲裁间隙时，需根据实际生产要求综合考虑多种因素的影响。主要依据应是在保证冲裁件尺寸精度和满足剪切面质量要求前提下，考虑模具寿命、模具结构、冲裁件尺寸与形状、生产条件等因素所占的权重综合分析后确定。

表1-11 金属板料冲裁间隙值

材料	抗剪强度τ/MPa	初始间隙(单边间隙)/%t				
		ⅰ类	ⅱ类	ⅲ类	ⅳ类	ⅴ类
低碳钢08F、10F、10、20、Q235A	≥210~400	1.0~2.0	3.0~7.0	7.0~10.0	10.0~12.5	21.0
中碳钢45、不锈钢1Cr18Ni9Ti、40Cr13、膨胀合金(可伐合金)4J29	≥420~560	1.0~2.0	3.5~8.0	8.0~11.0	11.0~15.0	23.0
高碳钢、T8A、T10A、65Mn	≥590~930	2.5~5.0	8.0~12.0	12.0~15.0	15.0~18.0	25.0
纯铝1060、1050A、1035、1200、铝合金(软态)3A21、黄铜(软态)H62、纯铜(软态)T1、T2、T3	≥65~255	0.5~1.0	2.0~4.0	4.5~6.0	6.5~9.0	17.0
黄铜(硬态)H62、铅黄铜HPb59-1、纯铜(硬态)T1、T2、T3	≥290~420	0.5~2.0	3.0~5.0	5.0~8.0	8.5~11.0	25.0
铝合金(硬态)ZA12、锡磷青铜QSn4-4-2.5、铝青铜QAl7、铍青铜QBe2	≥225~550	0.5~1.0	3.5~6.0	7.0~10.0	11.0~13.5	20.0
镁合金MB1、MB8	≥120~180	0.5~1.0	1.5~2.5	3.5~4.5	5.0~7.0	16.0
电工硅钢	190	—	2.5~5.0	5.0~9.0	—	—

表1-12是GB/T 16743—2010给出的常用非金属板料的冲裁间隙值。

2. 注意板料或卷料的供货状况

板料或卷料是冲压加工的主要对象，其热处理或轧制状态表面平整程度等都对冲压件质量有很大影响。生产中也常出现因材料牌号不对、材料状态不对（软态或硬态），造成的各

表 1-12 非金属板料冲裁间隙值

材料	初始间隙(单边间隙)/%t
酚醛层压板、石棉板、橡胶板、有机玻璃板、环氧酚醛玻璃布	1.5~3.0
红纸板、胶纸板、胶布板	0.5~2.0
云母片、皮革、纸	0.25~0.75
纤维板	2.0
毛毡	0~0.2

种形式废次品。因此，必须注意原材料的供货状况，严格原材料的管理制度。对于冲裁加工而言应特别注意：

1）试模用的材料必须与批量生产所用材料一致。不仅材料牌号应一致，其状态也要一致。

2）板料必须平整，否则制件将产生翘曲，也容易导致尺寸超差和卷边等形式的废次品。必要时，可增加退火和校平工序。

3）对于那些尺寸精度、断面质量和表面平整度要求高的冲裁件，还应注意识别板料或卷料的轧制方向。

3. 认真分析冲裁件的结构工艺性

冲裁件的结构工艺性，是指冲裁件对冲压工艺的适应性。对冲裁件的结构工艺性进行分析是制订冲压工艺方案和进行模具设计的依据。一方面，产品设计时应考虑到其加工的工艺性，使其尽量满足冲裁工艺的要求；另一方面，新产品的使用要求又促进人们去改进工艺，不断地提高现有冲压工艺水平。塑封引线框架一例说明，当今随着电子工业的迅猛发展，促使冲裁件向高精度方向发展。高精度冲裁件要求冲压工艺水平和模具制造水平必须相应地提高。

就目前工艺和模具制造水平来说，普通冲裁件应满足以下工艺性要求：

1）冲裁件的精度等级。冲裁件内、外形尺寸精度等级不宜太高。如果零件的精度要求较高，则应采用整修、精密冲裁或其他特殊加工方法。然而，随着模具加工设备和技术的发展，近年来冲裁件的精度有了大幅度的提高。

2）冲裁件的形状和尺寸。冲裁件外形或内孔应避免有尖角，在各直线或曲线连接处宜有适当的圆角。一般而言，都应该用 $R>0.5t$ 以上的圆角半径代替冲裁件的尖角。圆角半径过小时，冲模寿命会显著降低。冲裁件的凸出悬臂和凹槽宽度不宜过小，悬臂及槽的宽度 b 要大于料厚 t 的 2 倍（见图 1-128a）。

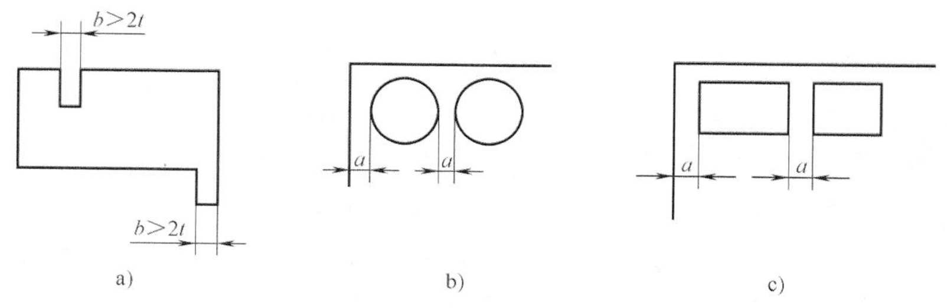

图 1-128 冲裁件的结构工艺性

冲孔时，孔径不宜过小。若以大批量生产为前提，现阶段冲裁 $\phi0.15$mm 左右的小孔被认为是极限。最小孔径与模具形式、孔的形状、材料力学性能及坯料厚度等因素有关。

冲裁件的孔与孔之间、孔与边缘之间的距离 a（见图 1-128b、c）不应过小。从冲裁件

质量的角度来说，孔间距和孔边距过小容易产生制件变形和尺寸超差。一般而言，其值应大于 $2t$；对于薄料，孔间距和孔边距应大于 3mm。

3）产品的创新设计应考虑到制件对其结构工艺性要求。在设计新产品时，除产品对其尺寸精度、形状和尺寸的要求外，冲裁件的尺寸标注方法也会对制件质量有影响，应尽量避免以参与变形的面或边为基准来标注孔位和外形尺寸。若零件的形状和尺寸不满足上述条件，应与设计部门协商在不影响产品使用性能与装配的前提下修改产品图。否则，就要从工艺方案的制订、模具设计和加工精度方面采取一些特殊的措施，但这往往会较大幅度地提高冲裁加工成本，材料利用率和生产效率也会有所降低。

4. 正确制订冲压工艺方案

冲压件的生产过程从坯料准备、冲压加工、酸洗、退火及表面处理，直到零件检验合格、入库是一个完整的生产系统。它具备系统应具有的整体性、有序性和可控性三个基本要素。因此，冲裁件质量问题不仅与冲裁工序有关，还与整个生产系统有密切联系。正确制订冲压加工工艺方案、确定合理的加工流程是冲裁件质量控制的重要环节。

除应对原材料实行严格管理、认真分析零件结构工艺性之外，为获得高质量的冲裁件，在分析、比较和制订冲压加工工艺方案时，还应注意以下几方面问题：

1）选择合理的下料制坯方式。生产中多采用剪板机下料来为后续工序制坯。然而，由于这种下料方式属单面剪切，尺寸精度和几何公差很难保证，故当精度要求高或为大型覆盖件制坯时，尽量采用落料制坯。

2）正确确定工序的组合方式。冲裁加工有三种组合方式：单工序冲裁、复合冲裁和连续冲裁。其中，复合冲裁的零件平坦、精度高；连续冲裁效率高，但零件毛刺一反一正，平整度差。因此，高精度和大型零件应首选复合冲裁，而小型零件和对效率要求高的零件以采用连续冲裁为佳。

3）合理安排冲裁工序的顺序。所有的孔，只要其形状和尺寸不受后续工序变形的影响，都应该在平板毛坯上冲出；凡所在位置会受后续工序影响，或位置尺寸基准参与变形的孔，则应在有关成形工序完成后再冲。

两孔靠近或孔边距较小时，只要模具强度足够高，最好同时冲出。否则，应视孔的大小和精度要求高低来确定其顺序。即应先冲大孔和一般精度的孔，后冲小孔和高精度的孔。此外，一般而言，应先落料后冲孔，当外形精度要求高或外形形状比孔的形状重要时，则应先冲孔后落料。

当用连续模加工塑封引线框架这类尺寸小、精度高的零件时，冲裁顺序的安排应尽量使冲裁力均匀、侧压力平衡，否则制件会产生向一侧的偏移。

当采用预加拉应力方法加工薄料制件时，必须保证先压出凸梗，后进行冲裁。而采用聚氨酯橡胶冲裁来加工时，则应尽量使内孔与外形同时冲断。

当采用连续模加工时，因切断和冲孔、弯曲和切断相互干涉，应尽量使弯曲变形与切断同步，在模具强度许可的条件下，先冲孔，后切断。

当冲制收割机钉齿杆这类厚板件时，所有的孔不宜同时冲出，而应根据实际情况分先后冲孔。

4）选择正确的排样方式、确定合理的搭边值。从上面的实例中可以看出，排样方式的选择和搭边值的确定不仅与材料的利用率有关，而且也会影响到制件的质量。因此，正确的排样方式和合理的搭边值应该是在保证制件质量的前提条件下，使材料利用率最高。

5. 确定合理的模具结构、严格控制模具质量

冲压生产是用压力机通过模具对毛坯施力，使材料产生塑性变形、断裂分离，获得所需形状和尺寸制件的加工过程。因此，确定合理的模具结构、提高模具的加工、制造和装配精度，对模具进行维修和及时刃磨是质量控制的重要环节。

除了应确定合理的冲裁模具间隙，保证间隙均匀之外，为防止冲裁件产生废次品，在模具结构、模具加工、制造、装配和维修等方面还应注意：

1）冲裁模应有良好的导向装置。冲裁模与成形模不同，因冲裁加工时凸、凹模间隙较小，一般仅为料厚的3%~12.5%或更小；冲裁间隙的大小和均匀程度对冲裁件质量的影响较其他成形模更为重要，故大批量生产时，冲裁模必须有良好的导向装置。

就生产中通常采用的导柱、导套装置而言，导柱和导套之间一般采用H7/h6或H6/h5的间隙配合。对高速冲裁、无间隙与精密冲裁或硬质合金模冲裁，一般采用带浮动模柄的钢球滚动式导柱导套结构，但对于塑封引线框架这样的高精度冲裁件，精密仪表零件和加工时导柱、导套要脱离的冲裁件，还是以选用刚性好、平行运动性好的高精度滑动导柱、导套结构为佳。对于某些小孔冲裁件，或对退料板也有导向要求的冲裁模，还可在退料板上增设小导柱。

2）定位装置必须准确、可靠。定位装置类型很多，通常使用的有导料板、导料销、挡料销、侧刃、定位板、定位销和导正销等。采用何种定位装置，可根据制件的精度要求、模具组合形式、模具结构以及实际生产条件和习惯来定。

对于连续模来说，采用导正销定位，定位精度较高，故必要时，可增设定位工艺孔来保证准确和可靠的定位。

对于厚板冲孔件，除了准确和可靠的定位，还应考虑到坯料的变形，故这类冲裁件的局部定位比全长定位好。当定位孔与外形尺寸相差太大，要以小孔定位来冲制外形时，则不能保证可靠的定位。定位方式的选择也常受卸料方式的影响。采用固定卸料板会挡住操作者的视线；采用挡料销定位，如果仅靠送料时的手感，定位也很不可靠。

采用浮动定位器结构可获得很高的定位精度；采用组合式凹模来代替整体式凹模可解决在不同台阶面上同时冲孔的定位问题。这说明，为保证准确和可靠的定位，有时应根据零件自身的结构特点采用一些特殊的定位装置或模具结构。

此外，在选择定位基准时应尽可能使其与零件的设计基准重合。如一个零件要用数套冲裁模来加工时，各套冲裁模应尽可能采用相同的定位基准，即应遵守基准重合原则和基准一致原则，避免因定位基准不重合或不一致造成的定位误差。为保证定位的可靠性，应选择冲压时不发生变形和移动的表面作为定位表面。

3）提高模具装配精度，保证模具具有好的刚性。模具存在装配误差，如凸模与凸模固定板装配不垂直，凸、凹模装配不同心等均会改变冲裁间隙，使间隙不均匀；如果模具工作部件或整体刚度不够，在冲裁过程中则会产生动态间隙的变化。这些情况的发生会造成制件局部出现大毛刺、同轴度和位置度超差、局部产生卷边等形式的废次品。应采取有效措施来提高模具的装配精度，保证模具的刚性。

此外，生产中常通过增加上、下模板和固定板的厚度来提高模具的刚度。

4）增加压料装置、改变加工毛坯所受的约束条件。在冲裁加工时，有无压料装置，是单面剪切、双面剪切还是封闭曲线轮廓的冲裁，被加工毛坯受到的约束条件是不同的，对冲裁件的质量会有很大的影响。

图 1-129 所示为三种基本约束方式。图 1-129a 所示为没有压料板，用直刃进行冲裁的情况，由于板料可以自由上翘，故断面与坯料表面不垂直，会产生相当大的压痕；图 1-129b 所示为用压料板将板料完全固定的情况，在正常间隙条件下，由于刃口侧面作用的拉应力较大，故容易产生裂纹，但裂纹的成长却比较困难，在这种状态下冲裁，断面比较平直，制件表面平整；图 1-129c 所示为板料仅在一侧被压紧的情况，这时裂纹首先在凸模刃口处发生，而在凹模刃口处产生裂纹比较困难，在这种情况下，将仅由凸模刃口处发生的裂纹成长而最终实现剪断分离，故断面质量、表面平整程度也会有较大差异。

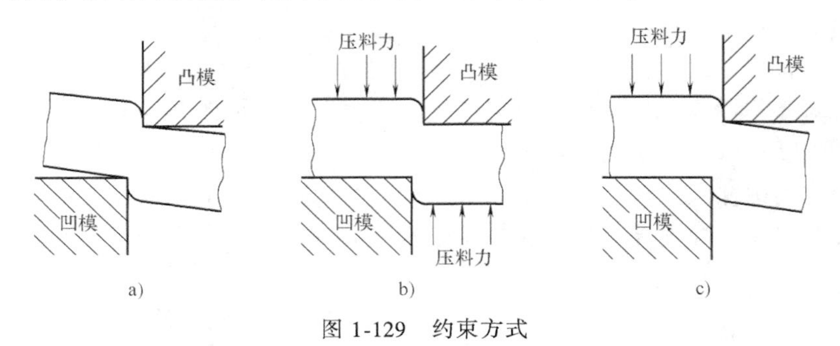

图 1-129　约束方式

a）无压料板　b）两侧压紧　c）一侧压紧、一侧自由

5）提高模具的加工精度，及时刃磨，确保刃口锋利。冲裁模工作部件如凸模、凹模和凸凹模尺寸存在制造偏差，模具带反锥不平整、垂直度不好，或批量生产时刃口磨损，出现圆角时，会导致制件产生大毛刺、卷边和翘曲不平等形式的缺陷，出现废次品。故提高凸、凹模的加工精度，对磨损的模具及时刃磨，保证刃口锋利是提高冲裁件质量的又一项必要措施。

6）合理设计凸、凹模刃口形状。从众多实例可见，合理的凸、凹模刃口形状可以防止制件或废料回升；改变模具刃口形状可以降低冲裁力、防止制件弯曲变形；合理的模具刃口形状和尺寸还可以防止冲裁卷边、连料和圆角过渡形状不良等缺陷的发生。因此，合理设计凸、凹模刃口形状也是防止产生冲裁件废次品的有效措施。

6. 提高全面质量管理水平

从全面质量管理角度来看，人员素质、生产管理水平、压力机的精度与使用状况、原材料的供应状况、操作和测量方法以及生产环境等都会对冲压件质量有很大的影响。因此，要提高和控制冲压件的质量，除了从工艺和模具方面采取相应的措施以外，还应注意对技术人员和操作工人的定期培训，以提高人员的技术素质和思想素质；要不断提高生产管理水平，对设备进行定期维修、妥善保养，保证压力机具有足够的精度和刚度；严格对原材料的管理制度，决不允许出现用错料的情况发生；采用正确的操作和测量方法，实现文明生产。

提高全面质量管理水平涉及“人”“机”“料”“法”“环”“测”等多个方面，本书各章列举的实例都与此有关。因此，这项质量控制措施不仅适合冲裁工序，对弯曲、拉深、胀形、翻边和复合成形工序均适用。

第2章

弯　曲

2.1　弯曲变形特点

弯曲加工是将板料、型材或管材在模具施加的弯矩作用下加工成具有一定曲率和角度制件的冲压工序。弯曲也常和其他变形方式同时进行，或者以组合形式，或者作为附属形式，如冲裁、拉深、胀形、翻边等工序中都伴随有弯曲变形。弯曲加工时，弯曲半径 r 或相对弯曲半径 r/t 是决定工序成败及制件质量最主要的参数。生产中，常用最小弯曲半径 $r_{\min}$ 或 $(r/t)_{\min}$ 作为弯曲变形的加工极限。其中，t 为板料厚度。

图 2-1 所示为 V 形件的弯曲变形过程。弯曲过程中，板料弯曲半径 r_1，r_2，…，r_n 与支点的距离 s_1，s_2，…，s_n 随凸模下行逐渐减小。弯曲终了板料与凸、凹模贴合。如图 2-1a 所示，开始弯曲时，相对弯曲半径 r/t 较大。变形区内，板料外层纤维受拉，内层纤维受压，板料中部应力和应变均为零。此阶段，仅发生弹性变形，若凸模回程，卸载后板料将回复到初始阶段。如图 2-1b 所示，凸模下行，r/t 值不断减小，内、外表层应力首先达到屈服强度。开始产生塑性变形并逐步向板料中心扩展。此时，板料内部处于弹-塑性变形状态。凸模回程，卸载后板料将不能完全回复。由于板料内部未全部进入塑性变形，故回弹很大。凸模继续下行，如图 2-1c 所示，r/t 值继续减小，变形增大到一定程度，变形区内、外层全部进入塑性变形，直至弯曲结束。可见，板料的弯曲过程是由弹性变形、弹-塑性变形再发展到塑性变形的过程。在塑性变形阶段卸载，板料仍会产生一定程度的回弹，其回弹量除与材料特性有关外，主要取决于塑性变形程度，即 r/t 值的大小。

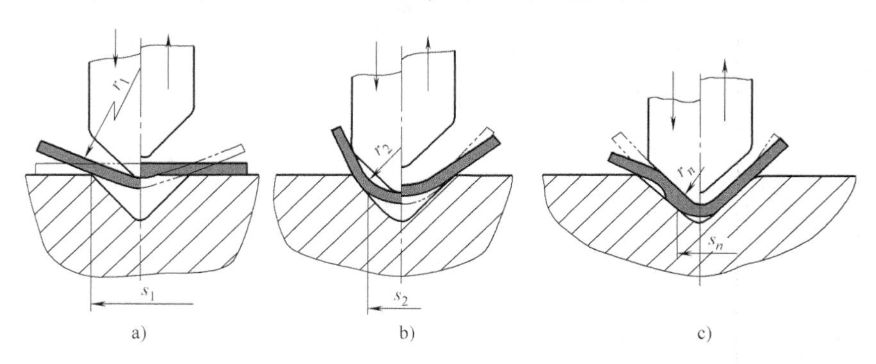

图 2-1　V 形件的弯曲变形过程

a）弹性弯曲　b）弹-塑性弯曲　c）塑性弯曲

图 2-2 所示为弯曲变形的力-行程曲线。凸、凹模在贴合以前的弯曲过程称为自由弯曲。凸模继续下压，凸、凹模贴合，弯曲力急剧上升，称为校正弯曲。如图 2-2 所示，在弹性弯曲阶段，弯曲力线性上升；在弹-塑性和塑性变形阶段，弯曲力基本不变或略有下降；当进入校正弯曲阶段时，弯曲力将急剧上升。

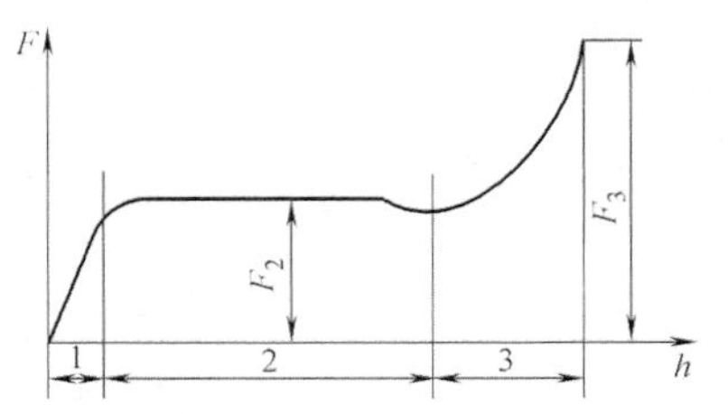

图 2-2　弯曲变形的力-行程曲线
1—弹性弯曲　2—自由弯曲　3—校正弯曲

如图 2-3 所示，弯曲加工时，板料的主要变形区是曲率发生变化的圆角部分。此处，原正方形网格变成了扇形。直壁部分坯料对圆角部分坯料的变形有抑制和补偿作用，故靠近直壁的坯料变形比远离直壁的坯料变形小。此外，在圆角区内，内层纤维受压缩短，外层纤维受拉伸长。由内、外层表面至板料中心、各层纤维缩短和伸长程度不同，故变形是极不均匀的。在缩短和伸长的纤维之间存在着一层纤维，其长度不变，这层纤维层被称为应变中性层。在内、外层表面，坯料变形程度最大。当相对弯曲半径 r/t 小到一定程度，外层坯料变形达到极限时，在最外层弯曲线处的坯料首先产生裂纹，这就决定了弯曲变形的加工极限。

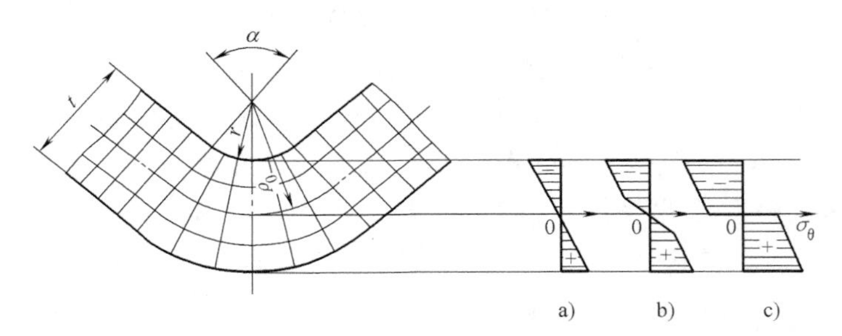

图 2-3　弯曲变形区及其应力状态的变化
a）弹性弯曲　b）弹-塑性弯曲　c）塑性弯曲

图 2-4 和图 2-5 所示为坯料变形区内应力、应变状态及窄板与宽板弯曲的区别。一般而言，对于宽度为 b、厚度为 t 的板料，$b\leqslant 3t$ 的板料称为窄板，$b>3t$ 的板料称为宽板。窄板弯曲时，切向内层纤维受压，应变 ε_θ 和应力 σ_θ 均为负；外层纤维受拉，应变 ε_θ 和应力 σ_θ 均为正。宽度方向，内层纤维伸长吸收切向的压缩变形，ε_b 为正；外层纤维将缩短补偿切向的拉伸变形，ε_b 为负。由于坯料可自由变形，应力得以释放，故沿宽度方向应力近似为零，$\sigma_b\approx 0$。在径向（厚度方向），由于相同原因，内层应变 ε_r 为正；外层应变 ε_r 为负。弯

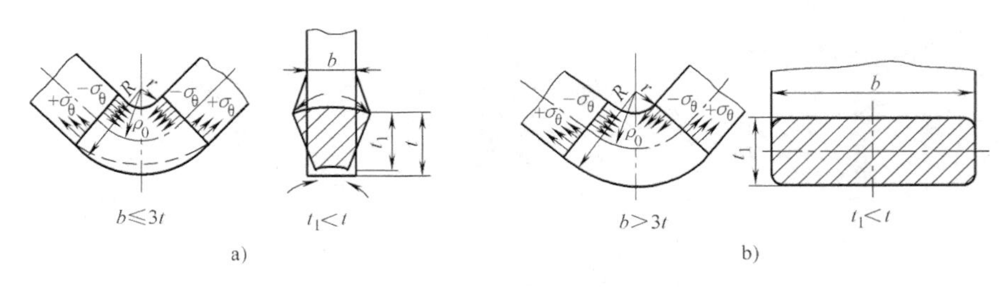

图 2-4　窄板与宽板弯曲后横断面的变化情况
a）窄板　b）宽板

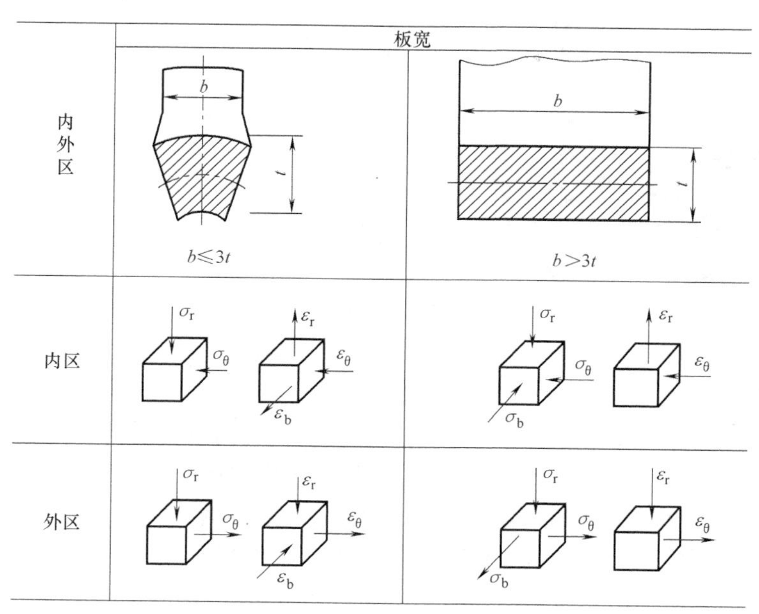

图 2-5 板料弯曲变形区的应力、应变状态

曲时，板料纤维之间相互压缩，内、外层应力 σ_r 均为负值。宽板弯曲时，宽度方向变形阻力大，金属流动困难，弯曲后板宽基本不变。因此，内、外层坯料沿宽度方向的应变近似为零，$\varepsilon_b \approx 0$。由于宽度方向坯料不能自由变形，外层纤维收缩受阻，产生了宽度方向的拉应力，σ_b 为正；内层纤维沿宽度方向伸长受到牵制，产生了压应力，σ_b 为负。可见，窄板弯曲时，坯料处于双向应力和三向应变状态；宽板弯曲时，坯料处于三向应力和双向应变状态。窄板弯曲时，外层纤维的切向伸长变形会引起板宽和厚度的收缩，内层纤维的切向压缩变形会引起板宽的伸长和板厚的增厚。变形的结果，板料横截面变为梯形，内、外层有微小的翘曲。宽板弯曲时，宽度方向的变形受到限制，只是在端部可能出现翘曲和不平。此外，由于在宽度方向内、外层的压、拉应力的存在，会引起弯曲件在板宽方向的整体挠曲或翘曲。

板料弯曲时，以中性层为界，外层纤维受拉而厚度减薄，内层纤维受压使板料增厚。由试验可知，在 $r/t \leqslant 4$ 的塑性弯曲时，中性层位置向内移动。内移的结果，外层拉伸变薄区范围逐步扩大，内层压缩增厚区范围不断减小，外层的减薄量会大于内层增厚量，从而使弯曲变形区板料厚度变薄。塑性变形时材料体积不变，故减薄的结果使板料长度有所增加。弯曲变形时，板厚的减薄量与长度的增加量主要取决于相对弯曲半径 r/t。一般而言，宽板弯曲时，相对弯曲半径 r/t 越小，减薄量越大，弯曲件长度的增加量也越大。

2.2 典型实例分析

2.2.1 照相机防重卷限位板弯曲破裂

1. 零件特点

照相机防重卷限位板如图 2-6 所示。零件材料为 T8A，料厚为 0.7mm。该件尺寸精度要求较高。零件有平面度要求，且弯曲半径 R0.2mm 和 R0.3mm 较小，已超过这种零件材料的最小弯曲半径。

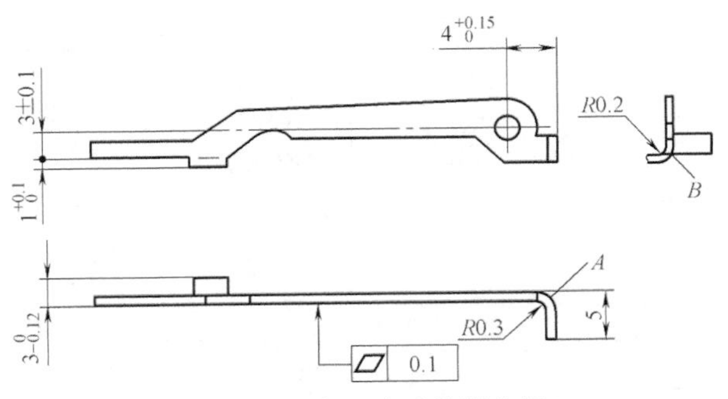

图 2-6 照相机防重卷限位板

2. 废次品形式

弯曲破裂。在弯曲加工时，制件弯曲部位 A 处或 B 处，甚至 A、B 两处同时开裂。严重时，从 A、B 处折断。

3. 原因分析

板料弯曲时，沿外表面纵向（切向）产生最大变形。当变形量超过材料的变形极限时，就会产生裂纹，甚至开裂。生产中，一般用最小弯曲半径 $(r/t)_{min}$ 作为不产生裂纹弯曲加工极限的尺度。经计算该件 B 处的相对弯曲半径 $r/t=0.29$，A 处的相对弯曲半径 $r/t=0.43$，均小于该零件材料的最小弯曲半径 $(r/t)_{min}=1.0\sim2.0$。变形超过了材料的加工极限，这是制件产生弯曲破裂的最根本原因。一般而言，这类开裂往往是沿弯曲线方向的全长破裂。在生产现场，造成弯曲破裂的原因还有：

1）经过多次轧制的板料呈现各向异性。顺纤维方向的塑性指标（伸长率 A_5、A_{10}，断面收缩率 Z）均大于垂直纤维方向的指标。因此，当弯曲件的弯曲线与板料轧制方向垂直时，最小相对弯曲半径 $(r/t)_{min}$ 的数值最小，弯曲线与板料轧制方向平行时，$(r/t)_{min}$ 最大。所以，对于这类具有较小弯曲半径的弯曲件，应尽可能使弯曲线垂直于板的轧制方向。该件弯曲部位 A、B 两处的弯曲线互相垂直，生产中，落料工序未注意板料的方向性，故 A、B 两处的弯曲线总有一处与板料轧制方向平行。这也是造成弯曲破裂的重要原因之一。

2）板料表面有划伤、裂纹或剪切面有毛刺、裂口和其他表面缺陷，弯曲时由于应力集中容易产生破裂。该件 A、B 两处弯曲方向相反，故总有一处毛刺位于弯曲外表面。外表面带毛刺处在弯曲时产生裂纹并沿弯曲线方向扩展，直至弯曲线全长破裂。这是造成弯曲破裂的又一重要原因。

4. 解决与防止措施

生产中采取了下述三项措施，问题得到了圆满的解决。

1）改变原工艺方案，先将弯曲部位 A、B 处的圆角半径增大，将 R0.2mm 和 R0.3mm 均改为 R1.5mm。然后，增加一道校平、整形工序。

2）改变排样方向，使落料件的长度方向与板料轧制方向成45°夹角。

3）落料凸、凹模单边间隙取料厚的 4%~5%，装配时保证间隙均匀，模具刃口锋利。严格控制落料毛坯侧面毛刺高度和断面质量，改善弯曲件的边缘状况。

2.2.2 汽车散热器主片角部开裂

1. 零件特点

某型汽车散热器主片截面图如图 2-7 所示。零件材料为 3003 铝合金，料厚为 1.5mm。该件对尺寸 39.6mm 和 29.6mm 有精度要求。产品沟槽转角处初始圆角半径为 R0.2mm。使用时对产品的寿命有较高的要求，装机后须做耐久试验。从汽车轻量化的角度考虑选用了铝合金材料；但从使用寿命考虑还要保证零件的强度。该件形状较为复杂，内部特征明显。

2. 废次品形式

裂缝、断裂。生产中采用落料→成形（以弯曲为主）→切边→翻边→冲孔→整形的冲压工艺方案。如图 2-8 所示，无论从整体还是剖开取样来看，冲压件都符合产品要求。然而，如图 2-9 所示，散热器主片在做耐久试验时，在小圆角 R 处出现裂缝，甚至断裂。可见，该零件不满足产品的使用要求。

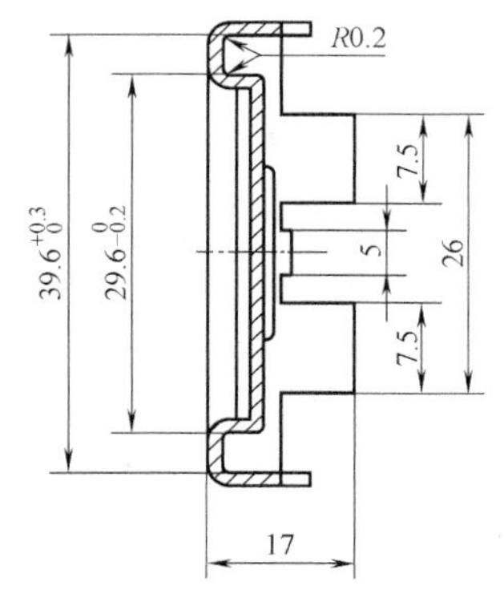

图 2-7　汽车散热器主片截面图

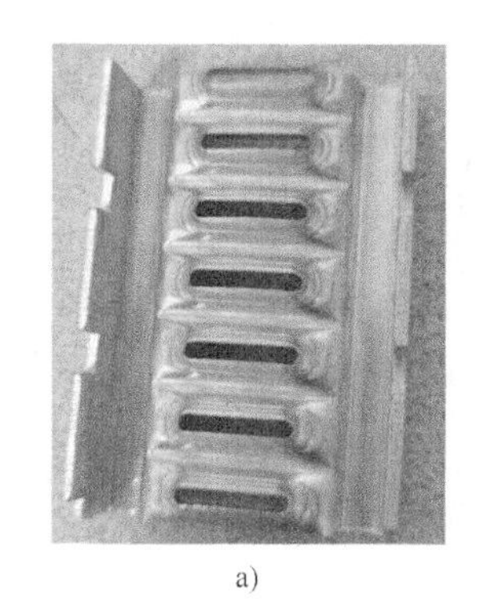

a)

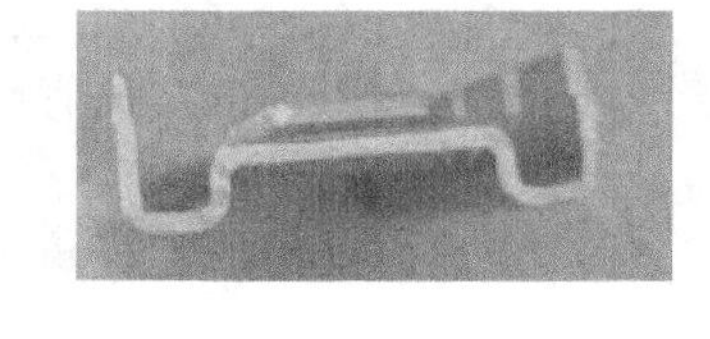

b)

图 2-8　冲压产品取样

a）取样俯视　b）剖开取样截面

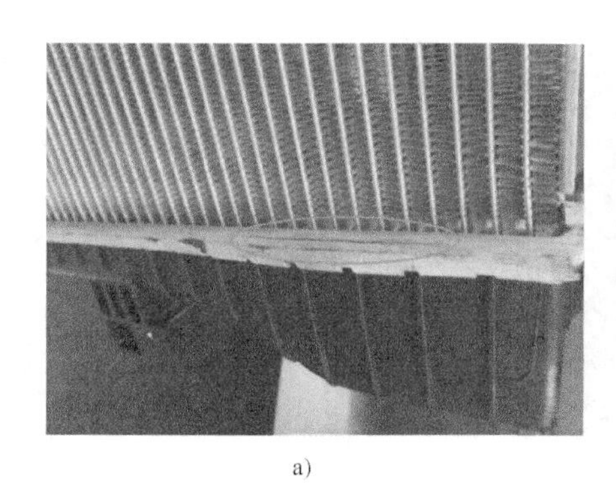

a)

b)

图 2-9　散热器主片做耐久试验时角部开裂

a）圆角处裂缝　b）产品拆开后的取样

3. 原因分析

显然，产生这种缺陷的主要原因是冲压件存在残余应力，造成了产品在耐久试验和使用中叠加振动产生了疲劳断裂。具体而言，产生这种破裂的主要原因是：

1）散热器初始圆角过小。原设计产品沟槽转角处圆角半径仅为 $R0.2$mm。相对弯曲半径 $r/t=0.2/1.5=0.13$，已接近材料的弯曲加工极限。

2）校正弯曲、翻边和整形时的校正力和整形力较大。翻边成形时，制件的外侧受拉伸长，残余应力为压应力。但是，该件为校正弯曲，弯曲加工的后期具有挤压的成分；翻边和整形时制件角部也会受压。校正力和整形力较大时，改变了制件圆角处的受力状态，制件在压应力的作用下会产生残余拉应力。

3）弯曲线与材料的轧制方向垂直。从成形的角度讲，弯曲线与材料的轧制方向垂直有利于材料的变形，可以提高材料的变形程度。然而，从使用的角度来看，材料受多方向外力作用，板材的轧制方向会加剧产品振动产生的疲劳断裂。换句话说，板料的排样方式会对零件的使用性能产生影响。

4. 解决与防止措施

生产中采取如下措施使问题得到了解决。

1）改进产品设计。将主片沟槽处圆角半径由 $R0.2\text{mm}$ 改为 $R0.5\text{mm}$，减小了弯曲的变形程度，也减小了成形过程中的应力集中效应。

2）控制校正力和整形力。在冲压生产中控制弯曲成形时的校正力，控制整形力。在能获得合格冲压产品的条件下，尽可能减小校正力，降低整形力。

此外，防止这类产品在使用中产生早期疲劳断裂的积极措施还有：

3）严格材料的管理制度，保证每批原材料的质量。

4）改变原材料的裁剪方向，排样方式兼顾零件使用和弯曲加工的两个方面。使弯曲线与板料轧制方向成45°角。

5）对冲压件而言，如果中间工序材料的变形量较大，会存在残余应力，应进行退火后再继续加工。

2.2.3　计数定位板弯曲破裂、角度超差

1. 零件特点

某照相机计数定位板如图2-10所示。零件材料为硬态铍青铜QBe2，料厚为0.6mm。该件尺寸精度要求较高。$R0.2\text{mm}$ 和两个 $R0.5\text{mm}$ 处弯曲方向相垂直，$R0.2\text{mm}$ 处相对弯曲半径较小，为 $r/t=0.33$。此外，材料弹性模量 E 较小，约为08钢的2/3，伸长率 $A_{10}=2\%$，塑性很差，材料抗剪强度 τ 高，$\tau=511\text{MPa}$。

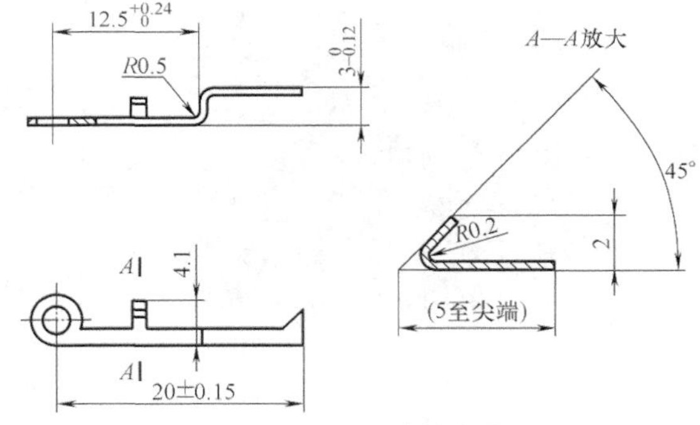

图2-10　照相机计数定位板

2. 废次品形式

1）开裂。生产中零件在 $R0.2\text{mm}$ 处开裂，有时 $R0.5\text{mm}$ 和 $R0.2\text{mm}$ 处同时开裂，严重时发生折断。

2）角度超差。弯曲加工后回弹很大，$R0.5\text{mm}$ 处两直角和 $R0.2\text{mm}$ 处45°角很难保证。经再三“试模→修模→试模”仍不能解决问题。

3. 原因分析

1）该零件产生开裂和角度超差的最主要原因在于硬态铍青铜弹性模量小、屈服强度高、塑性很差，故很容易产生开裂，回弹量也大。

2）零件工艺性不好。该零件45°弯角处的弯曲半径仅为0.2mm，其他两处 $R0.5\text{mm}$ 也偏小，这已超过了材料的弯曲加工极限。

3）未注意板料的轧制方向。该件 $R0.2\text{mm}$ 与 $R0.5\text{mm}$ 两处弯曲线方向相互垂直，下料时未注意其轧制方向，弯曲线与轧制方向平行的部位塑性更差。

4）该件属窄板弯曲件，加工时沿料宽可产生一些变形。对这类窄而小的弯曲件来说，板料边缘状态对变形影响较大。冲压时为保证制件尺寸精度和断面质量，单边间隙取料厚的

4%，有微小细长毛刺。生产中未注意毛刺方向，弯曲加工时，将坯料有毛刺一侧置于受拉伸的外侧，加速了弯曲成形时制件的开裂。

4. 解决与防止措施

生产中抓住产生开裂与回弹的最主要因素即材料因素，采取先将板料退火，弯曲成形后再进行淬火的工艺措施，生产出了合格的零件。退火后的铍青铜伸长率提高数十倍，达 $A_{10}=20\%\sim25\%$，塑性大大提高。材料的抗剪强度、屈服强度和回弹量也大幅度降低。

此外，防止这类零件开裂，控制回弹的措施还有：

1）注意板料的轧制方向，使弯曲线与轧制方向成45°角。

2）注意冲裁方向，使 $R0.2$mm 处毛刺位于弯曲的内侧，尽量减小毛刺。

3）增大弯曲半径，增加精整工序。

4）增大背压，改变弯曲时的应力状态。

5）采用热弯或局部热弯的方法。

2.2.4 仪表支承板开裂

1. 零件特点

仪表支承板如图2-11所示。零件材料为08钢，料厚为1.6mm。该件是以弯曲变形占主导地位的成形件，弯曲圆角半径 $R0.5$mm、$R1$mm 满足材料的弯曲工艺性要求。零件有一个M6螺纹孔，需经翻孔后攻螺纹。零件中部开有两窗口，需经切口后弯曲成形。因弯曲线与切口边线垂直且未开工艺缺口，故此处工艺性较差。

2. 废次品形式

开裂。制件经切口、弯曲后，如图2-11所示，在坯料弯曲线与切口的交点附近产生开裂。

3. 原因分析

造成这类制件弯曲开裂的主要原因在于产品的弯曲加工工艺性较差。在窗口弯曲线端部，因弯曲加工时产生应力集中，便导致了制件的开裂。

4. 解决与防止措施

生产中采取的解决措施是：

1）改变原产品设计，开设工艺槽。如图2-12a所示，在弯曲线端部开设两条2mm宽的工艺槽，把弯曲线从切口根部让开，其距离为2mm。采取此项措施后，制件不再开裂。

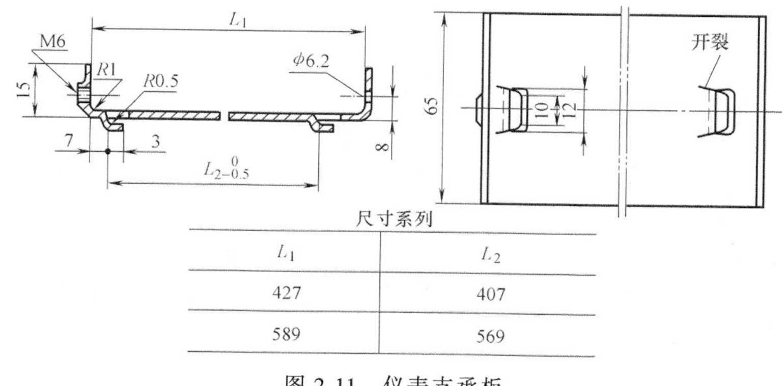

尺寸系列

L_1	L_2
427	407
589	569

图2-11 仪表支承板

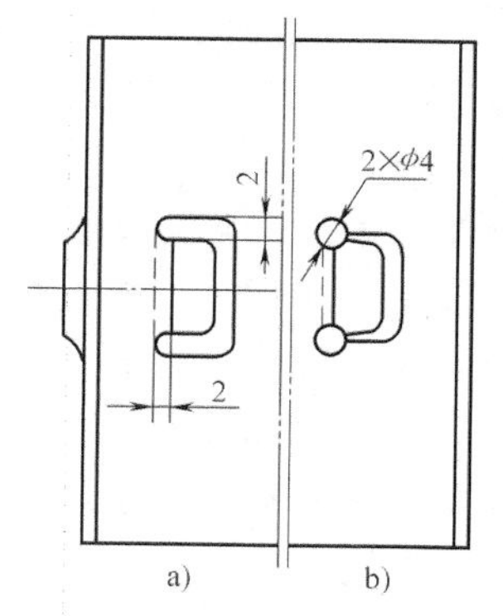

图2-12 工艺槽、孔尺寸
a）工艺槽 b）工艺孔

防止这类开裂的措施还有：

2）如图 2-12b 所示，在弯曲线与切口的交点处开一圆形工艺孔。采取这种方法也可取得同样的效果。

2.2.5 拖拉机前连接板弯曲破裂

1. 零件特点

某型手扶拖拉机前连接板如图 2-13 所示。零件材料为 Q235A，料厚为 5mm。该件较厚，相对弯曲半径 $r/t=0.8$ 较小。因焊接和装配需要，零件弯曲线正好通过凸出直边的直角部位，增加了弯曲加工的难度。因工艺的要求，在弯曲线边缘的直角部分需开一工艺孔，但由于受焊接工艺和使用要求的限制，工艺孔又不能太大、太深，故从弯曲工艺性考虑，R4mm 工艺孔较小，工艺性较差。

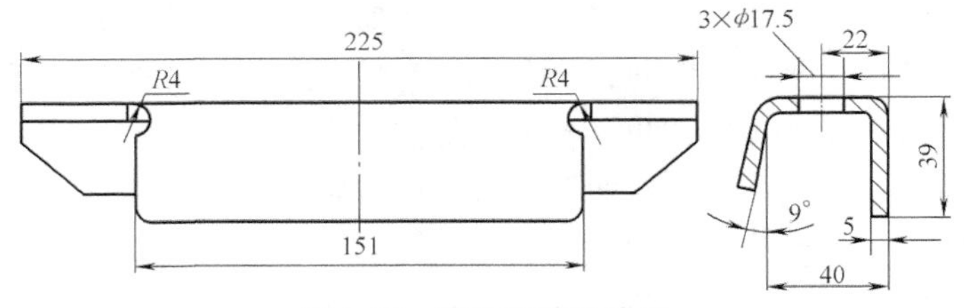

图 2-13 拖拉机前连接板

2. 废次品形式

弯曲破裂。生产中采用落料→冲孔→弯曲的加工方案。在弯曲工序，制件常出现两种形式的废次品。如图 2-14a 所示，部分制件沿弯曲线全长开裂，造成批量报废。如图 2-14b 所示，部分制件在两工艺孔 R4mm 处产生裂纹。裂纹的产生给后续焊接工序造成了困难，焊接后裂纹还会扩展，直接影响产品的质量。

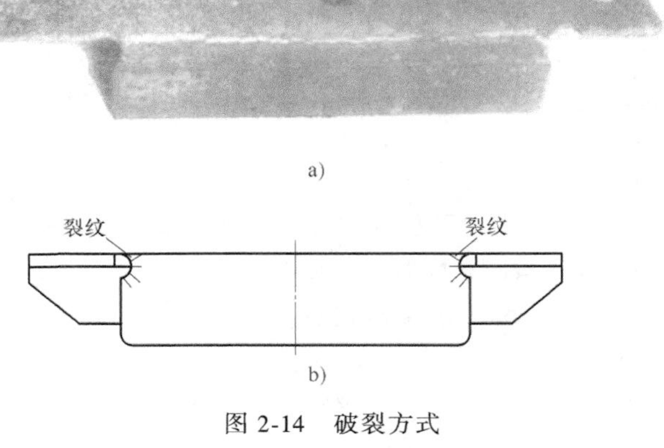

图 2-14 破裂方式
a）全长开裂 b）端部裂纹

3. 原因分析

制件弯曲破裂的形式不同，产生破裂的原因也各不相同。现分别论述如下：

1）沿弯曲线全长开裂。这种开裂表明，弯曲加工已超过了材料的加工极限。就前连接板这个具体零件而言，当材料处于硬化状态且弯曲线与轧制方向平行时才会超过其弯曲加工极限。因此，除了未注意板料的轧制方向之外，材料质量不稳定；部分板料未经退火处理，处于硬化状态；板料超厚情况严重，加工时造成挤压现象等，是造成这类全长开裂的最主要原因。

2）两端 R4mm 处产生裂纹。造成这种质量问题的原因在于 R4mm 圆角半径偏小，工艺性差。由于 R4mm 冲孔模具磨损严重，冲裁件孔边产生毛刺，从而在这两处由于应力集中产生了裂纹。

4. 解决与防止措施

生产中采取了如下几项措施，问题得到了圆满解决。

1）对原始板料实行严格检验制度，超厚严重的板料不得进行加工。考虑到原材料的供货现状，模具设计时，适当放大了弯曲模具间隙。对硬化严重的板料，增加一道退火工序。

2）建立板料下料指导卡，对操作工进行技术培训。板料裁剪和落料时，一定要注意其轧制方向，使弯曲线方向与板料轧制方向垂直。

3）保证弯曲凸、凹模工作部位光洁，发生磨损后应及时打磨、抛光。

4）在弯曲加工时，对模具工作部位涂润滑剂，减小金属流动阻力。这是一种简单而行之有效的防止弯曲件破裂的措施。

5）将有毛刺的一面置于弯曲内侧，避免两端 $R4$mm 处因应力集中造成的裂纹。

6）如图 2-15 所示，改变工艺孔 $R4$mm 处的过渡形状，避免因存在尖角使模具产生磨损。增大 $R4$mm 处的落料凸、凹模单边间隙到 10%t，保证刃口锋利，减小毛刺。征得设计部门的同意，适当增大了工艺圆角半径，将 $R4$mm 改为 $R4.5$mm。

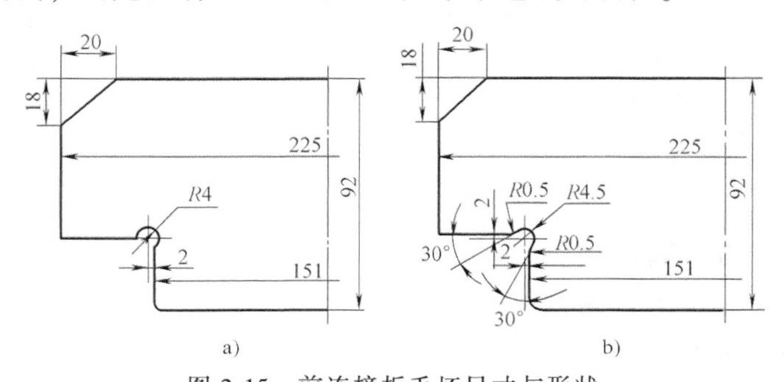

图 2-15 前连接板毛坯尺寸与形状
a）原落料件尺寸与形状 b）改进后落料件尺寸与形状

防止沿弯曲线全长产生开裂常采取的措施还有：适当增大弯曲凸、凹模圆角半径；对弯曲线部位板料进行局部加热、退火；采取附加反压的弯曲方法等。

防止与弯曲线成直角的制件凸出部位边缘产生裂纹的一般措施是：如图 2-16a 所示，将弯曲线从凸出直边的直角处后移 $2t+r$ 的距离，或是根据使用要求将弯曲线与直边对齐，在过渡处制出 $(1.5\sim2)\ t+r$ 的空槽；如图 2-16b 所示，首先冲出大于料厚 2~3 倍的槽，然后进行弯曲，或是先开出圆形工艺孔，切口后进行弯曲。

此外，去除毛刺，把有毛刺的一边放在弯曲的内侧，采用预压缩法把毛刺一侧断面压出一定角度等措施对防止两种开裂都有利。

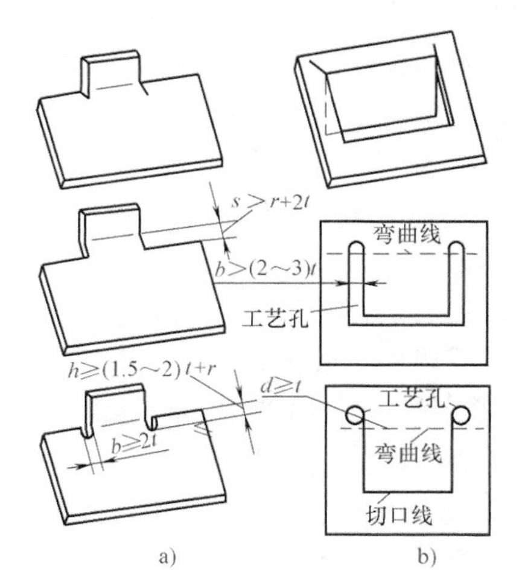

图 2-16 防止产生角部裂纹的一般措施
a）凸出直边弯曲件 b）内形弯曲件

2.2.6 拖拉机大叉头弯曲断裂

1. 零件特点

手扶拖拉机操纵部分大叉头如图 2-17 所示。零件材料为 Q235A，料厚为 4mm。该件形状简单，结构对称，是一典型的 U 形弯曲件。因零件较厚，故弯曲半径 $R3$mm 相对较小。计算相对弯曲半径 $r/t=0.75$。

2. 废次品形式

断裂。如图 2-18 所示，在加工某一批零件时，98%的零件断裂，其余 2%的零件也出现严重裂纹，这批零件全部报废。

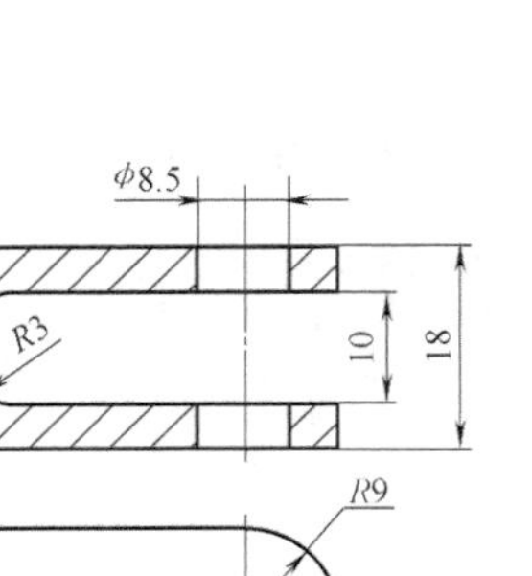

图 2-17　大叉头

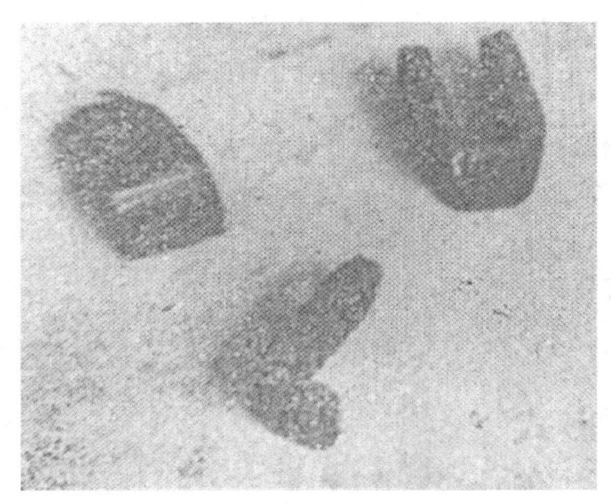

图 2-18　断裂形式

3. 原因分析

该零件的相对弯曲半径 $r/t=0.75$ 较小，查表 2-9，已接近或小于 4mm 厚 Q235A 钢板的最小弯曲半径。这批零件弯曲破裂的主要原因是：

1）原材料质量差。对这批钢板做拉伸试验表明，其均匀伸长率 A_u 和总伸长率 A_t 均小于国家标准规定的指标。材料进厂未进行有关试验和检测工序，这是生产管理方面的失误。

2）模具维修不合要求。原来使用的模具严重磨损后，模具维修工在重新加工凸模时，随便在凸模工作部位锉削了一个圆弧。据实际测量，弯曲半径只能达到 $R1$mm。

3）技术文件不齐全。由于未建立板料下料指导卡，下料工人不了解弯曲成形的特点，排样不合理，如图 2-19a 所示，使板料的轧制方向与弯曲线方向平行，降低了制件的抗弯曲破裂性能。

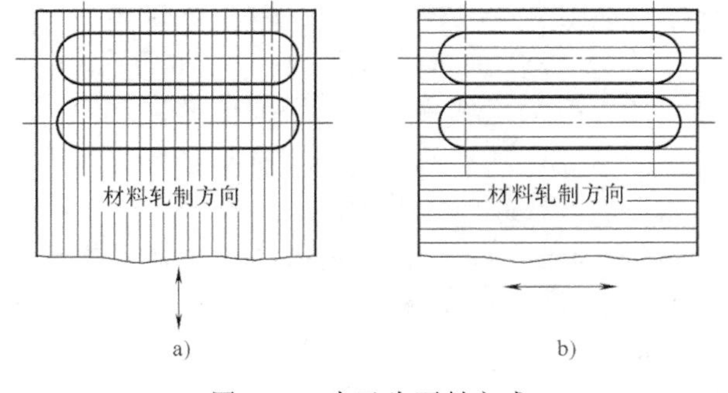

图 2-19　大叉头下料方式
a）不合理的下料方式　b）合理的下料方式

4. 解决与防止措施

生产中采取了以下三项措施，问题得到了解决。

1）制订培训计划，加强对操作工及模具维修工的培训。模具维修工掌握了模具维修的基本知识和维修模具的要领，下料工明白了下料方向的重要性。

2）严格生产管理制度，对进厂的原材料严格把关。对这类中厚钢板的弯曲加工，先做拉伸和弯曲试验，后投料生产。

3）完善冲压生产的技术文件，建立板料下料指导卡。要充分考虑板料的轧制方向，严格按图 2-19b 所示的排样方式下料。

2.2.7　拖拉机加强筋弯曲破裂

1. 零件特点

某型四轮拖拉机前、中加强筋和左、右加强筋系列零件如图 2-20 所示。零件材料为

Q235A，料厚为 2mm。这些零件与左右挡泥板焊合后形成挡泥板组合件，其作用是加强挡泥板的强度。这类零件沿相互垂直的两个方向弯曲成形，其变形情况较一般弯曲件复杂。某些工艺参数及加工极限，如最小相对弯曲半径 r/t、弯曲回弹量等，在一般冲压设计资料中尚未列举，这增加了工艺方案确定和模具设计的困难。

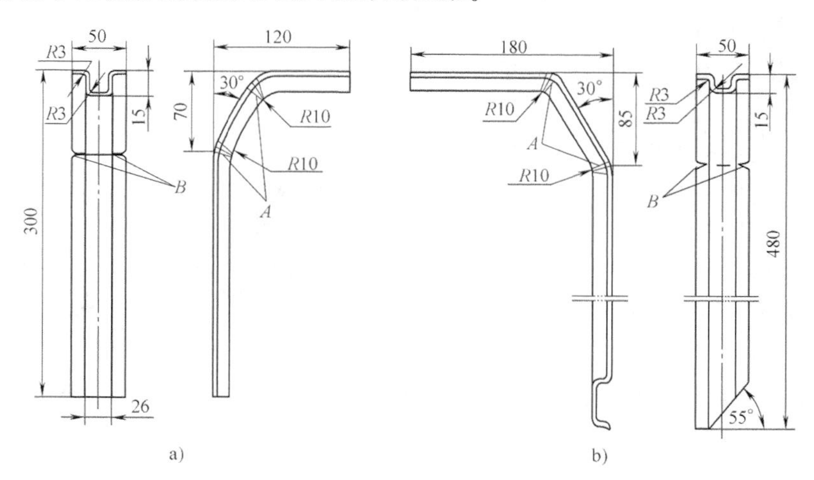

图 2-20　拖拉机加强筋

a）前、中加强筋　b）左、右加强筋

2. 废次品形式

破裂、折皱。在小批量试生产中，确定这类零件的加工工艺方案为：落料→帽形弯曲→弯曲成形。如图 2-20 所示，在最后一道弯曲成形工序中，B 处破裂，A 处先是折皱，然后破裂，试生产很不理想。

3. 原因分析

1）帽形件弯曲时，B 处坯料受拉，A 处坯料靠内侧受压，靠外侧受拉。材料在拉应力作用下，超过其变形极限产生开裂，在压应力作用下，超过其失稳起皱界限产生折皱，并加速了裂缝的扩展，最后的废次品表现形式仍为破裂。若将此帽形件的高度尺寸 15mm 作为弯曲件的厚度，计算其相对弯曲半径 $r/t=10/15=0.67$。考虑在压制帽形半成品时，制件已产生硬化，此值已接近或超过材料的弯曲加工极限。这是造成开裂的根本原因。

2）前道落料和帽形弯曲工序为最后一道弯曲成形开裂创造了条件。在落料工序中，剪切断面出现的毛刺和断裂带上存在的微小裂纹，成了弯曲开裂的应力集中源。在一般弯曲加工中，可把带毛刺和断裂带的一侧置于弯曲变形受压的内侧。但这类帽形件弯曲加工中，整个帽缘在变形时均处于拉应力状态，故不论毛刺和断裂带处于哪一侧，都存在因此处的应力集中而引起开裂的危险。

采用图 2-21 所示模具结构，一次完成帽形件弯曲制坯工序。在弯曲加工过程中，凸模肩部坯料受到较通常 V 形或 U 形弯曲更为剧烈的弯曲变形，且坯料在凹模和凸模肩部之间被弯曲之后，即加工最后阶段，又被压在凹模端面上并伸直。这种预弯成形方法使帽形件的帽缘和壁部都成了变形区。加工硬化程度增加且硬化区域遍及除底部外的

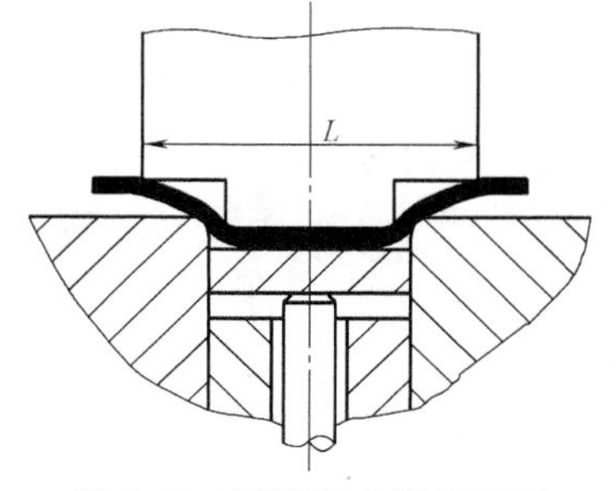

图 2-21　帽形弯曲制坯过程

整个制件。这是造成后续工序弯曲开裂的又一重要原因。

3）为使帽形弯曲制坯工序能顺利进行，落料时使板料轧制方向与帽形弯曲线方向垂直。这样一来，在最后一道弯曲成形工序，弯曲线与板料轧制方向平行。落料毛坯的排样方向不正确也是造成弯曲开裂的原因之一。

4. 解决与防止措施

在小批量试生产中，利用已加工好的模具，采取对制件进行局部加热的方法，生产出了合格的零件。

此外，防止这类破裂发生的积极措施还有：

1）用预压模具对有毛刺和撕裂面的断面挤压，改善帽形件帽缘边缘状况。

2）尽可能使需要加工部分以外板料不参与变形，不得已时，可把这种变形限制在最小范围。为此，应减小图 2-21 所示凸模肩宽，或采用图 2-22 所示两工序帽形弯曲的工艺方案，使帽缘部位的坯料在帽形制坯工序不发生变形。

3）改变落料毛坯的排样方向，使两次弯曲加工的弯曲线方向与板料轧制方向成 45°角。

4）采用附加强力反压的方法来改变弯曲变形区的应力状态，增大压应力，降低拉应力。

5）增加中间退火工序，软化变形区。

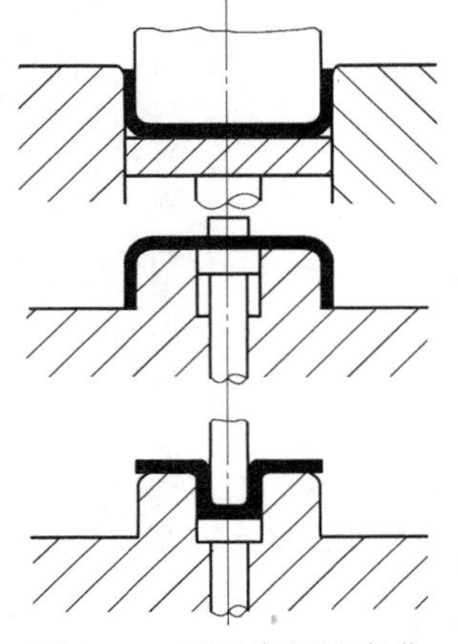

图 2-22 两工序帽形弯曲

2.2.8 汽车汽油箱托架破裂、折皱

1. 零件特点

某型汽车汽油箱托架如图 2-23 所示。零件材料为 08 钢，料厚为 2.5mm。该件属形状复杂、剖面为帽缘宽度变化的帽形弯曲件，*R*121mm 和 *R*168mm 大圆弧的弯曲方向与帽形弯曲方向垂直，*R*168mm 与帽缘直边通过圆弧 *R*80mm 过渡且与 *R*121mm 不同心。帽形剖面底部和缘部相对弯曲半径 r/t 分别为 2 和 4，满足弯曲工艺要求。

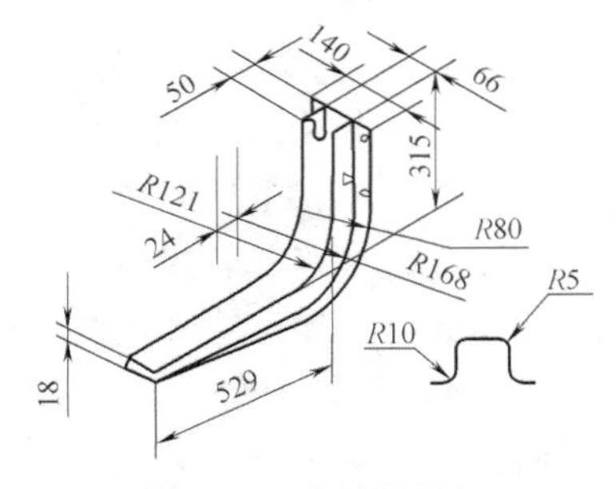

图 2-23 汽油箱托架

2. 废次品形式

1）破裂。采用大型压力机一次弯曲成形，*R*168mm 处产生裂纹，严重时制件由此处开裂。

2）起皱。采用下料→帽形弯曲→弯大圆弧、冲孔等多道工序。在帽形弯曲之后，用专用弯曲机滚弯成形 *R*168mm 和 *R*121mm 时，*R*121mm 内侧产生皱纹，而 *R*168mm 的缘部产生裂纹。采用这种工艺方案，成品合格率仅有 30%左右。

3. 原因分析

1）采用大型压力压力机一次弯曲成形，由于变形急剧，*R*168mm 帽缘处在强烈拉应力作用下产生伸长变形，当变形超过材料的塑性变形极限时，因无材料补充，故在此处产生开裂。

2）如图 2-24a 所示，先将毛坯弯成帽形制件。在滚弯成形大圆弧时，由于 *R*121mm 和 *R*168mm 不同心，*R*168mm 与直边还有一个 *R*80mm 小圆弧过渡，而弯曲机上弯曲的是同心圆，造成了内区材料积聚、外缘缺料的情况。这就是采取分步弯曲起皱和开裂的原因。

3）制件弯曲方向相互垂直，下料时未注意板料的轧制方向，使 $R168$mm 弯曲线方向与轧制方向平行，降低了材料的塑性。

4）帽形弯曲加工硬化降低了材料的塑性，给后续弯曲工序增加了困难。

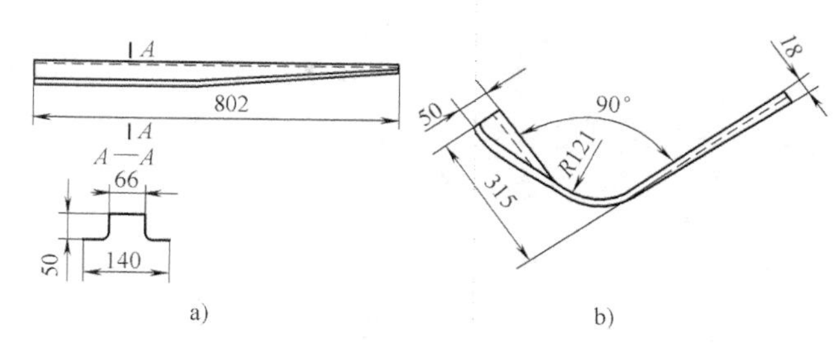

图 2-24　弯曲件半成品形状与尺寸

a）帽形弯曲件半成品形状与尺寸　b）改进后的半成品形状与尺寸

4. 解决与防止措施

生产中采用了以下几项措施使成品合格率达到了 99.8%。

1）将半成品帽形制件改为图 2-24b 所示形状，然后在 1600kN 摩擦压力机上，采用一轻、二重、三加压的成形方法加工到所需的尺寸与形状。

2）严格控制成形模凸、凹模间隙 c，按

$$c=t+\Delta+kt$$

选取单边间隙 c=2.9~2.95mm。式中，Δ 为坯料厚度正偏差；k 为间隙系数；其他符号同前。

此外，可采取的防止措施还有：

3）注意板料的轧制方向，尽量使易产生裂纹处的弯曲线与板料轧制方向垂直。进行多方向弯曲时，应使弯曲线与轧制方向成一定的角度。

4）注意涂抹润滑油，保证模面光洁。

2.2.9　载货汽车转角支承弯曲破裂、凹陷

1. 零件特点

某载货汽车转角支承如图 2-25 所示。零件材料为 08 钢，料厚为 4mm。该件为一双向复杂弯曲件，就其局部而言，制件最小相对弯曲半径 $r/t>1$，满足弯曲成形工艺的要求；但在 $R100$mm 双向弯曲汇交处，由于应力、应变状态较为复杂、很难用最小弯曲半径来判断其产生弯曲破裂的成形极限。

2. 废次品形式

1）弯曲破裂。原采用一次弯曲成形的加工工艺方案，模具结构如图 2-26 所示。生产中，零件 a 处（图 2-25）产生破裂，成品合格率不足 20%。

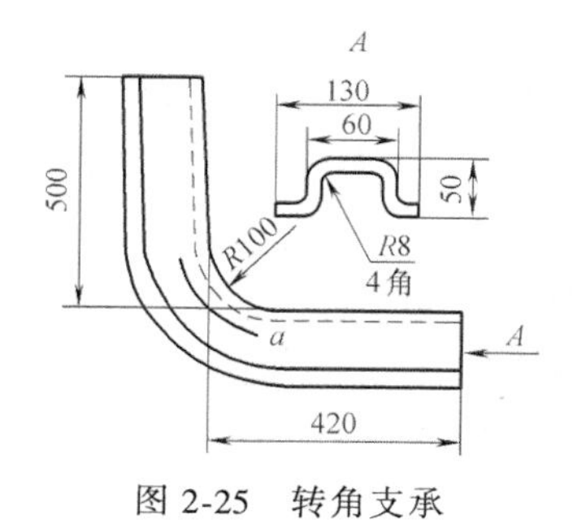

图 2-25　转角支承

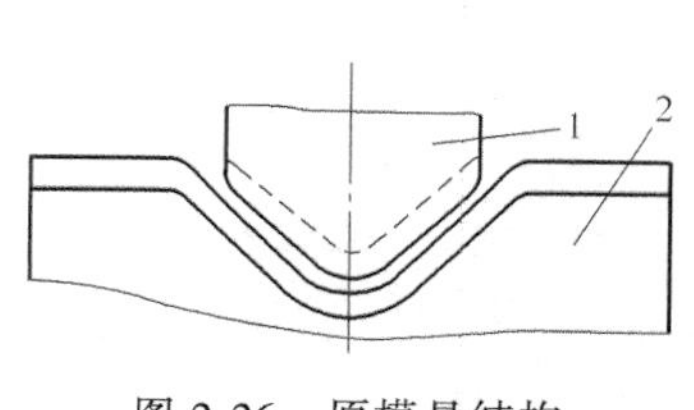

图 2-26　原模具结构

1—凸模　2—凹模

2）凹陷、开裂。改变原加工工艺方案，如图 2-27 所示，先进行帽形弯曲（图 2-27a），后进行 V 形弯曲（图 2-27b）并最终成形。在 V 形弯曲过程，如图 2-28a 所示，在弯曲中心部位产生长椭圆形凹陷，随着变形的进行，凹陷区域扩大。弯曲终了，在图 2-28b 所示 e 处产生开裂。其裂缝走向与弯曲线方向垂直，与原开裂方向一致。

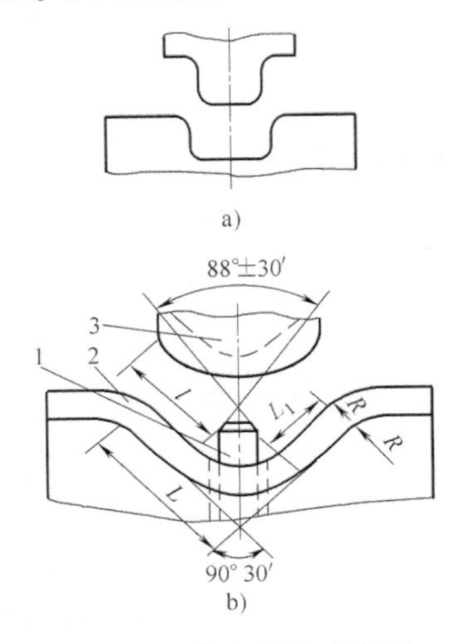

图 2-27　模具结构示意图

a）帽形弯曲　b）V 形弯曲

1—顶杆　2—凹模　3—凸模

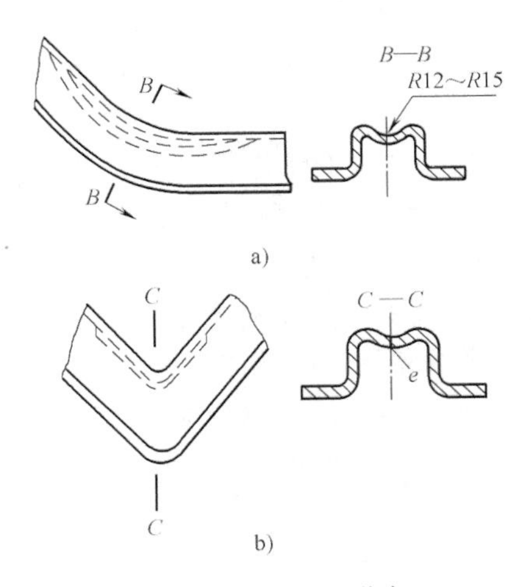

图 2-28　废次品形式

a）中部凹陷　b）开裂

3）外翻。如图 2-29 所示，在 V 形弯曲终了，除产生凹陷与开裂外，制件两直边端部外翻（也称外弯），外翻角度 $\Delta\alpha$ 为 1°30′~3°。

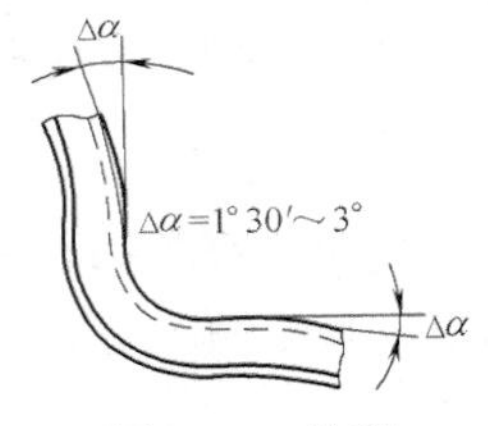

图 2-29　外翻

3. 原因分析

因采用的工艺方案不同，变形过程与坯料内的应力应变状态不同，废次品形式不同，产生几种废次品的原因也不相同。具体而言，产生上述缺陷的原因是：

1）采用一次弯曲成形的工艺方案时，坯料的变形过程可分为两个阶段。第一阶段是平板毛坯 V 形弯曲阶段。在此阶段，主要变形区 R100mm 处的外侧纤维受拉伸长，内侧纤维受压缩短，坯料产生加工硬化、塑性降低、强度增加。第二阶段是 V 形弯曲与帽形弯曲的复合变形阶段。此时，在图 2-25 所示制件的 a 处，一方面要继续 V 形弯曲，另一方面要进行与第一阶段方向垂直的弯曲。a 处坯料在自身发生双向弯曲变形的同时，还要承担帽缘变形的传力作用。此处坯料在双向拉应力作用下，很容易产生开裂。开裂发生后，虽经多次加大模具工作部位的圆角半径，以降低径向拉应力，改善成形条件，但因帽缘处和帽形底部 V 形弯曲同步进行，a 处应力、应变状态及其大小很难控制，故收效甚微，生产极不稳定。

2）改变工艺后，帽形弯曲比较顺利，但由于帽形弯曲时产生了加工硬化，制件整体的刚性增加，塑性降低，给后续 V 形弯曲带来了困难。在进行 V 形弯曲时，帽形截面的帽缘处受拉伸长，底部受压收缩。由于底部圆角区在帽形弯曲时是主要变形区，加工硬化程度较大，强度较高，故在没有压料的条件下，底平面沿切向收缩的结果，多余金属便向帽底中心聚集产生了凹陷。换句话说，坯料在沿切向收缩时，由于模具和坯料底部圆角区的限制作用不能沿底平面宽度方向延伸，从而在底部宽度方向产生了压应力，当此压应力足够大时，便使底面失稳，产生凹陷。凹陷的形成就如同底平面也发生了一次弯曲变形，在靠帽缘侧产生附加拉应力。当此拉应力值大到一定程度，帽形底部便产生了切向开裂。

3）与一般板料的V形弯曲类似，如图2-30所示，当凸模宽度大于凹模肩宽时，直边部分会产生反向弯曲，便形成了制件外翻现象。

4. 解决与防止措施

分析两种不同的工艺方案。采取一次弯曲成形的工艺方案，两个方向的弯曲变形不能相互补偿，且变形后期的复合成形过程很难控制；采用两道工序，即先进行帽形弯曲，后进行V形弯曲的加工方案是合理的。为了解决V形弯曲时产生的凹陷、开裂和外翻等缺陷，生产中采取的措施是：

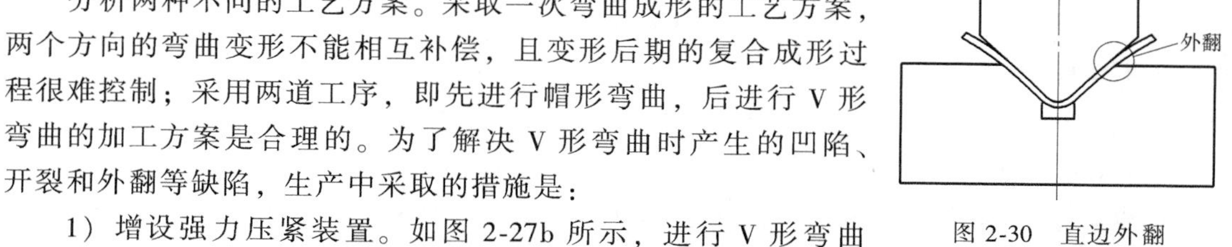

图2-30 直边外翻

1）增设强力压紧装置。如图2-27b所示，进行V形弯曲时，增设了强力压紧装置，使变形过程中帽形件底部始终在压紧状态下变形，解决了圆弧中心部位形成的长椭圆形凹陷问题。凹陷消失后，底部的开裂问题也就迎刃而解。

2）适当增大凹模直边的长度，如图2-27b所示，使$L_1 \geqslant 40$mm。与此同时，减小了凸模宽度，使l小于L约15~20mm，防止弯曲后期产生的外翻现象。

3）V形弯曲模的帽形槽凸、凹模单面间隙比帽形弯曲时的凸、凹模单边间隙增加了0.25~0.3mm，以利于坯料在弯曲时的滑动。

4）适当增大凹模入口处的圆角半径R，取$R \geqslant 25$mm。

2.2.10 大力钳钳身破裂、啃伤

1. 零件特点

大力钳钳身如图2-31所示。零件材料为45钢冷轧钢板，料厚为2.5mm。该件材料较硬，形状复杂，$R5$mm处相对弯曲半径$r/t=2$，满足弯曲工艺要求。$R80$mm和$R60$mm处弯曲半径较大，却很难简单地用某一工艺参数来表示弯曲开裂的极限。此外，3mm×10mm异形孔要求毛刺方向都指向内侧，而中间空档宽仅10mm，冲孔难度较大。

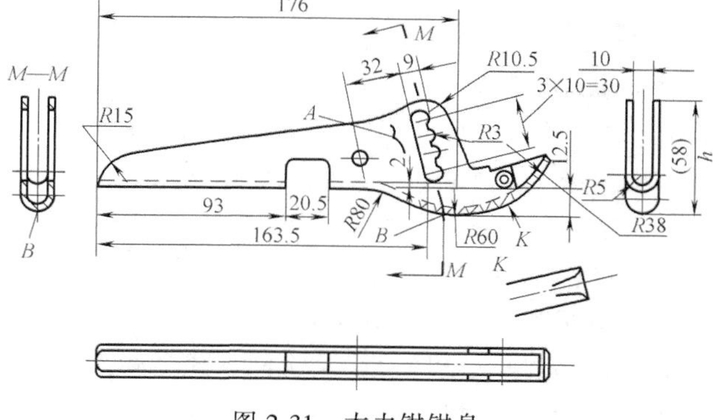

图2-31 大力钳钳身

2. 废次品形式

1）破裂。采用落料、冲孔（图2-32）→弯曲成形→片状活动凹模冲孔的冲压加工工艺方案。在弯曲成形工序，制件A、B两处开裂（图2-31）。

2）啃伤。如图2-33a所示，采用带底托的模具结构，弯曲成形后制件鼻梁B处两侧啃伤。其形状类似长期戴眼镜者，鼻梁处出现被镜架压出的凹坑。

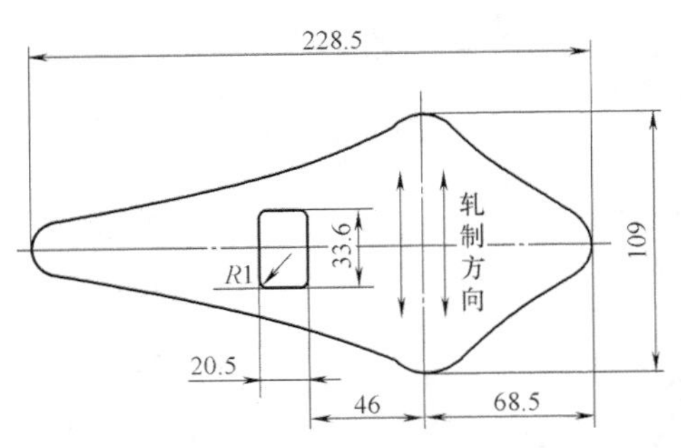

图 2-32 落料外形及板料轧制方向

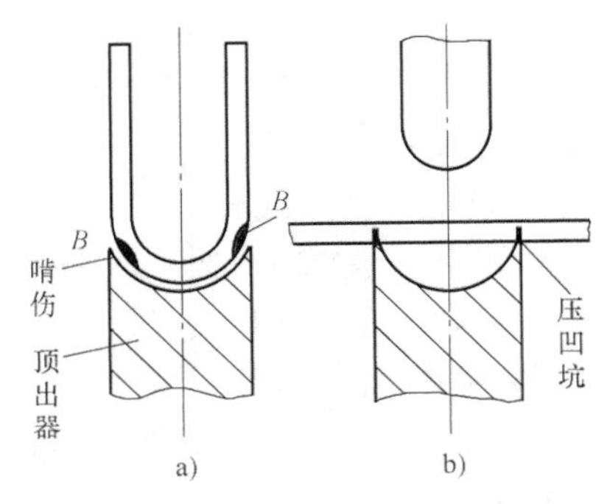

图 2-33 模具结构示意图
a）制件啃伤 b）啃伤原因分析

3. 原因分析

1）造成 *A*、*B* 两处弯曲开裂的主要原因之一是毛坯下料方向不合理。如图 2-32 所示，落料件横向与轧制方向垂直，这有利于 *R*5mm 处的弯曲变形。此处的弯曲半径或严格地说是相对弯曲半径 $r/t \geqslant (r/t)_{min}$，但若将高度 *h* 当作料厚处理，*R*80mm、*R*60mm 和 *R*38mm 三处的相对弯曲半径 $r/t \approx 1 \sim 1.3$，已接近这种材料的弯曲破裂极限。故从弯曲破裂的角度来看，*R*80mm、*R*60mm 处虽然弯曲半径较大，但相对弯曲半径小，是矛盾的主要方面。

2）模具结构不合理。如图 2-34a 所示，原设计两侧凹模镶块水平布置，而凸模则与制件形状一致。加工时，如图 2-31 所示，*M*—*M* 截面产生两向弯曲，*B* 处坯料在双向拉应力作用下变形且金属流入凹模困难，致使 *B* 处开裂。

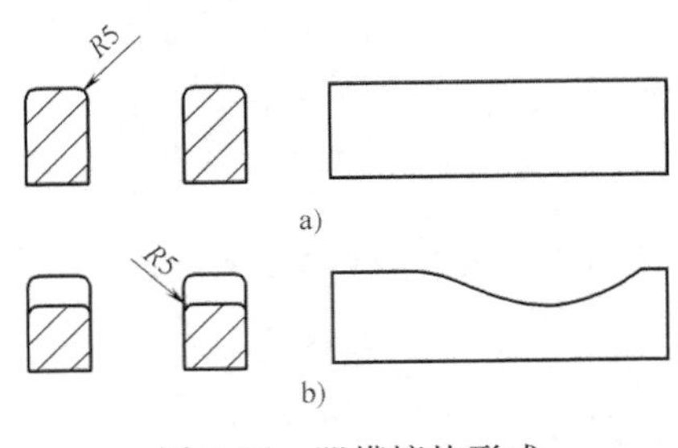

图 2-34 凹模镶块形式
a）改进前 b）改进后

3）采用图 2-33 所示带底托的顶出装置，顶出器兼作整形凹模垫的作用，故此件要求淬硬并沿大圆弧和小圆弧全面与制件贴合。如图 2-33b 所示，当坯料与顶出器接触并开始工作时，在强力弹性元件作用下，顶出器凸起的两小段尖部就把制件坯料压出凹坑。

4. 解决与防止措施

针对上述形式的废次品，生产中采用的相应措施分别是：

1）改变落料毛坯的方向，使图 2-32 所示落料毛坯横向（尺寸 228.5mm 长度方向）与轧制方向一致或成 45°角。采取该项措施后，制件 *A* 处开裂消失。

2）改变模具结构形式，采用图 2-34b 所示凹模镶块形式，把两侧凹模镶块制造成与工件大圆弧曲率半径一致。这样一来，凸模先将坯料的中部成形之后，再弯曲 *R*5mm 两侧。由于变形较前缓和，制件 *B* 处不再产生开裂。

3）改变顶出器结构形式。将原来强力弹性底托（顶出器）改为由上模带动的上提式带动机构。开始压形时顶出器不起作用，故有效地防止了啃伤的产生。

2.2.11 拖拉机支承板弯曲破裂、疲劳断裂

1. 零件特点

某型拖拉机支承板如图 2-35a 所示。零件材料为 Q235A 钢，料厚为 3mm。该件是以弯

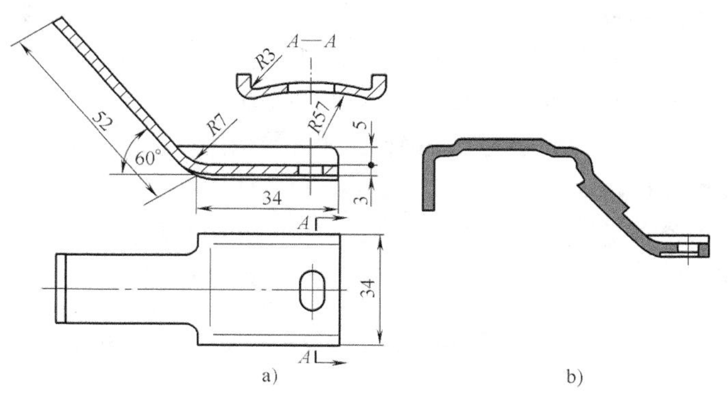

图 2-35 拖拉机支承板及组合方式
a）拖拉机支承板 b）支承板组合件

曲变形占主导地位的复合成形件。制件 $R3$mm、$R7$mm 和 $R57$mm 处均为弯曲变形区，在 $R3$mm 与 $R7$mm 的过渡处，带有少量拉深变形性质。零件所有尺寸均未标注公差、尺寸精度要求不高，$R3$mm 处相对弯曲半径 $r/t=1$ 虽然较小，但满足这种材料的弯曲工艺性要求。如图 2-35b 所示，支承板与带轮罩壳焊接后固定在轴承盖上形成悬臂。零件使用时，由于带轮罩壳的自重和拖拉机行驶中的颠簸、振动，受到交变应力的作用，所以要求零件具有高的疲劳强度。

2. 废次品形式

1）弯曲破裂。加工中，$R3$mm 处产生弯曲裂纹，甚至开裂，造成批量报废。

2）使用寿命低。支承板在使用中，$R7$mm 处常出现早期疲劳断裂现象。

3. 原因分析

1）若坯料处于正火或退火状态，则不论采用图 2-36a、b 所示哪一种排样方式，制件在成形时均未达到弯曲加工极限。$R3$mm 处产生弯曲破裂的原因在于采用了硬化状态的材料，甚至错用了其他牌号的材料。

2）零件使用寿命低，产生早期疲劳断裂的主要原因是坯料的裁剪方向不合理。从弯曲成形的角度来看，$R3$mm 处弯曲半径较小，变形程度大，容易产生弯曲破裂。$R7$mm 处弯曲半径相对较大，变形程度小，不易产生弯曲破裂，采用图 2-36a 所示的排样方式是可行的。然而，在使用中带轮罩壳与支承板一起形成悬臂，在零件自重（带轮罩壳质量约为 0.9kg）、拖拉机行驶中的颠簸、振动作用下，$R7$mm 处受到交变应力的作用并会继续产生弯曲和反向弯曲变形。因此，采用图 2-36a 所示的排样方式，$R7$mm 和 A 处易产生疲劳裂纹，甚至断裂。可见，板料排样方式、裁剪方向不仅会影响弯曲成形，在某种场合下，还会影响零件的使用性能。

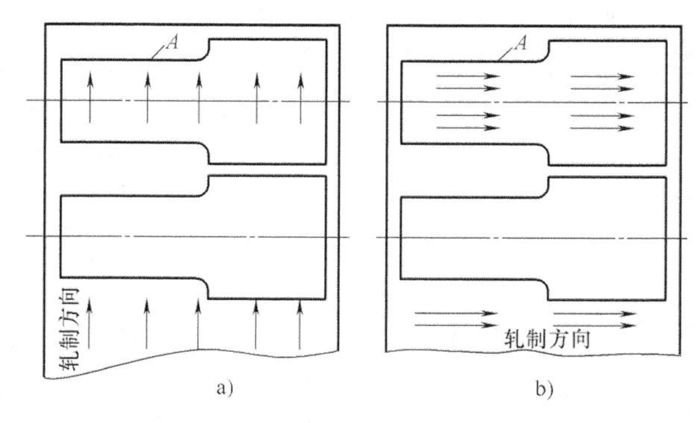

图 2-36 排样方式
a）不合理的排样 b）合理的排样

4. 解决与防止措施

生产中采取的解决措施是：

1）严格原材料的检验和管理制度，不合要求的板料不得进入下料车间，必要时增加一道退火工序。

2）原材料的裁剪方向、排样方式应兼顾到零件的使用和弯曲加工工艺两个方面。本例中宜采用图 2-36b 所示的排样方向或将制件轴线相对板料轧制方向偏斜 45°角。

3）进一步提高模具表面加工质量，减小工作刃带的表面粗糙度值，模具磨损后及时修磨，减小坯料在弯曲加工时的流动阻力。

4）适当增大 $R3$mm 两侧的凸、凹模间隙，对凹模工作部位进行润滑，进一步减小坯料的流动阻力。

类似这类零件的使用与成形加工存在矛盾的场合，应以满足零件的使用要求为主。在可能的情况下，可放大弯曲半径，或增加精整工序。

2.2.12 车用传感器支架叠边形状不良、刮伤、破裂

1. 零件特点

某型车用传感器支架及局部放大如图 2-37 和图 2-38 所示。零件材料为常用冷轧汽车结构件钢 HC340LA，生产厂商为上海宝钢，执行标准 Q/BQB 419—2018，料厚为 1mm。HC340LA 的化学成分与力学性能见表 2-1。此件为一典型折弯成形件，为满足传感器需要，产品左侧有一叠边折弯设计特征，叠边折弯线与斜角线交叉增加了变形的难度。因传感器内部尺寸限制和装配要求，叠边处几何公差需要严格保证。一方面，叠边后图示面实体轮廓度设计要求精度在 0.5mm 之内；另一方面，如图 2-38 所示，叠边后两个成形面必须紧贴。

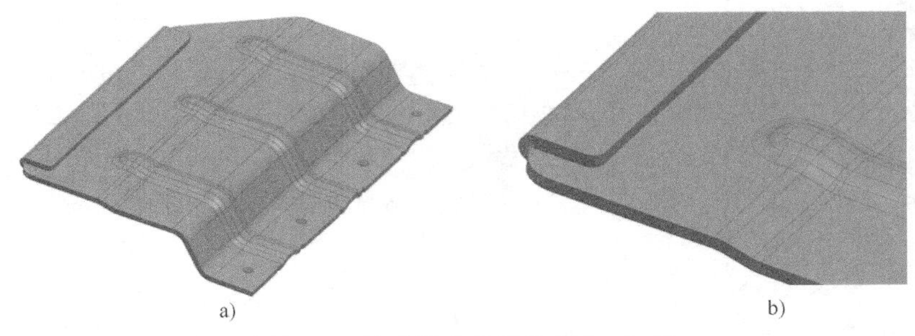

图 2-37 传感器支架叠边部位 3D 图

a）传感器支架叠边部位图 b）局部放大图

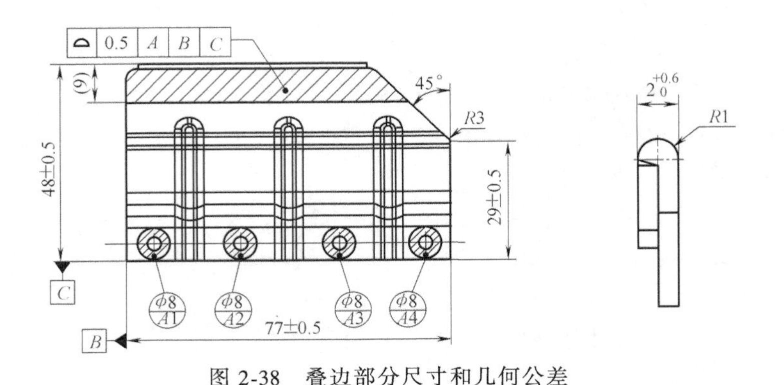

图 2-38 叠边部分尺寸和几何公差

表 2-1 HC340LA 的化学成分与力学性能

化学成分(质量分数,%)					主要力学性能		
C	Si	Mn	P	Al	屈服强度/MPa	抗拉强度/MPa	断后伸长率 A(%)
≤0.12	≤0.5	≤1.5	≤0.025	≤0.015	340~420	410~510	≥21

2. 废次品形式

如图 2-39 所示，原冲压叠边工艺为：折弯 90°→折弯 135°→完成叠边。生产中产生了如图 2-40 所示几种形式的废次品。

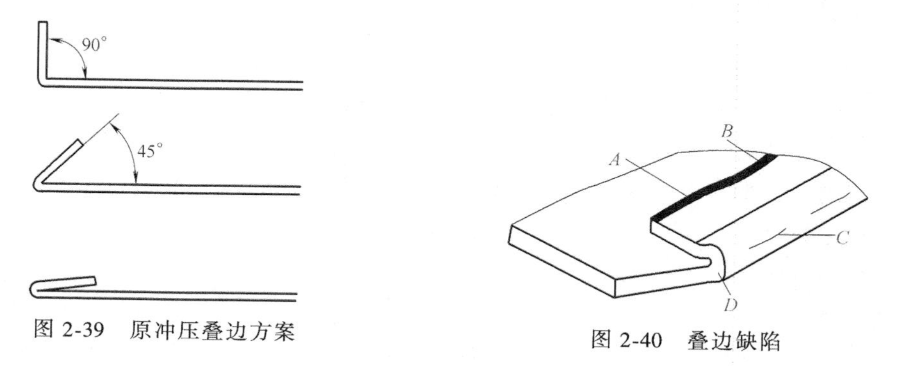

图 2-39　原冲压叠边方案

图 2-40　叠边缺陷

1）形状不良、尺寸超差。如图 2-40 所示，叠边顶部 A 处不直，叠边后 D 处两个成形面未紧贴；由于形状不良，叠边后尺寸和几何公差超差。

2）顶部刮伤。如图 2-40 中 B 处所示，部分制件顶部出现刮伤。

3）破裂。如图 2-40 中 C 处所示，制件外立面处产生裂缝，严重时此处破裂。

3. 原因分析

分析叠边工艺的废次品形式，其主要原因是工艺方案不合理。具体而言，产生这些废次品的原因是：

1）叠边折弯线与斜角线交叉，定位不准确，且直边与斜角部位受力不均匀，便出现了制件顶部不直的缺陷。

2）模具精度低、表面粗糙度值大，或模具磨损是造成顶部刮伤的主要原因。

3）在叠边成形前两次折弯过程中，折弯处内层材料增厚发生堆积，同时侧壁无约束力，导致失稳，材料堆积产生内应力累积。当模具的压力卸掉后，就会产生回弹，出现两片叠加没有叠死的现象，导致关键尺寸超差。

4）叠边处相对弯曲半径为 0mm，外层材料变形超过其弯曲加工极限，外边缘处容易产生裂缝，甚至破裂。

4. 解决与防止措施

生产中采取了以下两项措施解决了问题。

1）如图 2-41 所示，改进冲压工艺方案：预压 R0. 2mm 的凹槽→折弯 90°→完成叠边。在 A 处压槽，减少了材料的堆积，提高了定位精度，减少了弯曲的变形程度，起到了一举三得的效果；折弯 90°在叠边前做一道头部预弯和预成形工序，增加了模具与工件的接触面积，提高了叠边成形的良品率。

2）进一步提高模具的制造精度和减小模具的表面粗糙度值，发现模具磨损及时修模，解决了制件顶部刮伤问题。

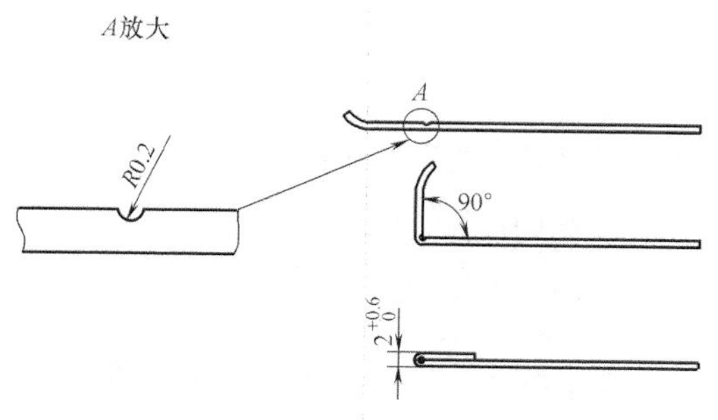

图 2-41　改进后的叠边工艺

对于这类弯曲件，防止产生形状不良、尺

寸超差和破裂常用的措施还有：

3）弯曲线让开斜角相交处一定距离，以及在弯曲线与斜角相交处开工艺槽或工艺孔。

2.2.13　底座弯曲回弹、尺寸超差

1. 零件特点

U 形底座如图 2-42 所示。零件材料为 Q235A 钢，料厚为 6mm。该件为典型的 U 形弯曲件。制件两侧与底面的夹角均为 90°，形状简单，结构对称，材料较厚，尺寸 $63_{-0.30}^{\ 0}$mm 有精度要求，两侧面有平行度要求，底面对侧面有垂直度要求，尺寸精度和几何公差要求较严。零件相对弯曲半径 $r/t=0.83$ 较小，但仍大于 Q235A 钢板的最小弯曲半径。在正常情况下，弯曲开裂的可能性较小。

2. 废次品形式

尺寸超差。采用图 2-43 所示典型的带底托 U 形弯曲模进行弯曲加工，凸模设计带有 1° 的回弹补偿角。生产中，测试 10 件的平均值，底部宽度为 62.84mm，上口宽度为 61.25mm。口部尺寸比图样要求的最小值小了 1.45mm，超差严重。另外，两侧与底面夹角仅为 89°46′19″，不垂直。实际回弹角为 53′10″，与设计选用的补偿角不符。

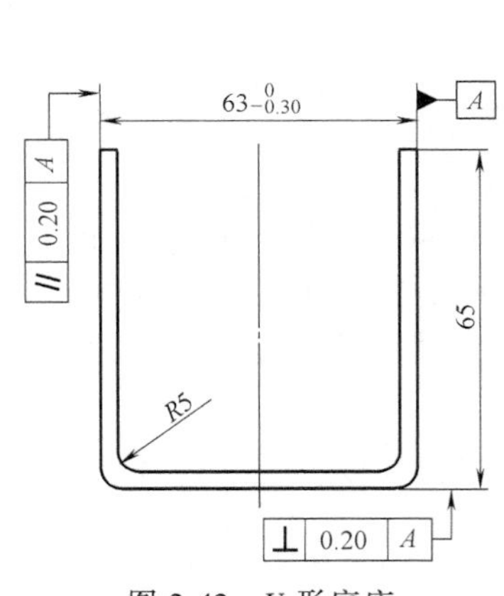

图 2-42　U 形底座

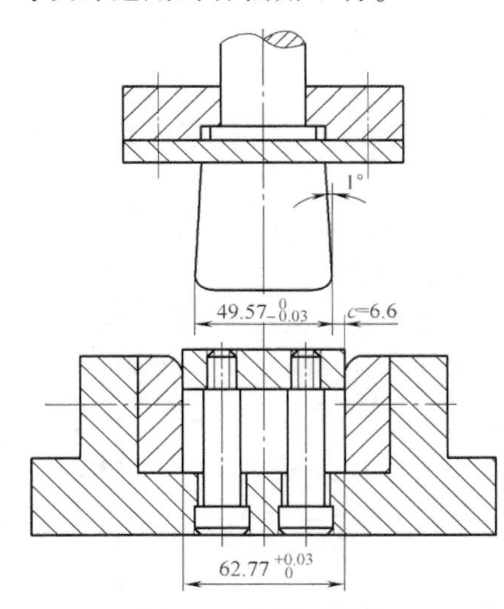

图 2-43　原模具结构

3. 原因分析

1）模具设计时，取 1°的回弹补偿角过大。根据零件材料及其尺寸参数，查表 2-13，回弹角值为−1°～1°30′，数值范围太大，难以掌握。

2）取模具单边间隙为 $c=1.1t=6.6$mm，偏小。一般情况下，回弹角随着凸、凹模间隙的增大而增大。在取 1°回弹补偿角的条件下，模具间隙未能与其匹配，故回弹的控制不当。

3）当弯曲毛坯材料来源或批料变化时，回弹量不稳定，采用上述模具结构时，模具间隙和回弹角都很难进行修正或调整。

4. 解决与防止措施

生产中解决问题采取的措施是：

1）改变模具结构，靠调整模具间隙来控制弯曲回弹量。如图 2-44 所示，在原模具结构

的基础上进行改进。在模具凹模镶块和下模板之间预留可调节凹模镶块位置尺寸的调节装置。通过插入若干叠层的薄金属片来调节凸、凹模的间隙。当模具单边间隙由 6.6mm 调整到 6.75mm 时，就得到了合格的制件。

控制回弹，防止超差可采取的措施还有：

2）采用图 2-45 所示的两种模具结构，靠调整弯曲角度来控制弯曲回弹量。

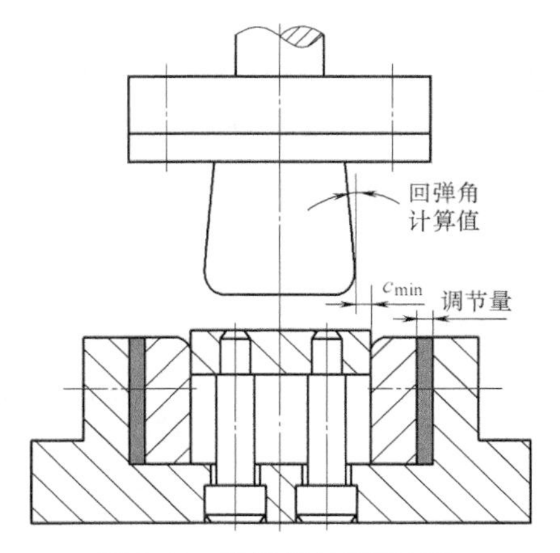

图 2-44　改进后的模具结构

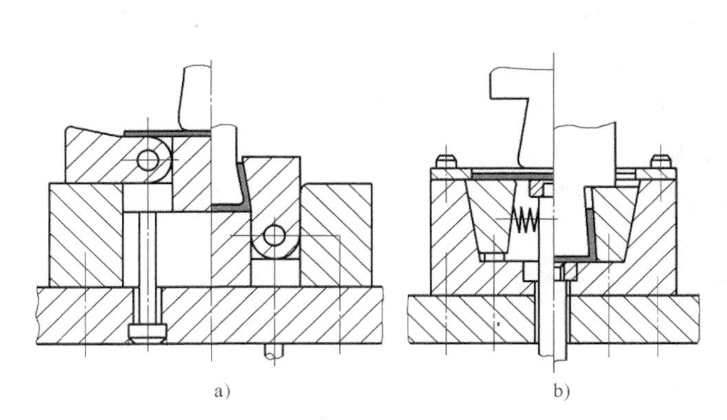

图 2-45　可调整补偿角的模具结构
a）转角式模具结构　b）斜楔式模具结构

2.2.14　U 形横梁尺寸超差、翘曲不平

1. 零件特点

大圆弧 U 形横梁如图 2-46 所示。零件材料为 20CrMnSi，料厚为 4mm。该件属典型宽板 U 形弯曲件，弯曲线长度为 1700mm。零件相对弯曲半径 $r/t=19>10$，属大圆弧弯曲件。此外，零件的几何公差较严，底面和两侧壁均有平面度要求，这增加了弯曲加工的难度。

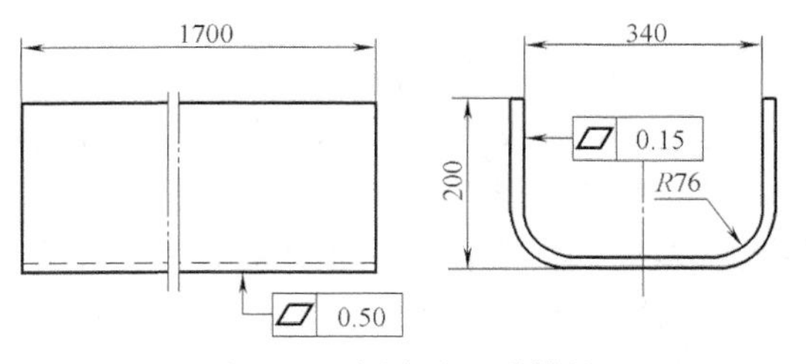

图 2-46　大圆弧 U 形横梁

2. 废次品形式

1）角度、弯曲半径、尺寸超差。生产中，制件经弯曲加工后回弹较大，90°弯曲角、弯曲半径 $R76$mm 和尺寸 340mm 均不能保证。采用图 2-47 所示典型弯曲模，靠调整凸、凹模间隙来控制回弹量，制件质量时好时坏，生产极不稳定。

2）翘曲。制件底面和两侧壁翘曲不平，平面度超差。

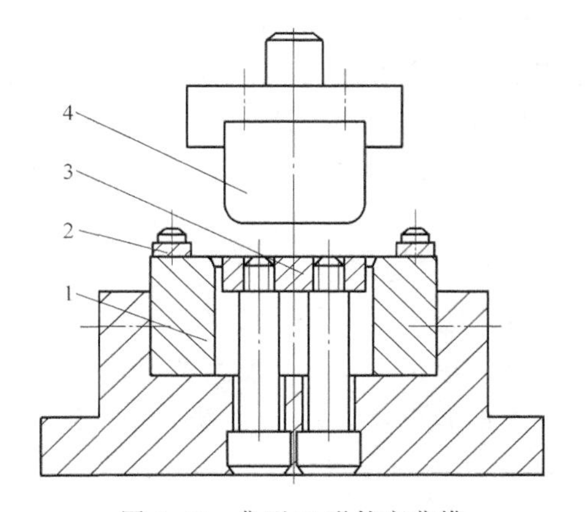

图 2-47　典型 U 形件弯曲模
1—凹模　2—定位板　3—顶板　4—凸模

3. 原因分析

1）材料拉伸时的应力-应变关系曲线如图 2-48a 所示。在曲线上取 A、B 两点，$\varepsilon_{A'}$ 和

$\varepsilon_{B'}$分别表示卸载后 A、B 两点的弹性回复量，显然，这里有 $\varepsilon_{A'}<\varepsilon_{B'}$。如图 2-48b 所示，延长 AB 与横坐标轴相交于 P 点，设 PO 长为 ε_P，则有

$$\frac{\varepsilon_P+\varepsilon_{AO}}{\varepsilon_{A'}}=\frac{\varepsilon_P+\varepsilon_{BO}}{\varepsilon_{B'}}$$

由于 $\varepsilon_P/\varepsilon_{A'}>\varepsilon_P/\varepsilon_{B'}$，故有

$$\varepsilon_{A'}/\varepsilon_{AO}>\varepsilon_{B'}/\varepsilon_{BO}$$

即板的外表面应变越小，变形程度越小，相对而言，回弹量就大。换句话说，当相对弯曲半径较大时，由回弹引起的角度变化和曲率半径的变化相对较大。该零件弯曲半径大，弯曲变形程度相对较小，故零件本身的特点决定了零件在变形后不仅回弹角大，而且圆角半径也会有较大的变化。

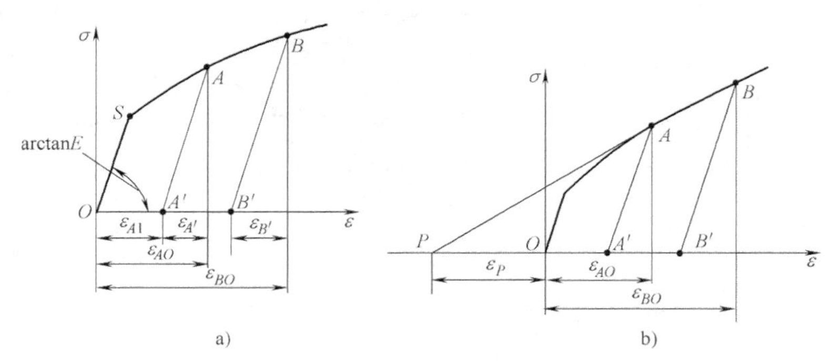

图 2-48 拉伸变形中的弹性回复

a）σ-ε 关系曲线 b）BA 延长线

2）如图 2-49 所示，若变形程度相同，则材料的应力值越高或弹性模量越小，弹性回复的比例就越大。可见，若材料的力学性能不稳定，则回弹量的大小也不稳定。采用如图 2-47 所示弯曲模，顶板的顶件力有限，每批材料的性能变化靠调整模具间隙很难控制，故不能保证其批量生产的稳定性。

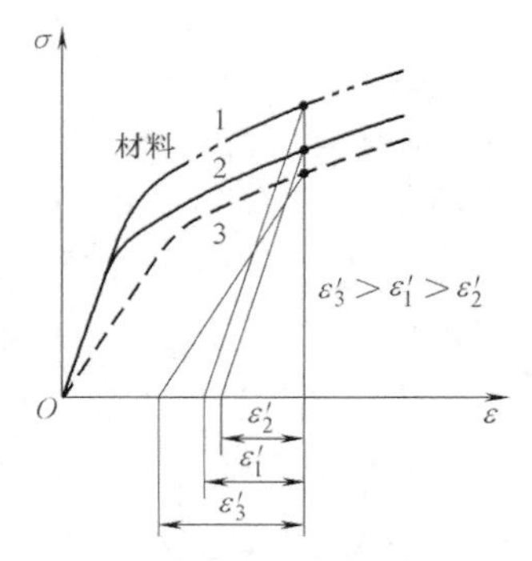

图 2-49 材料对回弹量的影响

3）如 2.1 节所述，宽板弯曲时，宽度方向的变形受到了限制，宽度方向内、外层的压、拉应力的作用，就会引起板宽方向的翘曲。该零件较宽，材料相对较厚，宽度方向的局部变形困难，再加上顶件力有限，故容易产生整体的翘曲。

4）采用图 2-47 所示带底托（顶板）的凹模，在凸模底面加上背压进行弯曲时，模具对零件底部有一定的校平作用。该零件底部面积较大，单位校平力小，校平作用有限。另外，侧壁无校正，变形程度大的圆角处处于自由状态，故这种模具结构对平整度要求高、宽度宽、底面面积较大的 U 形弯曲件有一定的局限性。

4. 解决与防止措施

生产中为解决弯曲回弹和翘曲不平的问题，改变了模具的结构。采用 V 形弯曲模，分两次弯曲来加工该零件。如图 2-50 所示，采用此方法有如下优点：圆角部分产生回弹的方

向 M 与直边产生回弹的方向 N 相反，互相补偿的结果使总的回弹量减小；对底面和侧壁均有校直作用，改变了弯曲变形时的应力-应变状态，既减小了回弹，又能保证平面度要求，调整凸模的压下量可以调整校正力的大小，对于不同的原始毛坯材料，少许调整一下行程即可保证批量生产的稳定性；模具结构简单，制造方便，费用也较原方案低。

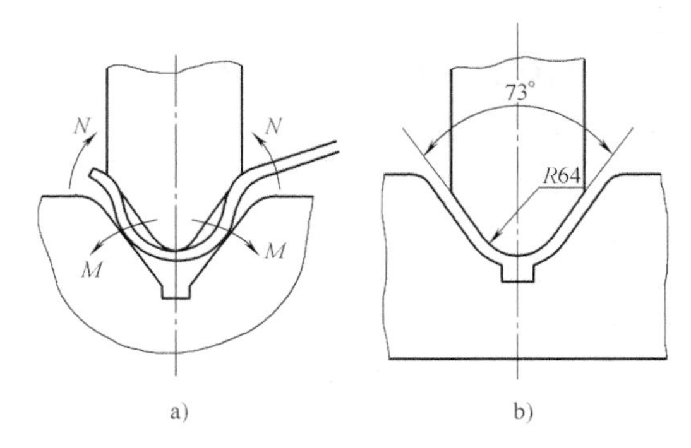

图 2-50 V 形弯曲回弹方向及模具工作部分主要尺寸
a）V 形弯曲回弹方向 b）模具工作部分尺寸

采用 V 形弯曲模的关键是模具工作部分尺寸的确定。生产中采用下列公式来计算凸模圆角半径 r_p 和回弹角 $\Delta\alpha$。公式为

$$r_p=\frac{r}{1+\frac{3R_{p0.2}}{E}\frac{r}{t}};\ \Delta\alpha=(180°-\alpha)\left(\frac{r}{r_p}-1\right)$$

式中 r_p——凸模圆角半径（mm）；

r——工件的圆角半径（mm）；

α——工作要求的角度（°）；

$R_{p0.2}$——材料的屈服强度（MPa）；

E——材料的弹性模量（MPa）；

t——坯料厚度（mm）。

计算时，取 $r_p=64$mm，$\Delta\alpha=17°$，则凸模工作部分主要尺寸如图 2-50b 所示，凹模尺寸按凸模尺寸设计。生产实际证明，用 V 形弯曲模来加工大圆弧宽板 U 形件是行之有效的方法，压制的零件尺寸、平面度及表面质量均达到了图样的要求。

防止这类大圆弧 U 形件回弹与翘曲的措施还有：

1）改进工件设计，在弯曲变形区设置加强筋。如图 2-51 所示，压制加强筋后不仅可以提高工件的刚度，也有利于抑制回弹。

2）在满足使用的条件下，选用弹性模量 E 大、屈服强度 $R_{p0.2}$ 小、力学性能稳定的材料。

3）减小弯曲半径。在 $r/t>(r/t)_{min}$ 的范围内，尽量减小弯曲半径，增大弯曲的变形程度。

4）采用较小的间隙，甚至采用小于料厚的间隙进行弯曲。

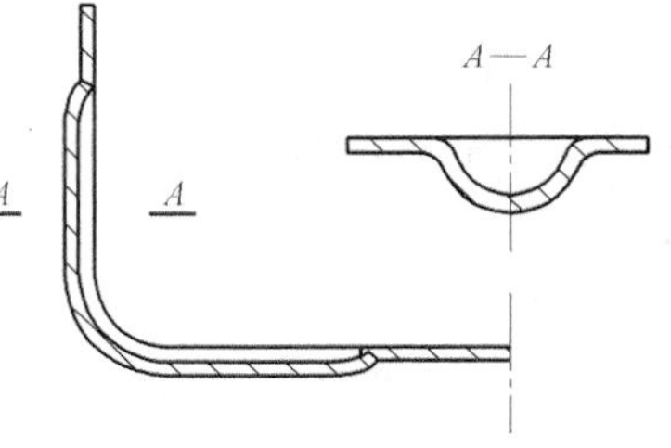

图 2-51 压制加强筋

5）采用校正弯曲。采用校正弯曲代替自由弯曲，在操作时进行多次镦压。

6）采用热弯。在允许的情况下，采用加热或局部加热弯曲来代替冷弯。

7）设置回弹补偿角。如图 2-52a 所示，改变凸模形状，在凸模上做出等于回弹角的斜度，修正凸模圆角半径。

8）设置圆弧曲面。对于回弹量大的材料，将凸模和顶板做成圆弧曲面，如图 2-52b 所

示，当弯曲的工件从模具中取出后，曲面伸直补偿了回弹。

9）对角部进行校正。图 2-52c 所示为在较大的 r_p、对厚板进行 U 形弯曲时采用的方法。将凹模与反顶器分界线选择在 $t/2$ 处，以便对拐角处进行校正。

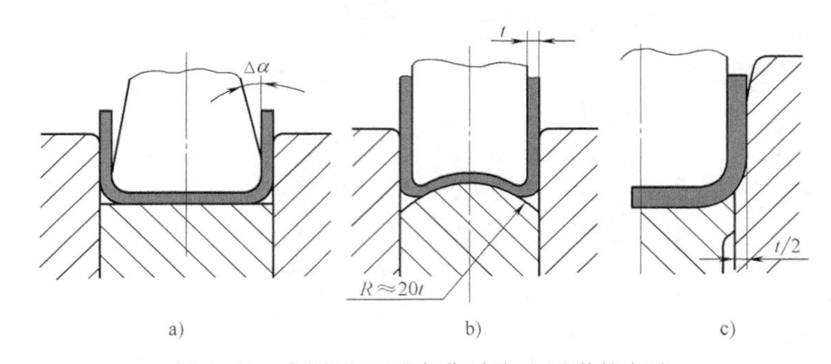

图 2-52　大圆弧 U 形弯曲时防止回弹的方法

a）设置回弹补偿角　b）设置圆弧曲面　c）对角部进行校正

2.2.15　拖拉机罩壳弯曲回弹、尺寸超差

1. 零件特点

某型手扶拖拉机罩壳如图 2-53 所示。零件材料为 Q235A 冷轧钢板，料厚为 2.5mm。该件属外露零件，要求外观质量好，表面圆滑光洁，不得有擦伤、印痕等表面缺陷。罩壳是一特殊 U 形弯曲件，底部有一个 R175mm 圆弧，此处的相对弯曲半径 $r/t=70$，属大圆弧弯曲件。

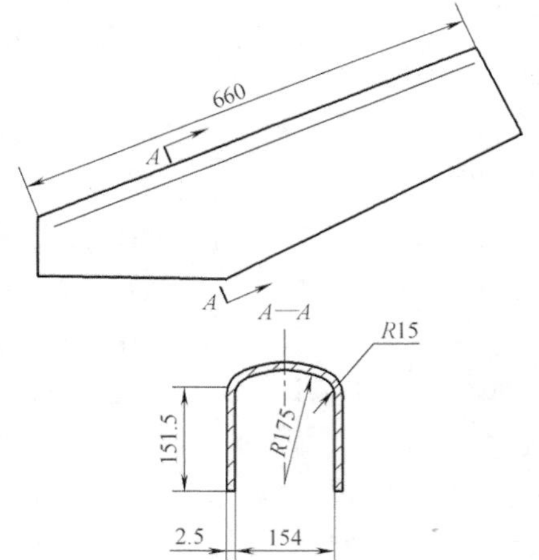

图 2-53　拖拉机罩壳

2. 废次品形式

尺寸超差。弯曲加工后，制件产生较大回弹，且回弹量很不稳定，不同批量的板料回弹量差别很大。即使是相同牌号，同一批料，回弹量也不相同。口部尺寸 154mm 回弹后最大可达 210mm。最大回弹角为 10.5°。

3. 原因分析

1）该件 R175mm 处弯曲半径大，变形程度相对较小，零件本身的结构特点决定了零件的弯曲回弹较大。从零件的外形结构看，如图 2-54 所示，弯曲件直壁和底部的回弹方向一致，故制件口部的尺寸变化是壁部和底部两处回弹之和。由于直壁高度不同，因此制件沿 660mm 长度方向，各部位的回弹量和误差值也不完全一致。

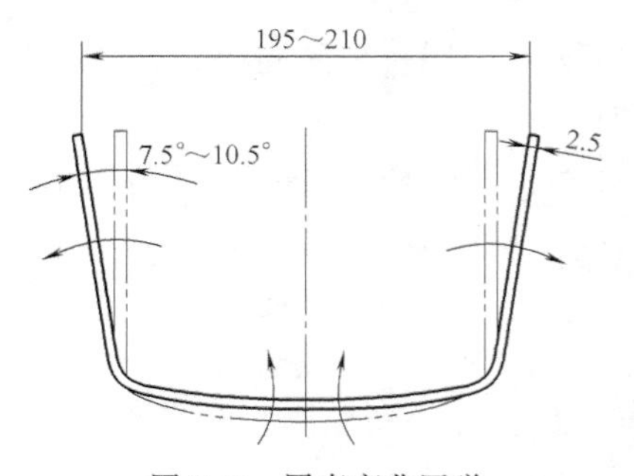

图 2-54　罩壳弯曲回弹

2）生产中原采用 Q195 钢，弹性模量小，硬度高，厚度和力学性能波动大，这是产生较大回弹的又一重要原因。为了使该零件满足使用要求，保证生产的稳定性，某厂曾用日本进口冷轧钢板 08（SPCD-SD）钢取代 Q195 钢，采用深挤校正弯曲模来加工该零件，一度满足了生产要求。表 2-2 显示了采用两种不同材料，罩

壳侧距154mm的变化范围。由表中可见，材料对弯曲回弹有很大的影响。

表2-2 SPCD-SD钢与Q195钢回弹量对比 （单位：mm）

材料名称及材料牌号	产品要求尺寸	工艺允许尺寸	实测尺寸
SPCD-SD(08)冷轧钢板	154	162～168	164
Q195冷轧钢板			195～210

4. 解决与防止措施

生产中曾采用以下一些措施来控制回弹：

1）弯曲加工时，对板料进行局部加热以提高材料的塑性。

2）减小凸模圆角半径，反复修整凸模回弹补偿角。

3）减小弯曲模凸、凹模间隙。

4）采用大公称压力压力机，增加校正力。

5）采用液压机来代替机械压力机。

6）增加整形工序。

采取这些传统的减小弯曲回弹量的措施后，取得了一定的效果。然而，由于普通碳素钢的性能不稳定，每批来料都要重新调整模具、设备和回弹补偿角，结果不很理想。为了从根本上解决问题。生产中采取的措施是：

7）改变模具结构，采用可调辊轧式弯曲模来代替原深挤校正弯曲模。

可调辊轧式弯曲模如图2-55所示。该模具仍属带底托式U形弯曲模。其结构特点是，凹模模口由一对可调整压力的轧辊组成。加工时，首先将坯料置于凹模轧辊10和顶料板12上面，由定位装置9定位。当凸模7下行与坯料接触时，顶料板将坯料压紧。凸模继续下降，坯料通过轧辊产生弯曲变形，与此同时，轧辊转动，弹性元件5被压缩。当凸模最大横截面通过轧辊时，弹性元件受压，收缩量最大，此时的弹性回复力也最大。由于设置的弹性元件的压力等于或略大于坯料的最大弯曲力，故当凸模继续下行时，两轧辊在弹性元件压力的推动下迫使坯料贴紧凸模产生弯曲变形，同时也对弯曲件的直壁表面进行校平，直至压力机滑块到达下死点为止。当滑块回程时，轧辊对制件再次进行校正。当原毛坯材料的力学性能发生变化时，可调节调整螺钉3来调整弹性元件的预压增量以适应新材料所需的最大弯曲力。经过多年来的生产考验，证明了这种可调辊轧式弯曲工艺及模具可对各种材料进行弯曲加工，是解决大圆弧U形薄板成形回弹量过大的有效措施。

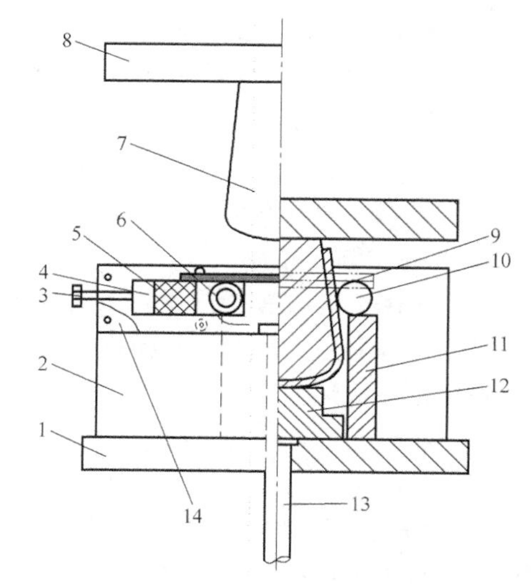

图2-55 可调辊轧式弯曲模

1—下模板 2—横侧板 3—调整螺钉 4—推板 5—弹性元件 6—滚动元件 7—凸模 8—上模板 9—定位装置 10—轧辊 11—纵侧板 12—顶料板 13—顶杆 14—盖板

此外，采用这种模具结构还可减少模具磨损，提高模具寿命，减少擦伤，提高制件的表面质量。

2.2.16　拖拉机盖板弯曲回弹、角度超差

1. 零件特点

拖拉机后下盖板如图 2-56 所示。零件材料为 Q235A 钢，料厚为 1.5mm。该件为多角弯曲件，尺寸精度要求不高，但 68°弯曲角不能超差，否则会影响装配。

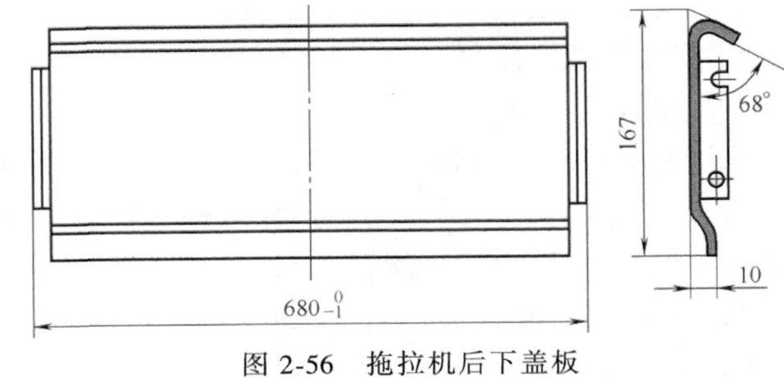

图 2-56　拖拉机后下盖板

2. 废次品形式

角度超差。该件弯曲 68°角分两步进行，即采用 V 形弯曲模先将制件弯成 90°，再弯成 68°。生产中，制件 68°角超差严重，生产极不稳定。

3. 原因分析

1）原始毛坯材料质量不稳定。生产中发现，不同生产厂家所生产的钢板，在弯曲加工时的回弹量不同，即使同一工厂生产的钢板，炉号不同，回弹量也不相同。原始毛坯材料的化学成分、力学性能和厚度尺寸不稳定是造成制件质量不稳定、回弹量大、尺寸和角度超差的重要原因。

2）生产管理不当是造成制件报废的另一重要原因。生产中采用剪切下料→冲孔、切角→90°弯曲→68°弯曲的加工工艺方案。生产车间为提高生产效率，将第三道工序 90°弯曲与第四道工序 68°弯曲的模具拼合在 1600kN 宽台面压力机上联合安装。由于模具设计时并未这样考虑，这两套模具的闭合高度不同，造成了模具调整的困难。一般而言，采用 V 形弯曲模进行弯曲加工时，通过调整凸模的行程或下死点位置可以控制回弹量。实行联合安装，两工序不能兼顾，在标准化程度较差的条件下，这种做法是不妥当的。

4. 解决与防止措施

生产中采取的解决措施是：

1）为提高生产效率，根据每批板料的不同回弹量，调整凹模的安装高度和滑块的行程，确保最终成形零件的质量。

2）将两道弯曲工序分开加工。

防止这类问题发生的措施还有：

3）严格管理制度，从原材料进货、检验，下料、冲压加工直到成品入库，必须按程序进行，不得随意改变冲压加工工艺及加工顺序。

4）进一步提高模具的标准化程度。

2.2.17　夹箍弯曲件尺寸超差

1. 零件特点

夹箍类零件如图 2-57 所示。零件材料为 T8 钢，料厚分别为 0.5mm 和 2.5mm。这类零件的共同特点是材料强度高，弯曲变形区域大，回弹大，零件尺寸精度很难控制，工艺上有一定难度。

2. 废次品形式

尺寸超差。生产中采用两道工序来加工该类零件。第一道工序首先预弯出两端的反曲

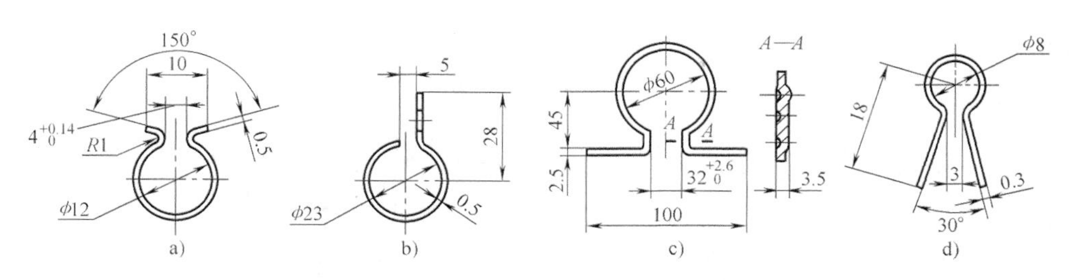

图 2-57　夹箍类零件

a）一般夹箍件　b）、d）较薄夹箍件　c）较厚且有加强筋的夹箍件

线，然后用第二道工序弯成零件的形状。在第二道弯曲工序，成形后的零件尺寸超差，生产极不稳定，废品率高。

3. 原因分析

在第二次弯曲时，半圆弯曲部分在敞开式弯曲模中进行，坯料所受的单位校正力从中心向两圆弧边逐渐减小，因此零件的回弹程度从中心向两边逐渐加大，回弹量很难控制。

4. 解决与防止措施

生产中采用图 2-58～图 2-61 所示模具结构，改两次弯曲成形为一次成形，取得了良好效果，解决了夹箍类零件尺寸超差问题。图 2-58 所示为摆动块成形模，用来成形图 2-57a 类零件；图 2-59 所示为滑块成形模，用来成形图 2-57b、d 类较薄夹箍件；图 2-60 所示为凸模固定型斜楔成形模，用来成形图 2-57c 类坯料较厚且侧壁有加强筋的夹箍件；图 2-61 所示为凸模活动型斜楔成形模，用来成形图 2-57a、d 类零件。

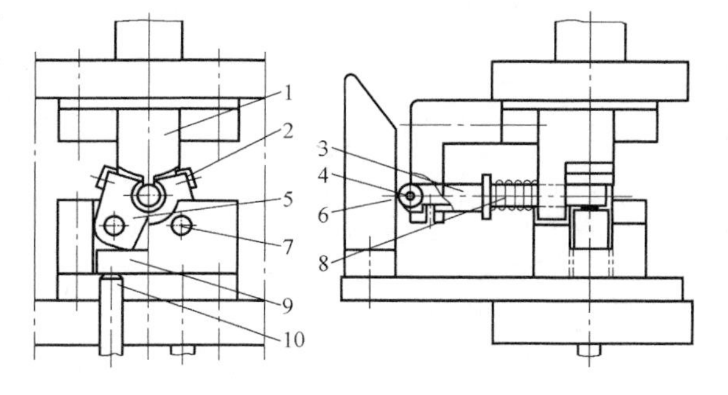

图 2-58　摆动块成形模

1—凸模　2—定位板　3—芯轴　4—滚轮　5—摆动块　6—斜楔　7—销轴　8—弹簧　9—顶板　10—顶杆

夹箍类弯曲件一次成形模结构的共同特点是：

1）先依靠下模或上模弹顶器的弹力将坯料压成 U 形，再通过活动凹模和辅助零件摆动或滑动等机械运动使其最终弯曲成形。在设计模具时，弹顶器的弹力大于材料弯成 U 形件时所需的弯曲力是保证此类模具在不同的时间按规定的动作顺序进行工作的关键。

2）因为夹箍件的弯曲角度大于 90°，所以零件在成形后一般仍套在凸模上。小批量生产时，可用镊子把零件从凸模上拔下；生产批量大时，在模具设计中可采用图 2-58 所示的抽芯式自动卸料机构或图 2-59 所示推件式自动卸料机构或其他形式的卸料机构。

3）成形非对称零件或对称性要求较高的零件时，在模具结构中加一根顶杆，如图 2-59 中件 13 和图 2-60 中件 8 所示，使坯料在凸模和顶杆的夹紧下成形，非对称件直边的尺寸精度和对称零件的对称度都有不同程度的提高。在零件圆弧底部的中心设计一个工艺孔，先将坯料上的工艺孔套在顶杆的定位销上，再夹紧成形，成形后零件的精度还可提高一级。

注：此文中的弹顶器是指在活动凹模和辅助摆动或滑动零件动作前能将坯料压弯成 U 形的弹性装置，例如顶杆、垫板、橡皮（弹簧 气垫）等零部件。

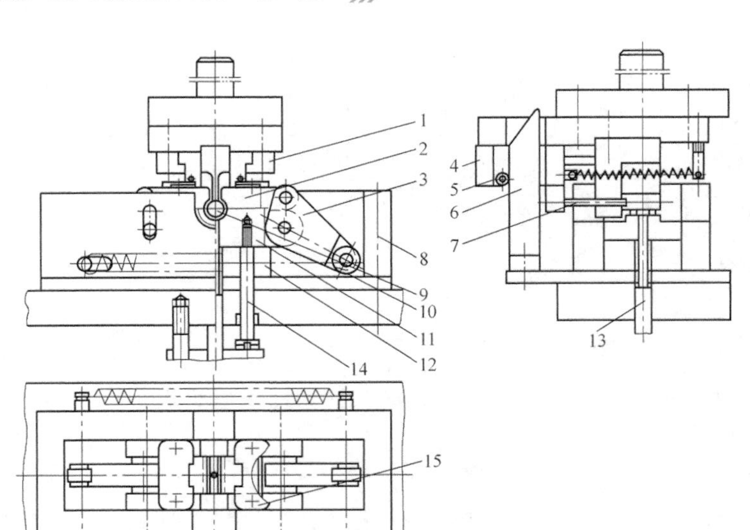

图 2-59　滑块成形模

1—导轨　2—活动凹模　3—滑块　4—退料滑块　5、10—滚轮　6—斜楔　7—推斜杆　8—凹模框　9—凸模　11—下成形块　12—垫板　13—顶杆　14—螺钉　15—定位板

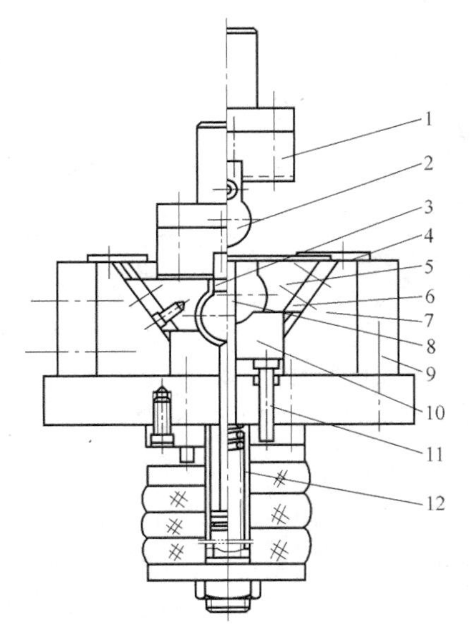

图 2-60　凸模固定型斜楔成形模

1—上模板　2—凸模　3—压筋嵌块　4—定位板　5—活动凹模　6—滑块　7—斜楔　8、11—顶杆　9—下模框　10—顶板　12—弹簧座

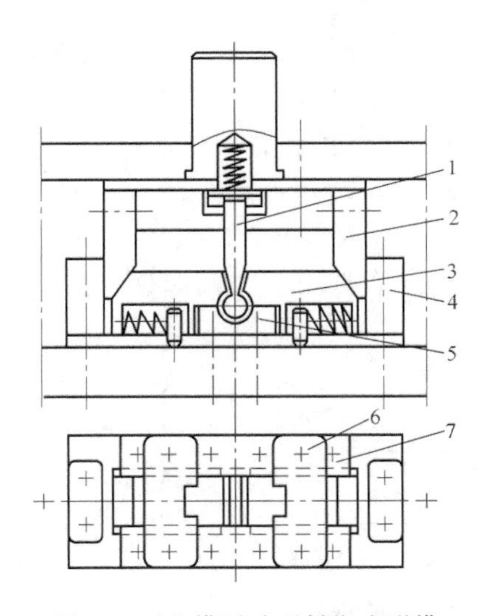

图 2-61　凸模活动型斜楔成形模

1—凸模　2—斜楔　3—活动凹模　4—侧压块　5—固定下模块　6—定位板　7—导轨

2.2.18　脱粒机波纹板尺寸超差

1. 零件特点

脱粒机波纹板如图 2-62 所示。零件材料为 Q235A 钢，料厚为 0.7mm。该件每一个牙形

都是一个单纯的弯曲件。数个或数十、数百个单一弯曲件连接起来，便形成了一个连续重复牙形的锯齿形零件，或称手风琴状零件。这类零件往往会产生弯曲间距和角度不等、过渡圆角半径不一致等问题，很难得到理想的结果。

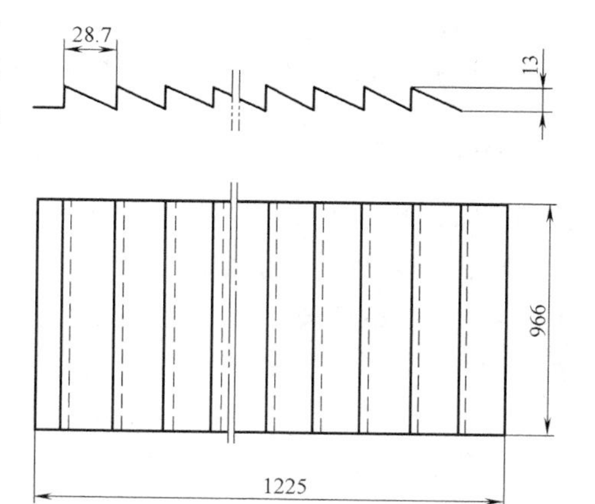

图 2-62 脱粒机波纹板

2. 废次品形式

尺寸超差。采用一个一个地弯制牙形的冲压加工方法，加工出的制件无论单个牙形，还是弯曲间距和总长度尺寸都达不到产品图样要求，尺寸超差严重，导致后续工序无法进行。

3. 原因分析

这类零件在成形过程中，每个牙形的压制都试图从坯料的两侧补充材料。当第一个牙成形后，靠这个牙齿定位来压制第二个牙形时，由于加工硬化，两侧坯料的塑性不同，两侧进料的阻力不同。第一个牙齿会阻碍第二个牙齿的成形，第二个牙齿成形也会使已成形的第一个牙齿受到一定程度的影响。由于变形条件不同，造成了两个牙齿形状和尺寸的差异。依次下去，如连续压制几十个牙齿，则由于材料变形条件的不同，定位误差和累积误差使成形后制件的局部尺寸、弯曲间距和总体尺寸严重超差。

4. 解决与防止措施

生产中采用专用的辊压机来预弯制坯，制坯后经整体成形解决了问题。也可采用多辊辊压机多次辊压成形实现预弯制坯。辊压机键面辊上的一对相互啮合的圆弧工作辊如图 2-63 所示，辊压后的预弯毛坯形状如图 2-64 所示。预弯制坯的目的在于合理分配材料。毛坯的展开长度与零件牙形节距的展开尺寸相等，而圆弧齿轮节距展开的设计尺寸参数要大些，增加量一般为 2%～3%。预弯毛坯节距的展开长度可通过调整两齿轮的中心距来保证。

采用这种方法来加工图 2-65 所示的联合收割机逐稿器键面板也获得了理想的效果。采

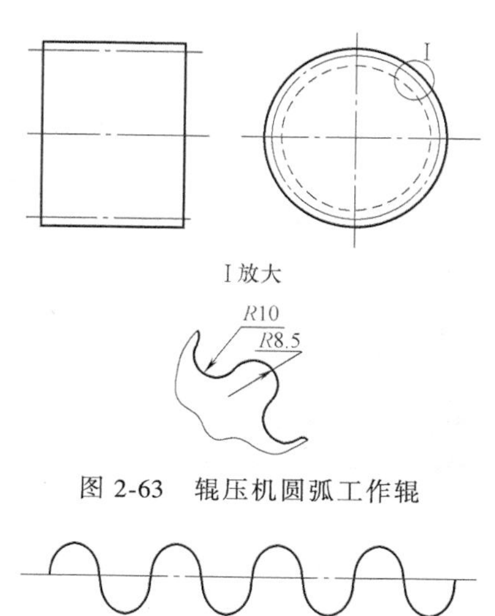

图 2-63 辊压机圆弧工作辊

图 2-64 预弯毛坯形状

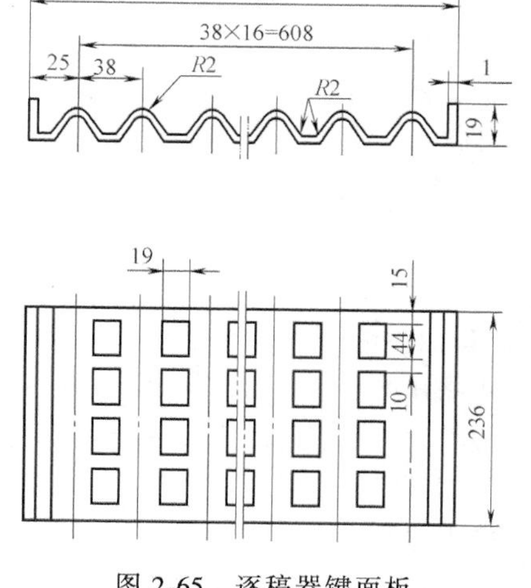

图 2-65 逐稿器键面板

用此法不仅生产稳定、零件质量好，且大大地提高了生产效率。一般而言，即使单步弯曲，为保证这类零件具有好的重复性，防止出现尺寸超差，也应增加一道预弯工序。

2.2.19 收割机法兰盘尺寸超差、端面不平

1. 零件特点

联合收割机法兰盘如图 2-66 所示。零件材料为 Q235A 热轧等边角钢，规格为 30mm×30mm×4mm。该件装在联合收割机收割台左右侧壁上，防止搅龙筒轴旋转时从侧壁间隙往轴上缠草，影响收割作业。该法兰盘结构简单，尺寸精度要求不高，满足弯曲加工工艺的要求。

2. 废次品形式

1）尺寸超差。生产中采取的加工工艺方案为：切料（长 829mm）→手工校直→冷弯 *R*225mm 圆弧→冲 4 个 ϕ9mm 孔。弯曲加工后，半成品制件尺寸超差严重。冲孔后，孔的位置度、位置尺寸不能保证，影响了后续装配工序与零件的使用。

2）端面不平。如图 2-67 所示，弯曲后角钢两端头向外倾斜，端面不平。

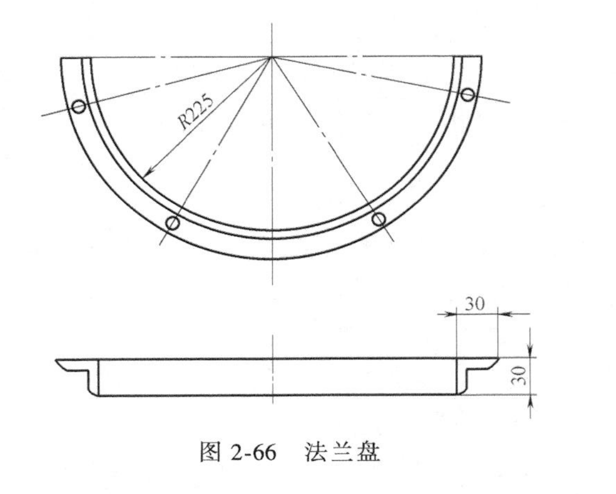

图 2-66 法兰盘

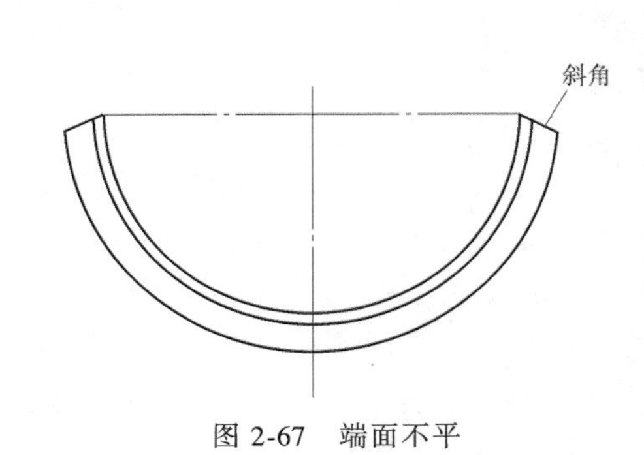

图 2-67 端面不平

3. 原因分析

1）热轧型钢各边和圆角尺寸在轧制成形后误差较大。

2）计算毛坯展开尺寸时，以型钢断面的名义尺寸重心位置作为零件的理论计算中心。但因弯曲过程中型钢的各部位都发生了复杂的变形，变形后的型钢断面重心位置发生了变化，故实际尺寸与计算值不符。

3）角钢在弯曲变形时，外侧受拉伸长，内侧受压缩短。内侧靠模具保证其内径，而外侧处于自由状态，变形后外形尺寸变化较大。因此，以外形定位冲孔，孔的位置度及孔位尺寸无法保证。

4）弯曲件毛坯内、外侧长度相等。而零件外侧弧长大于内侧弧长，其长度差靠外侧伸长和内侧缩短来补偿。因弯曲变形很难控制，外侧伸长量与内侧缩短量之和小于零件要求的内、外弧长之差，故制件两端头出现斜角，端面不平。

4. 解决与防止措施

生产中采取的解决措施是：

1）毛坯展开长度尺寸在理论计算的基础上，试弯后进行了修正。这样反复多次，最后

确定出了合适的切料长度。

2）考虑到端面不平的实际情况，增加一道切头工序。在合理切料长度确定后，增加了切头余量。

3）改变了冲孔的定位方式。采用内径定位，保证了孔的位置精度。

一般而言，对于形状比较复杂或尺寸精度要求高的弯曲件，无论型材还是板料，按理论计算出的展开尺寸都要经过反复试弯才能最后确定出合适的弯曲件毛坯尺寸。因此，生产中往往都是先制造弯曲模，确定了毛坯尺寸后，再加工落料制坯模或下料定位装置。

此外，为防止这类问题的发生，还应注意材料的供货状况。材料尺寸误差大或者性能不稳定，弯曲件的尺寸也不稳定。

2.2.20 拖拉机机架后连接板尺寸和位置度超差

1. 零件特点

某型手扶拖拉机机架后连接板如图2-68所示。零件材料为Q235A，料厚为5mm。该件为典型L形弯曲件。零件在相互垂直的两个面上有5个ϕ16mm的孔。与机架焊合后，通过这5个孔连接其他零件，使用中对这5个孔的位置有一定要求。零件展开后其长度与宽度尺寸分别为257mm和254mm，展开毛坯近似为正方形。

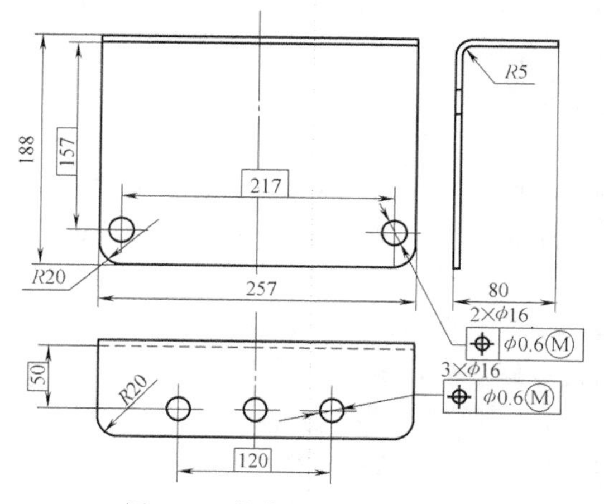

图2-68 拖拉机机架后连接板

2. 废次品形式

生产中采用的工艺方案为：落料→弯曲→冲2个ϕ16mm孔→冲3个ϕ16mm孔，在不同工序出现的废次品形式是：

1）尺寸超差。在进行弯曲加工时，许多制件尺寸达不到图样要求，外形尺寸超差严重，造成批量报废。

2）位置度超差。零件加工完成后，两垂直平面上的5个ϕ16mm的孔位置度超差。零件与机架焊合后，无法装配。

3. 原因分析

1）造成零件外形尺寸超差的主要原因是操作失误。由于该零件落料毛坯为一长度和宽度很接近的矩形件（257mm×254mm），或者说弯曲毛坯近似一正方形毛坯，操作工错误地以窄边定位，造成了外形尺寸的超差。

2）模具设计采取单边定位，对于这类近似于正方形毛坯来说也不太合理。

3）由于弯曲加工时的角度误差和外形尺寸误差（不包括上述因毛坯倒置产生的误差），致使以外形定位冲2个ϕ16mm孔时出现了不合格的制件。

4）在以2个ϕ16mm孔定位冲3个ϕ16mm孔时，由于定位的2个ϕ16mm孔本身的位置尺寸误差，造成了3个ϕ16mm孔的位置度超差。

5）定位销不断地磨损，销子与孔的间隙越来越大，故2个ϕ16mm孔的定位误差也是造成2个ϕ16mm孔与3个ϕ16mm孔位置度超差的原因之一。

本例又一次说明，冲压生产是一个完整的系统，系统中每一个环节的失误都会造成废次品，孤立地研究冲裁或弯曲都不能解决问题。造成机架后连接板尺寸和位置度超差的原因是产品设计不合理，操作工技术素质差，模具定位方式不可靠，弯曲件尺寸和形状误差以及后续两次冲孔误差的综合结果。

4. 解决与防止措施

生产中为解决尺寸超差采取的措施是：

1）加强对操作工的培训，提高其技术和思想素质，增强操作工的责任心，新操作工应在老操作工的带领和指导下进行操作。

2）改变模具定位方式。如图2-69所示，采用前、后双定位方式来代替原来的前端定位。

为解决位置度超差采取的措施是：

3）严格检验制度，对每道工序都要把关，前工序中不合格的制件不得进入后道工序。

4）修正每道工序的定位误差，在冲3个ϕ16mm孔时，定位销的磨损控制在50%的位置度公差范围内，超过者及时更换。定位销、定位块不允许有任何松动现象。

5）对于每一批材料，经试冲后都应修正弯曲凸模的弯曲角，保证回弹角在±30′的偏差范围内。

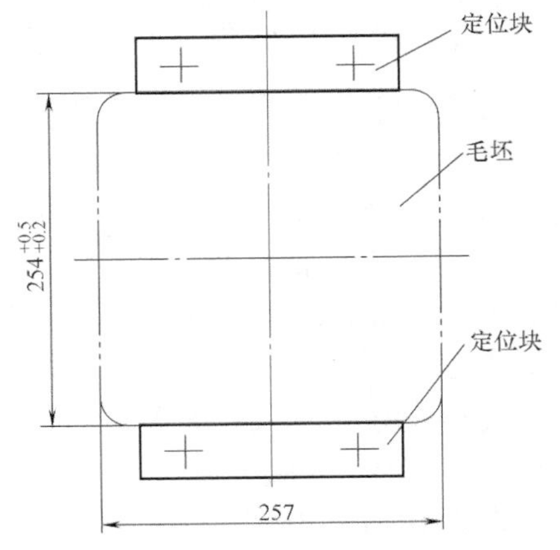

图2-69 改进后的定位方式

防止这类尺寸和位置度超差的措施还有：

6）与设计部门协商，改变零件的结构尺寸，将弯曲毛坯改为正方形。这样既可防止外形尺寸超差，又能提高生产效率。

7）因每批板料的弯曲回弹量不一致，有时同一批板料的回弹也有差异。因此，为保证该零件两个面的垂直度要求，可在弯曲工序之后增加一道整形工序，以确保后两道冲孔工序的正常进行。

8）在进行模具设计时，应考虑定位和弯曲回弹的可控性，各工序的定位装置应有一定的调整余地，弯曲凹模也尽可能采用可调式结构。

9）改变原工艺方案，采用落料、冲孔→弯曲成形的加工工艺，先通过试验确定出5个孔在平板上的准确位置。这样一来，少了两道冲孔工序，既节约了模具制造费用，又大大地提高了生产效率。

10）在有条件的情况下，采用数控折弯机进行L形弯曲件的加工。

2.2.21 仪表调节器支架尺寸超差

1. 零件特点

仪表调节器支架如图2-70所示。零件材料为08F钢，料厚为2mm。该件为典型的Z字形弯曲件，零件的相对弯曲半径$r/t=0.25$较小，当弯曲线与板料轧制方向垂直时，满

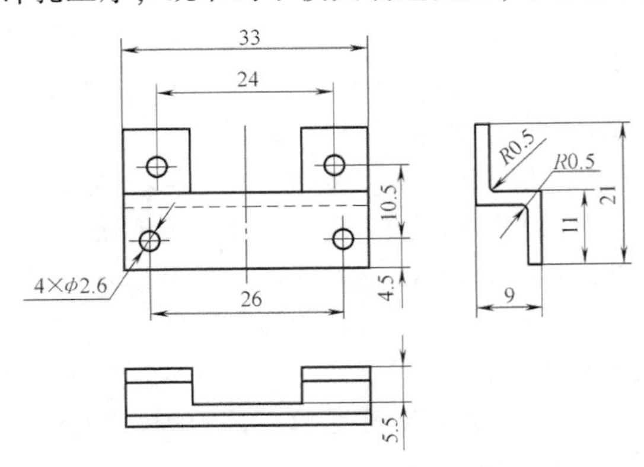

图2-70 调节器支架

足弯曲加工工艺性要求。

2. 废次品形式

尺寸超差。弯曲毛坯经落料、冲孔后，采用一套Z形弯曲模，在1000kN压力机上一次弯曲成形。成形后的制件尺寸超差，开口一侧外形尺寸仅为32.5mm，孔间距为23.65mm，不能满足产品的使用要求。

3. 原因分析

1）零件中部缺口距弯曲变形区太近。如图2-70所示，零件缺口边缘距下部弯曲变形区仅1mm。弯曲变形时，外侧金属沿弯曲方向伸长，缺口根部坯料参与变形，沿板宽收缩，使缺口两侧向内收拢，便造成了尺寸超差。

2）模具结构不合理。如图2-71所示，原模具结构未设置限位块，在变形时，缺口两侧的坯料可以向内移动，为金属沿板宽方向变形创造了有利的条件。

4. 解决与防止措施

生产中根据制件在弯曲加工中的变形特点改进了模具结构。在图2-71所示模具中增设限位块3，限制了弯曲变形时缺口两侧坯料向内的收缩变形，保证了制件的尺寸精度。

此外，对于这类开缺口的弯曲件，在不影响使用的条件下，增大缺口根部与弯曲变形区间的距离，即减小尺寸5.5mm，也可防止尺寸超差。

2.2.22 变速器制动器托架偏移、缺口变形

1. 零件特点

联合收割机变速器制动器托架如图2-72所示。零件材料为Q235A，料厚为2mm。该件为典型帽形弯曲件，弯曲半径R2mm较小，相对弯曲半径$r/t=1$。零件两侧壁有4个17mm×10mm长方形缺口，缺口边缘距弯曲变形区的距离仅1mm，只有料厚的一半。零件对各孔、缺

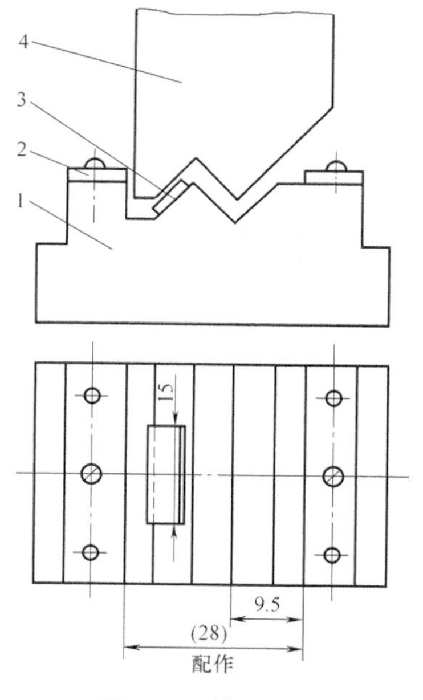

图2-71 模具结构

1—凹模 2—定位板 3—限位块 4—凸模

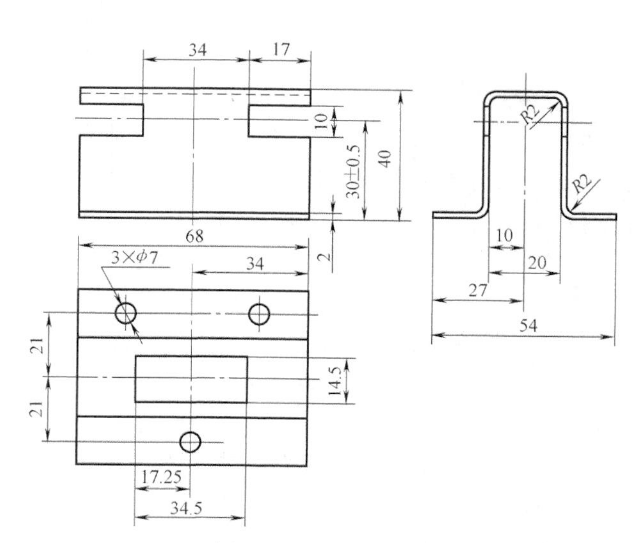

图2-72 制动器托架

口位置有一定要求，特别是 17mm×10mm 长方形缺口中心至帽缘平面位置尺寸（30±0.5）mm 必须保证。此外，使用还要求制件对称，两侧壁缺口同心。

2. 废次品形式

生产中，该零件的加工工艺方案为：剪切下料（68mm×123mm 坯料）→以边定位，冲 3 个 ϕ7mm 孔和 34.5mm×14.5mm 长方孔→以边定位，冲 4 个 17mm×10mm 缺口→以边定位，一次弯曲成形。弯曲成形后，制件出现的主要废次品形式为：

1）偏移。弯曲成形后制件偏移，两帽缘宽度不一致，尺寸 27mm 超差严重。各孔位均产生偏移，34.5mm×14.5mm 长方孔不对称，3 个 ϕ7mm 距中心位置尺寸 21mm 超差严重。两侧壁上 17mm×10mm 缺口不对称，高低不一。

2）缺口变形。弯曲成形后两侧壁上 17mm×10mm 缺口变形，部分制件缺口根部断裂。此外，如图 2-73 所示，缺口处根部高度弯不成直角、弯不足或回弹严重。

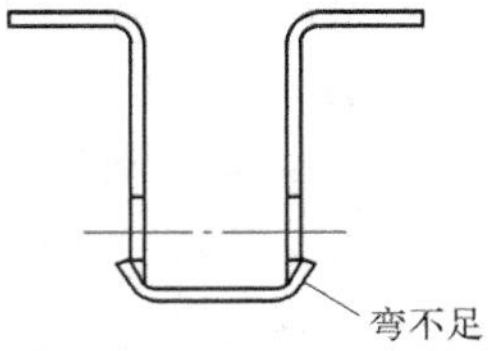

弯不足

图 2-73　弯曲缺陷

3. 原因分析

造成制件偏移、孔位偏移的主要原因是：

1）凹模两侧圆角半径不一致，圆角处表面粗糙度不相同，凸、凹模两侧间隙不均匀等因素引起的金属流动阻力不均。

2）毛坯剪切下料存在误差，弯曲毛坯形状误差影响定位精度。

3）弯曲加工以边为基准定位，定位基准与制件的尺寸基准不重合，冲孔时所用的边定位基准与弯曲时采用的边定位基准不统一。

4）操作工素质不高，操作时未将工件准确定位。

5）零件材料采用热轧钢板，其厚度偏差较大。如果为正偏差毛坯，材料产生挤压、伸长变形，影响了孔的位置精度。

造成缺口变形、弯不足的主要原因是：

6）两侧壁缺口处板料弯曲高度太小，弯曲工艺性差。弯曲件的最小弯曲高度应为 $h_{min}=R+2t$。本例中 $h_{min}=6$mm，但制件的实际弯曲高度仅为 3mm，相差太远。

7）采取先冲 17mm×10mm 缺口、后弯曲的工艺方案不合理。缺口边缘距弯曲变形区仅 1mm，弯曲加工时，弯曲变形区向口缘延伸，易造成缺口变形。

8）制件偏移后，一侧缺口边缘进入弯曲变形区，加剧了缺口的变形。

9）缺口外端坯料被切断，靠近缺口边缘的坯料自由度大，弯曲加工时在摩擦力的作用下受拉变形。

10）缺口根部尖角处因弯曲加工时易产生应力集中而被撕裂。

4. 解决与防止措施

生产中采取的解决措施是：

1）提高模具的制造和装配精度，保证凹模圆角半径、表面粗糙度和凸、凹模间隙均匀一致。

2）用落料代替剪板机下料，提高弯曲毛坯的尺寸精度。

3）改用 34.5mm×14.5mm 长方孔定位，保证模具定位基准与制件尺寸基准重合，前后工序定位基准统一。

4）改用冷轧钢板，严格控制板厚的尺寸精度。

5）改变工艺方案，先弯曲后冲缺口。

2.2.23 割晒机驾驶门合页圆柱度超差

1. 零件特点

自走式割晒机驾驶门合页如图 2-74a 所示。零件材料为 Q235B，料厚为 2.5mm。该件为典型的铰链式弯曲件。如图 2-74b 所示，驾驶室门框上、下焊有两个凹形合页与其配合，两片用一个 ϕ6mm 圆轴销铆合。使用要求该件装配后转动自如，故 ϕ7mm 孔的圆柱度必须保证。

2. 废次品形式

圆柱度超差。生产中采用剪料（剪成 40mm×65mm 矩形坯料）→弯小圆弧（如图 2-75 所示，在坯料端头弯 1/4 小圆弧）→卷 ϕ7mm 圆的冲压加工工艺方案。制件卷圆后 ϕ7mm 圆孔不圆，靠端头的 1/4 圆弧半径较大。按国标规定的未注圆柱度公差检查，超差严重。插销轴装入后太松，驾驶门晃动，制件报废。

3. 原因分析

如图 2-76 所示，生产中采用悬臂环向推卷的方法卷圆合页。在图 2-76 右侧所示的卷圆弯曲过程中，坯料受到推压和弯曲作用，要求前道弯小圆弧时尺寸与形状必须准确。小圆弧放置在右侧模具中，必须与模具圆弧吻合。因此，合页圆柱度超差与预弯小圆弧和卷圆工序都有关系。具体而言，产生这类废次品的原因是：

1）预弯 R3.5mm 小圆的半成品工艺性较差。如图 2-75 和图 2-76 左侧所示，在弯 R3.5mm 小圆的弯曲过程中，弯曲变形区距坯料端头太近，端头全部参与变形，没有直线段

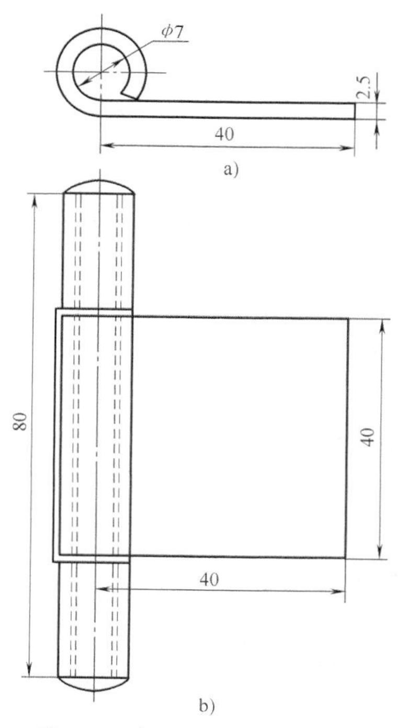

图 2-74 驾驶门合页及装配图
a）驾驶门合页 b）合页装配

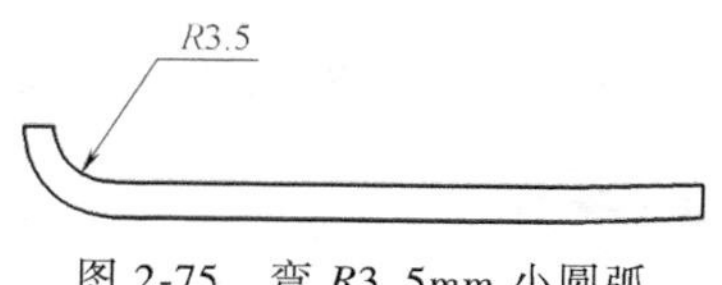

图 2-75 弯 R3.5mm 小圆弧

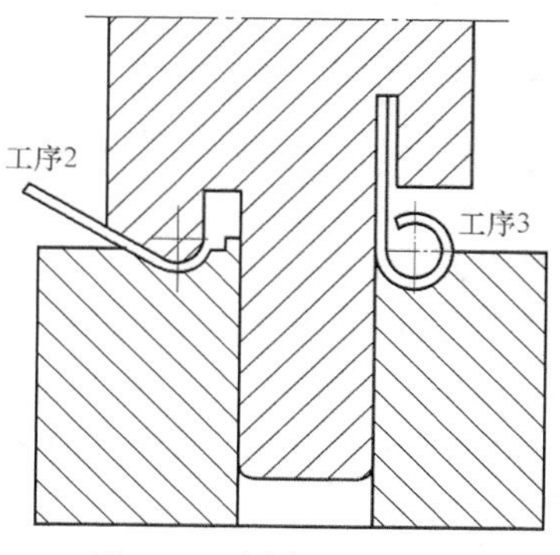

图 2-76 原合页卷圆模

作为弯曲力臂，弯曲力与力矩建立不起来，故此类弯曲件的形状与尺寸很难保证，常出现弯不足的现象。

2）弯曲回弹较大。因弯曲件端头坯料全部参与变形，无直边支承，故变形后贴模性差、回弹大，特别是坯料端头有时近似直线。

3）卷圆模对制件端头一侧无限制。如图2-76右侧所示，卷圆模为半敞开式，由于凹模上部制件处于自由状态，预弯$R3.5$mm小圆弧外径与凹模型腔稍有误差，则在凸模的推弯力作用下，制件端头的形状就无法控制，很难卷成符合图样要求的形状与尺寸。

4. 解决与防止措施

生产中采取的解决措施是：

1）调整图2-76左侧预弯模定位尺寸，修磨预弯凸模圆角半径，对弯曲不足和回弹进行补偿。

2）增加图2-76右侧卷圆模凸模压料槽深度，将滑块行程适当下调，对小圆弧进行校正弯曲。为提高校正效果，凸模左侧切掉一角，以减小模具与制件的接触面积，增大小圆弧处局部变形区的压应力。采取这一措施后，改变了小圆弧处的应力状态，增加了圆角的塑性变形程度，减小了回弹，取得了预期的效果。

为防止这类制件的圆柱度超差问题，可采取的积极措施还有：

3）改变卷圆模具结构。采用图2-77所示全封闭式卷圆模具，使制件的卷圆部分全部置于凸、凹模的型腔内。采用这一模具结构后，即使预弯小圆弧与卷圆模不能完全吻合，在凸、凹模最后阶段的挤压作用下，制件也能达到形状与尺寸要求。值得注意的是，材料在挤压和弯曲作用下，板厚增加，中性层会外移。

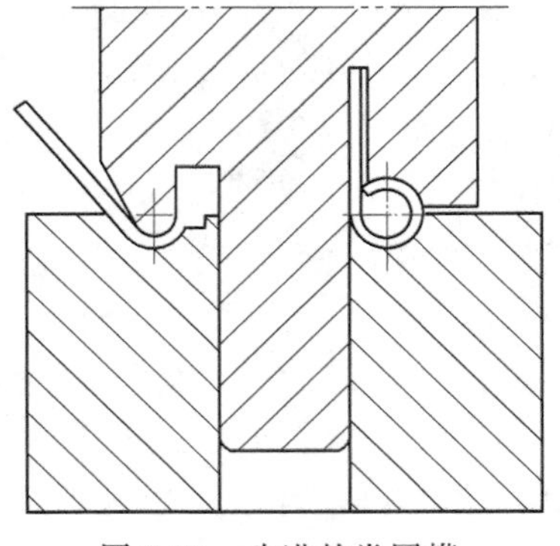

图2-77　改进的卷圆模

2.2.24　照相机滚轴支架同轴度超差、角部开裂

1. 零件特点

照相机滚轴支架如图2-78所示。零件材料为不锈钢1Cr18Ni9Ti，料厚为0.15mm。该零件料薄，尺寸精度要求较高，相对弯曲半径$r/t=1$已接近这种材料的最小弯曲半径。另外，2个$\phi0.8$mm小孔有同轴度要求，这增加了弯曲加工的难度。该件在使用时要求零件毛刺小、无划伤。

2. 废次品形式

1）同轴度超差。试生产时，2个$\phi0.8$mm小孔同轴度超差严重，无法使用。

2）开裂。如图2-78所示，零件B处角部出现裂纹，严重时开裂。

3. 原因分析

1）如图2-79a所示，由于凹模圆角半径不对称，间隙不均匀，毛坯靠外形定位不准确，弯曲时毛坯产生了滑动，故引起了孔的同轴度超差。

2）如图2-79b所示，弯曲后回弹量过大是孔的同轴度超差的另一原因。

3）该件具有两个相互垂直的弯边，B处弯曲线与板料轧制方向平行，使材料超过了其弯曲加工极限。这是角部出现裂纹和开裂的重要原因。

4）采用落料、冲孔→弯曲成形的冲压工艺方案。落料凸、凹模间隙取料厚的4%（单边)，落料件有小毛刺，弯曲加工时未注意毛坯放置方向，毛刺一侧受拉伸加剧了裂纹和开裂产生的概率。

4. 解决与防止措施

生产中采取的措施是：

1）精确加工凹模，保证两侧凹模圆角半径一致。

2）进一步提高模具的加工精度和装配精度，保证间隙均匀。考虑到零件精度要求较高的特点，将弯曲凸、凹模间隙减小到料厚。

3）修正弯曲凸模，用补偿法减小回弹。

4）改变毛坯的下料方向，使弯曲线与板料轧制方向成45°角。

5）将有毛刺一侧放置在弯曲的内侧。

防止同轴度超差和开裂的措施还有：

6）增大压料板的压料力可防止毛坯的滑动并减小回弹。

7）改变定位方式，设置定位销用两长条孔定位，防止毛坯的滑移。

8）考虑到零件弯曲半径较小的特点，适当增大弯曲半径，增加一道精整工序。这一措施不仅可以防止零件角部开裂，还可以保持其精度，克服因回弹造成的同轴度超差。

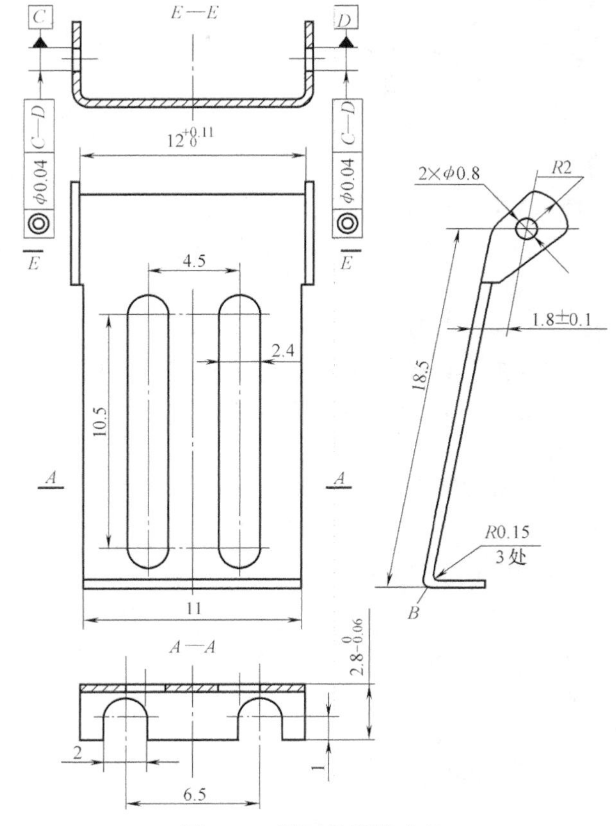

图 2-78 照相机滚轴支架

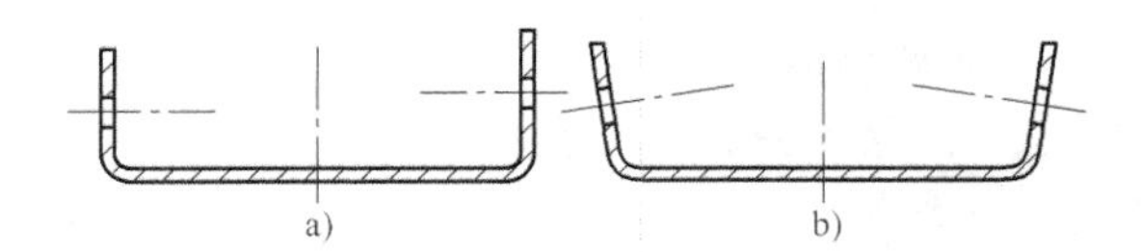

图 2-79 弯曲缺陷及原因分析
a）轴线错移 b）轴线倾斜

2.2.25 轿车前纵梁尺寸超差

1. 零件特点

某轿车前纵梁如图 2-80 所示。零件材料为 H260LA 高强钢，料厚为 2.5mm。该零件为

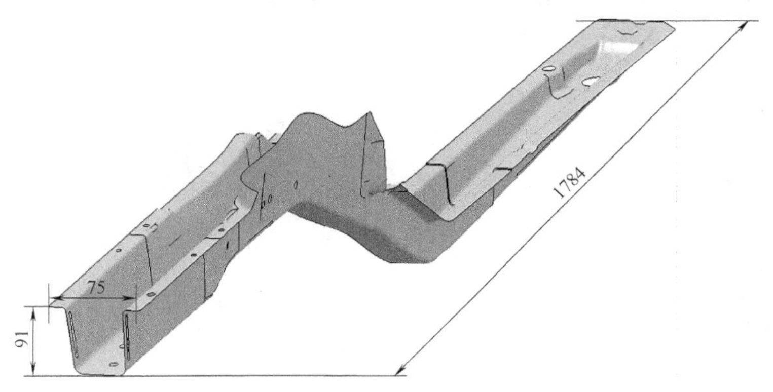

图 2-80 某轿车前纵梁

典型的U形弯曲件，且材料强度高。此外，该零件前端安装保险杠，对U形口的尺寸精度要求较高。

2. 废次品形式

尺寸超差。如图2-81所示，U形口回弹大，开口尺寸偏大，导致前保险杠安装位置不稳定。

图2-81　U形口尺寸超差

3. 原因分析

造成该件尺寸超差的主要原因是弯曲回弹，具体而言是：

1）高强钢屈服强度高，回弹较大。

2）成形凸模U形口底部位置圆角大，相对弯曲半径 r/t 较大，弯曲变形中的塑性变形程度相应较小，回弹相对较大。

3）侧整形机构整形位置偏上，整形所获得的塑性变形量较小，克服回弹效果不明显。

4. 解决与防止措施

生产中采取的解决措施是：

1）优化模具侧整形机构，使其整形位置靠近底部圆角，增大塑性变形程度，减小回弹。

2）在凸模底部圆角位置进行堆焊，减小凸模圆角，减小相对弯曲半径 r/t，增大局部塑性变形程度，减小回弹。

2.2.26　手机天线弯曲回弹、尺寸超差

1. 零件特点

某型手机天线冲压件如图2-82所示。零件材料为C5120H，料厚为0.15mm，原料为磷青铜薄带卷材，其化学成分及主要力学性能见表2-3。该件为典型的复杂弯曲件，产品设计有大量垂直折弯特征。如图2-83所示，为解决智能手机天线功能与手机内部有限物理空间之间的矛盾，对产品弯曲角和尺寸精度有严格的要求和约束。根据“6σ”质量理论，量产过程中关键尺寸的控制中心会向左或向右偏移 1.5σ（σ 为标准差，用于评估产品和生产过程特性波动大小），导致成品不良率提升。因此，需要在生产中对折弯角度进行严格管控，减少标准偏差，确保量产阶段质量稳定。

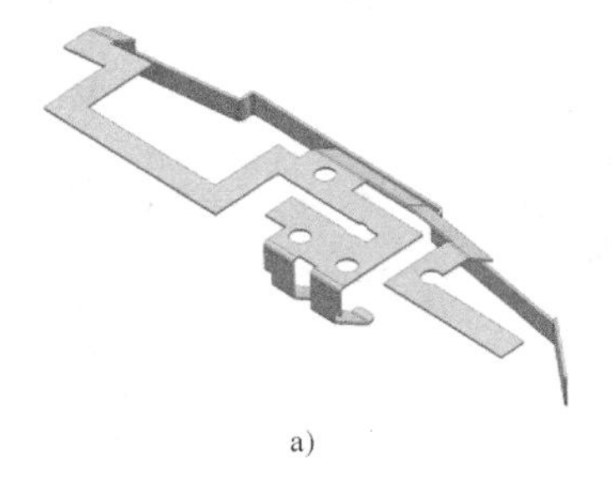

a)

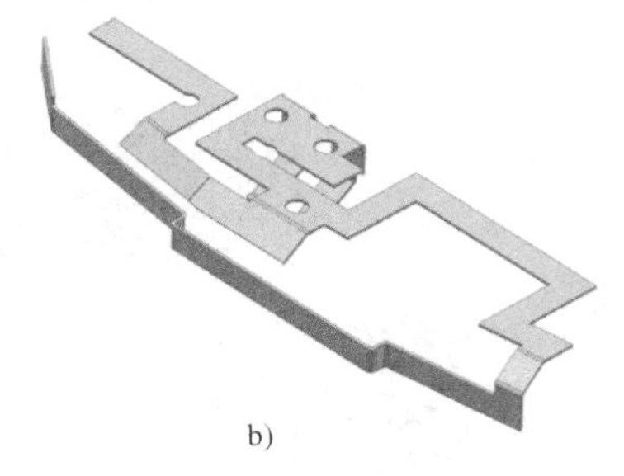

b)

图2-82　手机天线冲压件

a）正面　b）反面

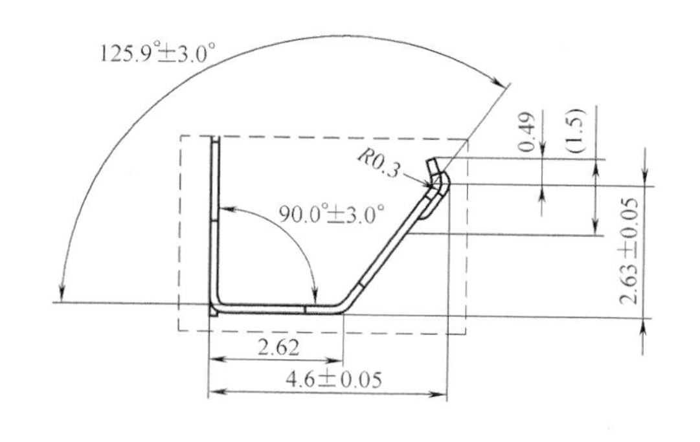

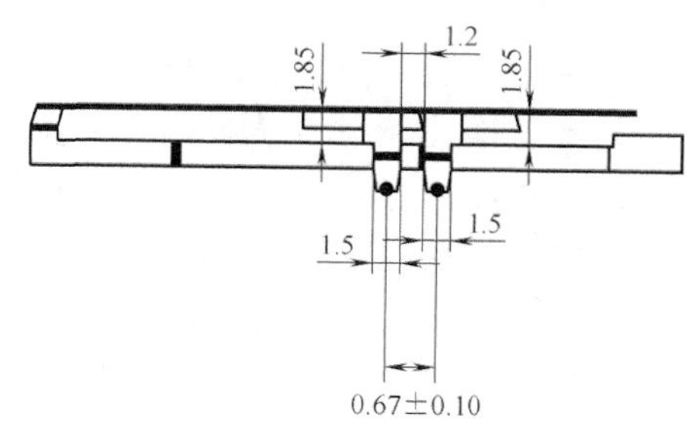

图 2-83　手机天线冲压件折弯尺寸

表 2-3　C5120H 的化学成分及主要力学性能

化学成分(质量分数,%)					主要力学性能		
Cu ≥	Sn	Pb ≤	Fe≤	P	硬度 HV	抗拉强度/MPa	伸长率(%)
余量	7.0~9.0	0.05	0.01	0.03~0.35	185~235	590~705	≥20

2. 废次品形式

基于成本和时间考虑，本例采取先进行设计分析方法，提前进行风险识别与管控，再进行模具制作和样品试制的思路进行工作。设计失效模式与影响分析（Design Failure Mode and Effects Analysis，DFMEA）是从设计阶段把握产品质量的一种手段。DFMEA 与评估见表 2-4。通过潜在失效模式分析，本产品的主要废次品形式为因回弹导致的关键尺寸超差，无法满足 90°折弯角度需求，进而影响产品功能需求。具体表现为：

1）弹片触点局部高度要求（4.60±0.05)mm。发生回弹后会导致精度无法保证，成品误差会放大至（4.60±0.2)mm，高度变化影响弹片触点和印制电路板之间的接触压力，存在接触不良的风险。

2）弹片触点平面位置尺寸（0.67±0.10)mm 和（2.63±0.05)mm，若发生回弹，触点和印制电路板的接触位置将无法对中，有导致断路的风险。

表 2-4　DFMEA 与评估

潜在的失效模式	潜在失效情况	严重度	可能的失效原因	发生概率	目前设计控制措施	可探测性	风险指数	推荐措施	采取的措施
尺寸要求无法达到(4.60±0.05)mm	接触压力不足	7	折弯后回弹	4	增大折弯量进行回弹补偿	3	84	增加一步折弯	增加一步折弯。先完成 45°角折弯，再完成 90°角折弯
尺寸要求无法达到(0.67±0.10)mm	无法接触到电路板的触点	8	折弯后回弹	4		3	96		
尺寸要求无法达到(2.63±0.05)mm	无法接触到电路板的触点	8	折弯后回弹	4		3	96		

3. 原因分析

由弯曲变形的特点可知，即使在全塑性弯曲阶段卸载，板料仍会产生一定程度的回弹；另外，产生回弹的内因与薄板材料的自身物性有关。由表 2-3 可知，这种磷青铜板的强度和伸长率都较高，经加工折弯的板材硬化程度大，相对而言，回弹量也会较一般材料大。

4. 解决与防止措施

1）根据薄料自身的物性和之前的经验，针对90°折弯角的设计，由于材料回弹，一次冲压出满足角度要求的折弯是无法实现的。因此，在DFMEA的讨论中，提出采用分两次折弯的解决思路，即第一次冲压先折弯45°角，如图2-84所示。然后第二次冲压折弯90°角，如图2-85所示。利用两次冲压带来的材料冷作硬化特性，控制材料回弹。

2）在模具设计上，冲头采用大圆角设计，使成形受冲击更平缓，过渡更均匀，防止材料表面出现压痕等外观不良现象。

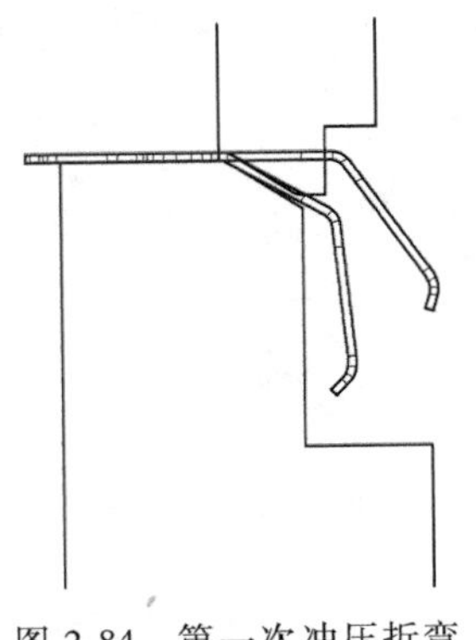

图2-84 第一次冲压折弯

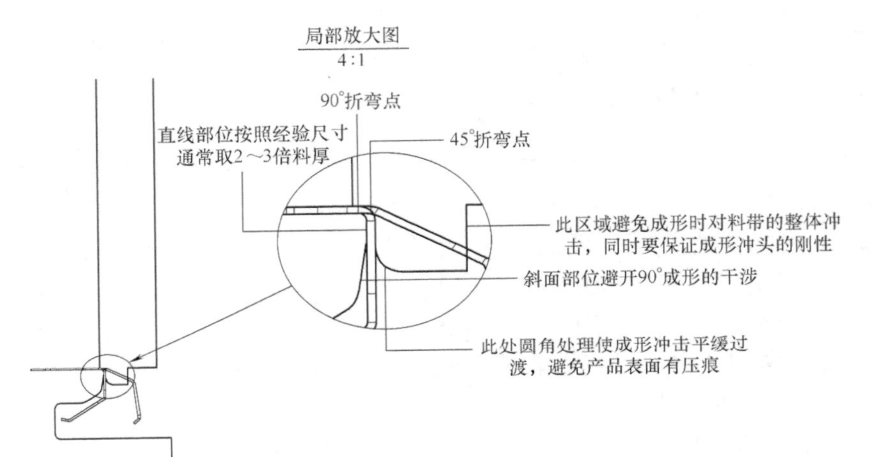

图2-85 第二次冲压折弯

3）本产品为手机天线，从功能实现的角度出发，需要在弹脚位置（图2-86）进行局部镀金，以确保天线和手机印制电路板接触稳定，降低因材质氧化导致的信号衰减风险。为了管控镀金的位置，防止因整个产品被镀金造成的浪费和产品成本激增，采用“三步走”的工艺方案，把产品冲压成形、弹脚镀金等功能需求分解实现。先由一冲（使用第一套连续模）完成弹脚的冲压成形；然后将料带放在挂架上，确保弹脚可以伸出挂架并浸入电镀液中进行镀金；最后进行二冲（使用第二套连续模）完成整个产品的加工。在一冲和二冲的工艺过程中，采用精密导正销定位，以确保步距的要求完全一致。

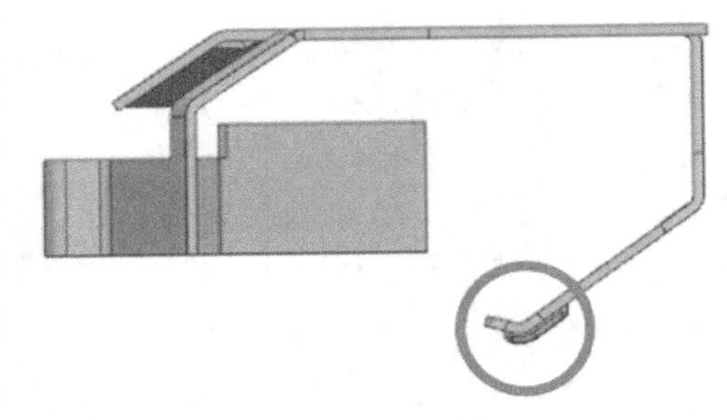

图2-86 镀金弹脚

2.2.27 尾轮叉扭曲、同轴度超差

1. 零件特点

U形尾轮叉如图2-87所示。零件材料为Q235A钢板，料厚为8mm。该件为典型的U形弯曲件。材料较厚，相对弯曲半径$r/t=1.25$大于Q235A钢板的最小弯曲半径。该零件在成

形后与其他零件焊合成组合件，安装钢轮。焊接后在使用时对其有较高的对称度要求。此外，两斜槽孔有同轴度要求，斜槽轴线对底面还有平行度要求。

2. 废次品形式

1）扭曲。如图 2-88 所示，生产中的两直边常出现扭曲现象。

2）同轴度超差。两斜槽孔轴线的同轴度超差严重，成形后无法再整形，造成批量报废。

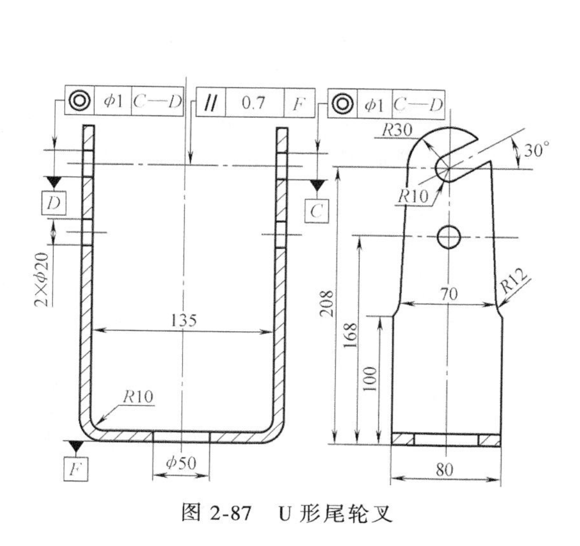

图 2-87　U 形尾轮叉

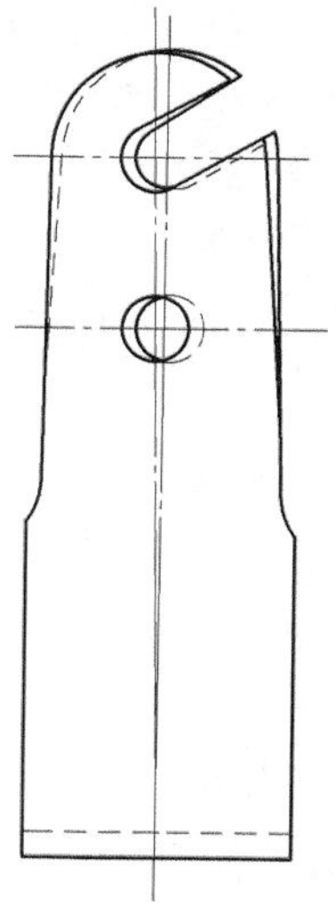

图 2-88　制件扭曲

3. 原因分析

1）生产中采用 80mm 宽的扁钢，经下料→切两头→冲孔→弯曲成形四道工序来生产该零件。如图 2-89 所示，原材料弯曲甚至出现“大弯刀”现象，这是造成制件扭曲的主要原因。

2）弯曲制件扭曲是造成同轴度超差的原因之一。

3）由于弯曲凸、凹模两侧圆角半径不一致、表面粗糙度不同、间隙不均匀等原因造成了制件的偏移和同轴度的超差。

4）弯曲回弹也是引起同轴度超差的重要原因。

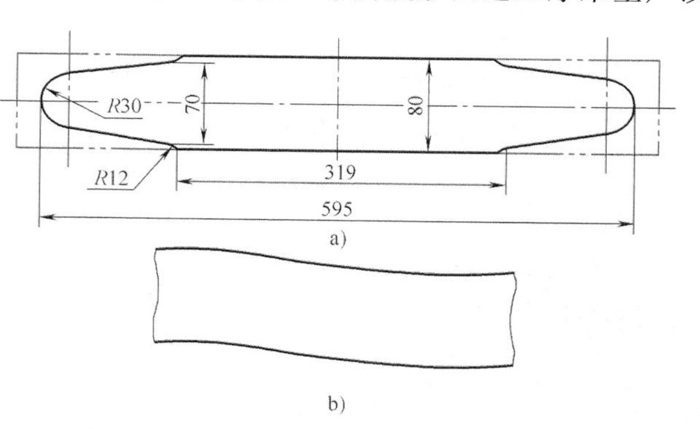

图 2-89　下料方式及废次品原因分析
a）扁钢下料方式　b）大弯刀毛坯形式

4. 解决与防止措施

生产中采取的解决措施是：

1）采用落料制坯来代替扁钢切头工序。这项措施的缺点是：材料浪费较多，落料模具价格较高，设备吨位大，增加了零件加工成本。

2）仍采用扁钢切头工序，在切头前增加一道整形工序。这项措施的缺点是：增加一道工序，整形设备吨位大，增加一套整形模具，生产效率低，也增加了零件的加工成本。

提高产品质量和改进工艺应对整个生产系统进行研究，必须考虑工厂的生产条件、使用设备、材料利用率、生产效率等多方面的因素，要进行成本核算。经过分析、研究后，采用了落料制坯的工艺方案。

2.2.28 电冰箱门把手加强板扭曲

1. 零件特点

电冰箱门把手加强板如图 2-90 所示。零件材料为 Q235A，料厚为 1mm。该件左、右对称，但弯曲线的长度和弯边高度不一致，两侧窄边尺寸 9mm 相对较小，弯曲加工有一定难度。

2. 废次品形式

扭曲。采用方板切角后一次弯曲工艺来加工该零件。弯曲后制件出现图 2-91 所示扭曲现象，尺寸 9mm 缺口处翘曲不平，弯边高度低的一侧产生严重扭曲。增加顶出器压力也无济于事。

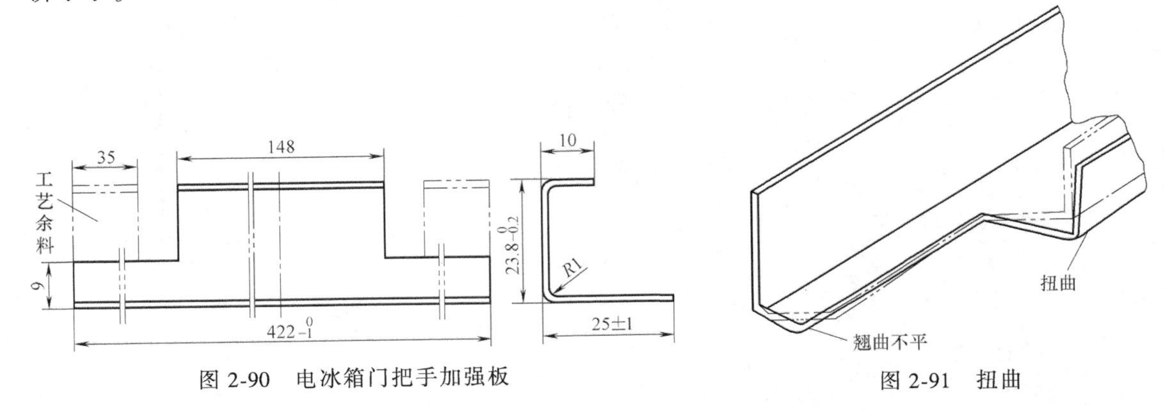

图 2-90 电冰箱门把手加强板

图 2-91 扭曲

3. 原因分析

1）凹模口两侧坯料宽度、弯边高度相差悬殊，弯曲变形阻力不等。弯曲变形时，宽度窄、弯边高度低的一侧易产生扭曲。

2）制件两端缺口较大，尺寸 9mm 相对较小，弯曲变形时顶出器压不住坯料，弯曲力矩建立不起来或较小，故使带缺口的底面翘曲不平，加剧了制件的扭曲。

4. 解决与防止措施

生产中采取的解决措施是：

1）如图 2-90 中双点画线所示，改变弯曲件形状，在两侧增加工艺余料，弯曲成形后增加一道切除工序。本例中工艺余料宽度为 35mm。

防止这类废次品产生的措施还有：

2）改变原弯曲工艺方案和模具结构，分两道工序弯曲成形，即先弯尺寸（25±1）mm 一边，再弯尺寸 10mm 一边或先弯尺寸 10mm 的一边，再弯尺寸（25±1）mm 的一边。

3）在产生扭曲的一侧和缺口处安装导板，可减轻扭曲程度。

2.2.29 仪表微调片扭曲、同轴度超差

1. 零件特点

仪表微调片如图 2-92 所示。零件材料为 3J54 钢，料厚为 0.8mm。该件为形状较复杂的多角弯曲件，使用要求当 $\alpha=0°$，即两边平行时，M2.5 螺纹孔与 $\phi3.5$mm 孔同轴。此外，

由于对材料的物理性能有特殊要求，选用 3J54 钢板强度较高，材质硬，弯曲回弹量较普通碳钢大。

2. 废次品形式

生产中原采用的冲压加工工艺方案是：落外形、冲孔（同时冲 $\phi3.5$mm、$\phi3.2$mm、$\phi2$mm 螺纹孔及长条孔）→攻螺纹→锪 $\phi3.5$mm 孔→弯曲小耳（$\phi3.2$mm 孔所在平面）→弯曲成形 31.5mm 边→弯曲成形 24°角。采用这种工艺方案加工的制件出现如下形式的废次品：

1）扭曲。制件 $\alpha=24°$ 两边扭曲，使用时两边调到平行位置（$\alpha=0°$），M2.5 螺纹孔与 $\phi3.5$mm 孔不同轴。

2）螺纹孔拉毛、变形。制件 M2.5 螺纹孔的螺纹被拉毛，孔变形，调节螺钉无法拧入。

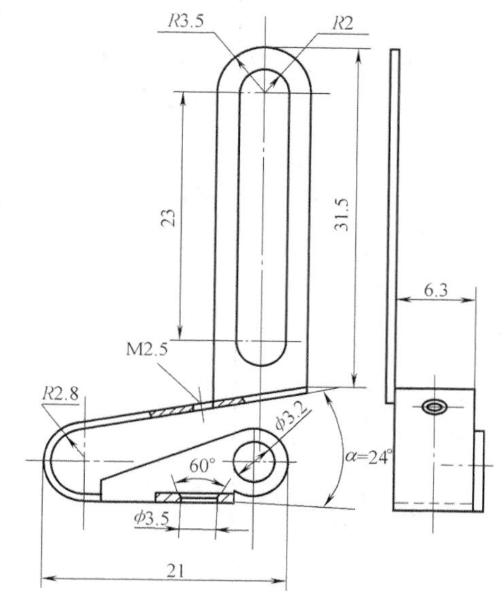

图 2-92　仪表微调片

3. 原因分析

造成微调片扭曲，两边平行时 M2.5 与 $\phi3.5$mm 孔同轴度超差的主要原因是：

1）第三套弯曲模定位不可靠。第三套弯曲模在弯曲 $R2.8$mm 角部需靠两侧定位板定位，由于制件不对称，弯曲线两边受力不均匀，产生了偏移。

2）弯曲模凸、凹模间隙不均匀。由于未设计模架，模具无导向装置，上、下模对模困难，造成了制件的偏斜。

3）凹模圆角半径不均匀（沿弯曲线方向）。弯曲加工时制件产生了扭转。

造成螺纹孔拉毛、变形的主要原因是：

4）工艺不合理。原采用先攻螺纹，后用 M2.5 螺纹孔和 $\phi3.5$mm 孔定位进行第一道和第二道弯曲加工的工艺方案。由于 M2.5 螺纹孔孔径小，坯料又较薄，在弯曲加工工序，制件偏移。在侧向偏移力作用下，M2.5 螺纹孔变形后被拉毛。

4. 解决与防止措施

生产中采取的解决措施是：

1）改变原工序顺序。将攻 M2.5 螺纹工序改在第一道和第二道弯曲工序之后进行，这样就避免了 M2.5 螺纹孔的拉毛和变形现象。

2）改变第三次弯曲模的定位方式。采用整体定位板定位，定位部分靠线切割加工，尺寸、形状都与半成品制件相一致。

3）修磨凹模圆角半径，使得第三道弯曲模凹模圆角半径沿弯曲线方向均匀一致，而弯曲线两侧凹模圆角半径大小不一，长边一侧圆角半径增大，短边一侧圆角半径适当减小。

4）增加模架。采用导柱、导套导向，使第三道弯曲加工工序模具对模方便，凸、凹模两侧间隙均匀。

2.2.30　扬声器端子形状不良、尺寸超差

1. 零件特点

扬声器端子如图 2-93 所示。零件材料为 SUS301-H 不锈钢，料厚为 0.15mm。该件料薄

且形状较为复杂，是以弯曲为主的弯曲、冲裁（落料、冲孔）的复合成形件，局部特征明显，使用时对其垂直度有高的要求。该产品组装后的作用是扬声器的接触点，传递信号便于扬声器发出声音，对零件整体形状和尺寸都有较高要求。从此产品结构分析，在工作时需要承受一定正向力来传递信号，且要求使用寿命长，确保产品在使用过程中不失效。在端子结构设计时运用CAE软件模拟分析，设计出合理的端子卡点干涉量、端子圆环形状及自由弹高尺寸等。这样既确保产品功能又便于端子组装到塑胶盆架本体。

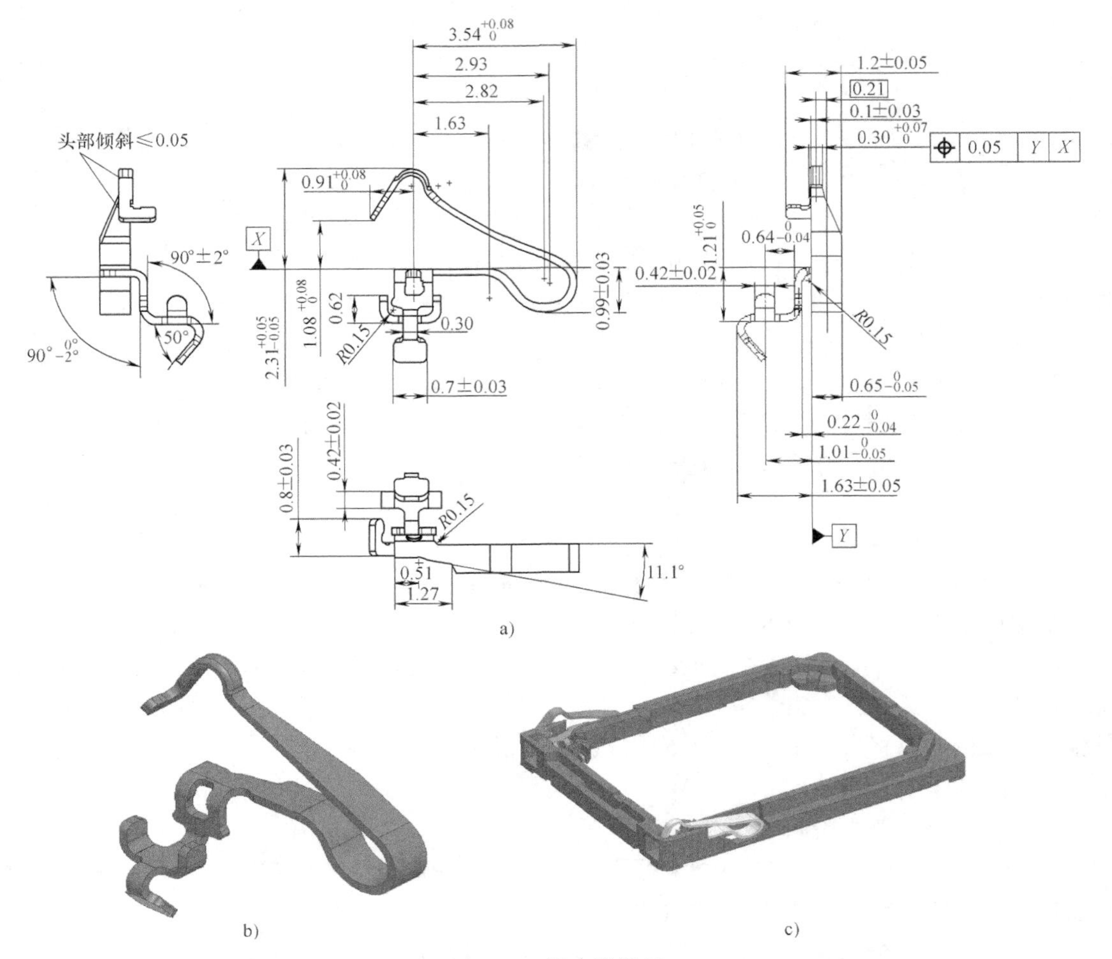

图2-93　扬声器端子

a）2D图　b）3D图　c）扬声器盆架

2. 废次品形式

根据多年经验，端子的料带形式用“背靠背”一模出两支的形式，料宽为45mm，步距为7.5mm，每分钟450次。这样既确保产品的左右端子质量稳定，也提高了模具效率。图2-94所示为产品的局部料带及其展开图。该件采用多工位连续模生产，一共为21道工序。原成形圆弧分3道工序进行，如图2-95所示，排在整个冲压工序的第13（下料）、14、15工序中。试模中，制件产生了以下两种废次品形式。

1）形状不良。制件形状达不到产品要求。

2）尺寸超差。2.31mm、1.08mm、3.54mm 等尺寸超差。

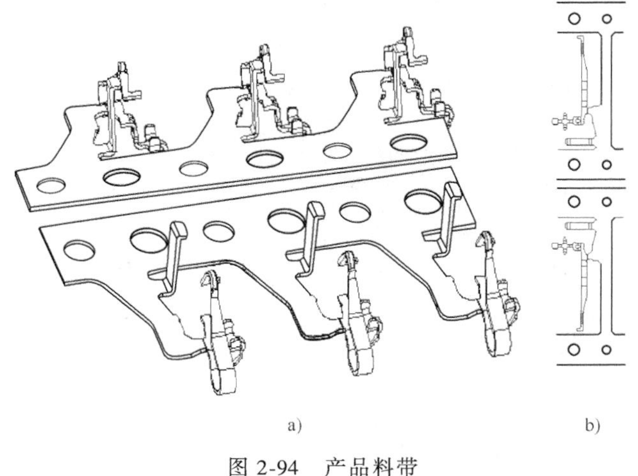

a)　　b)

图 2-94　产品料带

a）局部料带　b）料带局部展开图

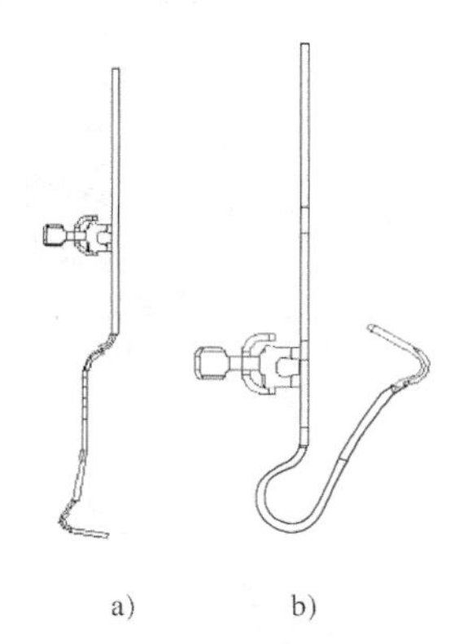

a)　　b)

图 2-95　局部冲压过程

a）第 14 工序折弯

b）第 15 工序成形圆弧

3. 原因分析

根据经验分析，产生上述废次品的原因是：

1）工艺方案不合理。成形圆弧工序不足。

2）回弹控制不当。材料薄且尺寸小，不锈钢经折弯后加工硬化剧烈，材料变硬，回弹较大，回弹补偿角度不合理。

3）润滑不良。采用多工位连续模，原设计为 21 道工序。成形圆弧工序排在第 13、14、15 工序中。此处润滑不良，摩擦阻力增大也会造成零件尺寸超差。

4. 解决与防止措施

生产中采取的解决措施是：

1）改变原工艺方案。将原 3 道工序改为 5 道工序，并增加了整形工序。如图 2-96 所示，将原下料→折圆弧→成形圆弧工序改为下料→折圆弧 25°→折圆弧 19.7°→成形折圆弧 30°→整形。工艺方案改变后，该件生产中采用多工位连续模的工序数增至 23。

2）为克服回弹，在试模中调整模具的回弹补偿角。

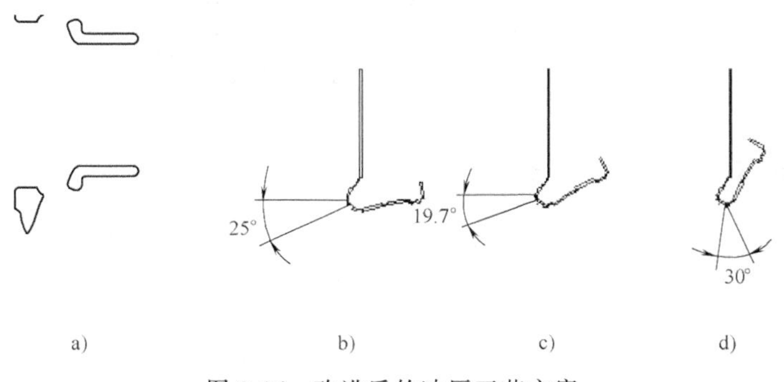

a)　　b)　　c)　　d)

图 2-96　改进后的冲压工艺方案

a）下料　b）折弯 1　c）折弯 2　d）折弯 3

3）对成形模具零件进行抛光处理，保证对模具的良好润滑。

采取上述3项措施后生产出的合格产品如图2-97所示。由图2-97可见，圆弧规则，弹高一致，同时也保证了批量生产的稳定性。

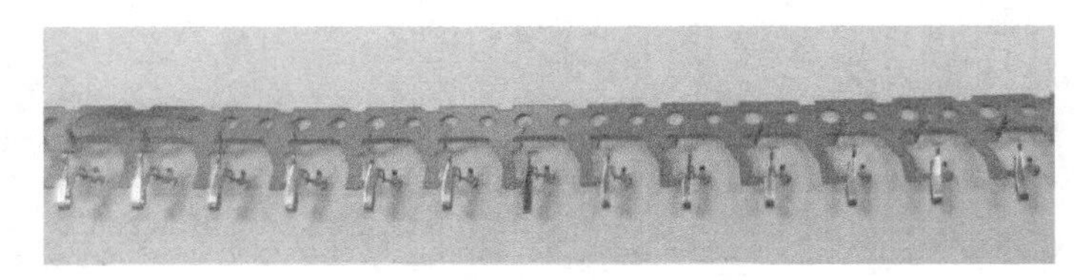

图2-97　扬声器端子合格产品

2.2.31　汽车通风窗筋条断面形状不良

1. 零件特点

某型农用运输汽车驾驶室前围通风窗筋条如图2-98所示。零件材料为Q235A，料厚为1mm。该件为双向弯曲件，使用要求其断面棱角清晰，沿尺寸760mm全长断面形状一致。

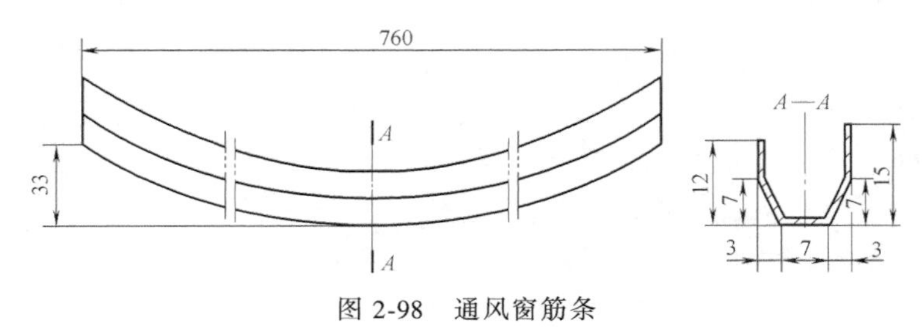

图2-98　通风窗筋条

2. 废次品形式

断面形状不良。生产中采用图2-99a所示弯曲模来加工该零件。试模时发现，采用这套模具压出的制件断面圆滑，棱角不清晰，断面形状达不到图样的要求，使用时也无法与通风窗的其他组合件装配。

3. 原因分析

1）模具结构不合理。采用图2-99a所示模具结构，因弯曲凸模1底部呈锥形，在弯曲过程中，凸模与凹模之间、凸模与顶板4之间处于自由悬浮状态，坯料与凸模锥面无法保证贴合，因此得不到理想的断面形状，工件底部与壁部的转折处为大圆弧过渡。在行程终了，虽然凸模底面与顶板对筋条底部有校正作用，但由于凸模锥面仍处于悬空状态，对坯料无约束作用，故制件的锥面仍不能形成。这种模具的贴模性能不佳。

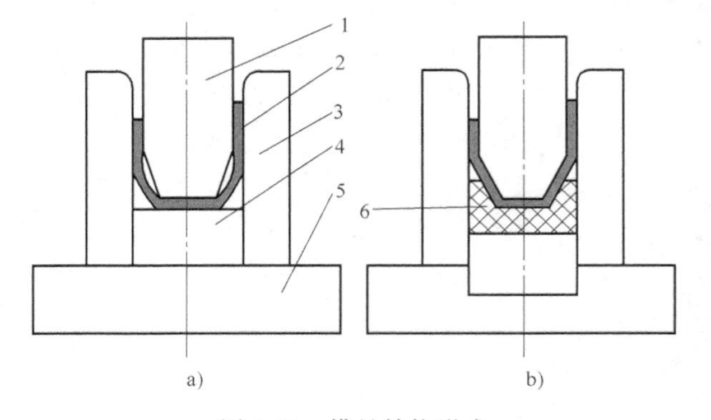

图2-99　模具结构形式

a）原模具结构　b）改进后的模具结构

1—凸模　2—工件　3—凹模　4—顶板　5—下模座　6—橡胶板

2）模具加工困难，凸模与顶板不能完全吻合。由于筋条沿长度方向（纵向）呈大圆弧形曲面，因此凸模的底面凸出部分机械加工困难，顶板的顶部凹进部分更难加工，致使凸模与顶板沿全长不能很好吻合。在成形后期，沿全长各断面的校正力不均匀，部分区域仍处于悬空状态起不到校正作用，故生产出的制件断面形状沿全长也不均匀。

4. 解决与防止措施

如图 2-99b 所示，生产中改进了模具结构。在下模座上刨槽，使顶板下沉，并在顶板上放一橡胶板，使坯料在成形初期就贴合包紧在凸模上。弯曲过程中，橡胶压力增加，保证了坯料始终包紧在凸模上，行程终了可得到由凸模断面决定的筋条断面。采用该方法，制件形状完全由凸模形状决定，对凸模和顶板加工精度要求也降低了，故不仅生产出了合格的零件，而且解决了模具加工难的问题。

2.2.32　汽车发动机气门摇臂弯不足

1. 零件特点

某型汽车发动机气门摇臂如图 2-100 所示。零件材料为 08A1，料厚为 3.8mm。该件形状复杂，属弯曲、拉深和胀形复合成形件。$SR16.10$mm 和 $S\phi8_{-0.06}^{0}$mm 处具有拉深和胀形的变形性质，而尺寸 (9.4±0.13)mm 和 13mm 处两直边则属弯曲变形。B—B 剖面 $R1.5$mm 和 C—C 剖面 $R2$mm 弯曲半径小，弯边高度 (3.2±0.6)mm 和 $4_{-0.3}^{+1.0}$mm 均较小，且沿长度方向变化，不满足弯曲的工艺要求。此外，该件尺寸公差等级对弯曲件来说精度相对较高，需增加整形工序。

2. 废次品形式

弯不足。生产中采用落料、冲 ϕ6mm 工艺孔（图 2-101）→成形→冲底孔→整形的冲压加工工艺方案。如图 2-102 所示，在成形工序，B—B 剖面和 C—C 剖面均弯不足，直壁部分

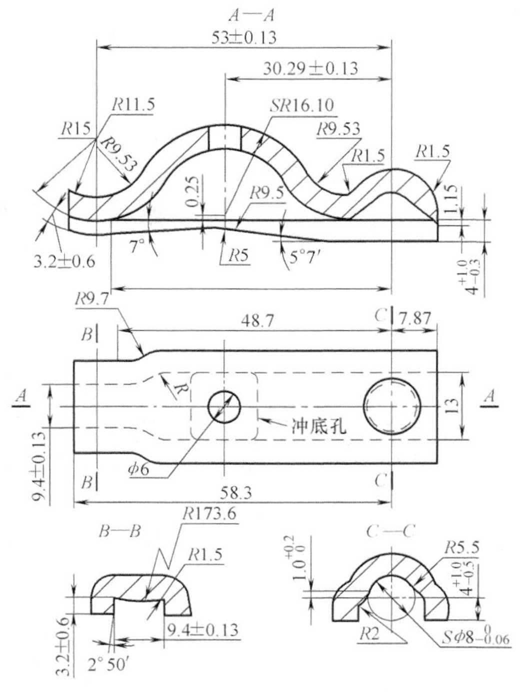

图 2-100　发动机气门摇臂

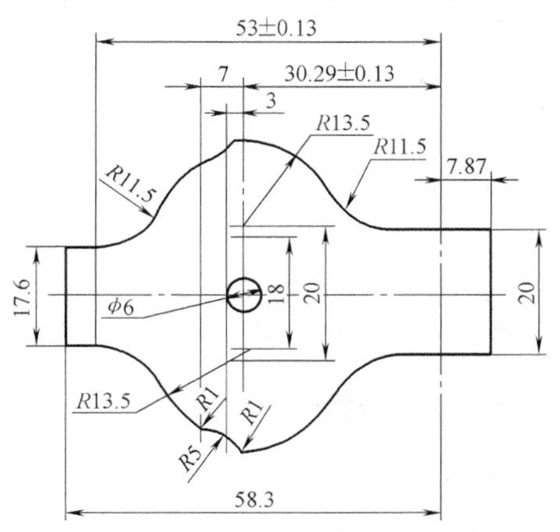

图 2-101　落料毛坯

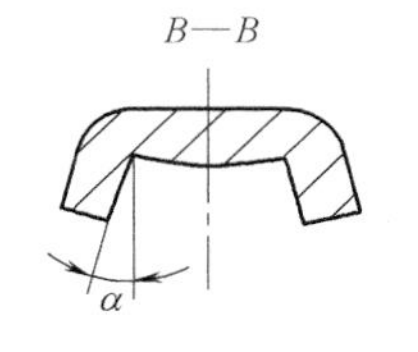

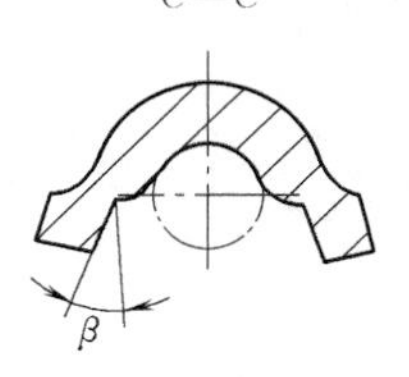

图 2-102　废次品形式

α 角和 β 角大于零件图的设计要求，且边的形状不直。多次修改落料毛坯尺寸，增加整形力并调整整形凸、凹模间隙均不奏效。一旦成形后，很难通过整形将直边压直。此外，制件沿长度方向弯边形状也很难控制。

3. 原因分析

1）零件工艺性不好、弯曲直边高度太小是造成弯不足及形状不稳定的最主要原因。一般而言，如图 2-103 所示，当弯曲直边高 h 大于两倍的料厚时，在弯曲加工中，凸、凹模才能使板料充分弯曲成形。此例中，h 小于 2 倍的料厚。由于加工中被凸模圆角压下部分的长度太短，在弯曲力还没有增大到足以使板料与凹模圆角贴合的程度时，加工就结束了。所以，在凹模圆角部位的毛坯达不到预定的变形，弯不成所需的形状。

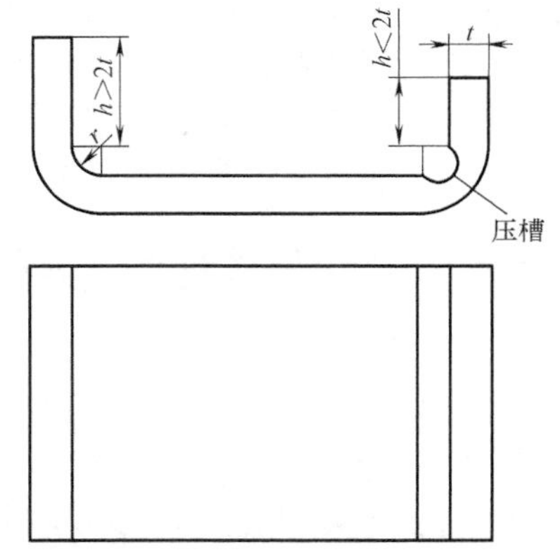

图 2-103　弯曲件直边的高度

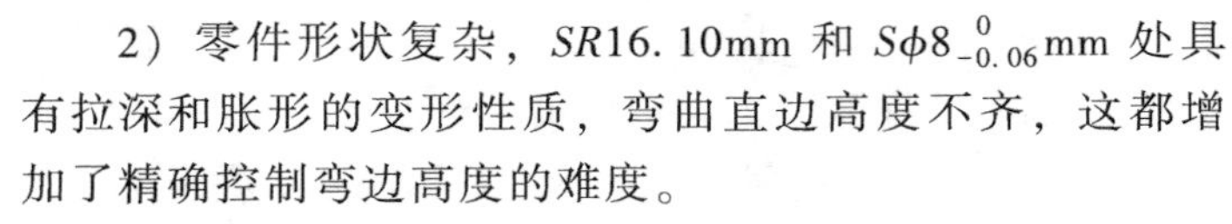

2）零件形状复杂，$SR16.10$mm 和 $S\phi 8_{-0.06}^{\ 0}$mm 处具有拉深和胀形的变形性质，弯曲直边高度不齐，这都增加了精确控制弯边高度的难度。

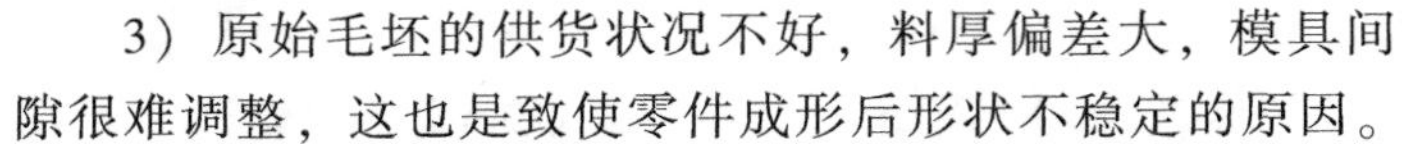

3）原始毛坯的供货状况不好，料厚偏差大，模具间隙很难调整，这也是致使零件成形后形状不稳定的原因。

4. 解决与防止措施

生产中采取的解决措施是：

1）增大弯边高度，使 $h>2t$。由于弯边高度的增加，致使弯曲力达到足以使板料与凹模圆角贴合的程度之后加工才结束。这样使得弯曲圆角半径处的塑性变形量增大，减小了回弹量。整形后，零件达到了设计图样的要求。采取这项措施，需增加铣削加工工序，生产效率有所下降，材料利用率降低。

防止弯不足和零件形状不稳定常用的措施还有：

2）严格原材料的管理制度，厚度超差的坯料不能投产。有条件时，增加一道冷轧工序。

3）如图 2-103 所示，增加一道压槽工序，先压槽，再弯曲。其目的是增加弯曲圆角半径处的塑性变形量，减小圆角变形区的坯料厚度。但采取这项措施后，圆角处材料变薄严重，应校核此处的强度以满足零件的使用要求。

2.2.33　大棚骨架卡槽失稳、超差、底面不平

1. 零件特点

某塑料大棚骨架卡槽如图 2-104 所示。零件材料为镀锌钢板，料厚为 0.75mm。该件纵向长度显著大于横向尺寸，大批量生产多采用多辊成形机辊弯而成。由于制件的结构特点，故在普通机械压力机上冲压这类零件具有一定困难。此外，卡槽尺寸不能超差，使用要求底部平整，不得产生总体的拱弯和扭曲。

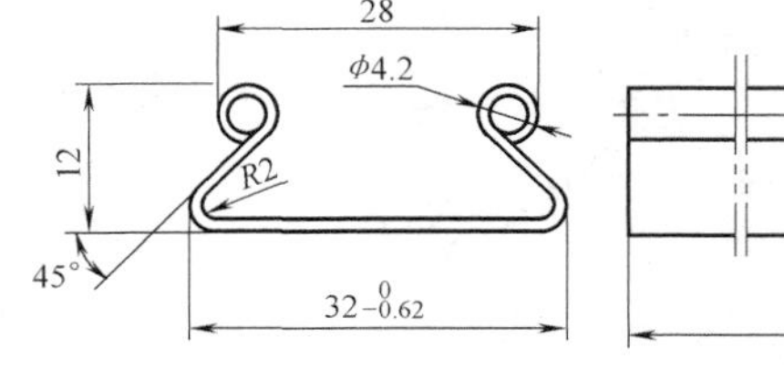

图 2-104　大棚骨架卡槽

2. 废次品形式

生产中采用图 2-105 所示压弯→

卷耳→终成形的加工工艺方案，模具结构如图 2-106 所示。试模时，在不同工序中存在多种形式的废次品。

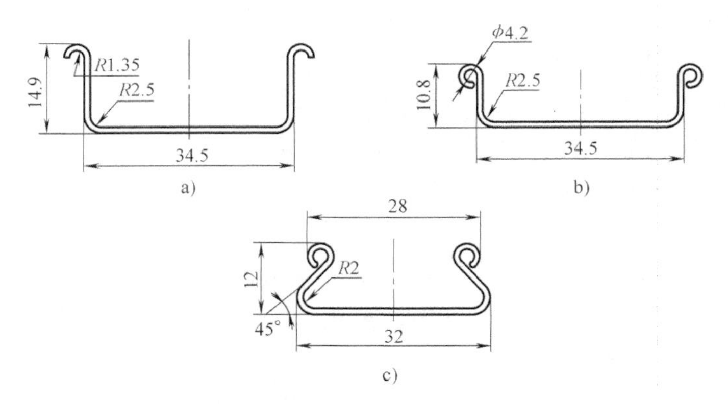

图 2-105 原工艺及半成品尺寸

a）压弯 b）卷耳 c）终成形

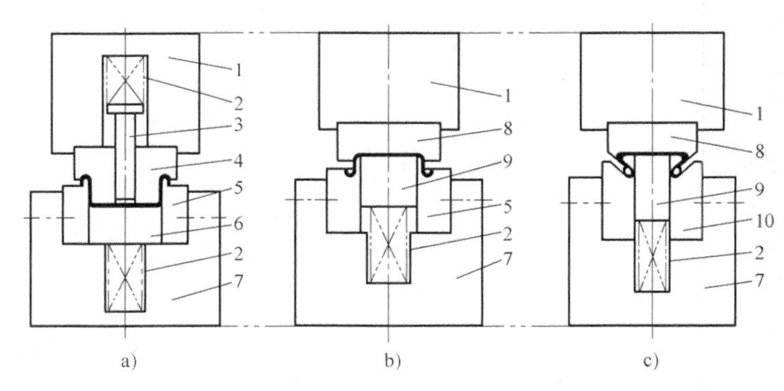

图 2-106 原成形模具结构

1—上模座 2—弹簧 3—顶出销 4—凸模 5—凹模 6—顶出板

7—下模座 8—压板 9—压紧块 10—斜楔

1）侧壁失稳。如图 2-107 所示，在卷耳工序，两侧壁失稳，耳卷不起来。

2）尺寸超差。制件终成形后，尺寸 28mm、$32_{-0.62}^{0}$mm，高度 12mm 和 45°角超差，零件不能与卡槽固定器相配。

3）底面不平。如图 2-108 所示，制件终成形后形状不良，横截面底部不平，制件整体纵向拱弯。

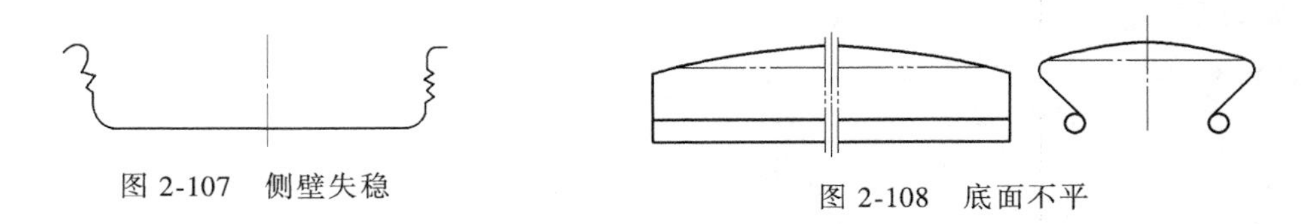

图 2-107 侧壁失稳

图 2-108 底面不平

3. 原因分析

工序不同造成上述废次品的原因各异，现分别叙述如下：

（1）侧壁失稳

1）半成品形状不合理。如图 2-109a 所示，原设计第一道压弯半成品只弯出 1/4 圆弧。由于卷耳时金属流动不畅，压力较大，导致了侧壁失稳。

2）卷耳凹模 R 处表面粗糙度值较大，增加了卷耳时的摩擦阻力。

3）毛坯由剪切下料，宽度公差大，压弯后高度不一致，卷耳时受力不均匀。

图 2-109 弯曲件半成品形式
a）原压弯半成品 b）现压弯半成品

（2）尺寸超差

1）原材料性能不稳定。原材料性能的微小差异、镀锌晶花的大小不同、坯料的挠度等因素都会造成制件尺寸的超差和回弹角的变化。

2）原设计成形模具不合理，制件尺寸很难控制。在卷耳和终成形工序，压板 8（图 2-106b、c）凹槽太宽和太窄都会引起尺寸超差。

3）模具闭合高度不一致，标准化程度差。生产中采用三模联合安装的加工方法，模具闭合高度的微小差异都会造成尺寸误差的加大。

（3）底面不平

1）模具结构不合理。如图 2-110a 所示，第三道工序，成形模中间压紧块原设计为矩形截面长条，终成形时压料不均匀，便产生了横截面底部不平的现象。

2）压料力不足。由于压料力不足，弯曲成形时坯料与凸模底部未靠紧，这对底部不平和纵向拱弯都有影响。

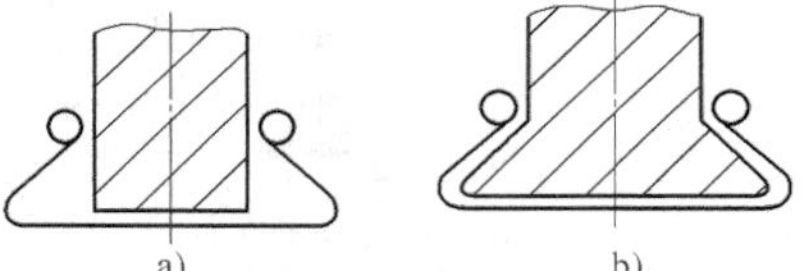

图 2-110 压紧块的结构形式
a）原压紧块 b）现压紧块

4. 解决与防止措施

生产中，为克服上述三种缺陷采取的措施是：

1）改变半成品的形状与模具结构。如图 2-109b 所示，把弯曲模两侧圆弧圆心改在内侧，即第一道工序弯出 1/2 圆弧。如图 2-110b 所示，将压紧块改为靴形截面长条，为了便于取料，将模具倒装，制件由上模带上，纵向抽出。

2）降低卷耳工序凹模圆角半径处的表面粗糙度值，更换弹性元件，增加对制件底部的压料力。

3）严格生产管理制度，控制原材料性能，固定生产厂家，严格控制坯料厚度、晶花大小、条料自由下垂挠度等。改剪切下料为多辊剪下料，控制条料宽度误差。

4）对操作工进行技术培训，提高工人的技术素质。模具重新安装，维修时要由熟练钳工承担。模具联合安装时，闭合高度的误差要严格控制。

5）模具磨损后要及时修理或更换。

6）改变工艺及半成品尺寸。为保证批量生产的稳定性，采用图 2-111 所示刚性成形工艺，由于制件的

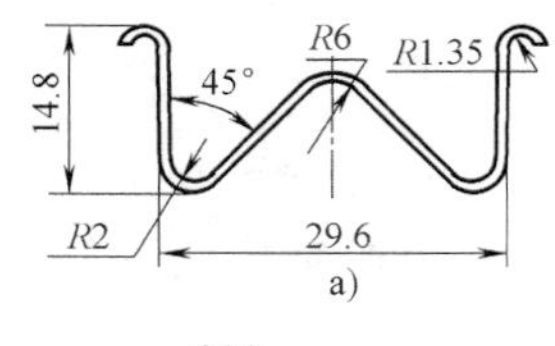

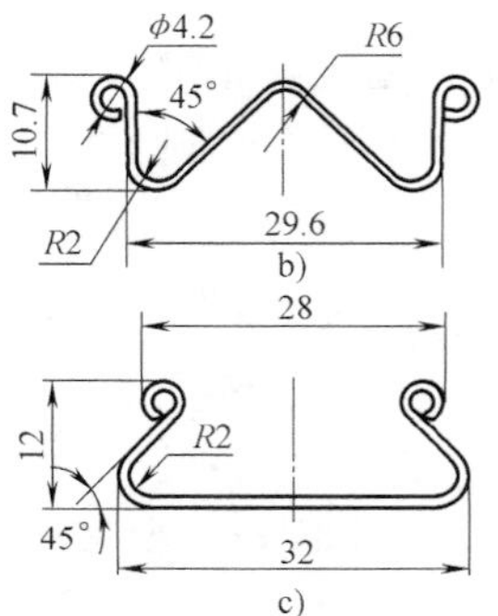

图 2-111 改进后的工艺及半成品尺寸
a）压弯 b）卷耳 c）整形

几何形状和尺寸都是通过凸模和凹模刚性压制而成的，尺寸精度由模具的制造精度来保证，尺寸超差问题得到了较好的解决。

7）在有条件的情况下，尽可能采用多辊成形机辊弯成形工艺。

2.2.34　拖拉机操纵手把形状不良

1. 零件特点

手扶拖拉机左、右操纵手把如图 2-112 所示。零件材料为 10 钢冷轧钢板，料厚为 2.5mm。该件为形状复杂的弯曲、卷圆成形件。手把一端为典型的 U 形弯曲（图中 *B—B* 剖面），另一端则为卷圆（图中 *A—A* 剖面）成形。此外，左端 *R*25mm 处向内翻边带少量拉深变形性质，*R*200mm 处尚有沿与卷圆轴线垂直方向的弯曲变形。制件上下、左右的形状与尺寸均不对称。

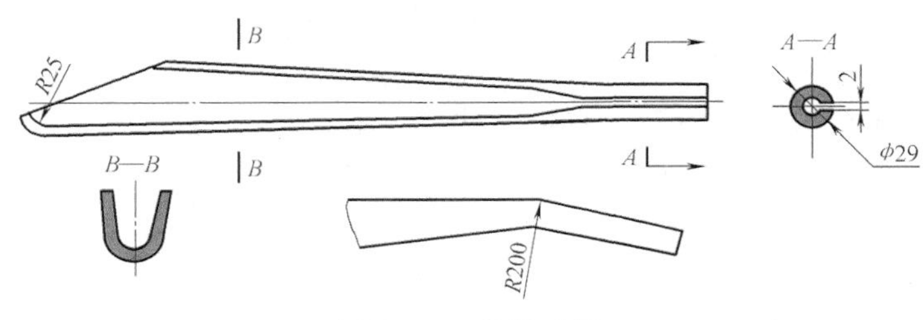

图 2-112　操纵手把

2. 废次品形式

形状不良。生产中采用落料→U 形弯曲→卷圆的加工工艺方案。如图 2-113 所示，在卷圆工序，制件常出现端部变形、口部扩张（图 2-113a）和一侧被压扁（图 2-113b）等形状不良的缺陷。由于该件材料利用率低，加工工序长，故若在卷圆工序报废，其经济损失较大。

3. 原因分析

1）如图 2-114b 所示，由于在 U 形弯曲时制件回弹过大，致使需卷圆的部分两直边或其中一边不能进入上模的半圆弧之中。制件端部在模具强制作用下变形后，口部不能合拢。

2）如图 2-114c 所示，U 形件插入芯棒时偏斜，使一直边顶在上模半圆弧外的模面上。在上模下行时被压扁，形成勾字形。材料回弹越大，这种偏置的概率就越大。

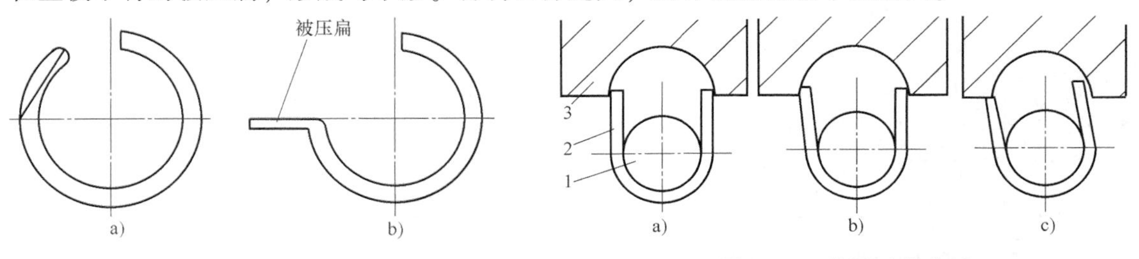

图 2-113　废次品形式
a）口部扩张　b）压扁

图 2-114　卷圆过程分析
a）正常状态　b）回弹较大　c）偏斜
1—芯棒　2—工件　3—上模

4. 解决与防止措施

生产中采取的解决措施是：

1）采用补偿、改变应力状态等方法，严格控制U形弯曲件的回弹量，尽量使U形件两端头向内收。

2）对操作工进行培训，提高他们的素质。加工这类零件时不能只图快，必须把料放正（图2-114a）后才能生产。

3）将上模半圆弧入口处倒圆，使其能有一定的导正作用。

此外，防止这类废次品产生的有效措施还有：

4）加大上模半圆弧的半径，增加一道精整工序。采取这一措施虽然降低了工效，但可完全避免这类废次品的产生。

2.2.35 交流接触器接触板啃伤

1. 零件特点

交流接触器接触板如图2-115所示。零件材料为T2纯铜板，料厚分别为1.5mm、2mm、3mm、4mm不等。该系列产品形状类似，尺寸不同，弯曲半径也从R1mm至R3mm各异。这类零件属典型U形弯曲件，形状简单，结构对称，材料塑性好，强度低，弯曲工艺性较好。

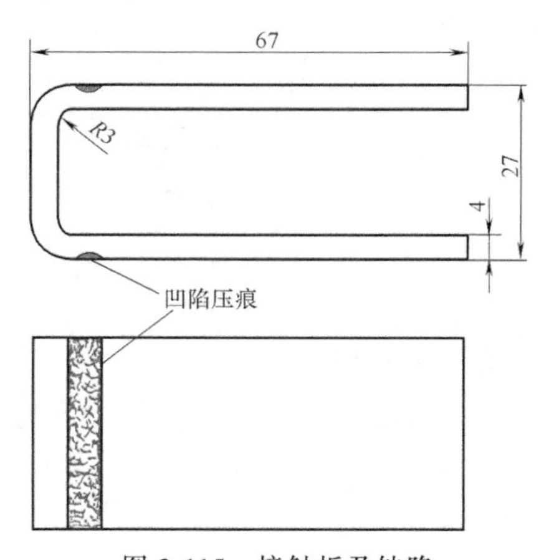

图2-115 接触板及缺陷

2. 废次品形式

啃伤。采用典型U形弯曲模进行加工，凹模圆角半径根据不同的料厚，按有关设计资料选取。在生产中，如图2-115所示，直壁靠圆角处产生凹陷压痕，严重地影响了零件的使用性能。因材料价格高，造成的经济损失较大。在工厂称这种废次品为弯曲啃伤，也有人称之为冲撞痕线或冲撞缺陷。

3. 原因分析

1）接触板材料较软，容易产生变形。

2）在弯曲加工时，当凸模下降与坯料接触后，坯料克服静摩擦力在弯矩和剪切力作用下通过凹模圆角进入模腔。因静摩擦力远远大于动摩擦力，故当材料开始向凹模流动时产生冲击。

3）弯曲加工时，凸、凹模圆角部位要对坯料进行剪切，当凸、凹模圆角半径偏小、弯曲速度较快时，这种剪切作用会加重弯曲件的啃伤。

4）当润滑剂很薄或无润滑时，还会连续发生冲撞，形成弯曲冲击痕线。

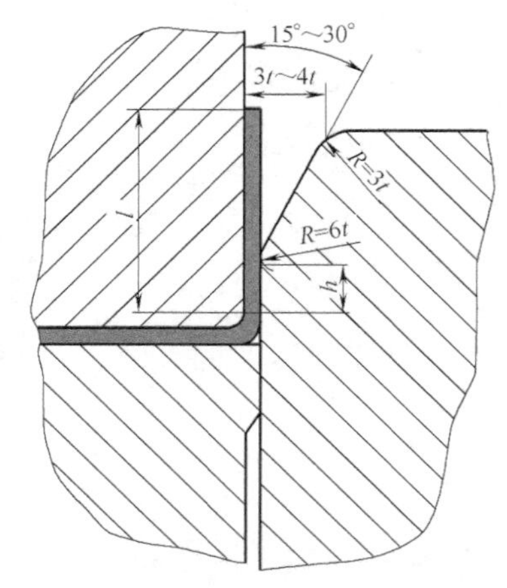

图2-116 防止弯曲啃伤的锥形凹模

4. 解决与防止措施

生产中经反复调试，采取的解决措施是：

1）改变凹模模口形状。如图2-116所示，采用锥形凹模来代替原凹模，凹模口半锥角取30°，锥形入口处到凸模壁距离取$3t \sim 4t$，过渡处圆角半径分别取$R=3t$和$R=6t$。直壁深度h按表2-5选取。改变凹模形状后，金属容易流动，后续材料可以顺次补充，啃伤现象减少以致消失。

表 2-5 *h* 尺寸标准 （单位：mm）

料厚 t	弯曲高度 l	直壁深度 h	料厚 t	弯曲高度 l	直壁深度 h
$t<0.8$	$5t\sim50t$	$5t\sim8t$	$t<0.6;t\geq0.8$	$5t\sim50t$	$6t\sim10t$

2）为防止产生弯曲啃伤，采用图 2-117 所示月牙形凹模也可取得很好的效果。这种方法对厚板的弯曲加工效果尤佳。具体作图方法如下：取 $l_1=(4\sim5)t$，$l_2=(1.5\sim2)l_1$，首先确定出 A、B 两点；连接 AB，在 AB 上取 C 点，使 $\overline{BC}=l_2-l_1$；作 AC 的垂直平分线，交 AF 于 D 点，交 BF 延长线于 E 点；以 D 点为圆心、AD 为半径作圆，再以 E 点为圆心、EB 为半径作圆，光滑连接两圆，即为所求的月牙形凹模型腔轮廓。

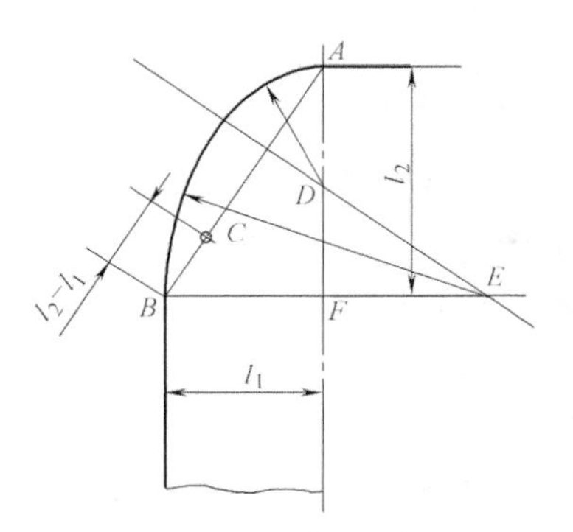

图 2-117 月牙形凹模

3）采用超硬的凹模材料，镀铬或经热扩散法处理的模具也可防止啃伤产生。

2.2.36 TMY 纯铜母线弯曲啃伤

1. 零件特点

TMY 纯铜母线弯曲件如图 2-118 所示。零件材料为 T2 纯铜，料厚为 10mm。该件属典型的 V 形弯曲件，相对弯曲半径 $r/t=0.5$，满足弯曲加工工艺要求。

2. 废次品形式

啃伤。采用典型的 V 形弯曲模进行加工，凹模圆角半径取 10mm。生产中，在图 2-118 所示直壁处产生凹陷压痕，压痕深度达 3mm。生产中称这种废次品形式为啃伤、弯曲压痕，或称之为冲撞痕线。

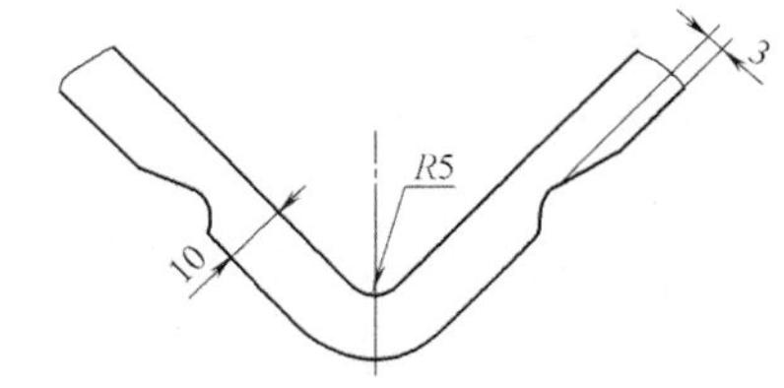

图 2-118 TMY 纯铜母线及废次品形式

3. 原因分析

与上例相同，产生这种弯曲啃伤的主要原因是：

1）纯铜母线材料软，相对厚度大，在冲击和剪切作用下容易啃伤。

2）板料克服静摩擦开始向凹模流动时产生了冲击。弯曲速度越快，这种冲击就越严重。

3）弯曲时，凸、凹模圆角对坯料进行剪切。当凸模圆角半径、凹模圆角半径较小时，这种剪切效应会加剧。

4. 解决与防止措施

生产中采用图 2-119 所示的折板弯曲模，使问题得到了解决。

凹模 3 的两侧各固定一个导板 4，导板 4 上开有上下方向的长圆孔槽。凸模 2 向下移动时，芯轴 5 能在长圆孔槽中向下自由移动使折板 1 弯曲，使工件成形。由于工件底部有折板作为刚性支承，不会产生冲击，凸、凹模圆角也不会对坯料产生剪切，故不产生压痕或啃伤。托板 6 可在橡皮 7 的压力作用下使折板复位。此结构适合 V 形工件的弯曲，也可完成 U

形工件的弯曲。如果弯曲U形工件，只要换上三块折板、两个芯轴和开有两个长圆孔槽的导板即可。

采用此结构的弯曲模不仅能防止弯曲时产生的啃伤，而且由于弯曲加工时，弯矩的建立靠折板而不是完全靠工件，故用此模还可加工弯边高度 $h<r+2t$ 的弯曲件或加工无直边（搭边）的弯曲件，如图2-119中双点画线所示。

此外，选择适当的凹模口宽度，一般取料厚的8倍左右；增大凹模口圆角半径，降低凹模口的表面粗糙度值，以减小静摩擦阻力；采用带反压托板的弯曲模等措施也可防止因冲击或凸、凹模的剪切作用产生的压痕或啃伤现象。

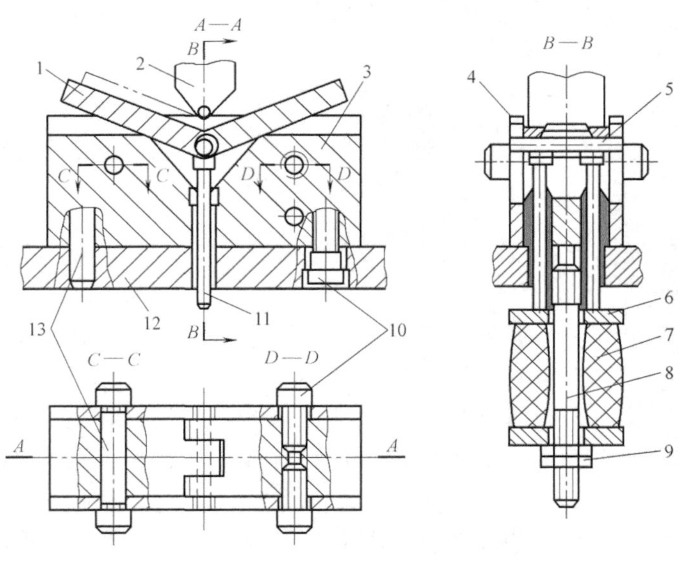

图2-119 折板弯曲模

1—折板 2—凸模 3—凹模 4—导板 5—芯轴 6—托板 7—橡皮 8—螺杆 9—螺母 10—螺钉 11—托料杆 12—底板 13—圆柱销

2.2.37 螺母固定座孔变形

1. 零件特点

螺母固定座如图2-120所示。零件材料为08钢板，料厚为1.5mm。该零件结构对称，但两个相互垂直的弯边高度不同，一侧为典型的U形弯曲，另一侧为典型的帽形弯曲。固定座中央有1个 ϕ14mm的大孔，孔边缘距弯曲边缘距离仅2.5mm。孔边距弯曲变形区较近。

2. 废次品形式

孔变形。该件在生产中采用落料、冲孔→弯曲成形的工艺方案。在弯曲成形后，孔被拉成椭圆形，如图2-120中双点画线所示，沿帽形弯曲方向孔伸长到14.3mm，伸长量为0.3mm。

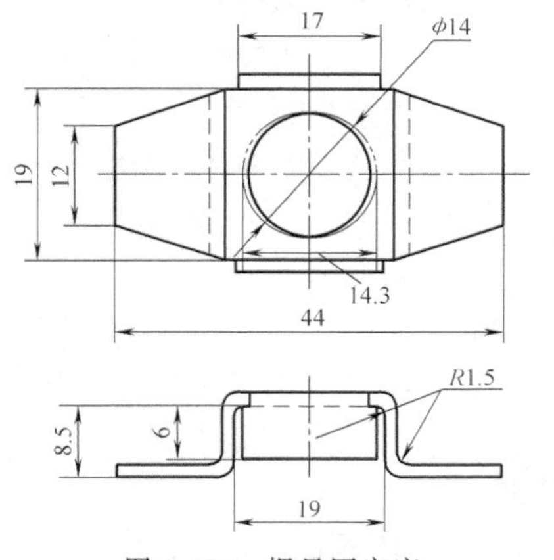

图2-120 螺母固定座

3. 原因分析

1）孔边距弯曲变形区最近处仅1mm，靠内孔定位，弯曲加工时变形区延伸至内孔边缘致使内孔变形。

2）采用图2-121a所示模具结构，弯曲加工时，顶出器未把板料压紧，方形底部材料流动阻力小，加剧了底部孔边缘材料的流动。取消打杆改用弹簧压料兼作顶出器，由于压料力不够，效果欠佳。

3）弯曲制件相互垂直的两个方向弯边形状与高度不同，致使帽形弯曲方向变形力较大，故孔沿此方向伸长量大于与其垂直的另一方向的伸长量。

4）采用图2-122a所示模具结构压制帽形一方，由于凸模肩宽 L 较宽，在帽形弯曲中，直壁和帽缘都参与了变形，增加了沿此方向的弯曲变形力和对孔边缘的拉伸力。

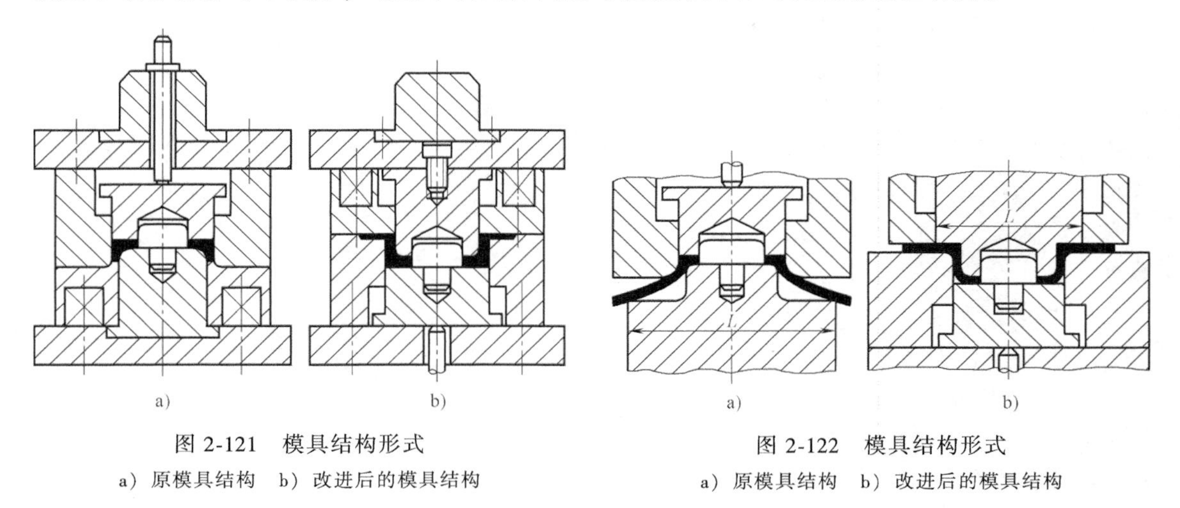

图 2-121 模具结构形式

a）原模具结构 b）改进后的模具结构

图 2-122 模具结构形式

a）原模具结构 b）改进后的模具结构

4. 解决与防止措施

生产中解决问题采取的具体措施是：

1）改变原模具结构，将其倒置。为了操作方便，如图 2-121b 所示，将定位销的安装位置做了相应修改。

2）改用气垫，托杆将顶出器顶出。这样一来，在开始弯曲时，制件中部的板料就受到较大的压力，从而增大了材料的流动阻力，减小了孔边缘处的变形。

采取了这两项措施后，ϕ14mm 孔被控制在允许的公差范围内。

此外，防止这类内孔变形的措施还有：

3）如图 2-122b 所示，减小凸模肩部宽度 L，尽可能使需要加工部分以外的板不发生变形。本例中，应尽可能使弯曲的直边和帽缘不参与变形或将其变形限制在最小范围内。采取这项措施的目的除了可减小帽形方向的侧向拉伸力，使相互垂直的两个方向受力更加均匀之外，还可提高制件的精度。

4）考虑到 08 钢塑性好、最小相对弯曲半径小的特点，将弯曲半径减小到 R0.5~R1mm 的范围，使内孔边缘距离弯曲变形区更远一些。采取这项措施时，应注意使毛坯的板料轧制方向与弯曲线方向成 45°角。

5）一般而言，当孔边缘到弯曲线的距离小于 $r+2t$ 时，为防止弯曲变形造成的孔变椭圆现象，应采取先弯曲后冲孔的工序顺序。本例中孔边缘到弯边的最大距离为 2.5mm，大于 $1.2t$，从冲孔的工艺性和凹模壁厚来看可行，故可改变原冲压工序顺序，采用先弯曲后冲孔的工艺方案，或采用弯曲、冲孔复合工艺。

2.2.38 记录仪支架螺纹孔变形

1. 零件特点

图 2-123a 所示为某型记录仪支架的局部剖视图。零件材料为 08F 钢板，料厚为 1mm。该件形状较为复杂，除整体为多角弯曲件外，还分布有 15 个 M3 螺纹孔，侧壁分布 6 对插座（R25mm 处）。零件尺寸精度要求较高，加工工序数也较多。

2. 废次品形式

翻边孔变形。生产中采用数控压力机落料、冲孔、内孔翻边（螺纹孔）→压凹坑→撕口→Z形弯曲→弯扒→弯曲成形等工序加工该零件。在弯曲成形工序，如图2-123b所示，ϕ4.2mm翻边孔发生变形无法进行攻螺纹，零件报废。

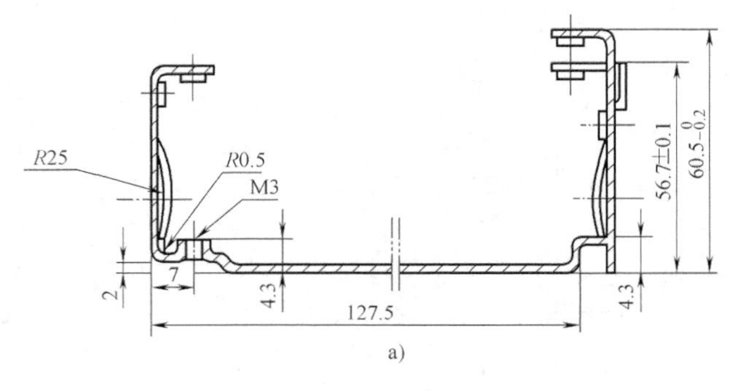

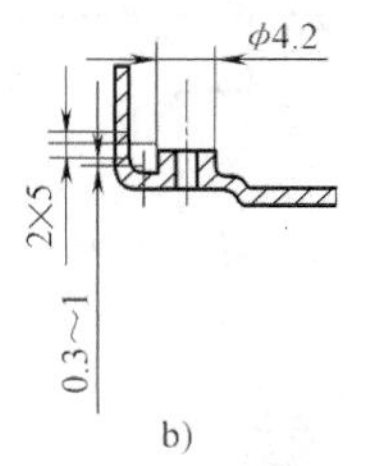

图2-123　记录仪支架
a）局部剖视图　b）改进后的局部剖视图

3. 原因分析

造成翻边孔变形的主要原因是，弯曲变形区距ϕ4.2mm翻边孔太近（<3mm）。采取先翻螺纹孔，后弯曲的加工工艺方案，在弯曲工序，已翻边的孔会产生变形。一般而言，在这种情况下应先弯曲后进行内孔翻边。但是，由于该件形状复杂，R25mm处经撕口加工后再翻边，定位、送出料都比较困难，故只能采取先翻螺纹孔，后弯曲的加工工艺方案。

4. 解决与防止措施

生产中为解决ϕ4.2mm翻边孔（螺纹孔）变形的问题，在与ϕ4.2mm翻边孔相对应的另一弯边处开设了2mm×5mm长方形工艺孔。如图2-123b所示，2mm×5mm工艺孔距弯曲变形区仅为0.5~1mm。弯曲加工时，工艺孔将发生变形，这样就使得ϕ4.2mm翻边孔所受的变形力减小。由于经翻边后坯料发生了硬化，强度和刚度增加，故要使翻边孔变形所需要的变形力大于工艺孔变形所需要的变形力，2mm×5mm工艺孔变形后，应力得以释放，保证了ϕ4.2mm翻边孔的形状和尺寸。

此外，增加强力压边装置，坯料在压紧状态下弯曲也可防止孔的变形。

2.2.39　纺织机梭夹缺口变形

1. 零件特点

纺织机梭夹如图2-124所示。零件材料为不锈钢1Cr18Ni9Ti，料厚为2mm。该件为多向复合弯曲件，形状复杂，尺寸精度较高。此外，零件底面和两侧面对$\phi 9.5^{+0.15}_{+0.05}$mm缺口中心线有平行度和垂直度要求，成形难度较大。

2. 废次品形式

缺口变形。生产中采用图2-125所示模具结构来加工该零件。模具设计选用缺口定位。弯曲成形后，发现缺口由ϕ9.5mm增大到了ϕ10.5mm，尺寸严重超差，缺口处有明显的拉伤变形，缺口形状发生了变化。增加一道校正工序，虽然缺口的质量有所好转，但无法根本解决问题。

3. 原因分析

造成缺口变形、拉伤的主要原因是冲压时缺口的左、右两边弯曲不同步。右边先折U

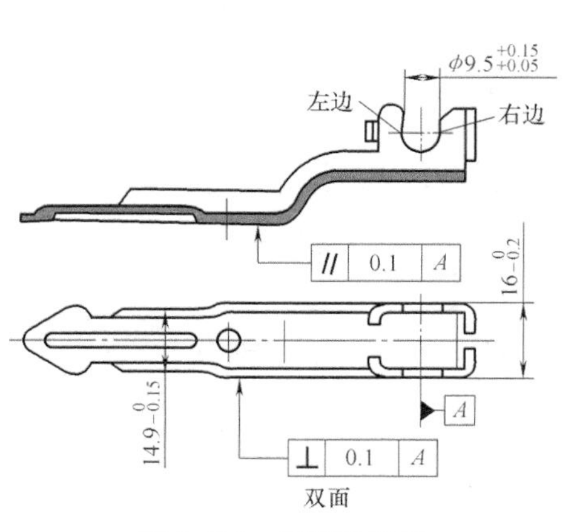

图 2-124　纺织机梭夹

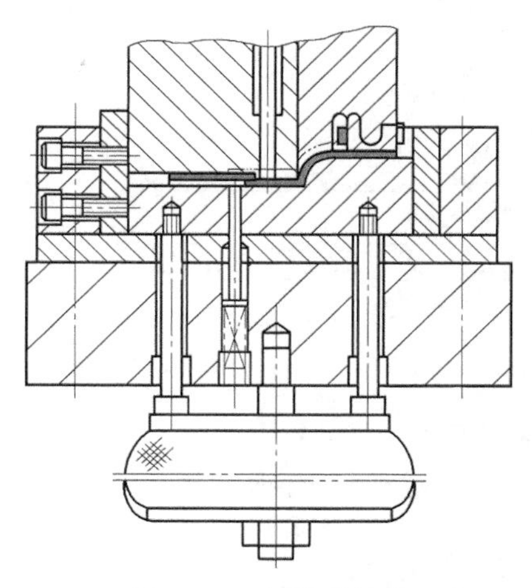

图 2-125　原模具结构

形弯，左边随弯弧滑移时折 U 形弯，以致左边来不及脱离定位销，随圆弧弯曲向下滑移时产生了拉伤变形。

4. 解决与防止措施

解决问题的关键是要使缺口左边和右边同步弯曲，脱离定位销后再进行复合弯曲。基于这一指导思想，生产中改进了模具结构，经过反复试弯取得了良好的效果。改进后的模具结构如图 2-126 所示。右边凸模镶块高出左边凸模镶块 6mm，增加了弹簧的预压力（图中未画出）；顶料滑块采用两块，成为双顶料装置，使左边的顶料力大于右边的顶料力。冲压时，一方面缺口的两边易同步进行 U 形弯曲，另一方面增大了坯料在圆弧面的摩擦力，使头部坯料的滑移速度减慢。生产实际表明，改进后的模具达到了缺口左、右两边同步弯曲的目的，保证了缺口脱离定位销后才进行复合弯曲。用这副模具加工的制件不再出现缺口变形、拉伤的缺陷，零件尺寸、缺口精度、位置精度都达到了设计的要求。

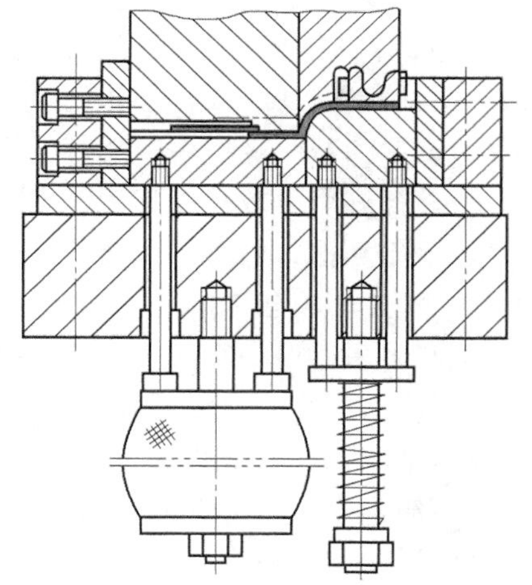

图 2-126　改进后的模具结构

2.2.40　汽车车厢加强板鼓凸

1. 零件特点

某汽车车厢左/右加强板——前板中立柱如图 2-127 所示。零件材料为 16MnRe 或 16MnXt（Re 和 Xt 为稀土），料厚为 3mm。该件左、右两段均为典型的 U 形弯曲件，但两段过渡处高低不一。此处又发生一垂直纸面的弯曲变形。在两弯曲线交界处的坯料变形情况复杂，这增加了成形的难度。此外，U 形弯曲的相对弯曲半径 $r/t\approx1.2$，满足弯曲工艺的要求。

2. 废次品形式

鼓凸。如图 2-128 所示，生产中制件左端产生鼓凸现象，鼓凸量最大达 1.5mm，严重影响了零件的外观质量，也不能满足其使用要求。由于板料属中厚钢板，鼓凸产生后很难完全修复。

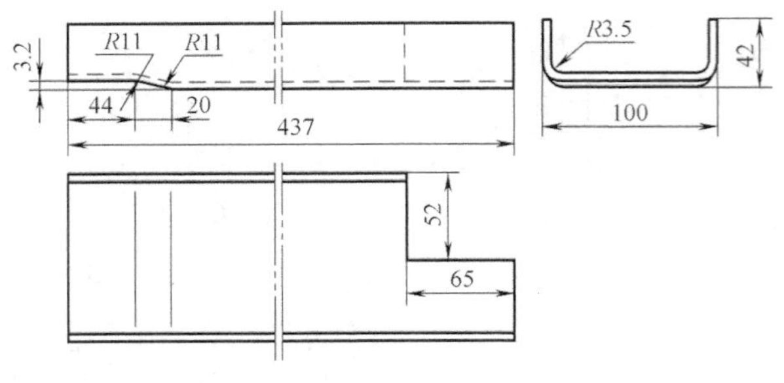

图 2-127　汽车车厢左/右加强板

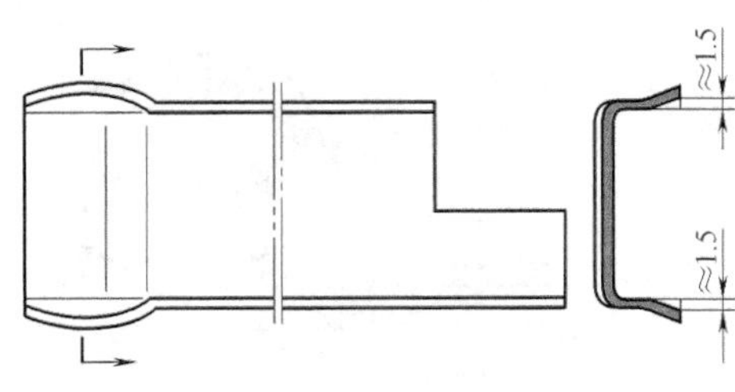

图 2-128　废次品形式

3. 原因分析

采用图 2-129a 所示模具结构。板料在模具中的变形过程是：凸模下降与板料接触后，靠气垫压力先进行垂直纸面的弯曲加工。弯成图 2-129b 所示形状后，凸模继续下降，L_1 段首先与凹模口平面接触并进行 U 形弯曲。随后 L_2 段从右到左逐次进入凹模，完成全部弯曲加工。

因为凹模口部是一平面，在进行 U 形弯曲时有先有后，在 L_1 段入凹模口的瞬时，L_2 段有向右收拢的趋势，在 L_2 段与 L_1 段过渡处便会产生多余材料的聚积。继续进行的成形和弯曲过程中，这部分多余材料被赶到左端，使左端材料过剩，故产生鼓凸。因此，造成制件鼓凸的原因在于相互垂直的弯曲线交界处多余材料向左端转移。

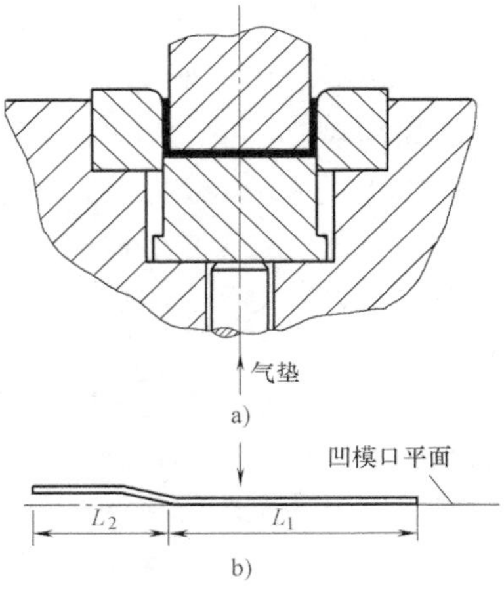

图 2-129　模具结构及弯曲变形过程
a）模具结构形式　b）弯曲变形过程

4. 解决与防止措施

生产中采取了一系列措施，也做过很多试验，例如：

1）将凸模磨一反回弹角。

2）把凹模面做成带台阶式凹模面，让板料同时进行 U 形压弯。

3）制件过渡部分凹模面做高一些，让该处先弯曲，多余材料向两边转移。

4）调节气垫压力的大小，减小凸、凹模间隙。

采取上述的措施之后，情况略有改善，但效果都不理想，虽然鼓凸的程度有所减小，但并未从根本上解决问题。为消除 U 形弯曲时过渡处直壁材料的聚积，生产中进一步改进了模具的结构。采用图 2-130a 所示模具结构，增加辅助托杆，使凸模下降时，气垫也跟着下降。这样一来，板料在模具内的变形过程发生了改变。如图 2-130b 所示，板料先进行 U 形弯曲，在 U 形弯曲终了镦压成形底部台阶，结果质量完全达到了图样的要求。

2.2.41　电力机车受电弓滑板折皱

1. 零件特点

电力机车受电弓滑板如图 2-131 所示。零件材料为铝合金 2A12M，料厚为 2mm。该件是以弯曲为主体的复合成形件。零件中部压两条 $R5$mm 的筋，属胀形变形。两垂直方向 $R133$mm

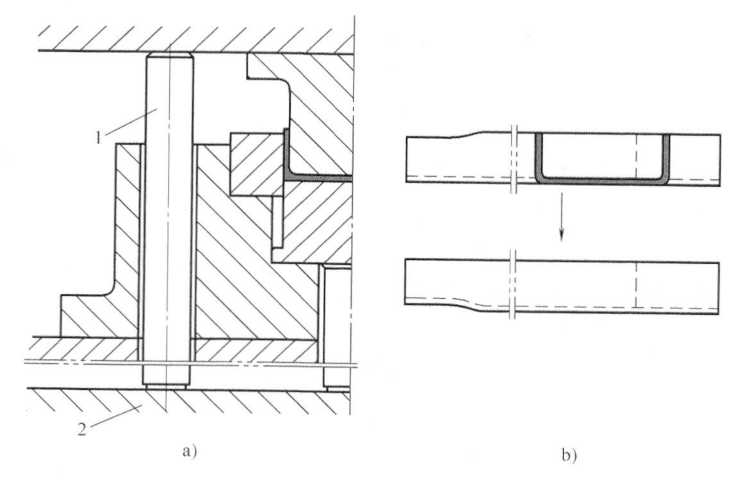

图 2-130 改进后的模具结构及弯曲变形过程

a）改进后的模具结构 b）板料的变形过程

1—辅助托杆 2—气垫

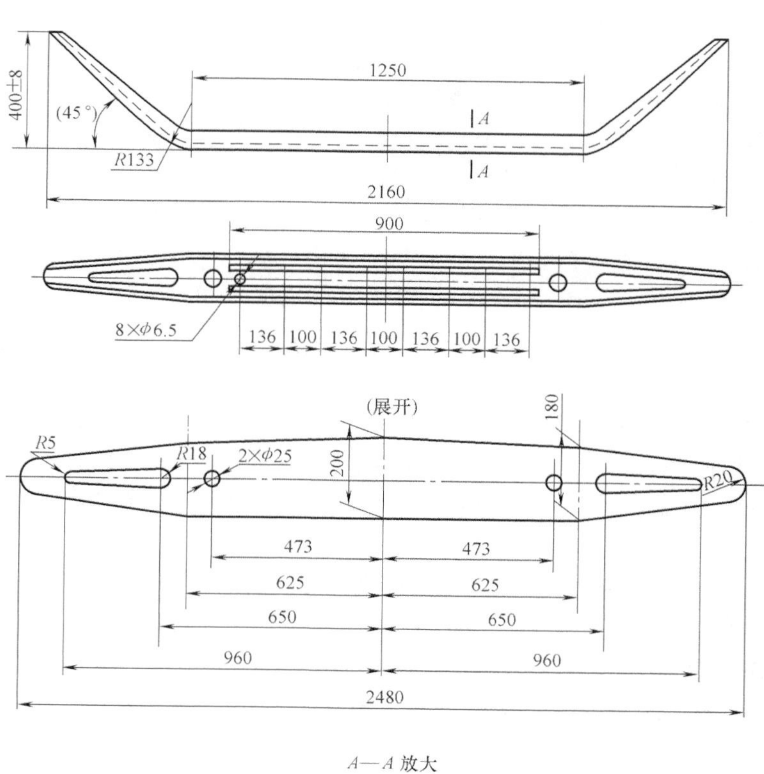

图 2-131 电力机车受电弓滑板

和 $R3$mm 处属弯曲变形。$R133$mm 和 $R3$mm 交界处，坯料同时向两个相互垂直的方向弯曲，切向压缩，厚度增加，带有一定拉深变形成分。由于坯料悬空，金属流动情况复杂，故此处变形具有一定难度。

2. 废次品形式

折皱。生产中采取落料、冲孔→压筋→弯曲成形的工艺方案。在弯曲成形工序，2 个 $R133$mm 处出现折皱，如图 2-132 所示。增加一道整形工序，折皱仍不能完全消除。折皱出现后，虽然不影响使用要求，但制件外观质量差，只能当次品处理。由于零件材料价格昂贵、尺寸又大，故造成的经济损失较为严重。

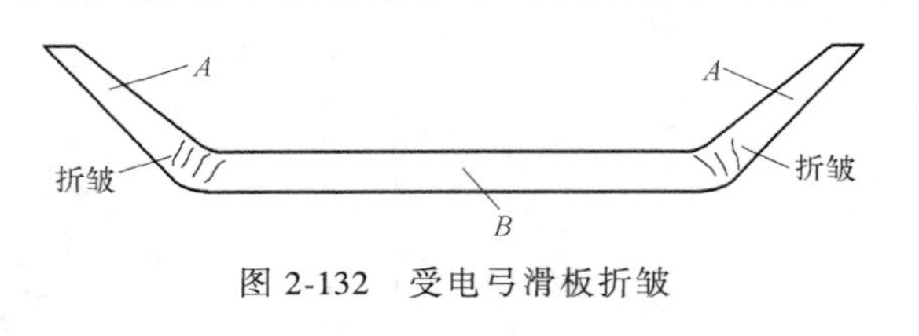

图 2-132　受电弓滑板折皱

3. 原因分析

1）模具结构不合理。原使用的模具结构如图 2-133 所示。凸模下降与坯料接触后，坯料悬空部分随凸模下降，两边沿垂直纸面的弯曲线开始弯曲变形。由于凸模较板料窄，故在两边弯曲的同时，沿宽度方向的坯料包向凸模，两弯曲边不再为一平面。当凸模开始进入凹模时，在两边继续弯曲、内收的同时，直线绕 x 轴向弯曲线、斜边绕与 x 轴成 45°方向弯曲线同时折弯。在 $R133$mm 与 $R3$mm 弯曲线的汇交点处，坯料外层在双向拉应力作用下沿 $R133$mm 的周向和垂直纸面方向伸长，内层在三向压应力作用下，沿 $R133$mm 的周向收缩，沿厚度方向和 $R133$mm 的径向伸长。在图 2-132 所示折皱发生处，坯料在径向拉应力和周向压应力作用下，被强迫拉入凹模。因直边 B 处和 45°斜边 A 处的材料同时进入凹模，角部多余金属无处转移，再加上原 45°斜面已不再是一平面，此处已存在塑性失稳源，故在周向压应力和径向不均匀拉应力作用下，坯料失稳产生折皱。

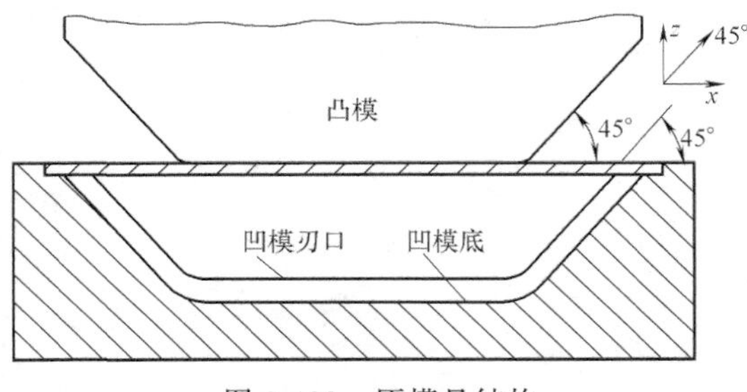

图 2-133　原模具结构

2）模具间隙不合理。原设计弯曲模凸、凹模单面间隙为 1.1 倍的料厚，即 $c=2.2$mm，较大，折皱的产生不受板厚方向的约束。

3）模具表面粗糙，润滑不良。原模具表面粗糙度为 $Ra6.3$mm，无良好润滑，使折皱发生处坯料向两侧面流动困难，加剧了折皱的产生。

4. 解决与防止措施

生产中采取了如下几项措施，问题得到了解决。

1）改进了模具结构。如图 2-134 所示，将凹模斜边刃口由 45°改为 25°。这样可使凸模底部先进入凹模，坏料底部绕 x 轴弯曲时 $R133$mm 处的材料可逐渐向斜边上部转移，斜边绕 45°弯曲线弯曲时多

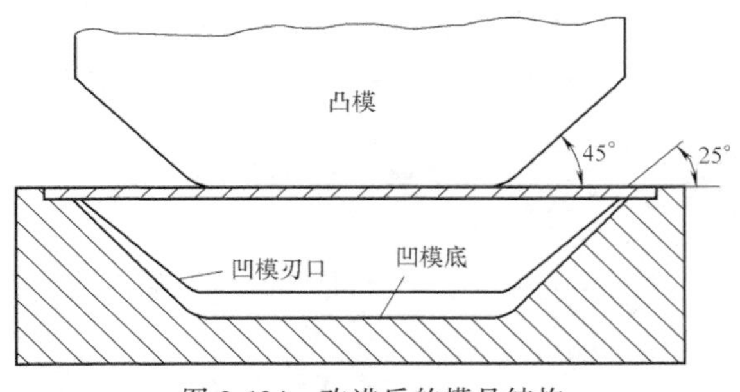

图 2-134　改进后的模具结构

余金属有处流动，变形由圆弧处向两端延伸。

2）改变凸、凹模间隙。取单面间隙为 1.05 倍的料厚，即 $c=2.1\text{mm}$，使坯料在起皱凸起方向受一定程度的限制。

3）减小凸、凹模表面粗糙度值，保证 Ra 在 1.6μm 以下，以便多余材料能自由流动。

4）改善润滑条件，采用皂化液润滑。

此外，防止这类折皱发生可采取的措施还有：

5）增加强力托板，改变底部和斜边部分的应力状态。

6）考虑到 $R133\text{mm}$ 处半径较大，可采取先弯 $R3\text{mm}$、90°直边，再弯 $R133\text{mm}$ 斜边的办法。应注意这种方法不能超过其起皱的界限。

2.2.42 摩托车边斗包角片折皱

1. 零件特点

某型摩托车边斗装饰件——包角片如图 2-135 所示。零件材料为 08 钢板，料厚为 1mm。该件为双向弯曲件，零件底部有一局部凹台。产品设计对零件表面质量要求很高，成形后要镀一级装饰铬。这样就对镀铬前的冲压件提出了较高的要求，要求制件平整、光滑、美观，表面不能有任何折皱、擦伤和划痕。镀铬后零件表面粗糙度要求达到 $Ra0.8\mu\text{m}$。

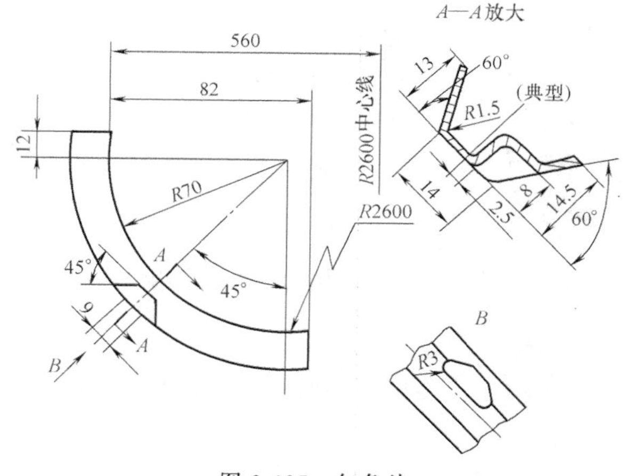

图 2-135 包角片

2. 废次品形式

折皱。生产中原采用一般弯曲模来加工该零件，其结果制件中间部位产生严重的折皱，造成制件报废。

3. 原因分析

采取一次弯曲成形的工艺方案，凸模中间底部首先接触毛坯并同时进行双向弯曲。$R70\text{mm}$ 圆弧内侧坯料在切向（周向）压应力用下失稳起皱，坯料全部进入凹模后便形成了折皱。

4. 解决与防止措施

生产中从工艺和模具结构两方面进行了改进，问题得到了解决。

1）增加工艺补充面，改变坯料成形时的应力、应变状态。如图 2-136 所示，沿制件四周增加了宽为 5mm 的法兰边，并增大了弯曲的深度。与此相应，成形后增加了一道修边工序。这一半成品形状带有较大的拉深和胀形变形成分，增加法兰边的目的是要增大成形时径向的拉应力 σ_r。由屈服准则 $\sigma_r-\sigma_\theta=\beta R_{p0.2}$ 知，增大 σ_r 后 σ_θ 的绝对值将减小。另外，$R70\text{mm}$ 两端法兰的存在也将更直接减小了切

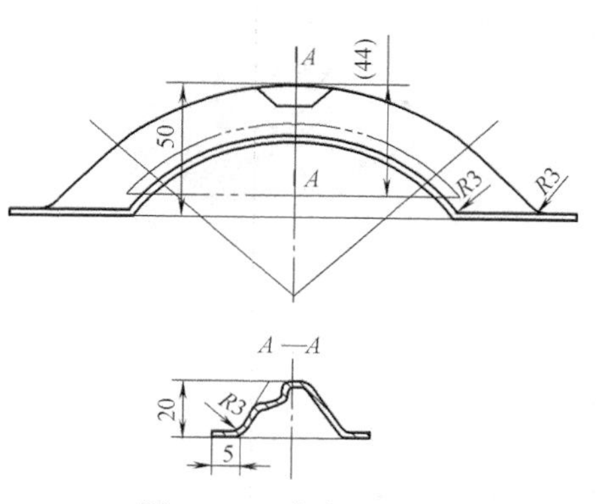

图 2-136 半成品形状

向压应力。在法兰边较大压边力作用下，制件的成形带有胀弯成形的性质。若两端法兰处压边力足够大，制件中部材料的切向压应力性质会发生改变，胀形的成分增大，在双向拉应力作用下，制件的表面质量将得到较大幅度的改善。值得注意的是，采取这一措施的缺点是材料的利用率有所降低。

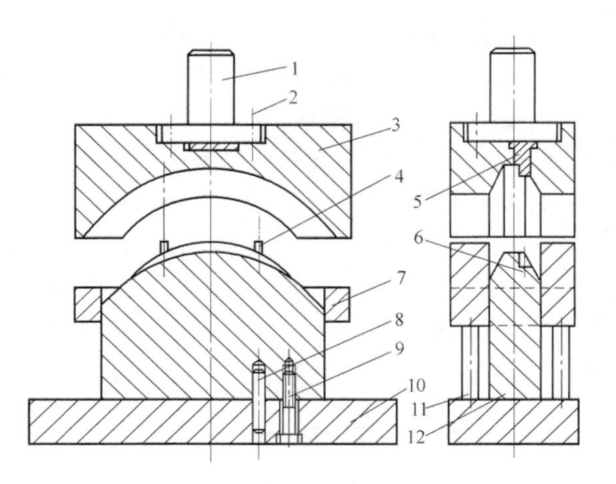

图 2-137　模具结构

1—模柄　2、9、11—螺钉　3—凹模　4—定位销　5—镶块　6—冲子　7—压边圈　8—销钉　10—下模板　12—凸模

2）采用曲面凹模，使坯料各部位的成形同步进行，从而使金属的流动趋于均匀。所采用的模具结构如图 2-137 所示。其特点是：凹模工作部分深度取 20mm，超过零件最大深度 5.5mm，目的是保证制件光滑平整，使成形擦伤出现在零件边缘外；采用曲面压边圈，使压边力趋于均匀，材料平稳流入凹模，消除起皱；根据零件内形修出凸模型面，以保证零件贴模平稳。

此外，对于这类缺陷可采取的防止措施还有：

3）采用拉弯成形工艺或采用两工序弯曲，先弯 $R70$mm、$R2600$mm 大圆弧，后弯斜边的工艺方案。

2.2.43　汽车内饰尾板折弯件起皱、尺寸超差

1. 零件特点

某型汽车内饰尾板如图 2-138 和图 2-139 所示。零件材料为 DC04，化学成分与主要力学

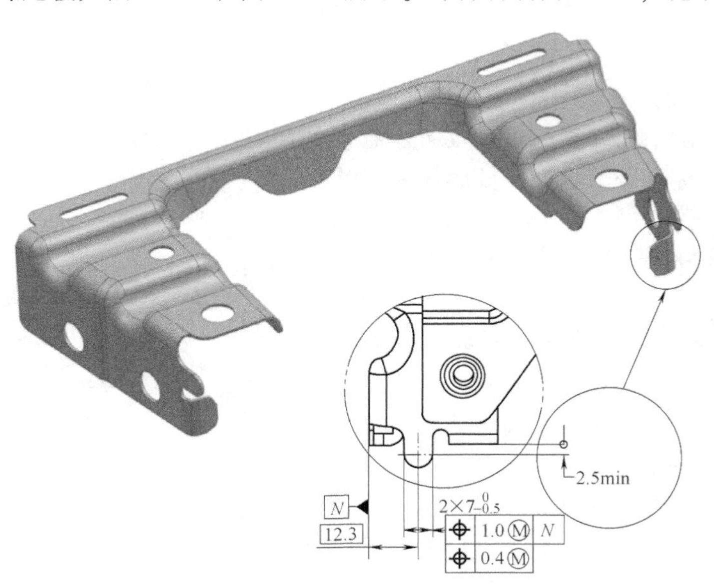

图 2-138　汽车内饰尾板

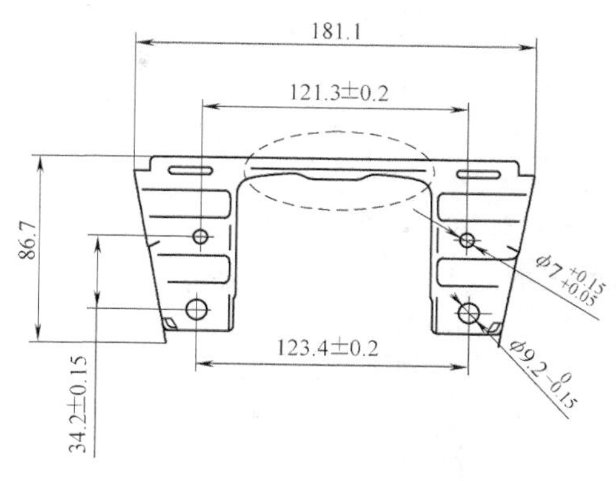

图 2-139　内饰尾板局部尺寸

性能见表 2-6，料厚为 1.0mm。该件为典型的折弯成形件，产品冲压后需焊接，两边折耳尺寸要求控制最小值 2.5mm；中间连接部位尺寸较窄，强度较低，成形过程中容易变形；此外，该件特征明显，局部带有拉深和胀形成分。

2. 废次品形式

在初期试生产阶段，采用一模一件的工艺方案，产品的主要废次品形式为起皱和尺寸超差。

1）起皱。如图 2-140 所示，尾板两侧特征区起皱。

2）尺寸超差。两折耳处尺寸超差，最小值 2.5mm 不能保证。

表 2-6　DC04 的化学成分与主要力学性能

化学成分(质量分数,%)					主要力学性能		
C≤	Mn≤	P≤	S≤	Al≥	屈服强度/MPa	抗拉强度/MPa	断后伸长率(%)
0.080	0.400	0.025	0.020	0.015	130~210	≥270	≥34

3. 原因分析

如图 2-140 所示，使用 CAE 数值模拟，分析后发现原工艺方案采用单个零件排列，成形时压料面积较小，产品中间部位过于狭窄，如图 2-141 所示，成形中产品单侧受力，受力不均匀；压边力不够大时材料在接触模具后会产生滑移；模具上成形模面表面粗糙度值大，表面摩擦力不均匀加剧了材料的不均匀变形，由于材料流速差会产生附加切应力，而材料的不均匀流动也最终导致了折耳尺寸的超差。

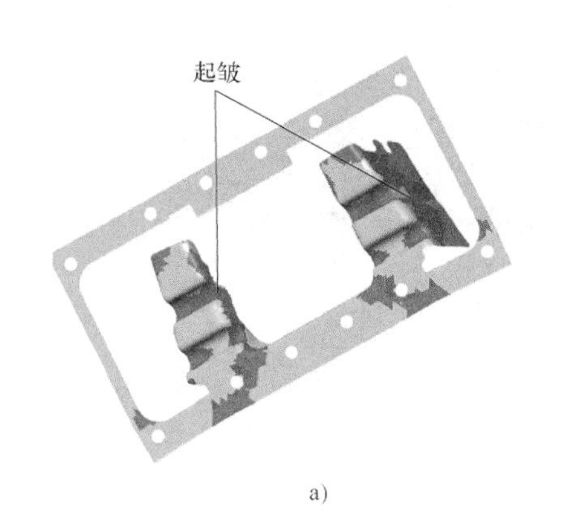

a)

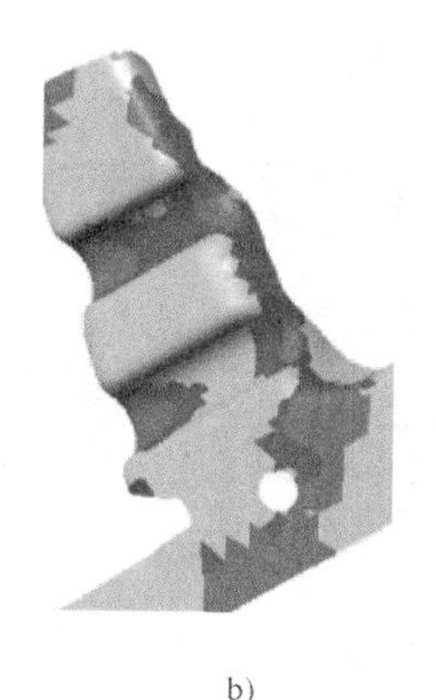
b)

图 2-140　尾板 CAE 数值模拟起皱
a）起皱位置　b）起皱位置放大

可见，产生上述废次品的主要原因是：

1）局部区域材料在压应力、不均匀拉应力和切应力的综合作用下产生了起皱。

2）在不均匀应力作用下，由于材料的不均匀流动导致了折耳尺寸的超差。

4. 解决与防止措施

在针对试生产失效样品进行分析和数值模拟的指导下，采取了以下几项措施，即对称、导正、加压、分步和抛光。采取这些措施后解决了问题，在量产阶段产品的质量非常稳定。

1）对称。如图 2-142 所示，成形方式由一模一件改为一模两件，坯料对称排布，在对称区域增加工艺补充面，消除单边受力，增加一道剖切工序。

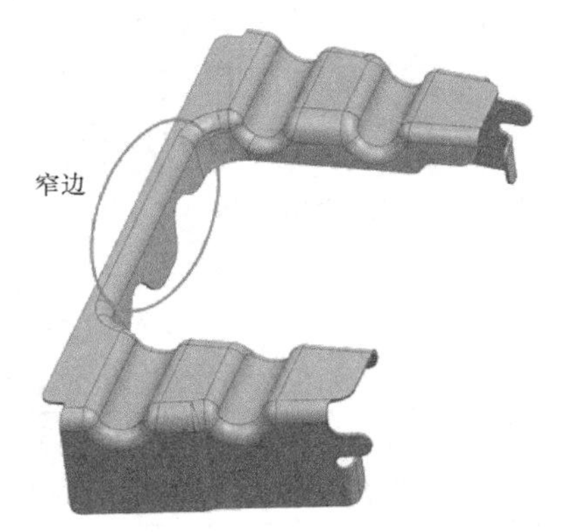

图 2-141　内饰件尾板窄边

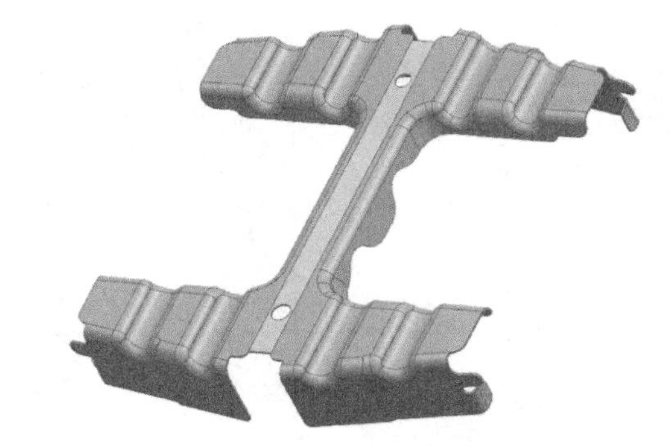

图 2-142　对称排布，小折耳分次成形

2）导正。在工艺补充面上增加了定位销，成形前先用定位销定位，在压料板接触工件前将料片导正。

3）加压。成形工位增加大吨位的氮气弹簧，给予足够的压料力以防止料片的滑移。

4）分步。折耳成形安排在后道工序，消除大面积成形带来的影响。同时从柔性制造的角度出发，后续增加可调节的侧冲工位，如图 2-143 所示，成形冲头可以调节闭合间隙，保证 2.5～2.8mm 的折弯尺寸。

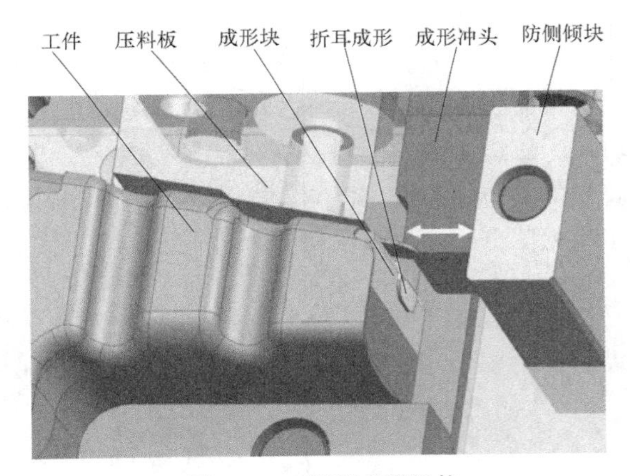

图 2-143　折耳成形机构

5）抛光。对成形模具块立面及圆角进行抛光处理，降低其表面粗糙度值；相反，压料平面做磨砂处理增加压料面的摩擦力。

2.2.44　USB 外壳外观不良、尺寸超差

1. 零件特点

USB 外壳如图 2-144 和图 2-145 所示。零件材料为 SUS304-1/2H，料厚为 0.3mm。该件料薄且四周折弯，是一款典型的冲裁、折弯、燕尾铆接件，零件局部特征明显。该产品外观有 A 级面要求，表面不可有印痕、划伤、油污及其他外观不良现象。该零件后续还需喷砂、电镀光亮镍。面向制造的设计（Design for Manufacturing，DFM）是在冲压件设计时运用的方法，确保产品开发的成功率。此产品就是运用这一方法，按照项目的计

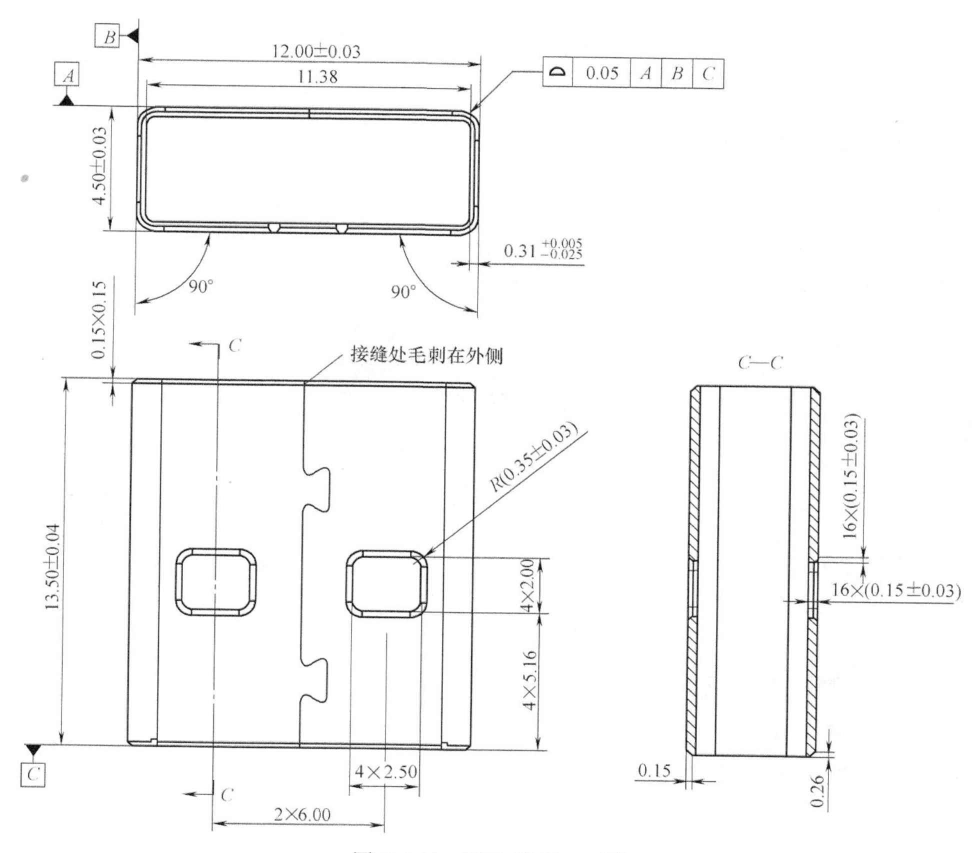

图 2-144 USB 外壳 2D 图

划，顺利开发出合格产品。

2. 废次品形式

采用多工位连续模生产，设计工艺方案为 12 道工序。根据经验与客户 A 级面的要求，该零件优化后的料带形式如图 2-146 所示，料宽为 41mm，步距为 18mm，每分钟 450 次。在设计评估中结合实际生产经验，初试结果制件产生的废品形式为：

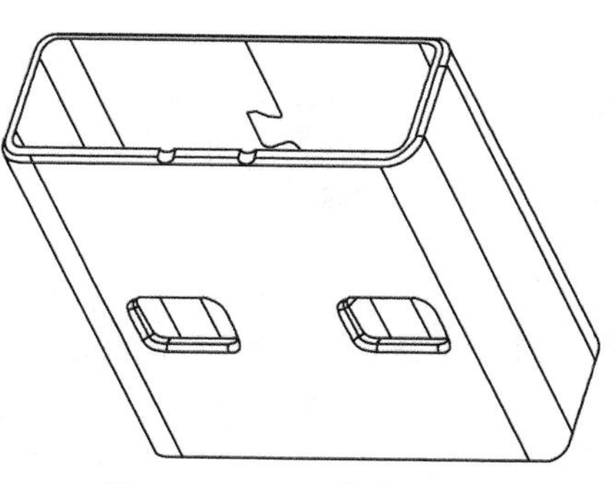

图 2-145 USB 外壳 3D 图

1）外观不良。折弯成形后有局部划伤、印痕等外观不良的现象。

2）尺寸超差。尺寸 12mm、4. 5mm 超差，超差量为 0. 03~0. 05mm，且很有规律。

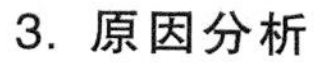

3. 原因分析

根据经验分析，生产中容易产生废次品的原因是：

1）冲压工艺方案不够合理。采用一般折弯成形很容易造成局部划伤、印痕等外观不良的现象，折弯回弹是尺寸超差的主要原因。

2）料带宽度较窄，排样步距较小。

3）下料、切口处存在毛刺。折弯工序未注意毛刺的方向。

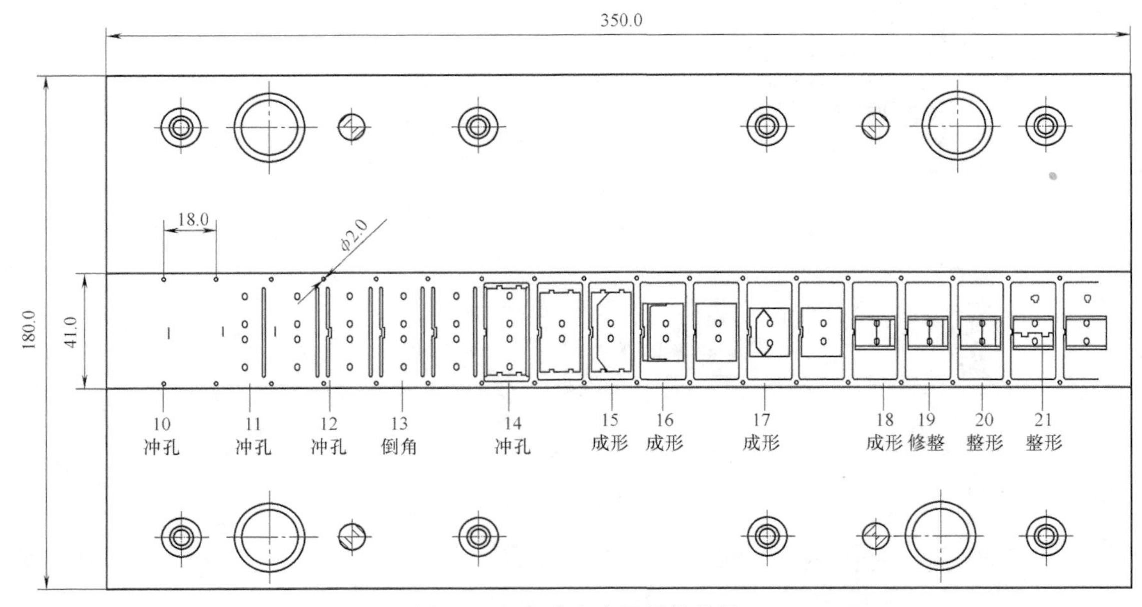

图 2-146　工艺方案及料带排样

4）模具表面粗糙度值较大，润滑不良。

4．解决与防止措施

生产中采取的解决措施是：

1）合理设计冲压工艺方案。合理设计料带工艺排样，如图 2-147 所示，改 12 道工序为 14 道工序；增加步距，加大料宽（改料宽为 43mm、步距为 21mm）；如图 2-148 所示，采用滚动成形代替原折弯成形。

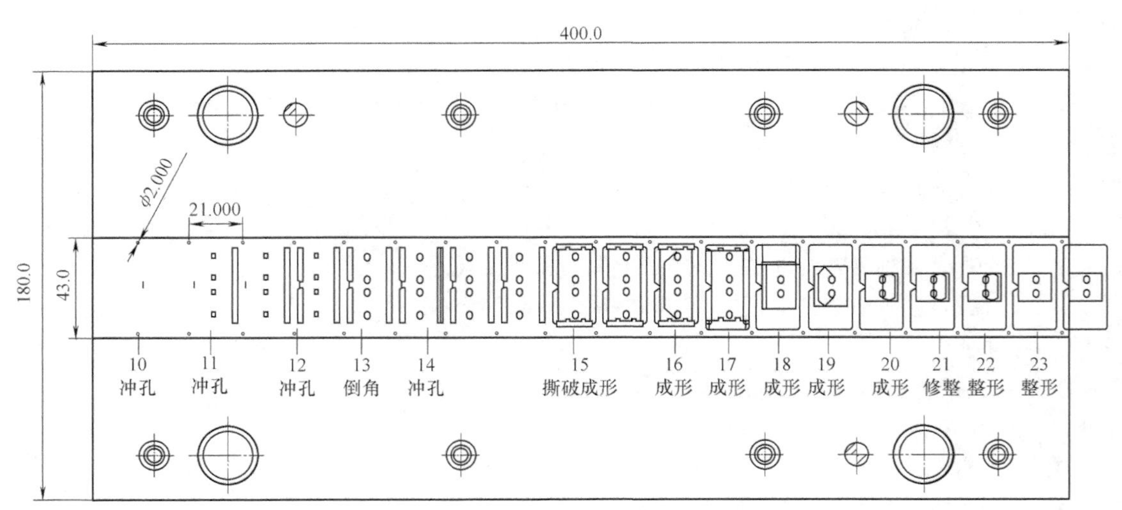

图 2-147　改进后工艺方案及料带排样

2）增加预切刀口，如图 2-149 所示，变更切口为向上撕破成形。

3）对成形模具进行抛光处理，采用优质冲压油保证对模具的良好润滑。

4）调整滚动折弯距离，控制折弯时材料的回弹量。

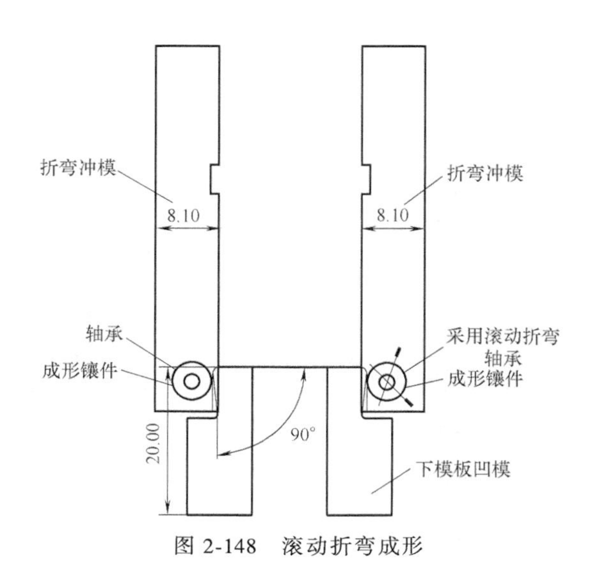

图 2-148 滚动折弯成形

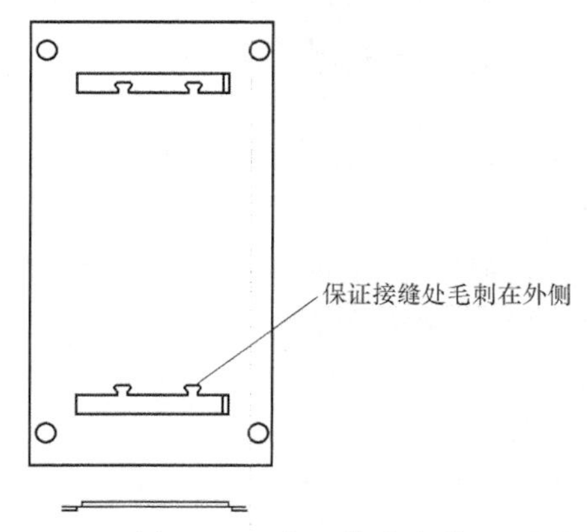

图 2-149 向上撕破成形

采取上述几项措施后生产出了合格产品。图 2-150 所示为经铆接后的产品，由图中可见产品平面度良好，批量生产的稳定性也得到了保证。

图 2-150 USB 外壳合格的产品

2.2.45 表带表面印痕、麻点

1. 零件特点

手镯式表带如图 2-151 所示。零件材料为 HMn58-2 黄铜型材，料厚为 2.5mm，型材宽度为 3.5mm，中间圆弧半径为 3.5mm，两边对称，小圆弧半径为 1.2mm。图样要求弯曲后原型材圆弧半径无变化，零件圆弧半径 R19mm 尺寸公差不超过 0.5mm，两端面要求平整，无扭曲、倾斜现象。

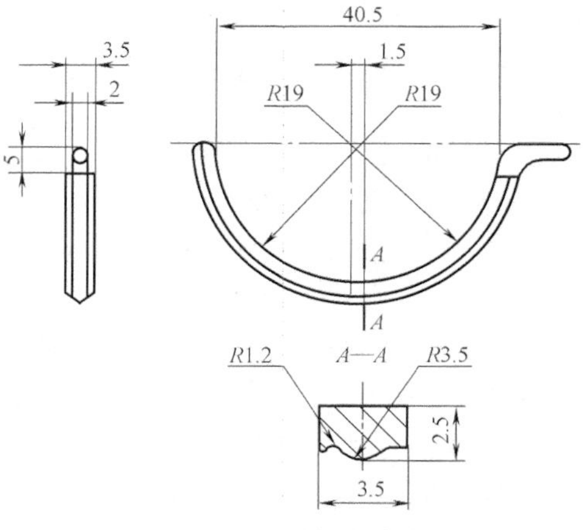

图 2-151 手镯式表带

2. 废次品形式

表面印迹、麻点。该件原来的加工工艺方案为：U 形弯曲→成形→弯边。其中第 2、3 道工序均在手扳压力机上完成。零件成形后，圆弧两端有明显的印痕、麻点，影响了表带外形的美观，增加了抛光时的劳动强度。

3. 原因分析

造成这种缺陷主要原因在于不合理的加工工艺。具体而言，其原因是：

1）U 形弯曲时回弹较大，半成品开口大，加上加工硬化等问题给后两道工序的成形带来了困难。

2）零件原始毛坯为型材，在三道工序加工过程中，由于凸、凹模制造精度和装配误差，使制件断面形状不能保证完全一致，从而使零件表面出现了模具印痕。

3）多道加工工序中，由于环境原因，例如尘土、灰尘等杂物粘在模具或坯料上，使零件表面产生了麻点。

4. 解决与防止措施

生产中改变了原加工工艺方案，采用一套专用弯曲模，一次弯曲成形，解决了问题。如图 2-152 所示，表带弯曲模的结构特点和工作原理是：

1）利用滚动摩擦系数小于滑动摩擦系数的原理，用滚轮使型材自由弯曲。在滚轮 5 上加工与型材尺寸相符的 3 个弧槽，避免型材产生擦伤、划痕等表面缺陷，利用滑槽 3 调节滚轮位置，保证零件弯曲半径 R19mm 满足尺寸精度要求。

2）在上模板上装有尺寸相同的两个凸模。其中，凸模 6 用来弯曲，凸模 7 起控制定位作用。凸模 7 上设计有弧槽，弯曲时，制件平面向上进入弧槽，避免扭曲变形，保护型材表面不受损伤。

3）按制件的宽度在右滑板 9 上加工定位槽，使滚轮 5 上的弧槽与零件吻合。滑板两端用压簧控制，弯曲时，凸模板分开，制件平面进入凸模 7 的弧槽内，型材圆弧与滚轮结合，起到自由弯曲调节凹模的作用。

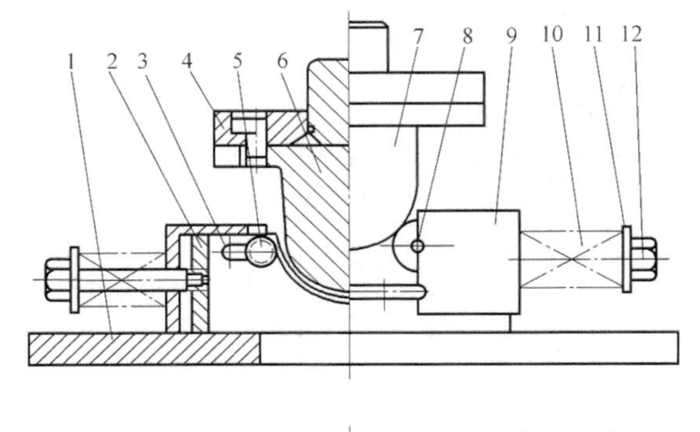

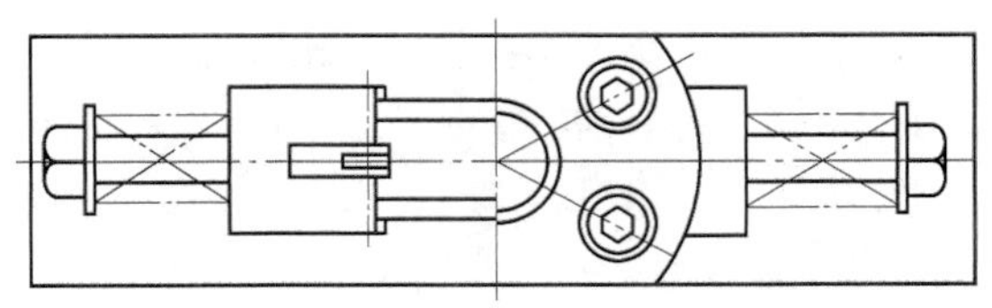

图 2-152　表带弯曲模结构

1—凹模垫板　2—滚轮支承架　3—滑槽　4—固定板　5—滚轮　6—弯曲凸模　7—同步弯曲凸模　8—滚轮轴　9—滑板　10—弹簧　11—挡圈　12—弹压螺钉

2.2.46　U 形无缝钢管接头弯扁

1. 零件特点

某矿冷库用 U 形无缝钢管接头如图 2-153 所示。钢管材料为 Q235A，外径为 ϕ38mm，壁厚为 4mm。该制件弯曲半径为 R110mm，外层材料伸长率为 $\varepsilon=(129\pi-110\pi)/110\pi=17\%$，小于材料的最大伸长率 27%，故钢管不会被弯裂。但使用和设计要求弯扁公差不得超过 0.5mm。

2. 废次品形式

弯扁（瘪）。生产中，根据本地和工厂现有条件，使用一台中型弯管机来加工该零件。在弯制时制件变扁，其弯扁量超过 0.5mm，影响冷库的制冷效果，外观质量也不好。

3. 原因分析

1）管子弯曲时，断面形状变成椭圆或称变扁（瘪），是由管子弯曲的变形机理和其变形特点所决定的。如图 2-154 所示，在弯曲加工时，沿周向外侧管壁在拉应力作用下伸

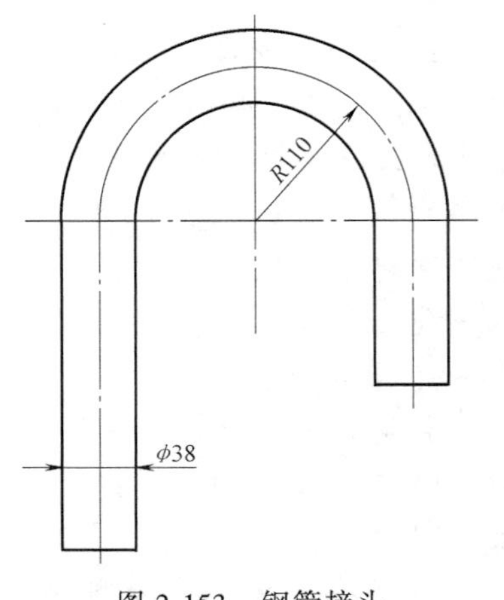

图 2-153　钢管接头

长，壁厚减薄；内侧管壁在压应力作用下发生压缩，壁厚增加。由于管子内外侧壁厚之间有空间，故与板料弯曲相比，其周向的伸长和压缩更为自由。此外，管坯的外侧金属由于受周向拉伸而被拉向内侧，而管坯的内侧金属因受模具的约束又不能向内靠拢。因此，管子在弯曲加工时，整个断面形状逐渐变成了椭圆。

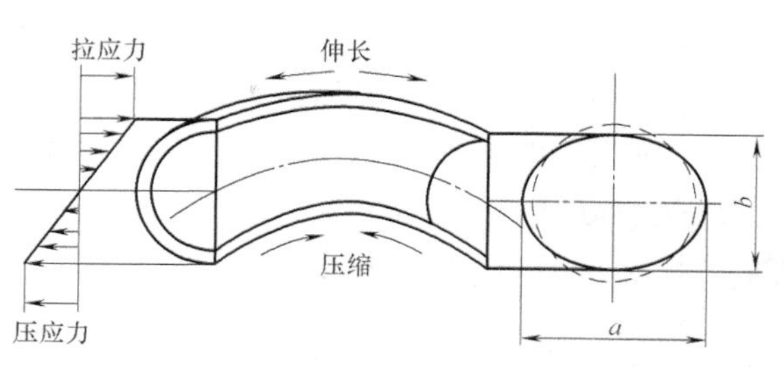

图 2-154　管子弯曲时的应力与变形

2）生产中采用中型弯管机，其最小弯曲半径为 150mm。由于设备不配套，故在通常情况下管子断面形状变扁加剧。

3）弯管模模槽较宽，模槽对弯管的约束不够。

4）弯管芯棒直径偏小。采用图 2-155 所示回转牵引弯曲模。芯棒头端位于弯管模的直径线上，其作用是使内外挤压力平衡。芯棒直径偏小，间隙太大，内外侧的径向力不平衡，管子变扁就严重。

5）滚压轮曲线不合理。如图 2-156 所示，滚压轮在导轮的帮助下，把钢管紧紧压在模具槽内，强迫它由直变弯，并夹紧管子的两个侧面，防止外胀变扁。除此之外，滚压轮还不能妨碍管子外层材料的正常延伸。因此，滚压轮曲线不合理也会造成弯管断面形状的畸变。

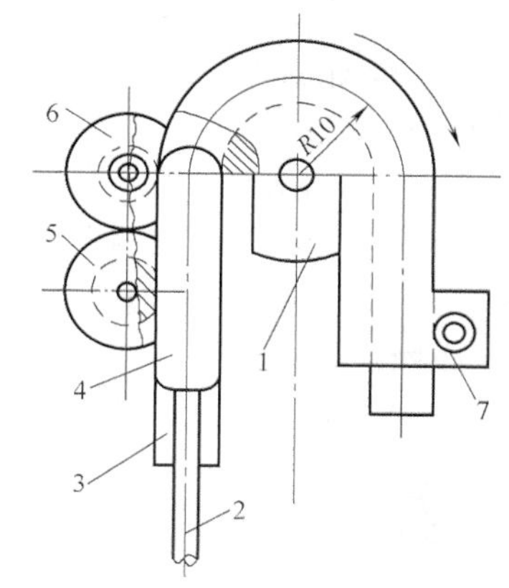

图 2-155　回转牵引弯曲模
1—弯曲模　2—连接杆　3—钢管　4—芯棒　5—导轮　6—曲线滚压轮　7—偏心夹紧模

4. 解决与防止措施

生产中采取的解决措施是：

1）如图 2-155 所示，重新设计制造了一套小型回转牵引弯曲模，以实现用中型弯管机加工小弯曲半径零件的目的。为此，偏心夹紧模要加长，将原来双方向弯曲改成单方向弯曲。

2）合理选择弯曲模模型的尺寸公差。取弯曲模模槽的尺寸与钢管半径尽量一致，一般以钢管在加工中能弯曲自如为准。弯曲模模槽的尺寸最大值不能大于钢管直径与允许压扁量之和。本例中允许压扁量为 0.5mm，所以弯曲模模槽尺寸取为 $\phi38^{+0.15}_{0}$mm。

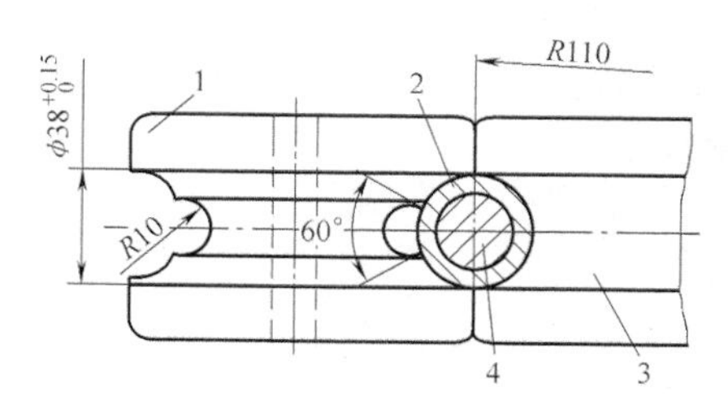

图 2-156　曲线滚压轮
1—曲线滚压轮　2—钢管　3—弯曲模　4—芯棒

3）合理确定芯棒的尺寸。ϕ38mm 无缝钢管内孔的公称尺寸为 ϕ30mm，因有铁锈，实测为 ϕ29.7mm。为保证芯棒的插入自如，取芯棒直径为 ϕ29.3mm，保证管壁与芯棒有 0.2mm 的移动间隙。此外，双边间隙 0.4mm 也小于允许压扁量。

4）合理设计制造滚压轮曲线。如图 2-156 所示，滚压轮设计成由三段圆弧组成的槽形。中部 60°为一段 R10mm 圆弧，两侧各 60°为两段 $\phi30^{+0.15}_{0}$mm 的圆弧。这样，在弯曲钢管时，两侧面可以夹紧钢管，中部不与钢管接触。钢管既不会外胀变扁，也不会影响外层的正常延伸。

另外，考虑到此例中钢管壁厚相对较厚、起皱趋势小的特点，防止钢管变扁的措施还有：

5）采用如图 2-157 所示压缩弯曲模。这种弯曲加工方式是一边对变形坯料施加更大的约束，一边进行加工的方法。在压缩弯曲过程中，利用沿着模子运动的加压模或滚子，一边压管子一边进行弯曲。因为是从管子外侧以推压方式施加压力的，故改变了管壁所受应力状态。但是，采用这种方法后，在多数情况下会使整个管子长度变短，对于薄壁管容易产生折皱。

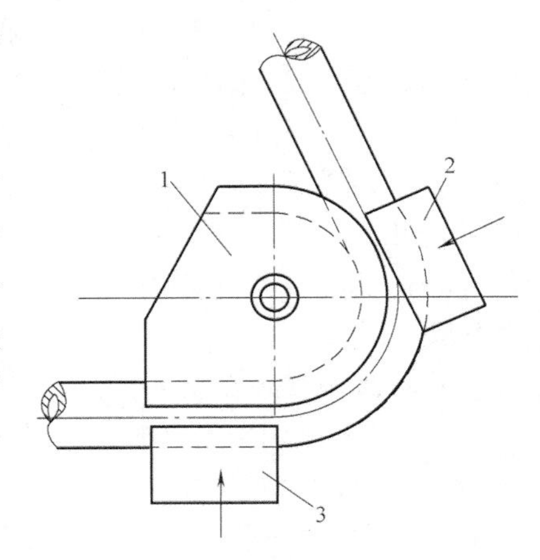

图 2-157 压缩弯曲模

1—固定弯曲模 2—加压模 3—夹紧模

2.2.47 电冰箱发生器内壁折皱、断面弯扁

1. 零件特点

电冰箱中的机芯组成管——发生器如图 2-158 所示。其中，弯曲件外套管材料为 Q235A，壁厚为 1mm。该件管径为 ϕ22mm，相对弯曲半径 $r/d=1.35$，相对壁厚 $t/d=0.045$，属小半径薄壁管弯曲件。发生器由两套管组成，故在弯曲加工时不可能采用有芯弯管。因为管子成形后清洗困难，总装后要灌装制冷剂，若有脏物，容易造成堵塞，影响制冷效果，所以无论从使用要求还是清洗工艺来看，在弯曲加工时都不允许有充填物。

2. 废次品形式

生产中出现了以下两种形式的废次品：

1）折皱。如图 2-159a 所示，制件弯曲部位内侧壁产生折皱。

2）弯扁。如图 2-159b 所示，制件弯曲部位的断面弯扁变椭。

3. 原因分析

1）因管子相对壁厚和相对弯曲半径较小，弯曲加工时管壁沿周向的伸长和压缩自由度大，管壁抗压缩失稳能力差，超过了起皱界限，从而使内侧壁失稳产生折皱。图 2-160 所示为低碳钢管（无芯弯管）的起皱界限。该件的 t/d 和 r/d 值所对应的 A 点落在起皱区内，故产生了折皱。

2）因制件的结构和使用性能要求，在弯曲加工时，既不能采用芯棒，又不能充填充料。

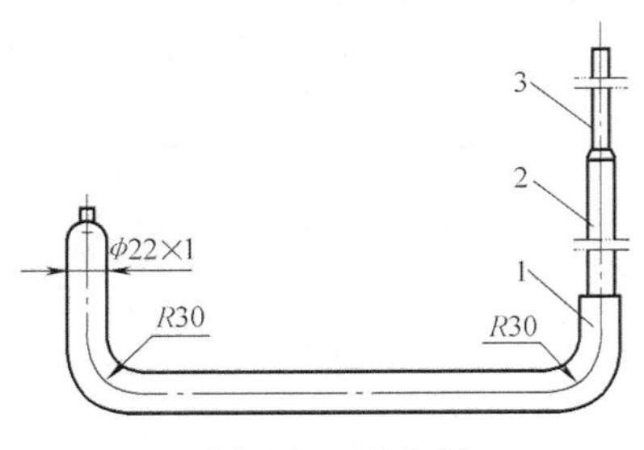

图 2-158 发生器

1—外套管 2—浓氨水管 3—提升管

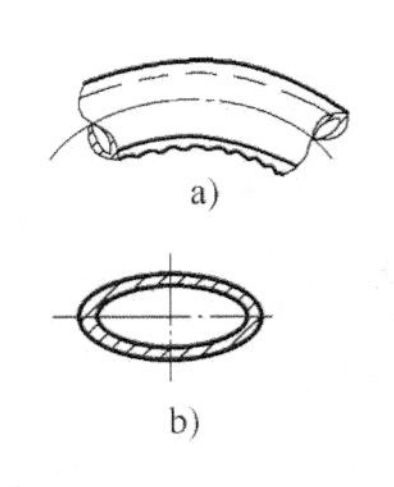

图 2-159 废次品形式

a）内侧壁折皱

b）断面弯扁（瘪）

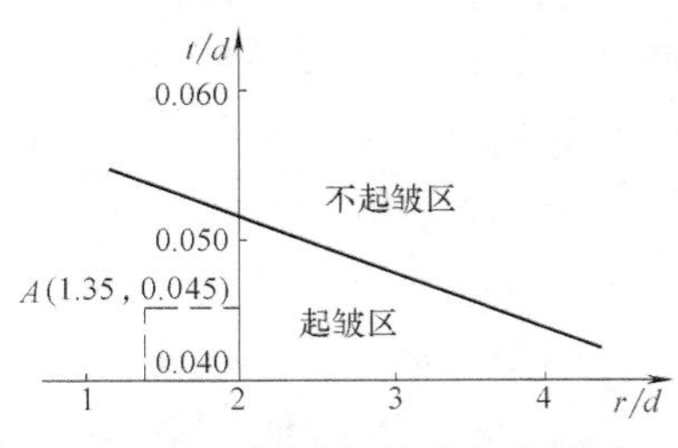

图 2-160 低碳钢管的起皱界限

4. 解决与防止措施

生产中采取了如下几项措施解决了问题。

1）增加预压力，改变管壁受力状态。如图 2-161 所示，在弯管模具上增添液压顶推装置，用以增加轴向压力；加大压紧轮压力，迫使管材产生径向变形，提高静水压力，改善材料的塑性，从而能抑制或减小皱纹与畸变的发生与发展。

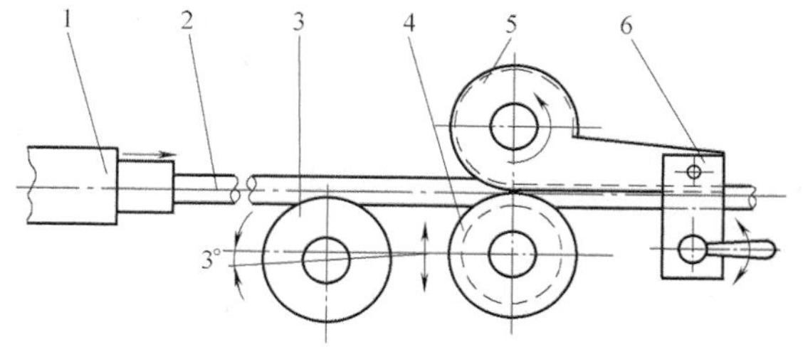

图 2-161　弯管模具结构

1—液压顶推装置　2—工件　3—导向轮
4—压紧轮　5—成形轮　6—压紧装置

2）控制弯曲变形速度。弯曲速度高，局部变形来不及向外扩展，局部变形剧烈，容易引起管子产生折皱和弯扁；弯曲速度过低，则生产效率低，也是不经济的。经过多次试验比较，选择弯管转速为 3~4r/min，效果较好。

3）合理设计模具的模槽形状。如图 2-162 所示，生产中采用双曲弧线制作成形轮和压紧轮的槽形。调节压紧轮与成形轮之间的距离，迫使铜管边缘与弯扁垂直的方向发生变形。其作用一方面增强了钢管的抗失稳能力，另一方面给弯扁以反方向补偿。模具模槽尺寸如下：

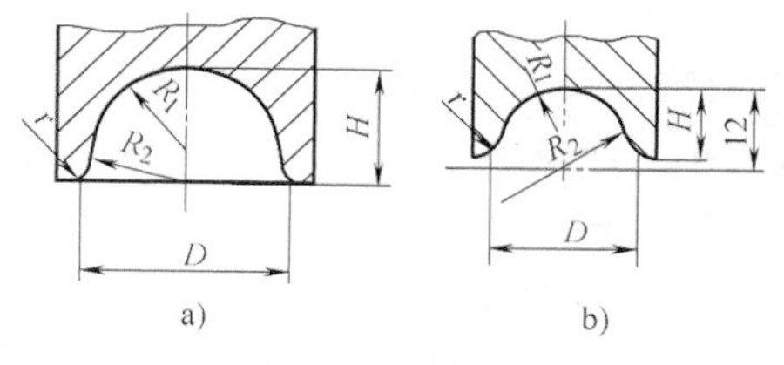

图 2-162　模槽形状

a）压紧轮槽形　b）成形轮槽形

成形轮：$R_1=8\text{mm}$，$R_2=20\text{mm}$，$H=10_{-0.2}^{\ 0}\text{mm}$，$D=22\text{mm}$，$r=2\text{mm}$。

压紧轮：$H=12_{-0.2}^{\ 0}\text{mm}$，其他尺寸与成形轮尺寸相同。

2.2.48　客车顶横梁截面畸变、内壁折皱

1. 零件特点

客车顶横梁如图 2-163 所示。零件材料为 Q235A 钢矩形管材，规格为 50mm×40mm×2mm（壁厚）。横梁中部的曲率半径为 R6500mm，两端各为 R250mm。图样要求零件表面光整、无折皱，凸凹不平不允许超过 1.5mm。

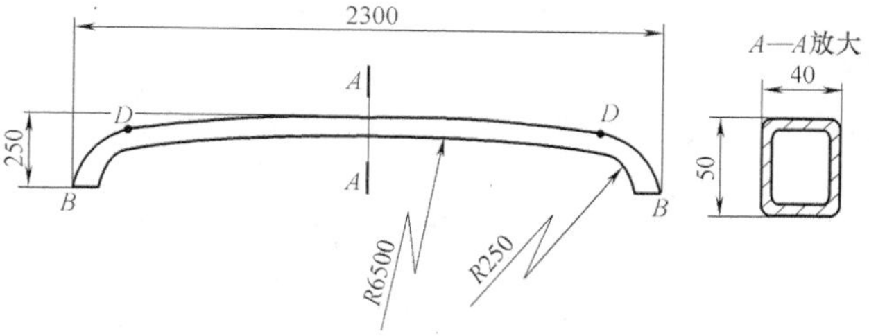

图 2-163　客车顶横梁

2. 废次品形式

截面畸变、内壁起皱。如图 2-163 所示，原工艺方案把零件分为 *BD*、*DD*、*DB* 三段，分别弯曲后再组焊成形。其流程为：分三段下料→弯曲→切头→组焊→整形。其中 *DB* 段装芯子弯曲，在弯管机上进行。采用这种加工方法占用人力，设备多，生产效率低，不能满足批量生产的需求。零件外观质量与接头处的强度也不好。后改用无芯一次弯曲成形工艺，其流程为：下料→弯曲→成形→切头。在弯曲和成形工序，如图 2-164 所示，矩形截面发生了畸变，*y* 向两

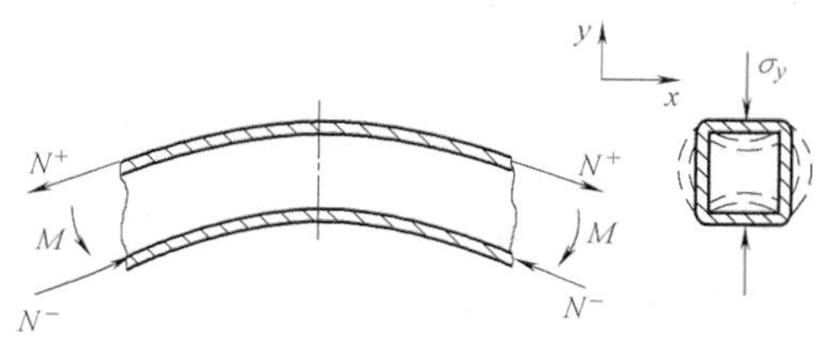

图 2-164　截面畸变

壁同时向管内凹陷，侧面两壁向外鼓凸。另外，在制件两端的 DB 段，管内弧壁起皱。

3. 原因分析

1）如图 2-164 和图 2-165a 所示，矩形管弯曲时，外侧壁受拉伸长，内侧壁受压缩短。因管内自由空间大，故当弯曲半径较小、管内未装芯子支承时，容易在内侧壁产生失稳起皱。

2）如图 2-164 中剖视图所示，由弯矩产生的周向拉、压应力作用的结果，以及模具沿轴向（y 向）施力，使矩形管沿 y 向承受压应力作用，从而使管子横截面形状发生了畸变，上下两壁向内凹陷，左右两侧产生鼓凸。

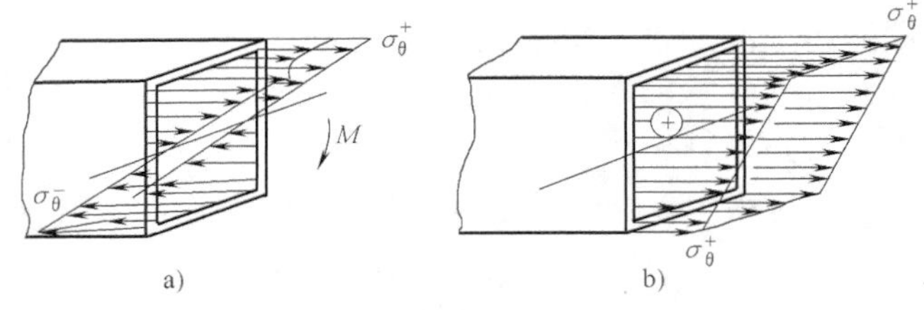

图 2-165 横截面上的应力分布

a）普通弯曲 b）拉弯成形

3）制件相对较长，且沿长度方向变形不均匀。如图 2-163 所示，DD 段曲率半径大，变形量小，故不起皱，截面的畸变也很小。两端 DB 段曲率半径小，变形量大，且管子结构又不宜采用有芯弯曲，故起皱和畸变较为严重。

4. 解决与防止措施

一般而言，为防止管截面形状的畸变，弯管直径（圆管）、边长（矩形管）大于 10mm 时，均需要考虑加填充料或芯子进行有芯弯曲。由于横梁尺寸大，形状特殊，不便加填充料和芯子，故要想解决畸变和起皱问题必须另想其他办法。

从原理上考虑，在管子弯曲时，加一周向拉应力来抵消内壁受到的压应力就可以解决与防止起皱和截面畸变的问题。如图 2-165b 所示，采取拉弯成形方法，使管子整个截面都处于拉应力作用下变形，则可使制件的表面质量得到更大的改善。基于这种思想，生产中设计制造了图 2-166 所示的横梁弯曲模，简化了工艺和工装设备，大幅度地提高了工效和质量。

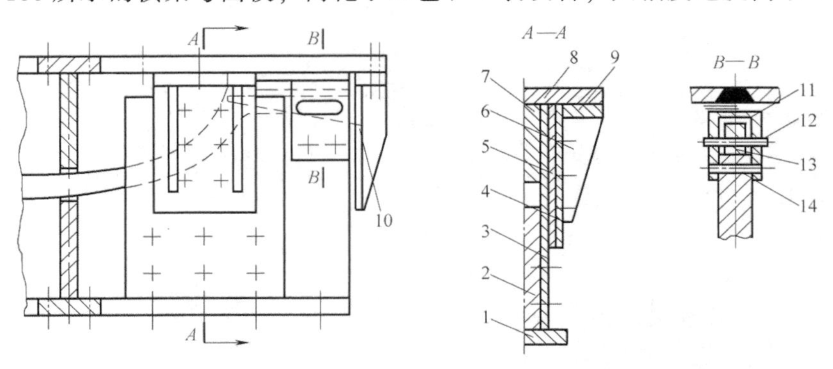

图 2-166 横梁弯曲模

1—下模板 2—凹模 3—下夹板 4—上夹板 5—固定板 6—加强筋板 7—凸模 8—上模板 9—垫板 10—压紧板 11—楔体 12—销 13—斜楔 14—销钉

横梁弯曲模由上模、下模和夹紧装置三部分组成。制件的弯曲成形过程是：把矩形管毛坯放到下模体上的下夹板 3 内，由斜楔 13 夹紧定位。当上模下行时，上夹板 4 通过下夹板 3 夹紧工件两侧壁。与此同时，压紧板 10 推动斜楔 13 与楔体 11 把制件上壁夹紧；上模继续下行时，制件两端在夹紧装置中拉伸滑行，未夹紧的外弧面随后产生拉弯变形。整个管子贴凸模成形。上模上行到上止点，下夹板3自由松开制件，手动退出斜楔13，取出制件。夹紧力的大小可由下夹板3和上夹板4的厚度及斜楔13的长度来调整。下夹板3和上夹板4的宽度要超过 R250mm 小圆弧段，其作用除了夹紧制件，靠摩擦力形成拉弯的变形条件外，还起到了与装芯子或填充料类似的作用。填料或芯子从内部限制了制件的畸变与起皱，而夹板则从矩形管的外部限制了截面的变形。

采用这副弯曲模虽然解决了起皱与截面畸变的问题，提高了制件的质量，但也存在一些缺点。主要表现在，模具显得过长，需要较大的工作场地，采用3000kN液压机的工作台面不够，模具伸出台面较多，操作不方便。

此外，采用图2-167所示矩形微波波导管助推弯曲法也可有效地防止起皱，因采用了芯棒，故矩形管管内的形状得到了保证。

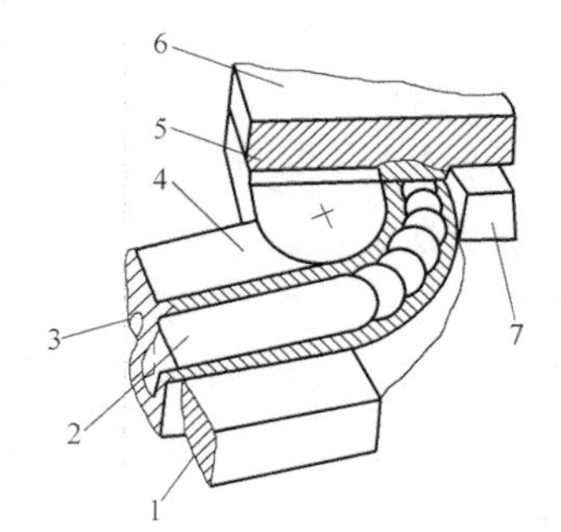

图2-167 波导管助推弯曲
1—加压模 2—芯棒 3—管壁
4—活动压模 5—弯曲模
6—上压板 7—夹紧模

2.2.49 双脊矩形管弯曲件截面变形、尺寸超差

1. 零件特点

小尺寸双脊矩形管弯曲件截面如图2-168所示。零件材料为H96黄铜，材料的抗拉强度≥205MPa，具有好的塑性，伸长率 A_{10}≥35%，导电、导热性好，且具有较好的耐蚀性。这种小尺寸双脊矩形管弯曲件因具有截止频率低、工作带宽宽、特性阻抗低、损耗小和耐功率大等优点，广泛应用于航空航天、雷达和卫星通信等领域。由于管材空心、薄壁和腹板上带有脊槽以及弯曲成形过程受多模具约束，使得弯曲成形过程中极易发生截面变形和回弹缺陷，而严重的截面变形会改变双脊矩形管的传输特性，影响电磁波的传输效率。随着现代通信设备对脊波导传输性能的要求越来越高，迫切需要成形出高精度的双脊矩形管弯曲件。

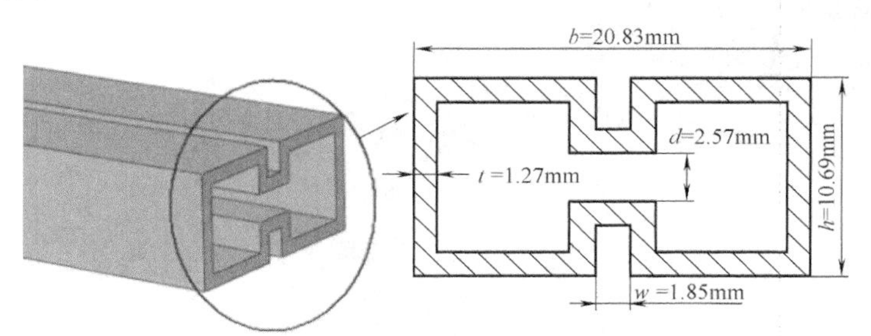

图2-168 H96双脊矩形管弯曲件及其截面示意图

2. 废次品形式

在进行弯曲加工时，生产中出现了以下两种形式的废次品：

1）截面变形。如图2-169a所示，制件弯曲部位产生截面变形。

2）回弹、尺寸超差。如图2-169b所示，制件弯曲部位产生回弹，制件尺寸超差。

3. 原因分析

1）截面变形。材料较软，塑性好，这是造成弯曲变形时产生截面变形的内因；而外因

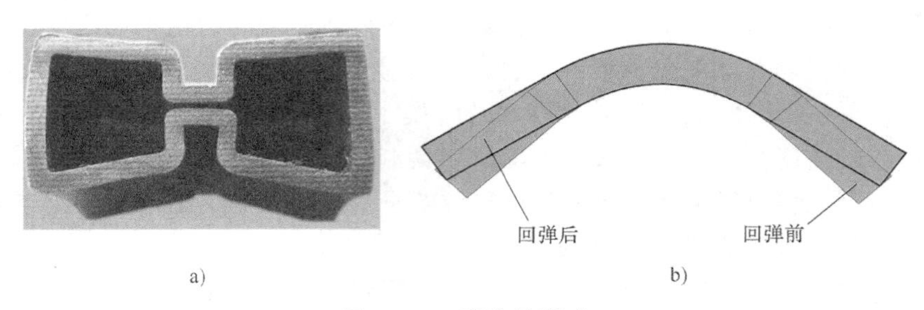

图 2-169　废次品形式

a）截面变形　b）回弹、尺寸超差

是双脊管进行弯曲时，外脊槽和外腹板受到指向弯曲中心的合力，该合力引起了外脊槽和外腹板的塌陷，如果芯模结构选取不合理，芯模与双脊管的间隙较大，芯模对外脊槽和外腹板支承效果不好，就会导致截面变形的发生。同时，由于脊槽的存在，使得组成双脊矩形管的板面多，存在多对面内面外弯曲的面，造成材料流动不协调，这加剧了双脊矩形管的截面变形。

2）回弹、尺寸超差。当双脊矩形管弯曲过程结束后，将芯棒抽出，卸载后，弯管中的弹性变形恢复，双脊矩形管弯曲外侧所受切向拉应力卸载，长度缩短，弯曲内侧所受切向压应力卸载，长度伸长，双脊矩形管的弯曲角变大，管材发生回弹，引起了尺寸超差。

4. 解决与防止措施

生产中采取了以下几项措施解决了问题。

1）双脊矩形管弯曲过程中不可避免地发生截面变形缺陷，为了减小截面变形，需要设计合理的芯模结构，从而抑制管材截面变形。芯模与管材的接触面越多，对弯曲过程中管坯材料流动的阻碍作用越大，为保证芯模强度和弯曲过程中材料的流动性，将芯模设计为分离式结构，如图 2-170a 所示。这种芯模能够在一定程度上抑制截面变形，然而对于小尺寸的

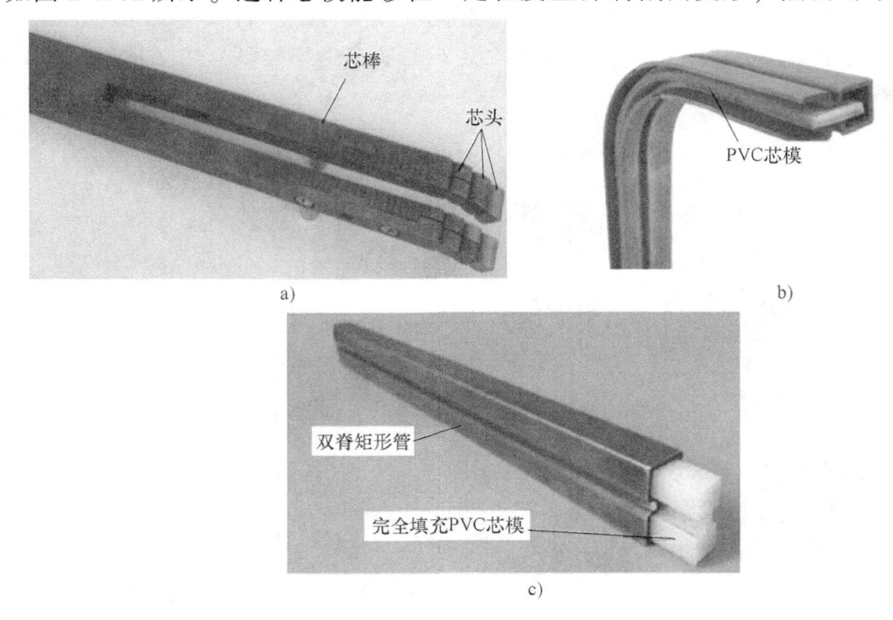

图 2-170　不同的芯模结构

a）分离式刚性芯模　b）支承脊槽式 PVC 芯模　c）完全填充式 PVC 芯模

双脊矩形管，这种刚性芯模的加工制造困难且在弯曲过程中销轴式结构极易破裂，并且脊槽间区域没有芯模支承，使得脊间距变形较大，而且芯头个数受限制，使得管材部分弯曲变形区域得不到支承。为了更好地减小截面变形，并适应小尺寸的双脊矩形管弯曲成形，采用柔性 PVC 芯模，如图 2-170b、c 所示，这两种芯模加工制造简单，并且可以对整个管坯进行支承，对于较小尺寸双脊矩形管弯曲成形可有效减小截面变形。

2）通过合理地控制工艺参数可以减小回弹，保证弯曲件的尺寸精度。具体而言，减小芯模和双脊管之间的间隙，减小压力模助推水平，增加芯头个数，增加芯棒伸出量，增加芯模和双脊管之间的摩擦系数等。

通过上述方法获得的小尺寸双脊矩形管 E 弯和 H 弯管件如图 2-171 所示。

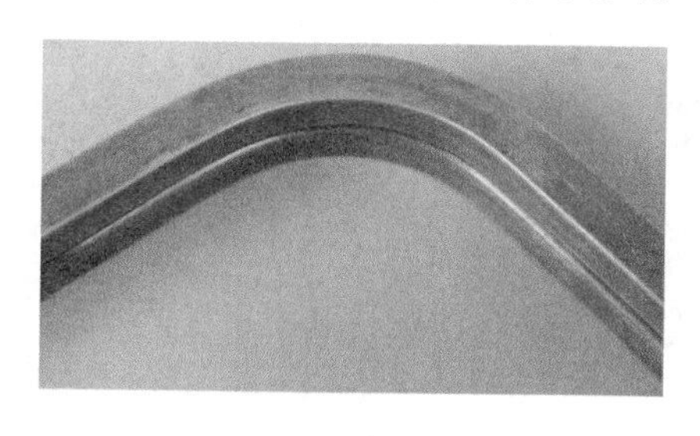

a)

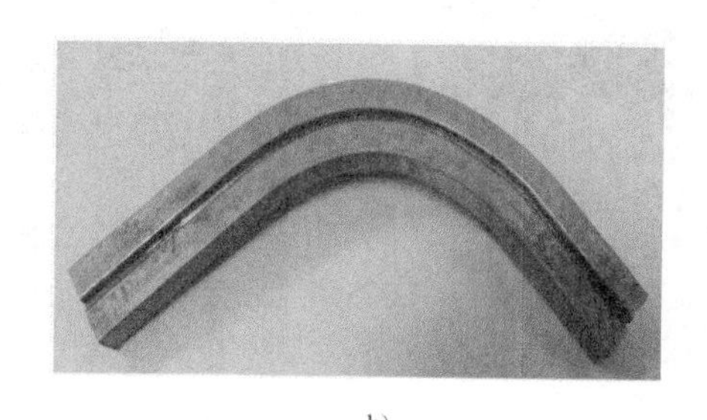

b)

图 2-171　H96 双脊矩形管合格弯管件

a）E 弯　b）H 弯

2.2.50　矩形焊管起皱、尺寸超差、截面变形与断裂

1. 零件特点

矩形焊管弯曲件截面如图 2-172 所示。零件材料为 QSTE700 高强钢。因该材料具有屈强比高（$R_{p0.2}/R_m = 0.83 \sim 0.93$）、制造成本低、生产周期短等特点，被广泛用于新能源汽车骨架和座椅架。然而，矩形焊管采用“直接成方”工艺制造而成，弯角处的材料会产生冷弯效应，同时由于焊接过程中的快速加热与冷却，焊缝区域材料的力学性能与母材有很大不同，弯角和焊缝区域的强度和硬度明显高于母材，因此矩形焊管沿截面周向表现出明显的材料非均质特性，在弯曲成形过程中极易产生各种成形缺陷，严重地制约了高强钢矩形焊管制件弯曲成形精度的提高。

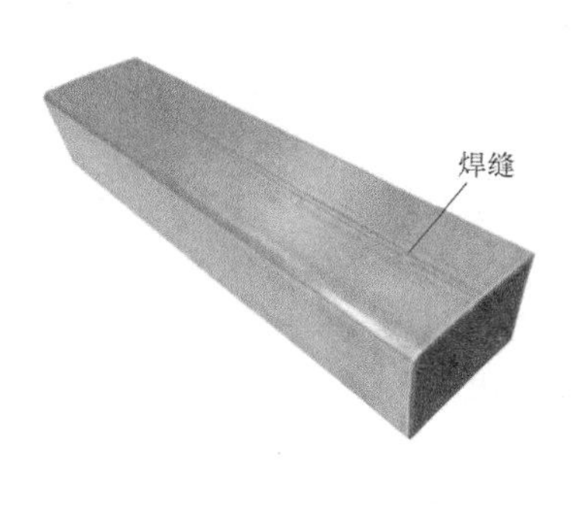

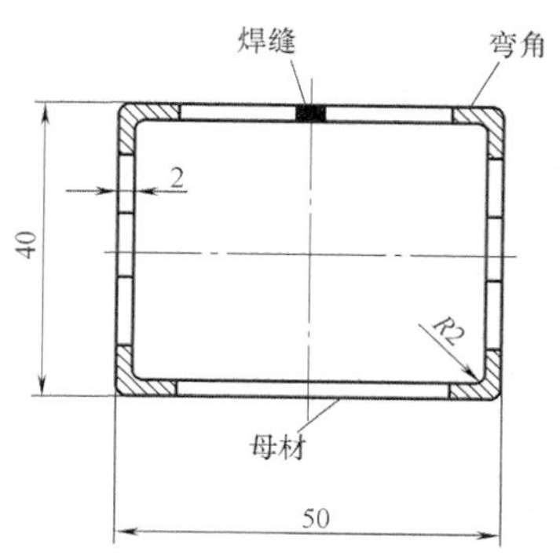

图 2-172　QSTE700 高强钢矩形焊管弯曲件截面

2. 废次品形式

生产中出现了以下四种形式的废次品：

1）内腹板起皱。如图 2-173a 所示，制件弯曲部位内壁起皱。

2）回弹、尺寸超差。如图 2-173b 所示，制件弯曲部位回弹、尺寸超差。

3）外腹板断裂。如图 2-173c 所示，制件弯曲部位外腹板产生断裂。

4）截面变形。如图 2-173d 所示，制件弯曲部位产生截面变形。

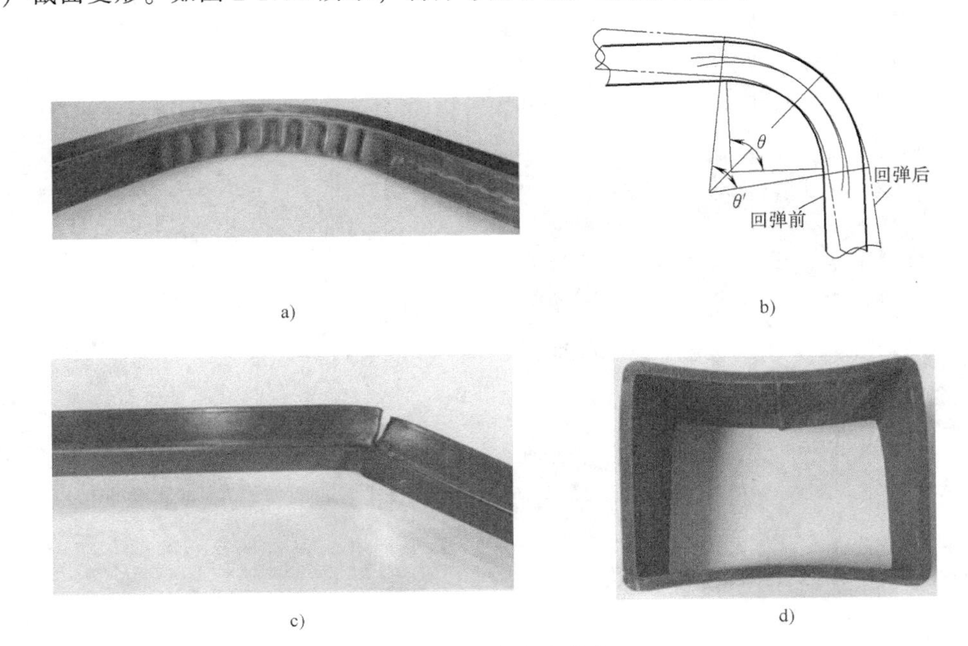

a)　b)　c)　d)

图 2-173　废次品形式

a）内腹板起皱　b）回弹、尺寸超差　c）外腹板断裂　d）截面变形

3. 原因分析

1）内腹板起皱。因矩形焊管相对壁厚和相对弯曲半径较小，矩形焊管内腹板抵抗压缩失稳能力差，当内腹板压应力较大超过其抵抗失稳的能力时，内腹板产生起皱缺陷。如果焊管弯曲时没有芯模支承，或者芯模与管之间的间隙较大时，内腹板起皱严重。

2）回弹、尺寸超差。高强钢矩形焊管在弯曲过程中，母材屈服强度较大和屈强比较高，并且工艺参数设置不合理，如芯模和焊管间隙较大、压力模助推水平较高等，这些导致了高强钢矩形焊管弯曲后产生回弹，并且高强钢矩形焊管存在不均匀的焊缝和弯角区域，焊缝处材料的屈强比更大，当焊缝位于弯曲外侧时，加剧了焊管的回弹。

3）外腹板断裂。管材弯曲是一个高度非线性的复杂物理过程，受到弯曲模具的约束，模具与焊管接触条件复杂，矩形焊管弯曲段中性层外侧在切向拉应力作用下，壁厚产生减薄，当壁厚减薄率超过一定范围时，就会产生外侧壁厚过度减薄而引起断裂。同时，矩形焊管不同于均质管，具有冷弯效应的弯角和焊缝区域，其伸长率和硬化指数明显低于母材，焊缝是焊管最薄弱的区域，焊缝处极易产生断裂。

4）截面变形。由于高强钢矩形焊管的强度较高，外腹板受到指向弯曲中心的合力较大，该合力引起了外腹板的塌陷。如果工艺参数设置不合理，如芯模与焊管的间隙较大，芯模对外腹板支承效果不好，都会导致焊管的截面变形。此外，焊缝的强度明显高于母材，当焊缝位于弯曲外侧时，加剧了截面变形。

4. 解决与防止措施

如图 2-174 所示，生产中采取了如下几项措施解决了问题。

1）防止起皱。对矩形焊管内壁用 45 钢制芯模进行支承。减小芯模与焊管之的间隙，增加防皱模与焊管的摩擦系数、夹持模与焊管的摩擦系数。在夹持模的表面加工菱形花纹，增加夹持模对焊管的夹持力，从而避免内腹板起皱的发生。

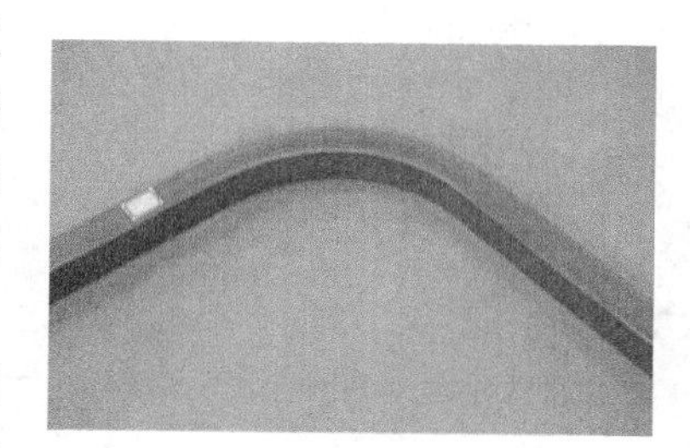

图 2-174 矩形焊管弯曲合格件

2）减小回弹。焊缝位于弯曲外侧比其位于弯曲内侧和中性层位置时，弯曲回弹角要大。因此，应将焊缝置于弯曲内侧或者中性层位置；通过合理地控制工艺参数可以减小回弹，减小芯模和管坯间隙、压力模助推水平，回弹减小；增加芯头个数、芯棒伸出量、芯模和管坯摩擦系数，回弹减小。

3）为了防止外腹板断裂缺陷的产生，避免焊缝位于弯曲中性层外侧，减小芯棒伸出量，增加芯模与焊管间隙，减少芯头个数，这些都能降低焊管外腹板壁厚减薄率，从而防止外腹板断裂。

4）为了减小矩形焊管的截面变形，焊缝应位于弯曲内侧或者中性层位置，避免焊缝位于弯曲外侧。减小芯模和管坯间隙，减小芯模和管坯摩擦系数，增加芯头个数，增加芯棒伸出量和压力模助推水平，从而减小截面变形。

在做试验时，需要综合考虑上述工艺参数对各个缺陷的影响，采用基于正交试验设计的方法反复模拟得到结果。表 2-7 显示了弯曲工艺参数的优化组合。

表 2-7 QSTE700 高强钢矩形焊管数控弯曲工艺参数的优化组合

参数	试验条件	参数	试验条件
弯曲速度 ω/（rad/s）	0.5	防皱块、管坯摩擦系数	0.2
弯曲半径 R/mm	200	弯曲模、管坯摩擦系数	0.15
助推速度 v_p/(mm/s)	110	管坯、芯模间隙 c_m/mm	0.3
夹块、管坯摩擦系数	干摩擦	管坯、其他模具间隙 /mm	0
压块、管坯摩擦系数	0.25	芯头个数	3
芯模、管坯摩擦系数	0.06	芯棒伸出量/mm	0

2.3 弯曲件常见废次品及质量控制要点

2.3.1 弯曲件常见废次品及预防措施

如果将弯曲只看成使坯料折弯，会认为弯曲是一种非常简单的加工方法。但是，由于弯曲加工具有的变形特点，弯曲常与其他变形方式组合成形，故在生产中，弯曲加工存在许多问题，常出现多种形式的废次品。其主要废次品形式为：

1）破裂。其中包括沿弯曲线全长开裂，甚至断裂；弯曲件边缘裂纹、中部裂纹或开裂；制件凸出直角处局部裂纹或开裂和非正常破裂等。

2）弯曲回弹、尺寸超差。其中包括外形尺寸、角度和位置尺寸超差，以及偏移等。

3）形状不良。其中包括翘曲、扭曲、偏斜、扩张和底面、直边不平等。

4）局部变形、表面缺陷。其中包括啃伤、孔变形、局部鼓凸、表面擦伤、印痕和麻点等。

弯曲件常见废次品形式、产生原因及预防措施见表 2-8。

表 2-8 弯曲件常见废次品形式、产生原因及预防措施

废次品形式	简图	产生原因	预防措施
破裂与裂纹	裂纹	凸模圆角半径过小；毛坯毛刺的一面处于弯曲外侧；板材的塑性较低；下料时毛坯硬化层过大；弯曲线与板料轧制方向平行	适当增大凸模圆角半径；将毛刺一面处于弯曲内侧；用塑性好的材料；弯曲前毛坯进行退火处理；采用局部加热弯曲；弯曲线与轧纹方向垂直或成 45°角
底部不平	不平	弯曲时板料与凸模底部没有靠紧	采用带压料顶板的模具，在弯曲开始时顶板便对毛坯施加足够的压力，最后对弯曲件进行校正
翘曲	h	由于变形区应变状态引起的，横向应变（沿弯曲线方向）在中性层外侧是压应变，中性层内侧是拉应变，故横向便形成翘曲	采用校正弯曲，增加单位面积压力；根据预定的弹性变形量修正凸、凹模
直臂高度不稳定	h r	高度 h 太小；凹模圆角不对称；弯曲过程中毛坯偏移	高度 h 不能小于最小弯曲高度；修正凹模圆角；改用弹性压料装置或采用工艺孔定位
孔不同心	中心线错移 中心线倾斜	弯曲时毛坯产生了偏移，故引起孔中心线错移；弯曲后的回弹使孔中心线倾斜	毛坯要准确定位，保证左右弯曲高度一致；设置防止毛坯窜动的定位销或压料顶板；减少回弹
弯曲线同两孔中心线不平行	最小弯曲高度 扩张	弯曲高度小于最小弯曲高度，最小弯曲高度以下的部分出现张口	在设计工件时应保证大于或等于最小弯曲高度；改变弯曲件的结构设计
表面擦伤	擦伤	金属的微粒附着在模具工作部分的表面上；凹模的圆角半径过小；凸、凹模的间隙过小	清除模具工件部分表面脏物，降低凸、凹模表面粗糙度值；适当增大凹模圆角半径；采用合理的凸、凹模间隙
偏移	滑移 滑移	当弯曲形状不对称工件时，毛坯向凹模内滑动，两边受到的摩擦阻力不相等，故发生了偏移	采用弹性压料顶板模具；毛坯在模具中定位要准确；在可能的情况下，采用成对弯曲后再剖开

（续）

废次品形式	简图	产生原因	预防措施
孔变形	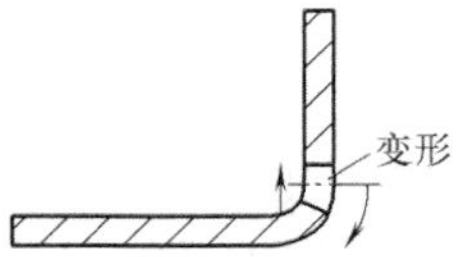 变形	孔边离弯曲线太近，在中性层内侧为压缩变形，而外侧为拉伸变形，故孔发生了变形	保证从孔边到弯曲圆弧中心的距离大于一定值；在弯曲部位设置工艺孔，以减轻弯曲变形的影响
弯曲回弹、角度和尺寸超差	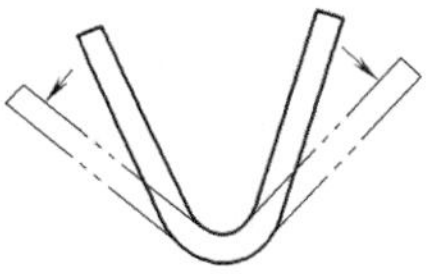	弯曲时伴随着弹性变形，当弯曲件从模具中取出后便产生了弹性回复，从而使弯曲角度发生了变化和尺寸超差	以预定的回弹角来修正凸、凹模的角度，达到补偿的目的；采用反向弯曲抵消部分回弹；采用校正弯曲代替自由弯曲
弯曲端部鼓起	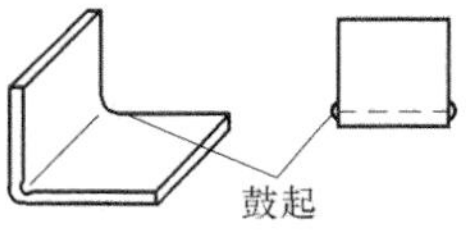 鼓起	弯曲时中性层内侧的金属层纵向被压缩而缩短，宽度方向则伸长，故宽度方向边缘出现凸起，以厚板小角度弯曲为明显	在弯曲部位两端预先做成圆弧切口，将毛坯毛刺一边放在弯曲内侧 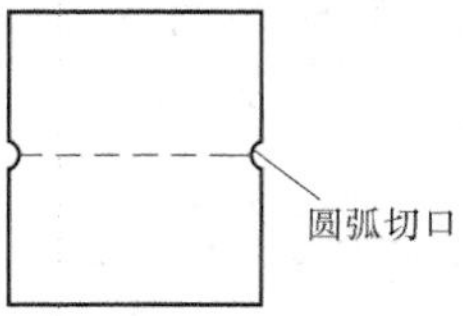 圆弧切口
扭曲	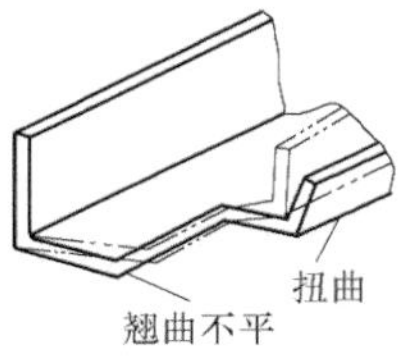 扭曲 翘曲不平	由于毛坯两侧宽度、弯边高度相差悬殊，弯曲变形阻力不等。弯曲时，宽度窄、弯边高度低的一侧易产生扭曲。又因两端缺口较大，顶出器压不住料，使带缺口的底面翘曲不平，加剧了弯边的扭曲	两侧增加工艺余料，弯曲后切除，在产生扭曲的一侧和缺口处安装导板，可减轻扭曲程度 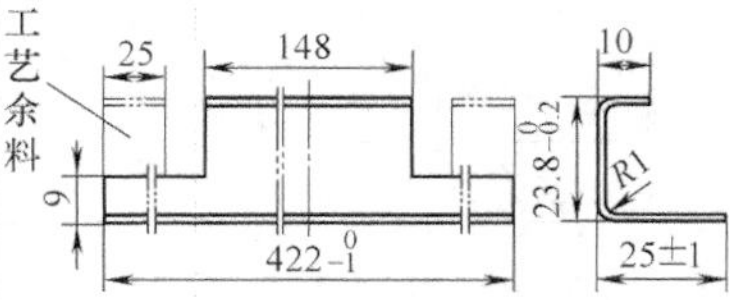 工艺余料 25 148 9 422_{-1}^{0} 10 $23.8_{-0.2}^{0}$ R1 25±1
断面形状不良 棱角不清晰	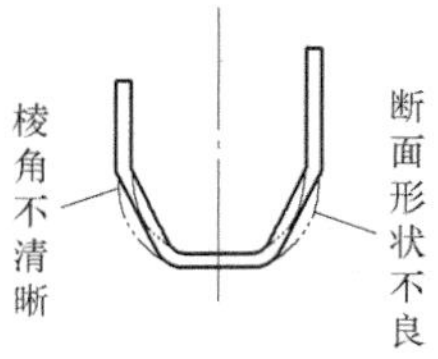 棱角不清晰 断面形状不良	因弯曲凸模底部呈锥形，使它与凹模及顶板之间存在自由空间，毛坯与凸模锥面无法保证贴合，因此得不到理想的断面形状，工件底部与壁部的转折处为大圆弧过渡	在顶板上加一橡胶垫，使毛坯在变形过程中逐步包紧在凸模上，工件形状完全由凸模形状确定，保证生产出合格零件
侧壁失稳	 侧壁失稳	第一道弯曲半成品只弯出1/4圆弧，由于卷耳时金属流动不畅，压力较大，导致侧壁失稳；卷耳凸模圆角处表面粗糙度较大，增加了卷耳时的摩擦阻力	半成品圆角改弯成1/2圆弧；降低卷耳工序凹模圆角处的表面粗糙度；更换弹性元件，增加对工件底部的压料力
啃伤、压痕	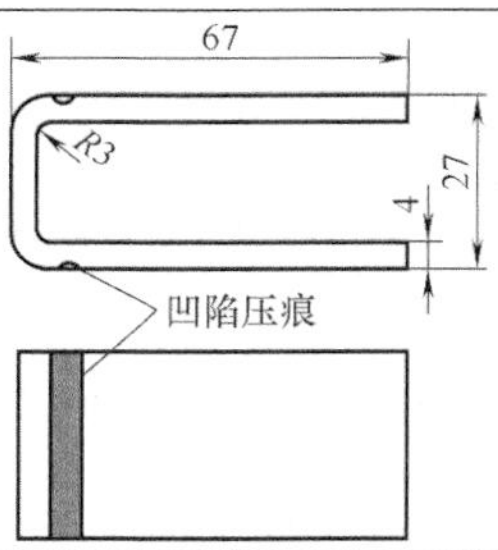 67 R3 4 27 凹陷压痕	材料较软，在冲击和剪切作用下容易啃伤；静摩擦力大于动摩擦力，材料向凹模流动时产生了冲击；凸、凹模圆角半径较小，对坯料产生了剪切	增大凹模口圆角半径，降低凹模口的表面粗糙度，以减小静摩擦阻力；改变凹模口形状，采用锥形或月牙形凹模；采用带反压托板的弯曲模或折板弯曲模

2.3.2　弯曲件质量控制要点

1. 控制弯曲破裂的加工极限

板料在弯曲时所产生的最大应变，是在外表面纵向纤维方向上，当这个应变超过材料的伸长变形极限时，就会产生裂纹，这就决定了弯曲破裂的加工极限。生产中，用不产生裂纹而可能弯成的最小相对弯曲半径 $(r/t)_{min}$ 值作为弯曲加工极限的尺度。对于软钢、铜、铝等退火以后有良好塑性的材料，一般即使进行锐利的直角弯曲，也几乎不会产生破裂；若不考虑板料的轧制方向和其状态，可取 $(r/t)_{min}=1.0$。对于低塑性的材料，其最小相对弯曲半径会大一些。坯料的下料方向不同及状态的差异对 $(r/t)_{min}$ 值的影响较大。沿与轧制方向平行的弯曲线进行弯曲时，$(r/t)_{min}$ 值比沿与轧制方向垂直的弯曲线进行弯曲时要大；硬化状态的材料，$(r/t)_{min}$ 值比正火或退火状态的材料要大。

表 2-9 是 JB/T 5109—2001《金属板料压弯工艺设计规范》中列出的一些常用材料的最小相对弯曲半径 $(r/t)_{min}$ 值，可供使用时参考。

表 2-9　常用材料的最小压弯半径

材　　料		压弯线与轧制纹向垂直	压弯线与轧制纹向平行
08、08Al		0.2t	0.4t
10、15、Q195		0.5t	0.8t
20、Q215A、Q235A、09MnXtL		0.8t	1.2t
25、30、35、40、Q255A、10Ti、13MnTi、16MnL、16MnXtL		1.3t	1.7t
65Mn	T	2.0t	4.0t
	Y	3.0t	6.0t
12Cr18Ni9	I	0.5t	2.0t
	BI	0.3t	0.5t
	R	0.1t	0.2t
1J79	Y	0.5t	2.0t
	M	0.1t	0.2t
3J1	Y	3.0t	6.0t
	M	0.3t	0.6t
3J53	Y	0.7t	1.2t
	M	0.4t	0.7t
TA1	冷作硬化	3.0t	4.0t
TA5		5.0t	6.0t
TB2		7.0t	8.0t
H62	Y	0.3t	0.8t
	Y2	0.1t	0.2t
	M	0.1t	0.1t
HPb59-1	Y	0.5t	2.5t
	M	0.3t	0.4t

（续）

材料		压弯线与轧制纹向垂直	压弯线与轧制纹向平行
BZn15-20	Y	2.0t	3.0t
	M	0.3t	0.5t
QSn6.5-0.1	Y	1.5t	2.5t
	M	0.2t	0.3t
QBe2	Y	0.8t	1.5t
	M	0.2t	0.2t
T2	Y	1.0t	1.5t
	M	0.1t	0.1t
1050A，1035	Y	0.7t	1.5t
	M	0.1t	0.2t
7A04	CSY	2.0t	3.0t
	M	1.0t	1.5t
5A05，5A06，3A21	Y	2.5t	4.0t
	M	0.2t	0.3t
2A12	CZ	2.0t	3.0t
	O	0.3t	0.4t

注：1. 表中 t 为板料厚度。

2. 表中数值适用于下列条件：原材料为供货状态，90°V 形校正压弯，毛坯板厚小于 20mm、宽度大于 3 倍板厚，毛坯剪切断面的光亮带在弯角外侧。

实例表明，除了材料的性质之外，弯曲毛坯两侧边缘的加工状态、凸出直边的直角部位工艺缺口的形状和大小等因素对最小相对弯曲半径也有影响。故控制弯曲毛坯剪切断面的质量，将带毛刺的部分放在弯曲的内侧，弯曲线不通过凸出直角的转角部位或在转角处设计适当的工艺缺口等措施均可提高材料的加工极限，减小 $(r/t)_{min}$ 值；当制件的相对弯曲半径 r/t 已接近或超过材料的加工极限时，采用局部加热弯曲、附加反压弯曲、增加中间退火工序等方法也可提高材料的弯曲加工极限和减小 $(r/t)_{min}$ 值；采取增大弯曲圆角半径、增加整形工序的做法也是控制弯曲破裂加工极限的积极措施。

2. 注意板料或卷料的供货状况

生产中，常出现因原材料牌号不对、材料的化学成分和力学性能不符合国家标准规定的指标、材料供货状态（软态或硬态）不清楚造成的各种形式的弯曲件废次品。因此，注意原材料的供货状况，严格原材料的管理制度，对弯曲加工同样是非常重要的。就弯曲加工而言，应特别注意：

1）采用退火或正火状态的软材料可较大幅度地提高板料的弯曲加工极限，减小 $(r/t)_{min}$ 值。

2）坯料厚度不得超差，否则弯曲回弹量很难控制，尺寸精度很难保证。

3）在为弯曲件制坯前，必须注意识别板料或卷料的轧制方向。板料的各向异性对弯曲破裂加工极限和弯曲回弹量的影响较其他工序的影响更为明显。

4）原材料力学性能应相对稳定，应与钢厂签订长期订货合同，固定订货厂家，严格检验标准。否则，弯曲回弹量的大小很难控制，尺寸精度也难保证。

5）板料表面不得有划伤、裂纹，侧边（剪切面）不得有毛刺、裂口和冷作硬化等缺陷；否则，弯曲时易产生开裂，最小弯曲半径 $(r/t)_{\min}$ 值会增大。

6）板料表面应平整；否则，会加剧弯曲时的翘曲和扭曲。必要时，应增加校平工序。

3. 认真分析弯曲件的结构工艺性

弯曲件的结构工艺性是指弯曲件对冲压工艺的适应性。对弯曲件的结构工艺性进行分析是制订冲压工艺方案、进行模具设计的依据。合理的结构工艺性是获得合格制件的保证。就目前的工艺水平和模具制造水平来说，除相对弯曲半径要大于 $(r/t)_{\min}$ 之外，弯曲件还应满足以下几方面的工艺性要求：

1）弯曲件的尺寸公差等级。弯曲加工所得制件的尺寸公差等级与很多因素有关，如板料的力学性能、厚度、模具结构和精度、工序的数量和顺序、制件本身的形状尺寸等。一般而言，弯曲件外形尺寸所能达到的公差等级视板料厚度和弯曲件直边尺寸长度的不同而不同，具体尺寸公差等级见表2-10。弯曲件角度公差所能达到的精度值可参考表2-11。

表2-10　弯曲件直线尺寸的公差等级

材料厚度 t/mm	弯曲件直边尺寸 L/mm	公差等级	材料厚度 t/mm	弯曲件直边尺寸 L/mm	公差等级
≤1	≤100	IT12~IT13	1~3	200~400	IT15
	100~200	IT14		400~700	
	200~400		3~6	≤100	
	400~700	IT15		100~200	
1~3	≤100	IT14		200~400	IT16
	100~200			400~700	

表2-11　弯曲件角度公差

弯角短边长度/mm	非配合角度偏差	最小角度偏差	弯角短边长度/mm	非配合角度偏差	最小角度偏差
<1	$\frac{\pm 7^\circ}{0.25}$	$\frac{\pm 4^\circ}{0.14}$	80~120	$\frac{\pm 1^\circ}{2.79\sim4.18}$	$\frac{\pm 25'}{1.61\sim1.74}$
1~3	$\frac{\pm 6^\circ}{0.21\sim0.63}$	$\frac{\pm 3^\circ}{0.11\sim0.32}$	120~180	$\frac{\pm 50'}{3.49\sim5.24}$	$\frac{\pm 20'}{1.40\sim2.10}$
3~6	$\frac{\pm 5^\circ}{0.53\sim1.05}$	$\frac{\pm 2^\circ}{0.21\sim0.42}$	180~260	$\frac{\pm 40'}{4.19\sim6.05}$	$\frac{\pm 18'}{1.89\sim2.72}$
6~10	$\frac{\pm 4^\circ}{0.84\sim1.40}$	$\frac{\pm 1^\circ 45'}{0.32\sim0.61}$	260~360	$\frac{\pm 30'}{4.53\sim6.28}$	$\frac{\pm 15'}{2.72\sim3.15}$
10~18	$\frac{\pm 3^\circ}{1.05\sim1.89}$	$\frac{\pm 1^\circ 30'}{0.52\sim0.94}$	360~500	$\frac{\pm 25'}{5.23\sim7.27}$	$\frac{\pm 12'}{2.52\sim3.50}$
18~30	$\frac{\pm 2^\circ 30'}{1.57\sim2.62}$	$\frac{\pm 1^\circ}{0.63\sim1.00}$	500~630	$\frac{\pm 22'}{6.40\sim8.00}$	$\frac{\pm 10'}{2.91\sim3.67}$
30~50	$\frac{\pm 2^\circ}{2.09\sim3.49}$	$\frac{\pm 45'}{0.79\sim1.31}$	630~800	$\frac{\pm 20'}{7.33\sim9.31}$	$\frac{\pm 9'}{3.30\sim4.20}$
50~80	$\frac{\pm 1^\circ 30'}{2.62\sim4.19}$	$\frac{\pm 30'}{0.88\sim1.40}$	800~1000	$\frac{\pm 20'}{9.31\sim11.6}$	$\frac{\pm 8'}{3.72\sim4.65}$

注：横线上部数据为压弯件角度的正负偏差，横线下部数据表示角度正负偏差的最大值反映到弯角短边端点偏摆正负距离之和。

若弯曲件的尺寸公差等级高于表 2-10 和表 2-11 所列数值，则应增加整形、校平工序，或采用实例中所介绍的可调式模具结构等特殊措施。

2）弯曲件的直边高度。如图 2-175 所示，当弯曲 90°角时，为了保证弯曲件的质量，必须满足弯曲件的直边高度 $h>r+2t$。若 $h<r+2t$，则需预先压槽弯曲；加高直边，弯曲后再切掉多余部分；或采用改变定位方式、折板弯曲等特殊措施。

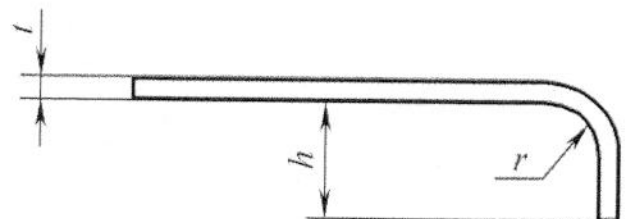

图 2-175　弯曲件的直边高度

3）弯曲件的应力集中问题。在弯曲时，凸出直边或局部弯曲尖角处由于应力集中易产生弯曲破裂，为防止尖角处由于应力集中而产生的弯曲破裂，弯曲件的弯曲线应偏离凸出直边一段距离 s，一般取 $s \geqslant r+2t$。若因装配或使用方面的原因，要求弯曲线必须通过凸出直边或局部尖角时，则应在尖角处开设工艺槽或增添工艺孔。具体参数如图 2-176 和图 2-177 所示。

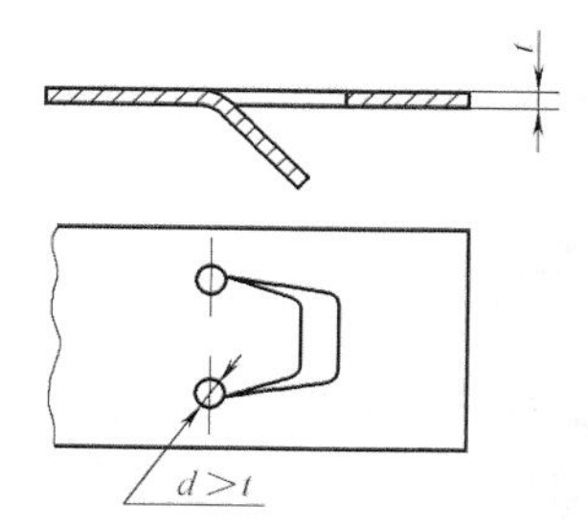

图 2-176　局部弯曲预冲工艺

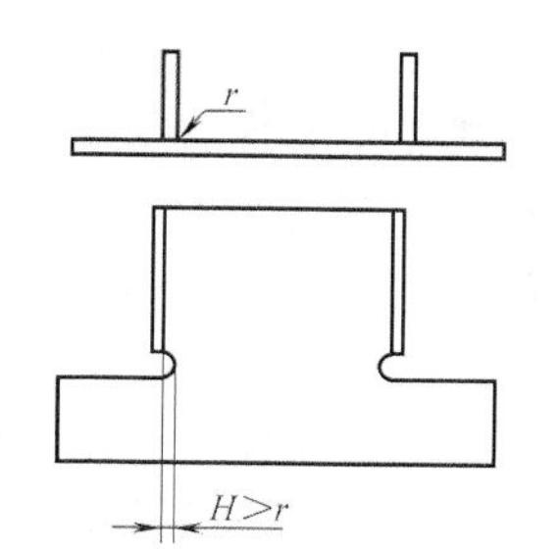

图 2-177　局部弯曲预切槽

4）弯曲件孔边距离。当弯曲带孔的毛坯时，如果孔位于弯曲区附近，则弯曲时孔的形状会发生变形，为了避免这种缺陷的出现，必须使孔处于变形区之外。如图 2-178 所示，从孔边到弯曲直边的距离取为：当 $t<2\text{mm}$ 时，$l \geqslant r+t$；当 $t \geqslant 2\text{mm}$ 时，$l \geqslant r+2t$。

若用孔或缺口定位进行弯曲加工时，为防止孔的变形应增加强力压料装置，必要时则应改变定位方式或采取先弯曲后冲孔及缺口的工艺方案。

5）弯曲件的形状。弯曲件的形状和尺寸应尽可能对称，如图 2-179 所示，$R_1=R_2$，$R_3=R_4$。对于某些非对称的弯曲件，为防止制件出现偏移、扭曲和扩张等缺陷，应利用原有的孔或预先添加工艺孔来定位，或增加工艺补充面，待弯曲加工后，再将多余部分切除。

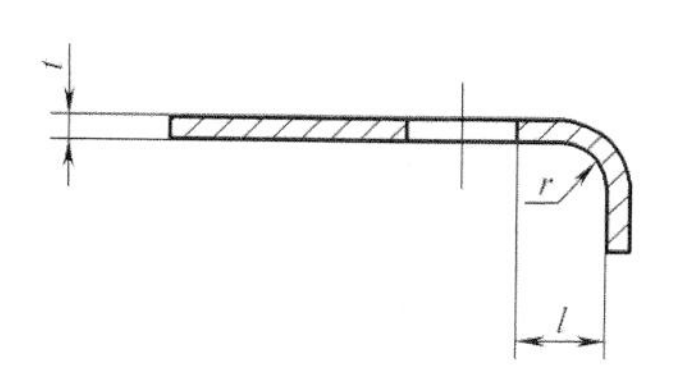

图 2-178　弯曲件的孔边距离

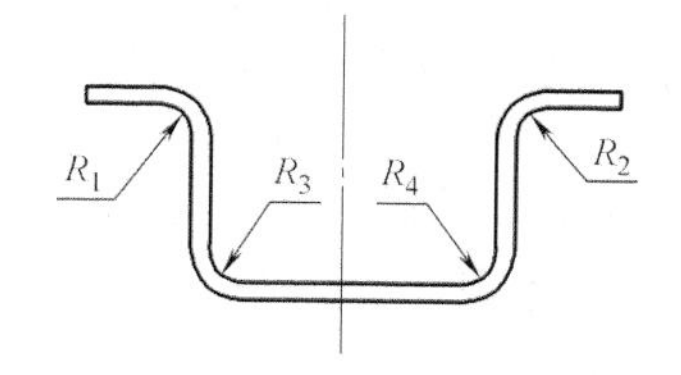

图 2-179　弯曲件的形状与尺寸的对称性

6）弯曲处宽度。板料弯曲时，变形区的截面形状发生畸变（图 2-180），内表面的宽度 $b_1>b$，外表面的宽度 $b_2<b$，当 $b<3t$ 的窄板弯曲和弯曲半径较小时尤为明显。如果弯曲宽度 b 的精度要求较高时，可在毛坯的压弯线处预先切出工艺切口（图 2-181）。

7）弯曲件的变形程度。特别要注意大圆弧制件的弯曲加工。生产中称相对弯曲半径 $r/t>10$ 的弯曲件为大圆弧弯曲件。由于塑性变形程度较小，故大圆弧弯曲件不仅回弹角大，而

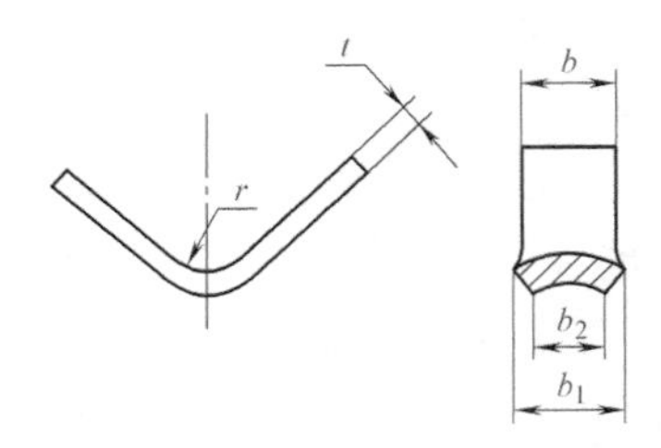

图 2-180　弯曲变形区截面发生畸变

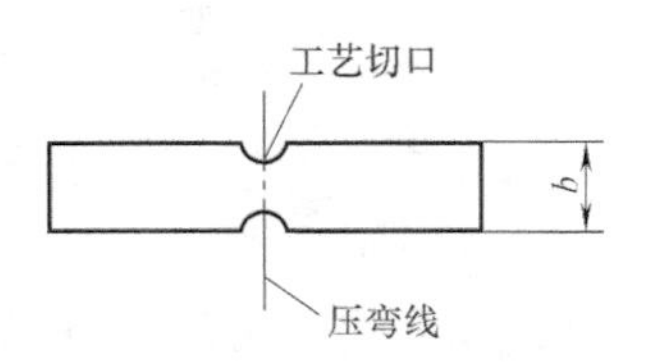

图 2-181　压弯处预切工艺切口

且圆角半径在卸载后也会发生较大的变化。对于这类大圆弧弯曲件，可采用校正弯曲、可调辊轧式弯曲或增设加强筋等措施来增加弯曲变形程度，改变其应力状态以达到减小回弹、提高弯曲件尺寸精度的目的。

4. 正确制订冲压工艺方案

冲裁加工可以直接由板料、卷料或条料制成零件，而弯曲工序则一般需经剪断、落料、冲孔制坯后才能进行弯曲加工。因此，为获得高质量的弯曲件，在分析、比较和制订冲压加工工艺方案时，应从制坯工序开始。

1）选择合理的下料制坯方式。为防止弯曲件扭曲、偏斜和尺寸超差，尽量采用落料制坯。

2）注意板料（卷料、条料）的轧制方向和毛刺的正反面。为弯曲件制坯时，应尽量使坯料的轧制方向与弯曲线垂直或成 45°角，应提高剪切断面质量，使毛刺面处于弯曲内侧的受压一方。这是防止弯曲破裂的有效措施。用预压模具对有毛刺和撕裂面的断面进行挤压，改善弯曲毛坯的边缘状况也是防止弯曲破裂的积极措施。在为复杂弯曲件制坯或多次弯曲时，应尽可能使需要加工部分以外的板料不参与变形，不得已时，应把这种变形限制在最小范围内。

3）正确确定毛坯展开尺寸。因弯曲变形时，弯曲件长度会有增减，故对于尺寸精度要求较高的弯曲件，应先按理论或经验公式估算毛坯展开长度，经过多次试弯，最后确定出毛坯展开尺寸和落料模刃口长度。

在确定冲压次数和顺序方面，还应考虑以下几方面的问题：

4）弯曲工艺方案制订应考虑弯曲件尺寸标注方式。图 2-182 所示的弯曲件有三种尺寸标注方式。图 2-182a 所示尺寸标注方式可采用先落料、冲孔后弯曲成形，工艺比较简单。图 2-182b、c 所示尺寸标注方式，冲孔只能在弯曲成形后进行，增加了一道工序。

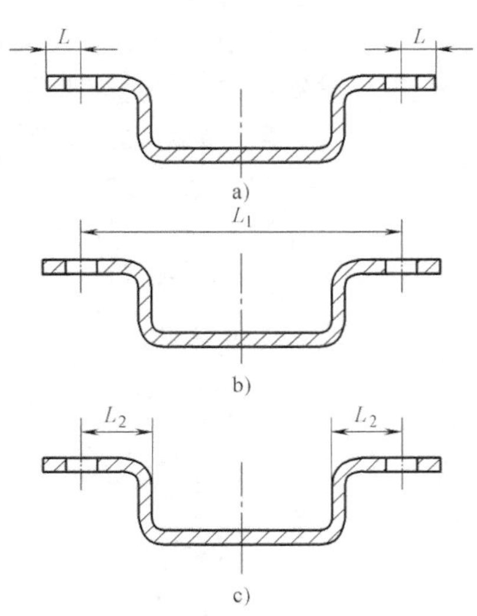

图 2-182　弯曲件的尺寸标注方式

5）弯曲件半成品几何形状应尽量对称。对一些形状不对称的弯曲件，为防止制件偏移，可采用成对弯曲成形的方法，弯曲后再切开。

6）减少弯曲次数，提高制件精度。对于形状简单的 V 形、U 形、L 形、Z 形和帽形弯曲件，一般采用一次弯曲成形；对于小型夹箍类复杂弯曲件，最好采用活动成形模一次弯曲成形，以防止因多次定位、操作不便等因素造成的尺寸超差、形状不良等缺陷。若需多次弯曲，则应先弯外侧，后弯内形，尽量采取对称弯曲；对复杂弯曲件的工序安排，则应考虑金属的变形规律，在多方向弯曲汇交点处尽量使变形均匀、缓慢，必要时可增加中间退火、局部加热等辅助工序。

7）注意带孔弯曲件的冲压加工顺序。孔边与弯曲变形区的间距较大时，可以先冲孔，后弯曲。如果孔边在弯曲变形区附近，或孔与基准面的位置尺寸有严格要求时，则需在弯曲成形后再冲孔。

8）增加整形或校平工序。当弯曲件相对弯曲半径 r/t 小于或接近弯曲破裂极限，或弯曲件尺寸精度要求较高、对表面形状、平整度有特殊要求时，应在弯曲之后增加整形或校平工序。

9）正确确定工序的组合方式。生产中多采用单工序来加工弯曲件，但对于批量大、尺寸较小的弯曲件，为提高生产率，也可采用图 2-183 所示的冲裁、弯曲、切断连续加工工艺。

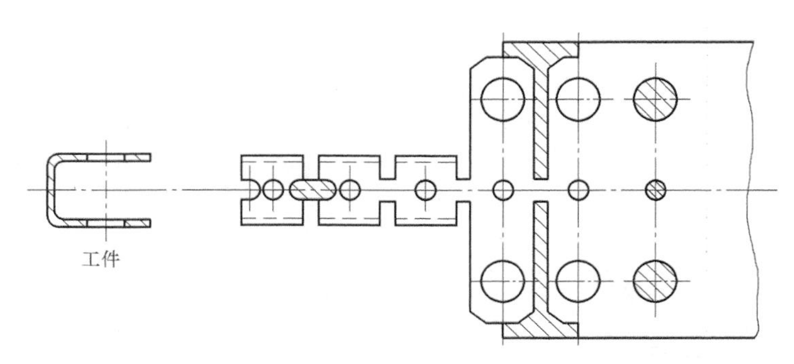

图 2-183 工序的组合方式

5. 合理设计模具，提高模具制造精度和维修水平

弯曲模具设计应在合理制订出弯曲加工工艺方案的基础上进行。为了防止弯曲件产生废次品、提高产品的质量，在弯曲模具设计、制造和维修时，必须注意以下几点：

1）定位装置必须准确、可靠。弯曲加工时，常出现因毛坯的滑动和转动产生的尺寸、角度超差和偏移、偏斜等形式的废次品。因此，弯曲模应设计可靠的定位装置。

在众多实例中采用孔定位方式定位比较可靠，但为了防止孔的变形，应采取与之相应的措施。对于非对称的弯曲件，为了使定位可靠，可增设定位工艺孔；对于近似为方形的弯曲毛坯，应采用双向定位以防止因操作失误产生的废次品；采用增设 V 形定位工艺槽进行弯曲定位的方法也是一种有效措施。

2）设置强力压料装置，改变弯曲毛坯所受的摩擦条件和应力状态。这项措施既是防止坯料滑动、定位孔变形的有效措施，也是解决弯曲破裂的积极方法。

3）采用可调式弯曲模具结构，提高弯曲件的精度。考虑到弯曲时回弹对材料力学性能非常敏感，在众多的实例中均采用了可调间隙、可调弯曲补偿角的模具结构。这类结构的弯曲模在生产中应用较广泛，效果较好。

4）合理设计弯曲模凸、凹模形状，减小弯曲回弹。在凸模或凹模上做出等于回弹角的斜度进行补偿，使制件回弹后恰好等于所要求的角度。回弹角的数值可参照表 2-12、表 2-13 和表 2-14 选取。

表 2-12 90°单角自由弯曲时的回弹角 $\Delta\alpha$

材料	r/t	材料厚度 t/mm		
		<0.8	0.8~2	>2
软钢板、钢(抗拉强度为 350MPa)	<1	4°	2°	0°
黄铜、铝和锌(抗拉强度为 350MPa)	1~5	5°	3°	1°
	>5	6°	4°	2°
中等硬度钢(抗拉强度为 400~500MPa)	<1	5°	2°	0°
硬黄铜、青铜(抗拉强度为 350~400MPa)	1~5	6°	3°	1°
	>5	8°	5°	3°
	<1	7°	4°	2°
硬钢(抗拉强度大于 550MPa)	1~5	9°	5°	3°
	>5	12°	7°	6°
A1T 钢	<1	1°	1°	1°
电工钢	1~5	4°	4°	4°
CrNi78Ti	>5	5°	5°	5°
	<2	2°	2°	2°
30CrMnSi	2~5	4°30′	4°30′	4°30′
	>5	8°	8°	8°
	<2	2°	3°	4°30′
硬铝 2A12	2~5	4°	6°	8°30′
	>5	6°30′	10°	14°
	<2	2°30′	5°	8°
超硬铝 7A04	2~5	4°	8°	11°30′
	>5	7°	12°	19°

表 2-13 90°单角校正弯曲时的回弹角 $\Delta\alpha$

材　　料	r/t		
	≤1	>1~2	>2~3
Q215A、Q235A	-1°~1°30′	0°~2°	1°30′~2°30′
纯铜、铝、黄铜	0°~1°30′	0°~3°	2°~4°

表 2-14 U 形件弯曲时的回弹角 $\Delta\alpha$

材料的牌号和状态	r/t	凹模和凸模的单边间隙 c						
		0.8t	0.9t	1t	1.1t	1.2t	1.3t	1.4t
		回弹角 $\Delta\alpha$						
2A12(T4)	2	-2°	0°	2°30′	5°	7°30′	10°	12°
	3	-1°	1°30′	4°	6°30′	9°30′	12°	14°
	4	0°	3°	5°30′	8°30′	11°30′	14°	16°30′
	5	1°	4°	7°	10°	12°30′	15°	18°
	6	2°	5°	8°	11°	13°30′	16°30′	19°30′
2A12(O)	2	-1°30′	0°	1°30′	3°	5°	7°	8°30′
	3	-1°30′	0°30′	2°30′	4°	6°	8°	9°30′
	4	-1°	1°	3°	4°30′	6°30′	9°	10°30′
	5	-1°	1°	3°	5°	7°	9°30′	11°
	6	-0°30′	1°30′	3°30′	6°	8°	10°	12°

（续）

材料的牌号和状态	r/t	凹模和凸模的单边间隙 c						
		0.8t	0.9t	1t	1.1t	1.2t	1.3t	1.4t
		回弹角 Δα						
7A04(T4)	3	3°	7°	10°	12°30′	14°	16°	17°
	4	4°	8°	11°	13°30′	15°	17°	18°
	5	5°	9°	12°	14°	16°	18°	20°
	6	6°	10°	13°	15°	17°	20°	23°
	8	8°	13°30′	16°	19°	21°	23°	26°
7A04(O)	2	-3°	-2°	0°	3°	5°	6°30′	8°
	3	-2°	-1°30′	2°	3°30′	6°30′	8°	9°
	4	-1°30′	-1°	2°30′	4°30′	7°	8°30′	10°
	5	-1°	-1°	3°	5°30′	8°	9°	11°
	6	0°	-0°30′	3°30′	6°30′	8°30′	10°	12°
20(已退火的)	1	-2°30′	-1°	0°30′	1°30′	3°	4°	5°
	2	-2°	-0°30′	1°	2°	3°30′	5°	6°
	3	-1°30′	0°	1°30′	3°	4°30′	6°	7°30′
	4	-1°	0°30′	2°30′	4°	5°30′	7°	9°
	5	-0°30′	1°30′	3°	5°	6°30′	8°	10°
	6	-0°30′	2°	4°	6°	7°30′	9°	11°
30CrMnSi	1	-1°	-0°30′	0°	1°	2°	4°	5°
	2	-2°	-1°	1°	2°	4°	5°30′	7°
	3	-1°30′	0°	2°	3°30′	5°	6°30′	8°30′
	4	-0°30′	1°	3°	5°	6°30′	8°30′	10°
	5	0°	1°30′	4°	6°	8°	10°	11°
	6	0°30′	2°	5°	7°	9°	11°	13°
1Cr18Ni9Ti	1	-2°	-1°	-0°30′	0°	0°30′	1°30′	2°
	2	-1°	-0°30′	0°	1°	1°30′	2°	3°
	3	-0°30′	0°	1°	2°	2°30′	3°	4°
	4	0°	1°	2°	2°30′	3°	4°	5°
	5	0°30′	1°30′	2°30′	3°	4°	5°	6°
	6	1°30′	2°	3°	4°	5°	6°	7°

如图 2-184 和图 2-185 所示，对弯曲件角部强制压缩，将凸模和顶板做成圆弧曲面，用校正弯曲来代替自由弯曲等措施，改变了弯曲件变形区受力状态，均能起到减小弯曲回弹的效果。采用拉弯工艺也是防止回弹的积极措施。

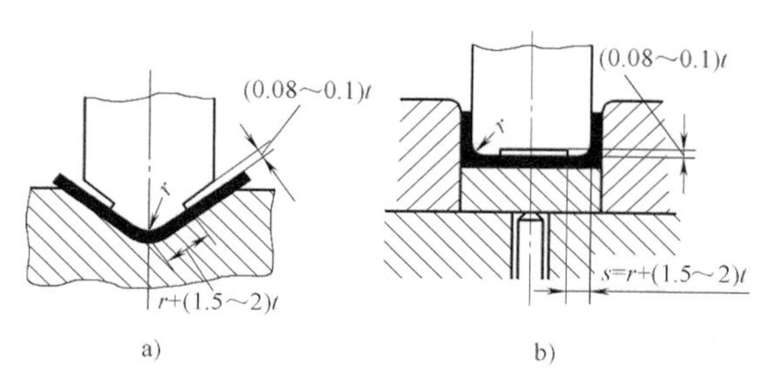

图 2-184　利用局部加压来减小回弹

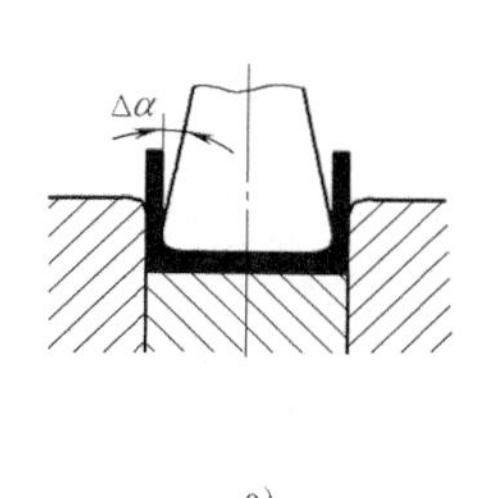

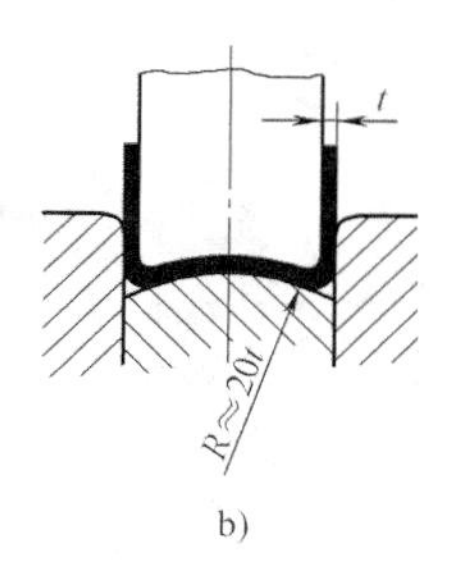

图 2-185　U 形弯曲件回弹的补偿

5）采用摆动式凹模（见图2-186）或兼有校正作用的分块式凸（凹）模。这类模具不仅可以一次弯曲出较复杂的工件，而且通过适当调整凸模下死点的位置，增加变形区的压应力，从而减小回弹角，防止弯曲件啃伤。

6）合理确定弯曲模凸、凹模间隙。弯曲U形件时，凸、凹模间隙 c 对制件质量影响很大。图2-187所示为间隙对回弹角的影响，间隙过大使回弹角增大；过小会引起工件厚度变薄，易产生划痕、擦伤等缺陷。间隙值一般计算式为

$$c=t+\Delta+kt$$

式中　c——弯曲模凸、凹模单边间隙（mm）；

t——弯曲毛坯厚度（mm）；

Δ——坯料厚度正偏差（mm）（低碳钢冷轧钢带、不锈钢板和有色金属铜、镍、铝及其合金板等一般为负偏差）；

k——根据弯曲件高度 h 和弯曲线长度 b（板宽）而决定的系数，见表2-15。

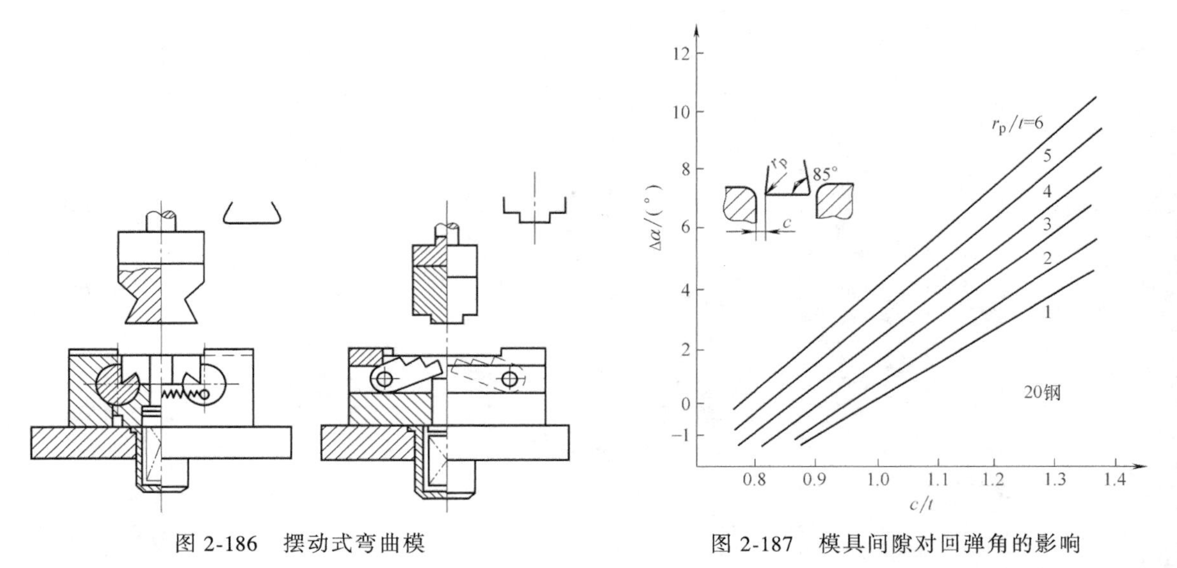

图2-186　摆动式弯曲模

图2-187　模具间隙对回弹角的影响

表2-15　系数 k 的数值

<table>
<tr><th rowspan="3">弯曲件高度
h/mm</th><th colspan="9">板料厚度 t/mm</th></tr>
<tr><th><0.5</th><th>0.6~2</th><th>2.1~4</th><th>4.1~5</th><th><0.5</th><th>0.6~2</th><th>2.1~4</th><th>4.1~7.5</th><th>7.6~12</th></tr>
<tr><th colspan="4">b≤2h</th><th colspan="5">b>2h</th></tr>
<tr><td>10</td><td rowspan="2">0.05</td><td rowspan="3">0.05</td><td rowspan="3">0.04</td><td>—</td><td rowspan="2">0.10</td><td rowspan="3">0.10</td><td rowspan="3">0.08</td><td>—</td><td>—</td></tr>
<tr><td>20</td><td rowspan="2">0.03</td><td rowspan="3">0.06</td><td rowspan="3">0.06</td></tr>
<tr><td>35</td><td>0.07</td><td>0.15</td></tr>
<tr><td>50</td><td rowspan="2">0.10</td><td rowspan="3">0.07</td><td rowspan="3">0.05</td><td>0.04</td><td rowspan="2">0.20</td><td rowspan="3">0.15</td><td rowspan="3">0.10</td></tr>
<tr><td>75</td><td rowspan="3">0.05</td><td rowspan="3">0.10</td><td rowspan="2">0.08</td></tr>
<tr><td>100</td><td>—</td><td>—</td></tr>
<tr><td>150</td><td>—</td><td rowspan="2">0.10</td><td rowspan="2">0.70</td><td>—</td><td rowspan="2">0.20</td><td rowspan="2">0.15</td><td rowspan="2">0.10</td></tr>
<tr><td>200</td><td>—</td><td>0.07</td><td>—</td><td>0.15</td></tr>
</table>

当弯曲件精度要求较高时，间隙值应适当减少，可以取 $c=t$，甚至更小。

当加工复杂弯曲件时，间隙的选取应有利于多角汇交点处的金属向两侧流动，减缓或消除角部的起皱和凸起现象。为此，多角汇交点处间隙应适当减少，直边处间隙可相应增大。

7）合理设计凸、凹模圆角半径与凹模深度，保证模具加工制造和维修的质量。弯曲模具工作部分的结构尺寸如图 2-188 所示。一般而言，凸模圆角半径 r_p 应大于材料的最小弯曲半径；凹模圆角半径 r_d 一般不要小于 3mm，以免产生划痕、啃伤等表面缺陷；凹模两侧的圆角半径应当一致，否则弯曲时坯料会发生偏移；凹模深度要适当。凹模型腔浅时，毛坯自由端长，回弹量大，直边会向外折，不平直，型腔过深时消耗模具材料多，直边还会向内收拢、拱弯。

弯曲模凹模深度 L_0 要适当。若过小，则工件两端的自由部分太多，弯曲件回弹大，不平直，影响零件质量。若过大，则多消耗模具钢材，且需较大的压力机行程。弯曲 V 形件时，凹模深度 L_0 及底部最小厚度 h 如图 2-188a 所示，其值列于表 2-16。

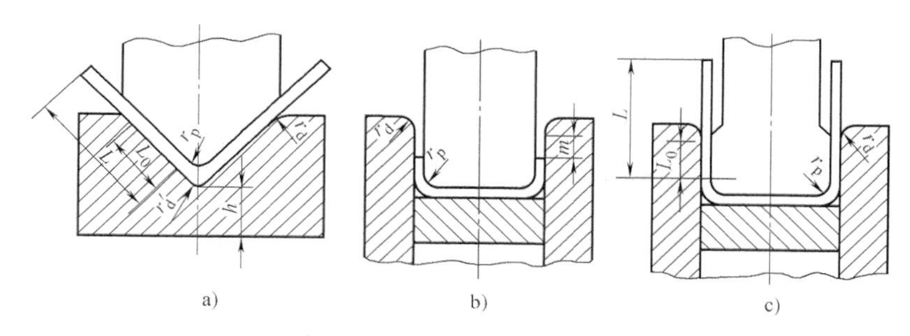

图 2-188　弯曲模的结构尺寸

表 2-16　弯曲 V 形件的凹模深度 L_0 及底部最小厚度 h 值　（单位：mm）

弯曲件边长	材料厚度 t					
	≤2		>2～4		>4	
	h	L_0	h	L_0	h	L_0
10～25	20	10～15	22	15	—	—
>25～50	22	15～20	27	25	32	30
>50～75	27	20～25	32	30	37	35
>75～100	32	25～30	37	35	42	40
>100～150	37	30～35	42	40	47	50

弯曲 U 形件时，若弯边高度不大或要求两边平直，则凹模深度应大于零件的高度，如图 2-188b 所示，图中 m 值列于表 2-17。如果弯曲件边长较大，而对平直度要求不高时，可采用图 2-188c 所示凹模型式。凹模深度 L_0 值见表 2-18。

表 2-17　弯曲 U 形件凹模的 m 值　（单位：mm）

材料厚度 t	≤1	>1～2	>2～3	>3～4	>4～5	>5～6	>6～7	>7～8	>8～10
m	3	4	5	6	8	10	15	20	25

表 2-18　弯曲 U 形件的凹模深度 L_0 值　（单位：mm）

弯曲件边长 L	材料厚度 t				
	≤1	>1~2	>2~4	>4~6	>6~10
<50	15	20	25	30	35
50~75	20	25	30	35	40
75~100	25	30	35	40	40
100~150	30	35	40	50	50
150~200	40	45	55	65	65

6. 采用先进的设计分析方法，提前进行风险识别与管控

在进行工艺、模具设计和样品试制之前，采用设计失效模式与影响分析（DFMEA）和数值模拟（Numerical Simulation，NS）分析等方法提前对最可能出现的成形缺陷进行预测和评估，在此基础上提出产品质量控制的方案和预防措施是从设计阶段把握产品质量的一种有效手段。该措施对后文书中所有成形工序都适用。

第3章

拉　深

3.1　拉深变形特点

拉深是在拉深模具的作用下，板平面内产生切向压应力和径向拉应力，坯料通过拉深凹模向直壁流动，使板料成形为空心零件，或浅的空心毛坯成形为更深的空心零件的冲压工序。拉深变形总是与弯曲、胀形等其他的变形方式同时发生。在拉深加工中，拉深系数 $m=d/D$（凸模直径/毛坯直径）或其倒数拉深比 $R=D/d$ 是决定工序成败及制件质量最主要的工艺参数。在生产中，常用最小拉深系数 $m_{\min}=(d/D)_{\min}$ 或最大拉深比 $R_{\max}=(D/d)_{\max}$ 作为拉深变形的加工极限。

图 3-1 所示为圆筒形零件拉深变形过程示意图。当凸模下降与毛坯接触时，毛坯首先弯曲，在凸模圆角部位的材料发生胀形变形并产生硬化。凸模继续下降，此时，板料有两种变形的可能：一是凸模底部坯料在两向拉应力作用下产生伸长变形，表面积增加，厚度减薄，即胀形变形；二是法兰部分坯料在切向压应力、径向拉应力作用下，通过凹模圆角向直壁流动，表面积减少，厚度增加，即拉深变形。当拉深变形阻力与胀形变形阻力相当时，底部的胀形将与法兰处的拉深同时进行。若拉深变形阻力小于胀形变形阻力时，底部和壁部的坯料将不再发生变形，法兰处的坯料向直壁转移形成筒壁，拉深变形得以顺利进行，直至变形结束。若拉深变形阻力大于底部或壁部胀形变形阻力，则将发生胀形变形。由于胀形变形程度有限，故这种变形方式的转变意味着破裂的开始。因此，正常的拉深过程是弯曲、胀形、拉深的变形过程。否则，则为弯曲、胀形、拉深、胀形、破裂的过程。弯曲变形在拉深过程中始终存在。胀形变形或是存在于变形初期，或是存在于加工的全过程，或是与拉深变形交替进行直至变形结束或零件开裂。

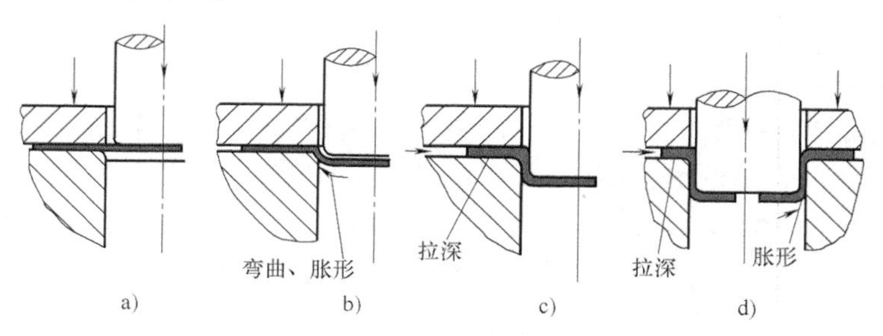

图 3-1　圆筒形零件的拉深变形过程示意图

a）原始状态　b）弯曲、胀形　c）拉深　d）拉深或胀形

如图 3-2 所示，若毛坯底部带有底孔时，变形更为复杂。当扩孔、翻边阻力等于或小于拉深和胀形变形阻力时，还将产生扩孔、翻边变形。毛坯变形的工序性质及各工序的变形在总的变形中占的比例取决于毛坯的尺寸、摩擦条件、凸/凹模圆角半径及形状、模具间隙等许多因素。在这些因素中，最重要的是毛坯的尺寸，即拉深系数 $m=d/D$ 和翻边系数 $K_f=d_0/d$（底孔孔径/凸模直径）。

如图 3-3 所示，拉深的主要变形区是法兰部分。把拉深成形的制件分为底部、壁部和法兰三个部分。在以拉深占主导地位的变形工序中，底部为承力区，很少发生变形。壁部为已变形区，也是传力区。法兰部分才是拉深的主要变形区。法兰部分坯料所受的应力应变状态为：切向应力 σ_θ 和切向应变 ε_θ 均为负值；径向应力 σ_r 和径向应变 ε_r 均为正值；在有压边存在时，厚向应力 σ_t 为负值，厚向应变 ε_t 为正值。拉深加工时，法兰处坯料表面积减小，厚度增加。

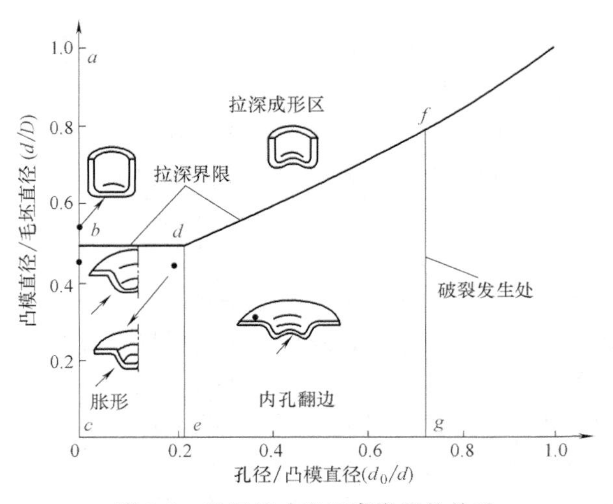

图 3-2　毛坯尺寸和工序类型的关系

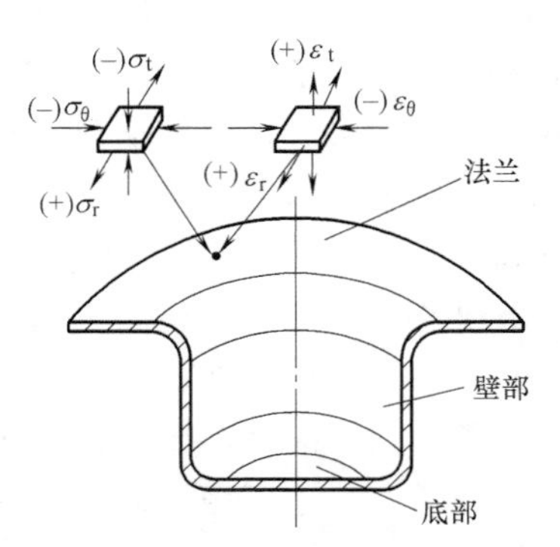

图 3-3　区域划分及主要变形区应力应变状态

图 3-4 所示为拉深加工的拉深力-行程曲线。在拉深加工过程中，拉深力由法兰部分坯料拉深变形阻力，凸、凹模圆角处的弯曲、反弯曲力和法兰、凹模与凸模圆角处的摩擦力三部分组成。用公式简单表示为

$$F=\text{法兰变形阻力}\times\text{法兰面积}+F_{\text{弯}}+F_{\text{摩}}$$

其中，随着行程的改变起变化的，主要是由于加工硬化而增大的法兰变形阻力和随着成形过程的进行而减小的法兰面积。从图 3-4 中可以看出，由变形的初期到中期，加工硬化使拉深力增大的速度超过法兰面积减小而使拉深力降低的速度，拉深力逐渐增加。当两者对于拉深力增、减速度的影响处于均衡的瞬间，拉深力达到最大值。此后，法兰面积减小使拉深力降低的速度超过了加工硬化使拉探力增大的速度，于是拉深力下降。若毛坯直径 D 增大而凸模直径 d 不变，则拉深力曲线上升，拉深高度增大。因侧壁的承载能力基本上保持为常数，故当 D 增大到一定值时，就会因材料强度不足而产生破裂。这种破裂被称为强度破裂。破裂的位置发生在凸模圆角与直壁的过渡处。从另一个角度来看，若毛坯直径 D 的增大使拉深变形阻力大于底部胀形变形阻力时，制件将产生以胀形为主的变形，工序性质将发生转换。由于胀形变形程度有限，故产生了破裂。因此，强度破裂的实质是一种由于工序性质转

换造成的胀形破裂。破裂发生时的拉深系数 $m=d/D$ 称为最小拉深系数，记为 m_{min}，拉深比 $R=D/d$ 称为最大拉深比，记为 R_{max}。这决定了拉深的加工极限。

图 3-5 所示为圆筒形拉深件各部分的应变状态图和板厚应变分布。从图 3-5 中可见，在凸模圆角靠直壁处和凹模圆角靠直壁处存在着材料厚度变薄的两个极小值点，材料容易在这两处破裂。在整个变形过程中，这两个极值点会发生不同程度的移动。试验表明，凸、凹模圆角半径的大小、模具表面粗糙度值和润滑效果对这两个极小值点的位置和大小有很大的影响。当凹模圆角半径足够大时，第二个极小值点消失，当凹模圆角半径很小时，第二个极小值会向下延伸，拉深件就容易从该处破裂。由于这种破裂发生在法兰变形区边缘的弯曲圆角处，这种破裂的发生主要取决于材料塑性的好坏，故称为塑性破裂。

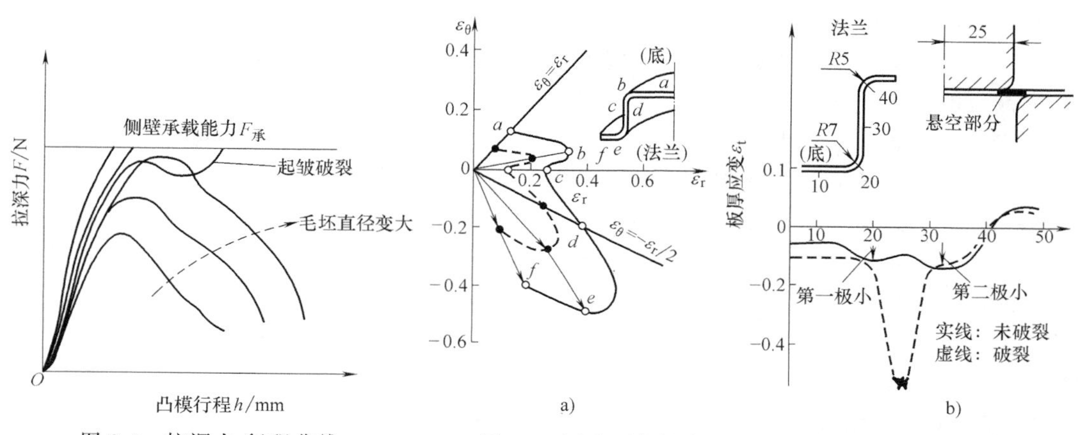

图 3-4　拉深力-行程曲线

图 3-5　圆筒形拉深件的应变状态图和板厚应变分布
a）应变状态图　b）板厚应变分布

3.2　典型实例分析

3.2.1　飞机弹簧罩拉深破裂

1. 零件特点

某飞机弹簧罩如图 3-6 所示。零件材料为铝锰合金 3A21，料厚为 1.2mm。该件为典型的圆筒形拉深件，零件相对高度 $h/d\approx2$，属多次拉深件。增加 2mm 修边余量，计算毛坯展开尺寸 $D=56$mm，拉深系数 $m=0.33$。

2. 废次品形式

底部破裂。该件原冲压工序为：落料→三次拉深→修边→收口→切缺口。三次拉深工序中，拉深系数的分配和过渡毛坯直径分别为（按中径算）：

$$m_1=0.54,\ d_1=30\text{mm};\ m_2=0.75,$$
$$d_2=22.5\text{mm};\ m_3=0.8,\ d_3=18.3\text{mm}$$

考虑到毛坯相对厚度较大，零件口部需收口，拉深时出

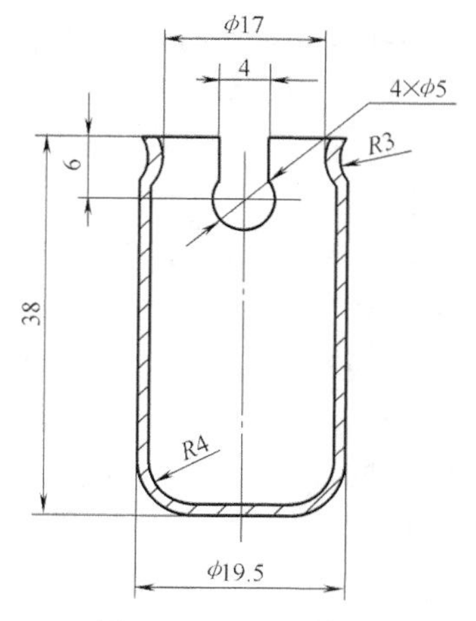

图 3-6　飞机弹簧罩

现的内挠对该零件没有影响，切边余量可减少或不要等因素，生产中为了节省工时，提高生产效率和经济效益，决定改三次拉深为二次拉深。取毛坯直径 $D=52\text{mm}$，两次拉深系数的分配和过渡毛坯直径分别为：

$$m_1=0.48,\ d_1=25\text{mm};\ m_2=0.73,\ d_2=18.3\text{mm}$$

按改进后的方案设计的两套拉深模试拉合格后移交车间使用。如图 3-7 所示，生产中首次拉深时底部破裂，严重时出现掉底现象。

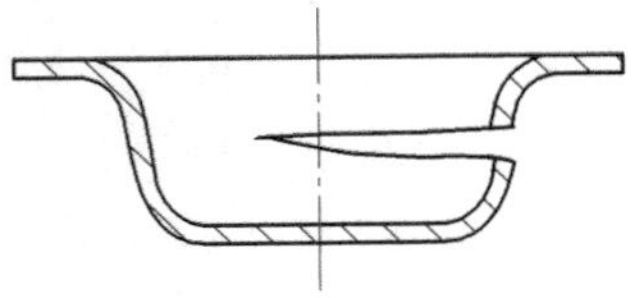

图 3-7 弹簧罩底部破裂

3. 原因分析

从原理上讲，筒形拉深件靠凸模圆角处的底部破裂属于强度破裂或胀形破裂。这是由于拉深变形阻力大于筒壁的承载能力或法兰处拉深变形力大于底部圆角过渡处胀形变形力，工序性质变化所致。具体而言，造成这种破裂的原因是：

1）查表 3-22 可知，首次拉深系数 $m_1=0.48$ 偏小。当拉深变形程度超过或接近其加工极限时，加工条件的微小变化都会使制件破裂。

2）在认为模具工作部分表面粗糙度值越小越好的思想支配下，试拉合格后，模具维修工又将凸、凹模各抛光了一次。凸模抛光容易，其结果是凸模工作部分的表面粗糙度值比凹模还小。由于凸模表面粗糙度的降低，增加了毛坯与凸模间的滑移量（胀形变形量）。毛坯靠凸模圆角处变薄加剧，壁部材料的承载能力减弱（胀形变形阻力减小），这就使试拉合格的模具在生产中加工出了破裂的半成品。

4. 解决与防止措施

生产中采取的解决措施是：

1）用粗磨石把凸模打毛，拉深获得了成功。可见，当选用的拉深系数超过或接近其加工极限时，增大坯料与凸模之间的摩擦力，打毛凸模从而增加了底部的胀形变形阻力，这是拉深得以顺利进行的有效措施。

试验表明，沿圆周打毛凸模（避免沿轴向打光凸模），通气孔尽量设置于制件（或凸模）底部而不设置在侧面等措施可以阻止圆角处坯料变薄，提高筒壁的承载能力，有利于拉深的顺利进行。

降低拉深变形阻力，保证批量生产稳定性，防止拉深破裂常采用的措施还有：

2）在不起皱的前提下，尽量减小压边力。

3）适当增大凹模圆角半径，沿拉深方向抛光凹模面。

4）采用润滑效果好的润滑剂，注意润滑剂的涂抹区域。在凹模面和压边圈上涂润滑剂，避免凸模和相应位置的毛坯粘上润滑剂。

5）合理设计凹模入口处的形状，适当加大凸、凹模的间隙。如图 3-8a、b 所示，使凹模直壁略呈锥形，或采用抛物面形凹模等措施均可降低拉深变形阻力，有利于拉深的顺利进行。

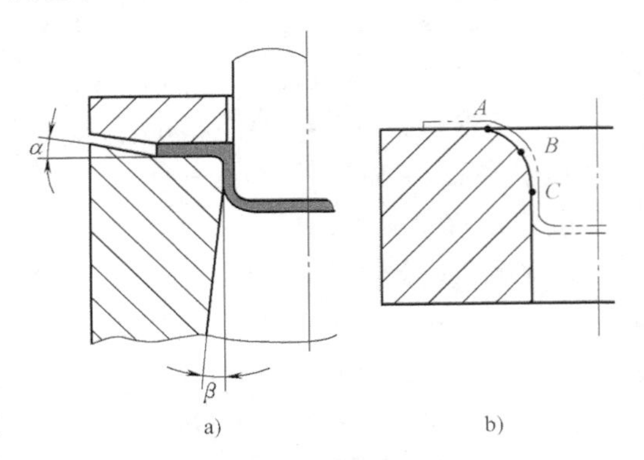

图 3-8 改进后的凹模入口形状

a）锥面大间隙凹模 b）抛物面形凹模

注意：生产中采用 0.9t 左右的小间隙也可降低 m_{min} 值，但模具磨损较为严重。

3.2.2 拖拉机前轮轮毂盖拉深破裂

1. 零件特点

某轮式拖拉机前轮轮毂盖如图 3-9 所示。零件材料为 08 冷轧钢板，料厚为 2mm。该件为典型的圆锥形拉深件。初步计算，毛坯直径取相对高度 $h/d_2=28/50=0.56$，半锥角 $\alpha=10.88°$，毛坯相对厚度 $(t/D)\times100=1.8$。查表 3-24，采用带压边装置的拉深模具可一次成形。由于该件属带有较宽法兰的中锥形件，故成形时制件底部具有较大的胀形变形成分。这类零件冲压成形的实质属于以拉深占主导地位的拉深-胀形复合成形。此外，轮毂盖经拉深成形后，还需进行外缘 45°翻边，以增加制件的刚性。

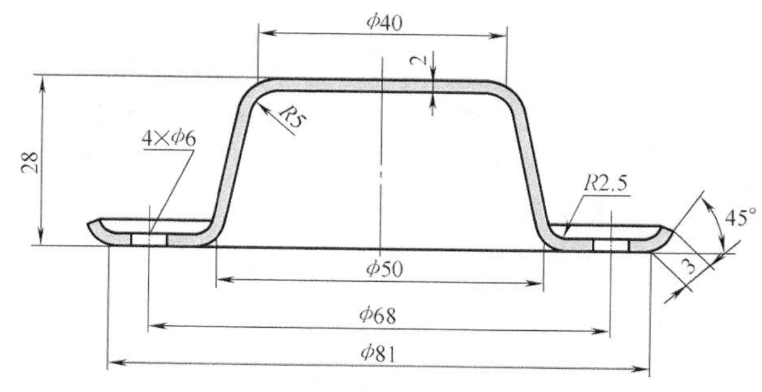

图 3-9 拖拉机前轮轮毂盖

2. 废次品形式

1）破裂。生产中采用的冲压加工工艺方案是：落料、拉深（毛坯外径取 ϕ110mm）→整形（将原来拉深半成品中的圆角半径 R8mm 整形到 R2.5mm）→切边、冲孔→翻边。如图 3-10a 所示，在第一次拉探工序和后续整形工序，制件底部均有产生破裂的现象。

2）颈缩痕迹。如图 3-10b 所示，在模具调试过程中，即使制件不产生破裂，在靠近底部的圆角部位已发生了颈缩，制件出现明显的环状颈缩痕迹。

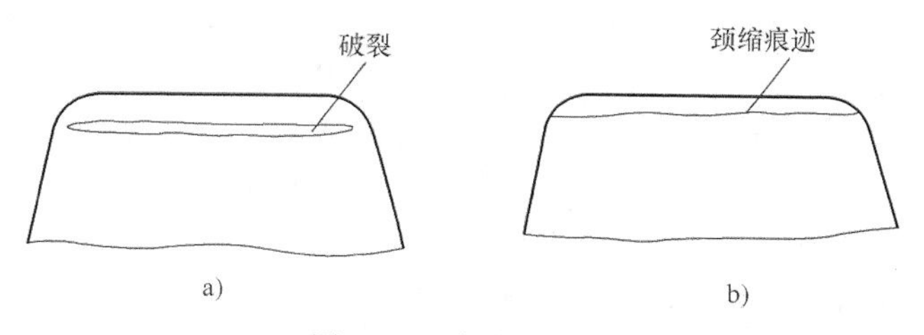

图 3-10 废次品形式

a）底部破裂 b）颈缩痕迹

3. 原因分析

造成制件出现颈缩，甚至拉深破裂的主要原因是拉深变形阻力过大，制件底部胀形变形量超过了这种材料的加工极限。具体而言，其原因是：

1）采用普通级别的拉深钢板，材料的拉深、胀形复合成形性能不好。

2）毛坯直径取 ϕ110mm 过大，法兰区拉深变形阻力大，制件底部胀形变形量增加。

3）压边力过大，凹模圆角粗糙。为防止制件成形时产生内皱，凹模圆角表面粗糙度值取得较高，压边力也调整得较大。这样做的结果增大了拉深变形阻力，增加了制件底部的胀形变形量。

4）第一次拉深深度取 28mm 较小，拉入材料不足，致使整形加工时法兰区参与了变形，整形力增大，底部坯料胀形破裂。

4. 解决与防止措施

生产中采取的解决措施是：

1）严格控制拉深件的原材料，选用ST14深拉深钢板。

2）减小毛坯直径，取毛坯直径为ϕ106mm。

3）降低拉深凹模圆角的表面粗糙度值，对凹模进行有效润滑。

4）适当减小拉深工序的压边力。

5）改变拉深件半成品尺寸。如图3-11所示，将拉深半成品的高度增高到29.5mm，以避免在第二道整形工序时，因底部材料不足造成的胀形破裂。

此外，对于这类带有宽法兰的中等深度锥形件，防止产生内皱和破裂的有效措施还有：

6）首次拉深出带大圆角或半球形圆筒形件，然后按图样尺寸整形。

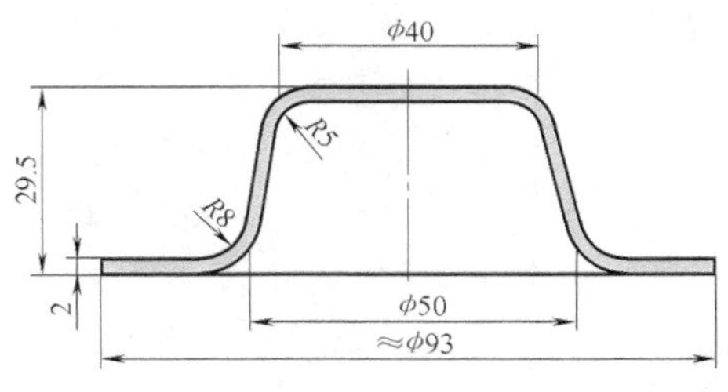

图3-11 改进后的半成品尺寸

3.2.3 柴油机空气滤清器壳体破裂、擦伤

1. 零件特点

某柴油机空气滤清器壳体如图3-12c所示。零件材料为08钢，料厚为0.8mm。该件为典型的圆筒形拉深件，毛坯相时厚度$(t/D)\times100=0.33$，拉深系数$m=d/D=0.42$，小于一次拉深的极限拉深系数$m_{\min}=0.55$，故需多次拉深。该件的尺寸精度要求不高，相对圆角半径$r/t=8.75$较大，满足拉深工艺的要求。

2. 废次品形式

生产中采用两次拉深成形的工艺方案。第一次拉深半成品制件尺寸如图3-12b所示，拉深系数$m_1=0.56$。第二次采用正拉深，拉深系数$m_2=0.76$。

进行第二次拉深时，制件出现以下两种形式废次品。

1）破裂。制件底部圆角半径与直壁过渡处出现裂纹，部分制件底部破裂，成品合格率仅为82%。

2）擦伤。批量生产时，制件表面有较严重的擦伤、印痕，表面质量较差。

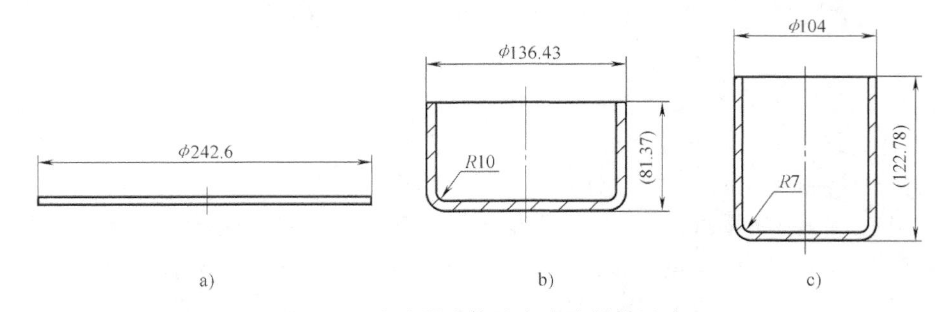

图3-12 滤清器壳体及半成品制件尺寸

a）拉深毛坯 b）半成品尺寸 c）滤清器壳体

3. 原因分析

1）二次拉深的拉深系数略小于或已很接近其极限值$m_{2\min}=0.78\sim0.79$。拉深变形力大

于传力区的承载能力，故产生了上述的裂纹或破裂。在拉深过程中，因拉深力和传力区的承载能力受很多因素的影响，故在拉深变形极限附近加工，生产会很不稳定，破裂产生的概率较大。

2）如图 3-13a 所示，正拉深时，制件经弯曲和反弯曲变形，故容易在制件表面产生由弯曲造成的印痕。批量大时，由于模具磨损或黏结，也容易形成擦伤等表面缺陷。由于外表面与一次拉深时相同，故前道拉深产生的擦伤、模具印痕不会消除，只会加剧。

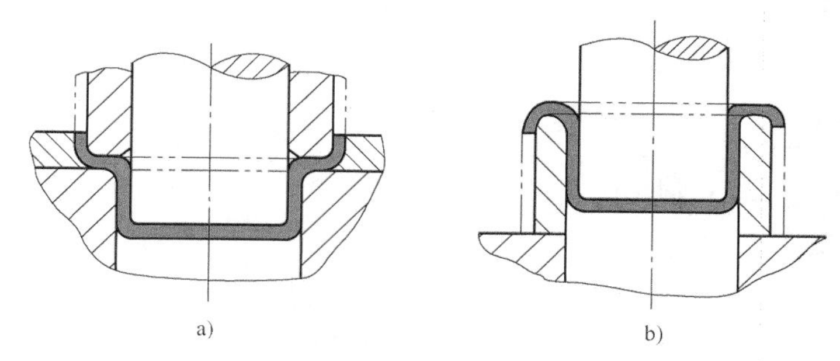

图 3-13 废次品原因分析
a）正拉深 b）反拉深

3）第一次拉深加工的拉深系数已接近材料的极限拉深系数 $m_{1\min}=0.55$，加工硬化和危险断面的变薄较为严重。这使得后续拉深变形力增加，壁部传力区承载能力下降。

4. 解决与防止措施

生产中采用图 3-13b 所示的反拉深，使制件的成品合格率提高到 99.8%，获得了很大的改善。反拉深时，由于毛坯与凹模的包角为 180°，所以坯料沿凹模流动的摩擦阻力及弯曲抗力均较正拉深大，这使变形区的径向拉应力增大，切向压应力减小，坯料不易起皱。因此，一般反拉深可不用压边圈。这就避免了由于压边力不适当或压边力不均匀造成的拉深破裂，提高了拉深变形程度，降低了极限拉深系数。表 3-1 列出了两种不同的再拉深方法，采用或不采用压边圈的条件。从表 3-1 中可见，反拉深的极限拉深系数比正拉深可降低 10%以上。

表 3-1 采用或不采用压边圈的条件

拉深方法	以后各次正拉深		以后各次反拉深	
	$(t/D)\times100$	m_n	$(t/D)\times100$	m_n
用压边圈	<1	<0.8	<0.9	<0.7
可用可不用	1.5	0.8	1.35	0.7
不用压边圈	>1.5	>0.8	>1.35	>0.7

由于反拉深时，毛坯的内外表面互相翻转，前一道工序留在制件外表面的擦伤、印痕等表面缺陷转到了内表面，故使制件外表面质量得到了改善。

如图 3-14 所示，反拉深大大地缩短了凸模的长度，节约了模具的制造费用，降低了对压力机闭合高度的要求。值得注意的是，反拉深受到凹模壁厚的限制，若再拉深系数很大，因凹模强度不足，不宜采用。反拉深圆筒形件的最小直径 $d=(30\sim60)t$，圆角半径 $r_p=(2\sim6)t$。

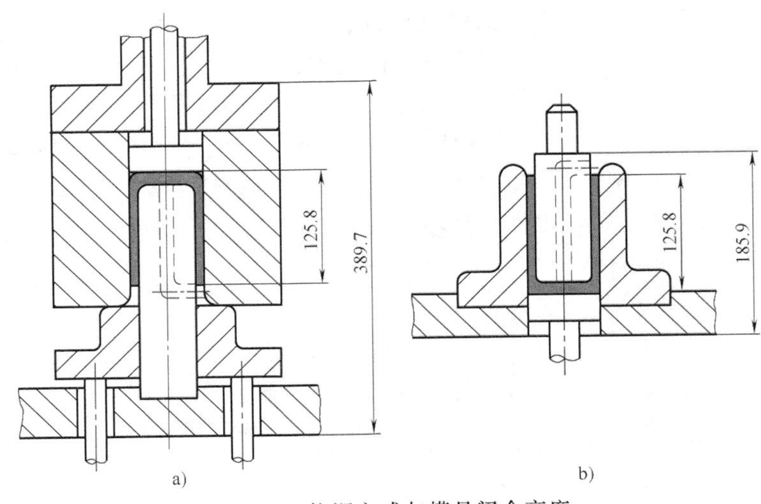

图 3-14 拉深方式与模具闭合高度
a）正拉深模具闭合高度 b）反拉深模具闭合高度

此外，对于此例而言，适当增大第一次拉深的拉深系数对防止制件开裂、改善制件表面质量也是有利的。

3.2.4 拖拉机前照灯灯圈拉深破裂

1. 零件特点

拖拉机前照灯灯圈如图 3-15 所示。零件材料为 08F，料厚为 0.8mm。该件一端底部不平，尺寸 50mm 和角部 $R2$mm 处凸起。采用拉深工序，由于 $R2$mm 处局部变形剧烈，故很难用普通圆筒形件的拉深系数来判断其破裂的极限。零件局部不均匀变形是该件的成形特点，也是这类零件冲压加工的难点。

2. 废次品形式

破裂。生产中采用落料→拉深、成形→切边→冲底孔→翻边的冲压加工工艺方案。在拉深、成形工序，如图 3-16 所示，$R2$mm 凸出的局部区域 A 处破裂，破裂率高达 98%。

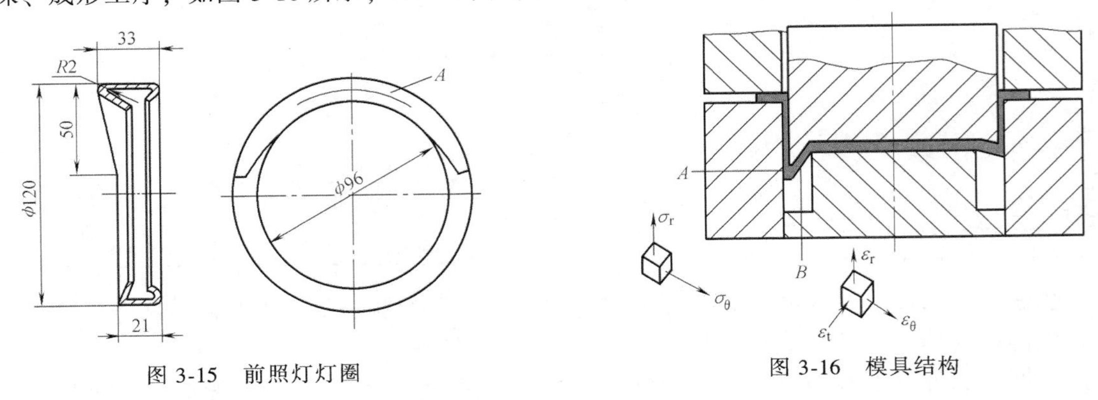

图 3-15 前照灯灯圈

图 3-16 模具结构

3. 原因分析

使用图 3-16 所示模具结构，在拉深、成形底部凸台的后期，板料 A 处局部变形达到破裂极限，产生了破裂。

当采用平板毛坯在该模具上加工灯圈零件时，板料首先发生拉深变形。法兰处的坯料在周向压应力、径向拉应力作用下向直壁转移，由于在 *A* 处，凸模首先与毛坯接触，故这一侧的拉深变形较其他地方剧烈，且角部胀形成分也会增加。在拉深变形期间，*A* 处坯料的变薄量较其他位置大。与普通圆筒形件的拉深变形不同，危险断面不是整个制件圆角四周，而是集中到了 *A* 处附近的部分。

拉深继续进行，当与成形底部凸台的凸模接触时，由于 *A* 处毛坯凸出，故 *AB* 段又先于其他部分发生变形。*AB* 处成形所需的材料来源有两处，一是壁部材料绕过拉深凸模 *R*2mm 的尖角流入，二是依靠 *AB* 段坯料的局部变薄来实现。由于凸模半径 *R*2mm 很小，壁部加工硬化后变形抗力增加，壁部成形后整体的刚度增大，材料要绕过这一尖角流入是很困难的，此时 *AB* 段的成形主要是依靠坯料局部变薄来实现的。此处的变形性质已不再是拉深，而是转换成胀形了。其应力、应变状态如图 3-16 所示。由于制件 *A* 处的上述变形特点，以及在拉深变形和以后的胀形变形过程中，*A* 处变形量比其他部分大，故容易在此处产生破裂。

4. 解决与防止措施

1）根据零件底部有一个 ϕ96mm 底孔的特点，生产中改变了原工艺方案，在落料的同时，预冲一个 ϕ55mm 的工艺孔。这样一来，切断了毛坯底部的连接，在变形的后期，底部材料容易流入 *A* 区，强烈的径向拉应力得以释放，减小了 *A* 处附近坯料的变薄量，成品合格率达到了 98%。

2）改变原模具结构，改变拉深和成形底部凸台的成形顺序，采取先拉底部凸台后拉深直壁的方案也能防止 *A* 处的破裂。原因是，一方面拉底部凸台时，外部材料可流入，有材料补充；另一方面凸台形成后，底部和 *A* 处材料强度增加，提高了制件底部的承载能力。

3.2.5 阀盖破裂、凹陷

1. 零件特点

阀盖如图 3-17a 所示。零件材料为 10 钢，料厚为 1.5mm。该件为阶梯形筒形拉深件，零件底面有一个 *SR*6mm 半球形凹坑。零件底部 *R*2mm、*R*4mm 处圆角半径较小，$\phi 58^{+0.06}_{0}$mm 尺寸精度要求较高。

2. 废次品形式

生产中采用两次拉深，一次整形的加工工艺方案，制件过渡形状及尺寸如图 3-17b、d 所示。

1）破裂。采用图 3-17b 所示毛坯，在进行第二次拉深加工制件底部 *SR*6mm 凹坑处产生破裂。

2）凹陷。采用图 3-17d 所示毛坯，在进行精整（整径、整角）加工时，制件底面不平，出现局部或整体凹陷。

3. 原因分析

1）制件底部产生破裂属于胀形破裂。其主要原因在于前道工序制件过渡形状设计得不合理。如图 3-17b 所示，第一次拉深加工时，锥形底部特别是 *SR*5mm 处坯料在双向拉应力作用下产生胀形变形，厚度明显变薄。在第二次拉深加工时，底部金属不流动，或者稍有流动。*SR*6mm 凹坑的形成完全靠坯料具有的塑性或变薄来实现，得不到外部金属的补充，加上第一次拉深加工时，此处的坯料已硬化且严重变薄，故如果变形超过极限，就会产生

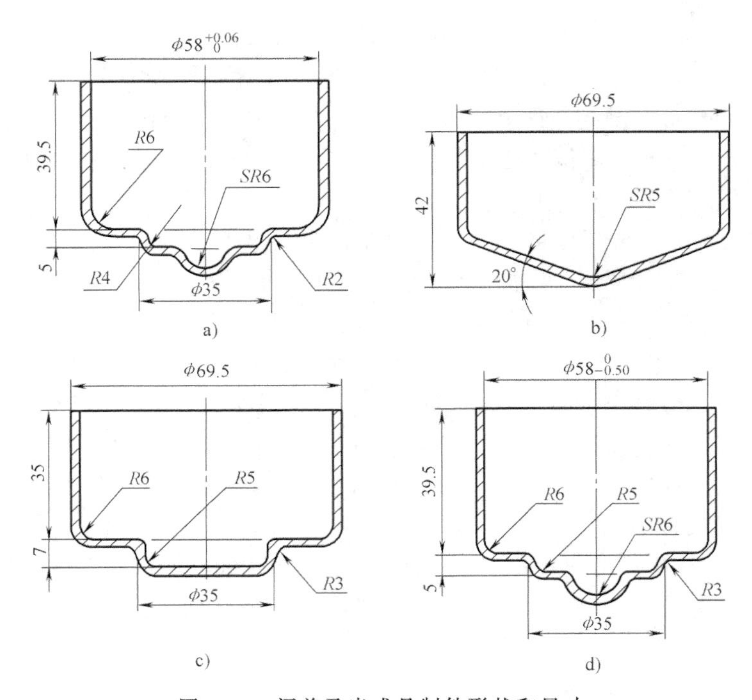

图 3-17　阀盖及半成品制件形状和尺寸

a）阀盖　b）原第一次拉深半成品图　c）改进后第一次拉深半成品图　d）第二次拉深半成品图

破裂。

2）整形凸模未设置出气孔是制件产生凹陷的主要原因。如图 3-18a 所示，整形凸模与制件之间的间隙很小，在整形过程中，凸模底面与制件几乎形成一个封闭室，封闭室里空气被强迫从周围的小间隙挤出，增加了压力机的负荷。制件退出时，内部又形成真空，在大气压力作用下，使制件底面产生凹陷。

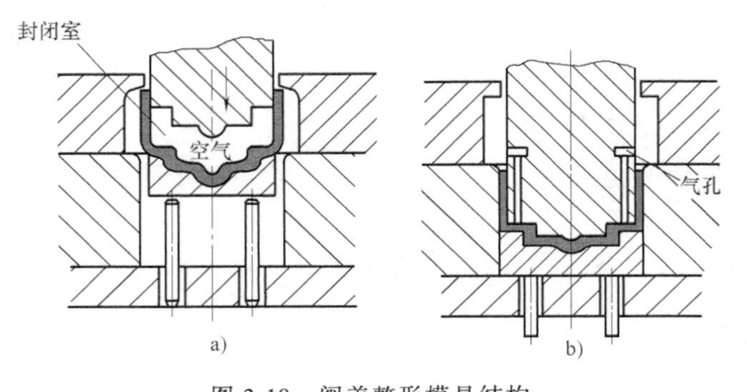

图 3-18　阀盖整形模具结构

a）原模具结构　b）改进后的模具结构

4. 解决与防止措施

生产中采取的解决措施是：

1）改变第一次拉深制件半成品的过渡形状。采用图 3-17c 所示形状和尺寸的拉深毛坯。底部 ϕ35mm 小阶梯一次拉成。因此处胀形成分减小，底平面坯料不变薄或很少变薄，故为后续工序中压制 SR6mm 凹坑创造了较有利的条件。

2）改变精整凸模结构。如图 3-18b 所示，在凸模的环状平台处设置出气孔。这样一来，不仅冲出了合格的制件，而且减小了拉深力，提高了模具的使用寿命。

防止制件胀形破裂除了改变拉深毛坯的过渡形状之外，应严格控制第一次拉深制件拉入凹模的坯料面积。此例中，应使 ϕ35mm 小台阶处拉入坯料面积与零件底部面积相等。

3.2.6 吊扇壳体起皱、破裂

1. 零件特点

吊扇上、下壳体如图 3-19 所示。零件材料为 Q235A，料厚为 1.5mm。零件底部有一个 ϕ50mm 的浅凹坑，主体部分属阶梯形大弧面拉深件，凹坑和大圆弧部分具有一定程度的胀形成分。零件总高度与小阶梯直径之比 $h/d_2=0.27$，可一次拉成。零件尺寸精度要求不高，满足拉深工艺要求，但阶梯转角处圆角半径 R2mm 较小，此处金属在拉深加工时流动困难。

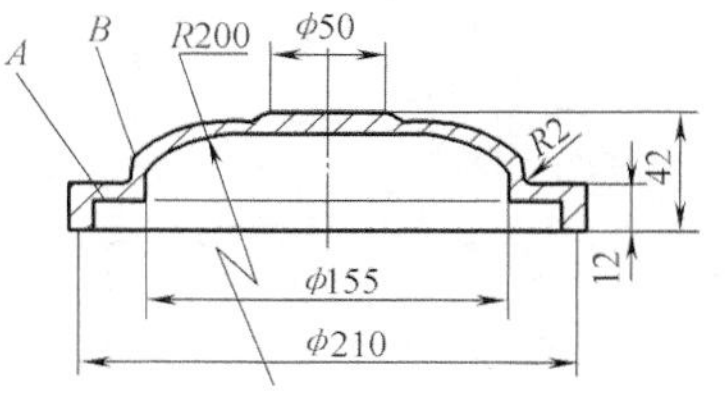

图 3-19 吊扇壳体

2. 废次品形式

起皱。原零件材料为 08 钢，采用图 3-20 所示模具结构，累计生产 400 万件未出现质量问题。为降低成本，改用冷（热）轧 Q235A 钢板代替 08 钢，试拉没有成功，零件在 A 区严重起皱。起皱发生后，B 区出现裂纹，严重时产生开裂。

3. 原因分析

1）模具结构不合理。采用图 3-20 所示模具结构进行拉深加工时，毛坯预压面积太小，悬空部分太多，压边圈基本上起不到压边的作用，不能有效地防止零件的起皱。

2）零件阶梯过渡处圆角半径 R2mm 相对较小，工艺性差。拉深加工时，R200mm 圆弧局部和 B 处坯料先接触模具成形，将毛坯拉成曲面形状，此时 A 区已经起皱。由于起皱的产生，增加了继续变形的拉深阻力。此外，A、B 区成形后，R2mm 处成形需要金属补充，B 处附近的金属将反向流动，这使得已严重变薄的 B 区拉应力增大，拉应变增加。当 B 区的强度和变形达到极限时，产生裂痕。

3）与 08 钢相比，Q235A 钢的拉深成形性能较差。08 钢的屈强比为 0.5，而 Q235A 钢为 0.56~0.58。08 钢的伸长率为 28%~32%，而 Q235A 钢为 21%~25%，相差甚大。这就是采用 08 钢能获得成功而采用 Q235A 钢拉深失败的原因。

4. 解决与防止措施

生产中解决问题采取的措施是：

1）改进模具结构。改进后的模具结构如图 3-21 所示。其特点是：凸模外圈 3 为活动托板式结构，将凹模模芯 2 由原固定的刚性凹模改为活动的具有足够压边力的弹性凹模。采用这套模具，由于毛坯预压面积的增加和悬空部分的减小，取得了很好的效果。生产了 10 万多个壳体，全部符合要求。

防止这类问题可采取的措施还有：

2）改变原工艺方案，增加一道整形工序。为防止开裂，可适当增大 R2mm 处圆角半径。为防止起皱，可适当增大毛坯直径。

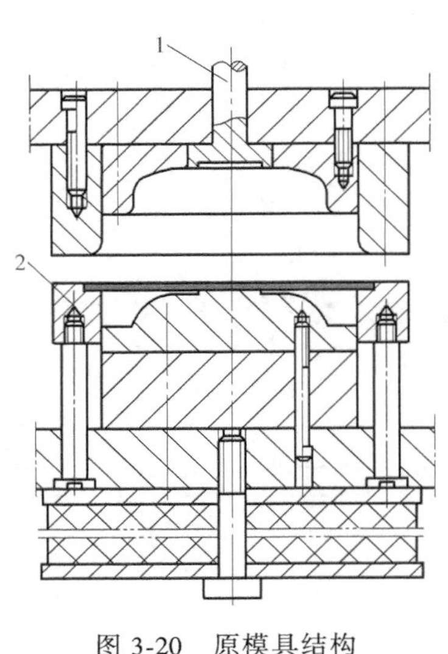

图 3-20　原模具结构

1—卸料杆　2—压边圈

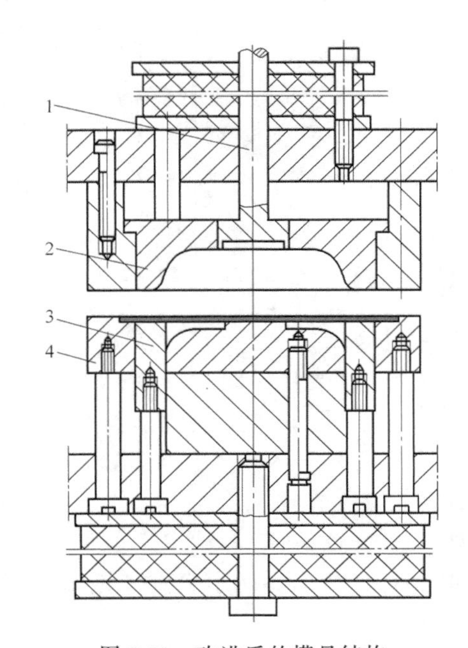

图 3-21　改进后的模具结构

1—卸料杆　2—凹模模芯　3—凸模外圈　4—压边圈

3.2.7　手推胶轮车轮毂破裂、起皱

1. 零件特点

手推胶轮车轮毂冲压件如图 3-22 所示。零件材料为 SPCC 钢板，料厚为 1.5mm。轮毂整体由两只相同冲压件拼焊而成，形状复杂，尺寸精度和形状精度要求较高。装配和使用时要求其口部平直无毛刺，表面光滑且不得有划痕。轮毂外形为典型的阶梯形拉深件，因各阶梯直径差和高度较小，一般可一次成形。零件中部有一锥台，若按单独的锥形件考虑，其相对高度 $h/d_1=28.5/110\approx0.26$，属浅锥形件，也可一次拉深成形。但该件为一整体，两种基本成形件组合在一起，就使变形复杂得多，由于中部锥台部分距边缘较远，且凸模接触面积小，金属向内部流动的阻力较大，故锥台的成形具有胀形变形的性质。采用一次成形的方法加工该零件时，工序的性质属拉深和胀形的复合成形。因此，合理选择冲压加工工艺方案，降低金属的拉深流入阻力，减小锥台成形的胀形变形程度是该件加工成败和保证制件质量的关键。

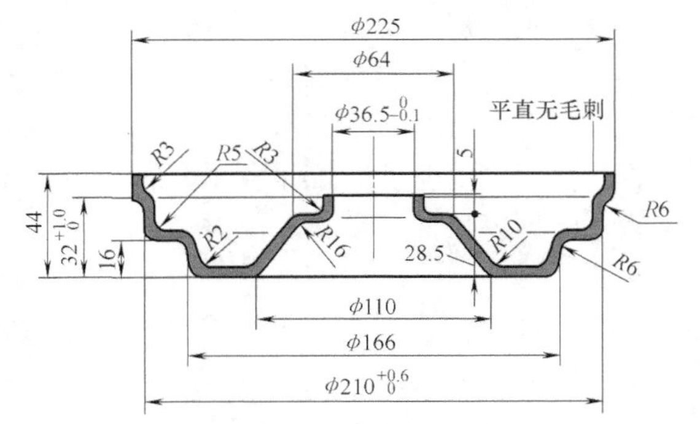

图 3-22　手推胶轮车轮毂

2. 废次品形式

破裂、起皱。采用图 3-23 所示工艺方案，先成形两个台阶和中间锥台，经修边、冲孔后，内、外缘翻边完成零件加工。试模时用电剪刀剪成 ϕ270mm 直径的圆形毛坯，当压边力调整适当时，拉深出的制件符合图样要求。为了节省模具费用和简化工序，生产中采用正方形坯料代替圆形毛坯，采取剪板机直接剪成边长为 270mm 的正方形毛坯，试模时锥台圆角

*R*16mm处破裂；减小压边力，破裂消失，但*R*16mm处出现缩颈；进一步减小压边力，则方形法兰四边中部起皱，且皱纹在修边线内，制件报废。

3. 原因分析

1）锥台圆角*R*16mm处产生缩颈、破裂的原因在于锥台处的胀形变形超过了胀形成形极限。用270mm×270mm的正方形毛坯代替ϕ270mm的圆形毛坯，由于压料面积增大，四角拉深变形阻力增加，使金属拉深流入困难，锥台处胀形变形程度增大，当超过成形极限时，便会产生缩颈和破裂。图3-24所示为双动压力机上完成拉深和锥台胀形成形的模具结构。从图3-24中可见，在成形过程中金属要通过两个台阶后方能进入锥台，故锥台的成形主要靠坯料自身的变薄，少量金属的流入将对锥台的成形非常有利。改用方坯后，拉深变形阻力和总的压边力增大，金属要通过两个台阶流入锥台来补充此处材料的不足更加困难，这种变形特点容易因法兰变形条件的变化引起锥台的破裂。

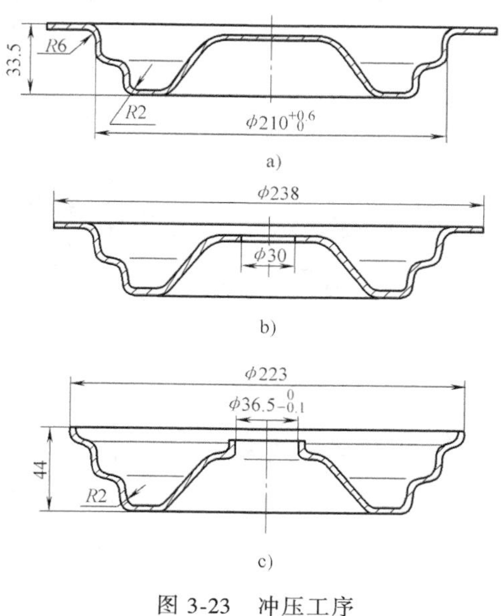

图3-23 冲压工序

a）复合成形 b）修边、冲孔 c）翻边、整形

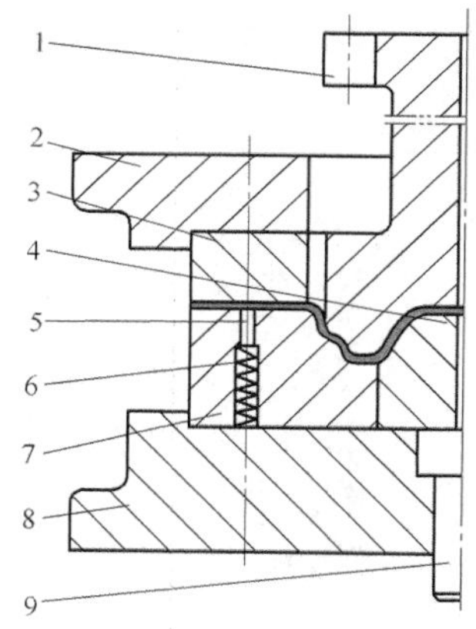

图3-24 双动拉深模

1—凸模 2—上模座 3—压边圈 4—锥形凸模 5—活动定位销 6—弹簧 7—凹模 8—下模座 9—顶杆

2）为防止锥台处破裂，减小压边力后，径向拉应力减小，切向压应力增大，当切向压应力超过临界值时，便会造成法兰处起皱。此外，采用正方形毛坯，四周不均匀拉应力和由于金属流速差形成的切应力也会促使坯料起皱。

4. 解决与防止措施

生产中为消除破裂和起皱，用正方形坯料取代圆形毛坯采取的解决措施是：

1）改变拉深凸模形状，在翻边工序对制件进行整形。为了使坯料能通过两个台阶补充锥台处材料的不足，将拉深凸模底部的圆角半径*R*2mm增大到*R*4mm，从而避免了锥台处的破裂和缩颈。

2）继续调整压边力，经验表明，采用正方形毛坯时所用的压边力比圆形毛坯要小。

此外，采用正方形坯料拉深轴对称零件常用的积极有效的措施还有：

3）适当减小方形毛坯的边长，采用方形毛坯切角的方法使变形趋于均匀。

3.2.8 拖拉机乙钢圈侧壁破裂

1. 零件特点

某型手扶拖拉机乙钢圈半成品如图 3-25 所示。零件材料为 10 热轧钢板，料厚为 3mm。制件相对法兰直径比 $d_f/d=1.16$，为典型的窄法兰筒形拉深件。钢圈直壁部分带有 5°的锥度，增加了拉深的难度，但由于锥度不大，且相对高度 $h/d=0.24$ 较低，可一次拉出。

2. 废次品形式

壁裂。生产中采用落料、拉深复合模，落料和拉深一次完成。如图 3-26 所示，部分制件侧壁破裂，裂缝呈“月牙”状。对应开裂的法兰部位出现拉深“大耳”，裂缝越宽，“大耳”越大。法兰凸出边缘毛刺较大，最大毛刺高达 5mm，似撕裂现象。生产中称这种破裂为壁裂。

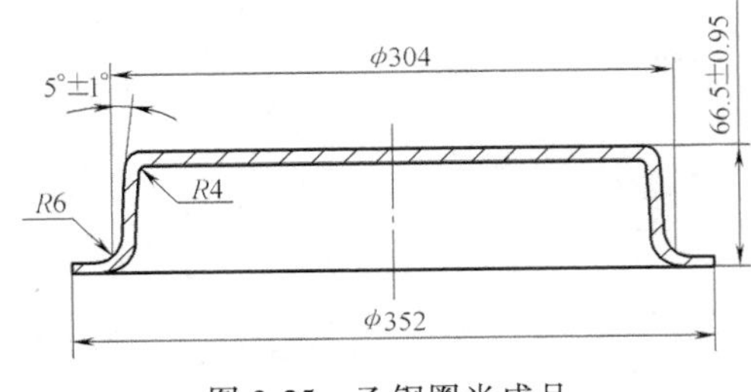

图 3-25 乙钢圈半成品

图 3-26 乙钢圈壁裂

3. 原因分析

从原理上讲，壁裂产生的原因主要是不均匀变形。与强度破裂或胀形破裂不同，这类壁裂的产生很难预测。目前，也没有一个工艺参数能表示或反映这类破裂的加工极限。常见壁裂产生的原因及防止措施见表 3-2。

表 3-2 常见壁裂产生的原因及防止措施

项目	原因	防止措施
零件形状及拉深毛坯	坯料相对厚度小，形状太复杂；坯料厚度不均匀，超差较多；材质较差，由于加工硬化或残余应力	与设计部门协商改变零件形状，增大厚度；严格控制坯料的厚度尺寸；更换材料
模具	采用落料拉深复合模时，落料模具刃口不锋利，带圆角或缺口；落料模间隙过大，不均匀；上、下模不平行，凸，凹模不垂直；凹模圆角半径 r_d 太小，表面太粗糙；压边不均匀，缓冲销位置或长度不适	刃磨落料模，适当减小落料模具间隙；调整模具，使其间隙均匀，下模板平行，凸、凹模垂直；适当增大 r_d，降低 r_d 处的表面粗糙度值；调整缓冲销位置或长度，使压边均匀
操作与润滑	毛坯偏置，定位不准；润滑剂不合适或润滑方法不妥；模具安装不当，倾斜或偏置	正确定位使毛坯放正；更换润滑剂并注意涂抹区域；正确安装模具
设备	压力机上、下滑块或滑块与下台面不平行；压力机吨位小、刚性差、精度低	定期维修设备，保证上、下滑块平行，滑块与下台面平行；选用吨位大、刚性好、精度高的压力机

就本例而言，现场分析发现，产生壁裂的主要原因在于落料模刃口方面。

1）落料凸、凹模间隙过大且不均匀，局部产生连料现象。

2）落料凸、凹模磨损变钝，局部刃口出现圆角或缺口。

制件在未能完全切离的条件下拉深成形，增大了局部拉深变形阻力。破裂发生处金属不能顺利流动，使作为传力区的侧壁发生了剧烈的伸长变形。当变形超过材料的塑性极限时，便产生了破裂。

4. 解决与防止措施

生产中采取了以下两项措施，问题得到了解决。

1）修磨落料凸、凹模刃口，使其保持锋利。

2）适当减小落料凸、凹模间隙，调整模具使间隙均匀。

拉深件侧壁破裂是一种生产中常见的废次品形式。这种破裂多出现在坯料相对厚度很小的大型零件或容易产生不均匀变形的异形零件的拉深过程中。大工件容易发生侧壁破裂主要是因为工件大，在毛坯不同部位压边力不均匀；制件本身结构复杂也会引起不均匀变形。

3.2.9 电能表底座壁裂、擦伤、折皱

1. 零件特点

单相电能表底座如图 3-27 所示。零件材料为 Q235A 钢，料厚为 1mm。该件属典型方盒拉深件，口部略带法兰，底部有一矩形凸台。估算毛坯直径 $D=160$mm，毛坯相对厚度 $(t/D)\times100=0.625$，$r/b=0.16$，相对高度 $h/r=1.69$，查表 3-3 可知可以一次拉成。

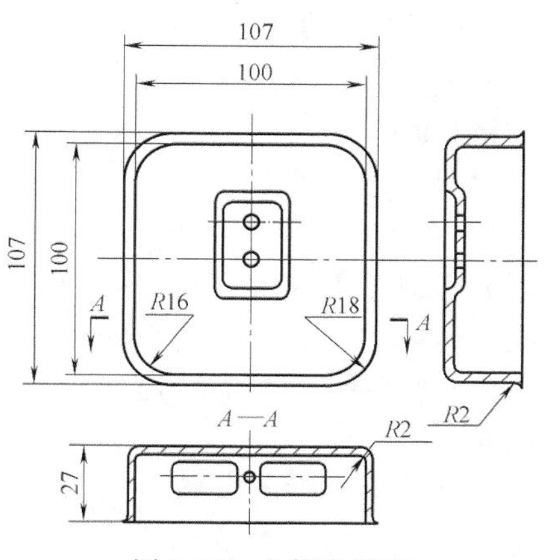

图 3-27 电能表座底

表 3-3 盒形件一次拉深的最大相对高度 h/r

r/b	毛坯相对厚度 $(t/D)\times100$		
	0.3~0.6	0.6~1.0	1.0~2.0
0.40	2.2~2.4	2.4~2.8	2.8~3.4
0.30	3.0~3.3	3.3~3.8	3.8~4.7
0.20	4.5~4.8	4.8~5.4	5.4~6.5
0.10	8.5~9.6	9.6~11.0	11.0~13.0
0.05	11.0~12.5	12.5~14.0	14.0~16.0

2. 废次品形式

生产中采用落料、拉深→整形→切边→冲双孔→冲腰孔→冲方孔等 6 道工序来加工该零件。在落料、拉深工序，制件出现多种形式废次品，生产极不稳定。废次品形式表现为：

1）壁裂。如图 3-28 所示，制件转角靠凹模圆角半径处的壁部常出现倒 W 形破裂，一般称之为壁裂。

2）擦伤。制件多处擦伤，但程度不同，转角部位较为严重。

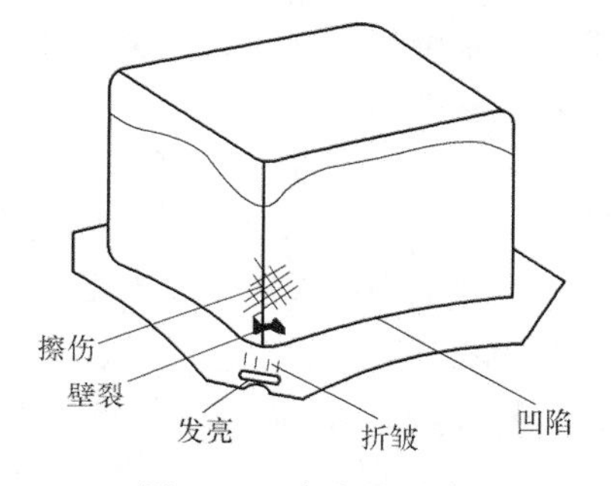

图 3-28 废次品形式

3）折皱。壁裂和擦伤产生后，按常规修正法，将转角处凸、凹模间隙增大。间隙增大

后，壁裂和擦伤痕迹有所好转，但是制件四周的转角部分靠法兰处又产生了与拉深方向一致的折皱。

4）侧壁凹陷。折皱出现的同时，制件直边侧壁向内收缩、拱弯不平。生产中称这种现象为侧壁凹陷。

3. 原因分析

盒形件转角部分产生的壁裂、擦伤、折皱和直边部分出现的侧壁凹陷不平等缺陷都与盒形件的拉深变形特点有关。

盒形拉深件转角部分可按 1/4 圆筒拉深的情况来考虑，而直边部分可以认为是连续的弯曲和反弯曲变形。但实际上，在转角和直边连接部分附近，变形是比较复杂的。

如图 3-29 所示，毛坯表面在变形前划分的网格，变形后横向压缩，纵向伸长。变形后的横向尺寸为 $\Delta l_1'>\Delta l_2'>\Delta l_3'$，而纵向尺寸 $\Delta h_1'<\Delta h_2'<\Delta h_3'$。可见，直壁中间变形最小（接近弯曲变形）靠近圆角处的变形最大。变形沿高度分布也不均匀，靠近底部最小，靠近口部最大。

此外，由于直边与转角的变形情况不同，直边的金属流入凹模快，转角处的金属流入凹模慢。因此，就产生了金属流动速度差。一旦有流动速度差，这部分坯料就会产生剪切变形，于是就有切应力产生。

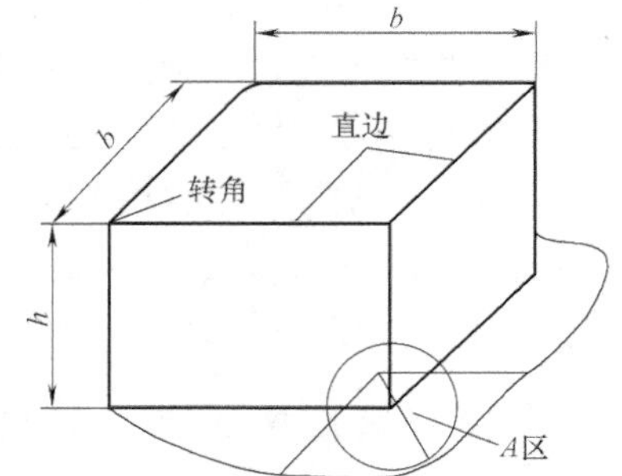

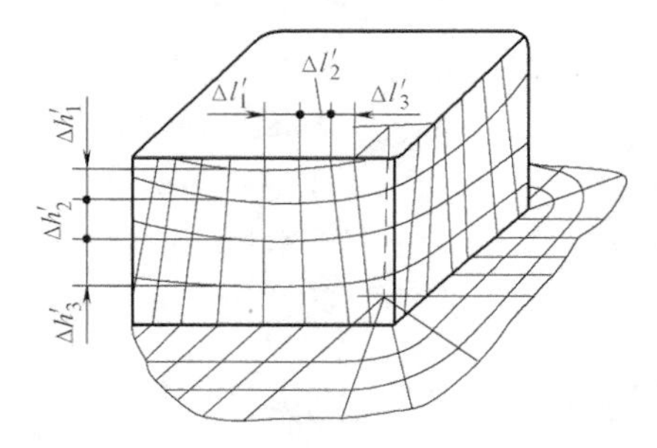

图 3-29　盒形件拉深变形特点

A 区：多余材料聚集处；壁裂、擦伤、折皱部位

变形前：$\Delta l_1' = \Delta l_2' = \Delta l_3'$；$\Delta h_1' = \Delta h_2' = \Delta h_3'$

变形后：$\Delta l_1' > \Delta l_2' > \Delta l_3'$；$\Delta h_1' < \Delta h_2' < \Delta h_3'$

具体而言，产生壁裂和擦伤的原因是：

1）直边部分和转角处变形不均匀。随着拉深的进行，转角部分板厚增加较多，从而，研磨了压边圈。压边力集中于角部，促进了此处的加工硬化，加剧了转角处模具的磨损。

2）凸、凹模间隙不合理。按公式 $c = t_{\max} + kt$ 来选取拉深凸、凹模的间隙。直边部分系数 k 取 0，转角部分系数 k 取 0.1，则直边部分的单边间隙 $c = 1.12\text{mm}$，转角处 $c = 1.22\text{mm}$。转角部分间隙大于直边部分的间隙。由于直边部分模具间隙小，转角处金属向直边转移困难，多余金属向转角处聚集速度加快，转角处的板料增厚加剧，从而增加了坯料进入模具拉深时的摩擦力。

转角部分间隙大于直边部分，这一设计使模具加工困难，转角与直边过渡处难以达到设计的要求。转角与直边过渡处间隙的突变也会造成壁裂和擦伤。

3）本例中凹模圆角半径 $r_d = 2\text{mm}$ 偏小，转角处金属流动困难也是造成壁裂和擦伤的原因。

4）此外，压边力过大或不均匀，润滑不良，毛坯形状不合理，落料时毛刺过大或落料时产生的“须状金属丝”等杂物被带进模具，模具表面粗糙，模具平行度、垂直度超差等都可能产生壁裂和擦伤。

产生折皱和侧壁凹陷的原因是：

5）将转角部分凸、凹模间隙增大后，多余金属向转角处聚集的速度加快，聚集点便产生了折皱。

6）在转角与直边的过渡处，横向压应力、纵向不均匀拉应力和由于金属流速差产生的切应力的联合作用加剧了折皱产生的倾向。

7）转角部分间隙增大后，转角与直边部分过渡处的间隙差增大，在横向压应力作用下金属又很难向直边部分转移，便产生了侧壁的凹陷。

4. 解决与防止措施

生产中按常规，增大转角部分间隙未能奏效。随后，进一步分析了盒形件的变形特点，采用如下几项措施取得了良好的效果：

1）增大两直边部分凸、凹模的间隙。取直边部分中单边间隙 $c=1.20$mm，使其大于转角部分的间隙，取转角部分单面间隙 $c=1.12$mm。这样可以迫使转角部分的多余金属向间隙大的两直边部分流动，避免了多余金属的过分集中，促使变形趋于均匀。

2）保证缓冲销高度一致，调整压边力，保证压边力均匀、大小适中。

3）改善润滑条件。值得注意的是，与圆筒形拉深件不同，盒形件拉深时，对凸模使用高质量润滑剂有利于转角部分金属向直边的转移，可以使直边与转角过渡处坯料变形均匀。因此，在毛坯两侧都加润滑剂进行拉深，使加工获得了成功，生产出的制件质量稳定。

对于圆筒形拉深件，其破裂一般都是凸模圆角靠直壁处的拉深破裂（也称强度破裂或胀形破裂），其破裂界限可用拉深比或其倒数拉深系数来表示。但是，由于像本例中的方盒形拉深件或矩形拉深件，其他异形零件产生的壁裂，其原因在于变形不均匀，故用具体数值来表示侧壁破裂的界限是相当困难的。防止产生壁裂，从原理上讲应该尽量使变形均匀；避免法兰处变形阻力的偏移和凹模圆角处产生较大的弯曲及反弯曲。除调整凸、凹间隙，调整压边力和合理使用润滑剂外，防止盒形件产生壁裂的措施还有：

4）合理选择毛坯形状。盒形件拉深时，毛坯转角部分切除量对拉深成形影响很大。图3-30所示为当转角部分切除量和毛坯长度改变时的成形状况。图3-30a所示为有拉深筋时的情况，在这种情况下，破裂发生在凸模圆角部分，毛坯转角部分切除量大，对拉深成功有利。图3-30b所示为无拉深筋时的情况，在这种情况下，多为侧壁破裂，转角部分切除量小，反而对拉深有利。

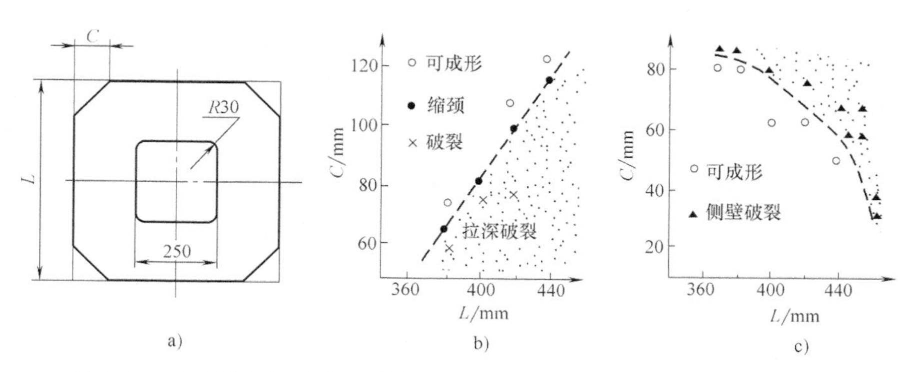

图3-30 盒形件拉深时毛坯形状与成形状况的关系（$r_p=2$mm；$r_d=2$mm）

a）毛坯 b）有拉深筋的拉深 c）无拉深筋的拉深

C—转角切除量 L—毛坯长度

对方盒形拉深件，生产中采用圆形切弓毛坯也获得了很好的效果。如图 3-31 所示，在圆毛坯上对应于盒形件的四个转角切去四个弓形。弓形的确定方法是：先按面积相等原则计算出圆形毛坯直径 D_0，根据盒形件相对圆角半径 r/b 值查表 3-4 可得出 K 和 h/D，则圆形切弓毛坯的直径 $D=KD_0$，弓宽 h 由 h/D 和直径 D 相乘得出。

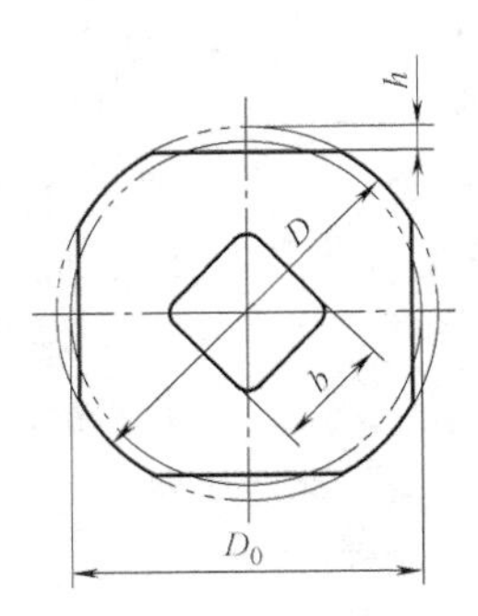

图 3-31 圆形切弓毛坯

5）增大凹模圆角半径 r_d。若图样要求较小，可在整形工序中将其整出。在发生壁裂的转角处，研磨凹模入口（r_d）。

6）提高模具的加工制造精度，保证其平行度和垂直度。若模具的平行度、垂直度误差是由设备造成的，则应及时维修设备，或更换新设备。

7）减小直边部分的凹模圆角半径 r_d，使其小于转角部分的凹模圆角半径 r_d，增加坯料在直边处的变形阻力，使拉深阻力对整个制件来说尽量趋于均匀。这样做也可降低直边部分的变形速度，有利于转角处金属向直边的转移，不仅可防止产生转角处的壁裂，也可消除直边的凹陷。

表 3-4 圆形切弓毛坯的形状参数 K 和 h/D

盒形件相对转角半径 r/b	K	h/D
0.00～0.10	1.037～1.032	0.048～0.043
0.10～0.25	1.032～1.027	0.043～0.039
0.25～0.50	1.027～1.000	0.039～0.000

8）在直边部位设置拉深筋，其目的仍然是使变形和拉深阻力趋于均匀。若已设置有拉深筋，则应削弱转角部位拉深筋的作用。这也是防止壁裂和直边凹陷的有效措施。

3.2.10 电容器外壳拉深破裂、形状不良

1. 零件特点

电容器外壳如图 3-32 所示。零件材料为钽板（Ta 的质量分数>99.95%），料厚为 0.5mm，外形尺寸为 35.50mm×35.50mm。材料屈服强度为 103MPa，抗拉强度≥250MPa，

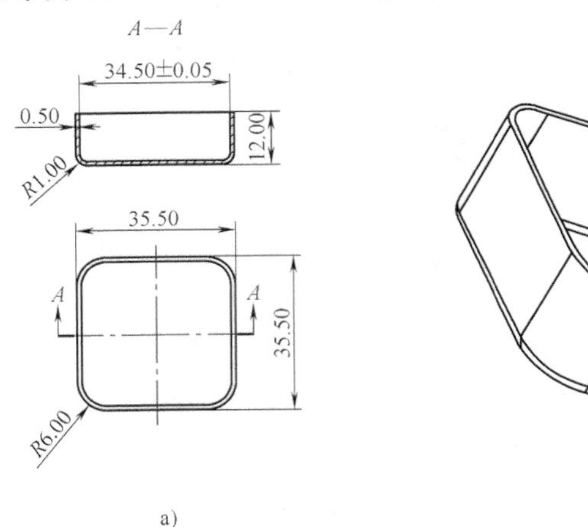

b)

图 3-32 电容器外壳
a）2D 工程图 b）3D 图

伸长率≥35%，热膨胀系数很小。钽有好的化学性能，极高的耐蚀性。无论在冷还是热的条件下，对盐酸、浓硝酸及“王水”都不反应。可用来制造蒸发器皿等，也可做电子管的电极、整流器、电解电容器。钽在酸性电解液中形成稳定的阳极氧化膜，用钽制成的电解电容器，具有容量大、体积小和可靠性好等优点，制造电容器是钽的最重要用途之一。该件是典型的方盒形件，实际上则为转角拉深、侧壁弯曲、四底角胀形的复合成形件。由于对钽板的成形性能了解不够深入，材料的成形极限无处查询，给该件冲压工艺方案的制订及模具设计带来了困难。

2. 废次品形式

生产中采用下料→成形→修边的工艺方案，初步确定下料尺寸为 57.53mm×57.53mm 的方形毛坯，通过方坯的不同切角来调整变形。在成形工序的试模过程中，如图 3-33 所示，制件产生了破裂和形状不良两种形式的废次品。

1）破裂。如图 3-33a 所示，制件底角破裂；如图 3-33b 所示，制件四角壁部破裂。

a)

b)

c) d)

图 3-33 钽板方盒形件拉深缺陷

a）底角开裂 b）四角壁部破裂 c）四周转角下凹不平 d）四周转角多料不平

2）形状不良。如图 3-33c 所示，制件四周转角下凹不平；如图 3-33d 所示，制件四周转角多料不平。

3. 原因分析

底角破裂属胀形破裂，也称强度破裂；壁部破裂属壁裂，是塑性破裂。直边的凹凸不平则是弯曲和拉深变形的综合结果。具体而言，产生上述缺陷的原因是：

1）钽板材料的成形性能不清楚，生产中只能靠经验和习惯通过多次试验来摸索，故试模中出现了多种类型的缺陷。

2）毛坯尺寸过大，压边力过大，造成底部转角处胀形变形超过其成形极限便产生了破裂；另外，这类破裂属于强度破裂，而钽板材料的强度不高也容易在此处产生破裂。

3）减小下料毛坯尺寸，降低压边力解决了底部转角处的开裂。但是，这项措施却增加了拉深变形成分。拉深变形时四角的材料流入凹模的速度慢，直边流入凹模的速度快，变形极不均匀。直边和角部的流速差产生了切应力，切应力和不均匀变形的结果，使壁部材料塑性超过其成形极限便产生了壁裂。

4）圆角部分多余材料向两直边流动会使直边产生侧向压应力，加之不均匀变形的结果便造成了侧壁的凹凸不平。

4. 解决与防止措施

为获得高质量的产品，科学问题是要掌握材料的变形规律，控制拉深、弯曲和胀形工序在整体变形中所占的比例。具体而言，生产中采取了如下几项措施：

1）调整落料毛坯的形状与尺寸。通过多次试验，调整了毛坯的形状和尺寸，改方坯切角为圆坯切弓。最终选择了图3-34b所示的坯料形状和尺寸。

2）对成形零件的凸模和凹模圆角先进行精加工，然后抛光，最后镀钛，如图3-35所示。

3）调整凸、凹模间隙。凸模尺寸不变，将凹模型腔尺寸改为35.63mm，适当增大了直边部分凸、凹模间隙。这样有利于角部多余材料向直边部分流动，减小了直边所受的周向压应力，使变形更加均匀。

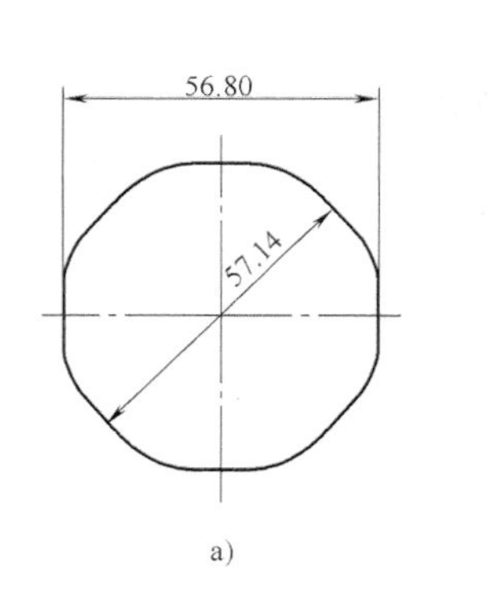

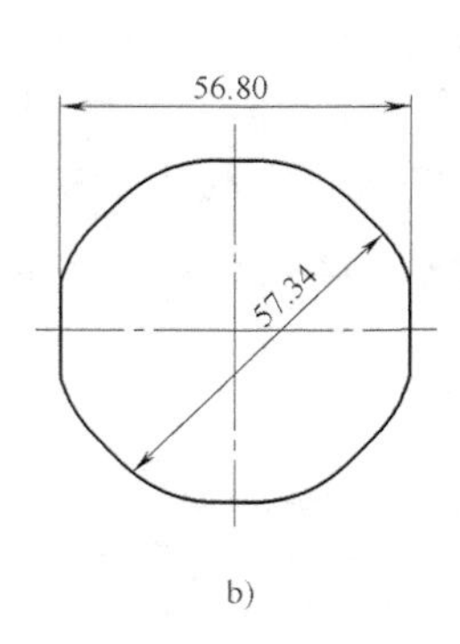

图3-34　调整毛坯形状与尺寸

a）效果较好　b）效果最好

图3-35　精加工凸、凹模

如图3-36所示，采取上述3项措施后制造出了合格的产品，保证了批量生产的稳定性。

a)

b)

图3-36　方盒形拉深件合格产品

a）产品正面　b）产品背面

此外，防止方盒形拉深件产生上述缺陷的有效措施还有：

4）在直边处设置拉深筋。其目的是减小弯曲变形时材料的流动速度，增大径向拉应力，使直边与圆角部分材料的流速和变形更加均匀。

3.2.11　方盒形零件拉深表面划痕

1. 零件特点

某方盒形零件如图3-37所示。零件材料为SPFC590（我国牌号为Q345A）高强冷轧钢板，其主要力学性能见表3-5。方盒的尺寸为35mm×35mm，高25mm，转角半径为$R7.6$mm，底部圆角半径为$R2$mm，壁厚$t=2.5$mm。该件为典型的方盒形拉深件，转角部分类似1/4圆筒形拉深，直边类似于弯曲，底角存在一定胀形变形成分。故该件严格说来是拉深、弯曲和胀形的复合成形件。使用中对其尺寸精度有较高要求。

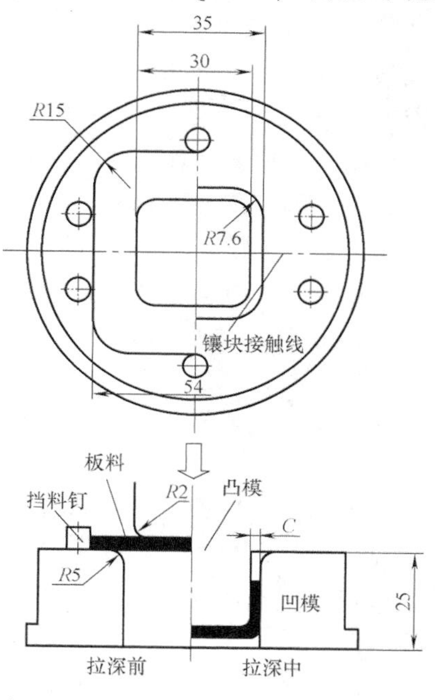

图3-37　方盒形零件及拉深原理示意图

2. 废次品形式

表面划痕（也称表面划伤）。生产中采用落料→拉深→修边的工艺方案。如图3-37所示，落料毛坯尺寸为54mm×54mm，四角为$R15$mm圆弧过渡，毛坯厚度$t=2.6$mm。凸、凹模单边间隙为2.5mm，即预留了0.1mm的材料减薄量，以保证制件的尺寸精度。坯料在不进行表面清洗时表面黏附一层防锈油，防锈油可充当润滑剂的作用，人们称这种拉深为半干摩擦状态。在半干摩擦状态下，采用奥贝球铁（ADI）凹模进行拉深。如图3-38所示，四角形成凸耳，方盒壁产生明显的划痕。划痕主要分布在工件的直边部分，而圆角部分则很少有划痕，在圆角和直边的连接处划痕最严重。

表3-5　SPFC590的主要力学性能

屈服强度/MPa	抗拉强度/MPa	伸长率(%)
≥295	470~630	≥21

3. 原因分析

造成拉深表面划痕的原因有多种，具体而言主要是：

1）方盒形件拉深的不均匀变形和模具间隙较小加剧了坯料与模具的磨损。方盒形件拉深时，圆角部分类似圆筒形件的拉深，而四个直边类似弯曲。直边的弯曲变形，材料向凹模流动的速度快；圆角部分的拉深变形，材料向凹模的流动速度慢。间隙大时，部分多余材料可

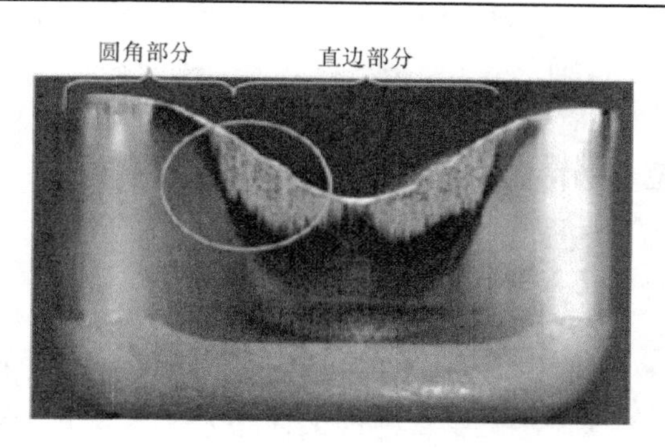

图3-38　方盒形拉深件表面划痕

向直边流动；间隙小于料厚，模具限制了材料向直边的流动，其结果便形成了凸耳。由于不均匀变形和材料的流速差，直边先进入凹模的材料要拉圆角处的材料，便造成了材料的横向流动。材料的这种横向流动增大了与模具表面的摩擦阻力，加剧了坯料与模具之间的磨损。另外，作为一个整体，拉深变形与弯曲变形的交互作用在圆角和直边的连接处最为突出，故此处的划痕也最严重。

2）在离凹模圆角一段距离的部位产生了粘模（也称粘结瘤）现象。在半干摩擦条件下，高强度钢板拉深后拉深件表面产生粘模。粘模最先出现在凹模直边底部稍上的位置，如图 3-39a 中所示的阴影部位。因为高强度钢板的加工硬化效应显著，故随着加工次数的增加，阴影部位向上方和中心扩展，如图 3-39a 中的箭头所示。另外，高强度钢板的回弹量虽然不大，但是其回弹力却不可忽视。方盒形拉深件上的粘模则出现于工件顶部凸耳圆角与直边相交的较小区域内，随着加工次数的增加向中心和下方扩展，直至直边的中心，如图 3-39b 中的箭头所示。

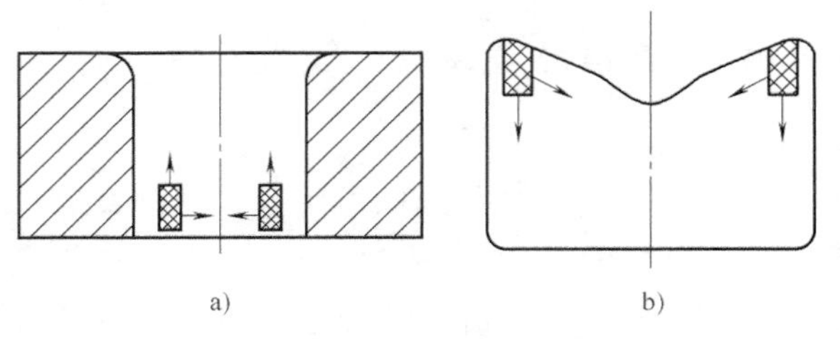

图 3-39 粘模和拉深件划痕的产生及扩展示意图
a）凹模 b）方盒形拉深件

3）拉深模具材料与制件材料不匹配。一般而言，防止这类粘模现象的有效措施是：软材料用硬模具；硬材料用软模具或更硬的模具。此外，粘模还与模具的温度有关，实践经验表明，多次拉深后模具温度升高也易产生粘模。

原先凹模采用奥贝球铁制造，奥贝球铁就是等温淬火球墨铸铁。钢在奥氏体处理后并经一定温度保持，得到针状铁素体和一定界面上沉淀的碳化物共析组织，具有良好的综合性能。这种组织后来被称为贝氏体。单位质量的“奥贝球铁”的成本比锻钢低，如以屈服强度的成本计算，奥贝球铁是最便宜的材料。

等温淬火球墨铸铁在某种程度上也可以说是一种高硬度耐磨材料。因为它含有石墨球，能降低摩擦系数和运转温度。在表面应力作用下，奥氏体中的高碳奥氏体有一部分转变为稳晶马氏体，提高了表面层硬度，改善了抗磨性，而新的次表面又不断发生以上过程，因此与同样硬度的钢相比，它的中晚期寿命更长。奥贝球铁磨球具有特高的强度和耐磨性，球体具有良好的抗冲击，抗疲劳达到了硬度和韧性的完美结合，装机运行前奥贝球铁表面硬度为 35~45HRC；装机运行后其表面硬度可达 50~55HRC。

高强冷轧钢板的屈服强度≥295MPa，抗拉强度为 470~630MPa。开始拉深方盒时采用等温淬火球墨铸铁作为模具材料，发现划痕的现象比较严重。这说明采用的模具材料与制件材料不匹配。

4）润滑效果不好。采用半干摩擦状态的坯料，在拉深后期，或批量生产时，坯料表面黏附的防锈油被破坏，坯料在无润滑状态下成形，很容易产生这种粘模。

4. 解决与防止措施

生产中采取如下措施解决了盒形件拉深表面划痕的问题：

1）对凹模和制件坯料进行良好的润滑。即对半干摩擦状态的坯料进行有效润滑。

2）降低凹模的表面粗糙度值，对凹模进行仔细抛光。

3）选用更高硬度的凹模材料。采用 Cr12Mo1V1（日本牌号为 SKD11）代替奥贝球铁（ADI）。Cr12Mo1V1 的抗粘模能力比奥贝球铁要好一些，凹模表面划痕的长度和面积明显要小得多。但是，问题并没有完全解决。拉深一段时间后也会产生明显的粘模现象。如图 3-40 所示，随着拉深次数的增加，划痕产生并随着拉深的继续而扩展。划痕朝凸耳谷部及直边中心扩展，使得面积和长度均增加，同时，划痕的深度也不断增加，变得越来越明显。

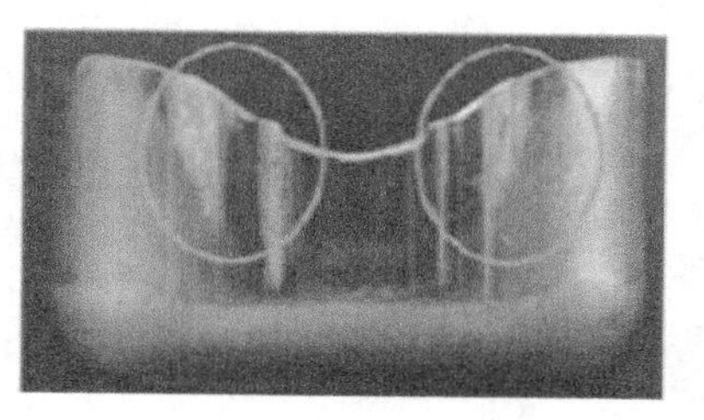

图 3-40 采用 Cr12Mo1V1 凹模时拉深件的表面划痕

4）选用气相沉积碳化钛和类金刚石涂层工艺提高凹模表面硬度。以 Cr12Mo1V1 钢为基体，表面通过化学气相沉积（CVD）、物理气相沉积（PVD）和直流等离子化学气相沉积（DC-PACVD）的方法制备一层超硬涂层。碳化钛（TiC）涂层的硬度为 2200HV，类金刚石涂层（diamond-like carbon，DLC）硬度达 6000~7000HV。

TiC（CVD）表示用化学气相沉积形成的碳化钛（TiC）涂层，DLC-Si（DC-PACVD）表示用直流等离子化学气相沉积生成的类金刚石涂层。

图 3-41 所示为经过 1000 次拉深后，凹模及拉深工件的表面形貌。可见，在拉深进行 1000 次以后，涂层和工件表面仍没有粘模出现。TiC（CVD）和 DLC-Si（DC-PACVD）优良的抗粘模能力得到了充分体现。

除此之外，防止产生粘模和制件划痕的有效措施还有：

5）增加凹模入模口的入模角度，对钢板进行软化处理。

6）在不影响制件尺寸精度的前提下，适当增大凸、凹模间隙。采取该措施有利于拉深时角部多余材料向直边转移，使变形趋于均匀。

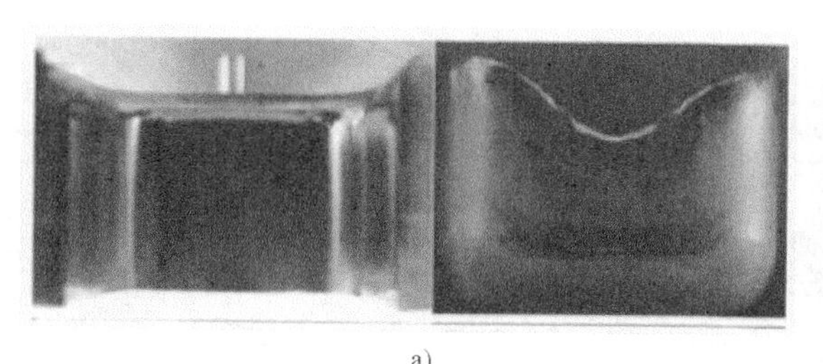

a)

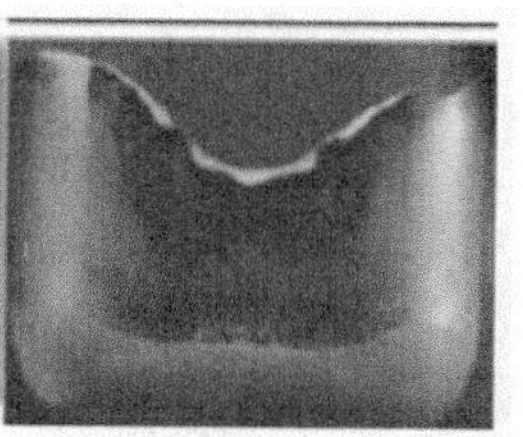

b)

图 3-41 凹模及拉深工件的表面形貌
a）TiC（CVD）涂层 b）DLC-Si（DC-PACVD）涂层

3.2.12 镁合金方盒形件热拉深起皱、破裂

1. 零件特点

镁合金方盒形件如图 3-42 所示。零件材料为 AZ31B 镁合金薄板，其化学成分见表 3-6，主要力学性能见表 3-7。零件的外形尺寸为 64mm×64mm，方盒侧壁圆角及底部圆角均为 R10mm，料厚为 1.7mm。该件为典型的方盒形拉深件，侧壁的密度为 1.83g/cm^3，仅为钢的 1/4 左右。因其质量小、强度高的优点，广泛应用于汽车、航空和航天等诸多工业领域。镁的密排六方（HCP）晶格决定了其在常温下塑性变形的能力较差，加工成品率低。把材料加热到一定温度时，其成形性能会得到显著的改善。本例采用热拉深成形该方盒形件。由于增加了一个温度参数，且成形温度范围较窄，故控制其成形的难度有所增大。

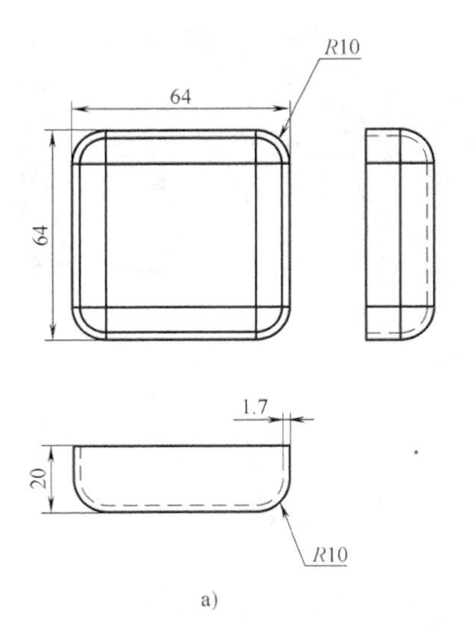

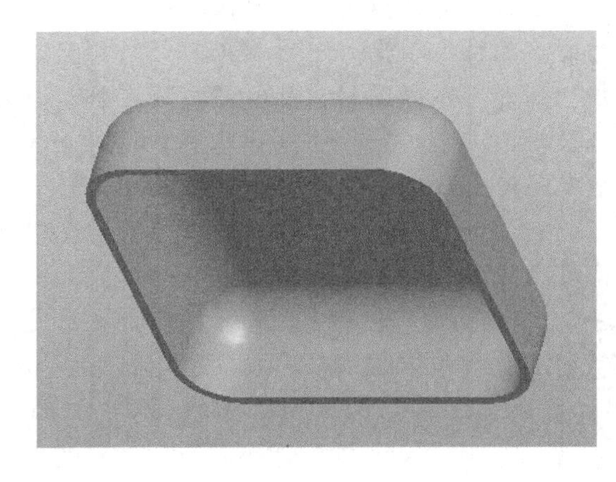

图 3-42　镁合金方盒形件
a）2D 图　b）3D 图

表 3-6　AZ31B 镁合金薄板的化学成分

元素	Mg	Al	Zn	Ce	Mn	Si	Ca	Ga	Fe	S	Ni
含量(%,质量分数)	余量	3.59	0.572	0.591	0.115	0.054	0.013	0.012	0.010	0.008	0.002

表 3-7　AZ31B 镁合金薄板的主要力学性能

屈服强度/MPa	抗拉强度/MPa	伸长率(%)
180	290	7

2. 废次品形式

生产中采用线切割下料→热拉深→修边的工艺方案，下料毛坯为 ϕ150mm 的圆板。如图 3-43 所示，热拉深模具采用倒装式结构，凸、凹模侧壁圆角及底部圆角均为 R10mm，凸模尺寸为 60mm×60mm，凹模尺寸为 63.8mm×63.8mm，凸、凹模单边间隙为 1.9mm。压边间隙（压边圈内孔与凹模内孔尺寸之差）的控制通过间隙板来协调和保证，可通过更换不同厚度的间隙板调节压边间隙。将坯料固定在压边圈和凹模之间随模具一起加热，之后，将肥皂均匀涂抹在压边圈的上表面和凹模的下表面作为润滑剂。拉深速度 v 取为 30mm · min^{-1}。试模时产生了起皱与破裂两种形式的废次品。

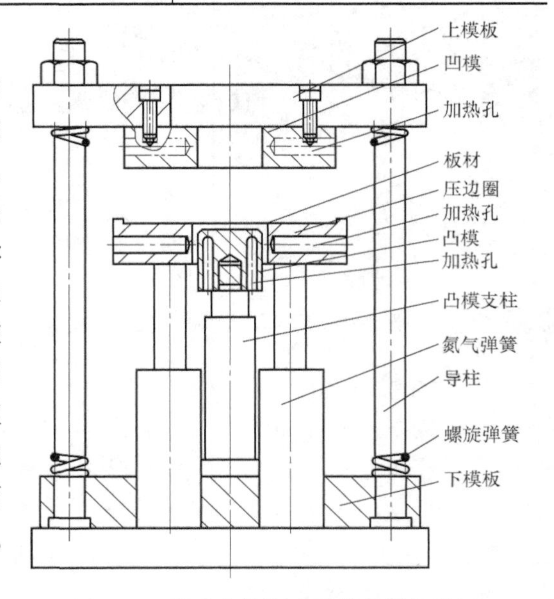

图 3-43　镁合金拉深成形模具结构简图

1）破裂。如图 3-44a 所示，当压边间隙取 1.1t，即 1.87mm 时，底部圆角处破裂，拉深深度最浅。

2）起皱。如图3-44b示，当压边间隙取1.4t，即2.38mm时，拉深深度有所增加，但先是法兰起皱，继续拉深则底部破裂，深度仍然达不到要求。

3. 原因分析

在冲压生产中掌握材料的变形规律，控制拉深、胀形、弯曲等各种变形在成形中所占的比例是防止产生废次品的重要措施。在热成形中，增加了温度的影响，加之温度与其他参数，例如凸、凹模间隙，压边间隙，凸、凹模圆角半径，压边力，毛坯尺寸等的交互作用和相互影响，增大了模具调试和生产的难度。就该例而言，产生上述废次品的具体原因分析如下：

1）温度的影响。温度对镁合金塑性变形能力具有很大的影响。成形温度以300～350℃为宜。这么窄的成形温度范围不易控制。温度过低，不能通过动态再结晶细化晶粒，材料的塑性差，强度高，镁合金板在拉深过程中很容易发生开裂；温度过高时，不但容易发生二次再结晶，导致内部晶粒长大，拉深性能降低，而且会损害表面质量。

a)

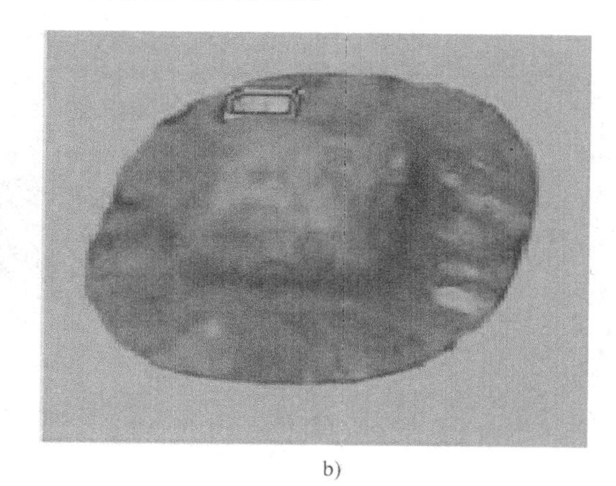

b)

图3-44　镁合金拉深成形底部圆角破裂、法兰起皱

a）压边间隙为1.87mm　b）压边间隙为2.38mm

AZ31B镁合金方盒在拉深成形过程中，凸模温度过高，使凸模顶部圆角部分的板料由于被相接触的镁合金板料包裹，拉深变形过程中的热量不易迅速散发，使板料急剧变形处，拉深件底部圆角的局部温度超过370℃，胀形变形程度增加，而材料的抗拉强度降低，导致此处的板料发生胀形破裂，也称为强度破裂。

若坯料温度较高，拉深变形阻力小，拉深变形程度增大，起皱的趋势增大。制件起皱后继续拉深，拉深变形阻力增大，底部圆角处胀形变形程度增加，会产生因起皱造成的底部破裂。

2）凸、凹模间隙，压边间隙，凸、凹模圆角半径，压边力，毛坯尺寸等参数控制不当。其中方盒侧壁圆角及底边圆角R10mm为产品要求，不宜进行调整；凭经验，凸、凹模单边间隙取料厚的1.12倍，即取单边间隙为1.9mm应该也是可行的；毛坯尺寸ϕ150mm是按体积不变加修边余量计算出来的，调整的余地也不大。分析这些参数，压边间隙和压边力的选择不合理也是造成制件起皱和破裂的重要原因。

4. 解决与防止措施

生产中为解决破裂与起皱问题采取了如下几项措施：

1）对凸模和凹模分别进行加热。加热控制系统分别各由一套数字温度调控仪、热电偶及加热棒组成。严格控制温度调控误差，不能超过±5℃。

2）严格控制凸模和凹模的加热温度。在进行热拉深时，凹模温度取为200～300℃为宜。该件的成形深度随着凹模温度的升高而增加，在350℃时达到最大值。这是因为板材在此温度范围内，随着温度的不断升高，塑性提高，变形能力不断增强。但在大于350℃时，成形深度随着温度的升高而下降。这是因为在拉深过程中，板材侧壁及底部圆角处抗拉强度减小，产生胀形变形使板料减薄，产生拉伸失稳而破裂；在该件拉深成形的过程中，还要重视凸模温度。试验表明：凸模温度取120℃时，拉深过程较为顺利。

3）调整压边圈内孔的大小，改变压边间隙。生产中保持20MPa的额定压边力不变，通过调整压边圈内孔的大小，即改变压边间隙来调节压边力，控制制件的变形。AZ31B镁合金方盒拉深采用的合理压边间隙是由试验得到的。不同压边间隙的方盒拉深件的质量见表3-8。

表3-8　不同压边间隙的AZ31B镁合金方盒拉深件的质量

质量情况	差	最佳	较佳	最差
方盒拉深件				
压边间隙（t为料厚）	$1.4t$	$1.3t$	$1.2t$	$1.1t$
	2.38mm	2.21mm	2.04mm	1.87mm

由表3-8中可见：

① 当压边间隙取$1.1t$（即1.87mm）时，成形深度最浅。这是由于过小的压边间隙导致压边力加大，使拉深件内部的拉应力增大。根据最小阻力定理，当底部圆角处胀形变形阻力小于法兰处拉深变形阻力时，材料底部圆角处会发生胀形变形，并产生材料的局部变薄，坯料的底部圆角处拉裂趋势随之增大，拉深深度降低。继续拉深时，制件产生胀形破裂。

② 当压边间隙为$1.4t$（即2.38mm）时，成形深度次之。压边间隙过大，压边力降低过多，拉深件起皱现象明显，起皱导致材料继续变形困难，同样也会降低成形深度。继续拉深时，制件发生破裂。

③ 当压边间隙为$1.2t$（即2.04mm）时，拉深深度略有提高，拉深件质量较佳，板料有轻微起皱现象。这时虽然压边力的影响合适，能控制法兰部分的材料流动速度，不致因切向收缩变形过快而起皱，材料较容易流入凹模，但由于拉深件已经具有一定深度，拉深件四壁和圆角的加工硬化使后续变形困难。继续拉深时，制件也会破裂。

④ 当压边间隙为$1.3t$（即2.21mm）时，起皱现象基本消失，方盒的拉深深度最大。此时的压边力合适，材料流动速度比较均匀，拉深和胀形的比例得当，获得的方盒拉深件质量最佳。

此外，防止这类废次品发生更科学的方法是：

4）数值模拟与经验知识的有机结合。即通过对热成形过程进行数值模拟分析来预测可能产生的冲压缺陷，优化重要的工艺和模具参数。采用优化的工艺参数组合，再结合生产中的经验可取得事半功倍的效果。

3.2.13 液化石油气瓶上、下封头拉深破裂

1. 零件特点

液化石油气瓶上封头如图 3-45 所示（下封头无 $\phi40^{+0.2}_{0}$mm 底孔，其他尺寸与上封头相同）。原零件材料为 15MnHP 或 18MnHP，料厚为 2.5mm。该件为以拉深占主导地位的椭球底胀形-拉深复合成形件。与圆筒形拉深件不同，上、下封头底部也为变形区。加修边余量后，毛坯直径为 $\phi640$mm，拉深系数 $m=0.49$，已接近这种材料的拉深加工极限。

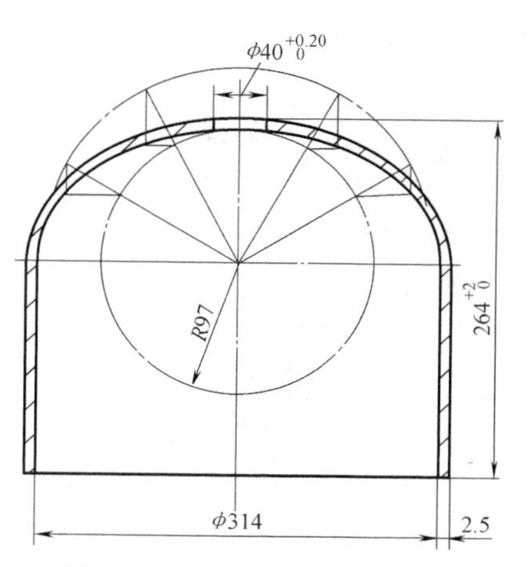

图 3-45 液化石油气瓶上封头

2. 废次品形式

从产品试制到批量生产，该零件曾出现多种形式废次品，其主要废次品形式表现为：

1）胀形破裂。制件底部胀形区椭球底与直壁交接处破裂。

2）纵向破裂。部分制件产生图 3-46 所示的口部纵向开裂。

3）壁裂。如图 3-47 所示，部分制件在凹模圆角附近产生了局部侧壁破裂。

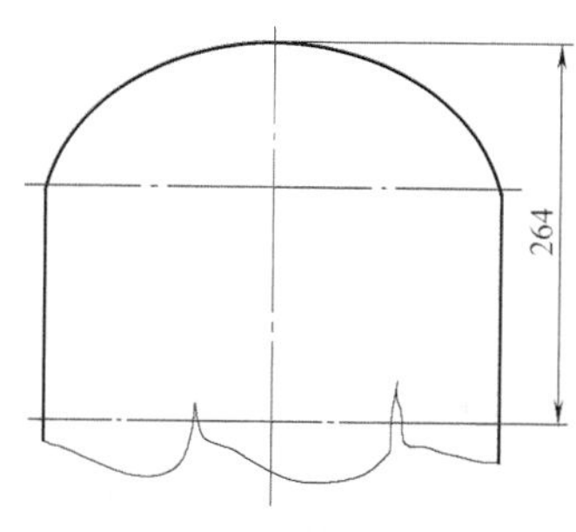

图 3-46 上、下封头纵向破裂

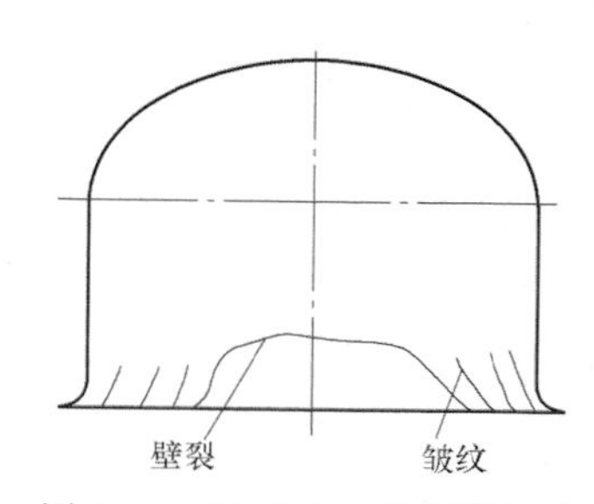

图 3-47 凹模圆角附近壁破裂

4）表面划痕。部分制件表面产生严重划痕，影响了零件的外观质量。

5）凹陷。制件底部产生反向凹陷，椭球底形状不良。

3. 原因分析

废次品形式不同，产生的原因各异。现分别论述如下：

1）从原理上讲，制件底部的胀形破裂主要是因为拉深变形阻力较大，法兰部分坯料流动不畅，致使椭球底胀形变形程度过大。当成形力达到底部材料的强度极限时，就会发生底部的胀形破裂。

具体而言，材料拉深成形性能不好，凹模圆角半径较小；坯料与凹模面和压边圈接触处润滑效果不佳；压边力过大，凸、凹模间隙过小或不均匀等原因都会使拉深变形阻力增加。而凸模与毛坯间润滑较好、凸模表面粗糙度值小，凸模与毛坯间的摩擦阻力减小会使底部胀形成分增加、坯料变薄严重、承载能力下降。因制件拉深系数已接近其加工极限，故上述加

工条件的微小变化都会导致封头底部的胀形破裂。

2）如图 3-46 所示，制件沿拉深方向产生的开裂被称为“纵向破裂”。纵向破裂是一种脆性破坏，多数情况是晶界破坏。材料的组织结构、晶粒的大小对这类破裂的影响很大。除上、下封头这类容器外，这类破裂多发生在不锈钢这类加工硬化较严重的材料的再次拉深过程中。纵向破裂一般发生在成形过程的后期，可能在从模具内取出制件的最后瞬时破裂，也可能在零件成形后受到碰撞或放置一段时间后开裂。具体而言，产生纵向破裂的原因是：

材料加工硬化后晶内强度增加，相对而言晶界强度降低。在成形的后期，晶界强度低的这部分材料达到了破裂极限。原零件采用的国产材料 15MnHP 较硬，硬化严重，容易产生纵向破裂。

如图 3-48 所示，贴紧凹模一侧的坯料在反弯曲时由于伸长而受到拉应力作用，径向坯料的伸长希望周向坯料压缩以保持体积不变，但由于圆周方向受到模具的约束，坯料沿周向不能收缩，故在此方向坯料受到了附加拉应力的作用。同理，靠凸模一侧，坯料表面沿周向受附加压应力的作用。这些内部附加拉、压应力在工件从模具取下时作用于圆周的回弹方向，形成了残余应力。可见，凹模圆角半径 r_d 过小会导致这种残余应力的增大。

如图 3-49 所示，由于板平面存在的方向性致使制件出现凸耳。当谷部坯料脱离凹模圆角时，相邻部分坯料还在凹模圆角上并受周向压应力的作用，其中一部分坯料向凹部即谷部移动，成形后在谷部附近可以看到金属流动的紊乱现象。由于材料的积聚，谷部坯料厚度也比其他部分厚。从相邻部分流入谷部的金属受到回复原位的残余应力的作用，使谷部坯料有被撕裂的趋势，这就增大了谷部破裂的危险性。

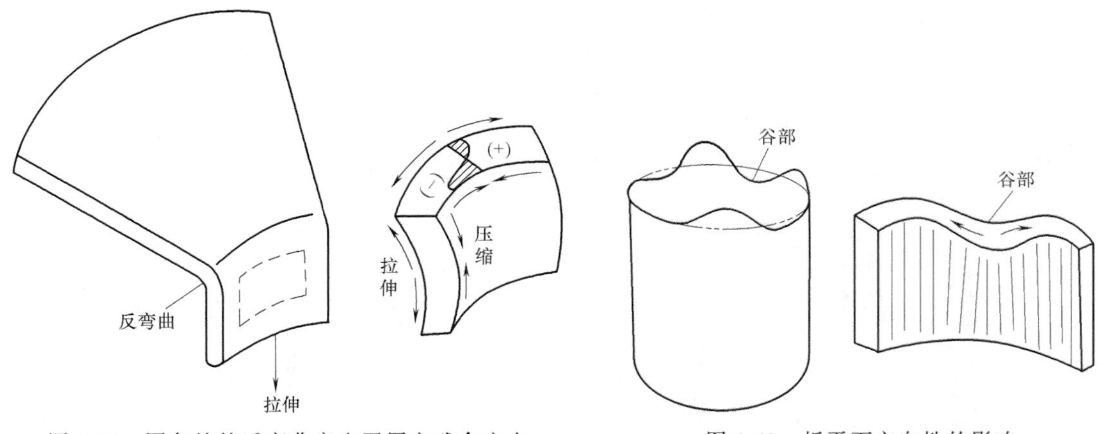

图 3-48 圆角处的反弯曲产生了周向残余应力

图 3-49 板平面方向性的影响

由于纵向破裂产生于制件口部，故拉深毛坯的边缘状况、断面质量及毛刺和微裂纹等对这类破裂影响较大。粗糙的断面、大的毛刺和微裂纹等剪切、冲裁缺陷将成为应力集中源而加剧这种破裂的产生。

3）图 3-47 所示的壁裂则是因为凹模圆角半径 r_d 过小，间隙过小或不均匀，坯料局部起皱等原因所致。这类破裂多为局部破裂，与板料的方向性和不均匀变形有关。

4）生产中原采用球墨铸铁 QT600-2 制作凹模，硬度只能达到 45~48HRC。由于模具磨损或模具材料表面出现软点，致使制件表面产生了较严重的划痕。零件采用 18MnHP 材料较软，划痕更为严重。

5）虽然在模具设计和制造时，在凸模底部开设了排气孔，但是由于封头较深，椭球面与凸模接触面积较大，故当凸模回程时，由于真空变形使制件底部产生了反向凹陷。

4. 解决与防止措施

解决上、下封头出现的多种破裂方式的关键在于控制胀形和拉深在整个成形过程中所占的比例。胀形成分过大会产生底部的胀形破裂，拉深成分过大则会产生起皱破裂、壁裂和纵向开裂。

生产中解决上述问题采取的措施是：

1）更换零件材料。采用国产 20 钢钢板和日本进口钢板 SPCC 均取得了较好的效果。

2）更换润滑剂并注意到了涂润滑剂的区域。如图 3-50 所示，在拉深毛坯的外环区域涂上一层自行研制的高分子树脂薄膜作为润滑剂。法兰区坯料与模具和压边圈脱离，减小了摩擦阻力和拉深变形阻力。ϕ300mm 中心区域仍与凸模直接接触，使胀形区摩擦力相对增大，减小了底部的变薄量，增加了承载能力。

3）将凹模圆角半径由原设计的 R15mm 增大到 R20mm，降低了弯曲、反弯曲变形程度，使金属向直壁流动畅通。

4）将凹模材料由球墨铸铁 QT600-2 改为韧性较好的 CrWMn 钢。淬火硬度为 58～62HRC，提高了耐磨性和模具寿命，解决了划痕问题。

5）改双动压力机为精度较高的液压机，反复试验，调整由顶出缸产生的压边力，使压边力适中。

6）如图 3-51 所示，凸模设置 15′ 的斜度以便脱模方便，并解决了由于真空变形产生的封头底部凹陷的缺陷。

7）适当放大凸、凹模间隙，单边间隙取料厚的 1.4 倍，即取 3.5mm，从而避免了制件产生的壁裂。

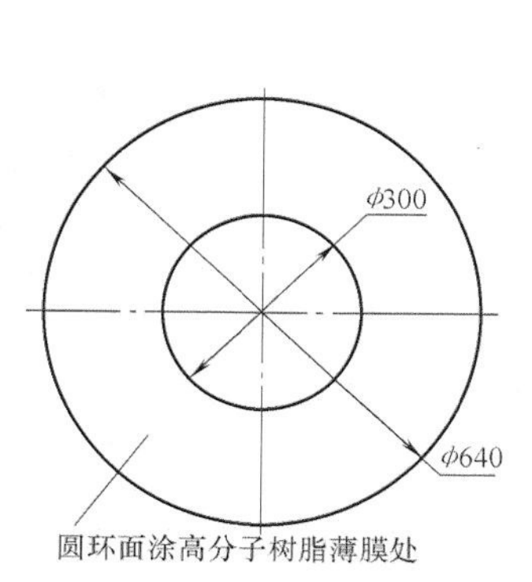

图 3-50　涂高分子树脂薄膜区域

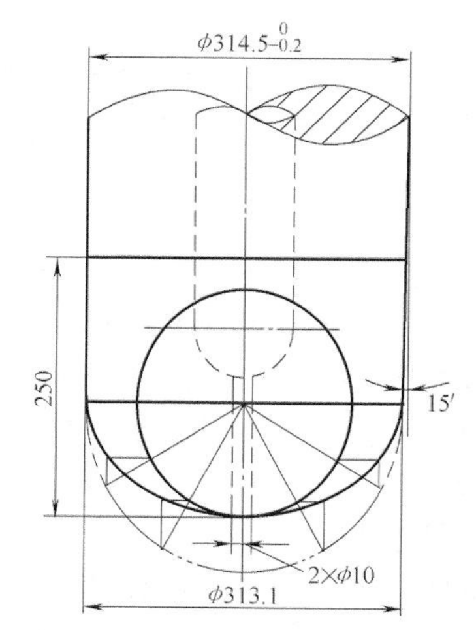

图 3-51　改进后的凸模尺寸及形状

3.2.14　拖拉机甲钢圈时效破裂

1. 零件特点

某型手扶拖拉机甲钢圈半成品如图 3-52c 所示。零件材料为 10 热轧钢板，料厚为 3mm。

该件为典型的圆筒形带法兰阶梯拉深件。毛坯直径 $D=470\text{mm}$，大阶梯拉深系数 $m_1=d_1/D=0.65$，相邻阶梯比 $d_1/d_2=0.71$。这两个值均大于相应的圆筒形件的极限拉深系数，故可采取图 3-52 中所示的先拉大台阶、后拉小台阶两次拉深成形的工艺方案。制件大台阶处有 5°的锥度；台阶过渡处圆角半径分别为 $R4\text{mm}$、$R5\text{mm}$ 和 $R6\text{mm}$，相对较小；底部有平面度要求也增加了拉深的难度。根据零件的这些特点，生产中增加了整形工序。

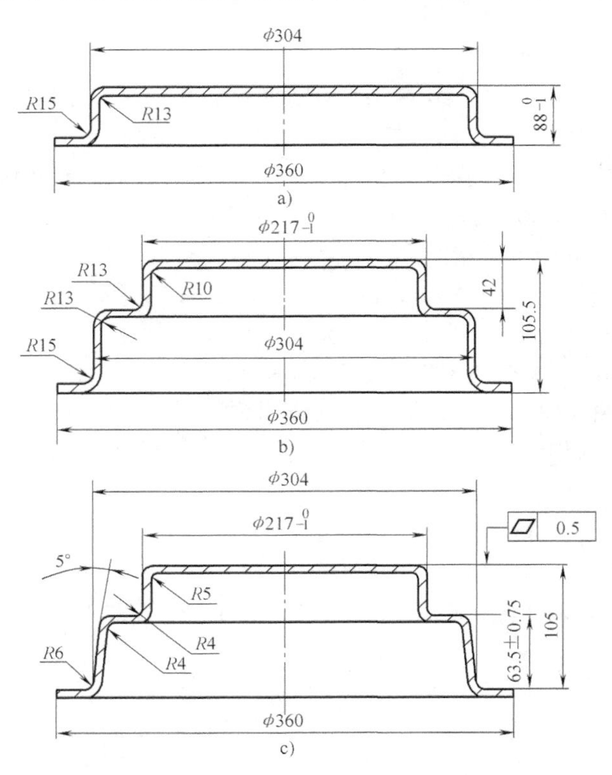

图 3-52　拖拉机甲钢圈半成品

a）首次拉深　b）小阶梯拉深　c）整形

2. 废次品形式

时效破裂。该零件全部加工完成，放置一段时间，甚至在涂底漆之后自行开裂，如图 3-53 所示。开裂的部位为底部圆角处，呈月牙状。开裂区域大小，每批零件各不相同，即使同一批零件也不相同。

图 3-53　甲钢圈时效破裂

3. 原因分析

显而易见，甲钢圈的这种破裂方式属于一种自然时效破裂。主要原因是，经多次拉深，圆角处的弯曲、反弯曲和整形加工，制件内形成了较大的残余应力。与筒形件的强度破裂和壁裂不同，这种破裂不是发生在拉深过程中，而是发生在加工完成之后。用某种工艺参数来表示这类破裂的极限比壁裂更加困难。根据理论分析和现场经验，在一般拉深过程中，制件底部圆角处的变形属双向拉应力作用下的胀形变形，此处的残余应力的性质应为压应力。即使经多次拉深，制件也不应在此处产生时效破裂。然而，甲钢圈在经两次拉深之后，增加了一道整形工序，在整形加工中，与凸模圆角接触的板料受到了强烈的压应力作用，改变了应力状态。这样一来，使经多次拉深、弯曲和反弯曲变形后已产生了很大加工硬化的坯料再次变形。变形结束后，这部分坯料在较大的残余拉应力作用下便产生了制件底部的这种时效破裂。具体分析，产生这种时效破裂的原因是：

1）毛坯材质较差，热轧钢板晶粒度大，晶界强度低，表面粗糙且伸长率低。

2）应力状态的交替变化，使晶内强度增大而晶界强度降低，在残余拉应力作用下，晶界破裂。

3）坯料经两次拉深、弯曲和反弯曲变形后，加工硬化剧烈，壁部材料沿高度方向的力学性能和厚度不均匀。制件底部圆角附近变薄严重，整形时，在此处产生了肉眼看不见的微裂纹；这些微裂纹在残余拉应力作用下扩展、放置一段时间后，制件最终产生破裂。

4）板料的方向性导致了不均匀变形，沿周向的不均匀变形产生了径向的附加压应力，变形结束后形成了残余拉应力。

5）模具长期使用，工作部分磨损严重，模具表面粗糙，金属流动不畅，增加了拉深变形阻力，提高了制件底部的加工硬化程度。

6）在首次拉深时涂抹润滑剂，而在第二次拉深时不涂，增加了金属的流动阻力，提高了残余应力。

7）某些半成品工序间隔时间较长，由于应变时效提高了材料的屈服强度，使后续拉深或整形力加大，增加了破裂产生的危险性。

8）这类破裂往往还与制件放置处的环境有关，环境中的某些气体、湿度、温度的变化等都会对制件内的残余应力产生影响，导致制件的破裂。

4. 解决与防止措施

生产中采取了如下几项措施，使问题得到了解决。

1）对拉深模（包括压边圈）进行抛光、镀铬处理，降低其表面粗糙度值。

2）严格执行操作规则，两次拉深必须在凹模面和相应的坯料上涂润滑剂，以改善材料的流动条件，降低拉深变形力。

3）严格控制整形变形量，改变或减小残余拉应力。

4）形成生产流水线，一次拉深、再拉深和整形连续进行，避免半成品长期搁置而产生的应变时效现象的发生。

5）严格原材料的进厂检验制度，对不符合要求的板料，不能投入生产。严格产品的检验和管理制度，检验合格的产品定点放置，要注意保持合适的湿度、温度，避免产品受环境气氛的影响。

此外，适当减小第二次拉深凸、凹模的圆角半径，成形后的制件立即进行消除内应力退火处理等措施都能有效地防止这类破裂的产生。

3.2.15　洗涮台钢面起皱、破裂

1. 零件特点

洗刷台钢面（带操作台面板的洗涤盘）半成品如图3-54所示。零件材料为日本进口不锈钢板SUS304，料厚为0.6mm。该件为以拉深变形为主体，同时兼有弯曲、胀

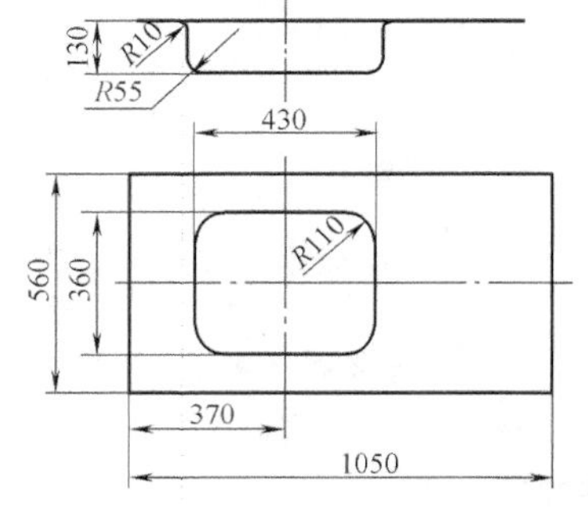

图3-54　洗刷台钢面半成品

形变形的复合成形件，成形后的凹腔近似矩形。由于制件法兰宽度不等，故制件各处的变形性质、应力应变状态都不相同，工艺计算、成形极限的确定都相当困难。

2. 废次品形式

1）起皱。在成形过程中，制件法兰边窄的部位局部起皱。

2）破裂。在成形过程中，靠法兰边宽度大的一侧侧壁产生裂纹，严重时出现破裂。

3. 原因分析

在同一制件的不同区域产生起皱和破裂两种性质完全不同的废次品形式，其根本原因在于坯料变形的不均匀性，不同部位变形的本质不同。起皱反映了拉深变形性质，而侧壁破裂则是坯料局部胀形的结果。具体而言，造成这两种形式废次品的原因是：

1）零件本身的结构特点决定了其变形的不均匀性。在拉深过程中，法兰边小的区域，金属流动快，拉深变形占主导地位；法兰边大的区域金属流动慢，胀形变形占优势，法兰处金属很难流入侧壁来补充坯料的不足。

2）原模具结构不甚合理，凹模和压料板的压料面均为光滑的平面。这样一来，在同一单位压边力作用下，宽法兰一侧压边力大，摩擦阻力大；而窄法兰变形区压边力小，摩擦阻力也小。在调整压边力时，若增大压边力，则宽法兰一侧破裂；若减小压边力，则窄法兰处起皱。

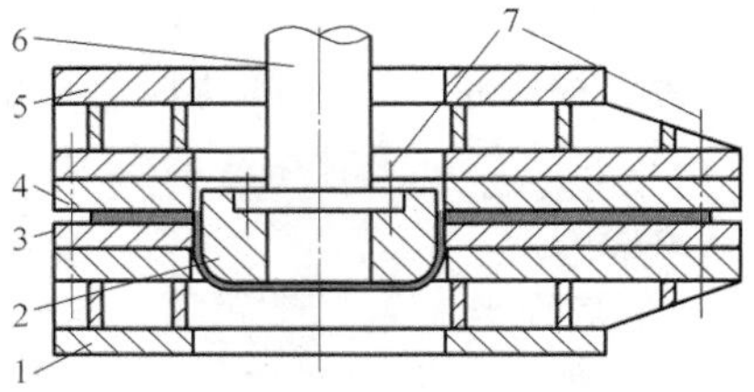

图 3-55　拉深模结构

1—下模座　2—凸模　3—凹模　4—压料板　5—上模座　6—拉深机主杆　7—螺钉

4. 解决与防止措施

由于零件结构形状和尺寸无法改变，故生产中只能从模具结构上想办法。改进后的模具结构如图 3-55 所示，将凹模面制成不均匀阶梯平面，采用不均匀压边的模具结构来调整四周的变形阻力。为了使变形趋于均匀，将宽法兰部位的压料面积减小，窄法兰一侧的压料面积放大。

采用图 3-56 所示凹模结构，凹模面凸起的高度处不宜过大或过小。若过大，则此处坯料悬空，易失稳起皱；若 h 过小，则改善压边力的效果不明显，达不到控制坯料均匀变形的目的。经多次试验，取 $h = 0.05 \sim 0.10$mm 为宜。

此外，考虑到不锈钢难拉深和制件易产生高温粘结的特点，生产中采用 QT450-5 制作凸模，用铝青铜 ZCuAl10Fe3 来制作凹模和压料板，效果较好。

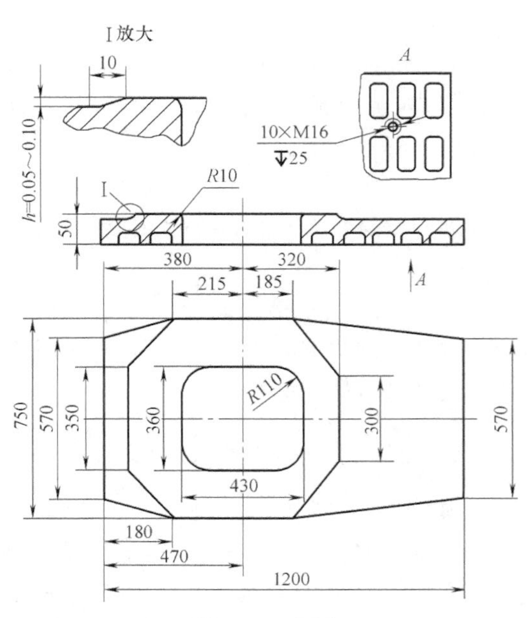

图 3-56　凹模

3.2.16　联合收割机摩擦离合器护罩折皱

1. 零件特点

联合收割机割台中传轴弹性摩擦离合器护罩如图 3-57 所示。零件材料为 08 冷轧钢板，料厚为 2mm。该件为典型的圆筒形拉深件，

落料毛坯直径为 ϕ342mm，拉深系数 $m=d/D=0.51$，毛坯的相对厚度 $(t/D)\times100=0.58$。该件底部有一个 ϕ50mm 底孔，尺寸精度要求一般，筒底圆角半径 R27mm 较大，满足拉深的工艺性要求。

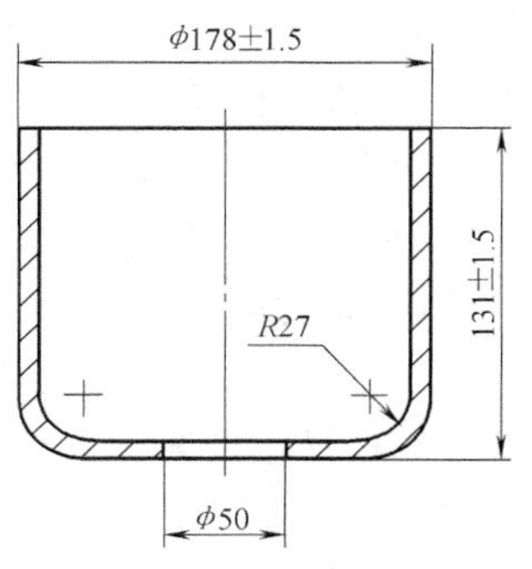

图 3-57 离合器护罩

2. 废次品形式

生产中的冲压工艺方案为：落料→预冲 ϕ20mm 定位孔→以 ϕ20mm 孔定位进行第一次拉深，拉深半成品外径为 ϕ230mm，高度为 70mm→以中心孔定位，反拉深外径到 ϕ178mm，高度达 135mm→以筒形件内形定位冲 ϕ50mm 底孔→修边，车端口达到尺寸。

1）筒壁折皱。在第一次拉深时，出现如图 3-58 所示的折皱，一旦这种折皱产生，后道拉深工序很难消除，反拉深制件仍保留了这种筒壁缺陷。

2）筒底破裂。在反拉深工序，如图 3-59 所示，筒底圆角靠壁部产生裂纹，严重时，从此处破裂。

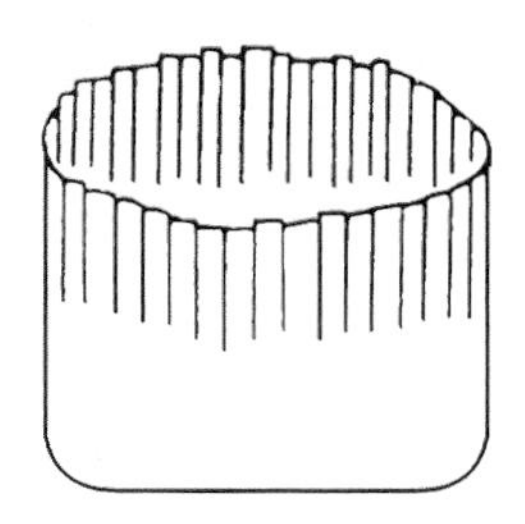

图 3-58 筒壁折皱

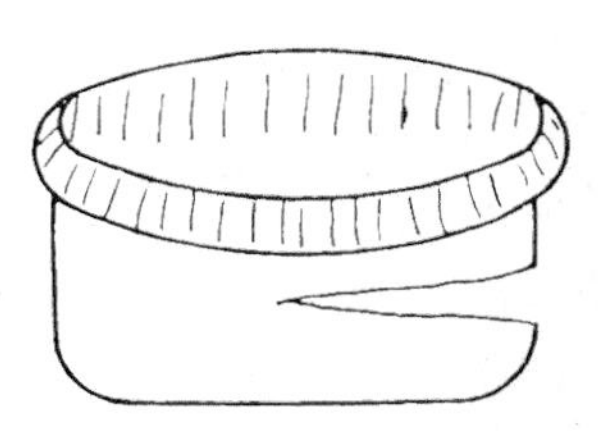

图 3-59 筒底破裂

3. 原因分析

（1）筒壁折皱的原因

1）压边力过小。拉深加工时，法兰部分金属在切向压应力和径向拉应力作用下变形。当切向压应力较大，而板料相对较薄时，因板料失稳会产生起皱。若起皱的程度不严重，金属流入直壁便产生筒壁折皱。当前，在生产实际中主要采用防皱压边圈来防止起皱。如图 3-60 所示，当在压边圈上施加的压边力 Q 太大时，会增加危险断面处的拉应力，引起坯料过度变薄或破裂。而压边力 Q 太小时，会降低拉应力，增加切向（周向）压应力导致制件起皱。该件在第一次拉深加工时，制件外径 ϕ230mm，第一次拉深系数 m_1 为

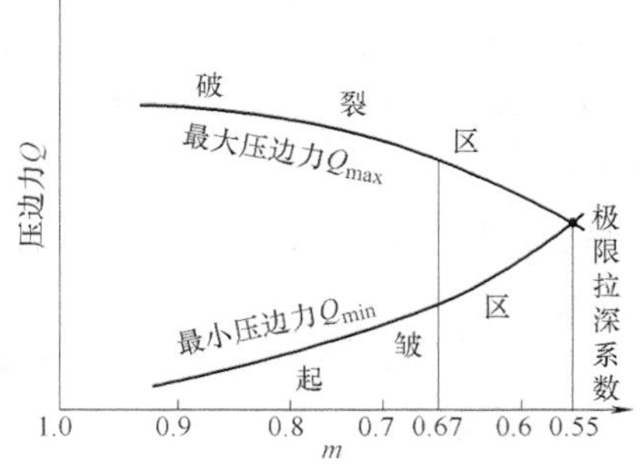

图 3-60 压边力与起皱和破裂的关系

$$m_1=d_1/D=228/342=0.67$$

故根据毛坯的相对厚度查表 3-22 可知，这种材料的极限拉深系数 $m_{min}=0.55\sim0.58$。因与破裂的加工极限相差甚远，故该件产生折皱的主要原因是由于压边力过小。

2）凹模圆角半径 r_d 偏大。第一次拉深凹模圆角半径为

$$r_d=0.039d+2\text{mm}=10.9\text{mm}$$

生产中取 $r_d=10mm$，由于第一次拉深系数较大，变形程度小，在较大的凹模圆角半径条件下金属材料径向拉应力减小，切向压力增大，故容易产生起皱。另外，当 r_d 偏大时，在拉深加工后期压边圈不起作用，会引起凹模圆角处发生折皱，且原封不动地被拉入筒壁。这种原因引起的筒壁折皱的长度为 15～16mm。

3）凹模圆角处过于光滑，润滑剂的润滑效果很好，会减小摩擦阻力，从而减小了径向拉应力，增大了切向压应力，也会导致起皱。

4）批量生产时，凹模圆角半径处产生波状磨损，使与之接触的坯料产生折皱，转移到侧壁上形成筒壁折皱。

（2）筒底破裂的原因　从原理上讲，筒底破裂是由于拉深变形力大于筒底靠圆角半径上部材料承载能力而产生的强度破裂，或者说是拉深变形力大于筒底圆角处的胀形变形力而产生的胀形破裂。具体而言，产生筒底破裂的原因是：

1）拉深系数分配不合理，反拉深的拉深系数偏小。第二次拉深系数为

$$m_2=d_2/d_1=176/230=0.77$$

而这种材料的第二次拉深的极限拉深系数为 $m_{2\min}=0.78\sim0.79$。故第二次拉深已达到或超过材料的拉深加工极限，在较大的拉应力作用下，筒底因强度不足而产生了破裂。第一次拉深系数较大，材料产生加工硬化但塑性变形并未充分发挥，第二次拉深系数偏小，再加上材料已加工硬化，经拉深和弯曲变形后很容易产生破裂。故两次拉深系数分配不合理是产生破裂的主要原因。

值得注意的是，由于第二次拉深的环状变形区在拉深加工的相当长时间内保持不变，而材料硬化在加剧，故其力-行程曲线与图 3-4 不同，力的最大值点后移，裂纹的产生和破裂往往发生在变形的后期。

2）反拉深凹模圆角半径取 $R9mm$ 偏小，凹模粗糙、润滑不当等因素都可能引起拉深力的增大，导致筒底破裂。

3）第一次拉深产生筒壁折皱，第二次拉深凸模与凹模间隙较小增大了拉深变形阻力，也会引起筒底破裂。

4. 解决与防止措施

生产中采取的解决措施是：

1）调整两次拉深的拉深系数。将第一次拉探系数由 0.67 减小到 0.6，拉深件直径为 $\phi207mm$，充分发挥材料在首次拉深时的塑性变形潜力。将第二次拉深系数由 0.77 增加到 0.85，拉深到零件要求的外径 $\phi178mm$。考虑到调整后第一次拉深件直径缩小，采用反拉深时凹模壁厚减薄，凹模圆角半径减小过多的实际情况，改反拉深为正拉深。

2）调整两次拉深的压边力，特别是第一次拉深的压边力要增大，直到不起皱为止。

3）提高模具的加工精度，考虑到第一次拉深系数减小较多的实际情况，降低两次拉深凹模的表面粗糙度值，保证压边圈与凹模的平面度，保证压边圈与凹模平面之间的坯料表面各处压力均匀。

4）适当增大第二次拉深凹模圆角半径，将 $R9mm$ 改为 $R10mm$。凹模圆角半径采用样板进行加工，热处理后用成形砂轮磨光保证圆角一致。

5）批量生产时，若凹模圆角处磨损，要及时修磨，严重时应更换新模具零件。

防止筒壁折皱和筒底破裂的措施还有：

6）注意润滑剂的使用，特别是润滑剂对折皱和破裂的相反效果。为防止破裂，应提高润滑效果，尽量减小摩擦；为防止折皱，则应适当增大摩擦阻力，润滑效果太好反而不利。

7）为防止折皱的发生，可适当减小凹模圆角半径。特别是制件口部产生的折皱，多因凹模圆角半径太大所致。

8）如果压边圈刚性不足，在拉深过程中，压边圈局部会产生挠曲，继而造成折皱。故若压边圈刚性不足，可增加压边圈厚度或重新制作压边圈。

9）适当减小压边圈与凸模周边的距离（间隙）。

10）为防止筒底破裂可采取的措施还有，改变原工艺方案，取消预冲 ϕ20mm 孔的工序，靠外形定位进行拉深，其目的是增加制件底部的强度，拉深加工后再以筒内形定位冲 ϕ50mm 底孔。

3.2.17 口盖座局部起皱、底部缩颈

1. 零件特点

口盖座如图 3-61 所示。零件材料为 08 钢，料厚为 1.5mm。该件为带法兰筒形拉深件，法兰由非对称圆柱曲面组成。筒底圆角半径和法兰过渡处圆角半径均与料厚相等，即 $r=1.5$mm。零件毛坯直径取 $D=118$mm，相对厚度 $(t/D)\times100=1.27$，拉深系数 $d/D=0.35$，法兰相对直径 $d_f/d=2.6$，相对高度 $h/d=0.29$。查表 3-25 和表 3-26 可知，已超过了带法兰筒形件一次拉深的加工极限，一次拉深成形困难。

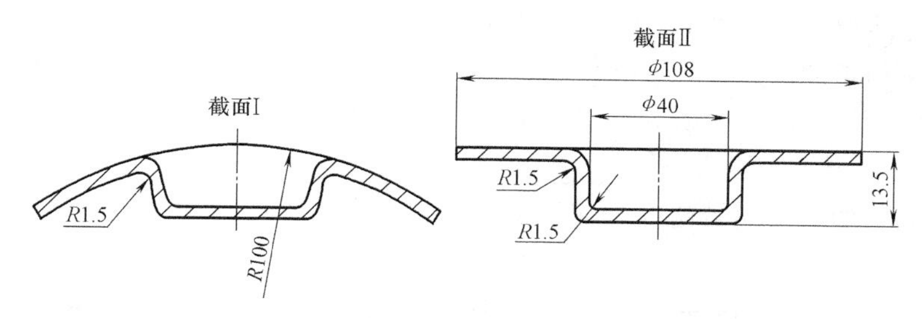

图 3-61 口盖座

2. 废次品形式

局部起皱、底部缩颈。生产中采用落料后一次拉深成形的冲压加工方案。制件法兰沿截面Ⅱ两侧局部起皱，底部圆角处产生明显的拉伸细颈，表面成一浅沟，部分零件从此处破裂。如图 3-62 中局部断面图所示，缩颈处最小厚度为 0.5～0.86mm 不等。生产中拉出的零件基本上不合格，废品率极高。

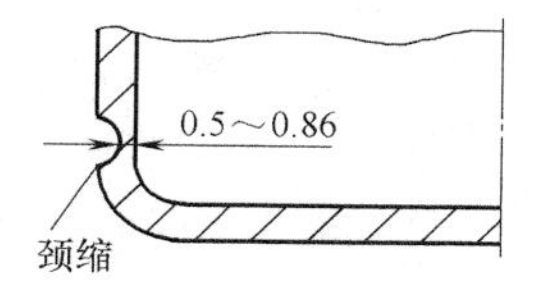

图 3-62 废次品形式

3. 原因分析

1）零件的结构特点是导致产生局部起皱和底部缩颈的重要原因。该零件与一般带法兰拉深件不同，其法兰由一曲面构成。如图 3-61 所示，拉深加工时，截面Ⅰ的坯料首先拱弯，相当于在凹模面上增加了一个拉深筋。金属沿此截面流动困难，与平法兰相比，拉深变形阻力增加。由屈服条件 $\sigma_r-\sigma_\theta=\beta R_{p0.2}$ 可知，径向拉应力 σ_r 增加的结果，周向压应力 σ_θ 的绝对值相应减小，底部圆角附近有产生拉伸细颈或拉裂的可能，但沿此截面坯料抗起皱能力增强。与此同时，在截面Ⅱ的法兰处，金属流动阻力较小，径向拉应力相对较低，而周向压应

力相对较大。在不均匀拉应力和较大的周向压应力作用下，在截面Ⅰ拱弯的条件下，坯料很容易在截面Ⅱ的两侧沿周向起皱。

2）毛坯形状不合理。根据零件的结构特点及拉深时的不均匀应力和应变的实际情况，理想的拉深毛坯形状应为椭圆。原工艺采用的毛坯形状为圆形。如图3-63所示，y方向对应于截面Ⅰ，x方向对应于截面Ⅱ。在y方向或Ⅰ—Ⅰ截面方向，坯料过大，流动阻力增加，金属流动困难，加大了筒壁传力区的拉应力，增大了拉裂的倾向。由于受力和变形不均匀，加剧了起皱产生的可能，且拉出来的制件外圆成椭圆形，尺寸精度也无法保证。

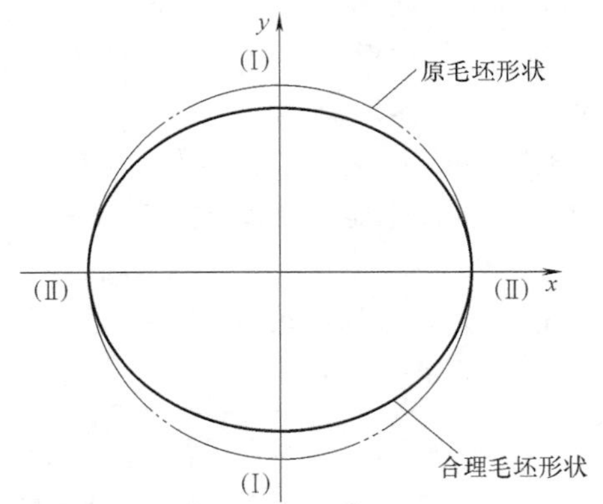

图3-63 毛坯形状的影响

3）凸、凹模圆角半径r_p、r_d太小。作为传力区的侧壁因受法兰区不均匀应力和应变的影响，故其轴向拉应力沿圆周是不均匀的。与截面Ⅰ相应的侧壁承受的轴向拉应力最大。危险断面，即与凸模圆角相邻处的侧壁变形最剧烈，此处变薄也最严重。一般而言，拉深凸、凹模圆角半径r_p和r_d应大于$2t$。但是由于产品设计，r_p和r_d均与料厚相等。凸、凹模圆角半径太小，增大了拉深变形阻力，降低了危险断面的强度。这也是造成危险断面产生缩颈的重要原因之一。

4）压边与润滑不合理、凸模圆角粗糙。选取整块硬橡皮作为压边用的压力源，对整个毛坯进行润滑，凸模圆角处的表面粗糙度取$Ra0.4\mu m$等都不能适应该制件的拉深变形特点，不能改善这种不均匀的拉深变形，增大了局部拉深变形力，降低了侧壁的承载能力。这些都是造成危险断面严重变薄甚至破裂的潜在原因。

4. 解决与防止措施

生产中采取了如下几项措施来增加危险断面的强度、降低拉深变形力和减少不均匀变形的程度。

1）沿圆周方向将凸模圆角打毛至$Ra3.2\mu m \sim Ra1.6\mu m$，改毛坯整体润滑为单面润滑，即仅在与凹模面接触的一侧涂抹润滑剂，从而减少了危险断面处的坯料变薄，增加了危险断面的强度。

2）将整块硬橡皮改为四块两种不同硬度的橡皮。加强截面Ⅱ方向压边力，降低截面Ⅰ方向压边力，调节两垂直截面坯料的变形，减小变形不均匀性。

3）将坯料形状改为图3-63所示椭圆形，从而使变形较为均匀，拉深变形阻力沿周向趋于一致，为拉深制件尺寸符合要求创造了条件。

采取以上几项措施后，口盖座一次拉深获得了成功。可见，当拉深件已接近或略超过其加工极限时，改变毛坯形状和外界的加工条件可提高材料的变形程度。一般资料中所提供的拉深件最大相对高度$(h/d)_{max}$和最小拉深系数$(d/D)_{min}$只是相对的参考数值。在进行工艺设计和模具设计时，应根据工厂的生产条件、管理水平和人员素质灵活掌握。

3.2.18 收割机传动轴轴承盖内皱、破裂

1. 零件特点

联合收割机传动轴轴承盖如图3-64所示。零件材料为08冷轧钢板，料厚为2mm。该件

为带有宽法兰的阶梯形拉深件，法兰形状近似为三角形。($\phi72\pm0.05$)mm×8.5mm 为安装双列向心球面轴承的内径尺寸。$\phi52^{+0.10}_{-0.05}$mm×11mm 为安装橡胶密封圈的内径尺寸，使用中对这两处有尺寸精度要求。另外还要求零件表面光滑、无折皱、无擦伤。此外，零件底部圆角半径和各阶梯过渡处圆角均为 $R2$mm，仅为 1 倍料厚，不能满足拉深的工艺要求。

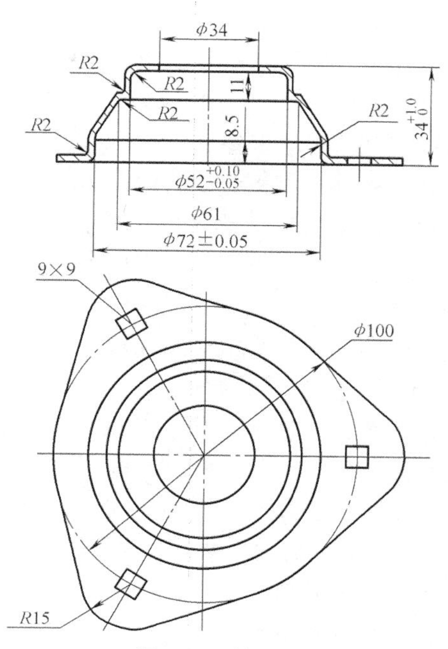

图 3-64 轴承盖

2. 废次品形式

生产中原采用两次拉深成形，工艺方案为：落 $\phi156.4$mm 圆形坯料→如图 3-65a 所示，以毛坯外圆定位拉深带法兰的半球形件→以法兰外径 $\phi135$mm 定位，拉深成图 3-65b 所示半成品→以内形定位冲 $\phi34$mm 中心孔→以外形定位冲 3 个方孔→以内、外形及一个方孔定位修边，完成冲压加工。在两次拉深成形后，制件出现的主要废次品形式为：

1）内皱。制件表面有皱纹，因皱纹不在法兰部位，故称之为内皱。

2）破裂。制件在 $\phi52$mm 小阶梯底部圆角与直壁过渡处出现裂纹，严重时被拉裂。

3）擦伤。制件表面有擦伤痕迹，影响其外观质量。

4）尺寸超差。直径($\phi72\pm0.05$)mm 和 $\phi52^{+0.10}_{-0.05}$mm 超差严重，不能满足零件的使用要求。

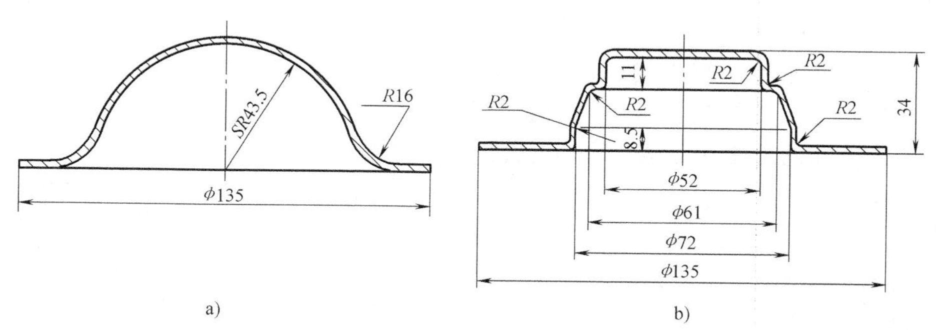

图 3-65 半成品形状及尺寸

a）半球形拉深件 b）第二次拉深半成品形

3. 原因分析

1）图 3-65a 所示半球形拉深件的成形过程属于胀形和拉深的复合变形过程。开始成形时，球形凸模底部的局部坯料承受了全部变形力，在双向拉应力作用下产生胀形变形，表面积增大，厚度减薄。随后，由于硬化的结果，变形区向外扩展。当包敷凸模坯料面积足够大时，法兰和凹模圆角区内部金属向内流动产生了拉深变形。由于凹模圆角区以内的坯料处于悬空状态，压边圈不能有效地防止这部分坯料的起皱，故很容易在制件内部产生皱纹。

2）第一次拉深半球形过渡形状不利于下一道工序的成形。如图 3-66 所示，第二次拉深不便于设置适应半球形件的压边装置。卸料板只能起到卸料作用而不起压边作用。采用这种模具结构，不但不能消除第一次拉深产生的皱纹，在第二次拉深过程中还会产生新的皱纹。

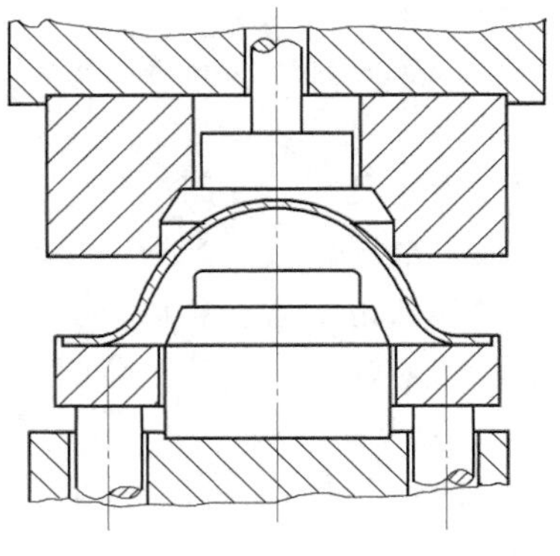
图 3-66　第二次拉深模具结构

在第二次拉深变形初期，ϕ76mm 凹模圆角与球面近似线接触。半球形件底部和中部均处于悬空状态。在凸模与制件接触之前，凹模圆角内部的球底部分坯料很少发生变形，而凹模与卸料板之间的悬空部分坯料受压变形。由于变形区坯料与模具接触面积小，故变形很难控制。

第二次拉深变形的中期和后期，当凸模与坯料接触后，因制件外部基本已经成形，故底部的变形只能在其自身范围内进行金属的分配与转移，不能从其他部分补充材料，多余的金属也转移不出去。这部分材料过多或过少都会出现问题。材料多时会影响制件的外观质量，材料少时会产生破裂。凹模模口与坯料长期线接触加剧了模具的磨损，模具磨损后就会使制件擦伤。

3）第一次拉深制件表面存在皱纹，批量生产会使拉深模表面产生不均匀磨损。在有皱纹处的坯料较厚，摩擦阻力大。在高速滑动下产生高温，甚至超过金属的熔点，被融化的金属微粒粘在模具表面形成粘结瘤，续续拉深时就会造成制件的严重擦伤。

4）第二次拉深成形即与产品图中各部分尺寸完全吻合。由于凹模圆角半径 R2mm 较小，不利于金属的流动，从而加剧了模具的磨损，提高了拉深变形阻力和弯曲变形阻力。这是制件产生破裂和擦伤的又一重要原因。

5）零件（$\phi72\pm0.05$）mm 和 $\phi52^{+0.10}_{-0.05}$mm 尺寸公差要求较高，查表 3-32 可知已超过一般拉深件能够达到的极限偏差。此外，制件的回弹、模具的制造公差、模具的磨损及不合理的工艺流程等原因都足以导致制件尺寸超差。

4. 解决与防止措施

生产中采取的解决措施是：

1）改变原加工工艺方案。如图 3-67 所示，采用三次拉深代替两次拉深并增加了一道整形工序。

2）改变半成品的过渡形状。采用图 3-67a 所示大圆弧形状的制件代替了半球形件，增大了第一次拉深的拉深系数。

3）改落料工序为落料、冲孔复合工序。先冲一个 ϕ24mm 中心孔，保证在第三次拉深和最后整形工序中金属能合理分配，不足的部位可得到补充。生产实际表明 ϕ24mm 的圆孔在成形过程中略有增大，有效地防止了圆角处拉裂现象的产生。

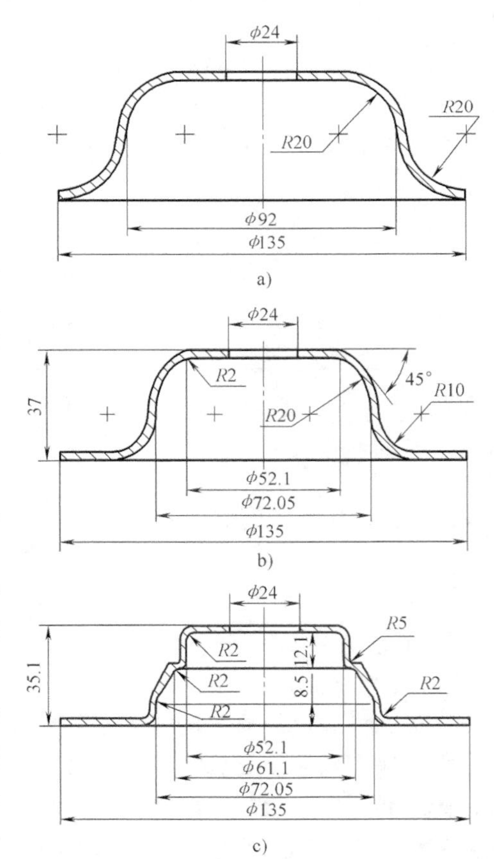

图 3-67　改进后半成品的形状及其尺寸
a）第一次拉深　b）第二次拉深　c）第三次拉深

4）各次拉深都要采用有效的压边装置，试模时多次调整压边力，提高制件的表面质量，保证不得产生皱纹。

5）第一次拉深以中心孔定位，保证上下模具同心，间隙均匀。整形工序以凸模为基准调整凹模尺寸，适当减小凸、凹模间隙使制件表面受轻微挤压，改变制件表面的应力状态，减小回弹，保证制件的尺寸精度。

6）改变模具材料，用Cr12MoV代替T10A，提高模具的耐磨性能。提高模具的制造精度，对凹模工作部位进行仔细抛光，以减小拉深时的摩擦阻力，防止模具的早期磨损。

此外，为防止制件拉深破裂，常采取的措施还有：

7）第一次拉深时多拉入3%左右的坯料，防止后续拉深加工中因坯料不足产生的破裂。

8）合理选用润滑剂，注意润滑剂的涂抹方式。应对凹模及压边圈工作部位进行充分润滑，以降低拉深变形阻力，减小模具磨损。这项措施对防止制件擦伤也很有效。

3.2.19 电炉引线盒起皱、破裂、拱弯

1. 零件特点

电炉引线盒如图3-68所示。零件材料为08钢，料厚为0.8mm。该件为典型的两边盒形拉深件。由于直边较短，且废次品以起皱和底部的强度破裂为主，故此件是以拉深占主导地位的拉深、弯曲复合成形件。圆弧部分为拉深变形，两直边为弯曲变形。零件法兰处有两个凸耳，拉深深度较深，需多次拉深。作为一个整体，圆弧部分与两直边不可分割，故拉深变形在很大程度上受直边弯曲变形的影响，变形沿周向是不均匀的。从金属流动来看，圆弧部分比直边金属流动得慢，故直边和圆弧的交界处会产生金属流动速度差，在此处产生剪切变形和切应力。此外，不均匀变形的结果，使径向拉应力和周向压应力沿周向也是不均匀的。

2. 废次品形式

1）起皱。生产中采用落料→拉深→再拉深→修法兰边→冲孔的冲压加工工艺方案。首次拉深时，法兰部位起皱，圆弧部分最严重。如图3-69所示，皱纹产生后，底部圆角处产

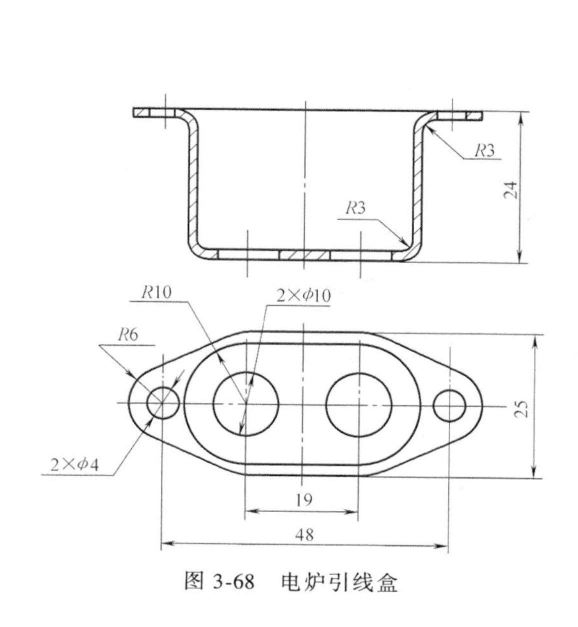

图3-68 电炉引线盒

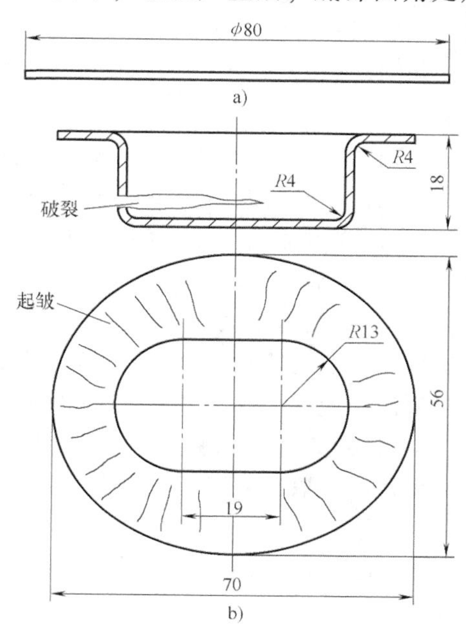

图3-69 废次品形式

a）落料毛坯 b）首次拉深起皱与破裂

生开裂。

2）破裂。增大压边力到一定程度，皱纹消失，但底部圆角处仍然开裂，严重时出现掉底现象。

3）拱弯。如图 3-70 所示，再拉深时直边对称中心线产生拱弯。拱弯产生后，切边工序操作困难，切边件尺寸精度和法兰平面度超差，直接影响零件的装配和使用。

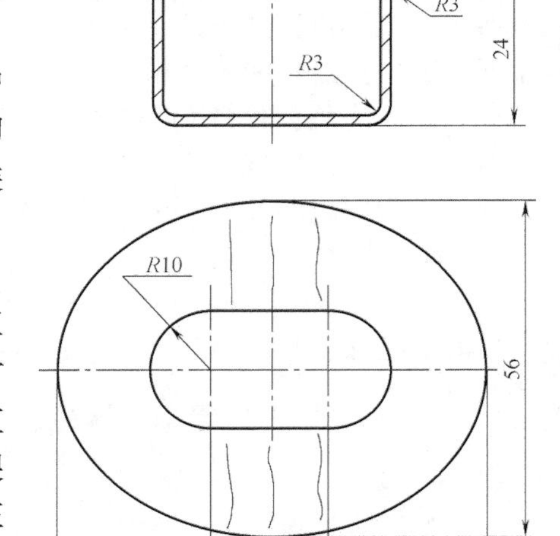

图 3-70　法兰拱弯

3. 原因分析

就零件本身而言，该件与圆筒形拉深件的最大区别在于其变形时应力和应变沿周向的不均匀性。一方面，这类零件拉深时圆弧法兰部分的多余金属会向直边转移，使圆弧部位拉深变形力减小，反映材料破裂极限的拉深系数可小些。另一方面，由于不均匀拉压应力和切应力的存在为起皱创造了条件，皱纹产生后使拉深力增大，又反过来增加了产生破裂的危险。对具体零件生产过程进行分析后发现，产生上述形式废次品的主要原因是：

1）毛坯尺寸不合理。原拉深毛坯尺寸取 $D=80$mm 偏大，由于增加了制件的变形程度，故提高了拉深变形力和切向的压应力。

2）设备选择不合理。在 160kN 开式压力机上拉深，压力机刚性差、公称压力不够，设备振动和滞留现象严重。

3）毛坯厚度不稳定。原采用生产电炉盘和炉底的边角料，坯料厚度不一致，料厚从 0.5~0.8mm，变化太大。

4）橡皮选择不当。采用整块橡皮压边不适应零件不均匀变形的特点，压边力调整困难。

5）模具间隙、圆角半径不合理。选用均匀的凸、凹模间隙，相同的凸、凹模圆角半径来加工该件，使圆弧和直壁部位金属的流动差异得不到缓解。

6）润滑方法不正确。采取凹模面单面润滑，由于凸模与毛坯间摩擦力较大，阻止了圆弧部位多余金属向直壁的流动，增大了这两部分金属的流速差。

7）首次拉深半成品形状设计不合理。首次拉深半成品制件形状如图 3-69b 所示。由于二次拉深时法兰处不参与变形，而变形的环形区域沿周边宽度相等，直边金属流速快，圆弧处金属流速慢，促成了法兰处的拱弯变形。

4. 解决与防止措施

生产中采取了如下几项措施，问题得到了解决。

1）将毛坯直径减小到 ϕ76mm，按不同料厚分类，保证每批坯料厚度一致。

2）更换设备，在 630kN 压力机上拉深，使设备负载合理、刚度充裕，保证生产过程稳定。

3）改整块橡皮压边为两种不同硬度的四块橡皮压边；降低与制件圆弧相对应的凹模外侧平面高度约 0.1mm。采取不均匀压边，使圆弧法兰处压边力减弱，直边部位压边力增强，控制金属的流动。

4）加大与制件圆弧相对应的凹模圆角半径。

5）改单面润滑为双边润滑，减小凸模与毛坯的摩擦，使圆弧部分的坯料与直边部分坯料能相互补充，便于圆弧处的金属向直边流动。

6）增加一道校平工序以解决再拉深出现的法兰区拱弯现象。

除此之外，为防止这类废次品的产生，常采取的积极措施还有：

7）改变首次拉深制件的形状，取椭圆形半成品以便再拉深时直边与圆弧处金属的流动速度趋于一致，防止法兰区的变形。

8）调整圆弧处和直边处的凸、凹模间隙，在模具直边部位设置拉深筋等。

3.2.20 摩托车空气滤清器壳体起皱

1. 零件特点

摩托车空气滤清器壳体如图 3-71 所示。零件材料为 08 钢，料厚为 1mm。该件为典型的两边盒形拉深件，两端为 1/4 球面，周边带有 4mm 窄法兰。将两端当球形件对待，该处为拉深、胀形复合变形区，而两直边则为弯曲变形区。很难用某一工艺参数来表示该件的破裂加工极限，但因直边部分对两端的成形有利，故成形破裂的可能性较小。不均匀变形是这类零件的主要变形特点。

2. 废次品形式

局部起皱。如图 3-72a 所示，选用 420mm×200mm 的矩形毛坯进行拉深成形，制件两端严重起皱。

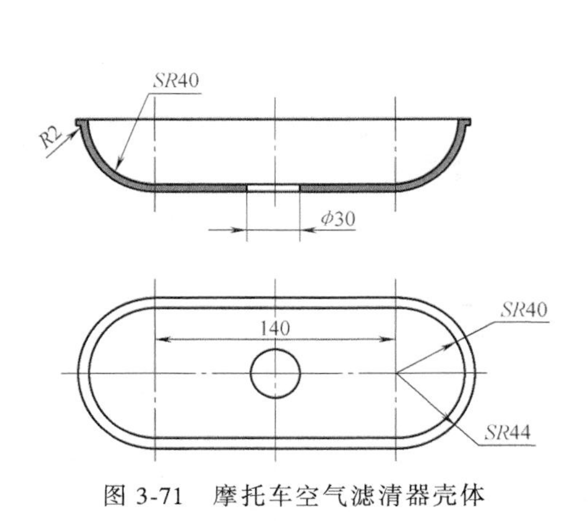

图 3-71 摩托车空气滤清器壳体

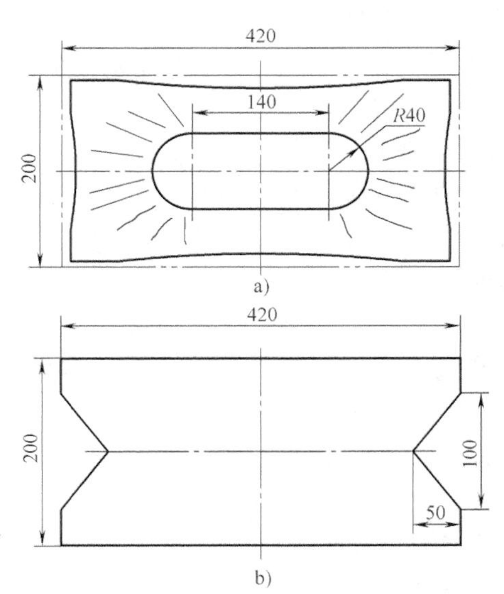

图 3-72 废次品形式及下料毛坯

a）废次品形式 b）改进的毛坯形状和尺寸

3. 原因分析

零件的结构特点是起皱的主要原因。

1）坯料两端部在周向压应力、径向拉应力作用下变形，当压应力较大时很容易起皱。

2）凸模两端部为1/4球面，拉深加工时，坯料自由悬空部分较大，由于此处压边不起作用，制件在无约束条件易失稳起皱。

3）直边处金属流动快，两端金属流动慢。由于存在流速差，会产生切应力，在端部和直边交界处，切应力会引起失稳起皱。

4）两端法兰拉深变形时，坯料厚度增加，采用平压边圈，直边压边不起作用，流速差加剧，在较大切应力和不均匀拉应力作用下，更容易起皱。

5）拉深毛坯选择不合理。直边部位法兰边宽60mm，而两端法兰边宽为100mm。这不仅不能减小直边与两端的金属流速差，反而增加了不均匀变形程度，加剧了起皱的产生。

4. 解决与防止措施

生产中采取的解决措施是：

1）改变原拉深毛坯的形状与尺寸。如图3-72b所示，在毛坯两端剪去一个三角形，因端部变形阻力减小，直边与端部不均匀变形程度减弱，流速差减小，效果十分明显。

增加毛坯窄边宽度，适当减小长边宽度，或采用圆形毛坯，可起到与切100mm×50mm三角形的同样效果。这样做的目的仍然是要调整直边和两端金属的流速差，减小不均匀变形的程度。

防止这类两端局部起皱的措施还有：

2）适当降低两端凹模面高度，在直边处增设拉深筋，增大直边部位的压边力以阻止直边处坯料的流动。

3）增大两端部凸、凹模间隙及凹模圆角半径，减小直边部位凸、凹模间隙及凹模圆角半径，控制金属的流动速度。

3.2.21 柴油机油箱下体局部折皱

1. 零件特点

某柴油机油箱下体如图3-73所示。零件材料为08冷轧钢板，料厚为1mm。其基本形状为矩形盒，相对转角半径 $r/b=40/210=0.19$，相对高度 $h/b=118/210=0.56$，属具有大圆角半径的较高盒形件。零件右边有一个R190mm的飞轮槽，底部有2mm深的矩形凸台，这增加了坯料变形的不均匀程度。使用要求零件轮廓要清晰，表面不得有擦伤、划痕和折皱。

2. 废次品形式

折皱。因生产批量不大，原采用刚性压料（手工扳紧螺母），在2000kN液压机上压制。如图3-74所示，试模时，制件在飞轮槽上部两端产生明显的折皱，严重影响了产品的外观质量。

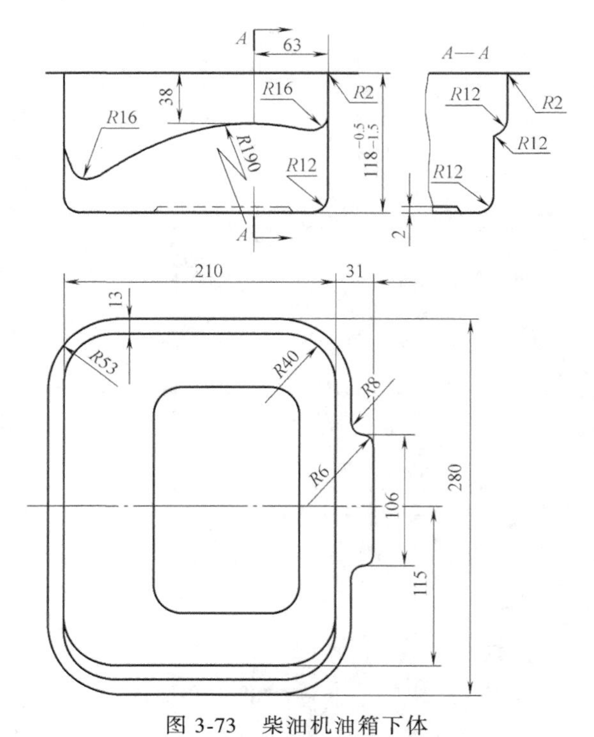

图3-73 柴油机油箱下体

3. 原因分析

1）零件形状复杂，特别是飞轮槽处变形极不均匀。在转角处切向压应力和飞轮槽过渡区不均匀拉应力作用下，坯料失稳起皱后又被拉入凹模形成了折皱。此外，飞轮槽转角与直边处坯料进入凹模的流速差会产生切应力，在切应力的作用下会加剧折皱的产生。

2）采用手工扳紧螺母的刚性压料方式，压边力很难控制。不均匀变形程度未能通过压边来改善，飞轮槽处坯料在变形时相当大的区域内处于自由悬空状态，容易产生折皱。

4. 解决与防止措施

如图3-75所示，在飞轮槽一侧的凹模平面上设置了三条拉深筋，增加了$R190$mm凹槽处坯料的流动阻力，使变形趋于均匀，从而避免了折皱的产生。生产中，用改进后的模具拉出的零件轮廓清晰，转折处光滑、无折皱。

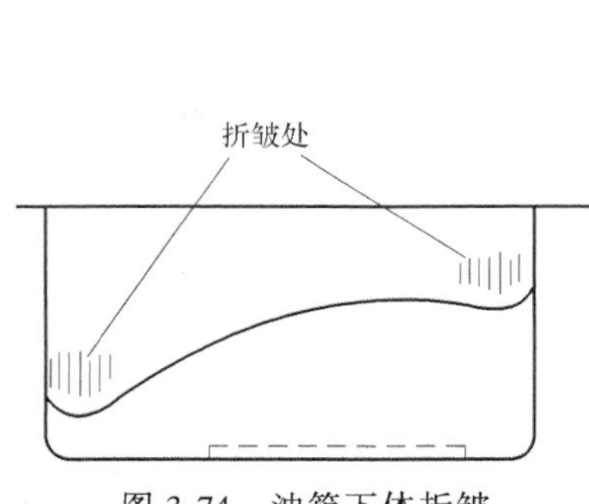

图3-74　油箱下体折皱

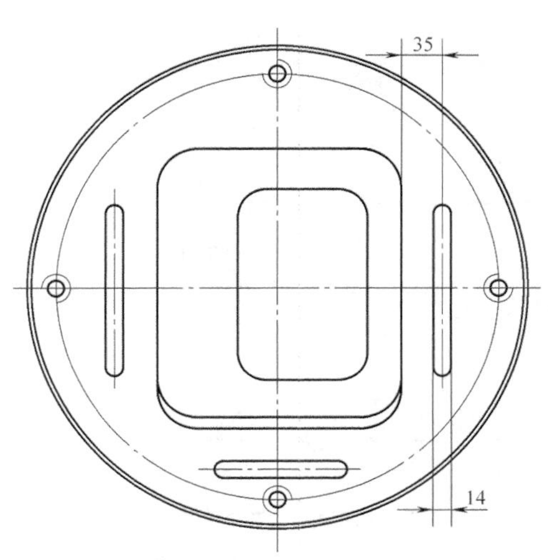

图3-75　拉深筋位置

一般而言，复杂拉深件成形时，为了防止因四周坯料不均匀流动形成的折皱，以及中间悬空部分，特别是转折过渡处出现的内皱，在凹模面的适当位置上布置拉深筋是一项非常有效的措施。此外，合理确定毛坯的尺寸与形状；改变零件形状，避免有急剧的转折；增大压边力或采用不均匀压边；调整模具间隙及凹模圆角半径等项措施都能达到防止与减少折皱的目的。采用这些办法将增大附加拉应力，降低压应力并使变形均匀，其结果也导致了切应力的下降。

3.2.22　不锈钢餐碗拉深起皱

1. 零件特点

不锈钢餐碗如图3-76所示。零件材料为SUS304不锈钢，其部分力学性能见表3-9，料厚为0.8mm。零件的尺寸精度要求一般，但表面质量要求较高。该锥形件的相对高度$h/d_2=45/152=0.3$，相对厚度$t/d_2=0.8/152=0.005$，相对锥顶半径$d_1/d_2=88/152=0.58$，属于典型的中锥形件，是否需两次拉深视条件而定。

2. 废次品形式

原设计的工艺方案为：落料→首次拉深→二次反拉深→卷边。首次拉深为正拉深，采用

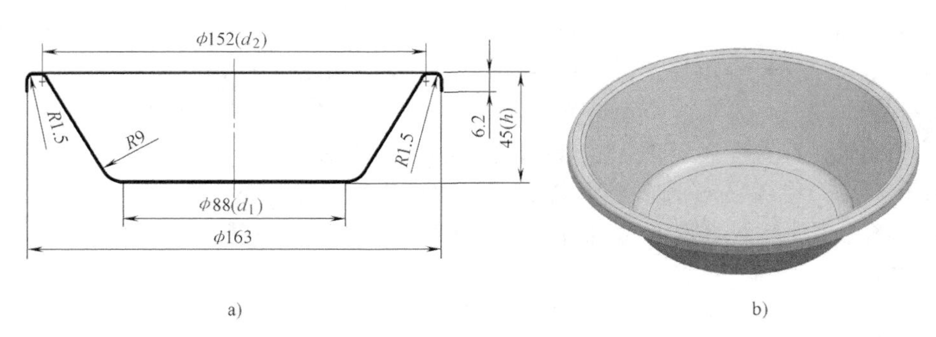

图 3-76　不锈钢餐碗

a）2D 图　b）3D 图

表 3-9　SUS304 的部分力学性能

密度	屈服强度	弹性模量	硬化指数	各向异性指数		
				0°	45°	90°
7.93g/cm³	205MPa	194GPa	0.193	0.936	1.123	0.909

倒装式拉深模，拉深成圆筒形件；二次拉深为反拉深，采用正装式拉深模，拉深成锥形件，二次拉深采用反拉深不设压边圈。按照体积不变原理计算确定的毛坯尺寸为 φ192mm，过渡坯料尺寸如图 3-77 所示。

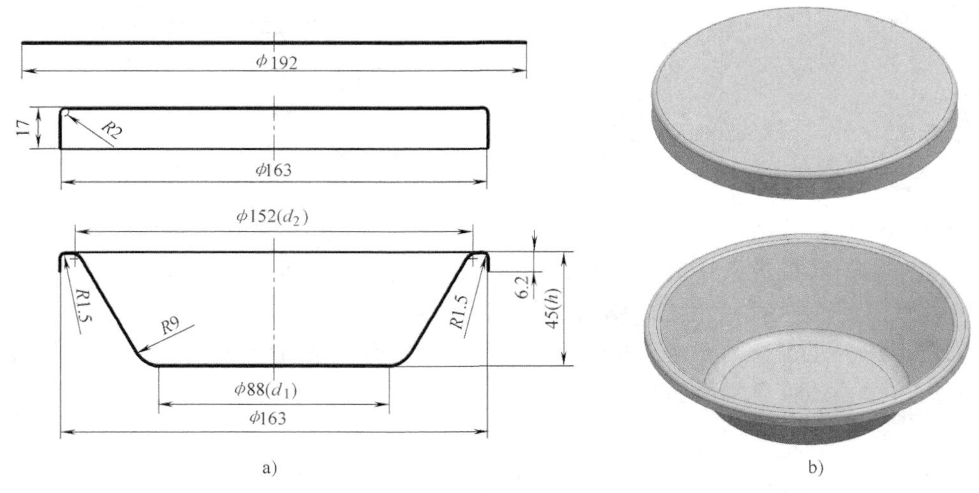

图 3-77　拉深工序图

a）2D 图　b）3D 图

如图 3-78 所示，采用 φ192mm 毛坯，无论数值模拟结果，还是试模结果，在反拉深工序，制件内部和法兰处严重起皱；如图 3-79 所示，为提高径向拉应力，采用 φ208mm 毛坯，起皱情况有所减缓，但仍有起皱现象，达不到产品对表面质量的要求。因此，试模失败。

3. 原因分析

图 3-80 所示为锥形件拉深变形时的主应变状态示意图。由图 3-80 可见，锥形件成形实质上是拉深与胀形的复合成形。法兰和制件上半部分属拉深变形，在径向拉应力和周向压应

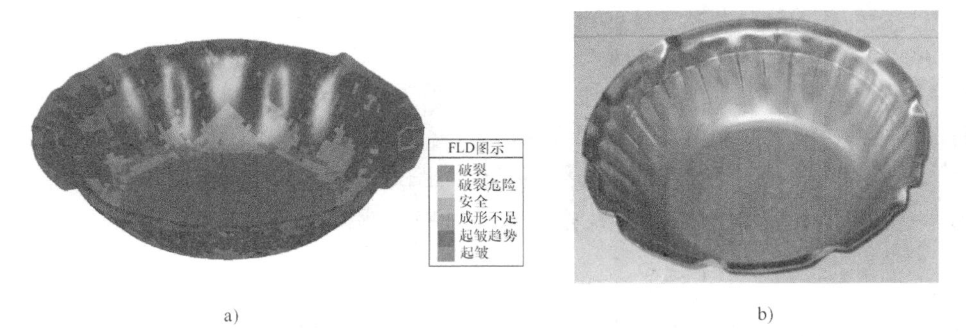

a) b)

图 3-78 采用 ϕ192mm 坯料反拉深数值模拟与试模结果

a）数值模拟结果 b）试模结果

a) b)

图 3-79 采用 ϕ208mm 坯料反拉深数值模拟与试模结果

a）数值模拟结果 b）试模结果

力作用下材料要变厚，$\varepsilon_t>0$，径向伸长，$\varepsilon_r>0$，周向收缩，$\varepsilon_\theta<0$；而制件下部和底部属胀形变形，材料在径向拉应力作用下要变薄，$\varepsilon_t<0$，周向和径向均伸长，$\varepsilon_\theta>0$，$\varepsilon_r>0$。由于锥形件成形时中间坯料处于悬空状态，无法压边，故很容易产生起皱，与法兰处的起皱不同的是制件中间部分起皱，习惯上称之为内皱。

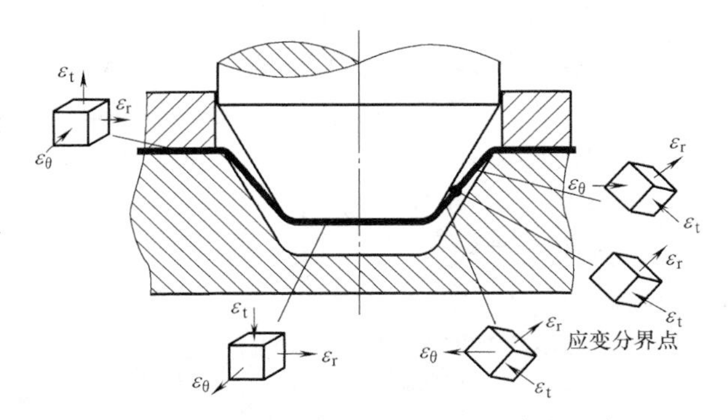

图 3-80 锥形件拉深变形时的主应变状态

该零件是某一职业教育学院为学生确定的教学试验。设置该试验的主要目的之一是要学生懂得如何应用学到的屈服准则来分析具体的生产问题；目的之二是要学生掌握材料成形的一个科学问题，即材料的变形规律问题，掌握材料的变形规律是控制成形件产品质量的关键。具体而言，产生上述成形起皱的主要原因是：

1）切向压应力过大，材料在压应力作用下失稳起皱。由材料发生塑性变形的屈服准则：$\sigma_r-\sigma_\theta=\beta R_{p0.2}$ 知，$\beta R_{p0.2}$ 为与材料有关的常数，σ_θ 为负值，其绝对值过大，表明径向拉应力不足。

2）拉深与胀形变形的比例控制不当。由最小阻力定律知，同时存在两种以上变形的情

况下，材料总是按最小阻力的方式变形。拉深变形阻力小于胀形变形阻力，故拉深变形优先于胀形变形。拉深变形程度过大也是引起坯料起皱的原因之一。

3）购买的材料错误。材料是由学生在市场上购买的，学生只知道购买料厚为0.8mm的不锈钢板。试验失败后，才发现材料是12Cr13，材料错误。表3-10列出了12Cr13的部分力学性能，表3-11是这两种材料的厚向异性指数的比较。由表3-9和表3-10分析，12Cr13的屈强比SUS304的大很多，而各向异性指数却小一些，成形性能不好也是试验失败的主要原因之一。

表3-10　12Cr13的部分力学性能

密度	强化系数	屈服强度	弹性模量	泊松比	各向异性指数		
					0°	45°	90°
$7.75g/cm^3$	678	345MPa	217GPa	0.28	1.124	0.905	0.797

表3-11　12Cr13和SUS304的厚向异性指数

厚向异性指数	12Cr13	SUS304
0°	1.124	0.936
45°	0.905	1.123
90°	0.797	0.909
平均值 $\gamma_m=(\gamma_0+\gamma_{90}+2\gamma_{45})/4$	0.933	0.976

4）采用反拉深不好控制材料的变形。采用反拉深虽然可以增加拉深变形阻力，但无压边也不好控制材料的变形。

4. 解决与防止措施

根据以上的原因分析，考虑到试模过程中从未出现过拉深破裂的现象，采取了以下几项措施来解决该制件的拉深起皱问题。

1）更换零件材料。重新购买厚度为0.8mm的SUS304不锈钢板。

2）增大毛坯尺寸。将毛坯尺寸由ϕ192mm改为ϕ208mm。

3）增大压边力。采用8套GSV1000-050氮气弹簧，大幅度提高压边力，初始压边力设定为73.6kN。

4）改变工艺方案。采用图3-81所示锥形件拉深模具和图3-82所示的工艺方案，即落料→拉深→修边→卷边。

a)

b)

图3-81　锥形件拉深模具

a）凹模　b）凸模

如图 3-83 所示，采用上述措施和改进的工艺方案，经数值模拟，材料厚度的最大变薄率为 10.1%。试模获得了成功。

表 3-12 列出了 SUS304 与 12Cr13 不锈钢的组织、化学成分、力学性能及用途。由表 3-12 可见，12Cr13 不锈钢不适用于制造厨具和餐具，这种材料不能满足环保的要求。此例说明，冲压产品不仅要有好的成形性能，还必须满足环保的要求。

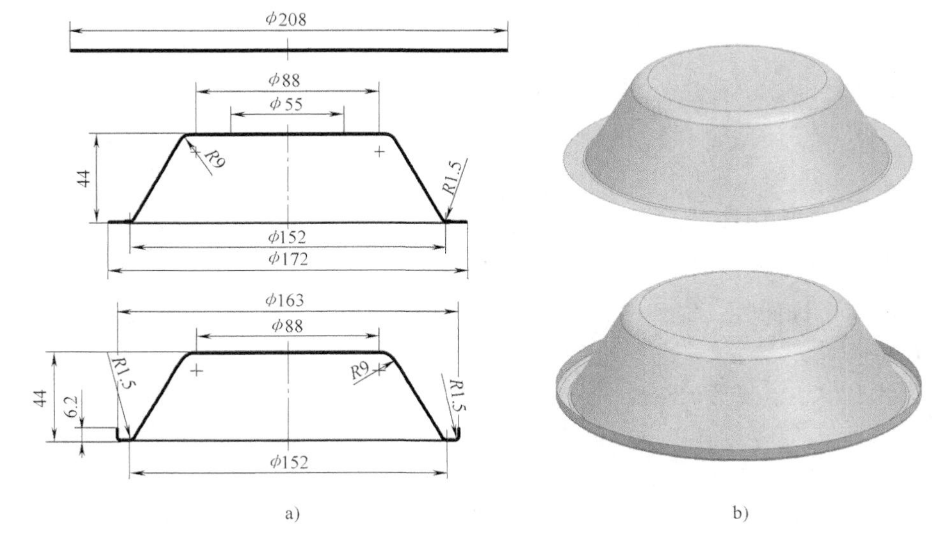

图 3-82 改进的工艺方案

a）方案的 2D 图 b）方案的 3D 图

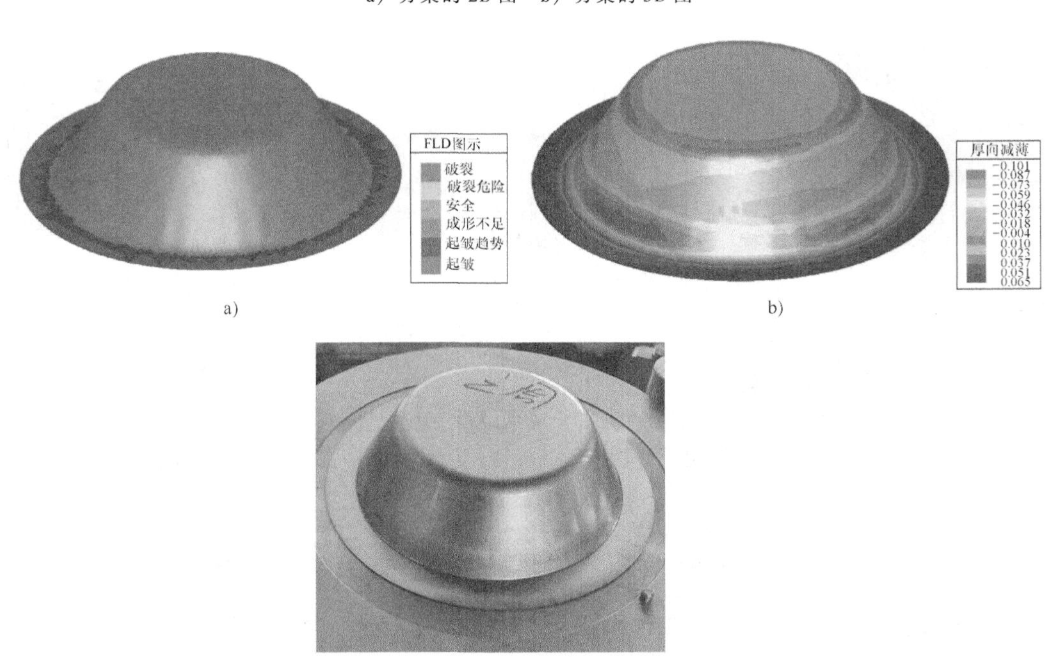

图 3-83 一次拉深数值模拟与试验的结果

a）成形极限 b）厚度减薄率 c）试模结果

表 3-12　SUS304 与 12Cr13 不锈钢的组织、化学成分、力学性能及用途

牌号	常温下的组织	化学成分(%,质量分数)		屈服强度/MPa	用途
		Cr	Ni		
12Cr13	马氏体	11.5～13.5	≤0.6	345	制造螺栓、螺母、叶片等
SUS304(06Cr19Ni10)	奥氏体	17～19	8～10.5	205	应用于食品、化工、原子能等工业设备

3.2.23　洗衣机内桶侧壁折皱、破裂

1. 零件特点

洗衣机内桶如图 3-84 所示。零件材料为 1060 铝板，料厚为 1.5mm。计算零件相对高度 $h/b=400/365=1.1$，角部的相对圆角半径 $r/b=30/365=0.08$，属于小圆角高方盒拉深件，需经多次拉深方能成形。桶的底部有一个葫芦状的凸台，且带有 10°的斜度，这在一定程度上增加了成形的难度。

2. 废次品形式

侧壁折皱。采用三次拉深成形的工艺方案，如图 3-85 所示，在后续拉深工序中，待变形区圆角部位的坯料沿高度方向产生折皱，继续拉深则在传力区角部产生破裂。

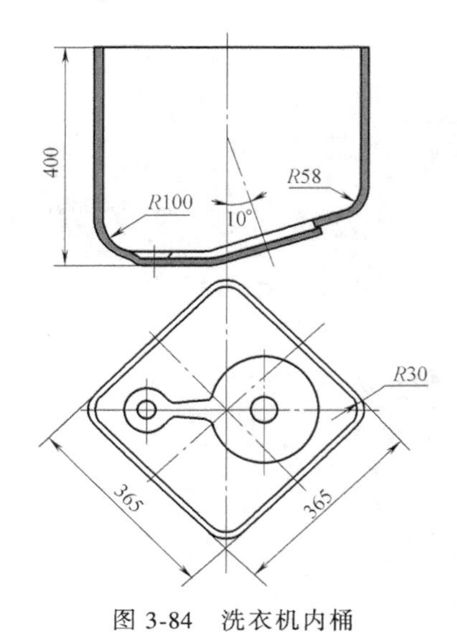

图 3-84　洗衣机内桶

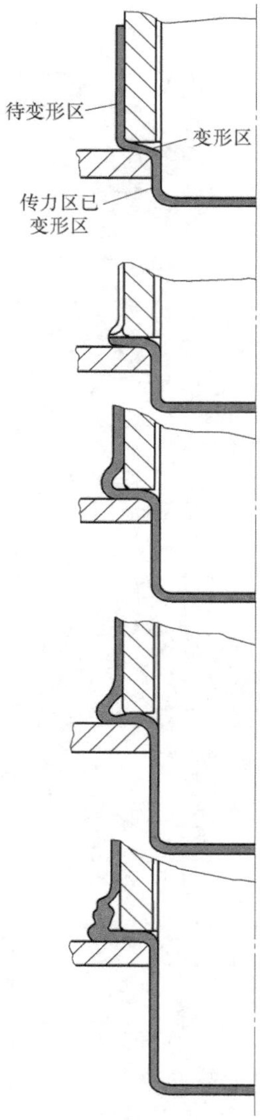

图 3-85　折皱产生过程及后果

3. 原因分析

1）直边部分和角部金属流动的速度差在待变形区圆角部位坯料内产生了较大的附加压应力，当这一压应力超过其临界值时，角部金属就会因压缩失稳而沿高度方向起皱，形成侧壁折皱。

如图 3-86 所示，盒形件后续拉深时，若直边部分和角部金属流动互不影响，则直边部分接近于弯曲变形。此时，无论待变形区、变形区或已变形区，金属沿径向（高度方向）流动速度基本上相等，且等于凸模的下行速度 v_1。角部变形接近于圆筒形件的拉深变形，根据体积不变定律，待变形区金属径向流动速度 v_θ 小于凸模的下行速度 v_1。若如此，则在待变形区内，角部和直边部分的金属就会以两种明显不同的速度 v_1 和 v_0 进入变形区。然而，由于坯料是一个整体，角部和直边部分金属必然相互影响，除了迫使变形区金属从角部向直边转移外，将在待变形区内产生较大的附加应力。如图 3-87a 所示，直边部分金属流动快，这部分坯料受圆角部分坯料的抑制产生附加拉应力；圆角部分金属流动慢，这部分坯料在直边部分坯料牵引下试图以相同的流速进入变形区，但却受到变形区内坯料的抵制产生了附加压应力，且越靠近角部，压应力越大。此外，由于金属流动的速度差，在圆角和直边的过渡处还会有附加切应力产生。如图 3-87b 所示，即使在圆角部分，越接近变形区，角部坯料所受的附加压应力也越大。角部坯料受附加切应力和不均匀周向拉应力的作用也会加剧折皱产生。

2）如图 3-88 所示，原直壁状的待变形区金属进入变形区时，要绕压边圈圆角表面产生 90°的弯曲变形。在外部无导流块约束或导流块与压边圈间隙较大的接近自由弯曲条件下，角部金属不可能紧贴压边圈，而是向外产生鼓凸。这实际上是使角部预先产生了一个折皱，它大大地削弱了角部金属抵抗径向压缩失稳的能力，增加了角部径向起皱的可能性。

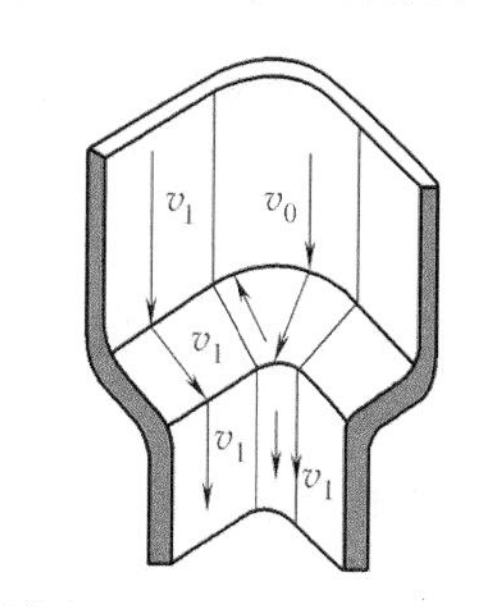

图 3-86 金属的流动情况

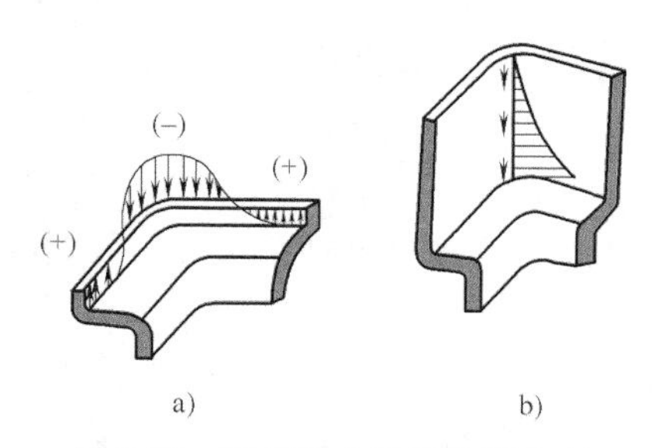

图 3-87 附加应力状态及其分布

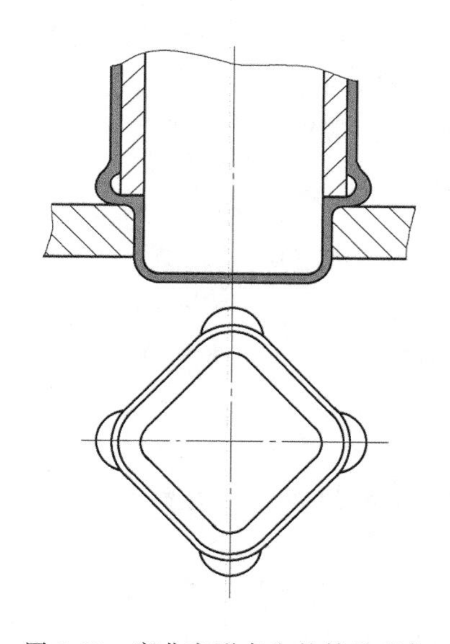
图 3-88 弯曲变形产生的鼓凸现象

4. 解决与防止措施

生产中解决问题采取的措施是：

1）增大 R30mm 角部拉深凹模的圆角半径，使其大于直边部分凹模圆角半径。

2）增大 R30mm 角部拉深凸、凹模的间隙，适当减小直边部分拉深凸、凹模的间隙。

采取这两项措施的目的在于，改善角部金属的流动条件，限制直边部分金属的流动，以便降低圆角和直边部分待变形区坯料向变形区流动的速度差，减少角部坯料的堆积现象，从而也就减小了角部金属所受的径向附加压应力、附加切应力和沿周向的不均匀拉应力。

3）如图3-89所示，在凹模平面上金属开始流入变形区的四个角部，增设了四个引导金属流动的靴状导流块，防止金属在绕压边圈圆角表面流动时向外产生鼓凸，同时兼作工件的定位零件。这种导流块不仅制止了因弯曲产生的鼓凸，保证金属顺畅流入变形区，同时也给待变形区角部金属增加了侧向支承，提高了角部金属的稳定性。实践证明，在最后一道拉深工序中，不用导流块时，凸模最多拉入凹模180mm深，角部就会因径向起皱而开始在传力区产生破裂。设置导流块后，400mm深的桶形零件也可顺利成形。

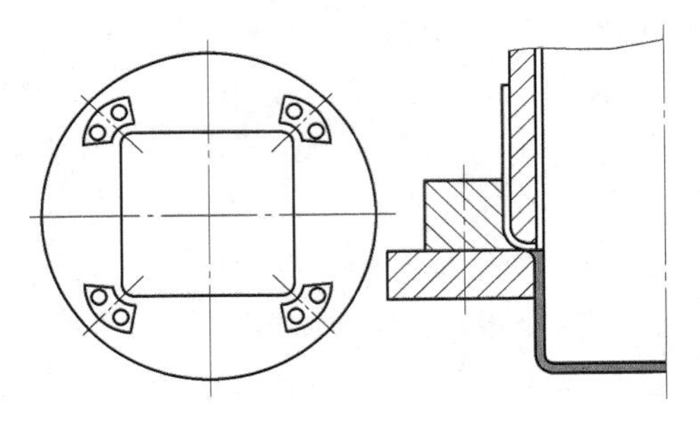

图3-89　导流块及其作用

除了防止角部侧壁径向折皱之外，这种导流块与通常的整体式导流圈比较，还具有下述优点：

① 加工方便。因为非轴对称形状的导流圈加工比较困难，而四个导流块可以先作成一个轴对称形状的整体，加工完毕后再一分为四。

② 调模方便。导流块和压边圈之间的间隙必须适当。间隙过大不起导流作用，过小则会增加角部金属流动的阻力。采用四个独立的导流块，就可以对四个角部的间隙，根据实际需要分别依次进行调整。如果采用整体导流圈，调模就较困难，当调整某一个角部的间隙时，就必然使其他三个角部的间隙受到影响。

③ 结构简单，省材。

此外，为防止由于角部和直边金属流速差，余料在角部积聚出现的径向折皱可采取的措施还有：

4）严格控制第一次拉深制件的质量，绝不允许有侧壁凹陷、冲击痕线等表面缺陷产生。任何这类表面缺陷都会降低后续拉深工序中侧壁角部待变形区的抗压缩失稳能力，导致径向折皱的产生。为此，在第一次拉深加工时，就应取直边部分的凹模圆角半径小于四角部位的凹模圆角半径；减小直边部分的凸、凹模间隙，适当增大角部的间隙；在直边部分设置拉深筋等。

5）对凸模使用高质量的润滑剂。这与圆筒形拉深时的情况正相反，对于盒形件来说，凸模上好的润滑效果将有助于角部余料向直边部分的转移，可减小两处金属沿径向的流速差。

6）采用液压机来代替机械压力机，从整体上降低了拉深和弯曲的变形速度，从而使角部和直边部分金属沿径向的流速差降低，同时也为角部余料向直边转移创造了条件。

7）根据洗衣机内桶制件的外形结构特点，使凹模平面也带10°的斜面，以便制件在加工时各处能同时进入变形，使制件变形较为均匀。

3.2.24　拖拉机后轮辐板拉深起皱

1. 零件特点

某型拖拉机后轮辐板如图3-90a所示。原设计零件材料为Q345钢，料厚为8mm。该件为典型的窄法兰浅锥形拉深件，底部带有一个 $R20$mm 的环状加强筋。使用要求零件有高的强度和刚性，故坯料较厚。一般国内外典型工艺需用 10000kN 以上的大型压力机冷压成形。根据工厂条件，采用 Y28-450 型双动液压机来加工该零件，由于设备公称压力不够，工艺难度较大。

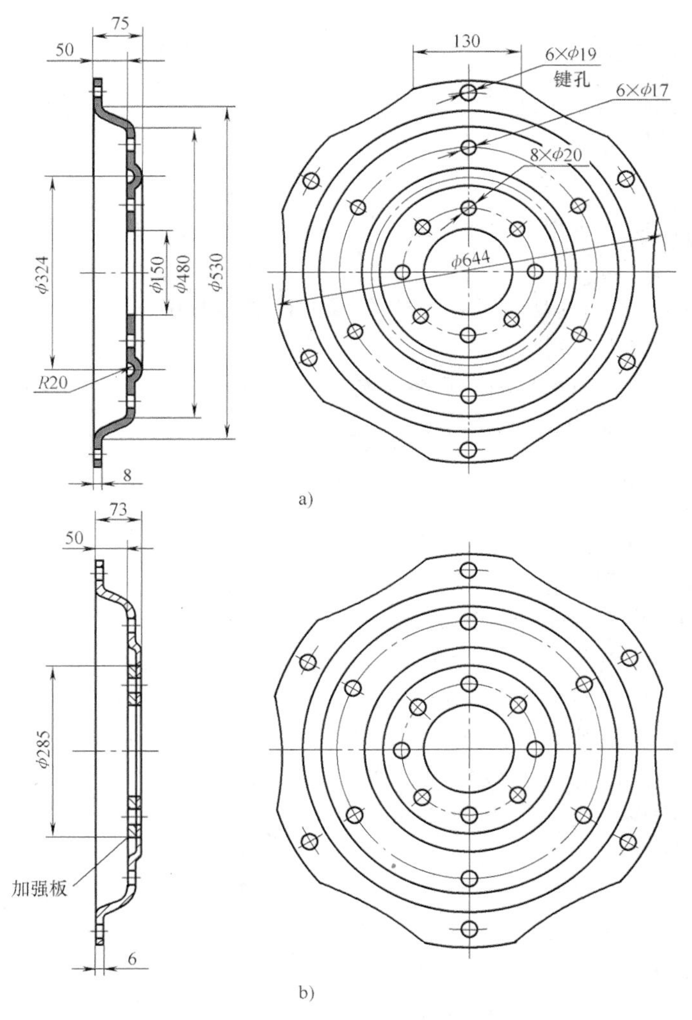

图 3-90　后轮辐板

a）原零件结构　b）改进后的等强度结构

2. 废次品形式

1）拉深起皱。生产中将油压机两个滑块联锁成整体使用。如图 3-91 所示，试模时制件法兰起皱，呈荷叶状波浪皱纹。

2）疲劳开裂。如图 3-92 所示，使用时，零件螺栓安装孔产生疲劳开裂。单个孔周呈放射状裂纹，整体形成网状。

3. 原因分析

1）造成制件法兰起皱的主要原因是压力机公称压力不够。虽然将两滑块联锁使用，但调定压力仍在 4000kN 左右。为降低拉深变形阻力，采用无压边拉深，法兰处坯料厚度方向

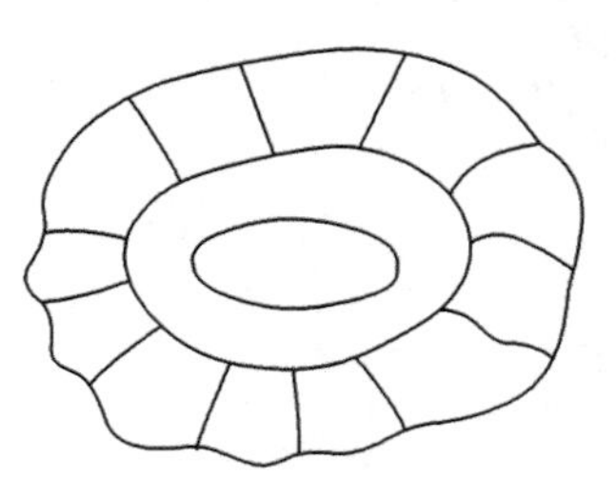

图 3-91　荷叶状波浪皱纹

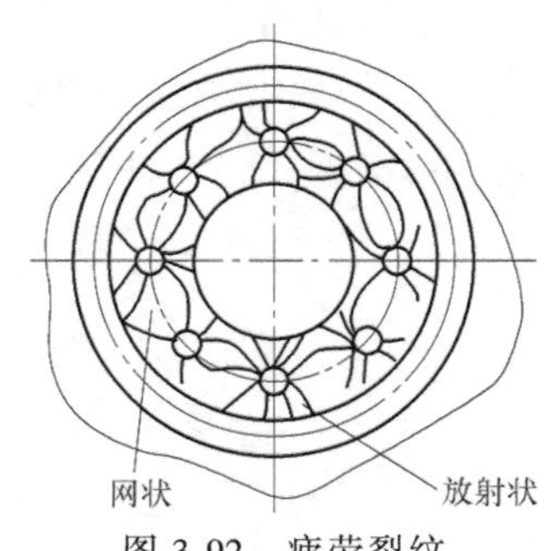

图 3-92　疲劳裂纹

无约束，便在较大压应力作用下失稳起皱。另外，制件中部环形加强筋成形时，坯料产生反向回流，加剧了起皱倾向。

2）造成制件螺栓安装孔疲劳开裂的主要原因是锥形螺母与孔形不配。在行车中，零件受反复冲撞，在交变应力作用下产生疲劳开裂。具体而言，安装孔冲出后用锪钻倒角，孔的锥面沉孔几何精度很差，冲孔件断面质量不好，孔边缘存在残余应力等因素也会引起孔的疲劳开裂。

4. 解决与防止措施

生产中为消除法兰起皱采取的措施是：

1）改变零件的结构与材料。为了降低拉深变形阻力，用小设备来干大活，生产中采用了图 3-90b 所示等强度零件结构。将料厚减小到 6mm，在制件底部加焊一个 ϕ285mm、厚 6mm 的加强板。为防止变形时金属的回流，改善金属流动条件，减小变形阻力，将零件结构改为台阶（阶梯）形结构。用 20 钢来代替 Q345 钢。

2）改进模具结构，增设压边装置。如图 3-93 所示，采用带压边圈的拉深模，通过托杆 11 支承在液压机台面下的拉深垫上，从而起到了压边的作用。采取此项措施后，制件不再产生皱纹。

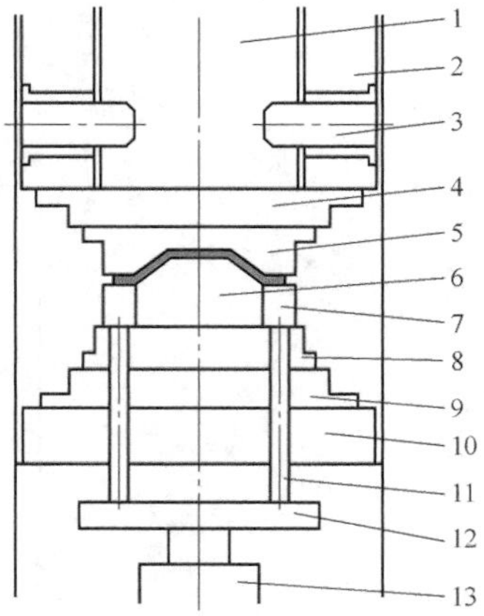

图 3-93　设备及模具结构

1—内滑块　2—外滑块　3—连接柱塞　4—辅助上垫板　5—凹模　6—凸模　7—压边圈　8—下模座　9—辅助下垫板　10—液压机工作台垫板　11—托杆　12—托板　13—拉深垫

为防止安装孔疲劳开裂采取的措施是：

3）合理选择冲孔间隙（单边间隙取料厚的 7%～10%），保证刃口锋利，改善孔的断面质量。

4）改用多头钻小进刀量，严格控制锪孔的锥面质量。

5）用冲压挤孔代替锪孔加工。

采用上述改进措施后，零件法兰和中部平整，使用情况良好。

3.2.25　整流罩折皱、凹陷

1. 零件特点

某产品的整流罩如图 3-94 所示。零件材料为 2A12 铝合金，料厚为 0.5mm。该件底部为典型的椭球面，轴向剖面曲线方程为 $x^2/94^2+y^2/54^2=1$，口部有一高约 24mm 的圆柱面。按等面积法计算毛坯直径 $D=\sqrt{\dfrac{4}{\pi}\times(F_1+F_2)}\approx 214\text{mm}$，毛坯相对厚度（$t/D$）×100≈0.23，拉

深系数 $m=108/214\approx0.50$。由于零件底部太尖，凸模头部与坯料开始接触时为点接触状态，故不能一次成形。一般而言，对这类零件可采用图 3-95 所示的阶梯成形法经多次成形后通过整形来加工这类零件。整流罩要求表面光滑、尺寸准确。顶部厚度不得小于 0.3mm。由于零件顶部较尖，料薄且表面质量和尺寸精度要求高，故其冲压成形工艺性较差。

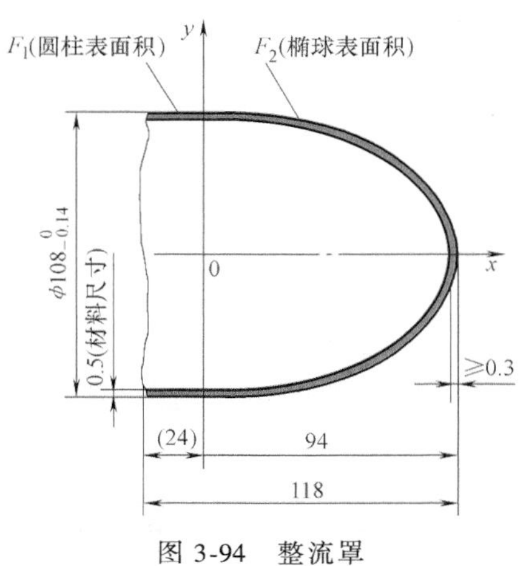

图 3-94　整流罩

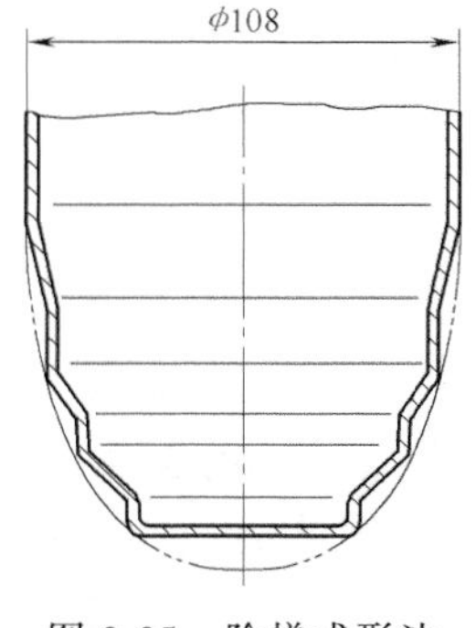

图 3-95　阶梯成形法

2. 废次品形式

采用图 3-95 所示阶梯成形法加工该零件，通过整形无法消除不平滑的工艺凹痕和冲击痕线，零件达不到产品的设计要求，壁厚差较大且不均匀。为此，生产中改进了工艺方案，采用图 3-96 所示的变角度逐渐过渡成形工艺，然后经退火，采用图 3-97 所示聚氨酯橡胶模整形的方法，收到了较好的效果，加工出了合格的零件。然而，在模具调试过程中，曾出现过以下几种形式的废次品。

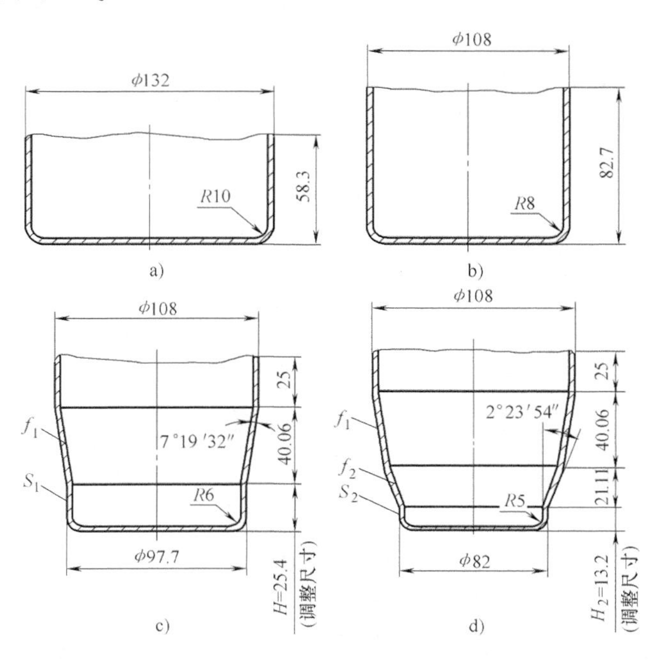

图 3-96　变角度逐渐过渡成形工艺

a）落料、拉深　b）第二次拉深　c）第一次变角度成形　d）第二次变角度成形

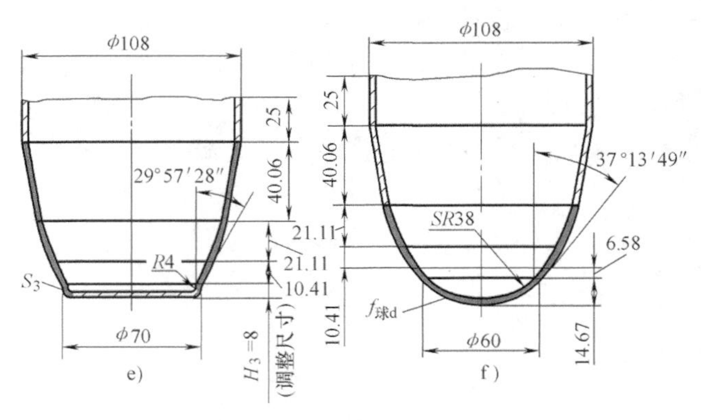

图 3-96　变角度逐渐过渡成形工艺（续）

e）第三次变角度成形　f）第四次变角度成形

1）折皱。如图 3-98a、b 所示，在第一、二次圆筒形拉深工序，制件侧壁产生折皱；在变角度成形工序，制件的锥形部分产生折皱。

2）凹陷、破裂。在各道成形工序中，产生图 3-98c 所示制件底部凹陷、破裂的冲压缺陷。

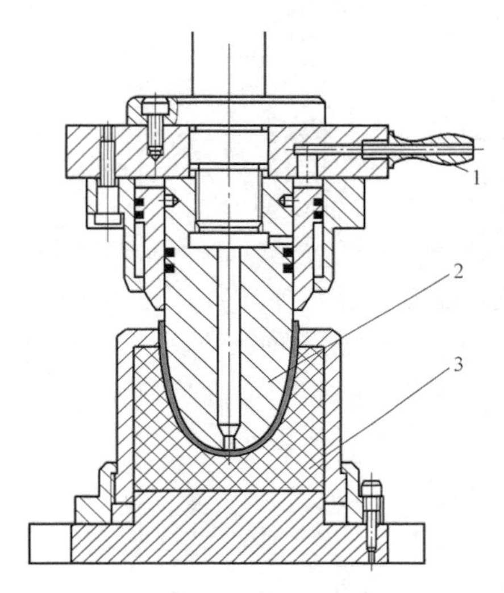

图 3-97　整形模结构

1—气嘴　2—凸模　3—聚氨酯橡胶凹模

3. 原因分析

1）造成图 3-98a 所示筒形件侧壁折皱的原因是，坯料较薄，在切向压应力作用下容易起皱。具体而言，第一、二次拉深时凸、凹模圆角半径较大，间隙大，径向拉应力小，切向压应力增大，当坯料通过凹模圆角时失稳起皱后被拉入凹模，形成了筒壁折皱。

2）在变角度成形过程中，如图 3-96c～f 所示，制件已成形的部位不再参与变形，而锥面的成形主要靠底部材料的重新分配。若凸模与坯料的摩擦力太小，拉应力减小会导致切向压应力增加，引起锥面的起皱；若润滑剂涂得过多，成形时润滑剂无处流动，也会形成这类折皱。

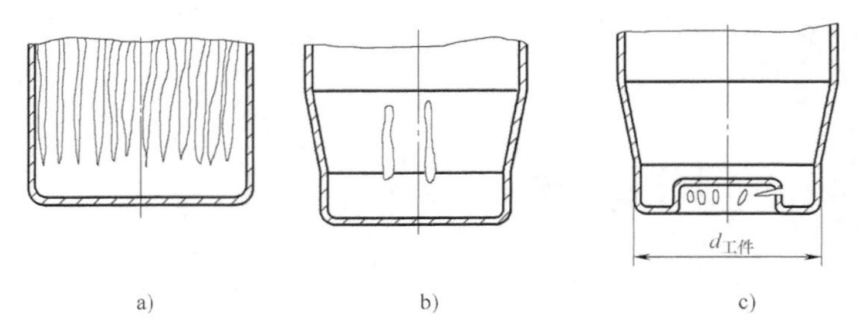

图 3-98　废次品形式

a）侧壁折皱　b）锥面折皱　c）凹陷、破裂

3）若顶料块（杆）的直径较小，单位顶料力将增大，由于坯料薄，故在顶料时会使制件底部产生反向变形，形成凹陷，甚至会顶破制件。

4. 解决与防止措施

生产中采取的解决措施是：

1）适当减小凹模圆角半径；凸、凹模间隙取（0.95~1）t。采取这两项措施，解决了筒壁折皱问题。

2）在变角度拉深成形中，尽量少涂润滑剂，锥部折皱即可消失。

3）在各次成形中，顶料块（杆）的直径在模具结构许可的条件下尽可能增大。一般顶料块（杆）的直径大于制件底部直径2~3mm。采取这项措施即可防止顶料时制件产生的凹陷和破裂。

3.2.26 锥罩高度不足

1. 零件特点

薄壁细长锥罩如图3-99所示。零件材料为2A12硬铝板，料厚为0.6mm，按面积不变的原则算得毛坯直径为ϕ222mm。毛坯相对厚度$(t/D)\times100=0.27$，零件相对高度$h/d=3$。该件属薄壁深锥拉深件，需多次拉深。

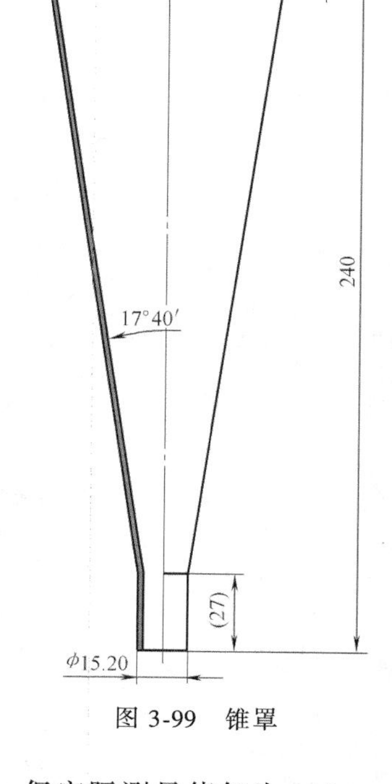

图3-99 锥罩

2. 废次品形式

高度不足。生产中采用图3-100a所示锥面逐步成形法，分十次来拉深该件。试拉时制件高度严重不足。如图3-100b所示，第三次拉探至ϕ80mm的外径时，工艺设计高度$h=125$mm，但实际测量值仅为112mm。在第三次拉深中，高度相差就达13mm之多，最终成形制件高度相差更大。

3. 原因分析

1）毛坯尺寸误差。零件基本厚度尺寸为0.6mm，选用2A12铝合金板料的实际厚度仅为0.55mm。因有色金属板料厚度一般呈负偏差，故按等面积法加修边余量确定的毛坯尺寸偏小。

2）制件壁厚增加。如图3-101所示，纵剖半成品，测量壁厚，拉深后，除圆角部分有变薄现象外，锥形部分有明显增厚，平均增厚值为0.06~0.07mm，对料厚0.55mm的薄料，增厚比值达12%~13%。拉深变形时，法兰部分坯料在周向压应力用下厚度增加，多次拉深后，壁厚增加量较多，导致了制件高度的不足。

3）模具间隙过大。按毛坯基本厚度尺寸0.6mm选取模具间隙为0.66mm。因实际料厚仅为0.55mm，间隙为料厚的1.2倍，模具间隙大，致使在法兰处变厚的坯料在通过凹模口进入壁部时不能被拉薄。这不仅是制件壁厚增加的原因，也容易使材料堆积产生折皱。

4. 解决与防止措施

生产中采取了如下一些措施来解决高度不足的问题：

1）减小模具间隙。为了减少壁厚增加值，使坯料在通过凹模圆角后能有较大的减薄量，生产中适当减小了凸、凹模的间隙。

2）增大压边力。其目的仍然是增大拉深力，增加径向的伸长变形量来减少壁厚。

采取了这两项措施后，情况略有好转，制件高度略有增加，但与图样要求仍有较大差

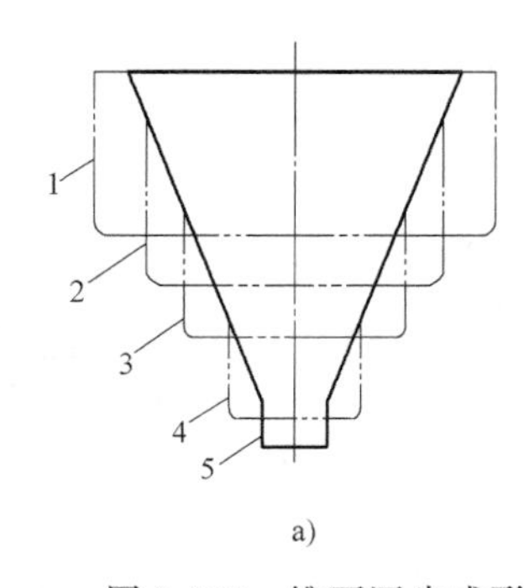

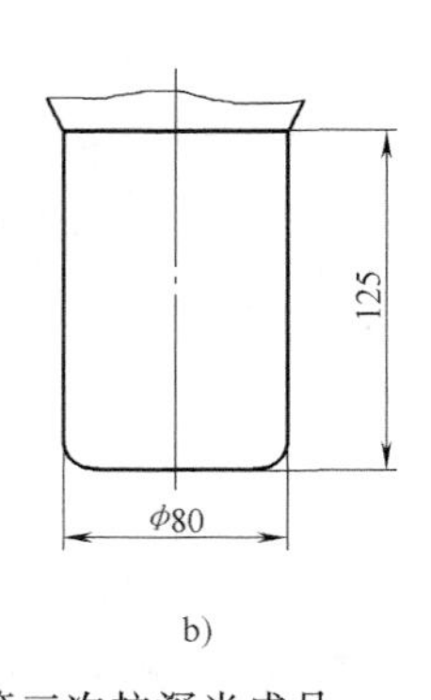

图 3-100　锥面逐步成形法及第三次拉深半成品
a）锥面逐步成形法　b）第三次拉深半成品

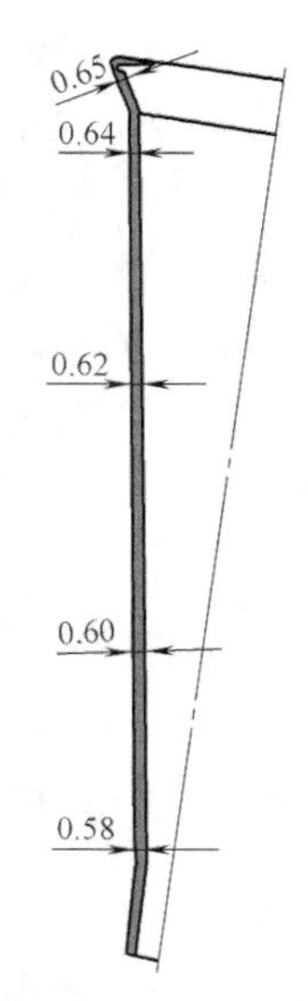

图 3-101　半成品厚度分布

距。进一步减小模具间隙，增大压边力，则因拉深力过大造成了制件底部的破裂。这两项措施均未能从根本上解决问题。

3）增加毛坯直径。根据壁厚增加量，经多次试验，把毛坯直径增加到 ϕ234mm，也就是将毛坯面积增加到零件表面积的 122%，才解决了问题，保证了零件的成形高度。

因为材料薄，加工次数多，故在生产中除制件高度不足外，还常出现折皱、擦伤、碰伤等废次品。为使生产稳定，保证制件质量，在加工这类薄壁细长锥形件的生产中还采取了如下的一些特殊措施：

4）合理选择和分配各次拉深系数。由筒形件拉深锥形时，拉深系数按表 3-13 来选取。可见，拉深系数的选取未按常规，而是根据 t/d_{n-1} 来选取，即随着工件尺寸的减小，拉深系数可逐渐取小值。

5）合理确定凸模圆角半径和表面粗糙度。凸模圆角半径 r_n 的计算公式为

$$r_n = K\frac{d_{n-1}-d_n}{2}$$

式中　K——系数，取 $K=1\sim1.5$，首次拉深锥形时取小值，以后逐渐增大。

表 3-13　再拉深锥形件的拉深系数

$\frac{t}{d_{n-1}}\times100$		0.5	0.8	1.0	1.5
$m=d_n/d_{n-1}$	带压边块	0.85	0.8	—	—
	不带压边块	0.90	0.85	0.80	0.75

注：表中，t 为坯料厚度；d_{n-1} 为前次拉深直径；d_n 为本次拉深直径。

凸模表面粗糙度取 $Ra1.6\mu m\sim Ra3.2\mu m$，表面粗糙度值过大时易导致底部破裂。

6）增加整形工序，以消除制件表面在多次拉深中留下的工艺波纹。考虑到半成品呈上

厚下薄的实际情况，整形凸、凹模的锥角保持一差值 $\Delta\alpha$，经多次试验，取 $\Delta\alpha=3'\sim6'$。

7）保证落料毛坯的断面质量，控制毛刺。毛刺贴附在模具或制件上会导致拉深时产生擦伤和折皱。

8）在整个加工过程中要保持制件和模具清洁，不得沾染砂粒、棉纱等杂物，更不能磕碰制件。

9）对于重复使用的润滑油（植物油为佳）必须过滤后方能使用。要保持凸、凹模和压块无损伤，磨损后及时维修和更换。

3.2.27 高温传感器外壳底部开裂、尺寸超差

1. 零件特点

高温传感器外壳如图 3-102 所示。零件材料为英科耐尔 600（我国牌号 GH600/GH3600），料厚为 0.25mm。英科耐尔系列 600 合金，即为 Inconel 600 高温镍基合金，其主要力学性能见表 3-14。该件是高温传感器上的重要零件，料薄且结构复杂，是典型的阶梯形拉深件。该种材料加工硬化现象非常明显，依据经验在冲压拉深前，材料要进行退火和软态处理，硬度控制在 160HBW 左右。

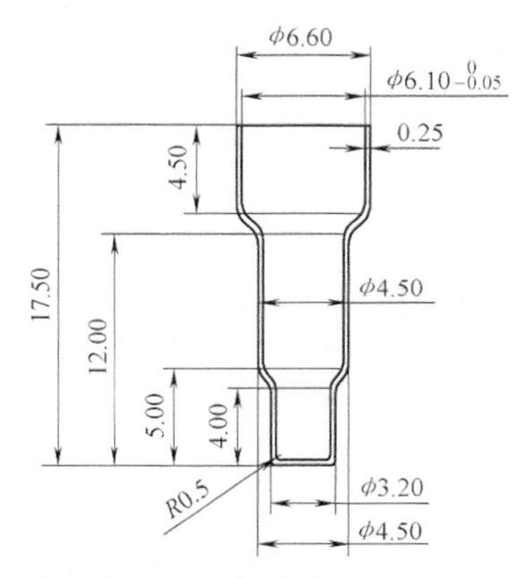

图 3-102 高温传感器外壳

2. 废次品形式

该件采用多工位连续模生产，设计工艺方案为 13 道工序，模具如图 3-103 所示。料宽为 25mm，步距为 25mm，每分钟 150 次。由自动送料机送料，试模时产生了底部开裂和尺寸超差两种形式的废次品。

表 3-14 Inconel 600 合金在常温下的主要力学性能

状态	抗拉强度/MPa	屈服强度/MPa	伸长率(%)	布氏硬度 HBW
退火处理	550	240	30	≤195
固溶处理	500	180	35	≤185

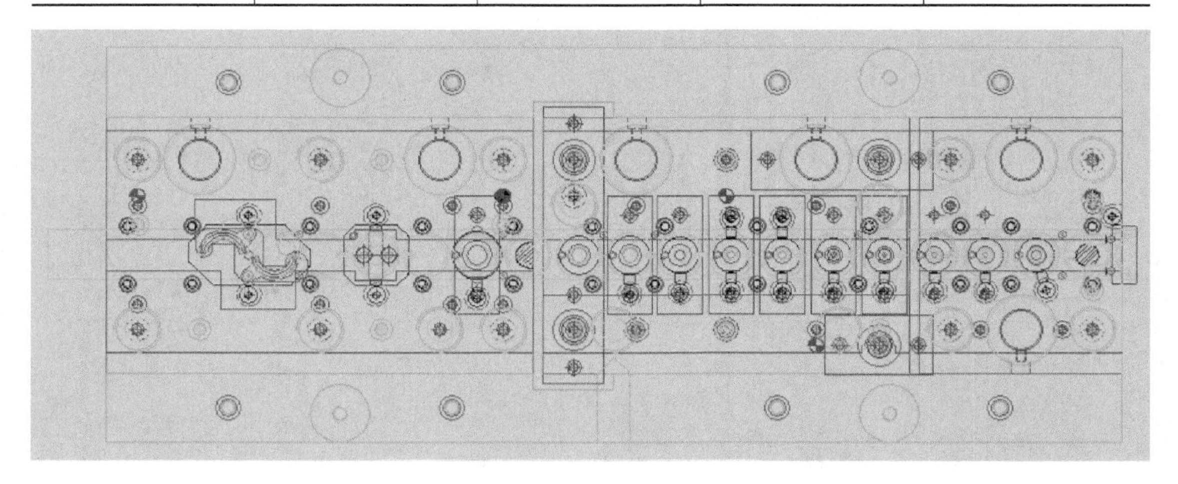

图 3-103 传感器外壳多工位连续模

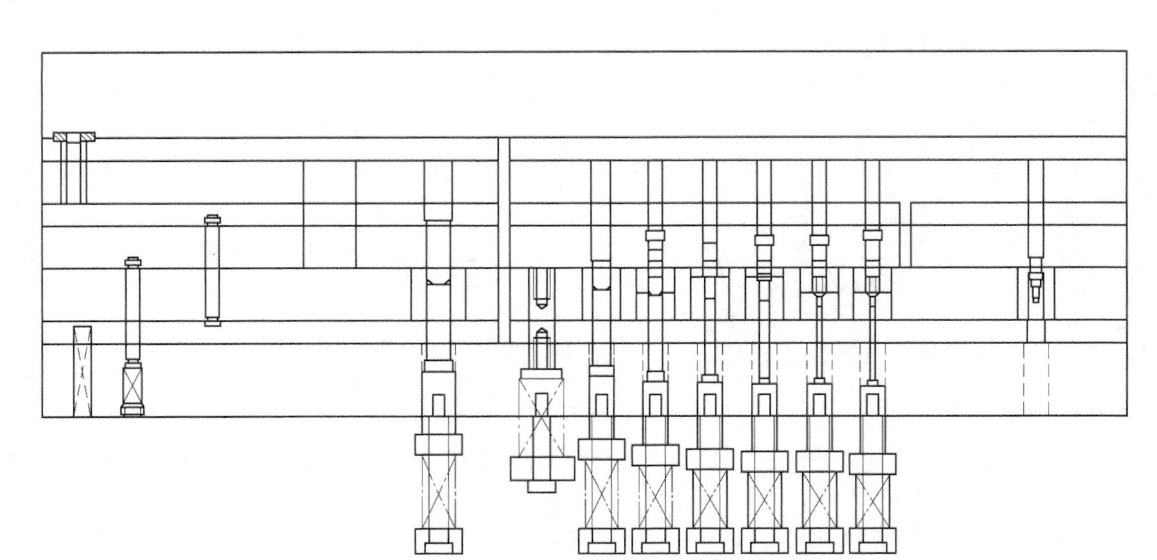

图 3-103　传感器外壳多工位连续模（续）

1）底部开裂。如图 3-104 所示，采用逐次拉深方法，先切口（切口直径为 ϕ20.5mm），拉深成 ϕ11mm×8.15mm 的圆筒，再拉深过渡尺寸 ϕ8.5mm，…，如图 3-105 所示，逐次减小制件内径，通过 7 道拉深工序来加工该零件。试模时，在最后一道拉深工序，零件底部破裂。

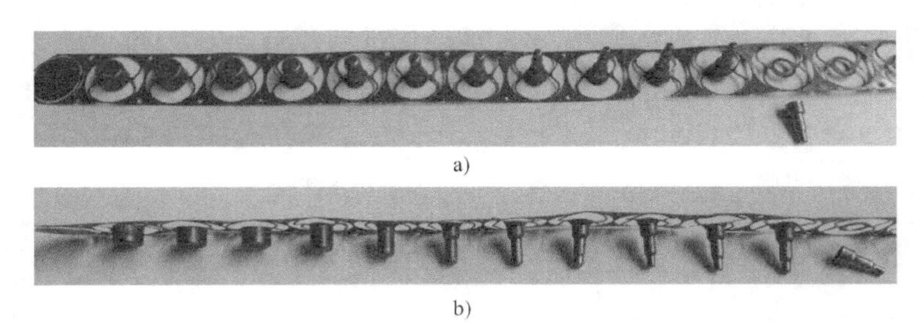

a)

b)

图 3-104　料带图

a）正面　b）侧面

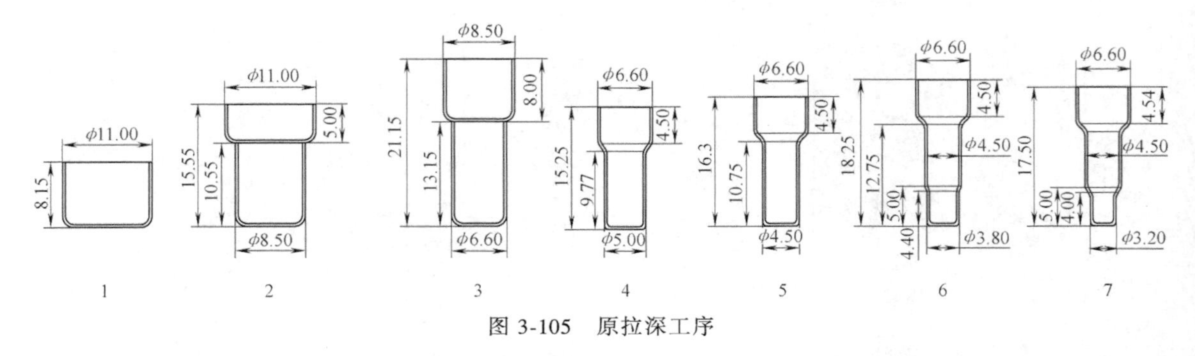

图 3-105　原拉深工序

2）尺寸超差。外壳高度尺寸超差，尺寸 4mm、12mm、17.5mm 超下限 0.05~0.1mm，不符合产品的质量要求。

3. 原因分析

根据经验和现场分析，生产中产生废次品的主要原因是：

1）材料薄，多次拉深材料加工硬化严重。

2）各次拉深系数分配不甚合理。阶梯形件多次拉深时，前道工序应为后道工序准备足够的材料。因材料不足，胀形变形程度过大，便在底部产生了破裂。

3）拉深模具表面粗糙度值大，润滑不良，加剧了变形的不均匀程度。

4）模具调整不到位是制件尺寸超差的主要原因。

4. 解决与防止措施

生产中采取的解决措施是：

1）调整拉深过渡尺寸，如图 3-106 所示，将第 3 次拉深工序直径 $\phi6.6\text{mm}$ 调为 $\phi6.54\text{mm}$。也就是说适当增大了前道工序的变形程度，为后序成形创造了有利条件。

2）对模具工作零件进行抛光处理，或拉深区域采用镜面加工，要保证拉深凸模和凹模的表面粗糙度值尽可能小。

3）采用优质冲压油保证对模具的良好润滑，进一步提高底部胀形变形的均匀程度。

4）调整拉深凸、凹模的圆角半径。适当增大前几次拉深凸、凹模圆角半径。最后一次拉深整形凹模圆角半径取制件口部圆角半径；凸模圆角半径取拉深产品底部圆角半径。

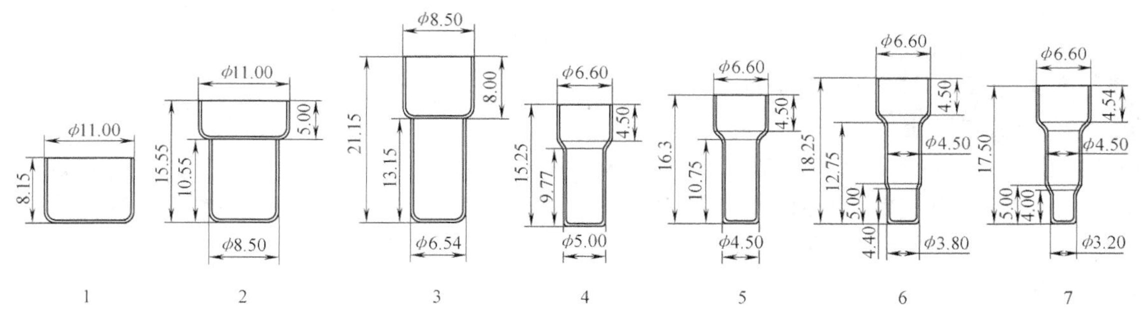

图 3-106　改进后的拉深工序图

5）试模时调整模具到位。图 3-107 所示为采取这几项措施后生产出的合格产品。由图 3-107 可见，产品质量良好，同时保证了批量生产的稳定性。该例说明，对于这类薄料的阶梯形拉深件，工艺与模具的微量变化都会影响产品的质量。

图 3-107　合格产品

3.2.28　不锈钢锥罩表面压痕

1. 零件特点

某厂生产的不锈钢锥罩如图 3-108c 所示。零件材料为 1Cr18Ni9Ti，料厚为 1.5mm。毛坯直径取 $\phi365\text{mm}$，相对厚度 $(t/D)\times100=0.41$，相对高度 $h/d=0.41$，属中等深度锥形件，由于毛坯相对较薄，故须用压边装置，经两次或三次拉深成形。

2. 废次品形式

表面压痕。生产中原来用图 3-108 所示锥面逐步成形法，通过三次拉深来加工该零件。

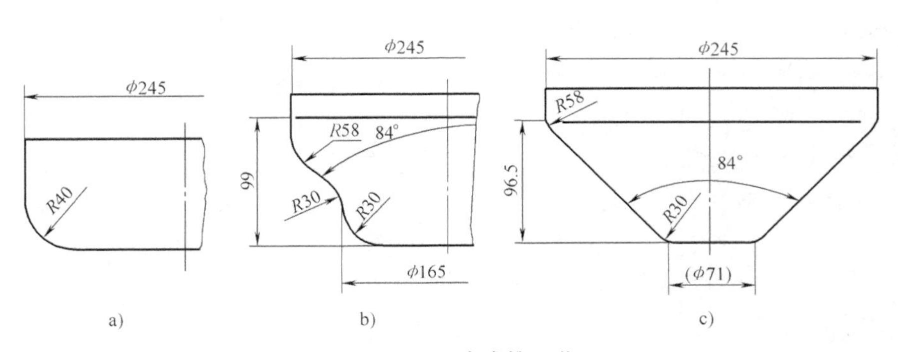

图 3-108 逐步成锥工艺

a）第一次拉深 b）第二次拉深 c）不锈钢锥罩

虽然在第三次拉深终了进行了整形，但制件 $R30$mm 外侧仍存有环形压痕。零件外观质量较差。

3. 原因分析

1）拉应力不足以使 $R30$mm 处圆弧被拉平。由于制件外形尺寸 $\phi245$mm 在第一次拉深时就已形成，在由图 3-108b 所示半成品加工成最终的制件时，其成形过程是制件内材料的重新分配过程，为了保证已成形到尺寸的坯料不再参与变形，制件底部拉应力较小，故 $R30$mm 外圆弧不能被拉平。

2）制件厚度不均匀，整形凸、凹模不能将整个锥面压实，高出部位会形成压痕；凹进部位则成为凹痕，影响了零件的外观质量。

4. 解决与防止措施

如图 3-109 所示，生产中改变了第二次拉深时制件的形状与尺寸。第二次拉深时就将 84°锥面拉成。第三次拉深时，锥面整体向内收缩形成所需零件。采用这种锥面一次成形法加工的制件表面质量高，无工序间的压痕。

采用这种锥形件拉深成形方法应注意以下两个问题。

1）各工序进入锥形段的坯料表面积应相等。为保证锥面平直，防止计算中出现的误差，允许前一工序进入锥形段表面积比后一工序少 4%～6%。如图 3-110 所示，0123 段表面积应与 013′段相等或少 4%～6%，否则点 3 应向上移。

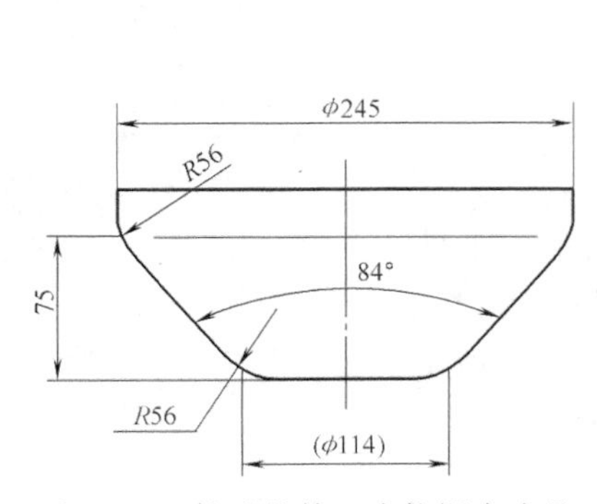

图 3-109 改进的第二次拉深半成品

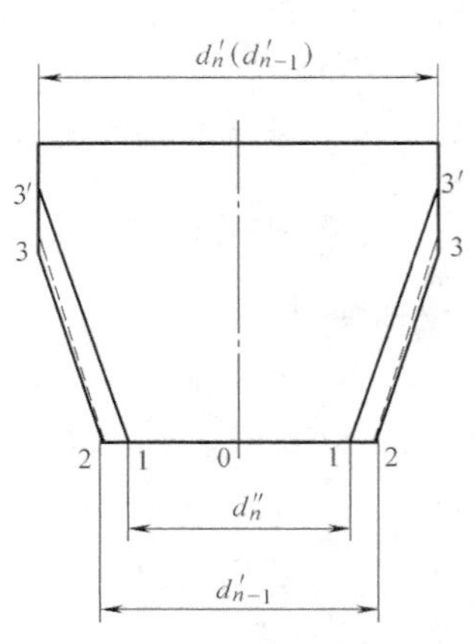

图 3-110 工序尺寸校核

2）平均直径的拉深系数应大于其极限拉深系数。平均直径的极限拉深系数值可查表 3-15。就本例而言，查表 3-15，$m_n > m_{n\min}$。

表 3-15 锥形件的极限拉深系数

毛坯相对厚度$(t/d_{n-1})\times100$	0.5	1.0	1.5	2.0
极限拉深系数 $m_n=\dfrac{d_n}{d_{n-1}}$	0.85	0.8	0.75	0.7

注：d_n 和 d_{n-1} 为 n 次和 $n-1$ 次拉深的平均直径；$d_n=(d'_n+d''_n)/2$，$d_{n-1}=(d'_{n-1}+d''_{n-1})/2$。

$$d_{n-1}=(114+245)\text{mm}/2=179.5\text{mm};\ d_n=(71+245)\text{mm}/2=158\text{mm}$$
$$m_n=d_n/d_{n-1}=158/179.5=0.88;(t/d_{n-1})\times100=1.5/1.795=0.84$$

3.2.29 收割机脱粒滚筒辐盘平面度、垂直度超差

1. 零件特点

联合收割机脱粒滚筒辐盘如图 3-111 所示。零件材料为 08 冷轧钢板，料厚为 4mm。该件为异形八角浅拉深件，底部有一个深 20mm 的倒锥凸台。收割机工作时，辐盘在高速下转动，工作条件恶劣，故对其底面的平面度和侧壁对底面的垂直度有一定的要求。

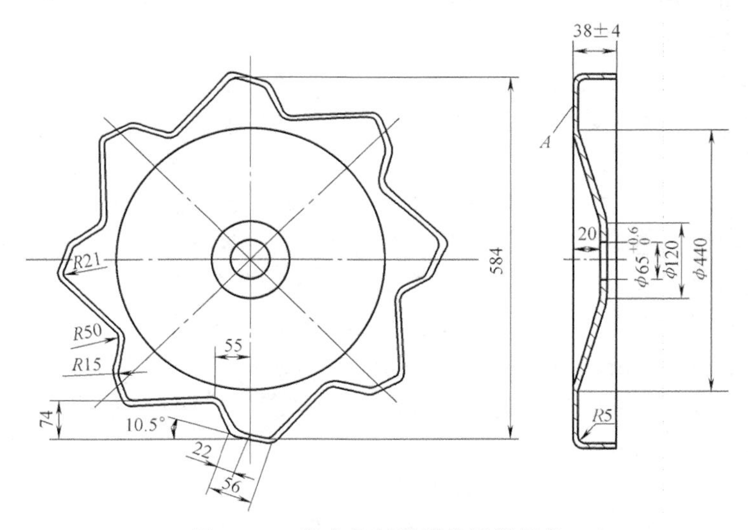

图 3-111 联合收割机脱粒滚筒辐盘

2. 废次品形式

该件原加工工艺方案为：剪切下料（正方形坯料）→剪四角（正八边形坯料）→冲 ϕ65mm 中心孔→以 ϕ65mm 中心孔定位切各角成拉深展开毛坯→以 ϕ65mm 中心孔和一个牙形定位，一次拉深成形。进行拉深加工时，产生的制件废次品形式为：

1）平面度超差。按平面度未注公差标准规定，该件底面必须位于公差值为 0.5mm 的两平行平面内。按零件的装配和使用要求，底平面的平面度也必须小于 1mm，而实际零件底面的平面度为 1～2mm。

2）垂直度超差。按零件的使用要求，该件侧壁对底平面的垂直度误差不得大于 1°，实际拉深件为 2°～3°。

3. 原因分析

该零件的结构设计在底面设有一个深 20mm 的倒锥凸台，这种结构可使拉深件底面产生较大的塑性变形，既有利于增加零件的刚度，又能在一定程度上提高制件的平面度。平面度超差的主要原因是：

1）模具制造精度差，压料力（托料力）小或不均匀，坯料未能完全与凸、凹模底部平面接触，拉深加工后期模具未将工件压实。

2）根据工艺安排，ϕ65mm 中心孔在拉深成形前已冲出，故拉深凸、凹模未设置排气孔。提高模具制造精度后，制件环状区域与凸、凹模贴合时，由于气体逸出比较困难，脱模时形成真空造成了制件底部不平。

制件的平面度超差后直接影响了侧壁对底面的垂直度。此外，垂直度超差的原因还有：

3）零件的结构特点与普通圆筒形拉深件不同，八个角由 R15mm、R50mm、R21mm 和相邻直线段组成。故最后一次拉深成形实质上属拉深、弯曲和翻边的复合成形。由于弯曲成形占有较大的比例，弯曲回弹导致了制件垂直度的超差。

4）制件侧壁尺寸（38±4）mm 相对较浅，凸、凹模间隙较大或由于模具磨损间隙变大，使侧壁不能很好贴模。

4. 解决与防止措施

生产中采取的解决措施是：

1）提高模具的制造精度，使凸、凹模底面与深 20mm 的锥形凹槽底面平行。调整模具的压下量，压实工件，使压实平面上的坯料产生微量塑性变形，控制平面度的超差。

2）增加整形工序。采用图 3-112 所示整形模对制件进行整形。将拉深制件仰置于整形模下模，以底部倒锥凸台、中心孔和外缘牙形定位，通过整形模中带有 3°斜度的凹模对制件壁部进行整形。将侧壁喇叭口向内收缩，使垂直度达到要求。根据图样要求，调整压力机的滑块行程控制零件侧壁收缩量。

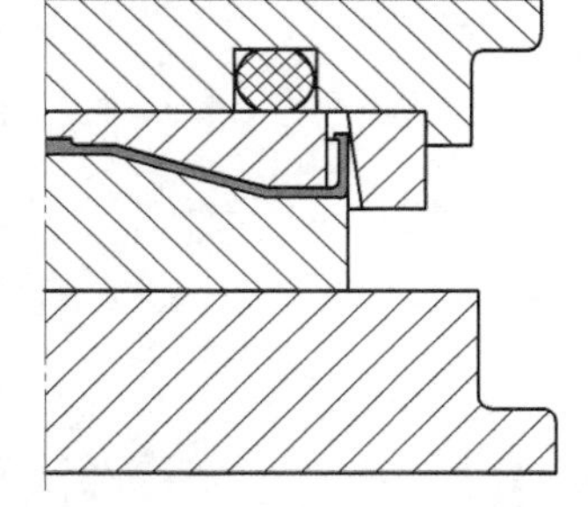

图 3-112　整形模具结构

此外，防止底部平面度和侧壁垂直度超差的积极有效措施还有：

3）在凸、凹模八个凸出部分对称设置排气孔。

4）适当减小凸、凹模圆角半径，将模具间隙减小到 0.95~1 个料厚。

3.2.30　发动机油管六角螺钉锁扣拉深起皱暗裂

1. 零件特点

某型发动机内部油管六角螺钉锁扣如图 3-113 所示。零件材料为 50 钢，外形尺寸为 20mm×20mm×8mm，料厚为 0.6mm。该零件外形呈六角形，形状较为复杂。产品本身除六角拉深难成形外，上面还有牙包，牙包的起始点与终点半剪切开，且旋钮距离正好为一个螺纹螺距。气动装车与螺钉旋钮不能有超过 0.5N 的阻力，否则有滑牙风险。产品本身还有后处理工艺，热处理+达克罗（锌铬耐蚀涂层），这对零件本身的变形也有影响。

2. 废次品形式

拉深起皱暗裂（也称隐裂，专业术语为颈缩）。生产中采用连续模冲压工艺方案，如

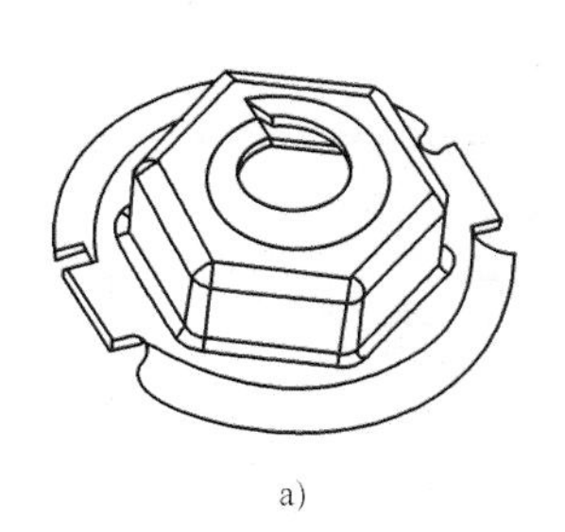

a)

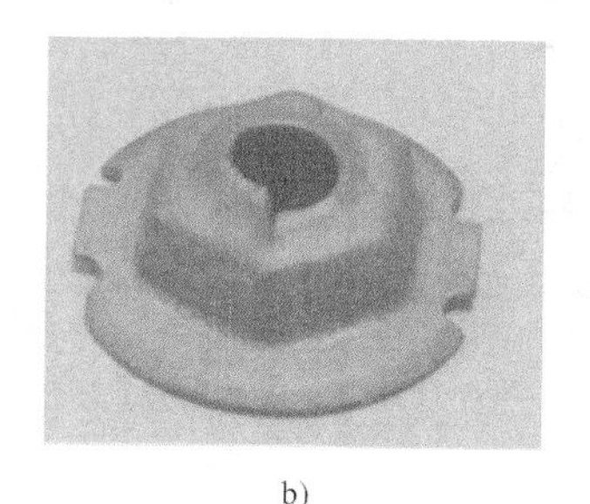

b)

图 3-113 发动机内部油管六角螺钉锁扣

a）线图 b）实物图

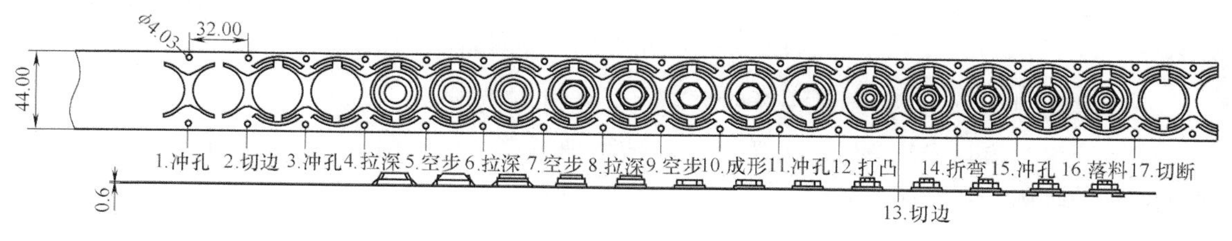

a)

b)

图 3-114 发动机内部油管六角螺钉锁扣工艺料带

a）工艺料带 b）料带实物

图 3-114 所示，料带宽度为 44.00mm，步距为 32.00mm。在试模过程中，制件六角面顶端起皱暗裂，如图 3-115 所示。

图 3-115 六角螺钉锁扣起皱暗裂

3. 原因分析

图 3-116 所示为锁扣成形的模具结构。分析板料在此模具作用下的成形过程，造成六角头部位置起皱暗裂的主要原因是局部变形不均匀。具体而言为：

1）步距引导针排布不合理。所有的步距引导位置全部排满引导针。制件在第 4 工序拉深成形时材料要收缩，引导孔位向内收缩，第 7 工序和第 9 工序是收料过程，有向外胀料趋势，成形后，料带呈现出“S”形，按照正常设计思路，此制件引导粘上模，导致错位，制件无法正常进入成形模腔内，导致变形不均匀，形成起皱暗裂。

2）上模脱料力小。向上成形后，六面都是直边，需要比较大的脱料力。上顶杆压力过小将导致成形时制件无法脱出，拉拔力增大，强制靠上、下模分离拉开，导致产品端部产生暗裂。

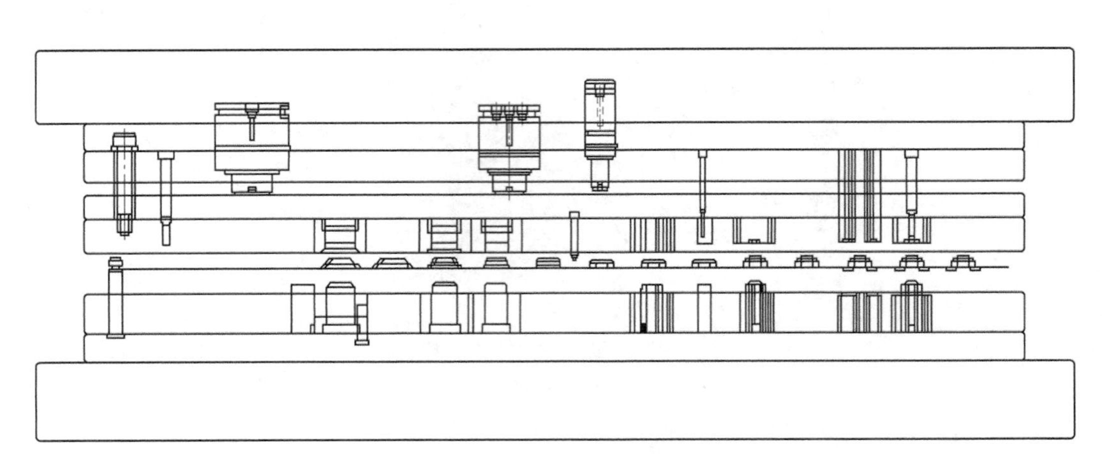

图 3-116 六角螺钉锁扣模具结构

3）拉深工序数不够合理。球形拉深直接一步到位变六角，在六角面上凹模向下运动的过程中，凹模六角直接拉深，与原第 9 工序球形外圆相切导致材料被赶到下面，下端多料、上端缺料导致制件端部起皱。

4. 解决与防止措施

生产中在模具调试过程中逐次采取的解决措施是：

1）将第 1 工序冲引导孔做小 1mm，第 4 工序拉深成形保留引导，靠制件已成形处初步引导，待第 11 工序成形结束精冲引导，后面就可以直接引导出料。

2）根据数值模拟分析和经验改用氮气弹簧脱料，氮气弹簧力大于原脱料力 2 倍以上，保证脱料顺利。

3）在六角成形工序前追加一步圆弧角成形，尽量贴近拉深所有圆角。不能一次拉深到位，循序渐进。

采取上述三项措施后生产出了合格的产品，如图 3-113b 所示。

3.2.31 汽车变速杆轴支架偏移

1. 零件特点

某汽车变速杆轴左右支架如图 3-117 所示。零件材料为 08 钢，料厚为 3mm。该件为不等边盒形件，其长短边高度之比为 4∶1。由于零件短边一侧直壁高度较小，两边高度相差较大，故拉深工艺性差，要保证制件形状与尺寸要求有一定难度。

2. 废次品形式

偏移。采用短边处增加工艺补充面，拉成高度为 40mm 盒形件后切除多余部分的加工方法，原材料消耗大，工序多，工效较低。为减小材料消耗，提高生产效率，降低成本，采用一次拉深成形的加工工艺，试模时制件产生偏移，短边高度得不到保证。

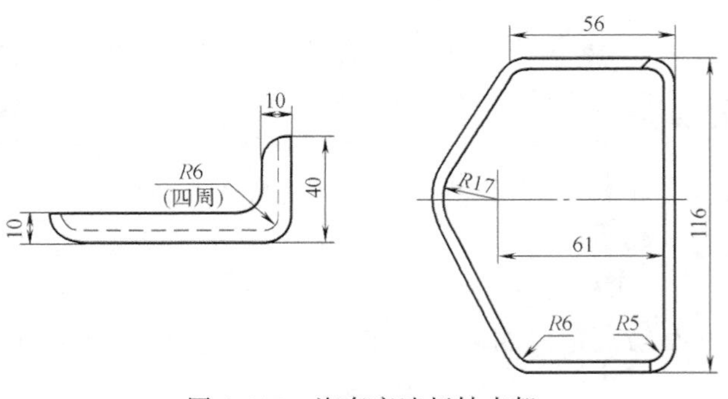

图 3-117 汽车变速杆轴支架

3. 原因分析

产生偏移的主要原因是在成形过程中坯料产生了滑移。如图 3-118b 所示，当凸模刚刚进入凹模口，坯料变形较小时，由于凸、凹模两侧的圆角对制件施力条件相近，制件基本不发生滑移；当凸模逐渐进入凹模，坯料形状变化较大时，短边一侧凹模圆角与制件接触减少，直到图 3-118c 所示制件短边与凹模圆角脱离。在此期间，制件两侧的受力条件不同，再加上短边一侧直壁小，摩擦阻力比长边一侧要小得多，故制件产生了向长边一侧的滑移。继续变形，由于短边已与凹模圆角完全脱离，在单侧拉深力作用下，滑移将加剧。

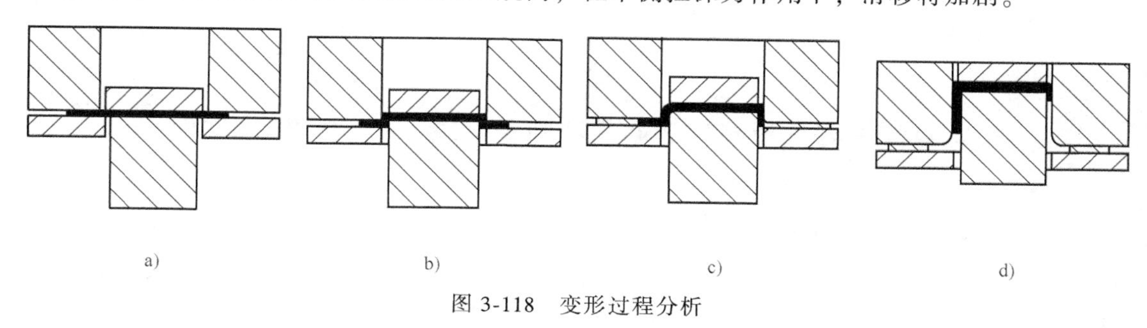

图 3-118 变形过程分析

4. 解决与防止措施

从原理上讲，要解决制件偏移，克服成形时产生的向一侧滑移的现象，就必须改变制件成形过程中的受力状况，使制件在成形初始阶段，长短两边受力基本均衡。为此，生产中采取的解决措施是：

1）改变凸模的圆角半径。如图 3-119 所示，将短边一侧的凸模圆角半径由 $R6\text{mm}$ 减小到 $R3\text{mm}$。采取这一措施后，短边一侧所受的变形力和摩擦阻力增大，对阻止制件的滑移极为有效。

2）改变凹模圆角半径。一般而言，拉深成形过程中，凹模圆角半径的大小对加工的成败和制件的质量影响较大。如图 3-120 所示，将短边一侧的凹模圆角半径由 $R8\text{mm}$ 减小到 $R4\text{mm}$，从而增大了短边一侧的金属流动阻力，也能使长、短边受力条件不一的情况得到改善。

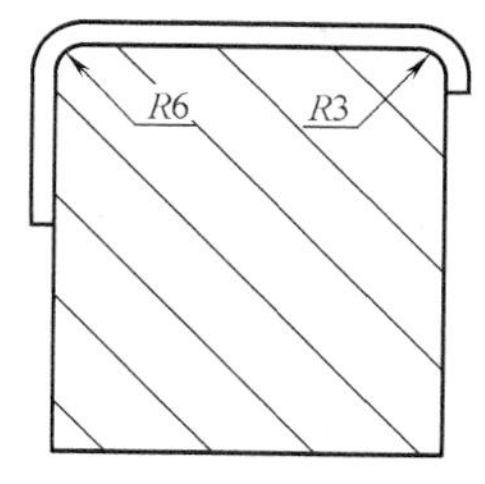

图 3-119 改进后的凸模

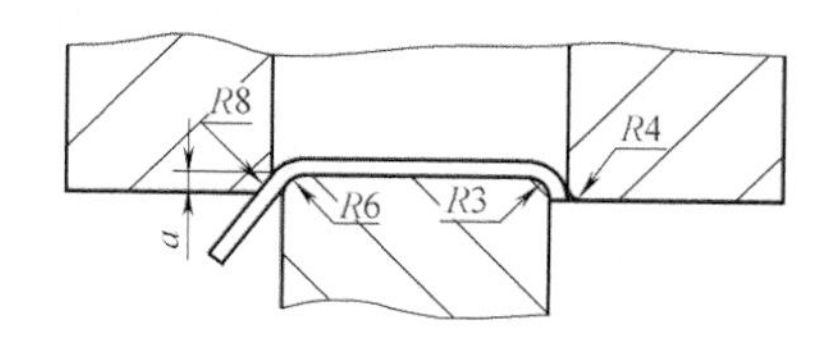

图 3-120 改进后的凸模

采取减小短边一侧的凸、凹模圆角半径后，短边一侧坯料的弯曲变形程度大幅度增加。由于盒形件直边处弯曲变形成分较大，故从这个角度来看，短边一侧的变形阻力增加较多。

3）改变凸、凹模间隙。短边一侧，凸、凹模单边间隙取（0.9~1.0）t，使坯料略有变薄。采取这一措施后，一方面进一步提高了短边一侧的拉深变形阻力，另一方面使短边处坯料受一较大的凸、凹模夹紧力，从而克服了制件的滑移。

防止这类制件偏移可采取的措施还有：

4）如图3-121所示，增加强力压料装置，使制件在夹紧状态下成形。

5）根据制件偏移量的大小，适当调整定位板的位置，对可能产生的偏移量给予相应的补偿。

6）若制件精度要求高时，成形后需增加一道精整工序。

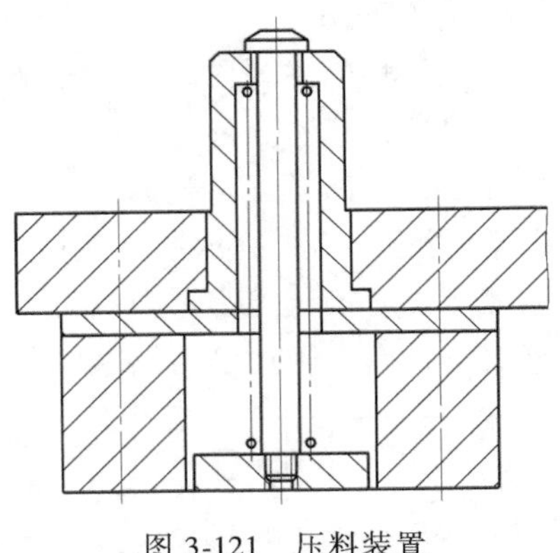

图3-121 压料装置

3.2.32 电影放映机导片板局部破裂、凹陷

1. 零件特点

某电影放映机导片板如图3-122所示。零件材料为2A11硬铝合金，料厚为1mm。该件形状较复杂，底面呈V形曲面，且带有不等宽加强筋。生产中称这类零件为曲面矩形盒拉深件。实质上，该件属拉深、弯曲和胀形的复合成形件。导片板要求外形平整、美观，筋的曲面不得出现凸起。

2. 废次品形式

采用普通拉深模多次拉深成形，试模时拉深件出现的废次品形式如图3-123所示。

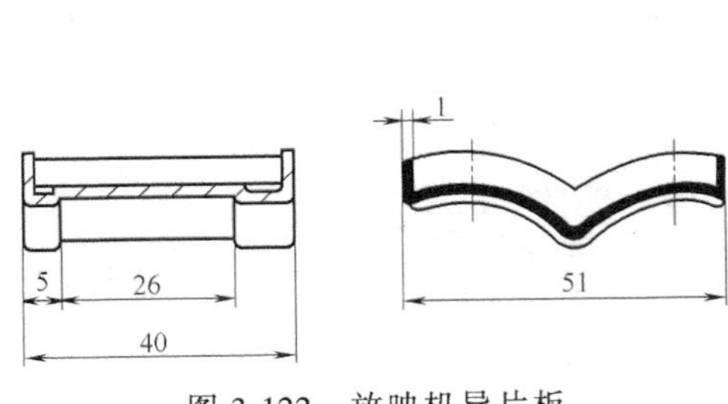

图3-122 放映机导片板

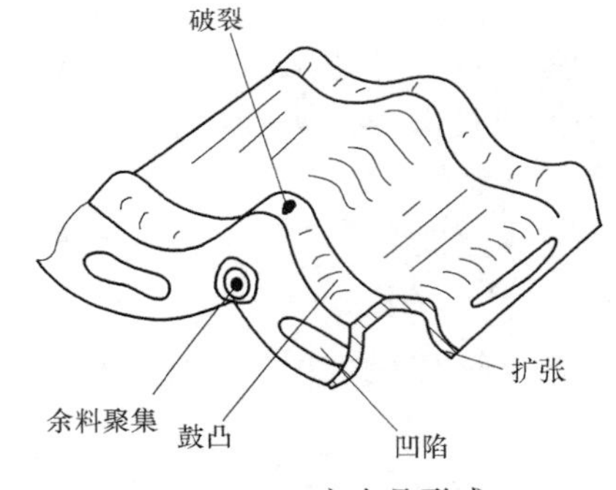

图3-123 废次品形式

1）破裂。制件V形曲面的圆弧凸起部位局部破裂。

2）余料聚集。制件前、后侧壁V形缺口处产生余料聚集。V形缺口底部高低不平，类似局部起皱。

3）凹陷。制件左、右和前、后侧壁凹陷不平。

4）扩张。制件口部不平，向外扩张。

5）鼓凸。制件底部产生鼓凸，特别是在筋的曲面处出现鼓起的小包。

3. 原因分析

制件的结构特点是造成上述冲压缺陷，产生废次品的主要原因。具体而言，产生上述废次品的原因是：

1）拉深加工时，金属的流动情况如图3-124所示。上模下行，毛坯在A处首先与模具接触，底部V形曲面的圆弧首先成形。由于凸模的头部与坯料接触面积较小，局部坯料承受了全部变形力，故此处坯料在双向拉应力作用下产生胀形变形，表面积增加、厚度减薄。因 D、E 点高于 B、C 点，故当 B、C 圆弧还未完全成形时，圆弧 D、E 已进入凹模开始成形。D、E 处成形后，四壁就被封闭在凹模中，拉深继续进行，顶点 A 处圆弧得不到外部金属的补充，胀形变形达到极限，便产生了破裂。因此，制件 V 形曲面的圆弧凸起部位的破裂属于胀形破裂。

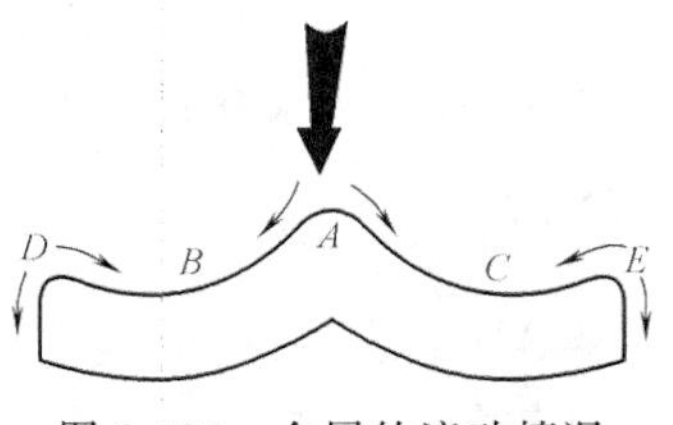

图 3-124 金属的流动情况

2）V 形缺口的余料聚集则与上述胀形破裂正好相反。其原因是坯料展开尺寸过大，多余金属无处转移。

3）四壁类似低矩形盒的拉深，圆角部分的成形具有拉深变形的性质，而直边则属弯曲变形。在圆角的拉深成形过程中，多余金属要向直边流动，因 V 形缺口处金属流入凹模速度最快，故在周向压应力作用下多余金属易向此处聚集，也容易产生凹陷。

凸、凹模单边间隙取 $c=1.1t$，大于一个料厚。由于直边部分坯料沿厚度方向不受约束，故容易产生凹陷，也容易导致制件口部向外的扩张。

4）曲面矩形盒拉深时，由于坯料在凹模型腔内变形复杂，各处应力不均、故形状很难控制。特别是采用几副模具进行拉深，或拉深结束后进行整形时，由于模具底面曲线与半成品有差异，就会造成底面鼓凸，制件的整体和局部形状也不规整。

4. 解决与防止措施

生产中采取的解决措施是：

1）改变原工艺方案。改多次拉深为一次拉深。凸模、顶板和凹模由线切割加工，确保凸模与凹模的曲线面吻合良好。

在拉深终了时，用凸模将制件压死在顶板上，在刚性接触中获得应有的整形效果，保证底面具有良好的外形。

经验表明，对于像导片板这样形状较为复杂的拉深件或成形件，一般应尽量做到一次成形，以防止多次成形造成的形状不良等缺陷。这种观点具有较为普遍的意义。

2）改变模具的结构和模具工作零件的形状。将整体式凸模和顶板（整形凹模）改为拼块式结构，由三块相拼而成，便于模具的加工、维修，也容易保证其质量和精度。

如图 3-125 所示，采用曲面凹模和曲面压边圈。使圆弧各点同时拉深，各区段金属流动趋于均匀，减少坯料拉深前后不一产生的附加应力。凹模口周边圆角半径取 $R2$mm。采取这项措施后，避免了圆弧凸起部位的破裂。由于压料力均匀，坯料贴模性好，减轻以致消除了由起皱引起的各种缺陷。

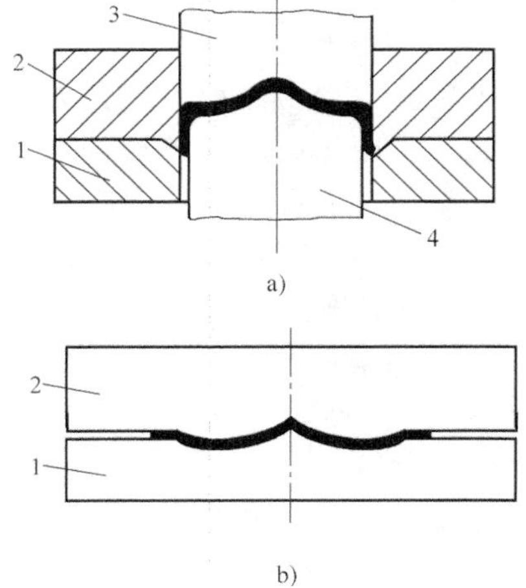

图 3-125 改进后的模具结构与外形
a）主要模具结构 b）曲面凹模与曲面压边圈
1—压边圈 2—曲面凹模 3—顶板 4—凸模

减小凸、凹模的间隙，直边部分的间隙由 $c=1.1t$ 减小到 $c=0.9t$，圆角处由于拉深加工时坯料会变厚，故间隙值取得稍大些，$c=0.96t$。这样，侧壁受到约

束，凹陷及口部扩张的缺陷消除。值得注意的是，采用小于料厚的间隙进行拉深时，会使模具的磨损加剧，故在拉深加工时应注意润滑和对模具进行冷却，模具的表面粗糙度值也应尽量小。

3）改变了落料毛坯的形状与尺寸。经多次试冲，多次修改后，生产中确定的最终毛坯展开形状和尺寸如图3-126所示。因在余料聚集处设置了工艺缺口，下料毛坯合理，一次拉深便获得了成功。

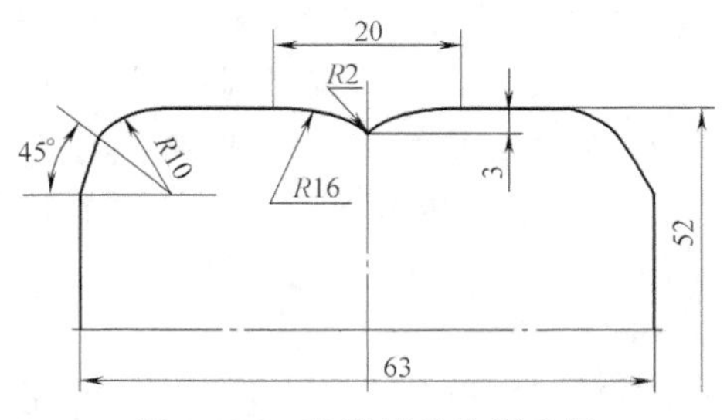

图3-126　改进后的拉深毛坯

对于这类形状复杂的拉深件，由于毛坯变形复杂，各处应力分布不均，变形性质也很难确定，故无法按常规方法来判断其拉深次数和确定毛坯尺寸。如何使制件变形趋于均匀，如何正确而又合理地分配材料和变形程度是加工成败的关键。对于这类零件加工工艺方案的制订，模具结构、形状和毛坯尺寸的确定，目前还主要凭借专家的经验用类比的方法来确定。生产中往往要经过多次调整、试模方能成功。

3.2.33　轿车液力变矩器泵轮外环凹陷

1. 零件特点

某轿车液力变矩器泵轮外环如图3-127a所示。零件材料为08钢，料厚为1.2mm。该件为带浅台阶的曲面旋转体空心件。在泵轮外环内 C 曲面上要焊接28个泵轮叶片。焊接工艺要求曲面精确，用样板检查时，样板与曲面径向间隙不大于0.1mm，摆差不大于0.15mm。使用要求 T 表面平整，垂直度公差小于0.3mm，零件表面必须光滑。该件深度为70mm，相对较浅，台阶直径差约为16.8mm，较小。工艺计算及经验表明，制件能一次拉成。

2. 废次品形式

凹陷。生产中采用的工艺方案为：落料、拉深、冲孔成形→外沿修边。在成形工序，试模时发现，制件接近台阶的 C 曲面上出现图3-127b所示小拇指般大小的波状凹陷。减小模具间隙，试图在冲模最终压合时将凹陷压平，但未能如愿。与之相应的鼓凸现象也时有发生。

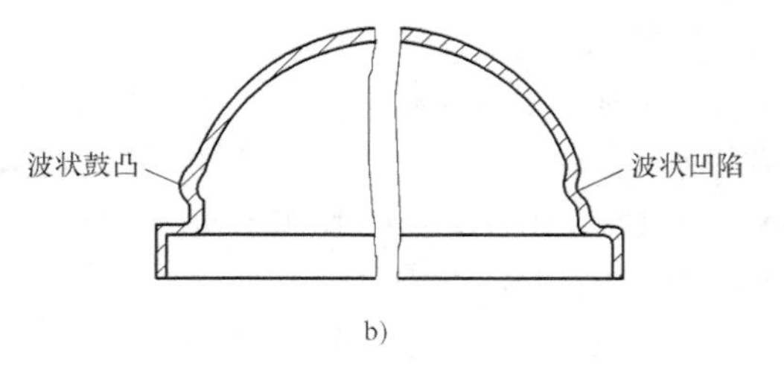

图3-127　液力变矩器泵轮外环及拉深废次品形式

a）液力变矩器泵轮外环　b）拉深废次品形式

3. 原因分析

落料、拉深、冲孔复合模主要部分结构如图3-128a所示。分析拉深的变形过程，产生凹陷的主要原因是：

1）该件的变形过程属胀形和拉深的复合成形过程。变形初期，拉深凸模2曲面凸起的局部与毛坯接触，此处毛坯将承受全部拉深变形力，局部坯料在双向拉应力作用下向周向和径向伸长，表面积增大，厚度减薄。当坯料包敷拉深凸模2的面积足够大时，开始产生拉深

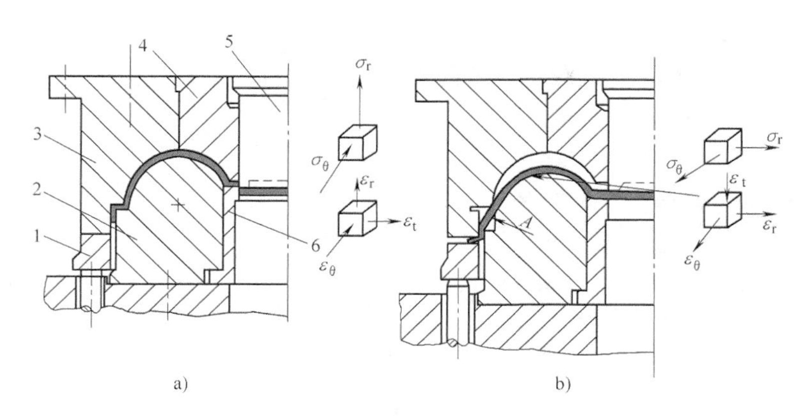

图 3-128 模具结构及拉深过程

a）拉深冲孔部分模具结构 b）拉深过程

1—压料板 2—拉深凸模 3—凸凹模 4—顶出器 5—冲孔凸模 6—冲孔凹模

变形，坯料通过凸凹模 3 的模口向内流动。在法兰和拉深凹模（凸凹模 3）模口以内的某一区域，坯料在周向压应力和径向拉应力作用下向内收缩，表面积减小，厚度增加。由于坯料相对较薄，故当周向压应力 σ_θ 足够大时，这两处的坯料便容易失稳起皱。因法兰处压边圈能抑制皱纹的产生，而拉深凹模模口以内的区域悬空部分坯料无任何约束（图 3-128b 中 *A* 处），故更易起皱。起皱产生后，拉入凹模内便形成凹陷。

2）由屈服准则知，$\sigma_r-\sigma_\theta=\beta R_{p0.2}$，故材料进入屈服、产生塑性变形时，若径向拉应力 σ_r 较小，则势必使 σ_θ 的绝对值增大。周向压应力 σ_θ 的绝对值增大便容易引起起皱。采用原模具结构，冲孔凸模 5 在拉深接近结束时方能与毛坯接触，加之压料板 1 上的受压毛坯面积少，悬空坯料面积大，故与一般圆筒形拉深件相比，径向拉应力 σ_r 相对较小，σ_θ 较大，容易起皱。

3）如图 3-128a、b 所示，在拉深变形过程中，法兰部分坯料经过压料板 1、拉深凸模 2 和凸凹模 3 向内流动时要发生多次弯曲变形。由于径向拉应力 σ_r 较小，不能将弯曲变形时产生的凹陷或鼓凸拉直，坯料向底部转移的结果，便在接近台阶的 *C* 曲面上形成波状凹陷或鼓凸。

4）拉深凸模 2 和拉深凹模（凸凹模 3）的台阶过渡处均未开设排气孔。如图 3-128b 所示，在坯料 *A* 处的两侧有空气滞留，若模具加工时表面粗糙度值较小，拉深时便形成两个高压环腔，若拉深凸模 2 处压力得以释放，便会在制件上产生凹陷。反之，若凸凹模 3 处压力得以释放，便会在制件上产生鼓凸。这种凹陷或鼓凸缺陷在拉深终了很难被碾平，向制件底部转移的结果，同样会在接近台阶的 *C* 曲面上形成高低不平的形状缺陷。

4. 解决与防止措施

生产中，从增大拉应力的角度出发采取了如下两项措施解决问题。

1）增加压料板 1 的压边力，可以使径向拉应力 σ_r 增加，从而降低了周向压应力 σ_θ，这是避免曲面零件产生内部皱纹的有效办法。

2）如图 3-129b 所示，将原冲孔凸模形状改成带有底部凸台的形状。其目的是使冲孔凸模底部提前与坯料接触，减小了拉深过程中坯料悬空部分的面积，起到了补充压料的作用，进一步增加了径向拉应力。

试模时发现，制件的实际冲孔直径在较大的拉应力作用下扩大了0.6mm，为保证冲孔的质量，将冲孔凸模的直径由 $\phi90.4_{-0.025}^{0}$mm 减小到 $\phi89.8_{-0.025}^{0}$mm，冲出了合格的零件。

采取上述两项措施后，增加了拉应力，从而扩大了制件底部曲面的胀形变形区，减小了法兰和拉深凹模模口内的拉深变形成分，解决了因起皱引起的 C 曲面靠台阶处的凹陷。

为防止因拉应力不足而引起的凹陷和鼓凸，增加附加拉力的措施还有：

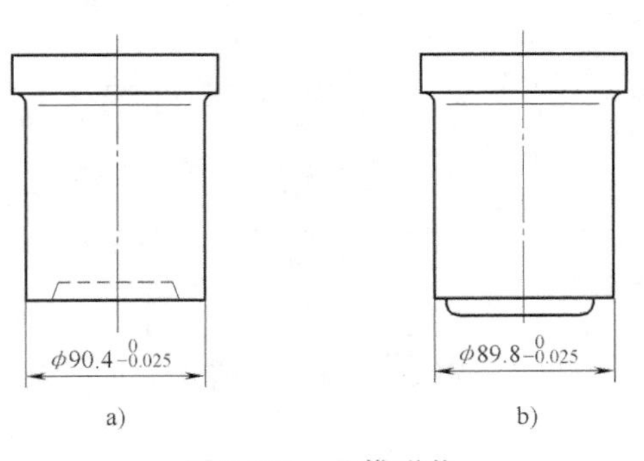

图 3-129 凸模形状

a）原凸模形状 b）改进后的凸模形状

3）增设拉深筋，或增大毛坯尺寸。

4）因为润滑效果太好也会使拉应力减小，导致凹陷和鼓凸的产生。因此，应区分润滑油的种类，检查润滑效果，必要时也可以不润滑。

为防止因弯曲偏移或高压空气滞留引起的凹陷和鼓凸，可采取的措施有：

5）增大凸、凹模过渡处的圆角半径，拉深结束后增加一道整形工序。

6）在不影响零件使用要求的前提下，征得设计部门同意，改变零件的结构形状，尽量避免有急骤的过渡。

7）在成形过程中空气滞留的部位设置排气孔，为防止排气孔在坯料成形时留下痕迹，气孔不能太大，通常情况下薄板成形的气孔直径取4~6mm。

3.2.34 手扶拖拉机挡位板角部鼓凸

1. 零件特点

某型手扶拖拉机挡位板如图3-130所示。零件材料为Q235A，料厚为1.5mm。该件外形为盒形拉深件，内形为“工”字形翻边件。挡位板是拖拉机上表面覆盖件，成品要镀铬、抛光。因此，要求制件平整、光洁，无折皱等表面缺陷。

2. 废次品形式

鼓凸。生产中采用落料→拉深→修边→冲孔→翻边的加工工艺方案。如图3-131b所示，在拉深工序，部分制件 $R3$mm 角部周围产生鼓凸，严重影响了零件的外观质量。拉深件半成品制件形状与尺寸如图3-131a所示。

3. 原因分析

一般而言，在进行拉深、弯曲或复合成形加工时，与凸模圆角部位相接触的坯料由于弹性回复或加工硬化都能使零件产生局部翘曲或轻度偏移，造成鼓凸。具体而言，鼓凸产生的原因是：

1）由于拉应力不足引起的鼓凸。用较小的凸模圆角半径 r_p 进行拉深时，因凹模圆角半径 r_d 太大，压料力不足，模具间隙过大，坯料形状小等原因造成了拉应力不足，坯料发生回弹和加工硬化与凸模圆角不能贴合，便产生了鼓凸。本例中制件沿凸模圆角周围出现鼓凸、拉应力不足是主要原因。

2）凸模圆角处的坯料向侧壁偏移也会产生鼓凸。如图3-132所示，在拉深过程中，与凸模圆角接触的坯料由于胀形伸长和拉深流入失去平衡，底部及与凸模圆角对应处坯料延伸

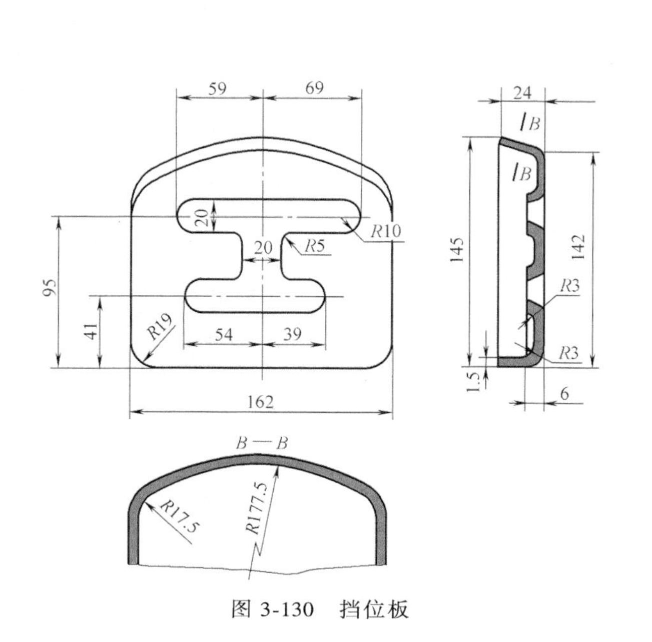

图 3-130 挡位板

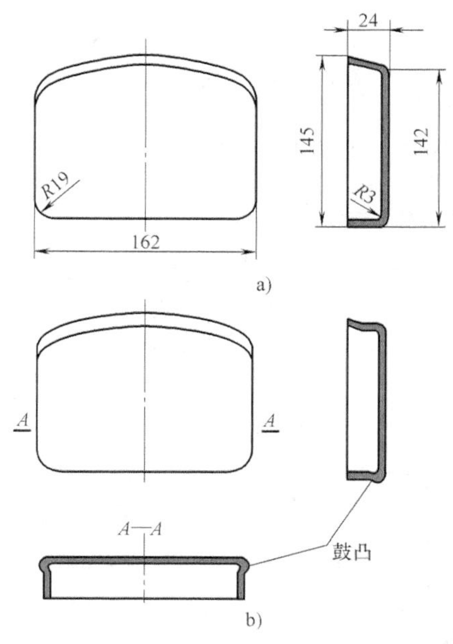

图 3-131 挡位板半成品及废次品形式

量大，坯料向侧壁偏移，弯曲被遗留下来形成了鼓凸。压边力较大、坯料尺寸大、凸模圆角半径 r_p 较大或凹模圆角半径 r_d 较小等都会造成这类鼓凸。

4. 解决与防止措施

判断产生鼓凸的原因是非常重要的。现场分析的结果确认挡位板角部鼓凸是由于拉应力不足所致。由于拉应力不足，与凸模圆角接触的坯料弯曲回弹，加工硬化使底部产生翘曲便形成了鼓凸。生产中采取的解决措施是：

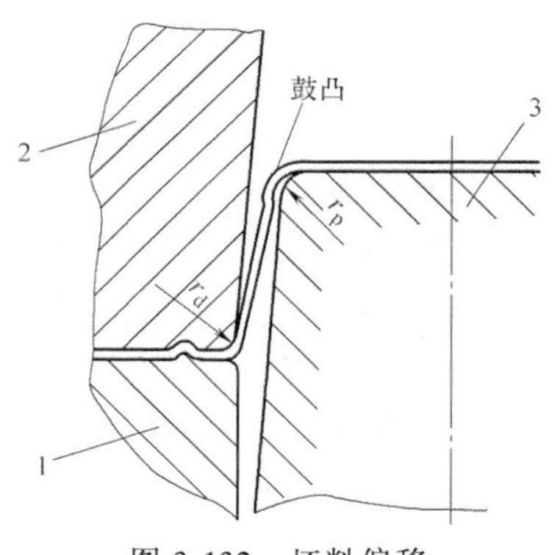

图 3-132 坯料偏移

1—压料板 2—凹模 3—凸模

1）增加压边力。检查拉深模的压料板，看其是否变形或刚性不足，检查顶销长度是否一致。发现有压料板变形和顶销长度不一致的情况，必须及时修正，增加压料板的刚度，保证顶销长度一致。重新调整气垫压力，适当增大压边力。

2）增大凸模圆角半径，减小凹模圆角半径。凸模圆角半径过小会产生直边凹陷，鼓凸明显，因此应尽可能增大。减小凹模圆角半径不仅增大了坯料变形时的流动阻力，也增大了压料面积，从而增加了压料力。

3）减小模具间隙。长期批量生产的模具由于磨损，间隙变大，若坯料的厚度公差偏小会使模具间隙变得更大，回弹也会加大。因此，适当减小间隙，增大拉应力可有效地防止鼓凸的产生。

4）注意润滑的效果。润滑效果好会使拉应力过分降低，鼓凸程度加剧。应该少用甚至不用润滑油，必要时可采用润滑性能较差的润滑剂。

5）适当增大毛坯尺寸或增设拉深筋。

值得注意的是，要具体情况具体分析，如果鼓凸是因坯料向侧壁偏移所致，则采用的解决措施往往与上述不同，有时甚至相反。在这种情况下，积极而有效的措施是：适当减小压边力，减小凸模圆角半径 r_p；在凸模底部增加压料垫，在压紧坯料的状态下拉深；增大凸模圆角部位的表面粗糙度值等。

3.2.35 汽车发动机碗形塞片表面擦伤

1. 零件特点

某型汽车发动机碗形塞片如图 3-133 所示。这是一种汽车标准件，零件材料为 08 钢。在该型汽车上，共有 6 种规格的碗形塞片，其主要尺寸、材料厚度和用量见表 3-16。该零件装在汽车发动机缸盖或缸体的工艺孔上，防止漏水或漏油。使用要求零件锥面不得有毛刺、擦伤、划痕等表面缺陷。此外，零件外径 d 的尺寸公差要求较高。

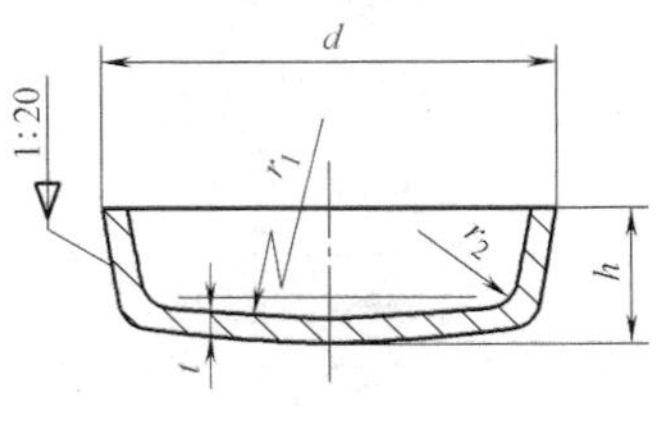

图 3-133 碗形塞片

表 3-16 碗形塞片的主要尺寸与用量

零件号	d/mm	h/mm	t/mm	r_1/mm	r_2/mm	件/每辆
Q72216	$\phi16^{+0.24}_{+0.12}$	5±0.30	1.0	40	1	4
Q72226	$\phi26^{+0.28}_{+0.14}$	8±0.36	1.5	65	1.6	1
Q72230	$\phi30^{+0.28}_{+0.14}$	9±0.36	1.5	75	1.6	7
Q72242	$\phi42^{+0.34}_{+0.17}$	12±0.43	1.5	105	1.6	1
Q72250	$\phi50^{+0.34}_{+0.17}$	15±0.43	1.5	125	1.6	2
Q72260	$\phi60^{+0.40}_{+0.20}$	18±0.43	2.0	150	2.5	2

2. 废次品形式

擦伤、划痕。生产中原采用的冲压工艺方案为：落料、拉深→整形。在落料、拉深工序，制件锥面上经常出现擦伤、划痕等表面缺陷。这种表面缺陷致使零件装配后，锥面与孔配合不严，常有漏水（油）或渗漏现象发生。

3. 原因分析

模具在正常生产和工作状态下，出现擦伤、划痕甚至产生粘结的原因主要与模具表面和被加工坯料表面之间摩擦面的接触状态有关。从润滑机理来看主要有三种形式：如图 3-134 所示，a 部位局部油膜被切断，属于模具与被加工坯料相互接触的干摩擦区；b、c 部位属于有润滑的摩擦；b 为凹处，润滑膜较厚，是完全润滑区，c 部位是通过薄润滑膜接触的边界润滑区。在拉深过程中，坯料与模具表面接触时产生很大的压力，若干摩擦和边界润滑区得不到润滑剂的补充，该处的摩擦状态将急速恶化，使摩擦面（或点）的温度急剧升高，瞬间温度可达到 1000℃。在高温下，局部金属熔敷产生摩擦粘结，进而又增加了拉深力、零件侧壁的拉应力和摩擦阻力，熔敷越严重，划痕越明显。

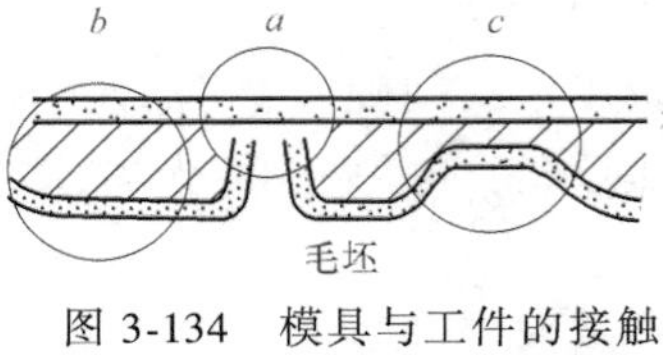

图 3-134 模具与工件的接触状态

a—干摩擦 b—完全润滑 c—边界润滑

具体而言，本例中塞片表面擦伤和出现划痕的原因是：

1）08 钢属于软钢材料，在变形过程中产生的变形热较多。模具（凹模）硬度低，进一步加剧了变形热的产生。

2）落料、拉深复合冲压时，落料产生的“须状金属丝”或其他脏物等附着在被加工坯料表面上带入模具内。这些杂质在拉深过程中，通过模具圆角时就容易产生擦伤和细微的划痕，随着温度的上升，这些微粒更容易熔敷形成高温摩擦粘结。

此外，采用的润滑剂不合适；反复连续或高速拉深时，热量不能及时扩散，润滑剂来不及补充；模具间隙不均匀、表面粗糙度值较大、导向不好等也会使局部摩擦力增加，温度升高，润滑膜破裂。这些因素都会引起擦伤和产生划痕。

4. 解决与防止措施

生产中采用了以下两项措施，使问题得到了解决：

1）改变原工艺方案，将落料工序和拉深工序分开。

2）将拉深模和整形模的凹模由原来用的合金工具钢改为硬质合金钢，硬度提高到70HRC左右。

防止拉深件擦伤、划痕和高温粘结常用的方法还有：

3）提高模具的冷却能力，其中包括：用压缩空气或喷雾润滑冷却；使用散热性好的模具材料，适当增加模具的壁厚；采用水溶性冷却润滑剂等。

4）及时清理模具和被拉深坯料上的金属屑及污物。具体做法有：用人工或自动法擦洗；用压缩空气吹；喷射水溶性润滑剂也能起到清洗作用。

5）选择合适的润滑剂，提高润滑性能。拉深常用的润滑剂见表3-17和表3-18。

表3-17 拉深低碳钢用的润滑剂

简称号	成分	含量(质量分数,%)	附注
5号	锭子油 鱼肝油 石墨 油酸 硫黄 钾肥皂 水	43 8 15 8 5 6 15	用这种润滑剂可收到很好的效果,硫黄应以粉末状加入
6号	锭子油 黄油 滑石粉 硫黄 乙醇	40 40 11 8 1	硫黄应以粉末状加入
9号	锭子油 黄油 石墨 硫黄 乙醇 水	20 40 20 7 1 12	将硫黄溶于温度约为160℃的锭子油内,其缺点是保存时间太久会分层
10号	锭子油 硫化蓖麻油 鱼肝油 白垩粉 油酸 氢氧化钠 水	33 1.6 1.2 45 5.5 0.1 13	润滑剂很容易去掉,用于单位压力大的拉深

（续）

简称号	成分	含量(质量分数,%)	附注
2号	锭子油 黄油 鱼肝油 白垩粉 油酸 水	12 25 12 20.5 5.5 25	润滑效果比以上几种略差
8号	钾肥皂 水	20 80	将肥皂加入温度为60~70℃的水中,用于球形等曲面拉深件
	乳化液 白垩粉 焙烧苏打(碳酸钠) 水	37 45 1.3 16.7	可溶解的润滑剂,加3%的硫化蓖麻油后,可改善其效用

① 选用能承受压力大，能防烧蚀、黏附和凸、凹模圆角磨损的润滑剂。日本拉深铝件常采用添加剂硫黄、氯化物等，如A-6型（加Cl）和A-8型（加Cl、S的化合物）。

② 采用干膜润滑。日本有使用干膜覆盖钢板起润滑作用的经验。拉深不锈钢时，国内外常采用聚乙烯（PE）和聚氯乙烯（PVE）薄膜做润滑，收到了好的效果。

③ 选用能将热量带走而不易使制件生锈的润滑剂，如水溶性润滑剂。

④ 选用灰铸铁制作拉深模来拉深不锈钢零件。其主要机理是，铸铁内部有石墨夹杂，除本身能起到一定的润滑作用外，其缝隙还起到储存润滑油的作用。试验用铸造模具以高压浸入聚四氟乙烯或在模具表面用静电喷涂聚四氟乙烯等方法，也收到了较好的效果。

表3-18 拉深有色金属及不锈钢、耐热钢及其合金时用的润滑剂

金属材料	润滑方式
硬铝	植物油乳化液
铝	植物(豆)油,工业凡士林
纯铜、黄铜、青铜	菜油或肥皂与油的乳化液(将油与浓的肥皂水溶液混合起来)
镍及镍合金	肥皂与油的乳化液
20Cr13不锈钢、耐热钢、奥氏体不锈钢	用氯化乙烯漆(G01-4)喷涂板料表面拉深时另涂机油

6）合理选用模具材料。原则上是拉深硬材料时选用软质模具，拉深软材料时选用硬质模具。例如拉深不锈钢时，选用铝青铜、磷青铜或铸铁材料，拉深铝时选用合金工具钢等。

7）采用合理的热处理和表面处理方法。拉深软材料时，模具的热处理硬度要高。可采用渗氮、渗硼、渗钒等表面热处理或镀铬等表面处理的方法，也可采用化学沉积、物理沉积等方法。拉深硬材料时，或拉深已加工硬化的材料时，则热处理的硬度要低一些。

8）合理选择模具的表面粗糙度。模具表面粗糙度值大，则干摩擦或边界润滑的区域面积增大，容易产生擦伤或划痕；而模具表面粗糙度值太小，则表面存油性差，润滑效果也不好。一般而言，如使用高黏度的润滑剂，模具表面粗糙度在$Ra3\mu m \sim Ra5\mu m$的范围，其润滑效果最好。

9）合理选择拉深速度。拉深速度对润滑的影响很大，速度过高，处于干摩擦和边界润滑区处得不到润滑剂的补充；速度过低，则润滑剂的摩擦系数会增大，故拉深速度应适当。

3.2.36　旅游车后轮罩壳划伤、皱叠

1. 零件特点

某旅游车后轮罩壳如图 3-135 所示。零件材料为 SUS304 不锈钢，料厚为 1mm。按表面积不变的原则计算确定毛坯直径 $D=400$mm，坯料相对厚度 $(t/D)\times100=0.25$。采用冲压方法生产该零件，先拉深 ϕ140mm 圆筒体，如图 3-136 所示，然后成形零件口部，即 ϕ244mm 部分。图 3-136 所示半成品为典型带法兰拉深件，法兰相对直径 $d_f/d=283/139=2.04$，拉深系数 $m=d/D=139/400=0.35$，查资料可知，该零件需多次拉深才能成形。

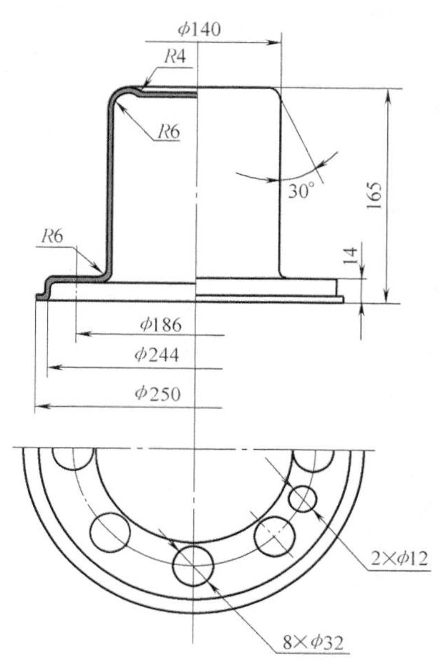

图 3-135　旅游车后轮罩壳

因该件是豪华旅游车的外装饰件，故要求零件外表面光亮，不能留有任何拉深痕迹，法兰面要求平整。此外，工艺上不允许进行中间退火，这给奥氏体不锈钢多次拉深带来了困难。

2. 废次品形式

划伤、皱叠。如图 3-137 所示，生产中原采用三次正拉深加工该零件，各次拉深系数及半成品直径为：

$$m_1=0.48, d_1=192\text{mm}; m_2=0.80,$$
$$d_2=157\text{mm}; m_3=0.88, d_3=139\text{mm}$$

经三次拉深，不进行中间退火处理，制件外壁划伤（生产中称之为拉丝），法兰处出现图 3-137 所示的严重波浪形皱叠。制件达不到图样要求。

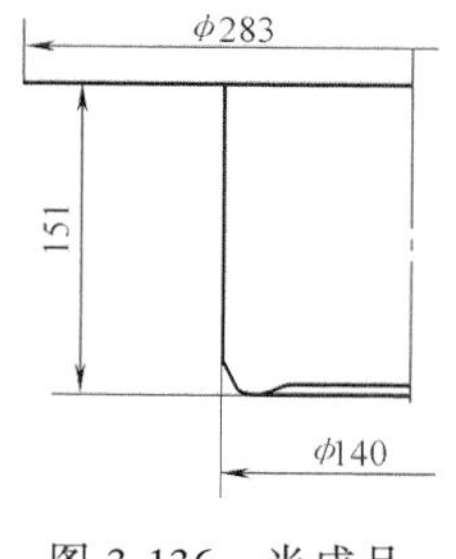

图 3-136　半成品

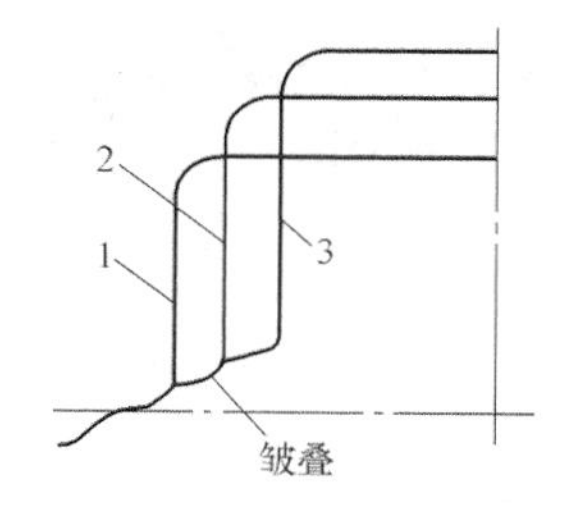

图 3-137　原拉深工艺

1—第 1 工序　2—第 2 工序　3—第 3 工序

3. 原因分析

1）不锈钢硬化指数大，经多次变形后坯料硬化严重。经测定，表面硬度高达 360～430HV。由于坯料硬度高，模具易产生摩擦和高温粘结，造成制件划伤；由于坯料硬度高，又不能进行中间退火，故形成皱叠后采用校平方法不能将其校平。

2）如图 3-138 所示，按一般宽法兰拉深方法，为保证再拉深加工时法兰区不参与变形，在计算多次拉深展开尺寸时，增加了 5%～10%的法兰面积。在成形过程中，多余料未拉入凹模或返回法兰，形成了皱叠，法兰面平面度误差值高达 10～20mm。

4. 解决与防止措施

生产中采取的解决措施是：

1）采用反拉深工艺。如图 3-139 所示，采用拉深→反拉深→终成形工艺，第一次拉深系数取 $m_1 = 0.46$，$d_1 = 183\text{mm}$；第二次反拉深系数 $m_2 = 0.76$，$d_2 = 139\text{mm}$；第三次拉平法兰，同时成形制件底部凸台。由于反拉深时，制件内外表面发生转换，消除了零件表面的划伤。如图 3-140b、c 所示，在终成形过程中采用双层压边圈结构，法兰在压紧状态下，制件被拉平，最终成形凸台，在较大径向拉应力作用下，保证了法兰的平面度要求。

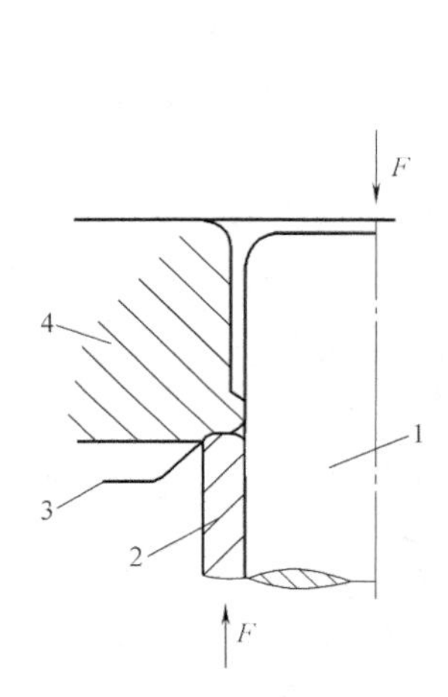

图 3-138　多次拉深过程

1—凸模　2—压边圈　3—工件　4—凹模

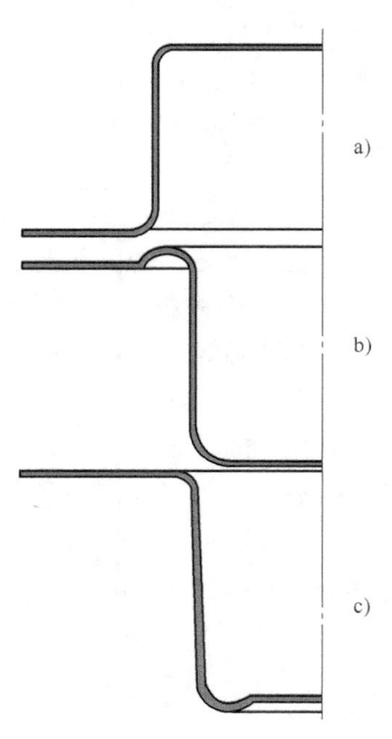

图 3-139　第一次改进的工艺过程

a）第一次拉深　b）反拉深　c）终成形

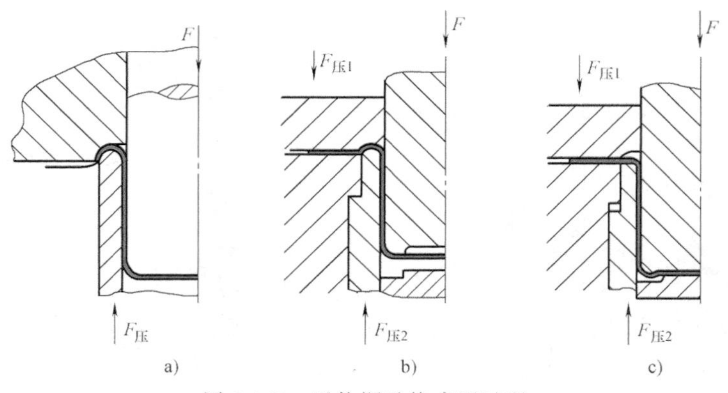

图 3-140　反拉深及终成型过程

a）反拉深过程　b）、c）终成形过程

采用反拉深工艺后，零件达到了图样要求。但是，由于液压机工作时封闭高度不一致，操作工技术水平的差异，生产中润滑条件的改变等因素，常出现前两道工序加工的半成品高度不一致，零件法兰平面度仍存在 1mm 左右的误差等冲压缺陷，生产不稳定。

2）采用液压拉深工艺。为了进一步提高产品质量，保证批量稳定生产，生产中采用图 3-141a 所示液压拉深装置，在一台 3150kN 通用四柱式单动液压机上，一次拉深加工出了高质量的零件，产品合格率达到 99.7%。

这套液压拉深模具工作部分尺寸如下：凸模工作部分尺寸按零件尺寸制造；压边圈内孔与凸模的配合间隙为 0.15～0.35mm；压边圈内孔圆角半径 $R_p=R_d+2$mm，凹模圆角半径 $R_d=6$mm，凸模与凹模的单边间隙 $c=t+(0.5\sim1.2)$ mm。

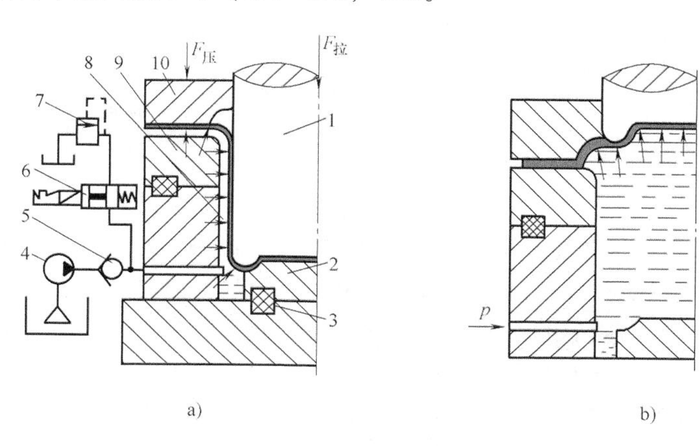

图 3-141 液压拉深装置及初始变形状态

a）液压拉深装置 b）初始状态

1—凸模 2—反凸模 3—密封圈 4—液压泵 5—单向阀 6—电动滑阀 7—溢流阀 8—高压舱 9—凹模 10—压边圈

如图 3-141b 所示，压边力取 1800～2500MPa，以板料能隆起形成鼓状凸台而定。拉深加工时，高压舱的液体单位压力为 8000～10000MPa。高压液体将坯料紧紧压向凸模表面，形成对拉深变形有利的摩擦，随着凸模的下移，油从凹模与板料之间的空隙间溢出。这种结构可使毛坯与凹模表面脱离接触，创造了一个极好的强制润滑条件。在凸模回程的同时，连接溢流阀的电动滑阀打开，使凹模内的油压降至 1000MPa，防止高压油损坏拉深件。

3.2.37 电饭锅拉深印痕、内皱、破裂

1. 零件特点

电饭锅半成品如图 3-142 所示。零件材料为 08 冷轧钢板，料厚为 0.5mm。制件有效高度 $h=188$mm，底部直径为 $\phi197$mm，口部直径为 $\phi250$mm，由底部到口部中间直径逐渐增大。按锥形件对待，其相对高度 $h/d=0.75$，一般需经两次或三次拉深成形。

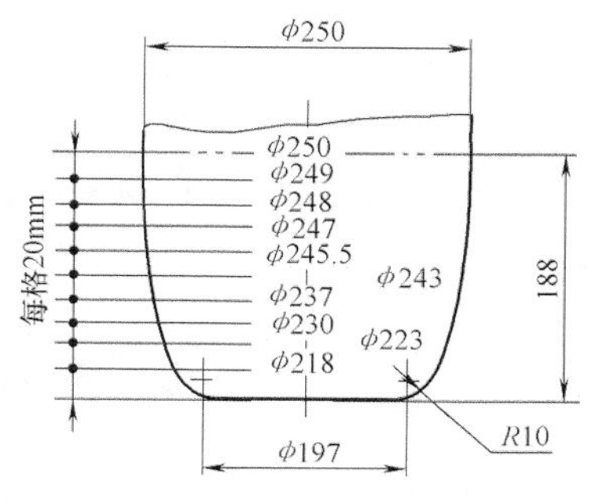

图 3-142 电饭锅半成品

电饭锅不但要求电气性能安全可靠，热效率高，而且对其表面质量、轮廓造型和装潢都有较高的要求。

2. 废次品形式

1）拉深印痕。如图 3-143 所示，生产中原采用三次

拉深的加工工艺方案，制件表面变薄、印痕多，表面质量达不到要求。

2）内皱、破裂。为了提高制件的表面质量，防止因多次拉深产生的拉深印痕，生产中改三次拉深为一次拉深。如图 3-144 所示，采用一次成形的工艺方案，制件侧壁产生内皱。增大压边力，增加毛坯直径，则制件底部破裂，产品合格率仅为 84%。

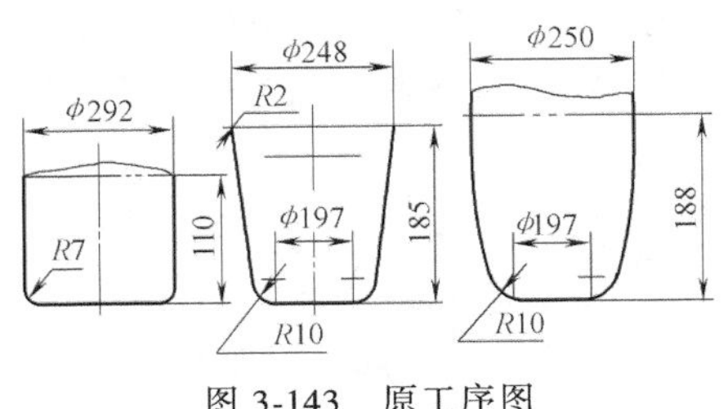

图 3-143　原工序图

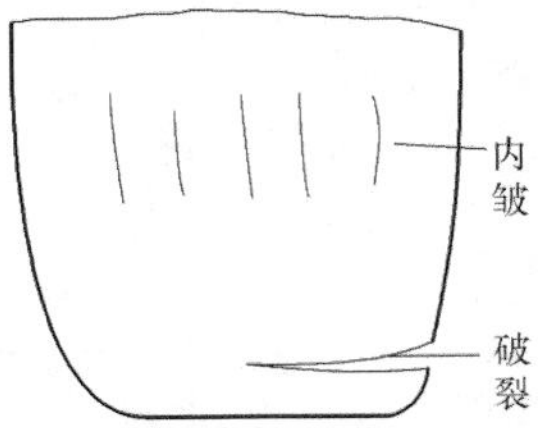

图 3-144　内皱、破裂

3. 原因分析

1）采用三次拉深的加工工艺方案，第一次拉深半成品圆角 $R7$mm 在以后两次拉深时未被完全拉直，或者第三次拉深凸模底部圆角 $R10$mm 和尺寸 $\phi197$mm 与第二次拉深半成品底部存在差异，都会使最终成形的制件上留有拉深的印痕。在第二、三次拉深加工时，制件底部，特别是圆角附近产生胀形变形，在双向拉应力作用下，由底部向壁部过渡处壁厚发生不同程度的变薄，壁厚差越大，变薄印痕越显著。多次拉深时，由静摩擦向动摩擦过渡会产生冲击，容易形成冲击痕线。此外，生产批量大时，也会因模具磨损、高温粘结等原因产生拉深划痕，影响制件的表面质量。

2）采用一次拉深的加工工艺方案，如图 3-145 所示，由于凸模刚进入凹模腔的瞬间，凸模与坯料的接触面积大大小于凹模口的投影面积，与凸模不接触的处于悬空自由态坯料抗失稳能力差，故容易形成内皱。增大毛坯直径或加大压边力会使底部胀形变形量增加，当底部胀形变形量达到材料的成形极限时，便会在制件底部产生破裂。

4. 解决与防止措施

生产中采取的解决措施是：

1）改进了电饭锅的外形。如图 3-146 所示，将电饭锅的外形曲面母线改为由直线、

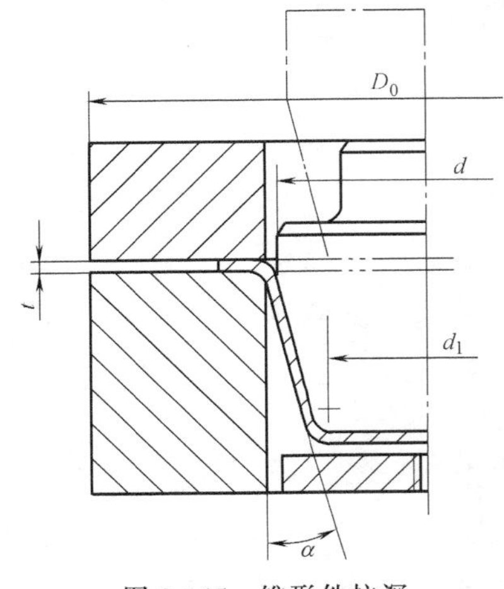

图 3-145　锥形件拉深

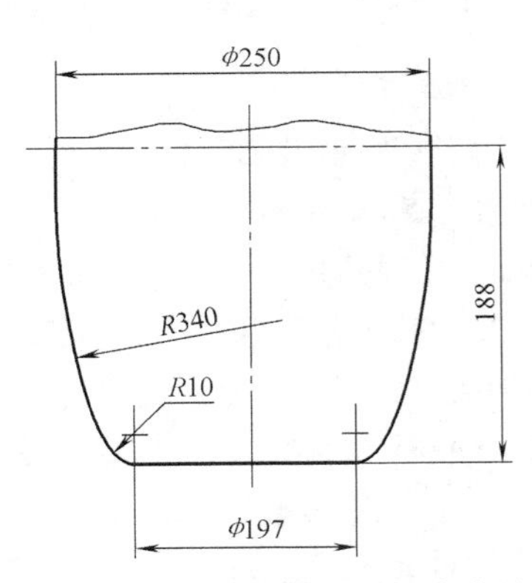

图 3-146　改进后的电饭锅半成品

$R340mm$ 圆弧和 $R10mm$ 底部圆角连接的曲线，增加了直筒形部分的高度，改善了制件的冲压工艺性能。采取此项措施后，产品合格率提高到（97～98）%，产品几何造型也较原设计更美观大方。

采取这项措施之所以能克服内皱和防止开裂的原因是：当制件拉深到 1/3 高度时，壁部就受到凸、凹模的约束，阻止了内皱的产生，凸模用圆弧 $R340mm$ 取代了原来近似斜直线的曲母线，拉深直径变化均匀，坯料贴模性好；$R340mm$ 与 $R10mm$ 圆弧连接，底部胀形变形均匀，危险断面处的变薄量减少，强度提高。

防止这类零件产生内皱、破裂的成功经验还有：

2）采用两次拉深的加工工艺方案。如图 3-147a 所示，首先拉深出底部带有大圆弧过渡形状的筒形件，然后按图样尺寸成形。因底部带有大圆弧，第二次拉深容易拉直，采用此法获得的制件表面质量好。第二次采用反拉深也可有效防止内皱的产生。

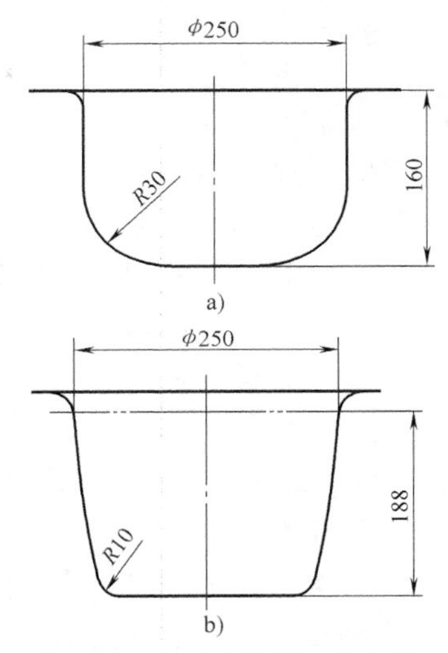

图 3-147 两次拉深工艺方案
a）大圆弧过渡的半成品 b）终成形件

3.2.38 推土机液压箱擦伤、变薄

1. 零件特点

图 3-148 是某型推土机液压箱示意图。零件材料为 10 钢，料厚为 6mm。该件属非对称盒形拉深件，四个圆角属拉深变形，直边具有弯曲变形的性质。由于制件不对称，周边拉深的深浅不一，故加工中，坯料沿径向、周向和深度方向变形极不均匀，各处的受力状况、变形程度差别很大，加工具有一定的难度。

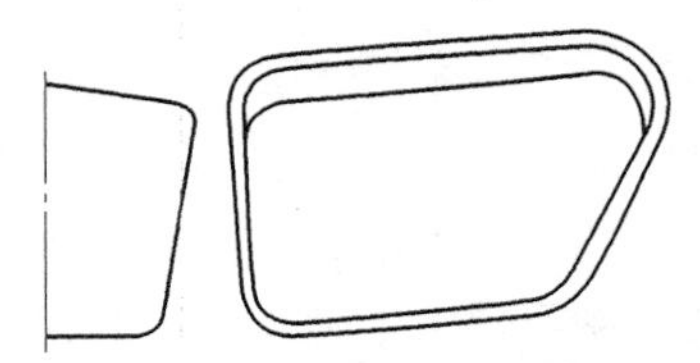
图 3-148 某型推土机液压箱示意图

2. 废次品形式

该件原采用一次拉深、一次整形的冲压加工工艺方案，在进行拉深加工时出现如下形式的废次品：

1）擦伤。在拉深过程中，制件表面出现较明显的擦伤痕迹，严重影响了外观质量。

2）变薄。制件较深的一则圆角底部危险断面变薄严重，有时产生开裂。

3. 原因分析

1）制件的擦伤或称划痕主要是由于拉深加工时的热效应所致。拉深加工发热的原因主要由变形和摩擦引起。批量生产时，如果不注意冷却模具，热量散逸的速度慢就会导致模具的温度升高。模具温度升高后，尺寸精度就会降低，间隙就会发生变化。进而模具会产生初期烧伤，强度也会日趋降低，甚至产生熔敷现象。此时，摩擦力剧增，形成恶性循环。

落料制坯产生的“须状金属丝”、坯料表面铁锈等脏物在拉深加工时被带入凹模型腔，压粘在模具表面使摩擦力增大，随着温度上升，加速产生熔敷现象。这些杂物熔敷后附在模具工作表面形成粘结瘤。拉深继续进行，便在制件表面产生划痕。

2）制件危险断面处过度变薄或开裂的主要原因仍然是拉深、弯曲和摩擦阻力之和大于侧壁传力区承载能力。但是，由于该件不对称、两侧深度不一，故制件的过度变薄或开裂多

发生在变形剧烈的较深一侧底部圆角部位。这种局部区域的变薄与开裂还与不均匀变形产生的附加拉应力有关。此外，因拉深发热使坯料温度升高，降低了制件壁部的抗拉强度，增大了压板、坯料与凹模之间的摩擦力，这也是造成制件局部区域过度变薄和开裂的重要原因。

4. 解决与防止措施

生产中采取的解决措施是：

1）改进拉深凸模结构。采用图 3-149 所示内循环冷却系统，用流动的自来水来降低凸模温度，既防止了粘结瘤的发生，又提高了工件壁部危险断面的抗拉强度。经验表明，采用这种模具结构可使拉深深度显著增加。

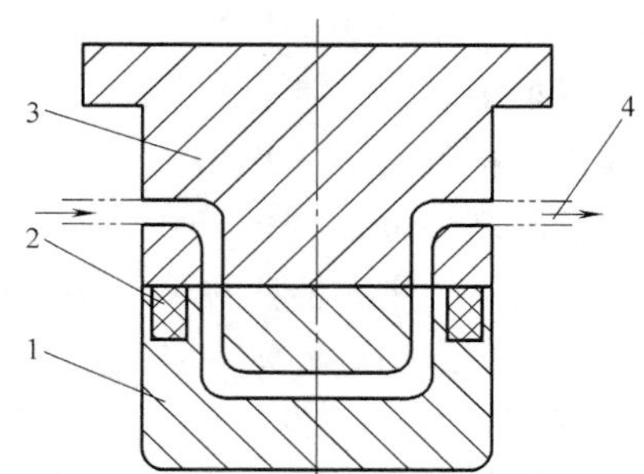

图 3-149 带内循环冷却的凸模
1—空心凸模 2—密封垫
3—凸模座 4—冷却液出入口

2）采用人工或压缩空气清除模具和被加工坯料表面杂物，防止粘结瘤的产生及由此造成的擦伤和划痕。

此外，为防止和消除因模具形成粘结瘤而产生的制件擦伤和划痕，常采取的措施还有：

3）使用散热性好的模具材料，对模具的发热部位吹压缩空气，提高模具的冷却性能。

4）提高润滑剂的润滑和冷却性能，使用水溶性冷却润滑剂。

5）改变模具的材料。不同材料的模具，热处理、表面状态不同，抗高温摩擦粘结的程度也不相同。通常拉深硬材料时使用软质模具材料，而加工软质材料时，应使用硬质模具材料。

6）消除模具滑动面上的粘结瘤。对凹模侧壁、凸模侧壁和凸、凹模圆角处的粘结瘤，一经发现，必须立即去除。对于侧壁上出现的粘结瘤，应先用内、外圆磨床磨削，再用中号磨石进行精加工。对凹模、压料板平面等处，先用磨床磨削整个平面，再用砂纸、抛光轮进行抛光。

3.2.39 汽车前照灯透镜支架尺寸超差、漏序

1. 零件特点

某汽车大灯透镜支架如图 3-150 所示，为典型的圆筒形拉深件，先拉深成形，后切底部圆孔。零件材料为 DC04，料厚为 1.0mm。DC04 的化学成分与主要力学性能见表 3-19。GB 7258—2017《机动车运行安全技术条件》对前照灯光束照射位置有严格的要求，对汽车前照灯的检验指标为光束照射位置的偏移值和发光强度。如图 3-151 所示，

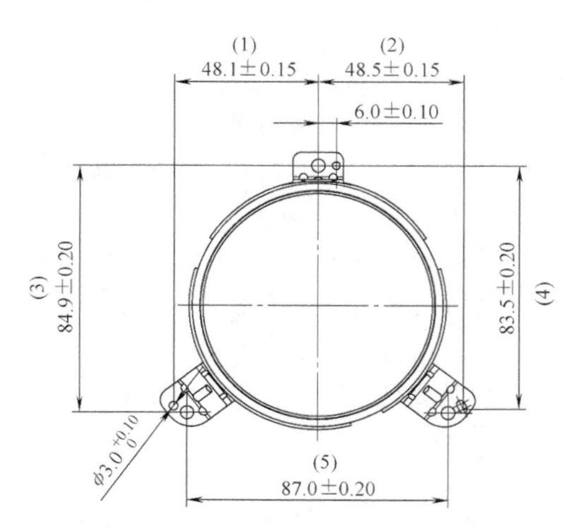

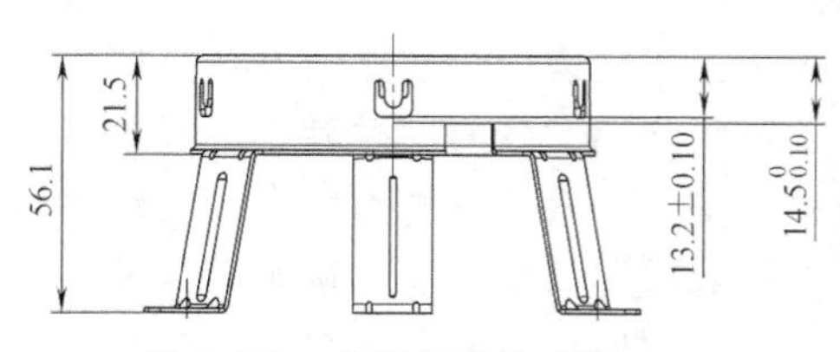

图 3-150 前照灯透镜支架

该金属支架用于固定汽车前大灯玻璃凸透镜，其尺寸精度会影响汽车前照灯整体的光照性能。因此，必须对图3-150中（1）～（5）处所标注的尺寸进行严格管控。

表3-19　DC04的化学成分与主要力学性能

化学成分(质量分数,%)					主要力学性能		
C≤	Mn≤	P≤	S≤	Al≥	屈服强度/MPa	抗拉强度/MPa	断后伸长率(%)
0.080	0.400	0.025	0.020	0.015	130～210	≥270	≥34

2. 废次品形式

1）图3-150中（1）～（5）处所标注的尺寸超差且不稳定，造成组装件不符合客户测试要求，实际生产中（1）处尺寸最大超差达到48.6mm。

2）产品中出现了漏工序现象，图3-152所示箭头标示的小挂耳折弯漏序，退货返工。

图3-151　前照灯透镜支架产品使用功能

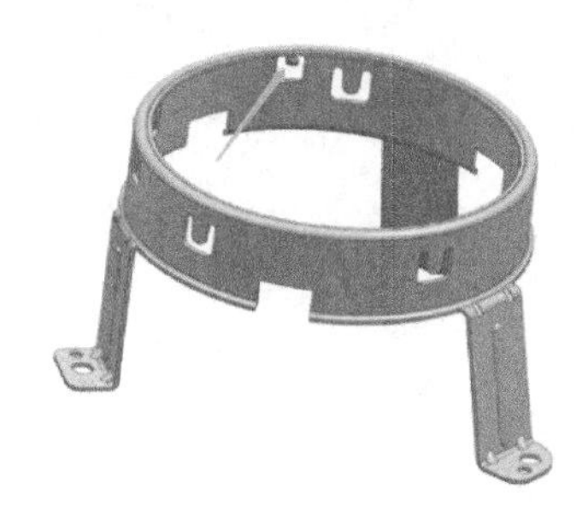
图3-152　小挂耳折弯漏序

3. 原因分析

1）工艺方案不合理。原工艺采用单工序生产。工序为：落料→拉深→整形→冲中间大孔→外形修边→翻边→侧冲1→侧冲2→侧冲3→翻边→小侧耳折弯。一共11道工序，工艺复杂，流程长。每一道工序之间会有累计的制造与定位误差，尺寸精度很难保证。

2）生产管理落后，管理制度不健全。在工序转移过程中产品堆积在周转筐内，产品受外力会变形，造成了尺寸超差；工序繁多，不易于管理。操作工人在生产过程中漏了加工工序，或将半成品混进成品中出现了漏序产品。

3）每一个批次的材料力学性能不完全一致，会造成折弯工序角度的回弹不一致，产生尺寸偏差。

4. 解决与防止措施

生产中采取的解决措施是：

1）采用数值模拟分析，确定了一次拉深成形的可行性。图3-153所示为数值模拟的结果。由图3-153可见，材料流动顺畅，产品无变薄、无开裂风险。软件模拟的拉深过程与生产实际一致。

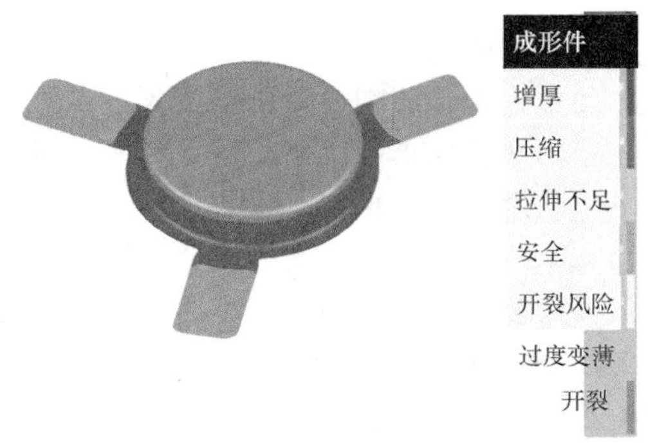

图3-153　数值模拟结果

2）改变原冲压工艺方案。如图3-154和图3-155所示，采用一套18工序多工位级进模来代替原单工序生产方式。采用一套模具加工还消除了工序转换中受自身重量堆积或外力影响造成的产品变形及其对产品尺寸公差的影响；一套模具完成所有的工序，不会产生漏序的现象，防止错误的同时提高了生产效率。

图 3-154　汽车前照灯透镜支架多工位级进模具结构图

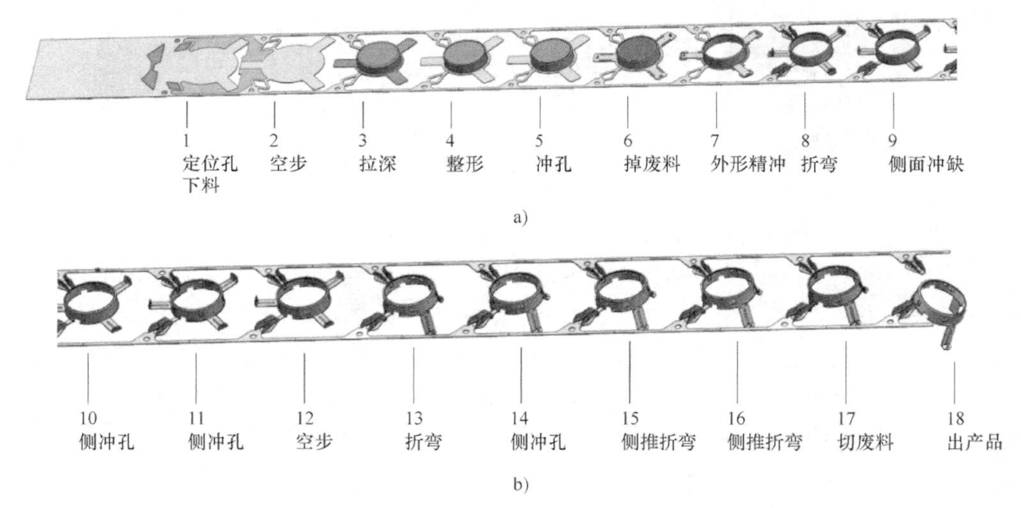

图 3-155　汽车前照灯透镜支架 18 工位级进生产工序排样图

a）前 9 道工序　b）后 9 道工序

此外，为保证产品关键管控尺寸的精度，这套多工位级进模具结构设计还具有如下特点：采用精密导正销定位，相邻工序之间步距导正误差控制在±0.015mm 以内；如图 3-156a 所示，采用粗切、拉深、整形工序来保证拉深圆筒外圆尺寸与垂直度；如图 3-156b 所示，三个支承角在拉深后做精密冲裁，排除走料对后续工序精度的影响；如图 3-157 所示，三个缺口以及五个定位卡扣同时侧冲，确保精度一致性；加强对产品的检测，使用专用检具与卡尺对管控尺寸做全检。必要时，钳工参照尺寸误差对成形零件做精密修整来控制产品尺寸公差。

3）严格原材料的管理制度。固定板料的订货厂家，制定企业对原材料的检验标准。

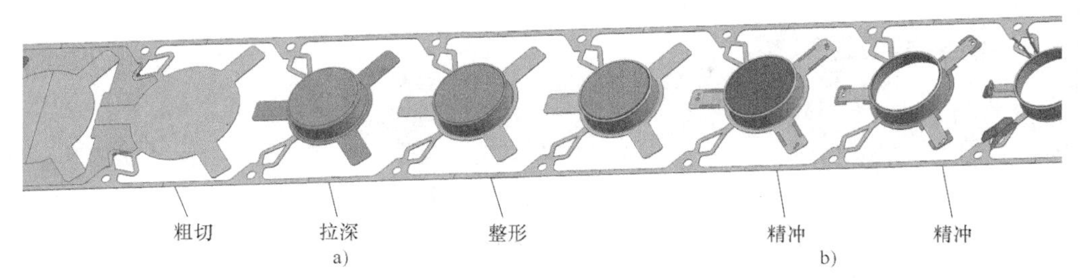

a) b)

图 3-156 两个工艺特色

a）保证圆筒外圆的尺寸与垂直度 b）三个支承角在拉深后做精密冲裁

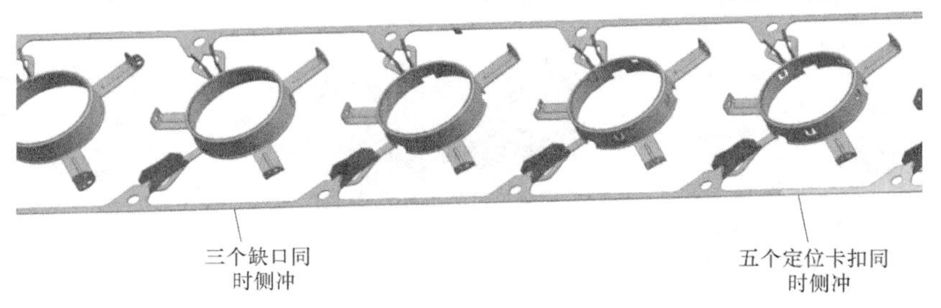

图 3-157 三个缺口及五个定位卡扣同时冲裁

如图 3-158 所示，采用了上述措施后，精度达到产品质量要求，尺寸一致性好，无漏序现象，生产效率提高了 8 倍。

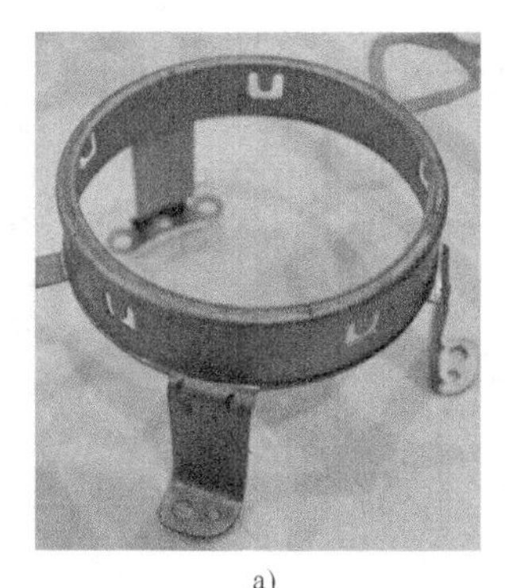

a)

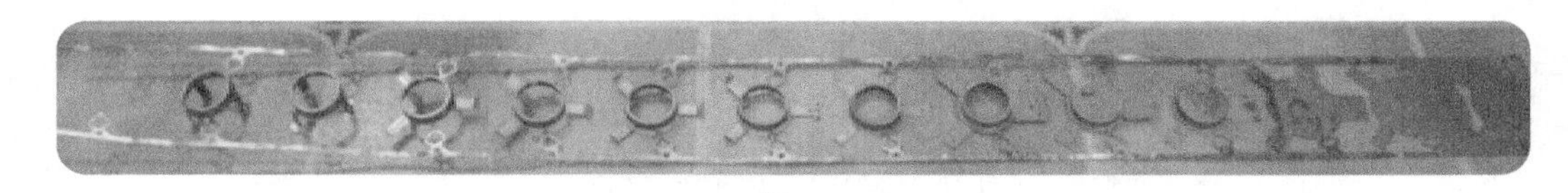

b)

c)

图 3-158 合格产品与产品料带

a）合格产品 b）产品料带 c）局部料带

3.2.40 防撞梁拉深破裂

1. 零件特点

防撞梁如图 3-159 所示。零件材料为 H340LAD，料厚为 1.5mm，外形尺寸为 1320mm×210mm。H340LAD 的主要力学性能见表 3-20。该零件外形呈长条状，两侧具有较深的凸包和局部小凸包，中间有多条间断的加强筋，局部特征明显。该件是以拉深为主体的拉深、胀形、弯曲复合成形件。

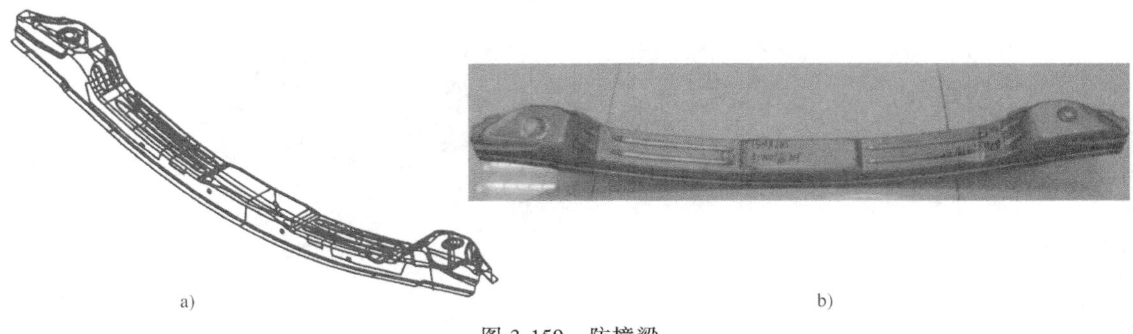

图 3-159 防撞梁

a）线图 b）实物图

表 3-20 H340LAD 的主要力学性能

屈服强度/MPa	抗拉强度/MPa	硬化指数	塑性应变比
368	459	0.18	1.3

2. 废次品形式

拉深破裂。生产中采用下料→拉深→修边、冲孔→整形→整形→侧冲孔、侧修边的冲压工艺方案。下料毛坯尺寸为 1500mm×285mm，在使用成形模拟软件分析时并没有破裂现象，如图 3-160 所示。在实际的试模过程中，为减小两端的拉深变形阻力，在毛坯角部单侧切了 90mm×40mm 的切角。结果仅仅拉深了 10mm 的深度在两侧即发生了破裂，如图 3-161 所示。

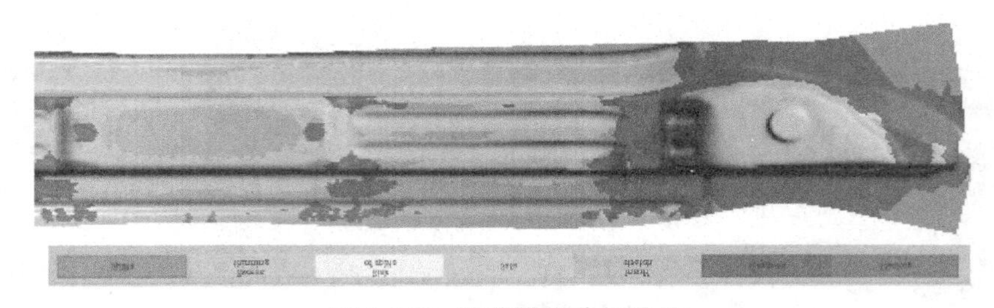

图 3-160 数值模拟分析结果

3. 原因分析

模拟结果未发生破裂，但在首次拉深 10mm 位置即发生了明显的破裂。根据经验分析，产生拉深破裂的主要原因可能有：

1）毛坯形状不合理。零件本身的形状较为复杂，不同位置的拉深深度也不同，拉深过程中不同位置的材料流入量不同。毛坯单侧切角不合理，切角本意在减小两端的拉深变形阻

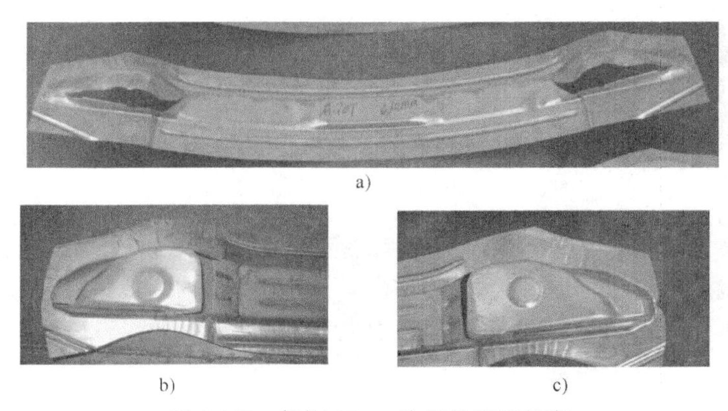

a)

b)

c)

图 3-161 拉深 10mm 位置的破裂状态

a）破裂全貌 b）左侧破裂 c）右侧破裂

力，但是却增加了不均匀变形程度，反而增大了破裂的风险。

2）压边力过大。压边力过大将导致拉深时材料的流动阻力过大，拉深变形材料流入凹模不足，使得胀形变形区的材料补充过少，造成了胀形破裂。

3）润滑不良，模具表面粗糙。压边圈位置和重要的凸模圆角位置，若润滑不到位或者表面粗糙度值较大，造成了胀形变形不均匀程度增大，进而使材料发生破裂的可能性增大。

4. 解决与防止措施

依据上述原因分析，在模具调试过程中逐次采取的解决措施是：

1）根据数值模拟软件和经验确定本零件采用的压边力为 700kN，在适当减小压边力进行试模后，破裂没有明显改变。压边力取此值较为合适。

2）改变毛坯的形状。为减小两端的拉深变形阻力，在毛坯角部双侧切 90mm×40mm 的角。

3）试模过程中进行良好地润滑。试模的过程中，仍采用 700kN 的压边力，压边圈抹油、铺塑料布，分多次拉深到底，制件没有破裂。但是，在两侧拉深深度较大的区域，材料流入量过大，如图 3-162 所示，无法修边。试模中通过改变润滑方式还是不能适用于正式生产。可以看出改善模具表面润滑条件有利于避免破裂。

图 3-162 试模中良好润滑的试模结果

4）再次改变毛坯形状。双侧切角虽然能减小拉深变形阻力，但是由于流入凹模材料过多，无法修边，也得不到合格产品。故再次改变毛坯的形状，采用数值模拟用毛坯尺寸 1500mm×285mm，两侧均不切角。

5）降低模具的表面粗糙度值。对模具的工作面重新进行研磨。具体研磨方案为：依次使用粒度为 F120、F180、F240 的磨石研磨，再用粒度为 F220 的砂纸进行抛光。最终获得了图 3-163 所示制件，修边后产品合格。

图 3-163　模具表面改善后的冲压制件

目前，数值模拟精度已越来越高，特别是在预测冲压件破裂方面。一般而言，数值模拟结果制件不破，就应该没有问题。但是，对于形状较为复杂的冲压件，由于影响板料成形因素较多，理论分析和人们的经验知识在试模时也是不可或缺的。经验知识与数值模拟相结合是解决和防止冲压废次品产生的有效措施。

3.3　拉深件常见废次品及质量控制要点

3.3.1　拉深件常见废次品及预防措施

拉深加工的实质在于法兰部分的变形。由于法兰切向压应力和径向拉应力的作用，拉深过程中可能会发生工序性质的转换，拉深变形也常与其他变形方式组合成形，以及上述一些拉深变形的特征，故在实际生产中，拉深加工也常出现多种形式的废次品。拉深件出现的主要废次品形式表现为：

1）拉深破裂。其中包括因底部和壁部强度不足引起的强度破裂（胀形破裂）、因局部不均匀变形程度过大或弯曲圆角半径（凹模圆角半径）太小引起的壁裂或塑性破裂、纵向破裂、时效破裂和因先起皱引起的破裂等。

2）拉深起皱。其中包括法兰区因压缩失稳产生的起皱、侧壁折皱和在制件形状急剧变化处因不均匀拉应力造成的折皱等。

3）尺寸超差。其中包括外形尺寸、厚度尺寸、位置尺寸超差等。

4）形状不良。其中包括局部凹陷、口部不齐、端面翘曲、扩张、鼓凸等。

5）表面缺陷。其中包括擦伤、划痕、冲击线、卡伤等。

拉深件常见废次品形式、产生原因及预防措施见表 3-21。

表 3-21　拉深件常见废次品形式、产生原因及预防措施

废次品形式及简图		产生原因	预防措施
破裂	拉深破裂（强度破裂）：制件壁部靠凸模圆角处，破裂发生在最大拉深力出现之前	与材料的变形规律有关。拉深变形力大于壁部材料的承载能力或拉深变形力大于底部的胀形变形力。具体而言，可能是拉深系数已超过或非常接近材料的成形极限；压边力过大；凸、凹模圆角半径过小；润滑效果不好或润滑方式不对；凹模和压边圈过于粗糙或凸模过于光滑；凸、凹模间隙过小；下料毛坯过大等。这类破裂通常可以用拉深系数或相对拉深高度来预测	1. 增加一道拉深工序 2. 减小压边力，增大凹模圆角半径或改变凹模形状，增大间隙，尽量减小拉深变形阻力 3. 采用合适的毛坯形状和尺寸 4. 注意润滑剂的选用和润滑方式，圆筒形件拉深时，凸模一侧不润滑 5. 尽量降低凹模和压边圈接触面的表面粗糙度值，适当增大凸模表面粗糙度值 6. 采用拉深性能好的材料

（续）

废次品形式及简图		产生原因	预防措施
破裂	起皱破裂：制件壁部靠凸模圆角处，破裂发生在产生起皱之后	由于法兰处材料所受切向压应力超过了其临界值，或是材料的相对厚度较薄。具体来说，可能是因为压边力太小，或不均匀；凸、凹模间隙过大；凸、凹模圆角半径过大等原因使法兰部分先起皱，无法进入凹模型腔而被拉裂	1. 加大压边力，保证法兰不起皱 2. 减小凸、凹模间隙；减小凸、凹模圆角半径；适当增大径向拉应力 3. 调整模具，使压边力均匀 4. 检修设备，使上滑块与压力机下台面平行
	壁裂（塑性破裂）：制件壁部靠凹模圆角处，破裂常发生在拉深后期。筒形件呈人字形，盒形件呈W形	由于不均匀变形造成材料的局部变形超过其塑性成形极限。常在盒形件或复杂形状零件拉深时出现。日本学者用方形毛坯切角的大小来预测盒形件产生壁裂的可能性。目前有关这类破裂预测，成熟的是成形极限线图（FLD）	1. 采用落料拉深复合模时，要保证材料被同时落下 2. 减小压边力，增大凹模圆角半径，调整间隙，尽量使变形均匀 3. 采用矩形毛坯切角制坯时，应减小切角量，或采用圆形毛坯切弓来制坯 4. 注意润滑剂的选用和润滑方式，盒形件拉深时，凸模一侧也应润滑
	纵向开裂：破裂发生在出模时，或放置一天以上	属晶界破裂，主要由于剧烈加工硬化造成晶界强度相对减弱；弯曲、反弯曲及材料各向异性形成周向残余拉应力造成的。多在再次拉深或深拉深中出现；不锈钢、热轧钢、硬化指数高、晶粒粗大的材料易发生。目前尚无工艺参数可以预测	1. 增加中间退火 2. 调整凸、凹模间隙，带一点变薄 3. 用反拉深代替正拉深 4. 留一点法兰 5. 增大凹模圆角半径 6. 更换材料，采用硬化指数小、晶粒度小的材料
	时效破裂：破裂发生在长期放置后	由于剧烈加工硬化及不均匀变形造成残余拉应力引起的。多数情况与角部整形量过大、多道工序间隔时间较长、放置环境的气氛有关。热轧钢、硬化指数高、晶粒粗大的材料易发生。目前尚无工艺参数可以预测	1. 进行时效处理 2. 调整整形变形量 3 多道工序连续生产，减小局部的变形程度和硬化程度 4. 增大凸、凹模圆角半径 5. 更换材料，采用硬化指数小、晶粒度小的材料
起皱	法兰起皱：法兰部分起皱，拉深无法进行	由于法兰处材料所受切向压应力超过了其临界值，或是材料的相对厚度较小。具体来说，可能是因为压边力太小，或不均匀；凸、凹模间隙过大；凸、凹模圆角半径过大等原因使法兰部分起皱，无法进入凹模型腔	1. 增加压边力或适当增加材料厚度 2. 减小凸、凹模间隙；减小凸、凹模圆角半径；适当增大径向拉应力 3. 调整模具，使压边力均匀 4. 检修设备，使上滑块与压力机下台面平行

（续）

废次品形式及简图		产生原因	预防措施
起皱	壁部折皱：制件侧壁靠口部处折皱	原因同上。由于起皱的程度较小，拉入凹模后形成壁部折皱	同上
	口缘折皱：制件侧壁靠口部处起皱	凹模圆角半径太大，在拉深终了阶段，脱离了压边圈尚未越过凹模圆角的材料悬空，口部起皱，被继续拉入凹模，形成口缘折皱	减小凹模圆角半径或采用弧形压边圈
	盒形件角部起皱：角部向内折拢，局部起皱	材料角部压边力太小，起皱后拉入凹模型腔，所以局部起皱	1. 加大压边力或增大角部毛坯面积 2. 减小角部凹模圆角半径；减小角部凸、凹模间隙
	纵向起皱：盒形件再拉深时圆角部分待变形区纵向起皱	圆角部分和直边部分材料的流速差使角部纵向产生了附加压应力；模具上未设置导流块；过渡毛坯形状不良，角部材料过多	1. 增大角部凹模圆角半径，扩大角部凸、凹模间隙 2. 设置导流块 3. 合理设计过渡毛坯形状和尺寸；严格控制前道工序的半成品质量
尺寸超差	外径超差：口部外径偏大，制件壁部厚度不均，带有一定锥度	模具设计未能以凹模为基准；凸、凹模间隙大，使得法兰处材料增厚得不到消除；凹模圆角半径大，制件出模后回弹较大；模具制造精度差或模具磨损	1. 对外形尺寸有要求的制件，应以凹模为基准设计模具，或加整形工序 2. 减小凸、凹模间隙；减小凹模圆角半径；更换新模具
	内径超差：内径偏大或偏小，制件壁部厚度不均，带有一定锥度	模具设计未能以凸模为基准；其余同上	1. 对内形尺寸有要求的制件，以凸模为基准设计模具，或加整形工序 2. 同上
	高度尺寸超差：对于具有高低差的拉深件，阶梯形件和不对称的复杂拉深件，高度尺寸容易超差	模具制造精度差；模具结构不合理；拉深时制件偏移；对于拉深、翻边等复合工序，未能掌握其变形规律	1. 提高模具制造精度或加整形工序；采用组合模具调整模具高度 2. 坯料准确定位；设置限位装置

（续）

废次品形式及简图		产生原因	预防措施
形状不良	呈锯齿状边缘	毛坯边缘有毛刺	修整毛坯落料模刃口，消除毛坯边缘毛刺
	口部对称凸耳	坯料的各向异性	更换材料或增加修边余量
	口部不齐	毛坯与凸、凹模中心不合或材料厚薄不匀以及凹模圆角半径、模具间隙不匀	1. 调整定位，调整模具间隙和凹模圆角半径 2. 更换材料或增加修边余量
	底部不平整	毛坯不平整，顶料杆与零件接触面积太小或缓冲器弹力不够	1. 改变下料方式，平整毛坯 2. 设置压料装置；增大压料力 3. 更换材料
	直壁凹陷：大盒形件易发生	角部与直边间隙不合理，多余材料向侧壁挤压，失去稳定	1. 调整角部与直边部分间隙 2. 降低凸模表面粗糙度值，注意凸模的良好润滑
	制件歪扭	模具没有排气孔，或排气孔太小、堵塞，以及顶料杆与零件接触面积太小，顶料时间太早（顶料杆过长）等	钻、扩大或疏通模具排气孔，整修顶料装置
	口部扩张、端面翘曲、圆度超差 扩张 Δh=0.7 轧制方向 回弹方向 $\delta/2$=0.2	制件太浅，塑性变形量不足；材料较薄，且各向异性严重；凸、凹模间隙偏大	1. 改变零件结构，加一条环形加强筋；或增加工艺补充面 2. 改变模具结构，对制件进行校正 3. 减小模具间隙，或进行变薄拉深
表面缺陷	表面划伤 圆角部分 直边部分	模具工作面或圆角半径上有毛刺，毛坯表面或润滑油中有杂质划伤零件；模具与制件材料不匹配，模具工作面上形成粘结瘤；模具工作面温度升高	1. 研磨抛光模具的工作平面和圆角，清洁毛坯，使用干净的润滑剂 2. 更换模具材料。例如：拉深不锈钢时用铝青铜、磷青铜或铸铁 3. 选用气相沉积碳化钛和类金刚石涂层工艺提高凹模表面硬度
	颈缩或冲击线	模具圆角半径太小，压边力太大，材料承受拉深变形阻力较大，引起危险断面颈缩；制件底部圆角半径大，由胀形向拉深转换会产生冲击，但冲击线较浅	1. 加大模具圆角半径和间隙 2. 毛坯涂上合适的润滑剂 3. 采用液压机代替机械压力机，降低变形速度，减小冲击

3.3.2　拉深件质量控制要点

1. 控制拉深破裂的加工极限

圆筒形件一次拉深加工的实质在于法兰部分的变形；再拉深加工的实质则在于直径发生变化的环形区域的变形。当拉深变形阻力（包括摩擦阻力和弯曲变形阻力）大于制件底部和壁部的承载能力时，就会发生变形模式的转换、产生破裂，这就决定了拉深加工的极限。与弯曲、内孔翻边加工极限取决于材料的塑性不同，拉深加工极限取决于材料的变形规律，破裂常发生在胀形变形区内。生产中，用不产生破裂或不产生颈缩时的最小拉深系数 m_{min}（或最大拉深比 R_{max}）来评定拉深加工的极限。材料的屈强比 $R_{p0.2}/R_m$ 和塑性应变比 $\gamma=\varepsilon_b/\varepsilon_t$ 或平均塑性应变比 $\bar{\gamma}$ 是反映拉深成形性能的重要指标，屈强比小，塑性应变比大的材料拉深成形性能好，极限拉深系数小。

表 3-22、表 3-23 和表 3-24 列出了常用材料圆筒形拉深件的最小拉深系数，可供使用时参考。也可查阅 JB/T 6959—2008《金属板料拉深工艺设计规范》。

带法兰的圆筒形拉深件，因毛坯法兰部分未全部进入凹模，故仅用拉深系数值不能反映出制件的变形程度，也不能用拉深系数 m 来确定拉深加工的极限。生产中，常用最大相对拉深高度 $(h/d)_{max}$ 和最小拉深系数 m_{min} 两个参数来表示带法兰筒形拉深件的加工极限。具体数值可参考表 3-25 和表 3-26。

表 3-22　无法兰圆筒形件用压边圈拉深时的极限拉深系数

拉深系数	毛坯相对厚度(t/D)×100					
	2~1.5	<1.5~1.0	<1.0~0.6	<0.6~0.3	<0.3~0.15	<0.15~0.08
m_1	0.48~0.50	0.50~0.53	0.53~0.55	0.55~0.58	0.58~0.60	0.60~0.63
m_2	0.73~0.75	0.75~0.76	0.76~0.78	0.78~0.79	0.79~0.80	0.80~0.82
m_3	0.76~0.78	0.78~0.79	0.79~0.80	0.80~0.81	0.81~0.82	0.82~0.84
m_4	0.78~0.80	0.80~0.81	0.81~0.82	0.82~0.83	0.83~0.85	0.85~0.86
m_5	0.80~0.82	0.82~0.84	0.84~0.85	0.85~0.86	0.86~0.87	0.87~0.88

注：1. 凹模圆角半径大时（$r_{凹}=8t\sim15t$），拉深系数取小值；凹模圆角半径小时（$r_{凹}=4t\sim8t$），拉深系数取大值。

2. 表中拉深系数适用于 08、10S、15S 钢与软黄铜 H62、H68。当材料的塑性好、屈强比小、塑性应变比大时（05、08Z 及 10Z 钢等），m 值可比表中数值减小 1.5%~2%；当材料的塑性差、屈强比大、塑性应变比小时（20、25、Q215、Q235、酸洗钢、硬铝、硬黄铜等），则应增大 1.5%~2%。符号 S 为深拉深钢；Z 为最深拉深钢。

表 3-23　无法兰圆筒形件不用压边圈拉深时的极限拉深系数

材料相对厚度(t/D)×100	各次拉深系数					
	m_1	m_2	m_3	m_4	m_5	m_6
0.4	0.90	0.92	—	—	—	—
0.6	0.85	0.90	—	—	—	—
0.8	0.80	0.88	—	—	—	—
1.0	0.75	0.85	0.90	—	—	—
1.5	0.65	0.80	0.84	0.87	0.90	—
2.0	0.60	0.75	0.80	0.84	0.87	0.90
2.5	0.55	0.75	0.80	0.84	0.87	0.90
3.0	0.53	0.75	0.80	0.84	0.87	0.90
>3	0.50	0.70	0.75	0.78	0.82	0.85

注：此表适用于 08、10 及 15Mn 钢等材料。

表 3-24 其他金属材料的拉深系数

材料名称	牌号	第一次拉深 m_1	以后各次拉深 m_n
铝和铝合金	8A06、1035、3A21	0.52~0.55	0.70~0.75
杜拉铝	2A11、2A12	0.56~0.58	0.75~0.80
黄铜	H62	0.52~0.54	0.70~0.72
	H68	0.50~0.52	0.68~0.72
纯铜	T2、T3、T4	0.50~0.55	0.72~0.80
无氧铜		0.50~0.58	0.75~0.82
镍、镁镍、硅镍		0.48~0.53	0.70~0.75
康铜(铜镍合金)		0.50~0.56	0.74~0.84
白铁皮		0.58~0.65	0.80~0.85
酸洗钢板		0.54~0.58	0.75~0.78
不锈钢	Cr13	0.52~0.56	0.75~0.78
	Cr18Ni	0.50~0.52	0.70~0.75
	1Cr18Ni9Ti	0.52~0.55	0.78~0.81
	1Cr18Ni11Nb、Cr23Ni13	0.52~0.55	0.78~0.80
镍铬合金	Cr20Ni80Ti	0.54~0.59	0.78~0.84
合金结构钢	30CrMnSi	0.62~0.70	0.80~0.84
可伐合金		0.65~0.67	0.85~0.90
钼铱合金		0.72~0.82	0.91~0.97
钽		0.65~0.67	0.84~0.87
铌		0.65~0.67	0.84~0.87
钛及钛合金	TA2、TA3	0.58~0.60	0.80~0.85
	TA5	0.60~0.65	0.80~0.85
锌		0.65~0.70	0.85~0.90

注：1. 凹模圆角半径 $r_凹<6t$ 时拉深系数取大值；凹模圆角半径 $r_凹\geqslant(7\sim8)t$ 时拉深系数取小值。

2. 材料相对厚度 $(t/D)\times100\geqslant0.62$ 时拉深系数取小值；材料相对厚度 $(t/D)\times100<0.62$ 时拉深系数取大值。

3. 材料为退火状态。

表 3-25 带法兰筒形件第一次拉深的最大相对高度 $(h/d)_{max}$

法兰相对直径 d_f/d_1	毛坯相对厚度 $(t/D)\times100$				
	>0.06~0.2	>0.2~0.5	>0.5~1	>1~1.5	>1.5
≤1.1	0.45~0.52	0.50~0.62	0.57~0.70	0.60~0.80	0.75~0.90
>1.1~1.3	0.40~0.47	0.45~0.53	0.50~0.60	0.56~0.72	0.65~0.80
>1.3~1.5	0.35~0.42	0.40~0.48	0.45~0.53	0.50~0.63	0.58~0.70
>1.5~1.8	0.29~0.35	0.34~0.39	0.37~0.44	0.42~0.53	0.48~0.58
>1.8~2.0	0.25~0.30	0.29~0.34	0.32~0.38	0.36~0.46	0.42~0.51
>2.0~2.2	0.22~0.26	0.25~0.29	0.27~0.33	0.31~0.40	0.35~0.45
>2.2~2.5	0.17~0.21	0.20~0.23	0.22~0.27	0.25~0.32	0.28~0.35
>2.5~2.8	0.13~0.16	0.15~0.18	0.17~0.21	0.19~0.24	0.22~0.27
>2.8~3.0	0.10~0.13	0.12~0.15	0.14~0.17	0.16~0.20	0.18~0.22

注：1. 适用于 08、10 钢。

2. 较大值相应于零件圆角半径较大情况，即 $r_凹$、$r_凸$ 为 $(10\sim20)t$；较小值相应于零件圆角半径较小情况，即 $r_凹$、$r_凸$ 为 $(4\sim8)t$。

表 3-26　带法兰筒形件第一次拉深时的拉深系数 m_1

法兰相对直径 d_f/d_1	毛坯相对厚度 $(t/D)\times100$				
	>0.06~0.2	>0.2~0.5	>0.5~1.0	>1.0~1.5	>1.5
≤1.1	0.59	057	0.55	0.53	050
>1.1~1.3	0.55	0.54	0.53	0.51	0.49
>1.3~1.5	0.52	0.51	0.50	0.49	0.47
>1.5~1.8	0.48	0.48	0.47	0.46	0.45
>1.8~2.0	0.45	0.45	0.44	0.43	0.42
>2.0~2.2	0.42	0.42	0.42	0.41	0.40
>2.2~2.5	0.38	0.38	0.38	0.38	0.37
>2.5~2.8	0.35	0.35	0.34	0.34	0.33
>2.8~3.0	0.33	033	0.32	0.32	0.31

注：适用于08、10钢。

矩形盒第一次拉深加工极限常用其相对高度 h/r 来表示。因盒形件拉深实质是转角部分拉深和直边处弯曲的复合成形，转角处拉深变形在很大程度上受直边影响，故 h/r 值往往要根据相对角部圆角半径 r/b 来确定。表 3-27 列出了 08、10 钢板盒形件初次拉深的最大相对高度 $(h/r)_{max}$，供使用时参考。

曲面零件、大型覆盖件和其他复杂形状零件的成形比较复杂。这类零件加工时，存在拉深、胀形、翻边和弯曲等多种形式的变形，很难确定占主导地位的加工极限。本书将在后续复合成形一章中讨论这类零件的质量控制问题。

表 3-27　矩形盒初次拉深最大相对高度 $(h/r)_{max}$

相对圆角半径 r/b	0.4	0.3	0.2	0.1	0.05
相对高度 h/r	2~3	2.8~4	4~5	8~12	10~15

注：表中 r 为盒形件转角处圆角半径；b 为盒形件短边宽度；h 为盒形件高度。

拉深加工极限，不论筒形件的最小拉深系数 m_{min}，还是带法兰件和盒形件的最大相对高度 $(h/d)_{max}$、$(h/r)_{max}$ 都不是绝对不变的界限。由于拉深加工极限取决于法兰变形阻力和侧壁承载能力的平衡，而除了材料的成形性能之外，影响法兰变形阻力和侧壁承载能力的因素较多，如压边力的大小、凸/凹模圆角半径、模具间隙、润滑剂的效果及涂抹方式、模具加工与装配精度和压力机的精度等，故如何创造有利的外界条件，降低法兰变形阻力、提高侧壁的承载能力是生产中控制拉深破裂加工极限和保证拉深件质量的关键。

如前众多的实例所述，在不起皱的情况下降低压边力，增大凸、凹模圆角半径，降低凹模面、凹模圆角和压边圈的表面粗糙度值，对毛坯法兰部位进行有效的润滑，合理选取凸、凹模间隙，打毛凸模表面等措施均可降低法兰变形阻力、提高侧壁的承载能力和减小最小拉深系数 m_{min}。

值得注意的是，对凸模圆角部位进行有效润滑，就圆筒形拉深而言，因减小了侧壁的承载能力，对成形不利；就矩形盒拉深而言，因有利于转角处金属向直边部分流动，反而会增大其相对拉深高度 h/r。

此外，在拉深加工极限附近，甚至超过加工极限的情况下，采用高分子薄膜润滑剂、采用反拉深来代替正拉深、采用软模拉深、采用对向液压拉深、采用温差拉深和采用脉动拉深等特殊措施也可使拉深获得成功。

对因拉深起皱引起的破裂，很难用最小拉深系数 m_{min} 来预测其加工的成败。为了防止拉深起皱，通常采取的措施是：增大压边力，检修设备，调整设备下气垫压力或模具预压紧力，使压边力均匀，减小凸、凹模圆角半径；采用润滑效果差的润滑剂，少用甚至不用润滑剂，增大摩擦阻力；控制凹模面、压边圈和凹模圆角的表面粗糙度值等。值得注意的是，判断拉深破裂的类别是非常重要的。防止因拉深起皱引起破裂的措施往往与防止因超过拉深加工极限所采取的措施不同，甚至完全相反。

对于某些侧壁破裂的实例也很难用某一工艺参数来预测和表示其破裂的极限。除了小部分圆筒形拉深件的例子外，壁裂多半出现在坯料相对厚度小的大型零件或容易产生不均匀变形的异形零件的拉深过程中。产生壁裂的主要原因是：法兰区变形阻力的偏移；不均匀变形，凹模圆角太小致使坯料在变形时产生较大的弯曲及反弯曲。因此，采取措施尽可能使变形均匀，减小拉深加工中的弯曲变形程度是控制拉深件产生壁裂的关键。

时效破裂是由于残余应力作用的结果。这类破裂多半与拉深毛坯的材质有关，晶粒粗大的热轧钢板和加工硬化剧烈的奥氏体不锈钢板容易产生这类破裂。因此，选用合适的材料，对制件进行中间退火处理，采取措施尽量减少残余应力或改变残余应力的性质能有效地控制拉深件纵向开裂和自然时效破裂。

疲劳破裂除与零件的使用条件有关外，往往也与拉深制件的加工质量有关。因此，对这类使用条件恶劣、使用时长期受交变应力作用的拉深件，应确保其加工质量，装配牢靠，必要时应增加消除内应力退火工序。

2. 控制拉深起皱的界限

拉深过程中，法兰变形区所受的切向压应力超过了板料临界压应力，便会产生塑性失稳起皱。轻微起皱的坯料虽可通过凸、凹模间隙成为筒壁，但却会在筒壁上留下折皱，影响零件的表面质量。实际上，拉深破裂表明拉深变形性质已发生了转换；而拉深起皱才真正反映出拉深变形产生的缺陷。

与压杆失稳类似，拉深起皱主要取决于切向压应力的大小和法兰处坯料的相对厚度 t/D（t/d_{n-1} 或 t/r）。目前，还不能用一个统一的工艺参数来表示拉深起皱的界限。生产中常用坯料的相对厚度 t/D 和拉深系数 m 两个参数，按表 3-28 和图 3-164 来判断是否起皱和是否采用压边圈的条件。

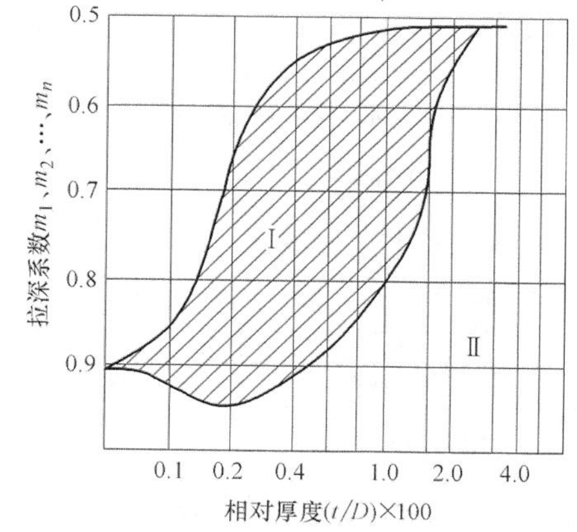

图 3-164 采用压边圈的条件
（在区域Ⅰ内采用压边圈，在区域Ⅱ内可不采用压边圈）

表 3-28 采用压边圈的条件

拉深方法	第一次拉深		以后各次拉深	
	$(t/D)\times100$	m_1	$(t/d_{n-1})\times100$	m_n
用压边圈	<1.5	<0.6	<1.0	<0.8
可用可不用	1.5~2.0	0.6	1.0~1.5	0.8
不用压边圈	>2.0	>0.6	>1.5	>0.8

生产中控制拉深起皱的有效措施是采用压边圈。对有压边圈的拉深，则可用单位压边力 p 来表示起皱的界限。单位压边力 p 可按表 3-29 中的公式来计算，也可查表 3-30 和表 3-31。此外，还可用以下的福田、吉田经验公式来估算，即

$$p=\frac{(R_{p0.2}+R_m)R_0\left[\frac{2(R_0-r_2-r_d)}{t}-8\right]}{90\pi[R_0^2-(r_2+r_d)^2]}$$

式中　$R_{p0.2}$——拉深材料的屈服强度（MPa）；

R_m——拉深材料的抗拉强度（MPa）；

R_0——拉深毛坯半径（mm）；

r_2——拉深圆筒形件半径（mm）；

r_d——拉深凹模圆角半径（mm）；

t——坯料厚度（mm）。

表 3-29　压边力的计算公式

拉深情况	公式
拉深任何形状的工件	$F_{压}=Ap$
筒形件第一次拉深(用平毛坯)	$F_{压}=\frac{\pi}{4}[D^2-(d_1+2r_d)^2]p$
筒形件以后各次拉深(用筒形毛坯)	$F_{压}=\frac{\pi}{4}[d_{n-1}^2-(d_n+2r_d)^2]p$

表 3-30　单动压力机的单位压边力

材料	单位压边力 p/MPa
铝	0.8~1.2
纯铜、硬铝(退火或刚淬火的)	1.2~1.8
黄铜	1.5~2.0
压轧青铜	2.0~2.5
20 钢、08 钢、镀锡钢板	2.5~3.0
软化状态的耐热钢	2.8~3.5
高合金钢、高锰钢、不锈钢	3.0~4.5

表 3-31　双动压力机的单位压边力

工件复杂程度	单位压边力 p/MPa
难加工工件	3.7
普通加工件	3.0
易加工件	2.5

压边力过大会增加拉深破裂的危险性。合适的压边力受润滑效果、模具和压力机平行度、坯料剪切断面质量、凸/凹模圆角半径和间隙大小、模具表面粗糙度和制件材质等众多因数的影响。因此，在生产实际中，压边力的大小往往要通过反复调整才能确定。

3. 注意板料或卷料的供货状况

一般而言，拉深破裂不属塑性破裂，对板料拉深成形性能影响较大的材料特性不是材料

的塑性，而是塑性应变比 γ、屈强比 $R_{p0.2}/R_m$ 和硬化指数 n。塑性应变比是单向拉伸试样的宽度应变和厚度应变的比值，记作

$$\gamma=\varepsilon_b/\varepsilon_t$$

式中 γ——塑性应变比；

ε_b——单向拉伸试样的宽度应变；

ε_t——单向拉伸试样的厚度应变。

γ 值的测试方法见 GB/T 5027—2016《金属材料 薄板和薄带 塑性应变比（γ 值）的测定》。由于板料平面上存在塑性各向异性，所以塑性应变比常用加权平均值 $\overline{\gamma}$ 表示，即

$$\overline{\gamma}=\frac{1}{4}(\gamma_0+2\gamma_{45}+\gamma_{90})$$

式中，γ_0、γ_{45}、γ_{90} 的下角标分别为拉伸试样对于板料轧制方向的角度。

γ 值大，板料平面方向比板厚方向容易变形，拉深毛坯周向收缩时不容易起皱，拉深力小，传力区不容易破裂，故有利于板料的拉深。因此，在有条件的情况下，应尽量选择屈强比 $R_{p0.2}/R_m$ 小、n 值和 $\overline{\gamma}$ 值大的拉深毛坯材料。

除了材料的这些性能指标外，对拉深毛坯而言，还应特别注意以下几个方面。

1）坯料厚度不得超差。由于模具间隙一定，故超厚的毛坯会加大拉深变形阻力，引起制件破裂；超薄的毛坯则易起皱。

2）坯料表面质量好。坯料表面划痕、缩孔、夹层、锈蚀和酸洗过度等缺陷会因局部区域的应力集中造成制件的开裂；而坯料表面的氧化皮、沙粒等易造成擦伤、划痕和高温粘结等表面缺陷。

3）注意对材料的特殊要求。对于深拉深件和多次拉深件，为了防止产生纵向开裂和时效破裂，应选择晶粒细小、硬化指数 n 值低的材料。

4）保证制坯的质量。在为拉深制坯时，冲裁模间隙要合理，刃口要锋利。拉深件毛坯断面不得有大的毛刺，否则压边圈与法兰接触不好，容易产生局部折皱。在为拉深件制坯时产生的“须状金属丝”应及时清除，采用落料拉深复合模具时要保证落料毛坯的质量，否则易产生高温粘结，使制件表面形成划痕。

4. 认真分析拉深件的结构工艺性

拉深件的结构工艺性是指拉深件对冲压工艺的适应性。因为拉深加工中往往伴随有弯曲、胀形和翻边等其他方式的成形发生，故掌握金属的变形规律，识别占主导地位的拉深变形工序性质，认真分析拉深件的结构工艺性，对制订冲压工艺方案、进行模具设计具有重要的意义。

就目前的冲压加工工艺水平和模具制造水平来说，除拉深系数要大于 m_{min}，相对拉深高度要小于 $(h/d)_{max}$ 和 $(h/r)_{max}$，坯料的相对厚度 $(t/D)\times100$、拉深系数 m 和单位压边力 p（或压边力）要满足不起皱的界限之外，拉深件还应满足以下几方面的工艺性要求：

1）拉深件的形状应尽量简单、对称。轴对称圆筒形拉深件在同一圆周上的应力和应变是均匀的，模具加工也容易，其工艺性最好。其他形状的拉深件，应尽量避免急剧的轮廓变化。

2）拉深件各部分比例要恰当，其形状和尺寸要符合金属的变形规律。深度大，拉深时自由悬空部分大，流速差大的零件，因需要多次拉深，制件尺寸精度很难控制，也容易产生

折皱，表面质量差，故这类零件的拉深工艺性不好。

3）拉深件的圆角半径要合适。太小，易破裂；太大，易起皱。

4）拉深件的尺寸精度不宜要求过高。拉深件的制造精度包括直径方向、高度方向和厚度方向的精度。在一般情况下，拉深件的精度不应超过表3-32、表3-33和表3-34中所列数值。

表3-32　拉深件直径的极限偏差　（单位：mm）

坯料厚度	拉深件直径 d 的公称尺寸		
	≤50	>50~100	>100~300
0.5	±0.12	—	—
0.6	±0.15	±0.20	—
0.8	±0.20	±0.25	±0.30
1.0	±0.25	±0.30	±0.40
1.2	±0.30	±0.35	±0.50
1.5	±0.35	±0.40	±0.60
2.0	±0.40	±0.50	±0.70
2.5	±0.45	±0.60	±0.80
3.0	±0.50	±0.70	±0.90
4.0	±0.60	±0.80	±1.00
5.0	±0.70	±0.90	±1.10
6.0	±0.80	±1.00	±1.20

注：拉深件外形要求取正偏差，内形要求取负偏差。

表3-33　圆筒形拉深件高度的极限偏差　（单位：mm）

坯料厚度	拉深件高度 h 的公称尺寸				
	≤18	>18~30	>30~50	>50~80	>80~120
≤1	±0.5	±0.6	±0.7	±0.9	±1.1
>1~2	±0.6	±0.7	±0.8	±1.0	±1.3
>2~3	±0.7	±0.8	±0.9	±1.1	±1.5
>3~4	±0.8	±0.9	±1.0	±1.2	±1.8
>4~5	—	—	±1.2	±1.5	±2.0
>5~6	—	—	—	±1.8	±2.2

注：本表为不切边情况所达到的数值。

表3-34　带法兰拉深件高度的极限偏差　（单位：mm）

坯料厚度	拉深件高度 h 的公称尺寸				
	≤18	>18~30	>30~50	>50~80	>80~120
≤1	±0.3	±0.4	±0.5	±0.6	±0.7
>1~2	±0.4	±0.5	±0.6	±0.7	±0.8
>2~3	±0.5	±0.6	±0.7	±0.8	±0.9
>3~4	±0.6	±0.7	±0.8	±0.9	±1.0
>4~5	—	—	±0.9	±1.0	±1.1
>5~6	—	—	—	±1.1	±1.2

注：本表为未经整形所达到的数值。

拉深件由于各处变形不均匀，上下壁厚变化可达 $1.2t\sim0.75t$。因此，拉深件的厚度尺寸精度也不宜要求过高。此外，有些零件受拉深件尺寸精度、结构特点、工艺方案等因素的影响，拉深件同轴度、平面度、垂直度等几何公差也不宜要求过高。为保证产品质量，必要时应采取增加校正或精整工序等特殊措施。

5）拉深件的尺寸标注应合理。拉深件的径向尺寸，应注明是保证内壁尺寸，还是保证外壁尺寸，内、外壁尺寸不能同时标注。阶梯形拉深件，其高度方向的尺寸标注，一般应以底部为基准，若以上部为基准，高度尺寸不易保证。

5. 正确制订冲压工艺方案

冲裁和弯曲件可以从产品零件图上直观地看出冲压该零件所需的工序性质。例如带有各种型孔的平板件只需要冲孔、落料或剪切工序；多角弯曲件只需要剪切或落料及弯曲工序。而有些拉深件实际上是具有弯曲、胀形和翻边等冲压工艺的复合成形，因此，在制订拉深件的冲压加工工艺方案时，必须首先确定其占主导地位的冲压工序性质。

1）正确判断拉深加工的工序性质。拉深变形总是伴随有弯曲、胀形和翻边等其他方式的变形同时发生。如图 3-2 所示，当毛坯的尺寸变化或摩擦条件、模具形状及几何参数不同时，坯料的变形方式可能发生转换。因此，在确定采用拉深成形工序时，必须保证法兰区的变形阻力小于制件壁部和底部的胀形或扩孔、翻边变形阻力，要为法兰区成为“弱区”创造条件。

上述众多实例中出现的拉深破裂的主要原因就在于法兰区拉深变形阻力大于制件底部的胀形变形阻力，工序性质由拉深转化为胀形；部分实例采用落料、冲孔后拉深成形的冲压加工工艺方案。冲孔后，制件底部被削弱，在拉深变形的同时发生扩孔变形，引起了孔径和同轴度的超差。

2）确定合理的拉深毛坯形状与尺寸。为了保证法兰区为“弱区”的拉深加工条件，在满足制件高度尺寸的基础上应尽量减小拉深毛坯的尺寸；而对厚度薄、高度浅的锥形、球形或其他曲面形状的拉深件，为了防止制件产生内皱，保证制件的表面质量和尺寸精度，则应适当增大毛坯的直径。

飞机弹簧罩一例中，将拉深毛坯尺寸由 ϕ56mm 减小到 ϕ52mm，不仅减少了一道拉深工序，还保证了拉深件的质量；对于两边形盒形件和矩形盒拉深件，则不仅应确定合适的拉深毛坯尺寸，还应根据制件的结构与变形特点来确定合理的毛坯形状。电能表底座正方形盒形拉深件，采用正方形毛坯切角和圆形毛坯切弓的毛坯形状可获得较好的拉深效果。电炉引线盒、摩托车空气滤清器壳体等两边形盒形件，则以圆形毛坯或矩形毛坯切角为宜；此外，对于需多次拉深的细长拉深件、锥形件而言，因法兰区变厚的坯料通过凹模口进入壁部时不能完全复原、壁厚差也较大，故在确定毛坯尺寸时应予以考虑。锥罩一例中，按表面积不变的原则算得的毛坯直径偏小，故使拉深件的高度不足。因此，在这种情况下应适当增大毛坯直径。

3）正确确定拉深次数和合理分配各次拉深的拉深系数。当需要进行多次拉深时，拉深次数的确定及拉深系数的分配对拉深的成败和拉深件的质量有很大的影响。拉深次数过多，易产生拉深件划痕、擦伤、卡伤等表面缺陷；而拉深系数分配不合理时，易出现拉深破裂使制件报废。因此，应尽量减少拉深次数，合理分配各次拉深的拉深系数。如联合收割机摩擦离合器护罩一例，在进行多次拉深时，第一次拉深系数 m_1 在大于其极限拉深系数的前提下，应尽量取小值，以便充分发挥坯料在首次拉深时的塑性变形潜力。

4）正确确定工序的顺序。对于带孔的拉深件，一般来说，都是先拉深后冲孔。只有当孔的位置在零件底部，且孔径尺寸要求不高时，才能先在毛坯上冲孔后拉深。采用先冲孔后拉深的工艺方案。由于冲孔后削弱了坯料底部的强度，拉深时底孔变形会导致制件的报废。

对于形状复杂的拉深件，底部带有凸台或凹坑的拉深件，为便于坯料变形和金属流动，应先成形内部形状，再拉深外部形状。

对于拖拉机前照灯灯圈，应采取先成形尺寸 50mm 和角部 $R2$mm 的局部凸起部分，再拉深外形的工序顺序。此外，该件采用先冲底孔再拉深的工艺方案对成形有利，但底孔的尺寸精度会受到影响。在底孔尺寸精度要求不高的情况下，可以采用此方案。

当拉深件圆角半径太小，尺寸精度要求过高，对平面度、垂直度等几何公差有要求时，在拉深成形之后，应增加一道整形或校平工序。

5）正确确定再拉深的方式和工序的组合形式。再拉深有两种方式：一种是正拉深，另一种是反拉深。反拉深可不用压边圈，这就避免了由于压边力过大、过小或压边力分布不均匀而造成的拉深破裂。采用反拉深代替正拉深可减小拉深系数，提高制件的表面质量。但是，反拉深却受到凹模壁厚的限制。如联合收割机摩擦离合器护罩一例，对两次拉深系数的分配进行调整后，由于再次拉深的拉深系数增大较多，采用反拉深时，凹模壁厚较薄，强度不足，故生产中将反拉深改成了正拉深。可见，拉深方式的确定应根据零件的尺寸与模具的结构特点，具体问题具体分析。

与冲裁、弯曲相同，拉深工序及与其他加工工序的组合形式主要取决于冲压件的批量、尺寸大小、精度要求和模具结构等因素。一般而言，大批量、小尺寸和高精度的拉深件应尽可能采用复合模加工；大批量、小尺寸和精度要求不高的拉深件可采用带料连续拉深；小批量、大尺寸零件则多采用单工序简单模加工。

从拉深件质量的角度来考虑，采用复合模可获得高的尺寸精度和几何公差，采用落料、拉深复合工序则必须注意落料模与拉深模的装配精度和落料模刃口状况，以免造成壁裂、擦伤、划痕等冲压缺陷；采用拉深、胀形或拉深、翻边等复合工序，则应考虑金属的变形规律，保证法兰区为变形“弱区”的条件，控制拉深、胀形、翻边的变形程度和变形的先后顺序，防止胀形破裂、翻边破裂和因变形控制不当造成的尺寸超差。

6. 正确选择模具材料，合理确定模具参数，保证模具的制造与装配精度

模具材料的选择、模具设计与制造对拉深加工同样是非常重要的。为了防止拉深件产生废次品，提高拉深件的质量，在拉深模具材料选择、模具设计、制造和维修时，必须注意以下几点：

1）根据拉深零件的材料来选择模具材料。上述众多实例和分析研究表明，拉深软材料的制件，应选用硬材料的模具，淬火硬度也应相应提高；拉深硬材料或加工硬化剧烈的不锈钢一类的制件，则应选用铝青铜、铸铁等耐磨性能好的软材料模具。采取这一模具材料选择原则的目的在于防止拉深件出现划伤、擦伤和高温粘结的缺陷，提高模具的寿命。

2）正确确定拉深凸、凹模的圆角半径。

拉深凹模的圆角半径 r_d 可按经验公式确定：

$$r_d = 0.8\sqrt{(D-d)t}$$

式中　D——拉深毛坯直径（mm）；

d——拉深凹模内径（mm）；

t——坯料厚度（mm）。

当工件直径 d>200mm 时，r_d 应按下式确定：

$$r_d \geqslant 0.039d+2\text{mm}$$

拉深凹模圆角半径 r_d 也可以根据工件材料的种类与厚度来确定。一般对于钢件，$r_d=10t$，对于有色金属件，$r_d=5t$；或按表 3-35 来选取。

拉深凸模圆角半径 r_p 在最后一次拉深工序中应与制件的圆角半径相等。但对于厚度小于 6mm 的坯料，$r_p \geqslant (2\sim3)t$；对于厚度大于 6mm 的坯料，$r_p \geqslant (1.5\sim2)t$。如果制件要求的圆角半径很小，则应增加一道整形工序。其他各次拉深工序中，可取 $r_p=(0.6\sim1)\ r_d$。

表 3-35 拉深凹模圆角半径 r_d （单位：mm）

材料	厚度 t/mm	凹模圆角半径 r_d	材料	厚度 t/mm	凹模圆角半径 r_d
钢	<3	$(10\sim6)t$	铝、黄铜、纯铜	<3	$(8\sim5)t$
	3~6	$(6\sim4)t$		3~6	$(5\sim3)t$
	>6	$(4\sim2)t$		>6	$(3\sim1.5)t$

注：对于第一次拉深和较薄的坯料取大值，以后各次拉深和较厚的坯料取小值。

从上面众多的实例可见，选择凸、凹模的圆角半径不能形而上学，应当具体情况具体分析。应根据拉深件的材料和拉深件的具体形状、尺寸来定。为防止拉深件起皱，应适当减小凸、凹模圆角半径。为防止拉深件破裂、擦伤和卡伤，应适当增大凸、凹模圆角半径。对于矩形盒的拉深而言，为使转角处和直边处的变形趋于均匀，应适当增大转角处的凹模圆角半径和减小直边处的凹模圆角半径。

对于手扶拖拉机挡位板这类制件，为防止因拉应力不足引起的角部鼓凸，应适当增大凸模圆角半径 r_p、减小凹模圆角半径 r_d，为防止因胀形和拉深失去平衡引起的角部鼓凸，则应减小凸模圆角半径 r_p、增大凹模圆角半径 r_d。对于汽车变速杆轴支架，为了防止这类不对称拉深件的偏移，应适当减小短边一侧的凸、凹模圆角半径，适当增大长边一侧的凸、凹模圆角半径。

3）正确选择模具表面粗糙度。对于圆筒形拉深件而言，凹模端面及圆角处的表面粗糙度一般取 $Ra0.4\sim Ra0.8\mu m$（压边圈端面也取此数值），凸模圆角处的表面粗糙度取 $Ra1.6\sim Ra3.2\mu m$。对于盒形拉深件，凸模圆角处的表面粗糙度取小些有利于转角部位坯料向直边处转移，故可尽量取小值。

一般而言，为防止拉深起皱，凹模端面、圆角和压边圈端面的表面粗糙度值不能太小；为防止拉深破裂，则应适当降低凹模端面、圆角和压边圈端面的表面粗糙度值，打毛凸模的表面。

4）选择合理的凸、凹模间隙。不用压边圈时，拉深凸、凹模单边间隙 c 取：

$$c=(1\sim1.1)t_{max}$$

式中 t_{max}——坯料的最大厚度（mm）。

采用压边圈时，最后一道工序的拉深凸、凹模单面间隙 c 取：

$$c=(1.1\sim1.2)t_{max}$$

尺寸精度要求较高时，可取：

$$c=(0.95\sim1.0)t_{\max}$$

黑色金属取 1，有色金属取 0.95。前几道工序拉深凸、凹模单边间隙可适当放大。

一般而言，为防止拉深起皱，应适当减小凸、凹模间隙；为防止拉深破裂、擦伤和划痕，则应适当增大凸、凹模间隙。然而，有研究表明采用比料厚小 10%的间隙值，因拉深凸模与坯料的摩擦力加大，减小了危险断面承受的拉深力，增加了侧壁的承载能力，可使极限拉深系数减小，减小了拉深破裂的可能性。

对盒形零件的拉深，为减小转角部分坯料与直边部分坯料的流速差，应适当增大转角部位的凸、凹模间隙，减小直边处的凸、凹模间隙，防止拉深件产生局部折皱。然而，因为盒形件拉深时出现折皱、壁裂、擦伤和凹陷与许多因素有关，故在特定条件下，合理间隙的选择应与毛坯形状、尺寸、润滑条件、压边力大小、凸/凹模圆角半径等一同考虑。对于电能表底座的拉深，采用完全相反的措施，增大直边部分的凸、凹模间隙，减小转角部位的凸、凹模间隙，迫使转角部位多余金属向直边部分流动，避免了侧壁凹陷、角部折皱等缺陷的发生。

对于不对称制件的拉深，应适当减小短边一侧的凸、凹模间隙，增大长边一侧的凸、凹间隙，尽量减小两侧拉深变形的阻力差，可防止制件偏移。

5）注意排气孔的设置。拉深结束后，滑块上升，制件与凸模脱离时形成的真空会使制件底部产生变形，形成凹陷。因此，如图 3-165 所示，一般拉深凸模应开排气孔。拉深凸模排气孔尺寸可参考表 3-36 选取。

表 3-36 拉深凸模排气孔尺寸

（单位：mm）

凸模直径 $d_凸$	~50	>50~100	>100~200	>200
出气孔直径 d	5.0	6.5	8.0	9.5

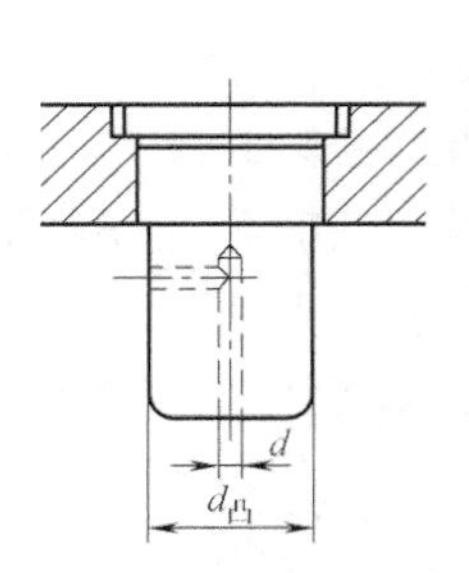

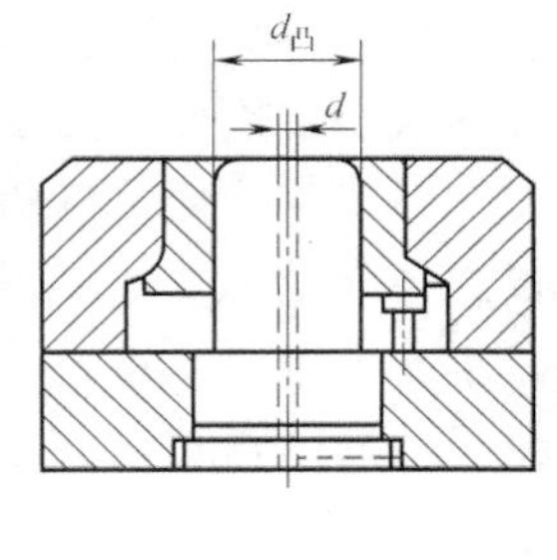

图 3-165 拉深凸模出气孔

对于形状复杂的拉深件，应根据加工特点，在空气滞留的位置设排气孔。对直径大、深度深的拉深件，即使开了排气孔，因为制件与凸模接触面积大，有时也会产生凹陷。生产中采取将凸模加工出小斜度的办法解决了这类问题。降低滑块的提升速度也是一项积极有效的措施。

6）合理设置拉深筋。对于盒形件和复杂形状的拉深件，为了防止坯料不均匀流动形成的边皱、内皱，在凹模和压边圈的适当位置设置拉深筋是一项非常有效的措施。一般而言，盒形件应在金属流速快的直边部位设置拉深筋。对于复杂形状的拉深件，则应根据零件的结构特点，在具有高低差的一侧设置拉深筋。

对于拖拉机挡位板或深度浅、带有一定锥度的拉深件，设置拉深筋可增加拉深方向的拉应力，防止角部鼓凸和形状不良等拉深缺陷。

7）正确选择压边方式，合理设计压边装置。生产中主要采用压边圈来防止拉深加工中出现的起皱问题。因此，压边方式的选择和压边装置的设计、制造对提高拉深件质量、防止出现拉深件废次品是非常重要的。

与拉深力-行程曲线类似，合理的最小压边力-行程曲线要求拉深初期压边力逐渐增大，而拉深后期，随着法兰面积减小，合理压边力应相应减小。但是，采用橡皮压边和弹簧压边，压边力随拉深深度的增加而增大，故橡皮和弹簧压边只适用于浅拉深。气垫压边和刚性压边，压边力不随行程变化，相比之下拉深效果较好，可用于较深的拉深。

对于圆筒形拉深件，一般采用环形平面压边圈。压边圈下几根托杆的长度必须一致，压边圈上下面必须平行。否则，拉深件容易产生折皱、局部擦伤和口部不齐等缺陷。

如实例中所述，对于压边面积小、凹模圆角半径较大或坯料相对厚度较小的拉深模，采用弧形压边圈效果较好；对不对称拉深件，采用不均匀压边，可使制件变形趋于均匀，其效果较平面压边圈好；对具有大弧面或形状较复杂的拉深件，则应根据零件的结构特点，采用一些特殊的压边装置。

8）提高模具的制造与装配精度，模具磨损后要及时修磨。拉深模具的制造与装配精度对拉深件的质量影响很大。众多的实例说明，圆筒形拉深凸模的表面粗糙度值不宜太小，否则会因制件底部圆角胀形成分增大、壁部危险断面承载能力降低而导致拉深破裂；采用落料、拉深复合模进行拉深加工时，落料凸、凹模刃口必须锋利，间隙应合理、均匀，否则会因局部拉深力过大产生拉深件壁裂。此外，落料凸、凹模与拉深凸、凹模不同心会造成制件口部不齐、局部擦伤等缺陷。大量实例还说明，大批量生产时，会因模具磨损、划伤或形成粘结瘤而引起拉深件的划痕、擦伤和高温粘结等缺陷。因此，在拉深加工时，模具磨损后应及时修磨，以免形成恶性循环。

7. 正确选择和使用润滑剂

在拉深加工中使用润滑剂可以降低拉深毛坯与模具间的摩擦系数，减小拉深力，提高拉深的极限变形程度；而且还能保护模具表面及工件表面不受擦伤，提高冲压件的质量，提高模具寿命。因此，有必要很好地注意选择和正确使用润滑剂。

润滑剂对拉深成形的影响，大致可以按其黏度来考虑。在低速情况下，随着黏度的增加，拉深系数降低；中速情况下，低黏度润滑剂可使拉深系数降低，高黏度润滑剂反而使拉深系数增大。生产中常用润滑剂及其效果见表3-17和表3-18。

值得注意的是，在圆筒形拉深的情况下，法兰部位和凸模上的润滑效果恰恰相反。一方面，对法兰来讲，润滑起到好的作用，好的润滑剂可使法兰区坯料流动阻力降低；另一方面，对凸模圆角部分进行润滑，会增加拉深件底部圆角的胀形变形成分，降低了壁部承载能力，反而对成形不利。此外，好的润滑效果会降低径向拉应力，增加法兰区坯料所受的径向压应力，对防止拉深起皱不利。

在矩形盒拉深加工时，对凸模使用高质量润滑剂有利于转角部位金属向直边处流动，可使变形趋于均匀。因此，矩形盒拉深时，对凸模的润滑是有利的。

8. 注意设备的选用和维修

一般来说，因拉深行程较大，故选择拉深设备时，压力机的公称压力要取大一些。通常可按下列经验公式来选用拉深设备。

浅拉深时：

$$F \leqslant (0.7 \sim 0.8) F_0$$

深拉深时：

$$F \leqslant (0.5 \sim 0.6) F_0$$

式中 F——拉深和压边力的总和（kN），采用复合工序时，还包括其他工序冲压力；

F_0——压力机的公称压力（kN）。

对于某些拉深深度较大的拉深件，除选用的设备公称压力要足够大之外，还应校核压力机的电动机功率。若电动机功率不够大，飞轮蓄存的能量不足，会产生设备振动和滞留现象，导致拉深件质量不稳定，不利于批量生产。

若压力机上滑块与台面不平行，设备精度差，拉深加工时模具动态间隙变化较大，会导致拉深件的起皱和破裂。因此，及时检修设备，保证压力机和模具的装配精度对提高冲压件质量和防止出现废次品也是非常重要的。

此外，生产中的大量实例表明，由于液压机的行程长、施力均匀、运动平缓，故采用液压机来进行拉深加工比采用机械压力机好。用液压机来生产拉深件，生产稳定，拉深件的质量也好。

9. 采用先进的设计分析方法，提前进行风险识别与管控

分析众多实例和由表 3-21 可见，造成拉深件产品质量波动的要素仍然是“人”“机”“料”“法”“环”“测”等几个方面。然而，从工艺的角度来看，拉深变形比冲裁和弯曲更为复杂。一般而言，冲裁与弯曲的工序性质一目了然，而拉深的工序性质必须服从材料的变形规律，有时需要进行计算或凭借经验才能做出准确的判断。因此，在进行工艺、模具设计和样品试制之前，采用设计失效模式与影响分析（DFMEA）和数值模拟（NS）分析等方法来确定占主导地位的拉深工序性质，提前对最可能出现的成形缺陷进行预测和评估，在此基础上提出产品质量控制的方案和预防措施是从设计阶段把握产品质量的有效手段。该项措施对拉深成形显得更为重要。

第4章

胀 形

4.1 胀形变形特点

胀形是利用胀形模具，使板平面或圆柱面内局部区域的坯料在双向拉应力作用下，产生两向伸长变形，厚度减薄，表面积增大，以获得所需要几何形状和尺寸制件的冲压工序。生产中的起伏成形（压凸包或加强筋）、圆柱形空心毛坯的鼓肚成形、波纹管及平板毛坯的张拉成形等均属于胀形成形。胀形常与拉深、弯曲和翻边等其他方式的成形同时发生。某些汽车、拖拉机覆盖件和一些复杂形状零件成形工序中，常常包含一定程度的胀形成分。在胀形加工中，金属的流动量小，因此，使坯料变形均匀以及控制整个成形工序中胀形变形程度是决定工序成败及制件质量的关键。由于胀形工序种类繁多，故表示胀形变形程度和加工极限的参数也不相同。在生产中，常用具有代表性的某一线段的伸长率 $\varepsilon=\frac{l-l_0}{l_0}\times100\%$（压筋，$l_0$——原始长度，$l$——变形后弧长），胀形深度 h（压凸包）和胀形系数 $K=d_{max}/d$（圆柱空心件胀形，d_{max}——胀形后最大直径，d——圆筒毛坯直径，见图 4-1）等参数来表示胀形变形程度，而用制件出现裂纹或颈缩时的最大参数 ε_{max}、h_{max}、K_{max} 作为胀形变形的加工极限。

图 4-2 所示是平板毛坯局部胀形变形过程的示意图。胀形加工时，毛坯被带有凸筋的压

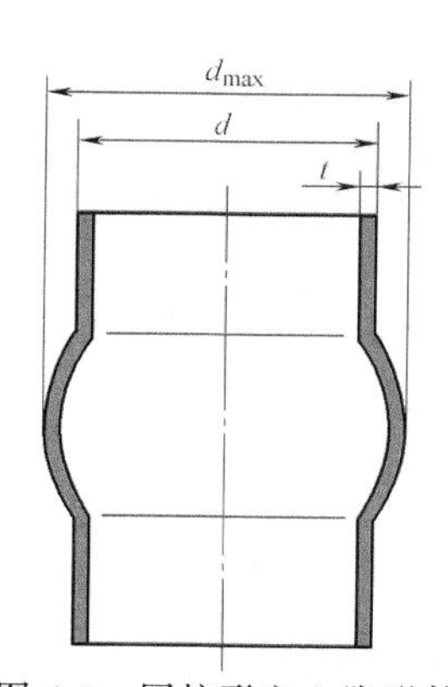

图 4-1 圆柱形空心胀形件

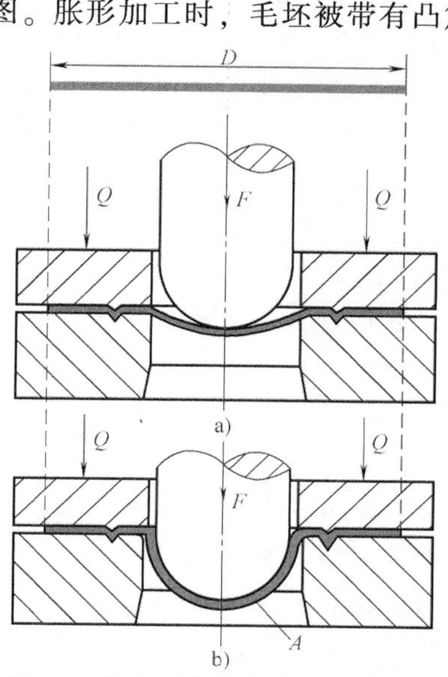

图 4-2 平板毛坯局部胀形变形过程

a）弯曲、局部胀形 b）胀形扩展至变形结束

边圈压紧。当凸模下降与毛坯接触时，在弯矩和拉应力作用下，凹模圆角处的坯料发生弯曲变形。与此同时，球形凸模底部的少量毛坯承受了全部的胀形变形力，当此处材料的应力达到屈服强度时，便产生了胀形变形。与凸模底部接触的坯料屈服后产生硬化，变形向外扩展，贴模的坯料逐渐增加，处于悬空部分的坯料减少，表面积增加。当包敷凸模的坯料面积足够大时，凹模圆角及凸筋内的坯料全部参与塑性变形，表面积继续增加，厚度减薄，直至坯料全部包敷凸模，完成加工。可见，胀形变形是弯曲、局部胀形以及由于加工硬化，贴模面积增加，胀形向外扩展的过程。

胀形变形过程中，毛坯被带凸筋的压边圈压紧，外部材料无法流入，变形限制在凸筋或凹模圆角以内的局部区域。图 4-3 所示为平板毛坯局部胀形成形时，变形区内应力-应变状态。在变形区内，坯料在双向拉应力作用下，沿切向和径向产生伸长变形，厚度变薄，表面积增大。与拉深不同，胀形时变形区是在不断扩大的。因此，变形的力-行程曲线是单调增曲线，产生破裂时胀形力达到最大值。

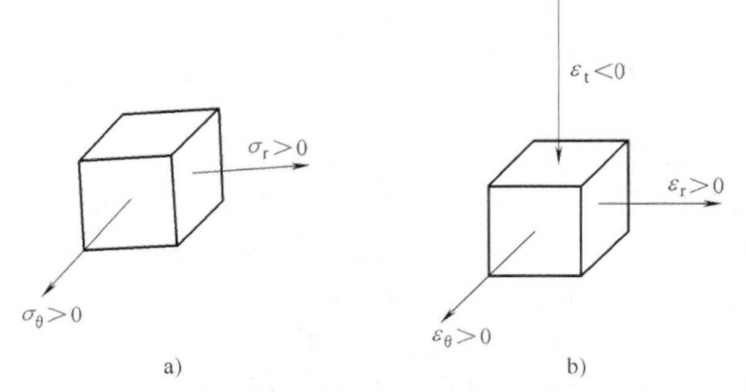

图 4-3 胀形时的应力-应变状态（图 4-2 中 A 点处）

a）应力状态 b）应变状态

图 4-4 所示为平板毛坯局部胀形时的应变分布和应变状态。由图 4-4 可见，变形区内径向应变 ε_r 和切向应变 ε_θ 全部大于零，而厚度方向的应变小于零，坯料变薄。由于摩擦力和凸模形状等外部条件的差异，在某一位置会出现最激烈的变形，这一位置伸长变形量最大，厚度最薄。一旦该点的拉应力超过了该点的强度极限，该点就会失稳产生颈缩直至破裂。与拉深变形时凸模圆角附近的破裂相同，这种破裂方式也属于强度破裂。这决定了胀形的加工极限。从图 4-4 中还可以看出，采用平底凸模时，变形将集中在凸模转角弯曲半径附近，变形极不均匀。在较小的胀形深度情况下，局部位置伸长变形已达到相当程度，厚度变薄也很严重。采用球底凸模胀形时，变形比较均匀，胀形深度较大时才在距离球头底部一定距离处产生较大伸长变形。可见，变形的均匀程度对胀形的加工极限影响很大。

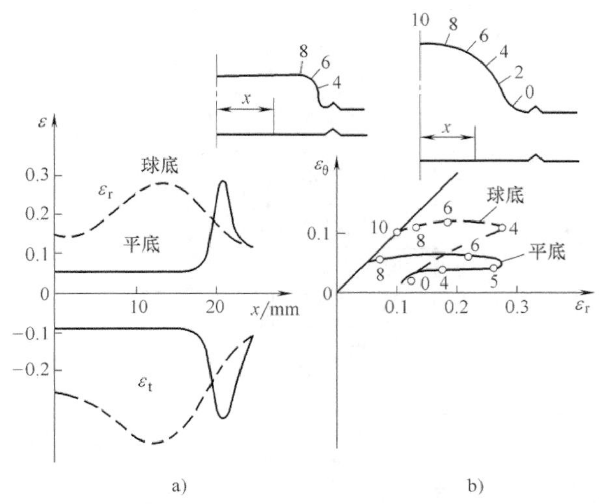

图 4-4 胀形件的应变分布和应变状态

a）应变分布 b）应变状态

如图 3-2 所示，在无凸筋强制压边的条件下，坯料也会产生胀形变形。胀形变形的性质和胀形在整个工序中所占的比例与毛坯尺寸、摩擦条件、凸/凹模圆角半径及形状、模具间隙等许多因素有关。变形服从材料的变形规律，即当存在多种变形的可能性时，实际的变形方式使得载荷最小。当毛坯的外径足够大、内孔较小时，拉深变形阻力和扩孔、翻边变形阻力大于胀形变形阻力时，变形性质由胀形决定。

4.2 典型实例分析

4.2.1 拖拉机踏脚板凸包开裂

1. 零件特点

手扶拖拉机踏脚板如图 4-5 所示。零件材料为 Q235A，料厚为 2.5mm。整体来看，该件属多曲面弯曲、胀形、拉深复合成形件；局部而言，踏脚板上 18 个 *SR*4mm 凸包属胀形成形。压凸包时因外部材料无法补充，变形量较小。查资料可知，一般软钢压凸包的最大深度 $h_{max}=0.2d$，而本例中，$h=3.25d$。胀形深度已超过材料加工极限。

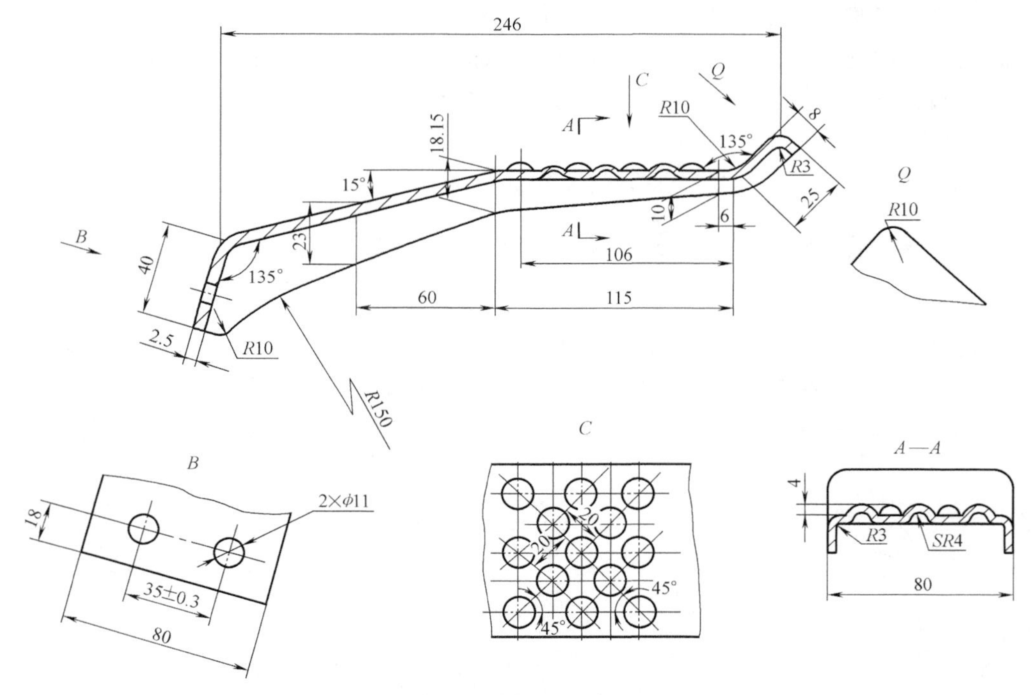

图 4-5 拖拉机脚踏板

2. 废次品形式

开裂。在压凸包工序（生产中称为冲圆点），部分凸包边缘产生微小裂纹，严重时凸包开裂，如图 4-6 所示。

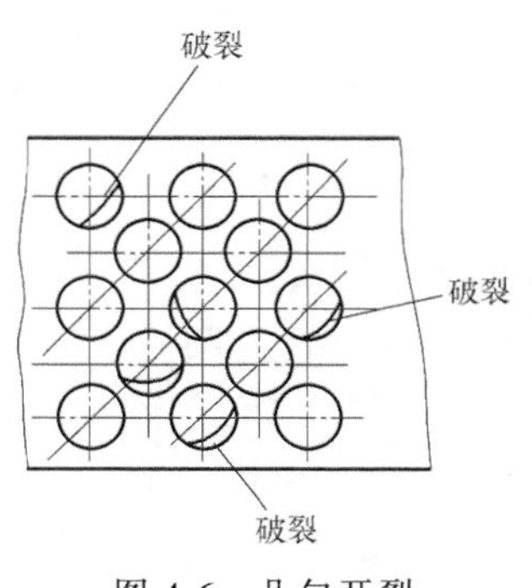

图 4-6 凸包开裂

3. 原因分析

1）坯料已达到其胀形破裂的加工极限。根据经验，资料中推荐的 $h_{max}=0.2d$ 偏小。踏脚板上凸包形状为球形，其最大深度可达球径的 1/3。然而，即使是按球径的 1/3 考虑，该件的压凸包深度也已非常接近其破裂极限。这是凸包开裂、生产不稳定的主要原因。

2）生产实践表明，胀形破裂的加工极限与生产条件密切相关。踏脚板中大部分凸包并未开裂，只有少部分开裂。这说明坯料各部分变形存在差异，成形条件不完全一致。分析产生开裂的凸包发现，凸模头部与凸包相应的 $SR4$mm 与圆柱面连接处产生了如图 4-7 所示的“棱线”，这使得局部胀形变形不均匀，使已非常接近加工极限的坯料局部变形超过了破裂极限，产生了开裂。

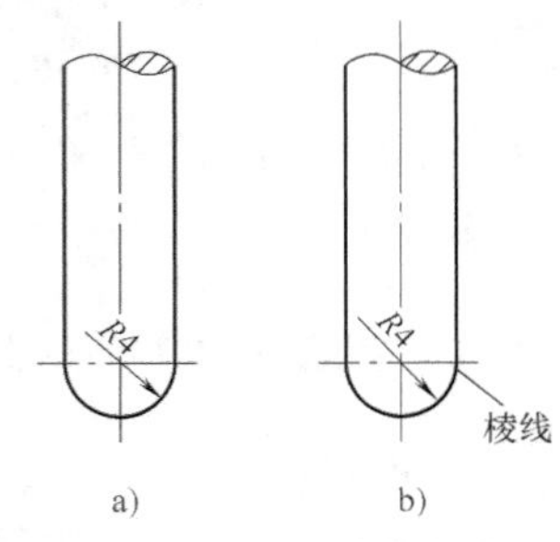

图 4-7　胀形凸模形式
a）正确　b）不正确

3）18 个凸模加工时很难保证高度完全一致。个别凸模长度超差，这也是引起开裂的原因之一。

4. 解决与防止措施

生产中采取的解决措施是：

1）提高模具加工质量，使凸模头部圆弧面与圆柱面光滑相切，绝不允许存在“棱线”。与此同时，降低凸模的表面粗糙度值，对凸模头部进行抛光，可使胀形变形均匀。

2）与设计部门协商，适当降低凸包深度，以保证大批量稳定生产。

防止凸包开裂的积极措施还有：

3）采用好的润滑剂，可使胀形变形均匀。

4.2.2　拖拉机右侧板凸包开裂

1. 零件特点

某型拖拉机右侧板如图 4-8 所示。零件材料为 08 冷轧钢，料厚为 1mm。与一般大型覆盖件相同，就其变形特征而言，该件属整体拉深、弯曲和局部胀形的复合成形件，形状比较复杂。侧板距右边 556mm 处的凸包属胀形变形，凸包形状不对称，$SR10$mm 尖角凸出，此

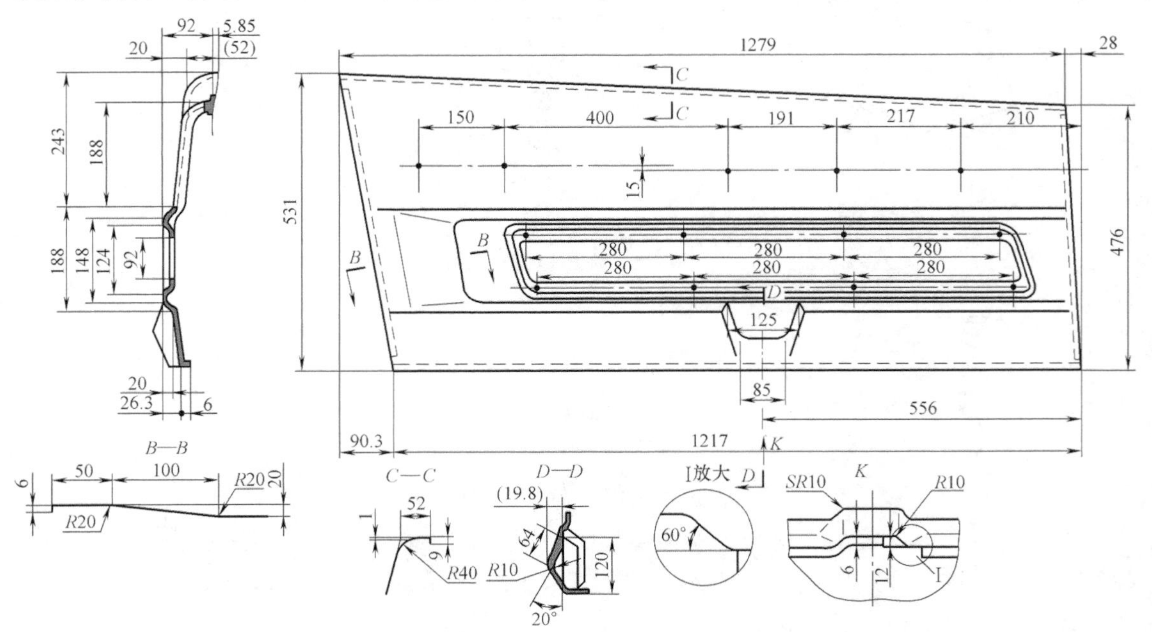

图 4-8　拖拉机右侧板

处变形很不均匀。因此，不能用一般的胀形深度及与其相对应的某截面的伸长率来表示其加工极限和成形的难易程度。

2. 废次品形式

开裂。如图 4-9 所示，在成形工序，试模时制件凸包两侧开裂，一般裂纹宽 2~3mm，长 20~30mm。

3. 原因分析

1）造成凸包两侧开裂的原因与凸包本身的结构特点有关。就整体而言，凸包深度仅 19.8mm，约为其底部最窄处 85mm 的 23%。但由于其顶部 $R10$mm 太尖，凸包各部位变形极不均匀，故很容易在其强度薄弱或变形剧烈处产生开裂。

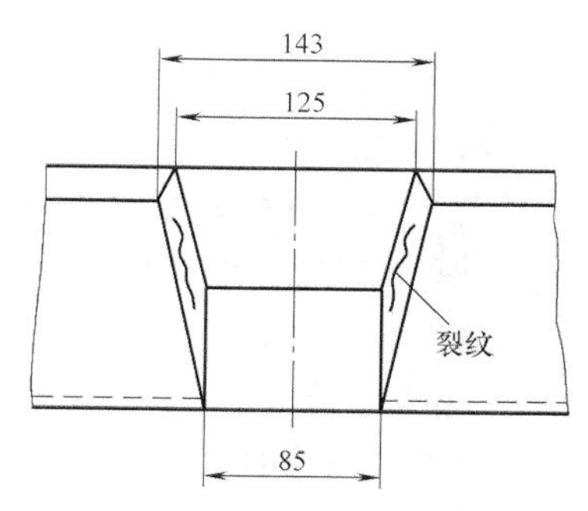

图 4-9 凸包开裂

2）模具结构不合理。如图 4-10a 所示，凸模镶块 8 用 45 钢，凹模 5 用锌基合金制作，这样可使凸、凹模基本贴合，保证了制件的形状与尺寸精度。但导向块 2 与压边圈 3 间隙太小，金属不能由外部向内流动，变形完全靠坯料自身变薄来实现，变形不均匀，材料得不到补充，这种模具结构很容易造成变形剧烈处的开裂。

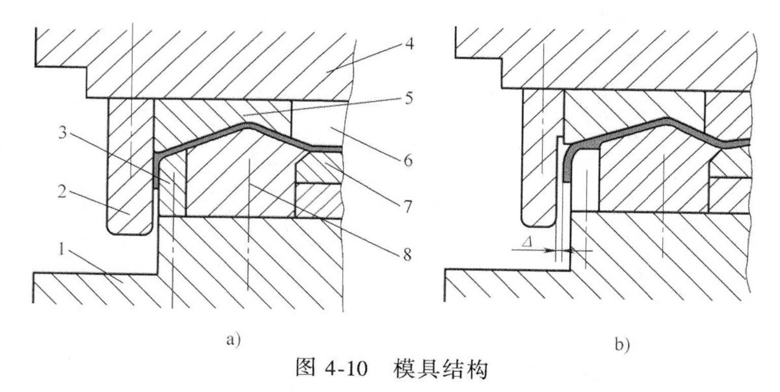

图 4-10 模具结构

a）原模具结构 b）改进后的模具结构

1—下模座 2—导向块 3—压边圈 4—上模座 5—凹模 6—凸模 7、8—凸模镶块

4. 解决与防止措施

生产中采取的解决措施是：

1）改变原模具结构。如图 4-10b 所示，将导向块 2 靠近凸包一侧的局部挖空，使导向块与压边圈（兼凸模镶块）之间保持（$t+\Delta$）的间隙，其中 t 为料厚。由于成形时，此处坯料变形阻力减小，有少量金属流入凹模，补充了凸包处材料的不足，故能解决开裂问题。采取该项措施，由于有了金属的流动，减小了胀形变形程度，增加了拉深变形成分，故凸包处变形特征发生了变化，不均匀变形程度减小。

因凸包深度不算太深，故在产品满足其使用要求的前提下，可采取的防止措施还有：

2）改变凸包的形状与尺寸。如采取增大凸包顶尖处的圆角半径，使制件胀形变形不均匀程度减小，可有效防止开裂。

4.2.3 电冰箱温控器波纹管帽胀形破裂

1. 零件特点

家用电冰箱温控器波纹管帽如图 4-11 所示。零件材料为不锈钢 12Cr13，料厚为 0.8mm。把该件当作局部起伏成形件对待，计算有代表性曲线伸长率 $\varepsilon = 51.5\%$，远远超过了 12Cr13 的伸长率 21%，工艺上有一定的难度。

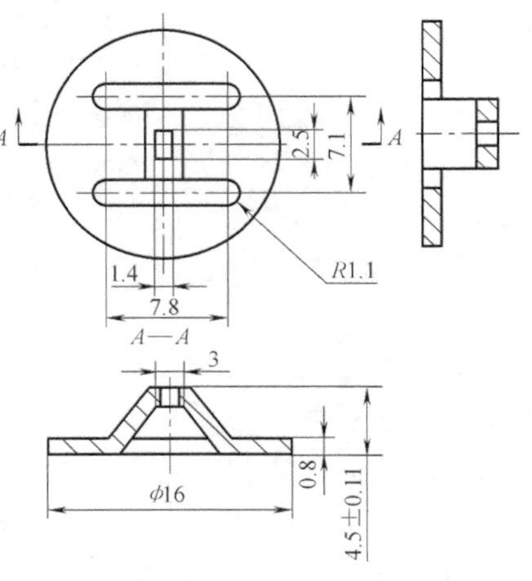

图 4-11 波纹管帽

2. 废次品形式

破裂。在该件的试制过程中，采用一次胀形成形和两次胀形成形，制件均产生破裂。将料厚增加到 1mm，才勉强成形。

3. 原因分析

造成制件破裂的主要原因是变形已超过其加工极限，应力超过了材料的强度极限。

4. 解决与防止措施

生产中采用一套带侧压装置的四工位连续模来加工该零件，获得了成功。如图 4-12a 所示，连续模的工位安排是：冲孔、冲侧刃和工艺孔→带侧压胀形→冲长方形孔及双边切废料定距→落料。其中，带侧压胀形模具结构如图 4-13 所示，在胀形成形部位的两侧施加侧向压力（见图 4-12b）。其作用一方面可降低或抵消胀形变形的拉应力，另一方面可使坯料向成形处转移，补充材料的不足。侧压块 4 装入凹模 2 上开设的长槽内，其运动由凹模长槽上的腰孔控制，用弹簧复位。侧压块高出凹模面 0.7~0.8mm，以便对坯料施加侧压，单面侧压压入坯料深度为 0.9~1mm。模具结构中，两斜楔易磨损，设计成易装拆的结构，以便在试模时调整侧压块的压入量。为保证两侧压入量相等，两斜楔必须相对凹模中心线对称安装，而且两

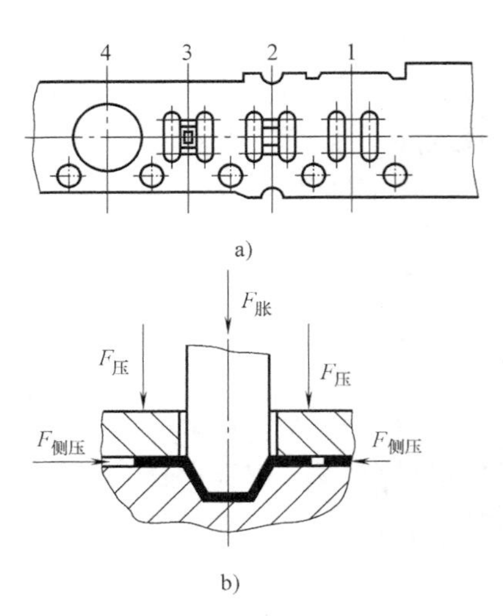

图 4-12 连续模工位安排及带侧压胀形受力分析

a）排样图 b）带侧压胀形受力简图

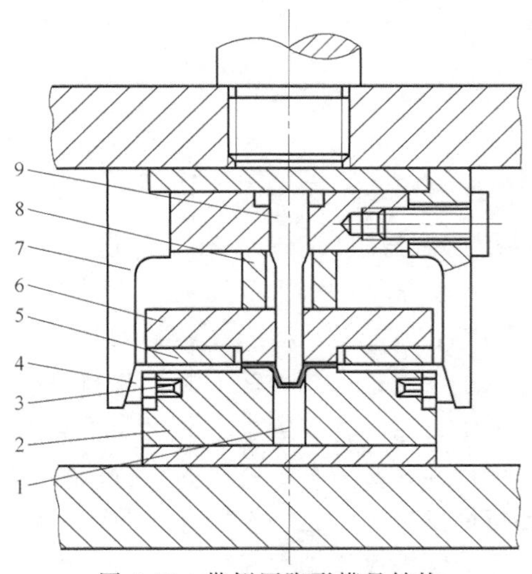

图 4-13 带侧压胀形模具结构

1—凹模镶块 2—凹模 3—弹簧 4—侧压块 5—导料板 6—卸料板 7—斜楔 8—限位块 9—凸模

侧压块长度尺寸应一致。另外，在压料板（卸料板）与成形凸模固定板之间安装限位块 8，保证了成形件的尺寸精度。

4.2.4 不锈钢壳体压凸包破裂、形状不良

1. 零件特点

不锈钢壳体如图 4-14 所示。零件材料为 SUS304 不锈钢，料厚为 0.15mm。该件料薄且

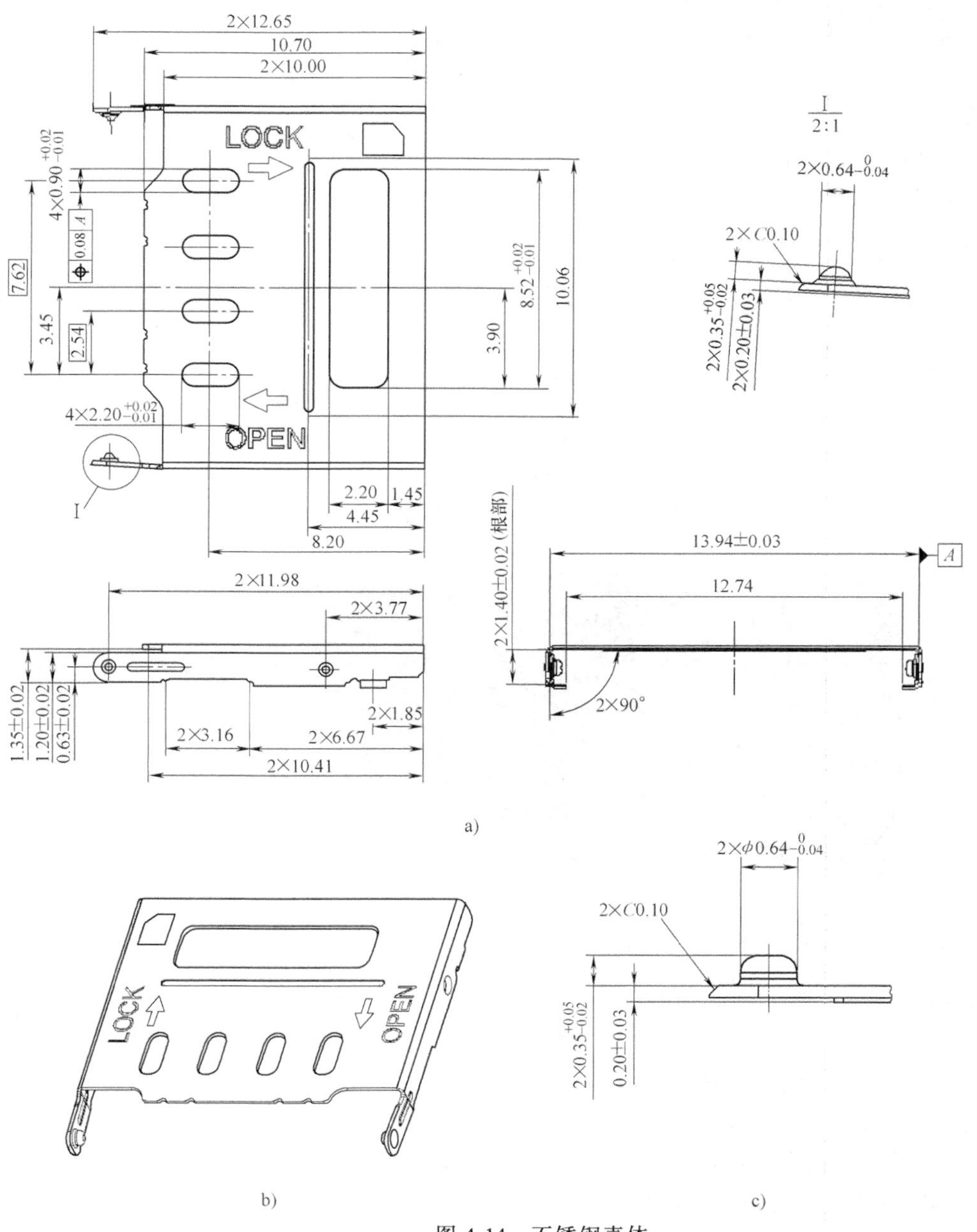

图 4-14 不锈钢壳体

a）2D 图 b）3D 图 c）凸包放大图

形状较为复杂，是以弯曲为主的弯曲、冲裁（落料、冲孔）、胀形（压凸包、压筋）的复合成形件，局部特征明显。图 4-14c 所示为凸包放大图，生产中称之为圆点，由图中可见凸包尺寸小且精度要求较高。使用对其垂直度也有较高的要求。该产品组装后的作用是装手机卡，对零件整体形状和尺寸精度都有较高要求。

2. 废次品形式

该件采用多工位连续模生产，原采用 29 道工序。图 4-15 所示为该产品的部分料带。原压凸包分 3 道工序进行，如图 4-16 所示，排在整个冲压工序的第 15、16、17 工序。试模中，制件产生了两种形式的废次品。

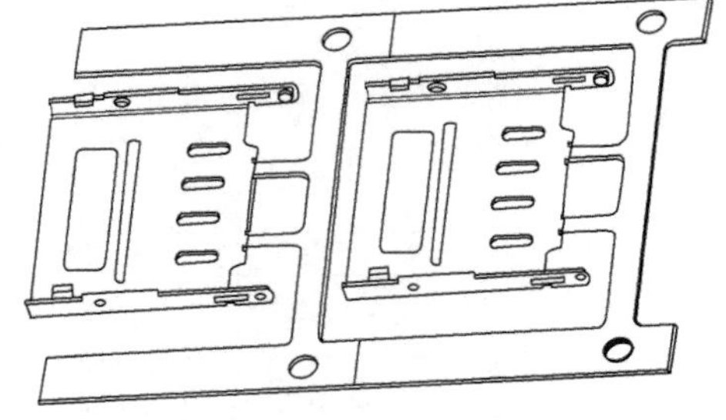

图 4-15　产品部分料带

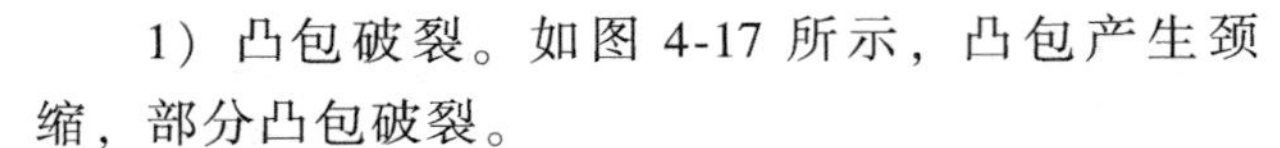

1）凸包破裂。如图 4-17 所示，凸包产生颈缩，部分凸包破裂。

2）形状不良。如图 4-17b 所示，凸包呈锥体，无直面，形状达不到产品的要求。

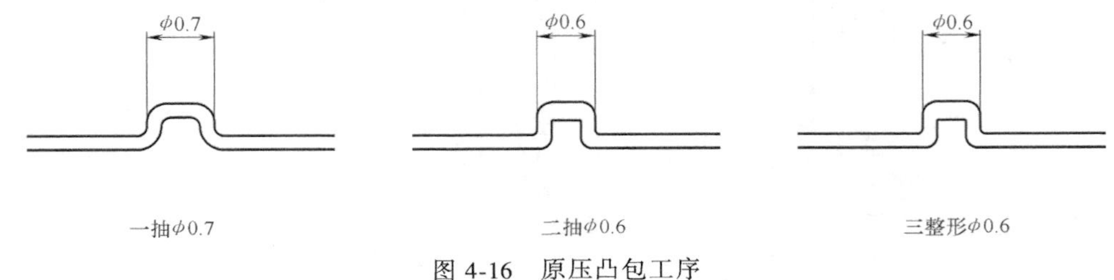

图 4-16　原压凸包工序

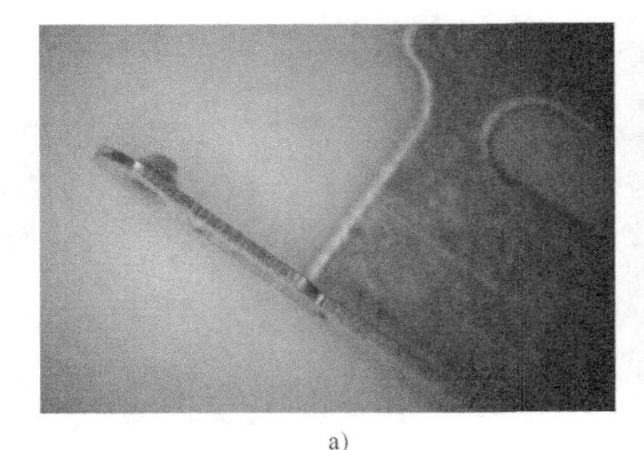

a)

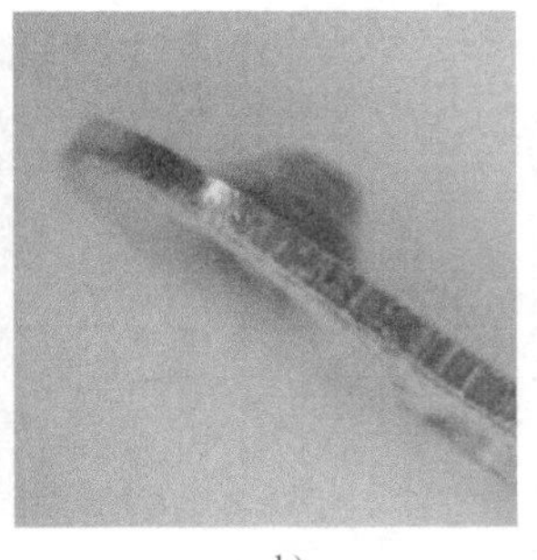

b)

图 4-17　压凸包缺陷

a）壳体局部图　b）缺陷放大图

3. 原因分析

压凸包属于胀形成形，材料在双向拉应力作用下超过其成形极限便会产生颈缩，甚至破裂。具体而言产生上述废次品的原因是：

1）工艺不合理。材料薄且尺寸小，第一道工序的目的是为后序胀形备料。然而，第一道工序直径 φ0.7mm 太小，备料不足，材料变形超过其成形极限发生颈缩甚至破裂。同样是由于没有足够材料补充，凸包被硬性拉入便形成了锥体。

2）润滑不良。对于这类胀形成形件而言，提高其变形程度的重要措施是使其变形均匀。采用多工位连续模生产，到第 15~17 工序，由于润滑不良，凸包处变形不均匀，加剧了其产生颈缩和破裂的危险性。

4. 解决与防止措施

生产中采取了如下几项措施：

1）改变原工艺方案。如图 4-18 所示，将原压凸包的 3 道工序改为 4 道工序。原 29 道工序改为 30 道工序。

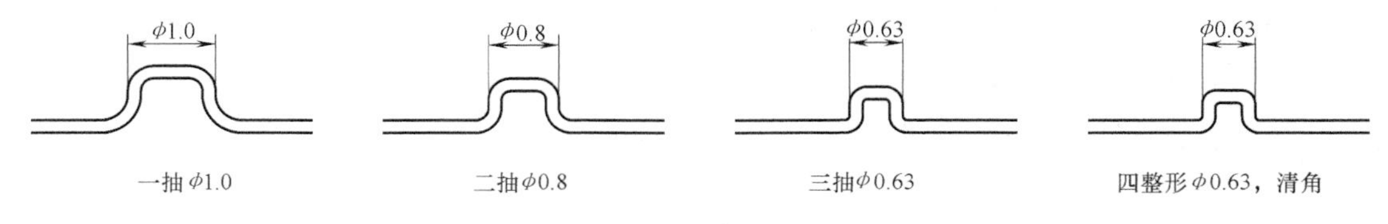

图 4-18 改进后的压凸包工序

2）加大第一道工序预成形件直径，从 φ0.7mm 增加到 φ1mm，其目的是为终成形备足材料。将第一道工序凸模圆角由 R0.15mm 改为 R0.25mm；与此同时，将第二道工序成形件直径从 φ0.6mm 改为 φ0.8mm，将第三道工序直径 φ0.6mm 改为 φ0.63mm；将第四道工序改为整形、清角。

3）对压凸包的几道工序进行良好润滑。

图 4-19 所示为采取上述措施后生产出的合格产品。由图 4-19 可见，凸包完整，直壁垂直清晰。

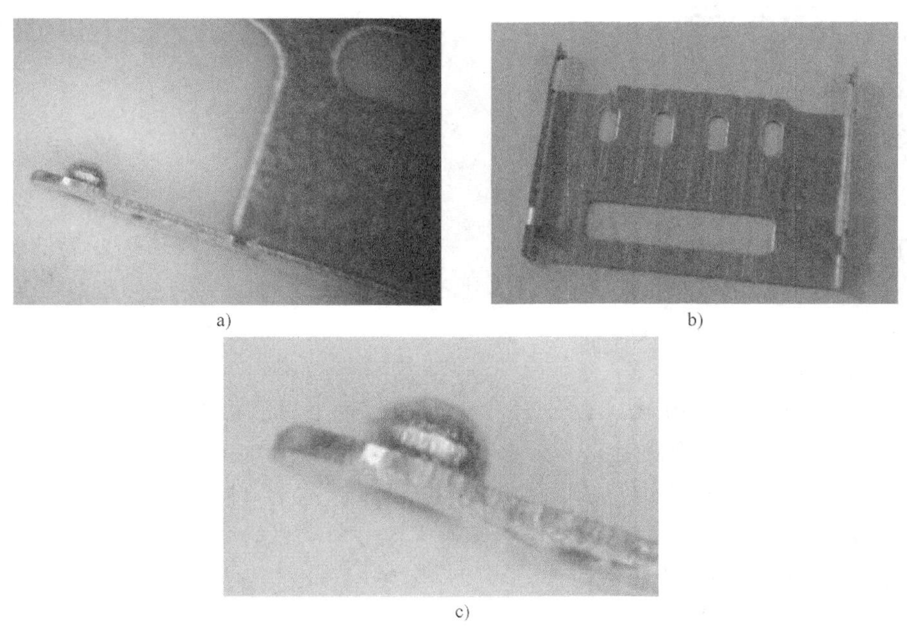

图 4-19 合格零件

a）壳体局部图 b）壳体整体图 c）凸包放大图

4.2.5 工业电器开关支架凸包形状不良、尺寸超差

1. 零件特点

工业电器开关支架如图 4-20 所示。零件材料为 S550，硬度为 180～240HBW，料厚为

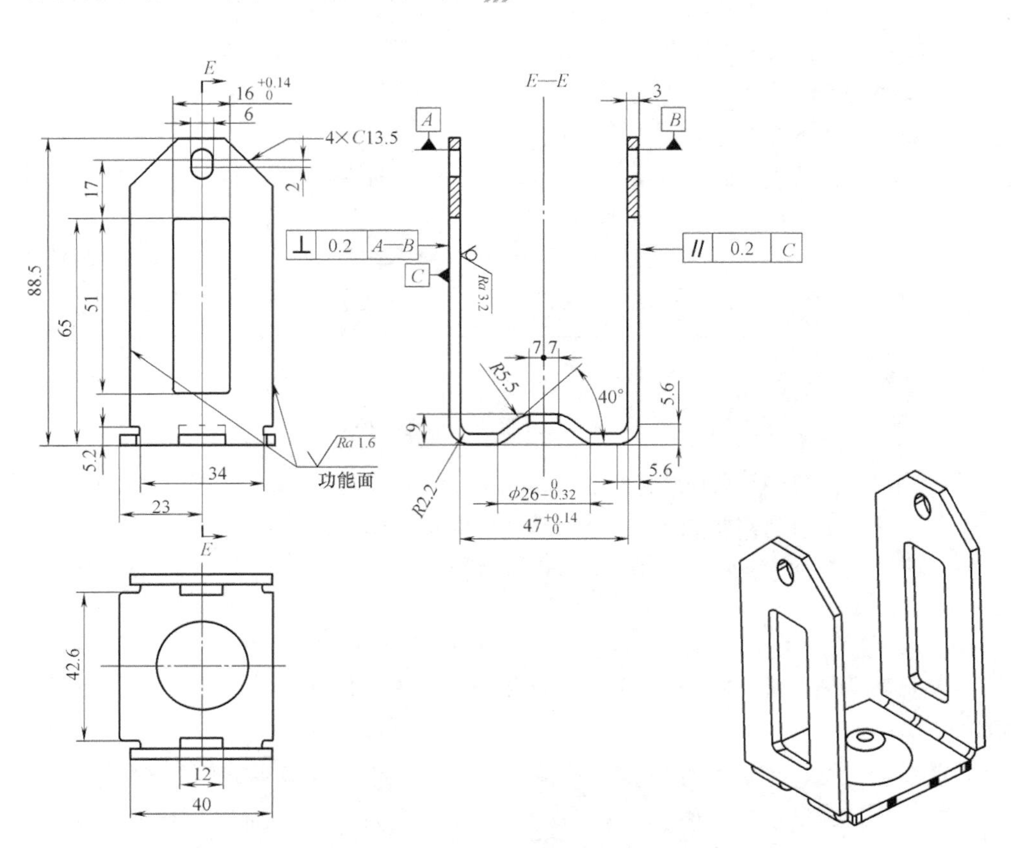

图 4-20　工业电器开关支架

a）2D 图　b）3D 图

3mm。该件料厚且结构复杂，是典型的冲裁、弯曲、压凸包的复合成形件，局部特征明显。该件直边与导轨转配组合，凸包与弹簧等其他零件组合，属功能性零件，有一定强度与硬度要求，尺寸与几何公差要求严格。

2. 废次品形式

该件采用多工位连续模生产，设计工艺方案为 23 道工序，料带如图 4-21 所示。料宽为 230mm，步距为 57mm，每分钟 100 次。压力机公称压力为 8000kN，冲裁凸、凹模间隙为 12%t，送料高度为 350mm，闭模高度为 500mm，上模行程为 28.0mm，料带浮升 15.0mm。如图 4-22 所示，压凸包放在第 1、2 工序，先用半球形凸模压制，再用锥形凸模成形。试模时产生了凸包形状不良和尺寸超差两种形式的废次品。

1）凸包形状不良。凸包形状不良，头部圆角不规则。

2）凸包尺寸超差。凸包高度尺寸超差，尺寸超下限 1.5～2mm，不符合产品的质量要求。

3. 原因分析

根据经验和现场分析，生产中产生废次品的主要原因是：

1）压凸包时材料要变薄。压凸包时材料在双向拉应力作用下产生双向伸长的胀形变形，厚度减薄。材料变薄的结果导致了压包凸模不到位，高度不足。

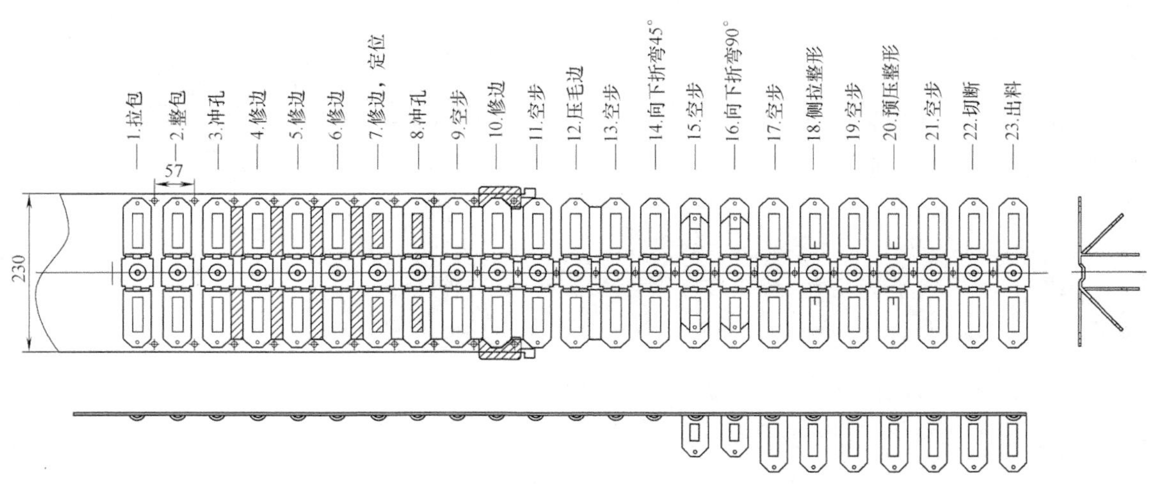

图 4-21　电器开关支架料带

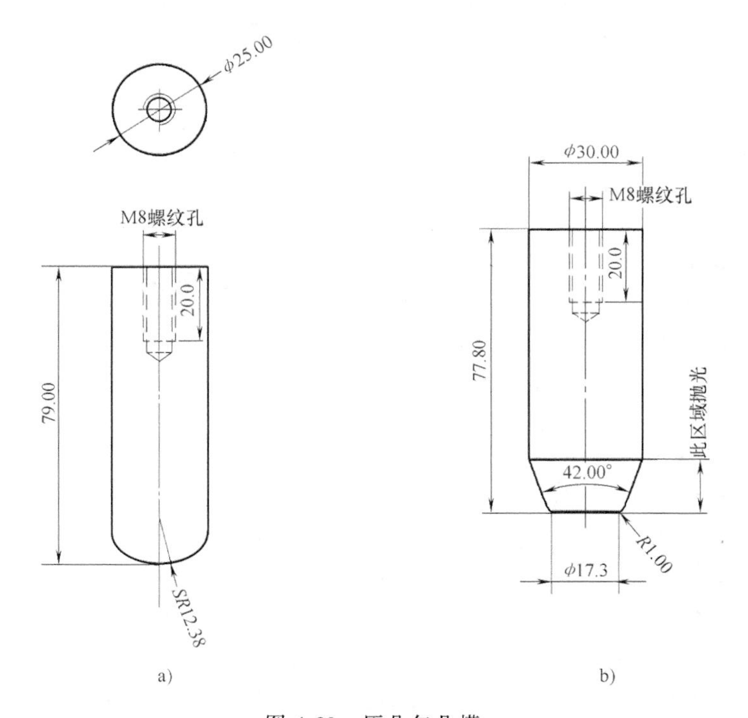

图 4-22　压凸包凸模
a）第 1 工序　b）第 2 工序

2）压凸包模具表面粗糙度值大、润滑不良，加剧了压凸包变形的不均匀程度。

3）模具磨损较大。成形的凸模和凹模设计材质选用 Cr12MoV，磨损较大。使用一段时间后，由于模具的磨损造成了凸包处形状，特别是圆角处形状不良。

4. 解决与防止措施

生产中采取的解决措施是：

1）调整压凸包凸模的高度。在新产品及模具设计阶段应考虑压凸包材料会变薄，适当增加压凸包凸模的高度尺寸。

2）压凸包模具材料更换为 ASP23 铬钼钒粉末高速钢，提高模具耐磨性能。

3）对模具工作零件进行抛光处理，或压凸包区域采用镜面加工。特别是要保证压凸包凸模和凹模的表面粗糙度值应尽可能小。

4）采用优质冲压油保证对模具的良好润滑。

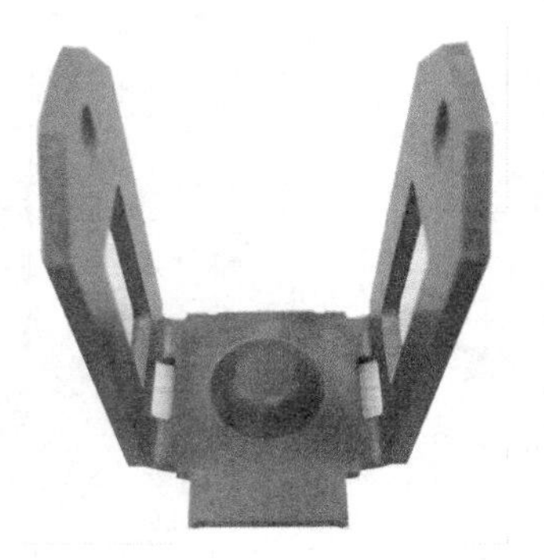

图 4-23　电器开关支架合格产品

采取上述几项措施后生产出的合格产品如图 4-23 所示。由图 4-23 可见，产品质量良好，同时也保证了批量生产的稳定性。

4.2.6　工矿灯反射罩胀形破裂

1. 零件特点

高效混合光工矿灯反射罩如图 4-24 所示。零件材料为 1060 纯铝，料厚为 0.8mm。该件外形为三段抛物线回转面，零件侧面有 8 组起伏筋，长短各 4 组。长起伏筋 3 条 1 组、短起伏筋 5 条 1 组。由于起伏筋设置在曲面上，故成形较一般平面上压筋困难。

2. 废次品形式

破裂。生产中采用旋压锥体——聚氨酯软凸模胀形的工艺方案来加工该零件。在胀形工序，如图 4-24a 所示尖角处破裂且此处出现倒角、制件出模困难。

3. 原因分析

造成制件尖角处破裂的主要原因在于产品设计不符合冲压加工的工艺性要求。从整体看起伏筋较浅，未超过其胀形加工极限。但由于筋的过渡形状不好，图 4-24 中 *B* 处形成尖角，胀形极不均匀，局部变形超过其破裂极限，故产生了破裂。

4. 解决与防止措施

在不影响零件原结构使用要求的前提条件下，改变产品设计。将起伏筋过渡段延伸 5mm，如图 4-24b、c 所示，将尺寸 5mm 改为 10mm；将原直线过渡段改为圆弧过渡，使胀形后的倒角变为顺角。采取上述措施后，降低了尖角处的局部胀形变形量，使起伏筋整体变形趋于均匀，防止了破裂的发生。此外，由于制件原倒角改为顺角，工件能顺利取出，故简化了模具结构，取得了较明显的经济效益。

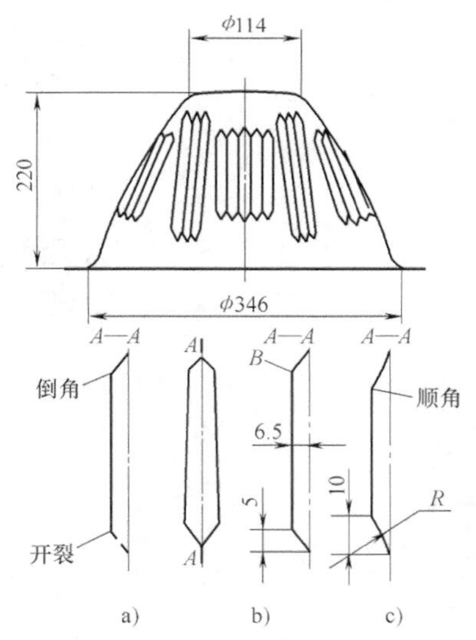

图 4-24　反射罩及废次品形式

a）尖角破裂　b）尖角　c）顺角

4.2.7　起伏成形件破裂

1. 零件特点

起伏成形件如图 4-25 所示。零件材料为 H62 黄铜或 T2 纯铜，料厚为 0.5mm。零件上有 10 个起伏筋，两筋的中心距为 18mm，筋槽宽为 12mm，两筋间的搭边宽为 6mm。按胀形考虑，胀形深度为 8mm，已远远超过其极限胀形深度 $h_{max}=0.33d$。计算其有代表性的断面（沿长度方向）的伸长率 $\varepsilon=57\%$，也远远超过其加工极限 $\varepsilon_{max}=26.25\%$。故该件采用胀形加工方法一次成形非常困难。

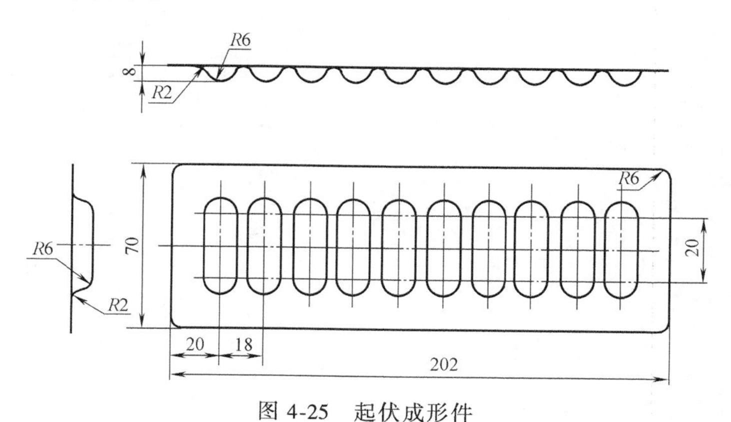

图 4-25　起伏成形件

2. 废次品形式

破裂。选用一次同时压出 10 个筋槽的加工方案，试模时制件破裂。分析发现，左、右两槽和筋槽的两端圆弧处破裂较轻，而中部特别是两筋相邻处破裂严重。

3. 原因分析

造成该件破裂的主要原因是坯料已达到其胀形破裂的成形极限。左、右两槽和筋槽两端因有少量金属流入，情况要好些，而两筋相邻处因无材料补充，完全靠自身变薄成形，故当成形超过极限时，便产生了破裂。

4. 解决与防止措施

生产中改进了原工艺方案，从工艺、模具、坯料的预先软化处理等几方面着手进行了改进，经反复试验，生产出了合格的零件。生产中采取的具体措施是：

1）如图 4-26 所示，采用第一工序先冲压成形出两个槽，后续工序依次冲一个槽的逐次冲压方法来代替原一次同时冲 10 个槽的工艺方案。采用这一工艺方案进行成形时，坯料可分别从 a、b、c，a_1、b_1、c_1，a_2、b_2、c_2 方向流入凹模，补充材料的不足。变形条件得到了改善，用拉深与胀形的复合成形代替了原来的单纯胀形变形，使槽的深度达到了产品要求。

2）采用图 4-27 所示模具结构，首次冲压时，同时冲出两槽，随后再移动一个步距 18mm，由第二个凸模冲出一槽，第一个凸模只起定位作用。为防止因不均匀拉应力引起的折皱和定位槽中的材料被拉入成形槽中产生的槽形畸变，试模时增大了压料力，并将第二个凸模的高度修得比第一个凸模高出 0.3mm。

3）如图 4-26 所示，采用逐次成形的工艺方案，成形的槽部沿 a、b、c、d 各处的变形是不均匀的。在设计凹模时，考虑到变形和金属流动的不均匀性，圆角半径分别取：a、b 两处为 $r_d=4$mm，c 处为 $r_d=3$mm，d 处为 $r_d=2$mm。由于采取了这项措施，使槽的形状发生了改变，制件靠凹模一侧的圆角半径不相等，且 a、b 两处的圆角半径也大于零件图样的要求。为进一步提高零件的质量，增加了一道整形工序。

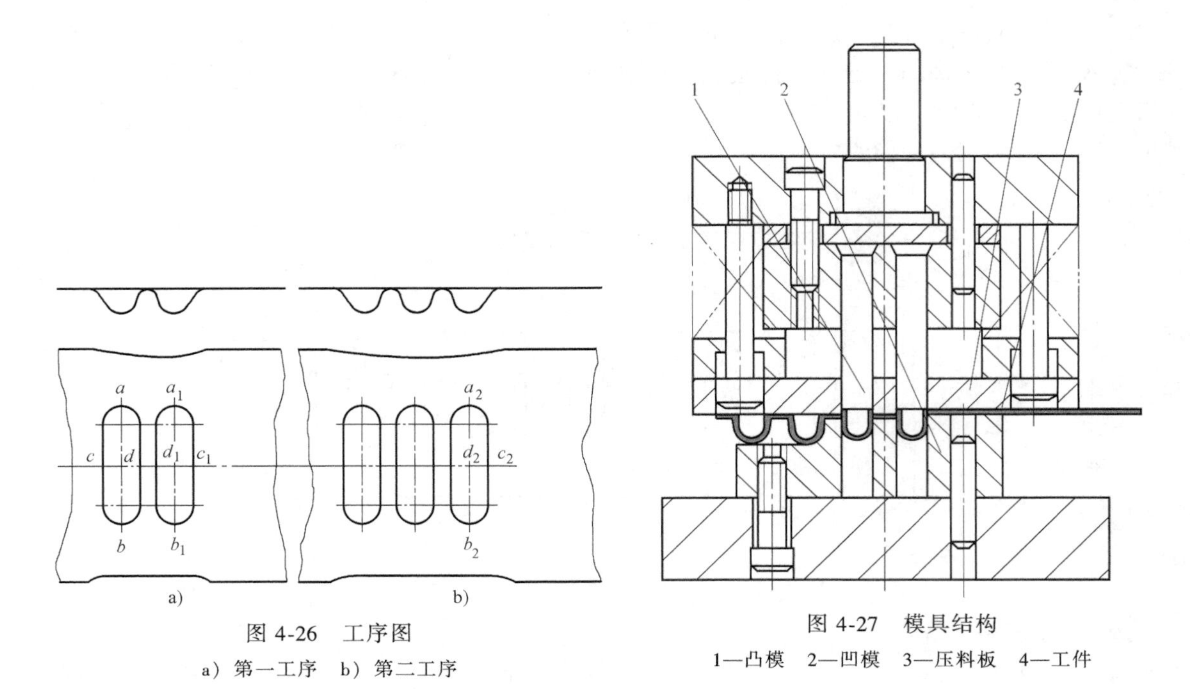

图 4-26　工序图

a）第一工序　b）第二工序

图 4-27　模具结构

1—凸模　2—凹模　3—压料板　4—工件

4）为了提高材料的成形性能，在成形前对坯料进行了软化处理。纯铜板和黄铜板加热温度分别为 600～650℃和 650～700℃，保温 30min，空冷或水冷。经软化处理后，纯铜件的槽深可达 9mm。值得注意的是，由于纯铜和黄铜的硬化指数 n 值较高，材料硬化后变形能迅速向两侧传播，变形较为均匀，故有利于这种胀形、拉深复合成形。

4.2.8　汽车后裙板胀形破裂

1. 零件特点

某汽车后裙板如图 4-28 所示。零件材料为 Q235A，料厚为 2mm。该件为拉深、弯曲、胀形复合成形件，其外形中 R78mm 圆弧部分属于不封闭拉深变形区（或称压缩类翻边区），两侧直边部分属弯曲变形区，而 ϕ48.5mm 两凸台和 100mm×290mm 长圆凸台则是胀形占主导地位的变形区。因凸台距边缘较远，故变形时很难从外部得到材料的补充，冲孔前主要靠坯料在双向拉应力作用下变薄成形。此外，后裙板为汽车覆盖件，使用要求其表面平整、光洁。

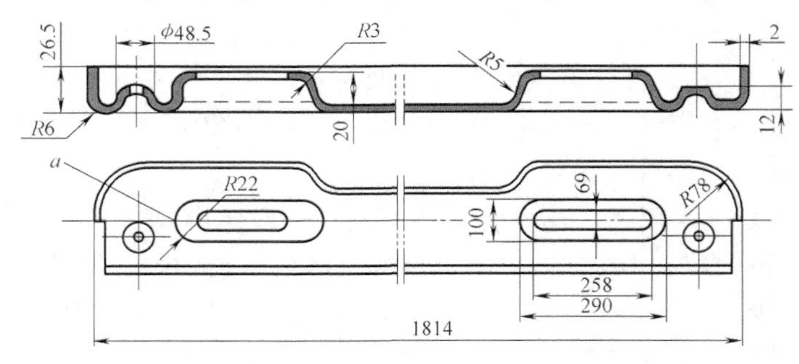

图 4-28　汽车后裙板

2. 废次品形式

破裂。生产中，在两凸台成形工序，图 4-28 所示制件中圆凸台和长圆形凸台相邻的 a 处常出现破裂，其破裂程度因材料来源、板材轧制方向等条件的变化而有所不同。

3. 原因分析

1）材料已接近或达到其胀形破裂极限，故产生破裂。以圆形凸台为例，其胀形深度$h=0.25d$，已超过其极限凸包成形高度 $h_{max}=0.2d$。实际上，因凸台靠外边缘一侧的变形可得到少量金属的补充，即带有一定拉深变形成分，故凸台两侧和凸台本身未产生破裂。而两凸台之间因无材料补充，在强烈的拉应力作用下便产生了破裂。

2）Q235A 钢板的胀形成形性能和拉深成形性能都不太好，这也是破裂产生的重要原因。

3）凸台圆角半径原为 $R2$mm 偏小，使胀形变形的不均匀程度增加，坯料在不均匀变形条件下容易产生胀形破裂。

4）板料剪裁方向不合理。若材料轧制方向与制件长度方向垂直，则两凸台之间的破裂严重。这说明 a 处的破裂敏感性与材料的轧制方向有关。

4. 解决与防止措施

生产中采取的解决措施是：

1）改变制件材料，用 08 钢板代替 Q235A 钢板。

2）适当增大凸台处圆角半径，将 $R2$mm 改为 $R3$mm。

3）注意板料的剪裁下料方向，使板料轧制方向与制件长度方向一致。

4）将两凸台分开加工，先成形长圆形凸台，后成形 $\phi48.6$mm 圆形凸台，降低两凸台同时成形产生的拉应力和伸长变形程度。

5）改进模具结构。采用分段加工方法，因生产效率太低，满足不了汽车产量增长的要求。在多次试验的基础上，采用图 4-29 所示模具结构，实现了两个凸台同时成形兼冲孔的目的，生产率大大提高。

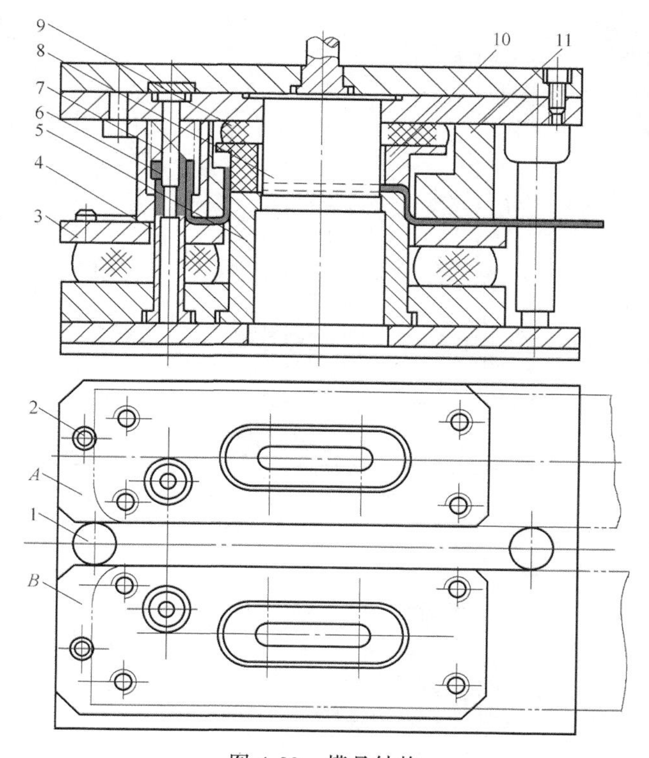

图 4-29 模具结构

1—导柱 2—定位销 3—卸料板 4—凸凹模 5—长圆孔成形冲孔凸凹模 6、10—推件板 7—弹簧 8—长凸模 9—橡皮 11—成形凹模

这套模具的工作原理是：当压力机滑块下降时，坯料先进行预压，继而逐渐成形长圆凸台及小圆凸台。待长圆形凸台成形深度到 2/3 高度时，长凸模 8 开始冲孔。成形结束时，滑块下降到下死点。随后，将坯料翻转 180°后放在 B 模上，重复以上动作，

即能将后裙板全部凸台成形。因预冲孔可改变凸台底部胀形变形的应力、应变状态，底部的扩孔变形可使胀形时，从预冲孔处补充一部分材料，改善了成形条件，减少了胀形变形程度，防止了制件的裂破。值得注意的是，提前冲孔过早会影响成形后孔周界质量及孔的大小；过晚将影响成形过程中材料补给及冲头刃口的修磨量。经多次试验，认为提前量取高度的 1/3 比较合适，生产中必须严格控制。

4.2.9 连接器接触端子凸筋形状不良、尺寸超差

1. 零件特点

USB 连接器接触端子如图 4-30 所示。零件材料为 C2680R-H，料厚为 0.25mm。该件料薄且每支端子头部压凸筋，是典型的冲裁、压凸筋的复合成形件，局部特征明显。该产品属于细长结构，冲压后焊脚区镀锡，接触区电镀金（至少 1μm），属于镀厚金系列，成本高。电镀好后注塑。冲压设计时进行了详细评估分析，确保每支端子在电镀时稳定一致。冲压时

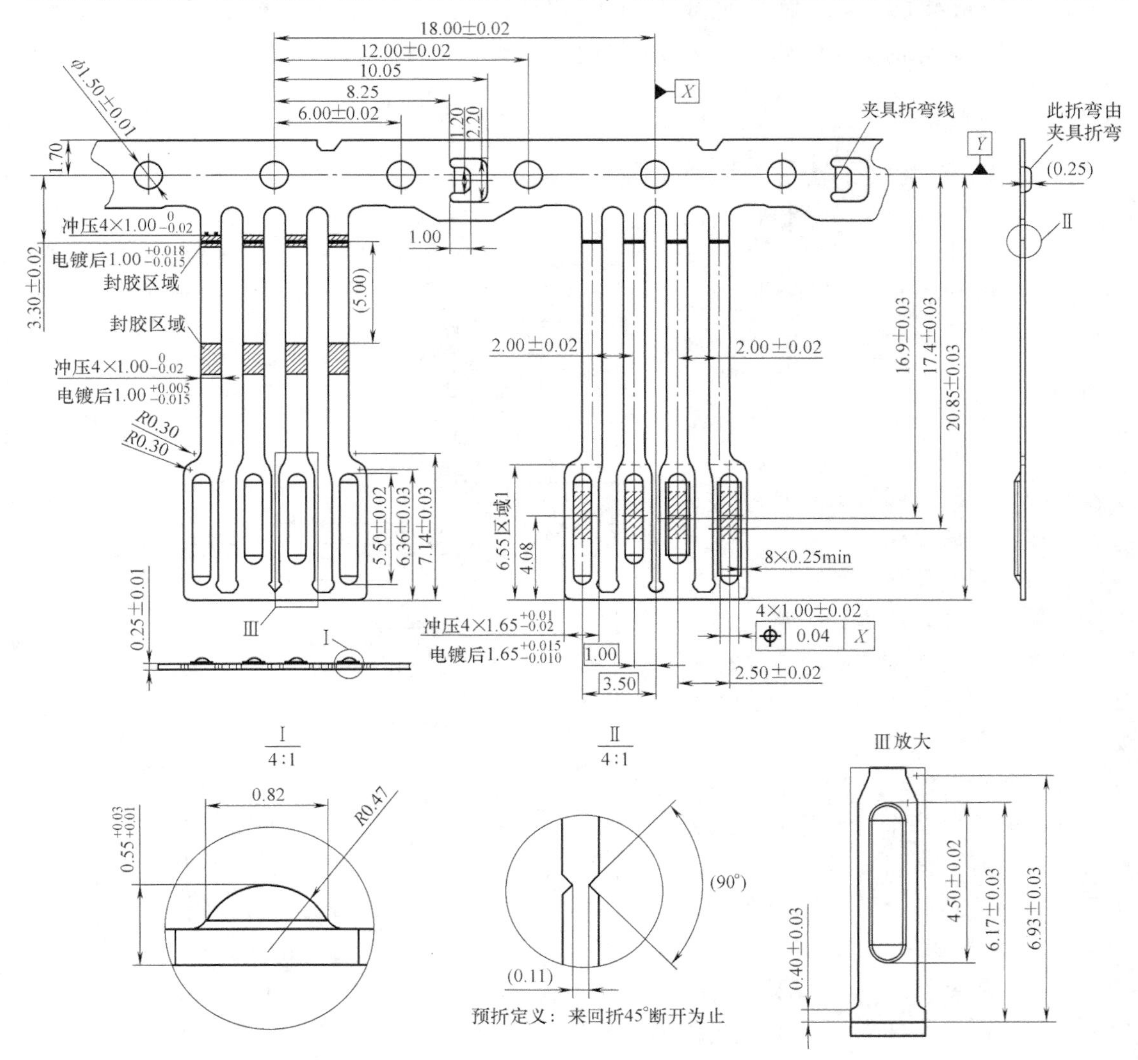

图 4-30 连接器接触端子 2D 图

先把端子头部连在一起，电镀好进入注塑过程前通过自动拉料装置把端子头部连接处裁开。为确保端子料带自动进入塑胶模具实现自动化生产，在端子料带上增加了卡点。冲压件在自动拉料时通过折弯模具进行局部成形。端子的关键工艺尺寸要考虑电镀前和电镀后的尺寸管控范围，端子凸筋成形也要重点保证。

2. 废次品形式

根据经验，该零件料带形式如图 4-31 所示，采用“对插”一出二的形式，料宽为 29mm，步距为 18mm，每分钟 350 次。这样既能提高材料的利用率，又能提高生产效率。该件采用多工位连续模生产，设计工艺方案为 11 道工序。试模时产生了凸筋形状不良和尺寸超差两种形式的废次品。

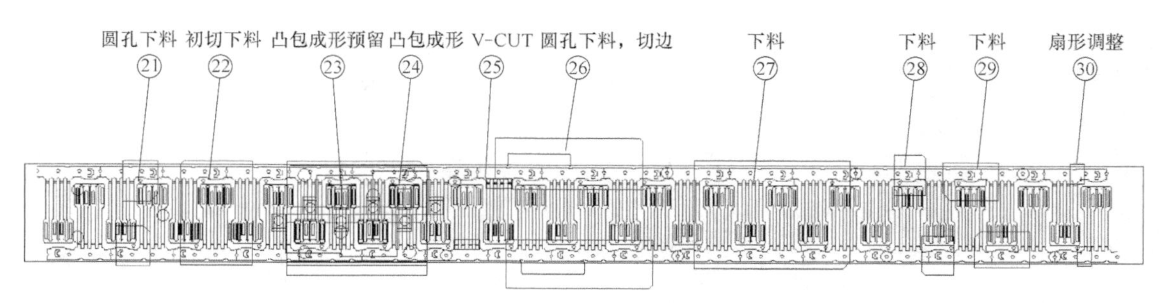

图 4-31 连接器接触端子料带

1）凸筋形状不良、尺寸超差。如图 4-32 所示，产品工作状态凸筋形状不良，头部圆角不规则；成形高度尺寸超差，尺寸超上限 0.03～0.05mm。这些都会导致端子的接触不良。

2）接触端子封胶尺寸超差。如图 4-33 所示，接触端子封胶尺寸超差既影响接触端子封胶过程，也影响产品质量。

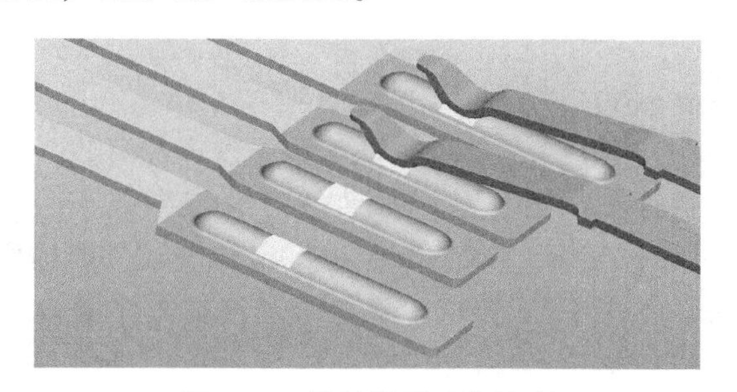

图 4-32 接触端子工作状态

图 4-33 接触端子封胶

3. 原因分析

根据经验和现场分析，生产中容易产生的废次品的主要原因是：

1）压凸筋时材料要变薄。压凸筋时材料在双向拉应力作用下产生双向伸长的胀形变形，厚度减薄。

2）压凸筋模具表面粗糙度值大，润滑不良，加剧了压凸筋变形的不均匀程度。

3）模具磨损较大。成形的凸模和凹模设计材质选用 Cr12MoV，磨损较大。

4）设计失误。端子封胶尺寸设计之初没有考虑到电镀后尺寸会变大。

5）凸筋形状不良、尺寸超差是造成端子封胶尺寸超差的主要原因。

4. 解决与防止措施

生产中采取的解决措施是：

1）更改产品的设计。在新产品设计阶段应考虑压凸筋材料会变薄，在端子封胶尺寸设计中应考虑电镀后尺寸会变大的实际情况。

2）压凸筋模具材料更换为 ASP23 铬钼钒粉末高速钢，提高模具的耐磨性能；降低凸筋区域模具加工的表面粗糙度值，或采用镜面加工的方法来保证产品质量。

3）采用优质冲压油保证对模具的良好润滑。

采取上述三项措施后生产出的合格产品如图 4-34 所示。由图 4-34 可见，产品质量良好，同时也保证了批量生产的稳定性。

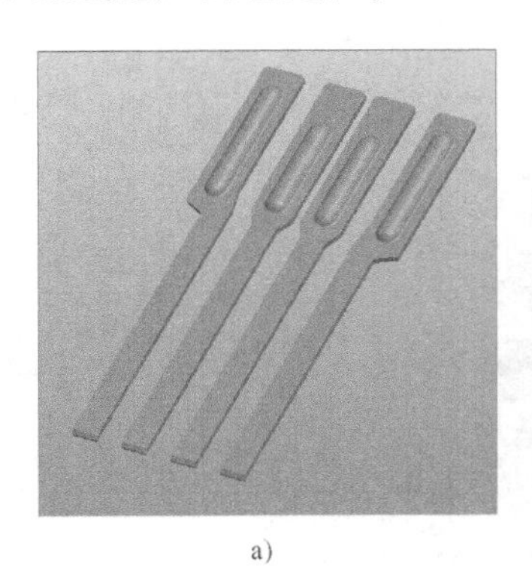

a)

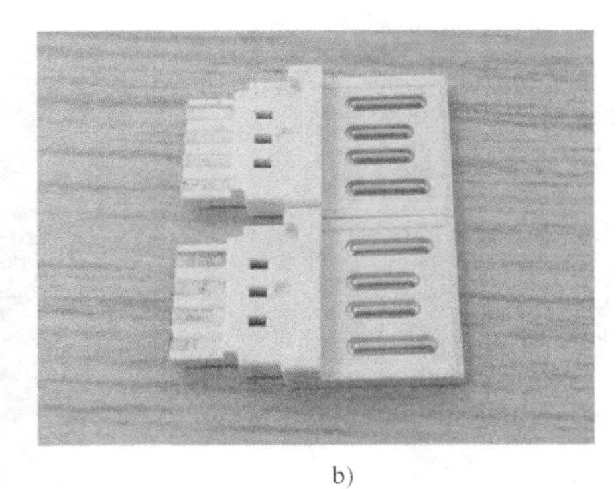

b)

图 4-34　USB 连接器合格产品

a）接触端子　b）USB 连接器

4.2.10　卡罩外壳形状不良、尺寸超差

1. 零件特点

卡罩外壳正、反面如图 4-35 所示。零件材料为 SUS301-H，料厚为 0.15mm。该件料薄且结构复杂，是典型的冲裁、弯曲、压凸筋复合成形件，局部特征明显。该产品在设计时运用 CAE 模拟分析，计算出产品端部接触区的“开关端子”和产品两侧的“锁卡端子”正向力及自由端子高度，确保用户在实际使用时的手感优越与产品性能指标稳定。该件整体电镀镍打底，厚度要求至少为 50μin（1in = 25.4mm）。焊脚区要求单面电镀厚度为 1～3μin 的金；弹片接触区要求镀金厚度为 1～3μin，采用无铅电镀制作，全部镀金表面要求不得做任何封孔处理；电镀刷金区域不可溢金到背面，电镀过程不能有变形。该零件作为主体零件把其他零件装配后，实现手机托装卡、换卡功能，确保手机卡能正常工作。该零件整体平面度、电镀后与过回流焊炉实验后的平面度都要控制在 0.1mm 以内。零件上 4+2 个凸筋设计为结构功能之一，也是为了确保手机卡能正常工作。零件表面质量要求严格，不得有任何压痕、裂纹、划伤等不良现象。

2. 废次品形式

该件采用多工位连续模生产，设计工艺方案为 29 道工序，料带如图 4-36 所示。料宽为 48mm，步距为 24mm，每分钟 350 次。料带连接方式如图 4-37 所示，料带展开与料带接刀如图 4-38 所示，料带冲压后要求不超过 5mm/1m，电镀后不超过 8mm/1m，扭曲不超过 45°/1m；

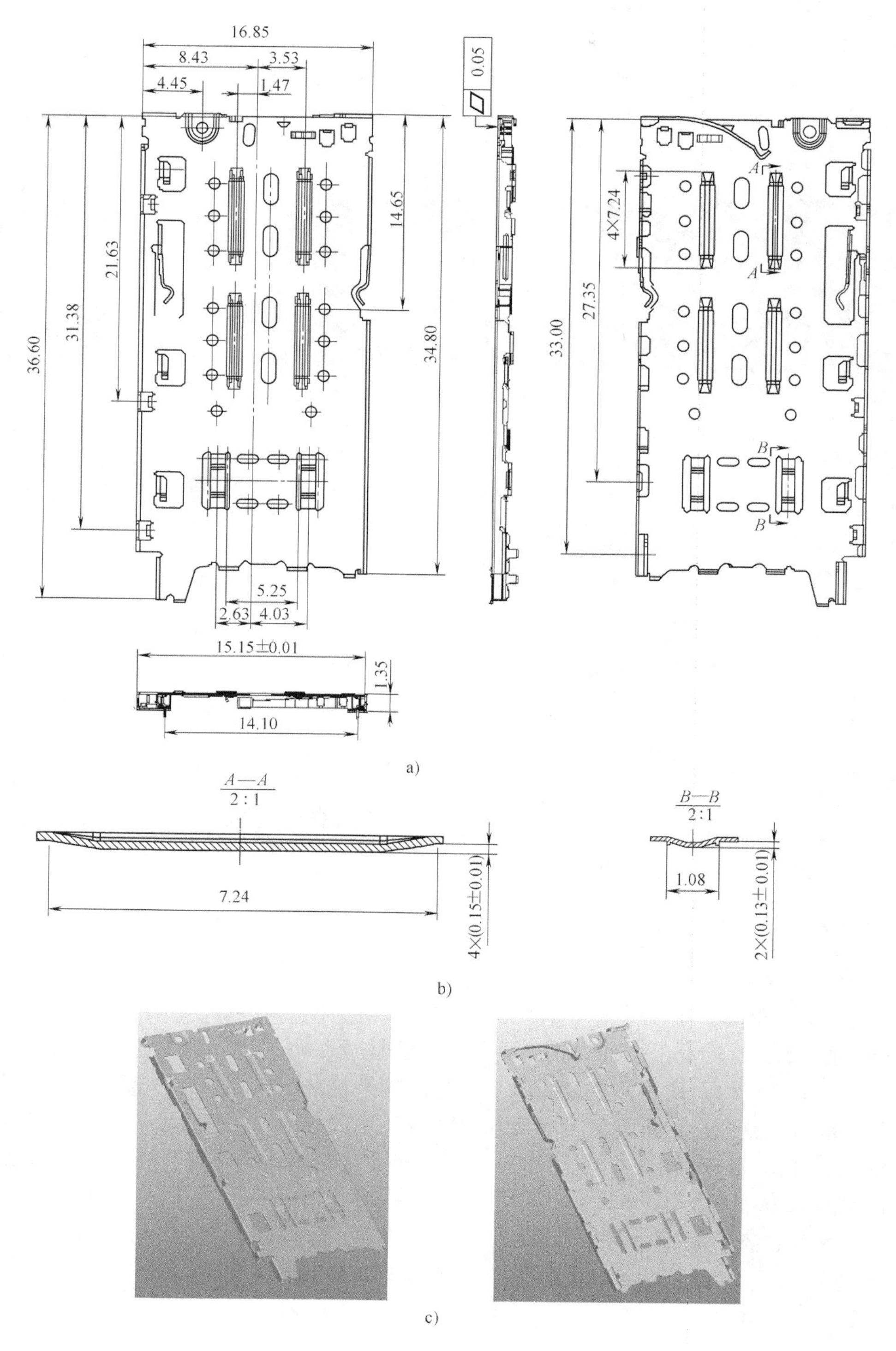

图 4-35 卡罩外壳

a）2D 图 b）凸筋局部放大图 c）3D 图

毛刺与金属丝等最大为0.02mm。压凸筋放在第2工序，试模时产生了形状不良和尺寸超差两种形式的废次品。

1）形状不良。产品工作状态形状不良，平面度超差。

2）凸筋尺寸超差。凸筋高度尺寸超差，尺寸超下限0.03~0.05mm，不符合产品的质量要求。

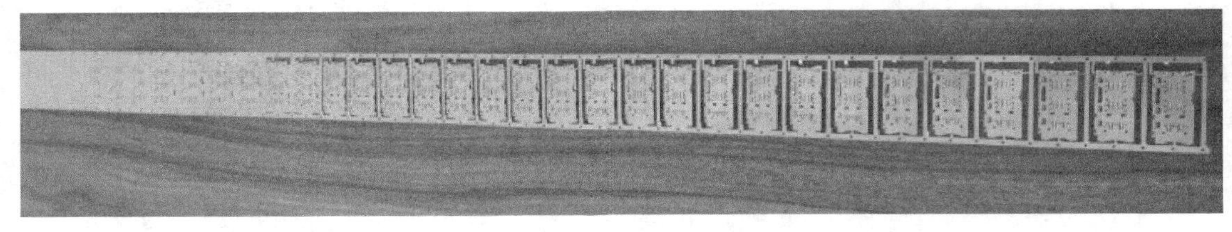

图4-36　产品料带

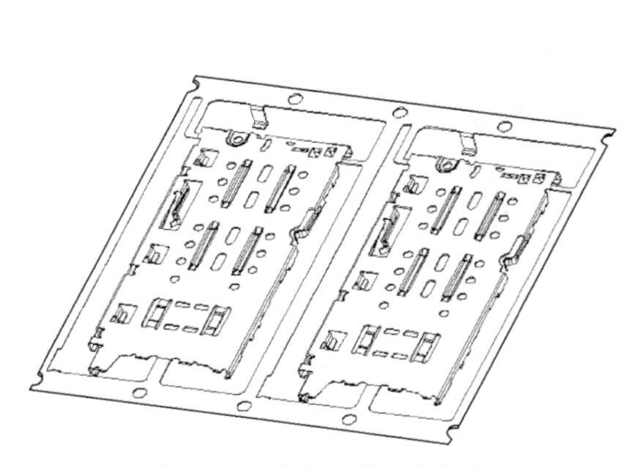

图4-37　产品料带连接方式

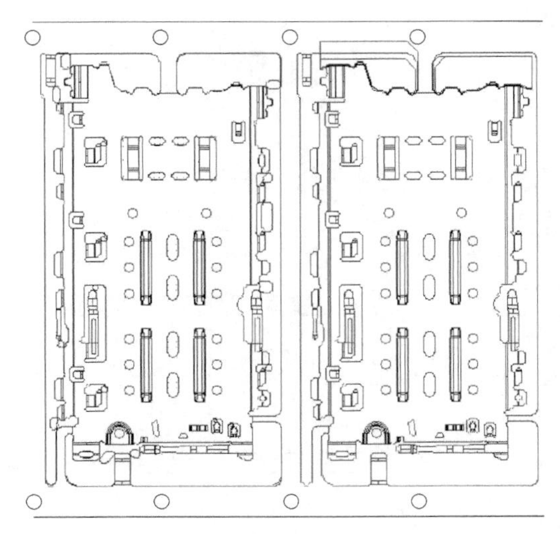

图4-38　料带展开与料带接刀

3. 原因分析

根据经验和现场分析，生产中产生废次品的主要原因是：

1）材料薄，塑性变形不均匀且不充分。压凸筋放在前工序，材料塑性变形集中在压凸筋处，变形极不均匀。除压凸筋及相邻处之外的其余部分材料不发生变形。塑性变形不均匀且不充分是制件整体形状不良、平整度超差的主要原因。

2）压凸筋模具粗糙度高，润滑不良，加剧了变形的不均匀程度。

4. 解决与防止措施

生产中采取的措施是：

1）改变工艺方案，增加打麻点工序。征得用户的同意，如图4-39所示，在成形凸筋前，整个平面打麻点，使材料整体变形充分，确保了产品的平面度要求，提高了压凸筋变形的均匀性。

2）对模具工作零件进行抛光处理，或压凸筋区域采用镜面加工。特别是要保证压凸筋凸模和凹模的表面粗糙度值应尽可能小。

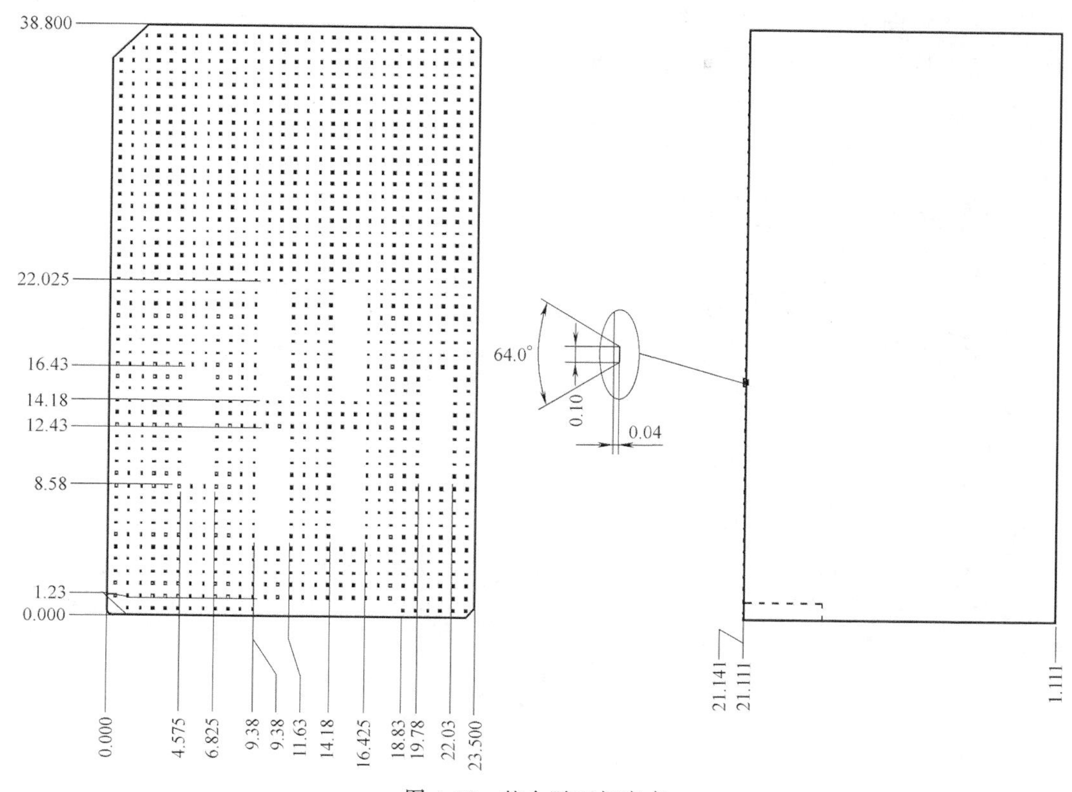

图 4-39　整个平面打麻点

3）采用优质冲压油保证对模具的良好润滑，进一步提高了压凸筋变形的均匀程度。

4）适当增加压边力，调整压凸筋凸模的闭合高度，压料到位。

采取上述几项措施后生产出的合格产品如图 4-40 所示。由图 4-40 可见，产品质量良好，同时也保证了批量生产的稳定性。

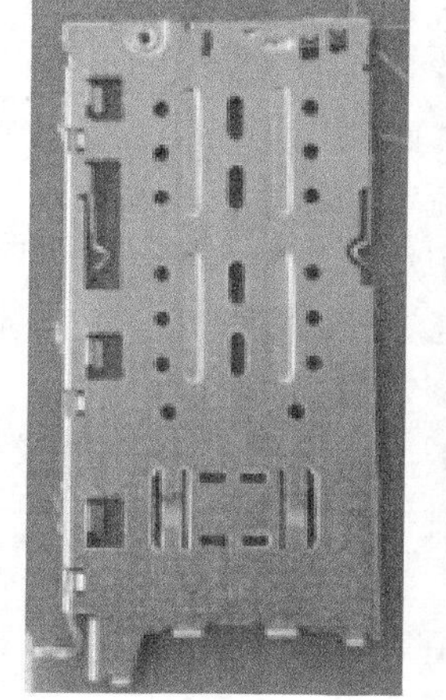

图 4-40　卡罩合格产品

4.2.11　汽车前制动器底板厚度超差

1. 零件特点

某汽车前制动器底板如图 4-41 所示。零件材料为 Q235A，料厚为 4.5mm。该件采用不同的冲压加工工艺方案，其成形的性质各不相同，一般而言，可能采用的变形工序为拉深、胀形和翻边。由于产品使用要求其厚度为 4.5mm，故选择和确定合适的加工工艺方案，控制制件的变形性质是保证制件质量、生产出合格零件的关键。

2. 废次品形式

厚度超差。生产中原采用落料（ϕ442mm 圆形坯料）→成形→冲孔的加工工艺方案。在成形工序，采用图 4-42 所示模具结构，其结果是制件变薄严重，A 平面局部最薄处仅为 3.7mm。由于制件厚度超差，不能满足产品的使用要求，直接影响了汽车的整机质量。

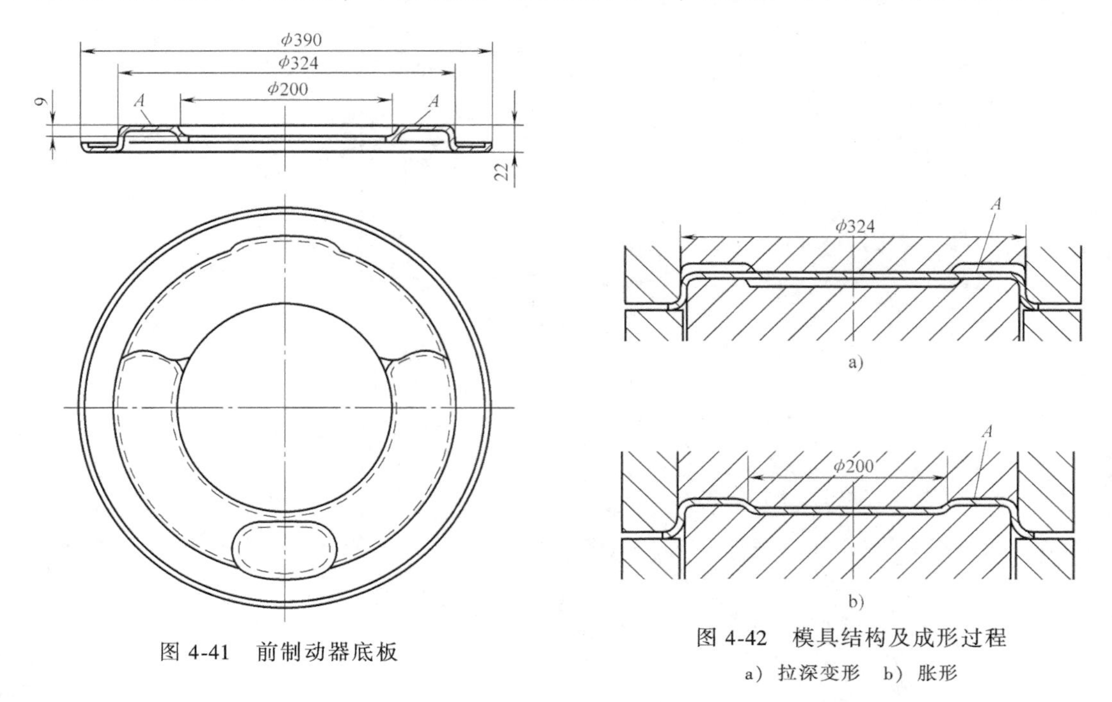

图 4-41　前制动器底板

图 4-42　模具结构及成形过程
a）拉深变形　b）胀形

3. 原因分析

造成制件 A 处变薄的主要原因是由坯料成形的变形特征决定的。如图 4-42a 所示，坯料首先进行拉深变形。在拉深变形阶段，ϕ324mm 底部坯料仅起力的传递作用，法兰区为变形的弱区产生了向壁部转移的压缩类变形，故底部坯料在双向拉应力作用下基本上不产生塑性变形或只产生少量的伸长变形。拉深变形结束后，当上模继续下行时，由于壁部已产生加工硬化及侧壁和法兰处的刚性支承作用，使底部成了变形的弱区。坯料很难再由法兰通过直壁和 A 处的凸台向中心流动，故由图 4-42a 到图 4-42b 的变形过程已不再是拉深变形过程，而是坯料在双向拉应力作用下厚度减薄、表面积增加的胀形变形过程。由于 A 处胀形变形时得不到外部材料的补充，故采用这种工艺方案成形必然会造成 A 处坯料的严重变薄。

4. 解决与防止措施

从原理上讲，为了使 A 处坯料不变薄或少变薄，就必须设法使此处不参与变形或少参与变形，或者在变形时使 A 处的环形面积得到足够的材料补充。也就是说，需改变 A 处坯料的胀形变形性质。一般而言，为达此目的有两条途径：一是使坯料从外向内流动，用拉深变形来代替胀形；二是采用环形毛坯，使金属由内向外流动，用扩孔、翻边来代替胀形。

生产中采用了环形毛坯，在 ϕ442mm 的圆形坯料中心冲一个 ϕ35mm 的工艺孔，使得在成形过程中，A 处的环形区域能从中部得到足够的材料补充，改善了此处的胀形变形条件，减少了胀形变形量，一次成形加工出了合格的零件。

采用环形坯料的关键是确定预冲孔 d_0 的孔径。如图 4-43 所示，若 d_0 过大，则在变形的初期就会发生扩孔翻边变形，达不到拉深变形的目的，A 处环状区域的坯料也会变薄；若 d_0 过小，保证了拉深变形的性质，则在拉深结束后仍不能改变 A 区的胀形变形性质，达不

到阻止 A 区变薄的目的。为确定合适的预冲孔孔径，生产中采用图 4-43 所示模具结构做了一系列的试验。表 4-1 是由试验得到的毛坯尺寸与成形方式的大致关系。变形初期，当工件受直径 $d_p = 315\text{mm}$ 的凸模作用时，由 $D_0 = 442\text{mm}$、$d_0 = 35\text{mm}$ 可算得：$D_0/d_p = 1.40$，$d_0/d_p = 0.11$，与表 4-1 比较可知，选取 $\phi35\text{mm}$ 的预冲孔径，初始变形仍为拉深变形。当工件底部受直径 $d_p = 200\text{mm}$ 的凸模作用形成 A 处环状凸台时，由 $D_0 = 442\text{mm}$、$d_0 = 35\text{mm}$ 可算得：$D_0/d_p = 2.21$，$d_0/d_p = 0.175$。与表 4-1 比较可知，选取 $\phi35\text{mm}$ 的预冲孔径时的变形转化为扩孔翻边变形。考虑到侧壁和法兰的硬化和外部刚性支承的作用，在这一变形时期，占主导地位的变形已不再是拉深和胀形，而是中心孔扩大的扩孔、翻边变形。由于从内部得到了材料的补充，环形部分的变薄现象得到了改善。

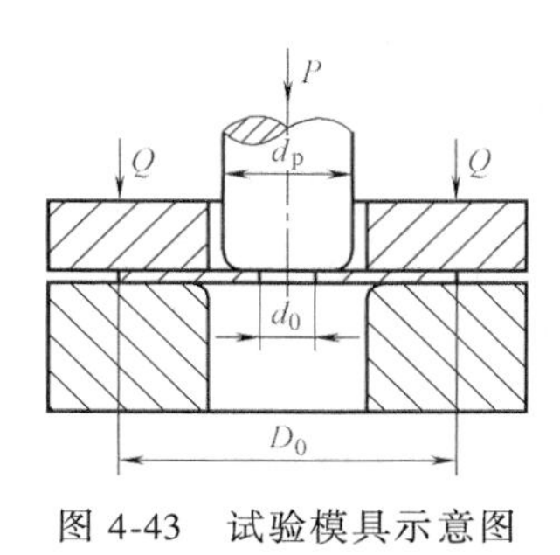

图 4-43 试验模具示意图

表 4-1 环形毛坯的变形方式

尺寸关系	变形方式
$\dfrac{D_0}{d_p}<1.5\sim2;\dfrac{d_0}{d_p}<0.15$	拉深
$\dfrac{D_0}{d_p}>2.5;\dfrac{d_0}{d_p}>0.2\sim0.3$	翻边
$\dfrac{D_0}{d_p}>2.5;\dfrac{d_0}{d_p}<0.15$	胀形

此外，为防止 A 处环状区域的坯料变薄，可采取的措施还有：改变模具的结构形式，先拉深 $\phi200\text{mm}$ 的内部，再拉深 $\phi324\text{mm}$ 外缘。这样，由于内、外变形顺序的变更使 A 区能从外部得到部分材料的补充，底部的变薄会有所缓解；采用 $\phi35\text{mm}$ 预冲孔的环形毛坯时，先拉深 $\phi200\text{mm}$ 的内部，则坯料将发生拉深和扩孔翻边的复合变形，A 区能同时从内、外两处得到材料的补充，这对底部环形凸台的成形更为有利。改变顺序后，由于提高了底部坯料的强度和承载能力，对拉深 $\phi324\text{mm}$ 直壁也很有利。

4.2.12 通信设备屏蔽壳口部扩张

1. 零件特点

某通信设备上用屏蔽壳如图 4-44 所示。零件材料为 HPb59-1 铅黄铜，料厚为 0.5mm。该件为典型的矩形盒拉深件，在零件侧壁，距口部 18mm 处对称设置两条深 2mm 的加强筋。加强筋宽 3mm，为料厚的 6 倍，深度为料厚的 4 倍，断面为一个 $R2\text{mm}$ 圆弧面，满足胀形件的结构工艺性要求。

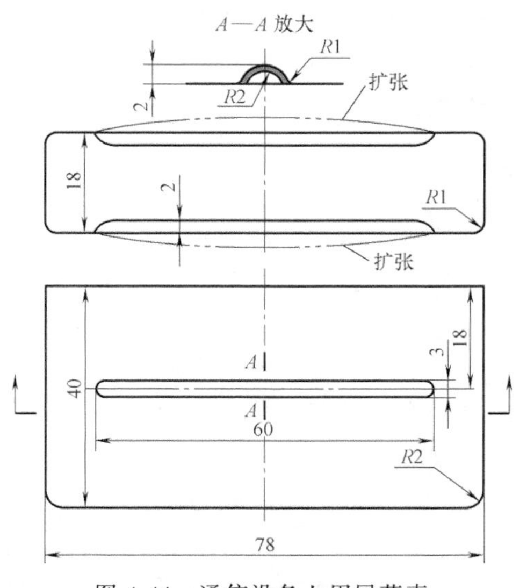

图 4-44 通信设备上用屏蔽壳

2. 废次品形式

口部扩张。原生产采用的冲压加工工艺方案是：落料→三次拉深→整形→修边→胀形。如图 4-44 中双点画线所示，在胀形工序，制件压筋后口部扩张，不能满足零件要求。

3. 原因分析

1）工艺不合理。原工艺为先修边后压筋。修边后，胀形变形区距盒形体口部边缘较近，压筋时口部金属向筋内流动、收缩，产生了口部的扩张。

2）压边力不足。胀形加工时，压料板的压料力太小，不能保证纯胀形的工序性质，外部有材料向胀形区流动。

4. 解决与防止措施

生产中采取的解决措施是：

1）改变工序顺序。采用先压筋胀形后修边的工艺方案。因筋边距增大，法兰处有刚性支承，胀形加工时口部金属向胀形变形区流动的阻力增加，保证了胀形变形的顺利进行。

2）增加压边力。增大压料板的压边力，其目的仍然是增加口部金属向胀形区的流动，防止口部的变形。

防止这类因压筋或压凸包胀形变形区距边缘距离较近产生制件形状畸变的一般措施是：

3）增大修边余量，增加工艺补充面。胀形完成后再将多余坯料切除。

4.2.13　暖气散热片折皱

1. 零件特点

暖气前、后散热片如图4-45所示。零件材料为20冷轧钢板，料厚为0.4mm。零件上有左、右对称分布的凸筋，两件焊合后使用。使用时，循环水蒸气通过凸筋处散热供暖。该件属于以胀形为主体的成形件。凸筋的形成主要靠坯料自身的延伸，除四周有少量材料拉入进行补充外，中部凸筋几乎完全靠坯料的变薄来增加表面积。凸筋深5mm，相对较浅，制件满足胀形成形的工艺要求。此外，后续焊接工序要求制件平整，不得有扭曲、折皱等表面缺陷。使用要求制件外形美观。

2. 废次品形式

折皱。生产中采用剪切下料（850mm×500mm）后直接成形的工艺方案。在胀形成形工序，制件左、右两侧和*B—B*剖面凸筋过渡处产生折皱。如图4-45所示，其中尤以*B—B*剖面下部最为严重。

3. 原因分析

1）这种类型折皱的产生与圆筒件拉深时法兰起皱不同。圆筒形件法兰处的起皱是由于坯料受压失稳所致，而散热片折皱则是由于在变形过程中产生不均匀拉应力作用的结果。此外，制件轮廓上、下不对称使不均匀拉应力增加，从而加剧了折皱的产生。

2）模具结构不合理。原模具未设置压边装置，制件成形时，周边材料被拉入凹模，在不均匀拉应力的基础上又叠加了不均匀的周向压应力。原模具未设置导向装置，加工时凸、凹模容易产生偏移，使应力的不均匀程度增大，增加了折皱产生的概率。

4. 解决与防止措施

生产中采取的解决措施是：

1）设置压边力可进行调整的压边装置，调整时逐渐增大压边力。采用此项措施后，制件左、右两侧折皱消失，但即使压边力增加得很大时，*B—B*剖面中部与底部仍有少量折皱存在。

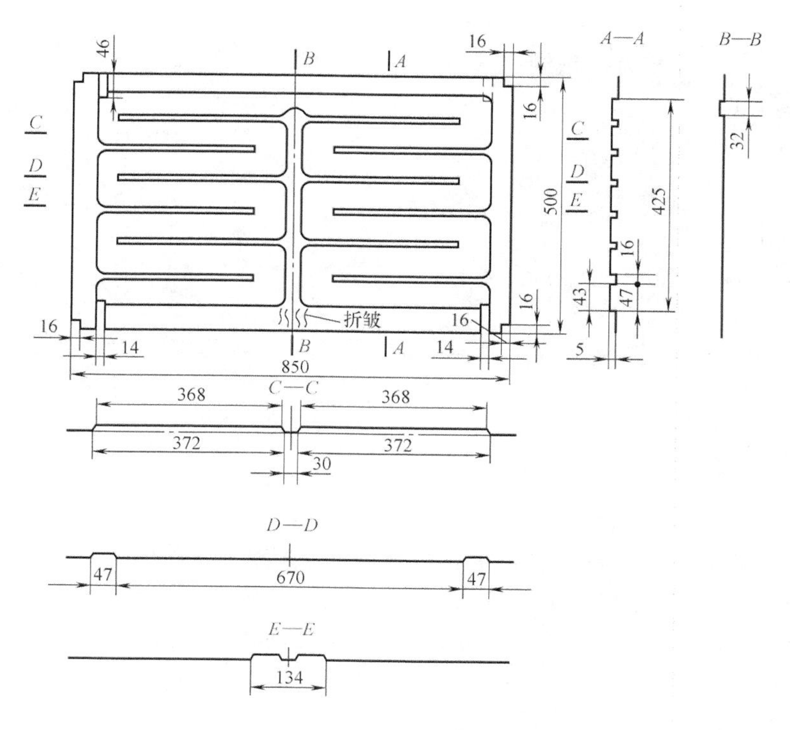

图 4-45 暖气前、后散热片

2）在 *B—B* 剖面底部开设一工艺孔，插入销钉后成形，折皱现象减轻，但工艺孔产生了变形，影响了制件的美观。

3）在与 *B—B* 剖面相应的凹模端部，折皱发生处垫一个 0.4mm 厚的钢板，成形后折皱消失。

防止这类折皱的更积极措施是：

4）增设导柱、导套或其他导向装置。

5）在与 *B—B* 剖面折皱发生处相应的凹模面上设置一个浅拉深筋。

4.2.14 发动机舱盖锁扣安装板凸包开裂

1. 零件特点

发动机舱盖锁扣安装板如图 4-46 所示。零件材料为 HC340LA，料厚为 1.2mm，外形尺寸为 181mm×108mm×91mm。该零件外形呈长方形，最高点具有两个凸包，内部形状较为复杂，且特征明显。该件属拉深、胀形、弯曲和翻边复合成形件，压凸包处较难从外部得到材料补充，胀形变形成分较大。

2. 废次品形式

凸包开裂。生产中采用剪板下料→成形→冲孔修边→翻边的冲压工艺方案。下料毛坯尺寸为 210mm×140mm，在使用成形模拟软件分析时并没有破裂现象。在实际的试模过程中，如图 4-47 所示，两凸包处会产生颈缩（隐裂），甚至开裂。颈缩很有可能导致零件在点焊或涂装烘烤的过程中直接开裂，严重影响车身的安全。

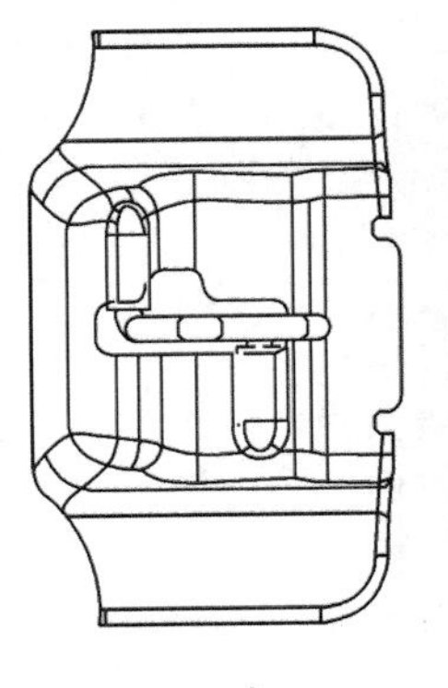

a)

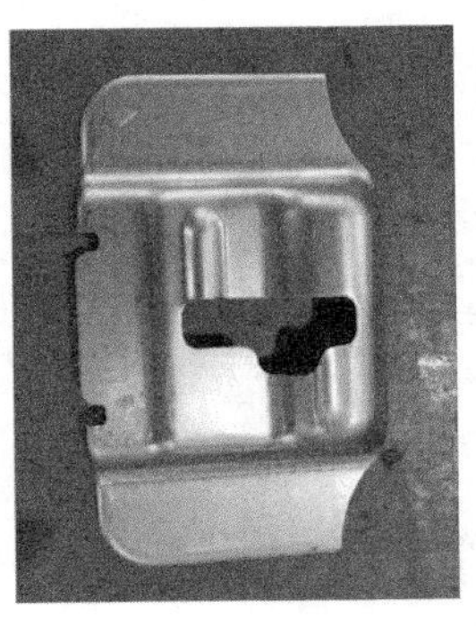

b)

图 4-46　发动机舱盖锁扣安装板

a）线图　b）实物图

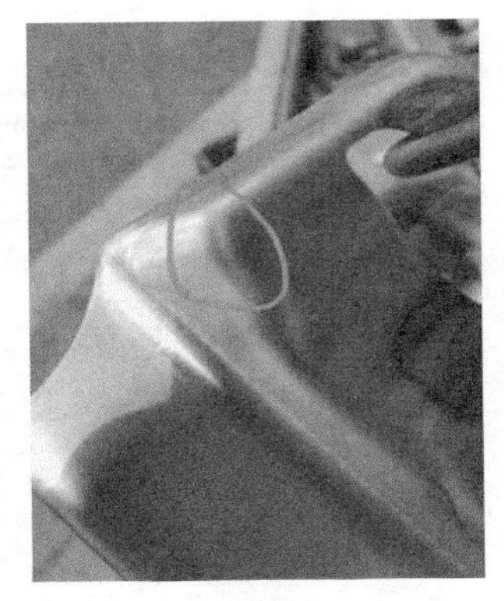

图 4-47　凸包颈缩、开裂

3. 原因分析

分析图 4-48 所示的模具结构，根据经验分析产生颈缩和开裂的主要原因有：

1）顶杆压力过大。顶杆压力过大将导致材料的流动阻力过大，变形材料流入凹模不足，凸包主要靠胀形变薄成形，变形程度超过了材料的成形极限。

2）润滑不到位。凹模圆角位置和凸模圆角位置，若润滑不到位，将造成胀形变形不均匀程度增大，进而使材料发生破裂的可能性增大。

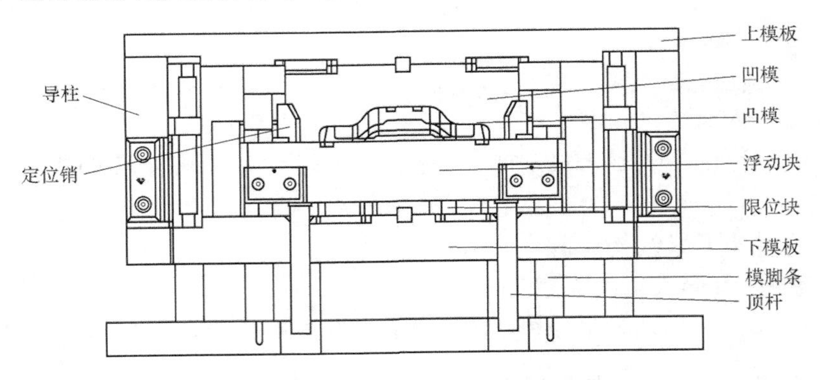

图 4-48　发动机舱盖锁扣安装板成形模具结构

3）装模工安装的模具不在同一中心线，导致凸、凹模型腔错位，材料在成形过程中出现走料问题。

4. 解决与防止措施

依据上述原因分析，在模具调试过程中逐次采取的解决措施是：

1）根据数值模拟软件和经验确定本零件采用的顶杆压力为 2MPa，在适当减小顶杆压力进行试模后，颈缩和破裂明显减少。顶杆压力取此值较为合适。

2）增加润滑油涂抹次数，可促使胀形变形均匀，有利于避免开裂，必要时可垫塑料薄膜。

3）调整凸模与凹模的相对位置，增加合模销及导柱强度。

对于冲压件来说，造成开裂的原因很多，在试模时应仔细检查开裂状况及其产生的部位。对于这类胀形开裂的情况，防止解决开裂的有效措施是尽量使压凸包处变形均匀，尽量创造条件从外部或内部增添少量材料补充。

4.2.15　自行车三通管接头破裂、壁厚超差

1. 零件特点

自行车三通管接头如图 4-49 所示。零件材料为 SPCC（日本牌号）、08Al 等，壁厚为 1.5~3mm。这类零件的共同特点是要在管坯的局部形成一个或多个凸形，以便与直管和其他管接头组焊。其中，中接头凸形处的最大断面变形程度达 33%，而把接头的最大变形程度高达 59%。由于变形程度接近或已超过材料的伸长率，故采用一般管子胀形方法来生产这类零件困难较大。

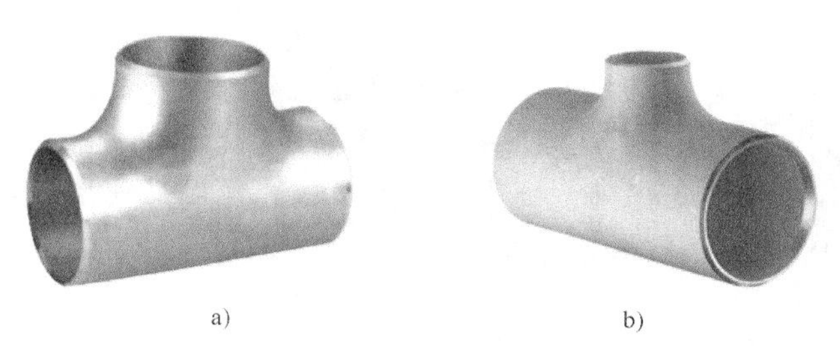

a)　　b)

图 4-49　自行车三通管接头

a）等径三通管　b）异形三通管

2. 废次品形式

破裂、壁厚超差。采用图 4-50 所示橡胶棒（聚氨酯或合成橡胶）凸形的方法，将橡胶棒填充在管坯内，用双向压柱密封加压来加工这类零件。生产中曾出现如图 4-51 所示把接头凸形区壁厚变薄超差，甚至破裂的现象。在采用这种橡胶棒凸形加工的初期，生产很不稳定。

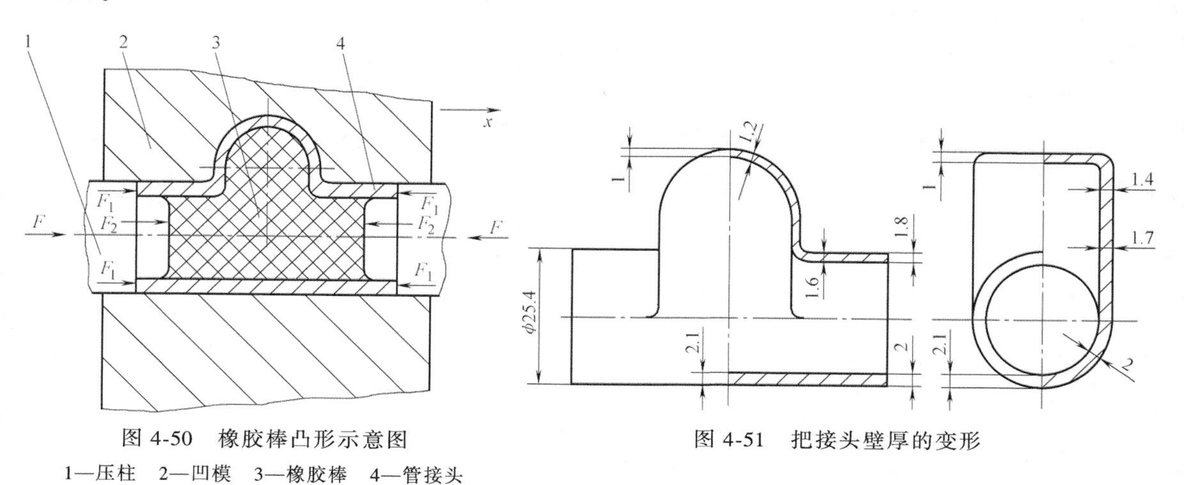

图 4-50　橡胶棒凸形示意图

1—压柱　2—凹模　3—橡胶棒　4—管接头

图 4-51　把接头壁厚的变形

3. 原因分析

橡胶棒凸形的原理与一般管类零件胀形不同。如图 4-50 所示，管坯除受周向（切向）拉应力外，还受到橡胶棒膨胀产生的径向（厚向）压应力和压柱的轴向压应力作用。与一

般胀形时受双向拉应力作用相比，在压柱的轴向压应力作用下，部分管壁金属可流入凸形区来补充此处坯料的不足，故管坯的局部变形程度可稍大些。但从局部凸形区坯料严重变薄的事实来看，变形区表面积的增加仍然靠坯料的变薄实现。因此，这类成形方式仍属伸长类变形，凸形变形区绝对值最大的应力状态仍为周向（或切向）拉应力。造成制件壁厚严重变薄及破裂的主要原因是：

1）由米泽斯应力-应变关系式

$$\frac{d\varepsilon_\theta}{\sigma'_\theta}=\frac{d\varepsilon_r}{\sigma'_r}=\frac{d\varepsilon_x}{\sigma'_x}$$

可知，由于管坯变形区绝对值最大的主应力 $\sigma_\theta>0$，$\sigma'_\theta>0$ 而 σ'_r(或 σ'_t)<0，故伴随着坯料周向的伸长，凸形区壁厚减薄是不可避免的。凸形主要变形区局部变形极不均匀，故壁厚差较大。

2）管坯的性能及其状态不满足凸形加工要求也是造成其局部破裂或严重变薄的重要原因。由于凸形的局部变形程度很大，因此要求管坯应具有变形抗力小、塑性好、塑性应变比 γ 值大和 $\Delta\bar{\gamma}$ 绝对值小等特点。另外，硬化指数 n 值大可使局部变形均匀，故一般而言，为使凸形变形均匀，希望原管坯的 n 值大些。

3）摩擦阻力过大。原管坯磷化、皂化处理不当或未经处理，致使金属向凸形区流动困难，变形区得不到坯料补充也会产生开裂。

4）管坯壁厚、长度、内径、外径超差。由于凸形变形程度大，故当管坯壁厚小于1.5mm时易产生破裂。管坯长度太短，凸形处材料补充受到影响，压柱的轴向压力小，也容易造成凹模圆角处的破裂。管坯长度过长，会增大凸形区和非凸形区的壁厚差，这也会影响接头的质量。

5）橡胶棒的外径和长度选择不当。橡胶棒外径过小，与管坯的间隙大则长度增加，预压缩量就大。这样会增大管坯的局部不均匀变形程度，对凸形成形造成不利影响。

6）模具设计不合理。如图4-52a所示，把接头采用两瓣凹模，分型面设置在凸形区的中心位置。由于模具加工制造误差及合模力不均匀等，这种分型方法极易造成凸形接头的破裂。此外，凸形处凹模圆角半径太小，凹模外径圆锥角 2α 选取不合理也会造成制件的局部破裂。

图4-53所示压柱既对橡胶棒也对管壁施力，实际上具有凸模的作用。其中 D 和 d 的尺寸分别等于管坯的外径和内径尺寸。R 与凸出部分长度 L 的选取对凸形件质量有很大影响。

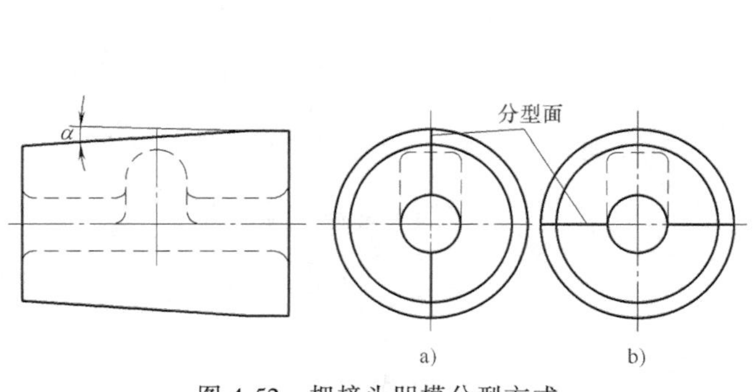

图4-52 把接头凹模分型方式
a）竖直分型 b）水平分型

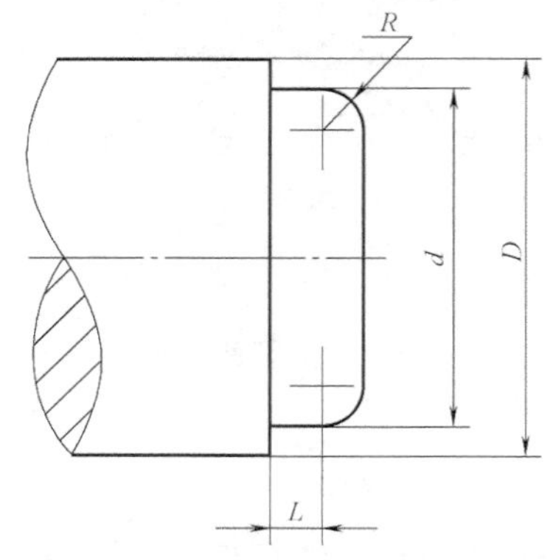

图4-53 压柱形状与尺寸

4. 解决与防止措施

解决与防止凸形变形区壁厚超差、破裂的关键是使凸形处变形尽量均匀，要为管壁金属向凸形区流动创造条件。为此，成功的经验是：

1）严格控制管坯质量。材料的抗拉强度 $R_m \leqslant 320\text{MPa}$，硬度在 102HBW 以下，伸长率 $A>38\%$；材料的碳含量应低于 0.10%（质量分数）；材料硫、磷含量要少，尤其是磷含量不能超过 0.045%（质量分数）。被凸形的管坯要进行磷化、皂化处理和软化退火。

2）合理确定管坯的外径、壁厚和长度。管坯的外径应略小于接头的外径 0.5~1mm 或等于接头的外径；管坯的壁厚以 1.5~3mm 为宜，小于 1.5mm 易破，大于 3mm 凸形困难，设备公称压力增大。中接头的管坯壁厚为 2.8~3mm，把接头为 1.5~1.8mm；管坯的长度按等体积或等质量方法计算确定。将把接头管坯两端加工出一定角度也可使凸形接头质量提高。

3）正确选用橡胶棒，确定合适的外径与长度。橡胶棒的伸长率应大于 400%，永久变形要小于 6%；硬度控制在 70~95HA 的范围内，断裂强度不低于 30MPa，抗力大于 4.5MPa。橡胶棒的外径一般选取较管坯内径小 1.5~2.5mm，长度根据体积不变原则初步确定后再加长 5%~15%。

4）改进模具结构，合理确定凸、凹模的尺寸。生产中使用的凸形模具结构有很多种，其中较为成熟的两种如图 4-54 和图 4-55 所示。

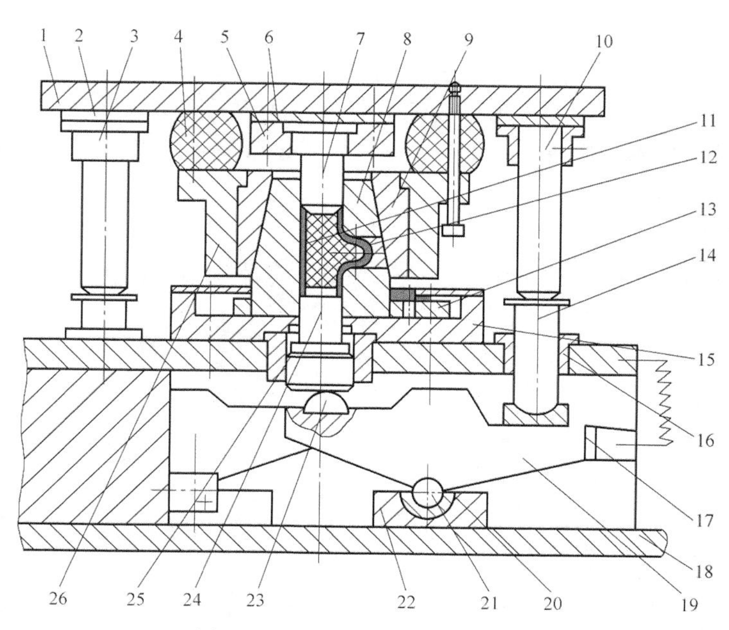

图 4-54 立式双柱双作用凸形模

1—上模板 2—垫板 3—推杆套 4—聚氨酯橡胶 5—上凸模固定板 6—上凸模垫板 7—上凸模（压柱） 8—凹模 9—锥形套 10—推杆 11—聚氨酯橡胶棒 12—限位块 13—凹模固定板 14—限位销 15—下模固定板 16—固定板 17、23—支承块 18—下模板 19—杠杆 20—支承衬套 21—支承杆 22—支承座 24—下凸模（压柱） 25—承压块 26—凹模外套圈

如图 4-52b 所示，采用水平分型面结构来代替竖直分型，凸形型腔在一瓣整模上。采用这种形式凹模虽然模具制造和出模难，但制件成形质量和成品率大大提高。此外，将凸形凹

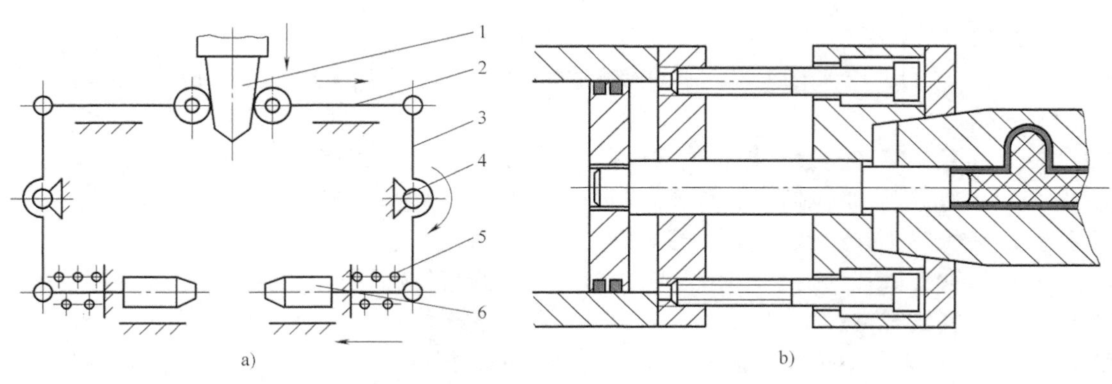

图 4-55 卧式单斜楔双作用凸形模

a）原理 b）凸形结构

1—斜楔 2—上肘杆 3—侧肘杆 4—支承座 5—弹性装置 6—凸形模

模圆角半径放大到 $R5\text{mm} \sim R7\text{mm}$ 之间，立式凸形凹模 2α 取 6°，卧式凸形凹模 2α 取 3°~5°，均能提高凸形件质量，防止产生破裂。

图 4-53 所示压柱的主要几何参数，经反复试验后确定 $R=3\text{mm}$，$L=4\sim8\text{mm}$。

4.2.16 柴油机滤芯罩口部裂纹、形状不良

1. 零件特点

某柴油机滤芯罩如图 4-56b 所示。零件材料为 08 钢，料厚为 1mm。该件用拉深制坯，采用聚氨酯橡胶做成形软凸模胀形加工成形。拉深、修边后的毛坯形状与尺寸如图 4-56a 所示。工艺计算该件的胀形系数 $K=1.15$，查资料，其极限胀形系数 $K_{\max}=1.20$，能满足胀形加工的工艺要求。

2. 废次品形式

1）裂纹。采用图 4-57 所示胀形模具结构，生产中部分制件口部产生裂纹，也有少量制件胀形处开裂。

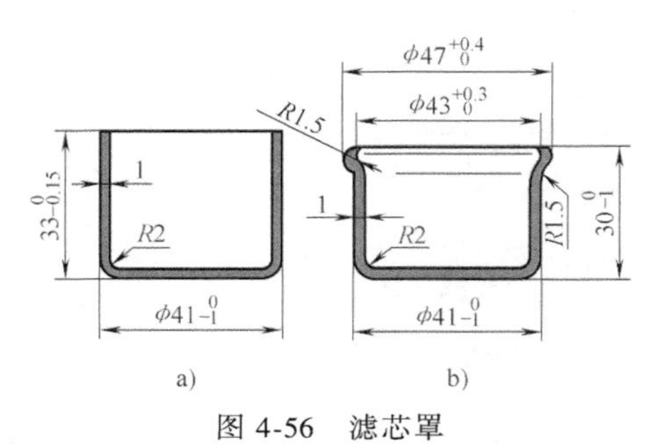

图 4-56 滤芯罩

a）拉深毛坯 b）零件图

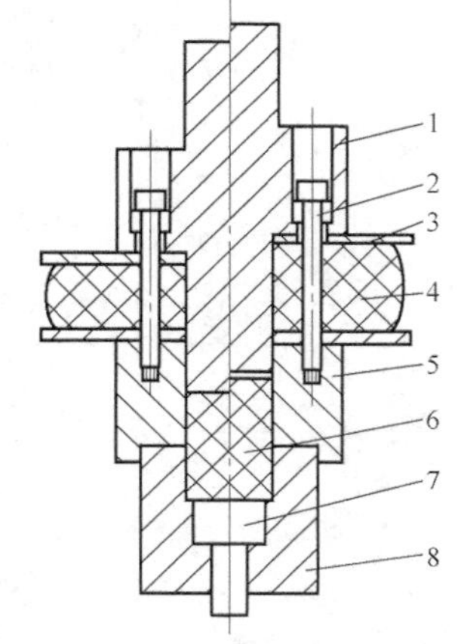

图 4-57 滤芯罩胀形模

1—上模 2—螺钉 3—垫板 4—封模橡胶 5—上凸模 6—软凸模（聚氨酯橡胶） 7—顶杆 8—下凸模

2）形状不良。如图 4-58 所示，试模时出现形状不良、翻边等废品。

3. 原因分析

1）造成制件口部产生裂纹和开裂的原因与制坯工序有关。坯料在拉深过程中产生加工硬化，塑性降低；拉深毛坯在修边时口部边缘产生锐角毛刺，尤其是坯料的内径边缘，胀形时此处因应力集中很容易产生裂纹。

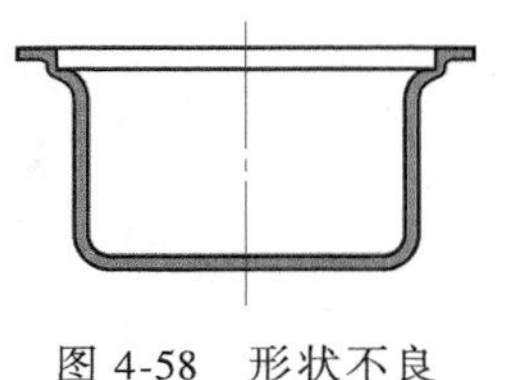

图 4-58 形状不良

2）软凸模 6 过高，模具装配安装后圆角尺寸超差使上、下凹模接触形成封闭模腔之前坯料发生变形，这样便形成了图 4-58 所示制件的不良形状。

4. 解决与防止措施

生产中采取的解决措施是：

1）增加中间退火工序。坯料在胀形前进行一次退火。

2）拉深毛坯在修边时，消除边缘的锐角毛刺。

3）重新调整、装配模具，减小软凸模高度，保证上、下凹模接触后才进行胀形加工。

4.2.17 火焰筒内壁胀形畸变、破裂

1. 零件特点

环形火焰筒内壁如图 4-59 所示。零件材料为 22Cr-22Ni-T14.5W（美国牌号）钴基合金板，料厚为 0.72～0.91mm。材料屈服极限为 379MPa，强度极限为 862MPa，屈强比 $R_{p0.2}/R_m=0.44$，伸长率 $A=40\%\sim45\%$。该件尺寸精度要求较高，零件胀形部分最大切向应变 $\varepsilon_\theta=0.18$，胀形系数 $K=d_{max}/d=1.17$，满足胀形工艺性要求。

2. 废次品形式

1）畸变。生产中采用的加工工艺方案为：剪切下料→卷圆→焊接→胀形。在胀形工序，制件常出现如图 4-60 所示卷边、夹层等胀形畸变现象，制件质量很不稳定。

2）破裂。在胀形工序，胀形件口部也时有裂纹产生，严重时产生破裂。

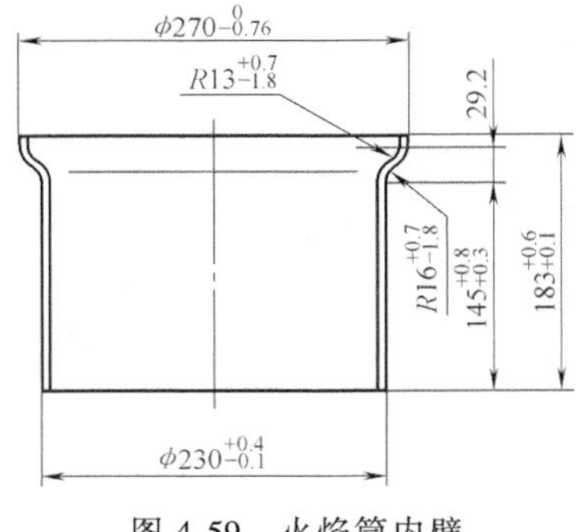

图 4-59 火焰筒内壁

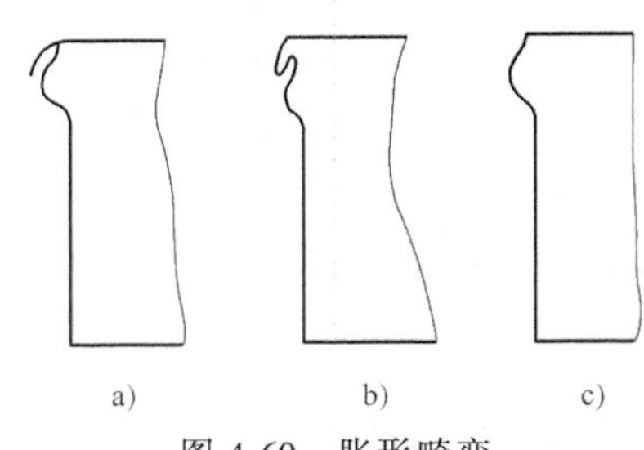

图 4-60 胀形畸变

a）卷边 b）夹层 c）正常

3. 原因分析

1）模具结构不合理。原采用图 4-61a 所示胀形模，凸模采用聚氨酯橡胶，加工成接近零件的形状，橡胶的邵尔硬度为 70HA，胀形毛坯为 ϕ230mm×190mm 筒形件。生产中，当聚氨酯凸模下压时，首先胀大坯料上部。聚氨酯凸模继续下压，与零件上端接触后，迫使坯

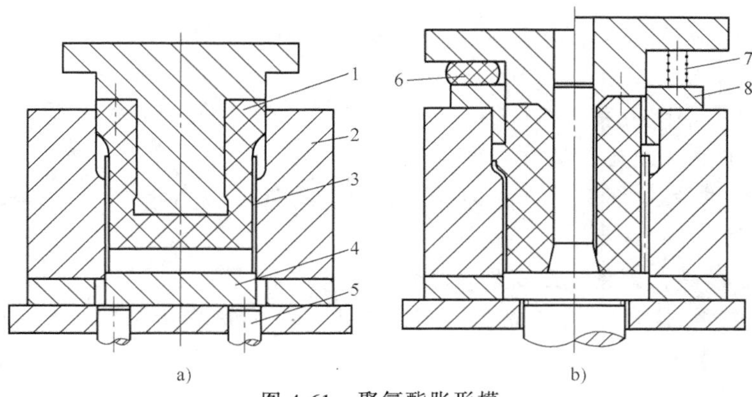

图 4-61　聚氨酯胀形模

a）原胀形模　b）改进后的胀形模

1—聚氨酯凸模　2—凹模　3—制件　4—顶块　5—顶杆　6—橡胶垫　7—弹簧　8—挡圈

料上端发生卷边，产生了胀形畸变。

2）制件产生裂纹和破裂的原因，主要是因为焊接时焊缝质量不高，坯料端面有划伤、碰伤等缺陷，或因剪切断面质量不好，有毛刺等。在正常情况下，因 $\varepsilon_\theta=0.18<0.75A=0.30$，不应产生开裂现象。

4. 解决与防止措施

生产中采取的解决措施是：

1）严格控制胀形前半成品的质量。主要包括焊缝质量和坯料口部断面质量，不允许端面有划伤、碰伤和较大毛刺。卷圆、焊接后将端面磨圆。

2）改变模具结构。采用图 4-61b 所示胀形模。将聚氨酯凸模改为直筒形凸模；增加挡圈和弹性元件，其作用是控制聚氨酯凸模受力后的变形方向，防止制件在成形时产生卷边畸变。

采用图 4-61b 所示 12 个弹簧作为弹性元件试压时，生产仍不稳定，时有畸变凸缘产生。生产中发现，聚氨酯凸模受压后，除使坯料胀形外也压迫挡圈上移，即作用在挡圈上的 12 个弹簧压力抵挡不住聚氨酯凸模变形后向上推挡圈的力，从而不能有效地限制聚氨酯凸模的变形。为了增加对挡圈的压力，根据模具结构，选用了 ϕ580mm×ϕ410mm×120mm 的黑色橡皮环（两层、每层厚 60mm）。当橡皮压缩 35%时，单位压力为 2.1MPa，橡皮环产生的总压力为 277.5kN。

改用橡皮环代替弹簧后，挡圈不再上移，从而使聚氨酯凸模按要求的方式变形。即使采用端面未磨圆的坯料也不产生开裂，生产非常稳定。

4.2.18　齿轮轴承预紧弹性隔套胀形件表面印痕

1. 零件特点

某汽车减速器齿轮轴承预紧弹性隔套如图 4-62 所示。零件材料为 20 冷拔无缝钢管，壁厚为 2.35mm，抗拉强度为 253~500MPa。该件为典型的管材胀形件。计算胀形系数 $K=47/35.4=1.33>K_{max}=1.24$，故必须采用轴向加压的胀形方法。管材内孔直径尺寸偏差要求为 ±0.05mm，表面粗糙度要求小于或等于 $Ra1.6\mu m$。

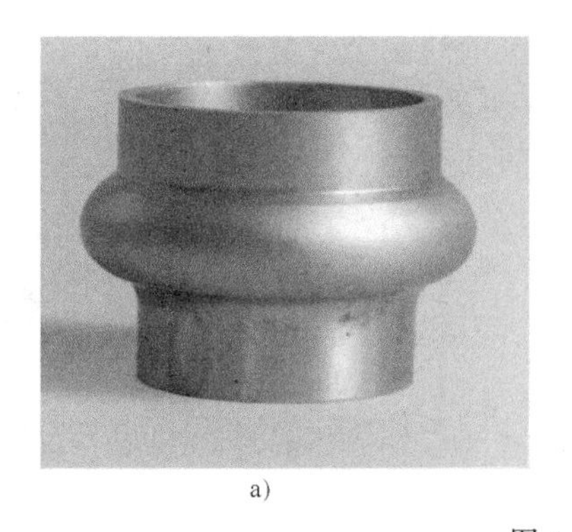

a)

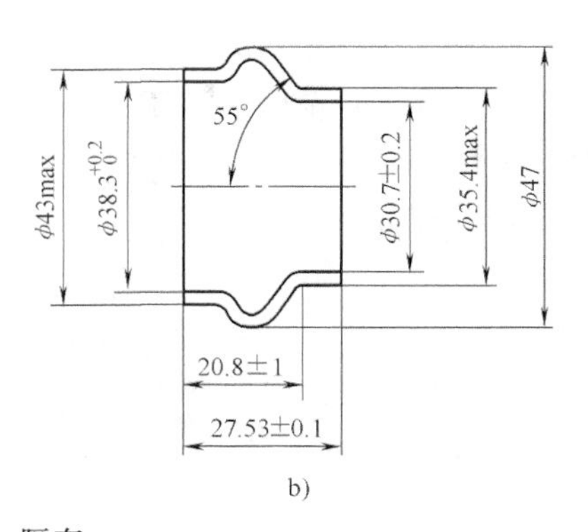

b)

图 4-62　隔套

a）实物图　b）零件图

2. 废次品形式

表面印痕。该件在 5000kN 液压胀形设备上成形。为保证其对称性，采用一模两件成形工艺，成形后从中间切开。胀形毛坯如图 4-63 所示，生产中出现的主要废次品形式为表面印痕。如图 4-64 所示，在椭圆所标记处产生了明显的表面印痕，不良部位主要位于隔套两侧的圆柱面上，宽度为 2～3mm。表面印痕的严重程度根据批次的不同而有所不同，即使在同一批次的坯料和模具下，随着成形次数的增多，表面印痕不良的现象会趋于严重。

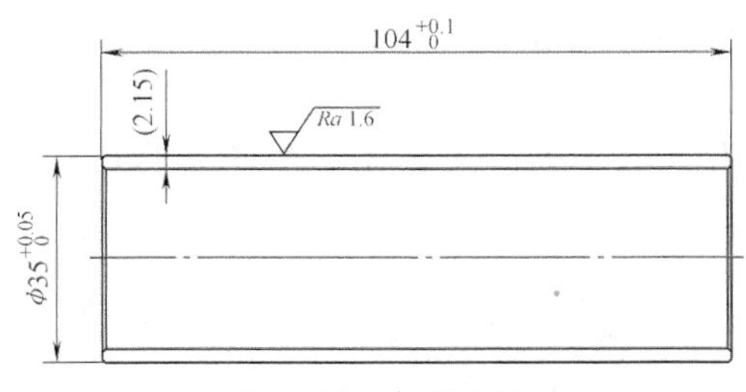

图 4-63　胀形毛坯

图 4-64　表面印痕

3. 原因分析

1）凸模与凹模合模力不够。如图 4-65 所示，坯料放入模具型腔后，凸模与凹模先进行合模，并施加一定的合模力，然后左、右冲头进行推挤，高压液体从冲头内注入模具型腔，使得坯料成形。若合模力过小，在胀形力的作用下，材料会挤入凸模与凹模之间，形成表面缺陷，称之为表面印痕。

2）凸模与凹模合模时存在间隙。图 4-66 所示为凹模的结构示意图。凸模形状与凹模形

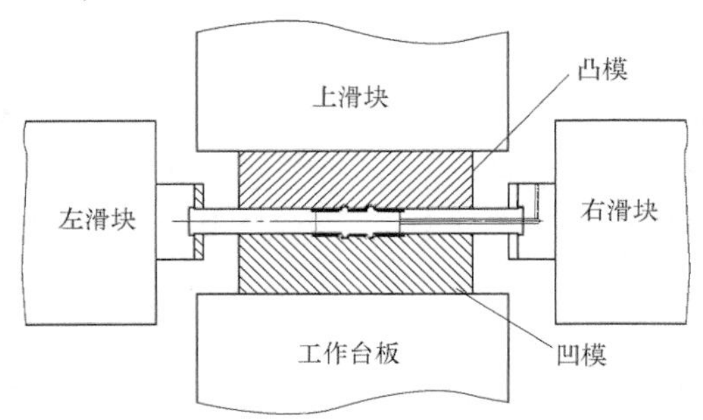

图 4-65　液压胀形示意图

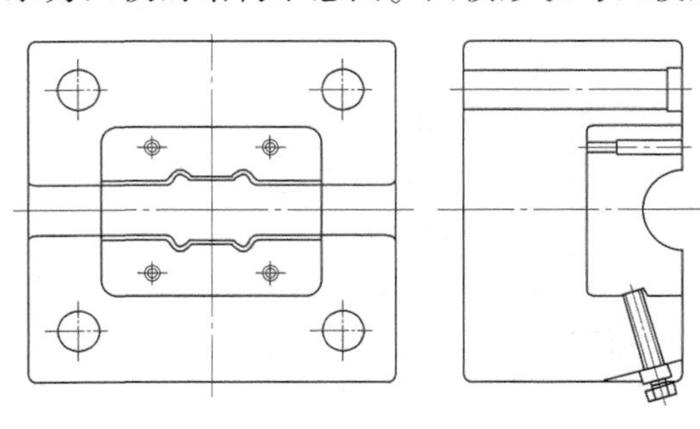

图 4-66　模具示意图

状一致，凸模与凹模合模时，从理论上来讲，相互接触的两个端面是完全贴合的。但是，在实际加工过程中，端面的表面质量不是很理想，即使采用磨削的加工工艺，在型腔的尖角处，由于砂轮受力突然减少，较易形成塌陷，凸、凹之间会存在间隙。

4. 解决与防止措施

生产中采取的解决措施是：

1）增加合模力，降低轴向挤压力，使两者相互匹配。合模力不能无限加大，一是受到设备本身的限制，最高的合模力为5000kN；二是要考虑模具的承受能力，合模力过大，模具会早期失效，尤其是会由于合模力方向上的载荷过大，导致模具型腔变形为椭圆形状。在通常情况下，合模力高于轴向挤压力30%~50%较为理想。因此，要保证合模力足够，需要控制轴向挤压力在合理范围内。影响轴向挤压力的因素包括：坯料的退火组织及硬度、摩擦力的大小、型腔变形填充的难易程度。由于无缝钢管是直接向钢厂采购的，相关的退火组织和硬度参照GB/T 3639—2009《冷拔或冷轧精密无缝钢管》。

2）控制摩擦力的大小。

① 降低模具型腔的表面粗糙度值。采用高速铣削加工型腔，主轴转速在20000r/min以上，获得较好的铣削加工表面，再用特制的研磨膏进行表面抛光处理，使得最终的表面粗糙度达到 $Ra0.04\mu m$ 以内，肉眼看上去就像境面一样。

② 提高模具型腔的抗磨损能力。经过抛光处理后，进行PVD，使得表面硬度大大增加，避免因表面拉毛造成轴向挤压力过大。图4-67所示为研磨抛光及PVD后的模具。

③ 降低工件的表面粗糙度值。由于坯料在胀形中，没有进行表面润滑处理，因此钢管的表面粗糙度十分重要，钢管出厂的表面粗糙度为 $Ra2.0\mu m$，采用无心磨床进行磨削后，表面粗糙度达到 $Ra1.0\mu m$ 以内。

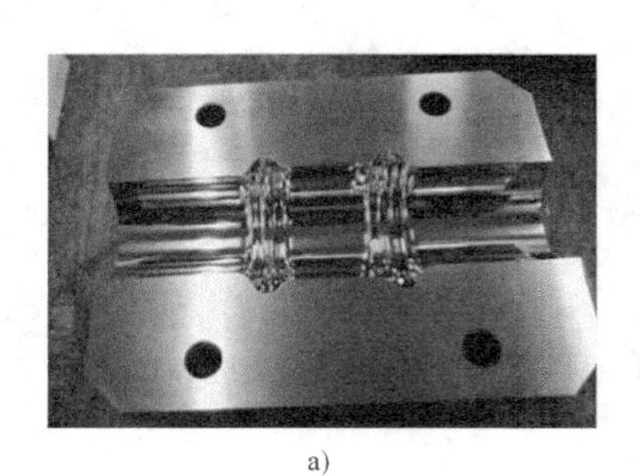

a)

b)

图4-67　模具镶块

a）PVD前的模具　b）PVD后的模具

3）使型腔部分容易充填。从图4-62中可以看出，该零件有一个区域是凸出的部分。在实际胀形过程中，该区域是最后成形区域，存在的主要问题是该区域对应的模具型腔处存在一个密闭空间。空气会在此区域被压缩，使得型腔不易被充填，为了充填此区域，需要更大的轴向压力，从而导致合模力不够的问题。为了解决该问题，在该区域设计排气孔，使空气有地方流通。

4）对凸、凹模合模处的形状进行特殊设计，使得合模处无间隙。如原因分析中所述，磨削过程中在型腔与端面相交处，容易产生塌陷。通过设计相应的凸起，也称之为密口，可以解决该问题，如图 4-68 所示，在 2.5mm 宽度区域内设计加工 0.1mm 的凸起。合模过程中，该区域压力变大，使得凸、凹模紧密贴合。

采用以上措施后，成形的合格产品如图 4-69 所示。

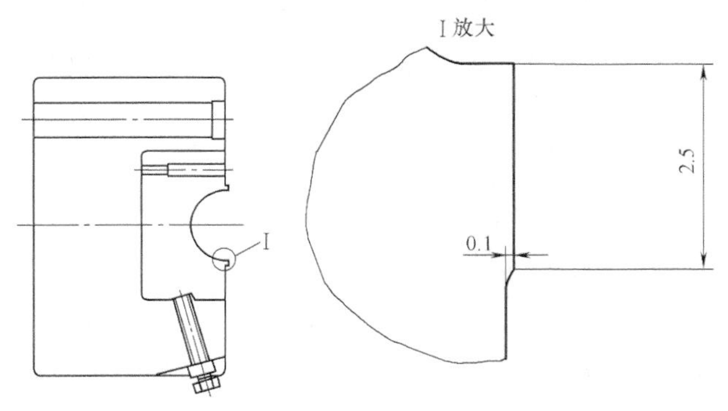

图 4-68　密口示意图

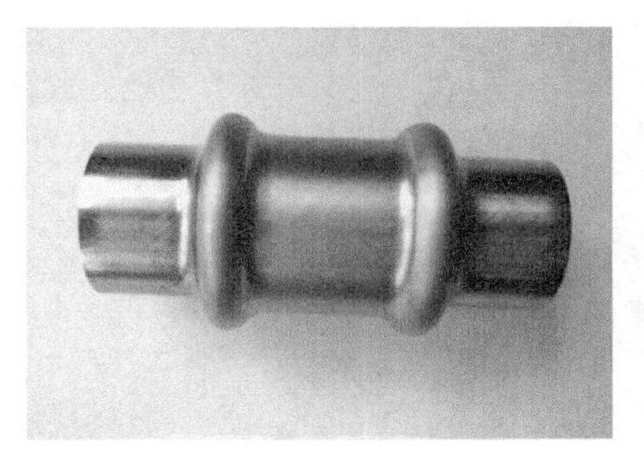
图 4-69　合格产品

4.2.19　水龙头水胀成形开裂、尺寸超差

1. 零件特点

水龙头产品如图 4-70 和图 4-71 所示。零件材料为 SUS304 不锈钢，最小外径为 ϕ26.0mm，进水口处直径为 ϕ52mm，是水龙头的最大直径，水龙头出水口处直径为 ϕ38mm。原始毛坯采用外径为 ϕ26mm、壁厚为 1.6mm 的不锈钢管。采用高压水胀成形，要求其最小壁厚不得小于 0.8mm。计算管材胀形系数 $K=52/26=2$，远大于材料的最大胀形系数 $K_{max}=1.28$。该件需多次胀形才能成形。

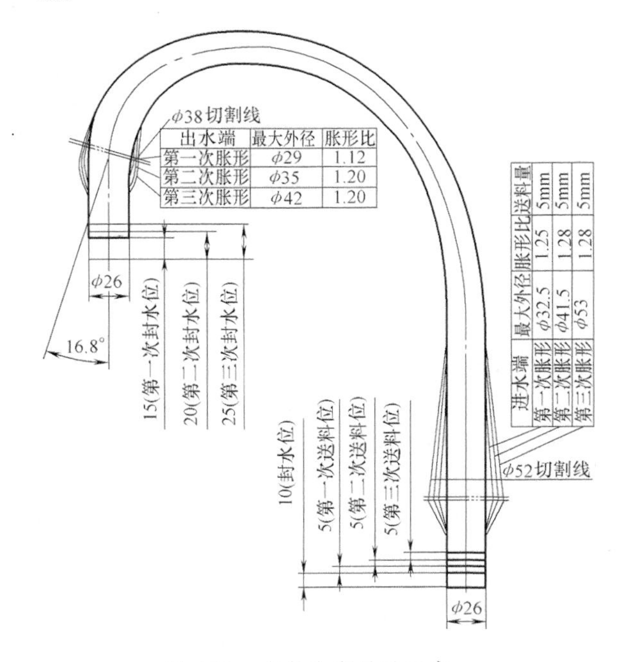

图 4-70　水龙头产品及工序

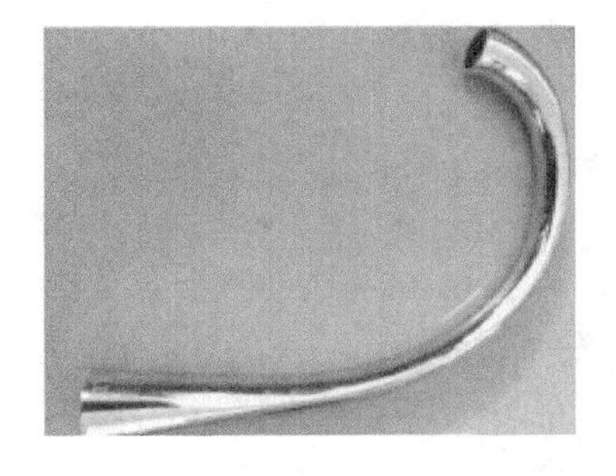
图 4-71　水龙头成形产品

2. 废次品形式

生产中原采用的成形工艺方案为：切管→弯管→压扁→水胀 1→退火 1→水胀 2→退火 2→切割→抛光→镀铬。按图 4-70 中线计算坯料展开尺寸为 667mm。图 4-72 所示为经弯管和压扁后的半成品。采用公司自行研制并生产的多工位内高压水胀成形机 YB98/3-820T 经两次高压水胀成形，在第一次水胀工序，产生了两种形式的废次品。

1）开裂。进水口最大直径处开裂。

2）尺寸超差。进水口一侧增加送料可补充部分材料，但是此处壁厚严重变薄，尺寸超差。

3. 原因分析

1）变形超过材料的胀形加工极限。进水口最大直径处产生开裂的主要原因是：采用两次胀形的工艺方案，如图 4-73 所示，首次胀形系数 $K_1=41.5/26\approx1.6$，远大于材料的最大胀形系数 $K_{max}=1.28$。变形超过材料的胀形加工极限。

2）送料不足。进水口一侧增加送料虽能补充部分材料，但因送料不足或变形超过加工极限太多，材料变薄严重，尺寸超差。

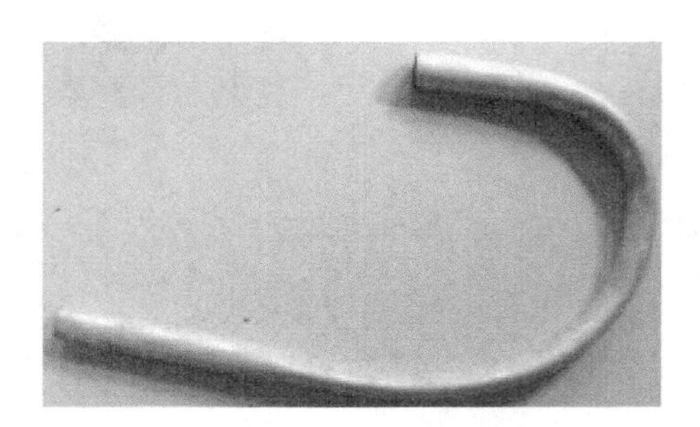

图 4-72 弯管、压扁半成品

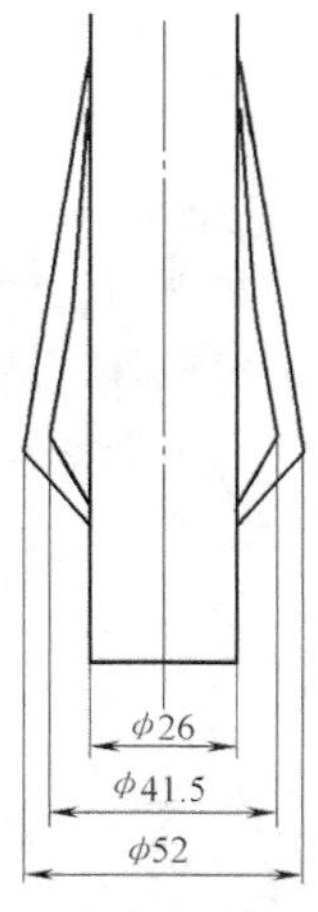

图 4-73 两次胀形局部视图

4. 解决与防止措施

生产中采取的解决措施是：

1）改两次胀形为三次胀形，且第一、二次胀形之后必须做退火处理，第三次胀形之后是否需要进行热处理应根据客户的要求确定。如图 4-70 所示，采用三次胀形后，第一次胀形系数 $K_1=1.25$，第二次胀形系数 $K_2\approx1.28$，第三次胀形系数 $K_3\approx1.28$。

2）采用三次胀形的工艺方案后，第二、三次胀形系数已接近最大胀形系数。为保证壁厚不小于 0.8mm 的技术要求，每次胀形保证 5mm 的送料长度，给管壁补料，将原始毛坯长度增加 15mm，到 682mm。

采取上述两项措施后，生产出了合格的产品，胀形最大位置处壁厚为 0.8~0.85mm，产品表面没有起皱，压扁处棱边立体感更明显，水胀效果很好。图 4-74、图 4-75 和图 4-76 所示分别为三次胀形后的半成品。经切除进、出水口两端的多余工艺料，达到了产品设计尺寸要求。

此产品经水胀后比之前精铸产品要优胜了许多：重量减轻了30%，节约了成本；外表面平整，对后期表面的抛光处理更简便；内高压水胀机器操作简单，按8h工作，日单产2000~2500件，效率高，便于批量生产。

此外，为保证成形的质量和大批量生产的稳定性，可采取的积极措施还有：

3）选用壁厚为1.8mm的钢管，将原始毛坯长度增加20mm，到687mm。采用该项措施后，可保证壁厚不小于1.1mm；缺点是水龙头重量增加，材料成本也会有所增加。

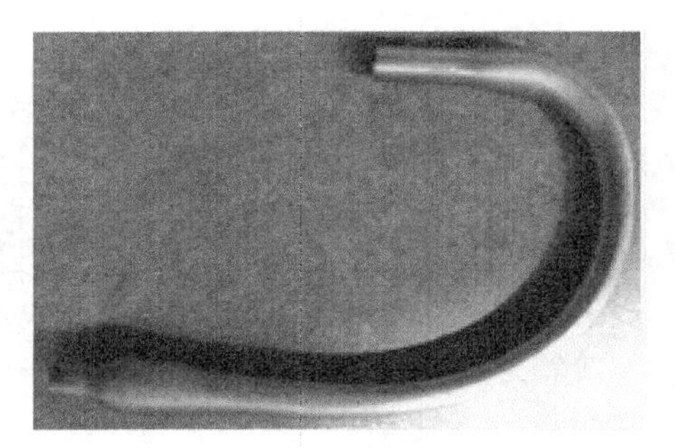

图4-74 第一次胀形半成品

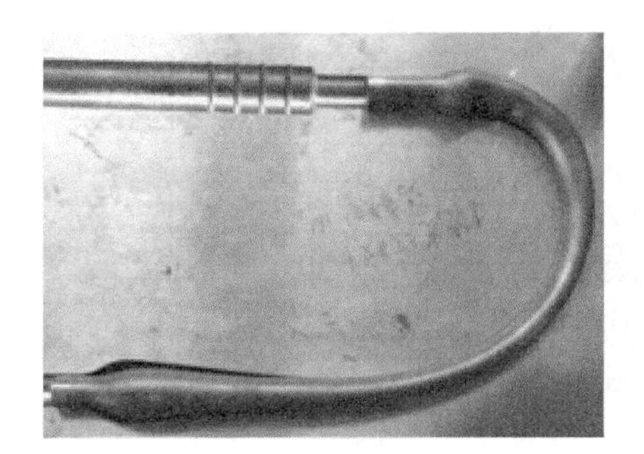

图4-75 第二次胀形半成品

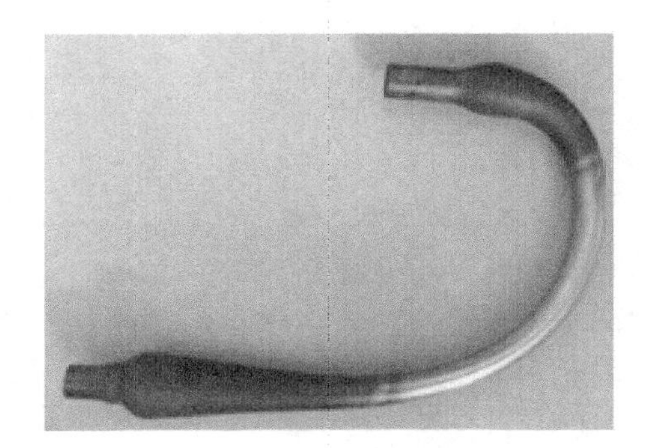

图4-76 第三次胀形半成品

4.2.20 不锈钢管试件液压胀形破裂

1. 零件特点

管材液压成形（Tube Hydro-forming，THF）技术已成为汽车制造技术中的主流技术之一。目前，用于薄壁管液压胀形数值模拟中的材料模型，一般是通过单向拉伸试验得到的。本小节通过一个实例说明拉伸试验具有的局限性，采用拉伸试验得到的材料模型会极大地影响数值模拟结果的精度。在此基础上，研究了一套基于液压胀形试验构建金属薄壁管材料特性的装置。

如图4-77所示，THF是将一定长度的薄壁管坯放入模具内，在内部液体压力作用下，使管坯沿径向向外扩张、产生塑性变形的成形技术。如图4-77b所示，若在成形过程中，仅对管坯内壁施加液压力p（也称内压力），零件的成形主要靠管壁壁厚的局部变薄和轴向的自然收缩来完成，称为自然胀形（Free Hydraulic Bulge，FHB）。如图4-78所示，自然胀形的变形区（即胀形区）承受双向拉伸的平面应力状态和两向伸长、一向压缩的立体应变状态。自然胀形的极限变形程度与胀形中管端沿轴向的收缩有关。

胀形试验管坯材料为市场上购买的40mm厚1Cr18Ni9Ti*钢板（为与后文所述1Cr18Ni9Ti管材区别，这里加注右上标“*”。）。不锈钢板加工成图4-79所示的拉伸平试样（3件），在美国英斯特朗公司（Instron Corporation）制造的Instron-1195万能材料试验机上进行单向拉伸试验，得到的真实应力-应变曲线如图4-80所示。3件拉伸试样的伸长率A_t均在50%左右。如图4-81所示，试样被拉伸到将要发生颈缩时表面比较平整，显示出良好的

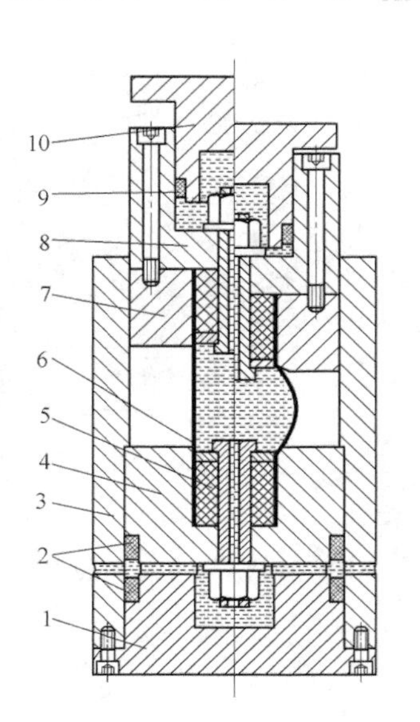

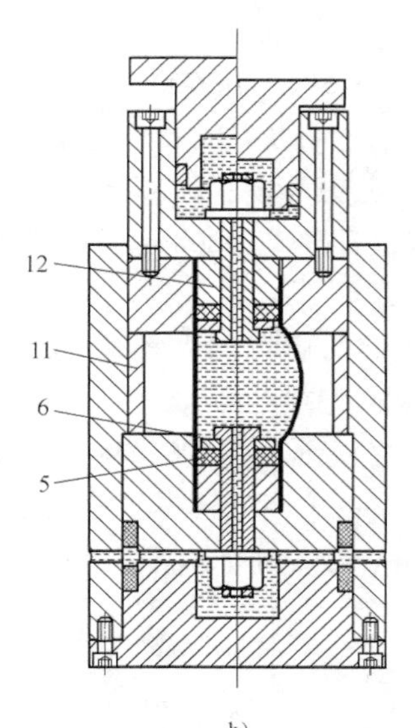

图 4-77　试验装置工作原理图

a）管端约束的轴压胀形　b）管端自由的自然胀形

1—端盖　2、9—密封圈　3—容腔　4、7—上、下定位圈　5—管坯密封圈

6—压圈　8—小缸体　10—挤压活塞　11—限位圈　12—厚垫圈

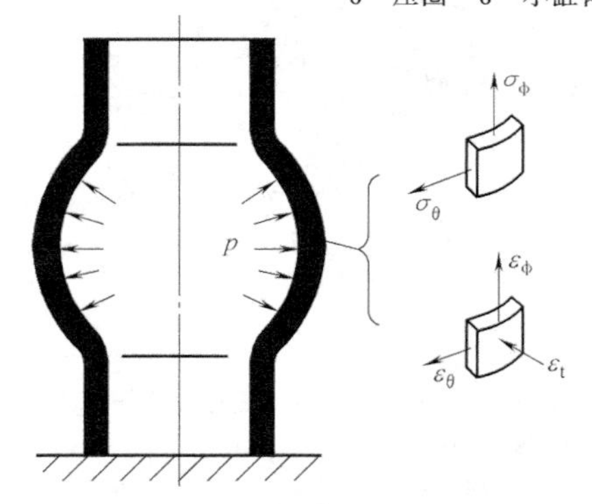

图 4-78　自然胀形力学模型

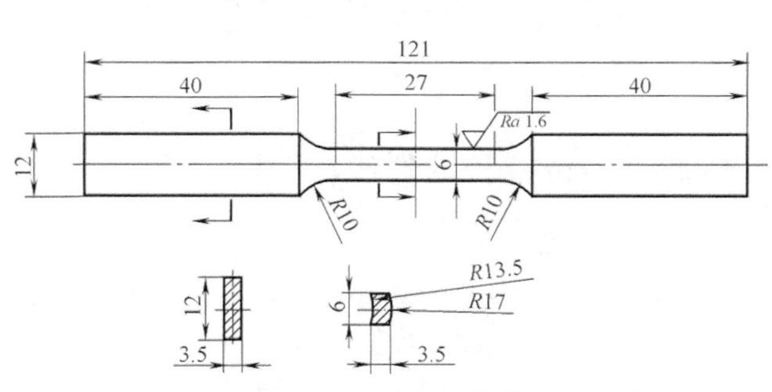

图 4-79　1Cr18Ni9Ti * 钢板拉伸试样尺寸

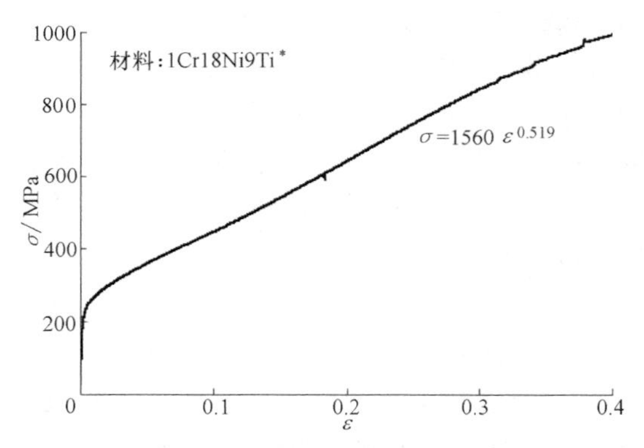

图 4-80　1Cr18Ni9Ti * 真实应力-应变曲线

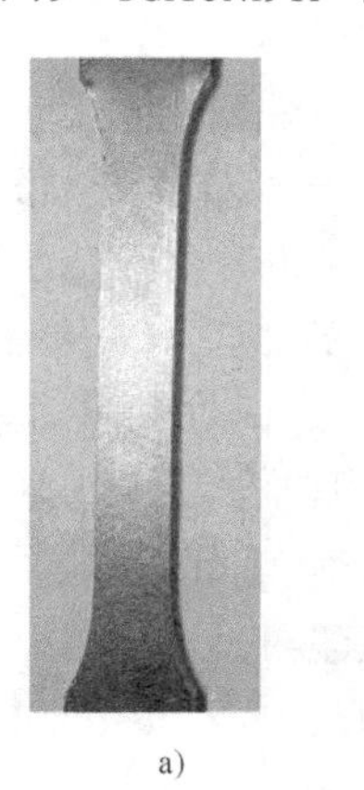

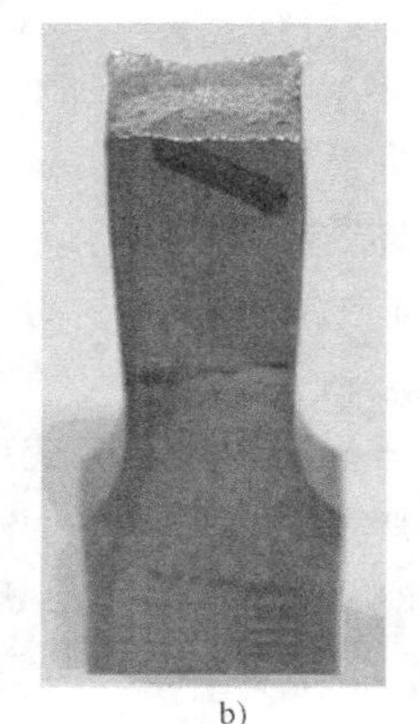

图 4-81　颈缩前试样表面状态及拉伸断口

a）试样表面状态　b）拉伸断口

塑性。用幂指函数对其进行曲线拟合，得到管材的强度系数 $k=1560\text{MPa}$，硬化指数 $n=0.519$。该料在线切割机上加工成长度 $L_0=100\text{mm}$、外径 $d_0=32\text{mm}$、壁厚 $t_0=0.75\text{mm}$ 的薄壁管坯。

2. 废次品形式

采用图 4-80 所示拉伸试验获得的材料本构关系对 1Cr18Ni9Ti* 管 FHB 进行数值模拟，使用的 FEM 模拟软件为 eta/DYNAFORM，它是由美国 ETA 公司和 LSTC 公司联合开发的用于板材成形模拟的专用软件包。模拟结果表明：当液压力 $p=24\text{MPa}$ 时，薄壁管的胀形轮廓形状如图 4-82 所示，出现较大的鼓胀而未破裂，极限胀形系数 $K_{max}\geqslant 1.45$，即呈现良好的 THF 性能。

使用图 4-77b 所示的试验装置进行管端自由的 FHB 试验，在胀形量很小时，管件就发生了破裂，如图 4-83 所示，极限胀形系数 $K_{max}\leqslant 1.12$。更有甚者，薄壁管还没有发生明显变形时，在薄壁管的外部就产生了一些微小的裂纹，如图 4-84 所示，导致液压油泄漏，内压急剧下降，使得液压胀形试验不能继续进行。

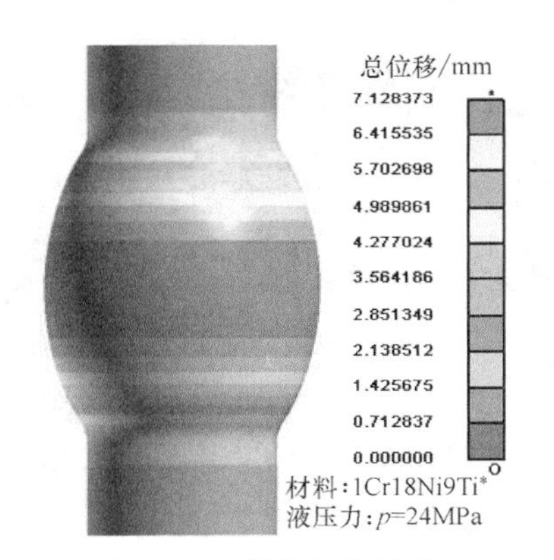

图 4-82　模拟轮廓形状

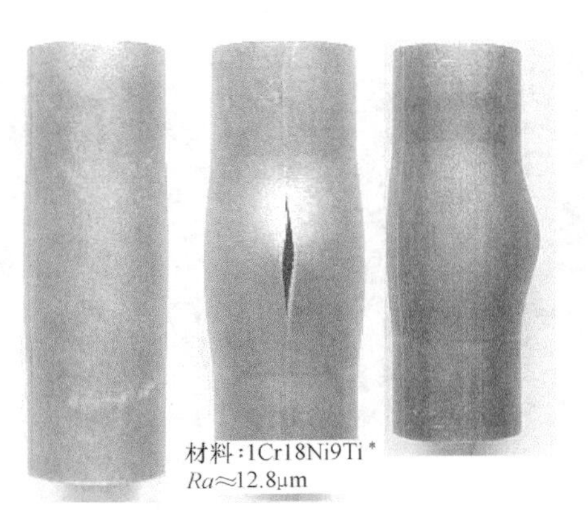

图 4-83　自然胀形件

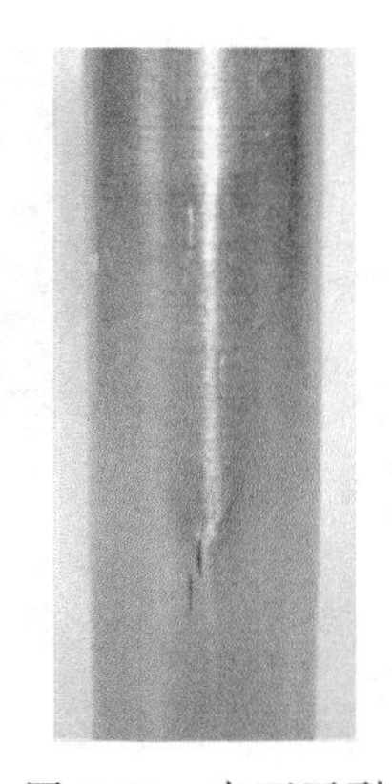

图 4-84　表面开裂

3. 原因分析

1）1Cr18Ni9Ti* 材料存在较多夹杂及微观组织缺陷。通过电镜扫描进行断口形貌分析可见，拉伸断口凸凹不平，断口中心粗糙，靠近边缘处则较平整，宏观上就可观察到粗大的裂缝等缺陷（图 4-85a）。由图 4-85b～d 可见：断口含有较多夹杂及其他缺陷，夹杂呈球形，尺寸较大（为 2～8μm）。

在高压液体作用下，薄壁管发生了水力劈裂现象，即材料中产生了断续裂缝（或空隙）扩展，并相互贯通后再进一步张开的现象。水力劈裂发生的条件包括物质和力学条件两个方面。物质条件是材料内部存在裂缝、夹杂等缺陷；力学条件是要具有足够大的所谓“水压楔劈”效应（简称“水楔”作用）。这是造成该试件在单向拉伸与液压胀形时塑性变形能力不同的主要因素。

2）拉伸试验具有很大的局限性。拉伸试验时，材料在单向拉伸应力作用下处于一向伸长、两向压缩的三向应变状态；自然胀形时，材料在双向拉伸的平面应力状态下处于两向伸长、一向压缩的三向应变状态。由于应力、应变状态的不同，用拉伸试验的数据来预测液压

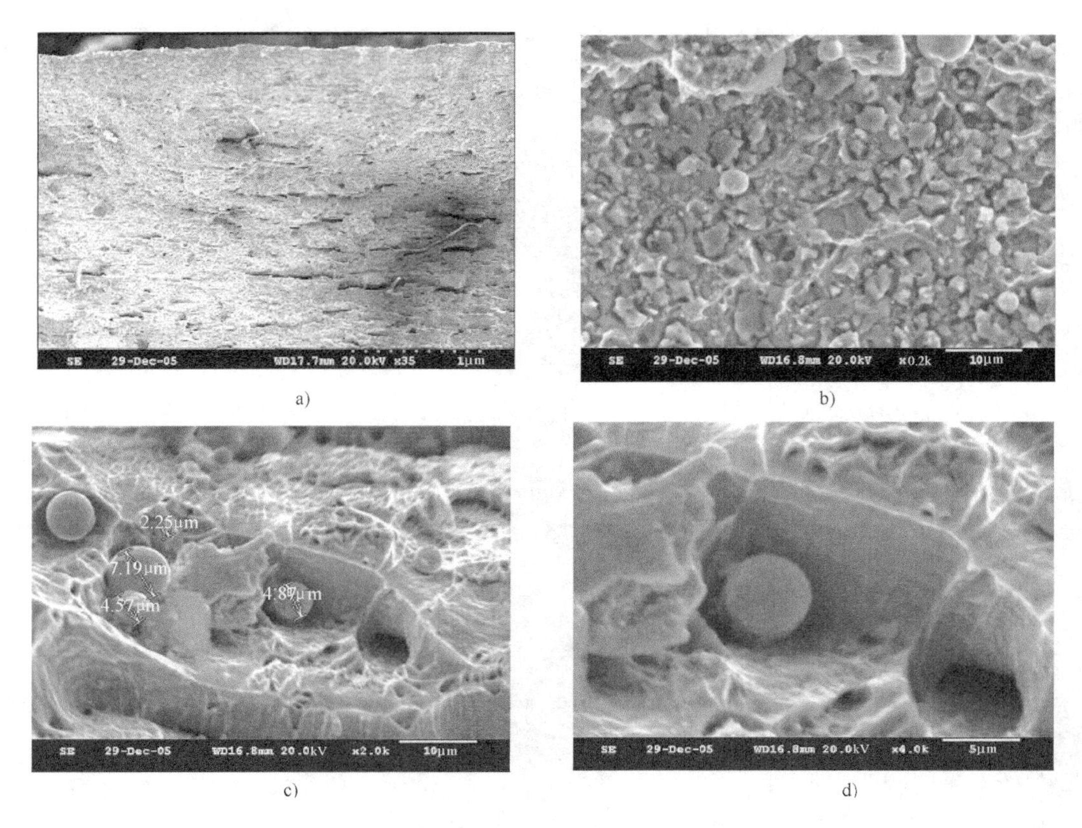

a) b) c) d)

图 4-85 1Cr18Ni9Ti* 拉伸断口形貌

a）宏观断口 b）200 倍扫描电镜图 c）2000 倍扫描电镜图 d）4000 倍扫描电镜图

成形的结果有很大局限性。

另外，拉伸试样在试验的过程中，受力情况比较单一，在内部虽产生了微孔、裂纹，但当含裂纹的弹塑性体受到载荷的作用时，裂纹尖端附近有一塑性变形区。裂纹尖端塑性变形区的主要作用是吸收塑性变形功，使裂纹尖端钝化，松弛裂纹尖端应力集中，阻止裂纹扩展。这使得试样在单向拉伸试验过程中，随着试样发生的塑性变形，裂纹扩展的趋势受到一定的抑制，因而试样可以有较大的伸长率。由于发生断裂的时刻较晚，能够承受的载荷也较大，在微观组织上可以产生较大尺寸的韧窝。这表明用单向拉伸试验得到的材料力学性能指标既不能定量，也不能定性地反映管材 THF 成形极限或成形性能。

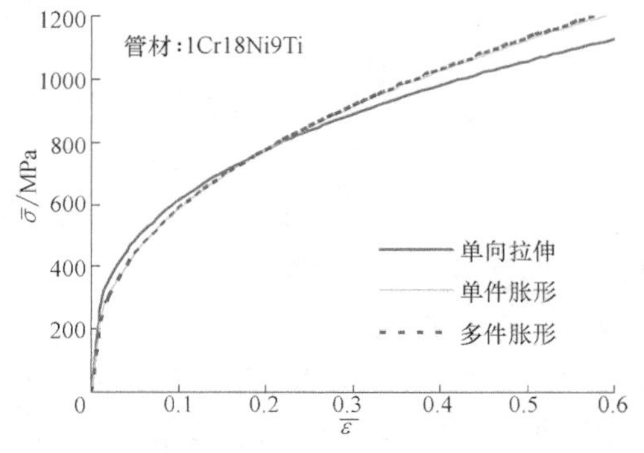

图 4-86 无缝钢管的真实应力-应变曲线

4. 解决与防止措施

1）更改试件材料。试验管材改为从市场购买的 1Cr18Ni9Ti 不锈钢无缝管（拉拔管），外径为 ϕ33mm，壁厚为 4mm。沿管材轴向截取拉伸试样，加工、打磨抛光制成 3 件图 4-79 所示的拉伸试样。图 4-86 所示为采用日本津岛制作所

(Shimadzu) 生产的型号为 AGS-J-50kN 的精密电子万能试验机上获得的真实应力-应变曲线。表 4-2 为该材料的力学性能。更改材料后，试验得以正常进行。图 4-87 所示为采用该不锈钢无缝钢管进行自然胀形的部分试件。然而，采用拉伸试验的结果作为数值模拟的材料模型，误差仍然较大。例如，数值模拟得到的管材最大胀形系数 $K_{max}=1.50$，而试验结果却是 $K_{max}=1.25$。

图 4-87　1Cr18Ni9Ti 管自然胀形件

（管坯 $100^{L}\times32^{d}\times0.75^{t}$mm）

2）如图 4-88 所示，研发了一套液压胀形试验构建薄壁管材料特性的装置。针对管端自由的自然胀形试验，该装置简单、实用，可在普通材料试验机、单动压力机上使用。

表 4-2　1Cr18Ni9Ti 的力学性能

屈服强度 $R_{p0.2}$/MPa	抗拉强度 R_m/MPa	硬化指数 n	强度系数 k/MPa	塑性应变比 γ	伸长率 A_t(%)
205	630	0.340	1340	1.13	40.30

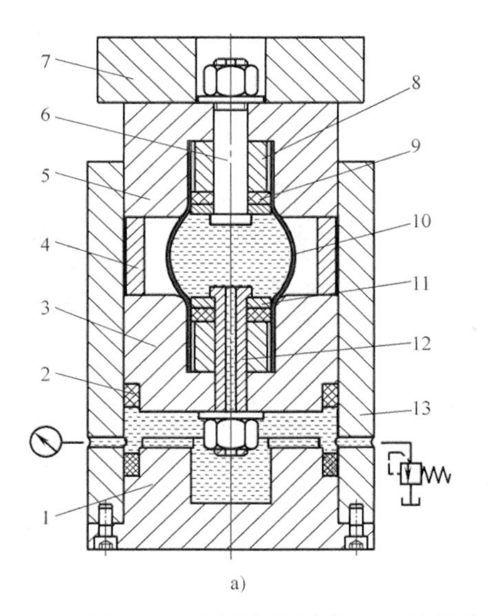

a)

b)

图 4-88　内补液增压式 THF 性能参数测试装置及实物照片（自然胀形试验装置）

a）自然胀形测试装置原理　b）测试装置实物照片

1—端盖　2、9—密封圈　3—下定位圈　4—限位圈　5—上定位圈　6—实心螺钉　7—压块

8—厚垫圈　10—管坯　11—压圈　12—空心螺钉　13—容腔（大缸体）

如图 4-86 所示，在胀形量较小时（$\bar{\varepsilon}\leqslant0.2$），基于胀形法或拉伸法所确定的本构关系曲线比较接近；随着等效应变的增大，基于两种方法所确定的本构关系曲线的差距增大。基于胀形法所确定的 k 及 n 值通常比基于拉伸法确定的相应值增大了 10.5%和 14.4%。同样，基于胀形法或拉伸法所确定的管材塑性本构关系，应用模拟软件对管材的 FHB 进行的 FEM 模拟表明，应用基于胀形法确定的本构关系进行模拟所得到的胀形轮廓形状、最大胀形量及最小壁厚与试验结果更加接近；而应用拉伸法所确定的本构关系进行模拟所得到的上述 3 个量

在等效应变比较小时（$\bar{\varepsilon}\leqslant 0.2$）与 FHB 试验结果接近，但随着等效应变的增加，偏差增大。采用该装置所构建的管材塑性本构关系及其材料参数可以直接作为 FEM 模拟的材料模型，并能显著提高模拟精度：对应 1Cr18Ni9Ti 管材，最大胀形量的模拟精度提高了 1.183%～14.618%，最小壁厚的模拟精度分别提高了 0.051%～4.618%。

4.3　胀形件常见废次品及质量控制要点

4.3.1　胀形件常见废次品及预防措施

由于胀形变形区局限于坯料的某一局部，胀形时得不到外部金属的补充；由于胀形变形时，坯料受双向拉应力的作用产生两向伸长变形，故胀形件的主要废次品形式是坯料的过度变薄和胀形破裂，对于液压胀形而言还有所谓的水力劈裂；此外，由于胀形变形也常与弯曲、拉深和扩孔翻边等其他成形工序同时发生，故成形件具有的尺寸超差、形状不良和表面缺陷等废次品形式也会出现。常见胀形件废次品形式、产生原因及预防措施见表 4-3。

表 4-3　胀形件常见废次品形式、产生原因及预防措施

废次品形式及简图		产生原因	预防措施
破裂	胀形破裂（强度破裂）：制件底部靠凸模圆角处，破裂发生在最大力出现之时 开裂 开裂 开裂	材料局部受力超过其强度极限，由于不均匀变形引起的破裂。具体而言，可能是胀形深度已超过或非常接近材料的成形极限；靠局部材料的变薄，无外部材料的补充；凸模底部有局部的凸起；凸、凹模圆角半径过小；凸模润滑效果不好或凸模表面过于粗糙。这类破裂通常可以用胀形深度、有代表性弧长的工程应变或胀形系数来预测	1. 改变制件结构，避免局部有深的凸包，降低胀形深度，适当减小胀形变形程度 2. 更换材料，选用硬化指数 n 值高、伸长率大的材料 3. 增大凸模圆角半径或改变凸模形状，降低凸模表面粗糙度值 4. 注意润滑剂的选用和润滑方式，凸模一侧要有好的润滑 5. 改变胀形成形方式，用软模成形、液压胀形代替机械胀形
	管子液压胀形破裂；水力劈裂	材料内部存在裂缝、夹杂等缺陷，在水压楔劈效应作用下破裂；液压胀形时，材料所受的应力、应变状态与板料胀形不同，用拉伸试验的数据来预测液压成形的结果具有很大局限性	更换材料；采用液压胀形试验构建薄壁管材料特性

（续）

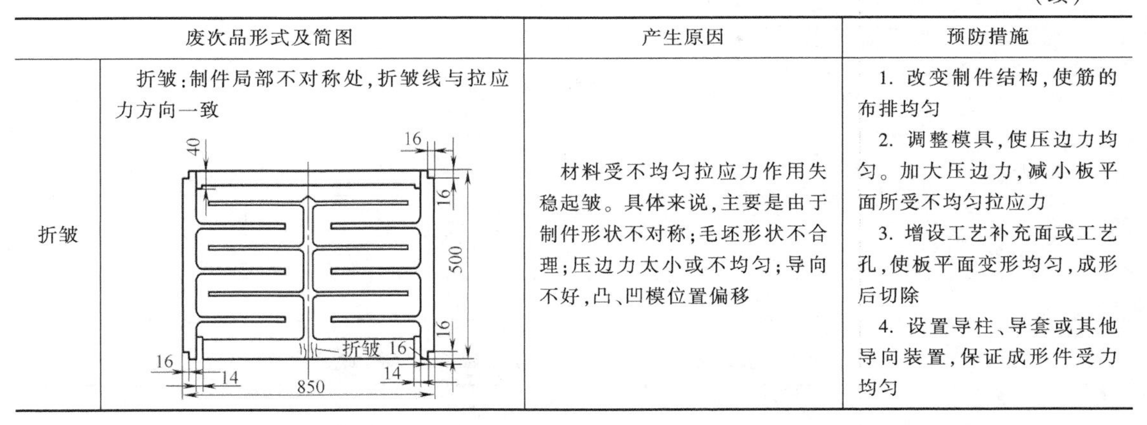

废次品形式及简图		产生原因	预防措施
折皱	折皱：制件局部不对称处，折皱线与拉应力方向一致	材料受不均匀拉应力作用失稳起皱。具体来说，主要是由于制件形状不对称；毛坯形状不合理；压边力太小或不均匀；导向不好，凸、凹模位置偏移	1. 改变制件结构，使筋的布排均匀 2. 调整模具，使压边力均匀。加大压边力，减小板平面所受不均匀拉应力 3. 增设工艺补充面或工艺孔，使板平面变形均匀，成形后切除 4. 设置导柱、导套或其他导向装置，保证成形件受力均匀

4.3.2 胀形件质量控制要点

1. 控制胀形破裂的加工极限

胀形加工的实质是板平面或空心圆柱面局部区域的坯料在双向拉应力作用下，产生两向伸长的变形。当胀形变形力过大，局部坯料的变形超过材料的变形极限时，就会产生胀形破裂，这就决定了胀形加工的极限。与拉深破裂发生在制件的传力区不同，胀形破裂发生在制件的变形区内，产生破裂时胀形力达到最大值。生产中，用不产生破裂或更严格地说是不产生颈缩时的最大胀形深度如 h_{max}（压凸包）、最大伸长率 ε_{max}（压筋、起伏成形）和最大胀形系数 K_{max}（圆柱空心件胀形）来评定胀形加工的极限。材料的加工硬化指数 n 值和伸长率 A 值（或均匀伸长率 A_u 值）是反映胀形成形性能的重要指标。n 值和 A 值（或 A_u 值）大的材料胀形性能好，胀形变形程度大。

表 4-4 列出了在平板上压凸包的最大胀形深度 h_{max}，可供使用时参考。

表 4-4 在平板上压凸包的最大胀形深度 h_{max}

简图	材料	最大胀形深度 h_{max}
（简图：d，h_{max}）	软钢	$(0.15 \sim 0.20)d$
	铝	$(0.10 \sim 0.15)d$
	黄铜	$(0.15 \sim 0.22)d$

能够一次成形加强筋的最大伸长率 ε_{max} 为

$$\varepsilon_{max} = (0.7 \sim 0.75)A$$

图 4-89 所示为压制加强筋时坯料的伸长率与相对高度的关系曲线。曲线 1 是伸长率的计算值，划斜线的区域 2 是实测值。由于加强筋与平板的过渡区也参与了变形，故曲线 1 的计算值略低些。表 4-5～表 4-8 列出了不同材料、不同状态和不同胀形方法的圆柱形空心件的最大胀形系数 K_{max}，供使用时参考。

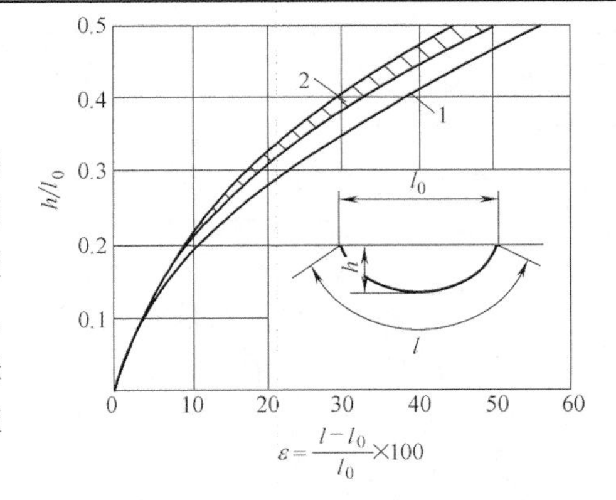

图 4-89 压制加强筋时材料的伸长率

胀形加工材料的流动小，影响胀形加工极限的

因素不像拉深成形那么多。胀形材料的塑性好坏，以及如何控制坯料成形使局部变形均匀是生产中控制胀形破裂加工极限和保证胀形件质量的关键。

表 4-5 最大胀形系数 K_{max}

材料	毛坯相对厚度(t/D)×100			
	0.45~0.35		0.32~0.28	
	未退火	退火	未退火	退火
10 钢	1.10	1.20	1.05	1.15
铝	1.20	1.25	1.15	1.20

表 4-6 最大胀形系数 K_{max} 和最大切向伸长率 $\varepsilon_{\theta max}$

材料	厚度 t/mm	K_{max}	$\varepsilon_{\theta max}$(%)
铝合金:3A21(O)	0.50	1.25	25
纯铝:1070A,1060, 1050A,1035,1200,8A06	1.0	1.28	28
	1.5	1.32	32
	2.0	1.32	32
黄铜:H62,H68	0.5~1.0	1.35	35
	1.2~2.0	1.40	40
低碳钢:08,10,20	0.5	1.20	20
	1.0	1.24	24
不锈钢:1Cr18Ni9Ti	0.5	1.26	26
	1.0	1.28	28

表 4-7 铝管坯的最大胀形系数 K_{max}

胀形方法	极限胀形系数 K_{max}
用橡皮的简单胀形	1.20~1.25
用橡皮并对管坯轴向加压的胀形	1.60~1.70
局部加热至 200~250℃时胀形	2.00~2.10
加热至 380℃用锥形凸模的端部胀形	≤3.00

表 4-8 石蜡胀形法最大胀形系数 K_{max}

材料	管坯厚度 t/mm	K_{max}
纯铜 T3	0.5	1.59
黄铜 H62	0.5	1.53
钢 20	0.5	1.54
不锈钢 1Cr18Ni9Ti	0.5	1.48

众多实例表明，压凸包的胀形深度可达 $h_{max}=d/3$，比表 4-4 中提供的数据大很多。这说明胀形件的形状对胀形加工极限有较大影响。采用球底凸模胀形时，局部变形均匀，最大胀形深度增加。

与圆筒形零件的拉深变形不同，通常给凸模以好的润滑对胀形成形能产生好的作用。润滑性能的改善可使变形均匀，胀形深度增加。

在胀形加工中，坯料厚度的影响是很重要的，坯料厚度的增大，破裂极限变形增加：从颈缩到破裂的过程延长，故胀形加工的极限深度增大。

当胀形变形程度超过胀形加工极限时，可采取增加工序的办法使局部变形趋于均匀。此外，如以上众多的实例所述，采取适当增加金属的流入，用胀形、拉深或胀形、扩孔翻边复合成形工序代替纯胀形变形可大幅度提高成形深度和胀形变形程度。

2. 注意坯料的供货状况

在胀形加工中，对板料胀形成形性能影响最大的材料特征是板料的加工硬化指数 n，n 值高的材料在胀形成形时，变形能迅速传播，局部区域变形均匀，胀形深度大。此外，塑性指标 A（或 A_u）值大的材料延展性好，变形量大，胀形深度就可以提高。因此，在可能的情况下，应尽量选择硬化指数 n 值和伸长率 A（或 A_u）值大的胀形毛坯材料。

除材料特性外，对于胀形毛坯而言，还应特别注意：

1）坯料厚度不得超差。胀形变形时，制件局部区域表面积的增加是靠坯料的减薄来实现的，故坯料厚度对胀形加工影响很大。超薄的胀形毛坯会引起胀形破裂。应当注意：在材料厚度标准中，低碳钢冷轧钢带、优质碳素结构钢冷轧钢带、冷轧不锈钢耐热钢带、所有的有色金属及其合金板的允许偏差均为负偏差。

2）控制胀形毛坯内部的非金属夹杂、微裂纹和晶粒度的大小。非金属夹杂物和微裂纹的存在易引起局部胀形破裂，而晶粒粗大时容易产生粗糙面，影响制件的表面质量，降低胀形加工极限。因此，应尽可能选用非金属夹杂物、微裂纹少、晶粒度小的胀形毛坯。对于平板毛坯和管材的液压胀形，这一点尤为重要。材料内部存在微裂纹、夹杂等缺陷，在水压楔劈效应作用下破裂；液压胀形时，材料所受的应力、应变状态与板料硬模胀形不同，用拉伸试验的数据来预测液压成形的结果具有很大局限性。

3）坯料表面不得有缩孔（气孔）划痕、锈蚀等缺陷。这些缺陷的存在会因局部应力集中，造成开裂。

4）注意胀形毛坯的热处理和预变形状态。经预变形或为胀形成形制坯后，由于材料加工硬化，塑性降低，胀形变形程度大大减小。因此，应注意胀形毛坯的状态，必要时应增加退火工序。

5）使局部变形剧烈部位的最大拉应力方向与坯料的轧制方向（纤维方向）一致。如汽车后裙板圆形凸台和长圆凸台的胀形成形，当坯料轧制方向与制件长度方向垂直时，两凸台之间的局部区域在较大拉应力作用下很容易产生破裂。

3. 认真分析胀形件的结构工艺性

胀形件的结构工艺性是指胀形件对冲压工艺的适应性。因为胀形加工往往与拉深、弯曲、扩孔、翻边等其他方式的成形同时或分先后进行，故掌握金属的变形规律，判别占主导地位的胀形变形工序性质，认真分析胀形件的结构工艺性，对制订冲压工艺方案和进行模具设计是很重要的。

就目前的冲压加工工艺水平和模具制造水平来说，除胀形深度要小于 h_{max}、伸长率要小于 ε_{max} 和胀形系数要小于 K_{max} 之外，胀形件还应满足以下几方面的工艺性要求。

1）胀形件的胀形形状应尽量简单、圆滑，尽量避免急剧的轮廓变化。球形凸包的工艺性较好，而异形凸包、回转面上起伏筋的工艺性就差。圆筒形空心件的胀形形状应尽量对称，而各种自行车管接头因形状不对称，其胀形加工的工艺性不好。

2）凸包、起伏筋间的距离和胀形区与边缘的距离不能太小。众多的实例说明，对起伏成形件，起伏筋和凸包间距离小，易产生胀形破裂；对于压凸包，凸包和加强筋距边缘距离小，易造成局部折皱和扩张等形状缺陷。

圆柱形空心件的胀形区延伸至口部，制件口部的形状和尺寸都较难控制，制件胀形成形的工艺性较差。凸包、凸筋和圆柱形空心件的胀形区距边缘的距离小，在成形时由于边缘的收缩，对增加胀形深度和减小胀形变形程度有利，但常常会由此产生制件折皱、形状不良等缺陷。在实际生产中应对具体问题进行分析，必要时可采用增加修边余量、增加工艺补充面或改变模具结构等特殊措施。

图 4-90、表 4-9 和表 4-10 列出了直角形零件压筋的形式、尺寸和凸包（或起伏筋）间距离和胀形区与边缘距离的极限尺寸，供使用时参考。

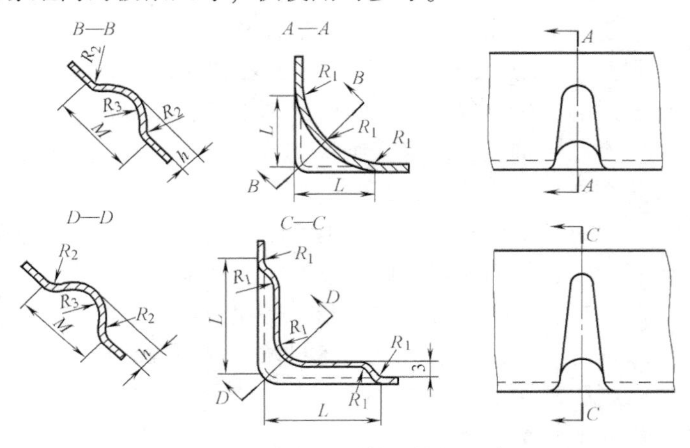

图 4-90　直角形零件压筋的形式

表 4-9　直角形零件压筋的尺寸　（单位：mm）

L	筋的类型	R_1	R_2	R_3	h	M	筋的间隔
13	Ⅰ	6	9	5	3	18	64
19	Ⅰ	8	16	7	5	29	76
32	Ⅱ	9	22	8	7	38	89

表 4-10　凸包距离和凸包距边缘的极限尺寸　（单位：mm）

简图	D	L	l
	6.5	10	6.0
	8.5	13	7.5
	10.5	15	93.0
	13.0	18	11.0
	15.0	22	13.0
	18.0	26	16.0
	24.0	34	20.0
	31.0	44	26.0
	36.0	51	30.0
	43.0	60	35.0
	48.0	68	40.0
	55.0	78	45.0

3）胀形件曲率半径不宜太大。生产中常有一些曲率半径很大的零件，如汽车、飞机上的某些覆盖件、蒙皮等。这类零件底部曲面的变形特性属于胀形，或胀形是主要成形方式。通常称这类曲面零件为大曲率半径胀形件。这类零件由于曲率半径大、曲面变形量小，制件脱模后曲面回弹常使制件变平，形状及尺寸误差大，故其胀形成形工艺性较差。

对大曲率半径胀形件，通常可采用增大压边力、增设拉探筋和增大毛坯尺寸等方法来提高曲面的变形程度，也可采用张拉成形方法加工这类零件。一般而言，采用上述措施将会降低生产效率，增加原材料消耗，而且还需增添专用设备。

4）胀形件的尺寸精度特别是厚度公差不宜要求过高。一般而言，除大曲率半径的胀形件外，胀形件的尺寸精度比弯曲件和拉深件要高些。但是，从以上众多的实例可见，纯胀形件较少，制件胀形变形往往伴随拉深、弯曲、扩孔、翻边等多种方式的变形同时发生，故胀形件尺寸精度不宜要求过高。具体精度要求，可参照拉深件和弯曲件对尺寸精度的要求。

通常胀形加工后，制件厚度都要变薄。厚度的变薄量可根据体积不变条件进行估算。

4. 正确制订冲压工艺方案

胀形加工是靠局部坯料的变薄来实现的。由于胀形时得不到或很少能得到外部金属的补充，局部坯料的变形有限，因此，胀形深度和胀形变形程度比拉深成形要小得多。在制订胀形加工工艺方案时，确定其占主导地位的冲压工序性质是非常重要的。

1）正确判断胀形加工的工序性质，控制胀形变形量。如图 3-2 所示，当毛坯的尺寸变化或外界加工条件发生改变时，坯料的变形方式会发生转换。由于胀形变形量有限，因此，在确定采用胀形工序时，必须严格控制胀形的变形量。胀形深度、伸长率和胀形系数必须小于其最大值。

从众多的实例中可见，靠纯胀形来冲压凸包、凸筋和压制起伏成形件时，其胀形的变形程度都不大。因此，在确定变形程度超过其胀形加工极限的制件时，应考虑适当增加拉深变形成分，给胀形变形的局部区域一定量的材料补充。

2）正确确定胀形次数，合理设计半成品胀形部位的形状和尺寸。当胀形变形超过其加工极限时，也可采用多次胀形的方法。此时，合理设计半成品胀形部位的形状和尺寸是非常重要的。如图 4-91 所示，预成形半成品的形状应圆滑，变形应均匀；首次胀形应为终成形准备足够的材料。

图 4-91　两次胀形工序
a）预成形半成品　b）终成形件

3）正确确定工序的顺序。对于带孔的胀形件，先胀形后冲孔可以保证孔的尺寸精度；先冲孔后胀形，胀形部位可得到部分材料补充，有利于变形的进行，可在一定程度上减小胀形变形程度。

对于底部带凸包或凹坑的拉深件，一般应先胀底部凸包或凹坑，再进行拉深成形。但是，对底部有厚度要求的制件，如汽车前制动器底板，采用先胀形后冲底孔的工艺方案，制件底板厚度超差严重；采用先冲底孔后胀形的工艺方案，由于胀形变形程度减小，生产出了合格的零件。

4）正确确定工序组合形式。平板毛坯的局部胀形，因其变形程度一般较小，故常与拉深、弯曲以复合的形式加工。对于一些小尺寸制件，为了便于进、出料，也可采用连续模来加工。若采用拉深、胀形复合模进行加工时，应正确确定拉深和胀形的先后顺序。一般而言，这类零件应先胀形后拉深。

5. 正确确定模具的形式，提高模具的加工质量，对模具进行有效润滑

1）正确确定模具的形式。通常，胀形模分为钢模和软模两种形式。在一般情况下，平板毛坯的胀形，采用钢模较为实用，效率也高，软模胀形多用于试验研究。对圆柱形空心毛坯胀形时，因钢模需要分瓣，结构比较复杂，且制件精度也低，所以，生产中常用软模对这类毛坯进行胀形。胀形使用的软模介质有橡胶、PVC 塑料、石蜡、高压液体和压缩空气等。如前述工矿灯反射罩、自行车管接头和火焰筒内壁，生产中广泛使用聚氨酯橡胶来加工这类胀形件。

2）提高模具的加工质量和维修水平。对在平板毛坯上同时进行多处胀形的制件，胀形凸模高度应保证一致。凸模头部应圆滑过渡。在圆柱面与凸模头部交接处，不允许出现“棱线”，在模具磨损后进行维修时，更应注意这一点。

3）合理设计模具结构，控制金属的变形。在进行模具结构设计时，应考虑和掌握金属的变形规律。对平板起伏成形件，根据胀形部位的特点，模具结构设计应允许金属向胀形区流动，以补充局部材料的不足。

4）降低胀形凸模工作部位的表面粗糙度值，对模具进行有效润滑。降低胀形凸模工作部位的表面粗糙度值对胀形加工来说是有利的。与拉深成形不同，一般情况下，胀形凸模的润滑条件好时，可使变形趋于均匀，有利于提高胀形深度。故在胀形加工时，应对胀形凸模进行有效润滑。

6. 采用先进的设计分析方法，提前进行风险识别与管控

生产中，常把平板毛坯的胀形工序与拉深工序混为一谈。与拉深相同的是，胀形工序的变形性质也必须服从材料的变形规律，有时需要进行计算或凭借经验才能做出准确的判断。因此，在进行工艺、模具设计和样品试制之前，采用设计失效模式与影响分析（DFMEA）和数值模拟（NS）分析等方法来确定占主导地位的胀形工序性质，提前对最可能出现的成形缺陷进行预测和评估，在此基础上提出产品质量控制的方案和预防措施是从设计阶段把握产品质量的有效手段。该项措施对胀形成形也很重要。

第5章

翻　边

5.1　翻边变形特点

翻边是利用模具把板料上孔缘或外缘翻成竖边，或将圆柱形空心毛坯口部翻出法兰的冲压工序。翻边总是与弯曲同时发生。如图5-1所示，根据制件形状及变形区应力、应变状态的不同，翻边可分为直线翻边、伸长类翻边、压缩类翻边和复合翻边四种形式。直线翻边即弯曲成形，压缩类翻边的本质与拉深成形相同。本章以内孔翻边为例来讨论伸长类翻边的变形情况，主要研究伸长类翻边件。当然，也会涉及其他类型翻边出现的废次品。如图5-2所示，内孔翻边时，用预制孔直径 d_0 与翻边孔的中径 d_1 之比 $K_f=d_0/d_1$ 来表示内孔翻边的变形程度，称之为翻边系数。翻边系数以及板料边缘的加工状态是决定工序成败及制件质量的最主要因素。在生产中，用不产生破裂或不产生颈缩时的最小翻边系数 $K_{fmin}=(d_0/d_1)_{min}$ 来评定内孔翻边的加工极限。

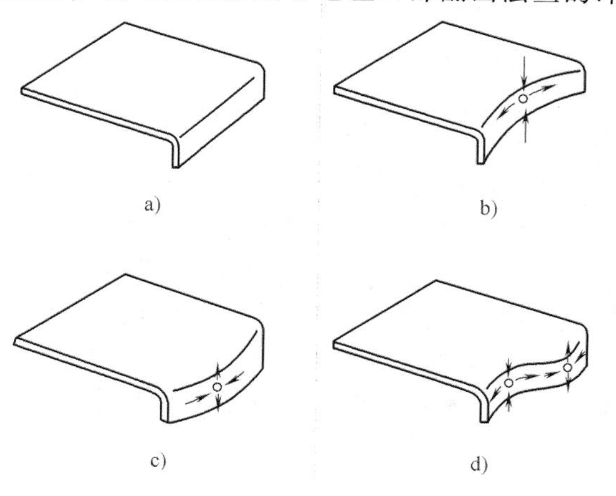

图5-1　四种基本翻边形式
a）直线翻边　b）伸长类翻边
c）压缩类翻边　d）复合翻边

图5-3a所示为内孔翻边变形过程的示意图。翻边加工时，带有圆孔的环形毛坯被压边圈压紧，当压力机滑块下行时，板料在凸模作用下产生弯曲的同时，毛坯中心圆孔不断扩大，凸模下面的材料向侧面转移，直到完全贴靠凹模侧壁形成直立的竖边。因此，内孔翻边的变形过程实质上是弯曲、扩孔和翻边的复合变形过程。

内孔翻边时，主要变形区被限制在凹模圆角以内的环形区域内。与拉深成形时通过将板料沿圆周方向压缩来形成侧壁相反，内孔翻边是在板料向凹模圆角弯曲的同时，通过将板料沿圆周方向拉长来形成侧壁的过程。如图5-3b所示，变形区内的应力状态为双向拉应力状态，即 $\sigma_\theta>0$，$\sigma_r\geqslant0$。在孔边缘处，由于径向材料可以自由变形，故 σ_r 为零而 σ_θ 达最大值。由孔边缘向凹模圆角过渡，径向应力 σ_r 逐渐增大而切向应力 σ_θ 逐渐减小。与胀形变形时板平面的双向伸长变形不同，内孔翻边成形时，在双向拉应力作用下，板料沿圆周方向伸长，$\varepsilon_\theta>0$，板厚减薄，但因减薄量小于圆周方向的伸长量，故径向收缩，$\varepsilon_r<0$。

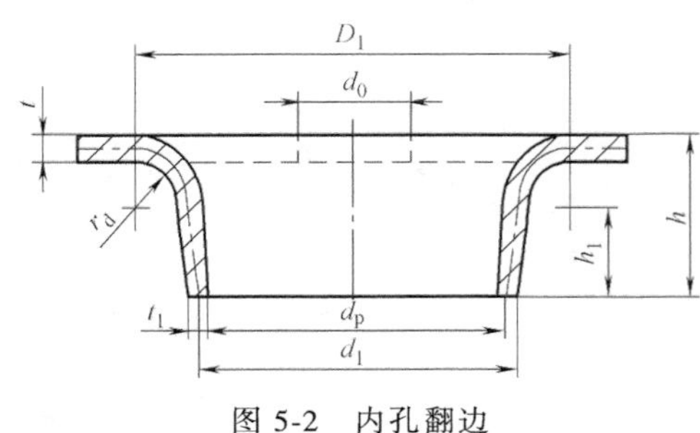

图 5-2　内孔翻边

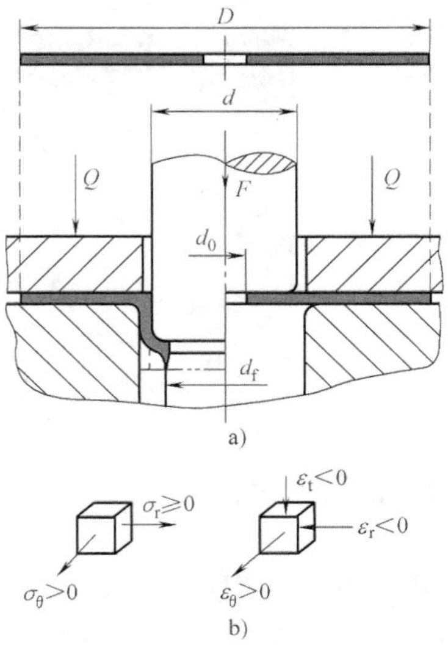

图 5-3　内孔翻边的变形过程

a）翻边过程　b）变形区应力、应变状态

翻边变形力主要由凹模圆角处坯料的弯曲力和扩孔、翻边阻力两部分组成。如图 5-4 所示，在变形过程中，由于变形区的减少和加工硬化对扩孔、翻边力影响的相反效果，力-行程曲线与拉深时类似，也会出现由上升到下降的起伏形状。此外，由图 5-4 中可见，翻边力还受到凸模底部形状的很大影响，平底凸模成形力比较大，球底凸模的成形力较小。

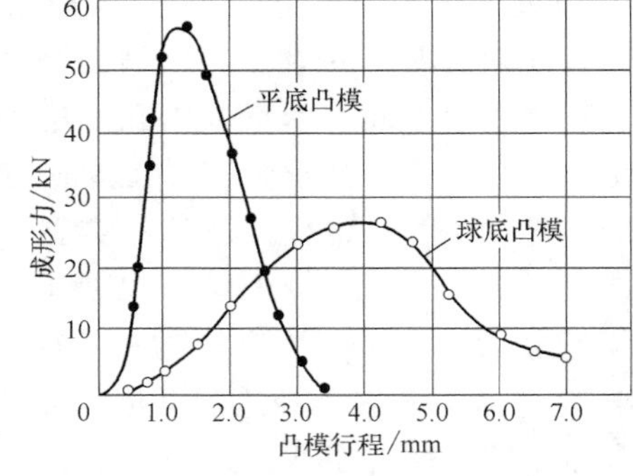

图 5-4　内孔翻边的力-行程曲线

（软钢厚 $t=1.0$mm，$d_0=52.6$mm，$d=99.6$mm）

图 5-5 所示内孔翻边的应变分布和应变状态。可见，变形区应变分布不均匀，切向应变 ε_θ 基本上都大于零，厚向应变 ε_t 均小于零，孔边缘处厚度减薄最严重。凹模圆角附近局部区域具有胀形变形性质，$\varepsilon_\theta>0$，$\varepsilon_r>0$。再往外去，出现 $\varepsilon_\theta<0$，$\varepsilon_r>0$ 的现象，这主要是压边力不足而导致法兰部分材料向凹模处流动的结果。此处 $\varepsilon_t<0$，故仍属伸长类变形。一般而言，内孔翻边时孔缘在单向拉应力作用下切向伸长变形引起的减薄最严重，最容易破裂。一旦孔缘伸长变形超过了材料伸长率，该处就会产生破裂。通常，把这种因材料伸长率不足引起的破裂叫作塑性破裂，这决定了伸长类翻边的成形极限。因材料性质不均匀、孔边缘的断面质量状况不同，孔缘各处允许的切向伸长变形程度也不相同，其中孔边缘断面质量状况对这种伸长类翻边成形极限影响很大。

如图 3-2 所示，内孔翻边的变形性质和其在整个工序中所占的比例也与毛坯尺寸、摩擦和润滑条件、凸/凹模圆角半径及形状、模具间隙等许多因素有关，变形服从材料的变形规律。当毛坯外径足够大、预制孔直径较大或压边力大时，拉深变形和胀形变形阻力大于扩孔翻边变形阻力。在这种情况下，变形的性质由内孔翻边或扩孔变形来决定。

如图 5-6 所示，也可以用 D_0/d_1 和 d_0/d_1 相对值的组合来区分各种不同的工艺情况，说

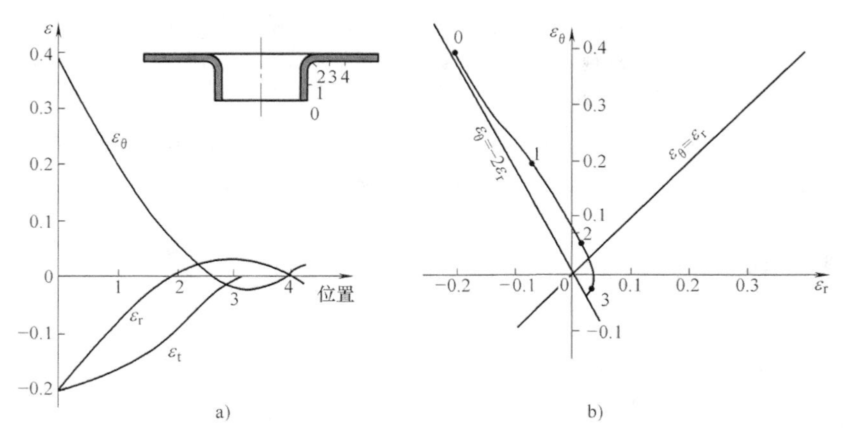

图 5-5　内孔翻边的应变分布与应变状态

a）应变分布　b）应变状态

明内孔翻边必须服从材料变形规律这一科学问题。图 5-6a 所示为不同工艺区域的相互位置；图 5-6b 所示为在不同区域中，环状毛坯的变形情况（试验条件：材料为软钢；塑性应变比 $\gamma=1$；$d_1=100t$；模具圆角半径 $r_{凹}=r_{凸}=5t$；t 为料厚）。区域Ⅰ为拉深变形区，即拉深变形阻力最小，预冲孔没有变化。区域Ⅱ为拉深与扩孔复合成形，即拉深变形阻力与扩孔变形阻力相当，预冲孔直径增大（$d>d_0$）。区域Ⅲ和Ⅳ为拉深与翻边复合成形，即拉深变形阻力与

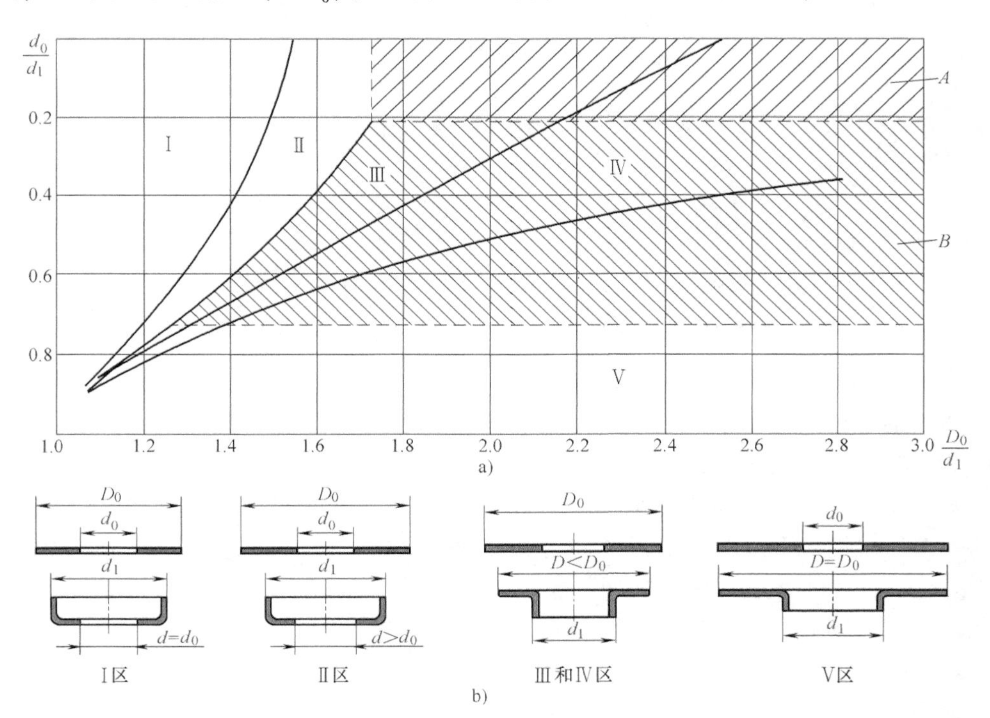

图 5-6　取决于 D_0/d_1 和 d_0/d_1 组合的各种翻边情况

a）区域划分 b）各区域的变形情况

D_0—毛坯直径　d_1—翻边直径　d_0—预冲孔直径

翻边变形阻力相当，整个毛坯都发生变形的内孔翻边，在这种情况下，毛坯的直径减小（$D<D_0$）。区域Ⅲ和区域Ⅳ的差别在于力的参数不同，在区域Ⅲ法兰变形先发生，尔后是毛坯底部的变形，而区域Ⅳ却正好相反。区域Ⅴ的变形性质完全由内孔翻边来决定，即内孔翻边变形阻力最小，此时毛坯外径没有发生变化（$D=D_0$）。图 5-6a 中上方 *A* 区为工艺不允许区，在这个区域会形成圆周裂纹，有时还会产生底部断裂。

5.2　典型实例分析

5.2.1　拖拉机带轮罩壳开裂

1. 零件特点

拖拉机带轮罩壳如图 5-7 所示。零件材料为 Q215A，料厚为 1.5mm。该件是弯曲、拉深复合成形件。尺寸 95mm 和 150mm 直边处为弯曲变形区，圆角部位属压缩类翻边或不封闭拉深变形区，因壁部一侧向外翻转，故成形后还应扩口、翻边。带轮罩壳属拖拉机外露件，要求其表面光滑、平整，不能有破损。

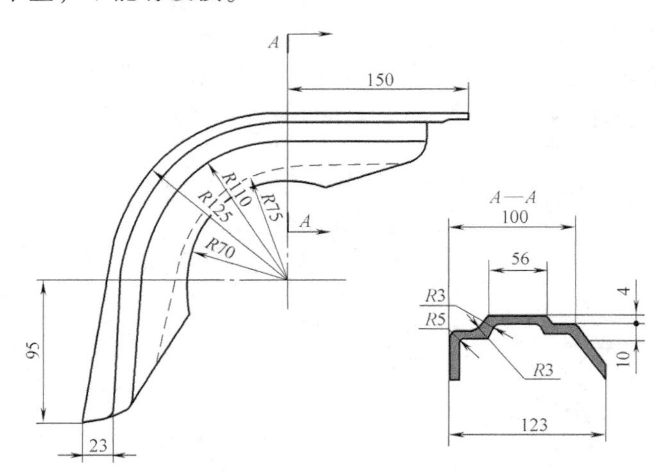

图 5-7　带轮罩壳

2. 废次品形式

开裂。生产中采用落料→弯曲、拉深复合成形（半成品形状及尺寸见图 5-8）→整形、扩口翻边的加工工艺方案。在整形、扩口翻边工序，如图 5-9 所示，制件扩口翻边处开裂，裂纹沿圆弧指向圆心。

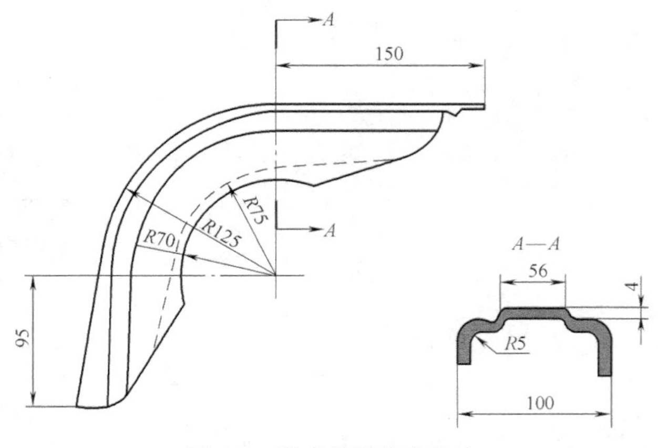

图 5-8　半成品形状及尺寸

3. 原因分析

1）原材料材质较差。做拉伸试验发现，材料各项指标，特别是塑性指标较差，材料硬而脆。

2）在弯曲、拉深成形工序，坯料变形量较大，尤其是圆弧处的坯料加工硬化剧烈。圆弧处坯料在压应力作用下，沿周向（切向）产生压缩变形，局部坯料变厚，卸载后存在一定量的残余拉应力。在扩口、翻边工序，圆弧处坯料受到沿周向产生的交变拉应力作用，与弯曲、拉深后产生的残余拉应力叠加，在较大周向拉应力作用下产生了开裂。

3）坯料的轧制方向与扩口、翻边方向平行，沿此方向材料的塑性、扩口、翻边成形性能差，容易产生塑性开裂。

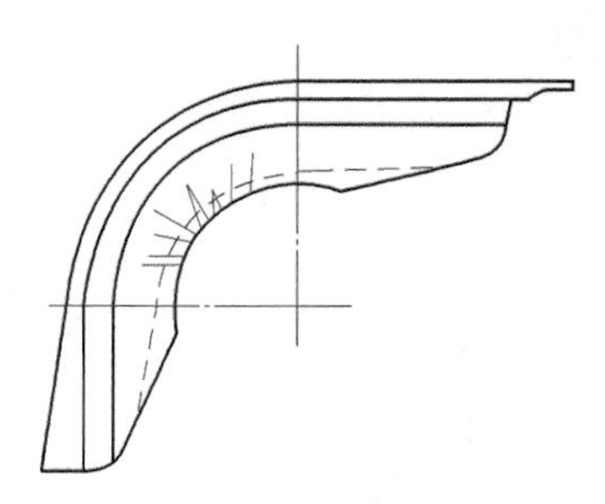
图 5-9 开裂方式

4. 解决与防止措施

生产中采取的解决措施是：

1）严格材料的管理制度，对所使用的材料进行试验，及时发现原材料中存在的问题，做到心中有数，及时采取有效的对策。

2）注意坯料的轧制方向，落料时使坯料轧制方向与扩口、翻边方向垂直，让变形最大的方向与坯料塑性好的方向一致。

3）对弯曲、拉深成形之后的半成品，在扩口、翻边之前增加退火工序或采用局部火焰加热扩口、翻边可避免制件开裂。这种做法的目的是消除残余应力，提高制件的塑性。

防止这类开裂产生的积极措施还有：

4）改变弯曲、拉深成形模具结构和半成品的形状，使产生开裂的侧壁在弯曲、拉深成形之后就带有一定的斜度。改善制件的变形条件，减少和避免拉应力的产生。

5.2.2 拖拉机挡位板开裂

1. 零件特点

手扶拖拉机挡位板如图 5-10 所示。零件材料为 Q235A，料厚为 1.5mm。该件属外露件，冲压成形后要镀铬，要求制件表面光洁、平整、美观。

2. 废次品形式

开裂。生产中采用的加工工艺方案为：落料、冲“工”字形孔→拉深周边，翻“工”字形边→冲孔。在拉深、翻边工序，制件常出现“工”字形孔圆角开裂的现象。制件开裂的数量较多，生产极不稳定。开裂程度时小时大，严重时一直能裂到制件底平面。

3. 原因分析

从变形情况来看，如图 5-11 所示，*a* 区为伸长类翻边；*c* 区为直线翻边，属弯曲变形；*b* 区为压缩类翻边，相当于拉深变形。弯曲变形及压缩类翻边对伸长类翻边的变形有缓解作用，与一般内孔翻边相比，这类“工”字形翻边的变形条件要好些；另外，从翻边变形程度来看，6mm 高度的翻边变形程度也不大。凭经验，能够一次翻成。对具体实例进行分析后发现，造成翻边开裂的主要原因是：

1）原材料质量不稳定。生产中发现，不同的材料来源，相同材料来源的不同批次，甚至同一块板料的不同部位，成形后产品质量都存在着不同程度的差异。这是造成部分制件开裂，而另一部分制件不开裂，生产不稳定的重要原因。

2）前道落料、冲孔工序半成品“工”字形孔边缘断面质量差、毛刺大，这为开裂创造了条件。冲孔模具间隙不合理、不均匀，批量生产时模具磨损都会使冲孔边缘状态不好。局部大毛刺也会引起不同程度的应力集中，造成在翻边时程度不同的开裂现象。

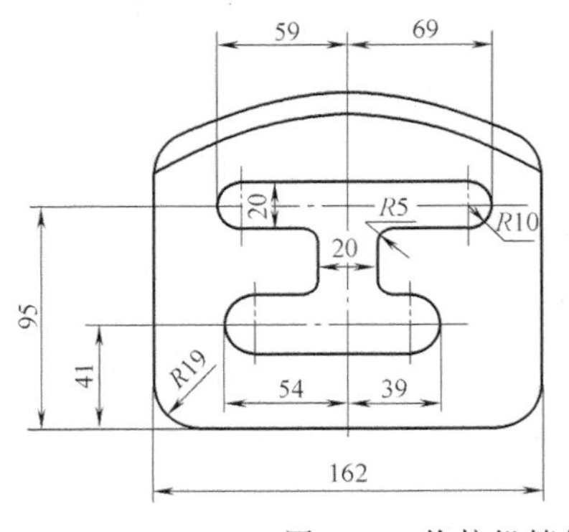

图 5-10 拖拉机挡位板

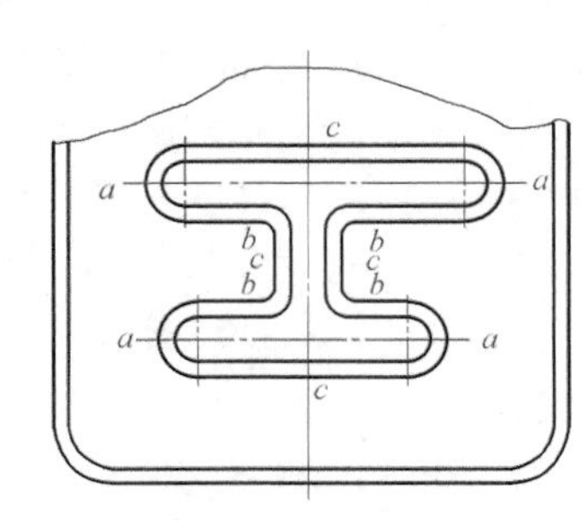

图 5-11 区域划分

3）拉深、翻边同时进行，增加了变形的复杂性和控制翻边开裂的难度。由于拉深变形阻力大于翻边变形阻力，故在拉深、翻边复合成形过程中，“工”字形孔的扩孔量和翻边变形程度会有所增加，加剧了产生开裂的倾向。

4. 解决与防止措施

生产中采取的解决措施是：

1）严格控制落料、冲孔件的断面质量。单边冲裁间隙限制在料厚的6%～9%之内，保证模具装配后间隙均匀。及时检查模具的磨损情况，磨损后的模具要及时刃磨，把落料、冲孔时产生的毛刺控制在最小的范围内。

2）适当增大开裂处的预冲孔圆角半径。这样做后，翻边高度比直边部分稍低些，但这并不影响产品的质量和使用要求。增大圆角半径后，既可使翻边系数增大，减小了伸长类翻边的变形程度，又可使圆弧所对应的圆心角减小，减少了伸长类变形的变形区，增加了弯曲变形和压缩类翻边对产生开裂的缓解作用。因此，增大预冲孔圆角半径可有效地防止翻边开裂现象的发生。

此外，防止这类翻边开裂的措施还有：

3）严格原材料的管理制度，固定原材料的供货厂家。

4）改变原工艺方案，将拉深与翻边工序分开进行。先拉深，预冲“工”字形孔后翻边。这样翻边时，坯料的变形区仅局限于“工”字形孔四周，相对翻边变形程度会减小些，批量生产时质量较为稳定。

5.2.3 空调散热片翻边破裂

1. 零件特点

空调散热片如图 5-12 所示。零件材料为铜箔或铝箔，料厚分别为 0.15mm 和 0.20mm。为了更好地增强散热效果，提高产品性能，该散热片除有供铜管穿过的高度为 2.5mm 双翻边圆孔外，还具有百叶窗切口及起伏花边。考虑到模具圆角半径及材料性能不均匀引起的竖边口部不齐等因素的影响，取首次翻边高度为 3.3mm，工艺计算后取预冲孔直径为 ϕ10mm，算得翻边系数 $K_f=0.625$。

2. 废次品形式

破裂。生产中曾采用先冲孔后直接翻边的工艺进行双翻边圆孔的首次翻边，其翻边高度一般只能达到 2.5mm，不能满足翻边后 3.3mm 的高度要求，且翻边口部严重破裂。

3. 原因分析

1）查资料，铜和铝的极限翻边系数 K_{fmin} 分别为 0.68 和 0.70。而该件首次翻边系数 $K_f=0.625$，已超过了这两种材料的加工极限，制件翻边口部因塑性不足而发生了破裂。

2）散热片材料为极薄的铜箔或铝箔，翻边口部材料的变薄率非常有限，故容易产生破裂。

3）预冲孔采用一般冲孔方法加工，孔边缘状态不好，很容易因应力集中造成破裂。

4. 解决与防止措施

为了增加翻边高度，通常采用的办法有三种：①先做较小直径的翻边，经中间退火后，再做较大直径的翻边；②先拉深成所需高度的圆筒，再冲去底部；③先拉深成一定高度的圆筒，再冲孔、翻边。

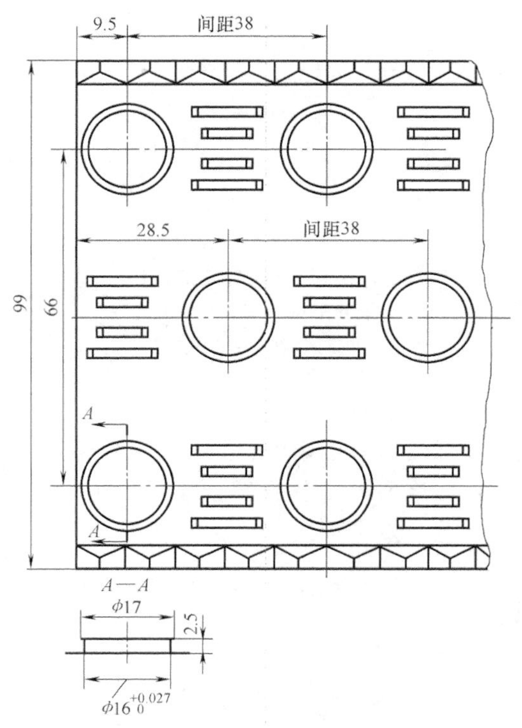

图 5-12　空调散热片（翻边圆角 $R0.2\sim R0.5$mm）

该零件采用带料连续冲压，显然不可能增加中间退火工序。对于办法②③，由于拉深的高径比 $h/d=0.21$ 已接近无工艺切口的连续拉深高径比的许可值，再加上零件采用多排交叉孔，一次拉深三个圆，纵向材料流入困难。特别是中间一排孔，只能借助于材料自身延伸、变薄来实现，其变形性质已演变成胀形，极易产生破裂，故只能采用两次或多次拉深或局部胀形工序。

零件成形工艺中有冲切窗口的工序，若将该工序安排在拉深工序之前，可起到工艺切口的作用，有利于材料纵横向流动，但这种方法易使百叶窗口产生变形。

生产中，为解决翻边破裂的问题，采取的具体措施是：

1）开工艺减轻孔。利用胀形和扩孔复合成形工艺将孔部拉到 3.3mm 的高度，再经冲孔、内孔翻边、外缘翻边、压花边等工序，加工出了合格的零件。如图 5-13a 所示，一般拉深加工时，变形区为画剖线的法兰部分。如图 5-13b 所示，开工艺减轻孔后，凸模底部材料被削弱，由强区变为弱区。采用较大圆角半径时，凸模底部产生胀形和扩孔复合成形，可增加成形的深度。试验表明，采用 0.15mm 厚的铜箔，不采取任何措施，拉深凸模直径为 16mm 时，只能拉深到 2.5mm 的高度。同样条件下，当钻 ϕ4mm 工艺减轻孔后，能拉到 4.4mm 高度，冲 ϕ5mm 工艺减轻孔能顺利拉到 3.3mm 的高度。

2）采用图 5-14 所示挤压预冲孔后，再进行内孔翻边的工艺，减少了工序数，简化了模具结构，进一步提高了生产率，降低了成本。采用 0.15mm 厚的铜箔，挤压冲头顶角取 15° 时，可得到 3mm 以上的竖边，顶角取 30°，可顺利地将 ϕ10mm 的小孔翻到 3.3mm 高度。采用 0.2mm 厚的铝箔，效果更佳。

采用多工位连续模，两种可行的工艺方案如图 5-15 所示。

方案一：冲切窗口→冲工艺减轻孔→胀形、扩孔→冲孔→内孔翻边→外缘翻边→压花边。

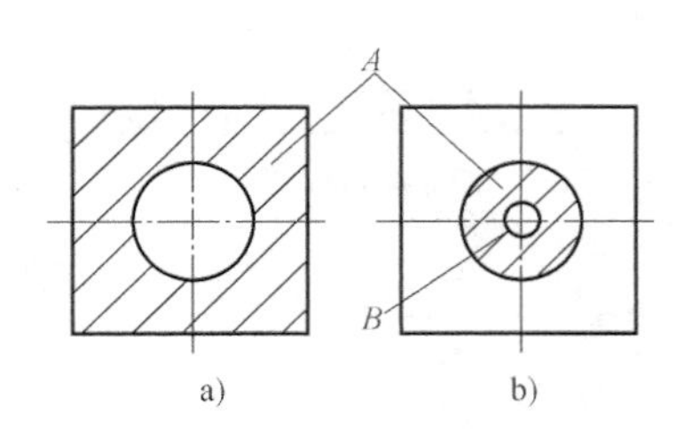

图 5-13 工艺减轻孔的作用
a) 未开孔 b) 开工艺减轻孔
A—变形区 B—工艺减轻孔

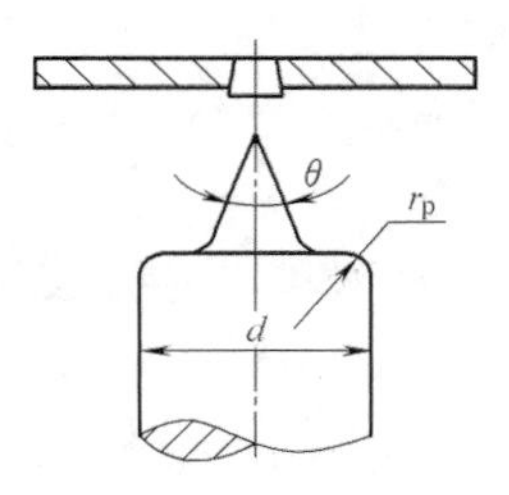

图 5-14 预挤压翻边

方案二：冲孔→预挤压翻边→外缘翻边→冲切窗口→压花边。

比较这两种工艺方案，显然采用预挤压翻边工艺，效果更佳。

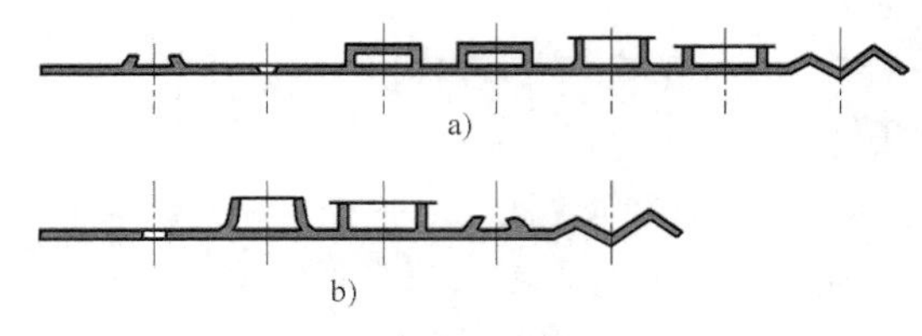

图 5-15 工艺方案比较
a) 方案一 b) 方案二

5.2.4 机柜通风百叶窗开裂

1. 零件特点

机柜通风百叶窗如图 5-16a 所示。零件材料为 08 钢，料厚为 1.5mm。零件单排均布若干个通风窗口，间距为 25mm，窗口角部圆角半径和开启处圆弧半径均为 R15mm。窗口经切口、翻边而成，使用要求 R15mm 圆角处要圆滑、无裂纹，口部毛刺不能太大。

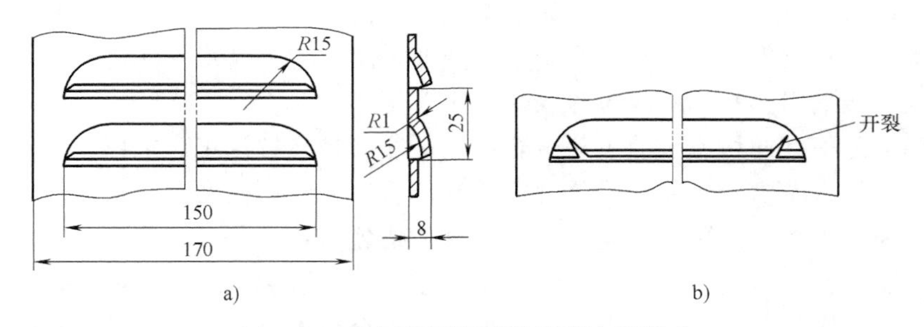

图 5-16 机柜通风百叶窗及废次品形式
a) 机柜通风百叶窗 b) 翻边开裂

2. 废次品形式

开裂。生产中采用一套切口、翻边通用模，一次成形 5 个窗口。如图 5-16b 所示，制件翻边后部分窗口 R15mm 圆角根部开裂，生产极不稳定。

3. 原因分析

坯料经切口后的翻边过程实际属于伸长类翻边、弯曲和胀形的复合成形过程。口部相当大的区域内，材料在双向拉应力状态下沿长度方向伸长，厚度减薄，直边向无切口一侧收缩，其变形性质与内孔翻边相同。而 R1mm 圆角根部的某一变形区域，坯料发生弯曲变形的同时，在双向拉应力作用下进行胀形变形。就翻边成形而言，切口边缘的变形程度最大，此处坯料在单向拉应力作用下伸长。从整体来看，切口边缘处的坯料变形量 $\varepsilon=(3.14\times15-2\times$

15)/150=11.4%小于材料的伸长率 $A=30\%$。显然，从原理上讲制件产生开裂的原因是，局部变形超过其变形极限所致。对于这类零件，很难用翻边系数等工艺参数来反映其破裂的界限，生产中只能靠经验来判断。具体而言，产生上述开裂的原因是：

1）如图 5-17 所示，切口翻边凸模 $R13.5$mm、$R15$mm、$R8$mm 与 $R5.5$mm 相贯，相贯线形成三条筋棱，A 点为这三条相贯线的交点。靠成形磨削和钳工修磨后，筋棱和 A 点凸出，阻碍了金属的流动，局部坯料变形超过其塑性成形极限，便在此处产生了开裂。

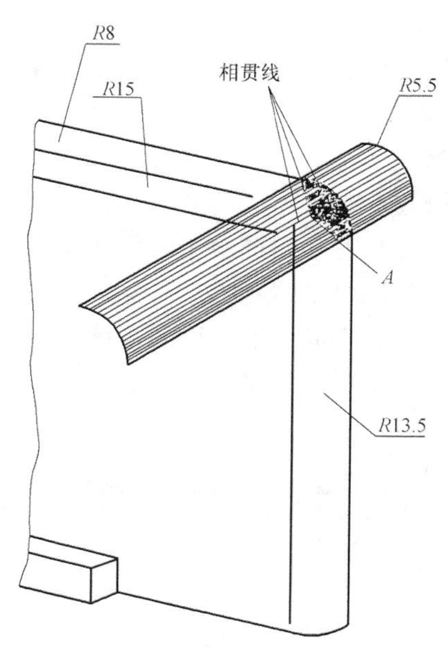

图 5-17　凸模结构

2）凸模切口一侧与凹模间隙过大，或因模具磨损、间隙不均匀，造成切口断面质量差，毛刺较大，翻边时因应力集中引起了开裂。

3）翻边凹模圆角半径即根部 $R1$mm 过小，弯曲和胀形局部变形阻力较大，翻边处材料得不到补充，加剧了裂纹的产生与扩展。

4. 解决与防止措施

生产中采取的解决措施是：

1）加工好三面圆弧 $R13.5$mm，$R15$mm、$R8$mm 之后，凸模圆角半径 $R5.5$mm 适当增大一些。尽量降低凸模成形面的表面粗糙度值，避免出现急剧变化的筋棱。将相贯线交点 A 处部分圆角加大，绝不允许在 A 点处存留尖角。

2）合理选择，确定凸、凹模的间隙。切口一侧单边间隙取料厚的 7%，即 $c=0.1$mm。及时刃磨凸、凹模，保证刃口锋利。适当放大弯曲、翻边侧面的模具间隙，减小翻边时侧面变形阻力。

3）将凹模背部折弯处的圆角半径 $R1$mm 增大到 $R2$mm，使法兰部分坯料参与一定的变形，从而改善了弯曲、胀形和翻边的变形条件。

4）严格控制凸模的压下量，通过试验确定凸模进入凹模的最佳深度。

5.2.5　电视机高频插头外套开裂、翻边口部不平

1. 零件特点

电视机高频头插头外套如图 5-18 所示。零件材料为黄铜 H68，料厚为 0.3mm。该件形状复杂，其中下部翻边直径为 $\phi 5.8_{-0.16}^{\ 0}$mm，高度为 $1.7_{\ 0}^{+0.12}$mm，尺寸精度要求较高。

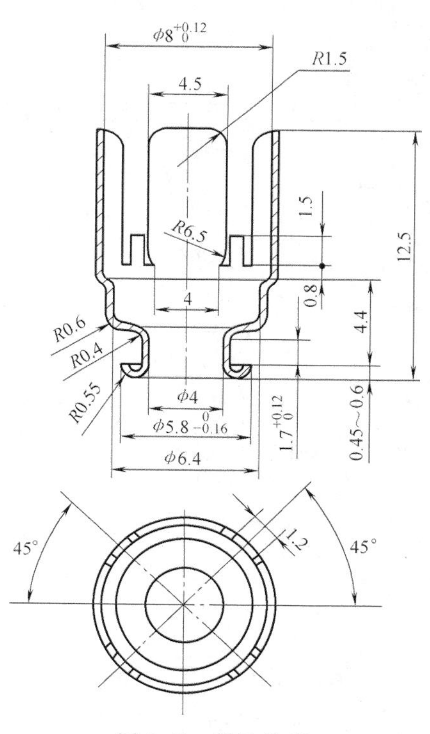

图 5-18　插头外套

2. 废次品形式

1）开裂。如图 5-19 示，生产中采用带料连续拉深、缩颈、整形、冲孔、翻边等工步在一套连续模上加工出图 5-20 所示半成品。利用该半成品进行卷边时，如图 5-21a 所示，卷边处产生开裂。部分制件在带料连续拉深、缩颈、整形、冲孔后，在翻边工步就已开裂。

2）翻边口部不平。如图 5-21b 所示，制件翻边后口部高度不平，后续卷边工序无法保证零件的尺寸精度。

3）偏移。利用带料连续拉深加工出半成品，翻边后花瓣及型槽偏移、不对称。

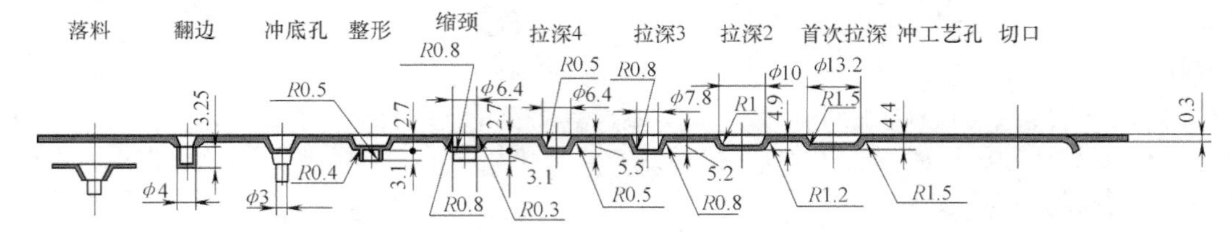

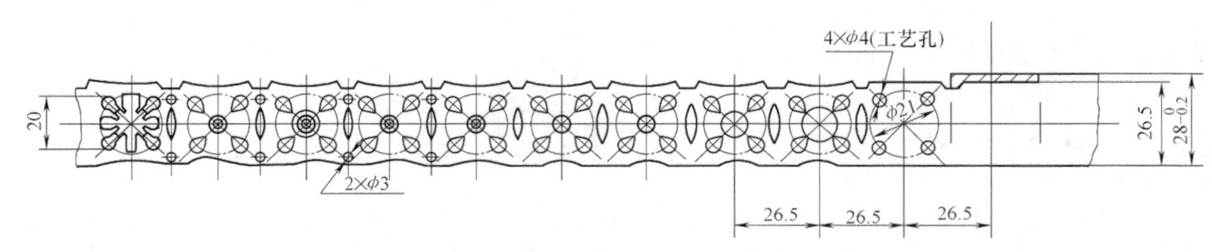

图 5-19　带料连续拉深、成形工步

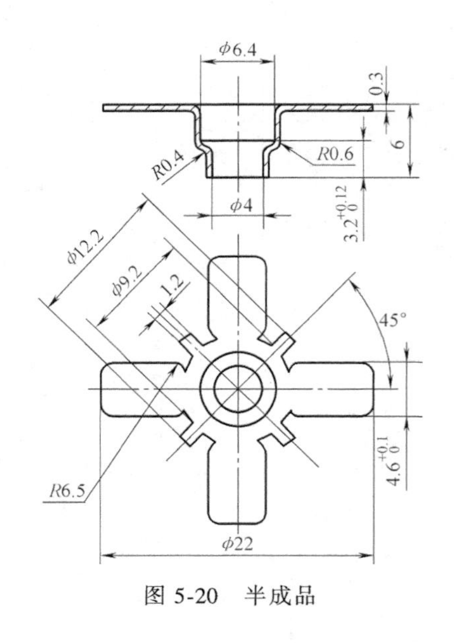

图 5-20　半成品

图 5-21　废次品形式

a）开裂　b）口部不平

3. 原因分析

1）造成翻边或卷边开裂的主要原因是 ϕ3mm 预冲孔孔缘质量差，孔周边出现毛刺。具体而言，周边产生毛刺或冲孔孔缘质量差是由于冲孔凸模太长，冲孔时产生了动态间隙变化。此外，生产批量大，模具磨损严重也会产生大的冲孔毛刺。

2）同样，因冲孔凸模太长，冲孔出现偏心现象，翻边后口部便产生高低不平。

3）带料经拉深后宽度方向尺寸收缩，侧面导板起不到真正的导向作用，定位不可靠是产生落料后十字形左右偏移，翻边后花瓣及型槽不对称的主要原因。由于定位不准，也会使冲孔偏心，造成翻边高度差。

4. 解决与防止措施

生产中从改变模具结构、模具定位方式和模具材料等几方面采取了一些措施，问题得到了解决。这些具体措施是：

1）如图5-22所示，模具采用凸模保护套，对冲孔凸模起导向和保护作用，保证了孔位同心、间隙均匀。

2）在工艺切口位置两端加冲两个 ϕ3mm 工艺孔，采用两对导销导向，使送料定位可靠、精确，保证了顺利生产。

3）凹模镶块采用硬质合金，提高了模具寿命和耐磨性能，模具刃口锋利，冲孔孔缘质量好，对防止口部翻边开裂非常有利。

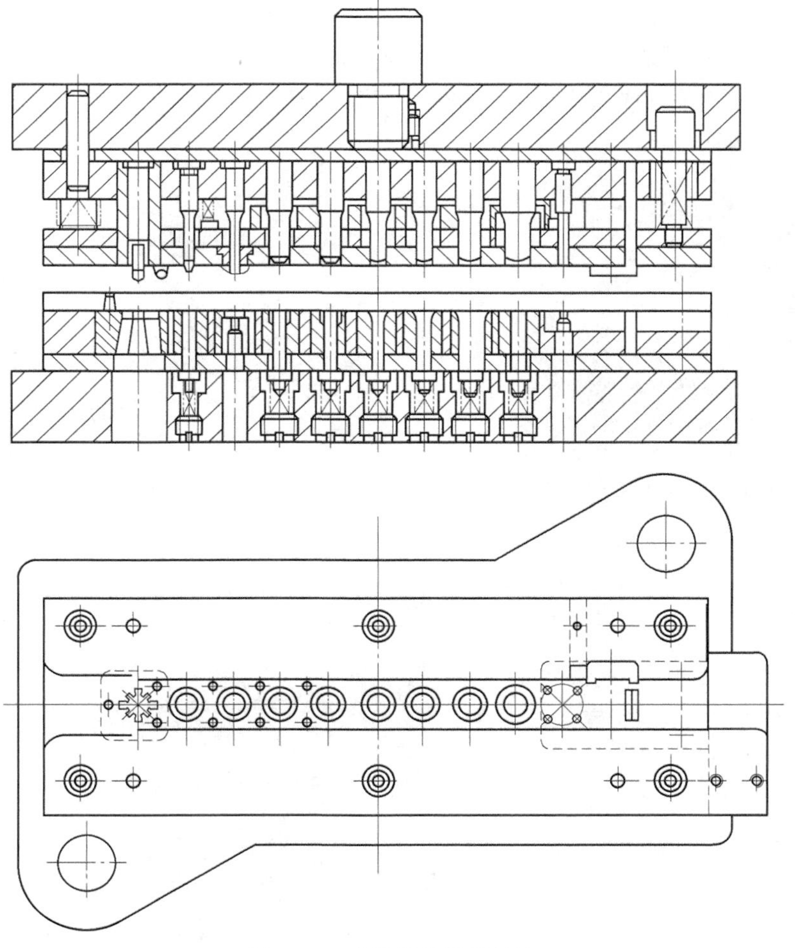

图5-22　改进后的模具结构

5.2.6　洗衣机滚筒前盖扩孔翻边破裂

1. 零件特点

滚筒洗衣机前盖如图5-23所示。零件材料为430BA，料厚为0.8mm，外形直径为ϕ590mm。430BA的主要力学性能见表5-1。该零件外形呈带锥度圆形，口部需翻直圈筒。该件为一拉深、扩孔翻边、圈筒的复合成形件。

图5-23　洗衣机前盖实物图

表5-1　430BA的主要力学性能

屈服强度/MPa	抗拉强度/MPa	伸长率(%)	硬度HV
≥205	≥420	>22	<200

2. 废次品形式

1）扩孔撕裂。生产中采用落料→拉深→预冲孔→扩孔修边→翻边→圈筒的冲压工艺方案。使用636mm×636mm的方形毛坯，落料尺寸为ϕ600mm，在公称压力为3150kN的液压机上进行拉深成形。之后进行预冲孔、扩孔翻边。在扩孔工序，如图5-24所示，扩孔撕裂。

2）翻边破裂。在翻边工序，翻直高度为28mm。采用常规冲压模具冲头（DC53），在使用模拟软件分析时仅出现翻直口部有变薄现象。如图5-25所示，在实际的试模过程中，产生了翻直边时口部开裂。

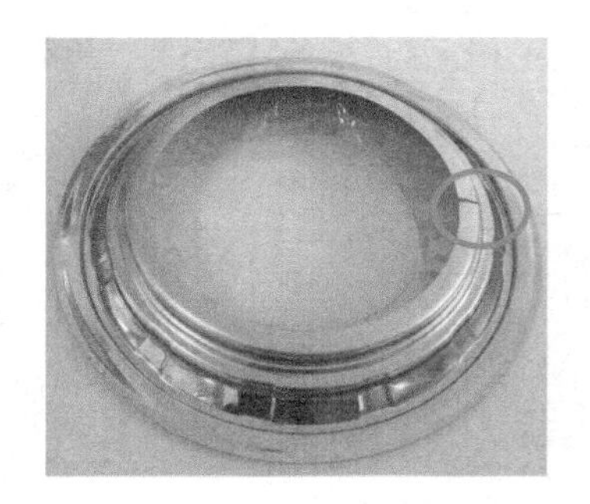

图5-24　扩孔撕裂

图5-25　口部开裂

3. 原因分析

图5-26所示为翻边工序所用模具，根据试模过程形成的制件开裂问题，进行分析及试验，并结合经验分析，认为模具结构合理，产生扩孔翻边开裂的主要原因可能有：

1）拉深深度不足。先拉深后扩孔、翻边的目的是增加翻边的深度。试验中取消预冲孔直接拉深到预算的深度，因拉深变形程度过大，形成大面积开裂。不开预冲孔及提前开预冲孔都会导致制件开裂。由此可见，提前开预冲孔会使扩孔、翻边变形程度增大，导致因塑性超过材料成形极限造成扩孔和翻边的

图5-26　翻边工序所用模具

破裂。

2）覆膜厚度不合理。洗衣机滚筒类零件在冲压成形中都需要对原材料进行贴膜。在冲压过程中带膜成形，可起到防护零件表面及成形过程润滑的作用。但是，覆膜的厚度会对制件的成形过程产生重要影响。

3）覆膜材料与模具材料不匹配。模具型腔为钢质基材，通过热处理后，材料表面硬度较大。贴膜的430BA材质硬度也相对较大。由于覆膜材料与模具材料不匹配，小批量生产中出现零件表面拉毛，零件表面质量较差。

4. 解决与防止措施

依据上述原因分析，在模具调试及模具结构调整中逐次采取的解决措施是：

1）与覆膜加工及覆膜厂家交流及试模，选择五种状态的膜及不同黏度状态的胶水，进行试模生产。试模对比发现采用PE膜的试模效果最佳，覆膜拉伸量大，同时又有较强的流动性。胶水黏度测试，试验表明胶水中等黏度时最有利于前盖类产品的拉深。通过试模选择了PE膜及相配的胶水。

2）通过中间预冲孔及不预冲孔试验确定了合理的工艺。采用坯料中间不进行预冲孔拉深试验，在拉深至75%深度时，出现制件底部的胀形开裂，坯料变薄严重随后开裂；采用坯料中间预先冲孔后进行拉深试验，试验50件，有12件出现预冲孔孔口部位开裂。经测量及分析，翻边超过了材料的成形极限。综合上述试验效果及缺陷分析，制件的预冲孔需在拉深一半深度时进行。预留一些余量，设计模具在拉深至原40%深度进行预冲孔（即采用拉深、冲孔复合模）。零件在拉深过程中，前段整体拉深，至中段冲出预冲孔，释放拉深阻力。

3）对模具型腔材质进行调整，采用铜基模具材料，通过模拟数据、实际调研及试验结果，采用铜基模具型腔进行拉深，能有效提高拉深产品表面质量，减小拉深开裂比例。

5.2.7　某车型后纵梁翻边开裂

1. 零件特点

某车型后纵梁如图5-27所示，为提高后纵梁的强度及抗追尾变形能力，采用高强度钢板，抗拉强度为980MPa，料厚为1.4mm。该零件为典型梁类零件，整体结构为“几”字形横截面。另外，在图5-27中*A*处，考虑与其他零件的搭接，有一处翻边特征，该位置为该零件的成形难点，有开裂风险。

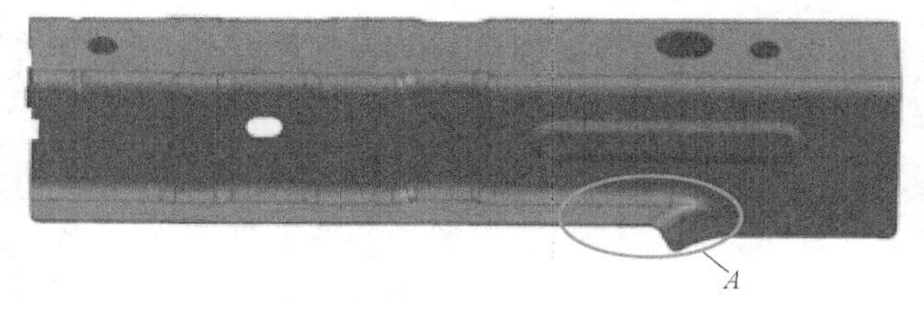

图5-27　后纵梁

2. 废次品形式

翻边开裂。该零件采用两件合模工艺，分4道工序冲压成形：落料→翻边→侧整形→冲孔、侧冲孔、侧修边。如图5-28所示，零件开裂发生在翻边成形工序，开裂位置在零件曲率圆角*A*、*B*区域。

3. 原因分析

为分析零件开裂原因，借助Auto Form软件对零件的工艺方案进行了全工序模拟，通过对开裂区域的成形过程、主次应变分布及成形后的零件减薄率等进行分析，研究零件的开裂

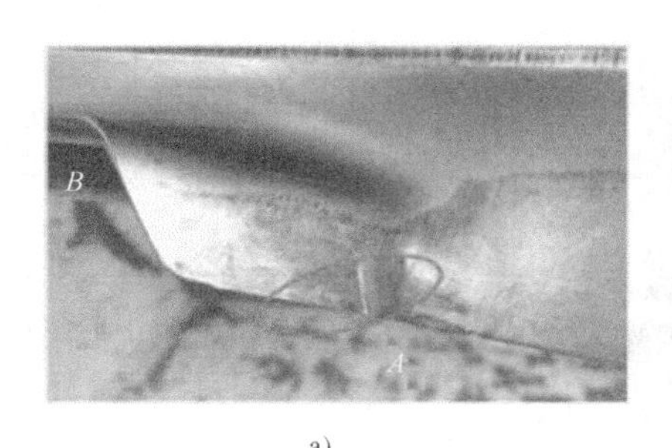

a)

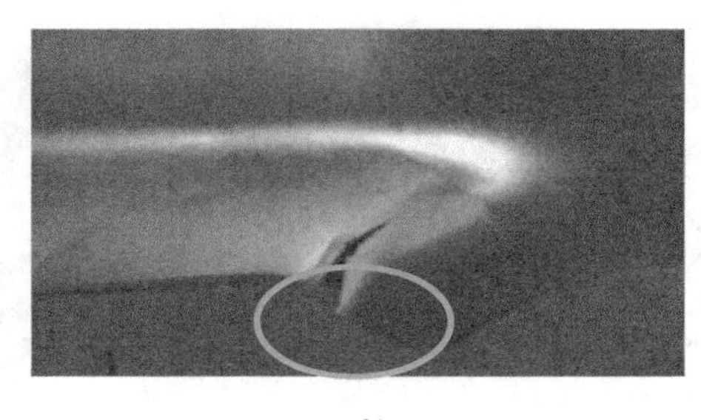

b)

图 5-28　零件开裂位置

a) A 区域　b) B 区域

原因。

零件开裂区域属于曲率圆弧翻边，边缘因缺料（直线变为圆弧曲线）而存在拉伸减薄、主应变过大、次应变为负的现象。如图 5-29a、b 所示，零件曲率越大、翻边深度越深，边部应力越集中、减薄越严重。此外，坯料落料过程中存在毛刺，易导致局部应力过度集中而发生开裂。

注意：图 5-29～图 5-34 的 b 图所示为模拟分析得到的减薄率，其中“-”表示减薄，如 -0.181 对应正文 18.1%。

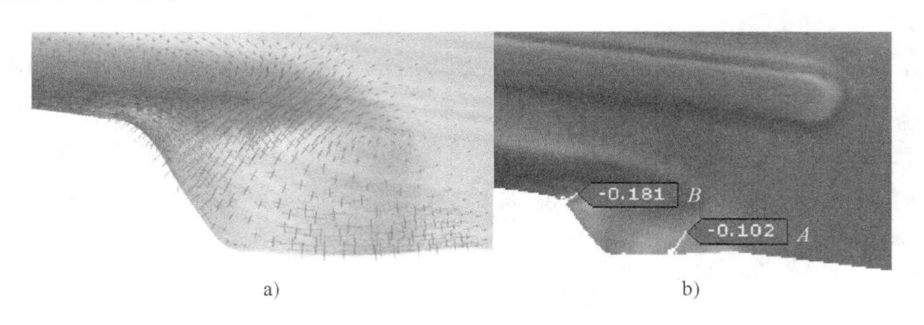

a)　　　　b)

图 5-29　零件开裂位置模拟分析结果

a) 主、次应变云图　b) 减薄率分布云图

针对零件开裂区域翻边过程减薄严重的问题，进行 5 种冲压工艺优化方案设计，并借助 Auto Form 软件对新的方案进行模拟验证。

1）方案 1：落料工序（OP10）增加爪子扣储料包，目的是增加成形区域参与变形板料，缓解该区域过度减薄问题，如图 5-30 所示。模拟结果显示，A 区域最大减薄率有所增加，由 10.2%增加至 11.8%；B 区域减薄情况有所缓解，由 18.1%降低至 17.1%，该方案无明显改善效果。

2）方案 2：翻边成形工序（OP20）增设预成形平台，减少第 1 次翻边量。将一次成形设计成两次成形，使应变更均匀，缓解局部区域过度减薄，如图 5-31 所示。模拟结果显示，A 区域最大减薄率有所增加，由 10.2%增加至 12.5%；B 区域减薄情况有明显改善，由 18.1%降低至 14.4%，综合评估，该方案仍存在较大开裂风险。

3）方案 3：增大料片尺寸和圆弧包角，改变 B 区域的边部应变状态，如图 5-32 所示。模拟结果显示，A 区域的最大减薄率有所增加，由 10.2%增加至 19%；B 区域的减薄情况改

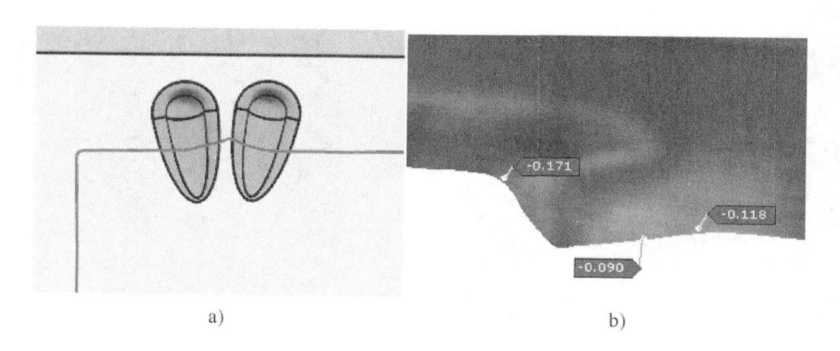

图 5-30　方案 1 与改进效果
a）方案 1 模型　b）方案 1 结果

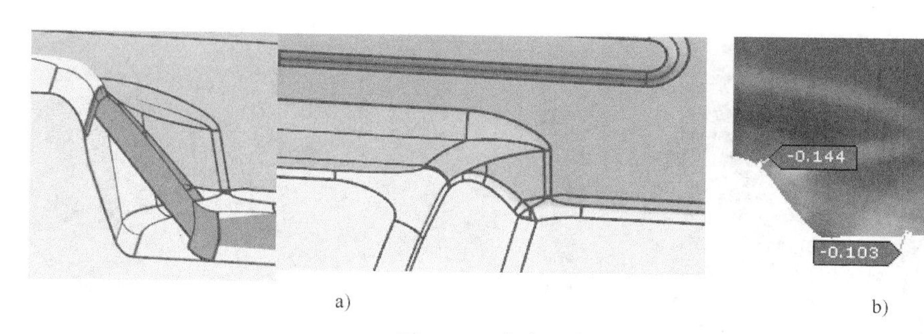

图 5-31　方案 2 与改进效果
a）方案 2 模型　b）方案 2 结果

善明显，由 18.1%降低至 5.9%，综合评估，该方案 *A* 区域的开裂风险增加。

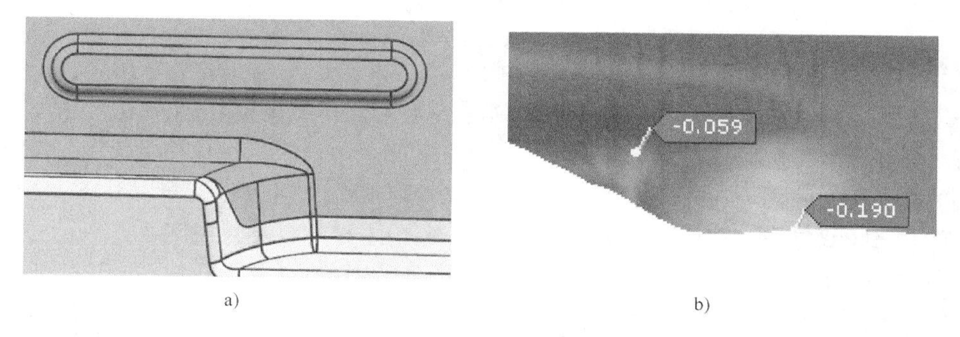

图 5-32　方案 3 与改进效果
a）方案 3 模型　b）方案 3 结果

4）方案 4：如图 5-33 所示，增大坯料尺寸，采用胀形工艺将边缘减薄转换为面减薄，材料面内抗减薄能力大于边部抗减薄能力。模拟结果显示，*A* 区域的最大减薄率有稍许增加，由 10.2%增加至 12.1%；*B* 区域的减薄情况改善明显，由 18.1%降低至 9.6%。但该方案材料消耗较大，材料利用率较低。

5）方案 5：优化产品边界，减少翻边量，改变边部区域应变分布使变形更均匀，如图 5-34 所示。模拟结果显示 *A*、*B* 区域最大减薄率均有较大改善，*A* 区域由 10.2%降低至 7.9%，*B* 区域由 18.1%降低至 8.3%。

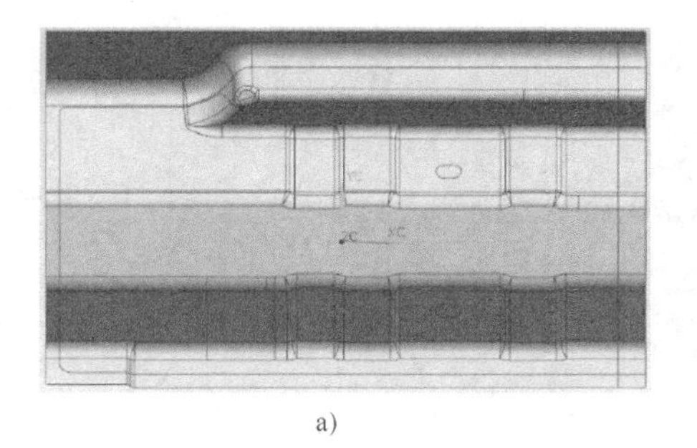

a)

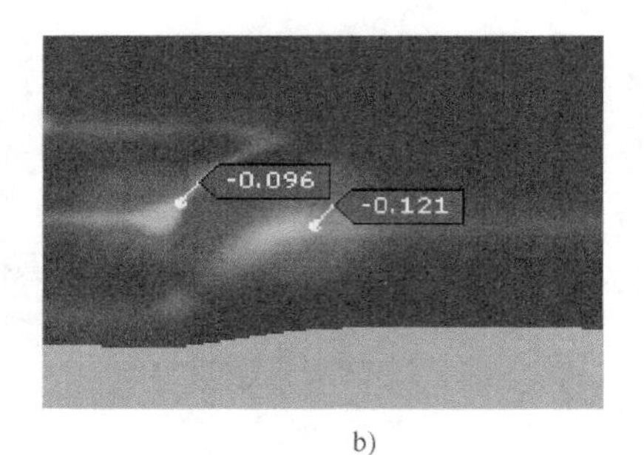

b)

图 5-33　方案 4 与改进效果

a）方案 4 模型　b）方案 4 结果

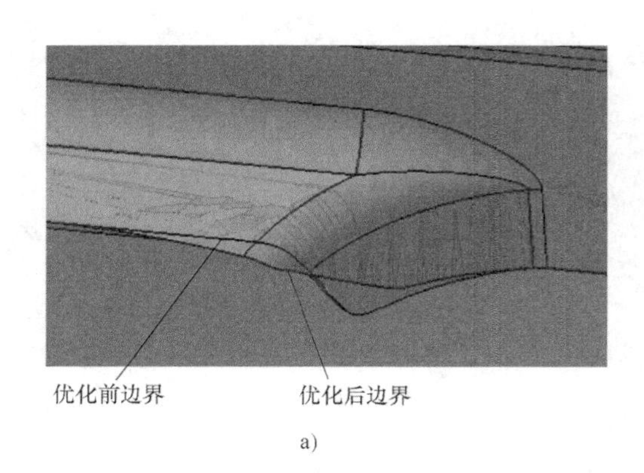

a)

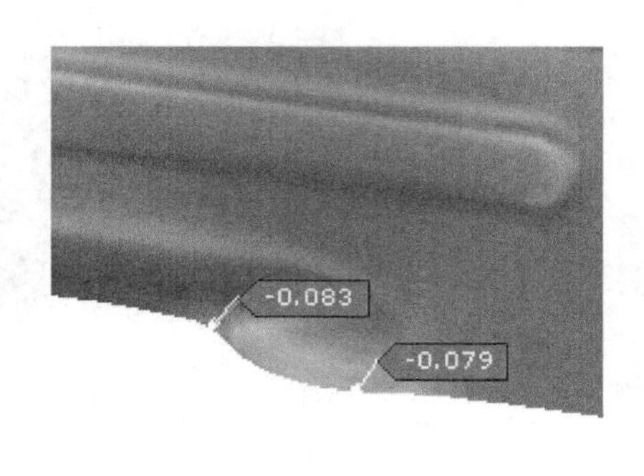

b)

图 5-34　方案 5 与改进效果

a）方案 5 模型　b）方案 5 结果

综合上述分析，针对此类超高强钢零件翻边开裂问题，常规预成形方案（方案 1、方案 2）对缓解超高强钢边部开裂问题效果有限；通过改变翻边开裂区域应变状态（方案 4），将边部应变状态改为面内应变状态，可提高材料抗减薄能力；通过优化产品边界，减少翻边量，改变边部区域应变分布使变形更均匀（方案 5），能有效解决开裂问题。

4. 解决与防止措施

综合上述分析，针对该零件的翻边开裂问题，最终采用方案 5，即优化产品边界条件和减少翻边量，以改善边部的应变状态、降低开裂区域板料减薄率。

此外，如图 5-35 所示，在圆弧翻边处增加切角模具，改变毛刺朝向，使毛刺处在微裂纹翻边时承受压缩状态，即处于压缩变形区域，可有效减轻开裂倾向。

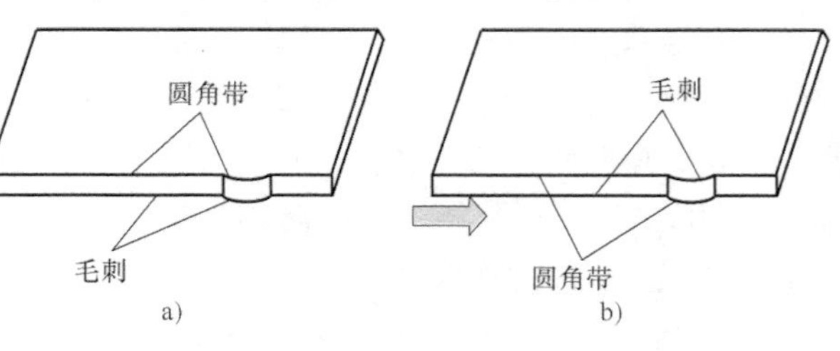

图 5-35　增加切角模前后毛刺朝向变化

a）切角前　b）切角后

通过优化产品边界，以及增加切角模、改变板料毛刺朝向，试冲所得的结果如图 5-36 所示，曲率翻边区域无微裂纹及开裂情况，成形后零件质量良好。

图 5-36　优化后的零件状态

5.2.8　某车型门槛隔板翻边开裂

1. 零件特点

某车型门槛隔板如图 5-37 所示。为提高门槛强度及侧碰性能，零件材料选用高强度钢板，该材料抗拉强度不小于 980MPa，断后伸长率不低于 20%，料厚为 1.0mm。该零件属于典型成形工艺类零件，有多处翻边变形特征，圆孔处扩孔翻边属伸长类翻边，有开裂风险；下部两处属于压缩类翻边，有起皱风险。

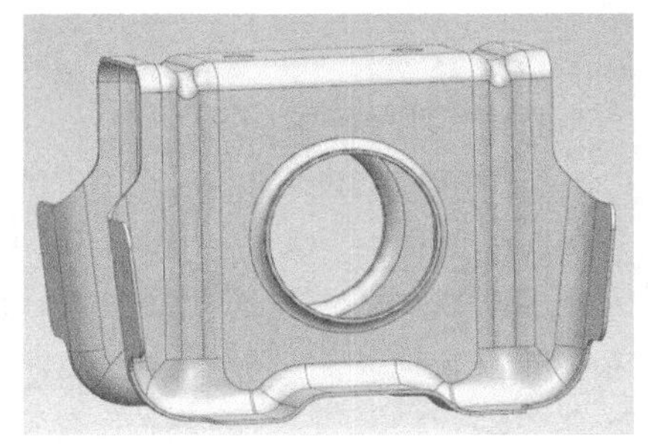

图 5-37　某车型门槛隔板

2. 废次品形式

翻边开裂。该零件所用材料强度较高，为控制回弹，采用 5 道工序冲压成形工艺方案：落料→扩孔、翻边→整形→折弯（直线翻边）→整形。在翻边工序零件开裂，常见开裂位置包含两处：其一为四个圆角区域，如图 5-38a 所示；其二为翻边中部法兰边区域，如图 5-38b 所示。此外，零件翻边开裂区域表面有拉毛和划伤，边部存在毛刺。

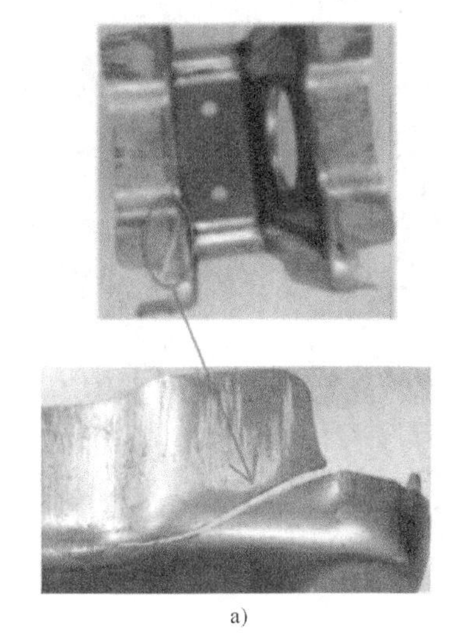

a)

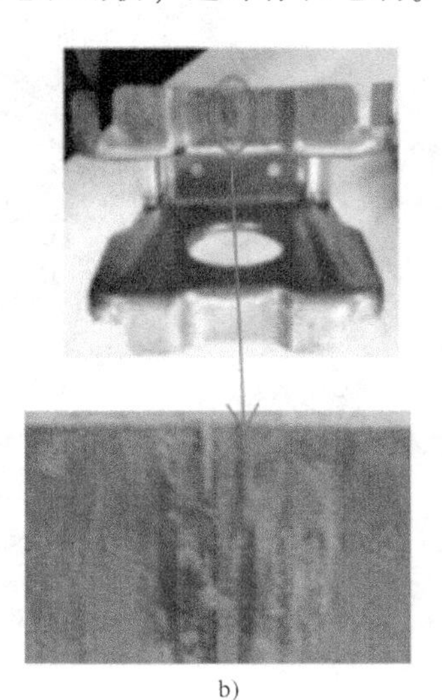

b)

图 5-38　零件开裂位置

a）圆角区域　b）中部法兰边区域

3. **原因分析**

1）问题样板性能检测。对开裂零件样板进行基本力学性能检测。从检测结果来看，材料断后伸长率均大于20%，开裂零件样板性能正常。

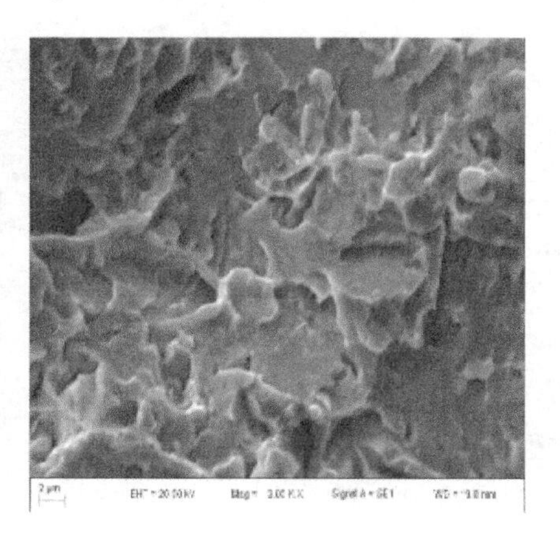

图 5-39　圆角区域断口前端微观形貌

2）开裂零件断面分析。分别在开裂零件上取断口试样，取样后利用扫描电镜对开裂断口进行分析，判断断口特征、分析开裂类型。图5-39、图5-40所示为图5-38a所示圆角区域开裂部位的微观形貌。由图5-39、图5-40可见，裂纹起裂部位呈现典型的解理断裂形貌，为脆性断裂特征，表明此处位置在断裂前经受了较大变形量，材料塑性剩余较少。裂纹扩展末端部位呈现韧窝形貌，为韧性断裂特征。断口存在少量准解理面，大部分为相对小而浅的韧窝，符合韧窝聚合型韧性断裂特征。图5-41所示为图5-38b所示中部法兰边开裂部位的微观形貌。断口为典型的韧窝形貌，为韧性断裂特征。说明此处在开裂前变形量较小，材料塑性剩余较大。

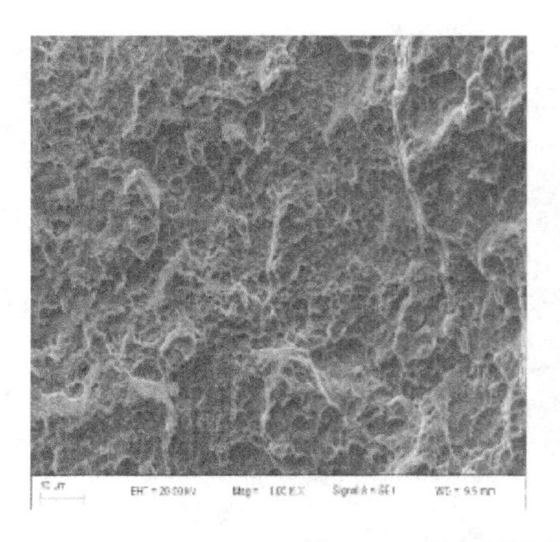
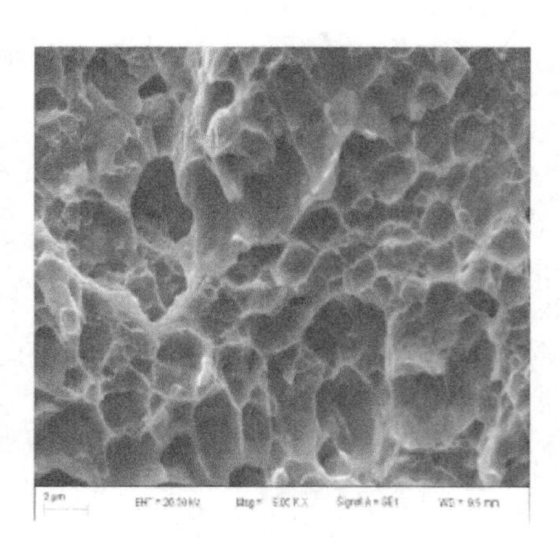

图 5-40　圆角区域裂纹扩展末端微观形貌

通过对零件开裂问题解析、样板基本力学性能检测、开裂断面分析，造成两区域翻边成形边部开裂的主要原因为：

① 圆角区域翻边为压缩类多料翻边，因该区域产品圆角半径较小、翻边量较大，翻边过程中起皱严重，消耗了材料的塑性，并在板料边部因褶皱形成微裂纹。此外，该区域表面

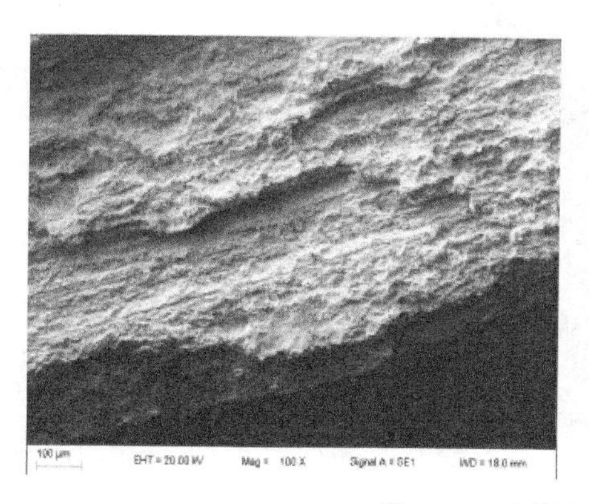
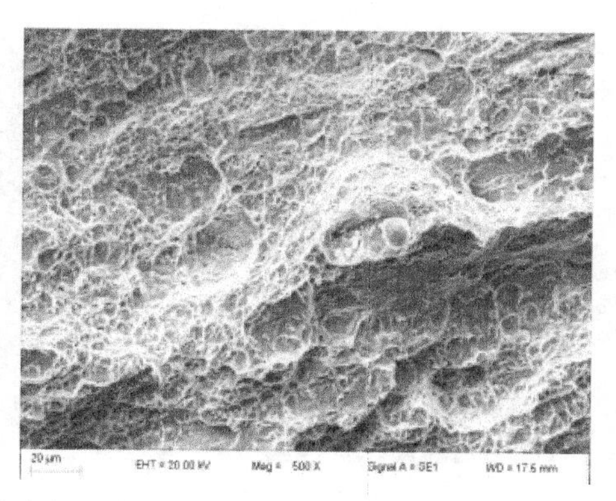

图 5-41 中部法兰边断口微观形貌

有拉毛和划伤、边部存在毛刺。

② 中部法兰边区域翻边为伸长类翻边，因该区域翻边变形程度较大，存在过度减薄的风险。此外，该区域表面有拉毛、划伤及边部毛刺，表现为现场模具状态、修边质量等问题降低了零件安全裕度，最终导致翻边开裂。

4. 解决与防止措施

为更加深入地了解零件冲压过程，确定后续优化方案，基于 Auto Form 软件对零件翻边工序进行数值模拟分析。将零件翻边工序模面导入 Auto Form 软件，按照原工艺方案进行工序的创建并完成翻边工序具体的定义。

1）优化坯料边界线。圆角区域为综合成形过程，通过主、次应变分布以及增厚情况可以得出该区域起皱严重，且该工序翻边工艺以及工具体设置均合理，成形起皱均因产品翻边变形程度大、多料严重所致。优化方案将翻边量较少 1mm。如图 5-42 所示，对优化前后增厚结果做对比，从结果来看优化后零件同一区域增厚由 18.6%降低到 10.4%，效果显著。中部法兰边区域主应变为正（应变值较大），次应变为负（应变值小），属于伸长类翻边，该区域减薄率为 8.1%，在安全范围内。图 5-43 所示为采用优化后坯料冲压所得的零件，圆角区域无起皱、无肉眼可见微裂纹、表面无拉毛情况，成形后零件质量良好。

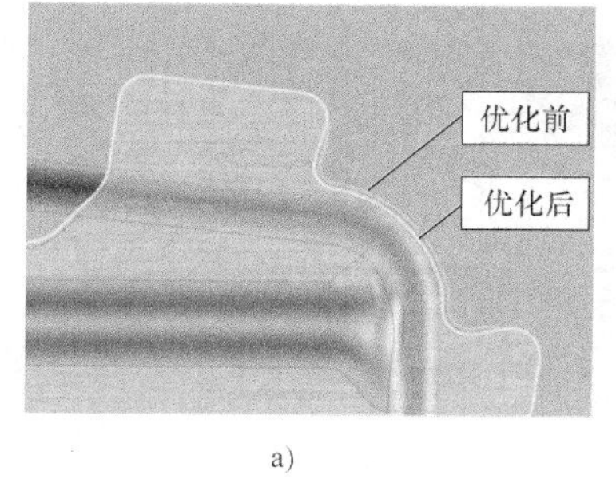

a)

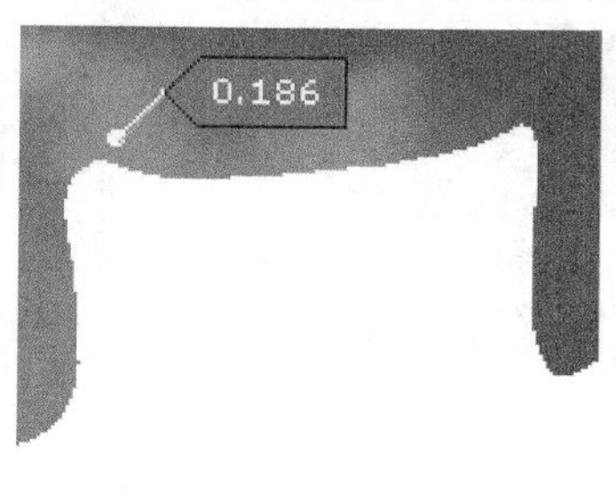

b)

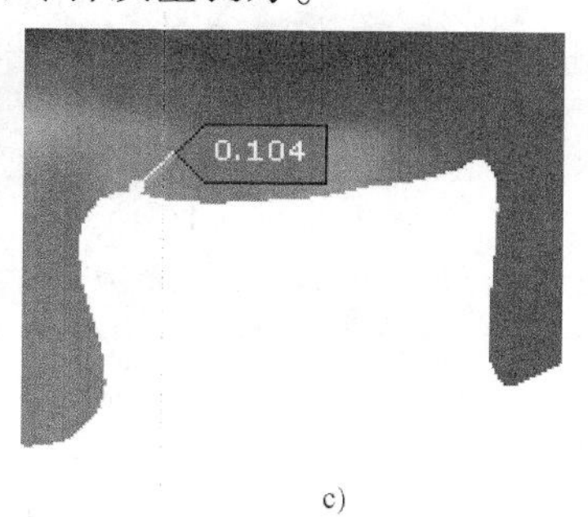

c)

图 5-42 圆角区域模拟分析优化前后危险区域增厚情况

a）优化前后落料曲线 b）优化前材料增厚量 c）优化后材料增厚量

2）降低模具表面粗糙度值。冲压车间现场跟踪，模具上模表面在受力较大的四个圆角区域以及中间深翻边区域（中部法兰边区域）有一定的拉毛及划伤，模具表面残留部分铁屑、表面粗糙度值大。现场打磨上模表面，打磨前后模具表面状态如图 5-44 所示，模具打

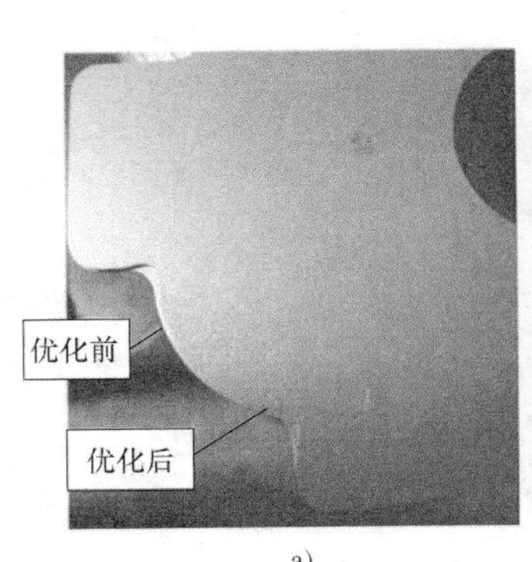

a)

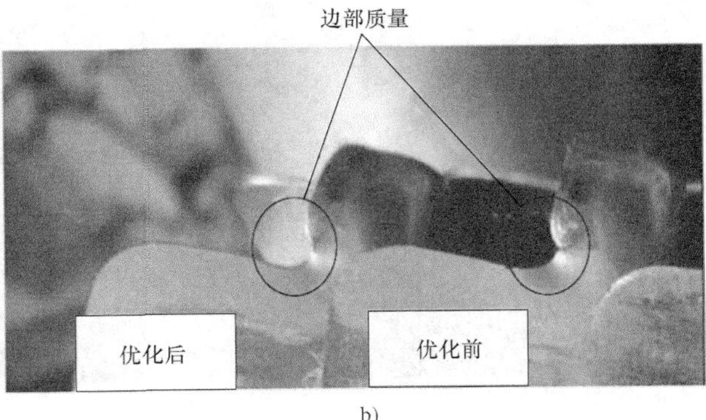

b)

图 5-43　圆角区域实物零件优化前后坯料及零件状态

a）优化前后坯料　b）优化前后零件

磨后冲压零件状态如图 5-45a、b 所示。如图 5-45c 所示，模具打磨后中部法兰边区域零件成形无开裂及表面拉毛情况，成形质量良好，与前期出现的表面严重拉毛及开裂相比改善明显。

除采取上述措施之外，防止这类高强度钢板成形时产生表面划伤、拉毛的有效措施还有：

3）采用气相沉积碳化钛、类金刚石涂层或热扩散碳化物涂层处理工艺，大幅度提高模具表面硬度，模具经涂层处理后的产品表面质量较图 5-45b、c 所示效果更好。

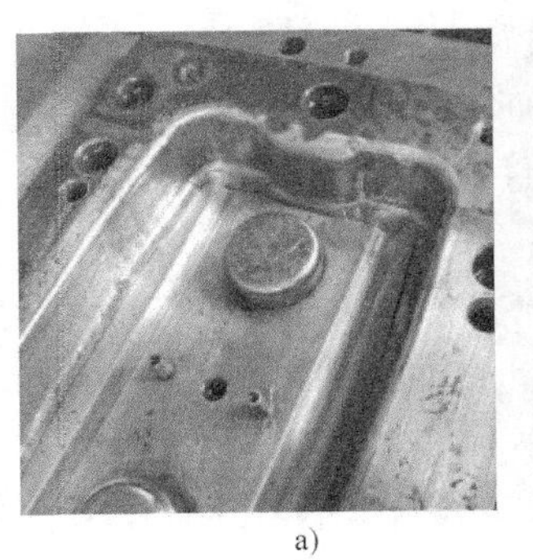

a)

b)

图 5-44　打磨前后模具表面状况

a）打磨前　b）打磨后

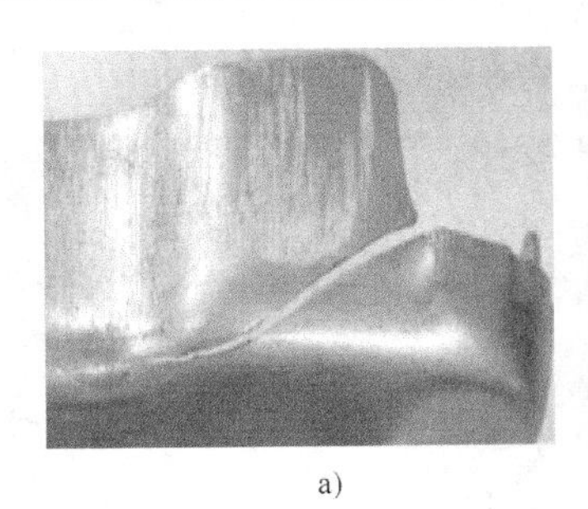

a)

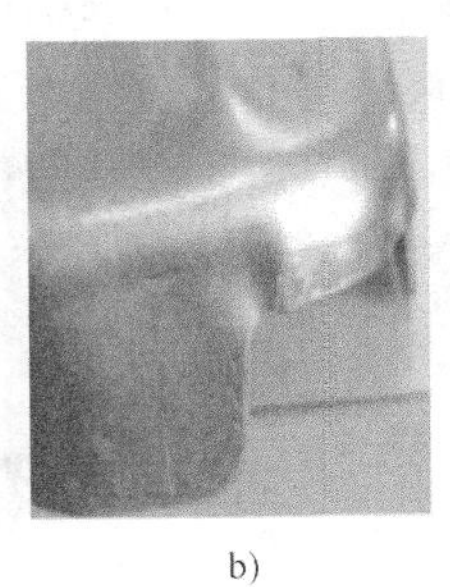

b)

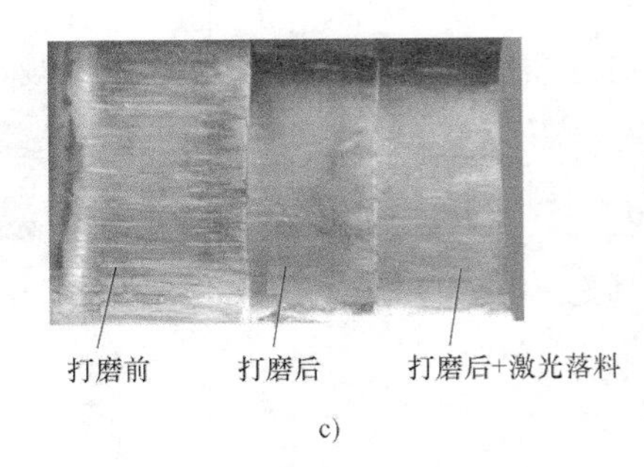

c)

图 5-45　打磨前后零件表面状况

a）打磨前圆角区域　b）打磨后圆角区域　c）打磨前后中部法兰边区域

5.2.9　电容器盖板凹凸不平、内孔翻边破裂

1. 零件特点

某电容器盖板如图 5-46 所示。零件材料为钽板（Ta 的质量分数>99.95%），料厚为 0.5mm。材料屈服强度 $R_{p0.2}$=103MPa，抗拉强度 R_m≥250MPa，伸长率 A≥35%。钽板有好

的化学性能，具有极高的耐蚀性。钽在酸性电解液中形成稳定的阳极氧化膜，用钽制成的电解电容器，具有容量大、体积小和可靠性高等优点，制造电容器是钽的最重要用途之一。该电容器盖板为由钽板料一体加工而成的扁平状方形零件，外形尺寸为 34.6mm×34.6mm，中间有一个 ϕ5mm 的中心翻边孔，其尺寸精度要求较高，中心孔周围布置有一个 ϕ0.8mm 的小注液孔。

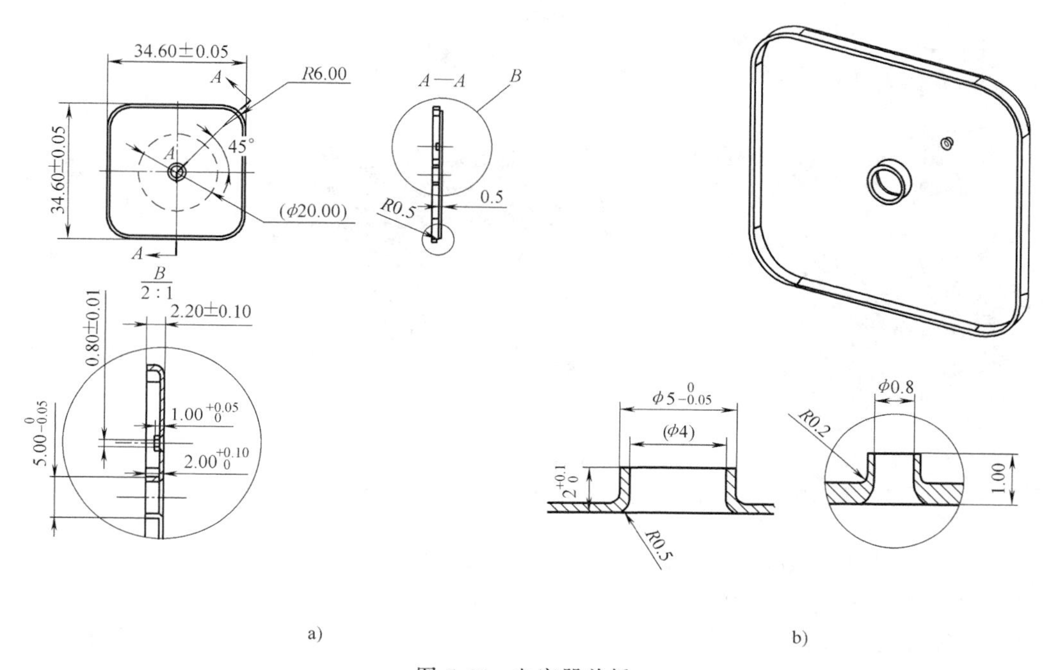

图 5-46　电容器盖板

a）工程图　b）3D 图及中心孔、注液孔放大图

2. 废次品形式

采用落料、冲孔→四周外缘翻边→中心孔和注液孔翻边→修边的工艺方案。初步确定落料毛坯尺寸为 37.92mm×37.92mm，中心孔的预冲孔直径为 1.39mm，注液孔的预冲孔直径为 0.4mm。在成形工序的试模过程中，制件产生了以下两种形式的废次品。

1）板平面凹凸不平。如图 5-47a 所示，制件板平面凹凸不平。

2）中心孔、注液孔破裂，且不平整。如图 5-47b、c 所示，在翻孔工序之后，中心孔和注液孔端部破裂，且不平整。

3. 原因分析

钽板是一种新型材料，生产中靠经验和习惯通过多次试验来摸索，故试模中出现了多种类型的缺陷。

1）工艺方案不合理。采用外缘翻边（浅拉深）与翻孔分开加工的工艺方案不合理。外缘翻边与浅拉深相同，由于翻边高度不足 2mm，板平面很容易因塑性变形不充分而产生板平面凹凸不平的现象；另外，外缘翻边与翻孔分开加工，多一次定位，翻孔时定位误差会加剧翻孔开裂的概率。

2）毛坯形状和尺寸不合理。外缘翻边时，角部变形与拉深相同，多余材料要向直边转

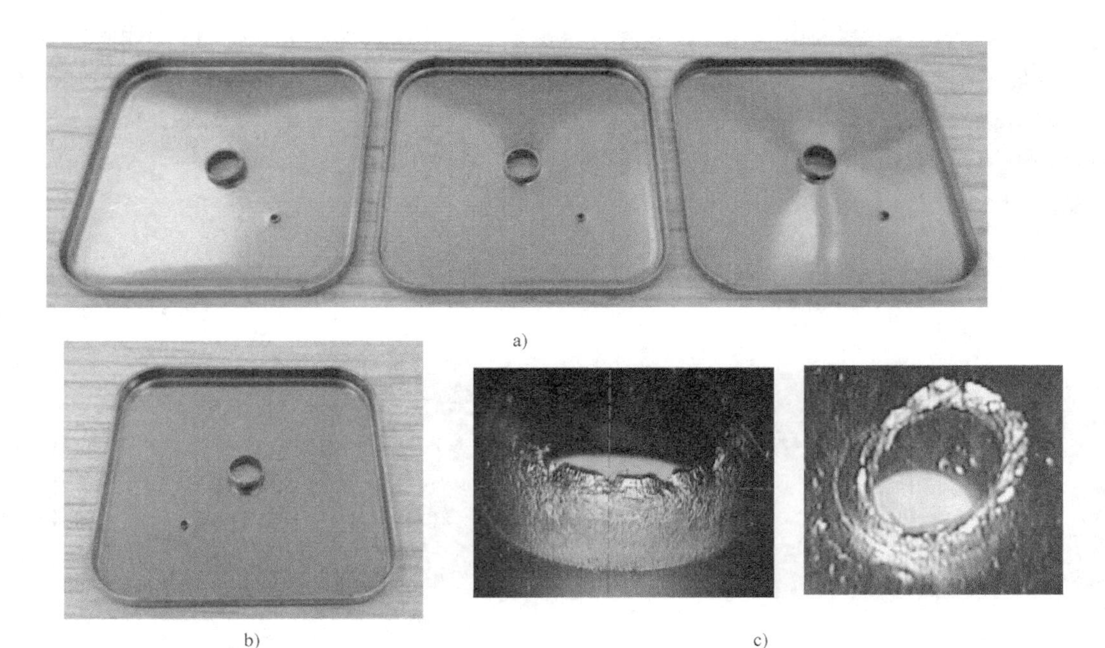

图 5-47　电容器盖板成形缺陷

a）板面凹凸不平　b）翻孔破裂、端部凹凸不平　c）中心孔、注液孔放大图

移，材料流动速度比直边慢；直边类似于弯曲，材料流动速度快。因此，变形是极不均匀的。毛坯的形状与尺寸不合理加剧了不均匀变形的程度，也会使板平面产生不平整现象。

3）外缘翻边（拉深）凸模未开排气孔，成形和卸料时产生的负压会造成板平面的变形，产生板平面的凹凸不平。

4）翻孔时坯料方向放反。坯料经落料、冲孔后会产生毛刺，若毛刺处在外侧，翻孔时很容易因毛刺处产生应力集中而产生开裂；另外中心孔和注液孔翻边时需两次定位，定位误差使翻边凸、凹模偏置会造成翻孔端部的不平整。

4. 解决与防止措施

生产中采取了以下几项措施制造出了合格的产品，保证了批量生产的稳定。

1）改变冲压工艺方案，将四周外缘翻边与中心孔和注液孔翻边并为一道工序，同时进行。这一方案，使得中心孔和注液孔的翻边无须两次定位，且翻边模具对外缘翻边来说也起

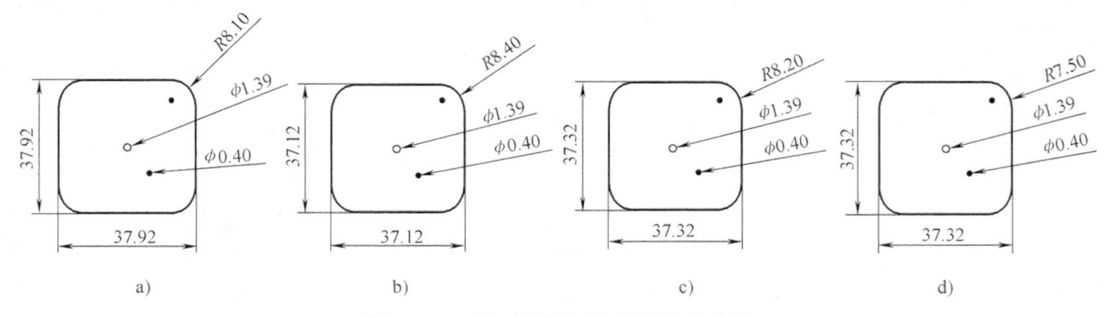

图 5-48　毛坯形状与尺寸的试验过程

a）初始形状与尺寸　b）改变方案 1　c）改变方案 2　d）最佳形状与尺寸

到了排气的作用。

2）改变落料毛坯尺寸与形状。经过多次试验，确定了如图 5-48d 所示的最佳毛坯形状和尺寸，提高了变形的均匀程度。

3）成形零件的凸模和凹模圆角部分先进行精加工，然后抛光，最后镀钛，进一步降低了模具工作部分的表面粗糙度值，减小了外缘翻边时材料的流动阻力。

4）在成形时，正确放置坯料的方向，使毛刺一侧处于翻边的内侧。

图 5-49 所示为合格产品正面、背面、中心孔和注液孔的形貌。

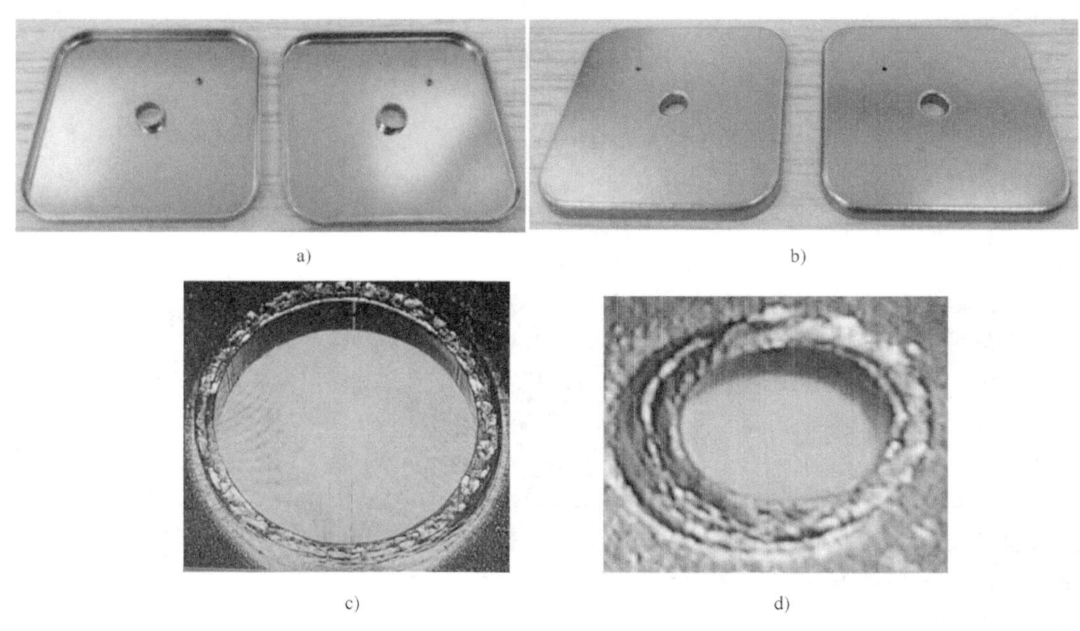

图 5-49 电容器盖板合格产品

a）产品正面 b）产品背面 c）中心孔放大图 d）注液孔放大图

5.2.10 断电器底板壁厚超差

1. 零件特点

汽车分电器用断电器底板如图 5-50 所示。零件材料为 08Al，料厚为 2mm。该件 $\phi22.8_{-0.05}^{\ 0}$mm，$\phi26_{-0.084}^{\ 0}$mm，$\phi26.4_{-0.084}^{\ 0}$mm 尺寸精度要求较高。零件孔壁上有油槽，故制件经冲压加工后要精车外圆和油槽。根据零件的设计和使用要求，内孔翻边后制件孔壁最薄处要大于 1.75mm。

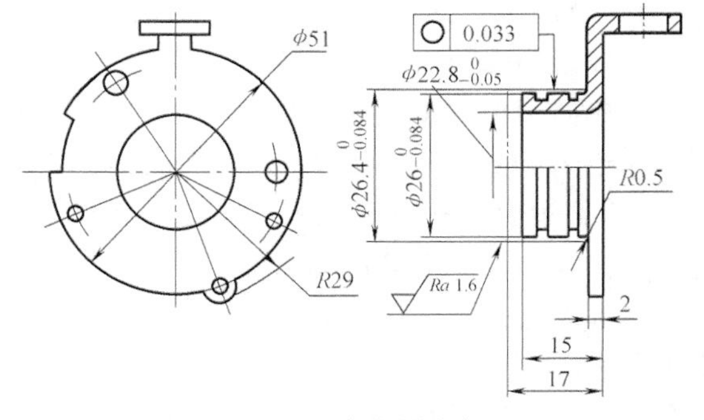

图 5-50 断电器底板

2. 废次品形式

壁厚超差。因翻边系数小于材料的极限翻边系数，翻边高度较大，故生产中采用先拉深，在拉深件顶部预冲孔，再进行内孔翻边的工艺方案来加工该零件。翻边后，制件壁厚不均，其口部最薄处的壁厚仅为坯料厚度的

1/2，即 1mm 左右，翻边孔壁厚超差严重。

3. 原因分析

制件出现壁厚不均、厚度超差的主要原因与拉深、翻边变形机理有关，具体而言其原因是：

1）在拉深工序，与凸模圆角相接触处的坯料产生局部胀形，此处坯料在双向拉应力作用下产生双向伸长变形，厚度变薄、表面积增加。与凹模圆角相接触的坯料先变厚再减薄，进入侧壁的坯料厚度相对较厚。故拉深后制件侧壁厚度不均，靠凸模圆角一侧最薄，靠凹模圆角处最厚。

2）内孔翻边时，孔边缘在单向拉应力作用下沿切向伸长，使坯料厚度变薄严重。

4. 解决与防止措施

生产中，从工艺方案到模具设计采取了一系列措施，解决了问题，取得了明显的效果，这些措施是：

1）开工艺减轻孔，改变预拉深变形性质。如图 5-51a 所示，在拉深毛坯上预冲一个 ϕ6mm 圆孔，这样就削弱了坯料底部的强度，使拉深变形的同时产生扩孔变形。由于坯料底部参与一定程度的变形，就减轻了与凸模圆角接触处坯料的胀形变形量，使制件底部圆角处坯料的变薄得到了缓解。

2）改变半成品的过渡形状与尺寸。如图 5-51 所示，在多次拉深时，采用拉深高度基本不变，仅改变圆角半径的拉深方法。在第一道拉深工序，就将制件的高度基本拉够，第二道拉深由大圆角半径过渡到小圆角半径，制件壁部变薄量减少。之后，用降低制件高度的方法对制件整形，保证制件靠法兰处的圆角达到要求的尺寸。采用这种方法减少了整形工序对制件顶部圆角处料厚的影响。

3）适当增大拉深凹模的圆角半径。第一道拉深凹模圆角半径取 $4t$，即 8mm。第二道拉深凹模圆角半径取 5mm，即 $2.5t$。增大凹模圆角半径的目的在于减小坯料的流动阻力，从而减小制件壁部的变薄量。

4）调整拉深凸、凹模间隙。拉深变形时，进入凸、凹模间的坯料因受拉会继续变薄，为了减少坯料的变薄，凸、凹模的单面间隙调整到 $c=(1.2\sim1.3)t$。试验表明，当实际间隙大于 $1.2t$ 时，间隙对料厚的变化影响较小。

5）翻边后对孔壁进行挤压整形。即使采取了上述措施，经拉深和翻边后的制件壁厚仍不均匀，近法兰处变厚，翻边口部变薄。上、下壁厚的变化量为 $(0.7\sim1)t$，且产生了工艺斜度。为此，采用图 5-52 所示模具结构，翻边后对孔的侧壁进行挤压整形。为防止挤压整形后制件高度增加，采用推件块 6 来限位，迫使法兰口部坯料向翻边孔的顶部转移，使孔壁的厚度变得均匀一致。翻边凸模的形状是影响翻边质量的重要因素。如图 5-53 所示，翻边凸模设

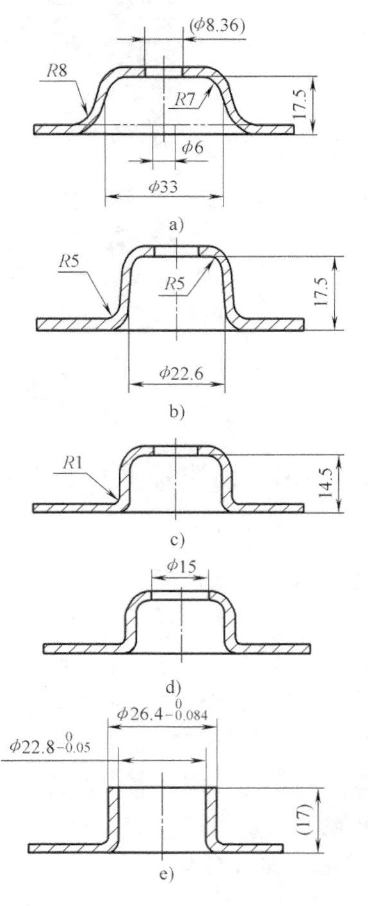

图 5-51　工序

a）落料拉深　b）拉深　c）整形　d）冲孔　e）翻边

计成阶梯形，d_1 段起翻边作用，d_2 段起整形作用，两阶梯间用光滑圆弧过渡。凸模材料选用 T8 钢经渗硼处理，表面硬度为 70~74HRC。推件块 6 因起限位作用，受到坯料作用力较大，选用 Cr12MoV 钢制造，淬火硬度为 58~62HRC。为防止坯料挤入凸、凹模的缝隙里，推件块内孔与凸模、外圆与凹模的配合间隙不能太大，取 0.02mm。

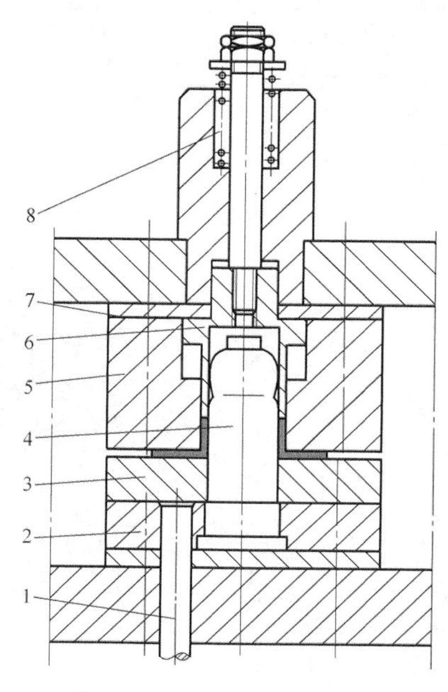

图 5-52　翻边整形模具结构

1—顶杆　2—凸模固定板　3—顶件板　4—凸模　5—凹模　6—推件块　7—垫板　8—弹簧

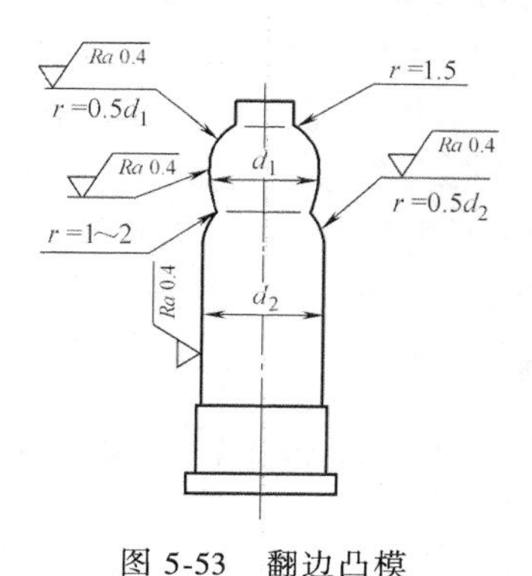

图 5-53　翻边凸模

5.2.11　某 SUV 后车门外板平面度超差

1. 零件特点

某 SUV 后车门外板如图 5-54 所示。零件材料为 CR180BH 烘烤硬化钢，料厚为 0.7mm。该零件属于典型汽车覆盖件，外形尺寸为 1135mm×890mm。制件形状简单，但因要与车身骨架装配，对平面度公差要求极高。

2. 废次品形式

尺寸超差。生产中采用的工艺方案是：落料→成形→切边→翻边。切边后半成品如图 5-55 所示，翻边后零件局部上下高 1.5mm、中间低 1mm，几何尺寸超差。

3. 原因分析

1）成形模回弹补偿不够，切边后应力释放，出现较大回弹。

2）翻边凸模型面回弹补偿不够，翻边后棱线上下均产生回弹，与零件图样要求有较大偏差。

3）翻边顺序不合理，无法弥补半成品及翻边凸模型面回弹补偿不够的回弹补偿量。

4. 解决与防止措施

生产中采取的措施是：

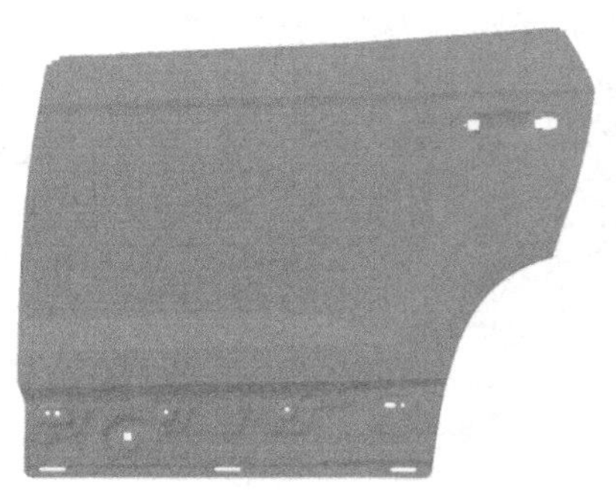
图 5-54　SUV 后车门外板

图 5-55　切边后半成品

1）依据偏差量，将翻边凸模堆焊、重新加工。

2）更改翻边模上模翻边工作部分的高度，调整翻边顺序，先成形回弹较大区域，后成形回弹较小的部分，以弥补成形回弹量。

3）如图 5-56 所示，重新进行成形过程的数值模拟、重新设计成形模型面。此方法为根本解决方法，但周期较长、会增加一些成本。

图 5-56　翻边后零件尺寸

5.2.12　收割机钢板轴承座球面直径超差

1. 零件特点

联合收割机钢板轴承座如图 5-57 所示。零件材料为 08 钢，料厚为 2.5mm。使用时将两件对装在一起，中间夹装两面带封闭圈的外球面单列向心球轴承。轴承外球面与轴承座配合能自动调心，故对轴承座球面直径 $\phi72_{-0.060}^{-0.030}$mm 的尺寸精度要求较高。这样高的尺寸精度已超过一般成形件所能达到的精度等级，采用内孔翻边来加工该零件难度较大。

2. 废次品形式

尺寸超差。生产中原采用的冲压工艺方案为：剪切下料（条料宽度为 128mm）→落料、冲孔（外径 ϕ122mm，预冲孔径 ϕ61mm）→内孔翻边（翻 ϕ72mm 球面）→冲三个方孔（11mm×11mm）。在翻边工序，制件 $\phi72\text{mm}_{-0.060}^{-0.030}$mm 球面直径超差，不能满足使用要求。

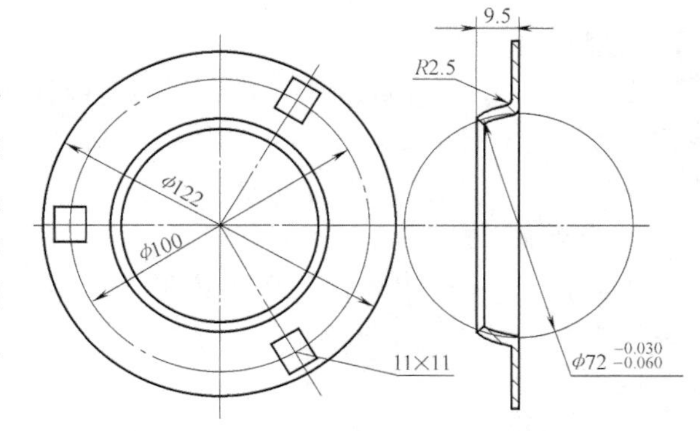

图 5-57　收割机钢板轴承座

3. 原因分析

1）内孔翻边变形时，口部边缘变形程度最大。在单向拉应力作用下坯料变薄严重。从口部边缘向 *R*2.5mm 圆角根部，坯料的变薄量逐渐减小，*R*2.5mm 圆角处坯料厚度基本不变或变化很小。翻边变形的这种成形特点决定了采用这种工艺很难达到这样高的尺寸精度。

2）采用图 5-58 所示翻边凸模。当凸模冲至下死点时，凸模平台与制件法兰处坯料接触并压实贴合，而球面处因坯料减薄，凸、凹模不可能与制件贴合。

3）凸模回程后，制件因弹性回复也会使球面直径超差。

4）翻边凸、凹模球面制造精度偏低。

4. 解决与防止措施

生产中采取的解决措施是：

1）提高模具加工制造精度。由于制件公差要求很严，故相应的模具制造精度也应提高。

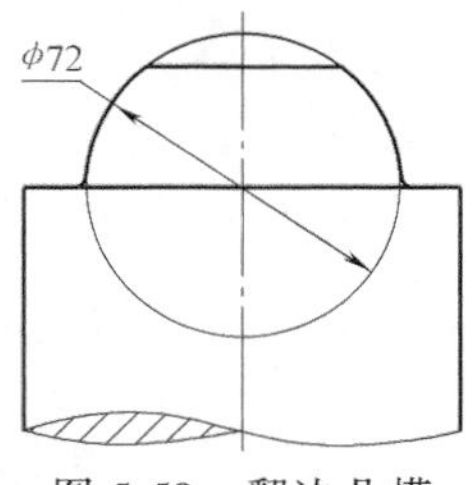

图 5-58 翻边凸模

2）为防止零件的尺寸超差，凸、凹模尺寸与形状应通过试模不断调整，以便能对回弹量进行补偿。

3）增加一道整形工序，在翻边、冲三个方孔后再对球面直径的全表面进行一次精整。整形凸、凹模球面部分热处理淬硬后进行成形磨削，严格控制其形状和尺寸精度。

在整形工序，模具的球面将根部坯料挤向口部，使整个制件的球面都产生轻微塑性变形。其目的是使制件球面壁厚均匀，另外在于改变球面处坯料的应力状态，减小制件的回弹，使制件与模具吻合。因精整力较大，故必须采用精度高、刚性好的压力机。与一般压力机比较，采用高精压力机的精整效果较好。

5.2.13 轿车座椅调角器转板尺寸超差、余料聚积

1. 零件特点

某轿车座椅调角器转板如图 5-59 所示。零件材料为 Q235A 或 15 热轧钢板，料厚为 3mm。该件形状复杂，尺寸精度要求较严。从成形工序来看，该件属弯曲、胀形、翻边复合成形件。其中 *D—D*、*B—B* 剖面和 *C—C* 剖面局部 $\phi10^{+0.058}_{0}$mm 内孔属伸长类翻边。因该件涉及工序次数较多，工序间相互影响，冲压加工有一定的难度。

2. 废次品形式

生产中原采用的冲压加工工艺方案为：落料、冲孔→成形→冲孔、压 $\phi5^{0}_{-0.1}$mm 凸台→冲孔（$\phi3.8^{+0.1}_{0}$mm、$\phi4.1^{+0.2}_{0}$mm、$2\times\phi6.1^{+0.1}_{0}$mm）→翻边（*B—B* 剖面外形圆角处）→翻边、整形［*D—D* 剖面、*C—C* 剖面 $\phi10^{+0.058}_{0}$mm，*B—B* 剖面（4±0.2）mm］。零件加工完成后出现以下两种形式的废次品：

1）尺寸超差。左上端外轮廓 $R35.5^{+0.2}_{0}$mm 处形状不规则，尺寸超差，生产极不稳定。

2）余料聚积。如图 5-60 所示，*B—B* 剖面尺寸（4±0.2）mm 的端部产生余料聚积，且余料沿圆弧分布不均匀。

3. 原因分析

1）第一道工序的落料毛坯形状与尺寸不合理。由于毛坯不完全符合后续工序的要求，致使第二道工序后，制件轮廓发生变化，局部外形变化较大，无法保证翻边工序的顺利进行。

2）原工艺方案不合理。成形工序后，制件外形及尺寸的变化无法控制。

3）第二道成形工序的定位不可靠。原设计由外形和一个孔来定位，因成形工序外形的变化致使定位精度无法保证，产品尺寸精度无法控制，生产极不稳定。

4）工序性质造成了余料聚积。*B—B* 剖面尺寸（4±0.2）mm 处属不封闭的变薄翻边，

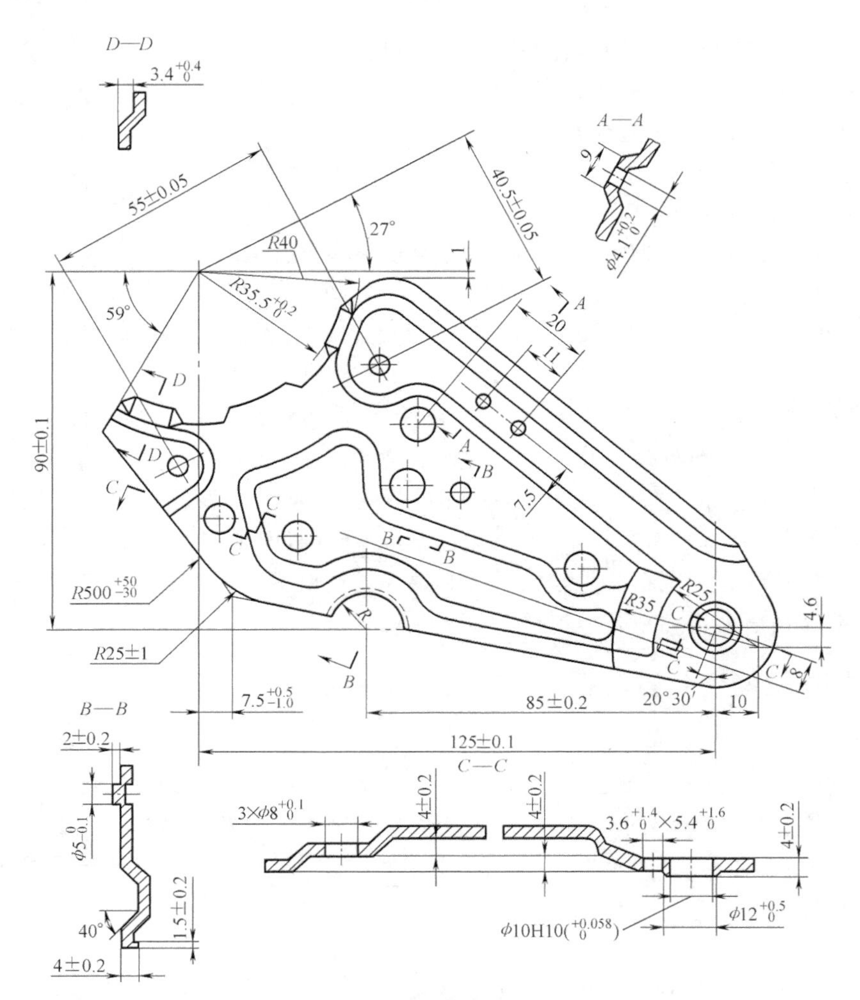

图 5-59　座椅调角器转板

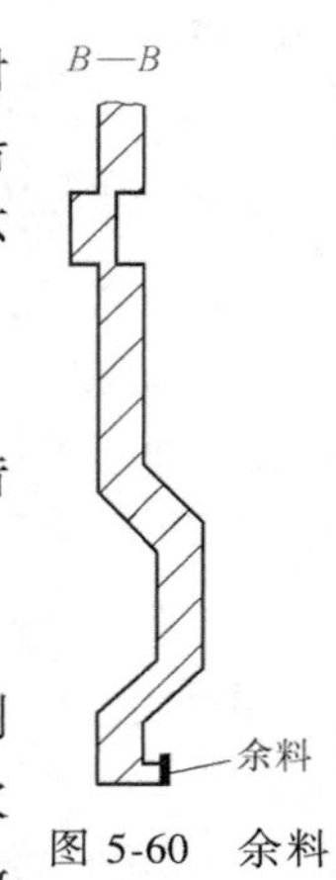

图 5-60　余料聚积

其变形的工序性质决定了必须有多余坯料向翻边端部转移。因制件形状不封闭，多余坯料在翻边时产生反卷，形成了余料聚积。又因应力、应变状态沿半圆周分布不均匀，金属流动时受到的阻力也不均匀，造成了余料分布的不均匀。

4. 解决与防止措施

为了消除上述形式废次品，保证大批量稳定生产，生产中采取的解决措施是：

1）改变原落料毛坯的形状与尺寸，留出修边余量。

2）改变原工艺方案，在第二道成形工序之后增加修边工序，对 *D—D* 剖面 $R35.5^{+0.2}_{0}$mm 和 *B—B* 剖面圆角处进行修边。具体而言，为不增加工序次数，不影响生产效率，将修边、冲孔和压 ϕ5mm 凸台复合起来进行。这样做的目的是确保后道翻边工序制件局部形状与尺寸的准确性。

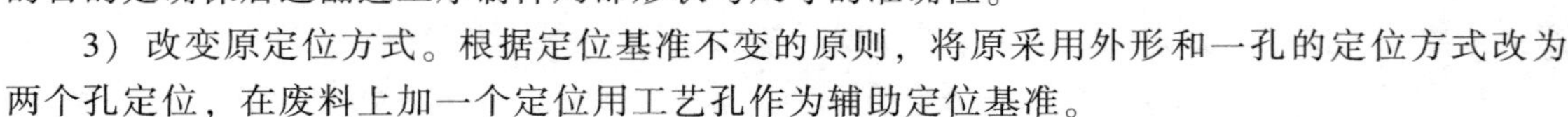

3）改变原定位方式。根据定位基准不变的原则，将原采用外形和一孔的定位方式改为两个孔定位，在废料上加一个定位用工艺孔作为辅助定位基准。

定位基准在成形时不应发生变化，这在冲压加工时应特别注意。这不仅对本例，而且对所有的冲压件来说具有普遍意义。

采取了上述三项措施后，零件质量得到了很大的提高，零件的形状和尺寸相当稳定。

5.2.14　汽车门锁固定板螺纹孔距超差、有效螺纹不足

1. 零件特点

某汽车门锁固定板如图5-61所示。零件材料为08钢板，料厚为2mm。该件6个螺纹孔孔距必须满足未注公差尺寸的极限偏差要求，若超差太多，会影响到门锁装配。螺纹孔的有效螺纹也必须大于3扣，否则装配时容易产生滑丝现象。

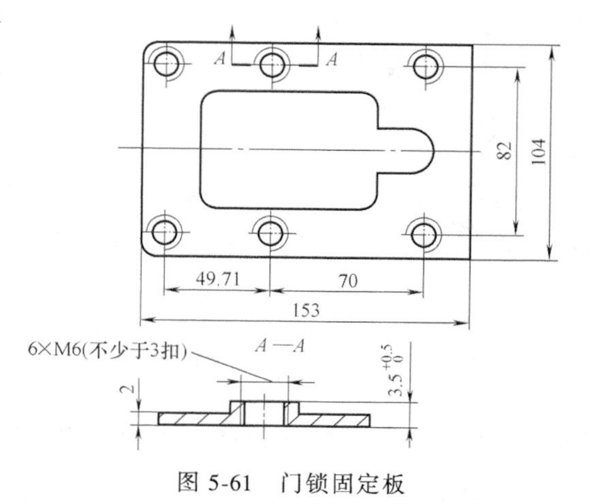

图5-61　门锁固定板

2. 废次品形式

1）孔距超差。生产中原采用钻预制孔$\phi3.2$mm，后翻边到$\phi4.97$mm，高3.5mm的加工工艺来制造螺纹底孔。6个孔分别钻孔、翻边后，制件螺纹孔孔距超差严重，给装配带来了困难。

2）有效螺纹不足。制件翻边后口部变薄，高低不平，攻螺纹后有效螺纹不足3扣，装配时常产生滑丝现象。

3. 原因分析

1）采用分别钻孔、单个翻边的工艺方案，由于多次定位，便造成了孔距严重超差。

2）由于预制孔与翻边凸模外径差值较小，在翻边过程中产生了扩孔现象，少量坯料产生径向流动，从而使参与变形的材料减少。此外，翻边后口部不平，根部带有一定的圆角半径，使攻螺纹后有效螺纹减少。

4. 解决与防止措施

如图5-62b所示，生产中采用了一套无预冲孔翻边模，一次行程冲出6个螺纹底孔，靠模具的加工精度保证了孔距的位置度要求。

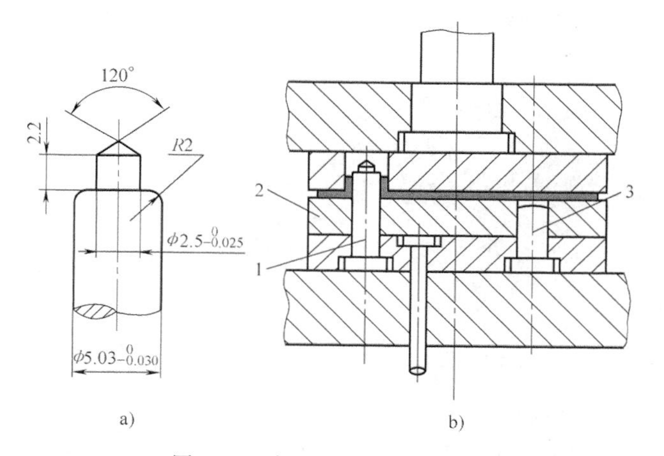

图5-62　翻边凸模及模具结构

a）翻边凸模　b）模具结构

1—凸模　2—顶板　3—小导柱

无预冲孔的翻边过程如图5-63所示。当凸模接触板材时，坯料在双向拉应力作用下形成一局部凸台，表面积增加，厚度减薄。这实际上是一个胀形过程。随着凸模的深入，当与凸模尖部接触的坯料内应力达到材料的抗剪强度时，便在凸模尖部产生单向裂纹，裂纹沿最大切应变方向扩展，使板料产生了分离。这实际上是个冲

孔过程。当凸模继续上升（凹模下降）时，便进入了翻边工序。因此，无预冲孔的翻边过程是胀形、冲孔、翻边的连续复合成形过程。

在无预冲孔的模具设计中，凸模圆形凸起高度要严加控制，太长容易失稳，太短则会使翻边在冲孔未结束时就开始，导致产生竖边裂纹，口部呈锯齿状。如图 5-62a 所示，一般取其值为 1.1 倍的料厚，本例为 2.2mm。

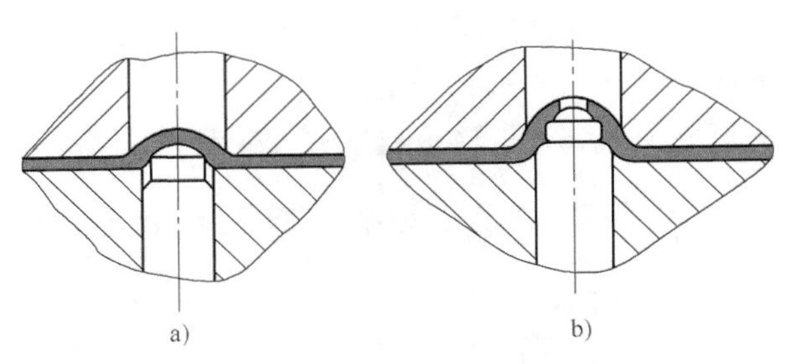

图 5-63 无预冲孔的翻边过程
a）胀形过程 b）冲孔翻边过程

在翻边过程中凹模起着重要作用，凹模孔径计算公式为：

$$D_d = D_p + 2\times0.65t = 5\text{mm} + 2\times0.65\times2\text{mm} = 7.6\text{mm}$$

式中 D_d——凹模内径（mm）；

D_p——凸模外径（mm）。

此外，凸模圆形凸起直径应大于它本身的高度，本例中取 ϕ2.5mm。

5.2.15 发动机盖外板翻边凹坑、波纹

1. 零件特点

某汽车发动机盖外板 3D 视图如图 5-64 所示。材料为烘烤硬化钢 CR180BH，外形尺寸为 1600mm×1500mm，料厚为 0.7mm。该件属于典型的大型汽车覆盖件，形状简单，但有较大面积与凸模接触。为使零件冲压时变形充分，原始毛坯周边必须加工艺补充面，并设置较深的拉深筋。

2. 废次品形式

凹坑和波纹。生产中采用的工艺方案是：成形→修边→翻边、整形→自动卸料。在翻边、整形→自动卸料之后，产生了如图 5-65 所示的凹坑和波纹等缺陷。另外，在翻边模退料器顶件处还产生了变形。

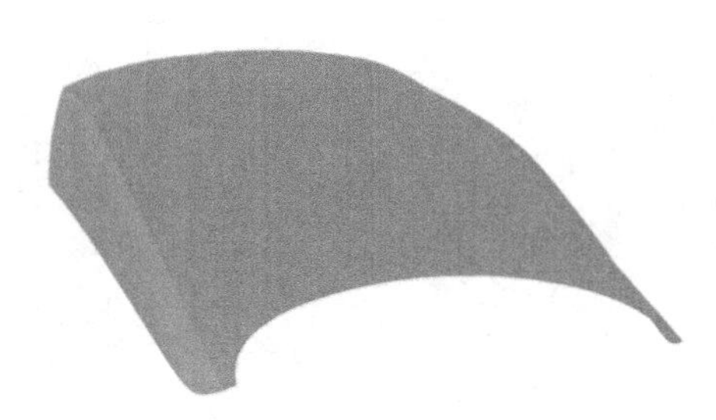

图 5-64 发动机盖外板 3D 视图

图 5-65 缺陷图片

3. 原因分析

零件与凸模接触面积大，采用图 5-66 所示自动卸料机械手抓件或退料器顶件时，凸模与零件之间产生较大负压，增加了需要的退料力，导致机械手或退料器与零件接触处产生微小变形，表现为凹坑、波纹或形状偏差；另外，为使变形充分，工艺补充面和拉深筋的作用

使成形工序材料受到较大的拉应力，在修边后应力释放会产生残余应力。这种残余应力也会引起产品发生局部变形。

4. 解决与防止措施

生产中，如图 5-67 所示，采取在凸模上开足够排气孔的方法，消除负压影响解决了问题。采取该项措施后的效果如图 5-68 所示。

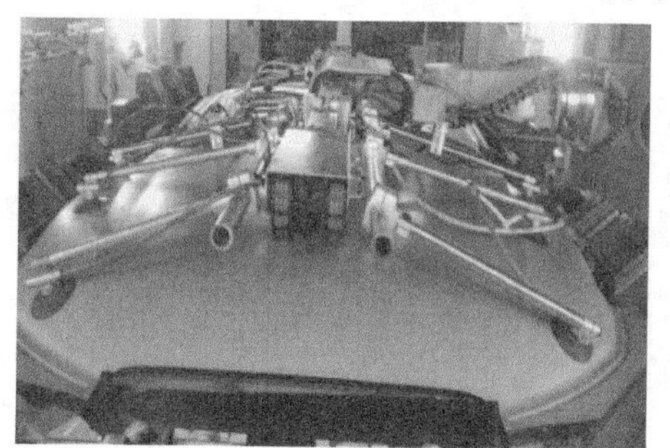

图 5-66　自动卸料机械手形式

图 5-67　改进后的凸模

5.2.16　汽车后门外板翻边褶皱

1. 零件特点

某汽车后门外板 3D 视图如图 5-69 所示。材料为烘烤硬化钢 CR180BH，外形尺寸为 1000mm×600mm，料厚为 0.7mm。该件属于典型的汽车覆盖件，形状简单，但法兰上存在内圆弧折点，且法兰的翻边圆角较小。

图 5-68　改进后的效果

2. 废次品形式

褶皱。生产中采用的冲压工艺方案是：成形→修边→翻边、整形。如图 5-70 所示，在翻边工序，法兰及立面上产生褶皱。

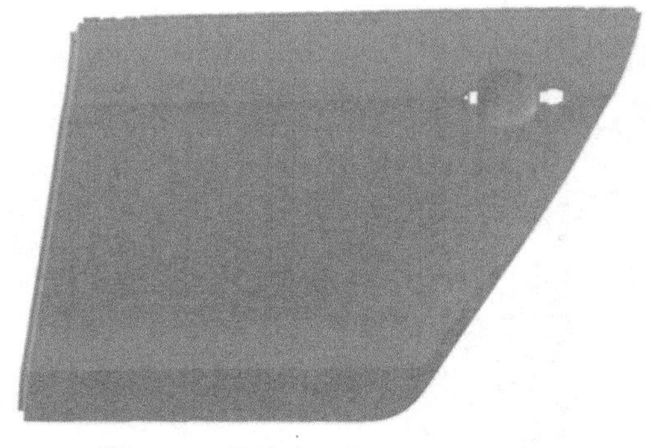

图 5-69　某汽车后门外板 3D 视图

图 5-70　翻边工艺的褶皱状况

3. 原因分析

图 5-70 所示的翻边工序属于压缩类翻边。由于翻边圆角较小，成形、修边后翻边时多余的材料无处流动，聚集起来便产生了褶皱。

4. 解决与防止措施

生产中采用图 5-71 所示的夹料翻边装置，在凹模对侧增加氮气弹簧，与凹模一起夹持法兰面，使材料均匀流动，从而有效控制了材料的起皱。图 5-72 所示为该夹料翻边装置的原理。

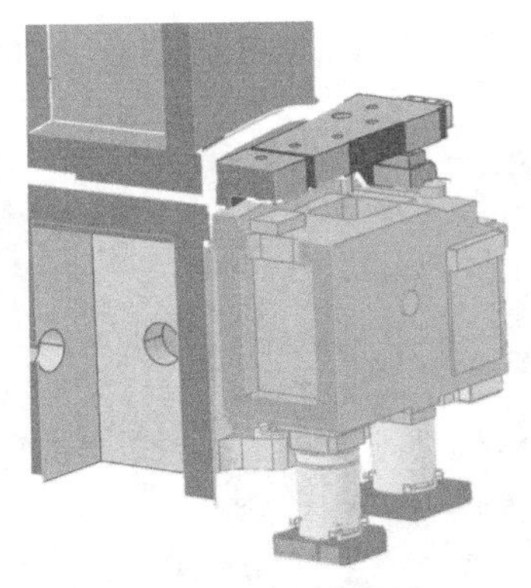

图 5-71 夹料翻边装置结构 3D 视图

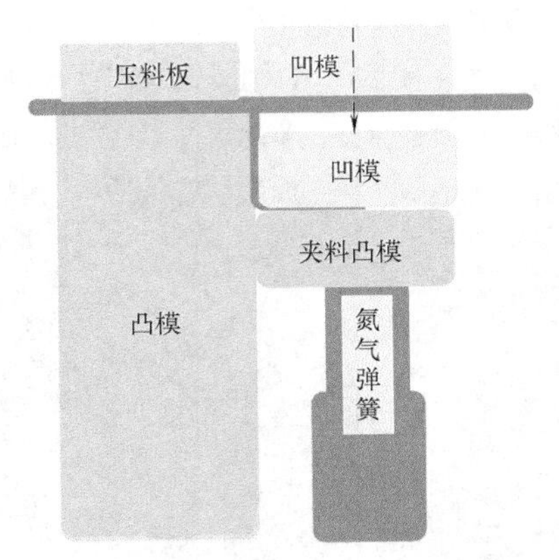

图 5-72 夹料翻边装置的原理

图 5-73 显示了采用夹料翻边装置后的成形效果。

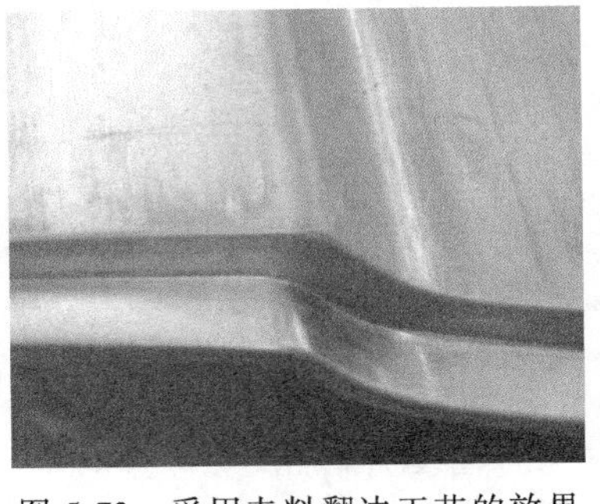

图 5-73 采用夹料翻边工艺的效果

5.2.17 某轿车顶盖前角钣金坑

1. 零件特点

某轿车顶盖 3D 视图如图 5-74 所示。零件材料为 DC04 镀锌冷轧钢板，料厚为 0.7mm，外形尺寸为 1150mm×810mm。该件为汽车外覆盖件，对零件外观质量要求极高。

2. 废次品形式

表面钣金坑。生产中采用的工艺方案是：落料→成形→切边→翻边。如图 5-75 所示，翻边后零件左前角出现钣金坑缺陷（也称为钣金波浪、波浪或坑），这种缺陷很浅，有时要在涂漆后在灯光下才能发现，影响了车辆的外观。

图 5-74 某轿车顶盖 3D 视图

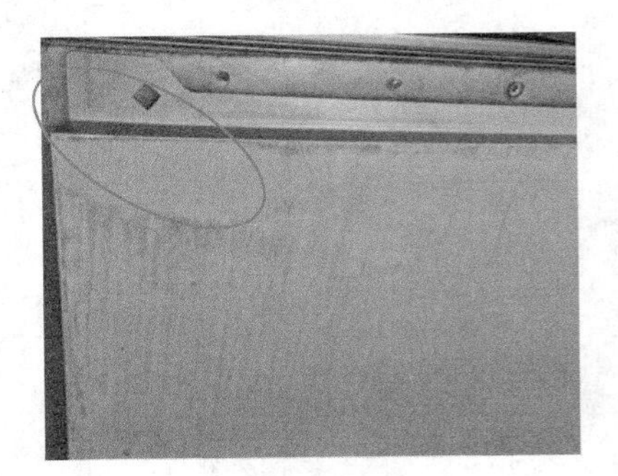

图 5-75 翻边钣金坑缺陷

3. 原因分析

1）板料局部塑性变形不均匀，厚薄不均匀；翻边压料力不足，导致翻边时局部材料减薄量较小。

2）翻边后圆角处回弹，导致局部面变形，视觉表现为钣金坑缺陷。

4. 解决与防止措施

生产中采取的解决措施是：

1）仔细研磨压料板，使压料板与凸模完全贴合，增大局部材料的变形量。

2）减小翻边凸模圆角及凸、凹模间隙，增大翻边圆角处的弯曲变形量，控制回弹的变形量。

采取上述措施后生产出了合格的制件，其效果如图 5-76 所示。

图 5-76　合格制件效果

5.2.18　某轿车顶盖翻边划痕

1. 零件特点

某轿车顶盖 3D 视图如图 5-77 所示。零件材料为 DC03 电镀锌冷轧钢板，料厚为 0.7mm，外形尺寸为 1140mm×790mm。该件为汽车外覆盖件，属于具有大平面的浅成形件，对零件外观质量要求极高。

2. 废次品形式

表面划痕。生产中采用的 6 道工序工艺方案是：成形→修边→翻边、整形→修边、整形→修边、冲孔→翻边、冲孔。如图 5-78 所示，翻边后零件左前角出现划痕缺陷（也称为表面印痕），影响了车辆的外观。

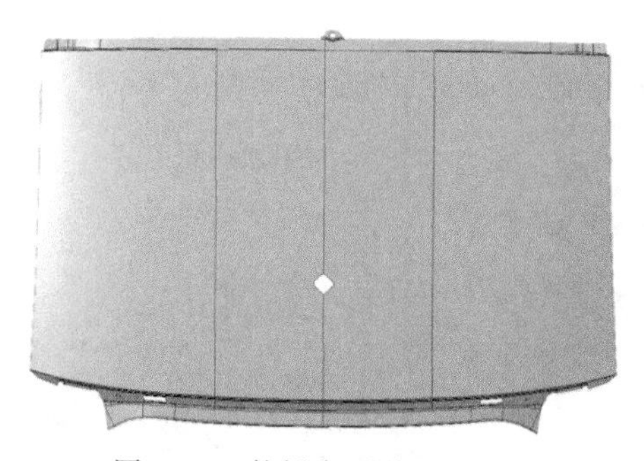

图 5-77　某轿车顶盖 3D 视图

图 5-78　翻边划痕

3. 原因分析

1）采用镶块模具，如图 5-79 左上角与图 5-80 所示，翻边镶块接缝不严密，镶块与镶块之间存在高度差，这是产生这种表面划痕的主要原因。

图 5-79　翻边凹模

图 5-80　镶块接缝不光顺

2）镶块模具的加工精度、镶块的工作面及镶块与镶块之间接触面的表面粗糙度值过高，也是产生表面划痕或表面印痕的原因。

3）压料面、凹模圆角表面粗糙度值高也会产生这类缺陷。

4）大批量生产时，模具磨损，或有杂物、料屑黏附在模具上也会造成这类缺陷。

4. 解决与防止措施

生产中解决问题采取的措施是：

1）翻边模具镶块接缝处须经研磨，保证镶块配合紧密，消除接缝间隙。

2）翻边镶块背侧靠台处增加垫片提高冲压时的牢固性或采用精度更高的键定位。

3）提高模具制造精度，降低压料面、凹模圆角的表面粗糙度值。

4）定期清洗模具，保持模具内清洁；改善模具的润滑条件。

5.2.19　某型计算机壳体翻边起皱、压伤及划痕

1. 零件特点

某型计算机壳体局部视图如图 5-81 所示。零件材料为铝镁合金，料厚为 0.5mm，外形尺寸为 430mm×300mm×10mm。该件为典型的翻边成形件。直边部分为直线翻边，与弯曲相同；角部为压缩类翻边，与拉深类似。作为外部面板件，零件要求表面光滑、无伤痕，尺寸精度要求较高。

2. 废次品形式

起皱、压伤及划痕。该零件的加工工艺方案是：落料→翻边→修边。如图 5-82 所示，零件在生产调试阶段，角部出现起皱、压伤及划痕缺陷，面板上部有磕碰，影响产品的外观。

图 5-81　计算机壳体局部视图

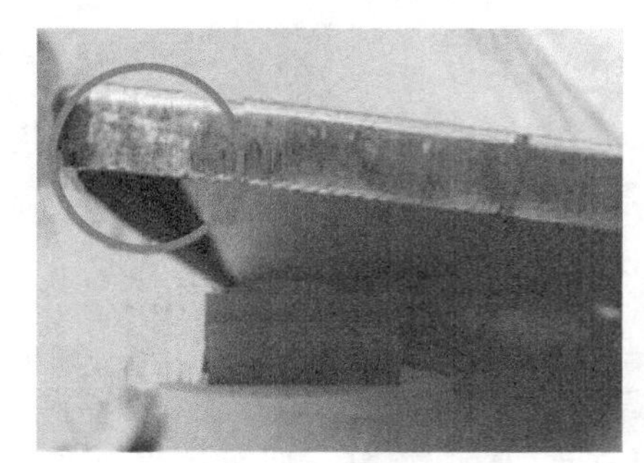

图 5-82　壳体缺陷（压伤、起皱、划痕）

3. 原因分析

起皱是压缩类翻边的常见缺陷，与压缩类翻边的变形机理有关。压伤及划痕产生的主要原因在于模具加工精度不高。具体而言造成上述废次品的原因是：

1）凸、凹模间隙偏小。这类压缩类翻边圆角处的变形类似于拉深。凸、凹模单边间隙取料厚 0.5mm 偏小，从图 5-82 中可看出角部的翻边高度明显比直边部位高，角部多余材料受模具限制无法向直边转移，周向压应力造成了角部的起皱。

2）原始毛坯形状不合理。坯料角部过渡圆角半径尺寸较小，材料偏多，增加了角部压缩类翻边的变形阻力。

3）模具加工精度低。模具工作部分表面粗糙值高是造成压伤和划痕的主要原因；此

外，模具磨损后不及时修模也会造成产品的压伤和划痕。

4）推件或顶件器与零件接触面积过小，以及生产过程中的不当操作，是造成磕伤的主要原因。

4. 解决与防止措施

生产中采取的解决措施是：

1）增大凸、凹模具的间隙。按照圆筒形件的拉深，取凸、凹模单边间隙为料厚的105%~106%，即0.525~0.53mm。

2）调整坯料形状及尺寸。落料件两个角改为大圆角过渡，具体尺寸视翻边模具调试制件质量情况而定。

3）提高模具的加工精度，抛光翻边凸、凹模。模具磨损后及时进行修模。

4）增大推件或顶件器的尺寸，扩大其与零件接触面积；避免不当操作。

5）采用好的润滑剂对模面及板料进行润滑。

5.2.20 仪表板翻边起皱

1. 零件特点

仪表板外形如图5-83所示。零件材料为CR210P，料厚为0.8mm，外形尺寸为1530mm×330mm。CR210P的主要力学性能见表5-2。该件属于拉深、弯曲、胀形和翻边复合成形件。零件沿长度方向有较长的翻边特征，容易发生起皱和回弹。

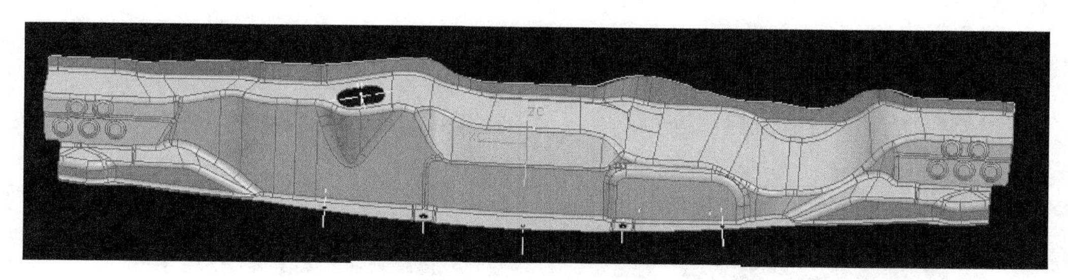

图5-83 仪表板外形

表5-2 CR210P的主要力学性能

屈服强度 $R_{p0.2}$/MPa	抗拉强度 R_m/MPa	硬化指数 n	塑性应变比 γ
246	349	0.16	1.62

2. 废次品形式

翻边起皱。生产中采用下料（剪板机）、拉深、修边→冲孔、修边→冲孔、侧冲孔、翻边→整形、修边→侧修边、冲孔的冲压工艺方案。采用1650mm×450mm矩形毛坯，如图5-84所示，在翻边、整形工序产生了起皱。起皱后的翻边位置不利于零件进行搭接和焊接。

3. 原因分析

本零件的起皱发生在翻边工序。该翻边属于压缩类翻边，起皱的根本原因为翻边变形区材料较多，产生了压缩失稳。零件外边缘均需要翻边和整形，图5-84中的两处起皱均为压缩类起皱。引起起皱的主要原因有：

1）翻边变形过程中，外侧变形区材料长度和面积均会缩小，造成材料受压缩，在超过压缩失稳极限后，发生起皱。

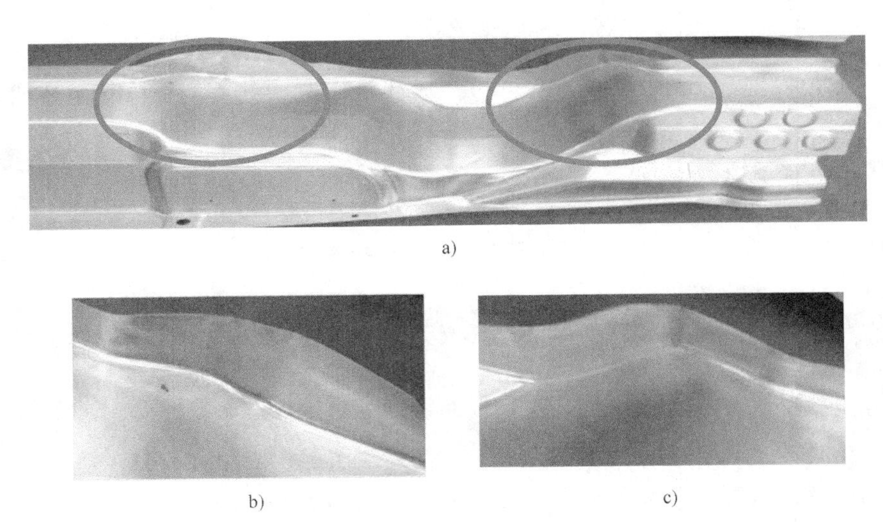

图 5-84 翻边后的起皱

a）半全貌 b）左侧放大 c）右侧放大

2）翻边的变形程度与拉深工序密切相关。拉深工序如果预留翻边尺寸太大容易破裂，如果预留翻边尺寸太小又会造成翻边工序尺寸变化较大，导致起皱。

3）压料芯压力不足，从而导致翻边时非变形区域的材料向变形区流动，从而造成起皱。

4）翻边间隙设置不合理，导致起皱。

4. 解决与防止措施

生产中采取的解决措施是：

1）调整优化翻边间隙，保证间隙均匀。本例的翻边为非竖直翻边，一般将翻边间隙设置为料厚 t，即 0.8mm。

2）如图 5-85 所示，为减少翻边工序的翻边变形程度，增加了拉深工序相应翻边位置的

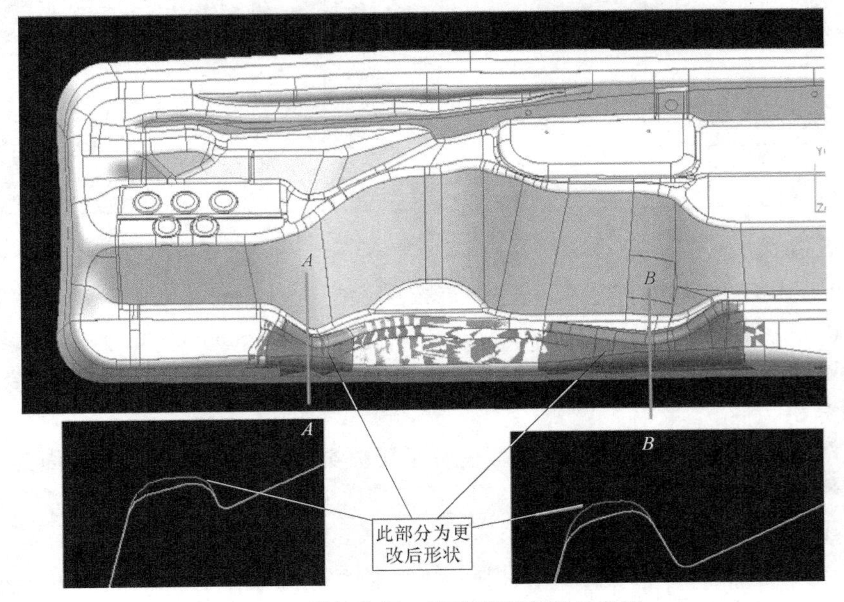

图 5-85 增加拉深工序的型面高度示意图

型面高度。

3）增加压料芯压力，保证压料稳定性，减小翻边过程中的材料流动。

5.3 翻边件常见废次品及质量控制要点

5.3.1 翻边件常见废次品及预防措施

伸长类翻边加工的实质在于凹模圆角以内环状区域的伸长变形。翻边过程中变形区内坯料的伸长变薄程度有限，而预制孔边缘的状况不同；翻边变形的种类繁多，且常与弯曲、拉深和胀形变形同时发生。由于翻边加工时，坯料的上述变形特征，故在实际生产中，翻边制件常出现的主要废次品形式表现为：

1）坯料的过度变薄和翻边件口部的破裂。其中包括因材料塑性不足引起的塑性破裂和因预制孔边缘状况不好造成的破裂等。

2）尺寸超差。其中包括制件翻边高度，内、外径超差和制件整体的几何误差等。

3）形状不良、表面缺陷。其中包括翻边件口部不齐、整体翘曲、扭曲和局部区域出现的凹凸不平等。

翻边件常见的废次品形式、产生原因及预防措施见表5-3。

表5-3 翻边件常见废次品形式、产生原因及预防措施

废次品形式及简图	产生原因	预防措施
扩孔或翻边破裂（塑性破裂）：制件口部，破裂发生在最大力出现之后 开裂	材料变形超过其塑性成形极限，或预冲孔边缘质量较差。具体而言，可能是翻边系数或扩孔率太小；预冲孔或切口凸、凹模磨损；预冲孔偏移或翻边凸、凹模没有对正；翻边凸模的形状不良、出现筋棱或过于粗糙；对于不封闭翻边件，主要变形区的伸长变形方向与板料轧制方向垂直。这类破裂通常可以用翻边系数、扩孔率和板料的成形极限线图（FLD）来预测	1. 改变制件结构，降低翻边深度，减小扩孔直径或变形程度 2. 采用锋利模具冲孔、切口，采用钻孔或线切割制孔，保证预冲孔和切口质量 3. 采用球形、椭球形或锥形凸模来代替圆柱形凸模。凸模圆滑过渡，尽量使变形均匀 4. 对于不封闭翻边件，使主要变形区的伸长变形方向与板料轧制方向平行或成45°角 5. 在成形件上翻边时，增加中间退火工序，提高材料的塑性
口部不平：口部高低不齐	预冲孔位置不正；翻边凸、凹模定位误差，位置偏移；异形孔或不封闭曲线翻边时，预冲孔或切口形状不合理；异形孔翻边时，伸长类、压缩类翻边与弯曲变形特征的差异造成了口部不齐	1. 提高模具导向和定位的精度，预冲孔和翻边凸、凹模对正 2. 掌握材料变形规律，合理设计翻边预冲孔和切口的形状和尺寸

（续）

废次品形式及简图	产生原因	预防措施
尺寸超差：口部尺寸超差，高度尺寸不足	圆孔翻边时，切向纤维伸长、径向纤维收缩造成制件翻边高度不足；翻边卸载后，回弹使口部尺寸减小。翻边根部圆角半径的存在使凸模与制件根部不能贴合产生倒锥	1. 提高模具加工精度，减小凸、凹模间隙 2. 调整预冲孔或切口形状和尺寸进行补偿 3. 采用变薄翻边 4. 计算回弹量，设置回弹补偿
形状不良、表面缺陷：褶皱、钣金坑等	压缩类翻边，翻边圆角较小，成形、修边后翻边时多余的材料无处流动，聚集起来便产生了褶皱；局部塑性变形不均匀，板料厚薄不均匀；翻边压料力不足，回弹导致局部面变形，视觉表现为钣金坑缺陷	1. 采用夹料翻边装置 2. 研磨压料板，使压料板与凸模贴合，增大局部材料的变形量 3. 减小凸模圆角及凸凹模间隙，增大圆角处的弯曲变形量，控制回弹的变形量

5.3.2　翻边件质量控制要点

1. 控制翻边破裂的加工极限

（1）圆孔翻边　圆孔翻边也称内孔翻边，属于伸长类翻边，其变形的实质是凹模圆角以内环形区域的坯料在双向拉应力作用下，产生一向伸长、两向压缩的变形。当坯料边缘的伸长变形超过材料的变形极限时，就在此处产生颈缩或裂纹。因此，坯料边缘的伸长变形极限决定了翻边破裂的加工极限。与拉深破裂发生在制件的传力区不同，伸长类翻边破裂发生在制件变形最大的孔边缘或口边缘；与胀形破裂不同，伸长类翻边破裂是一种塑性破裂。生产中，用翻边系数 K_f 来表示翻边的变形程度，用不产生破裂或不产生颈缩时的最小翻边系数 K_{fmin} 来评定内孔翻边的加工极限。材料的伸长率 A 值（或均匀伸长率 A_u 值）、塑性应变比 γ 和加工硬化指数 n 值是反映翻边成形性能的重要指标。

K_{fmin} 的理论值可根据板料成形的失稳理论导出，即

$$K_{fmin}=e^{-(1+\bar{\gamma})^{n}}$$

式中　$\bar{\gamma}$——板料塑性应变比的平均值。

　　　n——材料的硬化指数。

由此可见，材料的 n 值与 $\bar{\gamma}$ 值越大，则 K_{fmin} 越小，即翻边的极限变形程度越大。常用材料的 n 和 $\bar{\gamma}$ 值见表 5-4。

表 5-4　常用材料的 n 值和 $\bar{\gamma}$ 值

力学性能	3A21(O)	2A12(O)	10 钢	20 钢	1Cr18Ni9Ti	H62
n 值	0.21	0.13	0.23	0.18	0.34	0.38
$\bar{\gamma}$ 值	0.44	0.64	1.30	0.60	0.89	1.00

试验表明，最小翻边系数不仅与材料的种类及性能有关，而且与预制孔的加工性质和状态（钻孔或冲孔，有无毛刺），毛坯的相对厚度［以 $(t/D)\times100$ 表示］，以及凸模工作部分

的形状等因素有关。用球形（抛物线形或锥形）凸模可得到比平底凸模更小的翻边系数。平底凸模相对圆角半径 r/t 越大，翻边系数越小。表 5-5 所列为低碳钢的最小翻边系数。其他一些材料的最小翻边系数见表 5-6。

表 5-5 低碳钢的最小翻边系数 K_{fmin}

凸模形式	孔的加工方法	比值 d_0/t										
		100	50	35	20	15	10	8	6.5	5	3	1
球形凸模	钻后去毛刺	0.70	0.60	0.52	0.45	0.40	0.36	0.33	0.31	0.30	0.25	0.20
	用冲孔模冲孔	0.75	0.65	0.57	0.52	0.48	0.45	0.44	0.43	0.42	0.42	—
柱形凸模	钻后去毛刺	0.80	0.70	0.60	0.50	0.45	0.42	0.40	0.37	0.35	0.30	0.25
	用冲孔模冲孔	0.85	0.75	0.65	0.60	0.55	0.52	0.50	0.50	0.48	0.47	—

表 5-6 其他一些材料的最小翻边系数 K_{fmin}

经退火的毛坯材料	K_{fmin}	经退火的毛坯材料	K_{fmin}
白铁皮	0.70	TA1(冷态)	0.64~0.68
黄铜 H62，t=0.5~0.6mm	0.68	TA1(300~400℃)	0.40~0.50
铝，t=0.5~5mm	0.70	TA5(冷态)	0.85~0.90
硬铝合金	0.89	TA5(500~600℃)	0.65~0.70
不锈钢，高温合金	0.65~0.69		

（2）非圆孔翻边

1）非圆孔翻边的作用。在各种结构中，会遇到带有竖边的非圆形孔及开口（椭圆、矩形以及兼有内凹弧、外凸弧和直线部分组成的非圆形开口）。这些开口多半是为了减轻重量和增加结构的刚度，竖边的高度不大，一般为 $4t\sim6t$，同时对其精度也没有很高的要求。

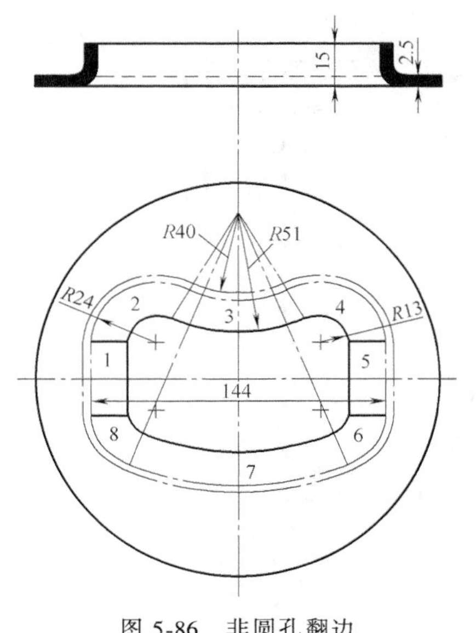

图 5-86 非圆孔翻边

2）翻边预制孔的形状和尺寸。如图 5-86 所示，翻边预制孔的形状和尺寸可根据开口的形状分段考虑。此图可分为 8 个线段来考虑，其中 2、4、6、7 和 8 可视为圆孔的翻边，1 和 5 可看作简单的弯曲，而内凹弧 3 可视为与拉深情况相同的压缩类翻边。因此，翻边前预制孔的形状和尺寸应分别按圆孔翻边、弯曲与拉深计算。以 1、5 的弯曲为准，2、4、6、7、8 转角处的翻边会使竖边高度略微降低，而 3 处的翻边会使竖边高度略有增高。为消除误差，2、4、6、7、8 转角处翻边的宽度应比直线部分的边宽增大 5%~10%。由理论计算得出的孔的形状应加以适当的修正，使各段连接处有相当平滑的过渡。

3）翻边成形极限。非圆孔翻边时，要对最小圆角部分进行允许变形程度的核算，由于相邻变形部分的互补作用，其最小翻边系数比相应的圆孔翻边要小些。一般 $K_{ffmin}=(0.85\sim0.9)K_{fmin}$。其中 K_{ffmin} 为非圆孔的最小翻边系数。

（3）外缘翻边　如图5-87所示，外缘翻边分外凸缘翻边和外凹缘翻边两种。外凸缘翻边也叫压缩类翻边或不封闭拉深，其变形性质和应力状态类似于浅拉深。外凹缘翻边也叫伸长类翻边或不封闭内孔翻边，其变形性质和应力状态与圆孔翻边相似。

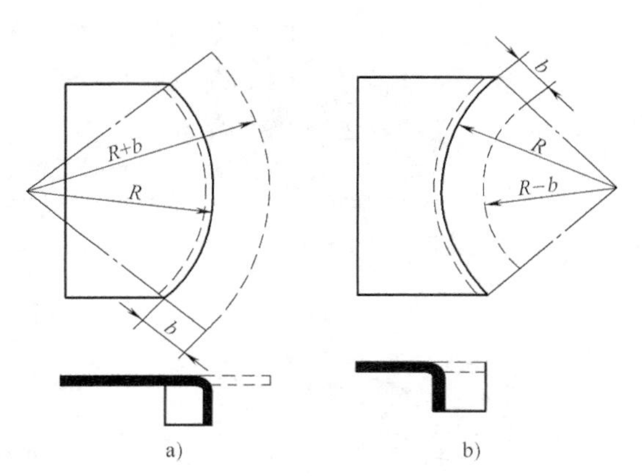

图5-87　外凸缘翻边和外凹缘翻边
a）外凸缘翻边（压缩类）b）外凹缘翻边（伸长类）

外凸缘（压缩类）翻边在翻边的凸缘内产生压应力，易起皱。外凹缘（伸长类）翻边在翻边凸缘内产生拉应力而易破裂。其应变分布及大小主要取决于工件的形状。变形程度 E 用下列公式表示：

压缩类翻边：$E_{压}=\dfrac{b}{R+b}$

伸长类翻边：$E_{伸}=\dfrac{b}{R-b}$

各种材料的外缘翻边允许的最大变形程度见表5-7。

表5-7　各种材料的外缘翻边允许的最大变形程度

金属和合金的名称		伸长类变形程度 $E_{伸max}\times100$		压缩类变形程度 $E_{压max}\times100$	
		橡皮成形	模具成形	橡皮成形	模具成形
铝合金	1035(O)	25	30	6	40
	1035(H26)	5	8	3	12
	3A21(O)	23	30	6	40
	3A21(H26)	5	8	3	12
	5A02(O)	20	25	6	35
	5A02(H26)	5	8	3	12
	2A12(O)	14	20	6	30
	2A12(H26)	6	8	0.5	9
	2A11(O)	14	20	4	30
	2A11(H26)	5	6	0	0
黄铜	H62 软	30	40	8	45
	H62 半硬	10	14	4	16
	H68 软	35	45	8	55
	H68 半硬	10	14	4	16
钢	10	—	38	—	10
	20	—	22	—	10
	12Cr18Ni9 软	—	15	—	10
	12Cr18Ni9 硬	—	40	—	10
	17Cr18Ni9	—	40	—	10

2. 注意板料或卷料的供货状况，提高翻边毛坯孔边缘和口边缘的断面质量

在伸长类翻边加工中，对板料翻边成形性能影响最大的材料特性是板料的塑性指标 A（或 A_u）值。塑性好的板料，翻边件边缘伸长率大，翻边系数 K_{fmin} 可以减小。此外，硬化指数 n 值大的板料，翻边成形时变形均匀，翻边变形程度大。因此，在可能的情况下，应尽

量选择伸长率 A（或 A_u）和 n 值大的翻边毛坯材料。

除材料特性外，对于伸长类翻边毛坯而言，还应特别注意：

1）提高翻边毛坯孔边缘和口边缘的断面质量。冲孔时应选取合理的模具间隙。一般而言，冲孔凸、凹模单边间隙应取（5~10）%t，且应保持刃口锋利。然而，试验表明，当间隙达到板厚的100%以上时，由于坯料分离属拉伸断裂，切口的加工硬化与损伤较小，故翻边变形程度反而会提高，K_{fmin} 减小。

采用切削冲孔、反向再扩孔、冲孔后挤光孔缘等措施来提高翻边毛坯边缘的断面质量均可有效地提高伸长类翻边的变形程度，较大幅度地降低 K_{fmin} 值。用钻孔来代替冲孔，也可取得同样的效果。

2）坯料厚度不得超差。因为板料相对厚度大时，参与塑性变形的坯料较多，K_{fmin} 小，翻边变形程度大。故超薄的翻边毛坯易产生边缘处的破裂。

3）注意伸长类翻边毛坯下料方向。一般情况下，翻边件边缘裂纹容易从平行于板料轧制的方向发生。因此，对于伸长类外缘翻边件来说，应注意毛坯的下料方向，尽量使翻边方向与坯料轧制方向垂直或与坯料轧制方向成45°角。

4）注意伸长类翻边毛坯孔或口边缘毛刺的方向。因为采用冲孔或落料制坯后，翻边孔或口的内外表面伸长变形极限不同；另外，由于圆锥凸模、抛物面形凸模和球底凸模对毛刺、剪裂带部位有挤光作用，故在伸长类翻边加工时，应尽量使毛刺朝向翻边凸模一侧。这里要注意两个问题：一是在为翻边制坯时，应注意毛刺的方向；二是在进行翻边加工时，操作者应注意毛坯的放置方向。

5）注意伸长类翻边毛坯的热处理状态。因伸长类翻边破裂属于塑性破裂，故退火后的软态毛坯翻边变形程度较大。此外，通过退火可消除孔边缘和口边缘的加工硬化，对伸长类翻边加工极为有利。目前，生产中常使用高频感应加热或火焰加热对翻边件进行局部退火。对不锈钢等金属材料，采用100~200℃的低温加热冲裁，也可以明显地提高伸长类翻边的变形能力。

3. 认真分析翻边件的结构工艺性

翻边件的结构工艺性是指翻边件对冲压工艺的适应性。因为翻边加工中总是伴随着弯曲、胀形等其他方式的成形发生，故掌握金属的变形规律，识别占主导地位的翻边变形工序性质，认真分析翻边件的结构工艺性同样有着重要的意义。就目前的冲压加工工艺水平和模具制造水平来说，除翻边系数要大于 K_{fmin}，翻边变形程度要小于 $E_{伸max}$ 或 $E_{压max}$ 之外，翻边件还应满足以下几方面的工艺性要求：

1）翻边件的形状应尽量简单、对称、封闭。轴对称内孔翻边件在圆周方向受到的应力和变形是均匀的，模具加工也容易，其工艺性较好。

然而，在实际生中的大多数翻边件具有不均匀的轮廓。特别是汽车、拖拉机等大型覆盖件中，其翻边轮廓几乎全部是不均匀的。对于这类具有不均匀轮廓的翻边件，由于其变形的不均匀性，除了翻边开裂外，还很容易产生形状不良、尺寸超差等冲压件缺陷，故其工艺性较差。

对于不封闭的伸长类外缘翻边件而言，如图5-88a所示，由于径向拉应力较小，弯曲变形区域大，很容易形成鼓凸，这类形状缺陷可以通过加大凸模圆角半径得到一定程度的减轻，但要完全消除，则必须采用变薄翻边的方法。

如图5-88b所示，伸长类外缘翻边件由于弯曲回弹的结果，很容易造成制件拱弯。除了采用伸长类和压缩类复合翻边工艺外，很难有效克服这种拱弯现象。

此外，这类翻边件还会产生尺寸超差、余料聚积等其他形式的废次品。

2）伸长类翻边件毛坯厚度不宜太薄。因为这类翻边件的破裂加工极限由孔边缘或口边缘的塑性变形极限决定，故当采用极薄的翻边毛坯时，制件很容易开裂。对这类翻边件，一般采用先拉深后翻边或胀形、翻边复合成形的方法来增加其翻边的高度。

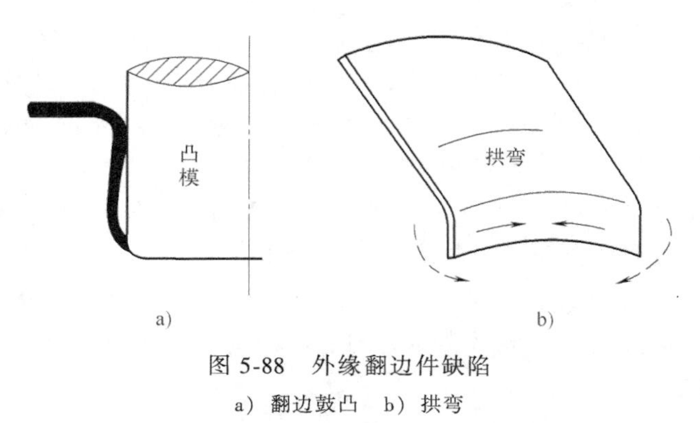

图 5-88　外缘翻边件缺陷

a）翻边鼓凸　b）拱弯

3）翻边件的直壁与法兰过渡处的圆角半径不宜过小。翻边件直壁与法兰过渡处的圆角半径由翻边凹模圆角半径保证，若凹模圆角半径 r_d 太小，弯曲变形程度超过材料的加工极限时，也会造成制件的开裂。除变薄翻边外，一般翻边件的直壁与法兰过渡处的圆角半径 r_d 应大于 $2t$。

4）翻边件的尺寸精度不宜要求过高，特别是翻边件直壁的厚度公差和翻边高度尺寸公差不能太严。从以上众多的实例中可见，由于翻边加工时，总是存在着弯曲和胀形变形，坯料主要变形区厚度减薄；翻边、弯曲和胀形变形量很难控制，故壁厚不均匀，翻边高度不一致的情况比较严重。因此，翻边件尺寸精度要求不宜过高。生产中，可参考拉深件和弯曲件对尺寸精度的要求。当翻边件尺寸精度要求过高时，必须增加整形工序或采用变薄翻边的加工方法。

4. 正确制订冲压工艺方案

伸长类翻边加工是靠凹模圆角以内坯料的变薄和弯曲变形来实现的，由于受到孔边缘和口边缘材料伸长率的限制，故采用普通翻边工艺的翻边高度有限。而采用先拉深后翻边，变薄翻边，胀形、翻边复合成形等措施均可在不同程度上增加翻边的高度。因此，在制订冲压加工工艺方案时，识别占主导地位的冲压工序性质，确定采用的翻边方式、工序组合形式和工序的先后顺序都是非常重要的。

1）正确判断翻边加工的工序性质，正确确定翻边的方式。翻边变形总是与弯曲、胀形甚至拉深等其他方式的变形同时发生。如图 3-2 所示，当毛坯尺寸变化或压边、模具形状及几何参数不同时，坯料的变形方式可能发生转换。因此，在确定采用翻边加工工序时，必须保证翻边变形区为“弱区”的条件。然而，与拉深加工不同，由于材料的塑性变形量有限，当翻边高度较大时，翻边件易产生口部的开裂。上述的实例中，通过开工艺减轻孔，利用胀形和扩孔翻边复合成形工艺，可增加翻边的高度；当壁厚允许变薄时，采用变薄翻边可较大幅度地增加翻边件的高度；由图 5-89 所示内、外夹圈的冲压工艺方案可见，采用先拉深后翻边的加工工艺，制件高度也可大幅度增加。

2）确定合理的翻边毛坯预制孔形状与尺寸。如图 5-2 所示的平板毛坯内孔翻边件，由于翻边时坯料主要沿切向伸长，厚度变薄，而径向变形不大，因此，生产中可按弯曲件中性层长度不变的原则来计算预制孔孔径。如图 5-90 所示，当采用先拉深再翻边的工艺方案时，应先决定翻边所能达到的最大高度，然后根据翻边高度及制件高度来确定拉深高度。采用多

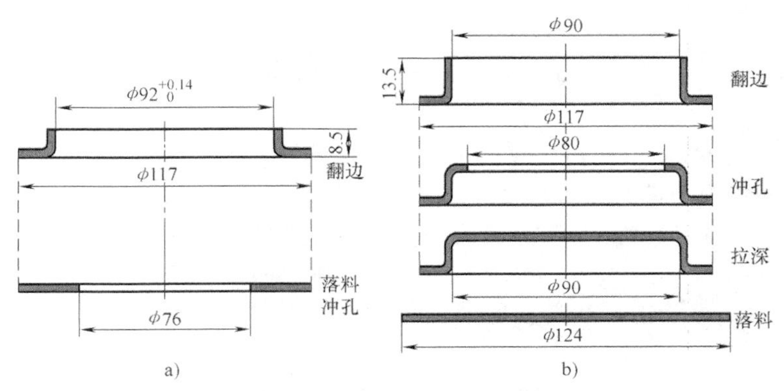

图 5-89 内、外夹圈的冲压工艺方案

a) 内夹圈冲压工艺 b) 外夹圈冲压工艺

次拉深后翻边的工艺方案，制件壁厚不均匀，当使用尺寸要求精度高时，应控制多次拉深半成品的过渡形状与尺寸，必要时可增加整形工序，保证翻边前制件壁厚尽量均匀。

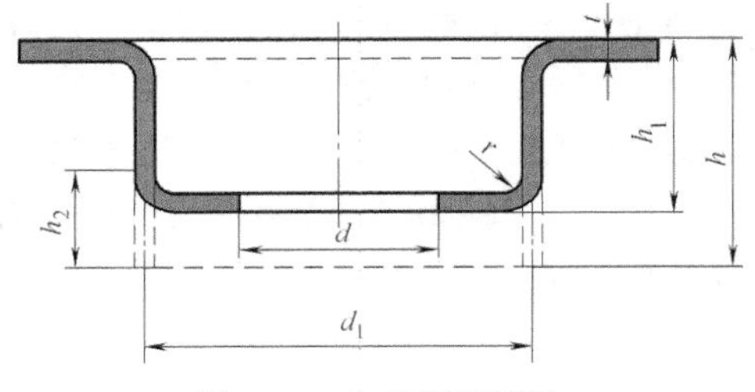

图 5-90 先拉深再翻边

3）对非圆孔的复合翻边件，有时为减轻内凹缘处的伸长变形，可适当增大伸长类翻边局部的圆弧半径（预冲孔圆角半径）。值得注意的是，这样做后，翻边口部不齐，圆弧口边缘会比直边部分略低一些，尺寸精度要求高时，不宜采用此法。非圆孔翻边预制孔的形状和尺寸，可根据开口的形状分段考虑。如图 5-86 所示，其中翻边段 3 区毛坯尺寸按拉深计算；2、4、6、7 和 8 属伸长类翻边，可视为圆孔翻边，1、5 为简单的弯曲，可按弯曲来计算。由理论计算得出的孔的形状应加以适当的修正，使各段连接处平滑过渡。由于伸长类翻边会使竖边高度略微减低，故为了消除误差，使翻边后口部平齐，2、4、5、7 和 8 段的宽度应比直边段的边宽增大 5%~10%，但增大宽度后，角部圆角半径会减小，翻边变形程度增加。因此，要对最小圆角部分变形程度进行核算，以免产生翻边开裂。

4）正确确定工序的组合形式。如零件的外缘与内孔翻边变形区距离较远时，可采用拉深、翻边复合加工的方式，分先后或同时进行拉深和翻边；而对于拉深与翻边变形区相邻的情况，采用复合模一次拉深、翻边成形的加工工艺，拉深和翻边会相互干涉，拉深深度和翻边高度都较难控制。在这种情况下，拉深和翻边的工艺参数，如凸、凹模圆角半径、间隙，压边力的大小等都需经反复试验后才能最后确定。可见，采用复合模时，模具调试难度较大；对于汽车门锁固定板这类零件的螺纹底孔常采用无预冲孔翻边模，一次冲压加工出多个螺纹底孔。这实际上是胀形、冲孔、翻边的连续复合成形过程。对于空调散热片这类多处具有重复性翻边的制件和电视机高频插头外套这类尺寸小、相对翻边深度大的零件，则以采用连续模加工为宜。

5）正确确定工序顺序。从众多实例中可见，翻边工序多安排在落料、冲孔、拉深、弯曲、胀形等工序之后。然而，当制件上的切口或孔距翻边变形区较近时，先切口或冲孔，后翻边会造成切口和孔的变形。因此，翻边工序应安排在切口或冲孔和弯曲之前进行。当翻边件尺寸精度要求较高时，应增加一道整形工序。如电视机高频插头外套一例，采用带料连续

拉深、翻边工艺，翻边工序应安排在整形之后、落料之前。而断电器底板的整形工序安排在拉深之后、翻边之前。可见，整形工序的顺序应根据金属的变形规律，结合具体问题进行分析后才能确定。

5. 合理设计翻边模具，提高模具的加工质量

1）合理设计翻边凸模的形状与尺寸。众多的实例说明，翻边凸模的形状与尺寸对翻边件质量影响很大。翻边加工时，翻边凸模对加工的成败及制件的质量至关重要。一般情况下，平底凸模的圆角半径 r_p 应尽可能取大些，可取 $r_p \geqslant 4t$。为了改善翻边成形时金属的塑性变形条件，可采用抛物面形凸模、锥形凸模或球形凸模。图 5-91 所示为几种常用圆孔翻边凸模的形状和尺寸。

当零件要求具有较高的竖边，壁部又允许变薄时，可采用壁部变薄的翻边。采用变薄翻边工艺，既可提高生产效率，又可节约材料。就金属塑性变形的稳定性及不发生裂纹的观点来说，变薄翻边比普通翻边更为合理。变薄翻边要求材料具有良好的塑性，预冲孔后的坯料最好经过软化退火。在成形过程中要有强力压边，零件单边法兰宽度 $b \geqslant 2.5t$，以防止法兰的移动和翘起。在变薄翻边中，变形程度不仅取决于翻边系数，还取决于壁部的变薄系数。在采用相同翻边系数的情况下，变薄翻边可得到更高的竖边。试验表明：一次工序中的变薄量可能达 $t/t_1 = 2 \sim 2.5$。变薄翻边预制孔直径 d_0 应按翻边前后体积相等的原则，按下列公式进行计算：

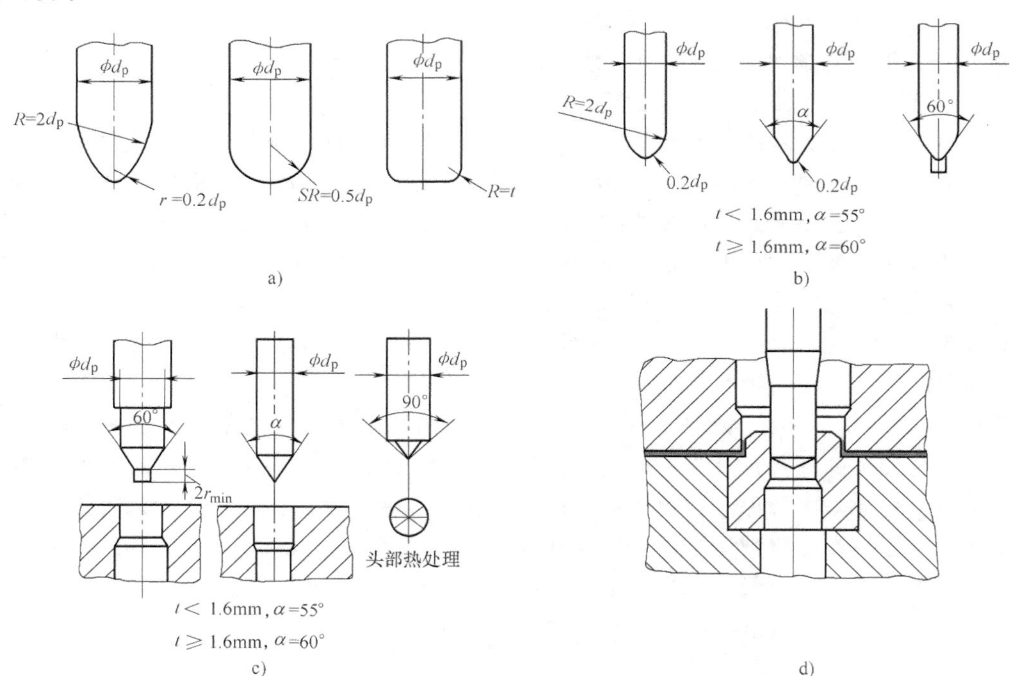

图 5-91　常用圆孔翻边凸模的形状和尺寸

a）有预制孔的翻边　b）有预制孔的小孔翻边　c）小孔用穿孔翻边凸模　d）冲孔翻边复合模

当 $r<3$mm 时

$$d_0 = \sqrt{\frac{d_3^2 t - d_3^2 h + d_1^2 h}{t}}$$

当 $r \geqslant 3\text{mm}$ 时

$$d_0=\sqrt{\frac{d_1^2h-d_3^2h_1+\pi r^2D_1-D_1^2r}{h-h_1-r}}$$

公式中的符号如图 5-92 所示。

对中型孔的变薄翻边，一般采用阶梯形凸模，在一次行程内对坯料进行多次变薄加工来达到产品的要求。图 5-93 所示为对黄铜件和铝件用阶梯形凸模翻边的例子，其尺寸见表 5-8。第一种情况 $K_f=0.45$，变薄程度 $t/t_1=2.5$；第二种情况 $K_f=0.29$，$t/t_1=4.9$。

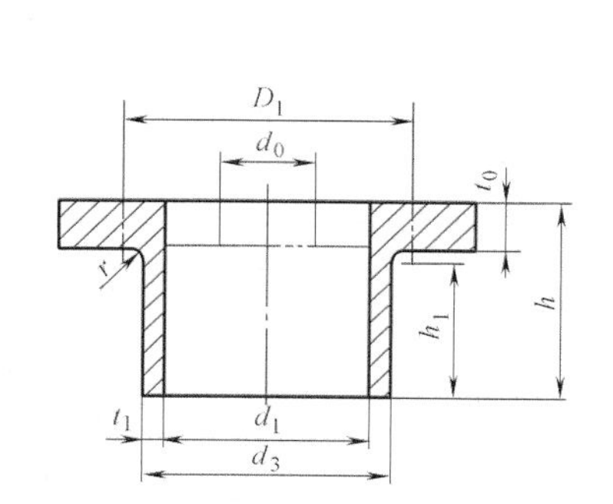

图 5-92 变薄翻边的尺寸计算

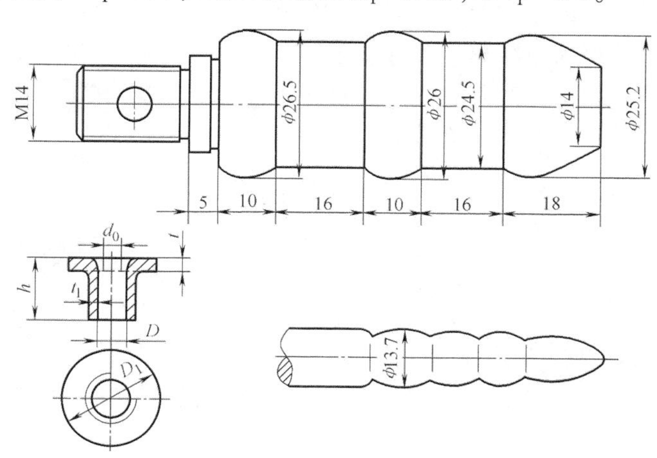

图 5-93 变薄翻边用阶梯形凸模及工件

表 5-8 用阶梯形凸模变薄翻边的尺寸 （单位：mm）

材料	t	t_1	d_0	D	D_1	h
黄铜	2	0.8	12	26.5	33	15
铝	1.7	0.35	4	13.7	21	15

2）合理选择和确定翻边凸模和凹模之间的间隙。如图 5-88a 所示，采用平底凸模进行内孔翻边时，侧壁会形成鼓凸、产生翘曲，故内孔翻边凸、凹模之间的单边间隙可控制在 $0.75t\sim0.85t$ 之间，使直壁稍有变薄，以保证竖边成为直壁。小的圆角半径和高竖边的翻边，仅仅应用在螺纹底孔或与轴配合小孔的翻边。此时单边间隙取 $c=0.65t$。表 5-9 列出了平毛坯和拉深后圆孔翻边的凸、凹模单边间隙的数值，供使用参考。但在飞机、汽车、拖拉机和船舶等大型覆盖件中的大中型孔、窗口、舱口的翻边件中，若零件对竖边垂直度无要求，翻边的目的是减小重量和增加结构的刚度，则应尽量取较大的凸、凹间隙，这样有利于边变形。当单边间隙增加至 $c=(4\sim5)t$ 时，翻边力可降低 30%~35%。

表 5-9 翻边时凸、凹模的单边间隙 c （单位：mm）

材料厚度 t	0.3	0.5	0.7	0.8	1.0	1.2	1.5	2.0
平毛坯翻边的 c 值	0.25	0.45	0.6	0.7	0.85	1.0	1.3	1.7
拉深后圆孔翻边的 c 值	—	—	—	0.6	0.75	0.9	1.1	1.5

3）提高翻边模具的加工质量，降低翻边凸模的表面粗糙度值。如机柜通风百叶窗一例，翻边凸模圆弧连线相贯线形成的“棱”线使翻边件产生开裂。因此，在模具加工和维

修时，一定要保证翻边凸模光滑过渡，尽量降低翻边凸模的表面粗糙度值。

4）合理设计模具的结构。一般而言，圆孔翻边模具结构与拉深模类似。但是，凹模圆角对翻边成形的影响相对较小，故可按零件圆角确定。当翻边孔距边缘较远时，因制件不会起皱，可不设置压边装置。但在加工非圆孔翻边件时，为防止制件产生扭曲、局部起皱等缺陷，需加压边装置。

6. 采用先进的设计分析方法，提前进行风险识别与管控

翻边的种类繁多，各类翻边工序的变形性质必须服从材料的变形规律，有时需要进行计算或凭借经验才能做出准确的判断。因此，在进行工艺、模具设计和样品试制之前，采用设计失效模式与影响分析（DFMEA）和数值模拟（NS）分析等方法来确定占主导地位的翻边工序性质，提前对最可能出现的成形缺陷进行预测和评估，从设计阶段把握产品质量也是翻边件质量控制的有效措施。

第6章

复合成形

6.1 复合成形的变形特点

复合成形是指在变形过程中，同时或分先后具有两种或两种以上变形性质的冲压工序。本书前5章论述的冲裁、弯曲、拉深、胀形和翻边都是最基本的冲压工序。然而，正如前文和众多的实例所述，在冲裁加工中，存在着板料的弯曲变形；在弯曲加工中，板料外侧应力应变状态与内侧完全相反；拉深加工总是与弯曲和胀形同时或分先后进行；而在胀形和翻边加工中也总是伴随着弯曲和拉深变形。

因此，严格地说，几乎所有的冲压工序都是由基本工序以不同的方式和不同的比例组合起来的复合成形工序。此外，复合成形还包括了近年来发展起来的板料与体积成形的复合成形，例如精密冲裁与冷锻及冷挤压的复合成形，板料的流动控制成形等。

在加工球面、锥面和抛物面等曲面形状的零件，矩形盒和宽法兰拉深件，汽车、拖拉机上的许多覆盖件和一些复杂形状的零件时，很难确定其占主导地位的冲压工序性质，人们称这类零件为复合成形件。在复合成形件加工中，掌握金属的变形规律，控制金属的流动及变形模式的转换，把握问题的主要方面是决定工序成败及制件质量的关键。在生产中，复合成形的加工极限通常由起主导作用的成形工序的加工极限和材料的复合成形性能来决定。然而，因为影响冲压加工和金属变形的因素较多，故在难以识别占主导地位的冲压工序性质时，还要靠人们的直觉和经验来进行判断，有时需要进行反复的试验。本节以球面形状零件的成形为例来讨论复合成形的变形特点。

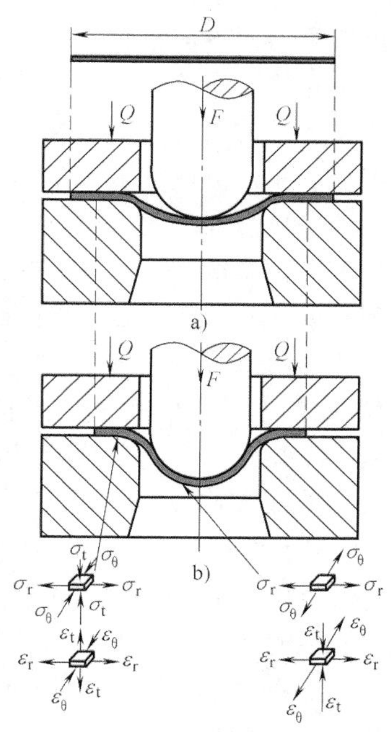

图6-1 球面零件的变形过程
a）初始状态 b）变形过程及应力、应变状态

图6-1所示为球面零件的变形过程。当凸模下降与毛坯接触时，在弯矩和拉应力作用下，凹模圆角处的坯料拱弯。球形凸模底部的少量坯料承受了全部的变形力。当应力达到材料的屈服强度时，首先产生胀形变形。随后，坯料产生加工硬化，胀形变形区向外扩展。当成形力达到一定值时，在球底发生胀形变形的同时，法兰部分坯料开始流动，产生了拉深变形。此时，包敷凸模的坯料由底部的胀形变形和法兰拉深流入的坯料两部分组成。当包敷凸模的坯料面积增大到

某一数值，而法兰面积的减少使得拉深阻力减少时，胀形变形成分减弱，形成了以拉深占主导地位的变形。因此，球面形状零件的成形过程为：弯曲、胀形、胀形-拉深复合成形、拉深成形的变形过程。一般而言，对这类零件，确定其成形过程中胀形占主导地位还是拉深占主导地位是有一定难度的。所以，既不称这类成形为胀形，也不称它为拉深，而称这类变形为胀形-拉深复合成形。

在球面零件的成形过程中，变形模式发生了转变。这种转变的时机，以及胀形和拉深在整个成形中所占的比例除了与材料的性能有关外，还与毛坯的尺寸、模具参数和润滑条件等因素有关。通常，增大毛坯直径，增加工艺补充面，减小毛坯与凸模接触面间的摩擦，增大毛坯与凹模及压边圈间的摩擦，减小凹模圆角半径，设置拉深筋或加大压边力等都可以扩大胀形变形区及胀形变形在整个成形中所占的比例。反之，则会使拉深变形提前发生，减小胀形变形区，增加拉深变形在整个成形中所占的比例。

如图 6-1b 所示，与胀形和拉深不同，球面零件的变形区为整个毛坯。在整个毛坯中，径向应力均为拉应力，$\sigma_r>0$；应变为伸长应变，$\varepsilon_r>0$。切向应力由拉应力逐渐变为压应力，在毛坯的中心部位为拉应力，$\sigma_\theta>0$；在靠近凹模的口部和法兰部分为压应力，$\sigma_\theta<0$。中间存在一个 $\sigma_\theta=0$ 的应力分界圆，在变形过程中，这个有分界圆的位置是变化的。同样，从毛坯中心到法兰部分，切向应变也由伸长应变，$\varepsilon_\theta>0$，逐渐过渡为压缩应变，$\varepsilon_\theta<0$。也存在 $\varepsilon_\theta=0$ 的应变分界圆。相应地，从毛坯中心到法兰部分，厚向应变由压缩应变，$\varepsilon_t<0$，逐渐过渡到伸长应变，$\varepsilon_t>0$。坯料由底部变薄过渡到法兰变厚。$\varepsilon_t=0$ 的分界圆将变形区分成了伸长类变形和压缩类变形两个部分。底部坯料变薄的区域属伸长类变形区，而法兰和凹模口部坯料增厚的区域属压缩类变形区。

根据选择准则（最适当的解对应于最低的载荷值）和最小阻力定律（当变形体的质点有可能沿不同方向移动时，则每一点沿最小阻力方向移动），只有当胀形变形阻力和拉深变形阻力相等时，才会同时产生胀形和拉深变形。因此，冲压生产中的各种复合成形实际上是从广义上讲的复合成形，这里既包括了同时发生的两种或两种以上不同性质的变形，也包括了因变形条件的改变而发生的变形模式的转换，即复合成形是指整个变形过程中，多种变形性质的冲压工序的复合。

值得注意的是，从成形角度和成形性角度来看，复合的含义是不同的。从成形角度看，如图 6-2 所示，复合成形是由凸模头部坯料的胀 形成分 l_s 和流入量，即拉深成分 l_d 构成的。对胀形和拉深成分的判别，可按断面的线长 l_s 和 l_d 来区分，也可按面积 A_s 和 A_d 来区分。定量分析，可用复合度来表示胀形或拉深在整个变形中所占的比例。用 l_s/L（或 A_s/A）来表示胀形复合度，或用 l_d/L（或 A_d/A）来表示拉深复合度。$l_s/L=1$，就是坯料没有流入的纯胀形，与 $l_d/L=0$ 等价；$l_d/L=1$ 或 $l_s/L=0$，就是坯料无胀形的纯拉深。从复合成形性的角度看，则不能单纯根据复合度的大小来确定占主导地位的成形工序的性质。从破裂的加工极限来看，即使胀形成分小于拉深成分很多，也会造成制件破裂；从起皱的界限来看，即使有少量拉深变形，也可能会使制件产生起皱。此外，即使胀形成分大，但如果胀形成分随材料不同变化

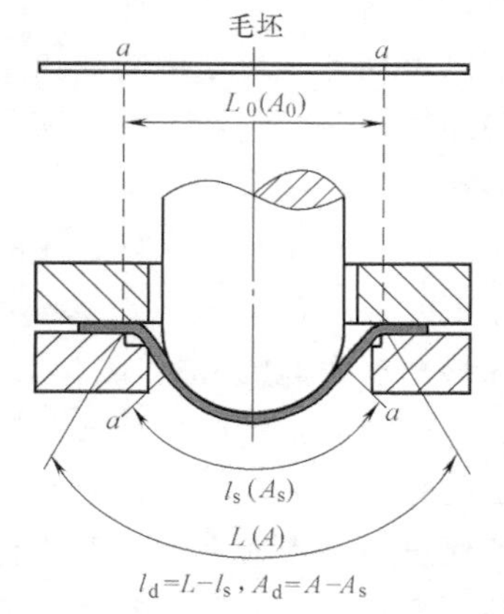

图 6-2 复合成形的构成

很小时，对破裂加工极限或由破裂确定的成形性的影响就小。因此，还必须考虑由于材料不同而引起的拉深和胀形成分的变化率。

例如，用 ϕ50mm 的球头凸模成形时，在从软钢直到 18-8 不锈钢的各种不同材料之间，当拉深比为 3.2 的复合成形时，其成形深度的变化幅度为 10mm，而在纯胀形时，其变化幅度为 3mm。因此，在拉深比为 3.2 的复合成形中，胀形成分的变化幅度对总变化幅度的比率至多为 0.3。而在图 6-3a 中，拉深比为 3.2 时的胀形复合度为 0.6。因此，从成形的角度来看，偏向于胀形成形；而从复合成形性的角度来看，复合成形的成形性质应比胀形复合度所表示的性质更偏重于拉深成形。对复合成形影响较大的材料特性，有 $\overline{\gamma}$ 值（平均塑性应变比）和 n 值。γ 值对流入成分影响很大，n 值对流入成分和胀形成分两方面都有相当大的影响。图 6-3b 所示是在不同拉深比，也就是在各种不同复合度的情况下，不同材料的流入成分的变化情况。由图 6-3b 可见，当拉深比小时，镇静钢由于 $\overline{\gamma}$ 值大，流入成分显著增大；n 值大的材料流入成分也增大，且拉深比变大时 n 值比 $\overline{\gamma}$ 值在增大流入量方面的作用更大。

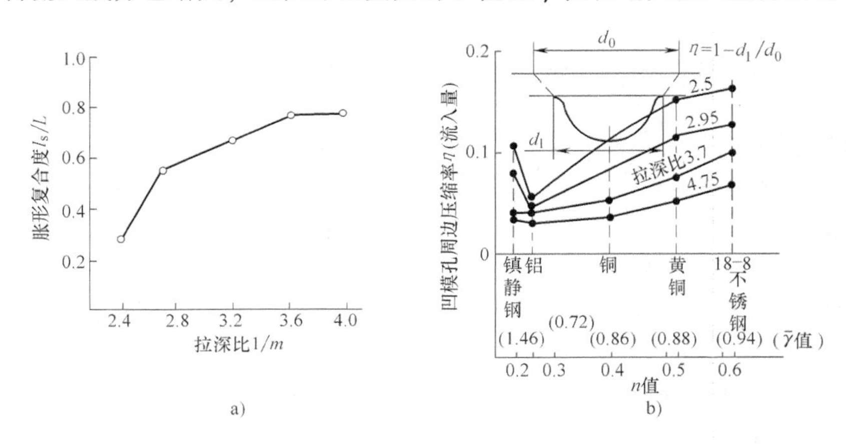

图 6-3 拉深比及材料特性对复合成形性的影响

a）拉深比和胀形复合度的关系 b）各种材料在不同拉深比时流入成分的变化

6.2 典型实例分析

6.2.1 炒锅拉深起皱、胀形破裂

1. 零件特点

炒锅冲压件半成品如图 6-4 所示。零件材料为日本 SPCC 拉深钢板与国产 1060 纯铝板的双层复合材料。材料经爆炸成形焊合后轧制而成，总体料厚为 1.3mm，其中钢板厚为 0.8mm，铝板厚为 0.5mm。该件为复合材料的胀形-拉深复合成形件，除具有一般浅半球复合成形的特点外，该件的成形特点还反映在零件的材料特性方面。这种材料的抗拉强度 $R_m=400$MPa，较 SPCC 高，与国内 08 钢相当；材料的伸长率 $A=21\%$，比 1060 纯铝低。由于这种新型复合材料的成形性能、抗破裂成形极限、抗起皱及回弹等贴模性能和定形性能等方面的数据掌握得还不够充分，故冲压加工工艺方案的制订、模具结构形式的选择及模具参

数的确定存在一定困难。生产中，只能在常规浅半球形拉深成形的基础上，经过反复试验确定。

2. 废次品形式

1）内皱。试生产中采用手工剪料（ϕ400mm）→成形→修边→卷边工艺来加工该零件。在成形工序，按常规采用不带拉深筋的凹模和带一条拉深筋的凹模，制件产生图 6-5 所示的内部皱纹，法兰处也有较严重的起皱现象。

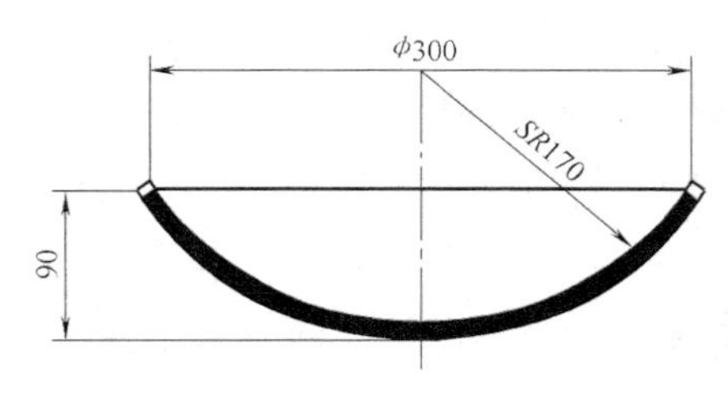

图 6-4 炒锅冲压件半成品

图 6-5 内部皱纹

2）破裂。将毛坯尺寸加大到 ϕ410mm，压边力增至 400kN，减小凹模圆角半径，制件底部破裂。

3. 原因分析

1）半球形件成形属胀形和拉深的复合成形，由于凹模圆角半径以内的拉深变形区处于无压边的自由悬空状态，坯料在厚度方向无约束的条件下很容易产生内皱。

2）起皱主要是由于法兰和凹模圆角半径以内的坯料上作用的切向压应力超过了板料临界压应力所致。该件采用钢-铝双层复合材料，由于铝板抗起皱的临界压应力小，故 0.5mm 厚的铝板对 0.8mm 厚的钢板的起皱起到了促进作用。采用 0.75mm 厚的 08 钢板，能够拉出高质量的产品，而用 1.3mm 厚的这种复合板料却产生了严重的内皱。试验证明，铝板的复合使钢板的抗起皱能力减弱。

3）双层复合材料经爆炸焊合、轧制后经 300℃ 左右的加热退火，对于 SPCC 钢来说，仅能消除部分内应力。由于加工硬化塑性降低，故既容易引起起皱，也容易造成底部的胀形破裂。材料的复合成形性能较差。

4）胀形-拉深复合成形时，由于铝和钢的屈服强度相差甚远，故坯料内部将产生附加的不均匀拉、压应力；双层金属之间还会产生切应力。沿径向的不均匀附加拉应力和切向的附加压应力以及切应力的存在都会加剧起皱的发生。

5）由于坯料不能进行充分退火，其塑性指标较低，故增加毛坯尺寸、增大压边力、减小凹模圆角半径后胀形变形量增大过多，造成了制件的胀形破裂。生产实践中发现，这种复合材料抗起皱的压边力界限与抗破裂的压边力界限相差较小，调整困难。

4. 解决与防止措施

生产中采取的解决措施是：

1）改变材料的热处理退火工艺规范，将退火温度升至 500~550℃。

2）改进模具结构，采用图 6-6 和图 6-7 所示带有内、外两圈拉深筋的模具。凹模外圈拉深筋比内圈高 2mm，拉深开始时，外圈拉深筋起主要作用，随着拉深深度的增加，坯料向内收缩，法兰面积减小后，内圈拉深筋起作用。

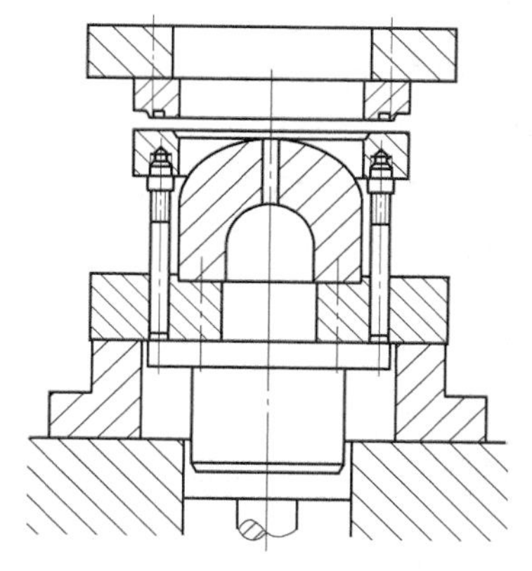

图 6-6 带内、外两圈拉深筋的模具

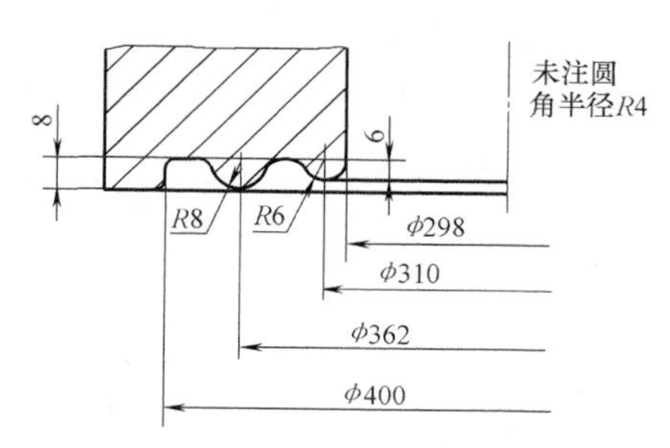

图 6-7 凹模形式及主要尺寸

3）增大毛坯尺寸，调整压边力。将毛坯直径由原来的 ϕ400mm 增大到 ϕ410mm。根据现有生产条件，采用一台 YH32-200 型单动液压机，由顶出缸进行浮动压边，压边力调整到 300~400kN。

4）改变润滑剂。在机油内增添部分黄油，其比例为 1 : 2。对于这类复合成形件，润滑剂的效果比较敏感。润滑效果太好易降低径向拉应力，引起起皱；润滑效果差，又易产生胀形破裂。

图 6-8 所示为采取上述几项措施后生产出的合格产品。防止这类复合成形件内皱和破裂的积极措施还有：

5）在满足市场需求的条件下，改变零件的形状和尺寸，提高制件的复合成形结构工艺性。原炒锅为 *SR*170mm 的浅半球拉深件，由于底部太尖，胀形变形的不均匀程度增加，制件的结构工艺性较差。考虑到这类复合材料的成形性能，特别是复合成形性能还不理想的实际情况，将锅底的 *SR*170mm 增大，由两段圆弧光滑连接，经试验效果甚佳。

图 6-8 合格的炒锅产品

a）炒锅内面（SPCC 钢） b）炒锅外面（1060 纯铝）

6.2.2 热气流整流锥壳破裂、起皱

1. 零件特点

热气流整流锥壳如图 6-9 所示。零件材料为 TA2 钛合金，料厚为 2mm。根据成形前后坯料表面积相等的原理，计算毛坯最小直径 $D=140$mm，坯料相对厚度 $(t/D)\times100=1.43$，相对成形高度 $h/d=0.6$，属中锥成形件。因零件有一个 *R*20mm 的锥底，增加了成形的难度，根据理论计算和经验，按常规锥形件拉深成形需 4~5 道工序，且需 2~3 次真空退火工序。

生产中采用液压对向拉深的工艺方案，分两次来成形该零件。考虑到液压对向拉深的原理，拉深终了时毛坯法兰直径应当至少能盖住密封槽，不至于发生泄压或损坏 O 形密封圈。

经计算和试验求得零件毛坯的实际直径为 $D=160$mm。第一次拉深成锥台，半成品尺寸如图6-10所示，锥台口径为 $\phi100$mm，小端直径为 $\phi40$mm。根据对向液压拉深的成形原理，坯料变形的初始阶段基本上属于胀形成形，随后转入胀形-拉深复合成形和拉深占主导地位的成形过程。此外，如图6-11所示，在毛坯凸、凹模之间的过渡区，坯料还要产生弯曲变形。从整个变形过程来看，很难确定其占主导地位的变形性质，故该件的成形实质上属胀形、弯曲和拉深的复合成形。

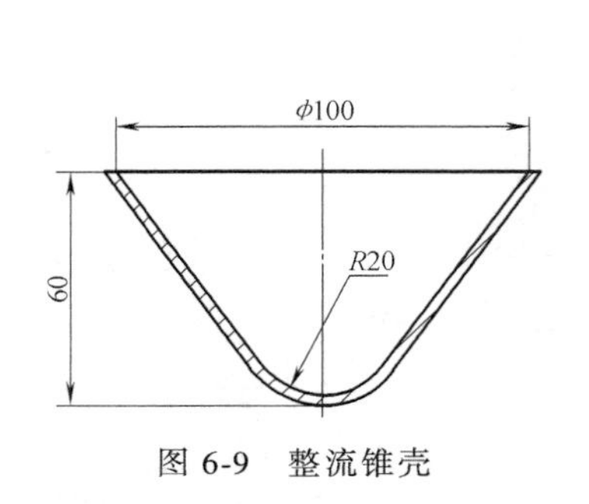

图6-9 整流锥壳

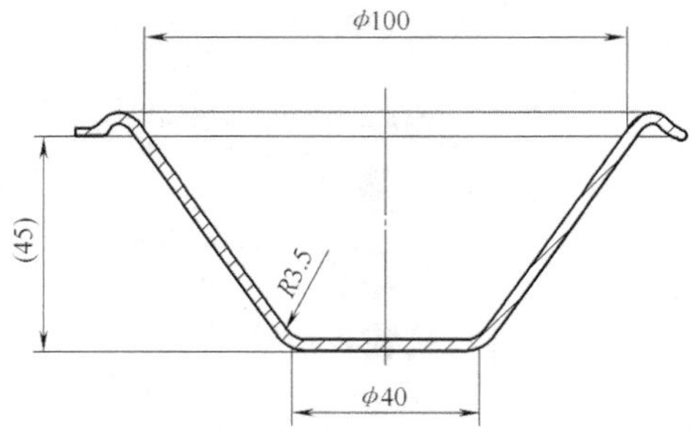

图6-10 半成品形状及尺寸

该零件材料为TA2钛合金，其抗拉强度 $R_m=441\sim588$MPa，为08钢的1.4~1.8倍；而伸长率 $A_{10}=25\%\sim30\%$，低于08钢的伸长率32%。故从材料性能来说，成形也较困难。

此外，热气流整流锥壳使用要求其表面光滑，流线度好，不得有表面擦伤、划痕和折皱等缺陷。

2. 废次品形式

1）破裂。采用图6-12所示装置先将毛坯拉成小端直径为 $\phi40$mm 的圆锥台，更换凸模后再拉深成最终形状，即零件要求的形状。在第二次拉深成形时，试模中出现锥底 $R20$mm 处被拉破的现象。

2）起皱。在第二次拉深破裂出现后，调整凹模内液体的初始压力，压力增大后，锥壁失稳起皱（内皱），严重时法兰与锥壁连接半径处弯裂。

3. 原因分析

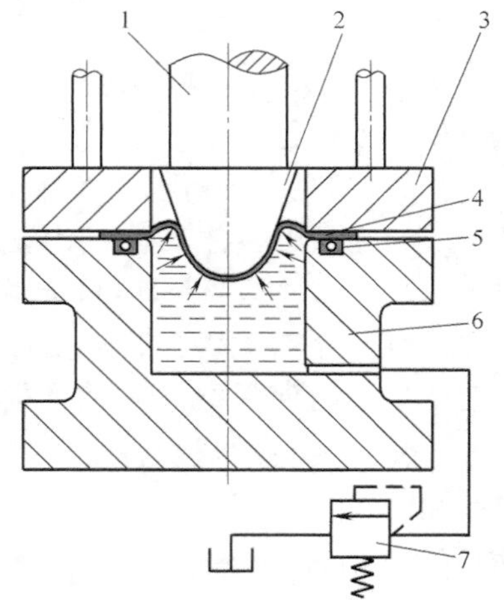

图6-11 液压对向拉深原理
1—凸模柄 2—凸模 3—压边圈 4—毛坯 5—O形密封圈 6—凹模 7—溢流阀

如图6-11所示，圆锥壳液压对向成形过程是：毛坯置于凹模之上，压边圈对坯料施加压边力；凸模下行与坯料接触后产生胀形变形，坯料厚度变薄，表面积增大，同时，凹模内液体受到排挤，产生强大的压力使毛坯贴紧于凸模上，在液压力作用下，凸、凹模过渡区坯料产生弯曲变形；凸模继续下降，当包敷凸模的坯料面积足够大时，坯料开始产生胀形和拉深的复合成形，在液压力的作用下，毛坯与凸模面的摩擦力较大，这种摩擦力将阻止坯料变薄，胀形成分减弱，拉深变形成分将逐渐增大，直至完成整个变形。液压对向变形特点是：

由于液压力的作用使毛坯与凸模之间产生了有利于拉深变形的摩擦力。这部分摩擦力分担了一部分拉深力，阻止了坯料变薄，减小了胀形变形成分，因而缓解了锥端因胀形过量产生破裂的可能，提高了拉深的变形程度。

由于液压力的作用，使凸、凹模过渡区不受约束的坯料减少；仅有的过渡区还产生了弯曲变形，提高了过渡区的刚性，故提高了制件的抗皱能力。

可见，在液压对向拉深加工中，决定其成败的关键是凹模内液压力的大小。本例中，第二次成形破裂和起皱的原因是；

1）由于液压力不足造成了制件的锥底破裂。如图 6-13 所示，已成形的半成品放入凹模，压边圈压紧后，若凹模内液体预压力不足，则当凸模下行时，锥底的胀形变形区将增大，坯料变薄严重。因第一次成形时，底部已有变薄，故胀形变形超过极限就会产生胀形破裂。

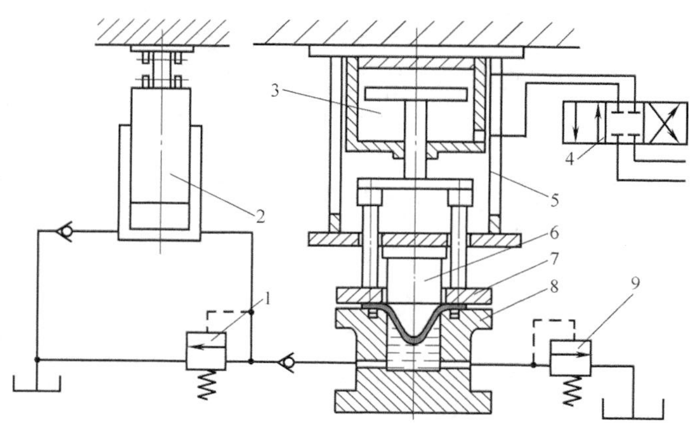

图 6-12 液压对向拉深装置原理

1—3.8MPa 溢流阀 2—柱塞泵 3—压边液压缸 4—换向阀 5—支架 6—凸模 7—压边圈 8—凹模 9—30MPa 溢流阀

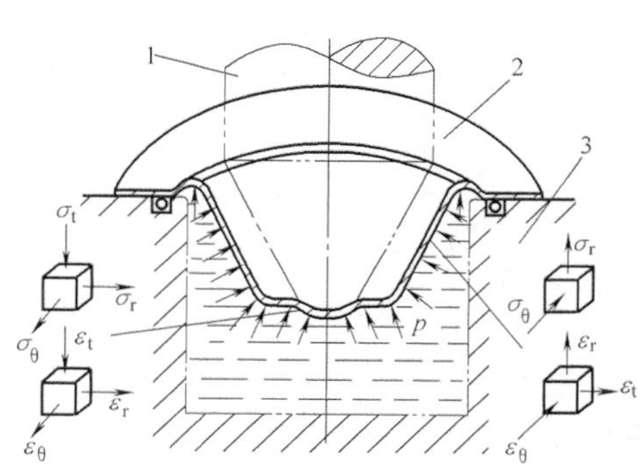

图 6-13 二次拉深初期毛坯受力情况

1—凸模 2—制件 3—凹模

2）由于初始液压力太大造成了制件锥壁的失稳起皱。初始液压力过大会使凸模锥面与制件锥面接触之前产生较大的拉深变形，锥面坯料在切向压应力作用下向内收缩，而内部又无约束，故失稳起皱。过大的初始液压力还会使凸、凹模过渡处的弯曲变形增大，当压边圈下部圆角半径太小或为锋利的尖角时，便会产生弯曲破裂。

4. 解决与防止措施

生产中采取了如下几项措施，加工出了高质量的锥壳。

1）将凹模内的初始液压力调整到 38~39MPa。调整溢流阀，当其达到额定压力后，尽管柱塞泵在机床台面带动下继续工作，但压力不再升高。

2）将压边圈孔口倒圆，使其圆角半径大于 3 倍料厚，避免了过渡处的弯曲破裂。

3）考虑到成形凸模与毛坯之间的摩擦力有利于拉深成形，用粗砂纸打毛凸模表面。经反复试验证明，在锥壳液压对向拉深成形中，凸模表面粗糙度取 $Ra3.2 \sim Ra1.6\mu m$ 为宜。

6.2.3 洗衣机外壳胀形破裂、拉深起皱

1. 零件特点

某洗衣机外壳如图 6-14 所示。零件材料为 08 钢，料厚为 0.8mm。该件外形由弯曲加工成形，而 $\phi 335mm$ 凸台则视其工艺的不同可能由拉深、胀形和扩孔翻边来成形。图 6-15 所

示为外壳展开形状和尺寸，工艺计算其相对法兰直径比 $d_f/d=2.16\sim4.31$，故凸台的成形为典型非对称宽法兰件成形。对于宽法兰成形件而言，由于金属向直壁流动困难，故其成形特征属拉深和胀形的复合成形。随着法兰的增大，工序性质逐渐接近于胀形。因为胀形变形程度有限，故该件一次成形困难。

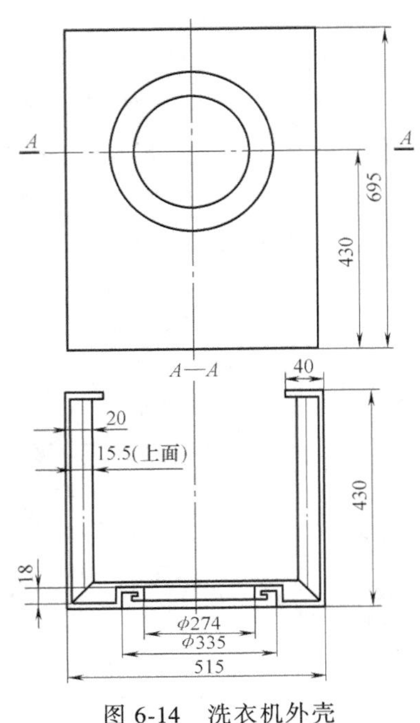

图 6-14 洗衣机外壳

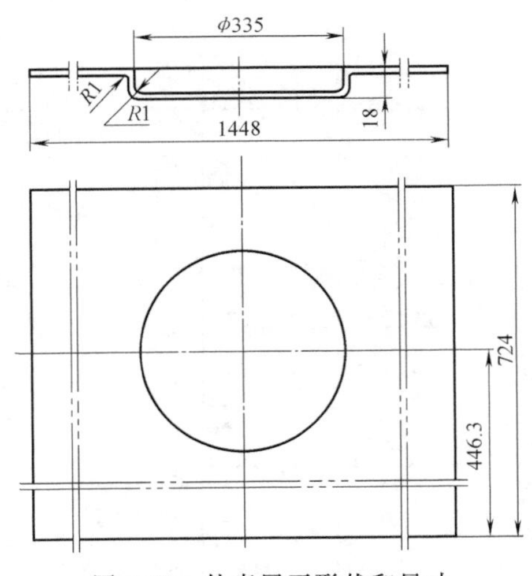

图 6-15 外壳展开形状和尺寸

2. 废次品形式

1）破裂。采用宽法兰一次拉深成形，制件底部破裂。

2）口部裂纹、法兰起皱。预冲 φ170mm 工艺孔，采用扩孔翻边工艺方案。制件预冲孔孔缘在扩孔时产生裂纹，法兰窄边一侧起皱。

3. 原因分析

1）对于宽法兰拉深件，若相对法兰直径比 $d_f/d>2.6\sim3$，则变形特征更接近胀形，法兰材料很难流入直壁，零件的成形主要靠凸模下方及附近材料的变薄来实现。该件长度方向 $d_f/d=4.31$，宽度方向 $d_f/d=2.16$，故变形特征是以胀形占主导地位的胀形-拉深复合成形，沿宽度方向有少量金属流入。按胀形来考虑，计算其断面变形程度 $\varepsilon\approx 10\%$，压包相对高度 $h/d=0.054$，均满足一次成形的条件。但由于该件圆角半径太小，凸台底部平直，胀形变形极不均匀。变形区集中到 $R1$mm 圆角部，造成坯料局部变形超过其破裂极限而产生破裂。

2）采用图 6-16 所示模具结构，预冲 φ170mm 工艺孔，用扩孔翻边来加工该零件。实测孔扩大至 φ210~φ215mm，计算其切向变形量 $\varepsilon=[(215-170)/170]\times100\%=26.5\%\approx0.83A$，已接近其加工极限，在这种情况下，预冲孔边缘毛刺、微裂纹等断面缺陷都很容易引起制件孔缘开裂。

3）压料力太小，法兰局部产生滑动，窄法兰处有拉深变形产生，法兰起皱。

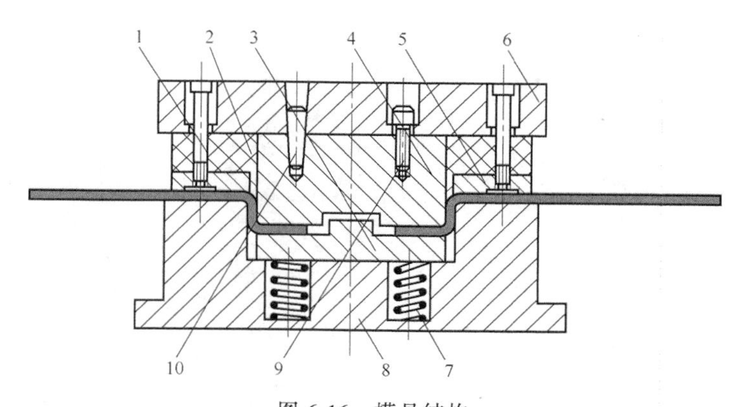

图 6-16 模具结构

1—压料螺钉 2—橡胶 3—顶料板 4—凸模 5—压料板 6—上模板

7—弹簧 8—凹模 9—螺钉 10—圆柱销

4. 解决与防止措施

1）如图 6-17 所示，生产中曾采用一般宽法兰多次拉深工艺方案，采用三次拉深、一次整形工序加工该零件。毛坯尺寸取为 1458mm×725mm 的矩形。采用该工艺方案，虽然生产出了合格的零件，但由于毛坯尺寸较大，工序次数多，模具结构复杂、体积庞大，设备公称压力大（3150kN 以上），故从材料利用率、工效、模具制造等多方面来看，这种工艺都比较落后，经济效益不高。

2）采用图 6-16 所示模具结构，坯料（1448mm×724mm）经预冲孔（ϕ170mm）后一次扩孔翻边成形，再经整形后生产出了合格的零件。这一方案所用毛坯尺寸小，模具简单，工序少，设备公称压力小（2000kN），生产效率高，经济效益明显。但在生产中应注意的是，必须严格控制 ϕ170mm 预冲孔的断面质量，不允许有较大毛刺或微裂纹存在；压料力要足够大，不允许加工时法兰处坯料向凹模滑动；凸模表面粗糙度要求在 $Ra0.8\mu m$ 以下并注意对凸模的润滑。

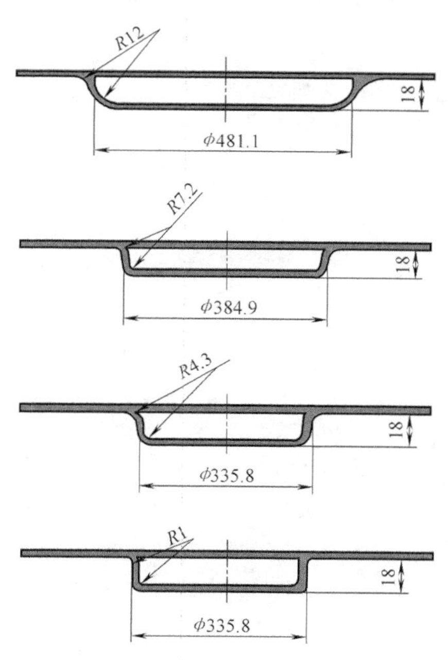

图 6-17 宽法兰多次拉深

6.2.4 提升机畚斗破裂、起皱

1. 零件特点

斗式提升机畚斗如图 6-18 所示。零件材料为 08Al 冷轧钢板，料厚为 2mm。原国内生产的斗式提升机畚斗为焊（铆）接件，工艺性差，装满系数低，一般仅为 50%左右，且容易损坏。现采用整体一次性成形，能充分保证畚斗的使用要求和外形曲线，装满系数可达 80%，且整体刚性好，使用寿命长。

畚斗零件为形状不规则的零件，整体成形的变形特点为胀形、弯曲和拉深的复合成形；沿周边、高度和厚度方向变形是极不均匀的。此外，该零件很难用一个或数个工艺参数来表

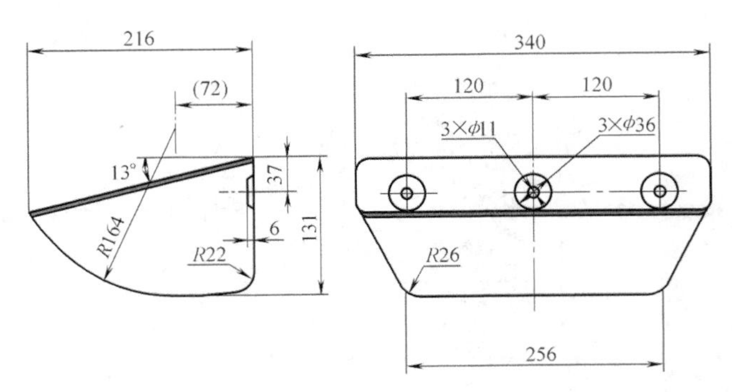

图 6-18　提升机畚斗

示或反映其变形的难易程度、破裂或起皱的界限。成形毛坯的形状与尺寸也很难确定。

2. 废次品形式

1）破裂。原采用 08Al 热轧钢板，毛坯形状与尺寸如图 6-19a 所示。试压时底部和周边多处破裂，其中尤以 $R22$mm 圆角处破裂最为严重。

2）起皱。试压时周边起皱。

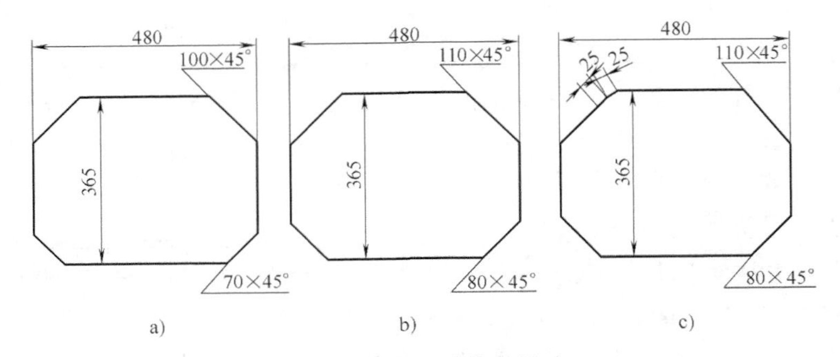

图 6-19　毛坯形状与尺寸

a）第一次试压毛坯形状　b）修改后试压毛坯形状　c）最后成形的毛坯形状

3. 原因分析

该件为胀形、弯曲和拉深复合成形件。破裂反映了其胀形和弯曲的变形特点，而起皱则主要是由于其拉深变形时周向压应力过大所致。因此，从原理上讲，破裂和起皱产生的原因在于胀形、弯曲和拉深变形的变形程度分配不均匀。胀形和弯曲变形超过材料的破裂界限便会产生破裂。拉深变形程度较大，超过了其抗失稳起皱的能力便会在周边产生起皱。此外，材质不好，整体和局部的不均匀变形也会引起破裂和起皱。

具体而言，造成破裂和起皱的原因是：

1）原材料质量差。首次试压时采用 08Al 热轧钢板，其塑性及表面质量差。材料的复合成形性能不好，这是造成破裂与起皱的内在原因。

2）毛坯下料尺寸不合理。如图 6-19a 所示，毛坯切角尺寸偏小，致使制件角部拉深阻力增大，胀形变形量增加，产生破裂。

3）拉深筋太深。由于畚斗深度大，毛坯中部的胀形变形、直边的弯曲变形和转角处的拉深变形程度极不均匀，金属流入凹模的速度差较大。如图 6-20 所示，为了使四周的变形尽量均匀，流速差减小，在直边处设置了四条拉深筋。拉深筋半径取 $R6$mm 偏大，致使胀形成分增加，拉深变形程度减弱导致产生了破裂。

4）转角处凹模圆角半径偏小。如图6-20所示，*R*22mm圆角部分属拉深变形性质，坯料在周向压应力作用下将向圆角中心收缩，厚度增加，流速减慢。由于此处凹模入口圆角半径偏小，再加上下料毛坯过大，使径向拉应力增大，故产生了此处靠凹模圆角处的侧壁破裂。与底部的胀形破裂不同，这种壁裂主要是由于局部变形不均所致。

5）压边力过大或过小。采用图6-21所示模具结构，在一台YA32-315型四柱万能液压机上进行加工。利用下顶出缸的顶出力作为压边力。开始试压时，顶出缸压力调节到7MPa偏小。此时胀形变形成分不足，拉深变形量过大，周边起皱；增大压边力，当顶出缸压力达到或超过9.5MPa时，胀形变形量过大，制件底部*R*22mm圆角处产生破裂。

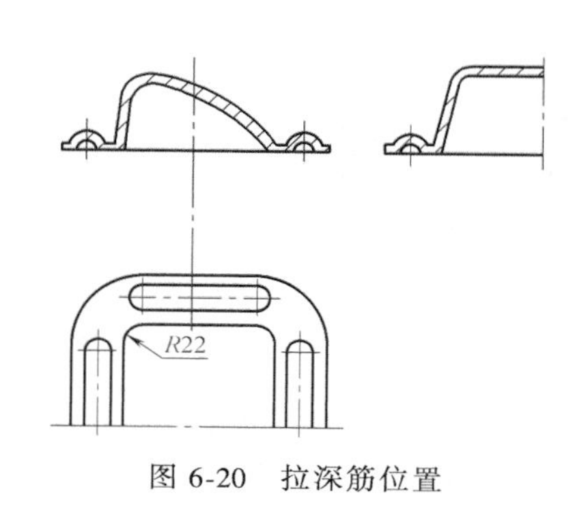

图6-20　拉深筋位置

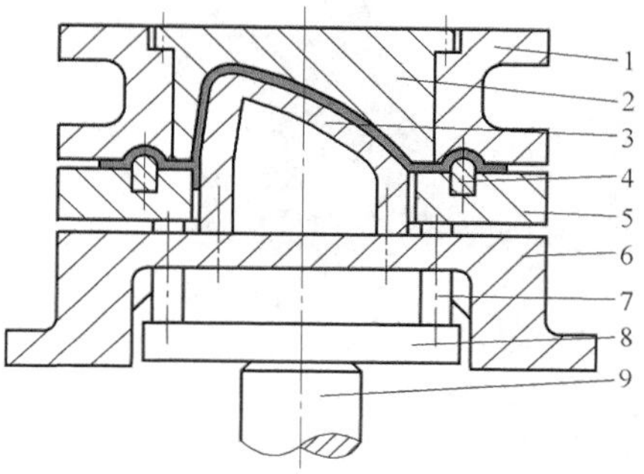

图6-21　模具结构

1—上模板　2—凹模　3—凸模　4—拉深筋　5—压边圈　6—下模板　7、9—顶杆　8—顶板

4. 解决与预防措施

生产中采取了一系列措施，终于使畚斗整体式一次成形获得了成功。这些措施是：

1）改变毛坯材料。采用进口冷轧钢板或国产08Al冷轧钢板均获得了良好的效果。

2）改变毛坯的形状与尺寸。如图6-19b、c所示，增大切角量并在深度较深的*R*22mm圆角一侧切去尺寸为25mm的小角以降低转角处的拉深变形阻力。采取此项措施后，增大了此处的拉深变形程度，减小了*R*22mm圆角处的胀形变形量。

3）降低拉深筋的深度。将拉深筋圆角半径由*R*6mm减小到*R*4.5mm，进一步调整了胀形与拉深变形程度的比例。

4）控制压边力。将顶出缸压力调整为9MPa。

5）增大转角*R*22mm凹模入口处的圆角半径，采用二硫化钼润滑剂代替机油加黄油润滑剂。

6.2.5　车门内板成形破裂

1. 零件特点

某轿车车门内板如图6-22所示。材料为ST16钢板，料厚为0.7mm。零件外形尺寸为1610mm×1110mm×100mm，属大型复杂内覆盖件。该零件整体轮廓形状不规则，几何形状起伏较大，成形深度较深且不均匀，容易引起应力不均。零件底部形状相当复杂，存在大量局部特征结构，如凸凹筋、凸凹台、圆孔、异形孔等。该件属于典型的拉深、胀形、弯曲和翻边的复合成形件。车门内板结构特征如图6-23所示，下窗框转角部位①处面积增加完全依靠材料的胀形变形来实现，容易产生破裂缺陷；零件转角②、③、④三处毛坯在冲压过程中大部分时间均悬空，直到成形快结束时才开始贴模变形，材料易拉深失稳起皱；⑤处凹槽深度较深，无法从相邻区域得到材料补充，为胀形变形，容易产生破裂；⑥、⑦、⑧三处为车门内板窗框的合边面，形状精度要求高，但是在窗口孔洞填充后，此区域的结构特征将类似于大平面底部，成形时不容易产生塑性变形，刚性差，表面形状精度不易保证。

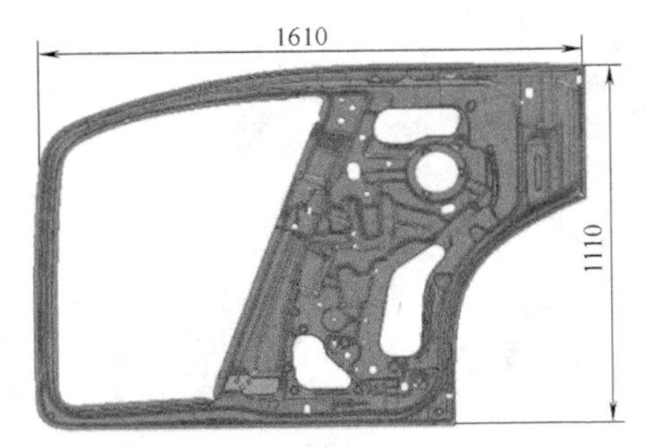

图6-22　车门内板

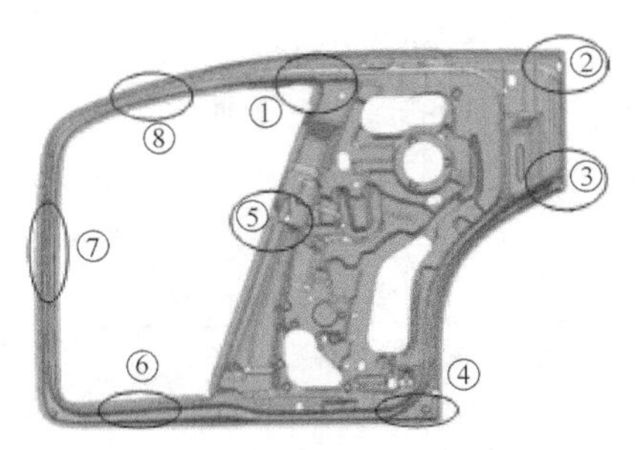

图6-23　车门内板结构特征

2. 废次品形式

局部破裂。原工艺方案依据生产经验，凹模圆角取为$R6$mm，拉深筋高度h为6mm，工艺孔直径设为$\phi30$mm。如图6-24所示，试模时，在成形工序，制件底部拐角、局部尖角和窗框拐角处产生破裂，即②、③、⑤处破裂。

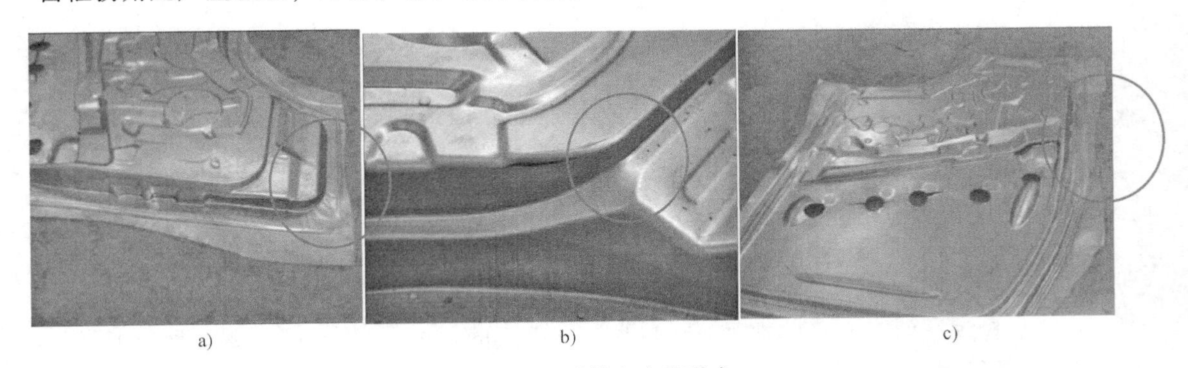

图6-24　试模废次品形式

a）底部拐角破裂　b）局部尖角破裂　c）窗框拐角破裂

3. 原因分析

对板料进行成形模拟，就汽车覆盖件而言，板料减薄率在4%~20%内通常是可以接受的，若减薄得过多，则将削弱零件的刚度，若减薄得太多则会产生破裂。图6-25所示为数值模拟得到的变薄率分布图，三处变薄率超过20%：A处最大减薄率为40.2%，B处最大减薄率为51.9%，C处最大减薄率为26.9%。变薄率过大，

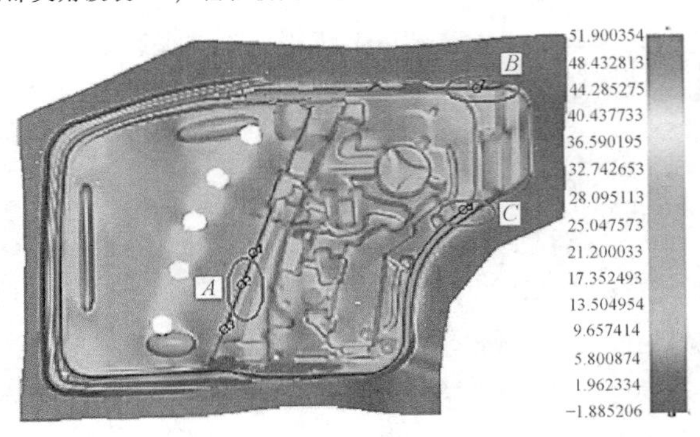

图6-25　变薄率分布图

A、*B*、*C* 处破裂。

如图 6-26 和图 6-27 所示，在 *A*、*B* 破裂区域分别任选三个节点，分析它们的第一主应变和第二主应变情况，从而分析破裂现象的产生机理。

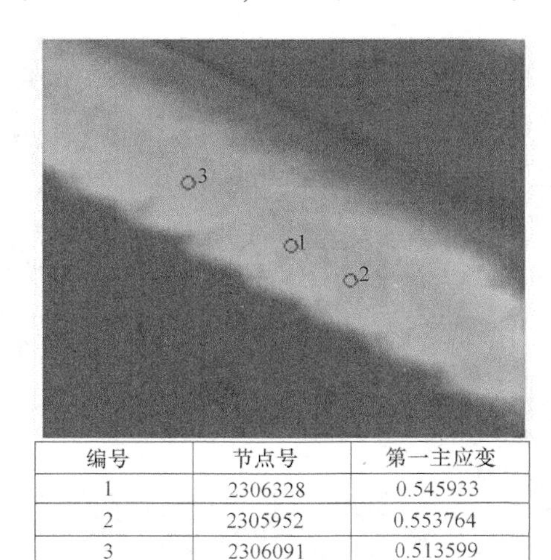

编号	节点号	第一主应变
1	2306328	0.545933
2	2305952	0.553764
3	2306091	0.513599

a)

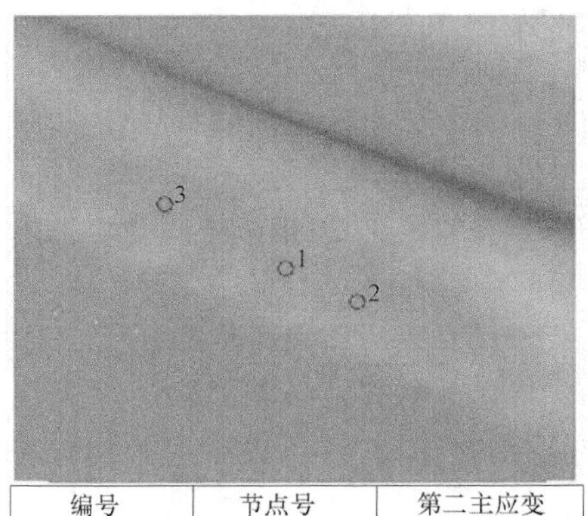

编号	节点号	第二主应变
1	2306328	0.012182
2	2305952	0.009824
3	2306091	0.006865

b)

图 6-26　*A* 破裂区的主应变

a) *A* 区第一主应变　b) *A* 区第二主应变

1）由图 6-26 可知，*A* 破裂区的第一、第二主应变均为正值（拉应变），即此区域的材料处于双向拉伸状态，且径向拉应变远大于切向拉应变，胀形变形性质明显。结合经验分析，板料在成形过程中处于反成形状态，无法得到材料补充，只能依靠材料变薄成形出自身形状。虽然在成形工艺设计阶段就已考虑了该成形特点，并试图通过设置工艺孔来降低剧烈变形区材料所受的径向拉应力，增大切向拉应力，以缓解材料变形的剧烈程度和补充材料。但是，由于工艺孔尺寸太小，且位置距离剧烈变形区太远导致效果不明显，无法避免破裂。

2）由图 6-27 可知，*B* 破裂区的第一主应变为正值（拉应变）；第二主应变同时存在正

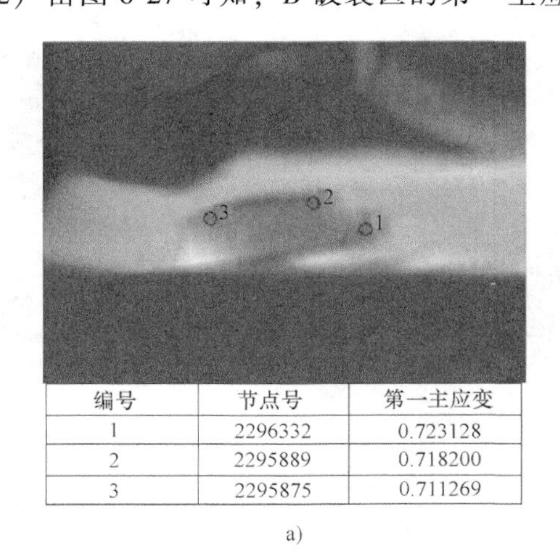

编号	节点号	第一主应变
1	2296332	0.723128
2	2295889	0.718200
3	2295875	0.711269

a)

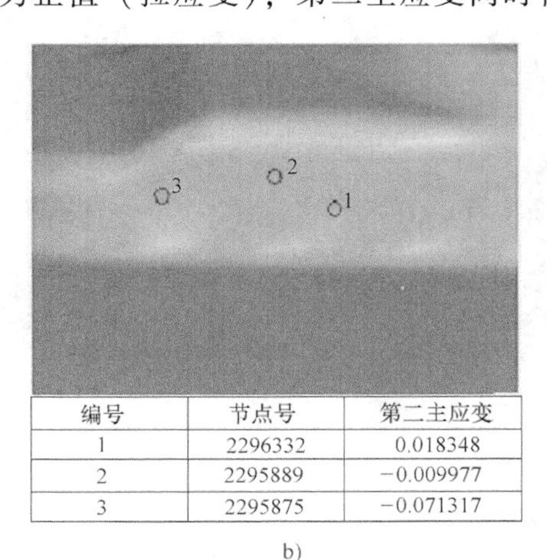

编号	节点号	第二主应变
1	2296332	0.018348
2	2295889	−0.009977
3	2295875	−0.071317

b)

图 6-27　*B* 破裂区的主应变

a) *B* 区第一主应变　b) *B* 区第二主应变

值（拉应变）和负值（压应变），即此区域的材料同时存在双向拉伸和单向拉伸，且径向拉应变相对较大。结合经验分析，造成径向拉应力过大而导致破裂缺陷的原因有：成形深度70mm较深、凹模圆角$R6$mm过小、拉深筋过高、摩擦阻力过大。

4. 解决与防止措施

1）改变产品结构。C处局部尖角破裂缺陷是由于结构上的局部尖点产生应力集中。经与有关部门协商，对产品的角部进行了倒钝处理，如图6-28所示。

2）对工艺与模具参数做了调整。采用正交试验对成形工艺因素敏感性进行分析，得到部分工艺因素的敏感性排序为：凹模圆角半径>拉深筋高度>摩擦系数>坯料尺寸>压边力>凸、凹模间隙。依据正交试验结果，结合数值模拟分析，对工艺参数做了如下调整：凹模圆角半径由$R6$mm改为$R7$mm，拉深筋高度由6mm改为4mm，工艺孔半径尺寸由$\phi30$mm改为$\phi35$mm，且让其更靠近破裂危险区。

3）改进并重新切割毛坯，改进工艺后毛坯如图6-29所示。

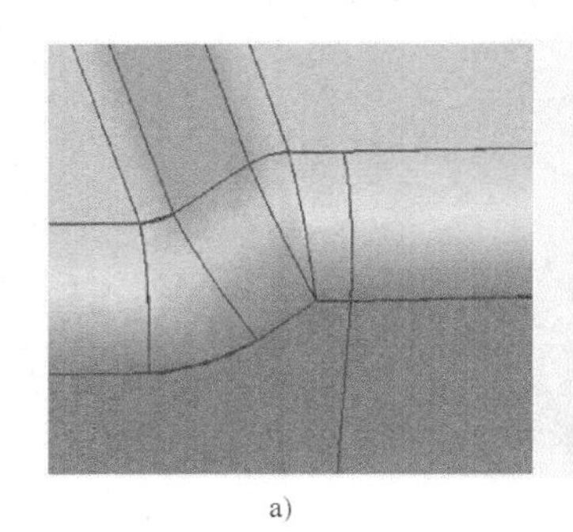

a)

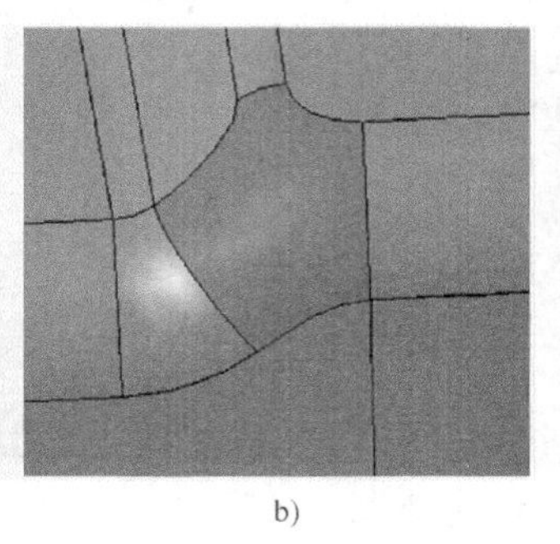

b)

图6-28　角部的倒钝

a）倒钝前　b）倒钝后

图6-29　改进工艺后毛坯

依据所改进的工艺方案，打磨凹模圆角和拉深筋。对板料进行冲压试制，试模后得到了如图6-30所示制件，各处破裂均已消除，产品合格。

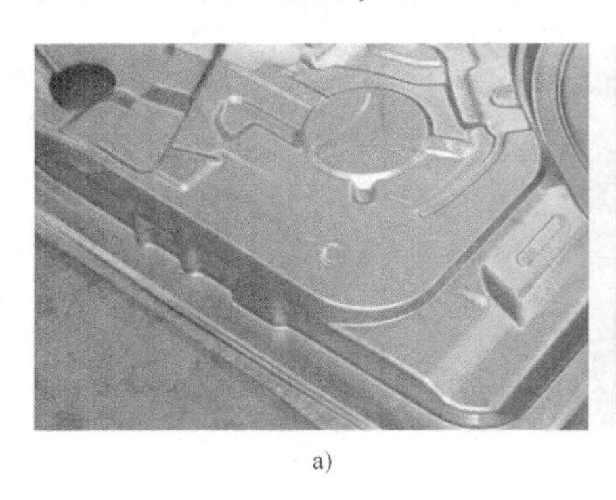

a)

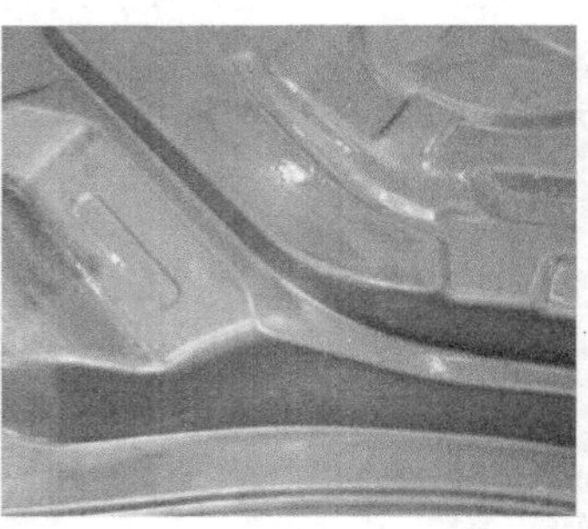

b)

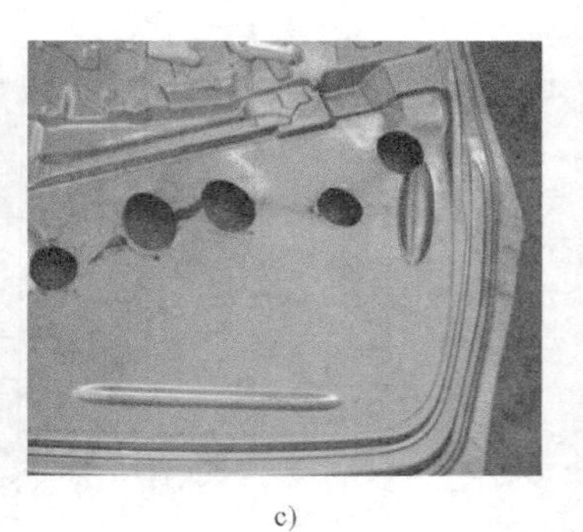

c)

图6-30　破裂消除后制件

a）底部拐角处　b）局部尖角处　c）窗框拐角处

此例说明，基于经验知识确定汽车覆盖件成形的工艺参数，对试模中局部出现的破裂现象采用数值模拟进行机理分析，有针对性地进行工艺和模具参数优化，是一种解决问题的有效途径。

6.2.6 轿车后围板成形破裂、回弹变形

1. 零件特点

某轿车后围板3D模型如图6-31所示。零件外形尺寸为1620mm×820mm×150mm，属大型汽车覆盖件，所用材料为B170P1，板料厚度为0.7mm。该零件属拉深、胀形、弯曲和翻边复合成形件。整体轮廓形状不太复杂，但成形深度较深，几何形状外凸。成形时既要靠压边面下的毛坯向内流动补充材料，又要靠模腔内材料的延伸，拉深和胀形的成分都较大。存在部分特征结构，如单侧布置的7条凸凹筋、局部小凸台、底部矩形窗口等，弯曲和翻边成分相对较小。

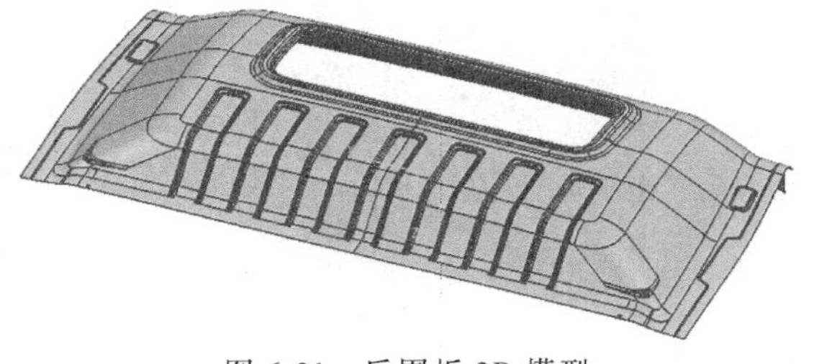

图6-31 后围板3D模型

2. 废次品形式

依据经验和数值模拟确定的工艺方案为：冲口→成形→修边→修底部窗口并整形；确定毛坯为2060mm×1300mm的矩形坯料。在成形→修边试模阶段出现了如下废次品形式。

1）角部开裂。如图6-32所示，成形试模时制件局部产生了开裂。

2）回弹变形、尺寸超差。采取措施解决了开裂问题，在修边之后产生了回弹变形和尺寸超差的缺陷。检测修边后的零件，最大变形量为4.99mm，方向向上，与成形后回弹的结果相叠加，最大变形量达到了7.16mm。企业所允许的回弹误差是3mm，可见，在成形和修边后制件回弹变形、尺寸超差。

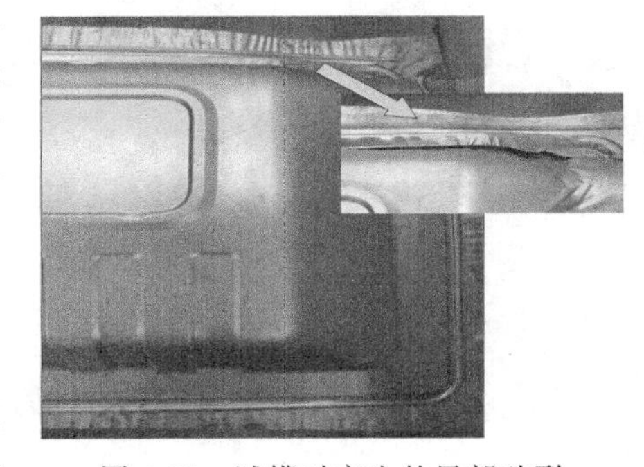

图6-32 试模时产生的局部破裂

3. 原因分析

1）开裂产生的原因。开裂产生的主要原因是没有控制好拉深和胀形的比例，且变形不均匀。零件右上角胀形变形量过大，造成了胀形破裂。具体而言，数值模拟以软件材料库参数作为材料模型，模拟精度不够准确，导致工艺与模具参数选择出现偏差。如图6-33a所示，采用材料库中的材料进行模拟时，板件大部分区域都处于安全区，没有出现破裂区域；但采用实际测量的参数进行模拟时，零件在右上角的区域出现破裂，如图6-33b所示，这与实际试模的结果一致（见图6-32）。

2）回弹变形、尺寸超差产生的原因。回弹是实际生产中很难有效克服的成形缺陷之一，它的精确预测是工程技术人员非常关心且棘手的问题。金属塑性变形后总伴随有弹性变形，所以板料成形时，即使变形区的整个断面均进入塑性状态，在外力去除后，仍会出现回弹。为使该件充分变形，设置了工艺补充面和拉深筋，材料在较大拉应力作用下产生了较大的塑性变形，卸载后回弹量较大；修边后应力释放，残余应力也会使材料产生变形；由图6-34可见，在*A*区和*B*区成形回弹与修边回弹变形方向一致，两者叠加的结果使回弹变形量增大。另外，*A*区受凸凹筋的影响，成形后制件的刚性好，回弹变形量比*B*区要小得多。

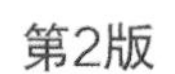

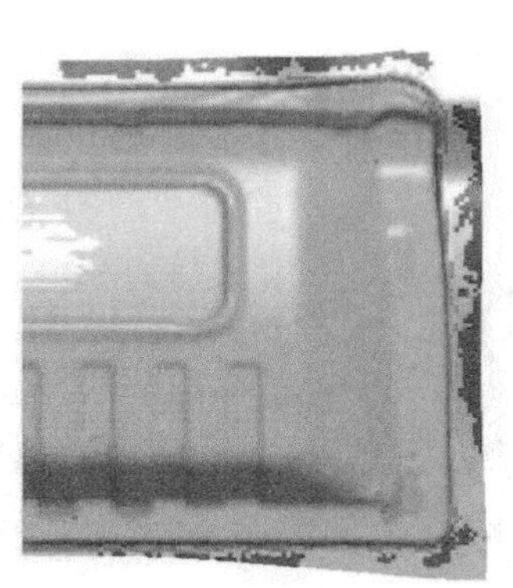

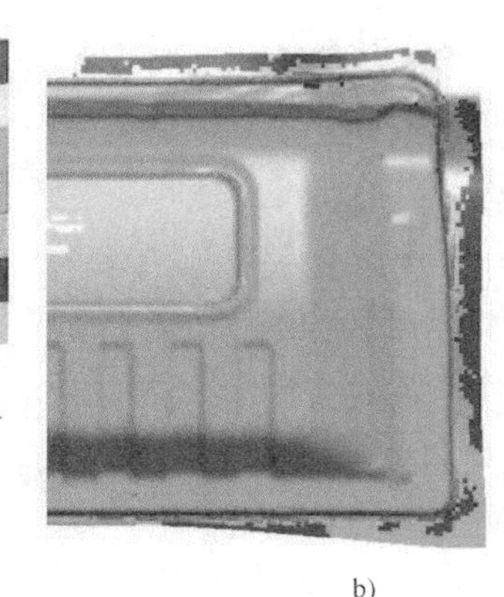

a)　　　　b)

图 6-33　整体成形模拟效果的比较

a）材料库参数的模拟结果　b）测量参数的模拟结果

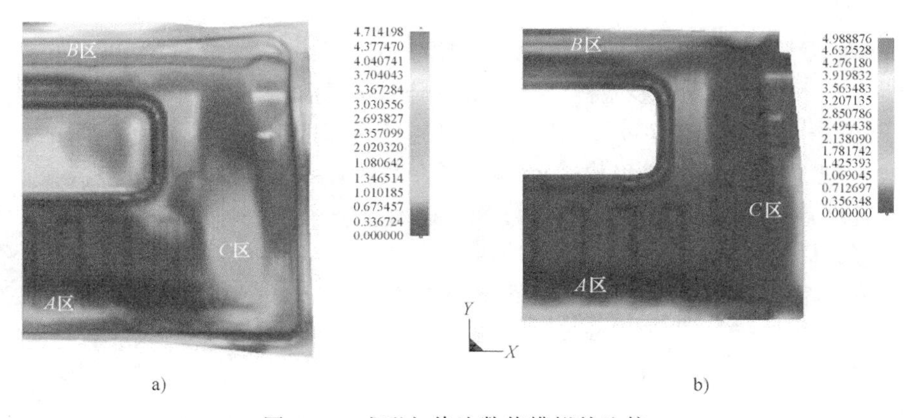

a)　　　　b)

图 6-34　成形与修边数值模拟的比较

a）成形工序后的回弹变形　b）修边工序后的回弹变形

4. 解决与防止措施

生产中，解决局部开裂比解决回弹变形、尺寸超差的问题要容易一些。具体而言，企业采取的措施为：

1）采用测定的性能参数代替软件材料库参数作为材料模型，提高了数值模拟的精度。按照 GB/T 228.1—2010 在拉伸试验机上进行拉伸试验，测量板材的硬化指数 n 值和厚向异性指数 γ 值。如表 6-1 所示，对比可见，测得的参数和软件材料库中的参数有较大的差别。采用测定的性能参数代替软件材料库参数作为材料模型重新进行数值模拟，并通过正交试验得到了优化的工艺和模具参数为：毛坯尺寸为 2060mm×1260mm，压边力 = 500kN，拉深筋高度 = 4mm，凸、凹模圆角半径 = 10mm。

2）采用补偿法对零件的回弹变形进行补偿。将设计的标准零件模型和最终回弹之后的模型同时导入软件中，作截面线如图 6-35 所示，一共得到 20 条（回弹前后的零件各有 10 条）截面线。把这 20 条截面线导入软件中，对每对相对应的截面线分别进行比较，从而得到零件在不同截面边界处的翘曲角度，见表 6-2。

根据表 6-2 的结果，零件的变形主要集中在图 6-36 所示的 A、B、C、D、E 五个区域，对各区域分别进行补偿：*A* 区域补偿 3.94°，*B* 区域补偿 1.65°，*C* 区域补偿 1.53°，*D* 区域补偿 1.25°，*E* 区域由于回弹变形很小，不进行补偿，而在 *A-B*、*C-D*、*D-E* 之间的区域，都采用过渡的方式进行补偿。补偿之后的模型如图 6-37 所示。图 6-38 所示为对模型左上角进行最大误差的测量图。此时，测得此处的最大误差量（点 1 和点 2 之间的距离）为 2.54mm，小于企业要求的 3mm 的标准，因此利用补偿减小成形件的误差，满足了设计要求。

表 6-1　测得的材料参数与材料库参数的比较

参数	n	γ
0°	0.248	2.124
45°	0.250	1.905
90°	0.257	1.497
测量平均值	0.251	1.858
材料库参数	0.220	2.002

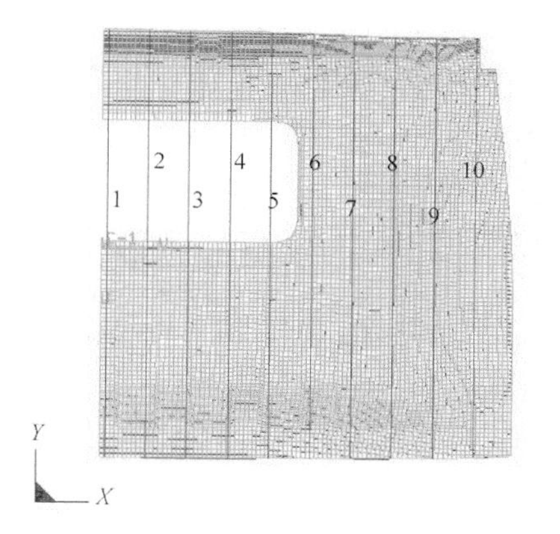

图 6-35　截面线分布

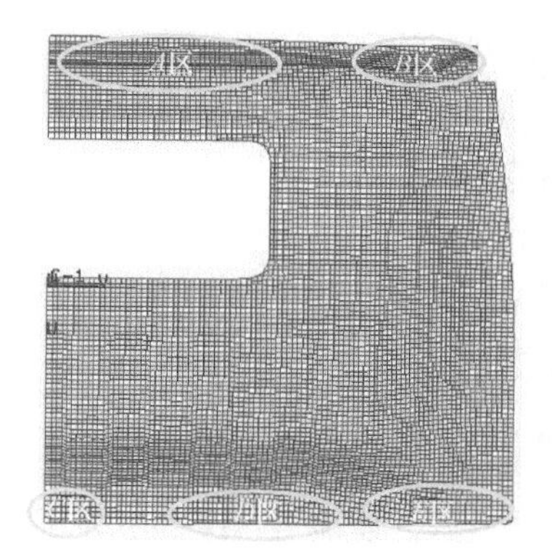

图 6-36　补偿区域分布

表 6-2　截面线各处回弹角度

截面线	1	2	3	4	5	6	7	8	9	10
上部回弹角度/(°)	4.08	3.96	3.94	3.87	3.79	3.08	2.36	1.69	1.57	1.55
下部回弹角度/(°)	1.54	1.53	1.44	1.30	1.27	1.25	1.27	0.07	-0.09	-0.25

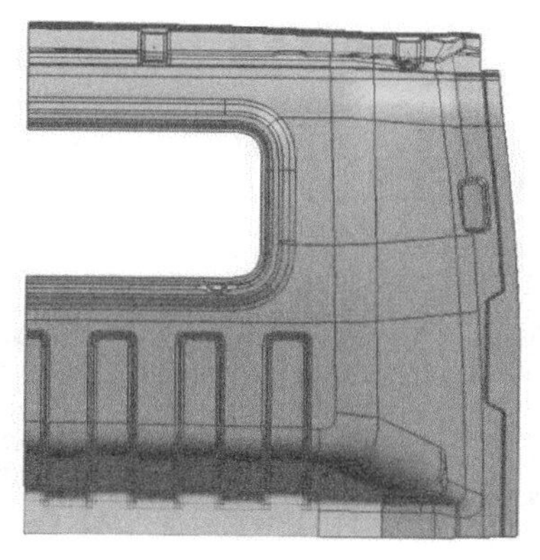
图 6-37　补偿之后的模型

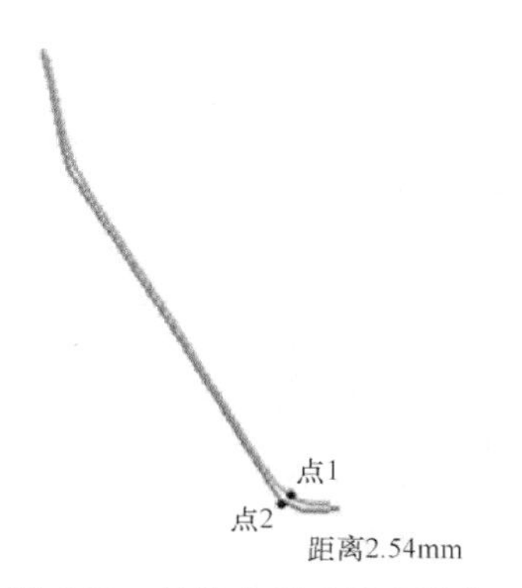

图 6-38　补偿之后的最大误差

按照回弹补偿之后的型面进行模具的设计及修磨，之后按照优化之后的参数进行试模，最终得到的成形件如图 6-39 所示。将最终的成形件安装到检具上，在零件的周围均匀取点，测量其误差如图 6-40 所示。从图 6-40 中可以看出，零件的最大误差为 2.5mm，满足了企业的要求。

图 6-39　最终成形件

图 6-40　零件验收

该案例说明：对成形板料的力学性能参数进行试验测量，采用测量参数作为数值模拟的材料模型更接近于真实工程实际，可有效提高数值模拟的精度，获得更准确的工程指导；通过数值模拟来调整成形工艺和模具参数，对零件的回弹进行分析，并通过补偿法补偿零件的变形可有效控制制件的回弹变形；经验知识与数值模拟相结合的优化方法是提高产品质量及工艺设计效率的有效途径。

6.2.7　汽车顶盖前横梁成形破裂、起皱

1. 零件特点

某汽车顶盖前横梁 3D 模型如图 6-41 所示。所用材料为 DC04 钢，厚度为 0.7mm。表 6-3 显示了按照 GB/T 228.1—2010 进行拉伸试验测得的材料力学性能。根据表 6-3 中的参数建立材料幂指数硬化模型为 $\sigma=526.6\varepsilon^{0.23}$。零件轮廓尺寸为 1400mm×250mm×100mm，是较大型汽车覆盖件，属拉深、胀形、弯曲和翻边复合成形件。零件轮廓形状近似一个矩形，如图 6-42 所示，其内部局部特征结构较复杂，使得毛坯在成形过程中流速和变形不均匀。

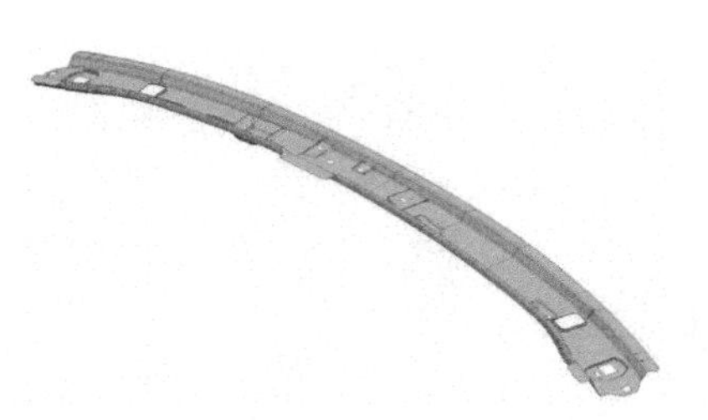

图 6-41　顶盖前横梁 3D 模型

表 6-3　拉伸试验测得的 DC04 钢的力学性能

参数	n	γ	k/MPa	$R_{p0.2}/R_m$	A_u
0°	0.228	2.18	525.822	0.503	0.46
45°	0.228	1.85	526.738	0.498	0.44
90°	0.237	2.54	527.137	0.499	0.45
平均值	0.230	2.19	526.609	0.501	0.45

注：n 为应变硬化指数；γ 为塑性应变化；k 为强度系数；$R_{p0.2}/R_m$ 为屈服比；A_u 为均匀伸长率。强度系数 k 是与材料有关的常数，它是根据材料的硬化模型（应力应变曲线）$\sigma=k\varepsilon^n$ 通过拉伸试验获得的。

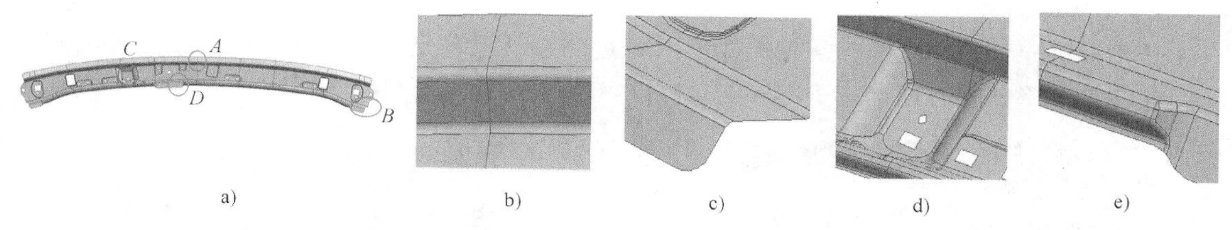

a) b) c) d) e)

图 6-42 顶盖前横梁的结构特征

a）总体结构特征 b）*A* 处局部特征 c）*B* 处局部特征 d）*C* 处局部特征 e）*D* 处局部特征

1）局部特征 *A*。如图 6-42b 和图 6-43 所示，该特征类似平面法兰特征，在成形过程中，法兰上毛坯流动速度、变形分布、变形量等随着轮廓的变化而变化，外凸轮廓部分法兰的变形以拉深为主，属压缩类变形；内凹轮廓部分法兰的变形以胀形为主，属伸长类变形。

2）局部特征 *B*。该特征存在高度差，在做工艺补充的时候，必须使用过渡面，弥补该高度差。如图 6-42c 和图 6-44 所示，在设计工艺补充面以后，此处类似于方盒特征。在成形过程中，直边毛坯变形以弯曲为主，转角处的变形以拉深为主，直边和转角之间的流速存在较大差别，在两部分相交的区域容易产生切应力导致起皱，而在方盒的底部以胀形为主，容易产生破裂。

3）局部特征 *C*。如图 6-42d 和图 6-45 所示，该特征类似于斜面侧壁特征，其斜壁既是传力区，也是变形区。在成形过程中，此处的斜壁处于悬空状态，不容易贴膜。零件成形时侧壁的不同部位变形特点也不相同，侧壁靠近中间部分毛坯径向和切向受到拉应力作用，产生伸长变形，属胀形成形；靠近凹模口部分毛坯切向受压应力，产生压缩变形，属于拉深成形，即该处成形属拉深-胀形复合成形。此外，该处成形深度大，圆角较小，结构复杂，此处的流动阻力较大，材料流动不畅。

4）局部特征 *D*。如图 6-42e 和图 6-46 所示，该特征类似于压凸包或外凸形曲面特征。在成形过程中，毛坯最先接触到模具，外凸形状为较小圆角半径，胀形成分大，成形过程中传递很大的作用力，该处毛坯很容易产生集中变形导致强度破裂。

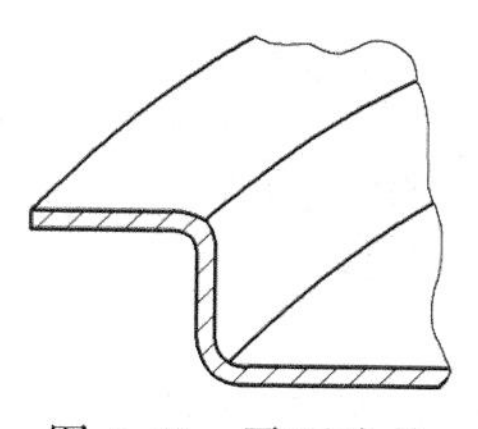

图 6-43 平面法兰

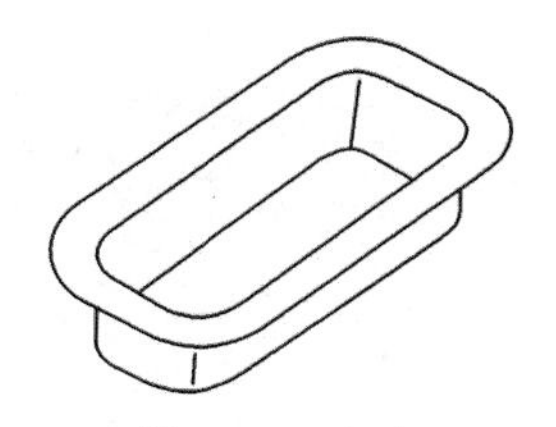

图 6-44 方盒

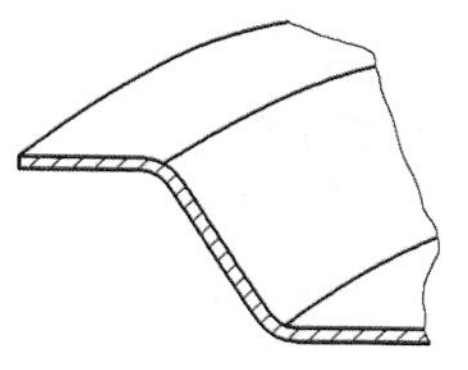

图 6-45 斜面侧壁

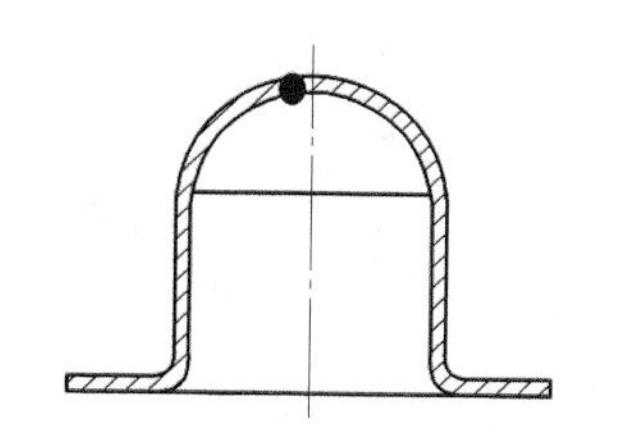

图 6-46 外凸形曲面

2. 废次品形式

依经验确定工艺方案为：下料→成形→修边→冲孔；确定毛坯为1520mm×360mm的矩形坯料。在成形试模阶段出现了图6-47和图6-48所示的破裂和起皱缺陷。

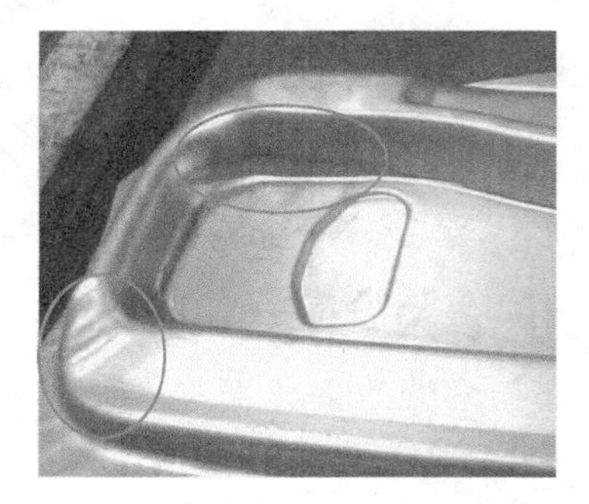

图6-47 试模中产生的破裂与起皱缺陷

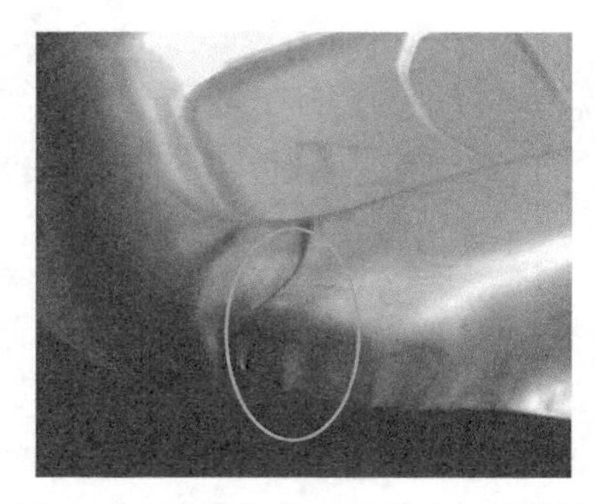

图6-48 试模中产生的严重起皱缺陷

3. 原因分析

本例中产生的开裂和起皱是不均匀变形的结果。开裂产生的主要原因是左下角局部胀形变形量过大，造成了胀形破裂；而起皱产生的主要原因是左上角局部拉深变形集中，直边和圆角流速差造成切应力过大引起的起皱。以下通过数值模拟来分析造成这种现象的具体原因。为提高数值模拟的精度，采用Dynaform软件进行模拟时，将表6-3中的材料力学性能参数导入材料的定义中，使用试验所建立的幂指数硬化模型作为材料模型。

1）矩形毛坯增加了变形的不均匀性。图6-49所示的成形质量云图、图6-50所示的变薄率图和图6-51所示的FLD（成形极限图）分别为顶盖前横梁在矩形毛坯情况下的模拟结果。从图中可见，不均匀变形的结果是局部出现了破裂、起皱和严重的成形不足。更改参数进行反复模拟都不能解决问题。分析其原因，图6-49所示下面部分的压边面积过大，左右拐角和中间部分的成形阻力较大，使用较大的压边力，这三个区域出现破裂；使用较小的压边力，破裂区域可以得到改善，但其他部分（特别是上部区域）有效压边面积较小，压边力不足，上部区域成形不充分，且局部出现了起皱现象。这些缺陷都与试模时出现的缺陷相同。

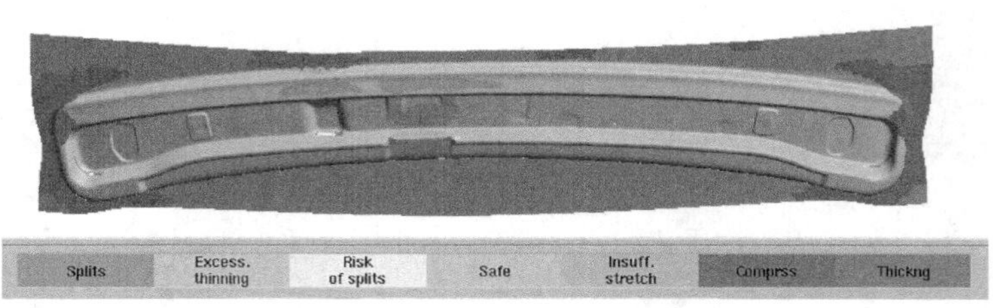

图6-49 矩形毛坯的成形质量云图

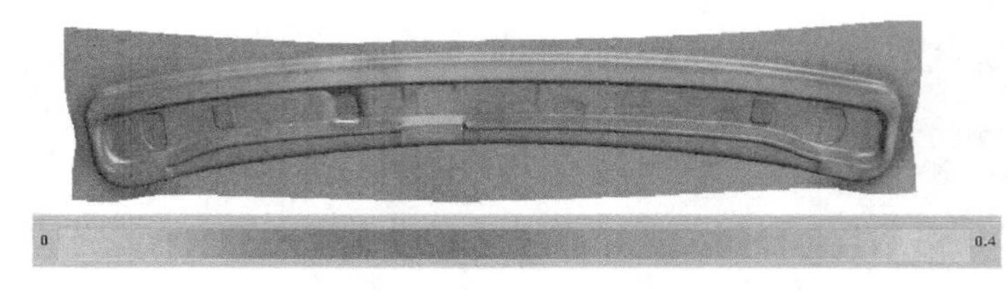

图6-50 矩形毛坯的变薄率图

2）C 处圆角半径太小，增加了底部胀形的不均匀程度。

3）冲压方向对改善不均匀变形的作用不大。如图 6-52 所示，按顶盖前横梁在车身坐标的位置采用正装模具进行冲压成形是安全的，不存在冲压负角，凸模也可以很好地进入凹模，但是对改善不均匀变形的作用不大。

4）其他工艺参数未能达到最优化的组合。除了毛坯形状和尺寸、冲压方向之外，影响汽车覆盖件冲压成形质量的工艺要素还有压料面、工艺补充面、拉深筋、凹模圆角半径、压边力的大小等。对于像顶盖前横梁这样具有复杂局部特征结构的覆盖件，单凭经验要调试出高质量产品是很困难的。

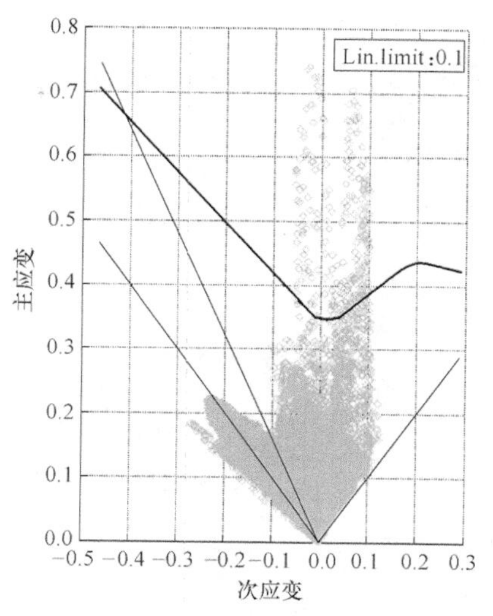

图 6-51　矩形毛坯的成形极限图

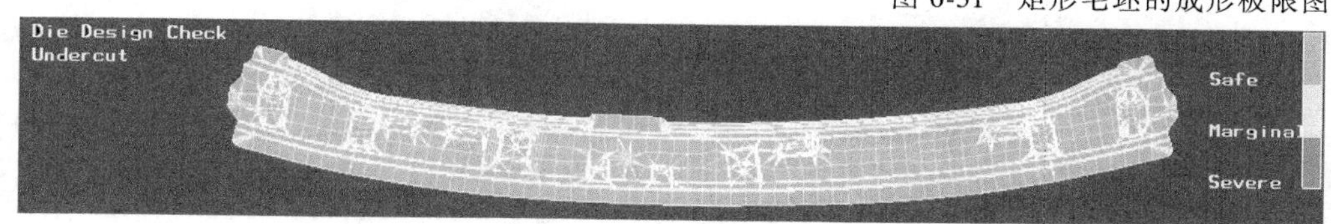

图 6-52　冲压方向检查图

4. 解决与防止措施

目前，生产中解决覆盖件冲压成形局部开裂和起皱缺陷的科学方法就是通过数值模拟来获得优化的工艺参数。具体而言，该企业采取的措施是：

1）优化了毛坯的形状和尺寸。考虑到缺陷主要出现在 C 处局部区域，需减小破裂处的压边面积。经修改后设计的毛坯如图 6-53 所示。此毛坯可以减小板料下部的压料面积，增大上部压料面积，使局部区域变形均匀。设置模拟参数，适当减小压边力，最终的模拟结果如图 6-54 和图 6-55 所示。

1520　255　255　255　255　360　R1600　R110

图 6-53　不规则形状的毛坯

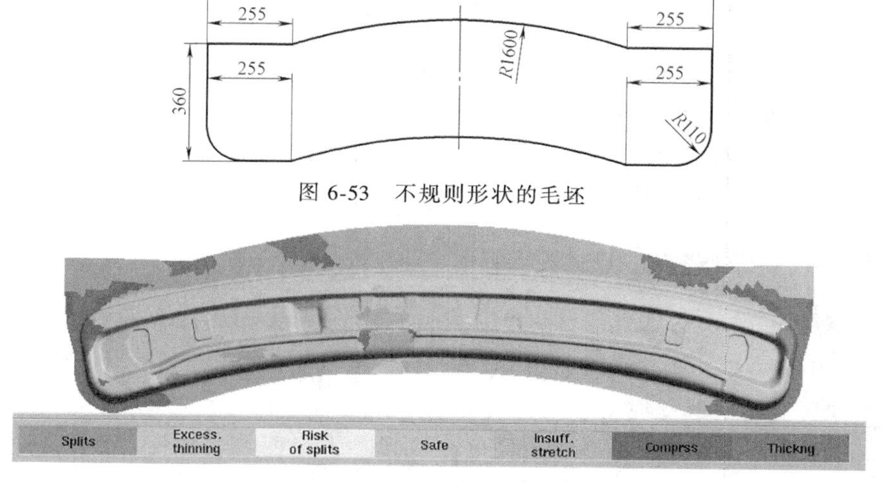

图 6-54　不规则毛坯的成形质量云图

2）采用过渡圆角半径，增加整形工序。如图 6-56 所示，C 处圆角半径过小，在成形过程中容易破裂，生产中采用过渡圆角半径，成形后增加了整形工序。

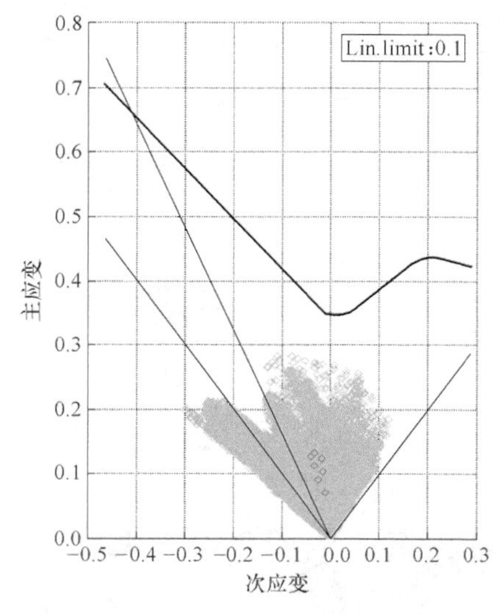

图 6-55　不规则毛坯的成形极限图

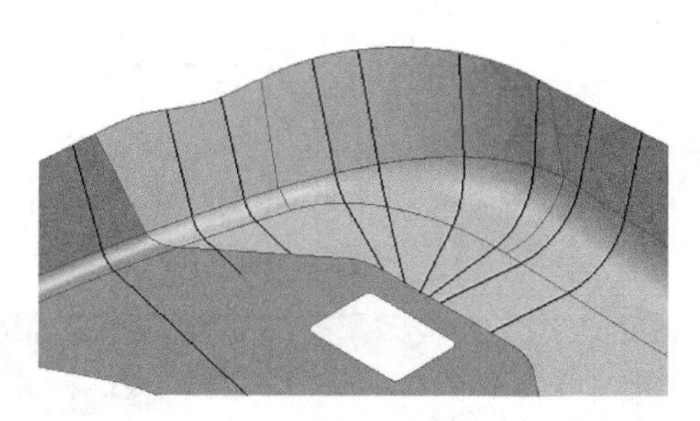

图 6-56　过渡圆角

3）改变冲压方向。考虑倒装模具的生产效率和变形的均匀性都比正装的要好，将顶盖前横梁绕着 X 方向旋转 180°得到冲压方向，如图 6-57 所示。

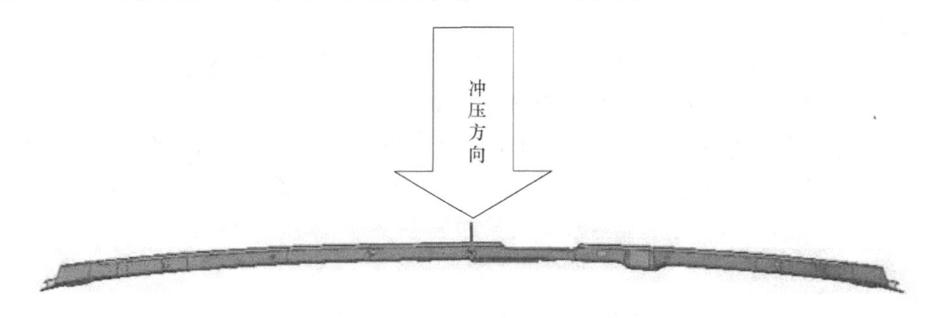

图 6-57　顶盖前横梁冲压方向设计

4）采用优化的工艺参数组合。通过数值模拟和正交试验获得了优化的工艺参数组合为：凹模圆角半径为 5mm，摩擦系数为 0.17，冲压速度为 2000mm/s，压边力为 500kN。

采用上述几项措施生产出了合格的产品。最终采用的工艺方案为：下料→成形→修边→冲孔→整形。图 6-58 所示为顶盖前横梁的成形件和成品。

6.2.8　拖拉机离合器定位板开裂

1. 零件特点

某型手扶拖拉机离合器定位板如图 6-59 所示。零件材料为 Q235A 钢，料厚为 2.5mm。该件为弯曲-拉深复合成形件或复合翻边件。其中，直边部分为纯弯曲变形，R105mm 圆弧部分为弯曲和拉深或弯曲和压缩类翻边的复合成形。为保证其对称性，生产中采用图 6-60 所示两件同时加工后切开的工艺方案。近似按回转体计算，拉深系数 $m=278.5/370=0.75>$

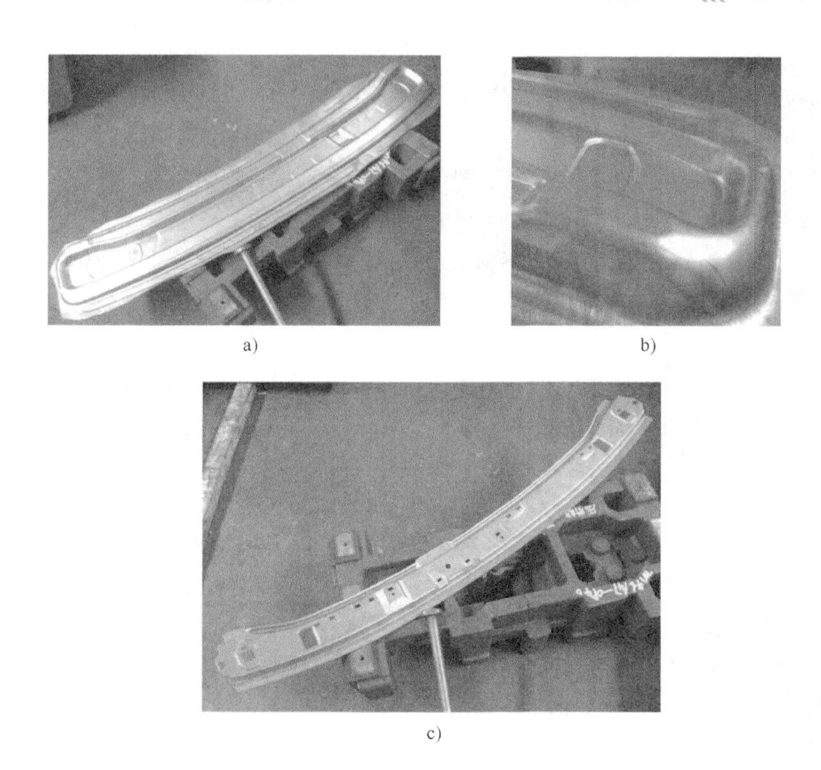

图 6-58 顶盖前横梁的成形件及成品

a）成形后的整体图 b）成形后的局部图 c）顶盖前横梁的成品

m_{min}，相对弯曲半径 $r/t=8/2.5=3.2>(r/t)_{min}$，零件满足一次成形的工艺性要求。

2. 废次品形式

开裂。如图 6-60 所示，零件成形时，上下两边沿圆角 R8mm 处开裂。

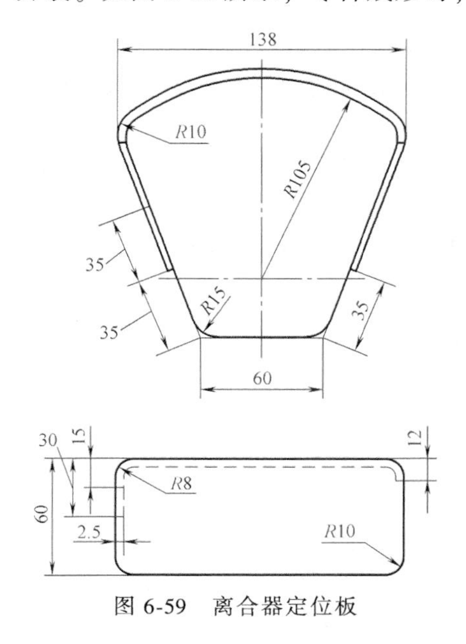

图 6-59 离合器定位板

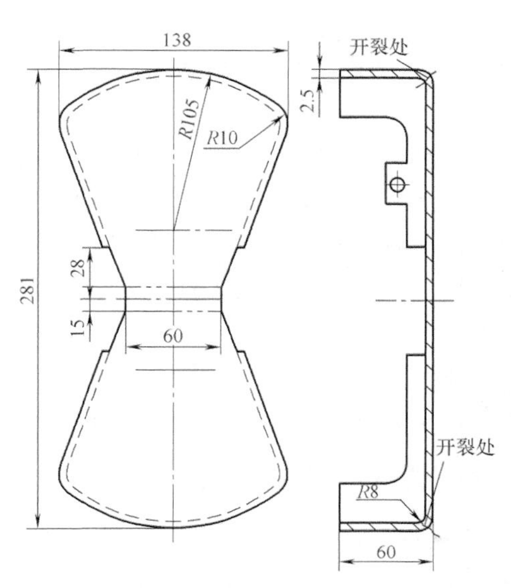

图 6-60 定位板冲压件及废次品形式

3. 原因分析

就弯曲和拉深单一工序而言，因相对弯曲半径和拉深系数均未达到材料的加工极限，故成形开裂除材质因素之外，应为弯曲和拉深的综合效应，即应考虑材料复合成形性能和这类复合成形工艺两方面的因素。具体分析，造成制件开裂的主要原因是：

1）坯料厚度不符合要求。与国家标准规定的厚度允许偏差相对照，厚度超差较多。由于料厚不均匀，部分板料超厚，使得坯料处于变薄拉深状态。这样一来，增大了拉深变形阻力，拉深变形不能顺利进行。

2）凹模磨损。批量生产时，凹模磨损，凹模圆角粗糙，使拉深和弯曲变形困难。

3）如图6-61所示，板料在裁剪时，未注意坯料的轧制方向，使两端的弯曲线方向与坯料的轧制方向平行。由于垂直轧制方向的材料力学性能较差，故容易造成开裂。在圆筒形零件或其他封闭形状零件拉深时，由于垂直轧制方向和平行轧制方向的坯料相互制约，互相补偿，故这种方向性的差异对成形极限的影响相对要小些。对于这类不封闭拉深件，特别是弯曲变形量较大的复合成形件，板料排样方向的影响就不能忽视了。

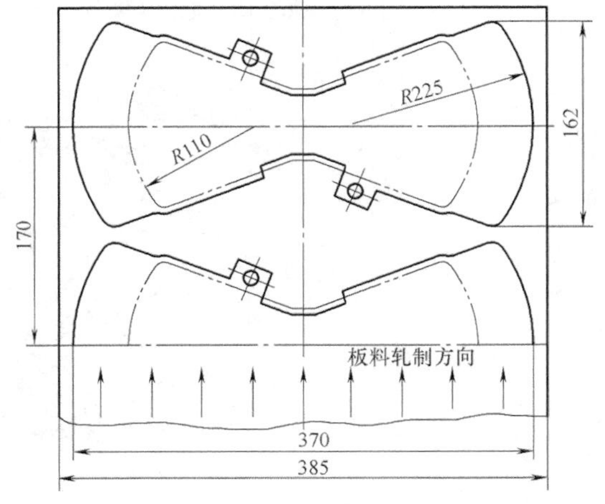

图6-61　错误的排样方向

4. 解决与防止措施

生产中采取如下措施，问题得到了解决。

1）严格材料的管理制度。板料在进入车间之前，检验员要严格检查其厚度。

2）增加凸、凹模的间隙。考虑到目前国产钢板的供货状况，在设计模具时，适当放大凸、凹模间隙。

3）降低模具表面粗糙度值。控制模具的表面粗糙度值，尤其是凹模圆角部位的表面粗糙度值要低，在凹模表面镀铬。降低模具表面粗糙度值，既能保证冲压件的质量又延长了模具的使用寿命。对已磨损的模具要进行及时修磨。

4）注意板料的裁剪方向。使拉深圆弧部分弯曲线方向与板料轧制方向垂直或成45°角。

5）必须在凹模和压边圈涂润滑油。这样既有利于金属的流动，降低了弯曲和拉深变形阻力防止零件开裂，又减少了模具的磨损，提高了模具的使用寿命。好的润滑还能有效防止产生高温摩擦粘结，提高零件的外观质量。

此外，由于这类开裂是弯曲和拉深复合成形的综合作用，故防止弯曲开裂和拉深破裂的所有措施在这里均可采用。例如：适当增大凸、凹模圆角半径；采用强力顶料板，改变加工时坯料的受力状态；调节压边力，在不起皱的前提下使压边力最小等。

6.2.9　汽车二横梁开裂、尺寸超差

1. 零件特点

某型汽车二横梁如图6-62所示。零件材料为08冷轧钢板，料厚为3.5mm。该件是汽车车架总成的一个重要零件，担负变速器安装支承梁和支承传动轴等重任，使用要求它具有足

够的强度和刚度，两端燕尾间的距离有公差要求。

按设计要求，该横梁为整体式。由于其形状复杂，除主体为弯曲变形外，各局部尚具有内、外缘翻边（即伸长类和压缩类翻边）和拉深变形的性质。各处的受力和变形极不均匀，一次成形难度较大。

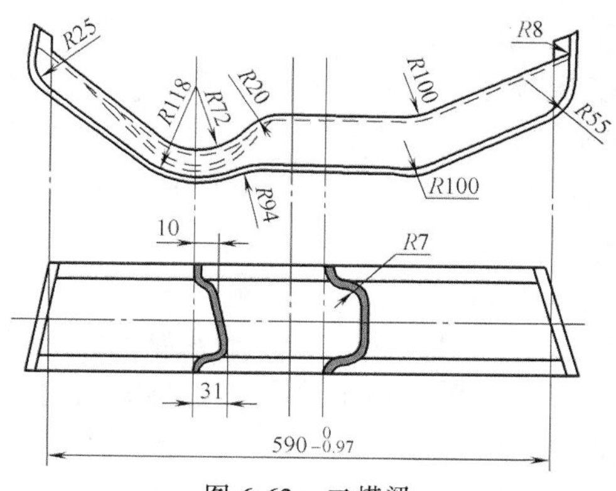

图 6-62　二横梁

2. 废次品形式

生产中选择一次弯曲成形的加工工艺方案。在试生产中，制件出现了以下两种形式的废次品。

1）开裂。制件在 $R72$mm、$R20$mm 和右端燕尾两侧多处产生开裂。

2）尺寸超差。制件两端燕尾间的距离及尺寸 $590_{-0.97}^{\ 0}$mm 不稳定，尺寸超差时有发生。

3. 原因分析

因二横梁形状复杂，各处受力和变形情况不同，故导致产生开裂的原因也不尽相同。现分述如下：

1）在 $R72$mm 区段，圆弧段的横截面两侧不对称，即弯曲、翻边高度不同，现分析高的一侧。如图 6-63 和图 6-64 所示，A—A 断面处的坯料发生两个方向的弯曲变形。e 点处的坯料在双向拉应力作用下，产生径向和切向（周向）的伸长变形，表面积增加，厚度减薄。由于此处深度最大，金属补充困难，加上未变形区和小变形区对此处变形的牵制作用，故很容易被拉破、开裂。

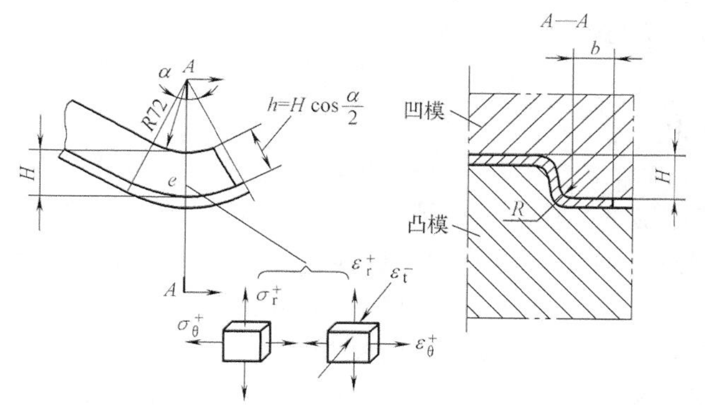

图 6-63　$R72$mm 区段变形分析

2）图 6-65 所示为右端燕尾段的局部轴测图。此处的坯料在发生纵向弯曲变形的同时，将产生翻边变形，其变形性质属伸长类翻边。f 点处坯料在双向拉应力作

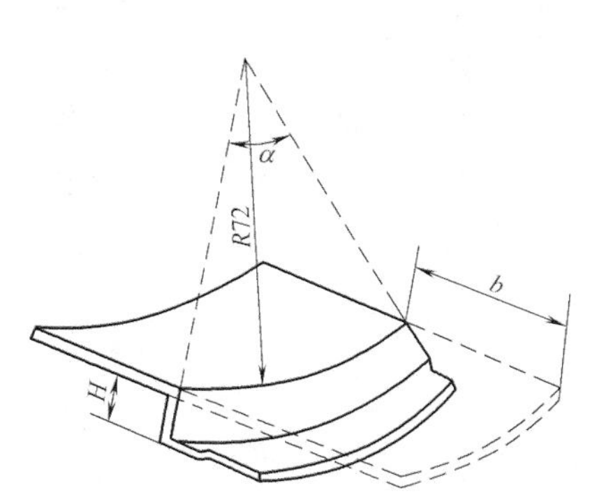

图 6-64　$R72$mm 区段的变形过程

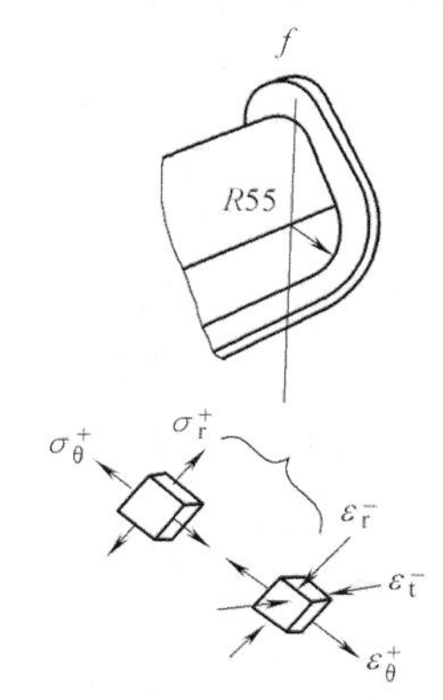

图 6-65　右端燕尾段变形分析

用下，沿切向（周向）伸长，厚度减薄。当伸长变形超过材料的成形极限时，便会产生开裂。左端燕尾成形与右端相同，但由于其翻边高度比右端小，燕尾切向伸长变形量小，故一般不发生开裂。

3）图 6-66 所示 *R*20mm 圆弧区段的变形情况与上述两区段不同，前者属于伸长类翻边，而此处属于压缩类翻边，即具有拉深变形特性。图中 *g* 点处有多余三角形存在，变形时坯料在切向（周向）压应力和径向拉应力作用下产生切向压缩变形，径向伸长，厚度增加，表面积减小。由于切向压缩变形使翻成的竖边增厚，再加上 *R*72mm 区段的金属会流向此处，使竖边金属集聚加剧。故当竖边料厚增加到一定程度，而此处模具间隙又较小时，坯料会卡死在模具内，从而阻止了翻边的继续进行，造成了开裂。

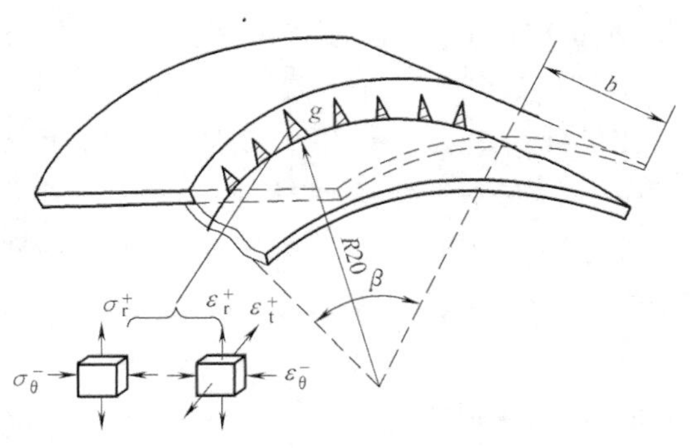

图 6-66　*R*20mm 区段变形分析

4）就整体而言，制件的弯曲变形成分较大，弯曲回弹不可避免。又因为该件形状复杂，各处变形性质不同，各方向的回弹相互影响，故使得两端燕尾间的距离及尺寸公差很难控制，尺寸 $590_{-0.97}^{\ 0}$mm 的公差波动较大。

4. 解决与防止措施

为了解决 *R*72mm 区段、右端燕尾两侧和 *R*20mm 区段产生的开裂问题，生产中采取的措施是：

1）适当加大 *R*72mm 区段圆弧部分的凹模圆角半径，使凹模下行时首先接触的坯料不是圆弧的最低点，而是其两侧或一小段弧线。这样就扩大了首先进入变形的区域，使竖边壁厚的变薄不集中于 *A*—*A* 断面，变形趋于均匀。

2）准确控制坯料长度，适当加大与图 6-62 所示制件横截面圆角半径 *R*7mm 相对应的凸模半径。坯料长度关系到两端燕尾的翻边高度大小。对于这种多处弯曲的复杂零件，常有意识地将坯料放长些，成形后再将多余的料切除。其结果势必增加两端燕尾的翻边高度，导致翻边变形程度增大，引起尾端开裂。此外，适当加大过渡圆角半径 *R*7mm 可以减小燕尾两侧的切向拉应力，减小切向拉伸变形，防止两侧尾端开裂。

3）适当加大 *R*20mm 圆弧右侧直线区段的凹模圆角半径。让翻边变形先从圆弧的顶点逐渐向右侧直线区段扩展，以防止金属向弧中心附近聚积，形成局部壁厚增加。为防止翻成后的竖边卡死于凸、凹模之间，适当放大了该区域的模具间隙。

采取了上述三项措施后取得了较好的效果，但由于模具各处间隙、圆角半径等取值不一，且要求平滑过渡。这给模具的制造、维修和调整带来了一定的困难。生产中采用铸钢模，为修改参数、制模和维修提供了便利的条件。

为解决尺寸超差问题采取的措施是：

4）适当减小了两端过渡处凸模的圆角半径 *R*8mm。

5）增加了冲压过程最后阶段的校正力，对制件进行校准。

6）合理选取冲压方向。为保证稳定生产，防止开裂和坯料因发生纵向窜动造成的尺寸超差现象，必须合理选取冲压方向。图 6-67 中的 *M* 方向与零件两端切线构成的角度相等，

而生产实践表明与 $R72\text{mm}$、$R100\text{mm}$ 最低点连线垂直的 N 方向为最佳方向。

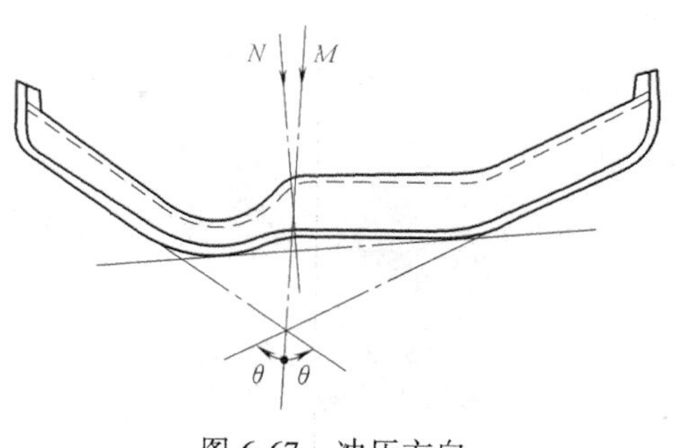

图 6-67　冲压方向

6.2.10　某轿车行李舱外板肩部开裂

1. 零件特点

某轿车行李舱外板如图 6-68 所示。零件材料为 DC06 电镀锌冷轧钢板，料厚为 0.7mm，外形尺寸为 1340mm×925mm。该零件为典型的汽车外覆盖件，造型复杂，属拉深、胀形、弯曲和翻边复合成形件。使用对其表面质量要求较高，用户对其成形工艺要求极高。

2. 废次品形式

肩部开裂。生产中采用落料→成形→修边冲孔→修边冲孔→整形冲孔→整形冲孔的加工工艺方案。如图 6-69 所示，在成形工序试模时制件肩部产生开裂。

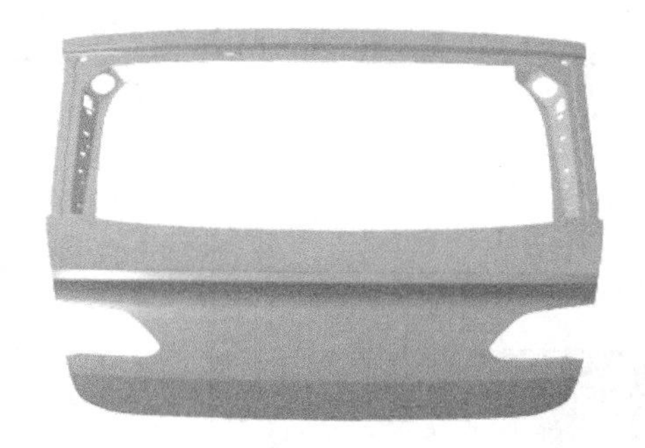
图 6-68　轿车行李舱外板

图 6-69　肩部开裂

3. 原因分析

1）通过网格成像分析其成形极限图（图 6-70），该区域处于拉深、胀形和弯曲复合成形区，左右两侧进料多。

2）主应变方向拉深筋外侧余料多于理论模拟值，进料偏少，胀形、弯曲变形程度大，产生了胀形和弯曲破裂。

4. 解决与防止措施

生产中采取的措施是：

1）增大两侧修边线外废料区凸模圆角，减少两侧材料流动，降低弯曲变形程度。

2）降低下方拉深筋高度，增大筋槽圆角，减小进料阻力，增加材料流入，增大拉深变形量。

3）上下两侧喷涂拉深油，进一步减小进料阻力，增加材料流入，减少胀形变形程度。

采取上述措施后，生产出了合格的产品。图 6-71 所示为合格产品的局部视图。

6.2.11　某轿车后轮罩开裂

1. 零件特点

某轿车后轮罩如图 6-72 所示。材料为 DC06 热镀锌冷轧钢板，料厚为 0.7mm，外形尺寸为 860mm×300mm。该件属拉深、胀形、弯曲和翻边的复合成形件。零件较深，整体形状复杂且不对称，有多处凹坑和凸包等局部特征。冲压成形具有一定难度。

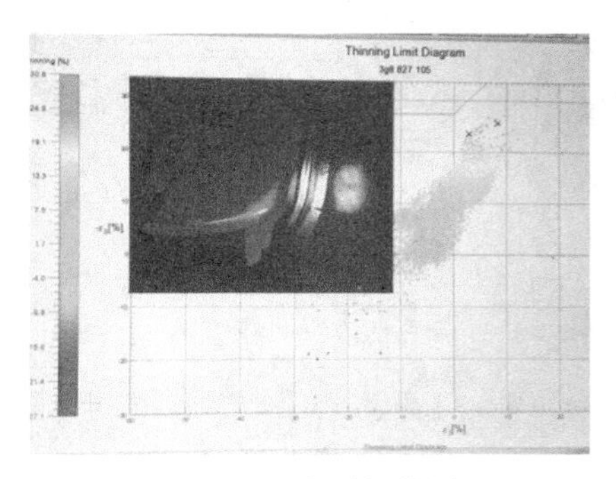

图 6-70　成形极限图

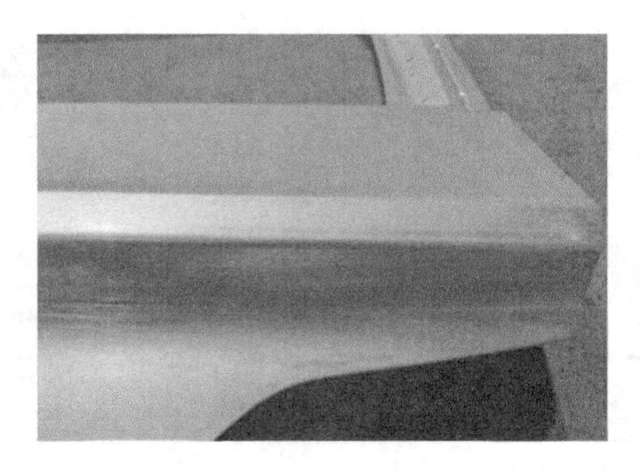

图 6-71　合格产品局部视图

2. 废次品形式

破裂。为使变形均匀、对称，生产中采用左右件一模生产，然后从中间分开的加工工艺。工艺方案是：下料→成形→修边冲孔→修边冲孔→整形修边冲孔→整形修边冲孔→剖切的加工方案。在成形工序，产生了图 6-73 所示的严重破裂现象，不能稳定生产。

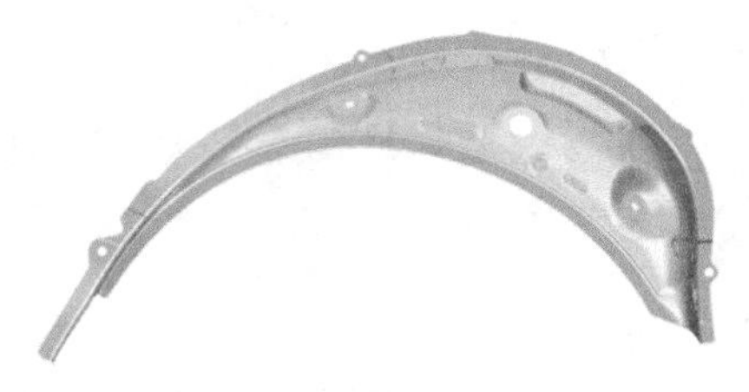

图 6-72　轿车后轮罩

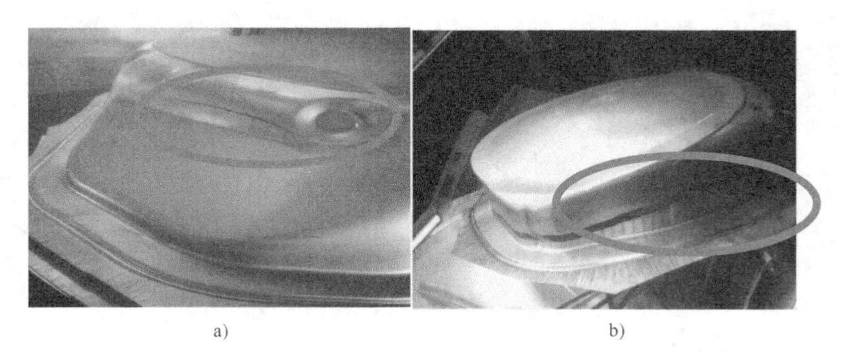

a)　　　　b)

图 6-73　轿车后轮罩成形破裂

a）零件侧壁处破裂　b）拉深筋处破裂

3. 原因分析

1）零件侧壁处破裂属于塑性破裂，从原理上讲是由于塑性变形量超过材料的加工极限引起的破裂。本例的具体原因是凹模圆角粗糙或凹模磨损，导致材料流入不畅。

2）如图 6-74 所示，拉深筋槽圆角不均匀，且存在砂眼，增大了进料阻力。

3）如图 6-75 所示，拉深筋以外压料面间隙不均匀，板料局部起皱增大了进料阻力。

4. 解决与防止措施

生产中采取的措施是：

1）进一步提高模具加工质量，抛光凹模圆角，模具磨损后及时修模，保证拉深材料的流入顺畅。

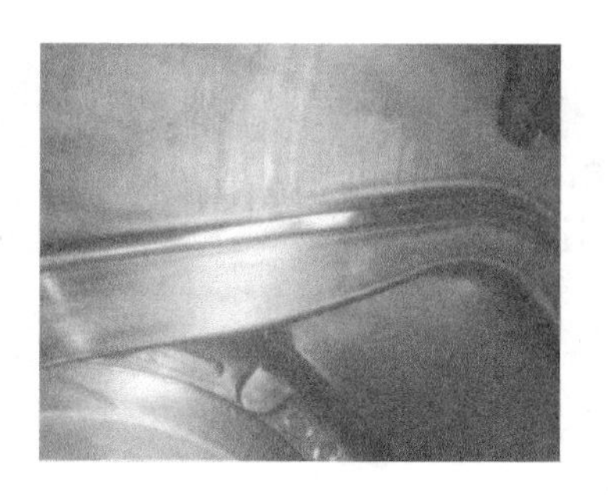

图 6-74　拉深筋槽圆角不均匀且有砂眼

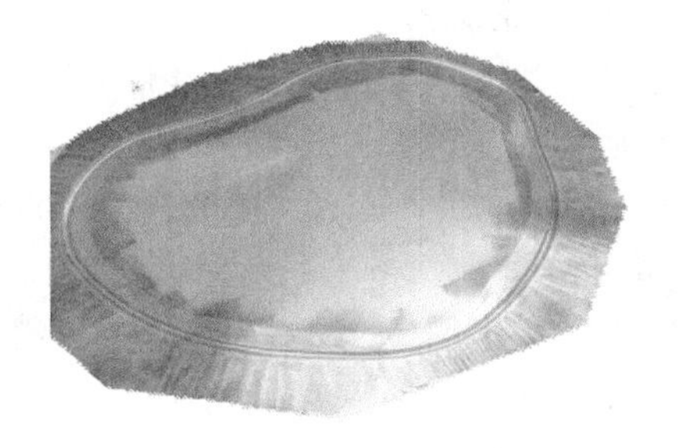

图 6-75　拉深筋外起皱严重

2）增大两侧修边线外废料区凸模圆角半径，减少两侧材料流动，使变形均匀。

3）降低下方拉深筋高度、增大拉深筋槽圆角半径，减小进料阻力。

4）上下两侧喷涂润滑油，进一步减小进料阻力，增加材料流入。

采取上述措施后，解决了成形破裂的问题，生产出了合格产品，保证了稳定的生产。

6.2.12　浴盆胀形破裂、折皱、起伏不平

1. 零件特点

1.5m 豪华型浴盆如图 6-76 所示。零件材料为优质搪瓷钢板 ST14（接近 08 钢），料厚为 3mm。该件深 350mm，外形复杂且左右不对称，底部有一个 ϕ76mm 的小凸台，属于典型的大型复杂成形件。该件在成形时，底部圆弧处的坯料胀形变薄；法兰处坯料拉深，金属向凹模流入形成侧壁；与此同时，四壁还要发生弯曲变形。故该件属胀形、拉深和弯曲复合成形件。由于成形时制件各处应力、变形很不均匀，很难用某一工艺参数来表示其破裂的加工极限和起皱界限，生产中凭经验和试验，加工难度较大。

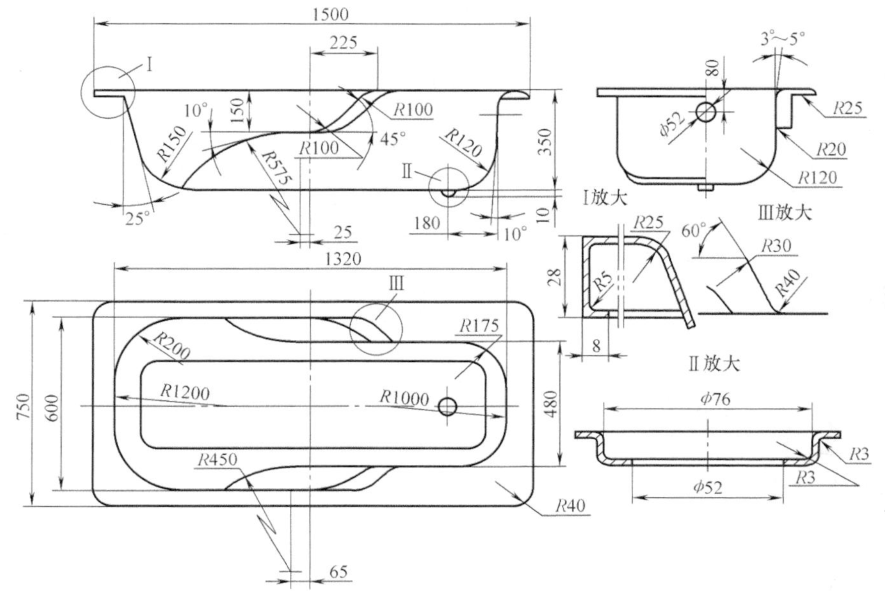

图 6-76　1.5m 豪华型浴盆

2. 废次品形式

生产中采用剪板机下料→切四角→一次成形→切边、翻边→冲孔→翻边的加工工艺方案。在成形工序，试模时制件出现下列几种形式的废次品。

1）破裂。制件左侧 R150mm 与 R200mm 圆弧交接处破裂。

2）折皱。如图 6-77a 所示，制件左、右两侧 R200mm 和 R175mm 壁部 C 处产生纺锤状折皱。

3）起伏不平。如图 6-77a 所示，制件 A 处有明显的压薄痕迹，B 面呈波浪形起伏状态。

3. 原因分析

1）造成制件左侧 R150mm 与 R200mm 圆弧交接处破裂的主要原因在于此处坯料胀形变形量过大。由于变形不均匀，此处的变形得不到外部金属的补充，变薄超过了材料的加工极限便产生了破裂。具体而言，造成制件破裂的原因是拉深筋布置不合理，拉深筋太深；压边力过大。拉深筋的位置、形状与尺寸如图 6-78 和图 6-79a 所示。试模时发现，制件前、后两直壁及法兰无起皱现象，拉深筋的布置及尺寸使制件底部胀形变形量增大，阻止了法兰处金属的流入。

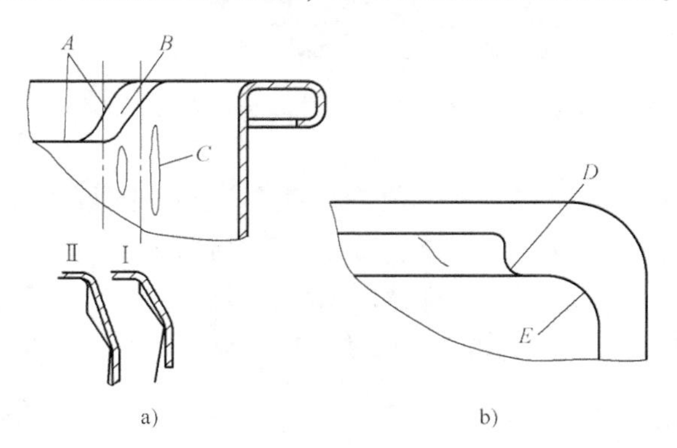

图 6-77　废次品形式及凹模局部视图
a）折皱及起伏发生处　b）凹模局部视图

2）如图 6-77b 所示，坯料进入凹模通过圆角 D 时将产生弯曲变形，这种变形痕迹在拉深过程中不能被碾平；凹模圆角处的坯料在切向压应力作用下会向直壁转移，当径向拉应力不足时，便会造成 C 处起皱。左侧 25°斜度处坯料自由悬空，压边对此处无约束作用，也容易造成折皱。

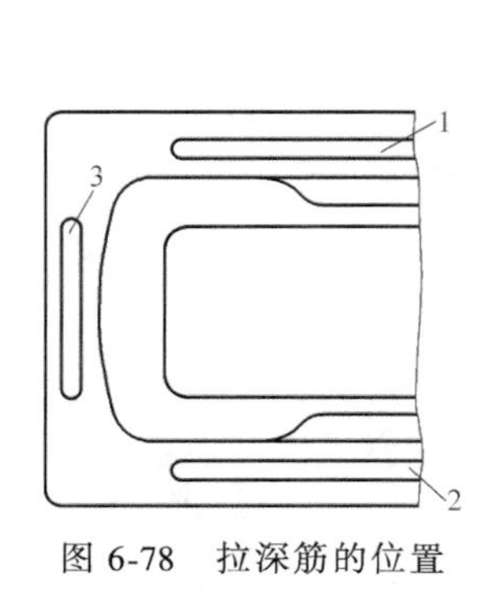

图 6-78　拉深筋的位置

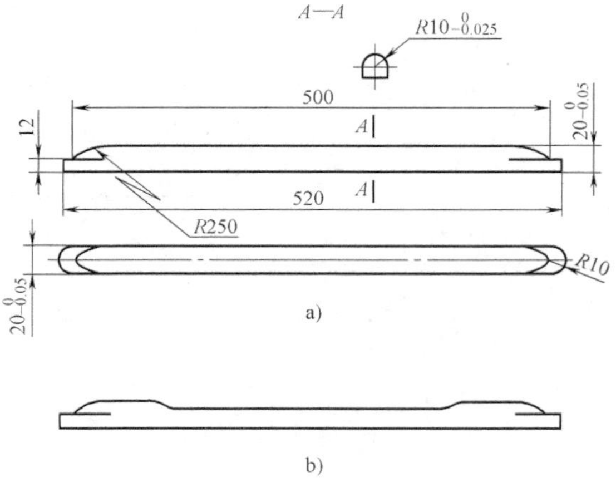

图 6-79　拉深筋的形状及尺寸
a）原拉深筋形状与尺寸　b）改进后的拉深筋形状

3）如图 6-77a 中Ⅰ、Ⅱ剖面所示，由于变形时坯料与凹模不能完全贴合；在变形后期又因凸、凹模制造误差不能完全将坯料压紧，不能对制件进行整形，故产生了 A 处的压薄

痕迹和 *B* 面扭曲、波浪起伏不平现象。

4. 解决与防止措施

生产中采取的解决措施是：

1）将图 6-78 所示 1、2 两处拉深筋去除；改变左、右两侧拉深筋的形状，将拉深筋改成图 6-79b 所示中间低、两头高的形状；降低拉深筋的深度，试模时通过在拉深筋的下面垫铜片的方法调整拉深筋的深度。通过修改和调整拉深筋来控制制件的变形，防止胀形破裂和拉深起皱。

2）修磨图 6-77a 所示 *A*、*B* 两处凸、凹模圆角半径和过渡形状，使凸、凹模匹配。在成形后，对制件整形，变薄痕迹和起伏消除。

此外，防止这类冲压缺陷的措施还有：

3）修改制件形状。在不影响制件使用和外观前提下，可增大图 6-77a 所示 *A*、*B* 处圆角半径，尽量避免制件深度和宽度的急骤变化；在制件产生折皱的 *C* 处设计工艺筋，可以吸收折皱。工艺筋可以提高制件的外观质量，起装饰作用。

4）适当减小图 6-77b 所示 *E* 处凹模的圆角半径，增大此处的间隙，控制转角部位金属的流动。

5）逐渐调整压边力。减小与破裂发生处相对应位置处的压边力；增大与折皱、起伏不平处相对应位置处的压边力。

6.2.13 发动机机油盘破裂

1. 零件特点

某发动机机油盘如图 6-80 所示。零件材料为 08 冷轧钢板，料厚为 1.5mm。该件属于典型大台阶空间曲面覆盖件。成形时各部分变形程度极不均匀，很难准确计算其极限变形程度。一般情况下，这类零件不能只靠胀形成形，而应尽可能使坯料从法兰拉深流入凹模。零件台阶形状和台阶高度差对成形工艺性影响很大。该件台阶高度差为 110mm，相对较大，两次拉深成形较为困难。油盘底部圆角半径 *R*40mm 处及台阶过渡处具有较大的胀形变形成分。底部深 6mm 的凸台成形时无材料补充，只能靠局部胀形成形。

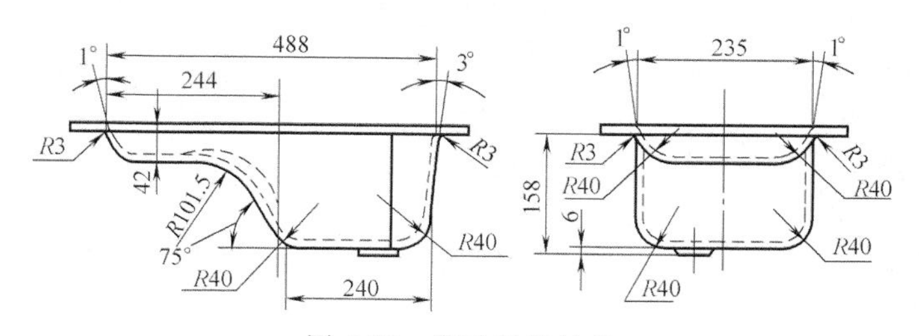

图 6-80 发动机机油盘

2. 废次品形式

破裂。采用常规拉深模具一次成形，试模时制件四个底角 *R*40mm 处破裂。其中两台阶过渡处的两个底角破裂最严重。破裂的产品靠补焊来修补，其外观质量和使用性能均不符合原设计要求。

3. 原因分析

1）把转角处变形当作 1/4 圆筒形拉深件来看待，因制件深度较深，超过了拉深变形的破裂界限，故产生了破裂。

2）两台阶过渡区形状急剧变化，台阶高度差大，致使不均匀变形程度加剧，金属流动受阻，制件最深处材料得不到及时补充。在底部 $R40$mm 圆角半径处，坯料在双向拉应力作用下胀形变薄过度，导致了胀形破裂。

4. 解决与防止措施

生产中采取了如下几项措施，问题得到了解决。

1）如图 6-81 所示，把 75°、$R101.5$mm 台阶过渡形状改为 60°、$R200$mm 坡形台阶；把两侧壁部分 1°和 3°改为 3°和 5°的大斜度过渡区。这样做降低了坯料在母线方向承受的过大拉应力，从而防止了因制件在过渡区的急剧变化所造成的早期破裂现象。油盘高度取 160mm，为下道整形工序聚料，避免了整形工序因材料短缺造成的后续整形破裂现象。

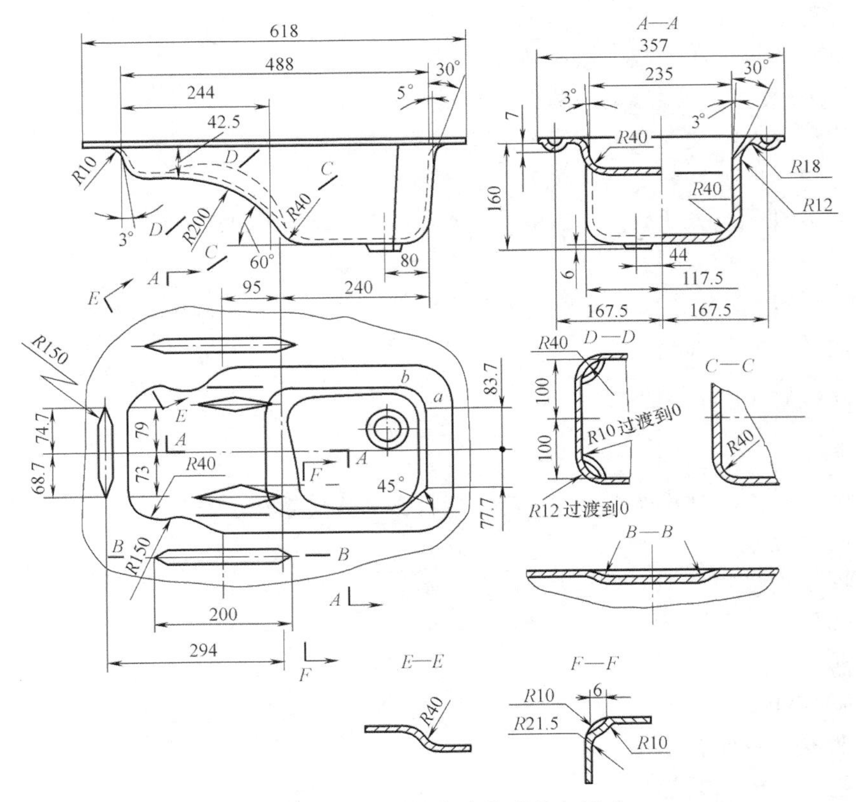

图 6-81　改进后的半成品形状与尺寸

2）如图 6-81 中 $A—A$ 剖面所示，将凹模圆角半径增大到 $R18$mm，在凹模圆角半径下切点至两台阶侧壁部分，设计周边光滑连接、逐渐过渡的锥形法兰过渡区，由初始凹模圆角形成的矩形件变为锥形的法兰式矩形件。锥形法兰过渡区对毛坯有施加切向压力的作用，使相对过渡处材料增厚，避免了制件的严重变薄及随后产生的破裂。

3）把毛坯切成鸭蛋形或增大切角，从而减小了转角处坯料的变形阻力，降低了不均匀变形程度。

4）模具采用陶瓷精铸新工艺，获得了较为精确的空间曲面形状。经打磨后，凸模的表面粗糙度达到 $Ra3.2\mu m$，满足了加工这类覆盖件的模具表面粗糙度要求。

5）合理设置拉深筋。如图 6-81 中俯视图所示，在油盘浅台阶一侧设置三条拉深筋，目的是要改善毛坯在压边圈下的流动条件，使各区段金属流动趋于均匀。

6.2.14 某车型背门内板开裂

1. 零件特点

某车型背门内板如图 6-82 所示。零件材料为 CR4 钢板，厚度为 0.7mm。背门内板是典型的车身内外覆盖件之一，从造型来看，零件曲面形状复杂，为空间三维曲面，外形尺寸大且具有许多凸台和凹槽特征。该件属拉深、胀形、弯曲和翻边复合成形件，在冲压过程中既容易产生开裂，也容易出现起皱。

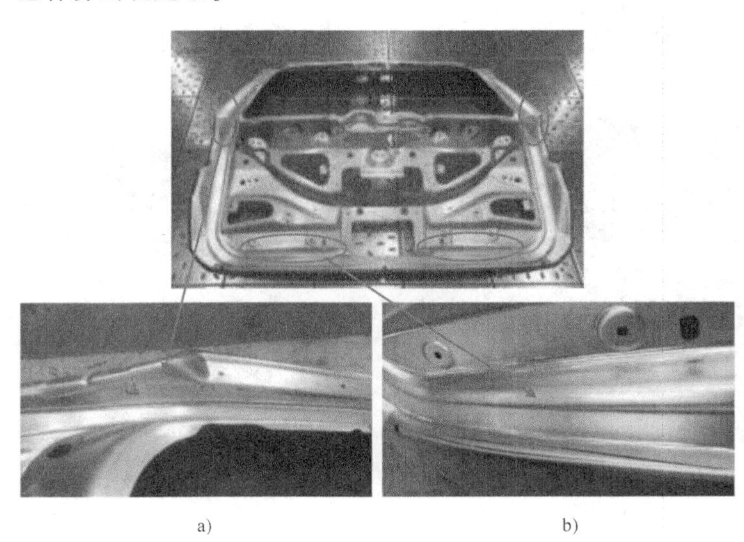

a)　　　　b)

图 6-82　某车型背门内板

a）特征区域 1 窗框两侧　b）特征区域 2 锁孔下部

2. 废次品形式

型面开裂。该零件两侧左右对称，生产中采用落料→成形→修边→整形冲压工艺方案。在成形工序，窗框两侧和锁孔下部两个区域（图 6-82a、b）频繁出现颈缩和开裂现象，影响现场生产的稳定性。颈缩和开裂在成形工序出现，从开裂区域形貌特征上看，窗框两侧开裂发生在凸包附近，该区域深度相对较深，对材料胀形成形性能要求较高；锁孔下方开裂处于零件底部侧壁处，与侧壁拔模角度、圆角大小、材料流入状态等有关。

3. 原因分析

该零件为量产零件，零件设计及模具不能做大的改动。根据数值模拟结果和生产经验，分析其产生开裂的主要原因是：

1）窗框两侧开裂分析。窗框两侧区域成形深度比其他区域深，冲压难度较高，一般情况下会在车窗内增加工艺刺破孔进行控制，刺破孔的尺寸、刺破时间等都对成形性能有着显著的影响。为了进一步分析不同刺破时间对背门内板成形的影响，采用数值模拟分析对刺破刀成形到底前 20mm 与成形到底前 15mm 刺破两种状态下开裂区域的减薄率进行对比分析。如图 6-83 所示，可以看出成形到底前 15mm 刺破，开裂区域凸包处的最大减薄率为 21.2%，比成形到底前 20mm 刺破最大减薄率增加了 2.5%。由此可以说明刺破刀刺破时间对开裂区域成形性能具有比较明显的影响。刺破前胀形变形区材料得不到补充，主要靠变薄成形，当超过材料的胀形成形极限时，材料便会产生颈缩直至破裂。

2）锁孔下部开裂分析。锁孔下部开裂区域处于零件底部，一般情况下，开裂产生的主要原因为在冲压成形过程中材料流动受阻，持续增大的拉应力超过了钢板允许的最大强度。因此，此区域开裂与坯料下方材料流入量关系较大。材料的流入量与该位置的拉深筋关系密切。为进一步分析开裂原因，采用数值模拟分析，对两种拉深筋状态下开裂区域的减薄率进行对比分析。如图 6-84 所示，当拉深筋强度系数为 0.519 时，锁孔下方开裂区域最大减薄率为 19.3%；当拉深筋强度系数为 0.7 时，最大减薄率为 26.3%，增大了 7%。可见，零件底部的拉深筋强度系数对该区域成形性能影响较大，可能成为造成该区域零件开裂的主要原因。

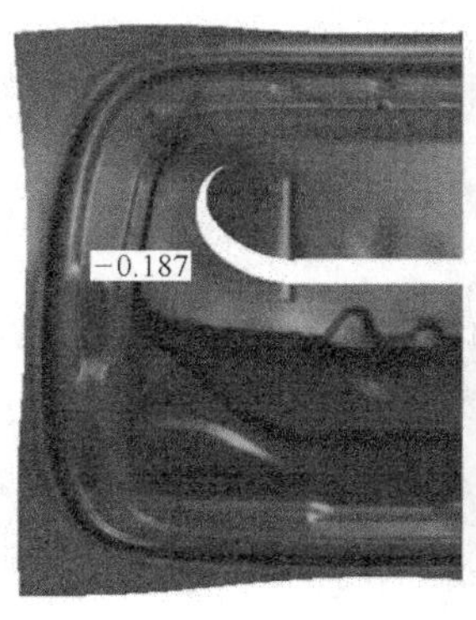

a)

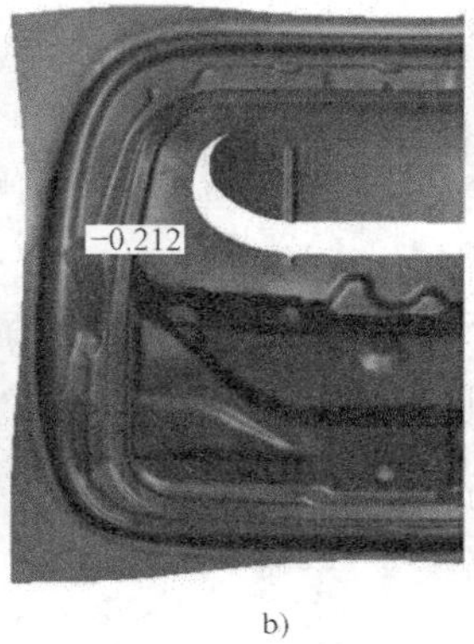

b)

图 6-83　刺破刀不同刺破时间开裂区域减薄率对比

a）到底前 20mm　b）到底前 15mm

最大减薄率19.3%

a)

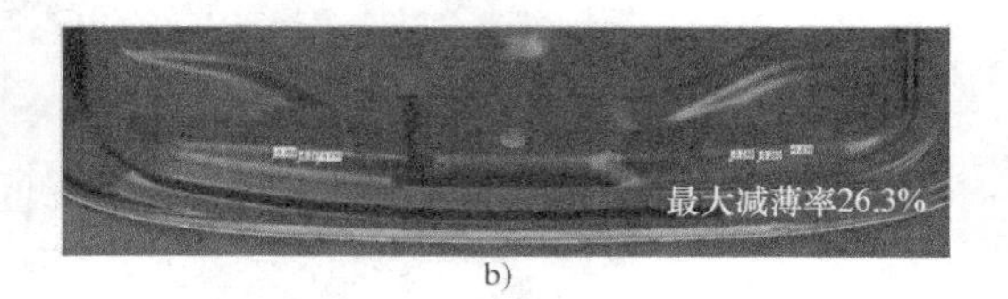

b)

图 6-84　不同拉深筋系数减薄率对比

a）拉深筋强度系数 = 0.519　b）拉深筋强度系数 = 0.7

4. 解决与防止措施

通过以上 CAE 数值模拟结果及与现场实际冲压的对比情况可以看出，刺破刀刺破时间及零件底部拉深筋强度系数对材料成形性能影响很大，通过刺破刀提前刺破，及降低底部拉深筋强度系数，可以有效改善相应开裂区域材料的成形性能，控制拉深变形和胀形变形所占的比例。针对两个区域的冲压开裂问题，最后确定改进方案如下：

1）窗框两侧冲压开裂。刺破刀下方垫 3～5mm 厚的垫片，改变刺破刀刺破时间，使刺破刀提前刺破，增补窗框两侧的材料，提高凸包处胀形成形性能。

2）锁孔下部冲压开裂。对零件底部拉深筋进行打磨，降低拉深筋高度，增加底部坯料流入量，提高锁孔下部区域的成形性能。

上述两个改进方案实施难度不高，没有涉及零件结构设计的变化及模具大的调整和改动，并且得到 CAE 分析的有效验证。生产实践验证，在后续的背门内板批量冲压生产过程中，以上两个区域未出现开裂现象，现场生产稳定性得到了大幅度提高。

6.2.15　汽车 A 柱内板开裂、起皱

1. 零件特点

图 6-85 所示为某车型的 A 柱内板 3D 视图。零件外形尺寸为 580mm×530mm×105mm，料厚为 1.4mm，材料为 GX340/590DP，属于高强钢，其力学性能见表 6-4。与普通的冲压件

相比，该零件材料屈服强度高，型面复杂且具有多处凹凸特征，最大成形深度达到105mm。该件为汽车内饰件，属拉深、胀形、弯曲复合成形件。在冲压成形过程中易出现开裂、起皱、回弹等缺陷。

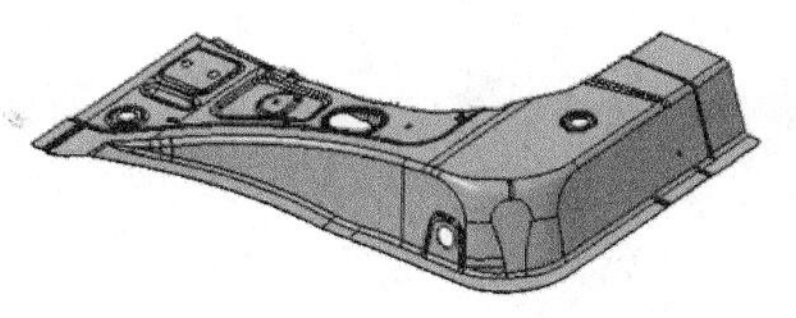

图 6-85 某车型 A 柱内板 3D 视图

2. 废次品形式

根据经验，该 A 柱内板的冲压工艺方案确定为开卷落料→成形→修边冲孔→整形→修边冲孔 5 道工序。建立图 6-86 所示拉深有限元模型，采用分段虚拟等效拉深筋代替真实拉深筋，具体布置如图 6-87 所示。估算合适的压边力 850 kN，经过两三轮优化，通过数值模拟预测 A 柱内板的主要成形缺陷为开裂、起皱，且主要在拐角区域。

表 6-4 GX340/590DP 的力学性能

厚度/mm	屈服强度 $R_{p0.2}$/MPa	抗拉强度 R_m/MPa	硬化指数 n
1.4	354	587	0.155

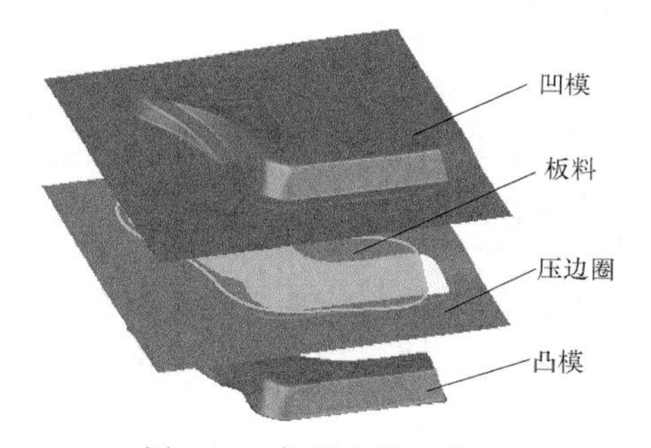

图 6-86 拉深有限元模型

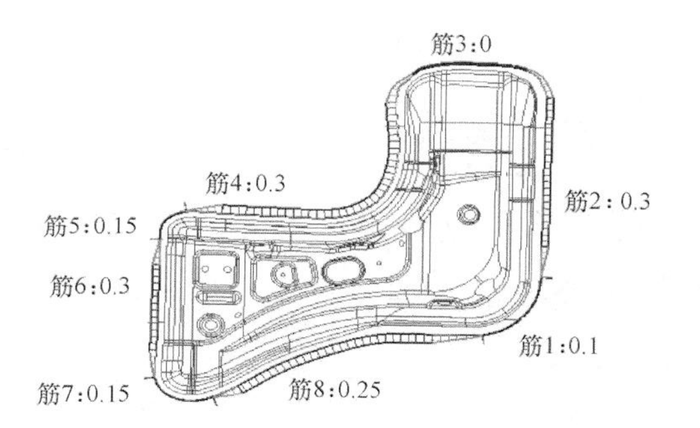

图 6-87 拉深筋的布置

1）开裂。如图 6-88 所示，数值模拟预测，减薄率最大的区域在拐角上部顶点处，达到 -0.28。在成形工序，此处会产生开裂。

2）起皱。如图 6-89 所示，数值模拟预测，起皱趋势最严重的区域在拐角侧壁和法兰处，此处板料加厚率达 0.08。在成形工序，此处会起皱。

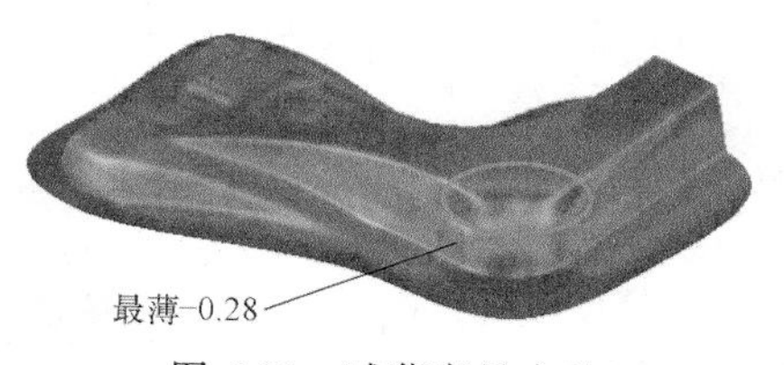

图 6-88 减薄率最大处

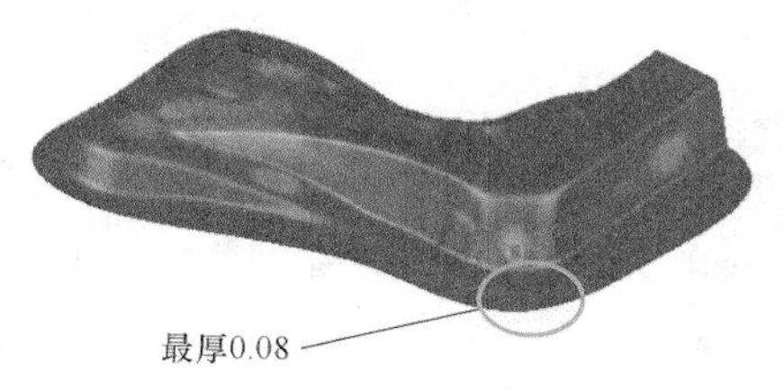

图 6-89 起皱趋势

3. 原因分析

从模拟结果中可见，该 A 柱内板的主要成形缺陷为开裂和起皱，且主要在拐角区域。具体而言，该件产生开裂和起皱的原因是：

1）从原理上讲，该件产生上述缺陷的主要原因是没有很好掌握材料的变形规律。该件属于复杂且具有多处凹凸特征的复合成形件，最大成形深度达 105mm，在拐角处深度最深，

变形极不均匀。破裂是由于局部胀形变形量过大的结果，而起皱则是拉深变形量过大，或拐角处金属流速差产生的切应力所致。

2）数值模拟分析的工艺参数设置不合理。在数值模拟之前，需要设置一定的初始条件，比如冲压方向、分型面设置、压料面的状态、工艺补充面、拉深筋布置、毛坯的形状与尺寸、凸模接触状态等。例如，图 6-87 所示拉深筋的布置是根据经验和估算来确定的。这些参数设置得不合理就会造成模拟结果出现上述缺陷。

4. 解决与防止措施

生产中采取的解决措施是：采用 Auto Form Sigma 模块，有针对性地进行工艺参数优化。结合缺陷出现的区域，选择拐角处的拉深筋系数筋 1（G1）、板料尺寸偏差（G2）、压边力（G3）和摩擦系数（G4）为设计变量。图 6-90 所示为板料尺寸的设置范围，以初始板料为基准，上限是往外偏差 15mm（为+15），下限是往里偏差 15mm（为-15）。表 6-5 为设计变量取值范围。

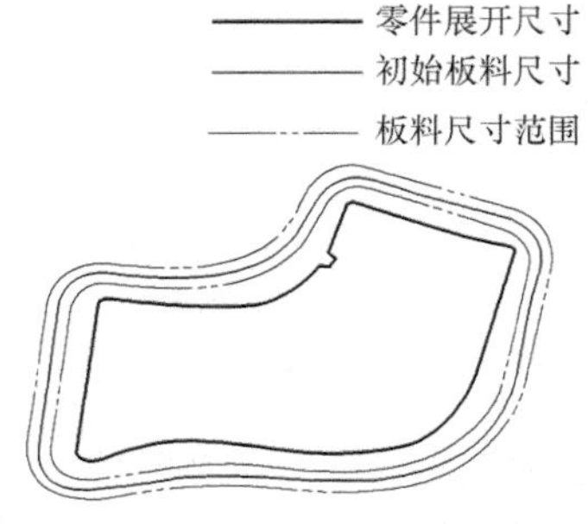

图 6-90 板料尺寸的设置范围

表 6-5 设计变量取值范围

设计变量	初始值	最小值	最大值
G1	0.1	0	0.5
G2/mm	0	-15	15
G3/kN	850	650	1000
G4	0.15	0.11	0.17

以“拐角区域的减薄率大于 18%，起皱趋势值小于 0.03”为评价目标，再综合考虑其他指标，得到最优参数组合为：G1 = 0.28，G2 = -4mm，G3 = 780kN，G4 = 0.13。图 6-91 和图 6-92 所示分别为其对应的模拟结果：拐角区域最大减薄率为-0.14，最大起皱趋势为 0.018。

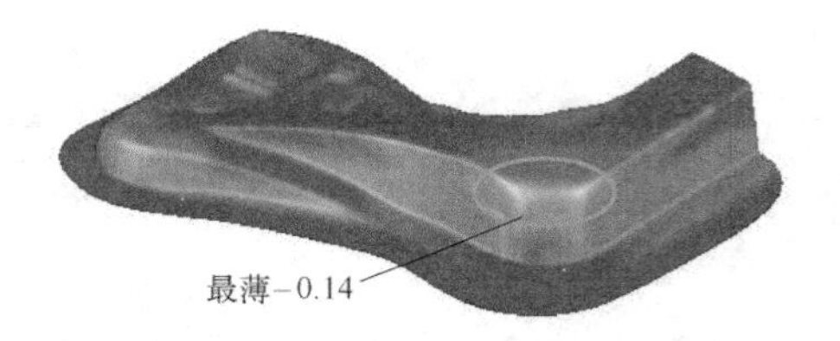

图 6-91 拐角区域最大减薄率

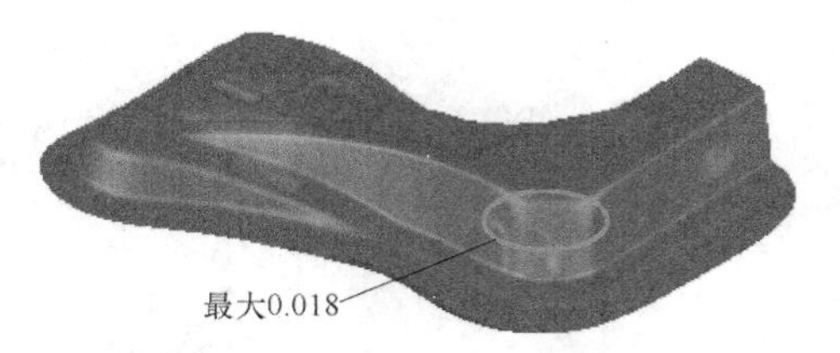

图 6-92 最大起皱趋势

利用 Auto Form Sigma 模块得到的最优工艺参数进行生产试验，冲压出的零件如图 6-93 所示，拐角区域成形质量良好，无开裂、起皱缺陷，与数值模拟分析结果一致。

图 6-93 A 柱内板局部实物图

此例说明，采用数值模拟预测冲压生产最可能产生的缺陷，指导工艺与模具设计，是解决和防止废次品产生的有效措施；此例还说明，经验知识、数值模拟与参数优化相结合是提高数值模拟精度、减少试模周期、提高产品质量和生产效率的可靠途径。实现数字化冲压生产是冲压和模具技术的发展方向。

6.2.16 鱼尾形板破裂、压痕

1. 零件特点

鱼尾形板如图 6-94 所示。零件材料为 SP781BQ，料厚为 1.4mm，外形尺寸为 1150mm×220mm，该零件外形呈长条状。如图 6-95 所示，零件左右两侧有形状不同的凸包或凹坑，其形状复杂且零件底部有高低相差较大、封闭周线不等的多种成形特征。该件从外形上看，为浅拉深成形件；然而从特征形状上看，其压凸包和凹坑则具有胀形的特性；此外，该件长直边部分的成形具有明显的弯曲变形性质。因此，该件为典型的拉深、胀形、弯曲复合成形件。此外，零件左右侧的凸包和凹坑方向相反，且口部不在同一平面上，这也增加了成形的难度。

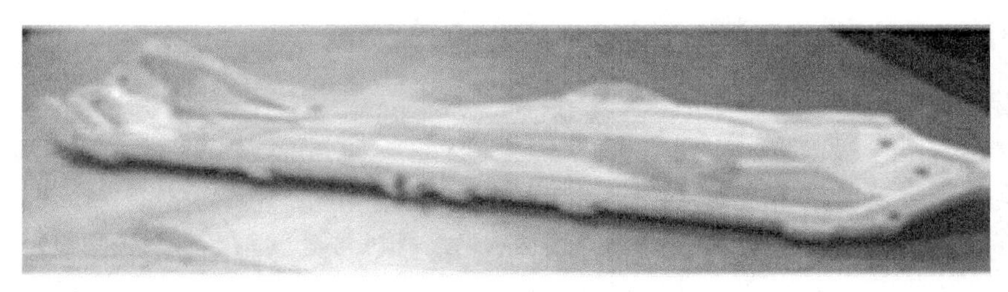

图 6-94 鱼尾形板

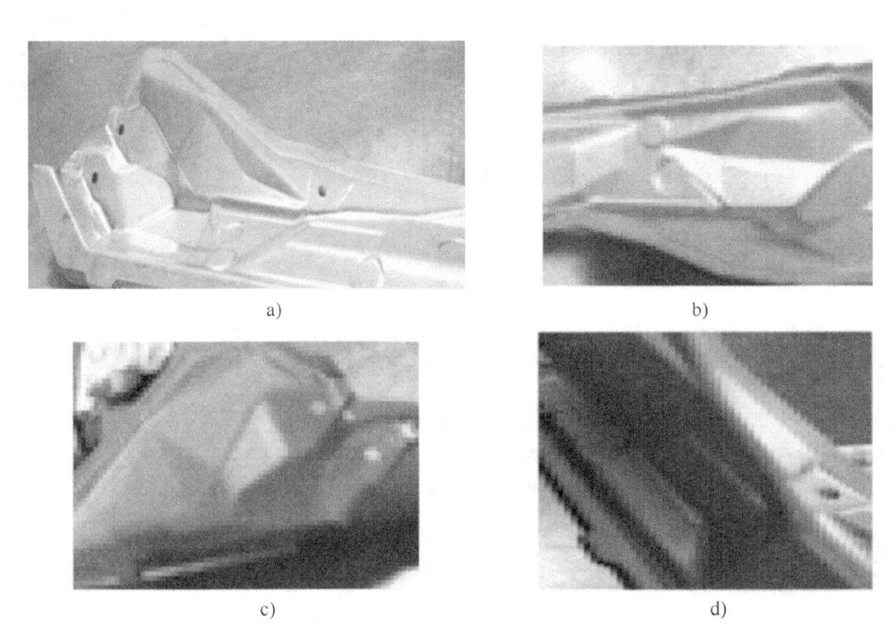

a) b) c) d)

图 6-95 鱼尾形板内部特征

a）左侧特征 b）右侧特征 c）反面局部特征 d）侧面特征

2. 废次品形式

该零件的加工工艺路线为：下料→成形→修边→冲孔。在成形工序，工艺补充面长直边上设置了两条拉深筋，短边处设置了一条拉深筋。生产中产生的主要废次品形式有破裂和压痕。

1）破裂。如图6-96所示，制件凸包侧面破裂，零件直接报废。

2）压痕。如图6-97所示，制件局部产生压痕，影响零件外观。作为内加强板，压痕不明显时，尚可校平后使用；作为外表面覆盖件，则只能报废。

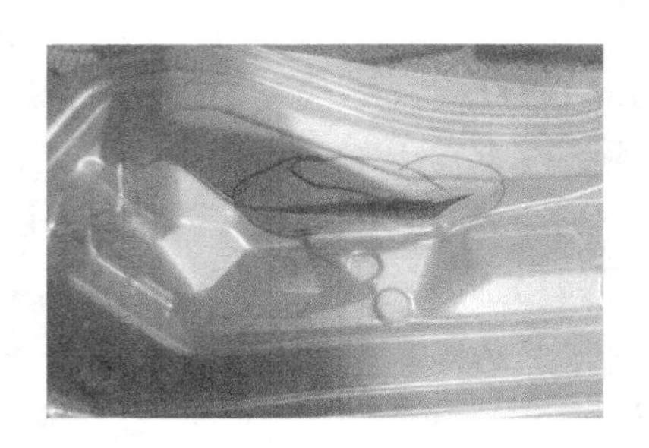

图6-96　凸包侧面破裂

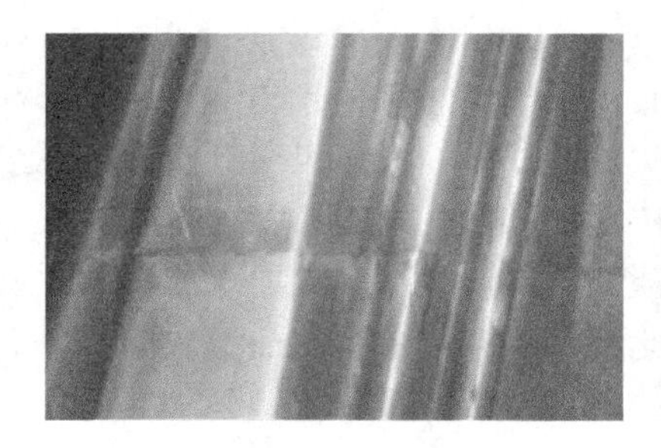

图6-97　局部压痕（放大）

3. 原因分析

1）材料管理不当。发现不合格材料，但未能对同一批次材料进行有效的隔离。部分不合格材料再次流入现场使用，导致零件开裂。

2）压凸包和凹坑时得不到外部材料的补充，靠材料自身变薄，超过材料成形极限就会产生破裂。具体而言，该件凸包和凹坑形状复杂，变形极不均匀；模具表面粗糙度值较大，凸模成形部位润滑效果不好；压边力过大、拉深筋参数不合理等原因增加了拉深变形阻力，减少了外部材料的流入。

3）如图6-98所示，模具加工精度较差，两模具镶块不能紧密贴合，接缝处存在高低差。这是产生压痕的主要原因。

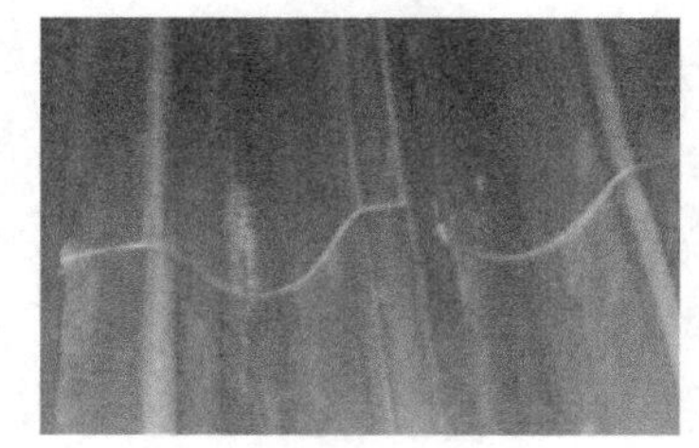

图6-98　模具镶块接缝不良（放大）

4. 解决与防止措施

生产中采取了如下几项措施解决了问题。

1）严格材料的检测和管理制度。对各批次进料进行检测，发现不合格材料，必须与合格材料进行有效的隔离。

2）提高模具的加工制造精度。降低压凸包和凹坑凸模的表面粗糙度值，并进行仔细抛光；对于镶块模具则要保证镶块的紧密贴合。

3）压凸包和压筋处保证良好的润滑。凸模成形部位的良好润滑可使胀形部位变形均匀，从而提高其胀形变形程度。

4）调整坯料的形状和尺寸、压边力以及拉深筋的高度和位置。调整后的毛坯尺寸为1270mm×340mm，即在零件沿周边增加60mm工艺补充面；减小压边力，降低拉深筋的高度，调整拉深筋的位置。这几项措施的目的是降低拉深变形阻力，增加拉深变形程度给压凸包和凹坑处较多的材料补充。根据各批材料的差异，坯料的形状和尺寸、压边力、拉深筋的高度和位置在试模时会做少许随机调整。

5）提高管理人员和操作工人的思想和业务素质。从原因分析来看，无论混料还是模具加工精度差都与人员素质有关。加强对管理和操作人员的培训，提高人员素质是防止冲压件废次品产生的重要措施。

6.2.17　某车型地板纵梁冲压开裂

1. 零件特点

某车型地板纵梁如图 6-99 所示，采用高强度钢板，抗拉强度为 980MPa，料厚为 1.5mm。该零件纵向安装在前地板上，两侧法兰边和前地板点焊连接在一起，对法兰边尺寸精度要求较高。从零件特征分析，左右两侧不对称，存在一定高度差，且在左侧端部高度方向上存在扭曲，零件表面有较多特征，两侧壁有 5°~8°斜度，可以预测该零件成形具有一定风险。同时因存在空间扭曲，需采取措施控制回弹，以保证法兰边的焊接尺寸精度。

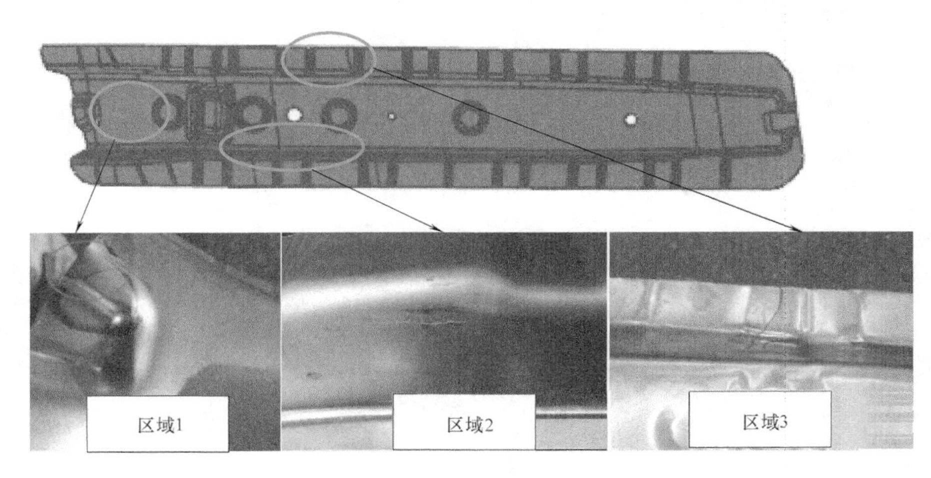

图 6-99　地板纵梁及开裂区域

2. 废次品形式

局部开裂。考虑零件两端高度差以及空间扭曲，采用成形工艺不易实现，故考虑拉深成形，对该零件采用 4 道工序成形的工艺安排，工艺方案为拉深→修边→修边、冲孔→整形。生产现场采用上述方案进行冲压调试，发现零件 3 个区域出现开裂及颈缩，主要发生在左侧端头特征区及两侧凹模圆角处。如图 6-99 中区域 1、区域 2 和区域 3 所示。在处理开裂过程中尝试改变坯料尺寸、调整压边力等措施，但又出现尺寸精度不良缺陷。在控制开裂和消除回弹两个方面，找不到合适的工艺参数组合。

3. 原因分析

1）毛坯尺寸偏大，材料局部胀形变形程度过大。为了分析上述问题产生的原因，采用数值模拟软件 Auto Form 进行冲压全工序成形及回弹分析。图 6-100 所示为零件减薄率分布、安全裕度分析及成形极限图。结果显示，零件最大减薄率为 21.4%，局部胀形变形程度过大，存在开裂风险，低安全裕度区域与开裂区域基本吻合，减薄率最大的 3 个点依次分别对应开裂区域 2、区域 3 和区域 1。图 6-101 所示为零件回弹分布情况，最大回弹为 1.1mm，且存在一定的空间扭曲。从模拟分析结果来看，采用目前的工艺参数组合，回弹量可以控制在一个比较小的范围内。注意：模拟分析得到的减薄率，其中“-”表示减薄，如-0.214 对应正文中的 21.4%。

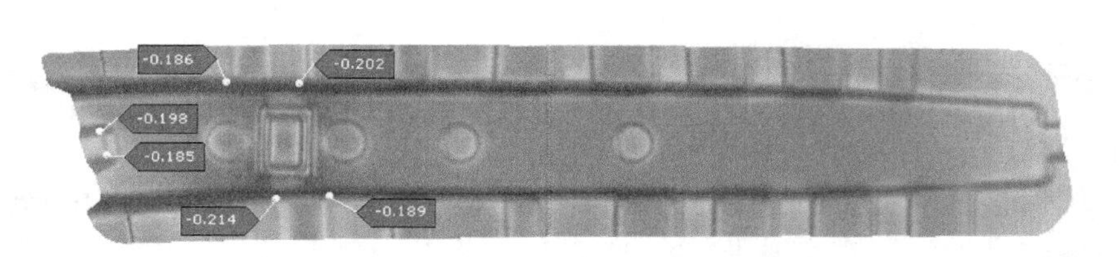

a)

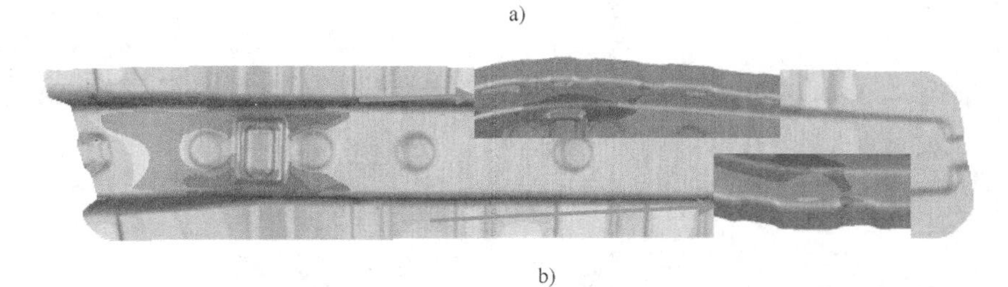

b)

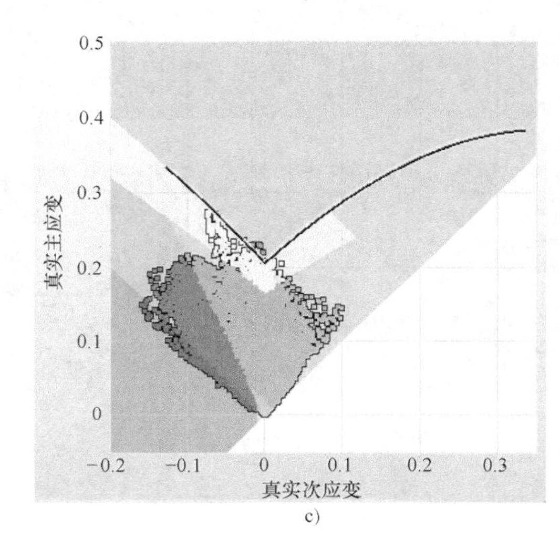

c)

图 6-100 成形模拟分析结果

a）减薄率分布 b）安全裕度分析 c）成形极限图

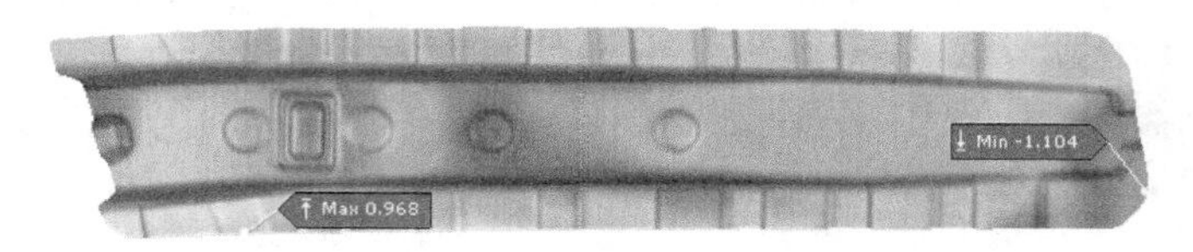

图 6-101 回弹模拟分析结果

通过上述模拟分析验证，再现了现场冲压时出现的开裂问题，说明原工艺参数存在不合理之处。需要通过分析，找到解决零件开裂问题的原因，确保成形质量。同时，为降低回弹控制的难度，最大回弹量在工艺设计时也要确保在一个合理范围内。针对前地板加强纵梁零件，选择影响成形开裂和回弹的 4 个关键因素压边力、材料屈服强度、坯料长度、坯料宽度进行 Sigma 分析（即变量敏感性分析，文中是指借助 Auto Form Sigma 模块，以减薄率和回弹为目标响应，分析各变量的影响程度以及最优参数组合）。通过对这 4 个变量的波动范围进行组合计算，确定为对成形性及回弹影响最大的变量。图 6-102 所示为 4 个变量对 3 处开

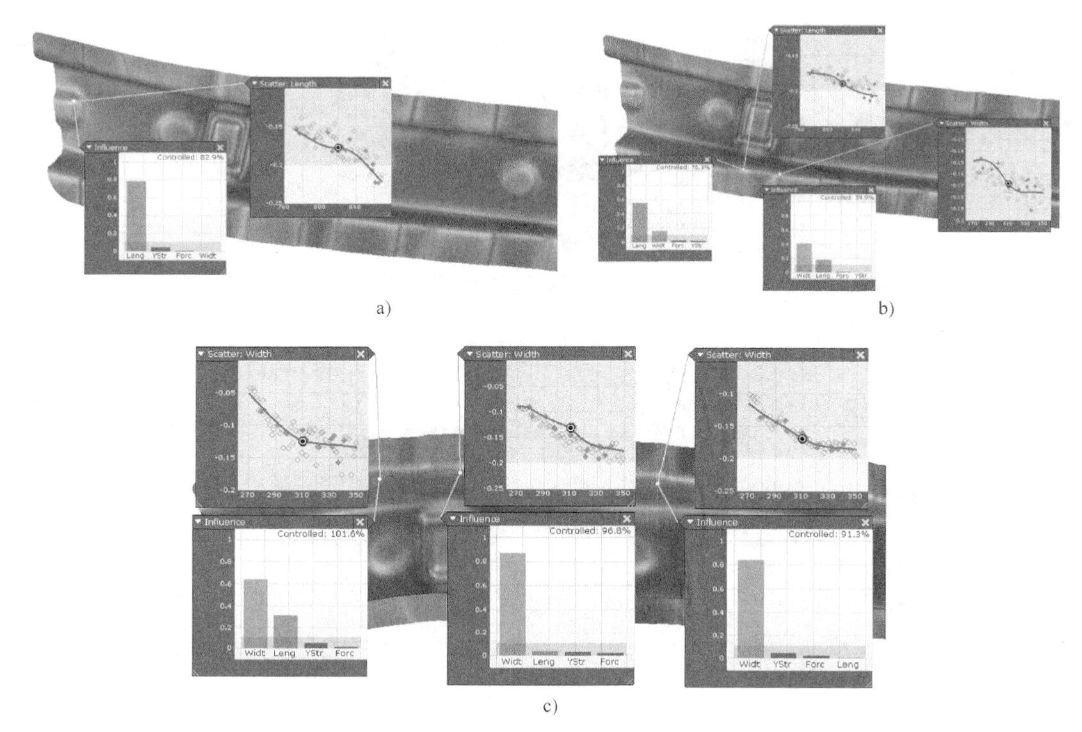

a)　　b)

c)

图 6-102　4 种变量对 3 处开裂区域成形性的影响程度

a）区域 1　b）区域 2　c）区域 3

裂区域的影响程度。区域 1 主要受到坯料长度的影响，占比 72%左右，且坯料长度与减薄率呈明显的负相关；区域 2 靠近端头区域坯料长度影响占比 58%左右，随着向右移动，坯料宽度的影响比例逐渐提升，占比达 40%，长度与宽度与减薄率均呈负相关；区域 3 主要受到坯料宽度影响，随着向右移动，宽度的影响比例逐渐增强，达到 82%，坯料宽度与减薄率也为负相关。可见，坯料尺寸的缩减对于成形性具有明显改善作用，坯料尺寸偏大是造成开裂的主要原因。

2）模具圆角半径偏小，变形的不均匀程度增加。图 6-103 所示为 4 种变量对零件最大回弹量的影响程度。可以看出，对回弹影响最大的主要为坯料长度，坯料宽度影响较小，材料性能和压边力对回弹量基本无影响。针对 Sigma 组合分析结果，找出正回弹和负回弹最大的两个区域，分别为上方左侧法兰处及最右端特征区域。上方左侧法兰最大正回弹量 2.477mm，4 种变量中坯料宽度影响最大，占比 78%，呈明显负相关。最右端特征区域最大负回弹量 4.872mm，坯料长度影响最大，占比 77%，也呈现明显的负相关，变形是极不均匀的。可见，坯料尺寸的缩减对于回弹影响较大，坯料尺寸越小，回弹量越大，回弹控制越困难。

根据上述分析，坯料大小是影响零件成形性及回弹的最主要因素。坯料尺寸的缩减对于成形性有明显改善作用，但增加了回弹控制的难度。为确定一个合理的坯料尺寸，利用 61 组 Sigma 分析计算结果，先筛选最大回弹量小于 1.6mm 的工艺方案，共有 22 组。对于 3 处开裂区域，区域 2 和区域 3 减薄率最大，均在零件侧壁圆角处，如果放大圆角可能导致装配问题，且增大圆角可能导致回弹量的进一步增大。区域 1 为特征区域，与其他零件无装配关系。经与产品设计人员沟通可做进一步打磨放大圆角处理。针对区域 2 和区域 3，在 22 组方案中再次筛选减薄率小于 18%的工艺方案，共有 6 组，结果见表 6-6。

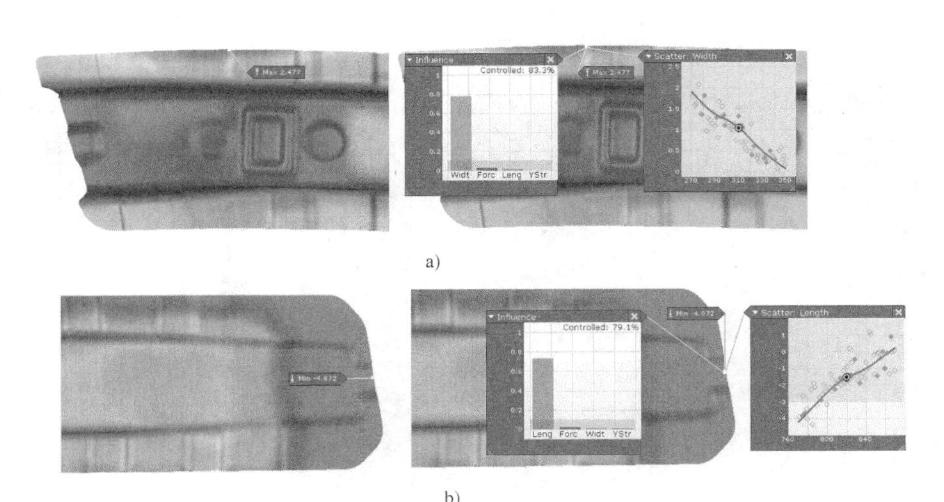

图 6-103　4 种变量对最大回弹量的影响程度

a）最大正回弹　b）最大负回弹

表 6-6　6 组优选工艺方案

方案序号	压边力 /N	坯料宽度 /mm	坯料长度 /mm	屈服强度 /MPa	减薄率（区域 2）(%)	减薄率（区域 3）(%)	回弹量（区域 1）/mm	回弹量（区域 2）/mm
9	879059	297	824	798	13.3	16.8	-1.486	1.111
20	1081551	283	819	757	11.1	17.4	-0.745	1.407
29	740471	332	833	686	17.5	17.5	-1.482	0.398
37	997181	290	831	782	10.8	17.7	-1.266	1.374
46	870344	280	826	751	9.20	17.2	-0.53	1.334
54	794856	291	859	742	14.8	17.5	0.213	1.23

4. 解决与防止措施

对以上 4 种变量，材料屈服强度为材料自身特性，存在一定波动范围，不是固定的工艺参数。对于坯料尺寸和压边力，取以上 6 种优选方案的平均值，选择坯料长度为 830mm，坯料宽度为 300mm，压边力选择 900kN。对于区域 1，将凹模圆角半径适当增大，由 5mm 增加至 8mm，进行 CAE 分析验证，成形性及回弹分析结果如图 6-104 所示。结果显示，区域 2 和区域 3 最大减薄率分别由 21.4% 和 20.2% 下降至 16.7% 和 12.9%。区域 1 放大圆角后减薄率降至 14.3%，整个零件的成形安全裕度得到显著提升。最大回弹量为 1.525mm，在合理的范围之内。

基于优化后的工艺方案，完成对模具的加工研配，进行样件的试冲验证，试件实物及检具测量结果如图 6-105 所示。可以看出，零件成形性良好，原开裂区域未再出现开裂现象，通过回弹测量，尺寸精度满足均在±1mm 内，达到了控制要求。

高强度钢板本身具有高的屈服强度及抗拉强度，使其在冲压成形过程中材料流动难以控制，极易出现开裂、褶皱等缺陷。与此同时，钢板强度升高时，其残余应力增大引起面畸变和回弹，成形后容易产生弹性回复引起的形状不良和尺寸精度不良（回弹）现象。在针对超高强度零件的前期冲压同步分析过程中，应先确保冲压工艺的稳定性，保证产品的成形质量，然后在工艺条件允许的前提下，尽量将回弹控制在尽可能小的范围内。如果回弹量很大，则需要借助 CAE 数值模拟与现场冲压相结合的方式，通过对模具回弹补偿等措施确保零件的最终尺寸精度。

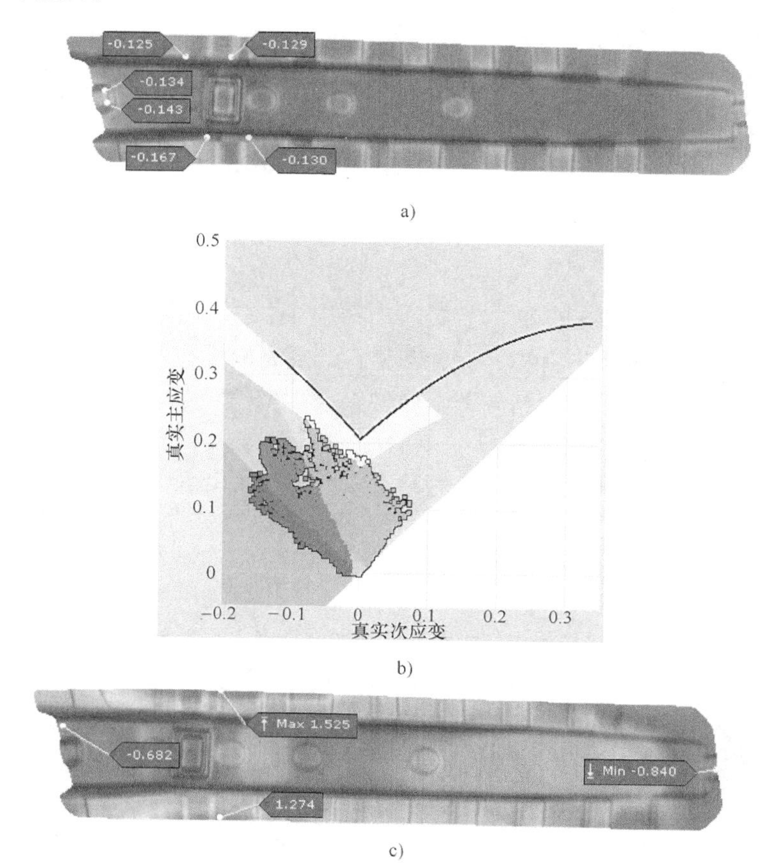

图 6-104　优化方案成形及回弹计算结果

a）减薄率分布　b）优化后的成形极限图　c）回弹分布

图 6-105　试冲合格零件

6.2.18　汽车油底壳法兰平面度超差

1. 零件特点

某汽车油底壳如图 6-106 所示。零件材料为 08 钢板，料厚为 1.5mm。该件属典型的汽车覆盖件，具有一般大型覆盖件的特点。零件由复杂的空间曲面组成，成形时毛坯的变形、

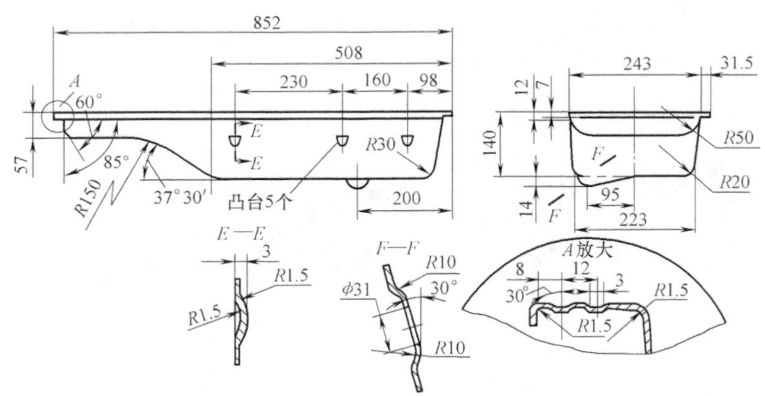

图 6-106　汽车油底壳

各处应力很不均匀；零件形状不对称，深度不均；油底壳侧壁布置了 5 个凸台，底部有 1 个凸筋，这些凸台和凸筋的成形得不到外部金属的补充，完全依靠其自身材料的延伸和变薄，即靠胀形来实现。

该件的形状与发动机机油盘相似，也属具有大台阶的覆盖件。但是，与发动机机油盘相比，其台阶的高度差较小，坡形台阶过渡平缓，深台阶处的相对高度也比机油盘小。因此，其成形的工艺性相对较好。

2. 废次品形式

平面度超差。生产中采用落料→成形→压圆角→修边→翻边压筋→冲孔→冲侧孔→校平等 8 道工序来生产该零件。在成形工序中，制件平面度超差。如图 6-107 所示，制件纵向不平，两端翘起，翘曲量最大达 1.6mm。根据零件的设计与使用要求，其平面度不得大于 0.5mm，以保证装配后密封性好。原工艺设计意图是通过最后一道校平工序来保证其平面度。但实践证明，翘曲产生后，无论怎样加大校平力，也无法达到零件的平面度要求。

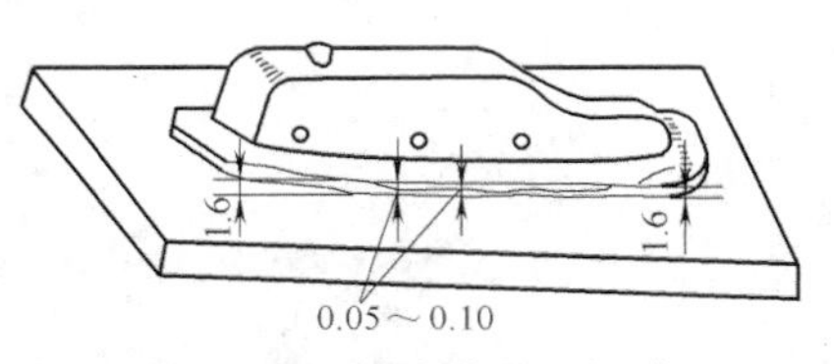

图 6-107　油底壳法兰翘曲

3. 原因分析

油底壳法兰面的翘曲不平，是由于该零件法兰面坯料在成形过程中所特有的应力、应变状态决定的。从材料本身来说，则是由于这种材料的贴模性差所致。具体而言，造成制件翘曲的原因是：

1）油底壳各处的成形深度不同，两头圆角部分和中间直边部分坯料的变形程度、应力状态相差悬殊。沿周向，法兰在两头较大压应力作用下产生了翘曲。

2）转角处金属流入凹模的速度慢，直边部分流入凹模的速度快，法兰面上金属的流速差产生了切应力，这种切应力的存在也会造成制件的翘曲。

3）法兰区坯料进入凹模口时产生了弯曲变形，制件各处的弯曲变形程度不同，故回弹量也不相同。

4. 解决与防止措施

如图 6-108 所示，生产中按一般调整回弹的办法将压圆角工序的压料面改为桥拱式形状，希望通过反向压弯来做补偿。实践证明，采用这种办法的效果甚微且不稳定，曲面的形状也很难确定。

经多次反复试验研究，生产中解决法兰翘曲的有效措施是：

1）调整压圆角工序凹模的圆角半径。如图 6-109 和表 6-7 所示，适当增大中间部位的凹模圆角半径，减小两端转角处的圆角半径。在第 5 道翻边压筋工序再次精整圆角，制件法兰处的最大翘曲量减小到 0.4mm，达到了设计要求。采用这一措施的缺点是，模具加工、维修困难。

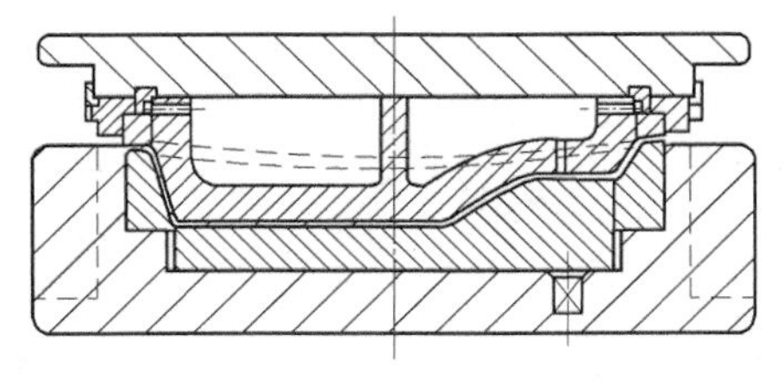

图 6-108　压圆角模具结构

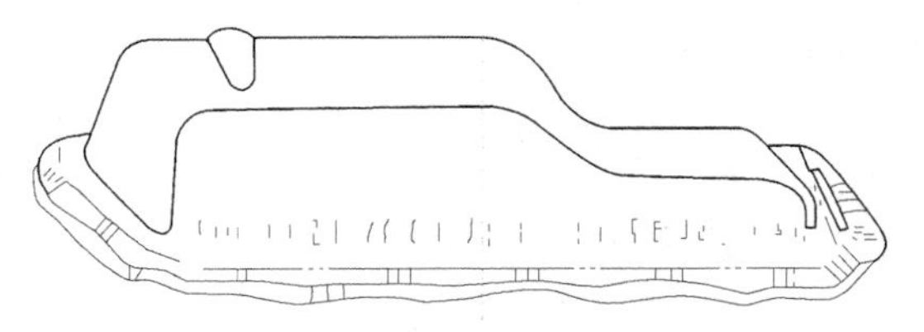

图 6-109　半成品圆角半径的变化

表 6-7　凹模圆角半径 r_d 分布

位置		0	1	2	3	4	5	6	7	8	9	10	11	12	13	14	15
后	r_d /mm	3	2.7			3.5		3		3.5		3					3.5
前		2.75			3			3.7	3.8	3.7		4	4.5		5		

位置		16	17	18	19	20	21	22	23	24	25	26	27	28	29	30	31	32	33	34	35
后	r_d /mm	3.5				4			3.5		4	3.5			4	2		3.5		4	
前		5						4		5	4.5	4			4.5		4	2.5	2		

注：表中位置序号自浅台阶开始排。

防止法兰翘曲常用的措施还有：

2）拉深的同时压制法兰处加强筋。

3）合理设置拉深筋，增大压边力。

4）合理选择毛坯形状与尺寸。

6.2.19　自行车半链壳折皱、翘曲、开裂

1. 零件特点

某自行车半链罩壳如图 6-110 所示。零件材料为 Q235A 钢，料厚为 0.6mm。该件为内

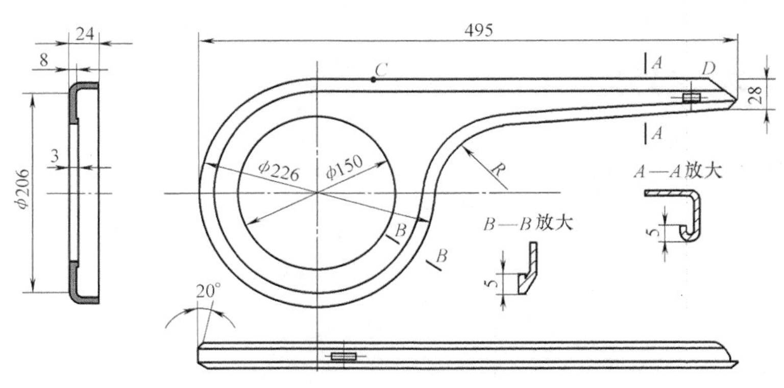

图 6-110　自行车半链罩壳

孔翻边、拉深和弯曲复合成形件。ϕ226mm 圆弧的 3/4 为拉深变形区，直线 *CD* 处为弯曲变形区，ϕ150mm 和 *R*60mm 处为伸长类翻边区。由于该件为自行车上的外露件，故使用要求其外观质量高、表面光滑、平整。

2. 废次品形式

1）折皱。在成形工序，试模时制件沿 ϕ226mm3/4 圆弧口部出现锯齿状折皱，端面也不平整。

2）翘曲。制件 *CD* 段产生翘曲，表面不平。

3）开裂。在拉深与弯曲交界的 *C* 处附近有缺口裂纹，严重时产生开裂。此处的边缘也不平齐。

3. 原因分析

1）模具结构不合理。原成形模具左侧 ϕ226mm3/4 圆拉深部位设计有压边圈，而右侧直边弯曲和 *R*60mm 翻边部位未设计压边装置。变形时，拉深部位金属流动慢，直边处金属流动快。其结果便产生了附加的切向（周向）拉应力和切应力，致使 *C* 处附近坯料开裂，制件 *CD* 段翘曲不平。

2）压边力不足。由于制件拉深部位的压边力较小，坯料便在切向压应力作用下产生了折皱。

4. 解决与防止措施

生产中调整模具时采取的具体措施是：

1）在 *CD* 段增设压边装置，采用较软的弹簧压边。值得注意的是，由于圆弧段与直边部分的变形性质不同，要求合理压边力的大小也不相同，故圆弧段与直边部分压边圈要分段，不能连成整体。右侧无压边不行，整体压边也不行。制件的变形特征要求左侧压边力要大于右侧压边力，以保证整体变形和金属流速趋于均匀，使 *C* 处所受切向附加拉应力和切应力减小，防止 *C* 处附近坯料开裂，从 *CD* 段翘曲不平的现象来分析，直边部分设置压边装置也是非常有效的。

2）加大圆弧段拉深变形区的压边力，改弹簧压边为橡皮压边。

因制件拉深、翻边深度较浅，故防止产生折皱、翘曲的积极措施还有：

3）适当减小凹模圆角半径和成形凸、凹模间隙。

4）设置强力底托装置使坯料在压紧状态下成形。

6.2.20 手扶拖拉机驾驶座起皱

1. 零件特点

手扶拖拉机驾驶座如图 6-111 所示。零件材料为 08 钢板，料厚为 1.5mm。该件按人乘坐的方向左右对称，而前后不对称，是一个非对称复杂曲面成形件。从板料成形的角度来看，驾驶座

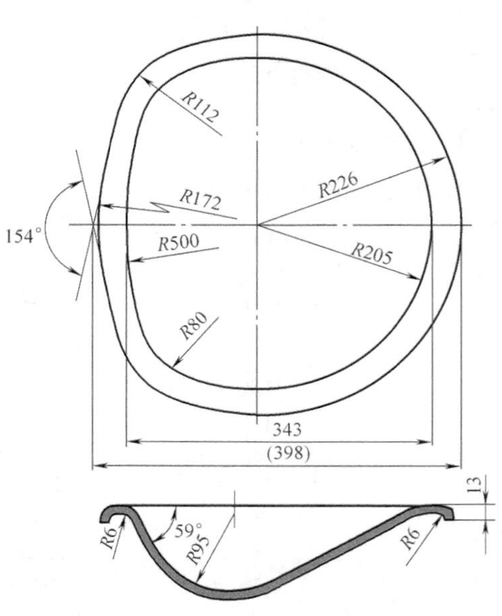

图 6-111 手扶拖拉机驾驶座

属于拉深与胀形的复合成形件。

2. 废次品形式

起皱。生产中采用的冲压工艺方案是：剪切下料并切去四个角→曲面成形→切边→翻边。如图6-112所示，在曲面成形工序，制件靠背部分产生内皱，法兰处起皱。其中，尤以切角处最为严重。

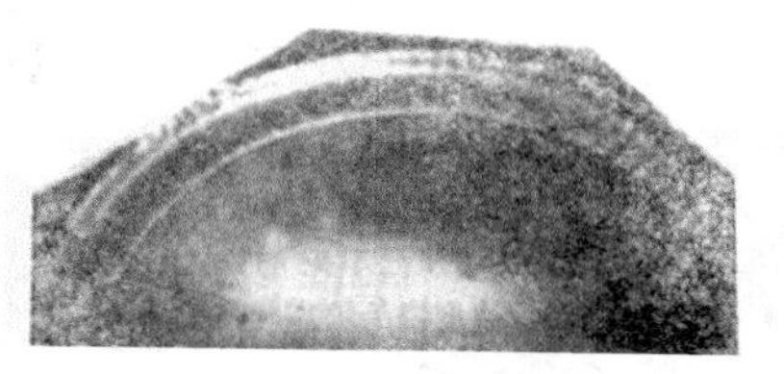

图6-112　驾驶座起皱

3. 原因分析

制件的起皱反映了拉深变形的特点，即坯料在切向（周向）压应力作用下，压缩失稳导致了起皱。从原理上讲，这类拉深、胀形复合成形件产生起皱的原因在于拉深变形量过大，而底部的胀形变形量较小。具体而言，产生起皱的原因是：

1）当凸模刚开始接触毛坯时，坯料悬空部分太大，压边圈只能压住法兰区少部分坯料。制件侧壁在切向（周向）压应力作用下，在自由无约束状态很容易起皱。

2）毛坯切角过大。由于毛坯切角后，该区域的拉应力 σ_r 有所降低。根据屈服准则 $\sigma_r-\sigma_\theta=\beta R_{p0.2}$，因切向应力 σ_θ 的符号与径向应力 σ_r 相反，故径向拉应力的降低会导致切向压应力绝对值的增加。换句话说，径向拉应力减小会使底部胀形变形区缩小、口部拉深变形区增大。故容易在此切角处产生皱纹。

3）润滑不当。为防止制件出现擦伤、划痕和高温粘结现象，生产中选用了润滑效果好、耐高压的润滑油，并涂在成形凹模上。按照常规，凸模上未涂润滑油。其结果是减小了拉深变形阻力和径向拉应力，增大了拉深变形量而减小了底部的胀形变形区，这样做易使制件起皱。

4）在模具表面粗糙度值越小越好的指导思想下，凸、凹模研磨后进行镀铬处理。凸模表面粗糙度值小有利于底部胀形均匀和胀形区向外扩展，可防止侧壁起皱。但凹模太光，拉深变形量增加，拉应力降低，反而会增加起皱产生的倾向。

4. 解决与防止措施

一般而言，为防止制件起皱，应扩大制件底部的胀形变形量，减少金属的拉深流入，增加起皱发生处的径向拉应力。为此，生产中采取的具体措施是：

1）改变原始毛坯的形状与尺寸，增加靠背一侧毛坯的尺寸，减小起皱发生处的切角量。

2）适当增大压边力，在靠背一侧设置拉深筋。要注意，压边力增加幅度不能太大。压边力过大，胀形过量会导致底部破裂。

3）改用施力均匀、速度慢的液压机来代替机械压力机，使局部金属的聚集现象减缓，变形速度均匀。

4）为了提高拉深力（径向拉应力），在坯料一侧涂一层薄薄的低黏度润滑油，基本上在凹模无润滑状态下进行拉深。但这样做可能会导致产生擦伤、划痕和高温粘结。因此，凹模应经常修磨。凹模表面粗糙度值也不能太小，能达到 $Ra1.6\sim Ra3.2\mu m$ 即可。

5）为了扩大底部胀形变形区，使胀形均匀，应降低凸模表面粗糙度值，在凸模工作部分镀铬，并在凸模上涂抹润滑效果较好的润滑剂。

6）适当减小靠背起皱一侧凹模的圆角半径，其目的仍然是增加拉深变形阻力，减小金属的拉深流入量。

此外，从选材的角度考虑，应选择硬化指数 n 值大、塑性应变比 γ 值高的材料。n 值大，加工硬化剧烈，有利于底部胀形区的扩展；γ 值高，坯料可产生较大的周向压缩变形，对防止拉深起皱有利。

6.2.21　面罩成形折皱

1. 零件特点

面罩如图 6-113 所示。零件材料为 08 钢，料厚为 1mm。该件形状复杂，$B—B$ 断面沿周边的变形特征不同，角部属拉深变形，直壁部分属弯曲变形。中间的起伏筋为平板毛坯的局部成形，即属胀形。由 $B—B$ 剖视图可见，圆角处拉深深度不大，仅为 9mm，直壁相对弯曲半径 $r/t=3/1=3$ 也大于该材料的极限弯曲半径。$A—A$ 断面的胀形变形程度 $\varepsilon=21\%<0.7A_u$（A_u 为材料单向拉伸试验的均匀伸长率）。可见，该件为拉深、弯曲、胀形复合成形件。胀形、弯曲和拉深成形均未达到各自的破裂加工极限，制件成形时，一般不会破裂。

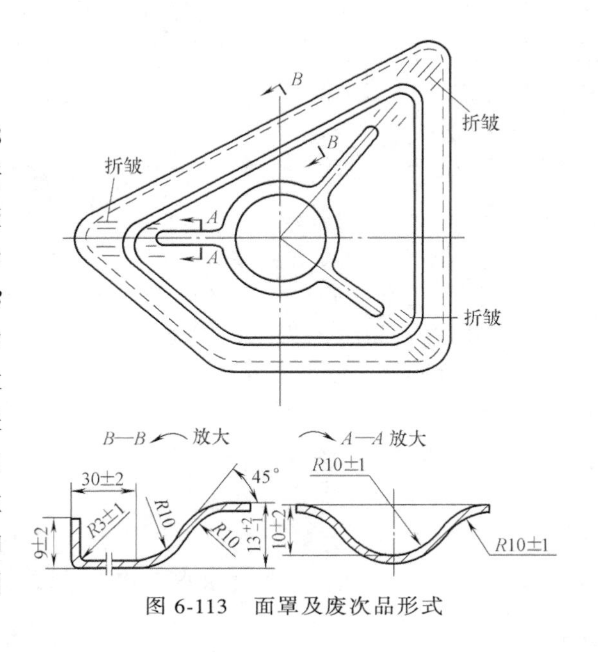

图 6-113　面罩及废次品形式

2. 废次品形式

折皱。生产中原采用落料→胀形（压 $A—A$ 起伏筋）→成形（压 $B—B$ 周边）的冲压加工工艺方案。如图 6-113 所示，采用这种工艺方案加工出来的零件三个端头产生折皱。

3. 原因分析

一般而言，如图 6-114 所示，引起折皱的可能原因有：

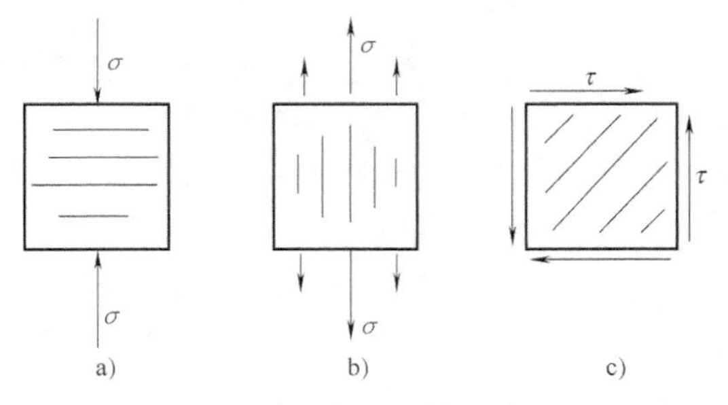

图 6-114　产生折皱的原因

a）压缩起皱　b）不均匀拉伸　c）切应力起皱

压缩折皱。当压应力达到某一值时，由于压缩失稳引起的折皱。皱纹方向与压应力方向垂直；在不均匀拉应力作用下产生折皱。折皱方向与拉应力方向一致；在切应力作用下产生折皱。折皱方向与切应力方向成45°角。

具体来说，面罩产生折皱的原因是：

1）工艺不合理。采用先胀形后成形周边的加工工艺方案，平板毛坯在压制起伏筋时由于制件及起伏筋形状不对称，坯料内产生了不均匀的拉应力。其中三个端头部位的拉应力不均匀程度最严重，易在此端头部位产生折皱。

起伏筋的形成使坯料的刚性增加。成形周边时，圆角拉深变形区金属向直边流动困难，增加了圆角部位坯料沿周向的压应力。制件三个端部压缩失稳起皱。

2）零件的结构工艺性差。零件的三个角部圆角半径较小，起伏筋不均匀分布，变形的不均匀程度大，易产生折皱。

3）压边力小或压边力不均匀。对毛坯实行整体压边，由于端部压边力小或三个角部的压边力不均匀都会引起折皱。

4. 解决与防止措施

生产中改变了原冲压工艺方案，问题得到了解决。

1）采用先成形周边后压制起伏筋的成形工艺。先成形周边时，端头圆角拉深变形区的金属可向直边部分流动，降低了周向的压缩应力，消除了折皱。值得注意的是，若起伏筋的变形程度接近或已达到胀形加工极限，采用此法会引起胀形破裂，矛盾会发生转换。

2）采用两级压边，增大压边力。在模具内外圈同时加压边圈，适当增大压边力，制件在压紧状态下成形。采用此法，模具结构较复杂，但防皱效果较好。

此外，防止这类折皱的积极措施还有：

3）改变零件的形状，增加板料的厚度。将制件角部圆角半径增大，减小制件的凹凸差可使变形的不均匀程度降低，防止因不均匀拉应力过大引起的折皱。适当增加板料厚度，选用塑性应变比值大的材料均可防止产生折皱。

4）改变毛坯的形状与尺寸，增加工艺补充面。

5）在直边部位设置拉深筋，控制金属的流动。应从折皱、破裂和制件形状精度几方面来综合分析、确定是否需要拉深筋以及拉深筋的位置、形状和尺寸。

6）采取不均匀压边。考虑到直边部位不产生折皱的实际情况，仅对三个端部进行压边。

6.2.22　尾门锁扣加强板起皱

1. 零件特点

某车型尾门锁扣加强板如图 6-115 所示。零件材料为 DC51D+Z，外形尺寸为 197mm×102mm×60mm，料厚为 2mm。该零件外形呈长方形，形状较为复杂，从外形上看，很难确定其占主导地位的工序性质。实际上该件是拉深、胀形和弯曲复合成形件。作为外观件，零件运送至主机厂需喷漆，若表面出现质量缺陷喷漆后会放大，整车的光影就会出现严重的折射、扭曲等现象，故使用时对其外观质量有很高的要求。

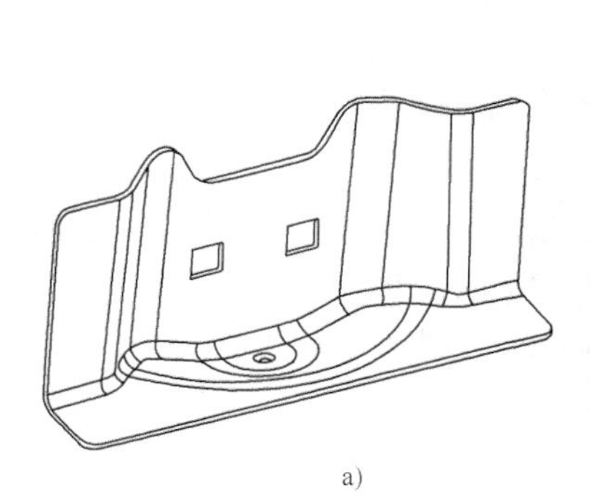

a)

b)

图 6-115　尾门锁扣加强板外形

a）线图　b）实物图

2. 废次品形式

局部起皱。生产中采用剪板下料→成形→修边冲孔 1→修边冲孔 2→整形的冲压工艺方案。下料毛坯尺寸为 300mm×210mm。在试模过程中，如图 6-116 所示，制件正面和侧面多次轮流出现局部起皱现象。

3. 原因分析

图 6-117 所示为锁扣加强板成形的模具结构。分析板料在此模具作用下的成形过程，造成冲压件不同位置局部起皱的主要原因是：

1）毛坯尺寸不合理。零件形状呈直角，成形具有一定难度，不同位置的深度也不同，成形过程中不同位置的材料流入量不同，变形极不均匀。原定毛坯尺寸300mm×210mm，本想减小毛坯尺寸，提高材料利用率，后经试模发现不是正面起皱，就是侧面起皱。尺寸太小导致冲压件在成形过程中无法压住料，造成板料局部流动过快形成起皱。

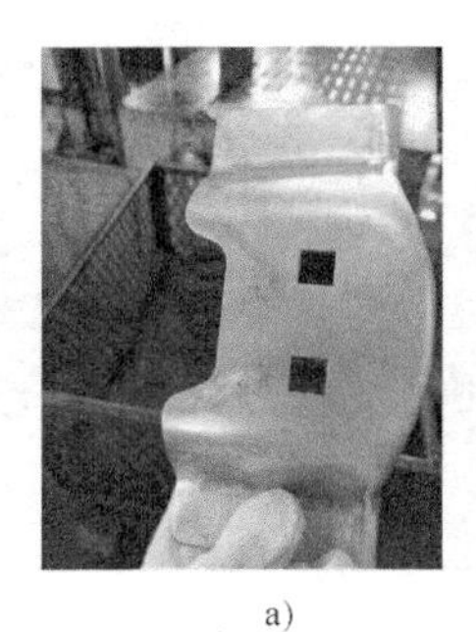

a)

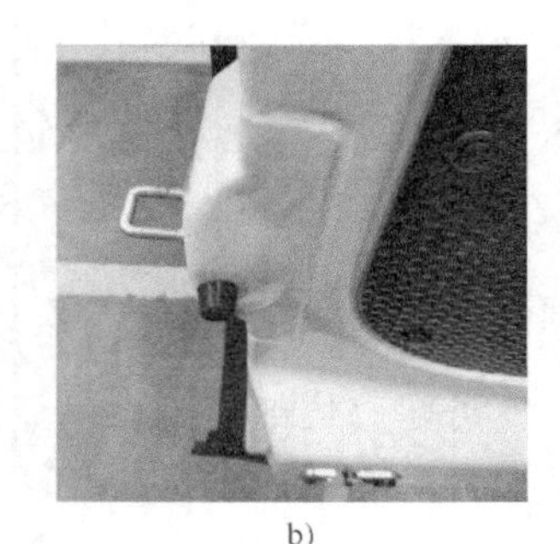

b)

图 6-116 尾门锁扣加强板起皱

a）正面起皱 b）侧面起皱

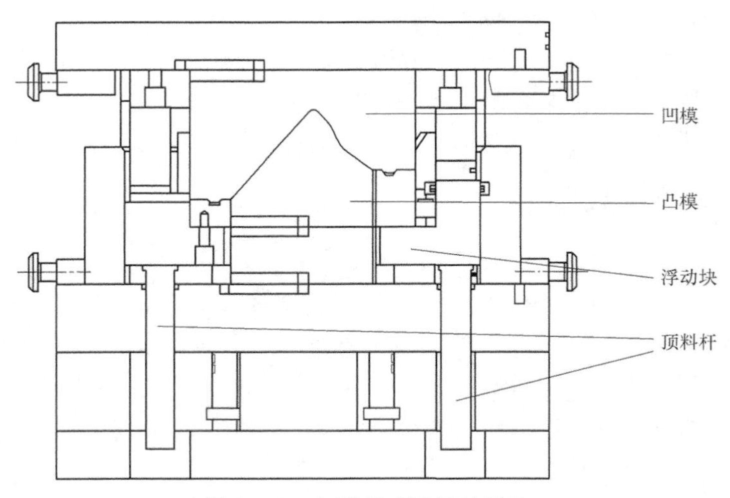

图 6-117 加强板成形模具结构

2）顶杆压力过小。顶杆压力过小将导致成形时材料的流动阻力过小，使冲压件部分区域塑性成形不够充分，容易造成起皱。

3）材料各处的流速差在局部产生了切应力。制件深度深，尖角部分属胀形变形靠材料局部变薄成形，拉深部分材料流动慢，弯曲部分材料流动快。由于材料的流速差在材料局部产生了切应力。在周向压应力、不均匀拉应力和局部切应力的综合作用下制件很容易造成局部起皱。

4. 解决与防止措施

从原理上讲，解决上述制件在成形时局部起皱的措施是控制好拉深、胀形和弯曲变形的比例，调整材料变形的速度，使各区域变形趋于均匀。具体而言，生产中在模具调试过程中逐次采取的解决措施是：

1）改变毛坯的尺寸。毛坯尺寸太大，角部胀形变形量会增加，制件容易开裂，太小容易起皱。经过多次试模，零件下料毛坯尺寸确定为300mm×230mm。

2）根据数值模拟软件和经验确定本零件采用的顶缸压力为2MPa，在适当增加顶缸压力进行试模后，起皱没有之前那么明显，因此顶缸压力取此值较为合适。与此同时，调整了图6-117所示模具中浮动块的位置。

采取上述两项措施后生产出了合格的产品，如图6-115b所示。此外，防止这类制件局部起皱的有效措施还有：

3）在长方形制件的直边一侧设置拉深筋，控制直边弯曲变形材料的流速，减少材料整体变形的流速差。

6.2.23　某车型后纵梁局部起皱、强度不足

1. 零件特点

某车型后纵梁3D视图如图6-118所示，外形尺寸为1325mm×240mm×235mm，料厚为1.5mm，零件材料选用热成形材料22MnB5硼钢。材料硬化曲线如图6-119所示，因材料硬化是与温度及应变速率相关的，所以其硬化曲线由一系列温度下的曲线族构成。汽车后纵梁是汽车中重要的承载部件，同时在碰撞事故中，通过压溃变形和弯曲变形还起到吸收碰撞能量的重要作用，因此该零件对强度有较高的要求。后纵梁属于细长的梁类件，且顶面高度差大，以往项目多采用高强钢材料，成形难度比较大，易出现扭曲、回弹大等缺陷。采用热成形材料，不仅具有更好的强度，而且回弹、扭曲等缺陷也易于控制。

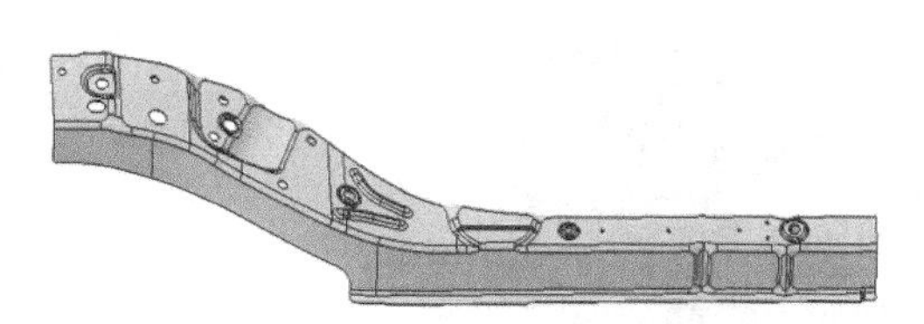

图6-118　某车型后纵梁3D视图

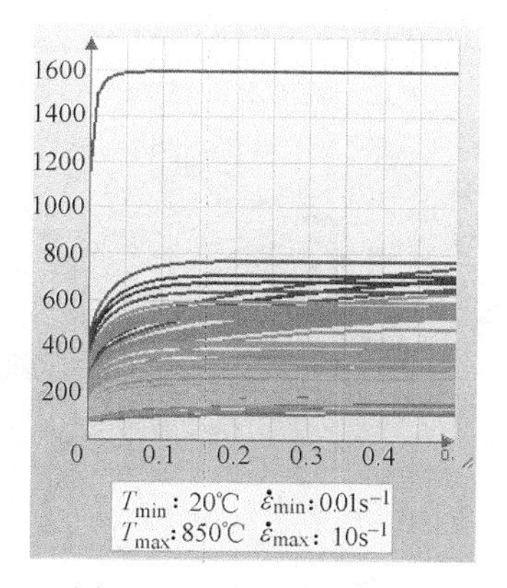

图6-119　材料硬化曲线

2. 废次品形式

生产中采用落料→加热→成形→激光切割共4道工序的冲压工艺方案，如图6-120所示。从CAE分析结果可以看出，该后纵梁的主要缺陷是起皱和强度不足。

1）起皱。从图6-121所示起皱趋势分布图中可以看出，主要是中间两侧区域存在起皱缺陷，而起皱不仅影响零件的尺寸精度，还影响零件的强度。

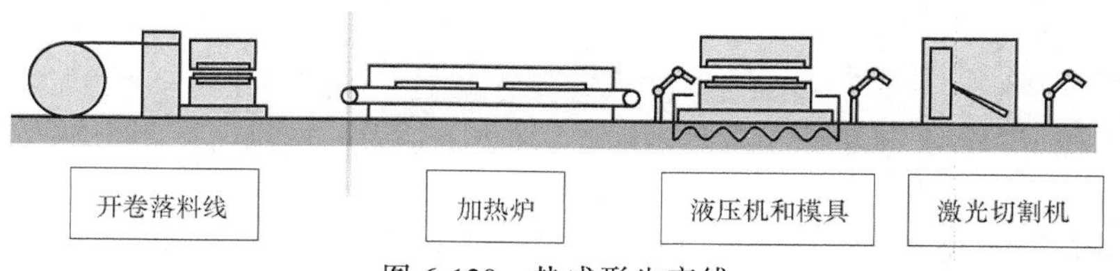

图6-120　热成形生产线

2）零件强度偏低。从图 6-122 所示抗拉强度分布图中可以看出，冷却后零件强度主要在 1300MPa 左右，强度偏低。热成形是为了得到高抗拉强度的零件，如果强度不足，零件就是废品。后纵梁是重要汽车承载部件，必须要满足其强度需求。

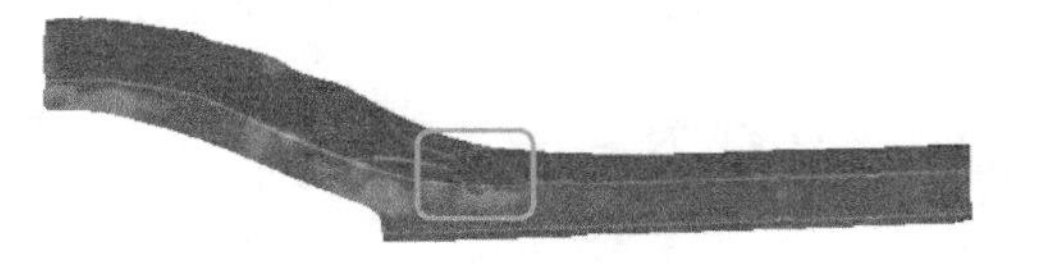

图 6-121　起皱趋势分布图

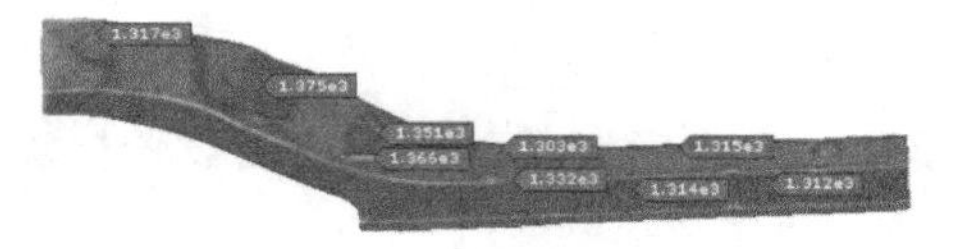

图 6-122　抗拉强度分布图

3. 原因分析

1）在成形工序未设置局部压料约束。该车型的后纵梁长度方向较长，高度方向落差较大，中间区域过渡较急，易出现起皱等缺陷。工艺方案采用的是成形方案，只有中间顶部压料，两边是自由成形状态，没有局部压料约束，最终导致起皱加剧。

2）工艺参数选择不当，奥氏体未能充分转化成马氏体。对于热成形零件，为了能顺利拉出零件，要求板料在成形阶段基本上处于奥氏体状态，淬火之后处于马氏体状态。只有奥氏体充分转化成马氏体，才能保证零件的超高强度。影响组织相变的工艺参数主要有：材料的加热温度、保压时间、冷却速率等。这些参数未经优化，奥氏体未能充分转化成马氏体，因此造成了材料的强度不足。

4. 解决与防止措施

1）工艺优化。一般冷冲压成形存在开裂或者起皱缺陷时，可通过优化产品的形状或工艺等手段来解决，这同样也适合热成形。图 6-123 所示为后纵梁成形工艺的有限元模型，该实例采用优化工艺方案来改善起皱：适当增大了中间两侧板料的尺寸；增设了局部压料，提前夹持约束来避免中间两侧自由成形。

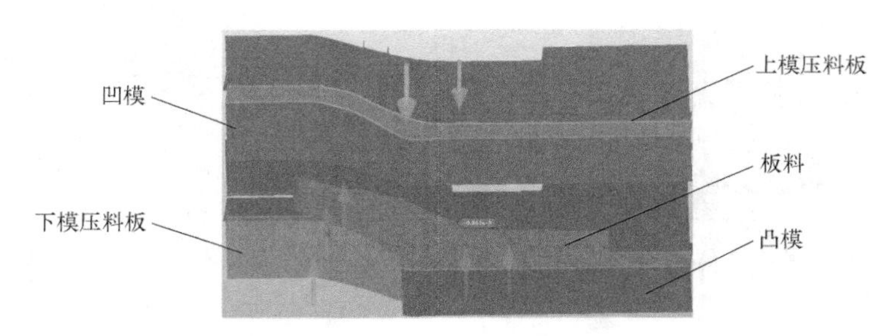

图 6-123　成形工艺有限元模型

2）冷却速率的确定。冷却速率包括两个方面：一方面是极限冷却速率，即材料转化马氏体的最小冷却速率；另一方面是实时冷却速率，只有当实时冷却速率大于极限冷却速率时，材料才能转化成马氏体。因此，模具要具有较高的冷却效率，才能使板料在模具中快速淬火，实现由奥氏体向马氏体的组织转变。如图 6-124 所示，热成形模具通过模具表面与零件的接触传热实现对零件的冷却，其自身通过与冷却介质和环境的热交换将热量排掉。根据经验，采用水冷，冷却速度为 40～100℃/s，以保证零件的淬透性，使冲压件得到硬化，大幅度提高强度。

3）保压时间的优化。在热冲压成形过程中，保压时间对零件的力学性能和成形精度有

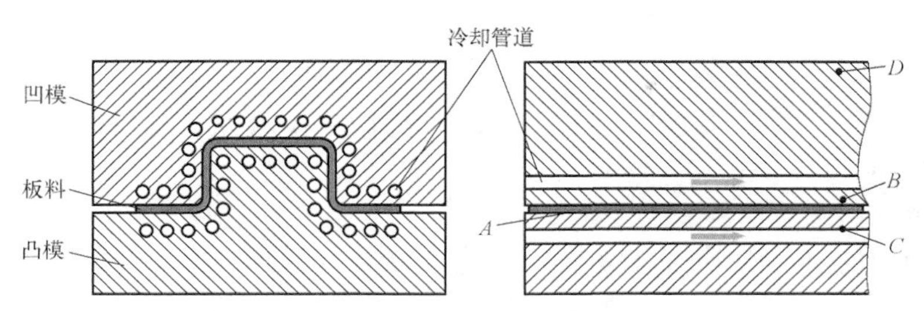

图 6-124 热冲压成形模具截面

重大的影响。保压时间越长，越有利于材料的内部应力释放，从而减小材料的回弹，改善其成形精度及力学性能；若保压时间过长，实际生产中耗费的时间就会越长，导致生产效率降低，加大了零件的生产成本。因此，需要确定一个合适的保温时间，既能满足零件的质量要求，又能提高生产效率、节约成本。根据以往经验和数值模拟的结果，优化的保压时间取4～8s。

4）热传递间隙的调整。当板料和模具体间隙过大时，板料的冷却过程由其与模具体的热传递变成其与空气的热辐射，冷却速率降低。因此，在热成形分析时，虽然没有出现开裂、起皱等成形缺陷，但可能因为热传递间隙降低了冷却速率而不能实现100%马氏体化，造成零件强度偏低。实际生产中，可采取对模具型面进行补偿等措施来减少模具体间隙，使板料与模具充分接触，提升冷却速率，进而改善零件强度。

通过优化工艺方案，解决了中间区域起皱的问题，如图 6-125 所示；再通过优化冷却速率、保压时间等，使材料完全由奥氏体转变为马氏体，零件强度得到提升，都在 1400MPa 以上，如图 6-126 和图 6-127 所示。

采取上述几项措施最终获得了合格的零件，如图 6-128 所示。

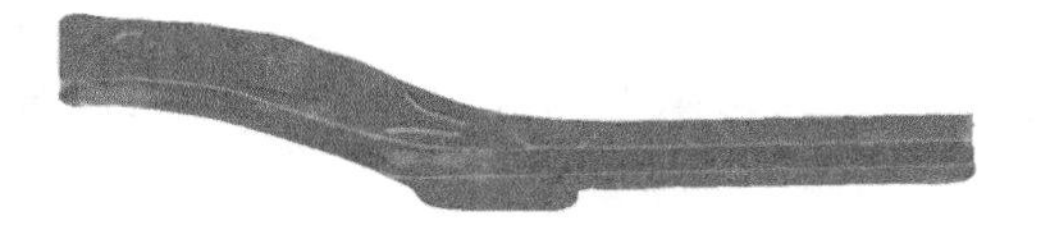

图 6-125 起皱趋势分布图

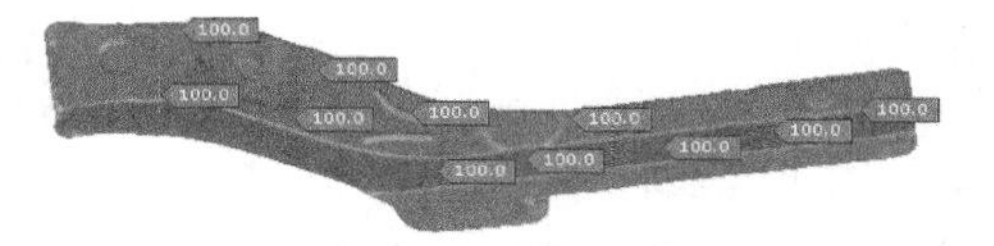

图 6-126 马氏体转变分布图

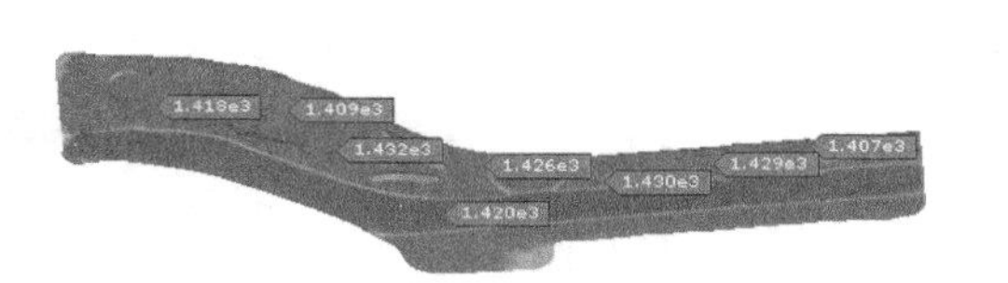

图 6-127 抗拉强度分布图

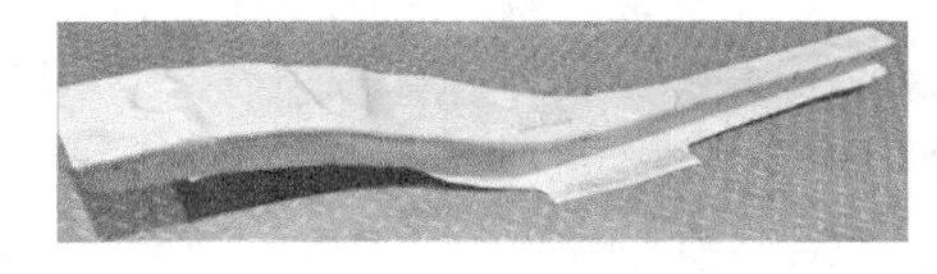

图 6-128 合格的后纵梁实物图

6.2.24 摩托车灯壳内表面痕线

1. 零件特点

某摩托车灯壳如图 6-129 所示。零件材料为 08 钢，料厚为 0.8mm。该件为典型的球面形状胀形-拉深复合成形件。为了保证制件的光学性能与外观质量，要求制件内、外表面光滑。

2. 废次品形式

冲击痕线。制件内表面距球底 56mm 处产生环状冲击痕线。如图 6-129 所示，冲击痕线

圆环直径为 ϕ162.5mm，影响了零件的使用性能。

3. 原因分析

该零件冲击痕线发生在制件内表面，冲击痕线圆环直径小于凹模口部直壁的直径。造成这类冲击痕线的原因主要是：

1）由拉深筋引起的冲击痕线。如图 6-130 所示，为了防止球面零件复合成形时产生内皱，增加工艺补充面并在凹模上设置了拉深筋，毛坯尺寸为 ϕ267mm。凸模下降，压边圈与凹模首先压紧毛坯，拉深筋部位的坯料在静摩擦状态下产生胀形和弯曲加工，引起加工硬化和厚度减少。凸模继续下降，在由胀形成形向拉深成形转换，法兰处拉深筋部位的金属开始向内流动的瞬时，产生冲击。拉深筋处坯料产生冲击痕线后被拉入凹模。

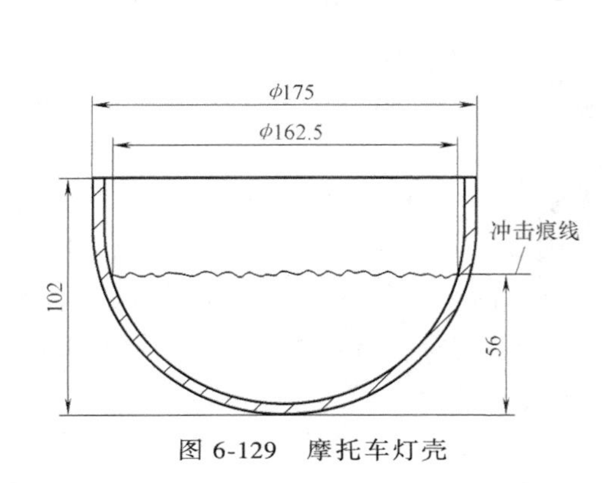

图 6-129 摩托车灯壳

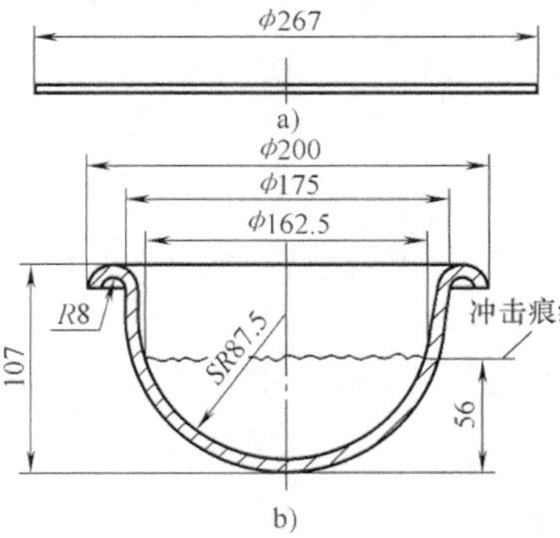

图 6-130 毛坯及冲压件半成品

a）毛坯 b）冲压件半成品

2）由凸模引起的冲击痕线。球形件成形的初期，坯料底部产生胀形变形，厚度减薄。当这部分坯料包敷凸模后，凸模与坯料间的摩擦便阻止了金属的流动和坯料变薄。此时，靠球底的悬空部分坯料仍要继续变薄。在开始拉深变形的瞬时，克服静摩擦阻力使成形力加大并产生冲击。此时，悬空部分坯料与已贴模坯料的交界处产生了厚度差，也会形成冲击痕线。

4. 解决与防止措施

初步判断该件的冲击痕线是由拉深筋引起的。为此，生产中采取的解决措施是：

1）将拉深筋半径由 R6mm 增大到 R8mm，对拉深筋进行精加工。

2）采用高分子树脂润滑剂。这种润滑剂干燥后在坯料上形成一层薄膜，使模具与板料隔离，减小了克服静摩擦产生的冲击。

3）对凸模进行研磨，使制件底部胀形区扩大；将拉深筋的位置向外移动。采取这两项措施可使冲击痕线外移、变浅。

采取了上述措施后，冲击痕线变浅且上移，制件基本上能满足使用要求。一般而言，要消除拉深筋引起的冲击痕线是非常困难的。

防止这类拉深筋引起的冲击痕线可采取的积极措施还有：

4）如果允许反面有冲击痕线，可用拉深筋控制坯料只从反面流入。

5）将压边圈作成反锥形以代替拉深筋。反锥角为 6°~8°。

6）在压边圈和凹模拉深筋处镀铬，尽量降低其表面粗糙度值。

7）增加工序，改一次拉深为两次拉深，采用反拉深工艺。

6.2.25　某车型发动机罩外板滑移痕迹

1. 零件特点

某车型发动机罩外板3D视图如图6-131所示，外形尺寸为1660mm×1120mm×155mm，料厚为0.7mm。零件材料为GX220BD+ZF，属于烘烤硬化高强钢，其主要力学性能见表6-8。

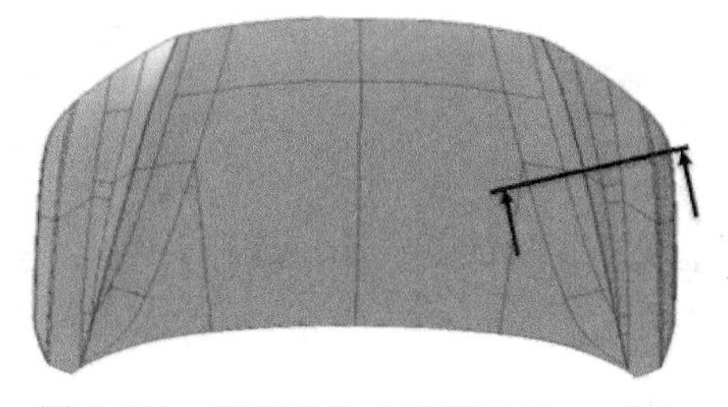

图6-131　某车型发动机罩外板3D视图

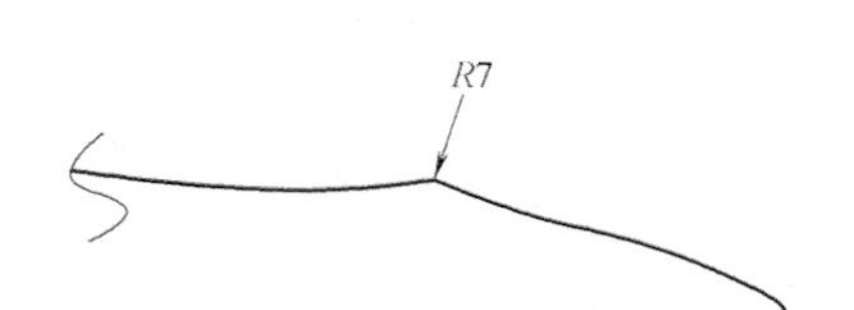

图6-132　产品断面示意图

发动机罩外板是汽车主要外覆盖件之一，属于A级曲面，对外观质量要求较高，产品表面不能有任何缺陷，同时零件整体尺寸较大，对整体刚性也有一定要求。为了使汽车外形看起来更加精致、动感，一般发动机罩外板两侧棱线圆角和外观夹角要求尽可能小。产品断面示意图如图6-132所示，此机罩外板棱线最小圆角为$R7$mm，主棱线外观面夹角为151°。

表6-8　GX220BD+ZF的主要力学性能

屈服强度 $R_{p0.2}$/MPa	抗拉强度 R_m/MPa	硬化指数 n	塑性应变比 γ
236	355	0.18	1.32

2. 废次品形式

滑移痕迹。生产中采用成形（拉深）→修边→修边、翻边→斜锲翻边共4道工序的冲压工艺方案。如图6-133所示，成形后发动机罩外板两侧棱线出现了滑移缺陷。滑移是棱线成形结束后在材料外表面留下的滑移痕迹，车身喷漆后，光线反射效果变差，直接影响汽车外覆盖件A级面表面质量。滑移痕迹越大，整车喷漆后就越明显，视觉效果也就越差。冲压后的钣金件可以通过推磨石清晰地看到此缺陷。

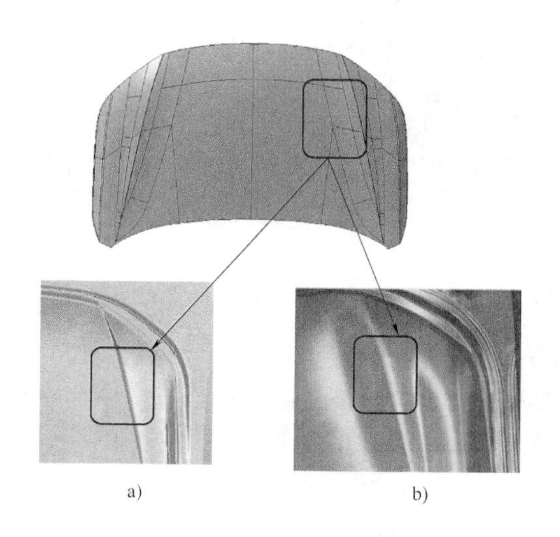

图6-133　滑移缺陷
a) CAE分析结果　b) 现场零件

3. 原因分析

滑移是冲压成形过程中，在一定接触压力作用下，材料表面与模具外凸特征的接触点发生变化，同时材料在模具作用下发生弯曲与反弯曲，最终成形结束后在材料外表面留下的滑移痕迹。滑移痕迹问题是车身外覆盖件表面质量缺陷的常见问题之一。主棱线圆角和外观面夹角越小，材料流过圆角产生的硬化痕迹越明显，滑移痕迹也越明显。

4. 解决与防止措施

1）冲压方向的优化。对于发动机罩外板，冲压方向的确定对滑移痕迹控制有很大的影响，当冲压方向不同时，两侧棱线处的滑移痕迹大小也会不同，这就需要合理选择冲压方向，控制板料接触时机（尽量保证棱线后接触板料），保证板料在棱线两侧流动均匀，从而使棱线处的板料应力达到平衡，减小滑移量。图 6-134 所示为经优化后该发动机罩外板的冲压方向。

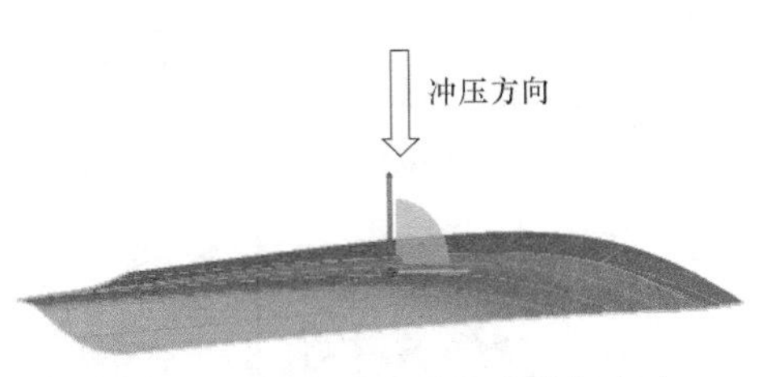

图 6-134　优化后成形工序冲压方向

2）工艺补充的优化。发动机罩外板属于拉深、胀形、弯曲和翻边的复合成形件。中间区域的变形很难从外部得到材料的补充，胀形变形的成分较大，且易出现刚性差、回弹大等缺陷。在成形过程中，需要通过优化工艺补充面来控制棱线处接触板料时机（尽量保证棱线后接触板料），保证棱线两侧材料流动均匀，使得滑移量控制在圆角范围内。同时还要提高制件胀形变形程度，以保证产品具有足够的刚度。图 6-135 所示为优化后的工艺补充面的形状和尺寸。

3）拉深筋的优化。拉深筋参数的合理布置和取值是控制材料流动、防止出现滑移痕迹等缺陷的重要手段。在发动机罩外板成形过程中，压料面上各部位的进料力不同，通常采用分段拉深筋来控制。本例采用虚拟等效拉深筋代替真实拉深筋进行模拟，优化后的拉深筋分布示意图如图 6-136 所示。不同的拉深筋系数，代表着不同的进料阻力，也对应着不同的截面参数。

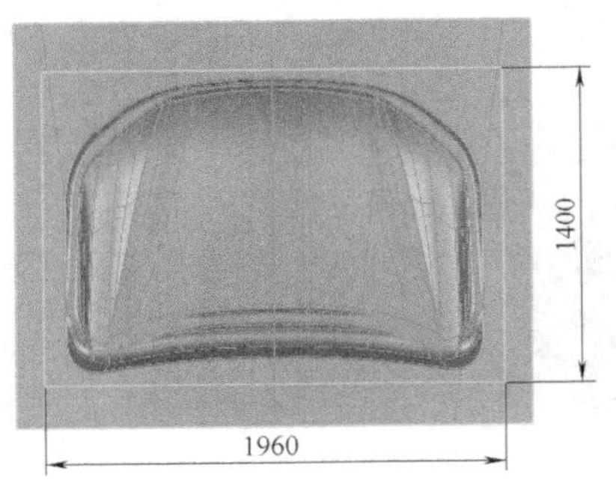

图 6-135　优化后的工艺补充面的形状和尺寸

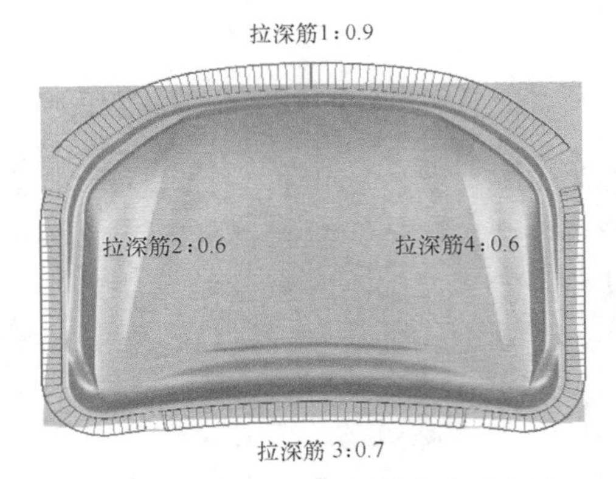

图 6-136　优化后的拉深筋分布示意图

通过优化拉深筋阻力和工艺补充面，使得中间区域材料塑性变形充分，保证了零件的刚性，中间区域主次应变和减薄率都达到了标准。如图 6-137～图 6-140 所示，主应变>0.03，次应变≥0，减薄率>0.03。通过调整冲压方向，使得拉深成形过程最先触料区域位于产品中间区域，推迟了两侧棱线触料时机，借助拉深筋和工艺补充面的优化使棱线两侧板料进料均匀，减小了棱线圆角的滑移量（滑移

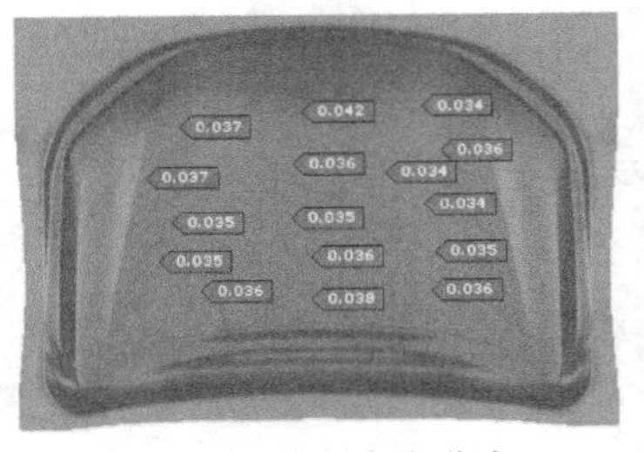

图 6-137　主应变分布

痕迹不能滑出圆角)。采取上述几项措施后，获得了合格的产品，如图 6-141 所示。

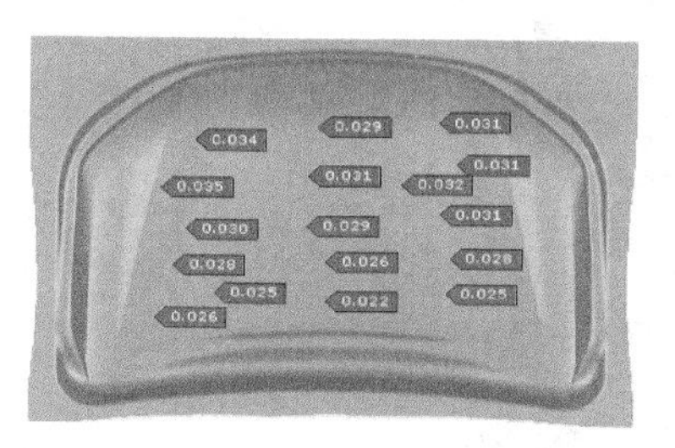

图 6-138　次应变分布

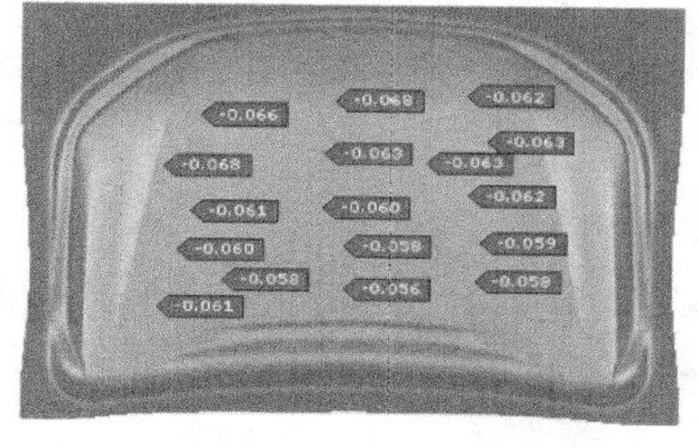

图 6-139　减薄率分布

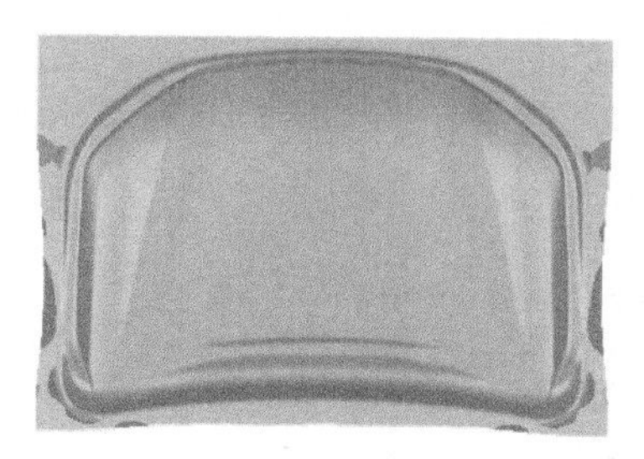
图 6-140　成形极限图

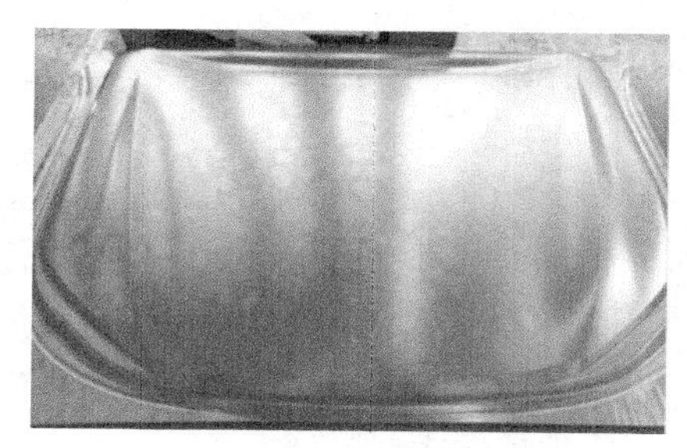
图 6-141　合格的发动机罩外板实物图

6.2.26　某车型顶盖外板刚性不足

1. 零件特点

某车型顶盖外板如图 6-142 所示，外形尺寸为 2614mm×1256mm×168mm，料厚为 0.8mm，零件材料为 GC270E，其主要力学性能见表 6-9。顶盖外板是汽车最重要的大型外覆盖件之一，对其外观和质量有较高要求。一般而言，顶盖支承跨度大，曲率小，较为平坦，且特征较少，容易导致中间区域成形不充分，同时四个角部容易应力集中，出现开裂等缺陷，因此该零件具有一定的成形难度。顶盖通常分为有天窗板和无天窗板两类，本例属于有天窗板一类。

表 6-9　GC270E 的主要力学性能

屈服强度 $R_{p0.2}$/MPa	抗拉强度 R_m/MPa	硬化指数 n	塑性应变比 γ
156	295	0.23	1.88

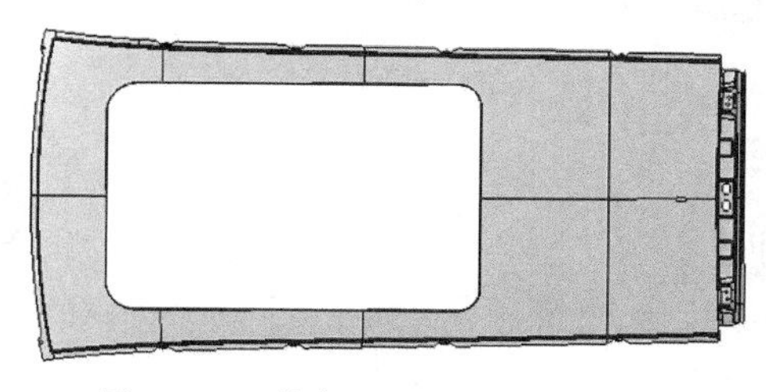
图 6-142　某车型顶盖外板 3D 视图

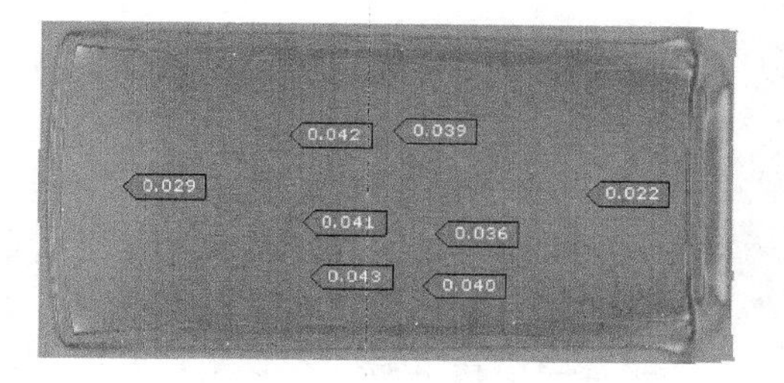

图 6-143　主应变分布

2. 废次品形式

刚性不足。生产中采用成形（拉深)→修边、整形→翻边、整形→翻边、修边、冲孔共

4 道工序的冲压工艺方案。如图 6-143 所示，成形后顶盖外板两侧中间区域主应变偏小，易出现刚性不足等质量缺陷。顶盖一般不做强度要求，但需要考虑其刚性，因为刚性不足会导致汽车在行驶时产生躁动现象，增加车内噪声，影响整车噪声、振动、声振粗糙度（Noise Vibration Harshness，NVH）性能。

3. 原因分析

根据生产经验分析，顶盖出现刚性不足一般有以下两个原因：

1）顶盖支承跨度大，曲率小，料厚较薄。

2）产品结构特征简单。因为造型约束，顶盖大多使用的都是较大平面滑弧面，特征较少。这都容易导致中间区域成形不充分，在自身重力及回弹等因素的影响下，产生内凹、刚性和张力不足等缺陷，导致汽车行驶时产生躁动现象。

另外，从材料变形规律这一科学问题分析，板平面主要是在双向拉应力作用下产生胀形变形，材料变薄。外部材料流入凹模的拉深变形程度较大，板平面胀形变形不足，就会造成这种刚性不足的现象。

4. 解决与防止措施

1）产品结构的优化。首先，顶盖外板一般跨度较大，如果曲率再很小，就易导致零件刚性不足，因此外造型设计时需要尽量保证曲率不能太小。曲率 C 的经验计算公式为

$$C=\sqrt{A+B}$$

式中，$A=(h_1/w_1)\times100$；$B=(h_2/w_2)\times100$。h_1、h_2、w_1、w_2 如图 6-144 所示。

根据以往项目经验，要求尽量保证顶盖外板曲率大于 2.56。

另外，顶盖大多使用的都是较大平面滑弧面，特征较少，中间区域的材料很难变形充分，因此建议在设计时增加一些特征，改善其成形性，从而改善其刚性，同时还可以提升零件的强度，如图 6-145 所示。

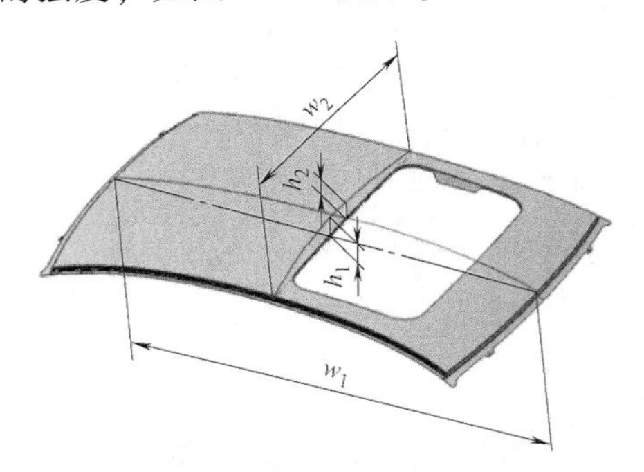

图 6-144 顶盖外板曲率设计

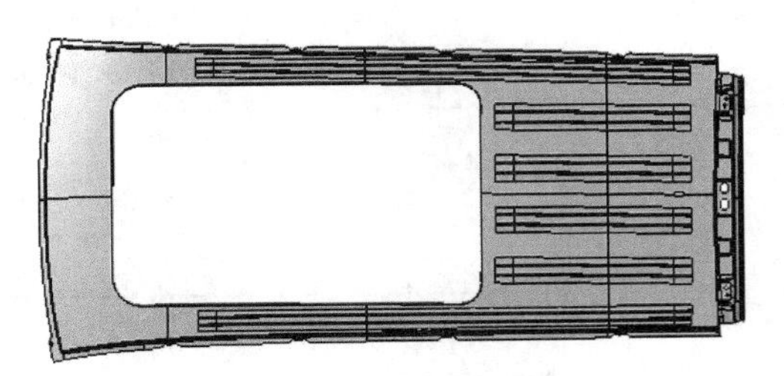

图 6-145 优化后的产品模型

2）工艺补充的优化。工艺补充部分是工艺上必要消耗的材料，如何既保证成形出满意的制件，又能尽可能减少工艺补充，是衡量设计和冲压工艺先进与否的一个重要标志。顶盖外板属于拉深、胀形、弯曲、翻边的复合成形件，中间区域的变形很难从外部得到材料的补充，胀形变形的成分较大，易出现刚性差、回弹大等缺陷。因此，需要尽量提高制件胀形变形程度，以保证产品具有足够的刚度。但顶盖的四个尖角属于应力集中区域，产品成形时易产生开裂缺陷，同时后部造型复杂，工艺补充设计时要采用过拉深设计。图 6-146 所示为优化后的工艺补充面的形状和板料尺寸。

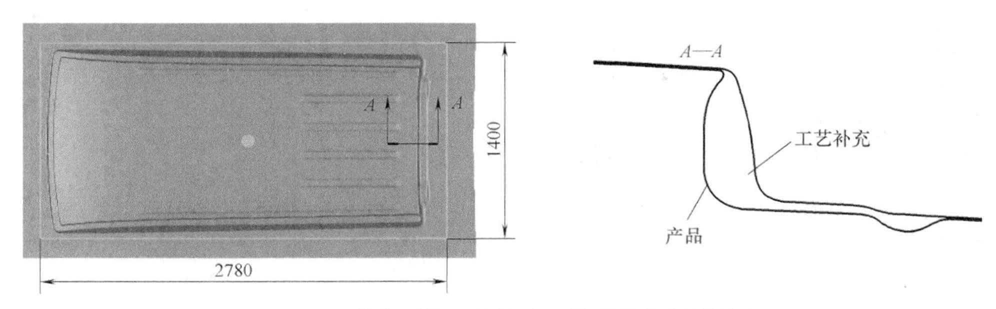

图 6-146　优化后的工艺补充面的形状和板料尺寸

3）拉深筋的优化。拉深筋参数的合理布置和取值是控制材料流动、改善刚性等缺陷的重要手段。由于顶盖整体形状较平坦，为了使材料充分变形，保证零件刚度，需要在四周设置方筋，阻止材料的流入速度，使其具有一定胀形效果。本例采用虚拟等效拉深筋代替真实拉深筋进行模拟分析，优化后的拉深筋分布示意图如图 6-147 所示。不同的拉深筋系数，对应着不同的截面参数，也代表着不同的进料阻力，其中方筋系数大，阻力也大，其截面示意图如图 6-148 所示。

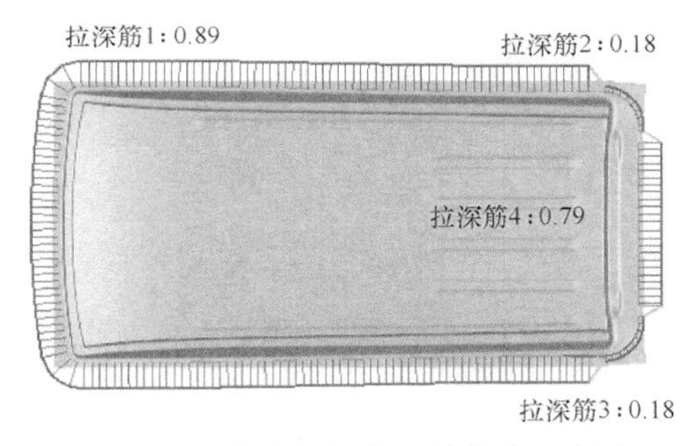

图 6-147　优化后的拉深筋分布示意图

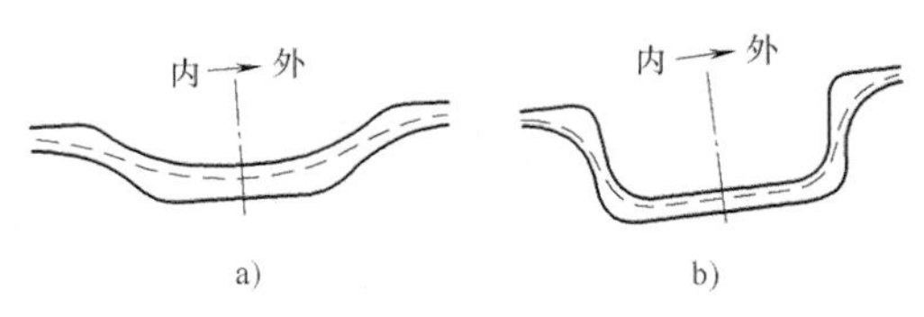

图 6-148　拉深筋截面示意图

a）圆筋　b）方筋

通过优化产品结构、工艺补充和拉深筋阻力等，使得中间区域的材料塑性变形充分，保证了零件的刚性，中间区域的主次应变和减薄率都达到了标准。如图 6-149～图 6-152 所示，主应变>0.03，次应变≥0，减薄率>0.03。

采取上述几项措施后，最终获得了合格的产品，如图 6-153 所示。

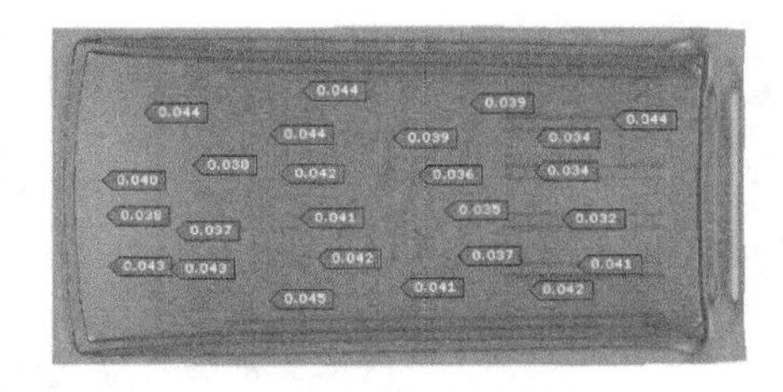

图 6-149　主应变分布

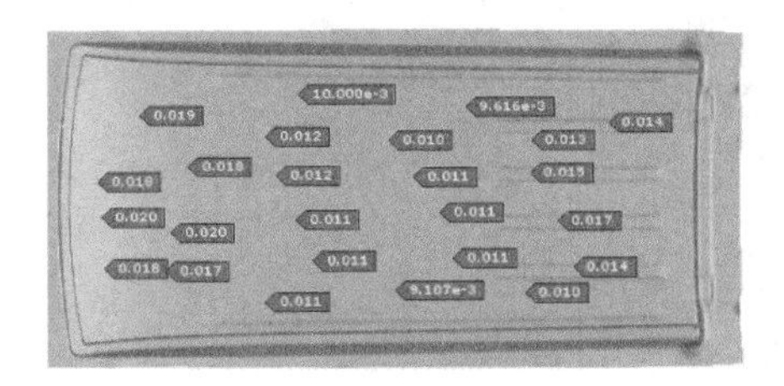

图 6-150　次应变分布

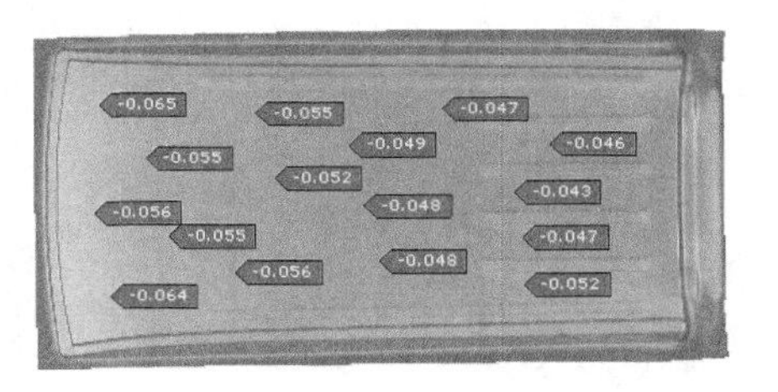

图 6-151　减薄率分布

图 6-152　成形极限图

图 6-153　合格的顶盖外板实物图

6.2.27　某轿车翼子板虎口局部钣金坑

1. 零件特点

某轿车翼子板如图 6-154 所示。零件材料为 DC06 电镀锌冷轧钢板，料厚为 0.7mm，外形尺寸为 1070mm×790mm。该零件为异形汽车外覆盖件，具有拉深、胀形、弯曲和翻边的变形性质，且很难用某一工艺参数来表示其加工极限和变形的难易程度。该件造型复杂，且不对称。使用时对其外观质量要求较高，用户对成形工艺的要求也较高。

2. 废次品形式

表面钣金坑。生产中采用落料→成形→修边→整形→整形、修边、冲孔→整形、冲孔→整形、修边、冲孔的加工工艺方案。在成形工序，如图 6-155 所示，试模时制件虎口局部出现钣金坑，模具与冲压行业也称之为钣金波浪、波浪或坑，严重影响了车辆的外观。

图 6-154　轿车翼子板

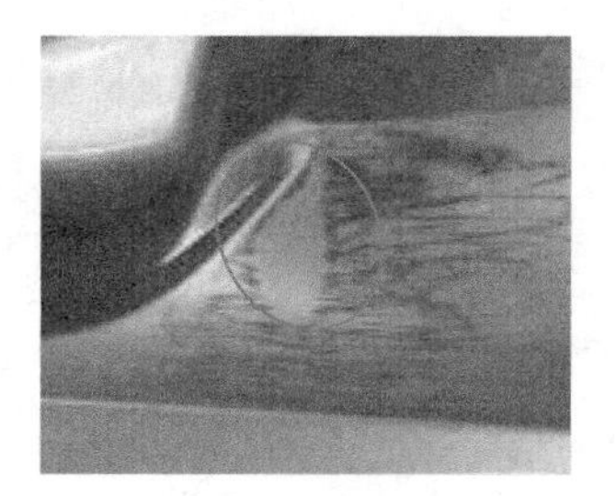

图 6-155　成形件钣金坑缺陷

3. 原因分析

这种坑很浅，通常肉眼看不出来，涂漆后在灯光下却很明显。具体来说，如图 6-156 所示，拉深凹模反凸区域局部型面较低，且不均匀，材料减薄不均匀导致产生了坑缺陷。

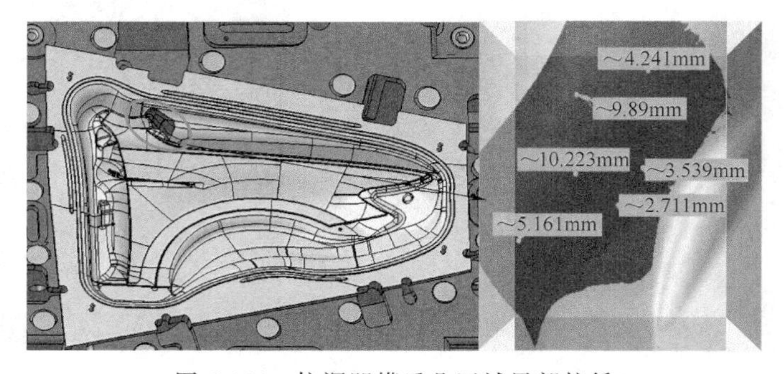

图 6-156　拉深凹模反凸区域局部较低

4. 解决与防止措施

生产中采取的措施是：重新设计拉深凹模反凸区域型面。如图 6-157 所示，对该区域补焊，数控加工后研磨抛光。如图 6-158 所示，采取该措施后，效果明显，钣金坑消除。

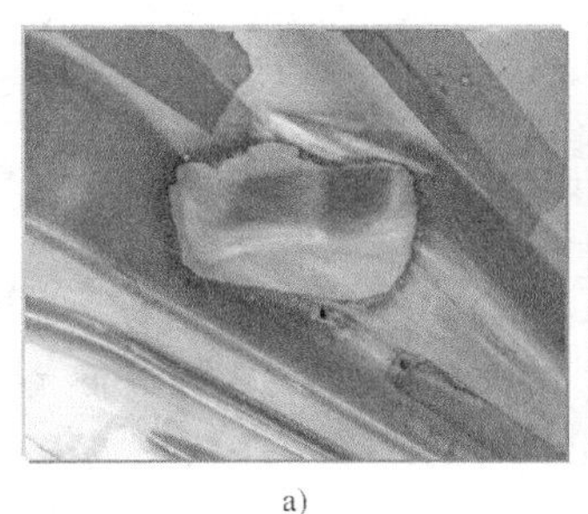

a)

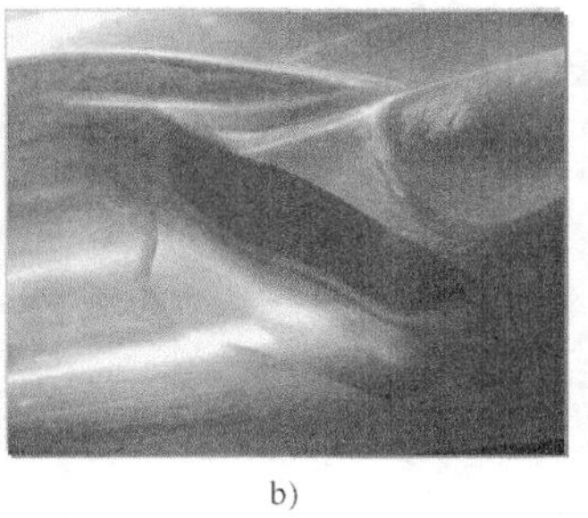

b)

图 6-157　拉深凹模反凸区域补焊与数控加工

a）凹模反凸区域补焊　b）补焊后数控加工

图 6-158　改进模具后钣金坑消除

6.2.28　电源开关按键正面模印与背面麻点

1. 零件特点

某显示器电源开关按键如图 6-159 和图 6-160 所示。零件材料为铝镁合金 5052（相当于国内的 5A02）。产品要求表面光滑，不能有压伤、印痕等外观缺陷。此零件后续需要经过喷砂与阳极氧化，后处理产品表面质量要求进一步提升，不可有任何外观瑕疵。产品尺寸较小，是一个料厚不均匀圆形件，最厚处为 0.97mm，最薄处为 0.52mm；外径 ϕ14mm，带有 0.70mm 高的台阶，全周存在尖角，正面中心部分凹陷，背面两边各有一个高出平面 1.00mm 的小凸台。尺寸公差要求高，表面轮廓度公差为 0.06mm。产品是功能性零件，正常使用需承受一定压力，客户对强度也有要求，表面维氏硬度不可低于 686N/mm^2。

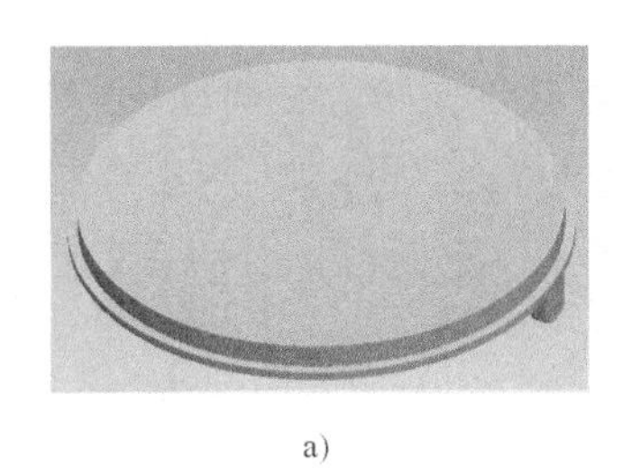

a)

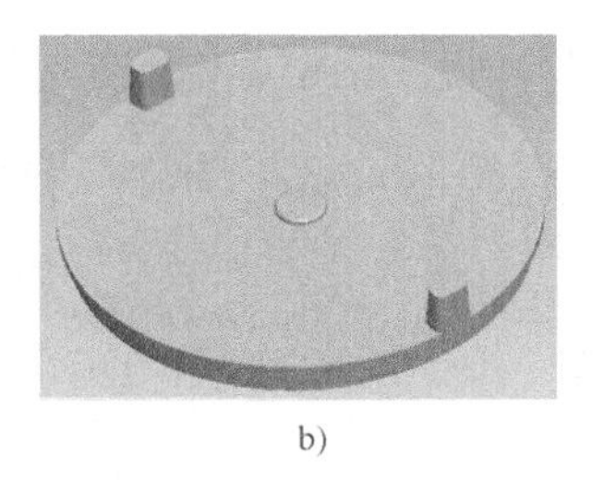

b)

图 6-159　电源开关按键 3D 模型

a）电源开关按键正面　b）电源开关按键背面

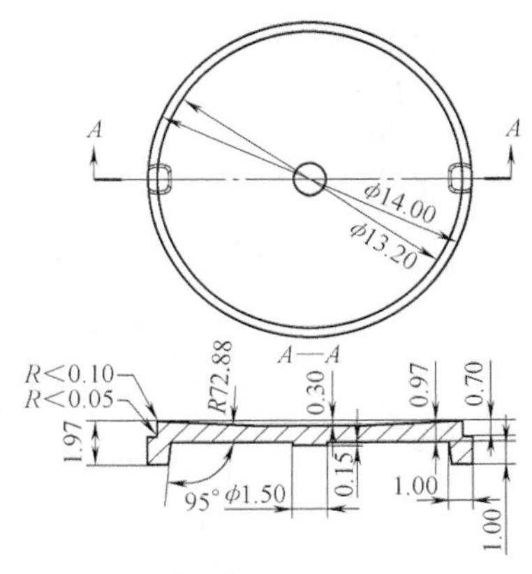

图 6-160　产品零件图

2. 废次品形式

样品生产时，企业采用数控方式加工，但存在成本高，装夹困难，加工后组织致密度降低、强度降低，表面有刀纹，质量不满足要求等问题。经分析、比较，决定采用流动控制成

形（FCF）的工艺方案。

流动控制成形技术是精密塑性成形技术的一个分支。随着成形技术的发展，FCF 技术也以其成形精度好、加工效率高等优点迅速发展起来，近年来在美国、日本、德国等工业发达国家的制造业中得到了广泛的应用。FCF 是一种将冲裁、弯曲、拉深、胀形、翻边等板料成形工序和冷锻、冷镦、冷挤压等体积成形工序相结合加工零件的板料精密复合成形技术。一般而言，在 FCF 过程中，整个坯料都要发生变形，各区域的变形是极不均匀的。根据其工序组合形式的不同，在整个变形过程中，不同变形区坯料所受的应力和应变状态也不相同。其中占主导地位的是：坯料在两向或三向压应力作用下，产生轴向伸长、周向和径向压缩的变形。

分析该产品的结构，两个小凸台处的结构导致金属流入时所受的阻力要比流向其他部位的大。根据最小阻力定律，材料在塑性成形中，当材料质点有可能同时向几个方向流动的时候，质点将流向阻力最小的方向。由此可判断此处的材料流动控制是这个零件采用 FCF 工艺方案的重点和难点。

根据产品厚度的变化和成形工艺分析，确定选取厚度为 1.2mm 的卷料。卷料宽度设定为 50.0mm。通过数值模拟，零件中间的凸包和两边的小凸台无法一次成形到位，需要将其分成两步。第一步：粗锻凸台。第二步：精锻圆弧与凸台。该企业使用一次粗锻、一次精锻的成形方案进行试验。试模时，连续精密成形全部工序的名称为冲侧刃、冲定位销孔、冲工艺废料、粗锻凸台、精锻圆弧与凸台、半剪切。工序排样如图 6-161 所示。

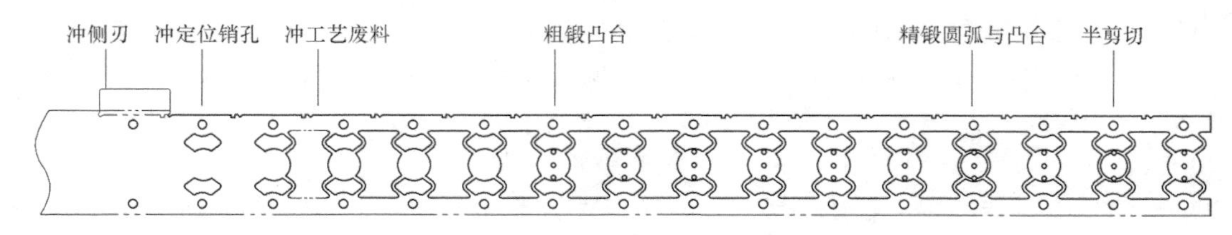

图 6-161　连续精密成形排样

如图 6-162 所示，试模时制件产生的废次品形式主要是产品正面模印和产品背面麻点。此外，在试验中，精锻圆弧与凸台工序的下模顶料块发生了断裂，模具寿命较低，也影响了正常的生产。

3. 原因分析

1）产品正面模印的实际状况如图 6-162a 所示，模印明显。通过对金属流动的分析和生

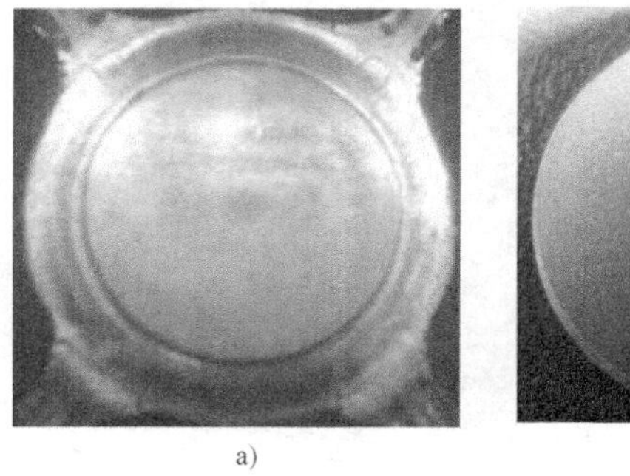

a)

b)

图 6-162　试模出现的废次品

a）产品正面模印　b）产品背面麻点

产经验，产生的原因主要是产品结构复杂，成形过程容易造成材料流动不均匀，产生模印；另外成形时润滑产生油膜对产品影响较大，加油太多或太少都易产生模印；模具镶块表面磨损也容易产生模印。

2）产品背面麻点实际状况如图 6-162b 所示，麻点明显。分析表明，产生原因是：落料后有毛刺，毛刺会粘在粗锻凸台的下模镶块上，影响产品背面的质量，出现麻点。

3）模具寿命低。在生产试验中，精锻圆弧与凸台工序的下模顶料块容易发生断裂，经过分析，下模顶料块受力较大，模具的强度满足不了要求。

4. 解决与防止措施

1）解决模印问题。消除产品上的模印，需从根本上改良成形工艺。从数值模拟可以看到小凸台处的材料流动所受的阻力大，虽然在模拟中一次粗锻和一次精锻能将小凸台成形到位，但模拟和实际生产的结果还是存在差异的。根据生产经验，评估在模具上增加粗锻圆弧与凸台工序，作用是进行底部圆弧的预成形，保证材料流动更均匀。模具结构如图 6-163 所示，闭模时，成形凸模与成形镶块直接对粗锻过的料带进行挤压，形成所需要的形状。开模时下模顶杆将下模成形块顶出一定高度，方便产品脱料。

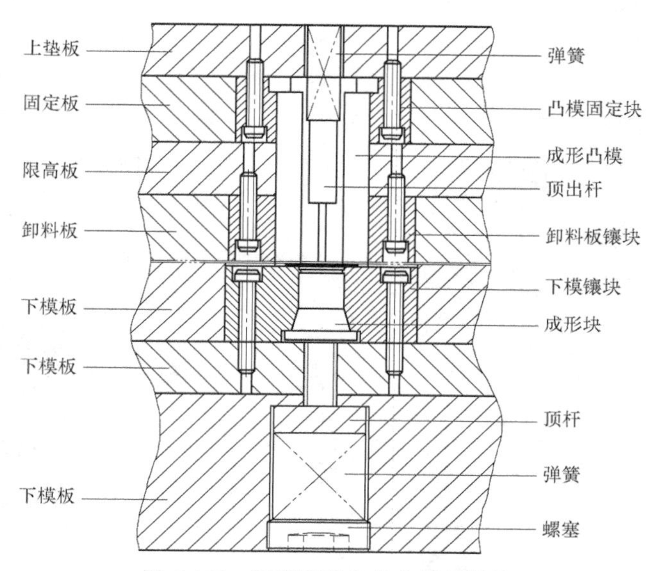

图 6-163 粗锻圆弧与凸台模具结构

为消除因加润滑油不均匀而导致模印的产生，使用自动加油装置来控制加油量，清除镶块表面多余润滑油。为使模具润滑系统更合理，对整个加油机构进行了设计和改善。

凸模加油机构。在模具中铝粉粘在凸模表面带回打板导向孔，累积到一定量凸模就不能滑动而被卡死，凸模易被拉断。针对这种状况，解决措施是在打板上加开油槽，连接在凸模侧面，起润滑作用。模板油路排布如图 6-164a 所示，凸模润滑结构如图 6-164b 所示。

料带加油机构。如果模具使用一般的滚轮加油，料带会粘上毛屑，在产品上形成压伤。针对这种状况，解决措施是使用自动喷油装置，其结构示意图如图 6-165a 所示，实物图如图 6-165b 所示。

模具镶块增设加油、收油机构。镶块油路如图 6-166 所示，一边进油、一边出油，完成油路的流动。

此外，对下模成形块做计算机辅助验证（Computer Aided Verification，CAV）扫描，掌握镶块的使用寿命，便于及时更换镶块，减少模印产生的可能。从扫描图中可直观地看到镶块表面的尺寸变化，如果镶块磨损较大，影响到产品的外形尺寸就更换新的镶块，以保证产品尺寸的稳定性。经过上述解决方法的实施，产品正面实际状况如图 6-167 所示，模印得到了有效改善。

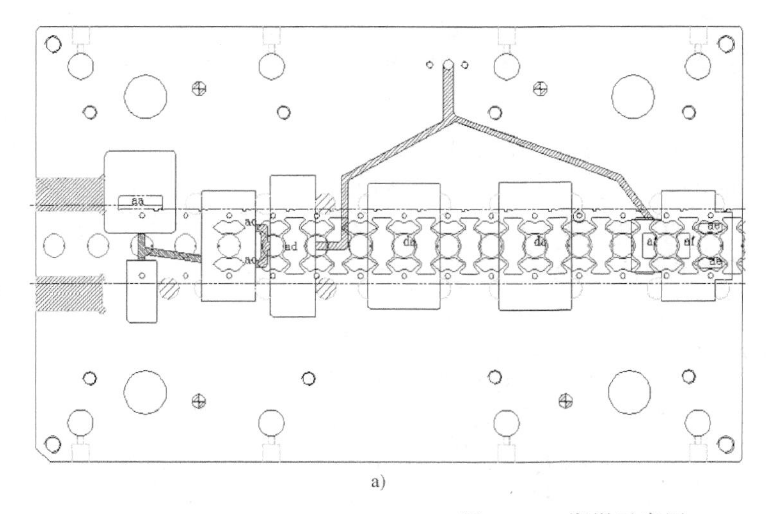

a)

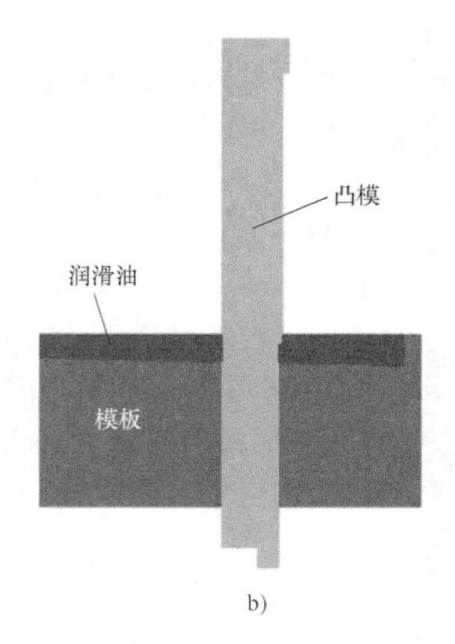

b)

图 6-164　润滑示意图

a）模板油路排布示意图　b）凸模润滑结构示意图

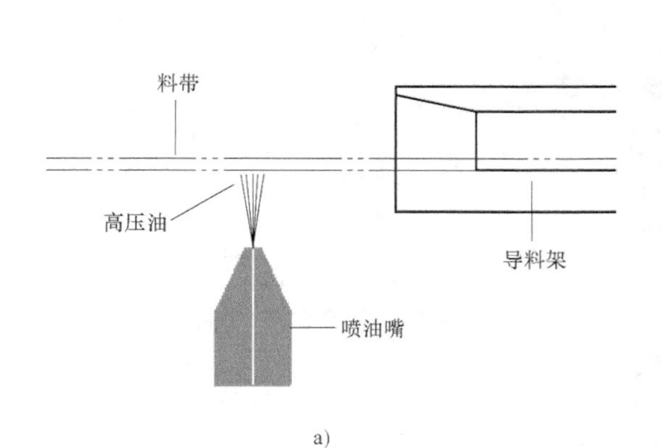

a)

b)

图 6-165　自动喷油装置

a）结构示意图　b）自动喷油装置实物图

2）解决产品背面麻点问题。产生麻点的根本原因是前工序冲孔产生的毛刺压伤，所以在冲孔后增加压毛边工艺，可以从根本上解决背面麻点问题，同时改善成形镶块表面工艺，抛光面做成放电面。经过上述方法的实施，产品背面实际状况如图 6-168 所示，麻点得到有效改善。

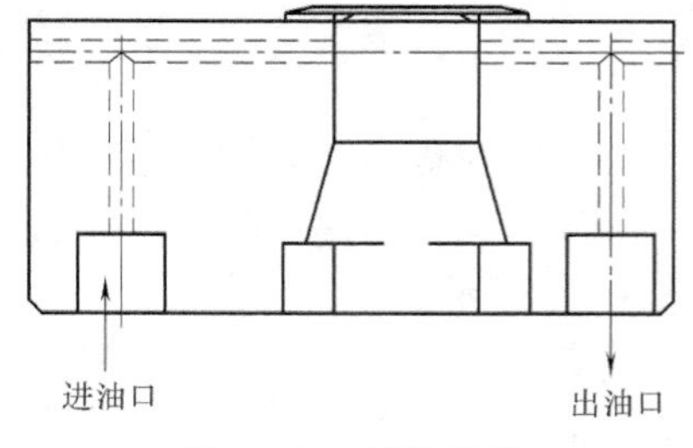

图 6-166　镶块油路

3）提升模具寿命和强度。精锻圆弧与凸台工序下模成形块受力大，容易断裂，为提升强度，材质由 ASP23（62HRC）更换为 KG7（钨钢）。另外，下模成形块结构由整体式改为分体式，如图 6-169 所示，取消成形块上的吹气孔，在其周围加液体润滑油（让粉屑分散，不要粘在一起）。为了进行粉屑清理，在模具边沿加磁铁吹枪，生产中不断吹出粉屑；下模镶块需冷却，加冷却油的流道，用于冷却以及粉屑的排除与分离；固定板镶块做低 10.0mm，背后加垫片 1.0~3.5mm，截距 0.5mm，方便调整成形高度；底面圆弧边外围 0.6~0.8mm 的沿面有料纹，先将产品外形做大 1.0mm，在精锻圆弧时锻掉 1.0mm。

为提升整体模具的强度，进行模具的补强设计。对于大型冷锻模，一般利用预应力圈的设计，以直径的 0.3%~0.8%为过盈量压配凹模，对凹模施加预压应力，方向与作业压力相反，以减轻作业时凹模所受的应力，防止破坏发生。

图 6-167　改善后产品正面效果图

图 6-168　改善后产品背面效果图

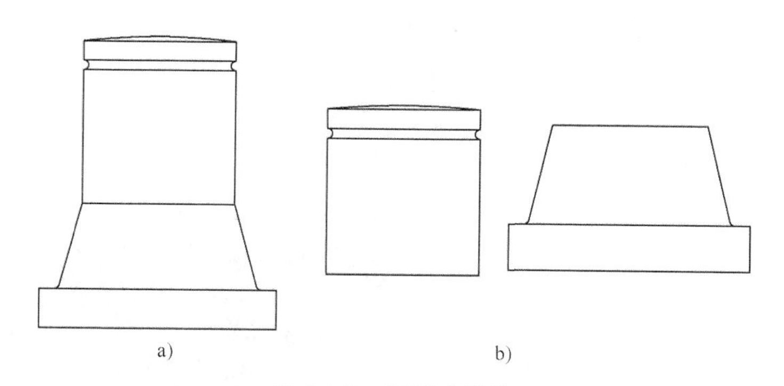

图 6-169　下模成形块

a）整体式成形块　b）分体式成形块

经过上述问题解决方法的实施，改善后的工序排样如图 6-170 所示。工序排样更改为：冲侧刃、冲定位销孔、冲工艺废料、压毛边、粗锻凸台、粗锻圆弧与凸台、精锻圆弧与凸台、半剪切。

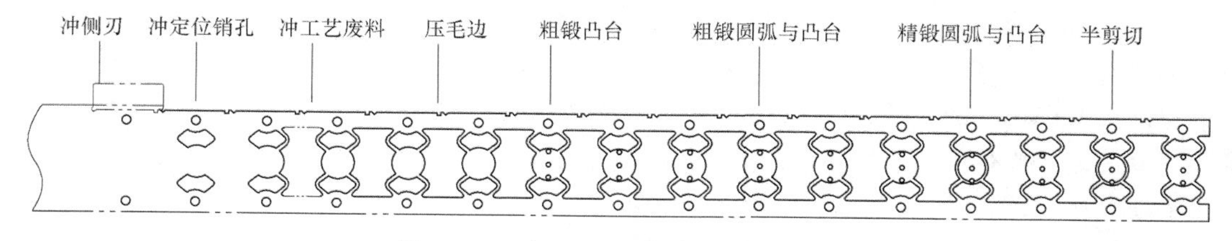

图 6-170　改进后的连续精密成形排样

使用 FCF 后的产品如图 6-171a 所示，可以看出产品表面光滑，无麻点、凹坑等外观缺陷，符合要求。经过喷砂与阳极氧化后，产品表面质量得到进一步提升，无外观缺陷，如图 6-171b 所示。对产品进行了 CAV 分析、晶粒度和硬度检测、金相组织扫描，冲压产品完全满足了客户要求。

a)

b)

图 6-171 合格产品

a）冲压后产品 b）喷砂与阳极氧化后产品

6.2.29 某汽车棘爪凸台高度不足

1. 零件特点

某汽车棘爪如图 6-172 所示。零件材料为 S45C，外形尺寸为 67.9mm×27.6mm，厚度为（6.0±0.05）mm。零件具有两个凸台结构，凸台高度为 $4.0^{+1.0}_{0}$mm，凸台直径为 $\phi4.0^{+1.0}_{0}$mm。要求零件剪切面撕裂宽度小于零件厚度的 20%。该棘爪零件采用精冲挤压复合成形工艺，在精冲过程中通过半冲孔挤压的方式加工凸台。

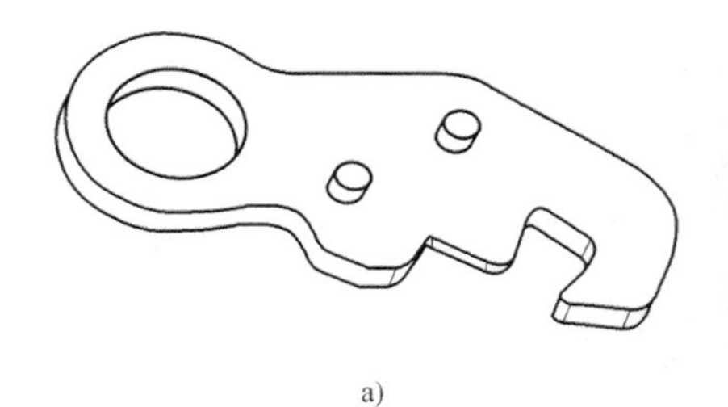

a)

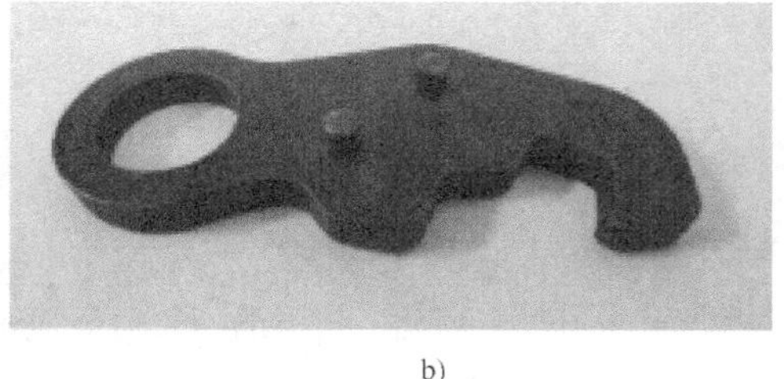

b)

图 6-172 汽车棘爪零件

a）线图 b）实物图

2. 废次品形式

凸台高度不足。零件生产时采用精冲挤压复合成形工艺方案，坯料宽度尺寸为 83mm，厚度为 6.0mm。在冲裁外形的同时，对两个凸台结构采用半冲孔挤压方式成形。对零件进行抽检时发现部分零件凸台高度不足，表面形成如图 6-173 所示的圆弧状凸起，实测凸台高度为 3.96mm，达不到产品的要求高度。

3. 原因分析

1）流动阻力差有利于材料向凸模周围的转移。如图 6-174 所示，凸台结构在精冲半冲孔挤压成形过程中，凸模与凹模之间的材料会逐渐变薄，材料向凹模腔内流动受到的阻力会越来越大。此时压料压力可能不足以抵挡材料向下流动，材料向凹模型腔内转移的阻力大于向凸模周围转移的阻力，致使板料的下端形成凸起。

2）材料的流速差造成了零件的中央凸起。在挤压凸台的过程中，凸台四周受到摩擦力使材料流动减缓，中心流动较快，从而形成中央凸起。反压杆可以缓解凸台突起，但反压杆压力不足，会使得材料不能完全充满型腔。图 6-175 所示为数值模拟分析结果。

图 6-173 汽车棘爪零件凸台

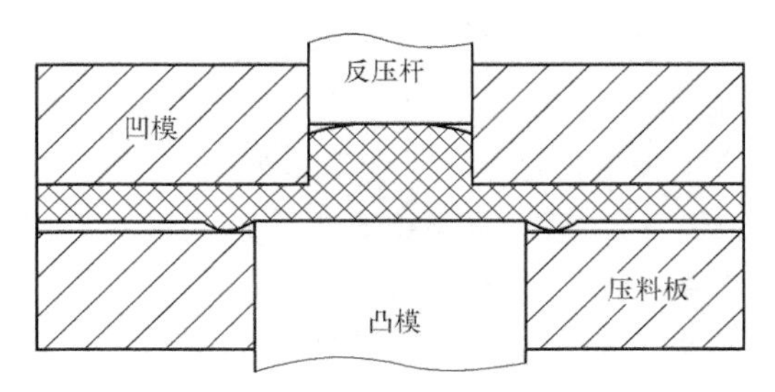

图 6-174 汽车棘爪零件凸台半冲孔成形

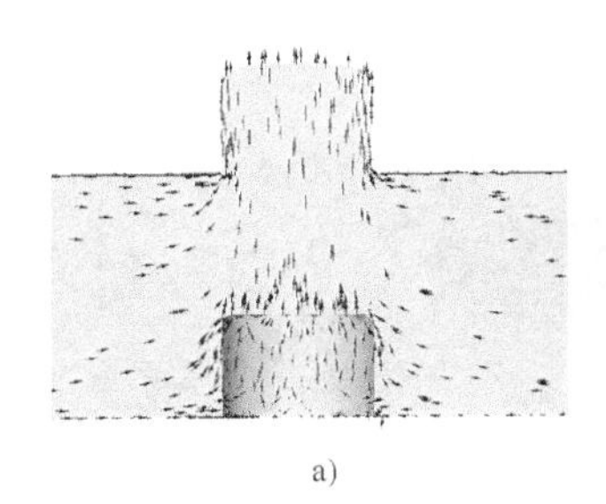

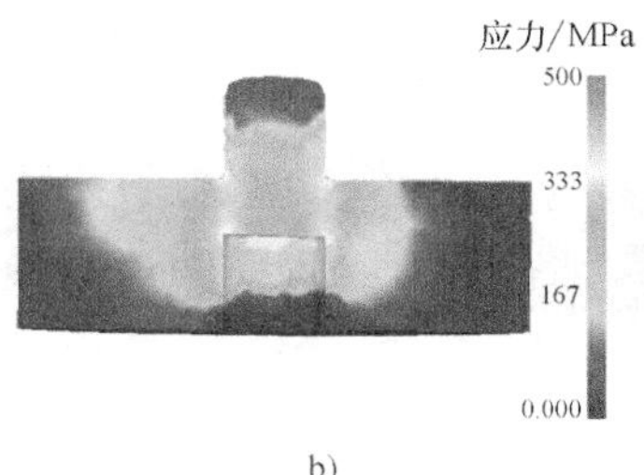

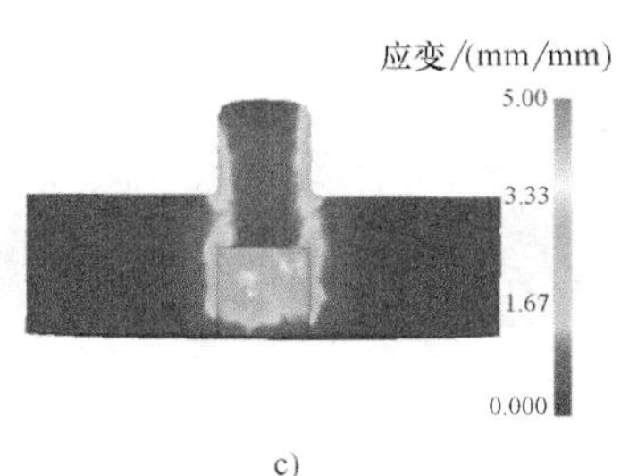

a) b) c)

图 6-175 数值模拟分析结果

a）材料流动 b）应力 c）应变

3）模具设计不合理。精冲半冲孔挤压过程为体积成形，形成凸台所需的材料主要是依靠零件背面孔内材料流动补充。但是，半冲孔方式转移的材料极其有限，零件半冲孔深度不够或孔径不够大，会导致形成凸台所需的材料聚集不足，所成形的凸台不能达到所需高度。

4. 解决与防止措施

1）增加压边力。将压边力从 350kN 增加到 400kN，试加工零件，凸台高度没有明显变化。将压边力进一步增加到 450kN，试加工零件，检测发现凸台高度有所改善，高度分布从原有的 3.90～4.08mm 提高到 3.96～4.13mm。

2）改进板料润滑情况。在冲裁前预先涂覆润滑油，试模的过程中分多次挤压的方法使凸台成形，试验得到的凸台高度合格。但是，试模中采用的分次挤压方法难以用于批量生产。

3）改变模具尺寸和形状。零件凸台在工作中主要用于挂置弹簧等结构，因此对凸台结构的强度有一定要求，为保证凸台结构在使用时不发生弯曲、撕裂、脱落等问题，对零件背部孔深有最大限制。为了增加凸台成形所需要的材料，只能增加半冲孔孔径，将半冲孔模具直径从 ϕ4mm 增加到 ϕ4.5mm；更改半冲孔深度，由原来的 4mm 减小到 3.5mm。如图 6-176 所示，为了减小材料流向模腔的阻力，将半冲孔凸模刃口倒角。

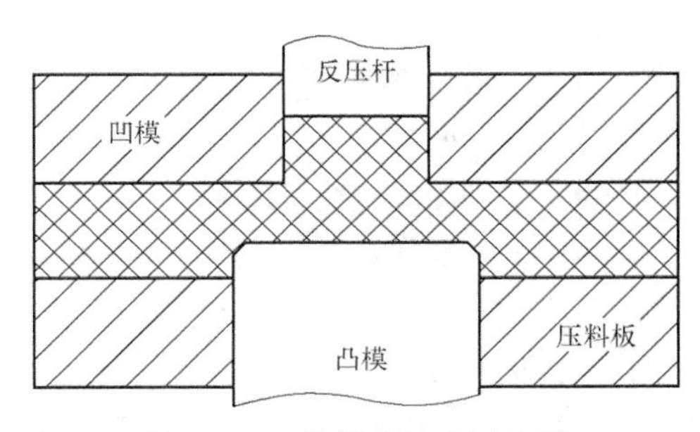

图 6-176 带倒角的挤压凸模

采取上述几项措施后，试模结果零件凸台高度增加到 4.35mm，零件背部孔深缩小到 3.5mm，符合产品尺寸要求。

6.2.30　某汽车棘爪残留毛刺、厚度超差

1. 零件特点

某汽车棘爪如图 6-177 所示，外形尺寸为 47.6mm×30.9mm，厚度为（4.2±0.05）mm，零件材料为 S20C。如图 6-178 所示，零件具有两处弯曲结构，一处向上弯曲 2.2mm，一处向下弯曲 0.8mm。零件中部有一个圆孔，孔径为 $\phi 7.6^{+0.1}_{0}$mm，要求零件剪切面撕裂宽度小于零件厚度的 20%。该棘爪零件为典型的精冲弯曲复合成形件，在精冲外形的同时加工两侧弯曲部分和内孔。

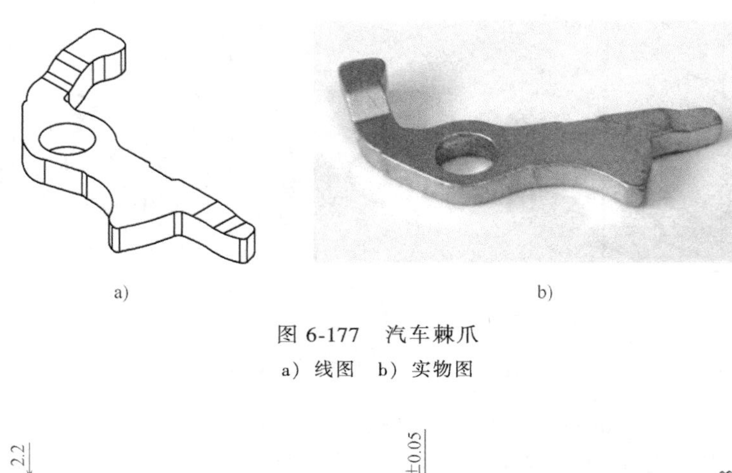

a)　　　　　　b)

图 6-177　汽车棘爪

a）线图　b）实物图

图 6-178　汽车棘爪主视图

2. 废次品形式

残留毛刺、厚度超差。生产中采用剪料→轧制→精冲、弯曲→去毛刺→振动光饰的工艺方案。下料毛坯尺寸为 1600mm×120mm 的条形板料，坯料厚度为 4.2mm，精冲的同时弯曲成形。如图 6-179 和图 6-180 所示，去除毛刺后对零件进行检验，发现部分零件厚度超差，要求厚度为（4.2±0.05）mm，实测零件厚度为 4.317mm。超差部位主要位于孔附近，孔附近残留有未完全去除的毛刺。

3. 原因分析

分析产生残留毛刺、厚度超差的主要原因有：

1）原材料厚度超差。板料入库时一般采用抽样检验，是否存在部分板料厚度超差的情况。

2）砂带磨损。依据生产流程，精冲时产生的毛刺会在后续的去毛刺工序中去除，经过砂带打磨后残留的铁屑及毛刺则在振动光饰时去除。砂带存在磨损，或者工作异常均有可能导致毛刺残留。

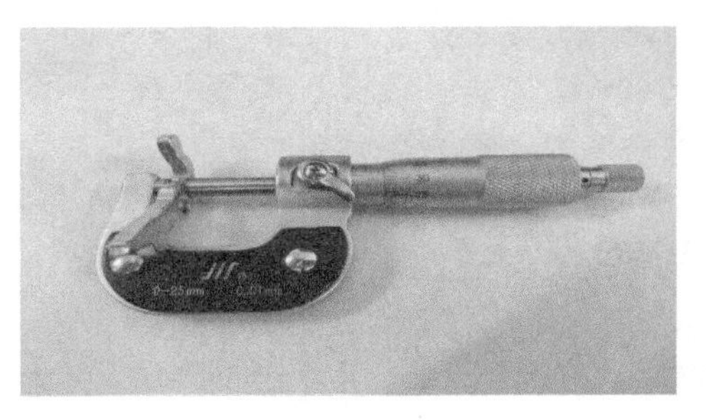

图 6-179 棘爪零件厚度超差

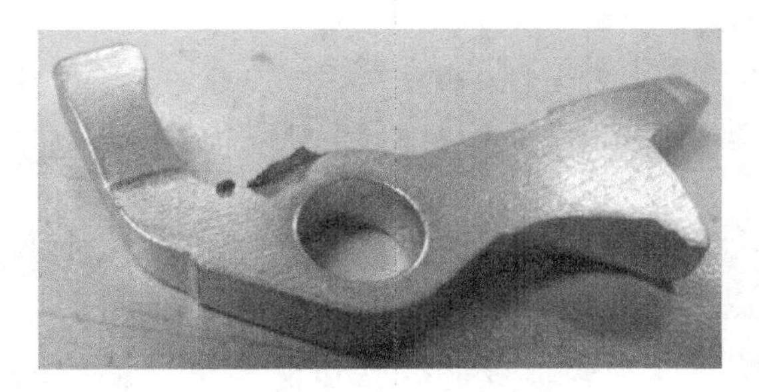

图 6-180 棘爪零件毛刺未完全去除

3）凸模刃口磨损。在精冲过程末尾，零件临近变形区的材料会流入凸、凹模间隙之间，然后被拉长，形成毛刺。凸模刃口磨损会使得模具之间存在的空间增大，精冲时流入间隙的材料更多，导致精冲件毛刺过大不易去除，致使毛刺残留。

4）凸、凹模间隙不适合。凸、凹模间隙过小会增加模具和板料之间的摩擦力，板料在间隙间会在大摩擦力的作用下被拉长，形成较薄的细长毛刺；凸、凹模间隙过大会导致精冲过程末尾零件和板料分离时，裂纹从模具一侧刃口产生后不能发展到另一侧的刃口，致使零件边缘留有大块金属残留，在凸、凹模作用下，残留金属被拉长，形成根部较大的毛刺。

4. 解决与防止措施

根据上述原因分析，依次排除可能存在的问题：

1）对原材料厚度重新进行测量，检验结果表明原材料厚度符合标准。选取超差零件，并在零件上选取多点测量厚度。如图 6-181 所示，测量发现除孔附近厚度超差外，其余部位厚度满足尺寸要求，因此排除了原材料厚度超差的可能。

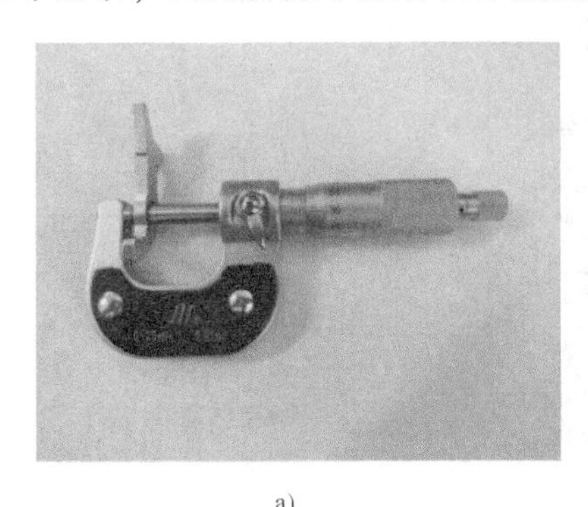

a）

b）

图 6-181 棘爪零件厚度检测

a）孔附近厚度（4.317mm） b）其余部位厚度（4.239mm）

2）对砂带机现场工作状态进行检验，主要分析砂带机运行状态是否平稳，去除毛刺时间是否充足，砂带是否磨损等。检查发现，砂带机工作状态正常，个别砂带存在磨损情况。对磨损的砂带进行更换后，生产现场连续生产 2000 件，对全部零件进行外观检查，并抽检零件厚度，少部分零件孔周围毛刺根部较厚，毛刺未能去除干净，残留有毛刺的零件厚度超差。

3）拆解模具分析模具问题。凸、凹模间隙为 0.02mm，符合精冲加工技术要求。但是凸模刃口附近存在磨损情况，刃口已经被磨钝。拆出凸模后将原有刃口面整体磨平，重新加工圆角。重新组装模具后，生产现场再次连续生产 2000 件，加工后检查零件外观及尺寸。模具重新刃磨后，精冲件毛刺根部厚度明显降低，去除毛刺后零件厚度符合要求。

6.3　复合成形件常见废次品及质量控制要点

6.3.1　复合成形件常见废次品及预防措施

除球面零件的胀形-拉深复合成形之外，生产中还大量存在其他类型的胀形-拉深、胀形-翻边、拉深-翻边-弯曲等由基本成形工序以某种组合方式构成的复合成形工序。此外，近年来由板料成形与精冲、冷挤压、冷镦、冷锻等体积成形组成的精密复合成形新技术也有了很大的发展。由于复合成形的组成不同；影响金属变形的因素较多，控制金属流动不如单一工序容易；因材料的复合成形性能的差异及问题的复杂性，故在生产中，复合成形件产生的主要废次品形式表现为：

1）破裂。其中包括弯曲破裂、胀形破裂和翻边破裂，以及由多种变形联合作用引起的破裂。

2）起皱。其中包括拉深起皱，因不均匀拉应力造成的折皱和由于存在流速差，坯料在切应力作用下产生的折皱等。

3）尺寸超差。主要是由于金属变形控制不当造成的外形尺寸、位置尺寸超差等。

4）形状不良。其中包括制件偏斜、口部不齐、翘曲、鼓凸、起伏不平等。

5）表面缺陷。除在弯曲、拉深、胀形和翻边工序中出现的擦伤、划痕、卡伤（啃伤）、模具印痕和麻点外，还存在板料厚薄不均造成的钣金坑，因变形模式发生转换、由静摩擦向动摩擦过渡时产生的冲击痕线等。

复合成形件常见废次品形式、产生原因及预防措施见表 6-10。

表 6-10　复合成形件常见废次品形式、产生原因及预防措施

废次品形式及简图	产生原因	预防措施
破裂:局部胀形破裂,口部翻边破裂 折皱　破裂　295　折皱　788	复合成形中产生的破裂多为胀形、翻边和弯曲破裂。其破裂产生的原因是局部强度不足或变形超过加工极限;未能掌握材料变形规律,使胀形、伸长类翻边和弯曲变形量过大;模具设计不合理,材料流动控制不当	1. 做好同步工程,改变制件结构,尽量避免局部有尖棱,或降低胀形深度 2. 调整毛坯形状和尺寸控制胀形、翻边和弯曲变形量 3. 修改模具结构,调整压边面的尺寸 4. 改变工艺,使易开裂处材料先成形,通过外部材料少量流入减小胀形、翻边和弯曲变形量 5. 在模具上设置拉深筋来控制材料的流动 6. 改善模具表面粗糙度以及润滑状态

（续）

废次品形式及简图	产生原因	预防措施
制件成形悬空处产生内皱或鼓包；成形转角处起皱 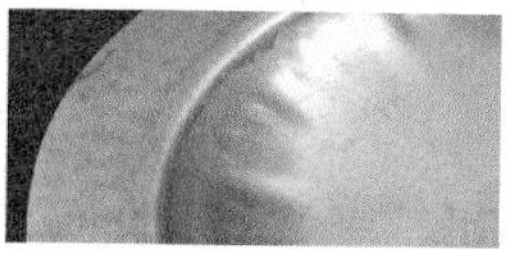 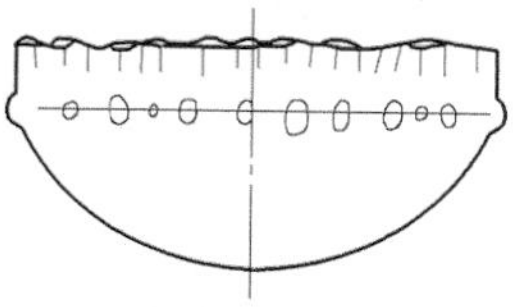 	球形件（椭球形件、锥形件）拉深-胀形复合成形中，拉深的成分过大；凹模圆角半径以内的拉深变形区处于无压边的自由悬空状态，当切向压应力超过其失稳的临界值时，便会失稳起皱或形成凸包。具体而言，可能是毛坯尺寸太小；压边力不足或不均匀；拉深筋设计得不合理；凹模圆角半径过大等	1. 加大毛坯尺寸，增大压边力以增大胀形变形成分 2. 减小凹模圆角半径，增加凹模的表面粗糙度值 3. 在模具上合理设置拉深筋来控制材料的流动 4. 由于悬空处无法压边，解决这类失稳起皱的有效办法是采取措施增大径向拉应力，例如设置工艺补充面、采用反向成形等等
尺寸误差、端面不平、母线翘曲：拉深、胀形、翻边和弯曲复合成形件尺寸超差，形状不良 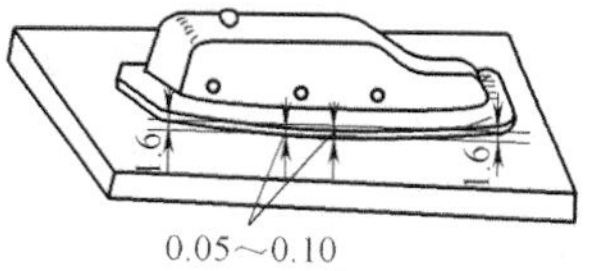 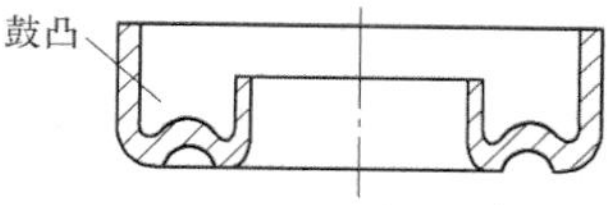 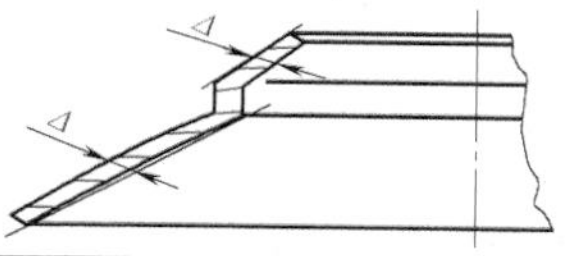 1.6　1.6　0.05～0.10　鼓凸　Δ　Δ	拉深、胀形、翻边和弯曲成形在复合成形中占的比例不同，变形极不均匀；制件各处的弯曲变形量不同，故回弹量不同；模具未开设出气槽；拉深变形区坯料增厚；胀形和翻边变形区坯料变薄，无法确定合理的凸、凹模间隙	1. 合理确定毛坯的形状和尺寸，增大压边力以增大塑性变形量 2. 采用不均匀压边或不同的凹模圆角半径过渡，使变形均匀 3. 在模具上合理设置拉深筋来控制材料的流动 4. 在模具相应部位开设出气槽 5. 掌握制件厚度变化规律，调整模具间隙，对制件进行校形 6. 工艺设计时精算回弹量，合理设置回弹补偿
冲击痕线：拉深-胀形复合成形件的表面迹线；钣金坑：板料厚薄不均匀形成的波浪或坑 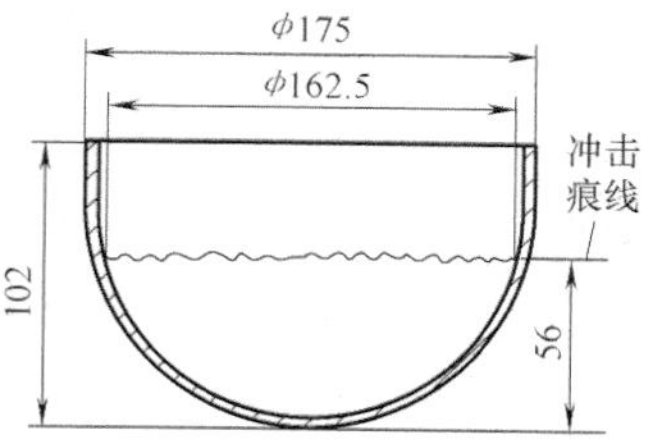  ϕ175　ϕ162.5　冲击痕线　102　56	由弯曲、胀形变形向拉深变形转换的瞬时，静摩擦转变为动摩擦，由于摩擦阻力的突然减小产生了冲击；在变形模式转变的同时，变形区坯料由变薄转为变厚；摩擦阻力的突然减小使原弯曲迹线不能被拉直；拉深筋部位坯料流入凹模时产生冲击痕线；由拉深、胀形、弯曲、翻边不均匀变形造成的局部壁厚差形成的浅坑或波浪	1. 改变凹模口部形状，凹模口部由圆角改为锥面过渡，使变形模式平缓过渡 2. 加大凸、凹模间隙，改变凹模圆角半径或制件形状，将冲击痕线从零件重要表面移开 3. 增大拉深筋的圆角半径，对拉深筋进行精加工 4. 降低凸、凹模表面粗糙度值，采用高分子树脂润滑剂，减小或消除由静摩擦向动摩擦转换时产生的冲击 5. 改变工艺，改一次成形为两次成形或增加精整工序 6. 合理设置工艺补充面，使板料减薄尽量均匀

6.3.2 复合成形件质量控制要点

1. 掌握金属的变形规律，控制金属的流动

复合成形是由弯曲、拉深、胀形和扩孔翻边等基本成形工序以某种组合方式复合在一起的一种较为复杂的成形工序。一般而言，剪切和落料制坯以及冲孔和修边等分离工序直接与复合成形工序相关，对复合成形件的质量也有影响。因此，掌握冲裁件、弯曲件、拉深件、胀形件和扩孔翻边件的质量控制要点是对复合成形件进行质量控制、防止产生废次品的基础。认识各基本成形工序的变形特点，掌握金属的变形规律，控制金属的流动及变形模式的转换，综合考虑复合成形工艺过程的各个方面是决定复合成形工序成败及制件质量的关键。

冲压工序的性质由“弱区”变形性质来确定。所谓“弱区”是指毛坯变形阻力最小的区域。相对而言，“强区”就是指毛坯变形阻力较大的区域。值得注意的是，“弱区”和“强区”是一个相对概念，在坯料的整个变形过程中，随着内在和外部条件的变化，“强”“弱”区可能会发生转换，而“强”“弱”区的范围也在不断改变。例如，球面零件胀形-拉深复合成形过程中，开始变形时的“弱区”为凸模底部的坯料，故初期的变形性质为胀形。随后，凸模底部坯料加工硬化，胀形变形向外扩展，弱区加强，当凸模底部坯料和法兰处（包括凹模圆角以内的部分区域）坯料的强弱相当，即胀形变形阻力和拉深变形阻力相近时，胀形和拉深变形同时进行。变形后期，由于法兰面积减小，包敷凸模的胀形区面积扩大，使法兰区成为“弱区”，故在后期占主导地位的是拉深变形。图3-2所示带有底孔的环形毛坯，在模具的作用下可能的变形方式有三种，即拉深、胀形和内孔翻边。当法兰区为弱区时将产生拉深变形，当孔缘为弱区时将产生翻边变形，当坯料与凸模圆角接触的区域为弱区时将产生胀形变形。在这种情况下坯料采取哪种方式变形将取决于毛坯尺寸、摩擦条件、模具参数和压边力大小等，当这些条件改变时，变形方式也会变换。此外，在图3-2中的几种变形方式的分界线附近，往往由于变形区域的强弱相当，会同时存在两种或多种方式的变形。掌握了金属变形的这一普遍规律，人为创造弱区的变形条件，就可控制金属的流动，保证制件的质量。

在生产中，掌握材料的变形规律，控制金属流动的一般措施有：

1）改善“强区”的变形条件，变“强区”为“弱区”。上述多个实例表明，由于原始坯料尺寸较大，毛坯切角量太小或未切角，致使法兰区成为“强”区，胀形变形量过大，造成了制件的开裂。减小毛坯尺寸，增大切角量，或将未切角的矩形毛坯切角后，削弱了法兰变形区，增大了拉深变形量，生产出了合格的零件。又例如开设工艺减轻孔后，削弱了中部胀形变形区，将拉深和胀形复合成形转换成拉深与扩孔翻边复合成形，防止了因胀形变形量过大而造成的开裂。除了通过改变毛坯尺寸，开工艺切口的方法之外，生产中还常通过改变润滑条件，降低模具表面粗糙度值，改变凸、凹模间隙，增大凸、凹模圆角半径等措施来降低变形区的变形阻力，为变形区为“弱区”创造条件。

2）改变“弱区”的变形条件，变“弱区”为“强区”。如炒锅浅半球拉深件、手扶拖拉机驾驶座两例，增大毛坯直径，减小切角量，采用拉深筋，增大压边力，变法兰为“强区”，减小了拉深变形量，扩大了底部的胀形变形程度，消除了制件的起皱。同样，通过改变润滑条件，打毛模具表面，改变凸、凹模间隙，减小凸、凹模圆角半径等措施也可增大变形区的变形阻力，调节两种或两种以上基本成形工序成形的先后顺序及各自的变形量。

3）采取强制措施，限制金属的流动。由于复合成形时，金属往往有两个或多个通道可以自由流动，而且影响金属流动的因素较多，故预测金属的变形往往是困难的。采用特殊的模具结构，强制性限制金属的流动也可控制坯料的变形，提高制件尺寸精度，保证制件形状符合要求。

2. 注意板料或卷料的供货状况

复合成形件由于形状复杂，在成形过程中，坯料内部的应力、应变很不均匀，因此，对毛坯的成形性能具有较高的要求。此外，由于制件的复合成形方式不同，在成形过程中，坯料各处的应力、应变状态差别也很大，所以，不同的复合成形方式，对材料的复合成形性能的要求也不相同。

就板料的力学性能而言，塑性应变比 γ 值大，屈强比 $R_{p0.2}/R_m$ 小的材料拉深流入量大，拉深性能好。n 值大的材料加工硬化剧烈，材料变形均匀，胀形性能好。材料的塑性指标伸长率 A（或均匀伸长率 A_u）高时，塑性变形量大，伸长类翻边和弯曲性能好。屈服极限 $R_{p0.2}$ 和屈强比 $R_{p0.2}/R_m$ 小的材料容易屈服，制件成形后回弹小，贴模性和定形性好。因此，应根据复合成形件的复合变形方式，在复合成形中弯曲、拉深、胀形和扩孔翻边各自变形量的大小或复合度的大小来选择复合成形件所用的材料。除材料的力学性能外，对于复合成形件的毛坯而言，还应特别注意：

1）坯料表面质量好，厚度不得超差。坯料表面若有缩孔（气孔）、划痕、锈蚀等缺陷，在成形时，会因局部应力集中，造成开裂。对于弯曲外表面、胀形和扩孔翻边等伸长类变形，即使不产生开裂，这些表面缺陷也会扩大，直接影响到制件外观质量。因此，在复合成形时，无论压缩类还是伸长类变形占主导地位，坯料厚度都不得超差。

2）坯料的轧制方向应与制件难成形部位的成形方向垂直或成45°角。在复合成形过程中，若坯料的轧制方向与制件难成形部位的成形方向平行，容易造成制件的开裂。

3）注意材料的热处理工艺规范，深入研究材料的复合成形性能。如图6-4所示Fe-Al双层复合炒锅，由于对这种新型材料的成形性能深入研究不够，虽经反复试验获得了成功，但却浪费了不少贵重材料，模具成本也大大提高。随着科学技术的发展，多层复合材料、纤维复合材料、高强度钢板、含高强度耐磨颗粒的复合材料及其他类型的新型材料大量涌现。目前，应该组织力量对这些新材料的冲压成形性能进行系统研究，才能保证冲压生产不断向前发展。此外，由于材料的回弹难以控制，制件尺寸和形状很难保证，故有必要特别注意材料的热处理工艺规范，通过对材料事先的热处理来减少材料的回弹变形量。

4）材料的碳含量（质量分数）应控制在0.06%~0.09%范围内。板料的复合成形性能与钢板碳含量有关。低的碳含量有利于复合成形。此外，凡与铁能形成固溶体的元素如硅、磷均应保持在最低允许含量内，因为它们使铁素体变硬、变脆。硫的含量也应力求减少到最小限度。

5）板料的晶粒度应适中，晶粒大小应均匀。晶粒的大小及其均匀程度对板料的塑性和冲压件的质量有很大影响。晶粒较大时，有利于提高冷轧钢板的 γ 值、降低屈服比 $R_{p0.2}/R_m$，提高伸长率 A，坯料的拉深、弯曲和翻边成形性能好。但晶粒较大，它们在板料表层取向不同，变形量差异比较明显，成形后的制件表面经常出现橘皮纹和麻点，难以变形，制件容易产生裂纹。此外，由于弹性大，贴模性和定形性差，影响制件的精度。

6）注意复合成形件毛坯的热处理和预变形状态。一般而言毛坯经退火处理后塑性会有所提高，这对拉深、弯曲、胀形和扩孔翻边等几乎所有的成形都是有利的。经预变形或为复合成形件制坯后，由于材料加工硬化，塑性降低，坯料的复合成形性能会下降。然而如图6-182a所示，对于经退火处理或因时效作用会产生屈服平台的材料，当坯料变形达到屈服极限后有相当长一段变形量内，坯料的变形抗力维持不变，甚至略有下降。这在复合成形的不均匀变形情况下，会使首先塑性变形的区域继续局部延伸，当变形越过屈服平台后才能扩展至邻近区域，这种现象使得成形后的制件表面产生滑移带，导致零件出现粗糙的表观。这对表面质量要求较高的汽车覆盖件之类的复合成形件很不利。此外，对于胀形变形量较大的复合成形件，由于变形不能迅速向外传播，不均匀变形程度加剧，也易引起胀形破裂。为了消除这种现象，除了从钢材冶炼中设法解决外，还可以在成形前，将钢板用0.5%~3%的压下量冷轧一下，以消除屈服平台，如图6-182b所示。经冷轧后的钢板应随即送去加工成形，否则又会因时效作用重新出现屈服平台。

7）提高毛坯的断面质量。对带有伸长类翻边变形的复合成形件，成形毛坯预制孔的断面质量对成形的影响很大，若断面质量不好，毛刺大，很容易因应力集中导致制件开裂。此外，毛坯断面质量差，存在毛刺时，压边力很难调整，金属的流动也很难靠调整压边力来控制。因此，应选择合理的冲裁间隙，保持落料、冲孔模刃口锋利。

3. 认真分析成形件的结构工艺性

在市场经济的环境下，我国制造业正在从面向生产转向面向市场。企业的市场行为和对产品的视角表现在依靠产品的新功能打入市场，凭借产品的高质量、新款式和低价格来拓展市场，用新概念来开发市场。对产品不同视角的差异表现在产品是连接企业和市场的桥梁。如图6-183所示，产品要同时满足市场与生产的要求，而生产视角和市场视角则注意产品不同的特点。

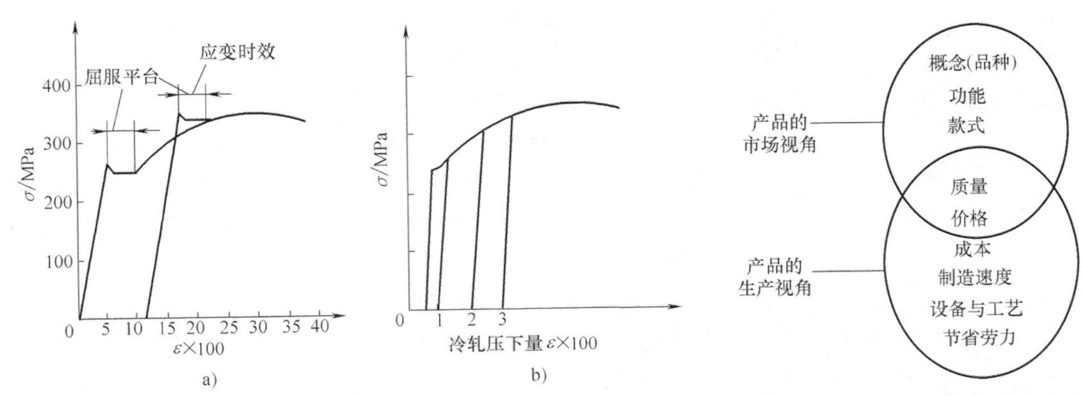

图6-182 低碳钢拉深曲线与材料状态的关系
a）屈服平台与应变时效 b）冷轧后的拉深曲线

图6-183 两种面向的产品视角差

以近代汽车车身为例，其艺术造型注重新款式，趋向于曲线急剧过渡、棱角清晰、线条分明和流线型，以适应高速行驶和个性化的要求。这往往会忽视对零件成形工艺性的要求，成形时容易起皱、破裂和回弹，给冲压成形、模具制造和维修带来了困难。故在创新设计时应尽可能考虑零件的成形工艺性，进行同步工程设计，以便做到市场视角与生产视角的完美结合。

复合成形件的结构工艺性是指复合成形件对冲压工艺的适应性。复合成形件的复合方式不同，其结构的工艺性也不同。一般而言，因复合成形件的形状复杂，制件内的应力、应变分布不均匀程度严重，故对复合成形件的结构工艺性进行分析的难度较大。目前，在模具制造前都会做细致的全工序模拟，模拟精度也越来越高。然而，模具制造后仍需调试。因此，认真和正确分析复合成形件的结构工艺性对制订冲压工艺方案、进行模具设计、提高制件质量仍然是非常重要的。

1）正确识别占主导地位的工序性质。不同的冲压成形工序，对制件的结构工艺性要求不同，对材料性能的要求也不同，因此，在对复合成形件进行结构工艺性分析时，必须首先正确识别占主导地位的工序性质。在识别占主导地位的工序性质时，应考虑两方面的因素：一是要考虑某一种基本成形工序在整个成形过程中所占的比例大小，即从成形的角度来考虑其复合度的大小；二是要考虑材料的复合成形性能，即从成形性的角度来考虑由于材料的不同而引起的各种复合成形成分的变化率以及不同材料对某一特定工序的适应能力。例如，若材料的胀形性能不好，则在图 6-184 所示锥形成形件的成形过程中，即使胀形成形度较小，也会因胀形产生破裂。若材料的抗弯曲破裂性能不佳，则在成形过程中，承受一定量的弯曲变形，制件就会开裂。若材料的贴模性和定形性差，则在图 6-185 所示外锅底的成形过程中，有少量的拉深成形也会产生起皱。

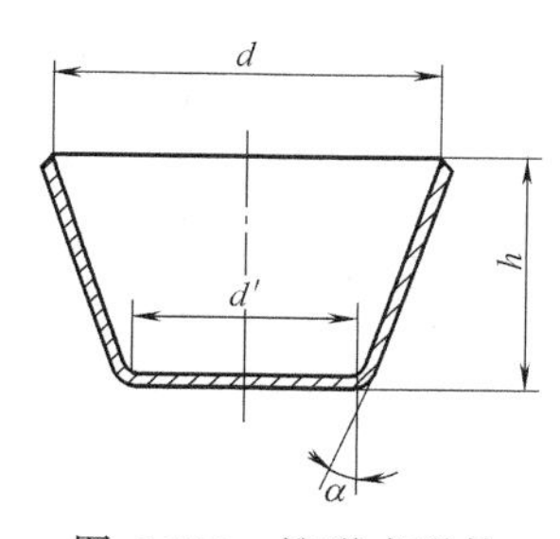

图 6-184 锥形成形件

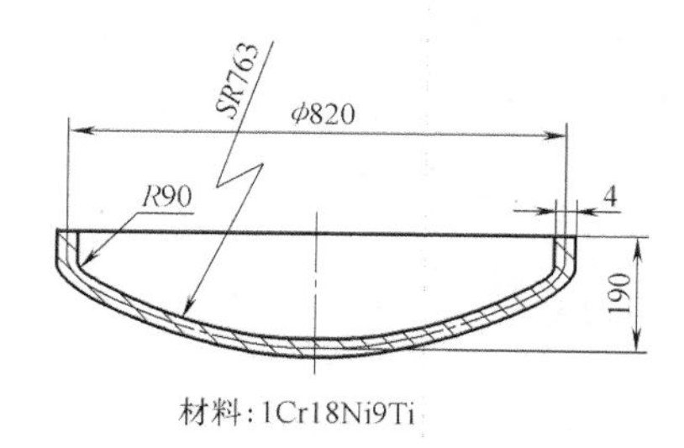

图 6-185 外锅底

2）准确判断决定制件加工极限的工序类别。一般而言，制件的破裂加工极限由弯曲、胀形和扩孔翻边等弯曲类变形和伸长类变形来决定；制件的起皱界线则由拉深及压缩类变形、不均匀伸长变形和由于流速差造成的剪切变形来决定。

在复合成形过程中，由于金属可沿两个或多个方向流动，特别是压缩类变形和伸长类变形可相互补充，故其破裂的极限变形程度通常比相应的基本成形工序的极限变形程度大。具体来说，极限拉深系数比圆筒形拉深件小，胀形深度比压凸包大，翻边系数比圆孔翻边小。生产中，常用评定基本工序加工极限的指标，如最小相对弯曲半径 $(r/t)_{min}$、最小拉深系数 m_{min}、最大胀形深度 h_{max}、最大胀形系数 K_{max}、伸长率 A 和最小翻边系数 K_{fmin} 来评定复合成形件相应部位的加工极限。一般说来，这是可行的，是偏于安全的。但是，因为复合成形变形的不均匀性较严重，若从整体的角度或从某一较大的区城范围来计算，则往往会因局部变形量和应力过大造成制件的破裂。在复合成形过程中，压缩失稳仍然是造成制件起皱的主要原因。但是，不容忽视的是，不均匀拉应力和因金属流速差形成的切应力也会导致制件起皱。

在复合成形过程中，往往会分先后或同时出现多种形式的冲压缺陷，它们相互制约、互相影响。众多实例中，同时或分先后出现了破裂和起皱的缺陷，其结果是两种性质完全不同的冲压缺陷同存于一个制件中。起皱反映了制件所具有的拉深变形特性，而破裂却往往是胀形、翻边或弯曲变形已超过了变形极限。因此，在分析复合成形件的结构工艺性时，应根据复合的方式来判断成形中可能会产生的废次品形式。

3）认真分析复合成形件的工艺要素。现以汽车覆盖件为例，来分析复合成形件的工艺要素。

① 成形方向。选定成形方向，就是确定工件在模具中的三向坐标（x，y，z）的位置。合理的成形方向应满足如下原则：

a. 保证凸模与成形部位完全贴合，要将工件需要成形的部位在一次成形中完成，不应有凸模接触不到的死角或者死区。

b. 尽量使材料均匀流动，避免集中变形。如图 6-186a 所示，成形开始时，凸模两侧的包容角尽可能做到一致（$\alpha \approx \beta$），使由两侧流入凹模的材料保持均匀；如图 6-186b 所示，凸模表面同时接触毛坯的点要多且分散，尽可能分布均匀，防止毛坯窜动；如图 6-186c 所示，当凸模与毛坯为点接触时，应适当增大接触面积，避免集中变形造成的局部破裂。但是，也要避免凸模表面与毛坯以大平面接触的状态，否则，由于平面上拉应力不足，材料得不到充分的塑性变形，影响工件的刚性，容易起皱。

c. 尽可能减小成形深度，使坯料变化平缓。

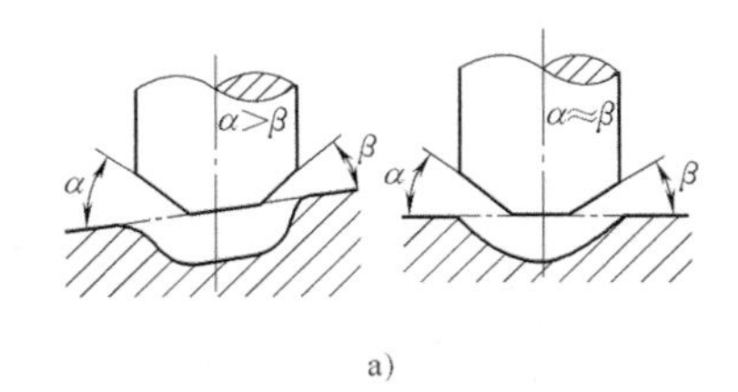

a)

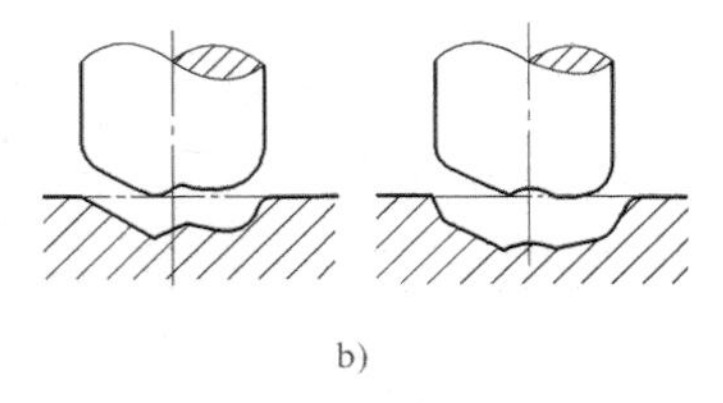
b)

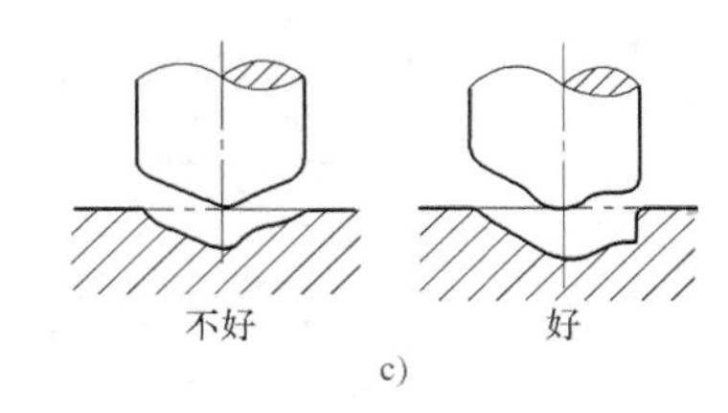

c)

图 6-186　凸模与毛坯接触状态

a）包容角　b）接触点　c）接触方式

② 分型面。如图 6-187 所示，分型面一般有两种，即平面结构和曲面结构。一般来讲，平面结构模具的设计制作容易，但成形深度各处悬殊较大，不易保证坯料均匀进入凹模；曲面结构（分型面断面与零件外轮廓的包容形状较为相似）可以降低成形深度，模具的设计制造相对困难，但由于各部分深度较为一致，材料流动速度较为一致。覆盖件的生产实际中，采用曲面结构的较为普遍。具体采用何种结构应视具体情况而定，但应保证在后续工序用料足够的前提下，尽可能使成形深度最低。分型面的构造应尽量利用零件原有的法兰面，在此基础上再补充完整。

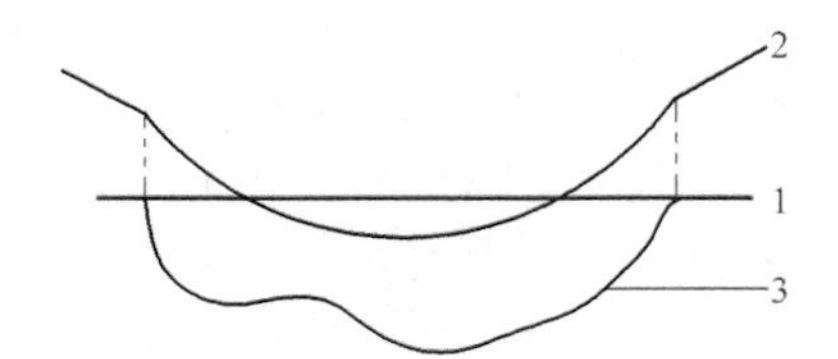

图 6-187　分型面的形式

1—平面结构　2—曲面结构

3—零件本体（虚线以外为工艺补充面部分）

③ 压边面。压边面有两种情况：一种由制件本体部分构成；另一种由制件本体部分加上工艺补充部分构成。这两种压边面的区别在于：前者作为制件本体部分在修边后保留下来，后者在修边工序后将被切除。确定压边面时应遵循如下一些基本原则：

a. 压边面为平面、单曲面或者曲率很小的双曲面（见图 6-188），不允许有局部起伏或折棱，毛坯被压紧时，不产生褶皱现象，要求塑性流动阻力要小，向凹模内流动顺利。

b. 压边面与成形凸模的形状应保持一定的几何关系。为保证在成形过程中毛坯处于张紧状态，并能平稳地、渐次地紧贴凸模，以防止产生皱纹。如图 6-189 所示，压边面与成形凸模的形状必须满足关系 $L \geqslant L_1$，$\alpha \leqslant \beta$。其中，L 为凸模展开长度；L_1 为压边面展开长度；α 为凸模仰角；β 为压边面仰角。当 $L<L_1$，$\alpha>\beta$ 时，压边面下会产生多余材料，这部分多余材料拉入凹模后，由于无处转移而形成褶皱。

c. 压边面形状应使毛坯定位稳定、可靠和送料取件方便。

d. 应尽量减小工艺补充面，降低材料消耗。

e. 合理选择压边面与成形方向的相对位置。为了在成形时毛坯压边可靠，必须合理选择压边面与成形方向的相对位置。如图 6-190a 所示，最有利的压边面位置是水平位置；如图 6-190b 所示，相对于水平面由上向下倾斜的压边面，只要 α 不太大，也是允许的。压边面相对于水平面由下向上倾斜时，倾角 φ 必须采用非常小的角度。因为成形过程中金属的流动条件太差，图 6-190c 所示的倾角是不恰当的。压边面倾斜或各方向进料阻力差别较大时，可在凹模和压边圈上设置防侧向力导板来抵消侧向力。另外，随着压边圈倾角增大，凹模边缘至拉深筋中心线的距离 s 也必须相应增加，见表 6-11。

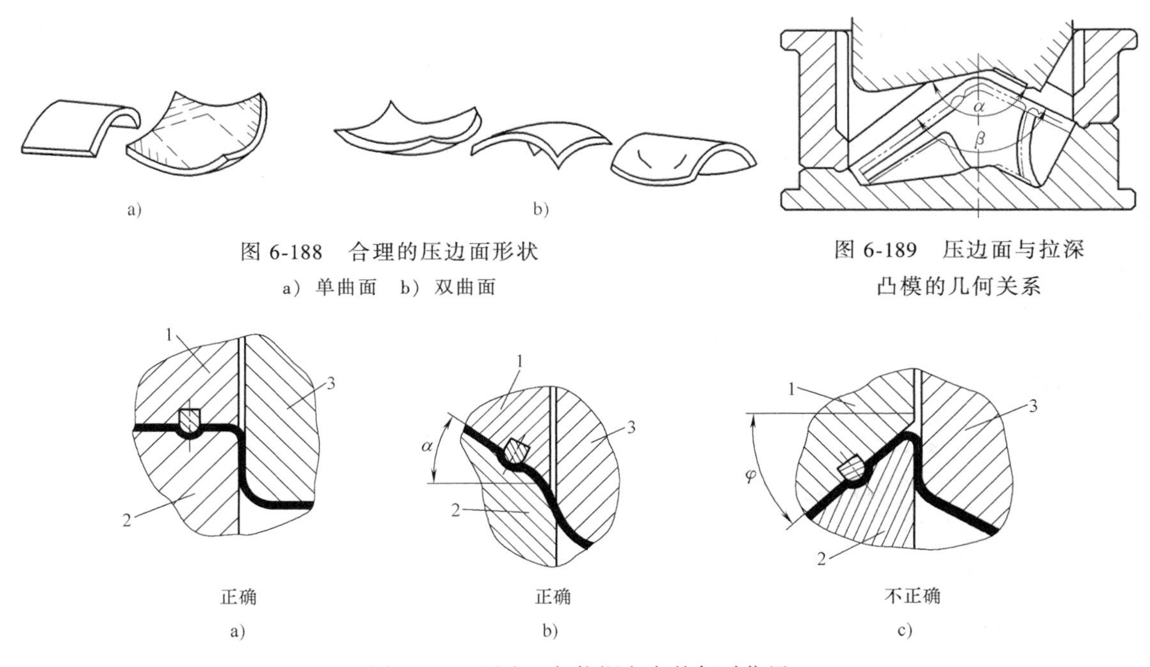

图 6-188　合理的压边面形状

a）单曲面　b）双曲面

图 6-189　压边面与拉深凸模的几何关系

图 6-190　压边面与拉深方向的相对位置

a）水平位置的压边面　b）$\alpha \leqslant 50°$ 的倾斜压边面　c）由下向上倾斜的压边面

1—压边圈　2—凹模　3—凸模

表 6-11　凹模边缘至拉深筋中心线的距离

	压边圈倾角 α/(°)	<20	20~25	25~30	30~35	35~40
	凹模边缘至拉深筋中心距离 s/mm	30	35	40	45	50

④ 工艺补充面。为满足成形工艺需要，通常需要将覆盖件的翻边展开，然后补充一些必要材料，构成一个便于成形的形状。由于工艺需要而补充的部分称为工艺补充面。工艺补充面应考虑以下几方面要求：

a. 尽量利用零件原有的封闭侧壁面。使原有封闭侧壁面成为补充完整后成形零件的侧壁面或补充的基准部分。

b. 工艺补充面与零件原有型面结合过渡要圆润、自然。特别注意不能有尖角。

c. 工艺补充面要尽量少，力求简洁。一方面是为了节省材料，另一方面是为了避免给模具制造造成困难或造成局部变形程度过大，成形时产生“橘皮”现象或破裂。

d. 工艺补充面要便于后续工序定位。一般来讲，覆盖件高度较低，曲面过渡圆滑、平坦，修边工序完成以后，后续冲压工序的定位问题也是较难解决的问题，一般在工艺补充部分增加成形台阶，或设置工艺定位孔。在工艺补充面构造时，要统筹考虑所有冲压工序的定位基准，要留有足够的位置。

e. 工艺补充面要尽量使零件各部分变形均匀。为了使成形零件各部位变形较为充分、均匀，常在靠近变形程度小的部位工艺补充面上增加成形台阶、平台，这样也可增加零件成形后的刚度。

f. 工艺补充面要尽量将修边线安排在垂直于冲压方向的型面上，力求避免修边线在与冲压方向平行的侧壁面上；否则，后续修边模具要采用斜楔结构，增加模具费用，或修边工序无法一次完成，需多次修切。

另外，掌握金属的变形规律，选择合理的工艺补充面还可以起到控制复合成形件金属流动的作用。常见工艺补充面的形状以及有关尺寸见表6-12。

表6-12　常见工艺补充面的形状以及有关尺寸

工艺补充面的形状	修边线位置及修边方式	有关尺寸
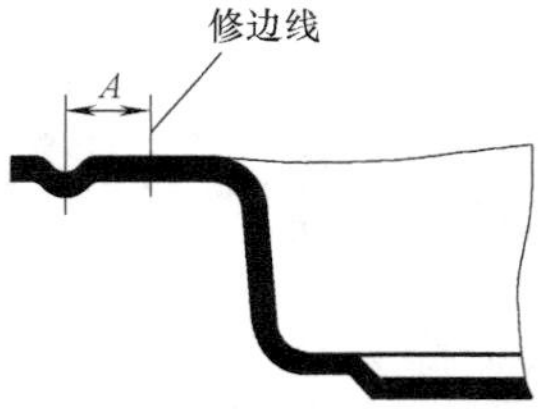 修边线 A	修边线在成形件压料面上，垂直修边	$A=25\text{mm}$
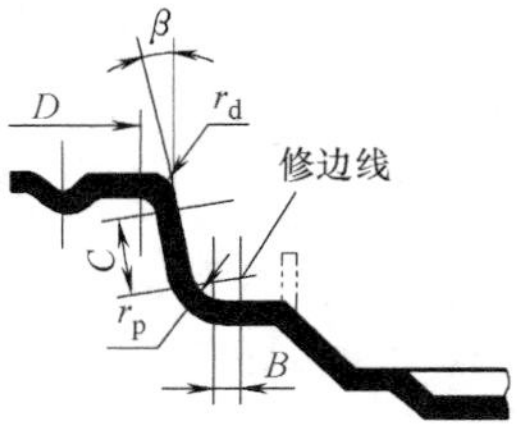 β D r_d 修边线 C r_p B	修边线在成形件底面上，垂直修边	$B=3\sim5\text{mm}$ $r_p=3\sim10\text{mm}$ $r_d=4\sim10\text{mm}$ $C=10\sim20\text{mm}$ $D=40\sim50\text{mm}$
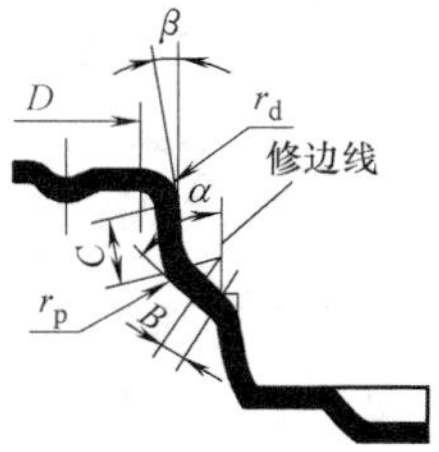 β D r_d 修边线 α C r_p B	修边线在成形件斜面上，垂直修边	$\alpha\geqslant60°,\beta=6°\sim12°$ $\beta=3\sim5\text{mm}$ $r_p=3\sim10\text{mm}$ $r_d=4\sim10\text{mm}$ $C=10\sim20\text{mm}$ $D=40\sim50\text{mm}$

（续）

工艺补充面的形状	修边线位置及修边方式	有关尺寸
β r_d C r_p F 修边线	修边线在成形件斜面上，垂直修边	$F=5\sim8$mm $\beta=6°\sim12°$ $r_p=3\sim10$mm $r_d=4\sim10$mm $C=10\sim20$mm
D r_d 修边线 C	修边线在成形件侧壁上，水平修边	$C\leqslant12$mm $r_d=4\sim10$mm $D=40\sim50$mm
D r_d 修边线 C	修边线在拉深件侧壁上，倾斜修边	$C\leqslant8$mm $r_d=4\sim10$mm $D=40\sim50$mm

⑤ 拉深筋（槛）。在汽车覆盖件这类复合成形模具上设置拉深筋（槛）可起到增加进料阻力、调节材料的流动、扩大压边力的调节范围、降低对压边面加工精度的要求、纠正材料不平整的缺陷、消除产生滑移带的可能性、控制各成形工序在复合成形中所占比例的作用。

拉深筋（槛）的种类以及应用场合如下：

a. 拉深筋。拉深筋的断面呈半圆弧形状。拉深筋一般装在压边圈上，而凹模压边面上开出相应的槽。由于拉深筋比拉深槛在采用的数量上、形式上都较灵活，故应用比较广泛，但其流动阻力不如拉深槛高。拉深筋的结构如图 6-191a 所示。其尺寸参数可查表 6-13；此外，拉深筋还有胀形模专用的方形阻断筋，如图 6-192 所示。方形阻断筋一般装在凹模压边面上，而在压边圈上开出相应的槽。其圆角半径 R 一般取 3mm（圆筋钢件取 8～10mm，铝件取 12mm），钢件取 $B=4\sim5$mm，铝件取 $B=6$mm，C 值根据表面质量及材料利用率的需要具体分析。

b. 拉深槛。拉深槛的断面呈梯形，类似门槛，安装在凹模的入口处。它的流动阻力比拉深筋大，主要用于成形深度浅而外形平滑的零件，这可减少压边圈下的法兰宽度以及毛坯尺寸。其结构如图 6-191b 所示。其中，型式Ⅰ用于深度小于 25mm 者；型式Ⅱ用于深度大于 25mm 者；型式Ⅲ用于整体铸铁凹模，生产批量小的场合。

拉深筋的数目及位置需视零件外形、起伏特点以及成形深度而定。按其作用，拉深筋的布置原则见表 6-14；按凹模口几何形状的不同，拉深筋的布置方法如图 6-193 所示以及见表 6-15。筋条位置要保证与毛坯流动方向垂直。拉深筋（槛）布置实例如图 6-194 所示。

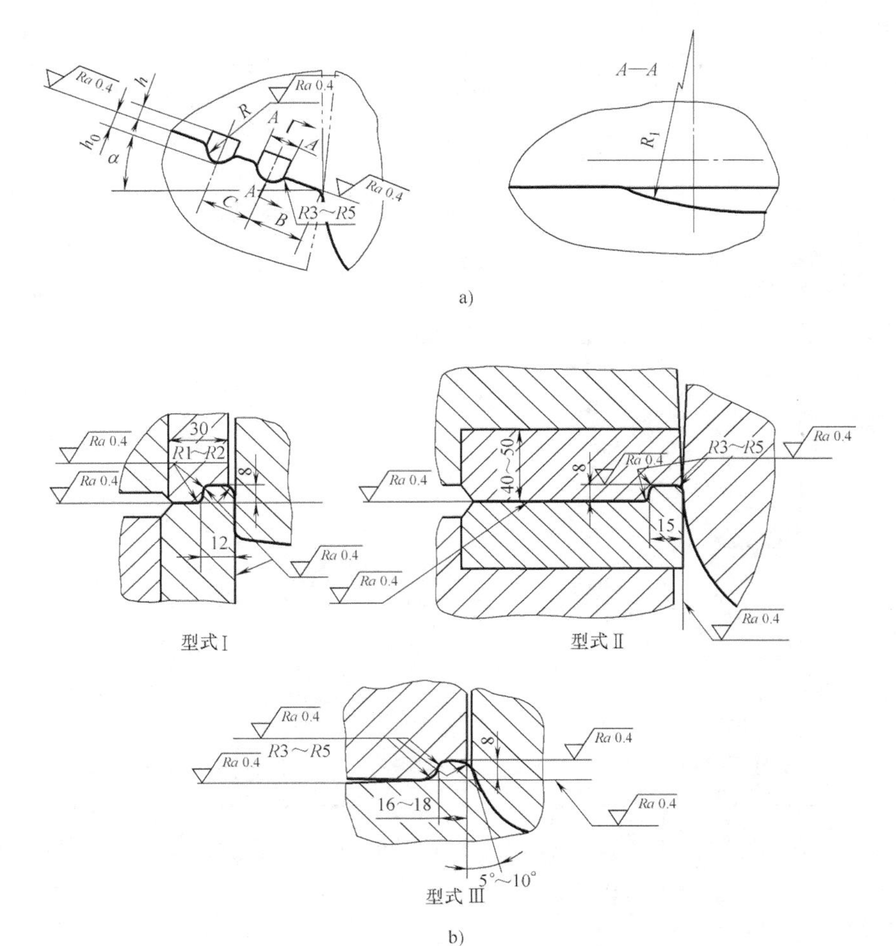

图 6-191　拉深筋（槛）的结构型式

a）拉深筋　b）拉深槛

表 6-13　拉深筋的结构尺寸（单位：mm）

序号	应用范围	A	h	B	C	h_0	R	R_1
1	中小型覆盖件	14	6	25～32	25～30	5	6	125
2	大中型覆盖件	16	7	28～35	28～32	6	8	150
3	大型覆盖件	20	8	32～38	32～38	7	10	150

拉深凹模
B
C
3～5
R
R
压料圈

图 6-192　方形阻断筋

表 6-14　拉深筋的布置原则

序号	要求	布置原则
1	增加进料阻力，提高材料变形程度	放整圈或间断的一条拉深槛或 1～3 条拉深筋
2	增加径向拉应力，降低切向压应力，防止毛坯起皱	在容易起皱的部位设置局部短筋
3	调整进料阻力和进料量，控制各部位材料的流速及各工序在复合成形中所占的比例	1）深度大的直线部位，放 1～3 条拉深筋 2）深度大的圆弧部位不放拉深筋 3）深度相差较大时，在深的部位不设拉深筋，在浅的部位设拉深筋

如图6-194a所示，外门板的成形深度不大，塑性变形小，设置拉深槛能较大地增加流动阻力，增加制件底部的胀形变形量，使材料充分塑性变形，以获得良好的表面质量。同时，由于底部深度均匀，故采用沿制件外形封闭设置的拉深槛。

如图6-194b所示，顶盖的深度比较均匀，外形也比较匀称，要求沿凹模口周围材料流动阻力一致，故采用两条封闭形拉深筋（除定位孔部位让开外）。

如图6-194c所示，后围的上下部位平坦，需要大的流动阻力，故设置拉深槛；而左右部位是弧形曲面，要求压边面下的材料有一定的牵制力，并有良好的流动条件，故在此处设置了三条拉深筋。

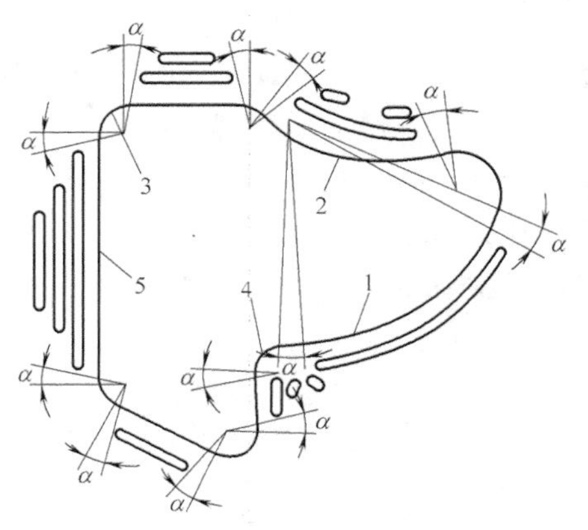

图6-193 凹模口的形状及拉深筋的布置方法（$\alpha=8°\sim12°$）

表6-15 按凹模口形状布置拉深筋的方法

图6-193中位置序号	形状	要求	布置方法
1	大外凸圆弧	补充变形阻力不足	设置一条长筋
2	大内凹圆弧	1）补偿变形阻力不足 2）避免成形时，材料从相邻两侧凸圆弧部位挤过来而形成皱纹	设置一条长筋和两条短筋
3	小外凸圆弧	流动阻力大，应让材料有可能向直线区段流动	1）不设拉深筋 2）相邻筋的位置应与凸圆弧保持8°~12°夹角关系
4	小凹内圆弧	将两相邻侧面挤过来的多余材料延展开，保证压边面下的毛坯处于良好状态	1）沿凹模口不设筋 2）在离凹模口较远处设置两条短筋
5	直线	补偿变形阻力不足，控制材料流速	根据直线长短设置1~3条拉深筋（长则多设，并呈塔形分布；短则少设）

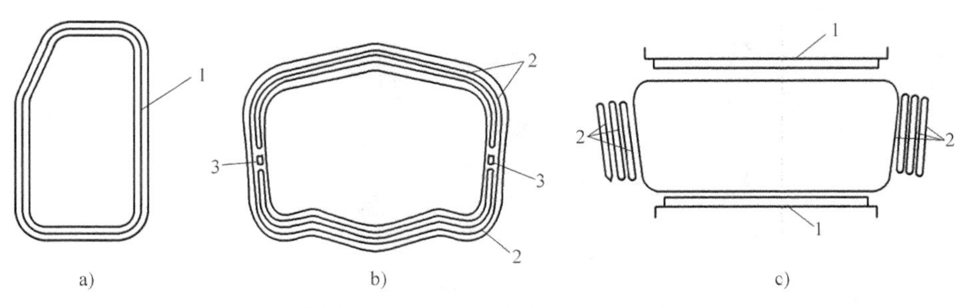

图6-194 拉深筋（槛）布置实例
a）外门板 b）顶盖 c）上后围板
1—拉深槛 2—拉深筋 3—定位孔

⑥ 工艺切口。当需要在零件中间部位冲出某些深度较大的局部凸起或鼓包时，在一次成形中，往往由于不能从毛坯外部得到材料的补充而导致零件的局部破裂。这时，可考虑在局部凸起变形区的适当部位冲出工艺切口或工艺孔，使容易破裂的区域从变形区内部得到材料的补充。必须在容易破裂的区域附近设置工艺切口，而这个切口又必须处于成形件的修边线以外，以便在修边工序中切除，而不影响零件形体，例如里、外门板和上后围的玻璃窗口部位（见图 6-195 和图 6-196）。

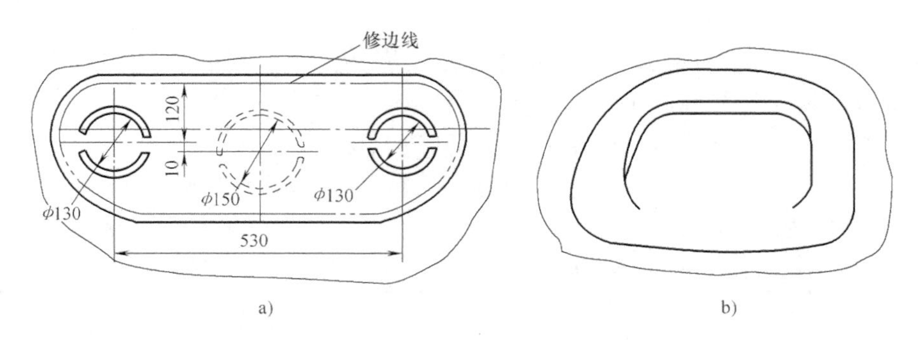

图 6-195 工艺切口布置

a）上后围成形部位工艺切口布置 b）内门板成形部位工艺切口布置

工艺切口可在落料时冲出，但这只限用于局部成形深度较浅的场合；工艺切口也可在成形过程中切出，这是常用的方法，它可以充分利用材料的塑性，即在成形开始阶段利用材料径向延伸，然后切出工艺切口，利用材料切向延伸，这样材料成形可以深一些。在成形过程中切割工艺切口时，并不希望切割材料与制件本体完全分离，切口废料可在以后的修边工序中一并切除；否则将产生从冲模中清除废料的困难。

工艺切口的大小和形状要视其所处的区域情况和其向外补充材料的要求而定。一般应注意下述几点：

a. 切口应与局部凸起周缘形状相适应，以使材料流动合理。

b. 切口之间留足够的搭边，以使凸模张紧材料，保证成形清晰，避免波纹等缺陷，而且修边后能获得良好的窗口翻边孔缘质量。

c. 切口的切断部分（即开口）应邻近凸起部位的边缘（见图 6-195a 和图 6-196）或容易破裂的区域（见图 6-195b）。

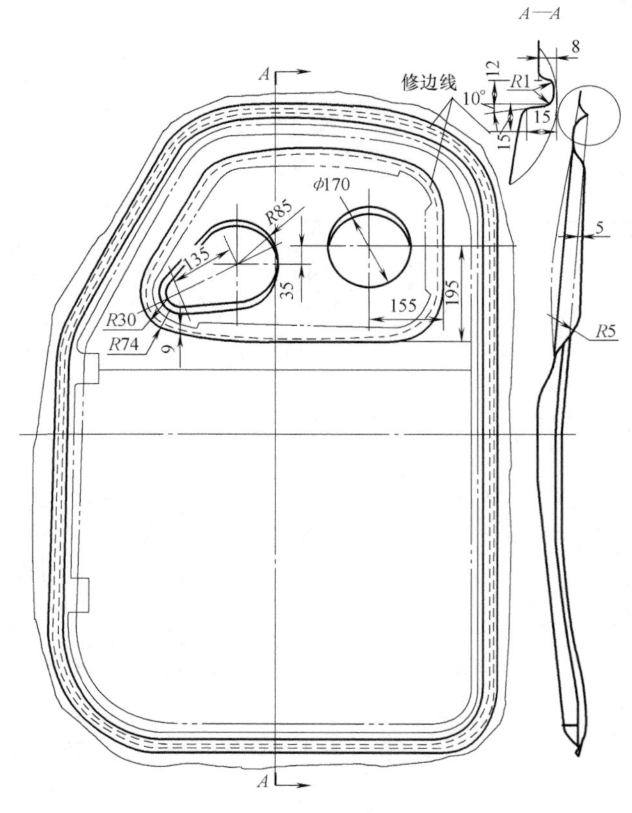

图 6-196 外门板

⑦ 定位形式。制订覆盖件成形工艺时，必须为后续工序设计良好的定位，确保已成形表面不被损伤，获得内缘和外缘应有的精度。常用定位形式有以下几种。

a. 外形定位。用工件的外表面定位，即用凹形的定位装置控制覆盖件在以后工序中的位置。在模具中为使送料比较方便，此种定位一般都低于送料线以下。

b. 内形定位。用工件的内表面定位，即用凸形的定位装置控制覆盖件在以后工序中的位置。由于凸形高出送料线以上，送料和取件都要提升一定高度，故操作不便。

c. 孔定位。如图 6-197a 所示，在倾斜面上用冲孔定位，在成形的同时可将孔直接冲出；如图 6-197b、c 所示，在水平面上刺孔来定位，此法用得很多，主要优点是无废料，且定位接触面积大。

采用工艺孔定位，通常在成形件上都是用两个孔，孔距越远，定位越可靠。其孔径一般为 $\phi10 \sim \phi15$mm，工艺孔一般布置在工艺补充面上，在后续工序中修掉。

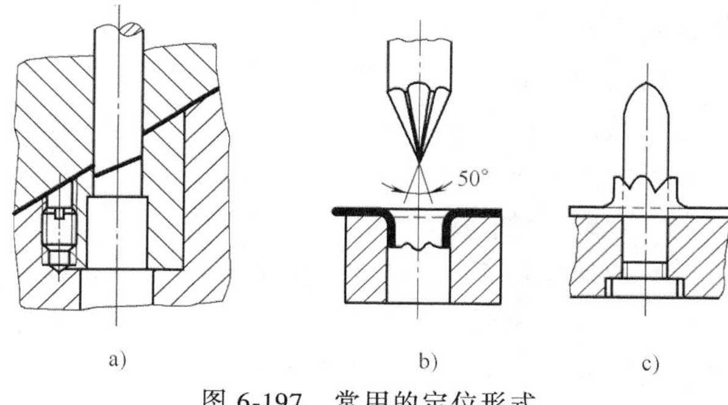

图 6-197 常用的定位形式

a) 斜面上冲孔 b)、c) 水平面上刺孔

除了汽车覆盖件的上述工艺要素外，对于一般的复合成形件而言，对称性好，变形相对比较容易控制，模具加工也方便，故成形的工艺性较好；复合成形件应尽量避免有尖角，尽量避免出现急剧过渡的台阶。复合成形件的深度应均匀，不宜过深也不能太浅。制件深度深且不均匀，很容易造成底部胀形破裂，其工艺性不好。制件深度太浅，坯料变形程度小，容易起皱、翘曲，且制件刚性也不好，这类制件的工艺性也差。复合成形件的过渡圆角半径不宜过小，也不宜过大。圆角半径过小会产生弯曲破裂，过大则因回弹大，尺寸精度难控制。

4）复合成形件尺寸精度不宜要求过高。在复合成形过程中，由于制件内的应力、应变状态不同，应力、应变分布极不均匀，变形较难控制，故复合成形件的尺寸精度不宜要求过高；对于与其他零件有匹配关系（分块的装配面，也称匹配面）的汽车覆盖件，一般匹配面的精度为 ±0.5mm，对匹配要求高或焊接工艺苛刻的区域，匹配面的精度为 ±0.2 ~ ±0.3mm，自由曲面一般为 ±0.8mm。

4. 根据零件特点，正确制订冲压工艺方案

复合成形件的形状复杂，成形难度较大。除一些简单的轴对称零件之外，很难借助理论公式或图表确定出精确的毛坯尺寸和制订出合理的冲压工艺方案。以前，大多数复合成形件只能根据零件的特点，凭经验、靠类比初步确定其毛坯尺寸和加工工艺方案，再通过反复试冲来修正和完善。目前，数值模拟精度很高，先进的产品制造和模具制造企业在制订工艺和设计模具之前都会进行数值模拟，这为制订合理的冲压工艺方案提供了极大的方便。通过以上的实例可以看出，制订复合成形件冲压工艺方案应注意以下几个方面：

1）判断制件可能产生废次品的形式，正确确定复合成形的复合方式。由多个实例可见，采用拉深、胀形复合方式成形，因法兰宽度较大，拉深时材料流入困难，很容易产生胀形破裂。而采用拉深、扩孔翻边的复合方式，由于金属可同时由内、外向壁部流动，产品质量较好；采用锥形件胀形、拉深复合成形，制件尺寸容易控制，但可能产生内皱和底部胀形破裂。采用环形毛坯扩孔翻边、拉深复合成形，变形条件得到了改善，但制件尺寸很难控制，可能产生拉深起皱和翻边破裂。在这种情况下，应具体问题具体分析，才能制订出合理的冲压工艺方案。

2）合理确定毛坯的形状和尺寸。为减小圆角部位金属拉深流入的阻力，防止底部的胀形破裂，采用矩形毛坯时，一般要根据零件的形状切角，切角的大小可通过试冲确定；为增加胀形变形量，防止制件产生内皱或折皱，应适当增大毛坯尺寸，增加工艺补充面。

3）复合成形件的几何形状应尽量对称。为使变形尽量均匀，可采用成对或四件组合成形方式，成形后再切开。

4）正确确定工序次数，合理安排工序的顺序。大型覆盖件和形状特别复杂的复合成形件，因模具制造困难、费用高，多次成形定位困难，表面质量差，一般要求一次成形。对于那些具有尖角或过渡圆角半径较小的零件，可考虑增大圆角半径，增加整形工序的工艺方案。大多数复合成形件，毛坯形状与尺寸要经试冲才能确定，有时需增加工艺补充面，在这种情况下，需增加修边工序。在制定深度浅、变形程度相对较小的复合成形件的冲压工艺方案时，应尽量考虑一次成形。分两次成形时，应先成形周边，后压制起伏筋，以防止制件角部的折皱和整体的翘曲。反之，当制件深度深，特别是胀形压包，压筋变形程度大时，则应先考虑成形内部，后成形周边。当采用落料、冲孔、拉深、翻边复合模一次成形时，应控制拉深模和翻边模的高度，控制翻边和拉深的先后顺序，以防止翻边开裂和底部出现的鼓凸。若采用先拉深后翻边多次成形的工艺方案，应适当增加拉深深度，以防止翻边成形时制件高度的降低。

随着汽车工业的迅猛发展及市场对汽车外观要求的提高，在一次成形无法达到要求的情况下，也可适当增加工序的次数。另外，各汽车制造厂也有自己的设计理念和生产习惯。例如，大众汽车的设计理念是：注重产品的安全性，注重对外观质量的控制，注重零件之间的匹配精度，注重大批量生产对模具强度的要求等。在这样的设计理念指导下，大众汽车覆盖件的加工工序就相对较多，一般为5~6序；日本汽车的设计理念和生产习惯有所不同，相应的工序数要少些，一般为3~4序。

5. 合理设计、正确调试模具

复合成形件的模具设计和调试比基本成形件，如弯曲、拉深、胀形和翻边困难。目前，国内外先进企业复合成形件的模具设计和调试都需要事先进行数值模拟。然而，模具设计必须是在认真分析制件的结构工艺性和正确制订了冲压工艺方案的基础上进行的。因此，合理设计和调试模具还应注意以下几个方面：

1）合理确定成形件的工艺要素。主要包括：合理确定成形方向；正确选择分型面和压边面；合理设计拉深筋（槛）；正确确定定位方式。此外，在模具设计时也要考虑到工艺补充面的形状和尺寸，以及工艺切口的形状和尺寸。

2）正确设计凹模入口形状，合理确定凹模圆角半径。复合成形件成形时，由于成形方式的转换可能会形成冲击痕线，为防止制件外表面产生冲击痕线，可将凹模入口处设计成锥形面或变曲率半径的曲面。为增大拉深变形量，应增大凹模圆角半径；为增大胀形变形量或减小直边金属的流动速度，则应减小凹模圆角半径。为防止制件内表面产生冲击痕线，防止由拉深筋和凸模引起的冲击痕线，应增大拉深筋的圆角半径、增大凸模圆角半径。

3）合理确定凸、凹模间隙。对复合成形件的成形而言，通过调整凸、凹模间隙也可控制金属的流动。增大间隙，可增加金属拉深流入量；减小间隙，可增加胀形变形量，增加制件变形程度。对矩形盒拉深件，增大转角部分凸、凹模间隙，减小直边部位凸、凹模间隙，可降低转角处金属流动阻力，防止产生底部圆角部位的破裂；反之，减小转角部位的凸、凹模间隙，增大直边部位凸、凹模间隙，可促使金属由角部向直边处流动，使变形趋于均匀，防止制件产生壁裂。

4）合理确定模具表面粗糙度。在复合成形过程中，摩擦阻力有两方面的作用。一方面，摩擦阻力会增加变形力，加剧模具的磨损，影响制件的表面质量；另一方面，摩擦阻力也可承担一部分变形力，提高制件传力区的强度、控制金属的流动。因此，在模具设计和加工过程中，合理确定模具表面粗糙度也是很重要的。

凹模面和压边圈表面粗糙度值低时，金属拉深变形阻力小，拉深时材料流入量大，可防止制件因胀形过度而引起的破裂；反之，表面粗糙度值高时，金属拉深变形阻力大，胀形变形量增加，可防止制件起皱。

凸模表面粗糙度值低时，坯料胀形变形均匀，有利于角部金属向直边转移，对胀形变形占主导地位的球形、锥形等曲面零件及盒形件的成形有利；反之，表面粗糙度值高时，可阻止金属变薄，提高传力区强度，对拉深变形占主导地位的制件的成形有利。

在复合成形加工中，可根据制件的变形特点，通过改变凸、凹模表面及压边圈压边面的表面粗糙度值来控制金属的流动，提高制件的质量。

5）正确调试模具。在复合成形过程中，正确调试模具也是很重要的环节。应掌握模具调试的操作要领和作业程序，要保证凸、凹模间隙均匀。在模具调试过程中，要特别注意压边力的调节，通过调节压边力的大小、弹性元件的预紧力、气垫压力、缓冲销的高度等，可达到控制金属流动的目的。大的压边力可增加胀形变形量，控制拉深时材料流入量，防止制件起皱和翘曲；减小压边力可增加拉深时材料流入量，减小胀形变形量，防止制件胀形破裂。

坯料在覆盖件成形过程中变形较复杂，故成形模的调整是冲模调整中较复杂、较困难的一种。一般而言，一次试模成功率较小。传统上，覆盖件通过成形模的调整冲出合格的制件后，才能投入其他工序冲模的设计或制造。此外，覆盖件成形的坯料（其外形和尺寸）通常也需在模具调整时进行试验决定。目前，覆盖件成形的数值模拟技术有了很大的发展，这使模具调试周期大大缩短。

覆盖件成形模具调整时常见的缺陷、产生原因和解决方法见表6-16。覆盖件模具调整的要点主要有：

① 掌握变形规律，控制拉深和胀形变形量。冲压件出现破裂或皱纹，是模具调整中最常见的缺陷。其原因主要是拉深和胀形变形所占的比例控制不当。进料阻力太大，使胀形变形量增加会导致破裂；进料阻力太小，会增大拉深变形量，切向压应力超过临界值则失稳起皱。因此，解决破裂和起皱的问题，实质就是通过调整进料力来控制拉深和胀形变形量的问题。调整成形模进料阻力的方法见表6-17。

表6-16　覆盖件成形模具调整时常见的缺陷、产生原因和解决方法

缺陷	产生原因	解决办法
破裂	1)压料力太大;2)凹模口或压料筋槽处圆角半径太小;3)压料筋布置不当或间隙太小;4)压料面的表面粗糙度值较大;5)凸模与凹模的间隙过小;6)润滑不当;7)坯料放偏;8)坯料尺寸太大;9)坯料质量(厚度公差、表面质量、拉深级别等)不符合要求;10)局部形状变形条件恶劣	1)减小外滑块的压力;2)加大有关的圆角半径;3)调整压料筋的数量、位置和间隙;4)降低表面粗糙度值;5)调整间隙;6)改善润滑条件;7)使坯料正确定位,必要时加预弯工序;8)调整坯料尺寸和形状;9)更换材料;10)设置工艺切口或工艺孔,或改变拉深件局部形状

（续）

缺陷	产生原因	解决办法
皱纹	1)压料力不够;2)压料面里松外紧;3)凹模口圆角半径太大;4)压料筋太少或布置不当;5)润滑油太多或涂刷次数太频,或涂刷位置不当;6)坯料尺寸太小;7)试冲材料过软;8)坯料定位不稳定;9)压料面形状不当;10)冲压方向不当	1)调节外滑块螺母,加大压料力;2)修磨压料面;3)减小圆角半径;4)增加压料筋,或改变其位置;5)调整润滑油及润滑方式;6)加大坯料尺寸;7)更换试冲材料;8)改善定位,必要时加预弯工序;9)修改压料面形状;10)改变冲压方向,重新设计模具;11)增加工艺补充面、加凸台等
修边后形状和尺寸不准确	1)压料力不够;2)压料筋太少或布置不当;3)材料的塑性变形不够;4)材料选择不当;5)产品的工艺性太差	1)加大压料力;2)增加压料筋,或改变其分布;3)对于浅的成形件采用拉深槛;4)更换材料;5)产品增加加强筋;6)设计模面时精算回弹量
有"鼓膜"现象	1)压料力不够;2)压料筋太少或布置不当;3)坯料扭曲,拉深时受力不均	1)加大压料力;2)增加压料筋,或改变其分布;3)拉深前将坯料放在多辊滚压机上进行滚压
装饰棱线不清,压双印	1)凸模与凹模未镦死;2)凸模与凹模不同心,间隙不均匀;3)坯料在凸模上有相对运动	1)调节凸模深度,或更换更大公称压力的压力机;2)保证凸模与凹模间隙均匀;3)调整各个部位的进料阻力,或改变冲压方向
表面有印痕和划痕	1)压料面的表面粗糙度值过高;2)凹模圆角的表面粗糙度值高;3)镶块的接缝间隙太大或高低不平;4)坯料表面有划痕;5)凸模或凹模没有出气孔;6)凹模内有杂物;7)润滑不足,或润滑剂质量不好;8)工艺补充部分不足;9)冲压方向选择不当,坯料在凸模上有相对移动	1)降低表面粗糙度值;2)优化镶块的接缝;3)更换材料;4)加出气孔;5)保持模内清洁;6)改善润滑条件;7)增加工艺补充部分;8)改变冲压方向;9)模具表面处理,增加硬度,防止批量生产中模具出现划痕
表面粗糙似"橘皮"	钢板表面晶粒粗大	更换材料
表面有滑移线	材料的屈服极限不均匀	1)更换材料;2)成形前将坯料在升降式多辊滚压机上进行滚压

② 分段逐步调整。对于复杂的成形件，在调整时，可将成形深度分为2~3段来调整。先将较浅一段调整好以后，再往下调深一段，直至调整到所需深度。采用这种分段逐步调整的方法，成形件的缺陷往往出现在局部，较容易找出其根源来加以消除。例如，对于复杂的成形件，如果凸模一开始就调整到所需的高度，则冲出的第一个制件往往是既裂又皱。但是，裂和皱哪一个是起主导作用的？是先裂而引起起皱，还是先皱而引起裂？这时就很难判断。如果将凸模深度先调整到成形深度的1/3~1/2，则冲出的试件，其缺陷就比较轻而且少。这时，可观察压料面上的材料是否有压痕或波纹。若压料面上材料有压痕，则说明进料困难，坯料先沿凹模圆角处开裂，进入凹模后便会产生皱纹；若压料面上的材料有波纹，则说明开始时进料容易，但在压料面上形成波纹以后，进料就困难，最后会沿凹模圆角处破裂。

6. 合理选用设备，注意设备的使用和维修

在普通带气垫的单动压力机上，压边力只有公称压力的20%左右，而且压边力调节的可能性小，故仅适用简单零件的成形。对于复杂零件和大型覆盖件的成形，需要的变形力和压边力都较大。因此，在大批量生产中，此类零件的成形应在双动压力机或在带浮动压边的液压机上进行。在对制件进行整形时，要保证设备具有足够的刚性。

在调试模具时，应操纵微动、点动装置使滑块上下动作几次，确认上下模具的接触以及导柱、导套和侧挡块等接触情况良好时，才能放料进行试压。

设备应定期检修，发现问题及时维修，要确保其精度和刚度。

表 6-17 调整成形模进料阻力的方法

序号	内 容	说 明
1	调节压力机外滑块的压力	调节压力机外滑块四个角上的调节螺母，使之达到所需要的压边力
2	调整压料面配合的松紧	研磨压边圈与凹模的压料面，应研至全面接触，以保证其在拉深过程中始终能起到压料作用。调整时允许根据进料情况进行研修，让某些部位接触松一些或者紧一些；但允许稍微有里紧外松，而不允许外紧里松的现象 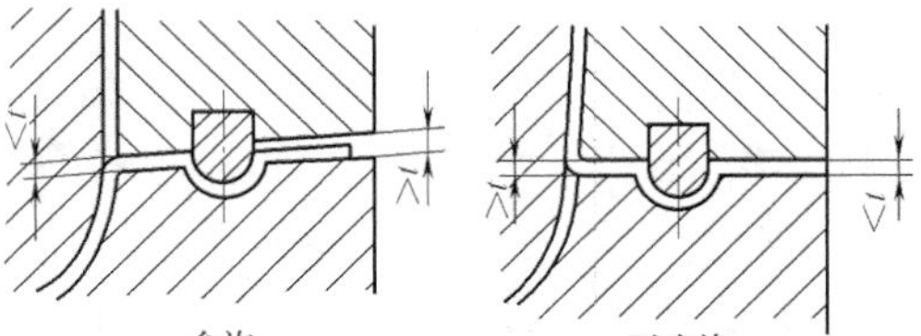 允许　　不允许
3	调整拉深筋配合的松紧	1）调整拉深筋两边的圆角半径，调整时注意保证槽宽 B，槽深可以加深，圆角半径可从小逐步加大 2）调整拉深筋的高度。压料筋的高度图样上一般都取 7mm，调整时可根据需要适当磨低一些，多排筋的高度应从里向外逐个降低，使进料阻力从小到大，即 $H_1<H_2<H_3$ 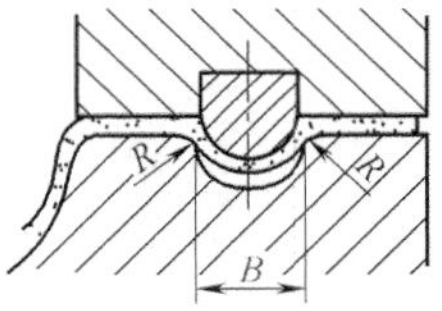 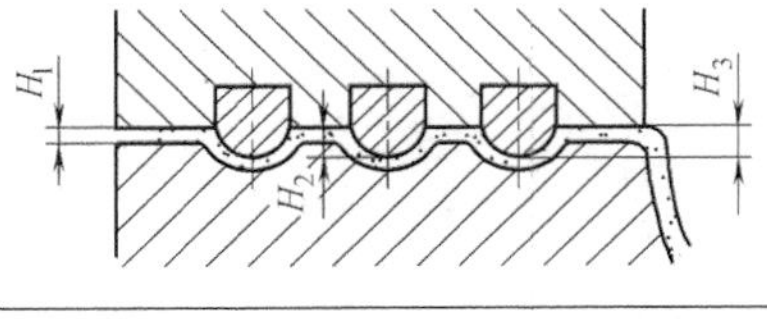
4	调整凹模圆角半径	根据试冲件的情况，打磨凹模圆角半径（从小至大直到适当为止）
5	改变坯料形状和尺寸	当成形件已基本拉成后，对于局部的破裂或皱纹，可以用改变坯料局部形状来解决：如果需要加大进料阻力，增加胀形成分，则将该处的坯料适当加大；如果需减小进料阻力，增大拉深变形成分，则将该处坯料适当减小
6	适当的润滑	采用润滑效果良好的润滑剂配方，润滑剂应涂刷在四周压料部分，涂刷次数和量应适当

7. 合理选择和正确使用润滑剂

在复合成形件的加工过程中，润滑剂的润滑效果具有特殊的意义。凹模工作表面及压边圈的压边面上有效的润滑可降低成形力，增加坯料拉深流入量，提高制件表面质量，但却容易引起起皱；凸模工作表面上有效的润滑可使胀形变形均匀，减小翻边变形阻力，对矩形盒的拉深成形而言，还可促使转角处金属向直边的弯曲变形区流动，但胀形变形量的增加又会引起胀形件的破裂。合理选用和正确使用润滑剂可在一定程度上控制金属的流动，提高制件质量；反之，若润滑剂选用和涂抹不当，则会造成开裂、起皱、翘曲不平及表面划伤、擦伤等缺陷。因此，必须合理选择和正确使用润滑剂。

8. 采用先进的设计分析方法，提前进行风险识别与管控

复合成形是由多种基本成形工序以某种组合方式复合在一起的一种较为复杂的成形工序。由于制件形状复杂，在成形过程中，坯料内部的应力、应变很不均匀，变形也很难控制。因此，在制订工艺、设计和调试模具以及冲压生产中问题很多，出现废次品的概率也更大。用数值模拟技术可以对多种不同工艺方案进行预测分析、优化工艺和模具设计，选择合理的工艺方案，预测冲压过程中可能出现的起皱、局部减薄、破裂和回弹等缺陷，并以模拟结果为依据提出改进工艺参数和模具调整的办法，优化工艺参数，减少调试和修模的次数；由模拟结果还可以对坯料的形状和尺寸进行优化。近年来，数值模拟的商用软件不断升级，精度在不断提高，已逐渐被各冲压与模具企业认可，应用范围也更加广泛。因此，在进行工艺、模具设计和样品试制之前，采用设计失效模式与影响分析（DFMEA）和数值模拟（NS）分析等方法来确定占主导地位的工序性质，提前对最可能出现的成形缺陷进行预测和评估，从设计阶段把握产品质量对复合成形件质量控制具有更好的效果。

第7章

冲压新技术及发展方向

7.1 概述

近年来，我国军工、汽车、电子、通信和家电产品发展迅猛，产品多样化和个性化的需求日益增长，加速了冲压技术现代化的步伐；随着科学技术的进步，计算机技术、数字化技术、数值模拟与优化技术、数控技术、信息技术和激光技术等高科技向塑性加工领域的渗透和交叉融合，也大大加速了冲压技术的发展。市场的需求和科学技术的进步促进了冲压新技术的发展。

随着社会对物质文化需求的不断提高，激烈的市场竞争对产品质量、成本、款式和交货期提出了越来越高的要求；面对品种多、批量小、任务急的局面，以及对一些难变形材料、精度要求高的大型、复杂形状的冲压件，必须根据最新科技成果提供的可能，研究和开发行之有效的冲压新技术、新工艺，以扩展冲压技术领域，拓宽冲压加工范围；冲压产品更新换代速度的不断加快和越来越激烈的市场竞争对冲压成形工艺提出了更高、更新的要求。生产规模、生产成本、产品质量、市场响应速度相继成为企业的经营目标，冲压成形必须适应这种变化。

为适应国防和市场经济发展的需求，近年来发展的冲压新技术主要有：数字化冲压技术，智能化冲压技术，冲压制品与模具的远程网络设计与制造技术，冲压生产的高速化和自动化技术，液压成形技术，热冲压成形技术，爆炸成形、电液成形、电磁成形等高能成形技术，超塑性成形技术，激光成形技术，多点与单点渐近成形技术，拉力成形技术，扩展成形技术，蠕变成形技术，快速原型/模具制造技术等。

然而，在众多的新技术中，应用广泛且代表冲压技术发展方向的主要有：数字化冲压技术、冲压生产的快速响应（或敏捷制造）、柔性化冲压技术、精密化和复杂化冲压技术几个方面。由于版面所限，本书就这几个方面举例做简要介绍。

7.2 数字化冲压技术

7.2.1 数字化冲压技术的含义及作用

1. 数字化冲压技术的含义

数字化就是将许多复杂多变的信息转变为可以度量的数字、数据，再以这些数字、数据

建立起适当的数字化模型，把它们转变为一系列二进制代码，引入计算机内部，进行统一处理。数字化冲压技术是指冲压技术的数字化，它是冲压技术、计算机技术、网络技术与管理科学的交叉、融和。其内涵包括三个层面：以设计、控制和管理为中心的制造技术。

2. 数字化冲压技术的作用

数字化冲压技术的主要作用有：知识的共享及重用；降低经验丰富人员流失的风险；提高创新设计效率和降低生产时间；通过知识发现与数据挖掘（Knowledge Discovery and Date Mining）进行知识累积；冲压技术的数字化是其他新技术（如快速响应、柔性化、精密与复杂化技术）的核心。

数字化冲压技术是从传统的冲压技术发展起来，不断吸收高新技术成果，或与高新技术实现了局部或系统集成而产生的。例如，它可实现对常规工艺的优化。常规工艺优化是形成数字化冲压成形工艺的重要方式。它是在保持原有工艺原理不变的前提下，通过变更工艺条件，优化工艺参数，或是通过以工艺方法为中心，实现工艺设备、辅助工艺、工艺材料、检测控制系统技术的集成来达到优质、高效、低耗、洁净、柔性等目的；再例如，它还可引入高新技术形成新型制造工艺。高新技术的发展对新型制造工艺的出现有重大影响。一方面，新能源、新材料、微电子、计算机等高新技术的不断引入、渗透和融合，为新型制造工艺的出现提供了技术储备；另一方面，高新技术的产业化也需要一些新型制造工艺作为技术支撑。最典型的新型制造工艺，如：引入激光、电子束、离子束等新能源而形成的多种高密度能量加工，在冲压产品的柔性快速生产技术和快速原型/模具制造技术方面得到广泛应用；引入计算机技术而形成的数控加工、数值模拟技术、CAPP、CAD/CAE/CAM/PDM 技术等，可以虚拟显示冲压成形的工艺过程，预测工艺结果，并通过不同参数比较以优化工艺设计，确保一次制造成功和一次试模成功；引入网络技术而形成网络化设计与制造技术，也在冲压生产中成为研究前沿和热点，向虚拟制造、分散网络化制造、数字化制造及制造全球化的方向发展。

实践表明：已有经验知识与数字化的集成是冲压技术发展的有效途径。

7.2.2 计算机辅助设计与制造（CAD/CAM）系统的广泛应用

计算机辅助设计（Computer Aided Design，CAD）是人和计算机相结合、各尽所能的新型设计方法。从思维的角度看，设计过程包括分析和综合两个方面的内容。人可进行创造性思维活动，将设计方法经过综合、分析，转换成计算机可以处理的数学模型和解析这些模型的程序。在程序运行中，人可以评价设计结果和控制设计过程；计算机则可以发挥其分析计算和存储信息的能力，完成信息管理、绘图、模拟、优化和其他数值分析任务。

CAD 在冲压生产中的广泛应用，成为推动生产力发展的新技术之一。各企业应用通用 CAD 软件平台做了大量的二次开发，现在已不只是替代了图板辅助绘图，而是逐渐成为真正意义上的辅助设计和数字化设计。图 7-1 与图 7-2 所示为某企业与高校联合开发的多工位级进模 CAD 系统的实例。

计算机辅助制造（Computer Aided Manufacturing，CAM）是利用计算机对制造过程进行设计、管理和控制的新型制造方法。CAD 和 CAM 的关系十分密切。CAD 只有配合数控加工，才能充分显示其巨大的优越性，CAM 只有依靠 CAD 系统产生的模型才能发挥其效率。因此，在实际应用中两者很自然地紧密结合起来，形成计算机辅助设计与制造集成系统，简

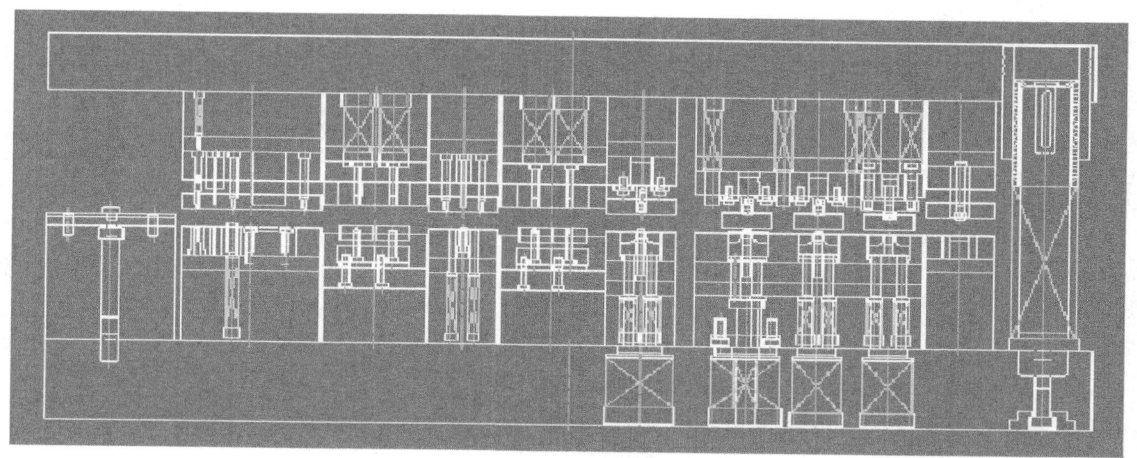

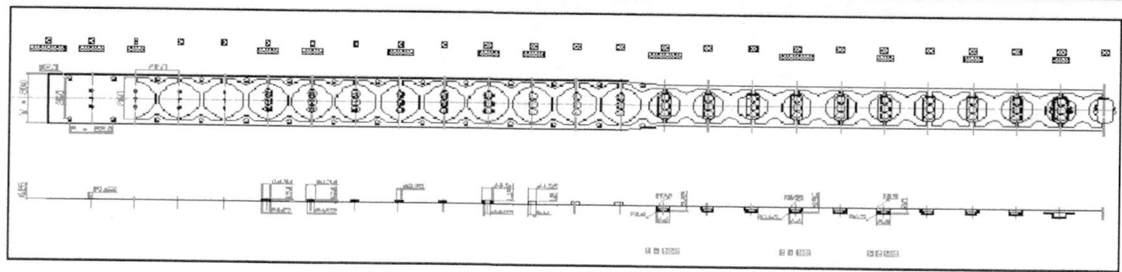

图 7-1　某电子产品多工位级进模 CAD 系统

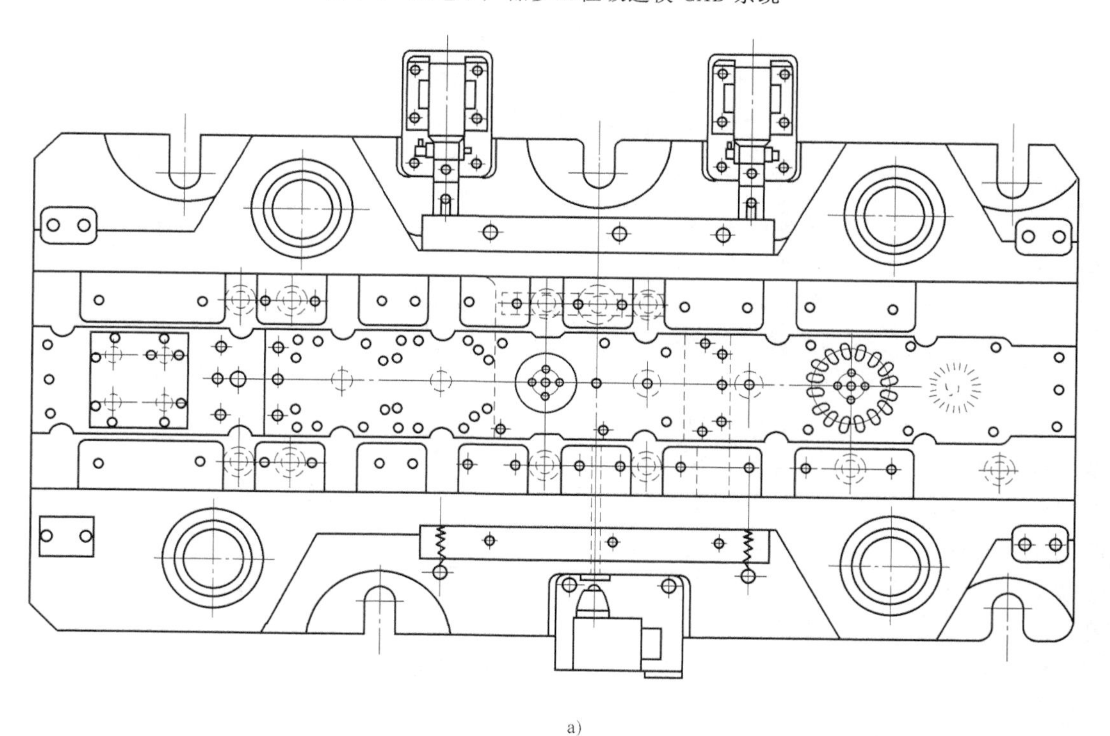

a)

图 7-2　电机铁心自动叠铆多工位级进模

a）上模组装图

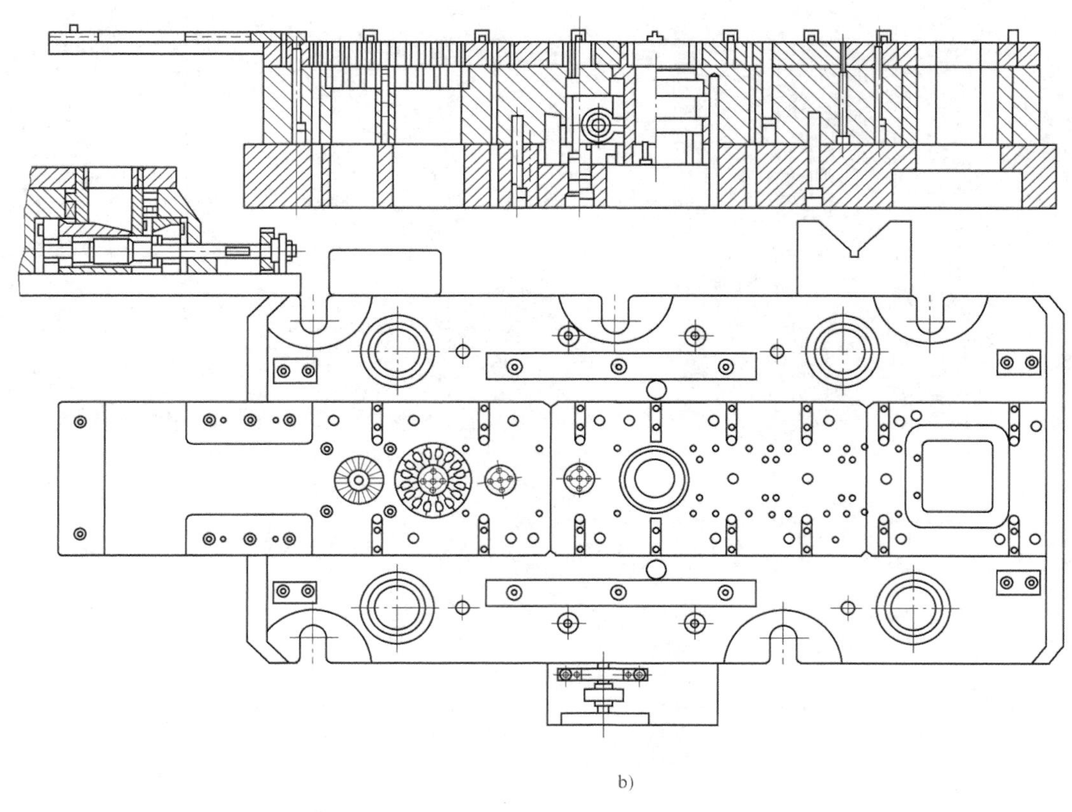

图 7-2 电机铁心自动叠铆多工位级进模（续）
b）下模组装图

称 CAD/CAM 系统。在 CAD/CAM 系统中，设计和制造各个阶段可以利用公共数据库中的数据。公共数据库将设计和制造过程紧密联系为一个整体。数控自动编程利用设计的结果和产生的模型，形成数控加工机床所需的信息。

作为一个实例，图 7-3 所示为冲裁模 CAD/CAM 系统的组成结构。系统由主控模块、功能模块、数据库和图形软件组成，功能模块在系统主控模块的集中管理下工作。系统运行中，图形软件可完成工件与模具零件的几何造型与图形绘制，并可实现图形的交互编辑与修改；数据库可方便地进行数据的存取和管理。

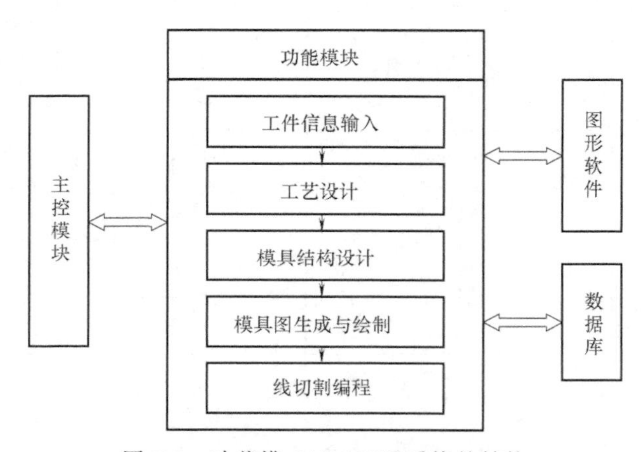

图 7-3 冲裁模 CAD/CAM 系统的结构

7.2.3 数值模拟的精度不断提高

在传统的冲压工艺和模具设计中，可利用经验公式和实际经验，设计出比较合理的工艺和模具。而对于形状复杂的零件（如汽车覆盖件）来说，特别是新产品开发过程中，由于无法用简单的方法分析各种因素对成形的影响，工艺和模具调整工作量很大，其时间会占到整个模具开发周期的一半以上。因此，如何准确预测冲压成形中的缺陷，了解各种工艺因素对成形的影响一直是重要的研究课题。

随着计算机技术的发展，国内外学者和冲压生产研究人员开始寻求各种数值方法，利用计算机进行冲压生产的定量研究，其中有限元法最为成功。用数值模拟技术可对不同工艺方案进行预测分析、优化工艺和模具设计，选择合理的工艺方案，预测冲压过程中可能出现的各种缺陷，并以模拟结果为依据提出改进工艺参数和模具的办法，优化工艺参数，减少调试和修模的次数；由模拟结果还可以对坯料的形状和尺寸进行优化。采用数值模拟技术可以降低模具费用、缩短制模时间、提高产品成品合格率和材料利用率，最终达到降低产品成本的目的。

采用计算机辅助工程（Computer Aided Engineering，CAE）技术可以优化冲压工艺，预测起皱、拉裂；计算毛坯尺寸、压边力和工件回弹；优化润滑方案；估计模具磨损等。近年来，CAE商用软件不断升级，精度在不断提高，已逐渐被各冲压企业认可，应用范围也更加广泛。作为一个实例，图7-4所示为某轿车前、后轮罩原制件图。图7-5所示为后轮罩数值模拟结果比较，对工艺补充面的台阶宽度 b 优化结果取 $b=40\text{mm}$。图7-6所示则为试模结果的比较。很明显，在数值模拟指导下的后轮罩调试顺利，而单纯靠经验确定参数的前轮罩试模失败。作为另一个实例，图7-7所示为某轿车翼子板冲压成形数值模拟与一次试模结果，适当增大压边力后，工艺补充面上的皱纹消失。

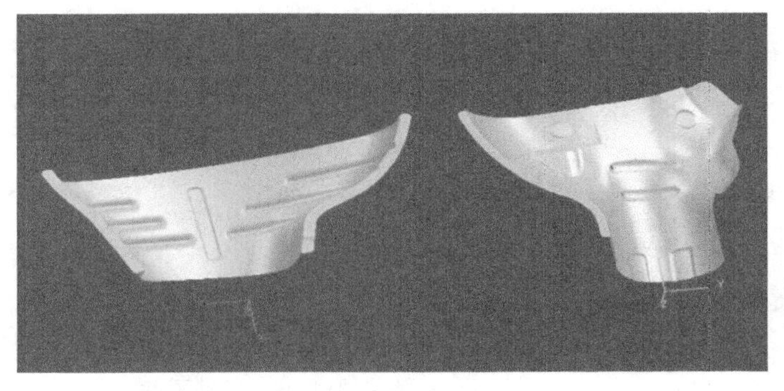

图7-4　某轿车前、后轮罩原制件图（左：后轮罩；右：前轮罩）

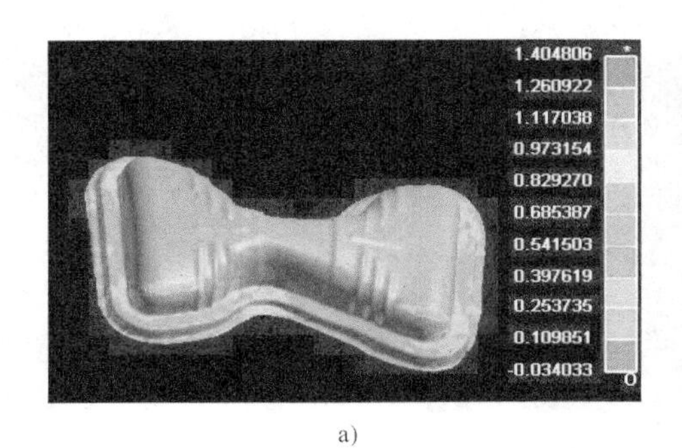

a)

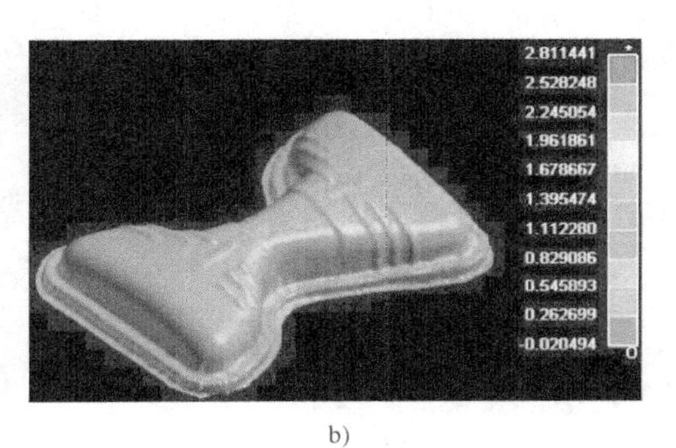

b)

图7-5　后轮罩数值模拟结果比较

a）$b=60\text{mm}$ 时最大主应变分布　b）$b=40\text{mm}$ 时最大主应变分布

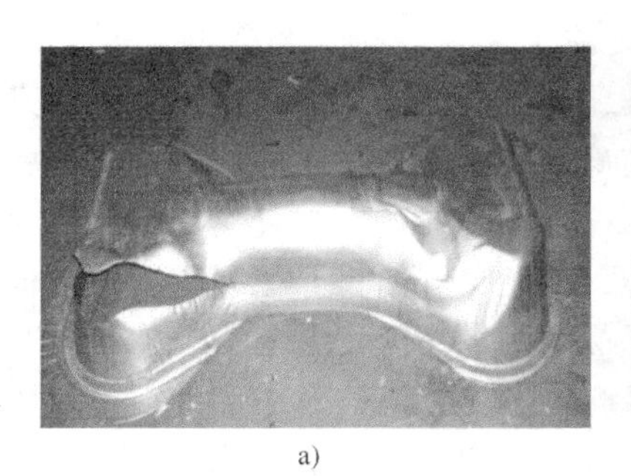

a)

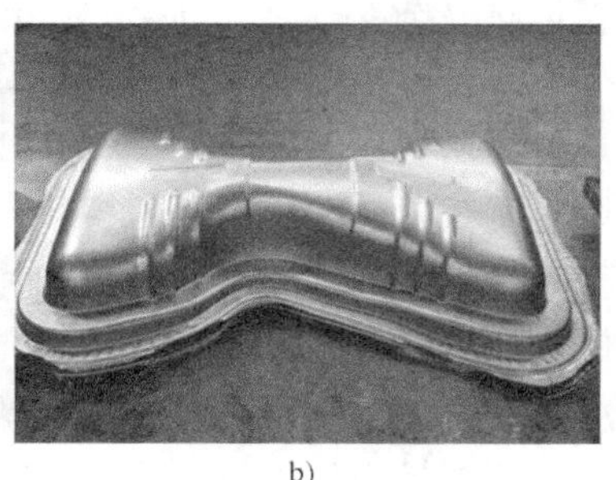

b)

图 7-6　试模结果比较

a）前轮罩调试制件　b）后轮罩调试制件

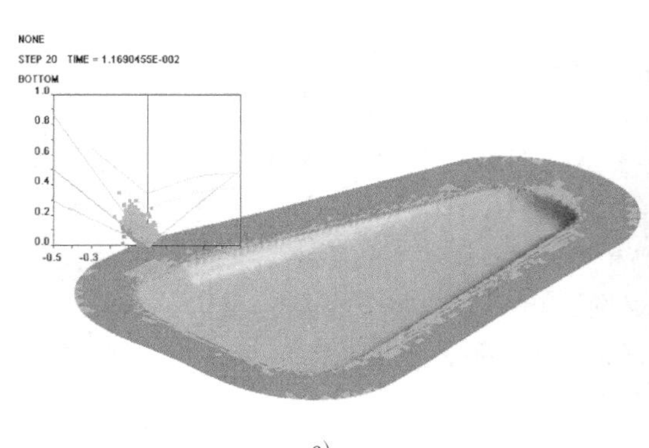

a)

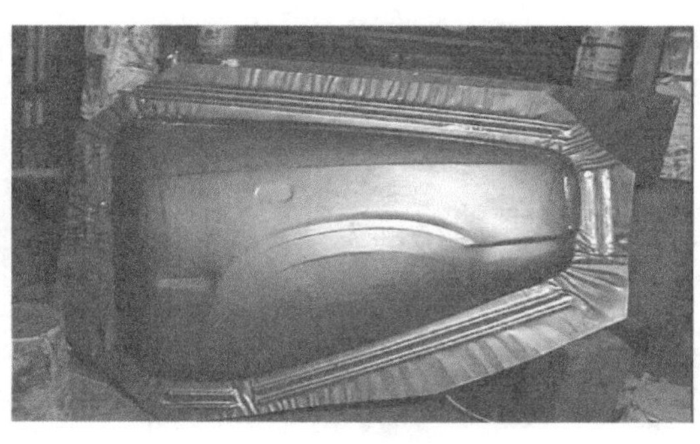

b)

图 7-7　某轿车翼子板冲压成形数值模拟与试模结果

a）数值模拟及参数优化　b）某轿车翼子板冲压件

7.2.4　逆向工程（RE）与测量技术（MT）的发展

现阶段，用户提供的冲压产品，除了冲压件图样和技术文件之外，还有电子文档和实物样件。如果用户提供的是实物样件，就需要通过测量技术（Measurement Technology，MT）和反求工程（Revese Engineering，RE，也称逆向工程）来获得产品的数模。西安交通大学在“三维光学摄影测量技术”方面处于全国领先地位，达到了国际先进水平。2013 年，由梁晋等人完成的科研项目《复杂工况三维全场动态变形检测技术》获国家技术发明二等奖。作为该项成果在冲压技术领域应用的实例，图 7-8 所示为某汽车仪表板的逆向工程；图 7-9 所示为某车身冲压模的数字化测量过程；图 7-10 所示为某汽车冲压模具企业对泡沫实型的在线检测；图 7-11 所示为某飞机外形的检测。

7.2.5　生产管理数字化简介

产品数据管理（Product Data Management，PDM）是一门用来管理所有与产品相关信息（包括零件信息、配置、文档、CAD 文件、结构、权限信息等）和所有与产品相关的过程（包括过程定义和管理）的技术。“与产品相关的过程”指的是产品的发放过程、产品变更过程和其他的工作流程。通过实施 PDM，可以提高生产效率，有利于对产品的全生命周期

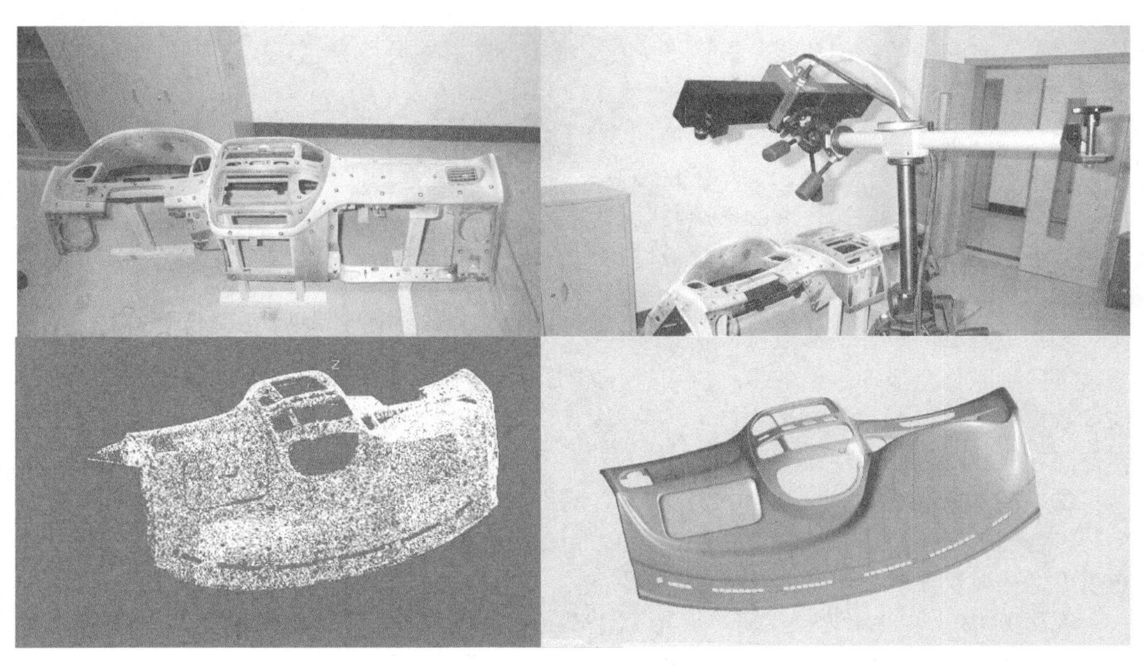

图 7-8 某汽车仪表板的逆向工程

进行管理，加强对文档、图样、数据的高效利用，使工作流程规范化。PDM 制造过程数据文档管理系统，能够有效组织企业生产工艺过程卡片、零件蓝图、三维数模、刀具清单、质量文件和数控程序等生产作业文档，实现车间无纸化生产。在集成化过程中，PDM 是不可缺少的软件支撑环境，它是连接集成化环境中人员、工具、信息、过程的桥梁和纽带。这意味着 PDM 在工业上的应用范围非常广阔。

图 7-9 某车身冲压模的数字化测量过程

图 7-10 某汽车冲压模具企业对泡沫实型的在线检测

PDM 是为企业设计和生产构筑一个并行产品艺术环境的关键使能技术。一个成熟的 PDM 系统能够使所有参与创建、交流、维护设计意图的人，在整个信息生命周期中自由共享和传递与产品相关的所有异构数据。这里，“异构数据”是指由于产品设计所涉及的知识构成越来越复杂，各领域专家借助不同的硬件、不同的操作系统和不同的应用软件工具参与设计，所以产品信息往往要由不同的软件供应商提供的多种应用软件系统生成或使用，这样就产生了类型各异的设计结果数据；又由于参与设计的人员可能分属不同的部门甚至是不同地域，设计活动的分散性使信息存放在不同的部门或地点。

图 7-11　某飞机外形的检测

新一代 PDM 系统融合了面向对象技术、网络通信技术、客户/服务器结构、分布式数据库技术与图形化用户接口。许多企业都把 PDM 作为贯穿整个企业的集成框架，是企业保持竞争力的战略决策。

应用 PDM，可以缩短交货期、提高设计效率和生产效益、保护数据完整性、更好地利用富有创造力的团队精神，而且能够更好地控制项目和管理工程变更，是向全面质量管理迈进的重要一步。

PDM 系统是建立在关系型数据库管理系统平台上的面向对象的应用系统，PDM 的体系结构如图 7-12 所示，共有四层组成。

第一层是系统层，该层主要提供数据库操作、操作系统的运行、网络数据的存取等功能，其功能与具体的网络环境和硬件平台相关联。目前流行的商品化关系型数据库是 PDM 系统的支持平台。

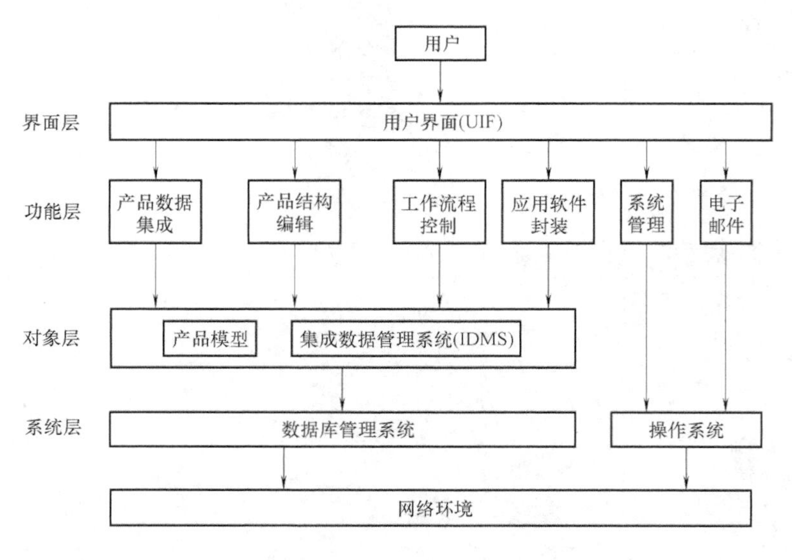

图 7-12　PDM 的体系结构

第二层是对象层，由于在 PDM 系统中选用关系型数据库作为支持平台，而关系型数据库侧重管理事务性数据，不能满足产品数据动态变化的管理要求。PDM 系统将其管理动态变化数据的功能转换成几个甚至上万个二维关系型表格，实现面向产品对象管理的要求。

第三层是功能层，对象层提供了描述产品数据动态变化的数学模型。在此基础上，根据 PDM 系统的管理目标，可以建立相应的功能模块。

第四层是界面层，不同的用户在不同的计算机上操作，PDM 系统都要提供友好的人机交互界面。根据各自的经营目标，不同企业对人机界面也会有不同的要求。因此，在 PDM 系统中，除了提供标准的、不同硬件平台的人机界面外，还要提供开发用户化人机界面的工具，以满足各类用户的专业的特殊要求。

企业资源计划（Enterprise Resource Planning，ERP）系统是指建立在信息技术基础上，集信息技术与先进管理思想于一身，以系统化的管理思想，为企业员工及决策层提供决策手段的管理平台。它是从物料需求计划（Material Requirement Planning，MRP）发展而来的新一代集成化管理信息系统，它扩展了 MRP 的功能，其核心思想是供应链管理。它跳出了传统企业边界，从供应链范围优化企业的资源，优化了现代企业的运行模式，反映了市场对企业合理调配资源的要求。它对于改善企业业务流程、提高企业核心竞争力具有显著作用。

与国际先进企业比较，我国在生产管理方面的差距要大一些。目前，众多企业已经认识到了这一点。市场经济发展的需求会加快 PDM/ERP 发展的步伐。

7.3　冲压件快速样品制造技术

7.3.1　电子产品快速样品制造技术

随着市场经济的不断发展，人们对物质生活的要求越来越高，对产品的要求相应也越来越高，使产品更新换代速度日益加快，制造业的生产方式也朝着多品种、小批量生产的方向发展。样品制造以其批量小、速度快的特点在近年来得到快速发展，成为制造业重要的生产方式之一。

电子产品的发展是 21 世纪世界性产品的命脉，作为信息时代的产物，“快速、高质、创新”成为新时期电子技术产品赖以生存的三大要素。样品制造业即是由此而产生的一个新兴的产业，其发展非常快速。目前，样品生产已经能够做到非常快速的交货。但是，为了达到快速，产品的质量在某些方面有所降低，而且成本很高，这在一定程度上影响了样品制造业的发展。在未来，样品制造业将朝着更加快速、更高质量方向发展。

（1）样品制造的特点　在产品的设计和开发阶段，制造商需要少量成品来检验设计的效果，以便进一步改进，或是需要小批量成品快速投放市场以获得市场信息。某些 3C（Computer、Communication、Consumer）资讯产品种类丰富，为了满足用户追求个性化的要求，需求量很小，无法投入量产，这时就需要制造样品，所以样品制造有以下一些特点：

1）速度快。为了快速抢占市场，时间是制胜的法宝。从产品设计到制造出样品只要几天的时间，而传统的制造方法仅仅设计制造出模具就需要好几个月的时间，因此即时上市（Time to Market）成为样品制造的重要特点之一。

2）变种变量。制造样品时，种类丰富多样，数量变化大，有的制造商只需要几件来检验设计的效果，而有的则在几年内每月都需要几百件来投放市场。

3）成本高。样品制造的数量少，速度快，制造方法不同于传统制造方法，需要使用先进的设备，成本昂贵，投资大。为了达到质量要求，采用最好的材料，所以其成本高。但这只是相对于量产时的成本，而有的产品可能只生产几件或几百件就不再生产，达不到量产的阶段，因此不能采用传统的方法来制造。

（2）样品制造的类型　目前，样品制造业主要有少量样品制造与量产样品制造两类。

1）少量样品制造。一般是在产品的设计阶段，制造商需要少量的成品来检验设计的效果，其制造的数量少，一般在10~100件，要求24~72h交货。由于需要快速交货，所以在制造方法上始终以追求快为目标，而设计制造模具要求时间太长，成本太高，无法用于少量样品制造。所以，少量样品制造采用先进的设备来替代传统的模具加工，使用简易模来完成传统设备无法加工的成形件，即所谓软模加工（指钣金加工领域非模具化生产，而是运用多种数控设备，如激光切割机、数控压力机、折弯机以及铆钉机等，结合刀具、共用模架、简单模具等辅助设备，完成小批量快速生产的一种加工模式）。少量样品生产采用先进制造设备和技术，以样品快速弹性制造能力及产能争取客户，以小批量生产来衔接后续批量生产订单的获得。

2）量产样品制造。一般在产品投放市场阶段，适用于一些每月需求量小，但需要长期供货的产品，如一些大型的网络服务器机箱等。其每月生产100~5000件，寿命为1~3年。这种产品的制造既不同于少量样品制造又不同于大批量生产，其方法也不同。一般来说，量产样品制造从质量和成本的角度考虑，一部分结构采用先进的设备替代模具加工，而另外一部分则需要采用模具加工。

（3）样品制造的流程　样品制造的流程又可分为少量样品制造流程和量产样品制造流程。

1）少量样品制造流程。少量样品制造流程如图7-13所示，主要包括：

① 业务接单。了解客户的特殊要求、交货期限等。

② 生产技术中心进行产品图图面的确认及成本分析，确定客户图面所需材料是否充足，特殊要求是否能够满足，附件是否能够及时采购以及交货期限是否可以保证。同时，生产技术中心还须建立产品数据库，给后续生产部门提供资源信息。

③ 制订生产规划。由各部门集体进行产品生产规划的制订，安排工序，确定简易模具制作方案，解决各部门生产中存在的问题，预排加工时间。

④ 生产协调。由生产部门制订生产工单，向上级提出材料申请，排配工作流程，确定外配合作部分和外配加工单位，同时开始设计简易模具。

⑤ 工艺方案确定。由工程部门安排加工具体方案，决定各种结构所使用的加工工具、加工次序等。

⑥ 进行程序展开。这部分的主要工作是将展开图转换成NCT和激光程序，包括毛坯的展开、公差的确定、进行工艺处理等。

⑦ 生产实施。激光组进行下料作业，NCT组进行冲孔或下料作业，然后由折床组完成折弯工序，由钳工完成内孔翻边、压筋（压凸包）、拉深、压印等工序，由组装组完成产品组装。

⑧ 检验、出货。质量管理部门进行零件检测、出货。

2）量产样品制造流程。其前期流程与少量样品制造流程基本相同。完成上述工作以后，进入模具设计阶段。模具设计分以下步骤进行：

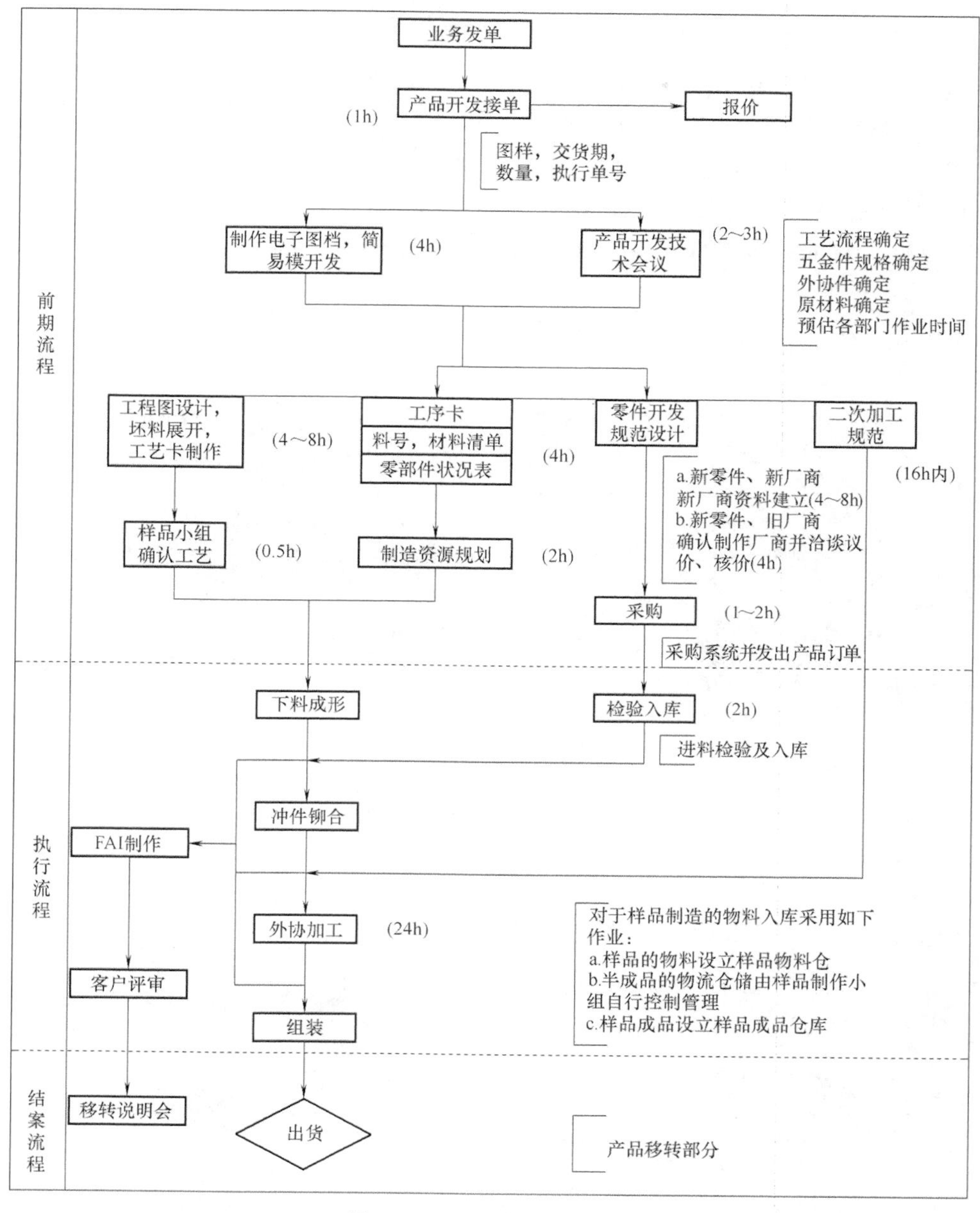

图 7-13　少量样品制造流程

① 毛坯尺寸展开，其间做一定的工艺处理。

② 进行工序安排，确定每一工序内容，绘制工序图。

③ 建立档案系统，移交作业。

④ 进行模具结构设计。根据工程图确定模具的具体结构。

⑤ 模具加工。专门进行模具加工的部门接到模具设计部门传来的图样，经过程序展开、加工方案确定、工艺处理，在最短的时间内加工出模具零部件，并移交设计部门。加工设备主要有高速研磨机、高速铣加工机、线切割机和电火花加工机等。

⑥ 试模。模具设计部门接到模具加工部门所加工出来的模具零部件，进行组装作业，并试模、调模。

⑦ 批量生产。模具组装、调试完成以后，转给制造部门进行批量生产，其间模具如果出现问题，再移交模具设计部门或加工部门进行修模。

⑧ 检验、交货。质量管理部门对成品进行检验，最终交货。

(4) 样品制造常用设备　样品制造中主要采用的先进设备有激光切割机（图 7-14)、数控转塔压力机（Numerical Control Turret Punch Press）（图 7-15)、数控折弯机（图 7-16）等。样品加工中采用激光切割机和数控压力机来下料、打孔。通过合理工序安排，根据激光切割机与数控压力机各自的优点，达到最佳的效果和经济性。利用数控折弯机完成相关折弯成形。

a)

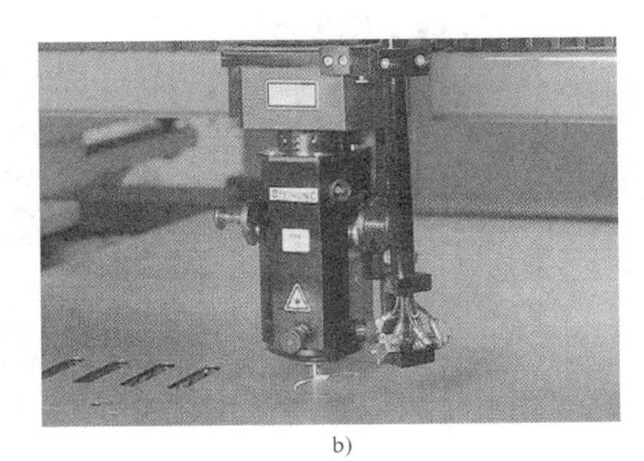

b)

图 7-14　激光切割机

a）激光切割机外形　b）激光切割

图 7-15　数控转塔压力机

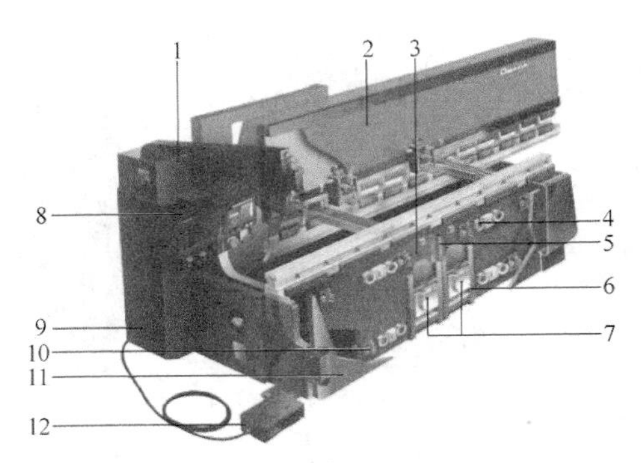

图 7-16　数控折弯机

1—机架　2—上横梁　3—下横梁　4—左右导辊

5—偏心载荷保护装置　6—液压系统　7—液压缸

8—操作控制箱　9—控制箱　10—前后导辊

11—支承板　12—脚踏板

(5) 少量样品生产工艺举例　以下以某计算机机箱基座为例予以说明。

1）产品工艺分析。如图 7-17 所示，某计算机机箱基座的特点是其上有许多网孔，且在网孔的中间压凸包。网孔的间距较小，冲裁时应错开冲。材料为热浸镀锌钢板（GI），料厚为 1.2mm。产品结构中包含有冲压成形工序：折弯（包括 90°折弯、非 90°折弯和段差）、冲孔、压桥、压形或压凸包、冲沙拉孔和翻孔。

2）产品零件图的展开。

① 弯曲件的展开计算，图 7-18a 所示为 90°折弯的展开，图 7-18b 所示为反折压平的展开。

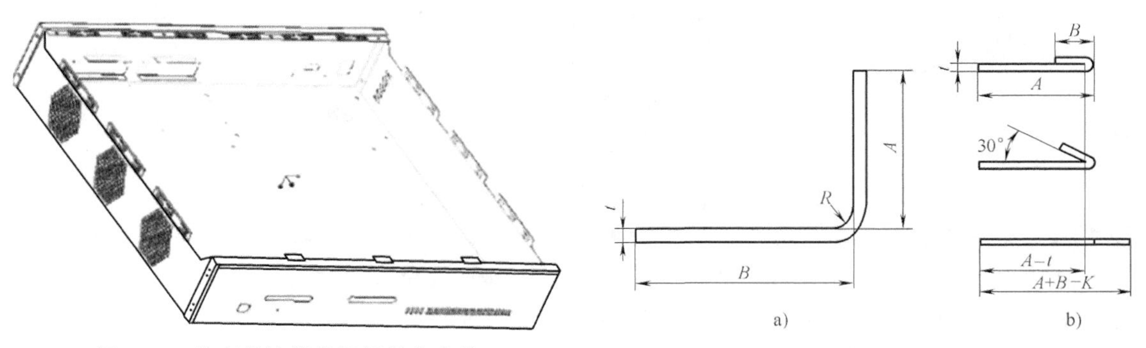

图 7-17　某型号计算机机箱基座产品

图 7-18　弯曲件的展开计算

a）90°折弯的展开　b）反折压平的展开

② 翻孔的展开计算，图 7-19a 所示为螺纹预翻孔、铆合预翻孔和特殊预翻孔径的展开计算，图 7-19b 所示为未做功能性标识翻孔的展开计算。

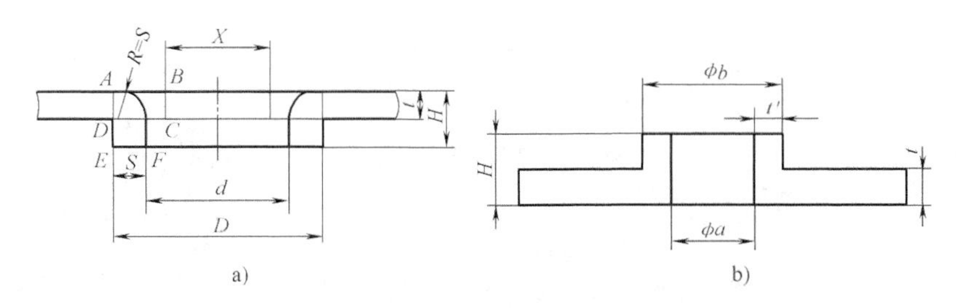

图 7-19　翻孔件的展开计算

a）翻孔的展开参数　b）未做功能性标识的翻孔展开

3）样品制造工艺。

① 基座的工艺方案确定。最重要的就是确定零件的加工工序，根据展开图的结果作出工程图。确定加工工序为激光下料，钳工进行压形、翻孔、翻孔攻螺纹、铆压五金件等自动化程度不高的加工，再到折床进行段差、抽桥以及其他简易模成形的小折等加工，然后是成形折弯。

② 工程图的处理。将使用不同方法加工的部分区分开，便于转化数控机床的程序以及在加工时方便看图。工程图主要包括激光工程图、NCT 工程图、钳工工程图和折床加工工程图。

③ 零件的工艺处理。受加工方法限制，某些结构无法加工，必须对零件做一定的工艺处理。对于基座，要做如下的工艺处理：

a. 零件未倒圆角。一律按 $R0.5$mm 做圆角处理。

b. 受折床加工限制，做如下处理：如图 7-20a 所示，当弯边高度小于最小值时，将弯边补长至最小尺寸，后修边；如图 7-20b、c 所示，当靠近折弯线的孔距折弯线小于最小距离时，折弯后会产生变形，此时可根据产品不同的要求，做相应的处理。

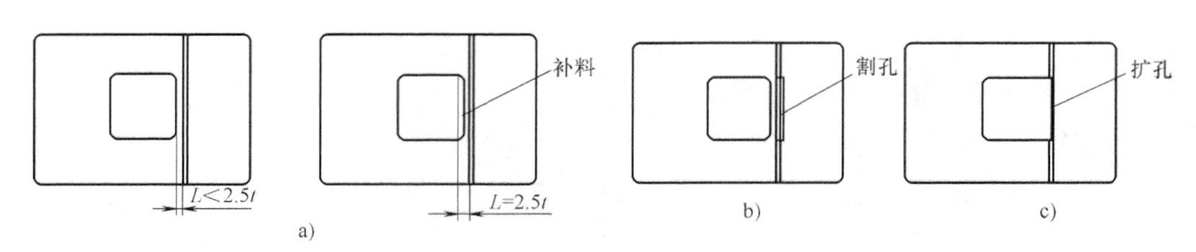

图 7-20　靠近折弯线的孔的处理方式

a）孔边补料的处理　b）沿折弯线割孔　c）靠近折弯线的孔的处理

4）简易模设计。简易模也称夹板模或压板模，由几块钢板叠合而成，用来在液压机、压力机上完成压形、翻孔、压凸包等部分的简易模具。如图 7-21～图 7-23 所示，压板模的一般结构主要包括冲头（成形的主要部件）、上模（固定冲头在板料位置，使之只能在料厚方向上移动）和下模（承接冲压下来的板料）。

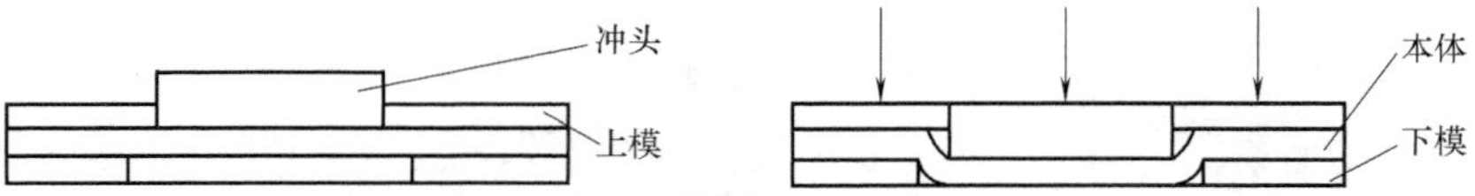

冲头
上模
本体
下模

图 7-21　压板模的工作方式

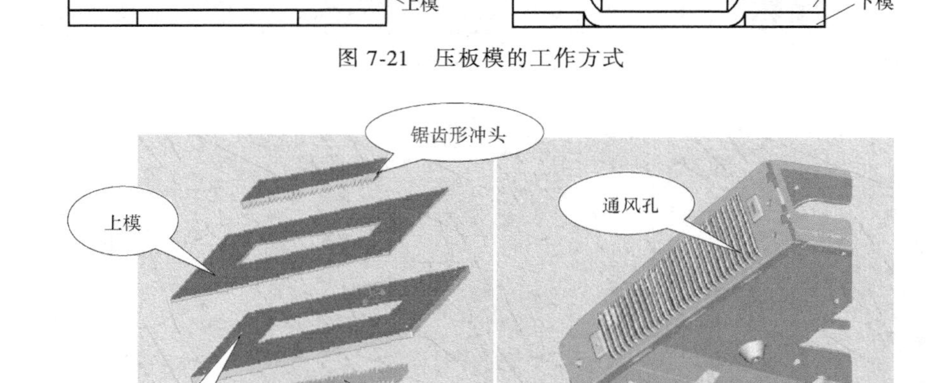

图 7-22　通风孔压板模

a）压板模结构　b）通风孔

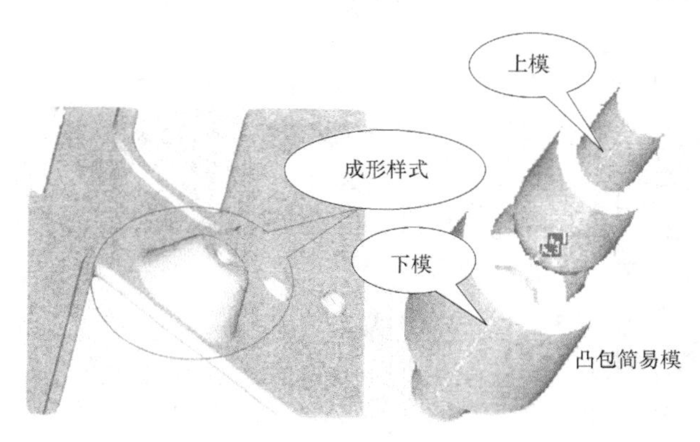

图 7-23　压凸包压板模的结构

7.3.2 覆盖件快速样品制造技术

2019年我国汽车产销量分别为2572.1万辆和2576.9万辆，连续十一年蝉联全球第一。车身尤其轿车车身是汽车品牌的标志，其价值占到整车总成的1/3~1/2，而且更新频率高、技术进步快、技术和品牌附加值高，所以车身开发是轿车工业发展的必争之地。与电子产品相同，由于市场的需求，汽车覆盖件样品制造以其批量小、速度快的特点在近年来得到快速发展。

（1）覆盖件样品制造的特点　汽车覆盖件样品制造的特点与电子产品有所不同。

1）成形工序是关键。覆盖件制造要经过落料、成形、修边、冲孔、翻边等多道工序来完成。在样品制造时，关键是成形工序。由于批量少，其他工序可采用激光切割、冲孔、数控折弯甚至钳工加工完成。

2）速度快、成本高。

3）工艺决策的灵活性大。由于不考虑后续工序、不考虑材料利用率等因素，在冲压方向、分型面、压料面、工艺补充面、拉深筋和工艺切口等要素的确定时，要灵活一些。

（2）快速成型模具制造技术简介　以下简单介绍几种汽车覆盖件快速模具制造技术。

1）电弧喷涂快速模具。该制模技术是基于“复制”的制模技术，它以一个实物模型作为母模，用电弧喷涂的方法在母模表面沉积形成一定厚度的致密金属涂层，即模具型壳，获得所需的模具型腔，在完成补强、脱模、抛光等后处理工艺后，即可完成模具的快速制造。图7-24所示为电弧喷涂技术的原理。

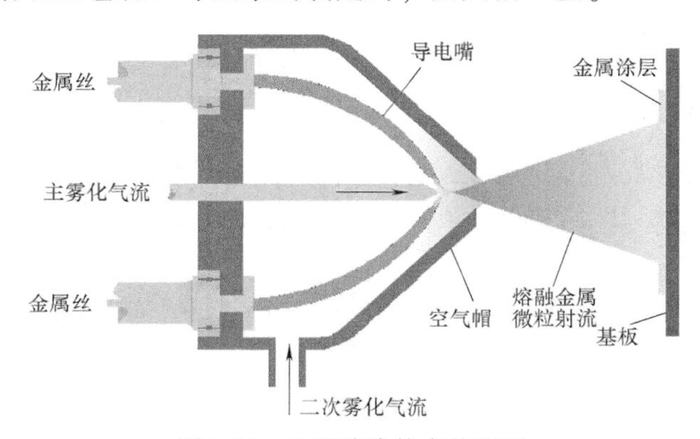

图7-24　电弧喷涂技术的原理

2）钢板叠层快速模具。利用激光、线切割、水切割或其他切割方法把板材切割成一定形状尺寸的板件，然后把这些板件依序叠合起来，通过机械紧固、粘接、焊接和热等静压等手段实现层间固接，最终形成模具实体，如图7-25所示。

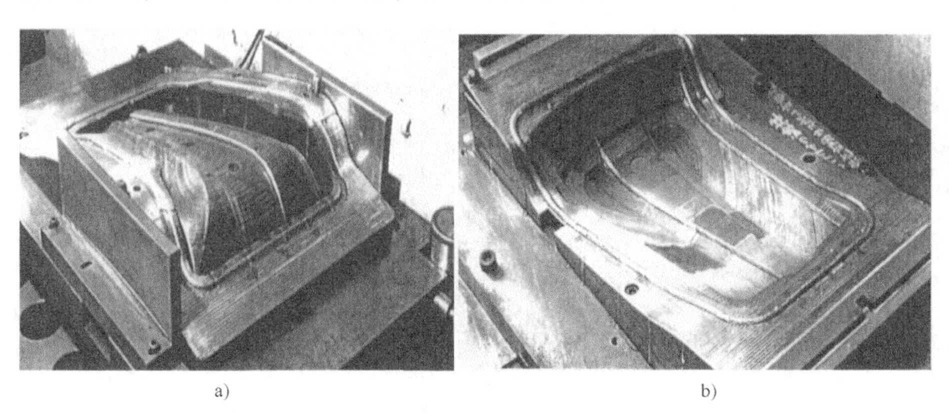

a)　　　b)

图7-25　激光切割钢板叠层冲压模具

a）钢板叠层凸模　b）钢板叠层凹模

3）低熔点合金模具。主要有锌基合金、铅基合金及铋基合金等，其中铋锡合金模具应用最为广泛。

4）复合材料模具。凸、凹模用复合材料制造，其他部分用普通钢材或代木材料，如图 7-26 所示。

图 7-26　复合材料成形模具

（3）电弧喷涂快速模具及实例　以下是西安交通大学采用自行研制的电弧喷涂快速制模系统及为某企业制造的模具及样件的实例。

1）电弧喷涂快速制模技术简介。凹模的制造流程如图 7-27～图 7-29 所示。凸模和压边圈的制造除了采用与凹模同样的工艺流程，用电弧喷涂的方法制造以外，还可以通过用树脂添加其他配料，利用已经制造完成的凹模直接浇注而成，这样可缩短工装制造的周期。

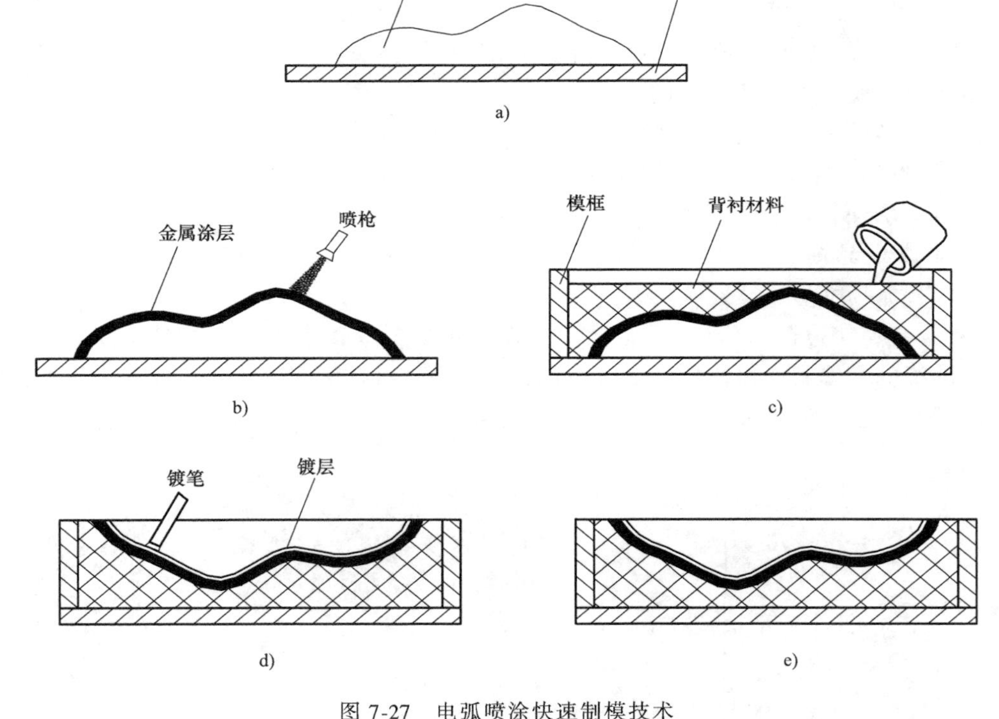

图 7-27　电弧喷涂快速制模技术
a）实物模型　b）金属喷涂　c）背衬浇注　d）模具型壳　e）补强、脱模、抛光

2）电弧喷涂模具及样品实例。图 7-30 所示为西安交通大学采用自行研制的电弧喷涂快速制模系统为某企业制造的舱盖内板模具及样件的实例。图 7-31 所示为某轿车行李舱外板和中底板的样件实例。

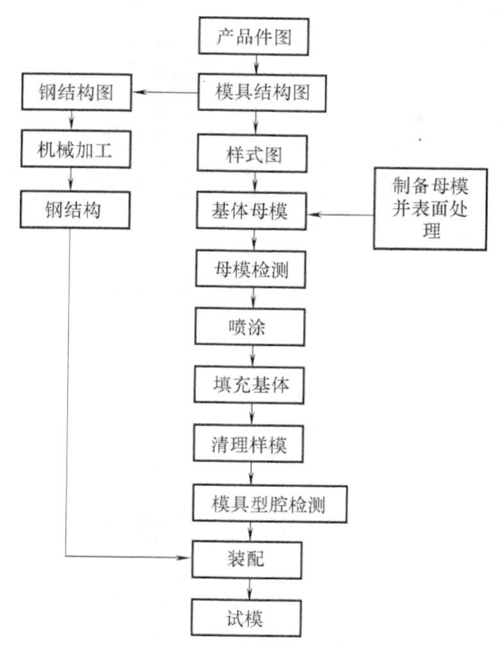

图 7-28　电弧喷涂快速制模流程

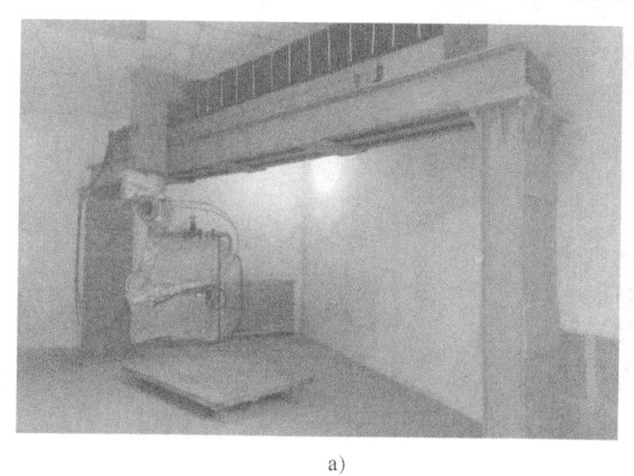

a)

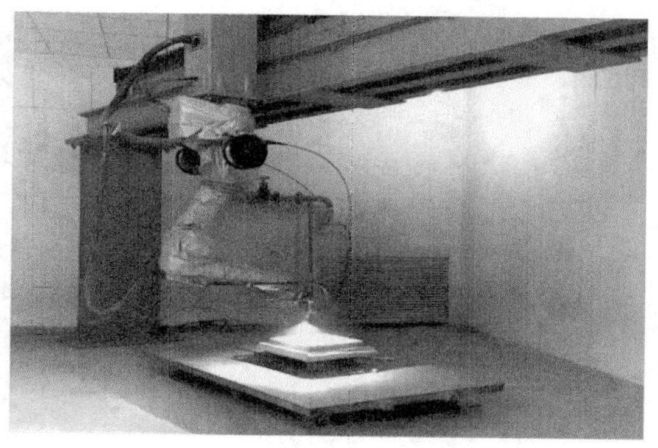

b)

图 7-29　七轴喷涂系统（增加氮气保护）

a）七轴喷涂系统　b）局部视图

a)

b)

图 7-30　电弧喷涂模具及样品实例

a）舱盖内板凸模　b）舱盖内板凹模

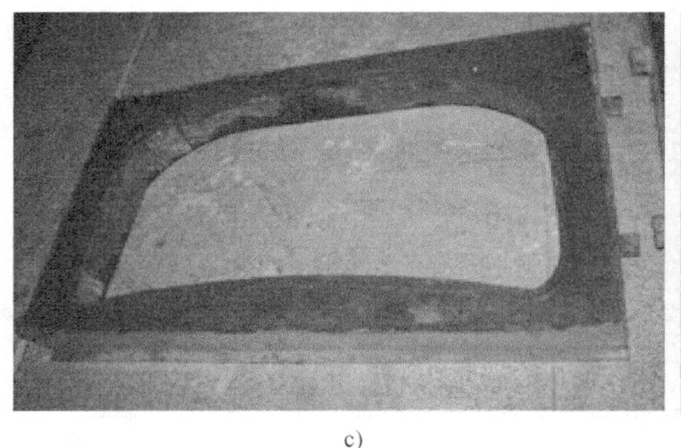

c)

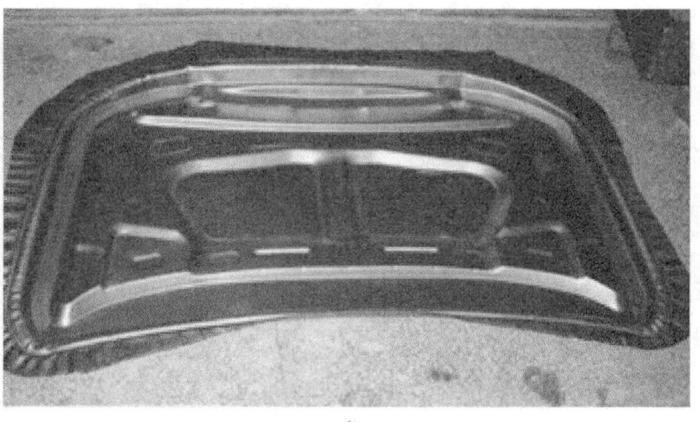

d)

图 7-30 电弧喷涂模具及样品实例（续）
c）舱盖内板压边圈 d）舱盖内板样件

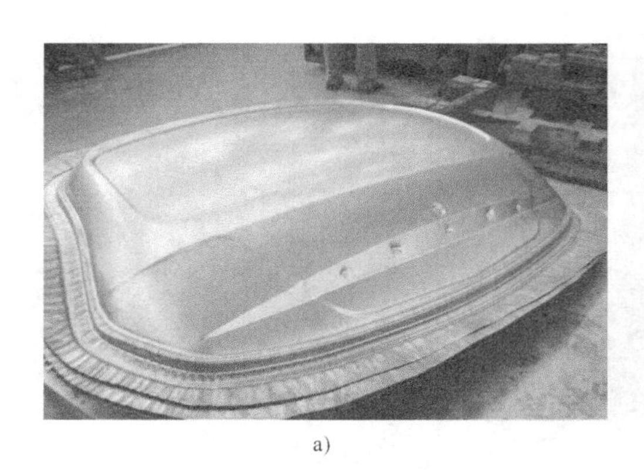

a)

b)

图 7-31 电弧喷涂快速制模实例
a）某轿车行李舱外板样件 b）某轿车中底板样件

7.4 冲压件柔性制造技术

7.4.1 冲压柔性加工的基本类型

为适应个性化、多品种、少批量的市场需求，另一个发展方向就是柔性制造。随着科学技术的发展，柔性加工系统得到迅速发展。目前，国外已采用了一定数量的冲压柔性加工系统，我国也开始了这方面研究。世界上以压力机或液压机为主机组成的冲压柔性加工系统（Flexible Manufacturing System，FMS）用于生产的为数尚不多，而使用较多的是柔性加工单元（Flexible Manufacturing Cell，FMC）。

这里主要介绍用模具在压力机上进行的冲压成形技术。基本类型包括单机冲压柔性系统、冲压柔性加工单元和冲压柔性加工系统。

（1）单机冲压柔性加工 它是指采用数控压力机和计算机控制自动上下料装置来自动完成多种冲压过程或在普通压力机上配有自控送料装置来完成的冲压生产。

（2）冲压柔性加工单元（FMC） 它由一台冲压设备、自动上下料装置、板料仓库和计算机控制系统组成。它自动完成冲压加工全过程。图7-32所示为德国特龙夫（Trumpf）公司推出的板材柔性加工单元。该单元由数控激光压力机、五跨的高架自动仓库、自动上下料装置、换模机器人及三个工具塔等组成。

（3）冲压柔性加工系统（FMS） 如图7-33所示，该板材冲压FMS由以下五个部分组成：仓库单元（即板材存储自动化立体仓库）、冲孔单元、剪切单元、中央控制室和后援设备。由多台冲压设备组成的自动化冲压、物料输送、储存和计算机信息系统，可自动完成设计、工艺、原料输送、冲压和工件送出全过程。

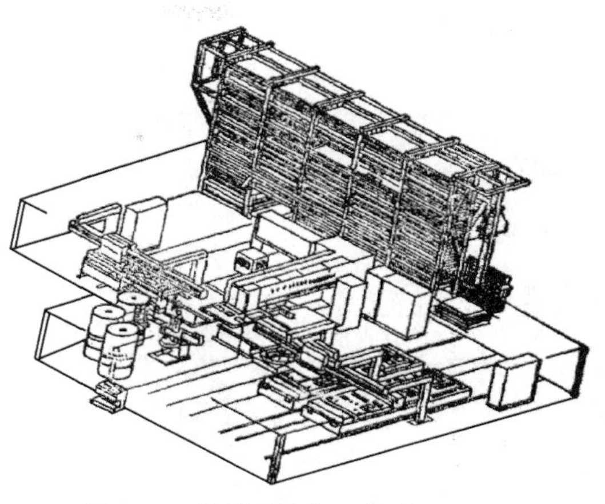

图7-32 板材柔性加工单元（FMC）

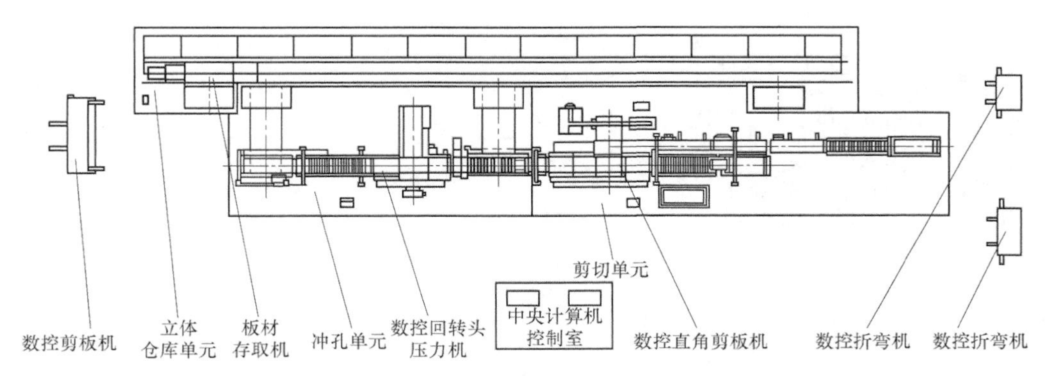

图7-33 板材冲压FMS总体配置

7.4.2 冲压柔性加工系统举例

不锈钢散热片如图7-34所示。这类散热片从不足1m（4*A*）到6m长度不等。对于这种多品种、小批量的冲压件，某企业与高校联合开发了一套多工位级进模，建成了一条自动化单机冲压柔性加工冲压生产线。

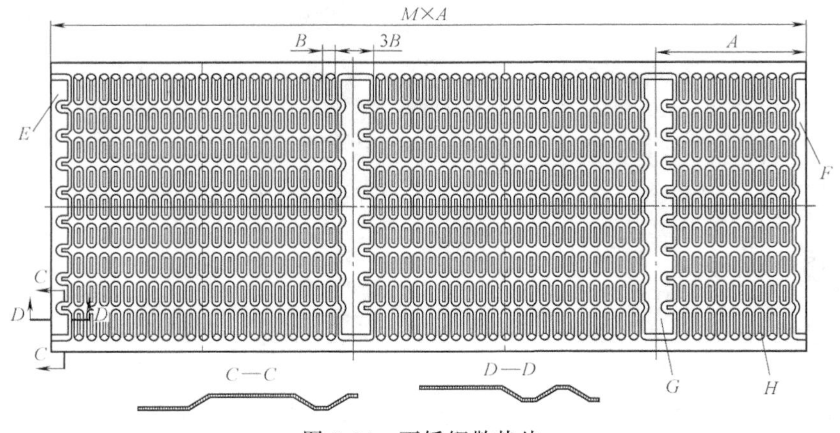

图7-34 不锈钢散热片

柔性可控多工位级进模具结构如图7-35所示。各工位凹模固定，A2、A3和A4工位凸模升降可控，具有柔性特征。控制系统如图7-36所示，在开卷和校平，校平和送料之间各设有一个料仓，料仓装有光电开关，用来检测料仓中料的状态。送料机构由步进电动机、滚珠丝杠、工作台、夹紧液压缸、夹紧装置组成。图7-37所示为由该系统生产的散热器片段。

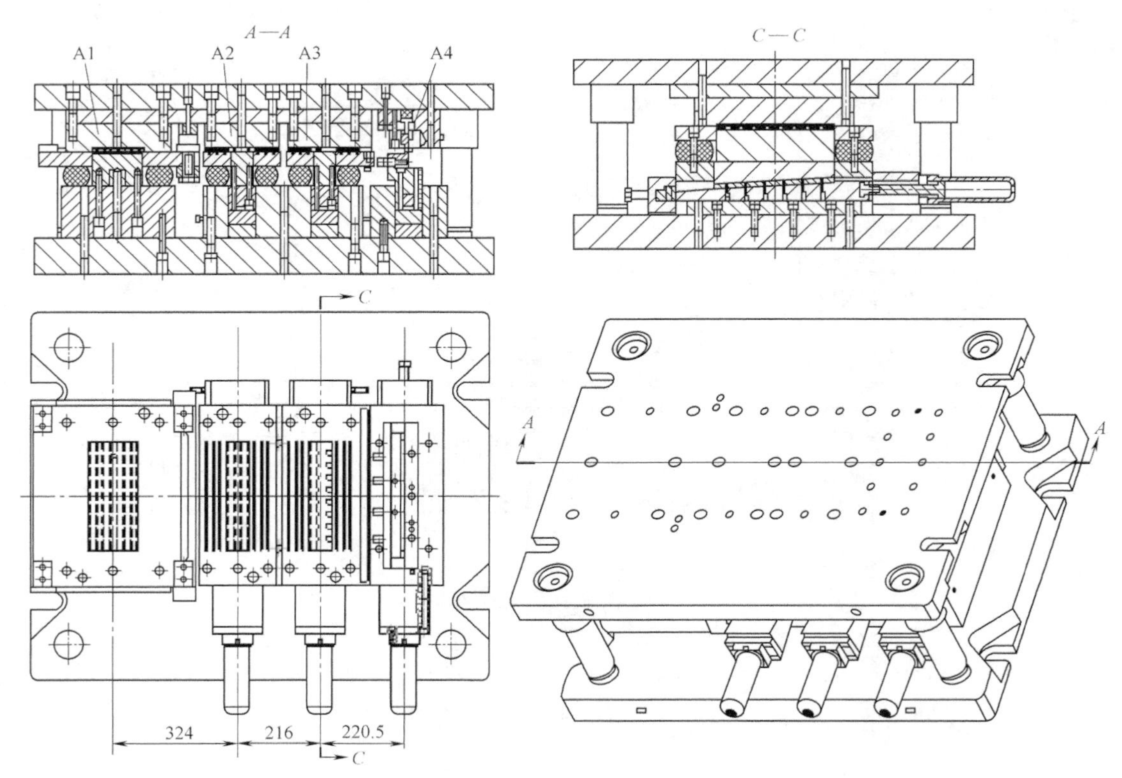

图7-35　柔性可控多工位级进模具结构

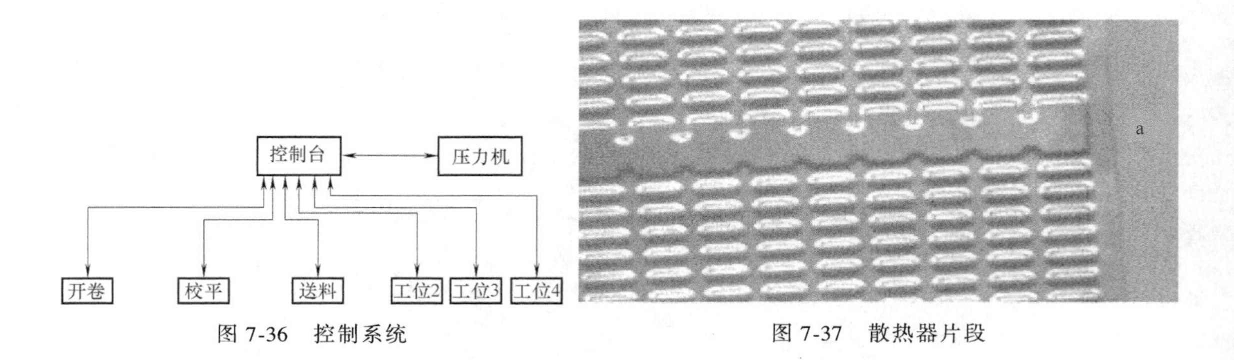

图7-36　控制系统　　图7-37　散热器片段

7.4.3　无模成形技术

传统的金属板料加工方法主要是用模具在压力机上进行冲压成形，具有生产效率高、适用于大批量生产的优点。但随着市场竞争的日趋激烈，产品的更新换代速度日益迅速，原有的采用模具加工的技术就表现出生产准备时间长、加工柔性差、模具费用大、制造成本高等缺点。为此，国内外许多学者都在致力于板料塑性成形的无模成形，以适应现代制造业产品快速更新的市场竞争需要。

无模成形技术包括了旋压成形、无模多点成形、数字化渐进成形、喷丸成形、爆炸成形、激光热应力成形和激光冲击成形等多种成形技术。

（1）旋压成形技术　旋压成形是板料常用的无模成形技术之一。该项技术比较成熟，所用的设备和工具都比较简单，可用于拉深、胀形、翻边和缩口等工艺，但生产率低，只能加工对称零件。旋压成形主要用在搪瓷和铝制品工业中，在航天和导弹工业中也有一定的应用。

（2）无模多点成形技术　无模多点成形技术的基本原理是：将传统的整体模具离散成一系列规则排列、高度可调的基本体（或称冲头），利用高度可调节的数控液压加载单元形成离散曲面，来替代传统模具进行三维曲面成形的加工技术。该方法特别适用于多品种小批量生产，体现了敏捷制造的理念。与传统模具成形方法相比，其主要区别就是它具有“柔性”，可以在成形前也可在成形过程中改变基本体的相对位移状态，从而改变被成形件的变形路径及受力状态，以达到不同的成形效果。根据基本体群之间在成形过程中有无相对运动，又可分为多点多道次成形法和多点压力机成形法。

20 世纪 70 年代，日本造船界开始研究多点成形压力机，并成功应用于船体外板的曲面成形。此后许多学者为开发多点成形技术进行了大量的探讨与研究，制作了不同的样机，但大多只能进行变形量较小的整体变形。吉林大学李明哲等人对无模多点成形技术进行了较为系统的研究，已自主设计并制造了具有国际领先水平的无模多点成形设备，目前正向推广应用方面发展。

吉林大学对 1561 铝合金展开了多点成形试验研究。多点成形中，板料以面外弯曲变形为主，具有较小的面内变形。在无压边或无拉边条件下，若板料在一次成形中变形量较大，上、下模具对板料法向约束不足，板料容易产生起皱等缺陷。多道次成形就是把目标零件的大变形量分解为多个小变形量，通过多道次成形产生的小变形量累加达到大变形量。图 7-38 所示为板料的多道次多点成形示意图，每个工步变形量较小，最终由小变形量的累加达到目标零件的大变形量。受传统模具成形中一套模具只能成形一种零件，且模具的设计、制造、调试周期长等特点的限制，使用传统模具实现多道次成形较为困难。多点模具由离散化并规则排列的基本体单元形成的基本体群组成，一套多点成形设备可通过数控调形快速构造不同型面，实现多道次成形，有效降低生产成本。理论上每一道次的变形量越小，最终成形件质量越高，但随着成形道次的增加，每一道次都需要调形，生产效率低，不利于推广。因此，多道次成形路径的设计以及有限元模拟的辅助优化是采用多道次成形方法不可缺少的环节。

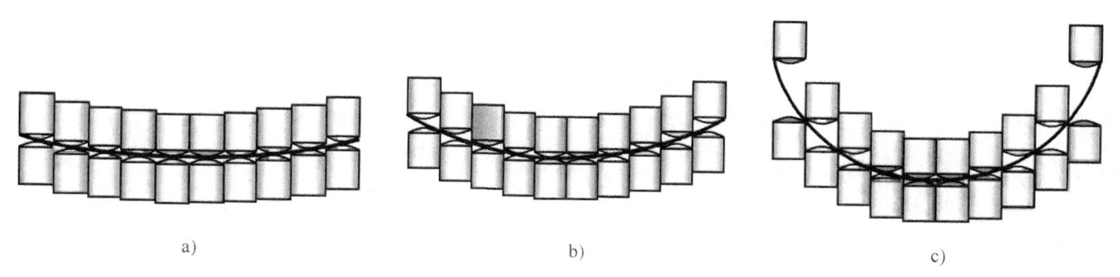

图 7-38　无模多道次多点成形技术

a）第 1 道成形　b）第 2 道成形　c）第 n 道成形

图 7-39 所示为多点压力机成形的过程，由基本体冲头的包络面（或称成形曲面）来实现快速、柔性成形。

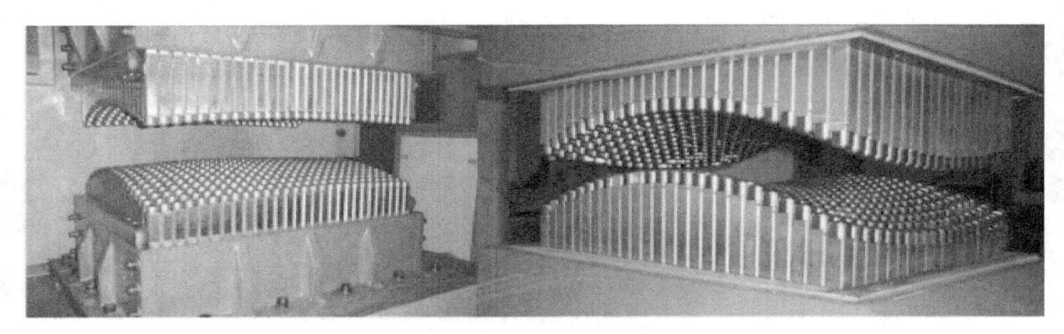

图 7-39 多点压力机成形的过程

（3）数字化渐进成形技术 数字化渐进成形是 20 世纪 90 年代日本学者松原茂夫提出的金属板料成形方法。将零件复杂的三维形状沿 Z 轴方向离散化，即分解成一系列二维断面层并用工具头在这些二维断面层上局部进行等高线塑性加工，达到所要求的形状，实现了板料设计制造一体化的柔性快速制造。数字化渐进成形技术的特点是无需一一对应的模具，零件的结构和形状也相应不受约束，因而极大地降低了新产品开发的周期和成本。所以对于飞机、卫星等多品种小批量的产品以及汽车新型样车的试制、家用电器等新产品的开发，都具有潜在的经济价值；而且该方法所能成形的零件复杂程度比传统成形工艺高。

（4）喷丸成形技术 喷丸成形是利用高速弹丸撞击金属板料的一个表面，使受撞击表面及其下一层金属产生塑性变形，导致面内产生残余应力，在此应力作用下逐步使板料达到要求外形的一种成形方法。目前其主要应用在航空航天领域，如波音和空中客车等飞机制造公司都已在其现代客机的生产中采用了喷丸成形方法。其主要优点是：

1）零件长度不受喷丸成形方法的限制，现代飞机蒙皮零件的长度已达 32m，若采用其他方法，设备投资将急剧增加。

2）工艺装备简单，无需成形模具，只需简单的夹具，准备周期短，固定投资少。

3）在进行成形的同时，可对板料起到强化作用。

4）可对变厚度的板料进行成形。

5）既可成形单曲率外形，又可成形双曲率外形，如机翼上下气动弯折区或非直母线区。

喷丸成形的工艺方法有弯曲喷丸、延伸喷丸和预应力喷丸三种，其成形机理十分复杂。由于影响成形过程的因素较多，使得喷丸成形工艺参数的选择仍要依靠庞大的试验数据库和操作经验，采用试喷渐进的方法来确定，耗时费资。在采用数控喷丸成形后，这一问题更需解决。西北工业大学的康小明等人提出喷丸成形 CAD/CAE/CAM 系统，以机翼整体壁板全信息模型及喷丸成形数据库为基础，解决了喷丸成形的参数选取问题；对喷丸成形进行运动模拟，简化了喷丸成形的数控编程工作；对喷丸成形进行有限元模拟，增强了对这一复杂过程的预见。

（5）爆炸成形技术 爆炸成形是利用烈性炸药爆炸产生的冲击波仿形，适用于大型工件的拉深、胀形、弯曲和校平等。爆炸成形安全性较差且工艺过程复杂，工艺参数难以控制，而且冲击波作用时间长达数毫秒，扩散效应大，不能精确成形。

（6）激光成形技术　随着激光技术的发展，特别是大功率工业激光器制造技术的日益成熟，激光作为一种“万能”工具已应用于材料的切割、焊接和表面改性处理等领域。其中，激光切割技术已较为成熟，广泛用于各种金属和非金属薄板料的切割成形，替代了部分零件的冲压和线切割工艺；激光表面淬火硬化和涂覆等技术在车辆发动机、机床和航空航天等实际生产中已有一定的应用，主要用于提高材料的硬度和耐磨性等，从而提高零件的使用寿命。

根据激光与物质相互作用所产生的热力效应的不同，激光技术在机械制造中的应用可分为两大类：一类是利用激光与材料相互作用所产生的热效应来对材料实施加工，以去除和改善材料性能，称之为激光的热加工；另一类是利用高能激光和材料相互作用产生的冲击波的力效应来改善材料性能，称之为激光冲击。而利用激光作为工具进行板料塑性成形方面的研究源于20世纪80年代，这就是目前人们俗称的激光热应力成形（也称激光弯曲）。

激光热应力成形是一种较新的金属板料成形方法。它是利用激光扫描金属薄板时，在热作用区域内产生强烈的温度梯度，引起超过材料屈服极限的热应力，使板料实现热塑性变形。通过调整激光加工参数和选择合适的扫描轨迹能够成形任意的弯曲件和锥形件等三维曲面零件，因而激光热应力成形是一种较好的无模成形技术。

与常规成形相比，激光成形技术有下列独特的优点：

1）采用激光源作为成形工具，无需任何形式的外力，因而生产周期短、柔性大。

2）因不受模具限制，可很容易地复合成形，制作各类异形件，属于真正意义上的无模成形。

3）属于热态成形，可成形在常温下难于成形的、难变形的或脆性材料。

4）对激光束模式无特殊要求，易于实现成形、切割、焊接等激光加工工序的复合化。

7.5　精密、复杂板料成形技术

7.5.1　精密冲裁技术

精密冲裁（简称精冲）是通过改变模具结构，增大变形区静水压力来抑制裂纹的产生，从而提高制件精度、改善断面质量的冲裁技术。精冲技术有齿圈压板冲裁、负间隙冲裁、小间隙圆角刃口冲裁、对向凹模冲裁、挤光和整修等。这里主要介绍应用广泛的齿圈压板冲裁。

随着我国汽车和电子工业的迅猛发展，齿圈压板精密冲裁技术有了很大的进步，得到了广泛的应用。其进步主要体现在以下两个方面：

（1）技术的创新　齿圈压板精密冲裁技术的创新有模具结构的创新、模具材料及模具表面处理、工艺与模具参数优化等几个方面。如本书1.2.37节中所列案例，采用具有一定宽度带状斜齿齿圈取代原来的封闭线形齿圈，增大了压边力，提高了齿圈强度，延长了齿圈压板寿命。如本书中多个实例所述，采用CVD、PVD、TD、DC-PACVD等表面处理方法可大幅度提高模具的表面硬度。用数值模拟优化工艺和模具参数，采用优化的参数组合进一步提高和拓宽了该项技术的应用范围。

（2）精冲件适用材料的扩展　在GB/T 30573—2014《精密冲裁件　通用技术条件》中

对精冲件的材料有较高的要求，如表 7-1 和图 7-40 所示。然而，由于市场的需求和技术的进步，近年来适应齿圈压板精密冲裁的材料有了较大扩展。例如本书中的众多实例，对 1Cr18Ni9Ti、409Ni、SUS304、430、441、SUH409 等不锈钢，S45C 等中、高碳钢都可以采用该项技术来加工。一些较硬的高碳钢和高合金钢以及其他低韧性的材料诸如镍基或钴基合金材料等也将能采用精冲方法来生产。对于低碳钢、低合金钢和不锈钢，冲裁厚度可达 12mm；而有色合金、铝合金和铜合金，冲裁厚度可达 18mm。

表 7-1　精冲件常用材料

材料	牌　　号
钢	08、10、15、20、25、30、35、40、45、50、55、60、65、70 Q345、15CrMn、20CrMn、20CrMo、65Mn、T8A、T10A、GCr15 06Cr13、12Cr13、20Cr13、30Cr13、40Cr13、12Cr18Ni9
铜及铜合金	T2、T3、T4 H62、H68、H80、H90、H96 HSn62-1、HNi65-5 QSn4-3、QA17、QBe1.7、QBe2
铝及铝合金	1070A、1060、1050A、1035、1200、8A06 6061、6063、6070、5A03、5A06、5A02、3A21 2A11、2A12

7.5.2　精冲复合成形技术

随着市场经济的快速发展，对所需产品质量要求越来越高，精度成为产品零部件必须重视的因素。为了批量、高效、经济地生产，需要尽可能减少零件的加工工序，降低原材料、模具、设备运营、物流和质量控制成本。CAD、CAE 等数字化技术已引入板料成形技术中。然而，市场经济的发展还需要不断改进和创新生产工艺、复合集成成形技术，用最小化加工工序来生产更复杂、更精密的产品。

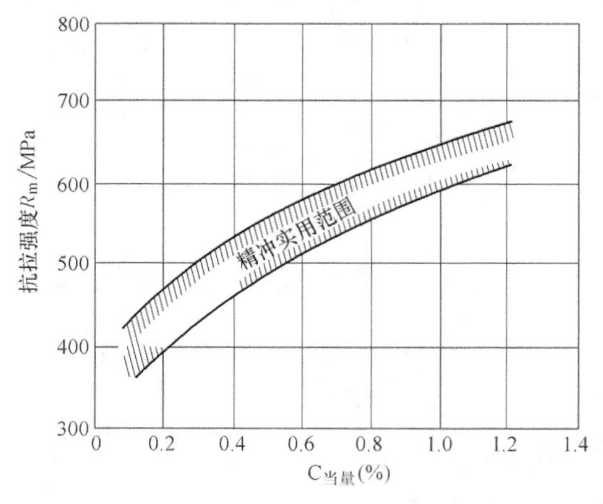

图 7-40　适用于精冲的钢材

精冲技术主要用于生产二维平板类零件。针对三维立体功能精冲产品，国内外采用精冲技术与其他的板料成形工艺如挤压、精锻、拉深、弯曲、翻边等相结合的精冲复合成形技术，突破了冲裁零件为平面件的局限。精冲与其他成形技术结合的复合成形技术已成为冲压新技术的重要组成内容，成为汽车制造业降低成本增加产量的重要技术措施之一。

（1）精冲压沉孔复合成形技术　其工艺过程如图 7-41 所示，精冲可以和压沉孔复合。图 7-42 所示为其实例。

（2）精冲挤压、模锻复合成形技术　如图 7-43 和图 7-44 所示，精冲可以和挤压、模锻复合。图 7-45 所示为典型精冲挤压复合成形产品。为促进该项技术的全面发展，全国锻压标准化技术委员会于 2019 年组织制订了 GB/T 37679—2019《金属板料精冲挤压复合成形件　工艺规范》。

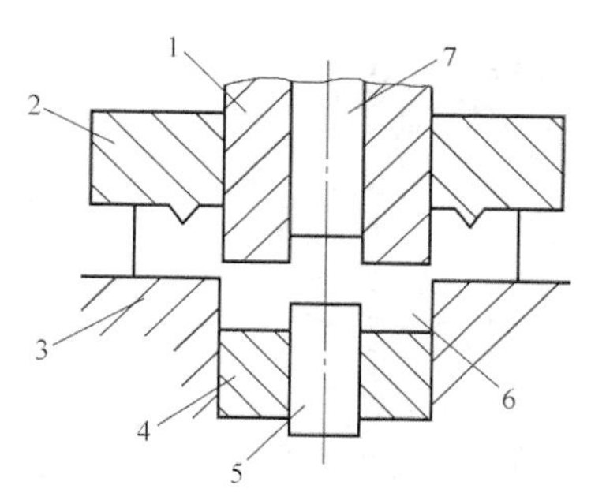

图 7-41 精冲压沉孔复合工艺过程

1—凸凹模 2—V 形压边圈 3—凹模 4—反压板 5—压沉孔凸模 6—制件 7—顶杆

图 7-42 精冲压沉孔复合成形实例

1—止推环 2—自动变速器盘 3—空调压缩机阀板 4—计算机硬盘驱动器磁片 5—电机配重块 6—盖板

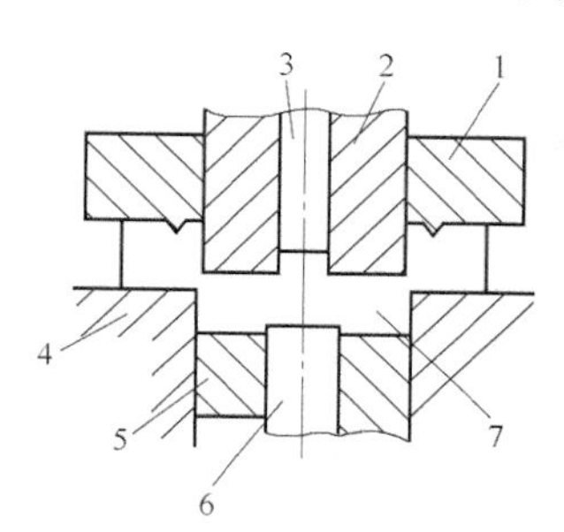

图 7-43 精冲挤压复合工艺

1—V 形压边圈 2—凸凹模 3—顶杆 4—凹模 5—反压板 6—挤压凸模 7—制件

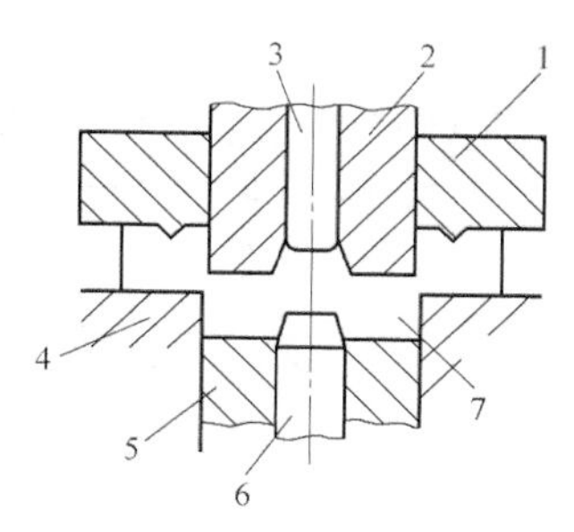

图 7-44 精冲模锻复合成形

1—V 形压边圈 2—凸凹模 3—顶杆 4—凹模 5—反压板 6—成形凸模 7—制件

a)

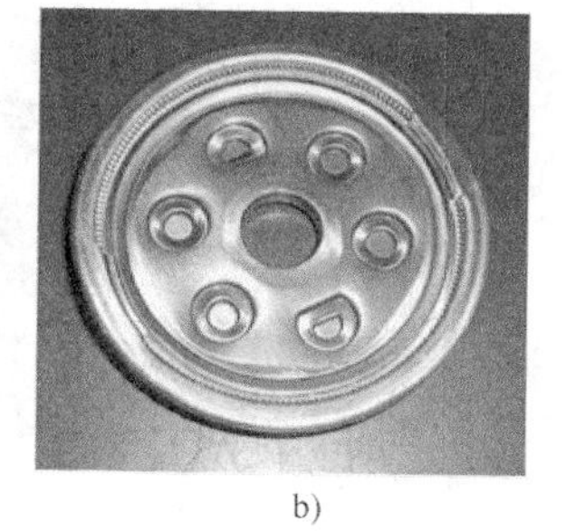

b)

图 7-45 典型精冲挤压复合成形产品

a）变速器换挡拨叉拨杆 b）座椅调角器齿盘

（3）精冲与压印复合成形技术 如图 7-46 所示，精冲可以和压印复合。

（4）精冲与压扁复合成形技术 图 7-47 所示为精冲与压扁复合成形零件实例。

（5）精冲与弯曲复合成形技术 图 7-48 所示为精冲与弯曲复合成形零件实例。图 7-49 所示为精冲与弯曲复合成形的过程。

（6）精冲与拉深复合成形技术 图 7-50 所示为精冲与拉深复合成形零件实例。

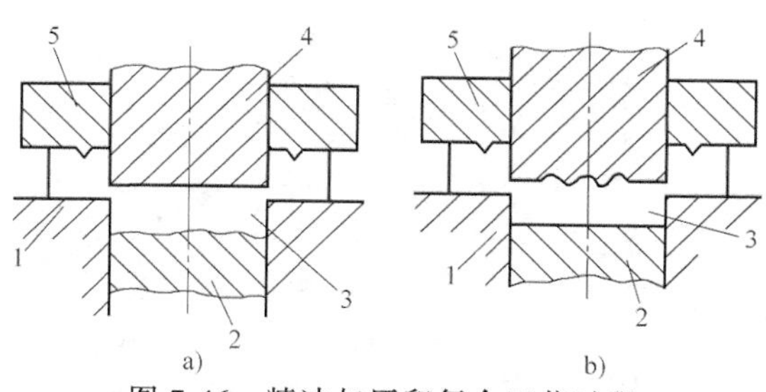

图 7-46 精冲与压印复合工艺过程

a）反压板压印 b）凸模压印

1—凹模 2—反压板 3—制件 4—凸模 5—V 形压边圈

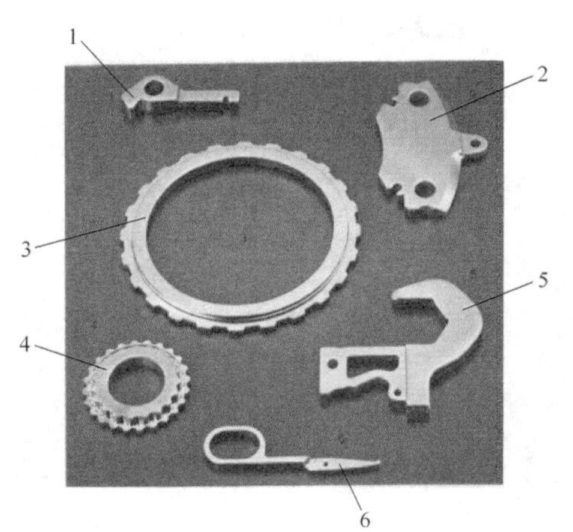

图 7-47　精冲与压扁复合成形零件实例

1—驻车制动锁扣　2—制动片背板　3—自动变速器外摩擦盘　4—座椅齿形调节片　5—纺织机紧固件　6—剪刀刀片

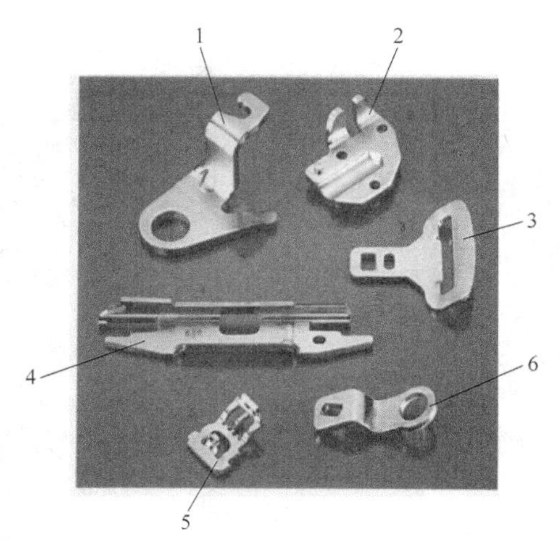

图 7-48　精冲与弯曲复合成形零件实例

1—离合器分离叉杆　2—自动变速器导板　3—安全带锁舌　4—制动器压力杆　5—安全带锁扣　6—传动杆

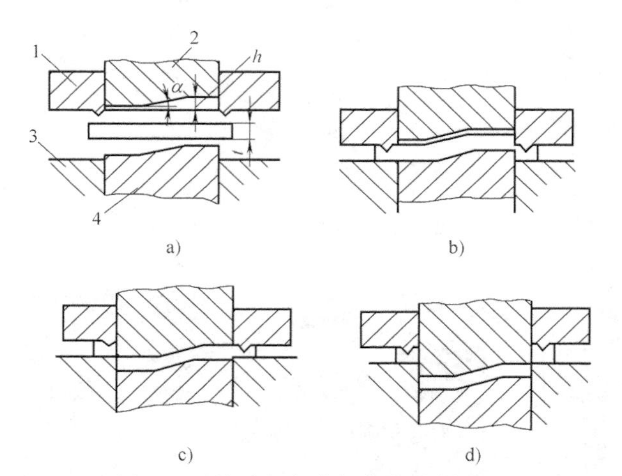

图 7-49　精冲与弯曲复合成形的过程

a）模具开启状态　b）压边弯曲过程　c）完成弯曲成形　d）完成精密冲裁

t—料厚　h—弯曲高度　α—弯曲角度

1—V 形压边圈　2—凸模　3—凹模　4—反压板

（7）精冲与翻边复合成形技术　图 7-51 所示为精冲与翻边复合成形零件实例。

图 7-50　精冲与拉深复合成形零件实例

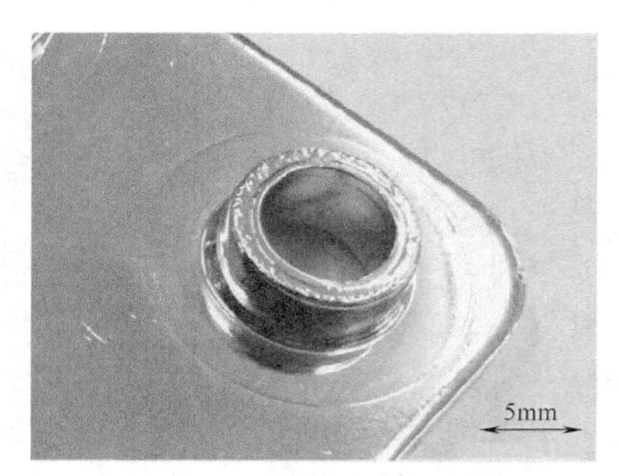

图 7-51　精冲与翻边复合成形零件实例

7.5.3　流动控制成形技术

如图 7-52 和图 7-53 所示，流动控制成形（Flow Control Forming，FCF）技术是一种将拉深、变薄拉深、内孔翻边等板料成形与冷挤压、冷镦等冷锻成形相结合的板料精密成形技术。这种技术是 20 世纪 90 年代初由中野隆志等人首先提出的。他们不仅在工艺方法上进行了大量研究和应用，而且研制了双点、立式肘杆运动的级进加工用压力机，这种压力机将板材用压力机和冷锻压力机结合起来成为适用于 FCF 加工的新型冲压机械，具有广阔的应用前景。图 7-54 所示为采用 FCF 可以加工的制品，图 7-55 所示为采用 FCF 加工的产品实例。

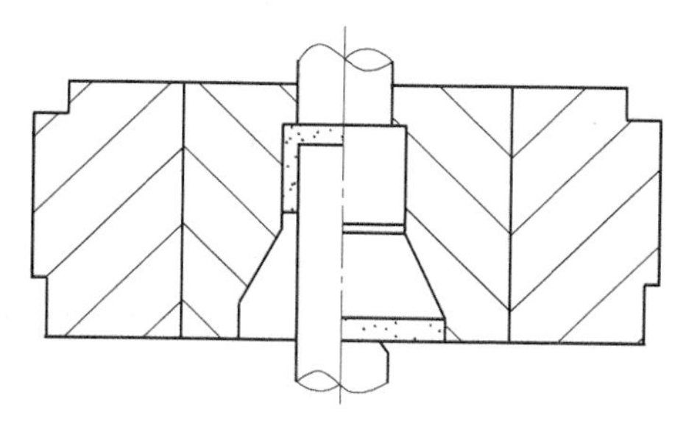

图 7-52　FCF 加工过程之一
（拉深+变薄拉深+镦挤）

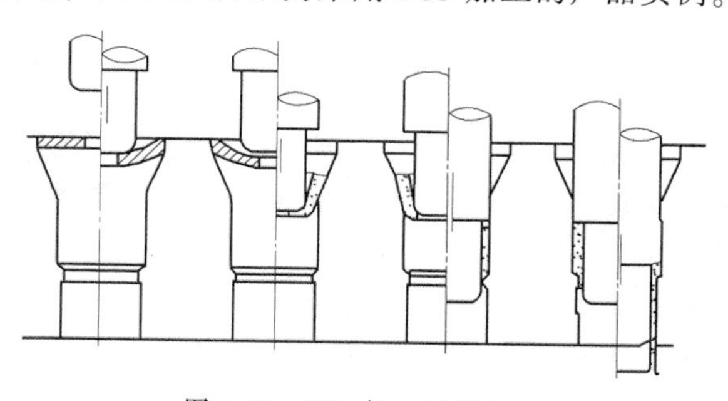

图 7-53　FCF 加工过程之二
（拉深+翻边+变薄翻边+正挤压）

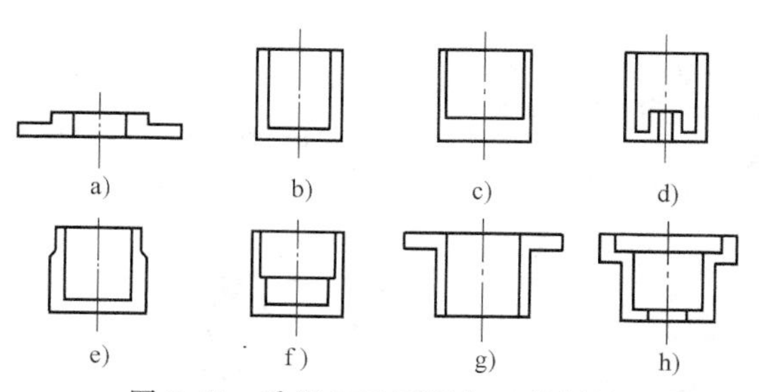

图 7-54　采用 FCF 可以加工的制品
a）带台阶制品　b）底部为锐角杯形制品　c）杯和底不等厚杯形制品
d）底带凹或凸台杯形制品　e）、f）壁部带台阶杯形制品
g）、h）各种形状的法兰制品

图 7-55　采用 FCF 加工的产品实例

图 7-56 所示为某轿车用飞轮盘，图 7-57 所示为该飞轮盘的成形件，图 7-58 所示为该件采用机加工和 FCF 技术生产的试验样件的比较。

图 7-56　某轿车用飞轮盘

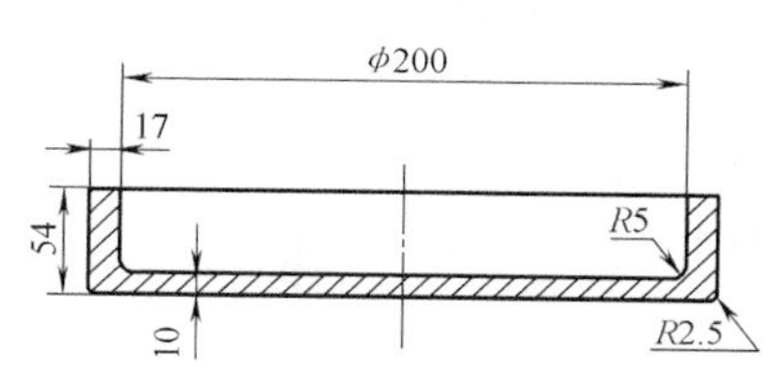

图 7-57　飞轮盘的成形件

图 7-58　工艺试验样件

a）机加工试验样件　b）FCF 生产的试验样件

7.5.4　液压成形技术

在汽车、航空、航天等领域，节能、减排、减轻结构重量是人们追求的目标，也是冲压技术发展的方向之一。为了适应市场的这种需求，液压成形技术有了很大的发展。早在 20 世纪 60 年代，液压胀形已用于生产三通管和形状简单的管路配件，但零件精度不高，成形压力小于 30MPa。现代，成形压力高，工业生产 压力达到 400MPa，有时到 1000MPa，故液压成形技术也称之为内高压成形技术。

（1）管材液压成形技术　其原理、典型实例和基本工艺类型简介如下：

1）原理。如图 7-59 所示，管材液压成形是将管坯放入下模，定位，合模，充液，密封，加压的同时管端的冲头按与内压的匹配关系送料使管坯成形。关键是密封和计算机控制技术。

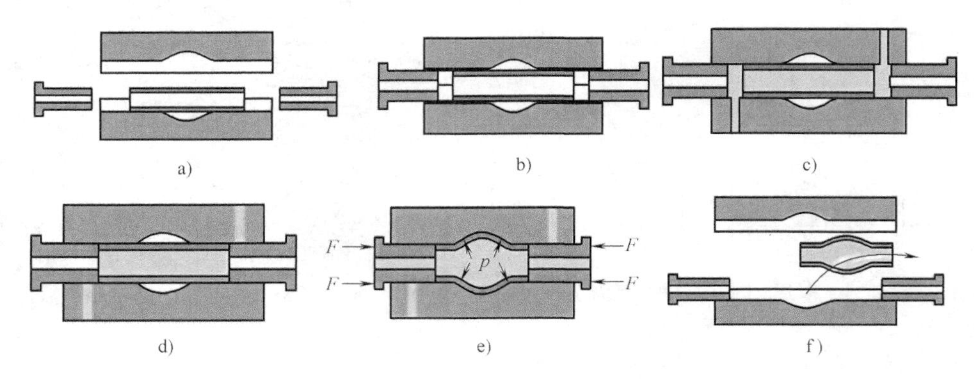

图 7-59　管材液压胀形原理

a）管坯定位　b）合模锁紧　c）注入液体　d）管端密封　e）胀形成形　f）取出制件

2）典型实例　液压成形的典型零件如图 7-60 所示。汽车的部分液压成形件如图 7-61 所示。

3）基本工艺类型。基本工艺类型有直线成形、带凸台或支架零件成形（见图 7-62）和曲线零件成形。带凸台或支架零件成形时，管端两个冲头按给定加载路径送料，凸台或支架上的冲头按与内压一定的匹配关系向后退出。轴线为曲线的零件，先在数控弯管机上弯曲到要求的形状，再到模具内加压成形（见图 7-63）。

管材液压（内高压）成形技术适应汽车和航空、航天轻量化发展的需求，其应用将不断扩大。

（2）板材液压成形技术　其基本工艺类型和原理简介如下。

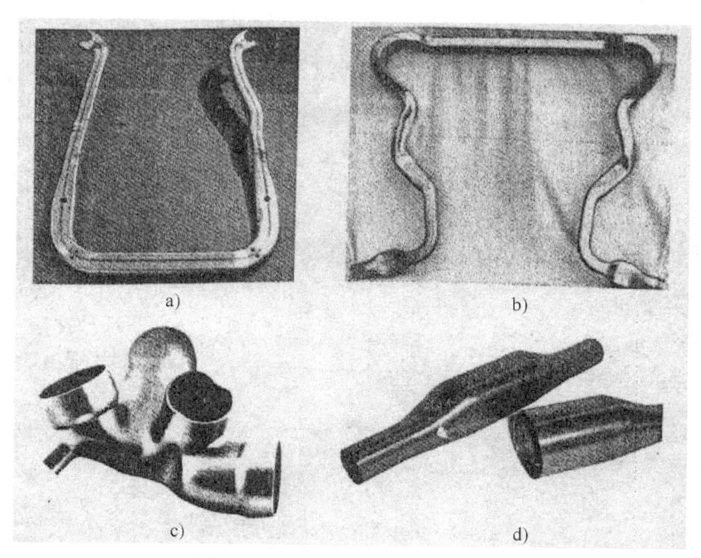

图 7-60　液压成形的典型零件
a)、b) 发动机托架　c) 排气管　d) 不锈钢管

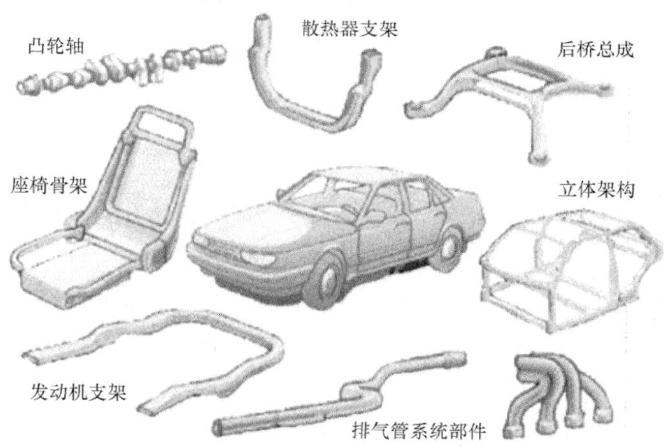

图 7-61　汽车的部分液压成形件

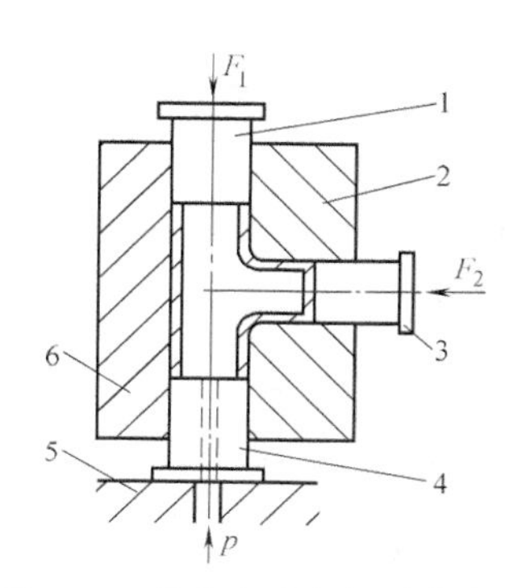

图 7-62　带凸台或支架零件成形
1—上凸模　2—右凹模　3—平衡凸模
4—下凸模（液压通道）　5—下模坐　6—左凹模

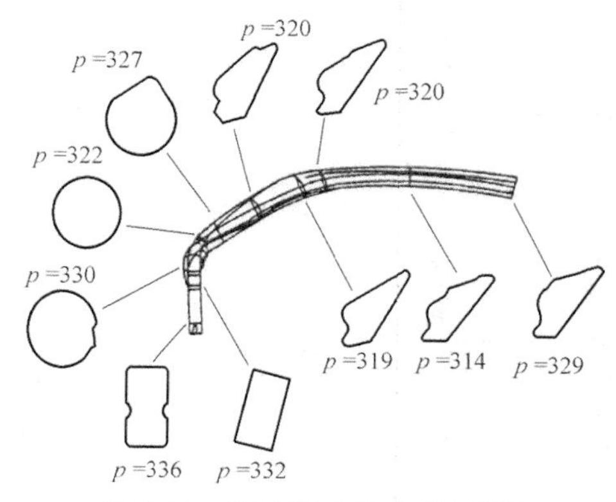

图 7-63　弯曲预成形+液压成形
注：p—周长，单位：mm。

1）基本工艺类型。板材液压成形有以下几种形式：橡皮囊液压成形、充液成形（或称对向液压成形）、周边径向加压的充液成形、外周带液压的充液反成形、充液变薄拉深、液压成对成形以及某些复合成形工艺。

2）原理。以下分类介绍板材液压成形的原理。

① 橡皮囊液压成形。用橡皮囊作为凹模的拉深过程如图 7-64 所示，作为软凹模的橡皮囊是通用的，凸模与压边圈是专用的、刚性的。

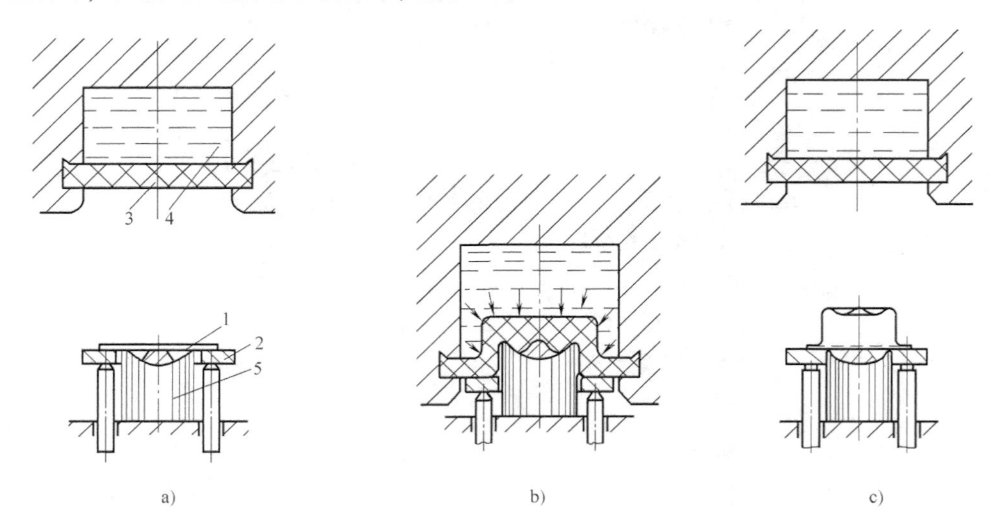

图 7-64　橡皮囊凹模拉深过程

a）原始位置　b）拉深过程在进行中　c）拉深结束，压边圈上升，推出工件

1—成形坯料　2—压力圈　3—橡皮　4—液体　5—凸模

② 对向液压成形，也称充液成形。如图 7-65 所示，双动压力机内滑块安装凸模，外滑块安装压边圈，工作台安装带液压控制系统的液压室，其上部安装凹模。它用刚体凸模将坯料压向充满液体的液压室，是利用由此造成的对向液体压力的一种成形方法。

③ 有反向预胀形的对向液压拉深。如图 7-66 所示，将凸模调整到约低于胀形极限高度

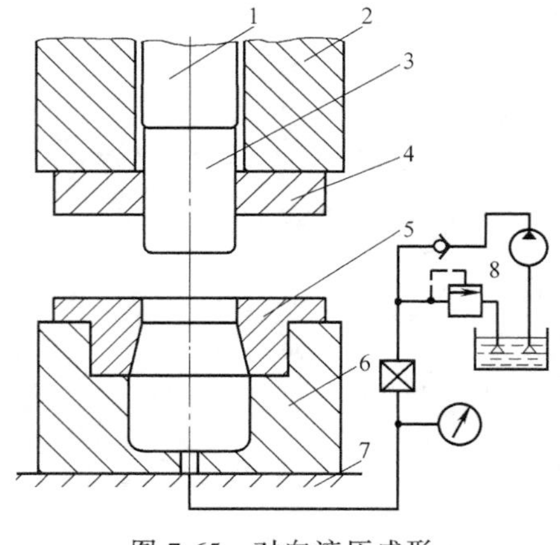

图 7-65　对向液压成形

1—内滑块　2—外滑块　3—凸模　4—压边圈　5—凹模　6—液压室　7—底座　8—液压系统

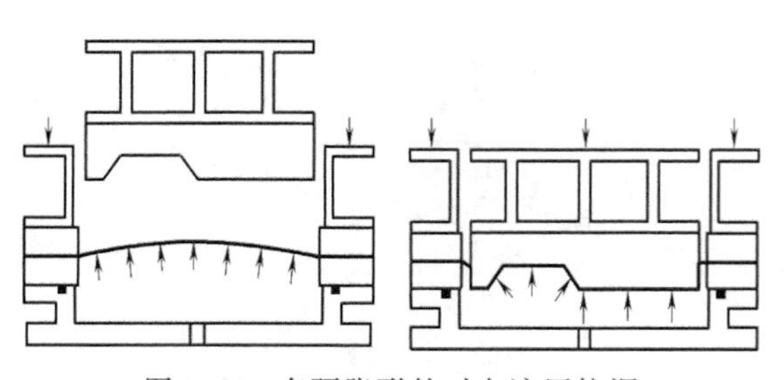

图 7-66　有预胀形的对向液压拉深

10%的位置；施加液压进行底部预胀形；此后凸模下降，向液压室内压入拉深。

④ 拉深与翻边复合成形。如图 7-67 所示，对向液压翻边时，对带孔坯料施加反向液压，用坯料与凸模摩擦保持效应，制止内缘翻边变形而进行拉深，去除液压，压下凸模进行内缘翻边，用一次冲程成形带孔圆筒或带凸缘的高侧壁圆筒。

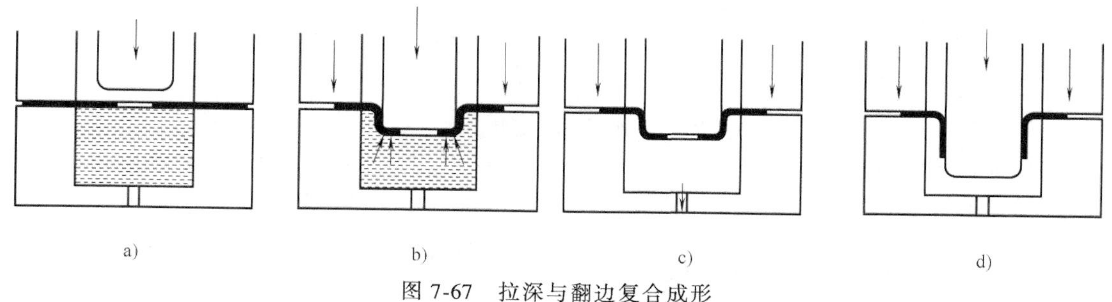

图 7-67　拉深与翻边复合成形

a）初始状态　b）拉深　c）卸除内压　d）翻边

⑤ 带径向压力的对向液压拉深。如图 7-68 所示，将高压液体引至凸缘外周边，靠径向压力推动坯料向凹模流动，降低凸缘变形区的拉力；在坯料与压边圈及凹模平面之间形成双面流体润滑，降低有害摩擦阻力。

⑥ 周边带液压的对向反拉深。如图 7-69 所示，在对向液压反拉深的同时，将液压室内高压液体通过径向通道引向圆筒坯件的外周边施压。

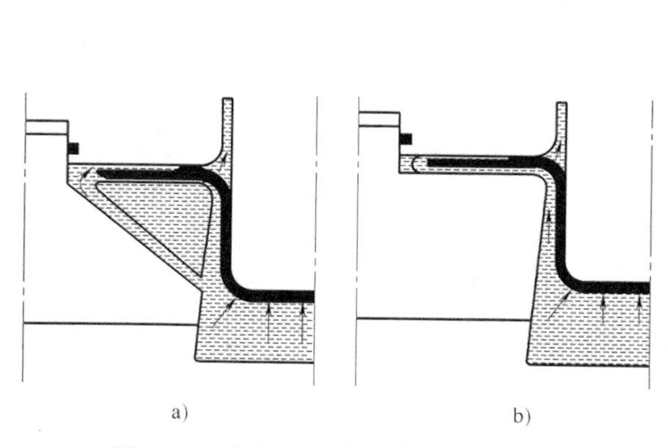

图 7-68　带径向压力的对向液压拉深

a）直接法　b）间接法

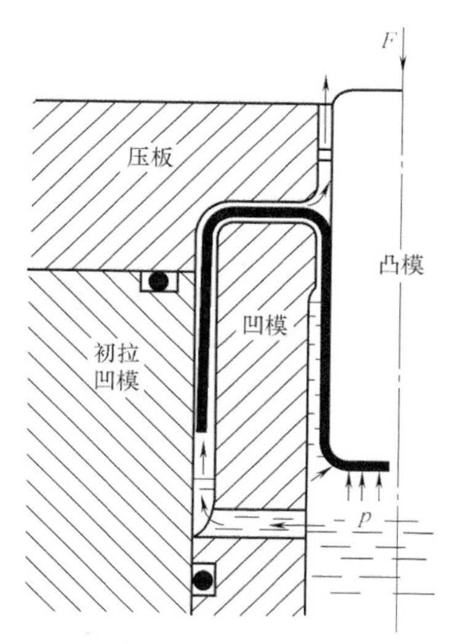

图 7-69　周边带液压的对向反拉深

⑦ 充液变薄拉深。其成形极限受传力区强度的限制。如图 7-70 所示，充液变薄拉深可分为对向液压变薄拉深、正向液压变薄拉深和双向液压变薄拉深。

⑧ 液压成对成形。如图 7-71 所示，将两块平板坯料放置在上、下凹模中间，压边后充液预成形，边缘切割，激光焊接，在两板间充液加压进行最终校形。

⑨ 球形容器无模液压胀形。如图 7-72 所示，采用封闭多面壳体向壳内充液，排出气体，用高压泵打压胀形，壳体在趋圆力矩作用下逐渐变成球。图 7-73 所示为其打压系统。

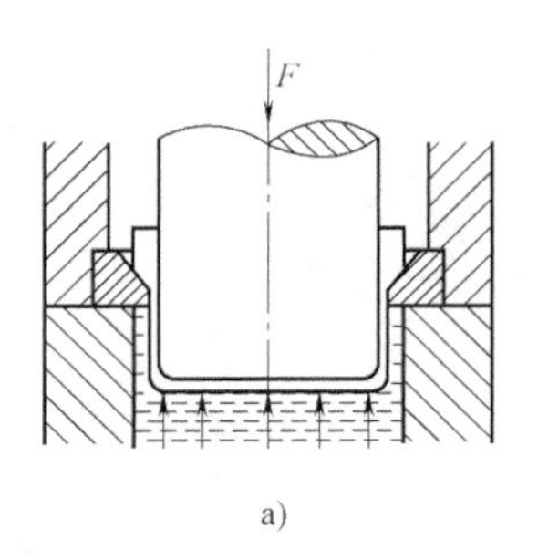

a)

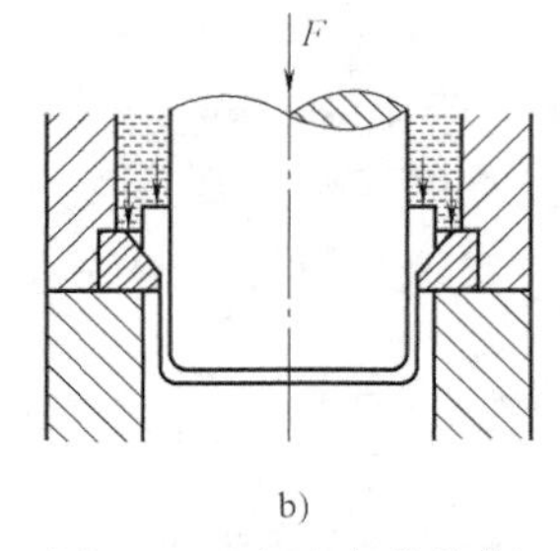

b)

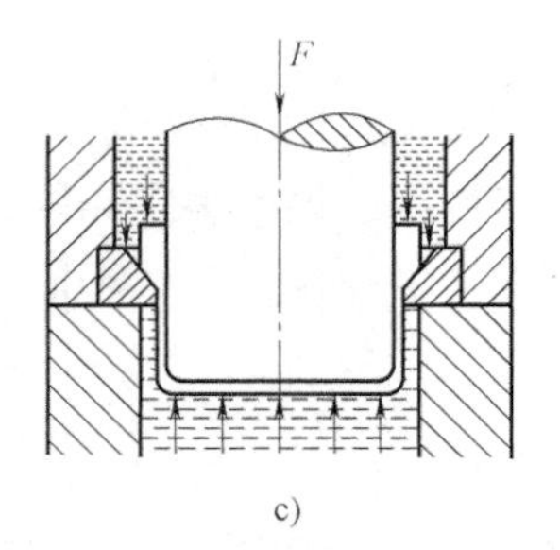

c)

图 7-70　充液变薄拉深

a）对向液压变薄拉深　b）正向液压变薄拉深　c）双向液压变薄拉深

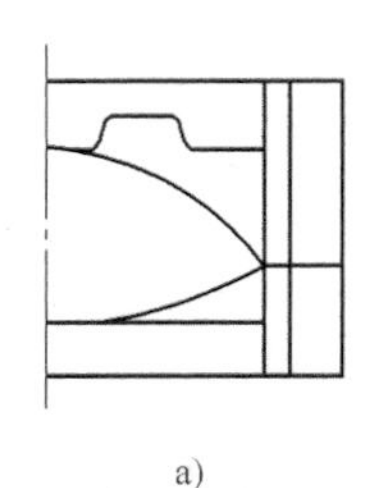

a)

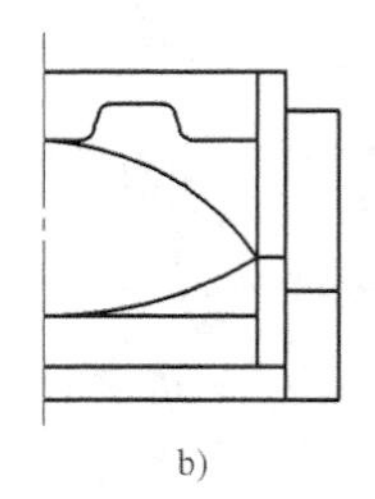

b)

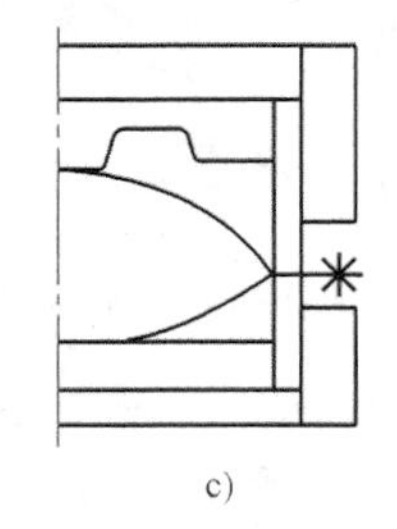

c)

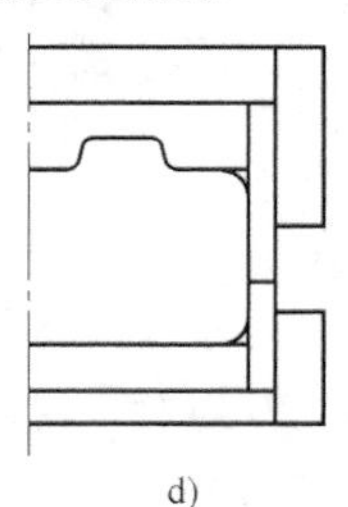

d)

图 7-71　液压成对成形工艺过程

a）预成形　b）切边　c）激光束焊接　d）液压校形

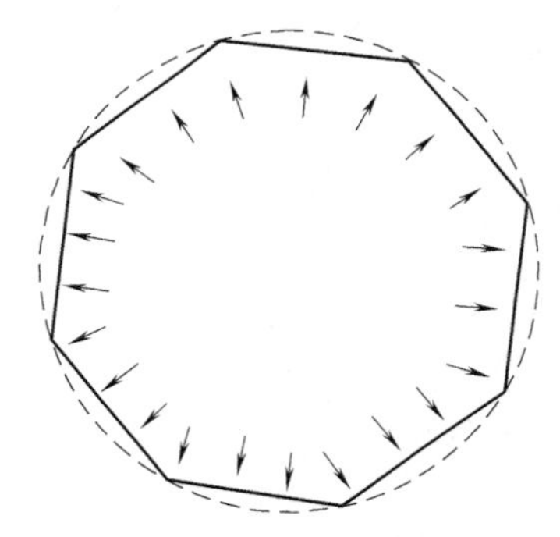

图 7-72　无模液压胀形示意图

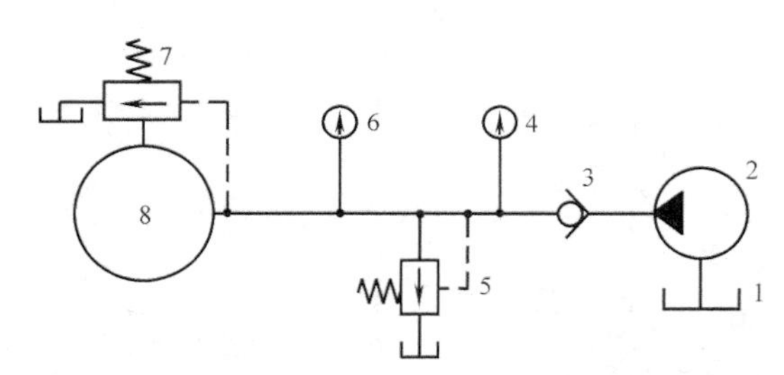

图 7-73　打压系统示意图

1—水箱　2—水泵　3—单向阀　4、6—压力表　5、7—溢流阀　8—球体

⑩ 黏性介质压力成形。如图 7-74 所示，与液压成形相似，用柔性介质代替钢模。不同

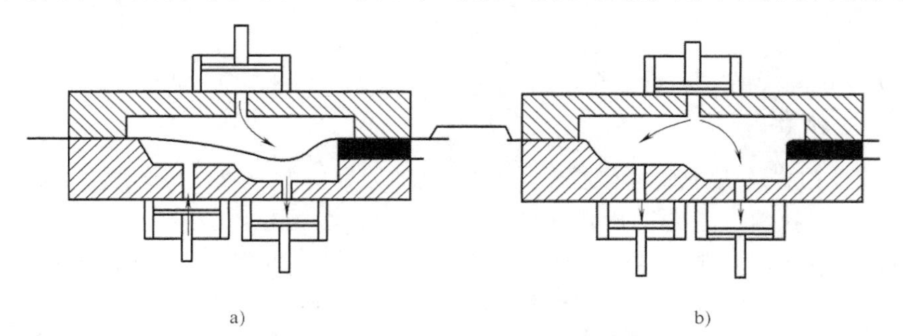

a)　　b)

图 7-74　板料的黏性介质压力成形

a）成形过程中　b）成形的最后阶段

的是黏性介质压力成形用具有应变速率敏感性的黏性介质代替了液体介质。

7.5.5 热冲压成形技术

在汽车、航空、航天等领域，为达到节能、减排、减轻结构重量的目标，热冲压成形技术也成了冲压技术发展的方向之一。对于一些高强度钢板、镁合金等密排六方晶格的轻金属板料，采用热成形的方法其塑性和成形性能会得到显著的改善。这里介绍一种提高冲压件强度的热冲压成形技术。

（1）基本原理　钢板热冲压是最近30多年发展起来的先进成形技术，其基本原理如图7-75所示。首先把常温下强度为500~600MPa的高强度硼合金钢板加热到900℃，使之奥氏体化，然后送入内部带有冷却系统的模具内冲压成形，之后保压快速冷却淬火，使奥氏体转变成马氏体，成形件因而得到强化硬化，强度大幅度提高。经过模具内的冷却淬火，冲压件强度可以达到1500MPa，强度提高了250%以上，因此该项技术又被称为“冲压硬化”技术。

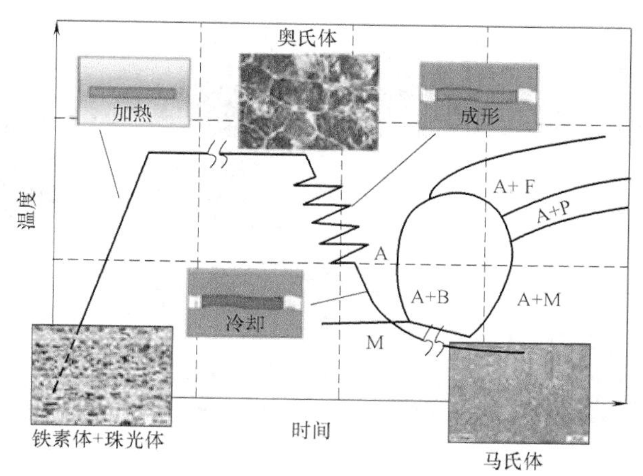

图7-75　热冲压成形基本原理

（2）在汽车行业中的应用　热冲压成形技术是一种通过热处理和高温成形相结合的方式来实现零件高强度，能较好地解决高强度与冷成形的矛盾问题。由于热冲压制得的零件抗拉强度高，目前在汽车行业中已普遍应用，主要用于生产B柱、车门防撞梁、顶盖上梁、保险杠等结构零部件，如图7-76所示为热冲压成形技术在白车身上的典型应用。图7-77所示为某车型前防撞梁热冲压模具及开发的零件。图7-78所示为某车型B柱热冲压实物样件。

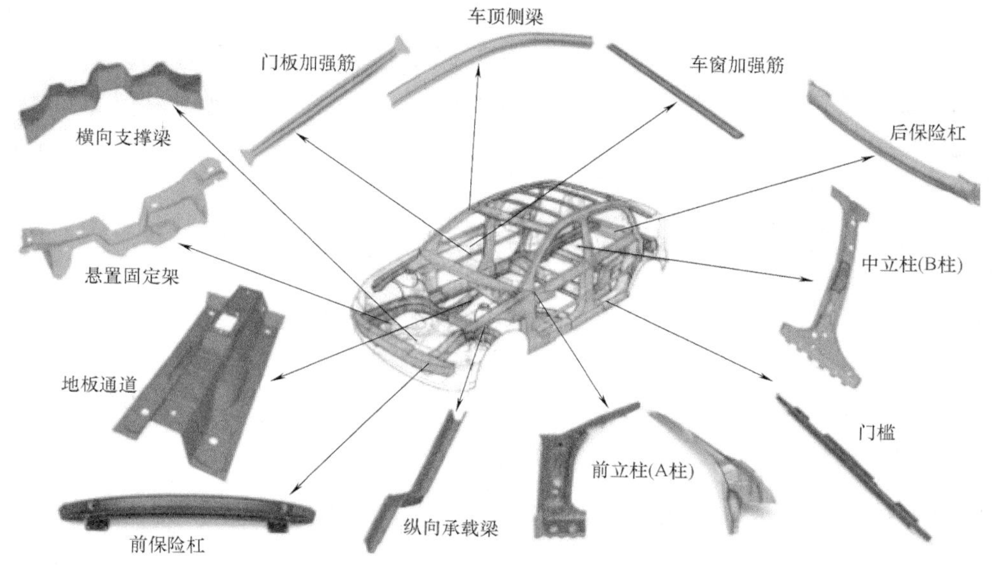

图7-76　热冲压成形技术在白车身上的典型应用

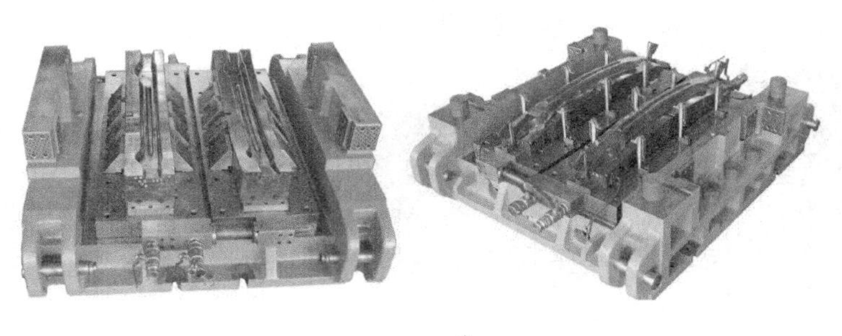

a)

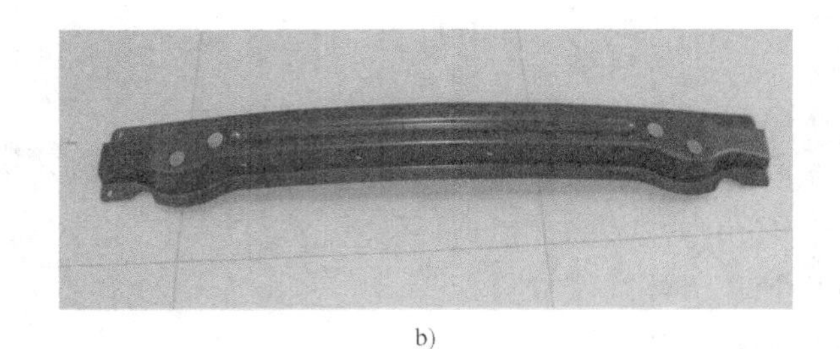

b)

图 7-77　某车型前防撞梁热冲压模具及开发的零件

a）热冲压模具　b）某车型前防撞梁零件

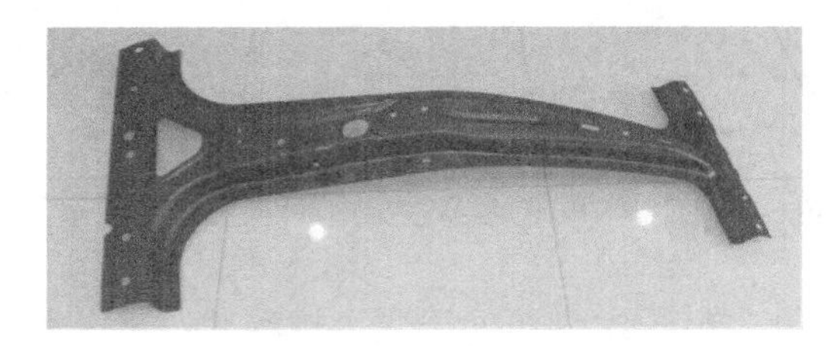

图 7-78　某车型 B 柱热冲压实物样件

近年来发展的冲压新技术还有：智能化冲压技术，冲压制品与模具的远程网络设计与制造技术，冲压生产的高速化和自动化技术，爆炸成形、电液成形、电磁成形等高能成形技术，超塑性成形技术，激光成形技术，拉力成形技术，扩展成形技术，蠕变成形技术，快速原型/模具制造技术等。冲压技术的发展方向主要是数字化、快速响应（敏捷化）、柔性化、精密化和复杂化。然而，本书介绍的新技术还很不完整，发展方向的概括也有其局限性。结论是：冲压新技术和其发展的方向必须适应国家的需求，适应国防工业和市场经济发展的需求。

参考文献

[1] 郭成，赵新怀，周漱六，等．冲压件废次品的产生与防止 200 例［M］．北京：机械工业出版社，1994.

[2] 郭成，储家佑．现代冲压技术手册［M］．北京：中国标准出版社，2005.

[3] 王孝培．实用冲压技术手册［M］．2 版．北京：机械工业出版社，2013.

[4] 邢建东，陈金德．材料成形技术基础［M］．2 版．北京：机械工业出版社，2007.

[5] 陈金德．材料成形工程［M］．西安：西安交通大学出版社，2000.

[6] 翁克索夫，约翰逊，工藤英明，等．金属塑性变形理论［M］．王仲仁，汪涛，贺毓辛，等译．北京：机械工业出版社，1992.

[7] 肖景容，姜奎华．冲压工艺学［M］．北京：机械工业出版社，1990.

[8] 姜奎华．冲压工艺与模具设计［M］．北京：机械工业出版社，1997.

[9] 李志刚．模具 CAD/CAM［M］．北京：机械工业出版社，1994.

[10] 马泽恩．计算机辅助塑性成形［M］．西安：西北工业大学出版社，1995.

[11] 中国机械工程学会塑性工程学会．锻压手册：第 2 卷．冲压［M］．3 版．北京：机械工业出版社，2008.

[12] 王新华．汽车冲压技术［M］．北京：北京理工大学出版社，1999.

[13] 柳百成，沈厚发．21 世纪的材料成形加工技术与科学［M］．北京：机械工业出版社，2004.

[14] 杨立波．连接器零件冲裁压伤和折弯尺寸稳定性研究［D］．西安：西安交通大学，2011.

[15] 全国锻压标准化技术委员会．冲裁间隙：GB/T 16743—2010［S］．北京：中国标准出版社，2011.

[16] 全国锻压标准化技术委员会．金属板料压弯工艺设计规范：JB/T 5109—2001［S］．北京：机械科学研究院，2001.

[17] 全国锻压标准化技术委员会．金属板料拉深工艺设计规范：JB/T 6959—2008［S］．北京：机械工业出版社，2008.

[18] 全国钢标准化技术委员会．金属材料　薄板和薄带　塑性应变比（γ 值）的测定：GB/T 5027—2016［S］．北京：中国标准出版社，2016.

[19] 杨连发．基于液压胀形金属薄壁管材料特性的研究［D］．西安：西安交通大学，2006.

[20] 于强．薄壁管液压胀形材料本构关系的构建［D］．西安：西安交通大学，2005.

[21] 袁新．汽车顶盖前横梁成形工艺研究与参数优化［D］．西安：西安交通大学，2011.

[22] 郭成，史东才，王朝明，等．基于经验知识的汽车覆盖件成形过程数值模拟与参数优化［J］．机械工程学报，2004，40（3）：191-194.

[23] WU H Y，GUO C，XIAO Chunhui. Analysis and Control of Car Door Inner Panel Forming Fracture Based on Experience Knowledge and Numerical Simulation［J］. Advanced Materials Research，2011，1165（382）：2567-2571.

[24] SHI D C，GUO C，WU H Y. Structure of Complementary Surface and Numerical Simulation on Forming Process of Cover Panel［C］//Proceedings of the 6th International Conference on Numerical Simulation of 3D Sheet Metal Process. Detruit：NUMISHEET，2005.

[25] 吴华英．智能化覆盖件冲压方向确定及压料面系统构建［D］．西安：西安交通大学，2007.

[26] 吴华英，郭成，王永信，等．某轿车后围板成形过程数值模拟及参数优化［J］．材料科学与工艺，2013，21（2）：83-89.

[27] 柳耀文．某显示器铝合金电源开关按键连续精密成形工艺研究［D］．西安：西安交通大学，2011.

[28] 张小光，钟志平，袁贺强，等．精冲复合工艺与 FCF 加工法的分析比较［J］．锻压技术，2002（2）：16-19.

[29] 全国锻压标准化技术委员会. 金属板料精冲挤压复合成形件 工艺规范: GB/T 37679—2019 [S]. 北京: 中国标准出版社, 2019.

[30] 全国锻压标准化技术委员会. 精密冲裁件 通用技术条件: GB/T 30573—2014 [S]. 北京: 中国标准出版社, 2014.

[31] 全国钢标准化技术委员会. 金属材料 拉伸试验 第1部分: 室温试验方法: GB/T 228.1—2010 [S]. 北京: 中国标准出版社, 2011.

[32] ZHANG H L, LIU Y L, HE Y. Study on the Ridge Grooves Deformation of Double-Ridged Waveguide Tube in Rotary Draw Bending Based on Analytical and Simulative Methods [J]. Journal of Materials Processing Technology, 2017, 243: 100-111.

[33] LIU C M, LIU Y L, HE Y. Influence of Different Mandrels on Cross-Sectional Deformation of the Double-Ridge Rectangular Tube in Rotary Draw Bending Process [J]. The International Journal of Advanced Manufacturing Technology, 2017, 91: 1243-1254.

[34] ZHANG H L, LIU Y L. An Innovative PVC Mandrel for Controlling the Cross-Sectional Deformation of Double-Ridged Rectangular Tube in Rotary Draw Bending [J]. The International Journal of Advanced Manufacturing Technology, 2018, 95 (1-4): 1303-1313.

[35] KARBASIAN H, TEKKAYA A E. A Review on Hot Stamping [J]. Journal of Material Processing Technology, 2010, 210 (15): 2103-2118.

[36] MA M T, ZHANG Y S, SONG L F, et al. Research and Progress of Hot Stamping in China [J]. Advanced Materials Research, 2014, 1063: 151-168.

[37] 涂光祺. 精冲技术 [M]. 北京: 机械工业出版社, 2006.

[38] 周开华. 简明精冲手册 [M]. 2版. 北京: 国防工业出版社, 2006.

[39] 杜贵江, 彭群. 机械行业标准《精密冲裁件质量》及《精密冲裁件结构工艺性》的修订 [J]. 锻压技术, 2011, 36 (4): 168-170.

[40] 李荣洪, 杜贵江, 于建国, 等. 精密冲裁件质量分析与控制 [J]. 锻压技术, 2000 (1): 23-25.

[41] 邓明, 吕琳. 精冲: 技术解析与工程运用 [M]. 北京: 化学工业出版社, 2017.

[42] 杜贵江, 彭群. 不锈钢厚板冲裁压扁-复合工艺的研究 [J]. 金属加工 (热加工), 2009, 9: 47-49.

[43] 夏玉峰, 陈邦华, 杨建兵, 等. 工艺相图在汽车内板件冲压工艺设计中的应用 [J]. 同济大学学报 (自然科学版), 2014, 42 (2): 292-297.

[44] 徐迎强, 薛克敏, 曹婷婷, 等. 汽车门槛内板零件冲压数值模拟及参数优化 [J]. 精密成形工程, 2010, 2 (3): 36-40.

[45] 郑辉, 车颖. 汽车发动机罩内板冲压成形分析 [J]. 冲压, 2011 (4): 68-70.

[46] 周杰, 何应强, 阳德森, 等. 高强度钢板的轿车支柱内板成形工艺研究 [J]. 热加工工艺, 2010, 39 (7): 83-85.

[47] 田野, 吕明达, 黄余平. 汽车前门加强板冲压工艺参数优化 [J]. 锻压技术, 2014, 39 (12): 35-38.

[48] LIEW K M, RAY T, TAN H, et al. Evolutionary Optimization and Use of Neural Network for Optimum Stamping Process Design for Minimum Springback [J]. Journal of Computing and Information Science in Engineering, 2002, 2 (1): 38-44.

[49] JAKUNEIT J, HERDY M, NITSCHE M. Parameter Optimization of the Sheet Metal Forming Process Using an Interactive Parallel Kriging Algorithm [J]. Structural and Multidisciplinary Optimization, 2005, 29 (6): 498-507.

[50] 朱取才, 王成勇, 田植诚, 等. 汽车B柱加强板拉延筋优化设计 [J]. 锻压技术, 2013, 38 (2): 26-30.

[51] 李奇涵，王文广，邓义，等．基于数值模拟的油箱底壳拉延筋设置与优化［J］．锻压技术，2014，39（12）：31-34.
[52] 李英，焦洪宇，牛曙光．基于 Autoform-Sigma 的汽车顶盖后横梁冲压工艺参数优化［J］．锻压技术，2015，40（9）：16-19.
[53] 张博凡，王增强．Autoform Sigma 模块在汽车后盖内板模具调试中的应用［J］．模具工业，2014，40（7）：40-42.
[54] 李玉强．板料拉深成形工艺的 6-sigma 稳健优化设计研究［D］．上海：上海交通大学，2006.
[55] 安治国．径向基函数模型在板料成形工艺多目标优化设计中的应用［D］．重庆：重庆大学，2009.
[56] 马明亮，刘浩，王鹏，等．汽车外覆盖件工程设计阶段滑移线问题的控制［J］．模具技术，2013（6）：27-60.
[57] 司马忠效，廖小刚．基于 AutoForm 的发动机罩外板滑移线优化分析［J］．重庆理工大学学报（自然科学版），2017，31（5）：39-42.
[58] 赵柏森，韦光珍，张玉平．汽车侧围内板冲压成型技术仿真与应用［J］．金属铸锻焊技术，2011，40（13）：79-81.
[59] 杨建，刘艳兵，邓国朝，等．机盖外板主棱线滑移控制方法［J］．机电工程技术，2017，46（1）：35-38.
[60] 胡治钰，王银巧．汽车外覆盖件冲压表面缺陷的产生原因及预防措施［J］．模具技术，2012（5）：35-38.
[61] 唐东胜，侯艳飞．汽车外覆盖件表面冲击线及滑移线成因分析与对策［J］．模具制造，2012（10）：54-56.
[62] 罗克体，温在慧．汽车顶盖刚度性能改善［J］．装备制造技术，2017（6）：26-29.
[63] 方卫国，李健平，范光林．轿车顶盖刚性不足问题的探讨及解决方案［J］．模具技术，2013（6）：31-35.
[64] 刘磊，温彤，岳远旺，等．轿车顶盖冲压成形塌陷研究［J］．中南大学学报（自然科学版），2015，46（5）：1623-1626.
[65] 赵立红，任正义，江树勇，等．变形程度对曲面扁壳类汽车覆盖件刚度的影响研究［J］．材料科学与工艺，2009，17（6）：866-870.
[66] 付争春，马俊山，胡平，等．汽车外覆盖件表面凹陷与畸变的实验与仿真［J］．塑性工程学报，2009，16（2）：24-28.
[67] ANDERSON A．Evaluation and Visualization of Surface Defects on Auto-Body Panels［J］．Journal of Materials Processing Technology，2009，209（2）：821-837.
[68] 王立影．超高强度钢板热冲压成形技术研究［D］．上海：同济大学，2008.
[69] MEGA T，HASEWAK K，KAWABE H．Ultra High-Strength Steel Sheets for Bodies，Reinforcement Parts，and Seat Frame Parts of Automobile Ultral High-Strength Steel Sheets Leading to Great Improvement in Crashworthiness［C］//JFE Technical Report No. 4．［S. l.］：JFE，2004.
[70] 孙国华．超高强度硼钢板高温成形极限研究［D］．上海：同济大学，2009.
[71] 刘文．BR1500HS 前立柱加强件热冲压成形数值模拟及工艺研究［D］．重庆：重庆大学，2012.
[72] 刘文，王梦寒，冉云兰．超高强度钢热成形冷却过程数值模拟［J］．热加工工艺，2011，41（3）：78-80.
[73] 俞雁．乘用车车门总成材料轻量化技术研究［D］．广州：华南理工大学，2014.
[74] 罗仁平，王燕，赵金龙．冲压同步工程在汽车产品设计开发中的应用［J］．汽车技术，2014（7）：5-7.
[75] 胡星，杨海军，但文蛟，等．淬火分离钢板成形的有限元仿真研究［J］．热加工工艺，2016，45（12）：156-160.

[76] YU X Y, CHEN J, CHEN J S. Interaction Effect of Cracks and Anisotropic Influence on Degradation of Edge Stretchability in Hole-Expansion of Advanced High Strength Steel [J]. International Journal of Mechanical Sciences, 2016 (105): 348-359.
[77] 张勇，范铁，薛洋. 基于 Dynaform 和正交试验的轿车加强梁冲压工艺参数优化 [J]. 锻压技术，2019，44 (2): 37-41.
[78] 王力，马天流，郜伟彬. 侧围加强板生产开裂控制方法研究 [J]. 汽车工业研究，2016 (11): 57-61.
[79] 谢文才，王石，郜伟彬，等. 基于网格分析法的典型汽车冲压件成形缺陷分析 [J]. 汽车工艺与材料，2013 (6): 1-5，13.
[80] 申伟，邓海富，尹诗崭. 浅析冲压毛刺问题产生原因及控制方案 [J]. 模具制造，2016 (9): 16-19.
[81] 钟茂莲. 高强度汽车钢板冲压成形的主要问题及模具对策 [J]. 精密成形工程，2014，3 (6): 20-24.
[82] 罗云华，王磊. 高强钢板冲压回弹影响因素研究 [J]. 锻压技术，2009，34 (1): 23-26.
[83] 郑钢，魏良庆. 高强度钢汽车纵梁的冲压成形模拟和回弹补偿 [J]. 锻压技术，2016，41 (2): 64-67.
[84] 黄宜松. 高强度钢板热成形技术在车身结构中的应用研究 [D]. 广州: 华南理工大学，2010.
[85] 周全. 汽车超高强度硼钢板热成形工艺研究 [D]. 上海: 同济大学，2007.
[86] 朱久发. 热冲压技术应用现状与发展前景 [J]. 武钢技术，2012，50 (4): 58-61.
[87] 郭海权. 热冲压生产线行业观察: 热成形技术在汽车上快速应用及着力点 [J]. 金属加工 (热加工)，2015 (15): 5-6.
[88] 翁其金. 冷冲压技术 [M]. 2 版. 北京: 机械工业出版社，2011.
[89] 钟智勇，黄毅宏. 反拉深的研究 [J]. 机电工程技术，2001 (3): 36-38.
[90] 钱春苗，崔会杰. 数值模拟技术在板料多次拉深成形中的应用 [J]. 热加工工艺，2012 (9): 136-139.
[91] 郑家贤. 冲压工艺与模具设计实用技术 [M]. 北京: 机械工业出版社，2005.
[92] 姜海峰，李硕本，赵军. 圆锥形件冲压成形过程中毛坯上各变形区域行为的研究 [J]. 锻压技术，2001 (3): 26-28.
[93] 李振杰. 半球形冲压件起皱因素的分析 [J]. 锻压技术，2014 (5): 56-60; 95.
[94] 白建雄，陈先朝，肖小亭，等. 304 不锈钢壳级进模变薄拉深工艺及数值模拟 [J]. 锻压技术，2015 (1): 33-38.
[95] 张莹，周建忠，吉维民，等. 金属板料的几种无模成形技术的研究现状 [J]. 中国制造业信息化，2003，32 (2): 79-81.
[96] 王洪波，闫德俊，夏文亚，等. 多点成形路径对 1561 铝合金成形质量影响 [J]. 铝合金加工技术，2018，46 (3): 56-61.
[97] 金川. 无模成形技术的研究概况及其进展 [J]. 光机电信息，2006 (8): 46-50.